鄂尔多斯盆地非常规油气地质特征与勘探实践

付金华　刘新社　赵会涛　罗安湘　等著

石油工業出版社

内容提要

本书以鄂尔多斯盆地低渗透、非常规油气理论发展和勘探开发历史为脉络，借鉴国内外非常规油气最新概念，系统地总结了鄂尔多斯盆地非常规致密气、致密油和页岩油概念和成藏地质理论，并论述了这些理论指导的盆地不同类型油气藏的勘探实践。

本书可供从事石油与天然气勘探的科研工作者及高等院校相关专业师生参考。

图书在版编目（CIP）数据

鄂尔多斯盆地非常规油气地质特征与勘探实践 / 付金华等著 . —北京：石油工业出版社，2023.12

ISBN 978-7-5183-6032-1

Ⅰ. ①鄂… Ⅱ. ①付… Ⅲ. ①鄂尔多斯盆地－石油天然气地质－地质特征－研究 ②鄂尔多斯盆地－石油天然气地质－油气勘探－研究 Ⅳ. ① P618.130.2

中国国家版本馆 CIP 数据核字（2023）第 099909 号

审图号：GS 京（2023）1527 号

出版发行：石油工业出版社

（北京安定门外安华里 2 区 1 号　100011）

网　址：www.petropub.com

编辑部：（010）64523708　　图书营销中心：（010）64523633

经　销：全国新华书店

印　刷：北京中石油彩色印刷有限责任公司

2023 年 12 月第 1 版　2023 年 12 月第 1 次印刷

787 × 1092 毫米　开本：1/16　印张：42.75

字数：1000 千字

定价：400.00 元

FOREWORD 序

近年来，长庆油田在鄂尔多斯盆地油气勘探开发中不断创造了惊人的奇迹，继 2013 年年产油气当量攀上 5000×10^4t 以后，2020 年年产油气当量突破 6000×10^4t，2022 年年产油气当量达到了 6501×10^4t，连续刷新我国油气田产量最高纪录，建成了我国最大的油气生产基地。本书集中反映了长庆油田在开创这一历史性成就过程中，在鄂尔多斯盆地非常规油气领域所取得重大理论创新和丰富的勘探实践经验，对推动长庆油田油气储量、产量实现跨越式增长发挥了重要的理论和技术支撑作用。

鄂尔多斯盆地油气快速发展得益于非常规油气的规模勘探发现和有效开发。众所周知，鄂尔多斯盆地在我国以发育典型的低渗透—非常规油气资源而闻名，其非常规油气资源占比达到 70% 以上。20 世纪 70 年代到 21 世纪初，长庆油田历时 30 余年的艰苦探索，攻克了以安塞等油田为代表的低渗透、特低渗透油气田的有效勘探开发技术瓶颈，油气当量达到 1000×10^4t。21 世纪以来，长庆油田解放思想，重新认识盆地，加强了非常规油气理论和技术攻关，创新形成了大型陆相三角洲致密油成藏、致密砂岩气成藏和源内页岩油成藏等非常规油气地质理论体系，攻关形成了黄土塬三维地震、水平井优快钻井、大规模体积压裂等破解非常规油气“撒手锏”技术，在我国率先实现了致密气、致密油和页岩油的规模勘探开发，发现和探明了苏里格致密气田、华庆致密油田和庆城页岩油等大型非常规油气田，创新形成超前注水、井网优化、大井组布井等多项开发关键技术，建成了国内首个 $300\times10^8\text{m}^3$ 整装致密气田和首个百万吨页岩油国家级示范区。推动了长庆油田油气当量从 1000×10^4t 到 6500×10^4t 的快速突破，非常规油气当量超过 5000×10^4t，占国内非常规油气产量的 60% 以上，奠定了鄂尔多斯盆地在我国非常规油气领域的重要地位。

本书作者付金华教授治学严谨，长期工作在长庆油田油气勘探生产一线，是鄂尔多斯盆地非常规油气勘探发现者和亲历者，尤其是近十几年来，依托承担的国家油气重大科技专项，组织实施了鄂尔多斯盆地非常规油气地质理论创新、关键技术攻关和勘探战略部署决策，发现了一批大型非常规油气田，创新提出了有鄂尔多斯盆地特色的非常规油气地质理论，积累了丰富的勘探实践经验。因此，本书最大特点是从实践到理论、理论到实践的高度融合。具体有以下三点：一是克服以往著作对盆地单一成油或者成气理论进行论述，首次从克拉通型沉积盆地属性出发，从盆地构造、沉积演化角度，对控制致密气、致密油和页岩油形成地质条件进行了系统性的论述，整体性揭示了克拉通型沉积盆地非常规油气成藏和富集规律、分布格局，对重新评价认识鄂尔多斯盆地非常规油气地质特征及资源潜力具有很现实的指导意义；二是坚持从盆地油气勘探开发实践出发，首次清晰地界定了鄂尔多斯盆地低渗透（低渗透、特低渗透、超低渗透）与非常规油气概念的内涵及外延关系，强调了油气勘探实践过程中地质属性、技术性、经济性和实用性是非常规概念定义的关键因素，解决了长期以来盆地低渗透与非常规油气概念混淆不清的困局，对国内盆地在非常规油气定义方面具有较强的借鉴意义；三是通过盆地大型非常规油气田勘探开发实践过程的剖析，揭示了克拉通型盆地非常规油气理论研究、勘探思路、勘探技术和实践经验，对有效指导我国非常规油气勘探实践活动具有十分重要的意义。

创新的理论源自创新的实践，《鄂尔多斯盆地非常规油气地质特征与勘探实践》一书是长庆油田在实现油田当量 6500×10^4t 勘探生产实践中，石油科技人员不断探索、勇于创新，所取得的非常规油气地质理论创新认识体系和勘探实践经验，对重新认识我国非常规油气资源，指导非常规油气勘探开发具有重要的现实意义。

长庆油田的近年来的快速发展令人惊叹，长庆广大科技工作者攻坚克难、拼搏进取的精神令人感动，在低渗透、非常规油气勘探领域所取得的成果令人敬佩，我也相信长庆油田会拥有更加美好的发展未来，为把能源的饭碗端在自己手里，保障国家能源安全做出新贡献！

中国工程院院士 赵文智

2023 年 3 月 20 日

PREFACE 前言

鄂尔多斯盆地是中国第二大含油气盆地，本部面积 $25\times10^4km^2$，是一个稳定沉降、坳陷迁移、扭动明显的多旋回沉积型克拉通盆地，油气资源丰富，主要分布在上古生界石炭系—二叠系和中生界三叠系，以发育典型低渗透油气藏而著称。从 1907 年钻成我国第一口油井（延 1 井）开始，历经了百余年的勘探开发，特别是近 50 年来，中国石油长庆油田经过几代石油人的艰苦奋斗，到 2013 年实现了油气当量 5000×10^4t，2022 年油气当量突破 6500×10^4t，油气勘探开发取得了举世瞩目的成就，建成了我国最大的油气生产基地。

早在 20 世纪 80 年代，长庆油田率先在中国攻克了低渗透油气勘探开发理论技术，实现了以安塞、靖安为代表的低渗透（10～50mD）、特低渗透（1～10mD）油藏规模效益开发，把国外低渗透油气储层渗透率开发下限从 50mD 降到 1mD 左右，建成了闻名全国的低渗透油气田勘探开发的“安塞模式”，引领了我国低渗透油气的发展。特别是 21 世纪以来，随着全球非常规油气的迅猛发展，长庆油田在低渗透油气勘探开发成功经验的基础上，及时借鉴国内外非常规油气地质理论和技术，创新形成了鄂尔多斯盆地非常规油气地质理论和技术系列，在国内率先实现了非常规致密气、致密油和页岩油等多领域的勘探突破，推动长庆油气储量产量实现了跨越式增长，连续十余年年均新增致密气探明储量 $2000\times10^8m^3$、致密油探明储量 2×10^8t 以上，发现和探明了全国最大的 $4\times10^{12}m^3$ 级的苏里格大型致密气田、10×10^8t 级的姬塬、华庆大型致密油田和 10×10^8t 级的庆城页岩油大油田。截至 2022 年底，盆地致密气年产量接近 $400\times10^8m^3$，致密油年产量超过 1500×10^4t，页岩油建成 200×10^4t 年生产能力，非常规油气当量在国内占比达 50% 以上，奠定了鄂尔多斯盆地在我国非常规油气领域的核心地位。

鄂尔多斯盆地低渗透油气与非常规油气在空间上呈共生关系，在长期的勘探开发实践过程中，尽管油田内外学者在不同勘探开发阶段，对非常规油气成藏理论形成做了大量的论述和研究，但对于盆地非常规油气概念及其与低渗透油气之间的关系、非常规油气聚集特征，尚未形成系统性认识和统一的观点。早在 20 世纪 70—80 年代，以岩性油气藏理论为指导，按照储层渗透率标准，提出了低渗透（10～50mD）、特低渗透（1～10mD）等油气藏分类概念，创新形成了陆相湖盆河流—三角洲低渗透油气成藏理论，随着盆地油田勘探开发对象向近源、湖盆中心更加致密储层逐步推进，又提出了超低渗透油藏概念（小于 1mD）。进入 21 世纪以来，借鉴国外非常规油气概念和理论，主要针对原来超低渗透（或特低渗透）储层，按照低渗透油气藏特征和相应勘探开发方式差异，进一步划分为致密油（致密气）、页岩油，并且在盆地不同的油气勘探开发发展阶段，对盆地致密气、致密油、页岩油等概念内涵进行过不同的定义和论述。如对致密油的定义，最早按照中国石油天然气行业标准（SY/T 6843—2018）（渗透率小于 2mD），考虑当时盆地已经实现了大于 0.3mD 油层的有效开发，因此，定义了小于 0.3mD 的页岩及共生的致密储层，主要为延长组长 7 油层组油层。后来经勘探开发证实，延长组长 7 油层组油层与长 6、长 8 油层组油层具有不同的油藏特征和开发方式，参照国家标准（GB/T 34906—2017）致密油概念（空气渗透率小于 1mD），重新定义邻近烃源岩的延长组长 6、长 8 油层组油层属于致密油。而长 7 油层组属于烃源岩（泥、页岩）层段，其内部含油层定义为页岩油。因此，鄂尔多斯盆地非常规油气概念由于受不同发展阶段研究对象、地质认识程度和工程技术水平等条件的限制，导致了对盆地致密油气、页岩油等概念认识不统一，低渗透与非常规概念关系不清晰，缺少从非常规油气角度对鄂尔多斯盆地油气地质理论进行整体性和系统性的研究和论述。

本书以鄂尔多斯盆地低渗透、非常规油气理论发展和勘探开发历史为脉络，借鉴国内外非常规油气最新概念，坚持盆地油气勘探开发生产实用性原则，对鄂尔多斯盆地非常规致密油气、页岩油概念进一步梳理和重新定义，厘定了低渗透与非常规油气概念的相互关系。吸收应用国内外非常规油气地质理论和最新的研究成果，从鄂尔多斯克拉通含油气盆地属性出发，充分应用“十一五”“十二五”和“十三五”国家及集团公司科技重大专项研究成果，系统地总结了鄂尔多斯盆地非常规致密气、致密油和页岩油概念和成藏地质理论，并论述了这些理论指导了盆地不同类型油气藏的勘探实践。

全书共分为七章，第一章非常规油气概述，首先引用国内外非常规油气概念和相关定义，结合盆地油气地质特征和勘探实践，重新定义了盆地非常规致密油气、页岩油等概念，明确了盆地低渗透与非常规油气概念之间的相互关系，特别提出了非常规油气为广义的低渗透油气（主要为超低渗透油气），低渗透油气定义注重储层渗透率分类划分，非常规油气定义注重油藏特征和技术的差异性（非常规手段），二者相互兼容，互不矛盾。最后简述了非常规油气勘探历程、地质理论、勘探技术进展和勘探开发成果。第二章区域地质特征，简述了盆地构造特征、结晶基底时代及基地结构和岩性特征，描述了盆地中—新元古界到中生界地层划分与分布特征，分析了盆地沉积构造演化对上古生界、中生界油气生、储、盖分布的控制特征，明确了非常规油气形成的基本地质条件。第三章致密气成藏特征，从盆地上古生界沉积物源出发，论述了上古生界沉积体系分布和沉积演化过程，揭示了上古生界致密砂岩气大面积储集体形成机制、分布模式，分析了致密砂岩储层孔隙特征和形成的主控因素，阐述了鄂尔多斯盆地大面积致密气聚集机理、富集规律。第四章中生界致密油成藏特征，首先简述了三叠纪延长组沉积期的原型盆地范围和古环境、物源方向、沉积演化等宏观背景；重点分析了主力含油层段长 6、长 8 油层组致密油沉积类型、富砂机理、砂体构型，描述了致密砂岩储层微观特征及致密化成因；论述了生储盖组合、油气输导体系、石油微观赋存状态、成藏期次和成藏动力等致密油成藏条件；总结了油藏特征、成藏主控因素、油藏富集规律，预测了含油富集区。第五章中生界页岩油富集特征，系统论述了长 7 油层组沉积体系与沉积相展布、深水环境细粒砂质沉积物大面积分布成因，描述了页岩油储层微观特征及非均质性，揭示了富有机质烃源岩富集机理，总结了页岩油富集控制因素及甜点评价标准。第六章非常规油气勘探实践，简述了苏里格、华庆及庆城等大型非常规油气田勘探历程、勘探难点、勘探思路和勘探特色技术等，总结了盆地非常规油气勘探实践经验及取得的勘探开发成效。第七章非常规油气勘探潜力与发展前景，对鄂尔多斯盆地致密油气、页岩油等非常规油气资源潜力分别进行了评价，系统分析了盆地下一步非常规油气储量、产量增长领域，并对盆地未来非常规油气发展前景进行了展望。

近年来，鄂尔多斯盆地油气实现跨越式发展得益于非常规油气的重大突破，非常规油气地质理论创新和勘探技术攻关不断取得了丰硕的成果。笔者自 20 世纪 80 年代起，长期从事鄂尔多斯盆地低渗透、非常规油气地质综合研究和勘探实践工作，组织开展了“十一五”至“十三五”国家和集团公司重大科技专项攻关，在非常规油气理论和技术方面积累了一定的勘探实践经验。本书站在鄂尔多斯盆地油气勘探整体发展历史角度，回顾和总结非常规油气地质理论和勘探实践成果，对有效指导非常规油气实现新发展，将会提供重要的借鉴与帮助。

参加本书编写的主要人员还有长庆油田勘探开发研究院李士祥、韩天佑、刘晓鹏、张才利、邓秀芹、范立勇、白海峰、尤源、闫小雄、刘广林、赵小会、程党性、侯云东、楚美娟、胡新友、淡卫东、张辉、刘江艳、周新平、杨伟伟等油气勘探相关技术人员，同时还得到成都理工大学陈洪德教授等相关院校专家、学者的大力支持与帮助。鄂尔多斯盆地非常规油气的重大突破与发现，凝聚了多年来奋战在长庆油田勘探生产一线的科技人员、科研院所专家的心血，在此一并表示诚挚的感谢！由于时间紧迫和笔者水平有限，书中难免有不妥之处，恳请读者批评指正！

CONTENTS 目录

第一章　鄂尔多斯盆地非常规油气概述

近20年来，全球“非常规油气革命”推动世界油气产业发展进入了全新的阶段，实现了致密油气和页岩油气产量的高速增长，非常规油气在全球油气产量中的作用和地位不断凸显，非常规油气地质理论研究也成为当前和未来石油地质学研究的主要方向。

随着国外非常规油气的快速发展，中国非常规油气勘探和开发也不断取得了新突破，2020年全国非常规油气产量超过7000×10^4t油当量（邹才能等，2021），占全国油气总产量20%以上，标志着中国进入了非常规油气革命发展新阶段。鄂尔多斯盆地作为国内非常规油气勘探开发的典型代表，近年来，通过不断创新非常规油气地质理论，突破关键核心技术，在致密气、致密油和页岩油等领域勘探开发取得了丰硕的成果，2022年非常规油气产量达到4800×10^4t油当量，占国内非常规油气产量50%以上。因此，回顾和总结鄂尔多斯盆地非常规油气理论技术发展成果及其勘探开发实践经验，对指导我国下一步非常规油气发展具有十分重要的意义。

第一节　国内外非常规油气相关概念

国内外不同学者对非常规油气定义各有差异，相对传统意义的常规油气藏而言，一般认为非常规油气是指在现有经济技术条件下，不能用传统技术开发的油气资源。有学者从含油气系统角度出发，认为非常规资源是“连续的”或“处于盆地中心”，缺乏常规圈闭。Harris Cander于2012年提出利用黏度—渗透率图版界定非常规油气，即非常规资源是指需通过技术改变岩石渗透率或者流体黏度，使得油气田的渗透率与黏度比值发生变化，从而获得工业产能的资源。石油工程师学会（SPE）、美国石油地质学家协会（AAPG）、石油评价工程师学会（SPEE）、世界石油大会（WPC）2007年联合发布非常规资源的定义：指大面积连续性分布，传统技术无法获取自然工业产能，需用新技术改善储层渗透率或流动性才能经济开采的连续性油气资源。包括致密油气、页岩油气、重油和油砂，以及煤层气、天然气水合物及油页岩等。

邹才能2013年在系统分析各类非常规油气基本特征的基础上，重新厘定非常规油气定义：非常规油气是指用传统技术无法获得自然工业产量、需用新技术改善储层渗透率或流体黏度等才能经济开采、连续或准连续型聚集的油气资源。非常规油气有两个关键标志和两个关键参数，两个关键标志为：（1）油气大面积连续分布，圈闭界限不明显；（2）无自然工业稳定产量，达西渗流不明显。两个关键参数为：（1）孔隙度小于10%；（2）孔喉直径小于1μm或渗透率小于1mD。非常规油气主要地质特征表现为源储共生，在盆地中心、斜坡大面积分布，圈闭界限与水动力效应不明显，储量丰度低，主要采用水平井规模压裂技术、平台式“工厂化”生产、纳米技术提高采收率等方式开采。主要类型有致密油气、页岩油气、煤层气、天然气水合物等。赵靖舟等指出，非常规油气是一个动态的、且有着一定人为性的概念，应按照实际应用的目标进行合理的划分。本书在分析国内外不同机构和学者非常规致密气、致密油和页岩油概念的基础上，立足鄂尔多斯盆地主要油气产层地质特征和勘探开发实践，重点论述盆地非常规致密气、致密油及页岩油的概念及内涵。

一、致密气定义

由于不同国家和地区的资源状况、技术经济条件不同，致密气藏的界定尚未形成统一的标准。1980 年，美国联邦能源管理委员会（FERC），根据《美国国会 1978 年天然气政策法案（NGPA）》的有关规定，为了从商业角度对所谓的“高成本”“低成本”气藏进行一个界定，从而对所谓的“高成本”天然气提供价格上的补贴，把致密砂岩气开发的补贴标准规定为:（1）整个产层的平均原地气渗透率为 0.1mD 或更小；（2）未压裂的稳定产气率符合特定指标；（3）单井日产油当量不大于 5bbl；（4）含气砂岩的有效厚度至少为 30.5m，含水饱和度必须低于 65%，孔隙度为 5%～15%；（5）产层段地层总厚度中至少有 15% 的有效厚度等。总体而言，美国政府关于致密砂岩气的划分考虑因素较多，但渗透率是其中的关键参数。致密气层的渗透率较低，其天然气的产能低，只有投入压裂、水平井、多分支井等措施才能获得经济效益。

Surdam（1997）提出致密气系指产自低渗透致密砂岩储层（一般孔隙度小于 12%，渗透率小于 1mD）中的非常规天然气。Stephenetal（2006）认为，致密气藏是只有经过水力压裂，或利用水平井或多分支井，才能以具有经济价值的产量生产并采出大量天然气的气藏。Philip H.Nelson（2009）将致密砂岩储层标准定为孔喉直径为 0.03～2μm。Nehring（2008）指出目前普遍的看法认为，致密砂岩气的渗透率小于 1mD，但也有将储层渗透率在 1～5mD 或 1～10mD 的天然气同样视为致密气（表 1-1-1）。

然而，亦有研究者认为，仅仅依据渗透率对致密层进行界定是不恰当的，从而提出了不同的定义。如 Holditch（2006）认为，致密气储层最好被定义为“除非经过大型水力压裂或者采用水平井或多分支井技术，否则既不能获得经济产量又不能获得经济数量的天然气储层”。加拿大非常规天然气协会（Ixon 和 Flint，2007）将致密气定义为“在区域性弥漫式分布的连续天然气聚集中，以游离气形式储集于碎屑岩和碳酸盐岩储层孔隙中的所有天然气资源”。

国内关于致密砂岩气藏的定义与标准，尚没有统一认识。我国致密砂岩储层的概念自 20 世纪 80 年代开始出现，到 90 年代开始有了较明确的界定，并引起较多关注和研究。袁政文等（1990）、许化政（1991）较早使用了这一概念，他们将地面渗透率小于 1mD、孔隙度小于 12% 的储层界定为致密储层。关德师等（1995）指出，致密气藏是孔隙度低（小于 12%）、渗透率比较低（0.1mD）、含气饱和度低（小于 60%）、天然气在其中流动速度较缓慢的砂岩层中的天然气藏。

邹才能等（2009）根据国内外研究成果，提出致密砂岩气孔隙度 3%～12%，有效渗透率小于 0.1mD 或空气渗透率小于 1mD，储层孔喉半径小于 1μm，含气饱和度小于 60%。这种气藏一般无自然工业产量，但在一定经济条件和技术措施下可以获得工业天然气产量。赵靖舟（2012）将致密砂岩气定义为储层致密，只有经过大型压裂改造等措施才可以获得经济产量的烃源岩外气藏，其绝对渗透率一般小于 1mD。这一定义既考虑了致密砂岩气的商业价值，也赋予了其一定的地质内涵，是一种商业和地质并重的致密砂岩气定义方式。赵政璋等（2012）给致密气的定义是夹在或紧邻优质气源岩的致密砂岩中，未经过大规模长距离运移而形成的天然气聚集，由低渗透、特低渗透砂岩储层储集的天然气，一般无自然产能，需通过大规模压裂技术才能形成工业产能。在《致密砂岩气地质评价方法》（GB/T 30501—2022）的致密砂岩气定义中，突出了覆压基质渗透率小于等于 0.1mD（表 1-1-1）。

表 1-1-1 国内外不同研究机构、学者对致密砂岩气孔隙度、渗透率分类标准

国家	数据来源	孔隙度 / %	渗透率 / mD	孔喉半径 / μm	备注
国外	FERC，1980	5～15	≤0.1		原地渗透率
	Nehring，2008		≤1		空气渗透率
	Surdam R C，1997	≤12	≤1		空气渗透率
	Philip H.Nelson，2009			2～0.03	
国内	SY/T 6832—2011		≤0.1		覆压渗透率
	袁政文，1990	≤12	≤1		空气渗透率
	关德师，1995	≤12	≤0.1		有效渗透率
	戴金星，1996	≤10	≤0.5		有效渗透率
	邹才能，2009	3～12	≤0.1	≤1	空气渗透率
	GB/T 30501—2022		≤0.1		覆压渗透率

二、致密油定义

致密油的概念最早由 Ledingham 等于 20 世纪 40 年代提出，用以描述含油的致密砂岩。美国能源信息署（EIA）在《2012 能源展望》报告中将致密油定义为“利用水平钻井和多段水力压裂技术从页岩或其他低渗透性储层中开采出的石油”。美国国家石油委员会（NPC）将致密油定义为“蕴藏在埋深很大、不易开采的具有极低渗透率的沉积岩层中的石油，其可以直接产自页岩层，但大多数产自与作为烃源岩的页岩关系密切的砂岩、粉砂岩和碳酸盐岩”。加拿大自然资源协会（NRC）将产自页岩层系的石油称为致密轻质油或致密页岩油。加拿大国家能源委员会认为致密油不仅指页岩油，还包括致密砂岩、粉砂岩、石灰岩及白云岩等致密储层中赋存的石油。Clarkson 等将轻质致密油分为页岩油、致

密油和环边油 3 类，认为致密油是生油岩层系生成后经过短距离运移并在紧邻烃源岩的致密层中聚集的石油，其储集岩性主要为致密砂岩和致密灰岩，覆压基质渗透率小于 1mD，烃源岩层不能作为其储层。

贾承造等（2012）将致密油定义为“以吸附或游离状态赋存于生油岩中，或与生油岩互层、紧邻的致密砂岩、致密碳酸盐岩等储集岩中，未经过大规模长距离运移的石油聚集”。邹才能等将致密油定义为“储集在覆压基质渗透率小于 0.1mD 的致密砂岩、致密碳酸盐岩等储层中的石油”。国内外科研机构和学者定义的致密油为广义的致密油，普遍包含了页岩油及致密砂岩和致密碳酸盐岩储层中的石油，在一定程度上造成了致密油与页岩油定义的混淆。鉴于致密油与陆相页岩油在地质特征、开采技术等方面存在明显的差异，有必要对两者进行区分。

随着国家对非常规油气资源的重视和油气勘探开发技术的进步，2013 年石油天然气行业标准《致密油地质评价方法》（SY/T 6943—2013）正式发布，将致密油定义为，储集在覆压基质渗透率小于或等于 0.2mD（空气渗透率小于 2mD）的致密砂岩、致密碳酸盐岩中的石油；单井一般无自然产能或自然产能低于工业油流下限，但在一定经济和技术条件下可以开采的石油。2017 年国家对致密油做了进一步定义，国家标准《致密油地质评价方法》（GB/T 34906—2017）将致密油定义为“储集在覆压基质渗透率小于或等于 0.1mD（空气渗透率小于 1mD）的致密砂岩、致密碳酸盐岩等储层中的石油，或非稠油类流度小于或等于 0.1mD/（mPa · s）的石油”。

三、页岩油定义

国际上对于页岩油的定义并不统一，如上述致密油部分论述，国外科研机构和学者有时也把页岩油划入致密油范畴，造成了致密油与页岩油定义不清。不同科研机构、油气公司、专家学者对页岩油的理解不同，导致相关术语存在很大争论。随着页岩油勘探开发和地质认识的不断进展，页岩油定义也逐渐明朗。

近年来，中国学者对页岩油给出了不同的定义。周庆凡等指出，广义的页岩油有两种含义：一是指利用热解等方法从油页岩中生产出的石油，或称人造（合成）原油；二是指利用水力压裂技术从地下页岩层中采出的石油。而狭义的页岩油专指来自作为烃源岩的泥页岩层系中的石油资源，其特点是烃源岩与储层同层。

邹才能等（2013）认为页岩油是指储存于富有机质、纳米级孔径为主的页岩地层中的石油，是成熟有机质页岩石油的简称。其中，页岩既是石油的烃源岩，又是石油的储集岩。张金川等指出页岩油是泥页岩地层所生成的原油未能完全排出而滞留或仅经过极短距离运移而就地聚集的结果，属于典型的自生自储型原地聚集油气类型。同属于页岩层系内的致密油与页岩油本身具有相似性。杨智等认为，页岩层系中液态烃包括致密油和页岩油两种资源类型，都是源储共生层系中“生油灶”内部的石油聚集。童晓光认为页岩油属于连续聚集，与烃源岩密切相关，为源内或近源聚集，且与致密油、页岩气具有共生关系。

金之钧等（2019）将页岩油定义为“赋存在富有机质页岩层系（包含页岩中致密碳酸盐岩和碎屑岩夹层）中的石油”。与常规油藏相比，页岩油主要具有如下特征：（1）“自生自储”，油气运移距离十分有限；（2）非构造高点控制，分布范围广，往往分布于烃源岩发育的斜坡区或洼陷中央区；（3）资源丰度低，必须经过大规模人工压裂改造才能实现经济、有效开发。当然，任何定义本身都会受到技术、经济甚至社会等因素的影响。赵文智（2020）认为陆相页岩油是指埋藏深度大于300m、R_o值大于0.5%的陆相富有机质页岩层系中赋存的液态石油烃和多类有机物的统称，包括地下已经形成的石油烃、各类沥青物和尚未热降解转化的固体有机质。

赵文智（2018）指出页岩油与致密油存在两方面区别：（1）烃类物质不同，页岩油包含已转化形成的石油烃、沥青物和未转化的固体有机质，是源内自生自储，而致密油全部是从邻近页岩地层中生成并排出的石油，是近源聚集；（2）天然储渗能力不同，页岩油储层的孔渗相对较低，一般孔隙度小于3%，渗透率小于1mD，致密油储层的孔渗条件相对较高，孔隙度一般大于6%，多数在10%以上，渗透率一般小于1mD。

2020年发布的国家标准《页岩油地质评价方法》（GB/T 38718—2020）中规定“页岩油指赋存于富有机质页岩层系中的石油。富含有机质页岩层系烃源岩内粉砂岩、细砂岩、碳酸盐岩单层厚度不大于5m，累计厚度占页岩层系总厚度比例小于30%。无自然产能或低于工业石油产量下限，需要采用特殊工艺措施才能获得工业石油产量。”《页岩油地质评价方法》明确了页岩油“源生源储”的地质含义。

焦方正（2020）指出，中国源内石油聚集主体赋存于陆相湖盆页岩层系中，岩石类型、矿物组成复杂，形成了极具特色、类型多样的湖相页岩层系储层甜点，是源内捕获及原地滞留油气的有利聚集场所，按照地质条件和沉积特征，中国陆相页岩层系储层甜点大致可划分为夹层型、混积型和页岩型3类（表1-1-2）。

表1-1-2　陆相源内石油聚集“甜点”类型主要类型和地质特征

“甜点”主要类型		典型实例	油藏剖面	主要地质特征
夹层型	砂岩型	鄂尔多斯盆地长7_{1-2}油层组		源储共存，页岩层系整体含油，薄层砂岩有利储集层近源捕获石油形成“甜点”
	凝灰岩型	三塘湖盆马朗凹陷条湖组		源储共存，页岩层系整体含油，凝灰质有利储集层近源捕获石油形成“甜点”
混积型	砂质云质型	准东吉木萨尔凹陷芦草沟组		源储共存，页岩层系整体含油，砂质、钙质等有利储集层源内捕获石油形成“甜点”
	白云质型	渤海湾盆地沧东凹陷孔二段		源储共存，页岩层系整体含油，白云质等有利储集层源内捕获石油形成“甜点”
	灰质型	四川盆地湖盆中部大安寨段		源储共存或一体，页岩层系整体含油，灰质岩有利储集层源内捕获石油形成“甜点”
页岩型	纹层型	鄂尔多斯盆地长7_3油层组 松辽盆地湖盆中部青二段		源储一体，页岩整体含油，砂质、钙质页岩有利储集层源内捕获石油形成“甜点”
	页理型	鄂尔多斯盆地长7_3油层组 松辽盆地湖盆中部青一段		源储一体，页岩整体含油，砂质、钙质页岩有利储集层原地滞留石油形成“甜点”

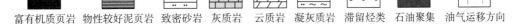

富有机质页岩　物性较好泥页岩　致密砂岩　灰质岩　云质岩　凝灰质岩　滞留烃类　石油聚集　油气运移方向

致密油与陆相页岩油在地质特征、开采技术等方面存在明显的差异。致密油与页岩油的主要区别在于原油是否发生明显的二次运移，前者属于运移油气体系，而后者属于滞留油气体系。致密油储层厚度大，储集岩性多为砂岩、碳酸盐岩，砂地比大于30%，源—储分异，油气经过二次运移富集成藏；页岩油储集岩性包括泥岩、页岩、砂岩、混积岩、凝灰岩等，烃源岩既是生油层，也是储层，储层砂地比低、单层砂体厚度薄，需要通过“水平井 + 体积压裂”方式来开采，低成熟度页岩油区可通过原位转化方式开展攻关（表 1–1–3）。

表 1–1–3　致密油与页岩油典型特征对比

类型	储层岩石类型	储层渗透率	源—储关系	运移成藏	单砂层厚度、砂地比	开发方式
致密油	砂岩、碳酸盐岩	覆压基质渗透率≤0.1mD；非稠油类流度≤0.1mD/（mPa·s）的石油	源—储分异	二次运移成藏富集	无规定，一般较大，砂地比＞30%	直井、水平井、分级压裂
页岩油	泥岩、页岩、砂岩、混积岩、凝灰岩等	无规定，显然更低	源—储一体	无明显二次运移，滞留或排烃后直接成藏	单层厚度≤5m，砂地比＜30%	水平井、体积压裂、原位转化

综上所述，非常规油气概念具有油气地质特征与开发技术水平、经济技术政策等多重属性。其定义与盆地油气勘探开发实践活动密切相关，非常规油气地质属性是静态不变的，开发技术、经济条件是动态变化的，随着时间的持续变化，其开发技术进步决定了油气的商业属性，三者相互关联。

第二节　鄂尔多斯盆地非常规油气概念形成与发展

鄂尔多斯盆地非常规油气概念是在传统低渗透油气藏分类的基础上，借鉴了国内外非常规油气概念，针对鄂尔多斯盆地广义低渗透中的特低渗透和超低渗透油（或特低渗透气），结合低渗透油气藏地质特征、开发方式及经济技术等条件，做了进一步的分类和定义，有利于指导鄂尔多斯盆地低渗透、非常规油气勘探开发生产实践。

一、低渗透油气划分标准

不同国家和地区对低渗透油田的划分标准并不统一，通常根据储层性质和油田开发技术经济指标进行划分。美国将渗透率不大于100mD的油田称为低渗透油田，苏联采用的标准是50～100mD。

国内关于低渗透储层的概念和分类评价标准，目前认识还不完全统一。早期罗蛰潭、王允诚等（1986）提出将渗透率小于100mD的储层作为低渗透储层，并根据储层孔隙结构及毛细管压力参数将砂岩储层分为Ⅰ类（渗透率大于100mD、孔隙度大于20%）、Ⅱ类

（渗透率 1～100mD、孔隙度 12%～20%）、Ⅲ类（渗透率 0.1～1mD、孔隙度 7%～12%）、Ⅳ类［渗透率小于 0.1mD、孔隙度小于 6%（油）或小于 4%（气）］。1992 年在西安国际低渗透油气藏会议上，严衡文等将渗透率大于 100mD 的储层作为好储层，将渗透率为 10～100mD 的储层作为低渗透储层，将渗透率为 0.1～10mD 的储层作为特低渗透储层。唐曾熊在其《油气藏的开发分类及描述》一书中，建议以一个数量级作为划分各类渗透率的标准，即对于油田，特低渗透率小于 10mD，低渗透率为 10～100mD，中渗透率为 100～1000mD，高渗透率大于 1000mD。

鄂尔多斯盆地是我国最典型的低渗透储层分布区。20 世纪 90 年代，长庆油田地质学者根据鄂尔多斯盆地低渗透油田勘探开发实践，结合前人的研究成果，依据油藏储层基质渗透率，把盆地低渗透（广义低渗透）分为三类：（1）低渗透油田，油层渗透率为 10～50mD。这类油层油井初产一般能够达到工业油流标准，但产量太低，需采取压裂措施，提高生产能力，才能取得较好的开发效果和经济效益。（2）特低渗透油田，油层渗透率为 1～10mD。这类油层一股束缚水饱和度较高，测井电阻率低，油井一般没有自然产量，必须采取较大型的压裂改造和其他相应措施，才能有效地投入工业开发，如安塞、靖安油田等。（3）超低渗透油田，其油层渗透率为 0.1～1.0mD。这类油层非常致密，束缚水饱和度高，油井基本没有自然产能，在现有技术经济条件下，一般不具备工业开发价值。基本形成了鄂尔多斯盆地低渗透油气划分标准。

1998 年、2009 年相继对中国石油天然气行业标准《油气储层评价方法》（SY/T 6285—1997）中的碎屑岩低渗透划分作了两次修订，与长庆油田低渗透划分标准基本一致。2011 年中国石油天然气行业标准《油气储层评价方法》（SY/T 6285—2011）将碎屑岩低渗透储层的空气渗透率上限定为 50mD，该标准将低渗透砂岩储层（广义低渗透）分为低渗透（渗透率 10～50mD）、特低渗透（渗透率 1～10mD）、超低渗透（渗透率 0.1～1mD）、非渗透（渗透率小于 0.1mD）储层。但此分类仍然存在一些不足，突出表现在两方面：一是现行的石油天然气行业标准对于低渗透储层的分类仍然偏粗，不能满足像鄂尔多斯盆地这种低渗透油气田勘探评价的需求；二是对各级低渗透储层的孔隙度划分界限还有待探讨。

长庆油田大量生产实践经验证明，鄂尔多斯盆地超低渗透性油藏储层致密，成藏控制因素多样，油气富集机理复杂，勘探开发难度大。同时，超低渗透性油藏束缚水高而含油饱和度低、孔隙度低、喉道小、流体渗透能力差，一般情况下没有自然产能，在常规技术条件下不具备商业开发价值。只有采取特殊技术措施，超低渗透性油藏油井产量才能达到工业油流标准。通过对鄂尔多斯盆地延长组超低渗透储层特征、微观结构、渗流特征等参数，结合可动流体饱和度测试技术、恒速压汞的微观孔隙结构测试技术、低渗透储层启动压力测试技术、低渗透储层水驱油特征研究方法等成熟技术的应用，筛选出 4 个超低渗透储层分类参数（启动压力梯度、有用孔喉体积分数、主流喉道半径、可动流体饱和度）进行分类评价。综合研究表明：有效孔隙度、可动流体饱和度、主流喉道半径与渗透率呈正相关性，与启动压力梯度呈负相关性。通过归纳分析，构建了一个综合性超低渗透储层分类参数四元分类系数，分类系数与渗透率呈明显正相关。据此进一步把超低渗透储层划分为Ⅰ类（渗透率 0.5～1mD）、Ⅱ类（渗透率 0.3～0.5mD）、Ⅲ类（渗透率 0.1～0.3mD）（杨华等，2012），完善了长庆油田低渗透油藏划分标准（表 1-2-1）。其中超低渗透Ⅰ类、Ⅱ类储层已基本实现有效开发，超低渗透Ⅲ类储层是目前超低渗透油田攻关的重点。

表 1-2-1　鄂尔多斯盆地低渗透与非常规油气划分标准表

<table>
<tr><th colspan="4">低渗透与非常规分类</th><th colspan="5">渗透率 /mD</th><th>备注</th></tr>
<tr><td rowspan="7">石油</td><td rowspan="5">广义低渗透</td><td colspan="2">低渗透</td><td></td><td></td><td></td><td></td><td>10～50</td><td></td></tr>
<tr><td colspan="2">特低渗透</td><td></td><td></td><td></td><td>1.0～10</td><td></td><td></td></tr>
<tr><td rowspan="3">超低渗透</td><td>超Ⅰ</td><td></td><td></td><td>0.5～1.0</td><td></td><td></td><td></td></tr>
<tr><td>超Ⅱ</td><td></td><td>0.3～0.5</td><td></td><td></td><td></td><td></td></tr>
<tr><td>超Ⅲ</td><td>0.1～0.3</td><td></td><td></td><td></td><td></td><td></td></tr>
<tr><td rowspan="2">非常规</td><td colspan="2">致密油</td><td colspan="3">0.1～1.0</td><td></td><td></td><td>长 6、长 8 油层组</td></tr>
<tr><td colspan="2">页岩油</td><td><0.3</td><td></td><td></td><td></td><td></td><td>长 7 油层组</td></tr>
<tr><td rowspan="3">天然气</td><td rowspan="2">广义低渗透</td><td colspan="2">低渗透</td><td></td><td></td><td></td><td>1.0～5</td><td></td><td></td></tr>
<tr><td colspan="2">特低渗透</td><td colspan="3">0.1～1.0</td><td></td><td></td><td></td></tr>
<tr><td>非常规</td><td colspan="2">致密气</td><td colspan="3">0.1～1.0</td><td></td><td></td><td>上古生界</td></tr>
</table>

关于鄂尔多斯盆地天然气低渗透储层标准划分，长庆油田结合古生界气田储层渗透率分布特征，同时考虑到石油与天然气在储层中具有不同的渗流特征，低渗透储层分类参照了中华人民共和国地质矿产行业标准《石油天然气储量估算规范》（DZ/T 0217—2020），将低渗透储层的空气渗透率上限定为 10mD，该标准将低渗透砂岩储层（广义低渗透）分为低渗透（渗透率 1～10mD）和特低渗透（渗透率 0.1～1mD）（表 1-2-1）。

二、非常规油气概念的形成

21 世纪以来，长庆油田及其相关联合攻关单位地质学者围绕鄂尔多斯盆地低渗透油气分类标准，开展了许多富有成效的研究工作，本书在此基础上，借鉴国内外非常规油气定义，同时结合鄂尔多斯盆地低渗透油气地质特征和勘探开发生产实际，形成了鄂尔多斯盆地致密油、致密气和页岩油的概念。

（一）致密油概念

鄂尔多斯盆地致密油概念的形成与发展经历了前后两个认识阶段。2016 年以前，参考了中国石油天然气行业标准《致密油地质评价方法》（SY/T 6943—2013）的致密油定义，将储层空气渗透率小于 2mD 定为致密油。评价认为，鄂尔多斯盆地超过 50% 的石油资源为致密油，其中，大部分区域的延长组长 6、长 7、长 8 油层组致密储层渗透率均小于 1mD，其内聚集的石油均为致密油。当时考虑到长庆油田对于储层渗透率为 0.3～1mD 的油藏已经实现规模效益开发，且鄂尔多斯盆地延长组长 7 油层组储层渗透率普遍小于 0.3mD，勘探开发难度大，为聚焦攻关目标，并与油田生产需求相统一。长庆油田杨华等将鄂尔多斯盆地赋存于地面空气渗透率小于 0.3mD 的页岩及与其共生的致密砂岩储层中、未经过大规模长距离运移的石油称为致密油，包括了致密砂岩油和页岩油两种类型，该定义有效指导了后期长 7 油层组石油地质研究和勘探开发生产。

但是，近年来，鄂尔多斯盆地石油勘探开发实践证实，三叠系延长组长 6、长 8 油层组中富集的致密砂岩油与长 7 油层组致密油在含油性、富集机理、渗流特征和开发方式存在明显的差异。在储层渗透率相当情况下，长 7 油层组砂岩含油性明显优于长 6、长 8 油层组砂岩，且同一口井中厚度较大的长 6、长 8 油层组砂岩试油效果均差于长 7 油层组试油效果，水平井体积压裂产量效果多不如长 7 油层组。在开发方式方面，长 6 油层组、长 8 油层组致密油均采用超前注水、油层改造等增产方式，而长 7 油层组致密油采用大规模水平井体积压裂方式，也实现了商业性开发。

因此，长庆油田及多年从事鄂尔多斯盆地地质研究的学者参照国家标准《致密油地质评价方法》（GB/T 34906—2017）致密油定义（储层空气渗透率小于 1mD），重新定义了鄂尔多斯盆地的致密油，主要是指紧邻延长组长 7 油层组烃源岩上部的长 6 油层组和下部的长 8 油层组，空气渗透率一般小于 1mD 的含油储层，即以往定义的超低渗透油藏。长庆油田采用油层改造、解堵增产、超前注水等增产技术，对姬塬、华庆、镇北等渗透率在 0.3～1.0mD 的致密油田已实现了规模有效开发（原属于超低渗透Ⅰ、Ⅱ类油藏），目前正对渗透率小于 0.3mD（原属于超低渗透Ⅲ类油藏）、开发难度更大的致密油进行技术攻关。

（二）页岩油概念

页岩油概念在前面致密油定义部分已有涉及，鄂尔多斯盆地延长组长 7 油层组油层与长 6、长 8 油层组致密油在油藏特征和开发方式上表现了较大差异。参考 2020 年颁布的国家标准《页岩油地质评价方法》（GB/T 38718—2020）对页岩油的定义，特别是界定页岩油的重要条件“源储一体”及定量参数界限“单层厚度不大于 5m”“累计厚度占页岩层系总厚度比例小于 30%”。分析认为，鄂尔多斯盆地长 7 油层组为中生界最为主要的一套烃源岩层系，整体属于一套细粒沉积岩，岩石类型为黑色页岩、暗色泥岩及粉—细砂岩，砂地比低，80% 的井砂地比小于 30%，平均砂地比为 17.8%。单层砂岩厚度薄，70.6% 的单砂体厚度小于 5m，平均单砂体厚 3.5m。多薄层粉细砂岩夹持于厚层泥页岩中，自生自储、源内成藏，属于滞留油气富集体系。按照经典沉积学理论和非常规油气地质理论最新研究成果，鄂尔多斯盆地长 7 油层组属于典型的陆相页岩油，其储层渗透率一般小于 0.3mD（表 1-2-1）。

根据目前长庆油田勘探开发实践，长 7 油层组页岩油进一步划分为夹层型（以页岩油中的砂质为主）和页理型（纯页岩油）。结合相带分布、岩性组合、源储配置等特征，夹层型页岩油可进一步划分为重力流夹层型页岩油和三角洲前缘夹层型页岩油，页岩型页岩油可分为纹层页岩型页岩油和页理页岩型页岩油（付金华，2020）。

（三）致密气概念

参照本章第一节国内外致密气概念论述，特别是国家标准《致密砂岩气地质评价方法》（GB/T 30501—2022）的致密砂岩气定义，本书结合鄂尔多斯盆地上古生界致密砂岩气地质特征和勘探开发生产实践，定义致密砂岩气指在低渗透砂岩储层中的天然气聚集，储层地面条件下空气渗透率一般小于 1mD，孔隙度一般小于 10%，喉道一般小于 1μm，无自然工业产量，不能直接进行经济开采的天然气资源，但在一定经济条件和工艺技术措施下可以获得工业气流。按照此定义，致密气主要为低渗透分类（广义低渗透）中特低渗透天然气，鄂尔多斯盆地上古生界石炭—二叠系砂岩气藏主要归属于致密气范畴（表 1-2-1）。

三、低渗透与非常规油气概念的关系

鄂尔多斯盆地低渗透油气概念与非常规油气概念既相互联系，又有所区别。从概念内涵来看，传统意义上的低渗透油气概念更多考虑了油气地质属性，特别是储层渗透率、孔隙度等静态特征。反之，非常规油气概念既考虑了油气地质属性，同时也考虑了相适应的技术手段和经济条件等属性。因此，非常规油气属于广义上低渗透油气范畴，是对具有不同油气地质特征的超低渗透（或特低渗透）油气藏采用了不同的非常规技术，实现经济有效勘探开发而做的进一步细化定义，其概念内涵可能随着工程技术的进步而发生变化。

对于鄂尔多斯盆地而言，致密油、页岩油均属于超低渗透油藏类型（表 1-2-1）。致密油主要指分布在中生界陆相三角洲前缘或湖盆中心地区，为邻近延长组长 7 油层组烃源岩上、下的长 6、长 8 油层组油层，渗透率一般小于 1mD，主要分布在 0.3～1mD；页岩油主要指延长组长 7 油层组烃源岩内油层，渗透率一般小于 0.3mD；鄂尔多斯盆地致密气属于特低渗透气藏（表 1-2-1），储层渗透率一般小于 1mD，孔隙度小于 10%，主要为上古生界石炭系本溪组和二叠系山西组、太原组、石盒子组含气层系。

综合分析认为，非常规油气概念是对低渗透油气标准的进一步细化分类，有利于勘探开发过程开展有针对性的工程措施，实现低渗透油气田的规模效益开发。

第三节　鄂尔多斯盆地非常规油气地质特征

鄂尔多斯盆地是一个整体升降、坳陷迁移、盆内稳定、盆缘活跃的大型多旋回克拉通沉积型盆地，具有沉积基底平缓、构造稳定、地温梯度较低等盆地属性，决定了盆地上古生界石炭—二叠系、中生界三叠系油气生、储、盖组合连续接触且大面积叠合分布（图 1-3-1），控制了盆地非常规油气具有广覆式生烃、近距离运聚、多层系复合连片、大面积低丰度分布的基本特征。

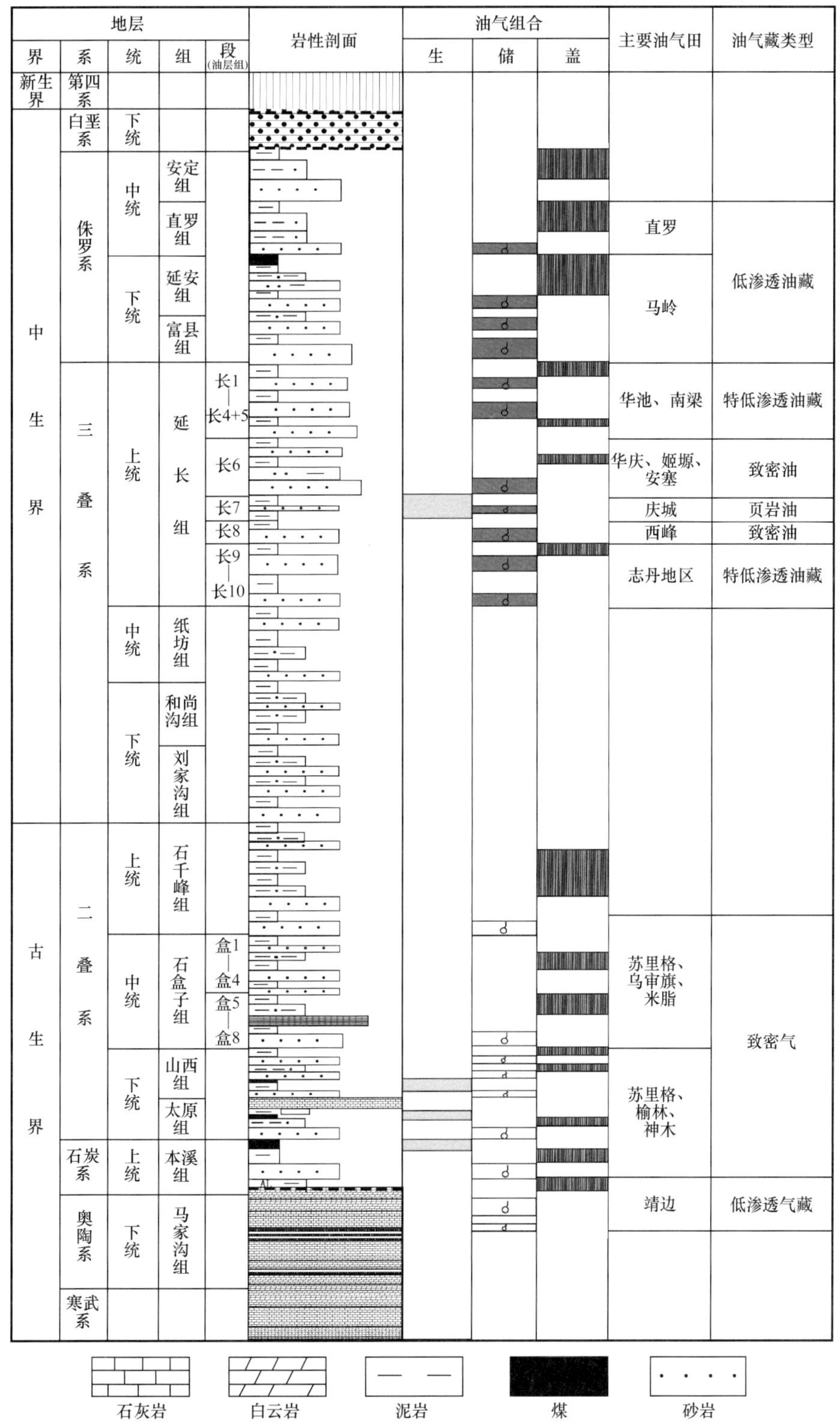

图 1-3-1　鄂尔多斯盆地非常规油气分布综合柱状图

一、致密气地质特征

（一）储层孔喉以微纳米级为主

鄂尔多斯盆地致密气主要分布在上古生界石炭系—二叠系，属于一套海陆过渡相到陆相的河流—三角洲沉积，有利储集砂体为三角洲分流河道。以二叠系石盒子组、山西组为主要产层，储层岩性以中粗粒石英砂岩、岩屑石英砂岩为主，孔隙度 4%～8%，渗透率 0.05～1mD。储层与石炭—二叠系煤层和煤系暗色泥岩相邻。与常规储集体相比，致密砂岩储集体广泛发育纳米级孔喉系统，喉道半径一般小于 1μm，微—纳米级孔喉储层达到 50% 以上，渗流方式主要为非达西渗流（表 1-3-1）。

表 1-3-1　鄂尔多斯盆地低渗透天然气、致密砂岩气、页岩气基本地质特征对比表

特征	要素	低渗透气藏	致密砂岩气	页岩气
储层特征	层位	石盒子组盒 8 段	石盒子组盒 8 段、山西组山 1 段	山西组山 2 段、本溪组
	厚度 /m	5～9	6～12	15～20
	沉积相	三角洲平原相	三角洲平原、前缘相	三角洲平原、前缘相
	储集岩性	中—粗粒岩屑石英砂岩	中—粗粒岩屑石英砂岩	粉砂质泥岩、泥页岩
	孔隙类型	粒间孔、溶蚀孔	溶蚀孔、粒间孔	黏土矿物晶间孔、少量有机质孔
	孔隙度 /%	5.0～8.0	5.0～9.0	1～3
	地面渗透率 /mD	＞1	0.3～1.0	0.01～0.1
	含气饱和度 /%	65～75	45～65	—
	孔喉中值半径 /μm	＞0.8	0.05～0.8	0.005～0.05
	渗流特征	达西渗流	非达西渗流	非达西渗流
成藏特征	聚集动力	浮力	生烃增压	非浮力
	运移特征	二次运移	近距离运移为主	源内运移
	源储关系	源外，下生上储	邻近烃源岩，下生上储、上生下储	源储一体，自生自储
	圈闭边界	构造、岩性圈闭边界清晰	岩性、储层自圈闭边界不清晰	源内自圈闭边界不清晰
分布特征	赋存形式	游离气	游离气为主，少量吸附气	吸附气为主
	气水关系	上气下水，界面明显	气水混储，无气水界面	一般不含可动水，无气水界面
	富集规律	构造高部位	盆地斜坡部位	靠近盆地沉降沉积中心
	气藏压力	正常	负压为主	负压、正常
	资源丰度 /（$10^8m^3/km^2$）	1～1.5	0.6～1.2	—
工程措施		传统工艺、直井	新工艺、水平井为主	新工艺、水平井
代表油气田		刘家庄、胜利井气田	苏里格、神木气田	盆地中东部地区

（二）气水分异作用差，气水界面不清

常规气藏是浮力驱动形成的气藏，其分布表现为受构造圈闭或岩性圈闭控制。致密气储层喉道半径小，一般在 0.01～0.8μm 之间，对应地层条件下毛细管力在 0.1～2.0MPa。通过对鄂尔多斯盆地二叠系石盒子组盒 8 段气藏精细解剖，受沉积单砂体和平缓构造控制，渗透性、横向连通好的气层连续高度主要介于 10～35m，一般不超过 40m，估算盒 8 段致密气天然气浮力在 0.08～0.28MPa 之间，浮力作用难以有效克服储层毛细管阻力（0.15～2.0MPa）。因此，在致密气成藏后，气、水较难分异。气藏一般无底水，无统一的气水边界，通常存在上气下水、气水同层、局部出现下气上水等多种赋存状态，含气饱和度差异大（45%～65%）（表 1-3-1）。

（三）气藏无明显圈闭边界

鄂尔多斯盆地致密砂岩气不像常规气藏受控于构造的高低，在盆地的低部位或是斜坡部位均有分布。天然气聚集动力主要来自烃源岩充注的流体膨胀压力、欠压实和构造应力及地热增温的膨胀作用等，天然气聚集动力与毛细管阻力二者耦合控制含气边界，进而导致了致密砂岩气无明显的圈闭界线（表 1-3-1）。

（四）气层多层系叠置，大面积连续分布

盆地上古生界发育二叠系石盒子组盒 8 段、山西组山 2 段与山 1 段、太原组太 1 段等多套含气层系，单井平均气层 5～10 段，单个气层厚度 3～8m，纵向相互叠置，横向复合连片，南北延伸在 100km 以上，东西宽 10～20km，致密气大面积连续分布，含气范围超过 $12\times10^4km^2$，形成了大型致密砂岩气藏，气田储量规模一般达到 $1000\times10^8m^3$ 至 $1\times10^{12}m^3$ 以上。

（五）气藏具低压、低丰度特征

鄂尔多斯盆地受沉积砂体分布、成藏和后期抬升差异性等因素影响，致密气藏存在多个压力系统。除盆地东部地区存在常压和局部超压外，气藏压力系数一般在 0.95～1.12 之间，其余地区压力系数均小于 0.95，气藏压力平面变化较大，属低压气藏（表 1-3-1）。储量丰度一般为 0.6×10^8～$1.2\times10^8m^3/km^2$，属典型的低丰度致密砂岩气藏。

二、致密油地质特征

（一）油层厚度较大、埋藏适中、大面积分布

鄂尔多斯盆地延长组致密油主要分布于长 6 和长 8 油层组，油层厚度一般为 8.0～20.0m，其中长 6 油层组一般为 8.0～20.0m、长 8 油层组一般 10.0～12.0m。长 6、长 8 油层组油层埋藏深度主要分布在 1600～2200m，其中姬塬油田、华庆油田油层的平均埋深分别为 1985m、2050m，油层埋藏适中。

油藏发育主要受三角洲砂体控制，呈条带状，砂体宽度 2～12km，延展长度 40～80km，油藏大面积复合连片，含油面积一般在 1000～2000km^2。

（二）油藏具有低渗透、低压力、低丰度的“三低”特征

储集体主要为三角洲前缘和深湖重力流沉积，储层岩性主要为细—粉细砂岩。粒度相对较细，岩石成分杂、成分成熟度低，压实和成岩作用强，填隙物含量高，长 6 油层组储层填隙物以黏土矿物（伊利石、绿泥石及高岭石）、钙质（铁方解石、铁白云石）、硅质胶结为主，填隙物含量为 10%～16%；长 8 油层组储层填隙物以泥质（伊利石、绿泥石膜和高岭石）、钙质（铁方解石）、硅质为主，填隙物总量一般在 9%～12%；储层孔喉细小，连通性较差，储层整体致密，流体渗流阻力大，具有非达西渗流特征（付金华等，2018）。

长 6 油层组储层排驱压力平均为 0.4～1.2MPa，喉道中值半径平均为 0.17～0.23μm。长 8 油层组储层排驱压力平均为 0.3～1.1MPa，喉道中值半径平均为 0.18～0.25μm。储层物性普遍较差，长 6 油层组孔隙度一般小于 14%，占 88.8%，渗透率一般小于 1mD，占 70.3%；长 8 油层组孔隙度一般小于 14%，占 92.7%，渗透率一般小于 1mD，占 89.6%。地层压力分布范围为 6～22MPa，地层压力系数主要分布在 0.6～0.9 之间，平均为 0.74，以超低压和异常低压为主。由于油藏物性差、有效厚度薄，含油气丰度低，长 6、长 8 油层组油层资源丰度均在 40×10^4～60×10^4t/km^2。

（三）储层天然裂缝发育

通过岩心观察、岩矿薄片及动态测试资料等反映，长 6、长 8 油层组天然微裂缝发育，主要类型有构造裂缝、成岩裂缝和超压缝。以高角度缝和垂直缝为主，占比达 90%；存在三期裂缝，其中：印支期以北东—南西方向的裂缝为主，燕山期主要发育近东西向裂缝，喜马拉雅期主要发育北东东—南西西向裂缝。不同区域和层位裂缝发育程度有差异，盆地西缘、东南缘较盆内更发育，盆内每米发育天然裂缝约 0.2～0.3 条，而西缘可达 20 条 /m。从层位上看，长 6—长 8 油层组相对于长 4+5、长 9 油层组较为发育。裂缝多以未充填和半充填为主。大量天然裂缝的存在使储层具有裂缝和基质孔隙双重介质的特征，对改善致密油渗流能力有重要控制作用。一方面使储层内部本身具有较高的可动流体量，另一方面裂缝、微裂缝能够沟通孔隙，增加储层可动流体饱和度（图 1-3-2）。

N33井，长6油层组，1642m，高角度裂缝

T17井，长8油层组，1579.5m，水平裂缝

图 1-3-2 鄂尔多斯盆地延长组致密砂岩构造裂缝照片

（四）储层普遍弱亲水—中性润湿性、弱水敏、弱速敏

据室内测试资料表明，长 6、长 8 油层组岩石以酸敏矿物为主，弱水敏、弱速敏，储层润湿性为弱亲水—中性，使得水湿不流动相占据了微孔，油湿相占据了大中孔喉。这一特性是油田注水发挥很好作用的理论解释，水能注进去，油能产出来，在一定程度上弥补了小孔、微细喉、物性差的不足，为注水开发及油气渗流创造了较好的条件。

（五）可动流体饱和度较高

长 6、长 8 油层组致密油含油饱度较高，一般为 50%～75%，特别是可动流体饱和度较高，平均达 45.2%，大于 40% 的储层占比达 87.9%，具有较大的开发潜力。从不同含油层系看，长 8 油层组可动流体饱和度相对较高，可达 51.4%，长 6 油层组可动流体饱和度相对较低，一般为 40%。从油田分布来看，西峰油田、安塞油田可动流体饱和度较高，分别达 49.9% 和 49.6%。

（六）原油性质较好

长 6、长 8 油层组地面原油密度为 0.83～0.85g/cm^3，地下原油黏度为 0.97～2.82mPa・s，地面原油黏度为 3.66～6.68mPa・s，不含蜡、不含硫，凝固点为 18.2～22℃，气油比为 41.0～115m^3/t，具有低密度、低黏度、不含硫、不含蜡和较高凝固点的特点，易于流动。

三、页岩油地质特征

（一）碎屑粒度细，填隙物含量高

鄂尔多斯盆地页岩油储层主要为深湖和半深湖重力流沉积砂体。统计表明，盆地内长 7 油层组页岩油储层中，中砂含量仅为 3.6%，粉细砂比例高达 77.5%，泥质含量达到 10.5%。沉积因素决定了构成页岩油储层的原生储集空间较小。储层填隙物总量高达 14.9%，其中以伊利石和铁白云石为主，类型多样，成因复杂。伊利石等黏土矿物的广泛存在，一方面充填了原生孔隙并使储层胶结致密，另一方面黏土矿物及其中的有机质中发育大量微孔隙，也提供了一定的储集空间。这些黏土矿物对储层改造及注水开发影响较大。

（二）单砂体厚度小，砂地比低

长 7 油层组总体以泥质沉积为主，砂地比及单砂体厚度小。通过对盆地 2000 余口井的统计，长 7 油层组砂地比平均为 17.8%，砂地比小于 30% 的井占比 75.3%；单层砂体厚度平均为 3.5m，小于 2m 的砂体占 44.9%，2～5m 的砂体占 25.7%，大于 5m 的砂体占 29.4%。从长 7_3 油层组沉积期至长 7_1 油层组沉积期，随着湖平面下降，可容纳空间减小，重力流沉积砂体逐渐向湖盆中部推进，砂体厚度及砂地比增大。其中，长 7_3 油层组砂地比小于 10% 的占比 72.9%，砂地比在 10%～30% 的占比 18.0%，砂地比大于 30% 的

占比 9.1%；长 7_2 层砂地比小于 10% 的占比 41.8%，砂地比在 10%～30% 的占比 28.1%，砂地比大于 30% 的占比 30.1%；长 7_1 油层组砂地比小于 10% 的占比 32.7%，砂地比在 10%～30% 的占比 32.5%，砂地比大于 30% 的占比 34.8%。

（三）储层物性差，孔喉结构复杂

粒间孔、溶蚀孔、黏土矿物晶间孔是长 7 油层组页岩油储层主要的孔隙类型。细砂岩、粉砂岩储层粒间孔、溶蚀孔发育，还发育大量微纳米级黏土矿物晶间孔。长 7 油层组页岩油储层平均孔隙度为 10.1%，平均渗透率为 0.18mD。页岩油储层平均孔隙度与一般低渗透储层差距不大，而渗透率则差距很大。这主要是由于页岩油储层喉道细小，喉道控制着储层的渗流能力。

压汞测试结果表明，盆地内长 7 油层组页岩油储层喉道中值半径为 0.10μm，排驱压力达到 2.28MPa。激光共聚焦测试表明，页岩油储层孔隙具有一定网络连通性，核磁共振测试表明页岩油储层中的流体具有可动性（表 1–3–2）。

表 1–3–2　鄂尔多斯盆地特低渗透油藏、致密油、页岩油基本地质特征对比表

特征	要素	特低渗油藏	致密油	页岩油
储层特征	层位	长 1—长 3、长 4+5、长 9—长 10 油层组	长 6、长 8 油层组	长 7 油层组
	厚度 /m	8～10	8～15	8～12
	沉积相	水流河道	水流河道、河口坝	重力流
	储集岩性	细粒、中—粗粒岩屑长石砂岩	细粒、中—细粒岩屑长石砂岩	粉细岩屑长石砂岩
	孔隙类型	粒间孔、溶孔	粒间孔、溶孔	溶孔、粒间孔、晶间孔
	孔隙度 /%	＞10 或 12	8～13	8～10
	地面渗透率 /mD	＞1	0.1～1.0	＜0.3
	含油饱和度 /%	50～55	50～75	70～80
	喉道半径 /μm	＞1.2	0.15～1.2	0.05～0.15
	渗流特征	达西渗流	非达西渗流	非达西渗流
成藏特征	聚集动力	浮力	生烃增压	非浮力
	运移特征	二次运移	近源运移	源内聚集
	源储关系	源外、源储较远，下生上储、上生下储	紧邻烃源岩，下生上储、上生下储	源储一体，自生自储
	圈闭边界	构造、岩性圈闭边界较清晰	岩性、自圈闭边界不清晰	自圈闭边界不清晰

续表

特征	要素	特低渗油藏	致密油	页岩油
分布特征	赋存形式	游离烃	游离烃	游离烃、吸附烃
	油水关系	油水界面明显	油水界面不明显	无油水界面
	富集规律	构造高部位	沉积中心或斜坡部位	沉积中心
	油藏压力	负压为主	负压	负压
	资源丰度 /（$10^4t/km^2$）	30～40	40～60	40～50
工程措施		传统工艺开发	超前注水、水平井压裂开发	水平井压裂开发
代表油气田		华池、南梁油田	华庆、姬塬油田	庆城油田

（四）地层流体性质好

原油高压物性结果表明，长 7 油层组油层温度主要为 61.0～66.2℃，原始地层压力为 14.3～16.0MPa，饱和压力为 7.40～8.85MPa，地饱压差为 5.45～8.60MPa，属未饱和油藏。页岩油地层原油密度为 0.73～0.78g/cm^3，黏度为 1.36～1.47mPa・s，原始气油比为 90～110m^3/t，体积系数为 1.2；地面原油密度为 0.83g/cm^3，黏度为 3.72～3.89mPa・s，初馏点为 64℃，凝固点为 16℃，原油性质好，具有高气油比、低密度、低黏度、低凝固点、不含硫的特点。地层水 pH 值为 6.1，总矿化度为 44.8～53.2g/L，为 $CaCl_2$ 型地层水。长 7 油层组富有机质泥页岩密闭岩心解吸气试验结果显示，泥页岩储层每吨岩石含气量为 1～3m^3，含气性较好。

（五）高含油饱和度油藏富集

成藏模拟结果表明，成藏期储层古压力为 18～26MPa，烃源岩与砂岩过剩压力差一般为 8～16MPa，过剩压力为源内油藏内初次运移和近源短距离运移提供了强大的动力。油气运移距离、充注聚集差异决定了自生自储、源内聚集的长 7 油层组页岩油储层具有高油气充注特征。在持续高压条件下，储层中含油饱和度呈先快、后慢式增长，经历快速成藏和持续充注富集两个阶段，最终含油饱和度高达 70% 以上。

受充注动力差异的影响，源内、近源及远源储层中石油微观赋存状态存在差异。核磁共振显示长 7 油层组页岩油储层大孔隙至微孔隙均含油，微孔隙含油也饱满，而远源储层微孔隙则不含油。长 7 油层组含油饱和度较高，达 70% 以上，而距离烃源岩较远的其他层位含油饱和度相对较低，在 50% 左右。陇东地区长 7 油层组原始气油比为 90～120m^3/t，实测源内油藏水平井生产气油比为 142～736m^3/t，平均 328m^3/t，气油比较高。盆地中生界主要油层气油比分布在 40～120m^3/t 之间，总体呈现出靠近优质烃源岩层系的气油比高的趋势。

长 7 油层组页岩油具有源储一体的特征，优质烃源岩发育区与油藏富集区具有很好的匹配关系。黏土矿物脱水、生烃增压等作用产生的异常剩余压力为油气持续充注提供了动力保障，弥补了长 7 油层组细粒级砂岩孔喉细微的不利条件，形成大面积连续分布的岩性油藏。在烃源岩的排烃过程中，细粒级砂岩储层经历了优先充注和持续充注成藏的过程。优质烃源岩分布控制着长 7 油层组页岩油的分布范围、细粒级砂体控制油藏规模、储集空间控制石油储集量、运聚动力控制油气充注程度，多因素的有效配置形成了鄂尔多斯盆地长 7 油层组页岩油的规模富集。

第四节　非常规油气成藏理论与勘探技术

在世界油气发展历史进程中，每一次油气重大发现无不伴随着地质理论的巨大进展。非常规油气具有特殊的含油气地质特征，油气地质理论的创新和地球物理预测、工程压裂等技术的发展对非常规油气突破显得尤为重要。

鄂尔多斯盆地非常规油气勘探是地质理论与认识不断深化的过程，也是工程技术不断进步的过程。技术进步驱动了地质理论和认识的深化，地质理论和认识指导了勘探目标优选和技术发展方向。

一、非常规油气理论发展现状

非常规油气理论发展是对经典石油天然气地质学理论的重大突破。自 20 世纪 80 年代以来，在盆地中心部位等曾经认为不可能形成油气藏的勘探禁区，发现了与常规油气藏地质特征和分布特征完全不同的油气藏，特别是近年来随着页岩油气等非常规油气的成功开发，产量快速增长。众多学者聚焦于非常规油气地质研究，取得了重大进展。USGS 的 Schmoker 和 Gautier 等提出了“连续性油气聚集”概念，系指具有较大空间展布范围且缺乏明显油气 / 水下倾接触界面的油气藏，并评价了致密砂岩气、页岩气等非常规天然气资源。值得注意的是，非常规油气成藏理论研究的显著进展是 Pang 等提出了浮力成藏下限概念并在勘探实践中得到检验。这一概念清晰地阐述了常规油气藏与致密连续型油气藏之间的差别与联系，常规油气藏形成于浮力成藏下限之上的高孔渗介质内，非常规致密油气形成分布在浮力成藏下限之下的低孔低渗介质内，浮力成藏下限概念的提出和控藏模式的建立是非常规油气富集模式研究的重要进展。

近年来，国内学者引入和吸收国外非常规油气地质研究成果，取得了一系列前沿重要研究成果。主要体现在 5 个方面：连续性油气聚集理论，层状储集体可储存油气，大面积连续分布，甜点富集，打破了传统圈闭成藏和区带富集的概念；致密储层中发现纳米级孔喉系统，突破了传统的储集物性下限，发现了致密砂岩和页岩等非常规油气储层新类型；非常规油气源储一体，不需要盖层封堵，突破了传统生储盖组合的概念；非常规油气聚集不受浮力作用主导，而在非浮力作用的影响下聚集成藏，突破了含油气系统理论生运聚成藏的模式；非常规油气分布主要受原型盆地生油岩层系控制，多数在盆地斜坡和中心，突破了盆地高部位富集油气的传统经验。但这些非常规油气地质研究主要集中在油气藏描述、富集规律等方面，而对非常规油气成藏机理等方面的研究还缺乏系统性。

贾承造院士在 2021 年基于调研全球已发现常规和非常规油气藏特征差异，较深入地开展了非常规油气成藏机制与分布模式研究，对非常规油气藏进行分类，阐述不同类别非常规油气藏形成的动力特征、产状特征和成因机制，最后明确每一类非常规油气资源的形成条件、主控因素和边界门限，并基于实例剖析结果建立分布模式。重点从3个方面开展非常规油气藏形成条件研究：（1）研究油气组分特征对油气运移动力的影响，分析不同密度条件下油气运移动力和阻力差异，确定成藏的边界门限，重点研究固体沥青和稠油成藏动力机制与分布规律，阐明它们与常规油气藏之间的关联性和差异性。（2）研究储层介质条件对油气运移动力的影响，分析不同孔渗和不同岩性介质条件下油气运移动力和阻力差异，确定成藏的边界门限，重点研究致密油气藏、页岩油气藏和煤层气藏形成的动力机制和分布规律，阐明它们与常规油气藏之间的关联性和差异性。（3）研究温压和氧化还原环境等条件对油气运移动力的影响，分析不同温压条件下油气运移动力和阻力差异，确定成藏的边界门限，重点研究天然气水合物成藏动力机制与分布规律，阐明它们与常规油气藏之间的关联性和差异性。从上述3个方面分析它们成藏动力机制的差异性并总结基本模式，进而探索其形成的基本机理，形成新的概念和理论。2021年6月，贾承造院士提出非常规油气藏具有“自封闭作用”，即它们在储层中富集保存成藏并不需要圈闭盖层封堵，油气藏仅依靠自身得以长期保存，并发现油气自封闭作用的原理是油气分子间作用力。油气分子在地质条件下受到多种力的作用，包括浮力（重力）、分子间作用力、地应力、电磁力等。在常规油气藏中浮力（重力）是决定性的力，在非常规油气藏中分子间作用力是决定性的力。而由于油气物理化学特性，特殊储层介质条件及特殊温压环境的不同，分子间作用力表现为多种形式，自封闭作用也呈现多种类型。非常规油气成藏机理是油气分子间作用力产生的自封闭作用。这一认识是目前非常规油气形成机理方面最具前沿性的认识，对深化非常规油气地质认识具有重要的指向意义。

二、鄂尔多斯盆地非常规油气成藏理论

鄂尔多斯盆地石炭—二叠纪到三叠纪这一阶段属大型稳定的克拉通型盆地，其总体特征是沉积构造背景平缓、断裂和局部构造不发育，大面积储集砂岩与烃源岩广覆式叠置，形成大面积连续型非常规油气藏。盆地属性决定了其既有国内外非常规油气成藏的普遍性特征，也具有其内在的特殊性。

（一）致密砂岩气成藏理论

鄂尔多斯盆地上古生界致密砂岩气成藏理论是在长期的勘探实践探索中逐步形成的。“六五”期间引进煤系生成天然气地质理论，开展了生烃热模拟实验，对盆地上古生界石炭—二叠系煤系烃源岩生烃潜力进行了系统评价，提出广覆式生烃的认识。“九五”期间，引进“深盆气”理论，对盆地天然气成藏理论进行了探索。“十一五”以来，随着致密储层压裂改造技术的突破，推动鄂尔多斯盆地致密砂岩气理论认识和勘探取得了新进展，“十二五”“十三五”依托国家科技重大专项攻关，在致密砂岩气运移、聚集、保存等方面取得一批重要理论认识，逐步完善形成了鄂尔多斯盆地致密砂岩气成藏地质理论。

1. 煤系烃源岩具有“广覆式生烃、大面积供气”的特征

鄂尔多斯盆地石炭系本溪组、下二叠统太原组与山西组中广泛分布着煤系烃源岩，其

中煤层厚 6～20m，平均有机碳含量为 67.3%；暗色泥岩厚 40～120m，平均有机碳含量为 2.93%。煤系烃源岩发育于弱氧化—弱还原条件，其原始沉积物主要为高等植物，有机显微组分以镜质组为主。烃源岩 R_o 值大于 1.3%，多已进入中高成熟阶段，具有良好的生烃条件。煤系烃源岩生气强度为 5×10^8～$50\times10^8m^3/km^2$，大于 $10\times10^8m^3/km^2$ 的超过 $15\times10^4km^2$，约占盆地本部面积的 60%，表现为“广覆式生烃、大面积供气”的特征，为大气田的形成奠定了物质基础。

2. 发育大型缓坡型三角洲沉积砂体，火山物质溶蚀形成了有效储层

晚石炭世以来，北部阴山古陆、南部秦岭古陆持续抬升为盆地砂体展布提供了丰富的物源，鄂尔多斯地块作为华北地台的一部分，在经历了 150Ma 的抬升剥蚀后，稳定克拉通之上形成了平缓的古底形（坡度为 0.5°～3°），二叠系石盒子组—山西组发育“平缓古地貌、强物源供给、多水系发育、高流速河道”的缓坡型三角洲沉积模式，具有大面积薄饼状、集群式心滩—分流河道叠合砂体发育模式。储集体岩性为中粗粒石英砂岩、岩屑石英砂岩，火山物质溶孔比例高达 70%，主要发育粒间孔与火山物质强溶蚀、晶间孔与火山物质强溶蚀两种优势相带，火山物质的溶蚀促进了优质储层的形成。

3. 储层规模致密化时期早于致密气成藏期

流体包裹体与热演化分析表明，上古生界砂岩石英加大边盐水包裹体均一温度为 100～125℃，储层硅质胶结主要发生在晚三叠世—中侏罗世，处于晚成岩 A 期，孔隙度在 7 %左右，储层致密，而上古生界天然气甲烷碳同位素、乙烷碳同位素计算天然气母质成熟度为 1.0%～3.0%，处于成熟—高过成熟阶段，主要成藏期为晚侏罗世—早白垩世，晚于储层致密时期。具有先致密后成藏的特点，是鄂尔多斯盆地大面积致密砂岩气形成的关键要素。

4. 源储交互叠置、孔缝网状输导、近距离运聚、大面积成藏

克拉通型盆地大面积分布的储集砂体与广覆式分布的烃源岩交互叠置，储层具有先致密后成藏特征，导致天然气难以进行大规模侧向运移，主要运移聚集在离烃源岩较近的储层；上古生界普遍发育异常压力，石炭—二叠系过剩压力超过 10MPa，储层中过剩压力差为天然气运移提供动力，泥岩与砂岩的孔、缝网状输导为气藏运移的重要条件；储层规模性致密，毛细管力具有较好的阻隔作用，浮力驱动力较小，限制了天然气大量运移和散失，聚集系数达 1.55%～4.9%，反映出近源高效聚集特征。在上述认识的基础上，构建了克拉通型盆地“源储交互叠置、孔缝网状输导、近距离运聚、大面积成藏”的天然气成藏模式，丰富和发展了我国致密砂岩气成藏理论（图 1-4-1）。

（二）致密油内陆坳陷湖盆三角洲成藏理论

在盆地石油勘探实践中，不断创新成藏地质认识，建立了盆地三叠系湖盆“生烃增压、大面积充注、多种输导、连续性聚集”成藏新模式，不断丰富和深化了延长组三角洲成藏规律认识，形成了内陆坳陷湖盆大型三角洲沉积区可大面积富砂、大规模成藏、发育大型岩性—致密油藏的重要认识。

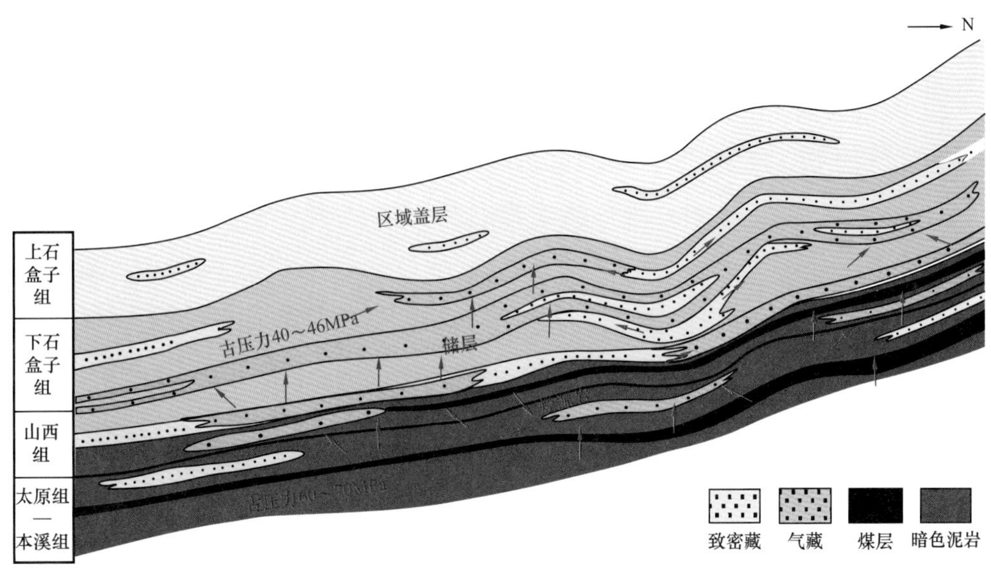

图 1-4-1 鄂尔多斯盆地致密气成藏模式图

1. 具有“西辫东曲、多类型复合、满盆富砂”的三角洲沉积特征

晚三叠世延长组沉积期大型内陆坳陷湖盆的发育，既形成了广阔而巨大的沉积可容纳空间，也为多物源供砂提供了有利的沉积背景。该时期湖盆共接受东北、西南、西北三大物源的输入，供屑能力强。湖盆从形成至消亡的演化过程中，因受盆地底形的控制，总体呈“西辫东曲”的沉积相特征，即盆地西部底形较陡，发育大型辫状河三角洲；而东部底形较缓，发育大型曲流河三角洲。长 8 油层组沉积期，湖盆总体水体较浅，发育浅水三角洲。由于湖岸线在枯水期和洪水期迁移范围大，加之水体浅，造成多期河道频繁摆动、交织分布叠合发育，形成了大面积连片的砂体展布特征。长 6 油层组沉积期，由于物源供应更加充足，加之湖盆稳定抬升造成水体退缩，有利于形成规模较大的建设性三角洲。以往认为深水区不发育规模砂体，通过深化沉积理论认识，开展盆地底形恢复和坡折带研究，建立湖盆中部三角洲与深水重力流多类型复合沉积的新模式，指导勘探落实大规模砂体，解放了湖盆中部 $1.5\times10^4km^2$ 的勘探领域。总之，湖盆长 8、长 6 油层组沉积期发育大面积三角洲沉积砂体，为大面积致密油藏的发现提供了储集砂体，为内陆坳陷湖盆大型三角洲成藏理论的创立奠定了基础。

2. 成岩相带控制了相对高渗透储层大面积分布

三叠系延长组长 8、长 6 油层组大面积发育的砂岩为典型的致密砂岩，储层物性差。通过成岩作用研究，发现烃类早期充注和黏土膜抑制下的原生粒间孔、长石与火山碎屑次生溶蚀孔两种成岩相是大面积低渗透背景下有利储层发育的重要因素，明确长 8、长 6 油层组平面发育大面积相对高孔、高渗甜点区是有效成藏的关键因素，使形成大规模致密油油藏成为可能。

3. 建立“生烃增压、大面积充注、多元输导、连续性聚集”的成藏模式

延长组长 7 油层组沉积期为湖盆发育的最鼎盛时期，形成了一套广覆式分布的优质烃

源岩。长 6、长 8 油层组分别与长 7 油层组上下紧邻，源储距离近，具备近源成藏的有利条件。长 7 油层组烃源岩生烃增压作用明显，与长 8、长 6 油层组存在很高的源储压差；同时，长 8—长 6 油层组天然裂缝发育；长 7 油层组生排出的石油在高的源储压差下，通过裂缝与叠置的高渗透砂体的共同输导，大面积向下、向上充注。经过晚侏罗世至早白垩世的长时期连续性充注聚集，在长 8、长 6 油层组形成了大型致密油藏（图 1-4-2）。

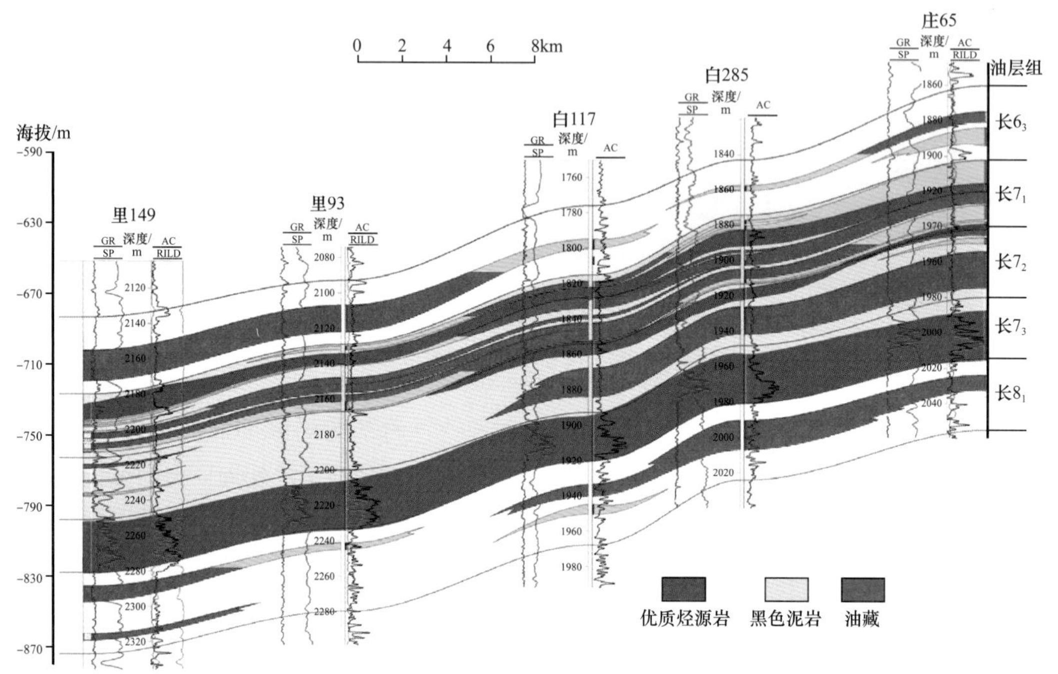

图 1-4-2　鄂尔多斯盆地致密油成藏模式图

（三）页岩源内成藏地质理论

鄂尔多斯盆地晚三叠世长 7 油层组沉积期处于最大湖泛期，湖广水深，受重力流沉积作用控制，沉积发育了一套多旋回的富有机质泥页岩与细粒砂岩（粒度大多在 0.125mm 以下），广覆式富有机质页岩与细粒砂质沉积紧密接触或互层共生，发育典型的陆相页岩油。页岩油赋存于长 7 油层组烃源岩层系内，黑色页岩厚度为 15～25m，单砂体厚度平均值为 3.5m，砂地比平均值为 17.8%，需要水平井体积压裂方可获得工业产能。近年来，通过不断深化优质烃源岩富有机质成因机理、深湖区大面积富砂成因机制及油藏富集机理研究，页岩油勘探取得了突破性进展。

1. 长 7 油层组泥页岩层系具备优质烃源岩条件

长 7 段沉积期，火山物质蚀变作用与深部热液活动等为生物提供了丰富的营养元素，促使生物勃发，形成高生产力。低陆源碎屑补偿促进有机质富集，沉积后的缺氧环境有利于有机质保存，形成了高有机质丰度的烃源岩层系。长 7 泥页岩层系发育黑色页岩、暗色泥岩两类烃源岩。黑色页岩有机质类型主要为Ⅰ型和$Ⅱ_1$型，有机质丰度高，TOC 为 6%～26%，平均值为 13.81%，有机质呈纹层状分布；暗色泥岩有机质类型主要为$Ⅱ_1$型和$Ⅱ_2$型，有机质丰度较高，TOC 主要为 2%～6%，平均值为 3.75%，有机质呈分散状、团块状分布。富有机质泥页岩热演化程度适中，R_o 主要为 0.7%～1.2%，处于生油高峰期，以生成液态烃为主，并含有大量伴生气。

2. 深水区广泛发育砂质沉积构成页岩油的勘探甜点

在相对较陡的古地形基础上，因受频繁的古构造事件控制，陡坡带形成的大面积重力流砂体发育砂质碎屑流、浊流、滑塌沉积等沉积微相；另外，湖盆广阔的可容纳空间有利于深水重力流沉积的发育，多层粉细砂体叠置形成有利甜点区。夹持于泥页岩中的薄砂岩储层孔喉尺度小，孔隙半径分布在 2～8μm 之间，喉道半径介于 20～150nm，小尺度孔隙数量众多。纳米级喉道连通微米级孔隙形成众多簇状复杂的孔喉单元，有利于形成人工压裂体。

3. 源内自生自储促使页岩油高强度富集

鄂尔多斯盆地长 7 油层组页岩油富集经历了快速聚集和持续高压充注两个阶段。快速聚集期优先充注较大孔隙，储层中含油饱和度呈快速增长；持续高压充注期充注大量微小孔隙，含油饱和度缓慢增长，最终高达 70% 以上。由于孔喉尺寸过小，孔喉产生的毛细管阻力非常巨大，浮力无法克服这一阻力使石油在储集空间中运移，生烃导致的异常高压为长 7 油层组页岩油提供有效运聚动力。基于以上地质认识，构建了长 7 油层组页岩油“超富有机质供烃、深水区规模富砂、微纳米孔喉共储、高强度持续充注”的富集模式（图 1-4-3）。

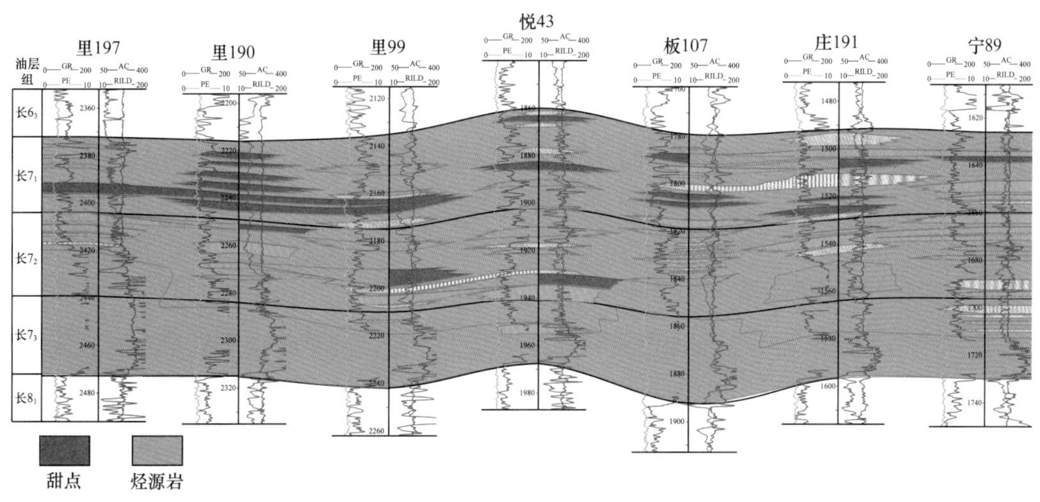

图 1-4-3　鄂尔多斯盆地页岩油成藏模式图

三、鄂尔多斯盆地非常规油气勘探技术进展

在鄂尔多斯盆地非常规油气勘探过程中，针对复杂的地表和地下地质条件，经过不断探索与技术攻关，形成了适用的致密油气和页岩油等勘探配套技术系列，为大型非常规油气的规模勘探与有效开发提供了重要的技术支撑。

（一）地震勘探技术

1. 全数字地震技术

鄂尔多斯盆地地表主要为沙漠和黄土，表层疏松，地震波能量衰减强烈，目的层反射信息微弱，储层与围岩波阻抗差异小，地震储层预测难度大。近年来，通过技术攻关试验，形成了全数字地震技术，成功地实现了薄砂岩储层的有效预测。全数字地震技术在采集方式上由早期的短排列观测系统转向长排列观测系统，由模拟检波器接收转向全数字检波器接收，新采集处理的 CMP 道集（共中心点道集）资料品质高，成果剖面视主频可达 45Hz 左右，地震资料有效频带由以往的 8～85Hz 拓宽到 4～120Hz。

全数字地震技术在处理方式上采用折射波静校正、多域振幅补偿、组合去噪和四次项动校正等叠前道集保真处理技术，很好地保持了 AVO 特征，提高了地震资料的信噪比和保真度，形成了以 AVO 属性分析及交会、叠前角度域吸收和叠前弹性反演及交会为核心的叠前储层预测技术系列，实现了叠后资料处理向叠前资料处理的转变，有效地提高了薄储层预测精度，有效储层预测符合率提高到 72% 以上。全数字地震技术改变了以往二维地震资料剖面信噪比低、分辨率低，仅能满足构造研究和砂体刻画需要的局限。转换波剖面视主频达到 25Hz，频宽 8～60Hz，提高了转换波分偏移距叠加剖面的质量，获得了高品质、信息丰富的地震资料，突破了转换波成像的难点，实现了从岩性体刻画到薄储层预测与流体检测的重大转变。

2.“井震混采”三维地震高效采集技术

针对鄂尔多斯盆地巨厚干燥黄土地震波吸收衰减作用强、塬上障碍物密集区、炮点布设难和致密油气储层内幕反射成像精度低等难点，以“宽方位、高覆盖、适中面元”为核心，在黄土塬创新应用低频可控震源和井炮混合激发（“井震混采”）、高灵敏度宽频单点（节点）接收、大钻井和微测井联合表层调查为一体的黄土塬三维地震高效采集技术系列，覆盖次数提高到 400 次以上，炮道密度达到 50×10^4 道 /km^2，面元 20m×40m，在巨厚黄土塬区获得了高品质的原始地震资料。

3. 复杂地表三维地震“双高”处理技术

鄂尔多斯盆地黄土塬三维地震资料初至干扰太严重，初至拾取难度很大，造成静校正、叠前去噪和一致性保真处理问题突出。受障碍物及地形的影响，炮检点分布不均匀，资料空道多，采集脚印明显，并且原始单炮的信噪比极低，地震处理难度大。创新提出了超深微测井约束三维网格层析静校正和黄土塬近地表 Q 补偿技术，利用了大钻井和微测井资料，反演出的表层速度及厚度与实际地表结构的一致性更好，建立的近地表速度模型更加准确，黄土塬近地表 Q 补偿后，解决了沟塬吸收的不一致问题，地震资料主频提高 3～5Hz，频宽拓展了 10Hz。提出的针对黄土塬地震资料五域叠前保真去噪技术，目标层信噪比由原来的 4 提高到 7，OVT 域高精度成像和 Q 叠前深度偏移技术的应用，地震资料目的层主频由以往的 25Hz 提高到 35～40Hz，深浅层资料地质信息丰富，断点清楚，分方位角数据一致性好，为小幅度构造预测和储层甜点评价奠定了基础。

4. 致密油气藏甜点预测技术

致密油气藏甜点预测采用时频分析检测强反射背景中的单砂体，叠前反演预测含油砂体，高亮体和吸收衰减等频率域属性检测含油性，泊松比预测优质储层，脆性指数预测岩石可压裂特性，综合应用上述多属性降维和地质概率统计评价优选甜点区，形成了一套完整的致密油气甜点预测技术，成功应用于陇东页岩油和全盆地致密气勘探开发。

（二）致密油气层和页岩油层测井识别与评价技术

针对鄂尔多斯盆地非常规油气层，形成了低饱和度复杂油气层测井识别、页岩油岩性精细识别等解释评价技术，在试油气选层、压裂方案优化和地质综合研究中发挥了重要作用。

1. 低饱和度致密油气测井精细评价技术

低饱和度致密油气是近年来非常规勘探的重点目标，储层非均质性强、油气水关系复杂、油气层与水层测井响应特征差异小，流体识别难。目前低饱和度致密气测井评价主要开展储层物性及孔隙结构评价，饱和度计算采用阿尔奇公式。通过配套岩石物理实验和处理解释方法攻关，引入了变 m 值阿尔奇公式和印度尼西亚公式，分层系建立了适用于致密油气储层特征的含水饱和度定量计算模型，提高了测井解释精度。分区、分岩性优选油气水层敏感参数，构建了多尺度小波分析法、精细识别图版法、相渗分析法等多种油气水判识方法，提高测井解释符合率 10% 以上。利用储层物性和油气水相渗资料，采用神经元非线性 Sigmoid 函数构建了产水率评价模型，精细评价致密油气水层，为试气方案的制订提供了有力的技术支撑。

2. 非常规页岩油岩性测井精细识别技术

长 7 油层组页岩油岩性复杂、变化快、非均质性强，利用常规测井方法很难进行岩性识别、储层物性等评价，基于配套岩石物理实验、常规和成像测井资料，形成了盆地长 7 油层组页岩油复杂岩性定性和定量综合识别技术。不同岩性特征模式如下：细、粉砂岩在电成像静态图像上电阻率高，动态图像上呈中—厚层状特征，岩层倾角变化较大；暗色泥岩在电成像静态图像上呈黄褐色，动态图像上可见水平层理发育，见分散状黄铁矿分布特征；黑色页岩在电成像静态图像上呈亮黄色—亮白色，动态图像上主要呈薄层状特征，局部呈块状，可见分散状黄铁矿集合体发育；凝灰岩在电成像图像上呈暗色块状或层状特征，电阻率低。同时建立了基于 M—N 三角交会的长 7_3 油层组页岩油岩性计算方法，通过定量表征地层组分差异，精细解释页岩油岩性，岩性识别图版精度达到 86% 以上。形成了长 7 油层组页岩油的测井精细评价技术系列。

（三）非常规储层体积压裂技术

1. 页岩油长水平段细分切割体积压裂技术

页岩油具有压力系数低、非均质性强、物性差等改造难点，通过陆相页岩油人工裂缝形态研究，揭示了鄂尔多斯盆地页岩油人工裂缝形态是以主缝为主、分支缝为辅的条带状缝网系统。构建了“造缝、蓄能、驱油”一体化集成压裂设计模式，建立了裂缝密度、进液强度、加砂强度关键工程参数经济化图版，创新了以“多簇射孔密布缝、可溶球座硬封隔、压前注水蓄能、压后闷井置换”为核心的水平井细分切割高效体积压裂工艺；提出采用超塑性可溶金属密封替代传统橡胶密封的思路，成功研制可溶金属球座工具，溶解时间仅7天、承载压差达到70MPa；发明了适合微纳米孔喉泥页岩储层的CSI多功能驱油滑溜水压裂液，油水渗吸置换效率较常规压裂液提升27%，减阻率达到72%。集成配套了极限分簇射孔+动态多级暂堵裂缝精细控制技术，多簇起裂有效性达到80%以上。为中国陆相源内非常规石油勘探开发提供了关键工程技术利器。关键技术指标达国际先进水平。

2. 致密油多层多段压裂技术

致密油前期主要采用直井或定向井压裂技术，单井产量低，近年来针对单一油层的致密油藏，创新形成了致密油藏水平井分段压裂技术。结合五点注采井网，采用“端部控缝长、中间最大化”的纺锤形裂缝设计模式，通过水力喷射理论研究、分段压裂工艺和关键工具研发，形成以“喷砂射孔、环空加砂、长效封隔”为核心的水力喷砂分段压裂技术，通过加密布缝、多段定点喷射压裂改造，初期产量达到定向井的3倍以上。

针对部分砂体厚度大、隔夹层较发育的致密油藏，创新形成了致密油藏大斜度井多层多段压裂技术。华庆、姬塬长6油层组等致密油藏，采用定向井和水平井开发均难以纵向充分动用，借鉴水平井体积压裂、直井定点多级压裂技术理念，开展大斜度井多层多段压裂提产试验，以水力喷砂分段压裂为主体工艺，优化形成了以“定点喷射、精准布缝、多段压裂”思路为核心的设计模式，大斜度段长100～150m，单井产量比同区定向井提高1.0～1.5t。

3. 致密气水平井固井完井桥塞分段多簇压裂技术

以苏里格气田为代表的致密气资源量大、多层系发育、横向非均质性强、压力系数低、无自然产能。前期主体采用多级滑套水力喷射、裸眼封隔器两项裸眼完井分段压裂技术，实现单井产量的大幅提升，但裸眼水平井段间封隔可靠性较差、无法满足体积压裂改造需求。近年来，为了进一步提升水平井压裂改造效果，转变完井方式，攻关形成了水平井固井完井桥塞分段多簇压裂技术。针对6in钻头+$4^{1}/_{2}$in套管环空间隙小、顶替效率低、固井质量难以保证等难题，专门研发高强度韧性水泥浆体系、配套固井关键工具，形成了水平段窄间隙固井技术；以提高改造体积为目标，形成了以“高排量、适度规模、低黏压裂液、多级支撑剂段塞”为主体的高排量混合水压裂设计模式；自主研发全金属可溶球座、水溶可降解高分子暂堵剂等关键工具材料，大幅降低作业成本；通过标准化布局、物料直供、流水线作业和高性能装备配套，形成大平台水平井工厂化作业模式，实现了单个平台平均每天压裂6～8段，并创造了单日压裂25段国内纪录。致密气藏全面规模应用较裸眼井产量提高30%以上。

第五节　鄂尔多斯盆地非常规油气勘探历程与进展

一、勘探历程

鄂尔多斯盆地是我国最早发现的含油气盆地之一。西汉时期，班固《汉书·郊祀志》

记载“祠天封苑火井于鸿门”（即今陕西省神木、榆林一带），书中所记载的鸿门火井即为我国最早的天然气井。北宋著名科学家沈括在鄜延（陕西省富县）任安抚史时，对陕北石油用途做了详细的论述，并预言“此物后必大行于世……石油至多，生于地中无穷”，提出了“石油”这一科学命名。1907 年清时期在延长县城西门外用钝钻打官矿第一井——Y1 井，日产油量 2t，成为我国大陆第一口工业油井，也是我国第一口致密油井。1941 年，我国石油地质学家潘钟祥等通过对国内鄂尔多斯盆地等油气区域调查研究，首次提出中国陆相生油理论，为在中国陆相盆地中找到大量石油提供了地质依据。至中华人民共和国成立前，尽管鄂尔多斯盆地发现油气历史悠久，但受社会历史等条件限制，盆地油气勘探处于长期停滞不前的状态。

中华人民共和国成立后，系统地开展了鄂尔多斯盆地油气地质研究和勘探开发实践。按照时间先后，盆地油气勘探开发依次经历了从低渗透（油层渗透率大于 10mD）、特低渗透油气（油层渗透率为 1～10mD）到致密油气（油层渗透率小于 1mD）和源内页岩油气（油层渗透率小于 0.3mD）的发展过程。其中在 2000 年以前，以常规低渗透、特低渗透勘探为主；2000 年以后，主要为非常规致密气、致密油和页岩油勘探。由于鄂尔多斯盆地石炭—二叠系、三叠系、侏罗系含油气层系叠合分布，非常规油气与常规油气在空间上相互共生，在早期的低渗透、特低渗透油气勘探过程中，实际上也是致密油气和页岩油勘探探索的过程。

依据鄂尔多斯盆地非常规油气地质理论认识、勘探技术进展和勘探主要突破，大致把鄂尔多斯盆地非常规油气勘探划分为探索阶段（1980 年以前）、发现阶段（1980—1999 年）、快速突破阶段（2000—2006 年）和规模勘探阶段（2007 年至今）共四个阶段（图 1-5-1）。

（一）探索阶段（1980 年以前）

20 世纪 50—60 年代，地质石油部门区域勘探按照地台边缘凹陷和地台边缘隆起找油理论，开始在盆地边缘找构造型的油气藏，在宁夏灵武境内发现了李庄子、马家滩油田。20 世纪 70 年代，以古地貌成藏理论为指导，盆地南部陇东地区侏罗系相继获得高产油流，拉开了长庆油田会战序幕，发现了马岭、华池、元城等侏罗系低渗透油田，迎来了盆地第一个储量增长高峰，建成了年产超百万吨的石油生产基地——马岭油田。在侏罗系勘探过程中，对下部三叠系延长组长 7 油层组烃源岩进行了评价，1970 年钻探的 Q6 井为盆地延长组长 7 油层组的第一口油层井，压裂后试油见油花；1972 年完钻的 L3 井于长 7 油层组压裂求产获日产 4.7m^3 纯油，成为长 7 油层组的第一口工业油流井。此后在中生界石油整体勘探过程中，在庆阳井组开展压裂试验，多口井获工业油流。但由于开发试采效果差，未认识到长 7 油层组页岩油及长 6、长 8 油层组致密油勘探潜力。

20 世纪 60 年代末，盆地古生界天然气勘探以寻找构造油气藏为出发点，围绕盆地外围钻探构造圈闭，1969 年在宁夏回族自治区盐池县马家滩西北的西缘冲断带刘家庄构造上钻探的 LQ1 井，试气获 $5.78\times10^4m^3/d$ 工业气流，这是在鄂尔多斯上古生界钻探的第一口工业气流井，在盆地西缘发现了刘家庄、胜利井小型低渗透气田。20 世纪 70 年代，盆地天然气勘探以寻找古潜山油气藏为目标进行勘探，在盆地中央古隆起、西缘冲断带和渭北隆起钻探，发现了致密气显示，但均因储层致密，压裂工艺技术落后，勘探未取得突破。

这一阶段鄂尔多斯盆地以常规低渗透油气勘探为主，明确了盆地发育侏罗系延安组、三叠系延长组、石炭—二叠系三套生油岩。仅在盆地周边发现致密含油气显示，由于地质理论认识、勘探技术水平和投资等方面原因，非常规油气勘探没有取得实质性的进展。

（二）发现阶段（1980—1999 年）

20 世纪 80 年代，长庆油田创新内陆湖盆河流三角洲石油成藏理论，提出了“东抓三角洲、西找湖底扇”的勘探思路，石油勘探由侏罗系向三叠系转移，1983 年在陕北安塞地区完钻的 S1 井长 2 油层组获日产油量 64.5t 的工业油流，发现了安塞油田，随后在长 6 段探明了储量亿吨级的特低渗透大油田，开发探索形成了“安塞模式”。1994 年在靖边—志丹三角洲长 6 油层组再次获得突破，发现了靖安油田，探明石油地质储量 2.55×10^4t，成为中国当时面积最大、探明石油地质储量最高的特低渗油田，迎来盆地第二个探明石油地质储量增长高峰期。在陕北安塞地区长 6 油层组大型特低渗透岩性油藏勘探取得突破同时，深化长 7 油层组烃源岩评价研究，明确了长 7 油层组优质烃源岩与长 6 油层组、长 8 油层组大面积储集砂体形成有利生储配置关系，加强了长 8 油层组致密油勘探，兼探长 7 油层组页岩油，但限于当时开发方式和压裂工艺技术条件，仅在局部地区获得了多个出油井点，直井试采产量低，无法实现有效动用。因此，未能认识到盆地长 8 油层组致密油和长 7 油层组页岩油工业价值。

天然气勘探引入了煤成气理论，转变了以往单一构造控藏的勘探部署思路，勘探重点由盆地周边转向盆地中部发展，钻探的 QS1 井在盒 8 段、山 2 段钻遇气层，加砂压裂获得低产气流，重试后获日产 $2.83\times10^4m^3$ 的工业气流，发现了盆地第一口致密气工业气流井。“七五”期间，在盆地海相碳酸盐岩岩溶古地貌成藏理论的指导下，1989 年在中央古隆起部署了 SSl 井，在下古生界奥陶系白云岩储层酸化压裂获得日产气量为 $28\times10^4m^3$ 的高产工业气流，发现了靖边气田。在持续探明靖边气田的同时，坚持“上、下古立体勘探”，在盆地北部乌审旗地区 S173 井盒 8 段试气获 $11.07\times10^4m^3/d$ 的工业气流，1996 年发现并探明了鄂尔多斯盆地第一个大型致密砂岩气田——乌审旗气田。

本阶段鄂尔多斯盆地以特低渗透油气勘探为主，但对盆地三叠系延长组沉积体系、砂体分布、储层演化和长 6 油层组、长 8 油层组致密油、长 7 油层组页岩油分布取得了基本的 地质认识。创新了盆地上古生界河流—三角洲天然气成藏理论，进一步证实了盆地上古生界存在大面积致密砂岩气藏。盆地非常规油气勘探取得了重要发现，但由于地震砂体预测精度低、压裂加砂规模小，大部分为低产油气流井，非常规油气勘探未能取得较大突破。

（三）快速突破阶段（2000—2006 年）

进入 21 世纪，随着国外非常规油气不断取得进展，长庆油田提出了“重新认识鄂尔多斯盆地、重新认识长庆油田的低渗透、重新认识我们自己”勘探总体思路，立足全盆地，加强了致密油气成藏理论和勘探技术攻关，推动非常规油气勘探取得了快速突破。

石油勘探在总结陕北延长组低渗透油藏勘探实践的基础上，系统地开展了中生界湖盆沉积物源、沉积体系等研究，提出了盆地西南部延长组长8油层组辫状河三角洲成藏理论认识，改变了以水下扇沉积为主砂体不发育的传统认识，突破勘探禁区，发现了亿吨级的西峰油田，仅在主砂带局部发育相对高渗透储层，长8油层组整体以小于1.0mD致密油为主。同时通过深化延长组深湖中心沉积相研究，突破了“湖盆区以泥质岩类沉积为主，缺乏有效储集体”的传统观念，提出“长6油层组沉积期湖盆中部发育相互叠合的大型重力流复合砂岩”的新认识，具备形成大面积致密油的有利地质条件，2004年钻探的B209井于长6油层组压裂试油获21.93t/d工业油流，标志着深湖区长6油层组致密油勘探取得了重大突破，发现了亿吨级的华庆油田。

天然气勘探不断创新成藏理论认识，重新评价认为，盆地上古生界蕴藏着巨大的致密砂岩气资源，创新高建设型三角洲大面积天然气成藏理论，转变勘探思路，加快了盆地北部地区苏里格地区石炭—二叠系致密砂岩气勘探，2000年按照“区域展开，重点突破”的勘探思路，坚持地震勘探与地质结合，部署的S6井在盒8段试气获无阻流量$120\times10^4m^3/d$的高产气流。2001—2003年，按照“探规模、拿储量”的勘探思路，结合高精度和全数字地震勘探技术，高效、快速发现了中国陆上最大的整装天然气田——苏里格气田，探明天然气地质储量$5336\times10^8m^3$。同时，在盆地北部榆林地区山西组山2段发现探明了千亿立方米的榆林气田，随后向南追踪勘探，发现并探明了子洲气田，鄂尔多斯盆地致密气勘探连续取得了重要突破（图1-5-1）。

本阶段发现了苏里格、华庆等大型致密油气田，盆地致密油气成藏地质理论认识不断深化，特别是工程技术上攻克了以“水平井＋体积压裂”为核心的致密油气勘探开发等关键技术，攻关形成了致密油气开发效益建产、降低递减和降本增效等关键技术，推动鄂尔多斯盆地非常规油气勘探开发实现了快速突破，支撑了长庆油田年产油气当量突破2000×10^4t。

（四）规模勘探阶段（2007年至今）

鄂尔多斯盆地非常规油气勘探开发的快速突破，展示了盆地非常规油气巨大的资源潜力。2008年长庆油田制订了油气当量5000×10^4t发展规划，进一步推动了鄂尔多斯盆地非常规油气的规模勘探与开发进程。

长庆油田致密气勘探开发针对苏里格致密气非均质性强、低产的难题，通过前期评价和开发试验，集成创新了“井位优选、井下节流”等为重点的十二项关键技术，实现了经济有效开发，坚定了盆地致密气大规模勘探的信心。创新提出了“广覆式生烃、多点式充注、近距离运聚、大面积成藏”的大型致密砂岩气成藏理论认识，苏里格地区进入了大规模整体勘探阶段，按照“整体研究、整体评价、整体部署、分步实施”的勘探部署思路，攻克了地震勘探全数字地震有效储层与流体预测技术。积极推广应用混合压裂工艺、低伤害压裂液体系等工艺技术，致密气单井产量提高了2～4倍，提高了整体勘探开发成效，2007—2012年连续六年来，苏里格年均新增探明、基本探明天然气地质储量超$5000\times10^8m^3$。与此同时，在盆地东部创新了致密气多层系成藏理论认识，坚持多层系立体勘探，推广地震高分辨率采集、处理和储层预测技术，开展致密气大型压裂、分压合求等工艺技术攻关试验，提高了单井产量，探明了千亿立方米的神木气田和米脂气田。2012 年以来，按照非常规油气勘探思路，开展了对盆地致密气的整体研究和评价，深化了盆地南部薄层及外围复杂构造区致密气成藏理论认识，甩开勘探取得了重大突破，在盆地南部新发现了庆阳、宜川气田，盆地西部发现了宁夏青石峁气田，勘探取得了重要突破。至此，盆地上古生界致密砂岩展现了“满盆含气、多层叠置、局部富集”的整体分布格局（图 1-5-1）。

2008 年以来，鄂尔多斯盆地致密油勘探开发借鉴陕北、陇东地区的成功经验，系统开展了盆地西南部延长组长 8 油层组沉积体系和油气运移研究，创新了长 8 油层组浅水三角洲成藏理论认识，提出长 7 油层组优质烃源岩与下伏长 8 油层组大面积砂岩储集体构成了“上生下储”的良好配置关系，有利于形成大型致密油藏，制订了“整体部署、分步推进，逐步勘探”的总体思路，甩开勘探在西峰油田两侧的镇北、合水和环江地区长 8 油层组相继发现了三个亿吨级大油区，三级储量达 20.91×10^8t。同时深化大型内陆坳陷湖盆致密油成藏理论，坚持整体勘探、整体评价，加强地质工程一体化联合攻关，在华庆地区长 6 油层组致密油勘探取得新突破，落实了规模储量 8×10^8～10×10^8t 储量目标，开创了致密油勘探的新局面。随着致密油勘探开发理论和技术的进步，相继发现了姬塬、南梁和合水等多个长 6、长 8 油层组亿吨级整装大油田，使 0.5mD 以下的致密油实现了经济有效开发。

鄂尔多斯盆地延长组长 6、长 8 油层组致密油的规模效益开发，推动了源内长 7 页岩油勘探。2011 年长庆油田依托国家“973”、油气重大科技专项，围绕长 7 油层组页岩层系内油气“能否规模富集、能否找准甜点、能否效益开发”三大关键科学问题，创立了“超富有机质供烃、微纳米孔喉共储、高强度持续富集”的成藏模式，提出长 7 油层组自生自储，源储一体，有利于形成大面积分布、甜点高产的源内大油田，明确了夹持于泥页岩层系中的砂质沉积是页岩油勘探的主要目标。开辟了西 233、庄 183、宁 89 等三个先导试验区，试验区 25 口水平井平均试油日产量均超百吨，经过长期试采评价，稳产形势较好，投产初期平均日产油 12.8t，目前日产油 4.8t，平均单井累计产油 2.1×10^4t，其中 YP7 井累计产油超过 4.2×10^4t，坚定了推进页岩油规模勘探开发的信心。2018—2021 年，坚持“非常规理念、非常规技术、非常规管理”的指导思想，按照“直井控藏、水平井提产”的工作思路，采用“水平井、多层系、立体式、大井丛、工厂化”的模式，在陇东华池、合水地区开展示范建设，通过整体部署、分步实施，在湖盆中部重力流夹层型页岩油规模勘探取得重大突破，发现了储量规模超 10×10^8t 的我国最大的页岩油田——庆城油田。同时，湖盆周边三角洲前缘夹层型页岩油甩开也发现新的亿吨级含油区。截至 2022 年底，页岩油探明地质储量达到 12.55×10^8t，目前建成了百万吨开发示范区，开创了我国页岩油勘探开发的新局面（图 1-5-1）。

鄂尔多斯盆地非常规油气地质理论取得了系统性、成熟性的认识，油气资源大幅增长，天然气资源量从 $10.7\times10^{12}m^3$ 增长到 $16.31\times10^{12}m^3$，石油资源量从 146.5×10^8t 增长到 169×10^8t（不含页岩油资源量 82.36×10^8t）。非常规油气勘探地球物理、压裂工艺、钻井工程等关键技术取得了重大突破，形成了较为成熟的非常规油气开发技术系列。

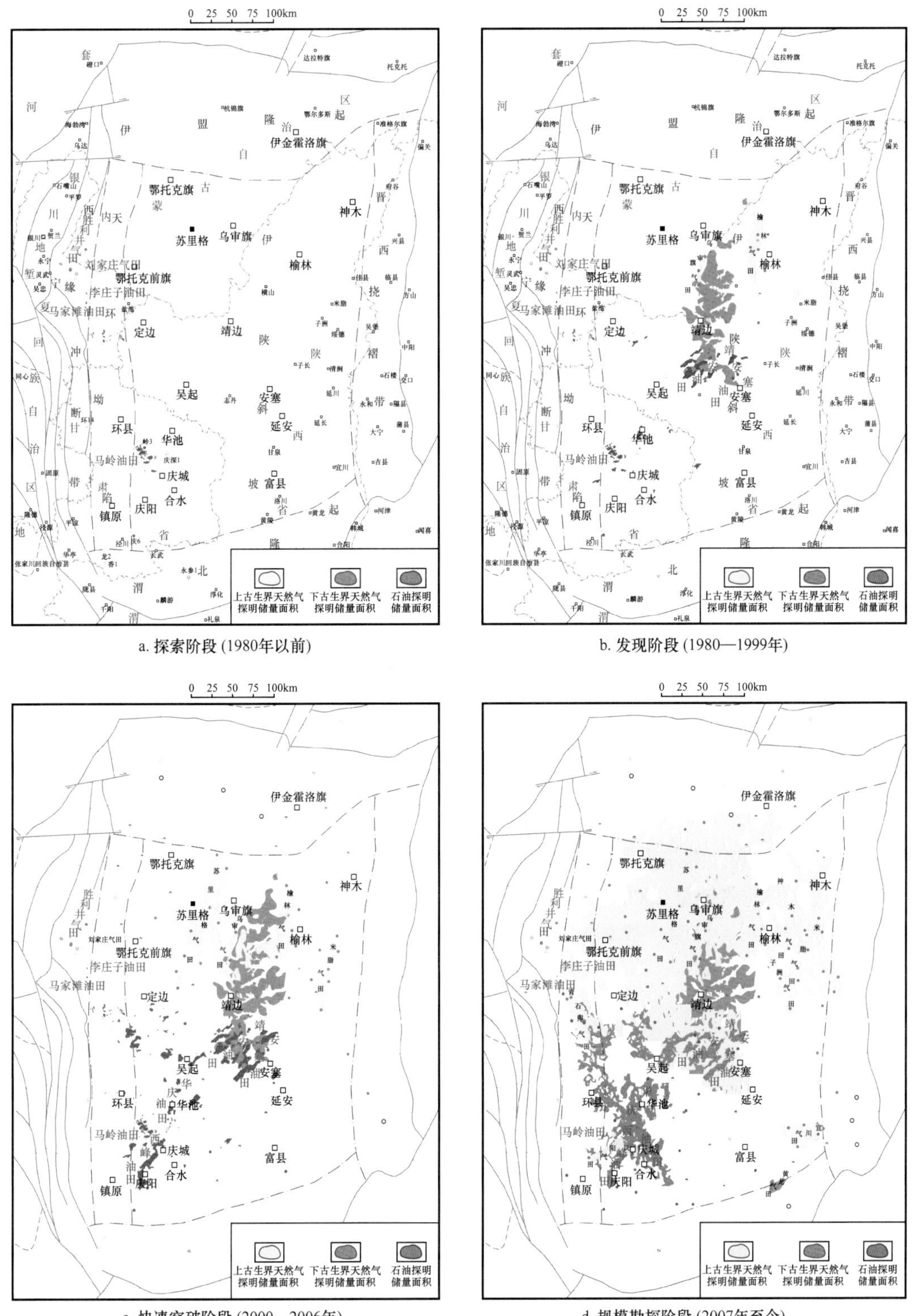

a. 探索阶段（1980年以前）

b. 发现阶段（1980—1999年）

c. 快速突破阶段（2000—2006年）

d. 规模勘探阶段（2007年至今）

图 1-5-1 鄂尔多斯盆地非常规油气勘探勘探历程图

二、非常规油气勘探开发进展

近20年来，非常规油气理论认识和勘探开发关键技术的不断突破，推动了鄂尔多斯盆地非常规致密气、致密油和页岩油勘探开发取得了开创性的进展，建成了我国目前最大的致密气、致密油和页岩油勘探开发基地。

（一）致密气

创新形成了特色的致密气勘探理论和先进适用的勘探开发技术系列，坚持整体勘探，天然气勘探领域由盆地本部向外围不断拓展，落实了苏里格、盆地东部和盆地南部及外围三个万亿立方米含气区带。

苏里格地区勘探在“广覆式生烃、源储相互叠置、大面积分布、集群式富集”致密砂岩气成藏理论认识指导下，发现探明了中国最大的致密气田——苏里格气田，探明储量、基本探明储量达到$4.6\times10^{12}m^3$；转变气田开发方式，推动水平井规模应用，形成“小层精细对比入靶、地震大方向、地质小尺度”实时导向技术，实现了年产$230\times10^8m^3$以上规模，保持稳产7年，建成我国陆上最大的天然气生产基地。创建了盆地东部多层系天然气成藏模式，明确了东部多层系气藏富集规律，持续开展地质工艺一体化措施，单井产量提高了2～3倍，推动了致密气储量的大幅度增长，累计三级地质储量达$1.62\times10^{12}m^3$。盆地东部致密气开发针对多层系气层特征，创新了大丛式井组、大丛式混合井组组合布井气田开发模式，形成新的万亿立方米规模增储上产区。近年来，持续深化鄂尔多斯盆地致密砂岩气整体认识，提出了致密气差异化成藏新认识，指导勘探落实了盆地南部及外围新的战略接替领域，新发现了盆地南部庆阳、宜川和盆地西部千亿立方米的青石峁气田，累计探明地质储量超$3000\times10^8m^3$，形成新的万亿立方米致密气接替区，成为天然气增储上产的重要领域。

截至2022年底，鄂尔多斯盆地致密气资源量达$13.31\times10^{12}m^3$。长庆油田连续10年年均新增致密气探明地质储量$2000\times10^8m^3$以上（图1-5-2）。发现探明了苏里格、榆林、米脂等10个致密砂岩气田，探明、基本探明地质储量$5.98\times10^{12}m^3$，占长庆探明地质储量的87.3%。

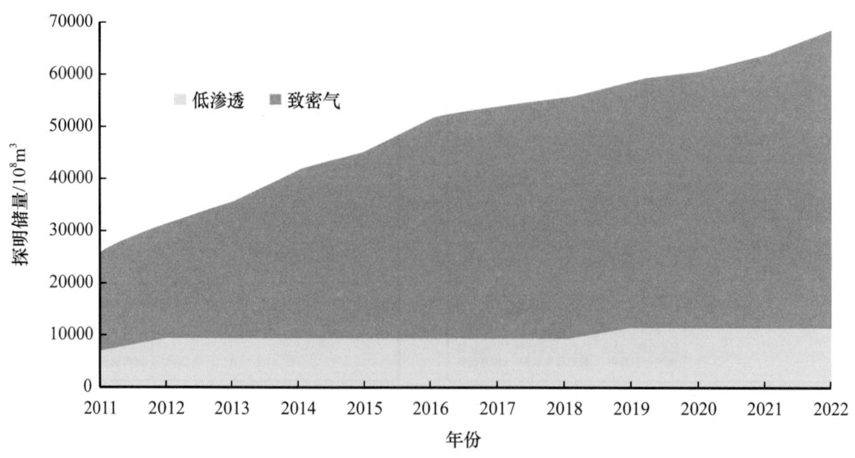

图1-5-2 长庆油田低渗透、致密气探明储量增长图

2022 年长庆油田天然气产量为 $506\times10^8m^3$，其中致密气年产量达到 $397\times10^8m^3$，占长庆油田天然气年产量的 78%（图 1-5-3）。预计“十四五”致密气年产量有望突破 $500\times10^8m^3$。

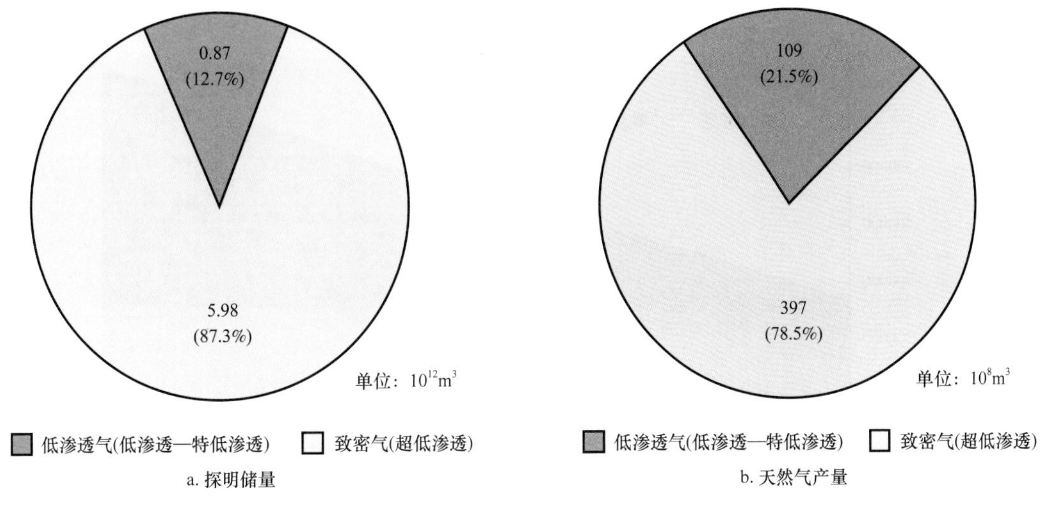

图 1-5-3　长庆油田低渗透、致密气探明储量、产量饼状图

（二）致密油

立足鄂尔多斯盆地长 6、长 8 油层组致密油勘探新领域，深化成藏地质理论，通过高分辨率层序地层学分析，精细开展小层划分、砂体和油层对比，明确优势砂体展布规律，优选有利目标，指导勘探长 8、长 6 油层组致密油含油面积不断扩大，实现了储量产量的快速增长。

鄂尔多斯盆地长 8 油层组油层水下分流河道砂体分布稳定，油藏以上生下储为主，易形成大型岩性油藏，有利于石油聚集成藏。近年来，石油勘探在辫状河浅水三角洲成藏模式理论指导下，坚持整体部署、整体勘探、整体评价，先后发现了西峰油田、姬塬油田、环江油田等亿吨级大油田，累计探明地质储量 14.69×10^8t，三级储量达 20.91×10^8t，实现了年产原油 500×10^4t 的生产规模。

鄂尔多斯盆地东北部与西北部长 6 油层组发育水下分流河道砂体，多期叠加厚度大，分布稳定，湖盆中部发育的大型浊积砂体，与三角洲前缘砂体复合，有利于石油聚集。近年来，长庆油田创立内陆坳陷湖盆中部成藏理论，进一步完善曲流河三角洲成藏认识，针对姬塬地区长 6 油层组致密油油水关系复杂的特征，从砂体结构、成岩相、成藏动力、石油运聚等方面，深化油水分布特征及成藏机理研究，加强了地震储层预测、测井精细评价，提高储层预测的精度和油水层判识精度。通过不断探索攻关，逐步形成了“变排量、多级加砂”“混合压裂”“小排量约束缝高”具有针对性的储层改造模式，改造效果较明显。长 6 油层组在湖盆中部华庆和姬塬地区取得重大突破，累计探明地质储量 18.28×10^8t，落实整体储量规模约 30×10^8t。

鄂尔多斯盆地致密油勘探开发联手，通过整体部署、整体实施，实现了长 6、长 8

油层组致密油复合连片，落实了姬塬、镇北—合水、南梁—华池、陕北四个亿吨级整装致密油含油富集区，截至2022年底，长庆油田连续10年年均新增致密油探明地质储量2×10^8t以上（图1-5-3）累计探明地质储量36.04×10^8t，年产原油1500×10^4t，盆地致密油勘探开发取得重大突破（图1-5-4）。

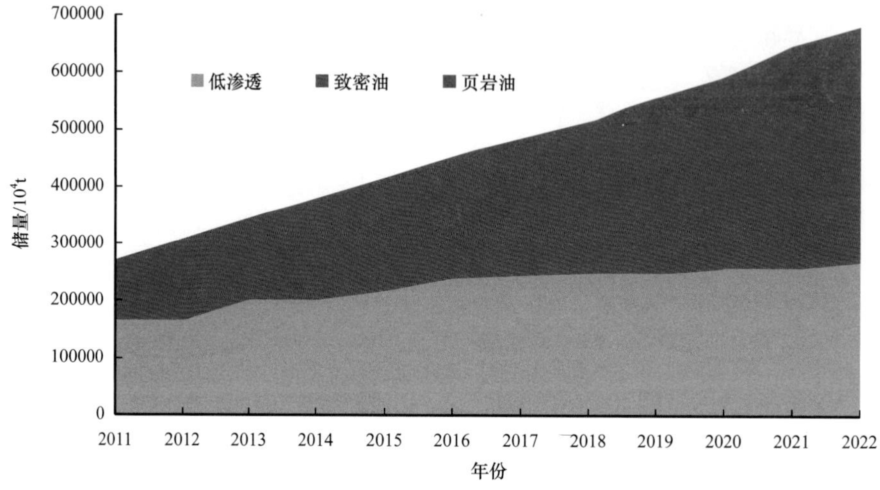

图1-5-4　长庆油田低渗透、致密油和页岩油探明储量增长图

（三）页岩油

依托国家“973”及国家科技重大专项，不断破解非常规技术难题，创新建立了“陆相淡水湖盆页岩油成藏理论”，实现了从“源岩”到“源储一体”认识的重大转变，同时不断突破传统理念束缚，创新发展压裂增产技术，关键技术参数全面提升，集成创新了长水平井、小井距、细分切割体积压裂自然能量开发等五大技术系列及相关配套技术，推动了长7油层组页岩油勘探开发的重大突破。

针对长7油层组烃源岩中多期叠置砂体夹层型页岩油（长7_1、长7_2油层组），按照“直井控藏、水平井提产”的总体思路，勘探开发一体化，规模运用长水平井（1500～2000m）压裂蓄能开发，水平井压裂段数由12～14段增加到22段，单井入地液量由$1.2\times10^4m^3$上升到$2.9\times10^4m^3$，加砂量由1000～1300m^3提高到3500m^3，投产后初期单井产量由8～9t/d上升到17～18t/d，形成了主体开发技术，建成了10×10^8t级庆城页岩油开发示范区，目前已建产能114×10^4t/a，日产油达1003t，发现探明了中国最大的页岩油田——庆城油田；同时，积极探索长7油层组厚层泥页岩夹薄层粉—细砂岩型页岩油（长7_3油层组），部署CY1井、CY2水平井开展攻关试验，试油分获121.28t/d和108.38t/d的高产油流，展示鄂尔多斯盆地页岩油巨大的勘探潜力。目前盆地页岩油探明地质储量12.55×10^8t。初步评价页岩油资源量达82.36×10^8t。页岩油年产量达到221×10^4t，成为石油增储上产的主要领域（图1-5-5）。

截至2022年底，鄂尔多斯盆地石油资源量为169×10^8t。石油探明地质储量为68.18×10^8t，其中常规低渗透—特低渗透石油探明地质储量19.59×10^{12}t，非常规石油探明地质储量48.59×10^8t（含致密油36.04×10^8t、页岩油12.55×10^8t）（图1-5-5）。

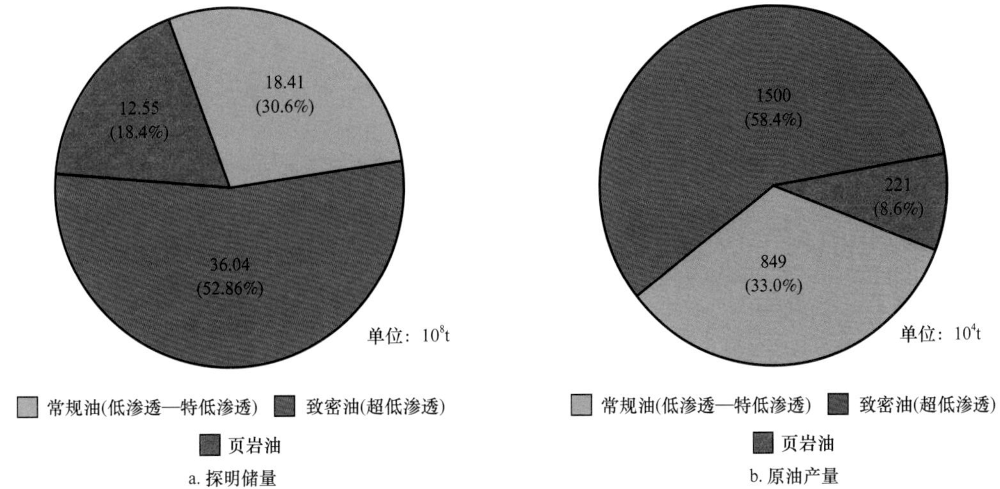

图 1-5-5　长庆油田低渗透—特低渗透、致密油和页岩油探明储量、产量饼状图

2022 年长庆油田石油年产量 2570×10^8t，其中常规油低渗透—特低渗透石油年产量 849×10^8t，致密油年产量 1500×10^8t，页岩油年产量 221×10^8t（图 1-5-5）。

参考文献

付金华，李士祥，侯雨庭，等，2020. 鄂尔多斯盆地延长组长 7 段Ⅱ类页岩油风险勘探突破及其意义［J］. 中国石油勘探，25（1）：78-92.

付金华，喻建，徐黎明，等，2015. 鄂尔多斯盆地致密油勘探开发新进展及规模富集可开发主控因素［J］. 中国石油勘探，20（5）：9-19.

付锁堂，付金华，牛小兵，等，2020. 庆城油田成藏条件及勘探开发关键技术［J］. 石油学报，41（7）：777-795.

付锁堂，金之钧，付金华，等，2021. 鄂尔多斯盆地延长组长 7 段从致密油到页岩油认识的转变及勘探开发意义［J］. 石油学报，42（5）：561-569.

公言杰，等，2009. 国外"连续型"油气藏研究进展［J］. 岩性油气藏，21（4）：130-134.

何自新，2003. 鄂尔多斯盆地演化与油气［M］. 北京：石油工业出版社.

贾承造，等，2012. 中国致密油评价标准、主要类型、基本特征及资源前景［J］. 石油学报，33（3）：343-351.

贾承造，等，2021. 论非常规油气成藏机理：油气自封闭作用与分子间作用力［J］. 石油勘探与开发，48（3）：437-453.

贾承造，邹才能，李建忠，等，2012. 中国致密油评价标准、主要类型、基本特征及资源前景［J］. 石油学报，33（3）：343-350.

焦方正，邹才能，杨智，2020. 陆相源内石油聚集地质理论认识及勘探开发实践［J］. 石油勘探与开发，47（6）：1067-1078.

金之钧，白振瑞，高波，等，2019. 中国迎来页岩油气革命了吗？［J］. 石油与天然气地质，40（3）：154-458.

金之钧，等，1999. 深盆气藏及其勘探对策［J］. 石油勘探与开发，26（1）：1-5.

李建忠，等，2012. 中国致密砂岩气主要类型、地质特征与资源潜力［J］. 天然气地球科学，23（4）：607-615.

李建忠，等，2015. 非常规油气内涵辨析、源—储组合类型及中国非常规油气发展潜力［J］. 石油学报，36（5）：521–542.

李建忠，郑民，陈晓明，等，2015. 非常规油气内涵辨析、源—储组合类型及中国非常规油气发展潜力［J］. 石油学报，36（5）：521–532.

牛小兵，冯胜斌，尤源，等，2016. 鄂尔多斯盆地致密油地质研究与试验攻关实践体会［J］. 石油科技论坛，46（4）：38–45.

童晓光，2012. 非常规油的成因和分布［J］. 石油学报，33（S1）：20–26.

魏国齐，等，2016. 中国致密砂岩气成藏理论进展［J］. 天然气地球科学，27（2）：199–210.

吴西顺，等，2020. 全球非常规油气勘探开发进展及资源潜力［J］. 海洋地质前沿，36（4）：1–17.

杨华，等，2012. 鄂尔多斯盆地上古生界致密气成藏条件与勘探开发［J］. 石油勘探与开发，39（3）：295–304.

杨华，付金华，等，2012. 低渗透油藏勘探技术与理论［M］. 北京：石油工业出版社.

杨华，李士祥，刘显阳，2013. 鄂尔多斯盆地致密油、页岩油特征及资源潜力［J］. 石油学报，34（1）：1–10.

杨华，梁晓伟，牛小兵，等，2017. 陆相致密油形成地质条件及富集主控因素——以鄂尔多斯盆地三叠系延长组长 7 段为例［J］. 石油勘探与开发，44（1）：12–19.

杨华，牛小兵，徐黎明，等，2016. 鄂尔多斯盆地三叠系长 7 段页岩油勘探潜力［J］. 石油勘探与开发，43（4）：511–520.

杨华，席胜利，等，2016. 鄂尔多斯盆地大面积致密砂岩气成藏理论［M］. 北京：科学出版社.

杨华，张文正，2005. 论鄂尔多斯盆地长 7 段优质油源岩在低渗透油气成藏富集中的主导作用：地质地球化学特征［J］. 地球化学，34（2）：148–152.

杨华，张文正，刘显阳，等，2013. 优质烃源岩在鄂尔多斯低渗透富油盆地形成中的关键作用［J］. 地球科学与环境学报，35（4）：1–9.

杨智，侯连华，陶士振，等，2015. 致密油与页岩油形成条件与"甜点区"评价［J］. 石油勘探与开发，42（5）：555–565.

张才利，2021. 鄂尔多斯盆地长庆油田油气勘探历程与启示［J］. 新疆石油地质，42（3）：253–264.

张金川，等，2000. 深盆气成藏条件及其内部特征［J］. 石油实验地质，22（3）：210–214.

张金川，林腊梅，李玉喜，等，2012. 页岩油分类与评价［J］. 地学前缘，19（5）：323–331.

张金亮，张金功，2001. 深盆气藏的主要特征及形成机制［J］. 西安石油学院学报：自然科学版，18（1）：1–22.

张文正，杨华，李剑锋，等，2006. 论鄂尔多斯盆地长 7 段优质油源岩在低渗透油气成藏富集中的主导作用——强生排烃特征及机理分析［J］. 石油勘探与开发，33（3）：289–293.

张文正，杨华，彭平安，等，2009. 晚三叠世火山活动对鄂尔多斯盆地长 7 优质烃源岩发育的影响［J］. 地球化学，38（6）.

张文正，杨华，杨奕华，等，2008. 鄂尔多斯盆地长 7 优质烃源岩的岩石学、元素地球化学特征及发育环境［J］. 地球化学，37（1）：59–64.

赵靖舟，2012. 非常规油气有关概念、分类及资源潜力［J］. 天然气地球科学，23（3）：393–416.

赵文智，胡素云，侯连华，2018. 页岩油地下原位转化的内涵与战略地位［J］. 石油勘探与开发.

赵文智，胡素云，侯连华，等，2020. 中国陆相页岩油类型、资源潜力及与致密油的边界［J］. 石油勘探与开发，47（1）：1–10.

周庆凡，杨国丰，2012. 致密油与页岩油的概念与应用［J］. 石油与天然气地质，33（4）：541–544.

邹才能，2021. "三个创新"推动非常规油气"三个突破"［N］. 中国科学报，第 003 版，能源化工.

邹才能，等，2006.“连续型”油气藏及其在全球的重要性：成藏分布与评价［J］. 石油勘探与开发，36（6）：669−682.

邹才能，等，2012. 常规与非常规油气聚集类型、特征、机理及展望——以中国致密油和致密气为例［J］. 石油学报，33（2）：173−188.

邹才能，等，2013. 非常规油气概念、特征、潜力及技术—兼论非常规油气地质学［J］. 石油勘探与开发，40（4）：385−400.

邹才能，等，2015. 论非常规油气与常规油气的区别和联系［J］. 中国石油勘探，20（1）：1−14.

邹才能，等，2015. 中国非常规油气勘探开发与理论技术进展［J］. 地质学报，89（6）：979−1007.

邹才能，等，2021. 非常规油气勘探开发理论技术助力我国油气增储上产［N］. 石油科技论坛，40（3）：72−79.

邹才能，杨智，崔景伟，等，2013. 页岩油形成机制、地质特征及发展对策［J］. 石油勘探与开发，40（1）：14−26.

Jarvie D M，2012. Shale resource systems for oil and gas：Part2−Shale−oil resource systems［J］. Shale reservoirs−Giant resources for the 21st century：AAPG，Memoir 97：89−119.

第二章　区域地质特征

第一节　结晶基底特征

一、构造位置及单元划分

鄂尔多斯盆地地跨陕西、甘肃、宁夏、山西、内蒙古五省区，面积约 $25\times10^4km^2$。盆地构造位置处于华北克拉通的西南部，四周被一系列断陷盆地和造山带所环绕围限。北缘隔河套盆地与阴山造山带相望；南部隔渭河盆地与秦岭造山带相邻；西隔银川盆地、宁南盆地，分别与桌子山、贺兰山、河西走廊过渡带、六盘山相接；东缘以吕梁山为界。根据盆地基底性质、构造变形特征、沉积盖层发育情况，可以划分为伊盟隆起、西缘冲断带、天环坳陷、伊陕斜坡、晋西挠褶带和渭北隆起六个构造单元（图 2-1-1）。盆地总体表现为多演化阶段、多构造体制、多沉积体系、多原型盆地叠加的复合克拉通盆地特点（张福礼，2004；刘池洋等，2006）。鄂尔多斯地块克拉通基底固化程度高，稳定性强。古元古代以来，鄂尔多斯盆地以坳陷沉降为主、地层产状平缓、岩浆活动微弱、构造极不发育等稳定性著称于世。这与盆地结晶基底岩性组成、地质结构有着密切联系，是刚性基底的稳定性决定了盆地及沉积盖层稳定发育特征，基底对沉积盖层发育具有明显的控制作用。这种稳定性也为盆地非常规致密油气藏的形成与赋存提供了有利的沉积构造条件，并深刻影响了盆地油气成藏过程及油气分布规律。所以，了解盆地结晶基底结构及发育特征，具有重要地质意义。

二、结晶基底地层时代与岩性

鄂尔多斯盆地结晶基底之上沉积了元古宇、古生界、中生界、新生界不同时代的地层，具有基底与盖层的二元结构。在盆地内部基底覆盖严重，一般埋深在 4000m 以下，仅少量钻孔揭露基底地层，且分布极不均匀，研究程度也不高。而盆地周缘地区广泛出露老地层，认为盆地边缘出露的变质岩系是盆地内部结晶基底的外在延伸。在盆地边缘不同的出露区，结晶基底地层时代、岩性、名称各不相同，即是盆地不同地区结晶基底不同的反映。可以依据露头及重磁资料探查结果来推定盆地结晶基底的性质。研究证实，鄂尔多斯盆地结晶基底形成于太古宙—古元古代，在盆地内部及周边已经发现了新太古界（AR_3）—古元古界（Pt_1）变质岩系的结晶基底，其岩性差别很大、极为复杂，具有明显的分区分带性。值得注意的是孔兹岩系在鄂尔多斯盆地周边及邻区也大范围出露，北缘、西缘主要包括集宁群、乌拉山群、千里山群、贺兰山群、海原群等。南缘主要包括太华群。东缘主要包括吕梁群。其中以北缘最为典型，是研究华北克拉通孔兹岩系最重要的地区，广受关注。变质岩系的分区分带性和孔兹岩系分布指示了鄂尔多斯地区结晶基底可能是由不同块体碰撞拼合组成的。

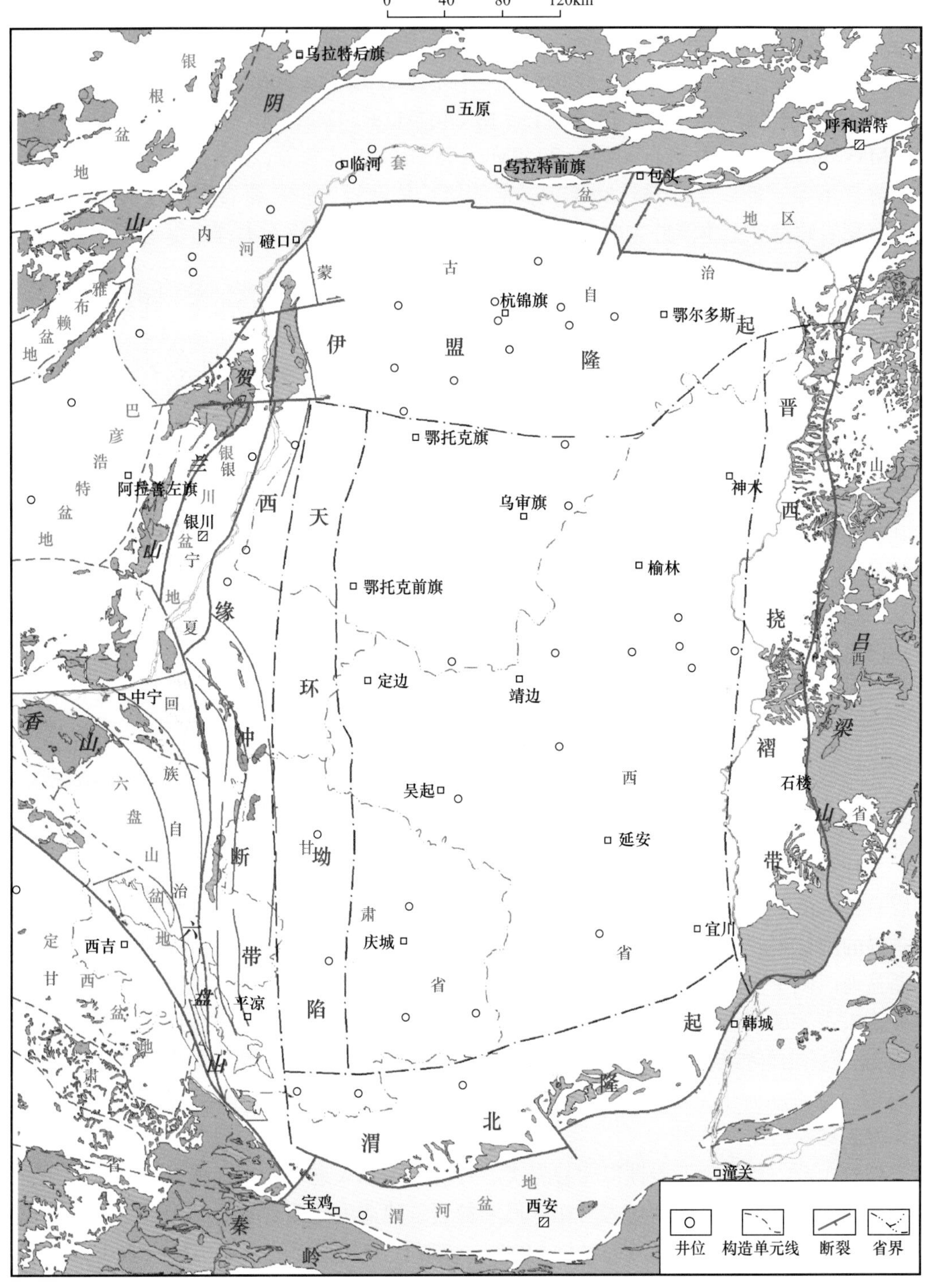

图 2-1-1　盆地构造单元及邻区位置图

（一）盆地北缘

盆地北缘结晶基底主要在阴山地区出露，广泛分布新太古界—古元古界变质岩系，主要是集宁群（AR_3）、乌拉山群（AR_3）、二道凹群（Pt_1）等。

集宁群：按岩性可明显分上、下二个岩组，其间可能存在不整合，据此有人称为上、下集宁群。下集宁群Rb—Sr年龄为2284Ma ± 50Ma，最小U—Pb锆石年龄2339Ma ± 13Ma，最大U—Pb锆石年龄2467Ma ± 54Ma；上集宁群Rb—Sr年龄为2316Ma+38Ma，U—Pb锆石年龄为2467Ma ± 69Ma（沈其韩等，1987），地质时代属于新太古界。下集宁群以二辉斜长麻粒岩、紫苏斜长片麻岩为主，原岩为基性—中酸性火山岩—沉积岩建造。上集宁群主要由硅线石榴钾长片麻岩、透辉石大理岩等组成，原岩为含碳半黏土质岩及碳酸盐建造。变质程度已达麻粒岩相。

乌拉山群：乌拉山群由高级变质岩系组成，是位于集宁群上岩组之上的变质岩系。可分4个岩组：第一岩组以片麻岩和斜长角闪岩为主夹角闪磁铁石英岩和透辉石岩；第二岩组以斜长角闪岩为主夹变粒岩和角闪斜长片麻岩；第三岩组以斜长角闪岩、片麻岩为主夹变粒岩及大理岩类，岩石中普遍含石墨；第4岩组以大理岩为主，底部可见含硅线石石英岩薄夹层。乌拉山—大青山孔兹岩系中典型的变质锆石记录其变质时代为1850—1950Ma，地质时代属于古元古代（董胜贤，1984；甘胜飞，1991；蔡佳，2015）。原岩建造为碎屑岩、中基性火山岩、火山碎屑岩、基性—中基性火山岩及碎屑岩。变质程度达到铁铝榴石角闪岩相。

二道凹群：主要出露于内蒙古呼和浩特以北大青山地区，为变质地层。自下而上分为：冯家窑组，为变质砾岩夹石英片岩和变粒岩及蚀变大理岩，厚502m；红山沟组，以十字蓝晶石榴云母石英片岩和大理岩为主，厚525m；哈拉钦组，为轻度混合岩化的角闪黑云阳起片岩和透闪石化、蛇纹石化镁橄榄石大理岩夹石英片岩，厚629m。变质程度属高绿片岩相至低角闪岩相。地质时代属古元古代。

（二）盆地西缘

盆地西部处于阿拉善地块、走廊过渡带、鄂尔多斯盆地结合部，各个构造单元结晶基底有很大的差异。阿拉善地块基底为中太古界的迭布斯格群、新太古界的阿拉善群和古元古界的阿拉坦故包群。走廊过渡带的基底为古元古界海原群及下古生界的香山群。鄂尔多斯盆地西侧千里山、桌子山、贺兰山地区广泛出露的变质岩系基底属于华北克拉通，可划分为太古宇的贺兰山群（AR_3）和古元古界的赵池沟群（Pt_1）（霍福臣等，1989；张抗，1989）。贺兰山群曾被称为宗别立群、贺兰山杂岩，主要分布于贺兰山北段。贺兰山北部分布于内蒙古乌海千里山—桌子山一带所谓的千里山群，已查明该群是贺兰山群的一部分，该名称现已废弃停用。

贺兰山群：贺兰山群岩性以变粒岩类、片麻岩类和大理岩为主，夹少量麻粒岩和粒岩类岩石。变质程度已达到高角闪岩相—低麻粒岩，建造为孔兹岩系。利用锆石测年确定贺兰山孔兹岩系的变质时代为1950Ma ± 8Ma。该时代与其东部的乌拉山、大青山孔兹岩系变质时代相同，说明华北克拉通西部的阴山微陆块与其南的鄂尔多斯微陆块大体是以平行的方式正面拼贴到一起的，形成了目前的孔兹岩带（周喜文等，2009）。

赵池沟群：分布于内蒙古阿拉善左旗赵池沟及宁夏黄旗口—百寺口—南水一带。该群下部由二云石英片岩和二云长石石英片岩组成，上部由黑云斜长变粒岩、二云斜长变粒岩和含石墨（白云母）斜长变粒岩等组成。厚度大于846.9m。其变质程度属绿片岩相。原岩为泥质石英砂岩、泥质长石石英砂岩和杂砂岩等，有的含碳质成分。

（三）盆地南缘

盆地南缘陕西地区华北克拉通早前寒武纪基底有太华群（AR_3）、铁洞沟组（Pt_1）（张宗清等，2006；安三元，1992；张国伟，1987）。在东部河南地区早前寒武系称登封群（AR_3）、嵩山岩群（Pt_1）。

太华群：主要出露于小秦岭太华山、老牛山及临潼，向东延入河南崤山、熊耳山、鲁山地区。太华群属华北克拉通南缘太古宙古老的基底，为中深变质岩系，普遍达到铁铝榴石角闪岩相，局部达麻粒岩相。包括两套岩石组合：在小秦岭地区，以斜长角闪岩、黑云斜长片麻岩、变粒岩和滑石透闪岩为主，呈岩片包在混合片麻岩或花岗片麻岩中，是主要产脉金的层位；在鲁山地区，以变质的沉积岩和火山岩为主，含铁、石墨和蓝晶石等矿。太华群与河南中部的登封群并列，同属于新太古代（沈其韩等，2014）。

铁洞沟组：仅出露于太华山至老牛山南坡及蓝田霸源、临潼骊山等地，分布有限。区域上岩性单调、稳定，为中浅变质的绿片岩相。下部为中厚层石英岩夹石英片岩，上部为绢云石英片岩夹中厚层石英岩。不整合覆盖在太古宇太华群之上，以整合或局部不整合伏于熊耳群之下。地质时代为古元古代（陕西省区域地质志，1989）。

嵩山群：分布于河南嵩山地区，为浅变质地层。嵩山群自下而上分为罗汉洞组石英岩、五指岭组片岩、花峪组石英岩和庙坡山组片岩。嵩山岩群时代为古元古代（河南区域地质志，1989；万渝生等，2009）。

（四）盆地东缘

盆地东缘基底主要在吕梁山、中条山地区出露。吕梁山地区称为界河口群（AR_3）、吕梁群（Pt_1^1）、岚河群、野鸡山群/黑茶山群（Pt_1^2）。中条山地区称为涑水群（AR_3）、中条群（Pt_1^2）、绛县群（Pt_1^2）。东缘邻区五台山地区则称为阜平群（AR_3）、五台群（Pt_1^1）、滹沱群（Pt_1^2）。

1. 吕梁山

界河口群：界河口群主要由富铝片麻岩—变质砂岩—大理岩等组成，（高）角闪岩相变质，富铝片麻岩中常含石墨，与孔兹岩系类似（吴昌华等，1998；万渝生等，2000）。由下而上包括园子坪组、阳坪上组、贺家湾组、黑崖寨（岩）组、长数山（岩）组、奥家滩（岩）组。上与野鸡山群不整合接触，未见底。通常认为界河口群形成于新太古代（山西省地质矿产局，1989）。总体上，界河口群是由遭受了角闪岩相变质的含石墨泥质片岩、石英岩、长英质副片麻岩、大理岩及少量的斜长角闪岩组成的。界河口群很可能形成于华北太古宙克拉通被动大陆边缘的构造环境。

吕梁群：主要分布于岚县的前祁家庄至娄烦的罗家岔一带，在岚县的岚城镇附近也有少量出露。分为三个组，分别为袁家村组、裴家庄组和近周营组。为一套经受中—低级变质作用的含铁碎屑岩—火山岩建造，主要由磁（赤）铁石英岩、石英岩、千枚岩、绿泥钠长片岩、变质粉砂岩等组成。吕梁群的形成年龄为2.1Ga左右（于津海，1997），其岩石组合、变质变形与界河口群存在明显区别，形成环境显然不同。吕梁群是形成于界河口群基底之上？或是后期构造作用把它们拼合到一起的？值得进一步深入研究（万渝生等，2000）。

野鸡山群：也叫黑茶山群，分布于山西宁武县芦草沟、岚县野鸡山到吕梁市离石区马头山一带。野鸡山群变质程度属低绿片岩相，地质时代属古元古代。与下伏界河口群呈不整合接触。

自下而上为：青杨树湾组、白龙山组、程道沟组。青杨树湾组为一套长石石英岩为主的变碎屑沉积岩，底部有不稳定的变砾岩，上部夹有千枚岩。白龙山组以变玄武岩为主，夹少量千枚岩、长石石英岩，局部夹变流纹岩和薄层大理岩。程道沟组以条带状黑云千枚岩为主，其次为钙质石英岩、钙质黑云石英岩和含黑云石英岩。该群遭受低绿片岩相区域低温动力变质作用及一次区域性褶皱变形作用，形成了区域复向斜构造。该群复向斜东翼不整合在赤坚岭杂岩之上，西翼不整合在界河口群之上。

岚河群：分布于山西岚县、静乐县、方山县。自下而上分为凤子山组、前马宗组、后马宗组、石窑凹组和乱石村组。岚河群为变砾岩、石英岩、千枚岩夹白云岩和绿片岩，厚2594m。属滨海及浅海和山间河流相，白云岩中含叠层石。岚河群地质时代属古元古代，浅变质岩系。该群与下伏元古宇吕梁群呈不整合接触。

2. 中条山

涑水群：分布于山西中条山地区，为中深块状变质岩系。该杂岩包括2350Ma的变质火山岩，并含有更年轻的花岗质侵入岩，可能还含有太古宙的岩石，但其主体是花岗质侵入岩，表壳岩较少，且岩性、岩相变化大。时代属新太古代或新太古代至古元古代。

绛县群：1962年，白瑾将中条山地区一套变质的中基性火山岩沉积建造称为绛县群，自下而上分为平头岭组、横岭关组和铜矿峪组，归太古宇。并认为下与涑水杂岩，上与中条群均呈不整合接触，前者称之为涑水运动，与阜平运动相当，后者为五台运动。

后查明绛县群主要分布在山西省中条山绛县—垣曲县一带，变质程度为低绿片岩相—低角闪岩相，为浅变质岩系，时代属古元古代（刘玄等，2015；沈其韩等，2016）。绛县群自下而上分为4组：（1）平头岭组，主要为厚层石英岩夹片岩，偶含砾，厚10～42m；（2）横岭关组，为一套片岩，是本区变质铜矿赋矿层位，厚1381m；（3）圆头山组，下部以厚层石英岩为主夹片岩，上部为泥岩，厚744m；（4）铜矿峪组，以变质富钾火山岩和火山碎屑岩为主，上部片岩，厚度大于1481m，是本区铜矿主要含矿层位。

中条群：主要分布于山西中条山地区。为浅变质岩系，分下上两亚群。主要为粗碎屑岩、石英岩、大理岩和火山岩等，厚约6500m。属大陆边缘浅海环境。中条群同位素测年数据为2060—2090Ma。通过岩石组合及矿床类型分析，认为该区中条群的时代属古元古代，晚于绛县群。

3. 五台山

阜平群：又称“单塔子群”属于新太古代地层。主要出露于中国太行山地区，如河北的阜平、涞源、唐县、灵寿、行唐、邢台、赞皇等县。主要由各种片麻岩组成，并有少数镁质大理岩、变粒岩、斜长角闪岩及浅粒岩。

五台群：主要分布在山西省五台山地区，在滹沱河北岸恒山的南坡、河北阜平的北部亦有分布。自下而上分为石咀亚群、台怀亚群和高凡亚群。为一套眼球状片麻岩、变粒岩、斜长片麻岩和斜长角闪岩。地质时代属新太古代（白瑾，1986；徐朝雷等，1991；白瑾等，1992；沈保丰，1998）。五台群下部变质程度较深达到中压角闪岩相，中部变质程度以绿片岩相为主，部分可达到角闪岩相，上部则以次绿片岩相为主。混合岩化作用局部较强，形成混合花岗岩。

滹沱群：原称“滹沱系”，属元古宙地层。最初命名地点在山西五台山西南滹沱河岸的东冶镇附近，故名。滹沱群分布面积较小，多见于中国山西五台山及吕梁山一带。本群厚度较大，可分为三部分：下部，自下而上为变质含金砾岩、石英岩和石英岩夹千枚岩；中部，以千枚岩、板岩为主，夹石英岩、大理岩和轻微变质的中基性火山岩；上部，以富含裸枝叠层石的白云质大理岩为主，夹少量千枚岩。本群轻微变质，变质时代约为1700Ma左右。滹沱群可能属中元古界底部或古元古界上部。

由上可见，鄂尔多斯盆地露头结晶基底主要由新太古界—古元古界组成，是否有更古老地层或完整的太古宇存在有待于进一步研究和厘定。

三、基底结构与构造

（一）华北克拉通基底区划

长期以来，人们一直认为华北克拉通是由统一的新太古界结晶基底组成的。通过近年来的研究，发现华北克拉通基底主要由大面积的新太古代TTG杂岩及表壳岩系组成，中部存在一条1.85Ga前的大陆碰撞带，是由古大洋俯冲、闭合所形成的陆—陆碰撞带。根据华北克拉通基底构造、岩石组合、岩浆及变质作用和同位素年代学研究，可以划分为东部、西部两大陆块和中部造山带三个构造单元（赵国春等，2002），该方案已经得到广泛应用并渐成共识。其中西部陆块位于山西大同—离石断裂以西地区，由北部阴山和其南部鄂尔多斯两个微陆块构成，二者由近东西向延伸的孔兹岩带碰撞拼合形成统一西部陆块（张成立等，2018）。鄂尔多斯盆地北部位于孔兹岩带上，但主体坐落于西部陆块的鄂尔多斯微陆块之上（图2-1-2）。

（二）盆地基底构造

1. 基底区域磁异常

鄂尔多斯盆地沉积盖层的磁化率普遍较低，可以视为弱磁化和无磁性，盆地大面积航磁异常主要是盆地结晶基底磁性差异的特征响应，反映了结晶基底岩石岩性差异及结晶基

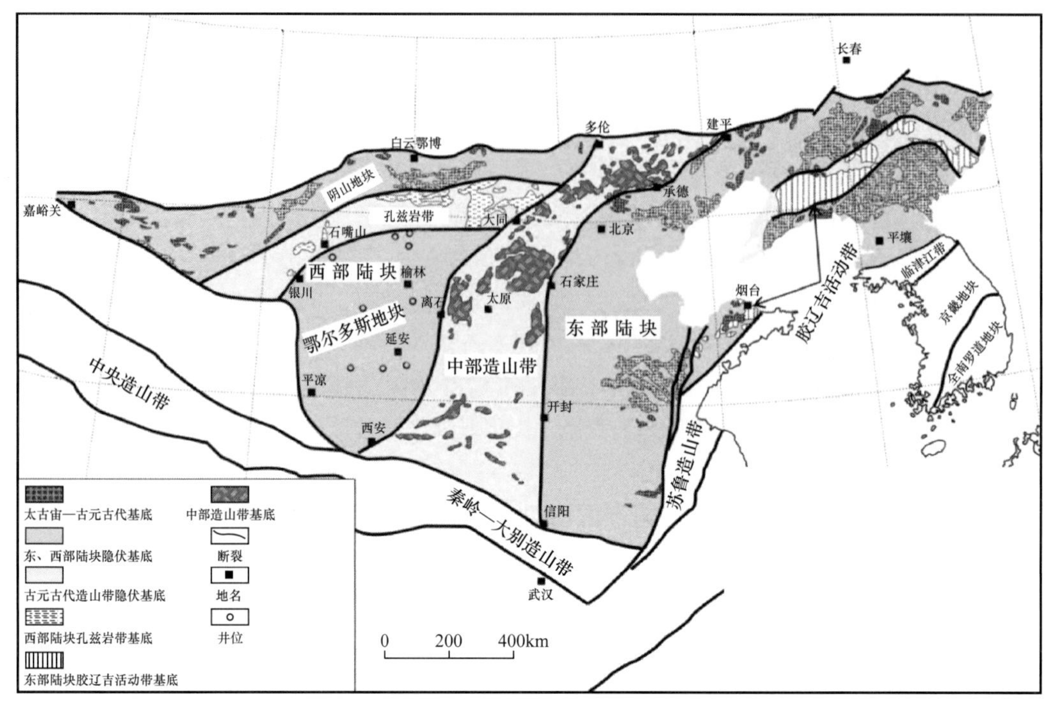

图 2-1-2　华北克拉通构造单元划分图（据张成立等，2018）

底的构造形态。从基底航磁异常图上来看，鄂尔多斯地区航磁异常在空间分布与延展方向上差别很大，总体呈北东向、大规模线状正负相间展布。自北向南：乌海—杭锦旗—东胜一带为强磁高值异常分布区，鄂托克前旗—乌审旗—河曲一带为磁力低值异常区，环县—安边—横山—佳县一带为强磁高值异常分布区，彬县—富县—延长—永和一带为磁力低值异常区，礼泉—富平—吉县—蒲县一带为强磁高值异常分布区，表现为宽缓的“三高两低”克拉通线性磁异常分布特征（图 2-1-3）。这种区域性线性磁异常应该是与结晶基底岩性层的排列和早期韧性剪切带有关。磁异常带南北方向上具有明显差异性，以 F_2 为界可以分为两组：北部一组近东西向展布，内部发育“三高两低”线性异常带，磁力异常低值带狭窄，但主体表现为升高的区域背景场，是华北克拉通北缘孔兹岩带的分布区；南部一组为北东向展布，延伸至华北克拉通腹部的太原、石家庄地区。航磁异常“两高两低”，均为宽缓巨大的线性异常带，盆地南部克拉通特征更为明显，是鄂尔多斯微陆块区域。

2. 基底断裂与埋深

1）基底断裂

鄂尔多斯盆地由不同性质基底拼贴而成，基底块体间多以断裂接触。在航磁异常图上，盆地基底断裂走向以近东西向、北东向为主，都清楚地反映为十分醒目的梯度变化、不同影像区界线、色变线和线性色调异常带等特征。大体分为两组，一组近东西向，分布于盆地北部孔兹岩带上；一组北东向展布，位于鄂尔多斯微陆块上。

基底断裂规模有大有小，在活动方式和强度上存在着差异。根据对区域构造、盖层发育情况及岩浆岩的控制程度，大约可划分为三级，一级断裂为基底构造单元的边界断裂（F_1—F_8），二级断裂为其内次级构造单元的边界断层，三级断裂对局部构造具有控制作用。基底一级断裂与二、三级断裂交错切割，构成以北东向断裂为主干和北西向断裂斜交分布的网络状基底断裂构造格局。

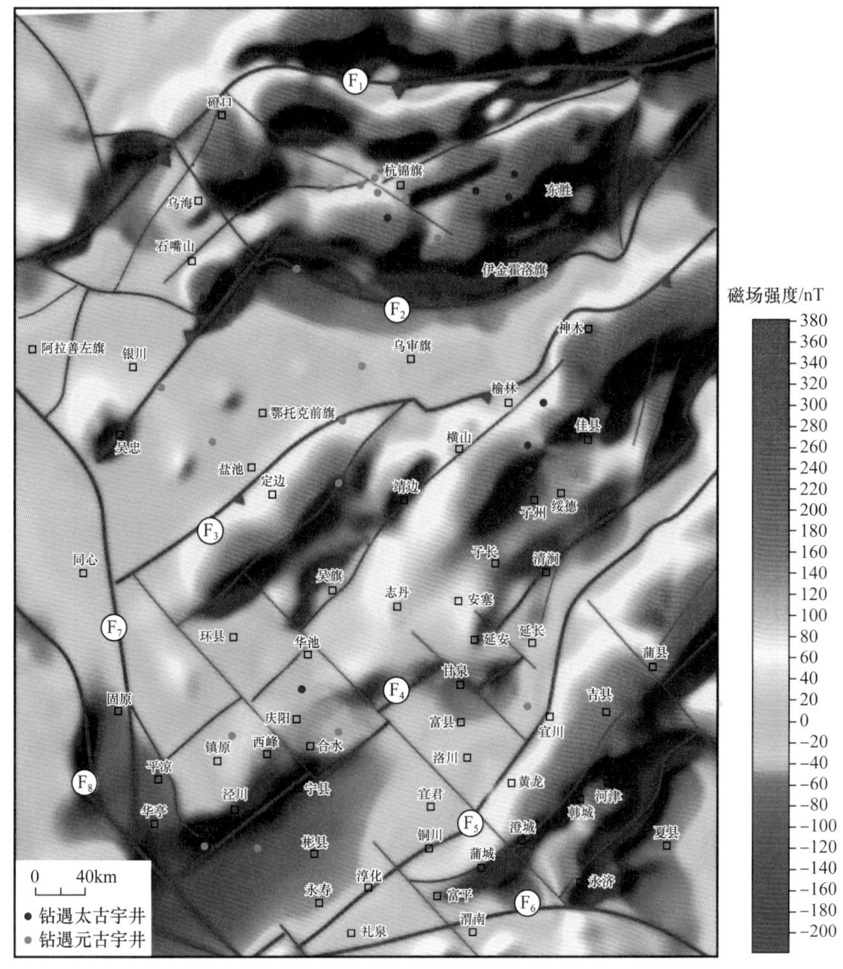

图 2-1-3 鄂尔多斯地区航磁异常（上延 10km）及基底断裂分布图

2）基底埋深

鄂尔多斯盆地盆缘结晶基底埋藏较浅，多处出露结晶基底岩系，盆地内部埋藏较深。从盆地钻井和航磁异常图来看，盆地内部结晶基底整体埋藏较深，但起伏变化很大，一般在 2000～7000m 之间，区域上平均埋深约 4800m，最大埋深可达 6800m。分区来看差异很大，北部伊盟隆起区基底埋深较浅，杭锦旗以东一般小于 2500m，以西段一般在 3500～4000m；南部渭北隆起大部分地区基底埋深较浅，一般小于 3500m；盆地中部天环坳陷及伊陕斜坡靖边以西地区埋藏最深，一般为 4500～5500m，其中鄂托克旗西—环县一带基底埋深超过 5100m，为深坳陷区。靖边以东变浅至 3000～3500m；盆地西部冲断带埋藏变浅一般在 4000m 以上。盆地靖西挠折带基底埋深小于 2000m。总体表现为南北高、中部低、西边低、东边高的埋深格局，与盆地今构造面貌基本吻合。

3. 基底构造分区

根据鄂尔多斯地区基底航磁异常、基底断裂、基底岩性分区及重磁联合剖面反演结果，将鄂尔多斯盆地基底构造大体划分为：乌海—东胜隆坳区、鄂托克前旗—乌审旗坳陷区、环县—佳县隆起区、彬县—延长坳陷区、蒲城—吉县隆起区5个构造单元（图2-1-4）。它们是一系列不同时代、不同岩性、不同规模的北东向展布块体，经吕梁运动拼贴、固化而形成的克拉通化基底，结晶基底具有典型的带状块体拼贴地质结构。

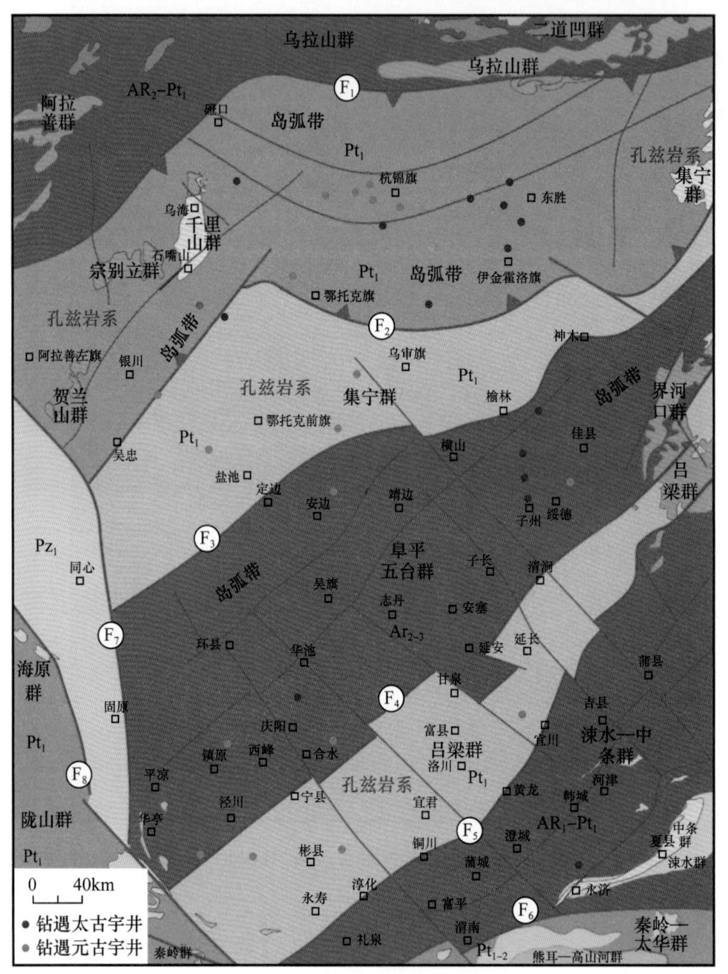

图2-1-4　鄂尔多斯地区不同基底构造单元岩性分布图

1）乌海—东胜隆坳区

该带位于F_2基底断裂以北地区，大体包括了阴山造山带、河套盆地和鄂尔多斯盆地伊盟隆起几个次级构造单元。沿贺兰山—千里山—乌拉山—大青山—集宁一线出露长达近千千米的巨型线性构造带，已被证明是孔兹岩系，代表一套高级变质（高角闪岩相—麻粒岩相）的以高铝质岩石为主的沉积岩，是华北克拉通北缘孔兹岩带的西端部分。该区主体为磁力高异常区，内部发育小规模的低值带。区内中东段高磁异常强烈，磁异常呈北东东向高低相间带状延伸，表明该区存在高磁化率岩石，是强磁性麻粒岩相变质岩分布区，可与阴山一带磁性较强的乌拉山群麻粒岩对比。西段磁力异常整体较弱，主要由磁化率低的阿拉善群、贺兰山群组成。

2）鄂托克前旗—乌审旗坳陷区

位于 F_2 和 F_3 基底断裂之间，呈东窄西宽开口的喇叭状。该带呈宽缓的低磁异常区，强度变化在 20～80nT 之间。资料显示该区东段出露集宁群，它是由含榴石石英岩、榴石夕线片麻岩、石墨片岩和大理岩组成的富铝变质岩系，其原岩为砂岩、砂质页岩和碳酸盐岩，具低磁化率特点。而西段出露区为磁化率较低的贺兰山群、赵池沟群与之相对应。重磁联合反演的剖面也很好的指示该区基底为低磁、正常密度岩石组成，推测应为集宁群、贺兰山群、赵池沟群中低磁化率岩系，属于华北克拉通北缘孔兹岩系的南延部分，隐伏于鄂尔多斯盆地沉积盖层之下。

3）环县—佳县隆起区

位于 F_3 和 F_4 基底断裂之间、呈北东向延伸，磁异常强度多在 20～400nT 之间，个别地区可达 400nT 左右，整体表现为中高磁异常。该磁异常带 Y9 井、QS1 井钻遇黑云母角闪片麻岩和斜长片麻岩（邸领军，2003），其可与对应露头区变质程度高的阜平群、五台群岩性进行类比。五台群磁化率不高（小于 100×10^{-6}SI），但其内柏枝岩组和金刚库组含有高磁性的磁铁石英岩（最大达 50000×10^{-6}SI）（白瑾，1986），五台群内高磁性岩石可能是造成区域磁力高的主要原因。

重磁联合反演的剖面上也很好的指示了该高航磁异常带，推测应与五台群的高航磁异常是一致的。区内 LT1 井（2035Ma ± 10Ma，胡健民等，2012）、QS1 井（2045Ma ± 23Ma，Zhang et al.，2015）二云母花岗岩或片麻质花岗岩发育，表明该带岩体发育，这也是造成高磁的重要原因。

4）彬县—延长坳陷区

位于 F_4 和 F_5 断裂之间，坳陷区降低的区域背景场，磁异常整体呈北东向延伸。该区东部盆缘出露界河口群、吕梁群。其中，界河口群由含石墨大理岩、变泥砂质岩和少量的斜长角闪岩组成，吕梁群由大理岩、片岩和混合岩组成，两者岩石组成均与孔兹岩系基本一致（耿元生等，2000；万渝生等，2000；Liu 等，2006，2012；刘超辉等，2013），可与上集宁群类比。重磁联合反演剖面也指示该带低磁异常特征，推测其应该是界河口群和吕梁群的低磁化率岩石引起。

5）蒲城—吉县隆起区

蒲城—吉县隆起区北以淳化—宜川断裂为界（F_5）、南以秦岭北侧大断裂为界（F_6），显示高航磁异常特征，该陆块磁异常整体呈北东向延伸。该带韩城—河津一带出露涑水群和中条群。涑水群具有高磁正异常特征（李晗婧，2016），中条群整体表现为弱磁异常。涑水群变质火山岩形成年龄为 2562Ma ± 22Ma，后被 2351Ma ± 37Ma 钾质花岗岩侵入（张瑞英，2012）。河津—韩城一带涑水群由角闪斜长片麻岩、透辉斜长片麻岩和二长花岗片麻岩组成，透辉斜长片麻岩（2053Ma ± 34Ma）和二长花岗片麻岩（2098Ma ± 27Ma）均形成于古元古代花岗岩（2053Ma ± 34Ma 和 2098Ma ± 27Ma，王建其等，2017）。由于秦岭北侧大断裂作用，高航磁异常的太华群没有延入盆地，只分布于华北克拉通南缘的陕西省华县到河南省舞阳一带。重磁联合反演的剖面也显示该带高航磁异常特征，推测应是涑水群引起的。

四、结晶基底形成与演化

前已述及，鄂尔多斯地区并非统一的陆块，至少存在阴山和其南部的鄂尔多斯 2 个微陆块，在古元古代（约 1.9Ga）沿华北西部孔兹岩带碰撞对接拼合为一体。约 1.85Ga，西部陆块与东部陆块沿中部带发生碰撞拼合而形成现今的华北克拉通统一结晶基底（赵国春，2002）。从构造演化过程来看，鄂尔多斯地区结晶基底经历了 3 个发展演化阶段。

（一）太古宇微陆块发育阶段（2.8—2.5Ga）

太古宇，鄂尔多斯地区生长了阴山、鄂尔多斯等微陆块，并逐步稳定化。微陆块内均存在大量太古宙（2.8—2.7Ga）岩浆锆石或其内侵入岩内含有太古宙继承锆石，并经历了 2.55—2.5Ga 地壳再造事件。如在阴山微陆块有大量 2.7—2.5Ga 的碎屑锆石（张成立等，2018）；鄂尔多斯微陆块覆盖区榆林南部 LT1 井基底片麻岩有 2618Ma ± 8Ma 锆石继承年龄（Wang et al.，2014），ZJ1 井基底二云母斜长片麻岩有 2539.2Ma ± 11.6Ma 锆石继承年龄（吴素娟等，2015）；在韩城—河津一带涑水杂岩内也有大量太古宙（2.7—2.5Ga）的岩浆锆石，并发育 2.8—2.7Ga 的古老继承锆石年龄（赵斌等，2012；张瑞英等，2012），可能是微陆块存在的证据。另外，一些学者发现阴山、鄂尔多斯等微陆块存在 P−T−t 顺时针轨迹的 2.55—2.4Ga 区域变质事件（卢良兆，1991；董晓杰，2012；简平等，2005；Wan et al.，2013；Dong et al.，2014；Liu et al.，2014），指示着鄂尔多斯地区微陆块在新太古代末期初步完成了克拉通化，形成了一个统一的稳定大陆（Wan et al.，2012；Zhai and Santosh，2011）。

（二）古元古代孔兹岩原型盆地发育阶段（2.5—2.05Ga）

鄂尔多斯地区在太古宙末期初步克拉通化后，2.45—2.3Ga 进入地质活动的相对平静期，该时期缺少岩浆活动和造山运动，鄂尔多斯地区整体可能处于隆升状态而缺失沉积，这与全球其他典型克拉通一致（Condie，2009）。随后，西部陆块进入裂解阶段，地幔上隆，阴山与鄂尔多斯微陆块之间发育陆内裂谷，伸展裂陷内发育以孔兹岩系为代表的沉积，形成一个古元古代孔兹岩裂谷盆地，并引起裂谷内滹沱群基性火山岩活动。其内玄武岩—玄武安山岩开始发育（2140Ma ± 14Ma）（杜利林等，2010）。滹沱群玄武岩 TiO_2 含量相对较高，Zr/Hf 值高（39.7～46.3），明显高于大洋玄武岩（36.1）、洋岛玄武岩（35.9）和上地壳（36.4）值，显示具有板内玄武岩的特征；滹沱群变质火山—沉积岩层中的 2087Ma ± 9Ma 长英质凝灰岩（Wilde et al.，2003），显示这一伸展裂陷过程可能持续至 2.05Ga。之后，洋壳开始向阴山微陆块南缘伊盟隆起造山带下俯冲消减，在伊盟隆起造山带南侧和鄂尔多斯微陆块北缘发育岛弧花岗岩。古元古代（2.2—2.0Ga）岛弧岩浆活动构造带为裂陷盆地提供了大量物源（Wan et al.，2013；Zhang et al.，2015）。如贺兰山北部孔兹岩系原岩年龄主要在 2.0—2.15Ga（董春艳等，2007），界河口群内大量发育 2.0Ga 碎屑锆石（张成立等，2018），说明该期的玄武质火山岩为裂陷提供了大量物源。

（三）盆地统一结晶基底形成阶段（2.0—1.8Ga）

随着大洋俯冲作用的持续进行，阴山微陆块南缘伊盟造山带与鄂尔多斯微陆块北缘汇聚，发生挤压碰撞，北东向的弧后裂谷、小洋盆开始闭合，形成了一条古元古代碰撞造山带。因其主要组成为孔兹岩系而称之为孔兹岩带（Khondalite belt），该碰撞造山带呈东—西向延伸上千千米。沿此碰撞带，北部的阴山微陆块和南部的鄂尔多斯微陆块在古元古代（1950Ma 左右）发生碰撞拼合形成西部陆块。鄂尔多斯微陆块内 LT1 井（1947Ma ± 74Ma）、（1954Ma ± 11Ma）、H3 井（1947Ma ± 22Ma）、Z1 井（1960Ma ± 23Ma）、QT1 井（1953Ma ± 10Ma）基底岩性均记录了这一阶段的构造变质事件，是该事件在鄂尔多斯微陆块的响应（Yin et al.，2009，2011；赵国春，2009；周喜文，耿元生，2009；Zhao et al.，2010，Dong et al.，2013）。该事件还造成陆壳抬升剥蚀、减压熔融，以致在孔兹岩带中发育大量 S 型花岗岩（耿元生等，2000，2006；Zhao et al.，2008；Yin et al.，2009，2011，2014；Peng et al.，2012；Jiao et al.，2013；Wang et al.，2017）。至此，西部陆块再次完成克拉通化，最终形成了一个稳定的大陆——华北克拉通，为后期盆地沉积演化和非常规油气的形成奠定了基础。

第二节　沉积地层划分

鄂尔多斯盆地是在太古宇及古元古界变质基底之上沉积的多旋回叠合盆地，上覆沉积盖层从老到新依次为中—新元古界长城系、蓟县系、震旦系，古生界寒武系、奥陶系、石炭系及二叠系，中生界三叠系、侏罗系及白垩系，新生界古近系、新近系及第四系，沉积厚度大，总厚 5000～10000m（表 2-2-1）。主要油气产层是中生界的三叠系、侏罗系，以及古生界的石炭—二叠系、奥陶系，其中非常规油气主要分布在三叠系延长组和二叠系山西组、太原组、石盒子组。

表 2-2-1　鄂尔多斯盆地地层系统简表

地层				厚度 /m	构造运动
界	系	统	组		
新生界	第四系	全新统		280	喜马拉雅运动
		更新统			
	新近系	上新统		2620	
		中新统			
	古近系	渐新统			
		始新统			

续表

地层				厚度 /m	构造运动
界	系	统	组		
中生界	白垩系	下统	志丹群	1280	燕山运动
	侏罗系	上统	芬芳河组	1100	
		中统	安定组—直罗组	550	
		下统	延安组	300	
			富县组	100	
	三叠系	上统	延长组	1200	印支运动
		中统	纸坊组	500	
		下统	和尚沟组	500	
			刘家沟组		
古生界	二叠系	上统	石千峰组	260	海西运动
		中统	石盒子组	350	
		下统	山西组	120	
			太原组	80	
	石炭系	上统	本溪组	50	
	奥陶系	上统	背锅山组	8000	加里东运动
		中统	平凉组	1000	
		下统	马家沟组	1000	
			亮甲山组	90	
			冶里组	70	
	寒武系	上统	凤山组—崮山组	420	
		中统	张夏组—毛庄组	330	
		下统	馒头组—辛集组	170	
新元古界	震旦系		罗圈组	180	
中元古界	蓟县系			＞1000	
	长城系			＞1000	吕梁运动
古元古界	滹沱系				
太古宇	五台系				五台运动

一、中—新元古界

元古宇是鄂尔多斯盆地的第一套沉积盖层，包括中元古界长城系、蓟县系，新元古界震旦系，沉积范围依次向西南方向退缩，面积减小，总的变化趋势是在盆地的南缘、西缘较厚，向东向北变薄直至缺失尖灭。其地层层序详见图 2-2-1。

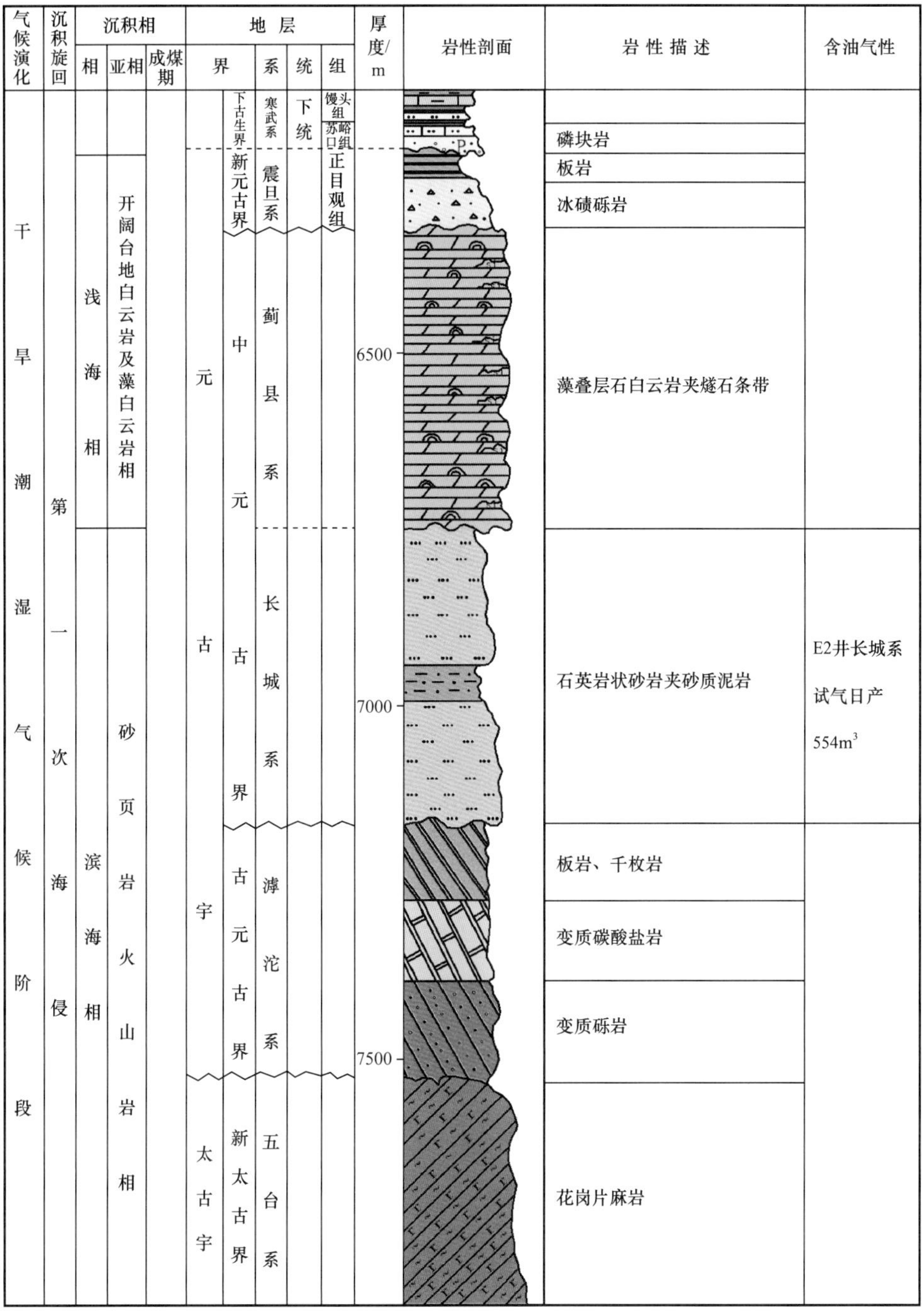

气候演化	沉积旋回	沉积相 相	沉积相 亚相	沉积相 成煤期	地层 界		地层 系	地层 统	地层 组	厚度/m	岩性剖面	岩性描述	含油气性
干旱潮湿气候阶段	第一次海侵					下古生界	寒武系	下统	馒头组				
									苏峪口组			磷块岩	
		浅海相	开阔台地白云岩及藻白云岩相		元古宇	新元古界	震旦系		正目观组			板岩	
												冰碛砾岩	
						中元古界	蓟县系			6500		藻叠层石白云岩夹燧石条带	
		滨海相	砂页岩火山岩相				长城系			7000		石英岩状砂岩夹砂质泥岩	E2井长城系试气日产554m³
						古元古界	滹沱系					板岩、千枚岩	
												变质碳酸盐岩	
										7500		变质砾岩	
					太古宇	新太古界	五台系					花岗片麻岩	

图 2-2-1　鄂尔多斯盆地元古宇综合柱状图

（一）长城系

鄂尔多斯盆地长城系在地块南缘形成秦—祁边缘海沉积，沉积厚度从陆架边缘向深海盆地逐渐增大，地块内部裂陷沉积层序特征与地块周缘露头所反映的相似，因此长城纪地块内部构造性质为陆内裂谷。长城系在盆地东部鄂尔多斯—神木绥德一带缺失沉积，向西向南厚度逐渐增大，厚度变化快，从北向南呈隆凹相间的沉积格局。

盆地内部长城系岩性主要为滨海、浅海相的灰白—浅肉红色的石英砂岩夹薄层的暗色泥岩，在地层尖灭线附近发育冲积平原相砂砾岩。

（二）蓟县系

鄂尔多斯地区蓟县纪相对长城纪构造沉积格局变化不大，只是由于长城纪末期的地壳抬升，盆地范围向西收缩，盆地东部的古陆进一步扩大，鄂尔多斯盆地蓟县纪沉积一套以碳酸盐岩台地为主体的硅质白云岩。岩性变化不大，以藻白云岩、硅质条带白云岩为主，与下伏长城系为平行不整合接触。

（三）震旦系

由于青白口纪鄂尔多斯地区整体抬升，盆地本部成为剥蚀古陆区缺失这一时期的沉积，到震旦纪初，鄂尔多斯西南缘重新开始沉降，在盆地西南缘形成边缘坳陷带，海水由南而北、由西而东入侵。震旦纪海侵范围较蓟县纪小，西缘的正目观组，南缘的罗圈组，均沉积一套冰碛砾岩，厚度在百米左右，自盆地本部向西向南增厚。

震旦系罗圈组（正目观组）冰碛泥砾岩沉积说明晋宁运动曾使华北地台上升为陆，并在地台与周围的海域过渡带沉积了一套寒冷气候下的冰碛沉积物。该套冰碛沉积与上、下地层均呈平行不整合接触。

二、下古生界

晋宁运动后，华北地台接受了来自南北两面的持续海侵，形成地槽型及地台型以海相碳酸盐岩为主的早古生代沉积。自早寒武世晚期开始，鄂尔多斯盆地遭受第二次海侵，海水主要从西、南两个方向入侵，地层向北东方向超覆，由于加里东运动，盆地普遍缺失志留纪、泥盆纪及早石炭世的沉积，只在鄂尔多斯盆地沉积了下古生界寒武系和奥陶系两套地层（图 2-2-2）。

（一）寒武系

1. 下寒武统

下寒武统自下而上划分为辛集组、馒头组。

辛集组沉积期，鄂尔多斯盆地大部分为剥蚀古陆，地层主要分布在盆地的南缘和西缘，平行不整合于罗圈组（正目观组）之上，为一套滨海相的含磷沉积建造。

馒头组以灰黑色灰岩、深灰色厚层白云岩为主，局部夹钙质砂岩及紫红色页岩，总体属于浅水海湾—潟湖相。

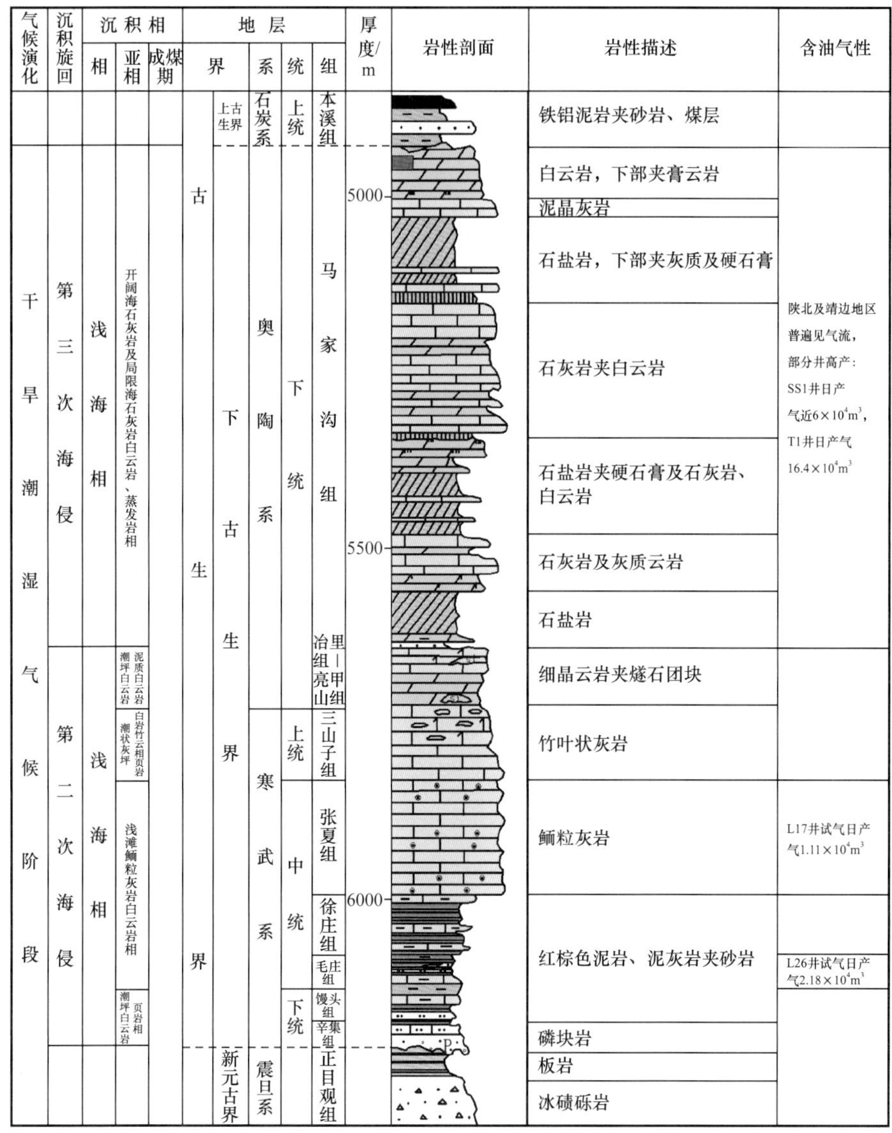

图 2-2-2　鄂尔多斯盆地下古生界综合柱状图

2. 中寒武统

中寒武统自下而上划分为毛庄组、徐庄组及张夏组。

毛庄组沉积期，地层分布范围明显较下寒武统大，除乌审旗古陆、吕梁古陆及庆阳古陆外均有毛庄组分布，主要为滨海相杂色页岩夹石灰岩及云质灰岩。

徐庄组沉积期，地层分布范围进一步扩大，在定边一带也有沉积，徐庄组为滨海相灰绿色页岩与灰色薄层石灰岩、泥质条带灰岩不等厚互层，夹鲕状、竹叶状灰岩及生屑灰岩等，多成中厚层或透镜状产出，岩性相对较为稳定，向南页岩成分增多。

张夏组沉积期，地层沉积范围最广，总体具有向西、向南及向东增厚的趋势，厚度介于 0～200m 之间。张夏组为中寒武世海侵高潮期的沉积，岩性主要为颗粒（砾屑、砂屑、鲕粒、生物碎屑）灰岩和残余颗粒（砾屑、砂屑、鲕粒、生物碎屑）结晶白云岩，小型竹叶状砾屑和鲕粒结构非常发育，并伴之以大量生物碎屑和砂屑结构。

3. 上寒武统

上寒武统岩性主要为灰色中—薄层状含泥质粉细—粉晶白云岩、泥质白云岩夹竹叶状白云岩，盆地东北部清水河—偏关一带为石灰岩。可划分为崮山、长山、凤山三个组，地层岩性分段特征不明显，向上白云岩和白云质灰岩逐渐占据主体。

（二）奥陶系

下奥陶统和上寒武统为连续沉积，其沉积古地貌格局也没有明显变化，但受早奥陶世末的怀远运动风化剥蚀作用的影响，盆地内吕梁山以西绝大部分地区的下奥陶统被剥蚀殆尽，并在中奥陶统与下奥陶统（奥陶系 / 寒武系）之间形成一风化剥蚀面。怀远运动之后的海侵活动在盆地内形成了稳定的下奥陶统马家沟组碳酸盐岩和蒸发岩沉积；马家沟组、峰峰组沉积后的加里东运动又使盆地内部再次大范围抬升，普遍缺失晚奥陶世的沉积，盆地内部的马家沟组、峰峰组也被部分风化剥蚀；中—上奥陶统仅发育于盆地西南边缘地区。

鄂尔多斯盆地奥陶系自下而上主要有冶里组、亮甲山组、马家沟组、平凉组和背锅山组等。而在马家沟组沉积时，在盆地中部和东部地区经历了三次大的海退和海进旋回，从而构成了纵向上马家沟组的六个大的地层岩性段：马一段、马二段、马三段、马四段、马五段及马六段。在西部由于沉积环境的差异，沉积岩性同中东部存在明显差异，马一段、马二段及马三段同西部的三道坎组对比，马四段及马五段同桌子山组对比，马六段同克里摩里组对比（表 2-2-2）。

表 2-2-2　鄂尔多斯盆地奥陶系地层对比表

<table>
<tr><td colspan="5">西部</td><td colspan="5">中东部</td></tr>
<tr><td colspan="4">地层</td><td rowspan="2">化石带</td><td rowspan="2">化石带</td><td colspan="4">地层</td></tr>
<tr><td>系</td><td>统</td><td colspan="2">组</td><td>段</td><td>组</td><td>统</td><td>系</td></tr>
<tr><td rowspan="12">奥陶系</td><td>上统</td><td colspan="2">背锅山组</td><td>Agetalites</td><td colspan="3" rowspan="4"></td><td>上统</td><td rowspan="12">奥陶系</td></tr>
<tr><td rowspan="3">中统</td><td>蛇山组
公乌素组</td><td rowspan="3">平凉组</td><td>Amplexograptus</td><td rowspan="3">中统</td></tr>
<tr><td>拉什仲组</td><td rowspan="2">Pegodus</td></tr>
<tr><td>乌拉力克组</td></tr>
<tr><td rowspan="8">下统</td><td>克里摩里组</td><td>三道沟组</td><td>Pterograptus</td><td>Erismodus typus</td><td>马六段</td><td>峰峰组</td><td rowspan="8">下统</td></tr>
<tr><td rowspan="2">桌子山组</td><td rowspan="2">水泉岭组</td><td rowspan="2">Ordosoceras</td><td>Scandodus rectus</td><td>马五段</td><td rowspan="5">马家沟组</td></tr>
<tr><td>Aurilobodus aurilibus</td><td>马四段</td></tr>
<tr><td rowspan="3">三道坎组</td><td rowspan="3">麻川组</td><td rowspan="3">Parakogeroceras</td><td rowspan="3">Scolopodis flexilis</td><td>马三段</td></tr>
<tr><td>马二段</td></tr>
<tr><td>马一段</td></tr>
<tr><td colspan="3" rowspan="2"></td><td>Drepanodus tenuis</td><td colspan="2">亮甲山组</td></tr>
<tr><td>Oistodus sp.</td><td colspan="2">冶里组</td></tr>
</table>

1. 下奥陶统

下奥陶统包括冶里组、亮甲山组、马家沟组和峰峰组，西部地区为三道坎组、桌子山组、克里摩里组。

冶里组是早奥陶世初期海侵的第一套沉积产物，厚度和分布局限，仅残留于盆地的东、西和南缘地区，呈“U”形分布在盆地的东、南和西缘，盆地本部沉积缺失。微相表明一般为湖间云坪的沉积产物。冶里组在盆地东部岩性主要为浅灰色、浅褐灰色泥质白云岩与竹叶状白云岩。盆地南部主要为黄灰色中厚层白云岩。西部贺兰山地区为一套灰色含燧石的中厚层泥质白云岩，与上寒武统整合接触。

亮甲山组与冶里组为连续沉积，分布范围与冶里组类似，但受怀远运动风化剥蚀的影响，其在各地的厚度变化更加明显。亮甲山组岩性特征为富含硅质（燧石条带）藻纹层及含燧石团块中厚层结晶白云岩。作为标志之一的燧石结核和燧石层，在盆地南部的亮甲山组中普遍发育，并集中分布于该套地层的中部，顶、底部含量逐渐降低。

马家沟组除中央古隆起和伊盟隆起外，盆地其他地区基本都有分布，马家沟组是长庆油田碳酸盐岩气田的主要产层。根据岩性和生物化石组合特征，通常将马家沟组和峰峰组合称为马家沟组，并分为 6 个岩性段。

马一、马三、马五段以白云岩和膏、盐岩为主，沉积环境为（泥）云坪、膏云坪和膏盐湖；马二、马四、马六段以石灰岩为主，沉积环境为台地相。纵向上表现出云坪和台地交替的旋回性特征。马一段和马二段为第一个旋回，马三段和马四段为第二个旋回，马五段和马六段为第三个旋回。

西部三道坎组岩性主要为石英砂岩、砂质白云岩及灰色微晶灰岩，厚几十米至一百多米，与下伏的上寒武统崮山组呈不整合接触。在区域上可与盆地东部马家沟组马一段、马二段及马三段对比，但地层厚度相对较薄。

西部桌子山组岩性以中厚层石灰岩为主，中部为灰色—灰褐色薄层微晶灰岩、泥质条带灰岩，上部以灰色中厚层颗粒灰岩为主夹巨厚层灰岩。从岩性与生物组合分析，可与东部的马家沟组马四段及马五段对比，厚度 250～300m。

西部克里摩里组可与东部马家沟组马六段对比，下部以深灰色薄层灰岩、瘤状灰岩为主；中部为深灰色薄层泥质灰岩、微晶灰岩与黑色页岩互层，页岩层厚度向上增厚；上部为深水相的远源钙屑浊积岩，岩性为深灰色薄层微晶灰岩夹薄层钙质泥岩。

2. 中奥陶统

中奥陶统平凉组主要分布于盆地西、南缘，盆地本部未见沉积。大体分为上下两段，下段相当于桌子山地区的乌拉力克组和拉什仲组；上段相当于公乌素组和蛇山组。西部主要为一套深水笔石页岩—钙屑浊积岩和碎屑浊积岩夹灰绿色砂质泥岩，沉积厚度 300～600m，贺兰山一带最厚达 1000m 以上。南部岩性主要为厚层块状砂屑灰岩、泥晶灰岩、颗粒灰岩和生物灰岩，沉积厚度 300～600m。

3. 上奥陶统

主要分布于盆地南缘的渭北和陇县地区，岩性为一套灰色、灰褐色块状粉晶灰岩、砾屑灰岩和浊积角砾灰岩，厚度 300～400m。沉积范围大致与中奥陶统一样，盆地本部地区缺失上奥陶统沉积。

三、上古生界

鄂尔多斯盆地是华北克拉通的重要组成部分，由于加里东运动造成华北地区抬升及风化剥蚀，鄂尔多斯盆地在志留纪、泥盆纪及早石炭世未接受沉积，只发育晚石炭世和二叠纪地层（图 2-2-3）。上古生界山西组、石盒子组是鄂尔多斯盆地主要的致密气产层。

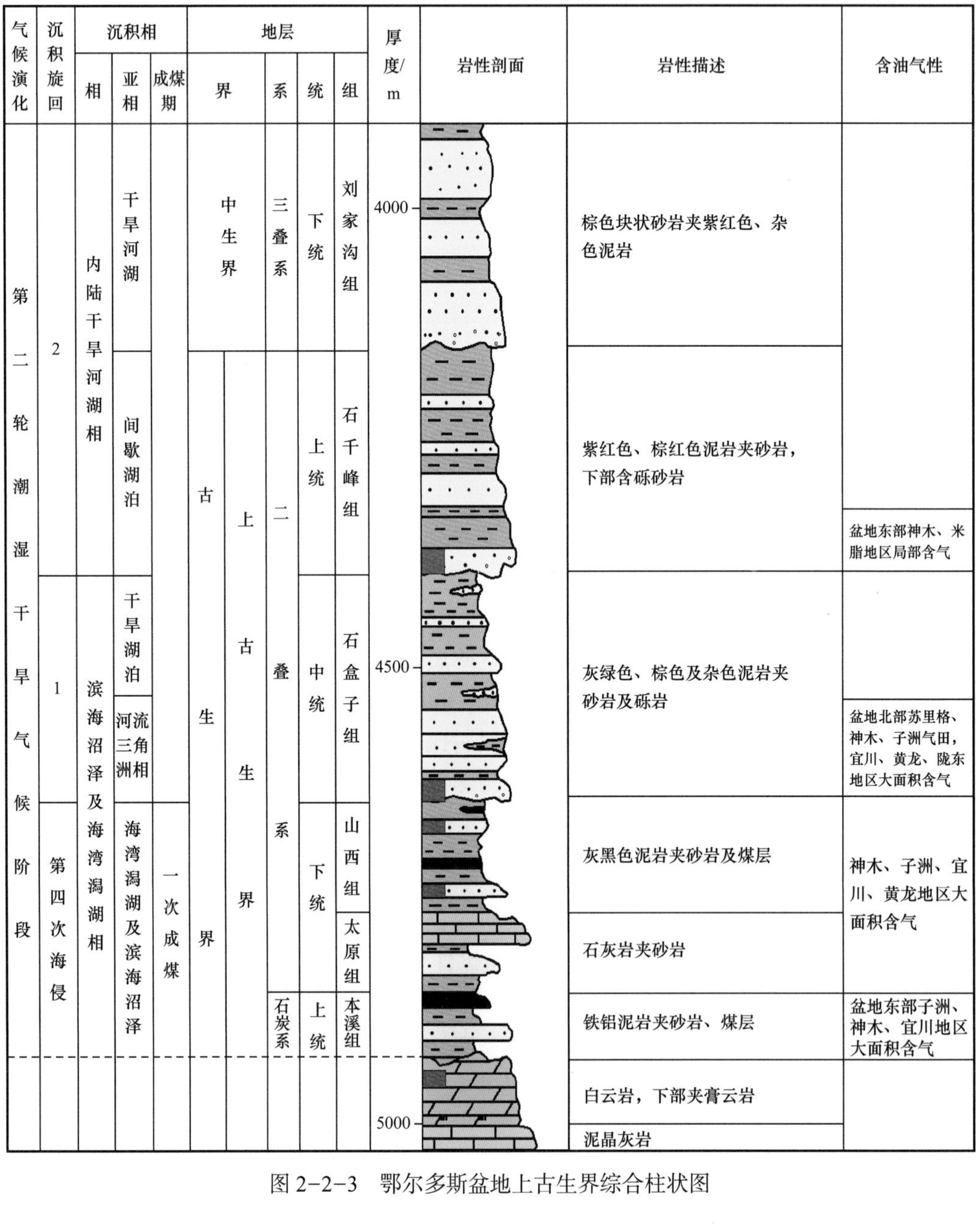

气候演化	沉积旋回	沉积相			地层					厚度/m	岩性剖面	岩性描述	含油气性
		相	亚相	成煤期	界		系	统	组				
第二轮潮湿干旱气候阶段	2	内陆干旱河湖相	干旱河湖		中生界		三叠系	下统	刘家沟组	4000		棕色块状砂岩夹紫红色、杂色泥岩	
			间歇湖泊		古生界	上古生界	二叠系	上统	石千峰组			紫红色、棕红色泥岩夹砂岩，下部含砾砂岩	盆地东部神木、米脂地区局部含气
	1	滨海沼泽及海湾潟湖相	干旱湖泊					中统	石盒子组	4500		灰绿色、棕色及杂色泥岩夹砂岩及砾岩	盆地北部苏里格、神木、子洲气田，宜川、黄龙、陇东地区大面积含气
			河流三角洲相										
	第四次海侵		海湾潟湖及滨海沼泽	一次成煤				下统	山西组			灰黑色泥岩夹砂岩及煤层	神木、子洲、宜川、黄龙地区大面积含气
									太原组			石灰岩夹砂岩	
							石炭系	上统	本溪组			铁铝泥岩夹砂岩、煤层	盆地东部子洲、神木、宜川地区大面积含气
												白云岩，下部夹膏云岩	
										5000		泥晶灰岩	

图 2-2-3　鄂尔多斯盆地上古生界综合柱状图

（一）石炭系

鄂尔多斯盆地石炭系只发育上石炭统，在盆地西部为靖远组、羊虎沟组，在盆地东部为本溪组。盆地西缘和中东部的上石炭统在岩性组合、矿物特征、生物群落、海侵方向等方面都不相同，所涵盖的地层时代也不完全一致。

1. 靖远组

靖远组是祁连海槽向东超覆沉积的结果。分布范围仅限于盆地西缘的中北部地区，北起贺兰山北部的乌达和桌子山南缘雀儿沟一带，经贺兰山的沙巴太、石炭井、呼鲁斯太，向南至甘肃陇东北部的环县甜水堡形成一狭长地带。

另外，由于受岸侧同生断层的影响，致使一些地区坳陷很深，岩性、厚度变化较大，总的趋势是北部岩性较粗，石英砂岩含量高。呼鲁斯太厚 49m，岩性为浅灰色砾岩、灰黑色页岩、薄层细砂岩，夹煤线和黄色泥灰岩，向北到乌海市乌达一带，厚度可达 412.40m，岩性主要为一大套黑色页岩夹薄层砂岩，下部夹有数层深灰色生物碎屑灰岩。总之，靖远组向南石英砂岩厚度减薄，地层厚度变小，至宁夏同心韦州红城水一带仅 50m 厚。

2. 羊虎沟组

羊虎沟组和本溪组属层位基本相当的两个地层单位，羊虎沟组主要分布在盆地西缘乌海—定边—CT2 井一线以西地区，而本溪组主要分布于盆地东部及南缘地区。

羊虎沟组是在靖远组填平补齐的基础上，祁连海向东进一步推进的产物。其分布范围与靖远组相似而略大于靖远组，沉降中心仍在乌达地区，厚度较靖远组大，超过 800m。岩性为灰黑色页岩与灰白色砂岩互层，夹薄层生物碎屑灰岩、白云岩及煤线，含有较多的黄铁矿和菱铁矿。主要特点是砂岩层发育，北厚南薄，以碎屑岩建造为主。

3. 本溪组

本溪组为奥陶系风化剥蚀面上的第一套沉积地层，一般由三部分构成。下部称湖田段，岩性为浅灰色、浅灰绿色和紫红色含褐铁矿铝土质泥岩、铝土岩；中部为畔沟段，岩性为深灰色、灰黑色碳质泥岩夹浅灰色潮坪沉积粉细砂岩和 1～4 层生物碎屑泥晶灰岩（畔沟石灰岩）；上部为晋祠段，岩性为灰黑色碳质泥岩与潮坪沉积粉细砂岩互层，夹含泥质生物碎屑灰岩（吴家峪石灰岩）透镜体，底部发育中厚层状含砾石英砂岩透镜体（晋祠砂岩）。该组含动、植物化石。

作为在风化剥蚀面上填平补齐的沉积地层，本溪组厚度变化较大。总的趋势是东厚西薄，中部厚而南北薄。在离石—绥德一线，有一个东西向加厚带，厚 75～80m；其南北两侧，尚有一个北东—南西向和一个北西—南东向次一级的厚度增大带，即窑沟—准格尔旗带和黑龙关—吉县带，厚度在 45～60m（图 2-2-4）。

（二）二叠系

1. 下二叠统

下二叠统自下而上划分为太原组、山西组。

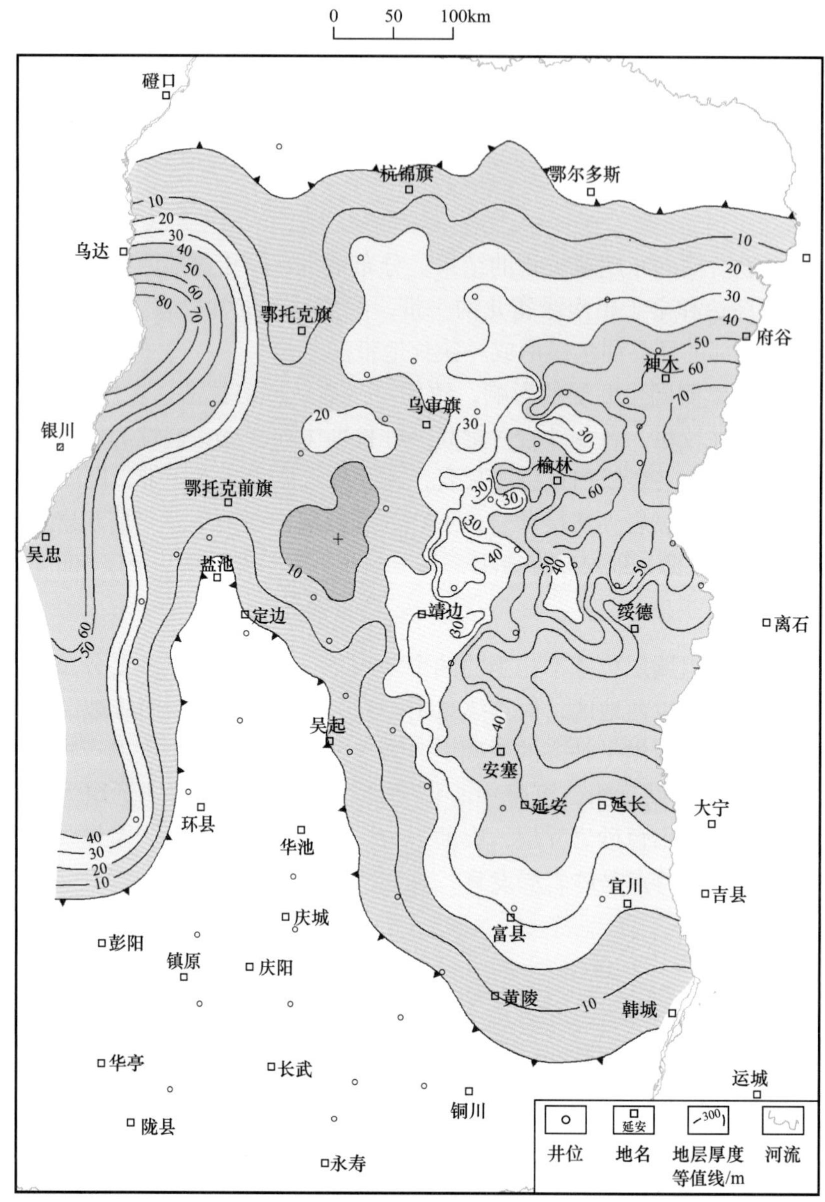

图 2-2-4 鄂尔多斯盆地上石炭统羊虎沟与本溪组地层厚度图

1）太原组

太原组沉积时盆地东西已连成一片。除乌兰格尔凸起和渭北隆起的较高部位缺失外，全区均有太原组沉积，但东西存在差别。盆地西缘地区太原组为灰白色块状石英砂岩、黑色碳质泥页岩、黏土岩互层，夹薄层生物碎屑灰岩及可采煤层，厚度 50～100m。盆地东部太原组底部为灰色粉细砂岩，含菱铁矿结核；其上发育庙沟、毛儿沟、斜道、东大窑等 4 套含泥质生物碎屑灰岩和夹于石灰岩之间的桥头、马兰、七里沟砂岩。石灰岩和砂岩之间还发育黑色碳质泥岩和潮坪相粉细砂岩及可采煤层，煤层中含硫量高，称“臭煤”。地层厚度 30～50m（图 2-2-5）。

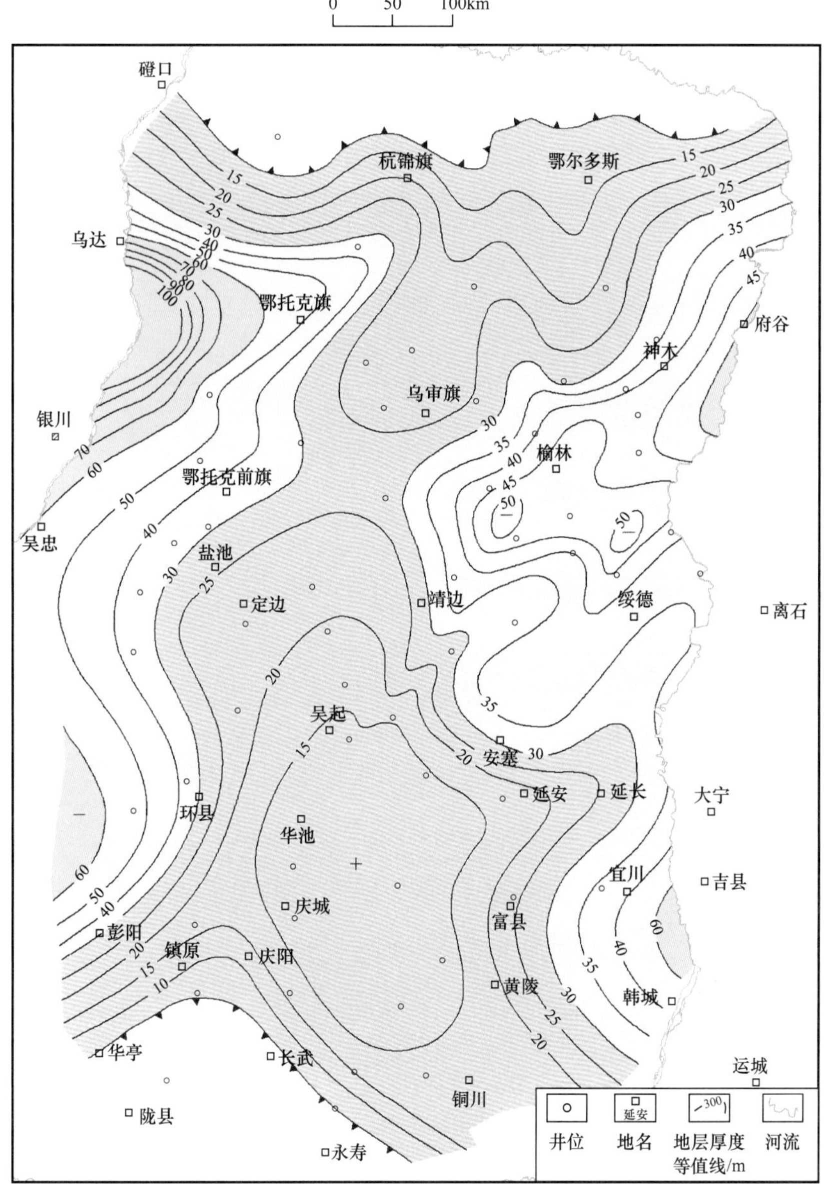

图 2-2-5 鄂尔多斯盆地下二叠统太原组地层厚度图

太原组与下伏上石炭统本溪组（羊虎沟组）为整合接触。

2）山西组

山西组除在乌兰格尔凸起顶部及盆地南部的岐山、麟游一带缺失外，全区均有分布。盆地东西部岩性组合与沉积特征基本一致，山西组底部以一套石英砂岩（北岔沟砂岩）与太原组整合接触，在盆地西南缘一带超覆于奥陶系之上。底部砂岩之上为灰色岩屑石英砂岩、岩屑砂岩和深灰色碳质泥岩不等厚互层，夹厚度较大的可采煤层（5 号、6 号煤层）、煤线和菱铁矿透镜体。山西组厚度 90～120m（图 2-2-6）。中部以一套分布稳定的岩屑石英砂岩（船窝砂岩）的底部为界，将山西组分为山 1 段、山 2 段，各段分别发育 3 个以砂岩开始、碳质泥岩（煤层）结束的正粒序旋回。

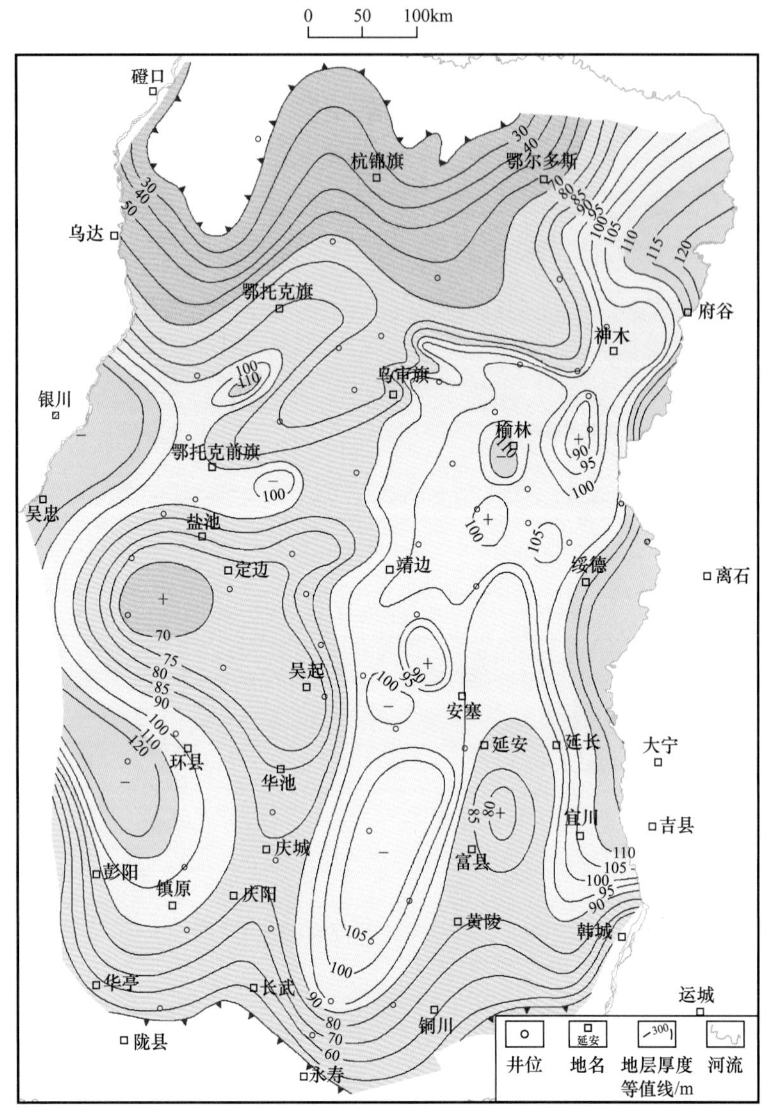

图 2-2-6　鄂尔多斯盆地下二叠统山西组地层厚度图

山 2 段区内主要是一套三角洲含煤地层，一般有 3～5 个成煤期，在含煤层系中分布着河流、三角洲砂体，以灰色、深灰色或灰褐色中细粒、粉细砂岩为主，夹黑色泥岩，厚度 30～60m。

山 1 段区内以分流河道沉积的砂泥岩为主，砂岩由中—细粒岩屑砂岩、岩屑质石英砂岩组成，厚度 30m 左右。

2. 中二叠统石盒子组

石盒子组以“骆驼脖砂岩”之底与山西组山 1 段为界，该砂岩的顶部有一层“杂色泥岩”，其自然伽马值高，便于确定石盒子组与山西组的相对位置。根据沉积序列及岩性组合自下而上分为下石盒子组和上石盒子组两段。

下石盒子组为一套浅灰色含砾粗砂岩、灰白色中粗粒砂岩及灰绿色岩屑质石英砂岩，砂岩发育大型交错层理，泥质含量少，几乎无可采煤层。下石盒子组除盆地北部乌兰格尔凸起和盆地西南部岐山、麟游一带缺失外，全区均有分布，以河流相粗碎屑岩沉积为主。下石盒子组与下伏山西组呈整合接触。根据沉积旋回，由下而上，分为五个气层组，即盒8下、盒8上、盒7、盒6、盒5气层组。在分流河道中心见中粗粒砂岩及含砾砂岩，分选较差。下石盒子组厚度一般为120～150m（图2-2-7）。

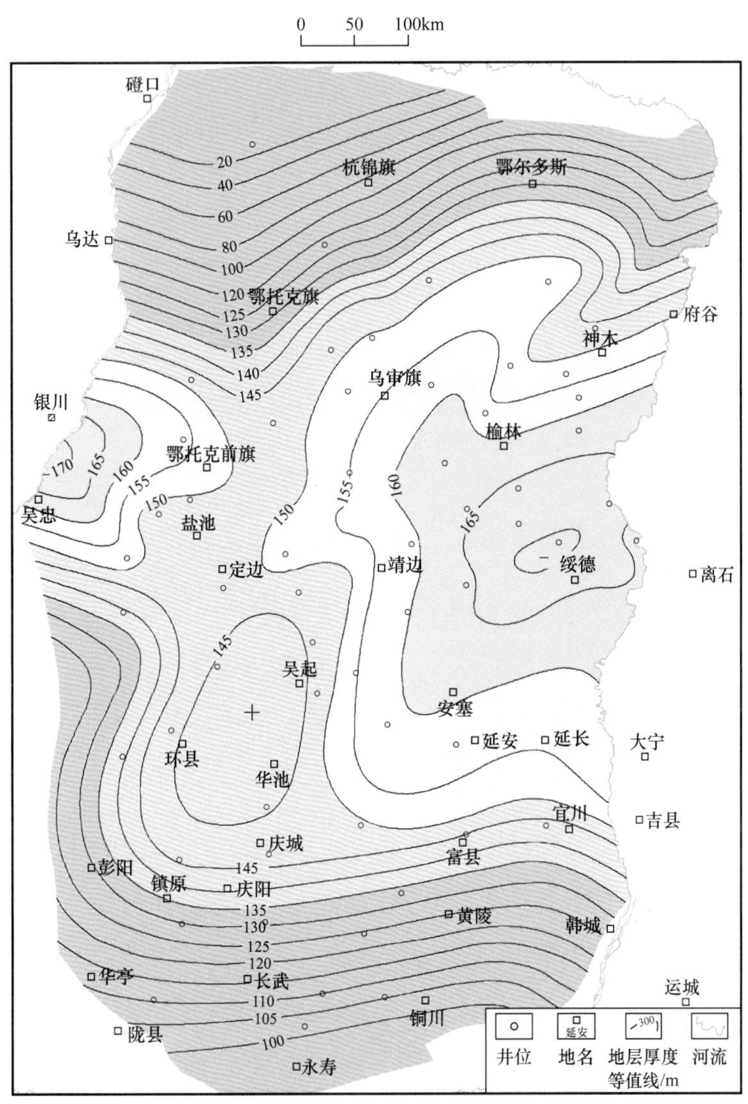

图 2-2-7 鄂尔多斯盆地中二叠统下石盒子组地层厚度图

上石盒子组根据沉积旋回，由下而上分为四个气层组，即盒4、盒3、盒2、盒1。上石盒子组主要为一套红色泥岩及砂质泥岩互层，夹薄层砂岩及粉砂岩，上部夹有1～3层硅质层，泥岩含砂，具蓝灰色斑块。砂岩成分复杂，以含长石岩屑砂岩为主。它是一套干旱湖泊环境为主的沉积，厚度一般为 140～160m，分布范围与下石盒子组相同，向东有加厚的趋势（图 2-2-8）。

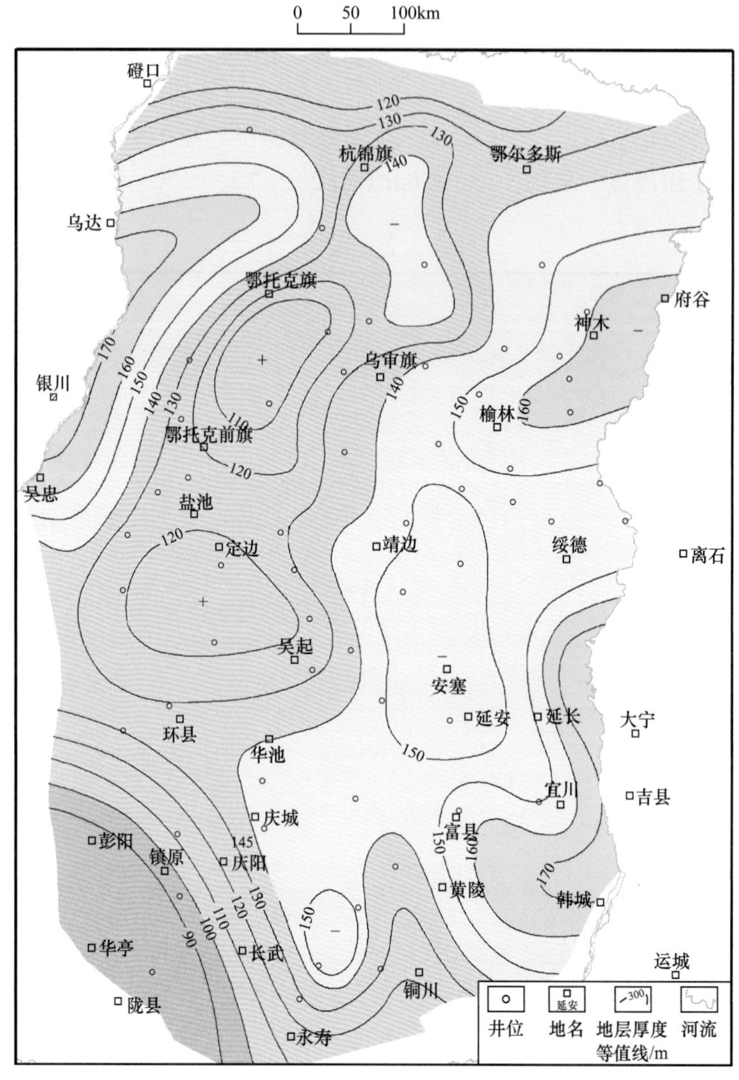

图 2-2-8　鄂尔多斯盆地中二叠统上石盒子组地层厚度图

3. 上二叠统石千峰组

石千峰组在全盆地均有分布，为紫灰色含砾砂岩与紫红色砂质泥岩互层，局部地区在其中上部夹薄层灰岩及泥灰岩。石千峰组自成一正旋回沉积，在盆地西缘与上石盒子组呈平行不整合接触，中东部为整合接触。与上石盒子组比较，石千峰组为紫红色含砾砂岩与紫红色砂质泥岩互层，局部地区夹有泥灰岩钙质结核。石千峰组的特点是：泥岩为紫红色、棕红色，色彩鲜艳，质不纯，普遍含钙质结核。砂岩成分以岩屑、钾长石为主，一般为长石岩屑石英砂岩和岩屑长石砂岩。石千峰组厚 250～320m（图 2-2-9）。向盆地南部、北部有增厚趋势。

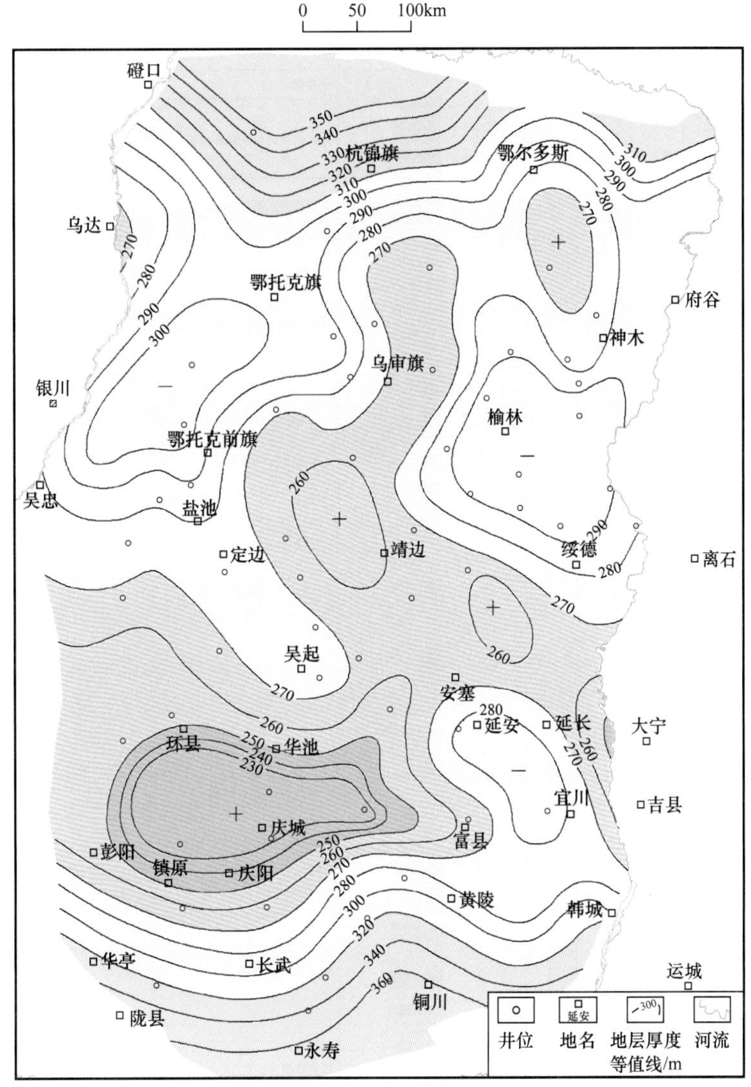

图 2-2-9 鄂尔多斯盆地上二叠统石千峰组地层厚度图

根据沉积旋回，由下而上分为五段，即千 5 段、千 4 段、千 3 段、千 2 段、千 1 段，本区沉积厚度 220m 左右，是一套干旱湖泊环境为主的沉积。

四、中生界

鄂尔多斯盆地中生界包括三叠系、侏罗系与白垩系（图 2-2-10）。其中，上二叠统石千峰组与三叠系基本为连续沉积，局部呈轻微角度不整合关系。晚三叠世末的印支运动使盆地整体抬升，三叠系顶部遭受不同程度的剥蚀并在局部地区缺失，致使三叠系与侏罗系呈平行不整合接触。侏罗纪末的燕山运动使盆地周缘上升，造成侏罗系与白垩系呈平行不整合或角度不整合接触。上三叠统延长组、侏罗系延安组是鄂尔多斯盆地中生界石油勘探的主要目的层，其中致密油、页岩油分布在延长组长 6—长 8 油层组。

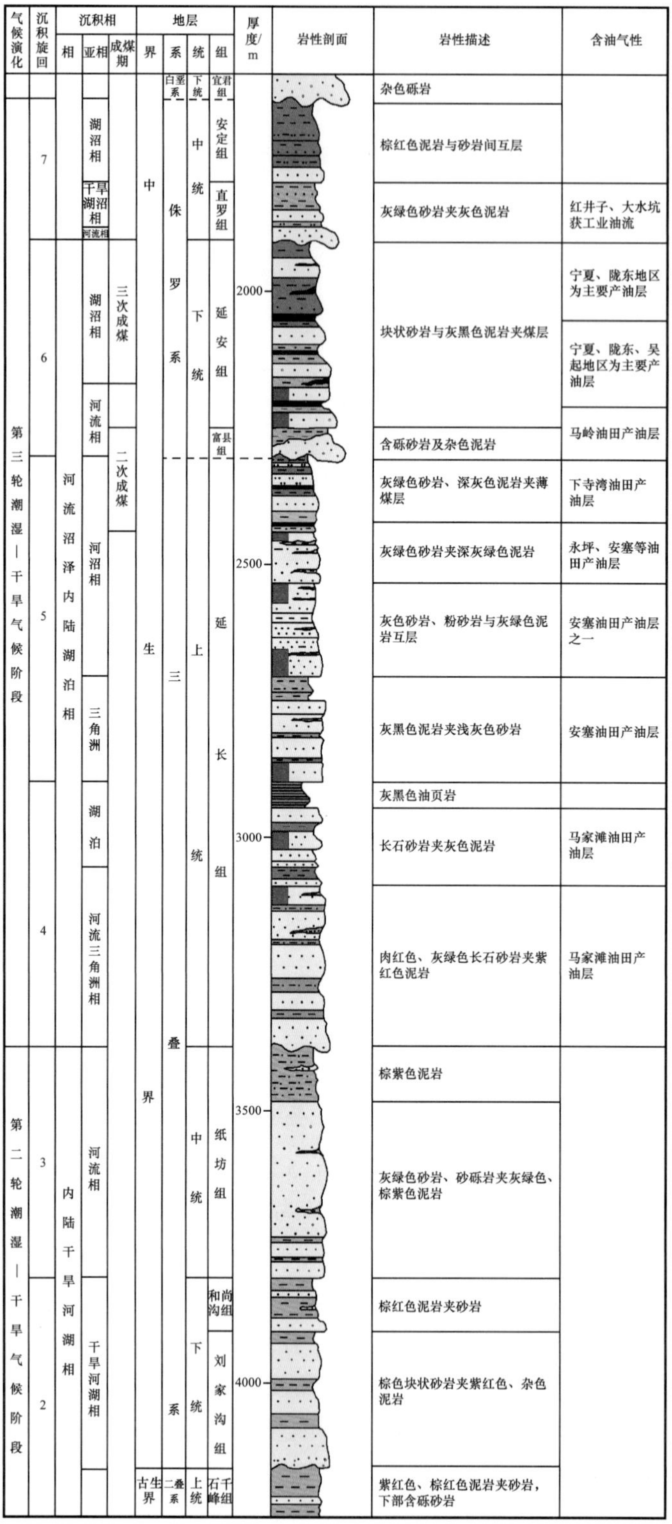
气候演化
沉积旋回
沉积相
相
亚相
成煤期
地层
界
系
统
组
厚度/m
岩性剖面
岩性描述
含油气性
白垩系
下统
宜君组
杂色砾岩
第三轮潮湿—干旱气候阶段
7
湖沼相
中生界
侏罗系
中统
安定组
棕红色泥岩与砂岩间互层
干旱湖沼相
直罗组
灰绿色砂岩夹灰色泥岩
红井子、大水坑获工业油流
河流相
6
河流沼泽内陆湖泊相
湖沼相
三次成煤
下统
延安组
2000
块状砂岩与灰黑色泥岩夹煤层
宁夏、陇东地区为主要产油层
宁夏、陇东、吴起地区为主要产油层
河流相
富县组
含砾砂岩及杂色泥岩
马岭油田产油层
5
河沼相
二次成煤
三叠系
上统
延长组
灰绿色砂岩、深灰色泥岩夹薄煤层
下寺湾油田产油层
2500
灰绿色砂岩夹深灰绿色泥岩
永坪、安塞等油田产油层
灰色砂岩、粉砂岩与灰绿色泥岩互层
安塞油田产油层之一
三角洲
灰黑色泥岩夹浅灰色砂岩
安塞油田产油层
4
湖泊
灰黑色油页岩
3000
长石砂岩夹灰色泥岩
马家滩油田产油层
河流三角洲相
肉红色、灰绿色长石砂岩夹紫红色泥岩
马家滩油田产油层
第二轮潮湿—干旱气候阶段
3
内陆干旱河湖相
河流相
棕紫色泥岩
中统
纸坊组
3500
灰绿色砂岩、砂砾岩夹灰绿色、棕紫色泥岩
2
干旱河湖相
下统
和尚沟组
棕红色泥岩夹砂岩
刘家沟组
4000
棕色块状砂岩夹紫红色、杂色泥岩
古生界
二叠系
上统
石千峰组
紫红色、棕红色泥岩夹砂岩，下部含砾砂岩

图 2-2-10　鄂尔多斯盆地中生界综合柱状图

（一）三叠系

鄂尔多斯盆地及周边地区三叠系比较发育，下统由刘家沟组与和尚沟组组成，中统为纸坊组，上统为延长组（图 2-2-10）。

1. 下三叠统

1）刘家沟组

刘家沟组除在盆地西南缘华亭、陇县一带可能未沉积外，其余地区均有沉积。其岩性上部为略等厚互层的灰白、浅紫灰、灰紫色厚层—块状细粒砂岩，棕红色、灰紫色薄—厚层状粉砂岩，棕红色、紫红色粉砂质泥岩及灰紫色中砾岩，而以细砂岩为主；下部以浅灰紫、紫灰色中—厚层细粒砂岩为主，夹灰紫色薄层粉砂岩及紫红色、棕红色泥质粉砂岩。自下而上粉砂岩增多，泥质岩颜色加深，含云母较多，层理清晰。本组由东北向西南方向厚度减小，岩性变粗，砾岩增多，长石含量增加（图 2-2-11），与下伏地层为连续沉积。

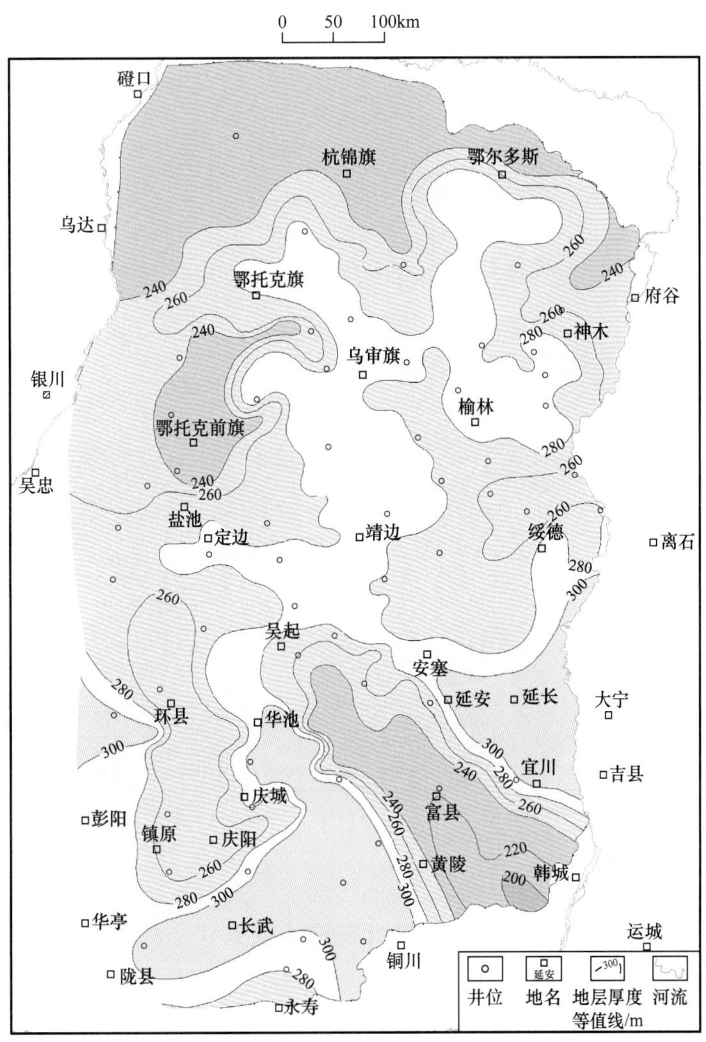

图 2-2-11 鄂尔多斯盆地中生界下三叠统刘家沟组地层厚度图

2）和尚沟组

和尚沟组除在盆地的西缘同心—环县石板沟一带后期遭受剥蚀，华亭策底街、陇县景福山一带可能无沉积外，全盆地均有沉积，岩性也相对稳定，主要为一套橘红色、棕红色、紫红色泥岩、砂质泥岩为主的沉积，富含灰质结核，夹少量紫红色砂岩或砂砾岩。与下伏刘家沟组为连续沉积，组成一个沉积旋回，厚度各地不一（图 2−2−12）。

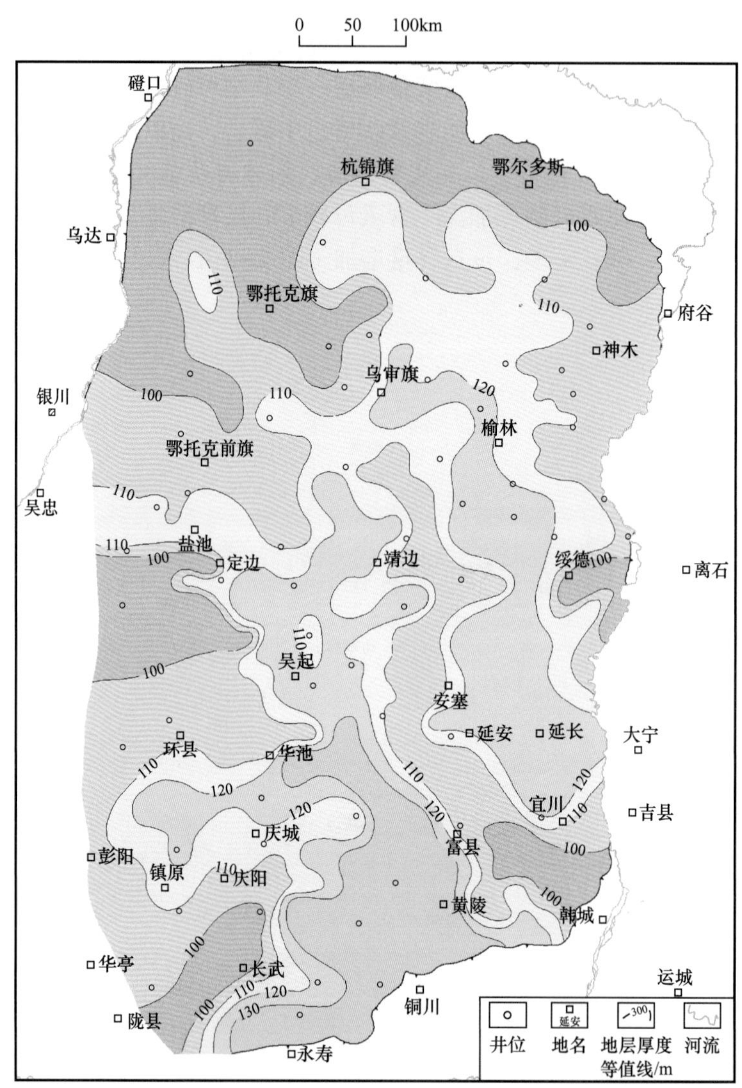

图 2−2−12　鄂尔多斯盆地中生界下三叠统和尚沟组地层厚度图

2. 中三叠统纸坊组

纸坊组盆地内部在探井中多钻遇。除北部柳沟缺失外全盆地均有分布（图 2−2−13），与下伏和尚沟组为平行不整合。

纸坊组的岩性为紫褐色、紫红色粉砂质泥岩与淡红色长石砂岩互层，普遍含灰质结核，见虫迹。砂岩中长石含量较高，超过 40%，泥质胶结为主，向上泥质岩增多，从北向南沉积物粒度变细，厚度增大，且在上部夹有灰绿、黄绿色粉砂质泥岩及细砂岩的互层，北部含有植物化石及脊椎动物化石。

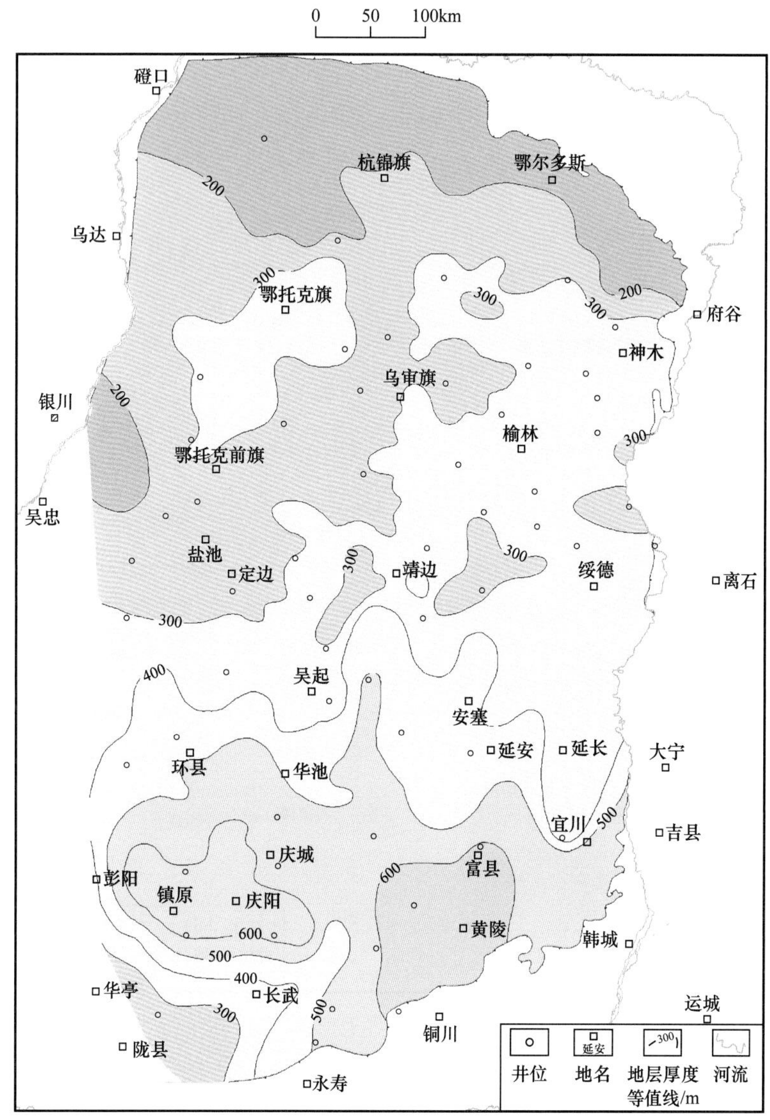

图 2-2-13 鄂尔多斯盆地中生界中三叠统纸坊组地层厚度图

3. 上三叠统延长组

上三叠统延长组是鄂尔多斯盆地中生界石油勘探的主要目的层之一，它以延长地区发育最为标准而得名。本组岩性总体上为一套呈互层状的灰绿色砂岩与灰黑色、蓝灰色泥岩，自下而上有三个由粗到细的正旋回组成，是印支晚期最后一次构造旋回的沉积产物。其沉积发育过程经历了早期平原河流环境、中期湖泊—三角洲环境、晚期泛滥平原环境。大约以北纬 38°线为界，以北沉积物粒度粗，厚度小（100～600m），以南沉积物粒度细，厚度大（1000～1400m）（图 2-2-14）。本组自下而上划分为五段、十个油层组。

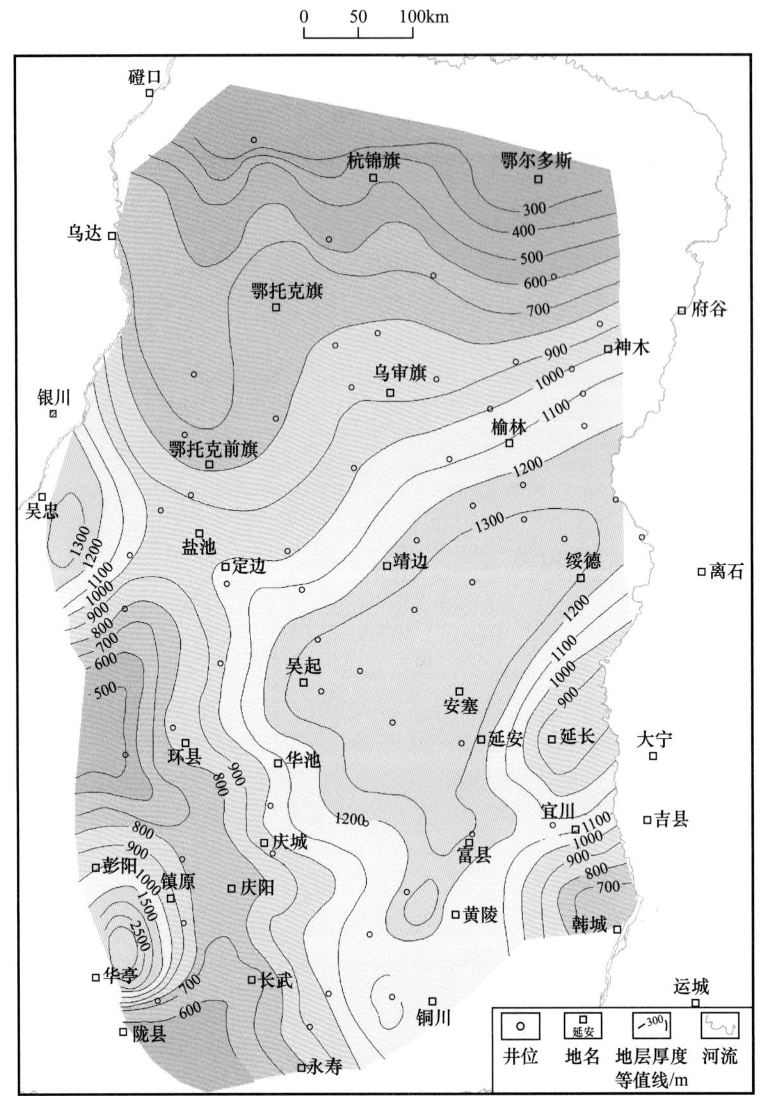

图 2-2-14　鄂尔多斯盆地中生界上三叠统延长组地层厚度图

第一段（T_3y_1）（长 10 油层组）：为河流、三角洲及部分浅湖相，以厚层、块状细—粗粒长石砂岩为主，沸石胶结，普遍见麻斑状结构，在盆地北部厚度不足百米，南部厚 300m 左右。与下伏纸坊组为平行不整合接触。

第二段（T_3y_2）（长 9、长 8 油层组）：与第一段比较，沉积范围扩展很大，除盆地东北部府谷—J1 井以北地区剥蚀外，其他地区均有沉积。盆地北东部粗而薄以至尖灭，西南缘细而厚。盆地东部佳芦河以北到窟野河地区，中段油页岩分布稳定，习称“李家畔页岩”，为地层对比的重要标志层。盆地北部及南部周边地区，黑页岩或油页岩相变为砂质页岩、泥质粉砂岩。

第三段（T_1y_3）（长 7、长 6、长 4+5 油层组）：总体上表现为一套砂泥岩互层沉积，夹灰黑色页岩及煤线，其内部细分为多个次级旋回。除盆地内南部的局部地区因后期遭受剥蚀而缺失外，盆地内广大地区均有分布，沉积上表现为南厚北薄、南细北粗的特点。

本段底部（长 7 油层组中下部）岩性主要为黑色泥岩、页岩、碳质泥岩、凝灰质泥岩，是全盆地中生界延长组地层对比的主要标志。而在本段中部（长 6 油层组）含有三套薄层的黑色泥岩、页岩、凝灰岩或碳质泥岩、粉砂质泥岩。顶部（长 4+5 油层组）岩性主要为粉细砂岩与泥岩互层，俗称“细脖子段”。本段在盆地北部厚 120m 左右，往南厚度渐增至 300～344m。

第四段（T_3y_4）（长 3、长 2 油层组）：由于晚三叠世末期盆地整体抬升而遭受了不同程度的风化和剥蚀，在盆地西南的庆阳、镇原、合水等地区，上部砂岩段长 2 油层组常被剥蚀殆尽，甚至长 3 油层组也保存不全。本段岩性比较单一，全盆地内基本一致，下段岩性相对较细，划分为长 3 油层组，上段岩性相对较粗，划分为长 2 油层组。本段地层厚度为 250～300m。

第五段（T_3y_5）（长 1 油层组）：该段为一套河湖相含煤沉积，总体上岩性比第四段要细，泥岩碳化现象较重，常见碳质页岩和煤线，地层中植物化石碎片丰富。受印支运动的影响使本段顶部遭受剥蚀，厚度残缺不全。

（二）侏罗系

鄂尔多斯盆地侏罗纪地层十分发育，分布广泛，其下、中、上三统发育齐全。下统由富县组和延安组组成，中统分为直罗组和安定组，上统为芬芳河组（图 2-2-15）。

1. 下侏罗统

下侏罗统自下而上分为富县组及延安组。

1）富县组

由于盆地在晚三叠世末期抬升，延长组遭受剥蚀，上覆下侏罗统富县组呈现填平补齐式填充，其岩性、厚度变化较大。主河道沉积以砾状砂岩或砾岩为主，下粗上细，顶部发育泥质，组成一个完整的正旋回沉积。上部的泥岩段常被侵蚀，使砂砾岩与延安组底部砂岩相连接，二者难以分开。厚度 0～156m，下与延长组呈平行不整合接触，上与延安组或为连续或为平行不整合接触。

2）延安组

延安组自下而上分为四段、10 个油层组。

第一段（延 10—延 9 油层组），即宝塔山砂岩，岩性主要为黄灰、灰白色巨厚块状中—粗粒含长石砂岩夹含砾砂岩，底部为灰紫色含砾砂岩和砾岩透镜体，上部含泥岩透镜体，其中夹煤及炭屑。地层厚度变化较大，在 0～125m 之间。与富县组为平行不整合接触，当富县组缺失时可超覆不整合或平行不整合于延长组或纸坊组之上。

第二段（延 8—延 6 油层组），岩性为灰绿、灰黑色泥岩、粉砂质泥岩、页岩，局部为碳质页岩夹煤线或菱铁矿泥灰岩透镜体，中夹块状细粒硬砂质长石砂岩或富含岩屑砂岩，习称“裴庄砂岩”，砂岩、粉砂岩多呈透镜状分布，盆地北部、西部顶部煤层发育。全段厚度一般为 80～100m，最厚可达 100～300m。

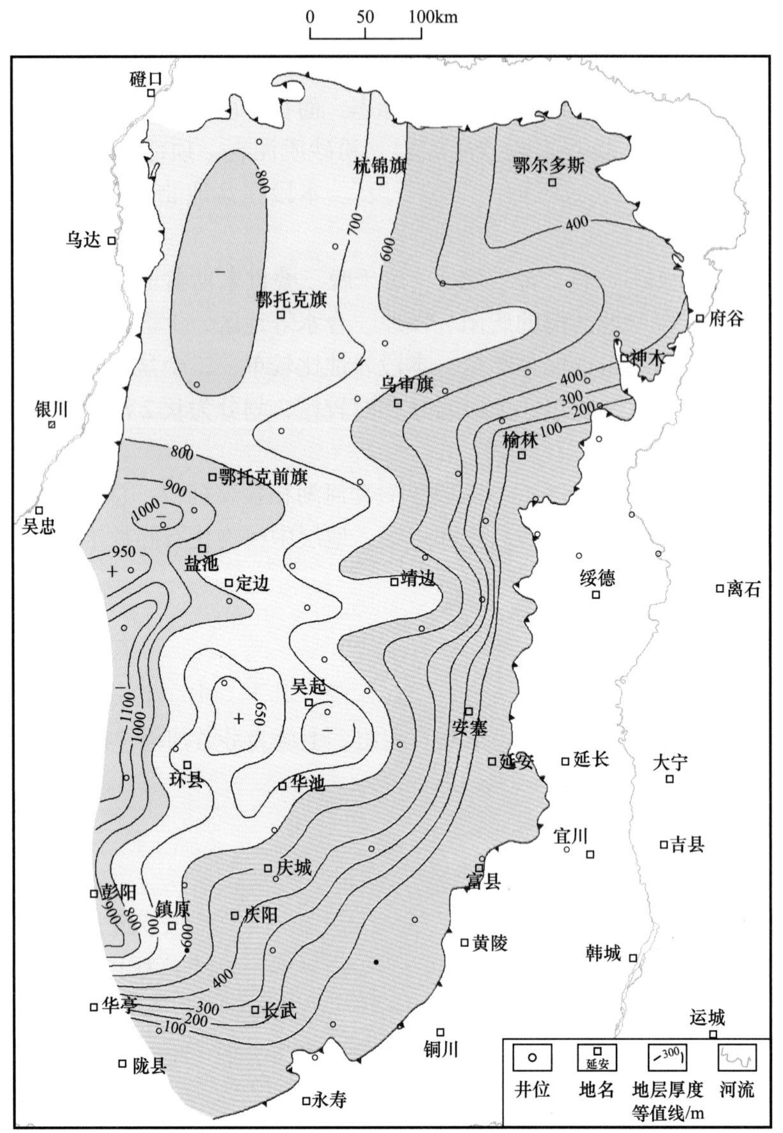

图 2-2-15 鄂尔多斯盆地侏罗系地层厚度图

第三段（延 5—延 4 油层组），岩性为灰黑色页岩、碳质页岩夹灰白色粉砂岩，下部为灰色细砂岩夹灰色粉砂质泥炭、泥岩及页岩，盆地西部、北部地区本段上部夹 2～3 层煤。西南至庆阳遭受不同程度剥蚀。厚度稳定，40～50m，部分地区较厚，可达 80～90m。

第四段（延 3—延 1 油层组），岩性为蓝绿色、灰绿色、紫红色砂、泥岩互层，盆地西部、北部本段顶部发育煤层。本段因剥蚀程度较强而残留厚度（0～97m）变化较大。

下侏罗统的厚度为 200～1200m。总的变化趋势是由盆地东部向西部增厚，局部地区厚度可达 1000～1200m。

2. 中侏罗统

中侏罗统自下而上分为直罗组、安定组两个组，其厚度平面分布特征见图 2-2-16。

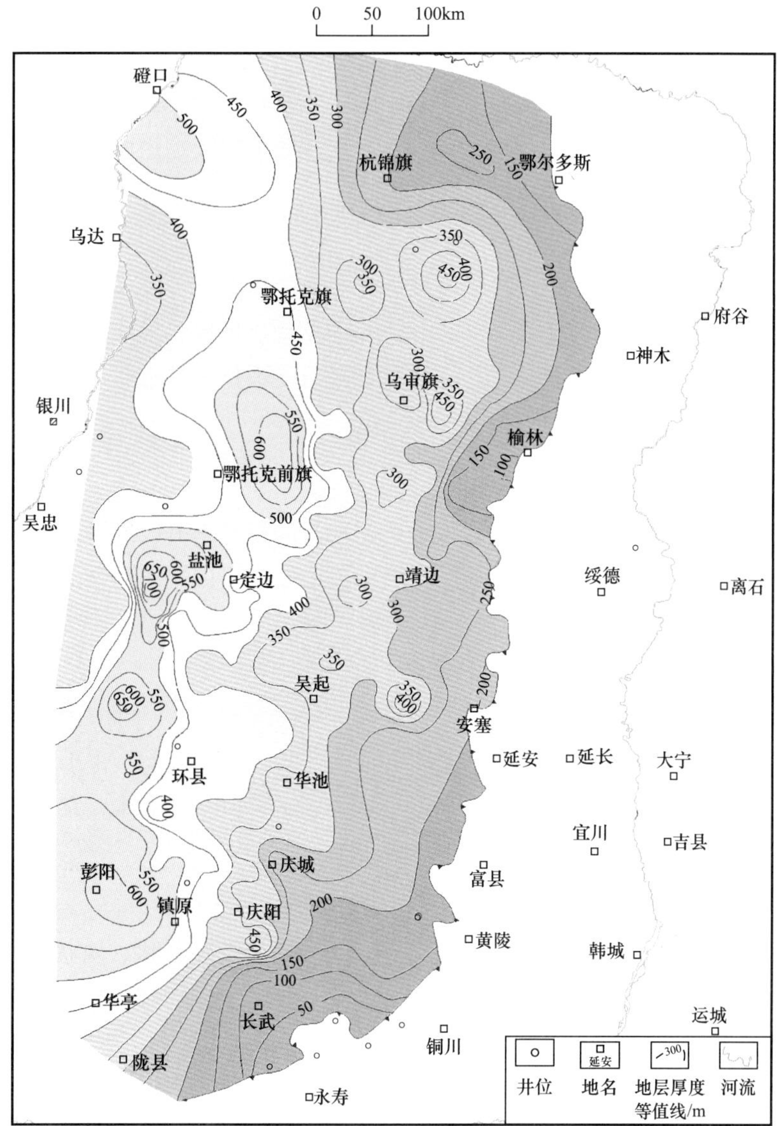

图 2-2-16 鄂尔多斯盆地中侏罗统直罗—安定组地层厚度图

1）直罗组

直罗组在全盆地均有分布，岩性比较单一，主要为河流相，仅西部局部地区为湖相。可细分为两个沉积旋回，下旋回的下部为黄绿色块状中粗粒长石砂岩（七里镇砂岩），由上往下变粗，底部含砾石，发育槽状及板状斜层理；上部为灰绿色、蓝灰色及暗紫色泥岩、粉砂质泥岩与粉砂岩互层。上旋回的下部为黄灰色中细粒块状长石砂岩或硬砂质长石砂岩（高桥砂岩），具板状斜层理，底部有冲刷现象，含泥砾及铁化植物树干；上部为黄绿色、紫红色等杂色泥岩、粉砂质泥岩及粉砂岩的互层，延安西杏子河地区局部夹石膏层。往北至内蒙古地区夹煤线及薄煤层。厚度变化从东往西增厚，东部 100～250m，西部 250～670m。与下伏延安组为平行不整合接触。

2）安定组

安定组除在盆地南部沮水—Q7 井—ZS 井以南，北部成吉思汗—巴汗淖—WH4 井、JTl 井东西一线及庆阳部分钻孔缺失外，全盆地均有分布。安定组岩性在全盆地可以分为两段，即顶部泥灰岩段和下部砂岩与黑页岩段。在盆地东部安定组厚度为 17m，吴起、华池一带厚 40～50m。与下伏的直罗组为整合接触。

3. 上侏罗统芬芳河组

上侏罗统芬芳河组仅在鄂尔多斯盆地西缘局部地区出露，如陕西千阳、甘肃环县甜水堡和贺兰山等地，为盆地边缘山麓堆积，由棕红色及紫灰色块状砾岩、巨砾岩夹少量棕红色砂岩和粉砂岩等组成。该组地层与下伏地层呈微角度不整合接触，厚度变化较大，最大厚度可达千米。

（三）白垩系

侏罗纪末期的燕山运动第二幕，使鄂尔多斯地台的周缘上升，在鄂尔多斯盆地形成了下白垩统志丹群粗碎屑边缘相堆积体。自下而上依次发育下白垩统宜君组、洛河组、华池组、环河组、罗汉洞组和泾川组，地层发育简况见图 2-2-17。

1. 宜君组

宜君组分布在盆地南缘沮水及其以南的宜君、旬邑、彬县、千阳一带。岩性为灰色，局部为紫灰色的砾岩，成分以石英岩、石灰岩藻纹层白云岩为主，含少量火成岩。砾径 1～8cm，圆度与球度中等，基底式胶结，局部夹砖红色砂岩透镜体。宜君组向盆地内部成楔状体迅速变薄或相变为砾状砂岩而消失。

2. 洛河组

洛河组以风成砂岩沉积为主，岩性为紫红色、灰紫色巨厚层状、块状细—粉砂石英砂岩和长石石英砂岩，夹同色含砾砂岩及薄层泥岩，以发育巨型槽状交错层理、板状交错层理为特征。除杭锦旗东北一带缺失外，在全盆地中均有分布，且分布较为稳定，可作为标志层进行对比。

3. 华池—环河组

华池—环河组是盆地中分布最广的一套地层，环河组上部为灰白色、灰黄色、灰绿色泥岩和浅灰色粉砂质泥岩夹泥质粉砂岩、细砂岩，下部为暗紫红色细砂岩与泥岩互层，局部夹泥灰岩，富含盐类及石膏晶屑，且发育大量凝灰岩和凝灰质泥岩。

华池—环河组的沉积中心呈近南北向展布，其岩性变化表现为北粗南细、东粗西细；盆地北部地层厚度 74.5～915.5m，盆地南部厚度 43.5～914m。

4. 罗汉洞组

罗汉洞组出露于鄂尔多斯—鄂托克旗以北与鄂托克旗—定边—庆阳—长武一线以西的凹陷区内，呈“Γ”形分布。与下伏地层相比，该组往西、往北超覆。地层厚度为 29.5～562m，多为 100～200m。罗汉洞组岩性总体比较稳定，可作为标志层在全盆地进行对比。其底部以发育巨型斜层理的浅黄色中—粗粒长石砂岩与下伏环河组为界；下部为紫红色、浅红色、浅棕色泥岩、砂质泥岩、泥质粉砂岩，夹发育斜层理的细粒长石砂岩；上部为发育巨型斜层理的浅棕红色、橘红色、橘黄色块状含细砾和泥砾细—粗粒长石砂岩，夹暗紫色砂质泥岩与绿色泥质粉砂岩。

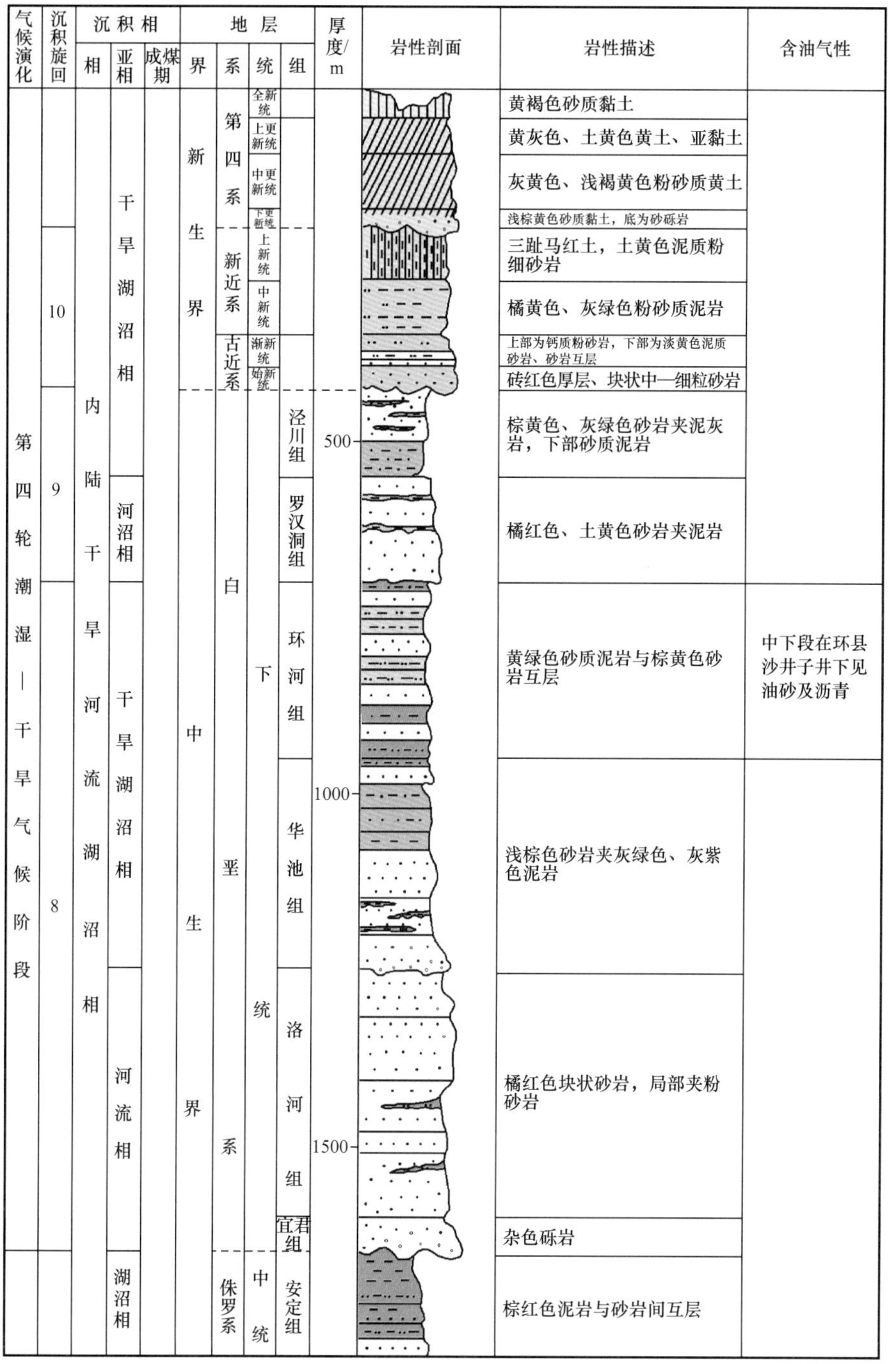

气候演化	沉积旋回	沉积相：相	沉积相：亚相	沉积相：成煤期	地层：界	地层：系	地层：统	地层：组	厚度/m	岩性剖面	岩性描述	含油气性
第四轮潮湿—干旱气候阶段		内陆干旱河流湖沼相	干旱湖沼相		新生界	第四系	全新统				黄褐色砂质黏土	
							上更新统				黄灰色、土黄色黄土、亚黏土	
							中更新统				灰黄色、浅褐黄色粉砂质黄土	
							下更新统				浅棕黄色砂质黏土，底为砂砾岩	
	10					新近系	上新统				三趾马红土，土黄色泥质粉细砂岩	
							中新统				橘黄色、灰绿色粉砂质泥岩	
						古近系	渐新统				上部为钙质粉砂岩，下部为淡黄色泥质砂岩、砂岩互层	
							始新统				砖红色厚层、块状中—细粒砂岩	
	9				中生界	白垩系	下统	泾川组	500		棕黄色、灰绿色砂岩夹泥灰岩，下部砂质泥岩	
			河沼相					罗汉洞组			橘红色、土黄色砂岩夹泥岩	
	8		干旱湖沼相					环河组			黄绿色砂质泥岩与棕黄色砂岩互层	中下段在环县沙井子井下见油砂及沥青
								华池组	1000		浅棕色砂岩夹灰绿色、灰紫色泥岩	
			河流相					洛河组	1500		橘红色块状砂岩，局部夹粉砂岩	
								宜君组			杂色砾岩	
			湖沼相			侏罗系	中统	安定组			棕红色泥岩与砂岩间互层	

图 2-2-17 鄂尔多斯盆地中新生界综合柱状图

5. 泾川组

泾川组分布于鄂托克旗布隆庙—盐池—环县—泾川一线以西，呈南北向条带状断续分布，在东胜—杭锦旗一线以北地区呈东西向展布。岩性南北差异明显，沉积物粒度北粗南细，颜色北部鲜艳而南部暗淡，地层残留厚度为 50～46m。鄂尔多斯—杭锦旗一线以北，泾川组下部为典型的山麓冲（洪）积相黄绿、灰绿色砾岩夹灰白色、棕红色、灰黄色钙质砂岩，底部偶见泥砾；上部为土红色、黄绿色中细砂岩、含砾粗砂岩与砾岩互层，富含灰质结核。盆地西北部鄂托克旗布隆庙、鄂托克前旗西部大庙、北大池一带岩性为蓝灰、灰绿、棕灰色及暗棕、砖红色中薄层状泥岩，夹灰绿、黄灰色钙质细砂岩和泥灰岩，局部夹多层薄层状、假鲕状灰岩透镜体，残留厚度一般小于 120m，为残留湖泊相。南部陇东地区为暗紫、浅灰色砂质泥岩与泥质粉砂岩互层，中部夹浅灰色泥灰岩和浅灰、浅黄色砂岩，主要为淡水湖泊相和曲流河相。

下白垩统志丹群沿鄂托克旗—TS1 井—QS2 井—泾川一线厚度大于 1000m；由此南北向沉积轴线向四周厚度逐渐减小，尤其向东厚度减少明显（约 200m），说明盆地中的坳陷在东西方向上是不对称的（图 2-2-18）。

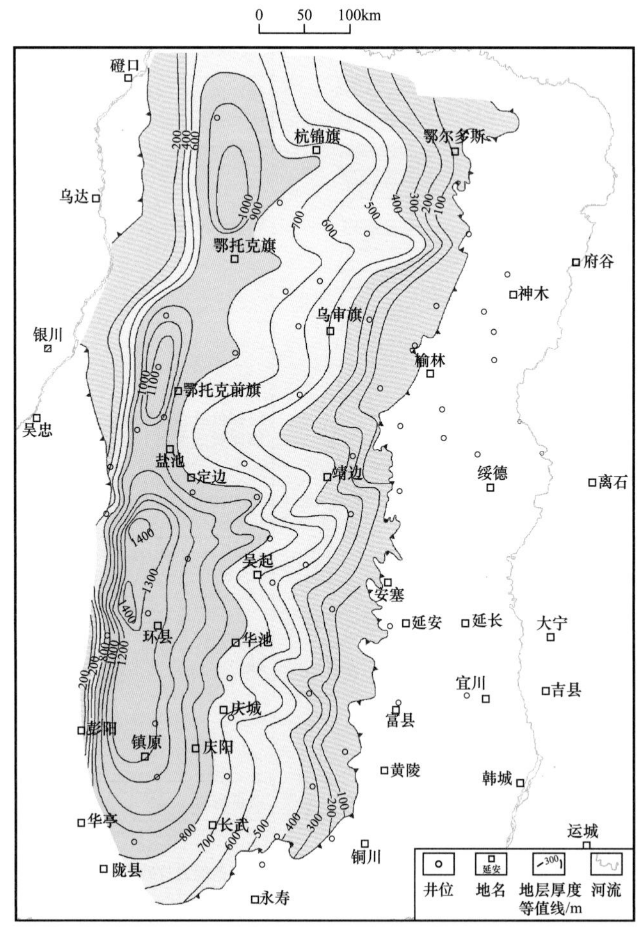

图 2-2-18 鄂尔多斯盆地下白垩统志丹群地层厚度图

五、新生界

新生界自下而上分为古近系、新近系和第四系，新生界在鄂尔多斯盆地中零星分布，极为有限。

（一）古近系

1. 始新统

始新统在鄂尔多斯盆地中的分布范围极为有限，仅在盆地西缘的六盘山东麓固原一带呈南北向条带状展布（宁夏地质志命名为寺口子组），以河流—湖泊相为主，局部为山麓相堆积，岩性为砖红色砂岩夹少量砾岩，以固原寺口子地区发育较好。由于盆地范围内缺失古新统沉积，始新统与白垩系呈不整合接触。

2. 渐新统

渐新统主要分布在盆地西缘及西北缘的灵武、盐池、陶乐、鄂托克旗布伦庙及杭锦旗罗布召一带，厚 150～360m。

底部以一层厚度极薄且不稳定的细砾岩与白垩系不整合接触；下部岩性为一套盐湖相的灰绿色、灰黑色、棕红色泥岩、砂质泥岩，夹厚约 10m 的二三套较稳定的石膏层（可供开采）及中细砂岩，厚 75.11m；上部为黄棕色、浅红灰色、灰白色的块状中—细砂岩与棕红色粉砂质泥岩、泥岩不等厚互层，夹同色细—粉砂岩，厚 292.44m。

（二）新近系

1. 中新统

中新统在鄂尔多斯盆地分布极为零星，仅分布在盆地西缘北部千里山西麓霍络图和西缘南部平凉麻川一带。前者岩性主要为土黄、浅橘黄色中细粒砂砾岩与含砾中粗粒砂岩互层，夹透镜状浅棕红色泥岩，底部含钙质结核，厚度大于 77m。后者下部岩性为橘红色、砖红色石英砂岩夹细砂岩，不整合于清水营组之上，厚 217m；上部为淡红色、橘红色含砾泥岩夹石英砂岩及泥钙质结核，厚 55m。

2. 上新统

分布于盆地北部及西部边缘，不整合于时代不同的老地层之上。岩性稳定，为一套土红色黏土，富含灰质结核，显层理，局部地区夹泥灰岩透镜体，富含脊椎动物化石。

（三）第四系

以北纬 38°为界，北部第四系为一套河流、湖泊沉积，南部为黄土沉积，在西峰塬最大厚度 297.1m。

1. 下更新统

下更新统岩性为浅肉红色、灰色、褐灰色砂砾岩层。砂粒成分以石英为主，砾石成分以灰色、紫色砂、页岩碎块为主，次为石英、燧石等，厚 10m，分布极为零星，多位于河谷两岸，与下伏上新统为不整合接触。

2. 中更新统

中更新统岩性为黄褐色、红棕色亚砂土、亚黏土（俗称“老黄土”），夹红棕色条带状黏土（古土壤层），具大孔隙，垂直节理发育，富含灰质结核及零星的蜗牛化石，南部地区厚度大于130m，与下伏地层为不整合或平行不整合接触。

3. 上更新统

更新统以北纬38°线为界，38°线以南岩性为浅灰白色、微黄色砂质黄土（俗称“新黄土”，打窑洞均在此层位），具大孔隙，无层理，垂直节理发育，含蜗牛壳，分布面积广阔，厚约80m；38°线以北岩性为土黄色、灰褐色砂层，具水平层理及微细交错层，顶部为浅灰白色白垩土，含螺化石，底部为不稳定的泥炭层，习称的“萨拉乌苏河系”，著名的“河套人”化石即产于此层中（萨拉乌苏河又名红柳河，属无定河上游），最大厚度75～143m。无定河中上游以南地区全部缺失。

4. 全新统

全新统大约以北纬38°线为界，以北为近代风沙沉积及河谷中的冲积层和沙漠中的湖泊沉积；以南为近代黄土沉积和河谷中的冲积层，厚度不等，最大厚度60m。

第三节　区域构造形成与演化

鄂尔多斯盆地是在太古宙—古元古代结晶基底之上发育起来的一个大型多旋回克拉通盆地。其沉积—构造发展演化经历了中—新元古代陆缘裂谷—坳陷、早古生代大陆边缘浅海台地、晚古生代近海平原、中生代陆内坳陷和新生代盆地周边断陷沉积阶段五大构造发展时期。

一、中—新元古代陆缘裂谷—坳陷沉积阶段

古元古代末期，华北克拉通焊接固化之后，鄂尔多斯地区开始进入稳定沉积——盆地盖层发育阶段。受地幔热点的影响，长城纪盆地西南缘开裂形成秦祁洋，受伸展作用影响，与之相邻的鄂尔多斯盆地克拉通化基底也发生破裂，自西向东依次发育了蒙陕、晋陕、豫陕3条楔入鄂尔多斯地块北东向展布的陆内裂谷，与盆地结晶基底构造走向大体一致，表现为较激烈的裂陷运动。盆地主体裂谷是西部的蒙陕裂谷，延入盆地达536km：晋陕裂谷发育于盆地西南部，规模减小，延入盆地234km；豫陕裂谷位于东南盆缘，大部分已在盆地之外。3条裂谷均向东北方向收敛闭合，向西南方向开口、扩大，与秦祁洋盆连通，因此长城组沉积期沉积主要分布在盆地西部与南部。裂谷内充填的长城系滨海碎屑岩沉积厚达千米以上，以海相沉积为主。

蓟县纪，盆地整体构造背景处于西南部整体坳陷沉降为主的构造环境，陆内裂谷停止发育，转化为坳陷沉降，为大陆边缘陆棚海洋沉积环境，主要发育了一套巨厚的富镁、富硅、富藻碳酸盐岩，局部发育砂岩、页岩。主要发育浅海台地相碳酸盐岩沉积建造，盆地

沉积区大幅度萎缩至盆地西南部，厚度400m以上，东北部隆起区则进一步扩大，造成大面积沉积缺失。该时期主要体现为和缓的坳陷运动。以向西、向南沉积地层厚度逐渐加大，而鄂尔多斯本部的大部分地区则缺失蓟县系沉积层。

新元古代的青白口纪—南华纪，鄂尔多斯地区整体构造抬升，缺失同期沉积地层；震旦纪盆地由隆起区转为坳陷区，表现为和缓的坳陷运动。沉积只在盆地西缘及南缘发育，范围较小，厚度很薄。盆地绝大部分为隆起区而缺失震旦纪地层，仅在局部地区发育山岳冰川型的冰碛砾岩建造，以分选、磨圆度很差的冰川碎屑岩沉积为主。地层厚度横向变化较大，总体表现出风化残积的沉积特征，表明震旦纪在鄂尔多斯地区也没有明显的构造沉降作用的发生。这与扬子地台新元古代的早期沉积盖层发育特征存在显著差异（全国地层委员会，2002）。

从中—新元古界地层分布由盆地东北部向盆地西部、南部逐渐退缩、范围不断减小，以及沉积厚度变薄的分布特点和古构造特征来看，鄂尔多斯盆地在中—新元古代并非是独立的沉积—构造单元，而是某一构造单元的组成部分，应该属于华北克拉通西部边缘沉积。

二、早古生代大陆边缘浅海台地沉积阶段

早古生代，包括鄂尔多斯地块在内的大华北盆地进入了克拉通稳定沉积阶段。此时，鄂尔多斯地块西、南部分别为秦岭、祁连海槽所围限，形成北部高、南部低、东西部低、中间高的古构造格局。从早寒武世晚期开始，鄂尔多斯地区整体坳陷沉降，海水自南部、西部、东部逐渐向鄂尔多斯地块内部侵入。海侵初期，以滨岸—缓坡相碎屑岩夹少量碳酸盐岩沉积为主，向上碳酸盐岩成分增多；中期为陆表海型碳酸盐浅海台地沉积，碳酸盐岩多含泥质；中寒武世张夏组沉积期海侵达到全盛，除盆内乌兰格尔、乌审旗及盆地东部吕梁隆起外，全部被海水淹没，主要发育陆表海型清水碳酸盐台地沉积，以发育大量鲕粒滩为特征；晚期构造抬升，盆地中央大部分出露，其余部分以局限台地白云岩沉积为主。

早—中奥陶世，鄂尔多斯地区再次缓慢沉降，以海侵海退活动频繁为特征。初期仅在盆地边缘接受了一套潮坪沉积。中奥陶世马家沟组沉积期盆地海侵扩大，加之构造分异，形成了北部的伊盟隆起、中部的定边—庆阳古隆起和中东部陕北凹陷。在中部陕北凹陷，马家沟组发育了3套蒸发岩—碳酸盐岩旋回，并向伊盟古隆起和中央古隆起超覆尖灭，盆地西缘和南缘则以浅海—半深海相碳酸盐岩、泥岩沉积为主。晚奥陶世，盆地南侧的秦祁洋向北俯冲而北侧的兴蒙洋向南俯冲，鄂尔多斯地块主体抬升成陆。而盆地西缘和南缘同沉积断裂活动加强，强烈沉降，形成边缘海型的构造环境，以深水斜坡沉积为主，发育大量斜坡重力流沉积。此时鄂尔多斯盆地早古生代碳酸盐岩台地沉积已接近尾声。该时期盆地西部乌拉力克组沉积期深水陆棚相沉积了一套厚度相对稳定、夹数层钙质角砾岩的灰黑色含笔石泥页岩地层。在相对稳定的缺氧环境下，发育含泥灰岩、灰质泥岩、泥页岩等富有机质沉积。同时泥页岩发育纳米—微米级孔、缝储集空间，在乌拉力克组形成了自生自储型非常规气藏。

之后，鄂尔多斯地区与华北地块一起进入了整体构造抬升的演化阶段，经历了长达

1.4 亿年之久的风化剥蚀，直至晚石炭世才开始接受晚古生代的沉积。

总之，早古生代，鄂尔多斯地区经历了多次海侵海退多旋回沉积演化，发育了一套以浅海台地相碳酸盐岩为主的沉积建造，构成了盆地天然气形成和赋存的地质基础，是盆地重要的产气层系之一。

三、晚古生代滨海平原沉积阶段

在经历了加里东末—海西早期 1.4 亿年的抬升剥蚀后，海西运动中期，祁秦海槽、兴蒙海槽再度活动，鄂尔多斯地区随之发生区域性沉降，并开始接受沉积。盆地内古地貌格局北高南低，沉积特征为东西分异、南北展布。

晚石炭世本溪组沉积期，盆地中部定边—庆阳隆起在很大程度上分割了东西两侧的华北海和祁连海，仅局部连通。早二叠世太原组沉积期，随着盆地区域性沉降的持续，海水自东西两侧侵入致使中央古隆起没于水下，并形成了统一的广阔海域。但水下古隆起对盆地沉积仍具有一定的控制作用，古隆起东部以陆表海沉积为主，西部则以半深水裂陷槽沉积为主。受南北两侧大洋俯冲影响，山西组沉积期华北地台整体抬升，区域构造环境与古地理格局发生显著变化，盆内南北向中央古隆起和隆坳相间的沉积格局消失，海水从盆地东西两侧迅速退出，沉积环境由海盆向近海湖盆转化，由海相渐变为海陆过渡相直到陆相。古地貌表现为北高南低，北部物源区快速隆升，成为盆地主要物源区。山西组沉积晚期，北部构造活动日趋稳定，物源供给减少，盆地进入相对稳定的沉降阶段，并发生较大规模海 / 湖侵，三角洲体系向北收缩，沉积相带北移。

中二叠世下石盒子组沉积期，盆地北部构造活动再次加强，古陆进一步抬升，南北向坡度增大，冲积扇—河流—三角洲体系向南推进；至上石盒子组沉积期，北部构造抬升减弱，冲积体系萎缩，而南部构造抬升作用增强，三角洲沉积体系向北收缩。

晚二叠世石千峰组沉积期，北部兴蒙洋与西部贺兰拗拉槽关闭、隆升，南部秦祁洋虽未完全关闭，但俯冲消减作用强烈，导致华北地台整体抬升，海水自此退出鄂尔多斯地区，盆地演变为内陆湖盆，以发育河流—三角洲—湖泊沉积为主，沉积环境彻底转变为大陆体系。

晚古生代，鄂尔多斯地区经历了从海相三角洲到陆相河流—三角洲沉积，形成了良好的生储盖组合，构成了盆地致密气形成的地质条件，是盆地重要的产气层系之一。

四、中生代陆内坳陷沉积阶段

中生代，鄂尔多斯盆地周缘除秦祁洋外皆已关闭，逐步形成了盆地南部的秦岭造山带、西缘陆内构造活动带、北缘阿拉善古陆、阴山造山带和东部华北古陆等多个物源供给区，盆地进入内陆湖盆演化阶段。

早—中三叠世，盆地内部沉积格局表现为南北分异、东西展布，三叠纪沉积基本上与二叠纪连续发育，沉积了一套以河流相、沼泽相为主的红色、杂色砂岩和暗色泥岩层系。其间虽有一定的沉积间断但并不十分显著，表明印支期基本延续了二叠纪的古构造格局和沉积特点，仍处于连续沉降状态。

晚三叠世，特提斯北缘的昆仑—秦岭洋沿阿尼玛卿—商丹断裂带由东向西呈“剪刀式”碰撞闭合，强烈的造山运动使得南华北地区大规模隆升，靠近郯庐断裂带首先隆起并逐渐向西扩展，使得晚三叠世盆地沉积不断向西退缩，沉积中心不断向西迁移，形成晋陕盆地。而在盆地西部，因阿拉善地块向东及古六盘山向东北方向推挤开始形成冲断推覆构造带，前渊北部贺兰山石炭井（香池子砾岩）、水磨沟，中部石沟驿（含砾粗砂岩），南部平凉（崆峒山砾岩）一线形成了厚达3000m的前渊粗粒快速沉积。盆地东部以湖泊—三角洲相为主，发育细粒沉积，沉积环境稳定，进入盆地鼎盛发育时期，这一阶段内陆湖盆型沉积体系的大规模发育形成了该盆地最重要的长7油层组生油岩系。三叠纪末盆地整体不均匀抬升，延长组顶部遭受差异剥蚀，形成高低起伏、交错有序的沟、洼、坡、阶、塬、丘侵蚀地貌，这为上覆侏罗系古地貌油藏的形成奠定了基础。

燕山早期，富县组在盆地三叠纪末高低不平的古地貌上填平补齐，主要发育河流—湖泊相，分布局限。随着古地形填平，延安组主要发育河流—沼泽相间互沉积，厚200～300m，为盆地主要成煤期。至晚侏罗世，受特提斯域诸地块与西伯利亚板块南北双向挤压及阿拉善地块向东挤压作用影响下，盆地西缘发生强烈逆冲变形、东部抬升剥蚀。地层厚度自西向东骤然减薄，与白垩系高角度不整合接触，沉积相亦由冲积相快速过渡为河流—湖泊相。早白垩世，盆地西部继续逆冲、褶皱和断裂，东部持续抬升，盆地充填了巨厚的白垩纪陆相沉积。晚白垩世全区隆起，缺失沉积，风化剥蚀，导致盆地东部侏罗系、三叠系乃至古生界的广泛剥露，鄂尔多斯盆地消亡。

这一阶段盆地湖泊—三角洲相为中生界非常规致密油、页岩油的形成提供了重要的物质基础。

五、新生代盆地周边断陷沉积阶段

新生代以来，受新特提斯板块向东挤压和太平洋板块向西俯冲作用的影响，鄂尔多斯盆地整体处于抬升阶段，盆地主体部分普遍缺失古近系。从始新世早—中期开始，盆地周边相继断陷与鄂尔多斯解体，形成一系列地堑，即北部形成河套地堑，西部形成银川地堑、清水河地堑，南部和东部形成汾渭地堑（图2-3-1）。大致与中国东部地区强烈伸展裂陷、断陷盆地发育同步。

随着盆地周边裂陷沉降，鄂尔多斯地块主体遂呈东隆西降式快速差异抬升。地块中东部大范围缺失沉积，并遭受强烈剥蚀。古近纪末，区域地球动力学环境转变为以挤压应力为主，鄂尔多斯地块及周邻地堑、山系普遍抬升，并遭剥蚀。在中新世初，盆地周边各地堑盆地复又沉降，前期彼此分隔的断陷和断隆均发生沉陷接受沉积，沉积范围明显扩展，形成了分布范围更广、沉降幅度更大的河套、汾渭地堑系（图2-3-1）。这时的主体构造方向已转换为北东东向，明显不同于燕山期的近南北向构造格局。

中新世晚期，鄂尔多斯盆地持续达2亿多年的东隆西降发生反转，地表率先隆坳易位。盆地东部开始沉降，广泛接受沉积；以剥蚀为主的改造结束。上新世活动强度与时俱增，红土准高原发育。第四纪基本继承上新世的格局，鄂尔多斯地块持续发生幕式差异抬升，黄土高原和黄河水系在此阶段形成和发育。

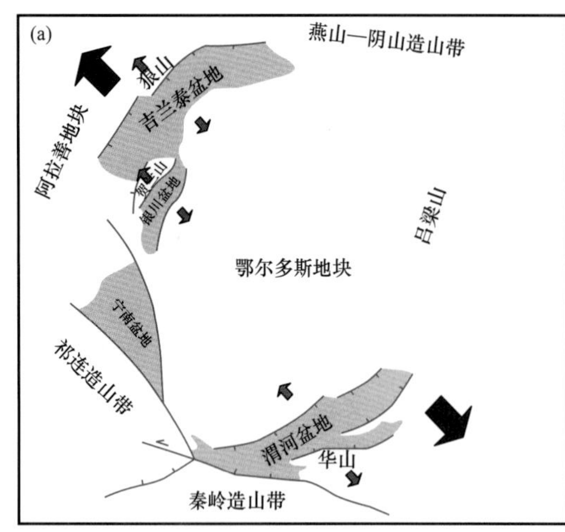

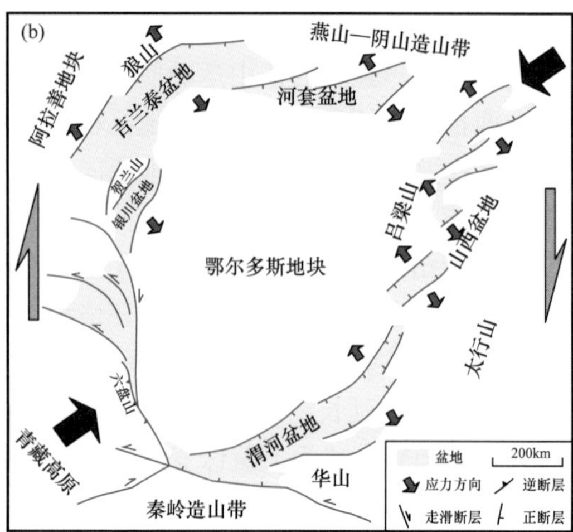

图 2-3-1　鄂尔多斯盆地新生代周缘裂陷演化示意图

参考文献

包洪平，杨帆，白海峰，等，2017. 细分小层岩相古地理编图的沉积学研究及油气勘探意义——以鄂尔多斯地区中东部奥陶系马家沟组马五段为例［M］. 岩石学报，33（4）：1094-1106.

陈九辉，刘启元，李顺成，等，2005. 青藏高原东北缘—鄂尔多斯地壳上地幔 S 波速度结构［J］. 地球物理学报，48（2）：333-342.

陈岳龙，李大鹏，王忠，等，2012. 鄂尔多斯盆地周缘地壳形成与演化历史：来自锆石 U—Pb 年龄与 Hf 同位素组成的证据［J］. 地学前缘，19（3）：147-166.

程守田，蒋磊，李志德，等，2003. 鄂尔多斯东北缘东胜地区下白垩统划分的有关问题［J］. 地层学杂志，27（4）：336-339.

狄秀玲，袁志祥，丁韫玉，1999. 用折射波 Sn 走时反演渭河断陷及邻近地区的莫霍面速度［J］. 西北地震学报，21（2）：178-182.

邸领军，张东阳，王宏科，2003. 鄂尔多斯盆地喜山期构造运动与油气成藏［J］. 石油学报，24（2）：34-37.

郭飙，刘启元，陈九辉，等，2004. 青藏高原东北缘—鄂尔多斯地壳上地幔地震层析成像研究［J］. 地球物理学报，47（5）：790-797.

郭忠铭，张军，于忠平，1994. 鄂尔多斯地块油区构造演化特征［J］. 石油勘探与开发，21（2）：22-29.

国家地震局鄂尔多斯活动断裂系课题组，1988. 鄂尔多斯活动断裂系［M］. 北京：地震出版社.

何自新，等，2003. 鄂尔多斯盆地演化与油气［M］. 北京：石油工业出版社.

胡建民，刘新社，李振宏，等，2012. 鄂尔多斯盆地基底变质岩与花岗岩锆石 SHRIMP U—Pb 定年［J］. 科学通报，57（26）：2482-2491.

嘉世旭，张先康，2005. 华北不同构造块体地壳结构及其对比研究［J］. 地球物理学报，48（3）：611-620.

李安仁，刘文均，张锦泉，等，1993. 鄂尔多斯盆地早奥陶世沉积特征及其演化［J］. 成都地质学院报，20（1）：17-26.

李明，高建荣，2010. 鄂尔多斯盆地基底断裂与火山岩的分布［J］. 中国科学 D 辑：地球科学，40（8）：1005-1013.

李松林，张先康，张成科，等，2002. 玛沁—兰州—靖边地震测深剖面地壳速度结构的初步研究［J］. 地球物理学报，45（2）：210-217.

裴顺平，许忠淮，汪素云，2004. 中国大陆及邻近地区上地幔顶部 Sn 波速度层析成像［J］. 地球物理学报，47（2）：250-256.

屈健鹏，1998. 鄂尔多斯块体西缘及西南缘深部电性结构与该区地质构造的关系［J］. 内陆地震，12（4）：312-319.

汪泽成，赵文智，门相勇，等，2005. 基底断裂稳定活动对鄂尔多斯盆地上古生界天然气成藏的作用［J］. 石油勘探与开发，32（1）：9-13.

王鸿祯，1985. 中国古地理图集［M］. 北京：地质出版社.

吴昌华，李惠民，钟长汀，等，1998. 内蒙古黄土窑孔兹岩系的锆石与金红石年龄研究［J］. 地质论评，44（6）：618-626.

杨华，席胜利，魏新善，等，2006. 鄂尔多斯多旋回叠合盆地演化与天然气富集［J］. 中国石油勘探：石油地质，1（1）：17-25.

袁志祥，薛广盈，丁韫玉，等，1995. 渭河断陷及临近地区莫霍界面速度图像［J］. 地震地质，17（4）：446-452.

张少泉，武利均，郭建明，等，1985. 中国西部地区门源—平凉—渭南地震测深剖面资料的分析解释［J］. 地球物理学报，28（5）：460-472.

赵国春，孙敏，Wilde S A，2002. 华北克拉通基底构造单元特征及早元古代拼合［J］. 中国科学 D 辑：地球科学，32：538-549.

赵文智，胡素云，王泽成，等，2003. 鄂尔多斯盆地基底断裂在上三叠统延长组石油聚集中的控制作用［J］. 石油勘探与开发，30（5）：1-5.

周喜文，耿元生，2009. 贺兰山孔兹岩系的变质时代及其对华北克拉通西部陆块演化的制约［J］. 岩石学报，25（8）：1843-1852.

Liang C T，Song X D，Hbates R L and Jackson J A（eds）. Glossary of Geology（2nd edition）［C］// American Geological Institude，Falls Church，Virginia.

Liang J L，2004. Tomographic inversion of Pn travel times in China［J］. Geophys. Res.，109（B11）. No.B33304.

Zhao G C，Sun M，Wilde S A，et al，2005. Late Archean to Paleoproterozoic evolution of the North China Craton：Key issues revisited［J］. Precambrian Research，136：177-202.

第三章　上古生界致密砂岩气成藏特征

鄂尔多斯盆地位于华北克拉通中西部，属华北克拉通的次一级构造单元，是一个整体稳定沉降、坳陷迁移、扭动明显的大型多旋回克拉通盆地。盆地内沉积岩厚度5000～10000m，结晶基底为太古宙、元古宙变质岩结晶岩系，上覆有古生代、中生代、新生代盖层沉积，盆地内发育了早古生代、晚古生代、中生代多套含油气系统组合，是一个富含石油、天然气、煤、铀、钾盐等多种资源矿产的大型沉积盆地。晚古生代晚石炭世发生海侵，西侧的祁连海及东侧的华北海向中部的中央古隆起超覆，盆地在整体抬升遭受风化剥蚀约1.5亿年后开始接受沉积。晚石炭世本溪组沉积期至早二叠世太原组沉积期、山西组沉积期沉积的厚层煤系地层构成了优质烃源岩，早二叠世太原组沉积期、中二叠世石盒子组沉积期发育的河流—三角洲砂体构成了良好的储层，石盒子组沉积晚期发育横向稳定的滨浅湖相泥质沉积，成为上古生界气藏理想的区域盖层。鄂尔多斯盆地这种优越的生、储、盖组合条件，为上古生界形成大面积、多层系复合含气的致密砂岩气藏奠定了基础。

第一节　上古生界物源分析

沉积物源分析在确定沉积物物源位置和性质及沉积物搬运路径及整个盆地的沉积构造演化等方面意义重大。沉积物物源分析包括古侵蚀区的判别、古地貌特征的重塑、古河流体系的再现、物源区母岩的性质追踪、气候及沉积盆地构造背景的确定等。近年来，随着对鄂尔多斯地块及周缘基底岩系特征认识不断深化及锆石定年、磁组构等一些新技术的应用，对其物源区特征的认识也逐步深入，对盆地沉积演化的分析也更为精细。

一、鄂尔多斯地块及其周缘基底岩系特征

鄂尔多斯盆地周缘古老地层及结晶基底主要为太古宇、元古宇的各类变质岩、岩浆岩及沉积岩组成的古老岩系（表3-1-1）。前寒武系结晶变质基底于元古宙以后长期处于剥蚀隆起状态，形成盆地北部的阿拉善—阴山古陆、南部的祁连—北秦岭古陆。

华北克拉通的基底由东部陆块、西部陆块及中央造山带三个构造块体组成。西部地块的东界为多伦—大同—离石—华山断裂，东部地块的西界为建平—石家庄—开封—信阳断裂，之间为中央造山带。华北克拉通西部陆块由鄂尔多斯地块与其北部的阴山地块由古元古代（2.0—1.9Ga）时期形成的孔兹岩带组成。此后，在1.85Ga时期，华北东、西两个陆块碰撞拼合形成现今统一的华北克拉通结晶基底。

表 3-1-1　鄂尔多斯盆地周缘基底岩性简表

地层	盆地北部	地层	盆地南部
渣尔泰山群 Pt_2	长达 500km，由变质砂砾岩、石英砂岩、石英岩、片岩、千枚岩、板岩、石灰岩组成，夹火山岩。东部、北部的白云鄂博和温都尔庙群与其相当。厚度大于 8453m	海原群 Pt_{2-3}	西南缘低级变质岩系，主要有绿帘阳起片岩、白云母石英片岩、大理岩、火山岩。厚度大于 6700m
二道凹群 Pt_2^1	下部绿片岩为主，上部绿片岩夹大理岩。厚度大于 1972m	陶湾群 Pt_2^2	大理岩和各种片岩组成。厚度大于 3000m
色尔腾山群 Pt_1^1	下部片麻岩、混合岩，上部片岩、角闪片岩夹磁铁石英岩。厚度大于 10000m	宽坪组 Pt_1^2	绿泥石片岩、阳起石片岩等组成，加大理岩、石英岩。厚度大于 6000m
阿拉善群 AR_3–Pt_1	下部石英片岩、石英岩、变粒岩、变火山岩，上部碎屑岩、石灰岩夹少量火山岩。厚度大于 6038m	秦岭群 AR_3–Pt_1	片麻岩、变粒岩、石英片岩、大理岩、斜长角闪岩等组成的深变质岩系，混合岩化普遍。厚度大于 9000m
乌拉山群 AR_3	片麻岩、角闪岩、变粒岩、大理岩组合，深变质岩系。西北缘桌子山群岩性、变质程度和乌拉山群相当。厚度大于 4158m	铁铜沟组 Pt_1	石英岩夹石英片岩和大理岩。厚度 3000m
集宁群 AR_{1-2}	下岩组为片粒岩系，主要为麻粒岩、角闪岩，上部岩系为含石榴石二长片麻岩等。厚度大于 9700m	太华群 AR_3	深变质岩，混合岩化，主要为片麻岩、角闪岩夹变粒岩、石英岩。厚度大于 5000m

（一）北部陆块基底岩系

北部陆块基底出露于北部阴山地区的集宁、大青山—乌拉山、固阳—武川、色尔腾、贺兰山—千里山、阿拉善等地，主要发育乌拉山群、二道凹群、马家店群、色尔腾山群和花岗岩类。其中，固阳、武川、色尔腾、阿拉善等地以出露花岗—绿岩地体或麻粒岩相高级地体为主，由新太古代 2.6—2.5Ga 的 TTG（即原岩为云英闪长岩、花岗闪长岩、奥长花岗岩）片麻岩、镁铁质—超镁铁质层状侵入岩和少量表壳岩组成。古元古代孔兹岩［孔兹岩为集合性的岩石学术语，代表大陆边缘沉积产物。指一套含石榴石英岩、石榴夕线片（麻）岩、石墨片岩和大理岩组成的富铝变质岩，其相应原岩为一套砂岩、砂质页岩、碳质页岩和石灰岩组成的沉积岩］、TTG 片麻岩夹少量铁镁质麻粒岩和同构造紫苏花岗岩或 S 型花岗岩组成的孔兹岩带沿集宁—大青山—乌拉山—千里山—贺兰山一线呈近东西向带状展布。该孔兹岩带将北部的新太古代基底与南部的鄂尔多斯地块分开（Zhao et al., 1999；赵国春等，2002）。

（二）南部秦岭造山带基底岩系

秦岭造山带是一历经长期多期次构造演化形成的复合型大陆造山带，现今的秦岭山脉除包括秦岭造山带不同构造带外，后期还卷入了周缘陆块。因此，秦岭造山带内部不同构造带除存在不同时期和类型的前寒武纪古老基底岩系外，在其边缘地区还包括了相邻陆块的古老基底岩系，它们伴随秦岭造山带演化，多遭受了显生宙以来构造运动的改造。

现今秦岭山脉位于洛南—栾川断裂以北与渭河盆地南山前正断裂之间，具华北地块基底和盖层二元结构，基底古老结晶岩系包括早前寒武纪（AR—Pt_1）结晶岩系，盖层由中—新元古界（Pt_{2-3}）火山—沉积岩和古生界—新生界碎屑岩组成，普遍缺失上奥陶—下石炭统。

新太古代—元古宙结晶基底根据其构造和岩石组合，可划分出上、下太华两个亚群。其中，下太华群为深变质杂岩，以 TTG 长英质片麻岩为主；上太华群为表壳岩系，主要由富铝质片麻岩（石榴片麻岩、石墨片麻岩等）、斜长角闪岩、大理岩、石英岩、磁铁石英岩等构成，可与孔兹岩系对比。下太华群 TTG 质片麻岩及斜长角闪岩中获得的年龄主要为 2.8—2.7Ga 新太古代早期，在斜长角闪岩中还存在 2.9—3.1Ga 的残留锆石年龄。上太华群表壳岩系的形成年龄主要介于 2.2—2.0Ga 的古元古代，与该期相当的同时代富铝变沉积岩在华北克拉通北部及中部均大量出现。

中—新元古代火山沉积地层为厚 3000～7000m 的熊耳群火山—沉积岩系，其不整合覆盖于太古宙结晶基底和古元古代滹沱组、嵩山组、铁铜沟组等变质地层之上。熊耳群主要分布于豫陕交界及邻近地区，为一套火山岩夹少量沉积岩，火山岩主要形成于 1.8—1.75Ga，部分可能持续到 1.65Ga 和 1.45Ga（赵太平等，2004，2007，2015；Zhao G C et al., 2009）。

二、砂岩碎屑锆石 U—Pb 年代学分析

陆源盆地中的碎屑沉积岩由沉积盆地形成时期周缘山脉或相关古陆块出露地表的物质，在风化、剥蚀、搬运、沉积和成岩作用形成，是其源区各种岩石混合堆积的产物，其组成可以提供物源区地表物质组成信息。锆石是陆源碎屑沉积重矿物中最为常见的一类矿物，其矿物稳定性高，且具有很高的 U—Pb 同位素体系的封闭温度，因而不但可以在经历了后期热事件改造后同位素体系仍得以保持稳定，同时也可以经历多次沉积旋回保留下来。因此，沉积岩中的碎屑锆石 U—Pb 年龄可以很好反映其物源区出露的各种岩石的年龄组成信息，沉积岩中碎屑锆石年龄特征的研究不仅可为认识地质历史时期大陆地壳平均年龄组成、了解地壳生长与改造和恢复古构造—古地理格局提供重要信息，也是探讨沉积盆地物源区特征的最佳研究对象。因此，沉积盆地陆源碎屑岩碎屑锆石 U—Pb 年代学在限定地层时代、示踪沉积物源区、恢复古地理格局、反演构造过程及揭示早期大陆演化等方面具有其独特的优势，已成为探讨这些问题的有效工具和手段，目前已广泛应用于大陆地壳形成演化和盆地源区示踪及盆山耦合的研究之中。

（一）北部砂岩碎屑锆石 U—Pb 年代学分析

前人对北部乌拉山和集宁地区基底岩系做了大量同位素年代学研究，为物源分析提供了可供对比的重要数据。该区孔兹岩系碎屑锆石的年代学研究揭示：东部集宁地区孔兹岩系碎屑锆石揭示了存在 2060Ma、1940Ma 和 1890Ma 三期峰值年龄（Xiaoping Xia et al., 2006）；西部乌拉山地区孔兹岩系碎屑锆石也有三个峰期年龄，分别为 2200Ma、2000Ma 和 1800Ma（吴昌华等，2006），这与盆地北部山 1 段和盒 8 段碎屑锆石的 2200—1800Ma 的峰期年龄段极为一致。暗示了紧邻鄂尔多斯盆地北部的古元古代晚期的孔兹岩带（或孔

兹岩带所在的物源区）为盆地北部山 1 段和盒 8 段碎屑岩的主要物源区之一。

根据该孔兹岩带没有发现大于 2300Ma 的锆石推断，该岩带形成于 2300Ma 之后，在其形成过程中乌拉山—集宁地区古老的的 TTG 片麻岩不可能成为它们的母岩物源区。然而，盆地北部山 1 段和盒 8 段中除出现大量 2200—1800Ma 年龄段的碎屑锆石外，还存在 2600—2400Ma 的碎屑锆石，其年龄范围与阴山地块西部乌拉山—集宁一带的 TTG 片麻岩及麻粒岩的介于 2600—2500Ma 之间的年龄（王惠初等，2001；陶继雄等，2002；张玉清等，2003）、片麻状花岗岩获得 2500—2400Ma 的形成年龄（吴昌华等，2006；张玉清等，2003，2004）相一致。此外，盆地北部山 1 段和盒 8 段中的碎屑锆石以岩浆成因锆石为主，表明盆地北部山 1 段和盒 8 段沉积期，除北部古元古代晚期的孔兹岩带提供主要碎屑物质外，乌拉山—集宁地区古元古代早期的 TTG 片麻岩及侵入其中的古老花岗岩体也成为物源供应区之一。

盆地北部还存在 2400—2600Ma 的碎屑锆石，其年龄范围与阴山地块西部乌拉山—集宁一带的 TTG 片麻岩及麻粒岩的介于 2600—2500Ma 之间的年龄（王惠初等，2001；陶继雄等，2002；张玉清等，2003）、片麻状花岗岩获得 2500—2400Ma 的形成年龄（吴昌华等，2006；张玉清等，2003，2004）相一致。表明乌拉山—集宁地区古元古代早期的 TTG 片麻岩及侵入其中的古老花岗岩体也成为盆地北部山 1 段和盒 8 段沉积期物源供应区之一（图 3-1-1）。

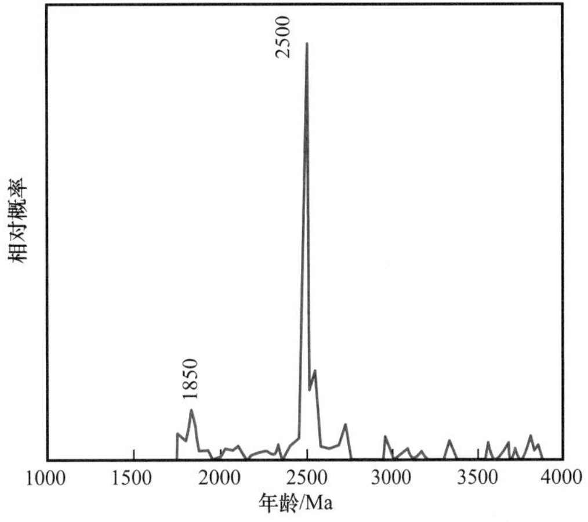

图 3-1-1　华北克拉通基底岩系的锆石 U—Pb 年龄概率图

此外，盆地北部盒 8 段、山 1 段还存在早于 2600Ma 和低于 1800Ma 的峰期年龄，指示山 1 段和盒 8 段沉积期还有其他源区物质的参与。如 T25 井的盒 8 段中出现了大于 2600Ma 的碎屑锆石，表明盒 8 段沉积期，盆地北部除来自上述北部物源区的碎屑物质外，可能存在其他古老变质岩系物源的供给。根据目前的研究，华北地块基底岩系还存在大于 2600Ma 的多期峰期年龄，但大于 3200—3850Ma 的古太古代基底古老变质岩系仅出露于河北和鞍山—本溪等地的变质岩系中（彭澎等，2002）。因此，根据目前还未在其他古老地块发现大于 3200Ma 的变质岩系推断，盒 8 段沉积期，东北部地块的古老变质岩系也可能成为物源供应区。

此外，在不同钻井样品中的碎屑锆石还存在 400—300Ma 的峰期年龄（图 3-1-2），表明盒 8 段、山 1 段沉积过程中还有大量形成于 400—300Ma（泥盆纪—石炭纪）时期陆壳物质的供给。由于华北地块在古生代期间表现为整体沉降或隆升，仅在南北边缘表现为活动或被动大陆陆缘特征，并由于华北地块南北两侧的秦岭洋和蒙古洋俯冲消减碰撞作用，于不同时期发生各种火山—岩浆活动而形成火山岩—岩浆岩组合。华北地台北缘自中元古代至寒武纪一直为被动大陆边缘，早古生代转化为活动大陆边缘，于晚志留世—中泥盆世与西伯利亚地台南部陆缘区对接，该时期形成大量岩浆产物。鄂尔多斯盆地北部内蒙古阴山地块形成于400—300Ma之间的花岗岩及火山岩（陈斌等，1996，2001；邵济安，1991）随着造山隆升被剥蚀搬运，作为盆地北部山1段与盒8段的重要物源，从而地层中出现了较高众数的400—300Ma峰期年龄的碎屑锆石。

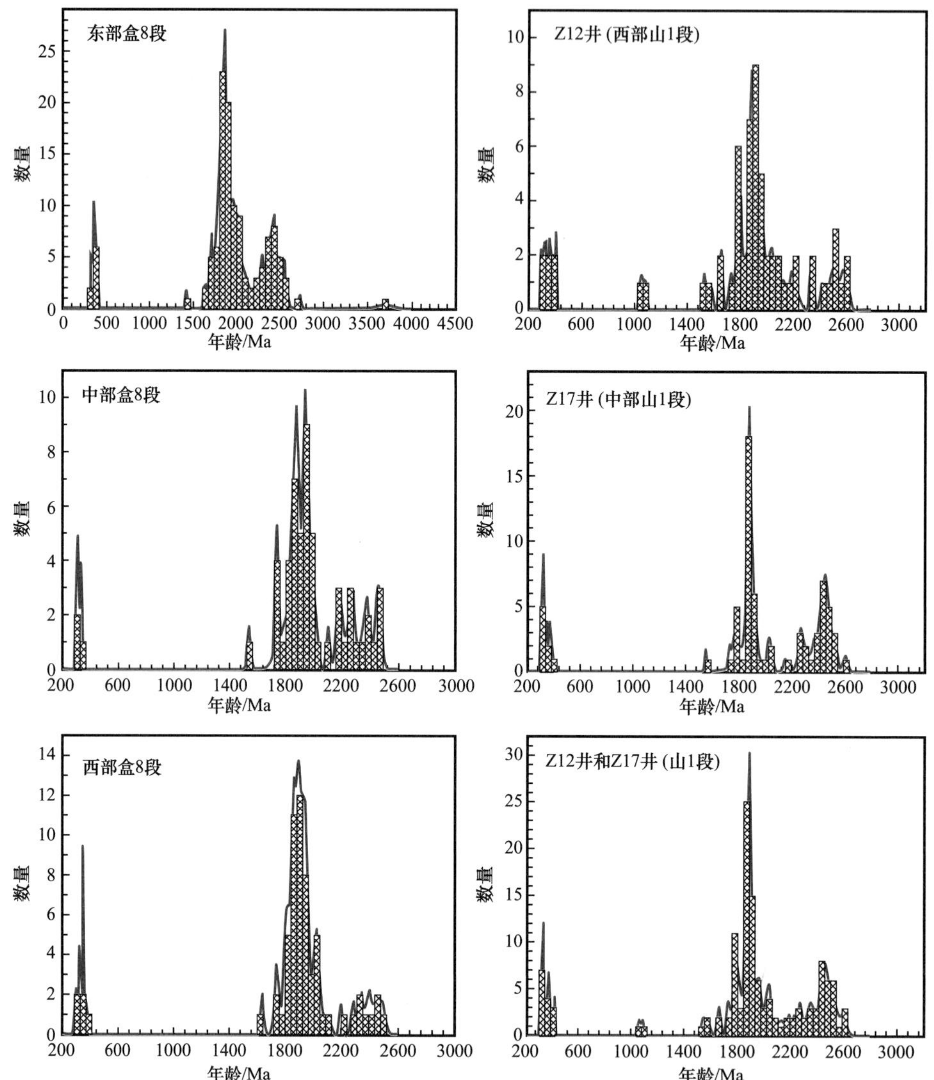

图3-1-2　鄂尔多斯盆地北部山1段和盒8段碎屑岩碎屑锆石年龄协和图及年龄分布直方图

由上述可知，盆地北部山1段与盒8段沉积期的主要物源区来自北部基底岩系中古元古代孔兹岩带和古老（古元古代早期）的TTG片麻岩及古生代岩浆活动的产物。苏里格东部地区物源中有一部分来自阴山地块东部太古宙古老变质岩系。

（二）南部砂岩碎屑锆石U—Pb年代学分析

北秦岭构造带不同时代各类碎屑岩的碎屑锆石统计分析，表现为1.45Ga、1.85—

1.5Ga、0.98Ga 及 0.45Ga 几个明显的年龄峰值（图 3-1-3）。早古生代早寒武世开始，秦岭古洋壳沿商丹带一线向北俯冲，导致北秦岭地区岩浆活动十分活跃，在 500—400Ma 时期形成大量的钙碱性系列的花岗岩和基性侵入岩（王涛等，2009；张成立等，2013）的同时，还出现大量与洋壳俯冲消减有关的中基性火山岩的喷发活动（陆松年等，2003，Dong et al.，2011）。此外，还伴有约 500Ma 的与陆壳俯冲有关的高压—超高压变质及其后约 450Ma 和约 420Ma 的折法抬升退变质作用（杨经绥等，2002；陈丹玲等，2004；刘良等，2013；Liu et al.，2016）。

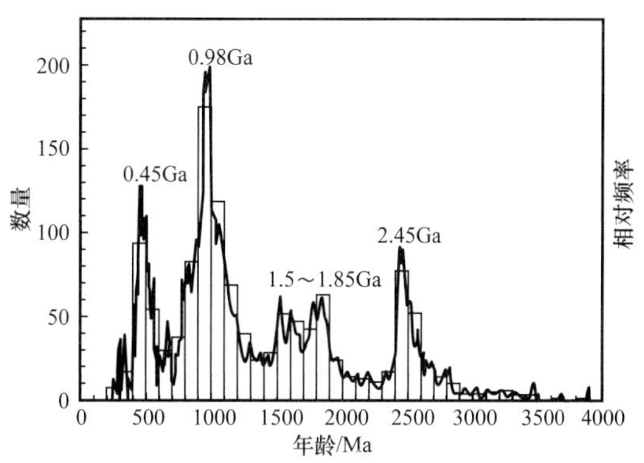

图 3-1-3　北秦岭碎屑锆石年龄谱

盆地南部盒 8 段测试获得锆石年龄分布图谱显示，总体上表现出很高的相似性，均以出现新太古代到古元古代两组年龄（2200—1700Ma 和 2600—2200Ma）和一组古生代年龄（506—286Ma）为特征（图 3-1-4）。其中 2600—1700Ma 年龄组大多数为岩浆成因锆石，说明以古老结晶基底物质源区为主。550—286Ma 年龄组的早期 450Ma 在北秦岭造山带还是北祁连造山带，均有很强的该期岩浆活动记录，因此是两个造山带物质充填的结果；晚期 350—267Ma 秦岭造山带存在岩浆活动，代表该造山带被剥蚀的岩浆活动物质。总之，盆地南部的物质主要来自秦岭造山带，部分来自华北克拉通基底。

三、重矿物示踪分析

一般来说，重矿物是指密度大于 2.86g/cm^3 的陆源碎屑矿物，大多为母岩中的副矿物，如包括锆石、电气石、金红石、绿帘石、石榴石、白钛石等，它们在沉积岩中含量大多小于 1%。重矿物作为砂岩碎屑物质的重要组成部分，相对于其他碎屑沉积物而言，受风化、搬运和成岩作用的影响较少，能够较多地保留其母岩的特征，常可作为物源分析的一个重要指标（赵红格，2003）。在大多数情况下，来自同一母岩区的各种重矿物间必然存在着内在联系，即同一来源的沉积物具有相同的重矿物组合特征；反之，不同岩性的母岩具有不同的重矿物组合，经风化破坏后形成的风化产物也不一样。因此可根据重矿物含量、组合特征及其平面展布来判断母岩的类型及其物源方向。

（一）重矿物成分

根据重矿物的稳定性可将其划分为超稳定、稳定、中等稳定、不稳定和极不稳定 5 个等级。随着风化作用的强度和搬运距离的增加，不稳定矿物含量逐渐减少、稳定—超稳定矿物的含量逐渐增加。

稳定重矿物抗风化剥蚀能力强，经过多次搬运，组分和含量变化不大，分布广，沉积区含量相对较高；不稳定重矿物抗风化剥蚀能力弱，经过后期搬运沉积作用的改造，组分和含量变化较大，沉积区的分布范围及含量相对减少。通过分析重矿物组分和含量在平

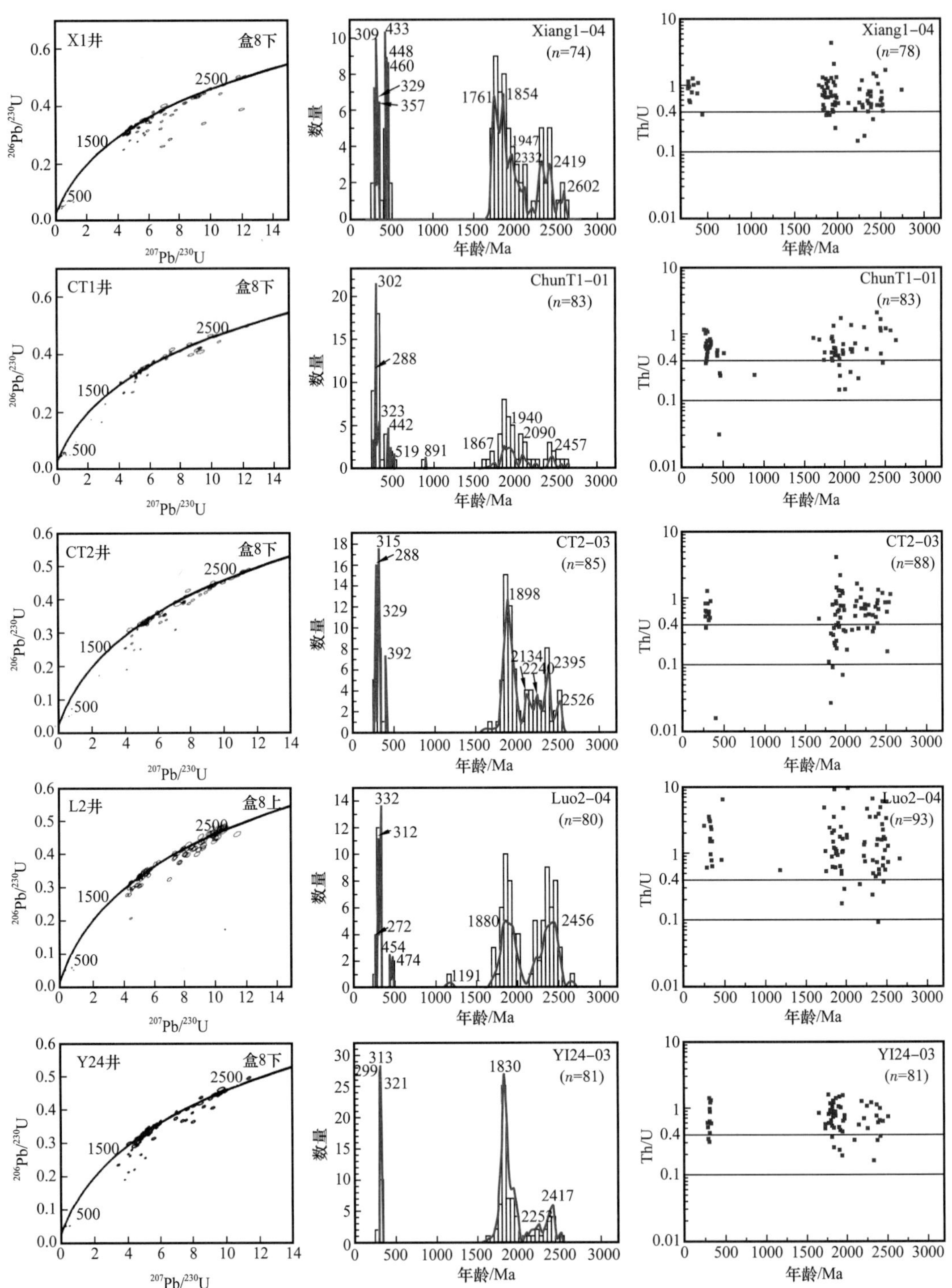

图 3-1-4 鄂尔多斯盆地南部钻井盒 8 段砂岩碎屑锆石谐和图、年龄直方图和 Th/U—年龄图解

面上的分布和变化趋势，可以判别母岩矿物组分及物源方向。盆地北部山 1、盒 8 段重矿物主要为锆石、白钛石、电气石、金红石，其中锆石、电气石和金红石都是超稳定的重矿物，白钛石实际上不是一种独立的矿物，而是隐晶质锐钛矿物、金红石、板钛矿、赤铁矿（偶尔还有榍石）的混合物，也是一种比较稳定的重矿物。

（二）重矿物特征分区

盆地北部下石盒子组重矿物类型的空间展布特征见图 3-1-5，可划分为 3 个区域。

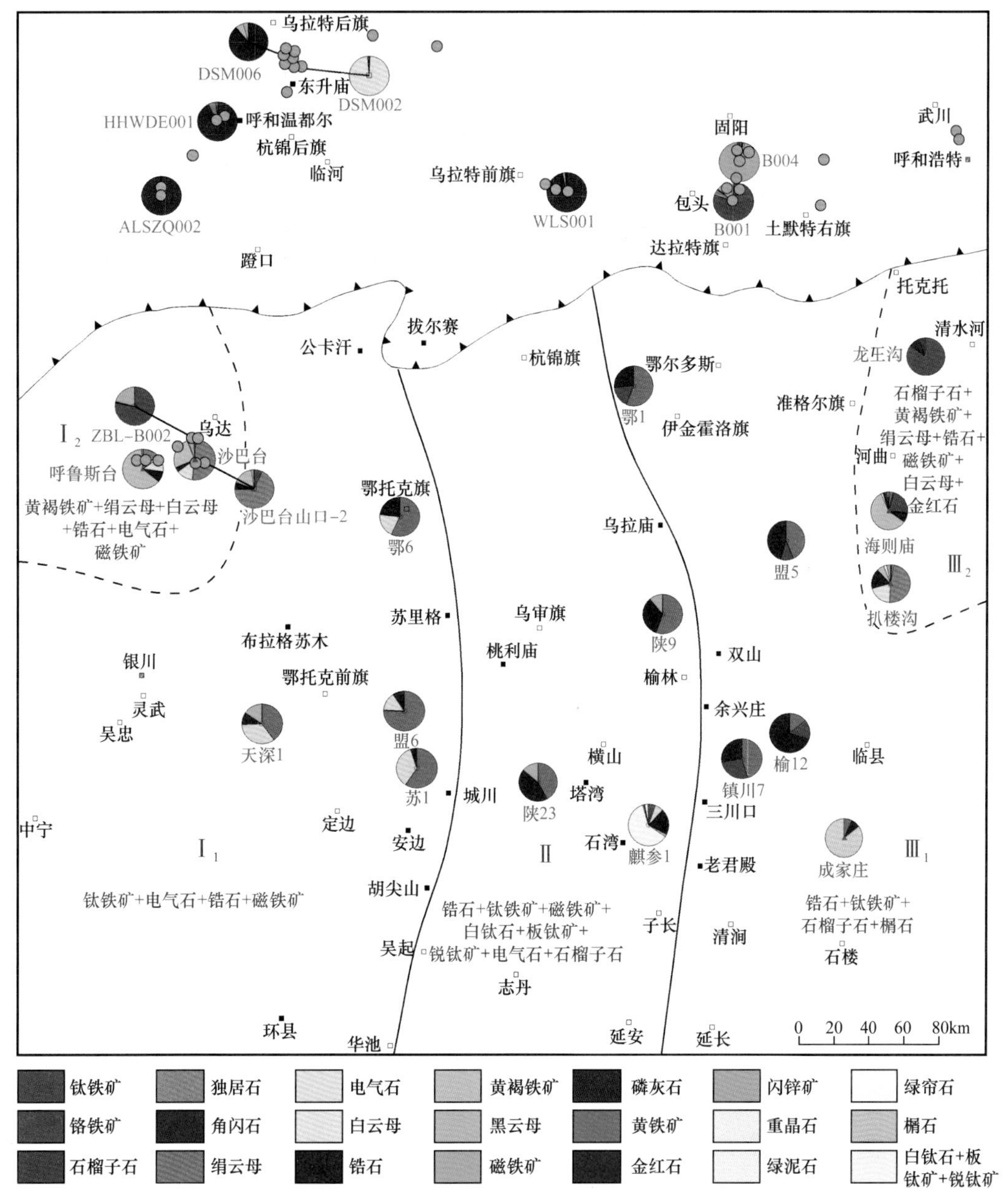

图 3-1-5 鄂尔多斯盆地北部上古生界下石盒子组重矿物类型分布图

西部的Ⅰ区：划分出了$Ⅰ_1$、$Ⅰ_2$两个次级区域，$Ⅰ_1$区域以钛铁矿+电气石+锆石+磁铁矿为主，包含E6井、M6井、TS1井、S1井等4个样点的4组数据；$Ⅰ_2$区域以黄褐铁矿+绢云母+白云母+锆石+电气石+磁铁矿为主，包含呼鲁斯太、沙巴台等两个样点的8组数据。

中部的Ⅱ区：以锆石+钛铁矿+磁铁矿+白钛石+板钛矿+锐钛矿+电气石+石榴子石为主，包含S9井、S23井、QS1井等3个样点的17组数据。

东部的Ⅲ区：划分出了$Ⅲ_1$、$Ⅲ_2$ 2个次级区域，$Ⅲ_1$区域以锆石+钛铁矿+石榴子石+榍石为主，包含E1井、M5井、Y12井、ZC7井、成家庄等5个样点的5组数据；$Ⅲ_2$区域以石榴子石+黄褐铁矿+绢云母+锆石+磁铁矿+白云母+金红石为主，包含龙王沟、海则庙、扒楼沟等3个样点的9组数据。重矿物分布特征表明，盆地北部上古生界沉积主要受西、中、东三大物源的控制，决定了致密砂岩储层岩性和储集性在平面上的差异性。

第二节　上古生界沉积体系与沉积演化

华北地台自早奥陶世沉积后，由于受加里东运动影响，盆地强烈抬升导致缺失志留纪、泥盆纪及早石炭世沉积。晚石炭世本溪组沉积期，随地台的持续沉降，华北海水沿北北东方向侵入，形成受限陆表海。从早二叠世山西组沉积期开始，受北部兴蒙海槽持续向南俯冲、消减影响，北部伊盟隆起及物源区显著隆升，海水逐步向东南方向退出，鄂尔多斯地区进入以海陆过渡相为主的沉积充填。石盒子组沉积期，北侧西伯利亚板块持续向南俯冲推挤，华北地台北缘进一步抬升，物源供给充足，海水持续南撤，陆表海消亡，完全演化为陆相河流—三角洲沉积。总体来说，鄂尔多斯盆地晚古生代经历了障壁—潟湖、潮坪沉积到河流—三角洲—湖泊沉积的演变，沉积物由碳酸盐岩、煤层、陆源碎屑的交互沉积过渡到陆源碎屑沉积。

一、沉积体系特征与分布

根据对盆地周缘野外露头剖面、盆地内钻井岩心和测井资料，结合大量薄片鉴定及沉积相标志的研究，将晚古生代划分出陆相沉积体系组、海陆过渡沉积体系组、海相沉积体系组等3个沉积体系组。依据岩石组合、沉积组构、剖面序列，可进一步识别出9种沉积体系和若干沉积相单元（表3-2-1）。

（一）陆相沉积体系组

鄂尔多斯盆地晚古生代大陆沉积体系组包括冲积扇体系、河流体系、湖泊三角洲体系和湖泊体系。通过野外剖面观测、钻井岩心观察及测井曲线分析，各沉积体系的发育特征如下。

1.冲积扇沉积体系

冲积扇是由山前或陡崖朝着邻近低地延伸的扇形沉积体，常由携带大量沉积物的河流从狭窄山谷流出并注入宽阔的山前冲积平原形成（李思田，1996）。冲积扇可分为旱地扇和湿地扇，旱地扇多为间歇性河流形成，泥石流沉积占比例较多，扇体半径较小；湿地扇以长年河流为主，泥石流沉积比例较少，扇体的半径较大，在扇体边缘往往有沼泽洼地。在鄂尔多斯盆地北部周缘上古生界的地表露头和井下剖面中，发育较好的冲积扇（图 3-2-1）。主要由砾岩、砂质砾岩、砾质粗砂岩及中、细粒杂砂岩所组成，同时夹有薄—中层状粉砂岩、粉砂质泥岩和碳质页岩、煤线。根据岩石类型组合特征及其垂向演化序列，可划分出扇根、扇中、扇缘亚相。

表 3-2-1　鄂尔多斯盆地晚古生代沉积相划分方案

<table>
<tr><th>沉积体系组</th><th>沉积体系</th><th>沉积相</th><th>亚相</th><th>微相</th><th>分布地区</th><th>分布层位</th></tr>
<tr><td rowspan="9">陆相沉积体系组</td><td rowspan="3">冲积</td><td>冲积扇</td><td>扇根、扇中、扇端</td><td>泥石流、辫状河道、槽滩、道间片滥</td><td>近古陆的盆地边缘</td><td>二叠系</td></tr>
<tr><td rowspan="2">辫状河或曲流河</td><td>河道</td><td rowspan="2">河床滞留、心滩、边滩、废弃河代、决口扇、天然堤、沼泽、洪泛平原</td><td rowspan="2">近古陆的盆地边缘</td><td rowspan="2">二叠系</td></tr>
<tr><td>河漫滩</td></tr>
<tr><td rowspan="3">湖泊三角洲</td><td rowspan="3">辫状河三角洲或曲流河三角洲</td><td>三角洲平原</td><td>分流河道、天然堤、决口扇、分流间湖泊、沼泽、泛滥平原</td><td>盆地北部近古陆的边缘</td><td rowspan="3">中—上二叠统、山西组大部</td></tr>
<tr><td>三角洲前缘</td><td>水下分流河道、水下天然堤、水下决口扇、河口沙坝、分流间湾、远沙坝、前缘席状坝</td><td>湖盆中南部</td></tr>
<tr><td colspan="2">前三角洲</td><td>湖盆中南部</td></tr>
<tr><td rowspan="3">湖泊</td><td rowspan="3">陆缘近海湖大陆湖泊</td><td>滨湖</td><td>沙坪、混合坪、泥坪、泥炭坪</td><td rowspan="3">盆地中南部</td><td rowspan="3">中—上二叠统、山西组大部</td></tr>
<tr><td>浅湖</td><td>浅湖、沿岸或远岸沙坝</td></tr>
<tr><td colspan="2">半深湖—深湖</td></tr>
<tr><td rowspan="3">海陆过渡沉积体系组</td><td rowspan="3">三角洲</td><td rowspan="3">河控—潮控三角洲</td><td>三角洲平原</td><td>分流河道、河道间洼地、洪泛平原、平原沼泽</td><td rowspan="3">湖盆边缘</td><td rowspan="3">山西组底部、太原组、本溪组、羊虎沟组</td></tr>
<tr><td>三角洲前缘</td><td>水下分流河道、河口沙坝、分流间湾、远沙坝</td></tr>
<tr><td colspan="2">前三角洲</td></tr>
<tr><td rowspan="4">海相沉积体系组</td><td rowspan="3">有障壁海岸</td><td rowspan="3">陆缘碎屑有障壁海岸</td><td>潮下</td><td>障壁（或沿岸）沙坝、潟湖</td><td rowspan="2">盆地大部地区</td><td rowspan="2">太原组、本溪组</td></tr>
<tr><td>潮间（或潮坪）</td><td>潮道、沙坪、混合坪、泥炭坪</td></tr>
<tr><td>潮上</td><td>泥坪、沼泽</td><td>盆地北部</td><td>太原组、本溪组</td></tr>
<tr><td>陆表海</td><td>碳酸盐岩台地</td><td></td><td>灰坪、藻坪、生屑滩等</td><td>盆地中南部</td><td>太原组、本溪组</td></tr>
</table>

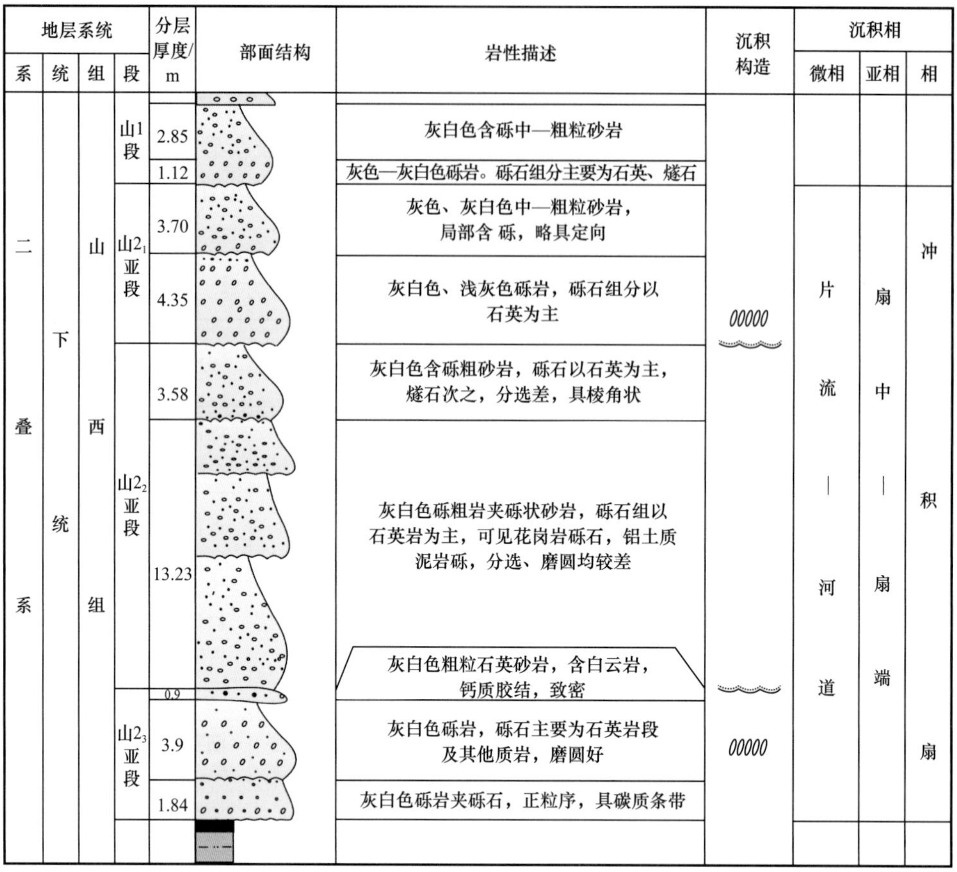

地层系统				分层厚度/m	部面结构	岩性描述	沉积构造	沉积相		
系	统	组	段					微相	亚相	相
二叠系	下统	山西组	山1段	2.85		灰白色含砾中—粗粒砂岩				冲积扇
				1.12		灰色—灰白色砾岩。砾石组分主要为石英、燧石				
			山2_1亚段	3.70		灰色、灰白色中—粗粒砂岩，局部含 砾，略具定向		片流—河道	扇中—扇端	
				4.35		灰白色、浅灰色砾岩，砾石组分以石英为主	00000			
			山2_2亚段	3.58		灰白色含砾粗砂岩，砾石以石英为主，燧石次之，分选差，具棱角状				
				13.23		灰白色砾粗岩夹砾状砂岩，砾石组以石英岩为主，可见花岗岩砾石，铝土质泥岩砾，分选、磨圆均较差				
				0.9		灰白色粗粒石英砂岩，含白云岩，钙质胶结，致密				
			山2_3亚段	3.9		灰白色砾岩，砾石主要为石英岩段及其他质岩，磨圆好	00000			
				1.84		灰白色砾岩夹砾石，正粒序，具碳质条带				

图 3-2-1　鄂尔多斯盆地北部冲积扇剖面特征（“五一”井剖面结构，山西组）

扇根：主要由中—细砾岩所组成，夹有含砾石质粗粒杂砂岩及泥石流成因的砾石质泥岩，分选差，沉积构造不明显，砾石间多被砂级以下的陆源碎屑物所充填，垂向上粒度没有明显变化，底面常见强烈冲刷侵蚀面。构成砾岩的砾石成分复杂，主要由石英岩砾、砂岩砾、火山岩砾、泥质岩砾等组成，砾石大小不一，直径一般为 5～7cm，最大者达 15cm，砾石磨圆较差，呈次棱角状。砾石间砂级以下的碎屑物质主要由石英、长石、岩屑及黏土质所组成。

扇中：主要由辫状河道、河道两侧槽滩与河道间洪水期片泛（或漫洪）的韵律性沉积所组成，以频繁分流、汇合的辫状河道和心滩沉积占绝对优势，主要由砾岩、砾质粗砂岩、中—粗砂岩相间互层组成，砾岩中频繁地夹有薄层粉砂岩、粉砂质泥岩和碳质泥岩、页岩、薄煤层和煤线，并见颗粒支撑的块状砾岩，砾石主要为来源于北缘前寒武系古老山系的深变质岩、浅变质岩、深成岩浆岩和太古宙变质杂岩等古老地层。砾石直径为 4～6cm，磨圆度较好，砂、砾岩中常见大型槽状交错层理、板状交错层理，在相序上与扇根交替发育，构成多个向上变细的正旋回，系扇中活动性辫状河道之沉积特征。

扇端：主要由辫状河道和河道间湖泊及洪水期广泛发育的片泛沉积构成，以河道间湖泊、沼泽和河道间片泛沉积占绝对优势，以泥岩、粉砂岩互层夹细砂岩和薄煤层、煤线组合为主，偶尔夹有发育有槽状或板状交错层理的透镜状砾质粗砂岩和中—粗粒砂岩，代表穿越扇缘的辫状河道。

冲积扇沉积体系多见于盆地北部古陆边缘，形成于潮湿气候条件下，其内常见有规模不等的煤层或煤线，属于潮湿型冲积扇，扇中和扇缘河道间与扇间洼地的沼泽发育。

2. 河流沉积体系

河流是鄂尔多斯盆地搬运碎屑物质的主要地质营力，河道砂体是盆地上古生界中最重要的储集体。河流可划分为辫状河、曲流河两种类型。

1）辫状河沉积

辫状河沉积体系以心滩沉积为主。心滩是在多次洪泛事件不断向下游移动过程中垂向加积而成。砂体不具典型向上变细的粒序，大型槽状层理、板状交错层理和高流态的平行层理发育。另一类砂体为废弃河道充填砂。辫状河河道废弃一般是慢速废弃，与活动河道错综连系，易于“复活”，因此一般仍充填较粗的碎屑物。辫状河携带的载荷中悬浮质少，泥质、粉砂质为特征的顶层亚相沉积少，层内泥质夹层少。根据其剖面特征，可进一步将其划分为河道和堤泛两种沉积亚相。

河道亚相：是河流经常充水的部位，包括接受粗屑物质沉积的河床空间，位于河床内主水流线内，水动力能量强。其沉积主要包括河床滞留沉积和心滩（纵向沙坝）沉积。其中河床滞留沉积为一套中—细砾岩，底面具明显的冲刷面，向上为河道心滩沉积。槽状交错层理极为发育，并见板状交错层理、平行层理等，总体显示出不太明显的正粒序特征。

堤泛亚相：由于辫状河中河床不固定，堤泛亚相在辫状河沉积体系中极不稳定，厚度薄，主要由一套砂质泥岩夹粉砂岩组成，见水平层理，并含钙质结核，且常为上覆河道亚相所侵蚀。

总之，研究区内辫状河流沉积体系以粗碎屑岩为主，砂岩与泥岩比值大，垂向上或平面上“砂包泥”，以心滩发育为特征，砂体垂向剖面上无一定的粒序和沉积物构造序列，顶底岩性呈突变，垂向上呈透镜状叠加，侧向连续性差。在垂向沉积序列中虽然仍具“二元结构”，但二者发育极不对称，以河道亚相占绝对优势为特点（图 3-2-2）。

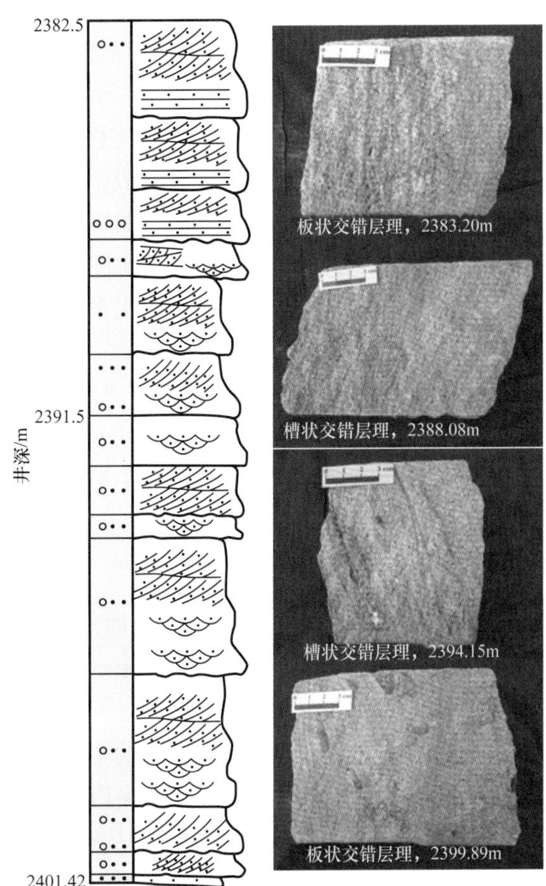

图 3-2-2　鄂尔多斯盆地辫状河剖面结构（H2 井盒 8 段）

2）曲流河沉积

曲流河又称为蛇曲河，为稳定单河道，河道坡度较缓，流量稳定，沉积物较细，一般为泥、砂沉积。曲流河在盆地北部、中部山西组较为发育（图 3−2−3）。河流的侧向侵蚀和加积作用形成曲流河最具特征的边滩沉积。

图 3−2−3　鄂尔多斯盆地曲流河剖面结构（柳林成家庄山 1 段）

河床滞留沉积：在河流急速和紊流最大地区所形成的冲刷坑中，以最粗滞留沉积物为特征，主要由细砾岩、含砾粗砂岩所组成，砾石成分主要为石英岩砾、砂岩砾、泥岩砾，砾石具有定向排列，底部为冲刷面。

边滩沉积：边滩是曲流河侧向迁移作用的产物，位于曲流河的凸岸。常由成分和结构成熟度较低的中—粗粒石英砂岩组成，砂岩中常发育大型板状交错层理、楔状层理、槽状层理、平行层理等，由于曲流河的曲率日趋增大，沉积物不断向凸岸迁移，所以边滩沉积剖面结构具有明显的向上变细的正粒序特征。

天然堤及泛滥平原沉积：主要由薄层粉砂质细砂岩和泥质粉砂岩、泥岩互层，常见水平层理、沙纹层理等。

总之，曲流河沉积具有明显的“二元结构”特点，由下部推移载荷形成的粗碎屑河床、边滩亚相和上部悬移载荷形成的河漫滩亚相构成。从边滩到堤岸原生沉积构造，表现出有规律变化，即从平行层理→大中型板状交错层理→小型板状交错层理→沙纹层理→水平层理及流水、浪成波痕等。

3. 三角洲沉积体系

湖泊三角洲沉积在太原组、山西组、石盒子组广泛发育，平面上可划分出三角洲平原、三角洲前缘和前三角洲三个亚相。

1）三角洲平原

三角洲平原亚相是三角洲沉积的水上部分，位于三角洲沉积层序的最上部，俗称顶积层，可划分为分流河道、天然堤、决口扇、分流间洼地和洪泛湖泊等微相。

分流河道微相：分流河道沉积是三角洲平原的骨架砂体，主要由含砾粗砂岩、粗砂岩及中粒石英砂岩、岩屑砂岩所组成，砂岩中发育板状交错层理、槽状交错层理、块状层理、平行层理等，砂岩底部具有明显的底冲刷构造，冲刷面之上普遍有冲刷泥砾，砂体本身具有明显的正粒序层理。在测井曲线上表现为钟形或齿化钟形，反映了水流能量和物源供给减少条件下的沉积，即水流强度由高流态向低流态的转变，也显示了河流侵蚀作用的不断减弱，快速废弃—复活的特征发育，具大规模交错层理的中粗粒砂岩，突然覆盖以极薄的具水平纹层的粉砂岩、粉砂质泥岩沉积，或者突变为下一期的粗粒沉积（细粒段可能被冲刷掉），而且分流河道砂体往往多次反复叠加成一个厚砂体，构成复合正韵律，其总厚度远远大于河深，表明砂体横向迁移快、冲刷作用强烈、河道分布不稳定，分流河道具有网状河特点。

天然堤、决口扇：在三角洲平原亚相河道微相发育过程中，天然堤和决口扇沉积也极为发育，其中天然堤由灰色、灰绿色细砂岩、粉砂岩、泥岩所组成，发育水平层理和沙纹层理，天然堤沉积在测井曲线上表现为低幅的平直或微齿化曲线。决口扇在区内广泛发育，主要由夹于灰色、灰绿色泥岩中的粉砂岩和细砂岩所组成。决口扇沉积是一种突发事件，堆积于泛滥平原，其测井曲线特征为夹于低幅平直曲线上的指形或齿形。

分流间洼地：为分流河道间的局限环境沉积，它是由河水流入低洼处，植物繁茂便形成泥炭沼泽，以泥岩沉积为主，夹少量的粉砂质泥岩，厚度小，缺乏明显层理，有时根土岩发育，部分有机质含量高，为黑色泥岩或碳质泥岩，水平层理发育，生物扰动构造普遍。测井曲线以低幅的平直曲线或微齿化为特征。从相的共生关系看，常与分流河道微相、天然堤微相和泥炭沼泽微相共生。

泥炭沼泽：位于三角洲平原分流河道间的低洼地区，沼泽中植物繁盛，排水不良，为停滞的还原环境。其沉积主要为煤层及深色泥岩，偶夹有洪水成因的纹层状粉砂岩。

2）三角洲前缘

三角洲前缘亚相是三角洲平原分流河道进入湖盆内的水下沉积区，由水下分流河道、河口坝、远沙坝、分流间湾等微相组成。

水下分流河道微相：为三角洲平原分流河道的水下延伸部分，从岩性特征上看主要由含砾粗砂岩、中粗粒砂岩、中粒砂岩所组成，在沉积构造上具有底冲刷、粒序层理、平行层理、板状层理等。在测井曲线上所表现的特征与三角洲平原上分流河道相似，自然电位曲线和自然伽马曲线均表现为钟形或齿化的钟形和箱形。

分流间湾：水下分流河道之间与湖水相通的低洼地区即为分流间湾，岩性主要由一套细粒悬浮成因的泥岩、粉砂质泥岩所组成，发育水平层理和透镜状层理，可见浪成波痕。

河口坝：是河流注入湖泊水体时，由于河口及湖水的抑制作用，河流流速骤减，河流携带的大量载荷快速堆积下来而形成。该微相在鄂尔多斯盆地相对少见。

远沙坝微相：远沙坝是由河流所携带的细粒沉积物在三角洲前缘河口坝与浅湖过渡的地带所形成的坝状沉积体，位于三角洲前缘亚相最前端，所以又称末端沙坝。远沙坝沉积主要由细砂岩、粉砂岩组成，砂岩中常见包卷层理、沙枕层理、沙纹层理和逆粒序层理，在测井曲线上所表现的形态特征也为低幅的漏斗或齿化的曲线。鄂尔多斯地区晚古生代湖浪改造作用较弱远沙坝沉积相对不发育。

3）前三角洲亚相

位于三角洲前缘的浅湖过渡的宽广平缓地带，占据浅湖位置。总体上该亚相与浅湖泥呈过渡关系，有时二者很难区分，从沉积物组成来看主要为粉砂质泥岩、泥岩，有时含炭屑，水平层理、纹层发育，在测井曲线上表现为泥岩基线，多平直或呈弱齿状。

4. 湖泊沉积体系

鄂尔多斯盆地上古生界的湖泊沉积体系，主要分布于鄂尔多斯盆地中南部，以浅湖亚相为主，以细、粉砂岩与泥质岩互层为特征，常见水平层理、脉状、透镜状层理和波状层理等，以浅湖亚相为主，并可以区分出滨湖亚相。在纵向演化上，常表现为与三角洲沉积呈韵律互层。

（二）海陆过渡沉积体系组

海陆过渡三角洲主要发育于本溪组（羊虎沟组）、太原组及盆地东部山西组下部部分地层中。由于发育在广阔陆表海背景的浅水区，既不可能有大的波浪作用，也可能存在强潮汐作用影响，所以前人将这种环境下形成的三角洲称为浅水型三角洲（张国栋，郑承光，1991）。根据三角洲形成时坡度，可区分为缓坡型浅水三角洲和陡坡型浅水三角洲。无论哪一种浅水三角洲均可划分为三角洲平原、三角洲前缘和前三角洲三个亚相。

其中，三角洲平原亚相包括分流河道、天然堤、决口扇和分流间湾等微相。总体上，三角洲平原亚相分布广泛且厚度较大，各微相在剖面结构上相互叠置，形成类似曲流河的二元结构特征。

三角洲前缘亚相包括水下分流河道、河口坝、远沙坝、席状砂等微相，发育典型的浪成波痕及楔状交错层理，由于此类三角洲是在缓坡背景下形成的，故前缘中河口坝发育程度较差。

前三角洲亚相主要由灰黑色薄层粉砂质泥岩、泥岩、页岩所组成，代表了远滨或浅海环境的产物。

（三）海相沉积体系组

海相沉积体系的发育层位与海陆过渡相类似，也主要在本溪组、太原组。主要包括障壁海岸沉积体系和浅海陆棚沉积体系两大类。

1. 障壁海岸沉积体系

障壁岛—潟湖—潮坪沉积体系属于有障壁海岸沉积体系（图 3-2-4、图 3-2-5）。障壁岛是由海浪造成的平行海岸分布的长条形沙坝，外侧为广海，内侧与大陆之间有潟湖相隔。障壁岛沉积在研究区内野外露头剖面及钻井中均可见到，如沙巴台剖面太原组，S132 井 3443～3494m 井 段、S91 井 3448～3507m 井 段、S97 井 3389～3406m 井 段、S104 井 3080～3111m 井段等。主体由一套中粗粒石英砂岩、中细粒石英砂岩所组成，砂岩的成分成熟度和结构成熟度均较高，砂岩中发育冲洗层理、爬升沙纹层理、低角度交错层理、沙纹层理和波状层理、变形层理及低角度交错层理等。并具有向上变粗和变细两种沉积序列，分别代表了海退型障壁岛和海进型障壁岛两种成因类型。潟湖沉积主要以灰黑色、黑色含菱铁矿结核的泥岩及页岩、粉砂岩、砂质泥岩沉积为特征，发育水平层理、透镜状层理。在沉积地球化学特征上，潟湖相泥岩中硼的含量一般为 40～300μg/g，Sr/Ba 比在

1.2～16.6之间，反映水体的盐度变化大。在相序上与障壁岛密切共生，构成相互叠置的演化序列。潮坪同样受障壁岛屏障而与潟湖密切共生，构成一个统一的沉积体系。潮坪沉积在本溪组及太原组中均频繁出现，分布广泛。根据沉积物特征可进一步划分为碳酸盐潮坪沉积、陆源碎屑潮坪沉积及碳酸盐—陆源碎屑混合潮坪沉积。

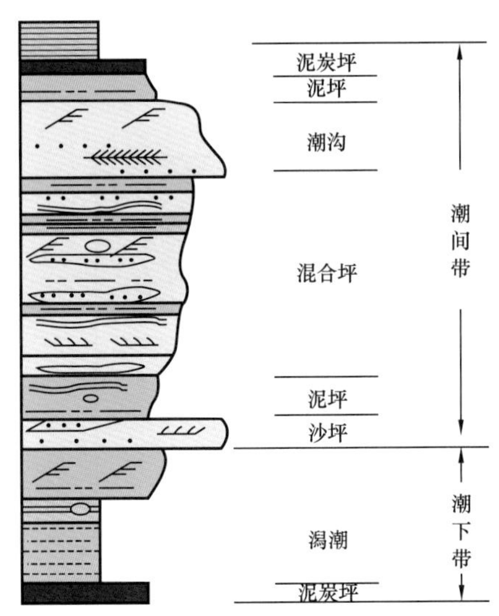

图 3-2-4　鄂尔多斯盆地卡布其剖面太原组

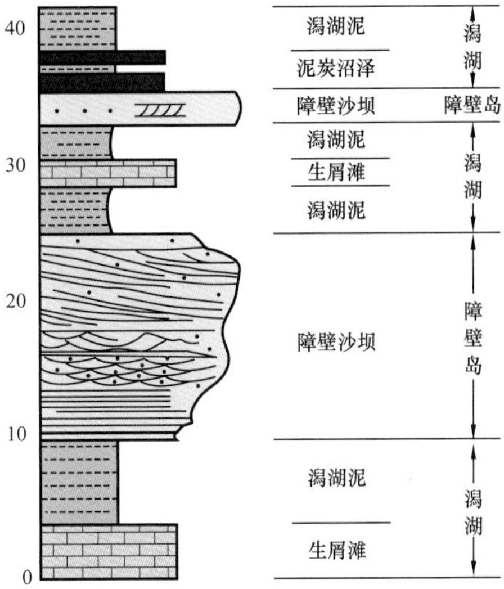

40
30
20
10
0
潟湖泥
泥炭沼泽
障壁沙坝
潟湖泥
生屑滩
潟湖泥
障壁沙坝
潟湖泥
生屑滩
潟湖
障壁岛
潟湖
障壁岛
潟湖

图 3-2-5　鄂尔多斯盆地 TS1 井太原组

2. 浅海陆棚沉积体系

陆棚是正常浪基面以下向外海与大陆斜坡相接的广阔浅海沉积地区，水深不超过200m。该类沉积体系明显受古陆分布位置的控制，常与滨海沉积体系共生。鄂尔多斯盆地上古生界浅海陆棚沉积环境主要发育于石炭系上统本溪组、二叠系下统太原组。它们的厚度不大，一般为10～20m，但横向分布稳定，石灰岩内化石丰富，种类繁多属于广海型窄盐度生物。在庙沟、毛儿沟、斜道及东大窑四段石灰岩中可见有生物碎屑灰岩相（包括海百合碎屑灰岩微相、混合生物碎屑灰岩微相）、生物灰岩相（包括泥微晶有孔虫灰岩微相、泥晶瓣鳃类生物灰岩—瓣鳃类泥晶灰岩微相、幼体海绵及骨针灰岩微相、泥微晶藻灰岩微相）、泥晶灰岩相（包括生物泥晶灰岩微相、泥晶泥灰岩微相、细粉晶灰岩微相）。

二、石炭纪羊虎沟组沉积期 / 本溪组沉积期岩相古地理特征及演化

鄂尔多斯盆地构造—沉积演化与相邻的贺兰山拗拉槽、北祁连海和西秦岭海的发展演化有着密切联系。晚加里东运动后，秦、祁海槽关闭，上升为陆，并与华北地块连成一片，使区内经历了长达1.3亿～1.5亿年之久的风化剥蚀。至海西旋回中期，秦岭、祁连海槽和中亚—蒙古海槽再度拉开，整个鄂尔多斯地块发生区域沉降，进入海陆过渡发展阶段。石炭系沉积期，中央古隆起作为重要的屏障将盆地分割成祁连海和华北海两个海域（图 3-2-6），其东西两侧的岩性、岩相与生物群落均不同。中央古隆起以西的盆地西缘属

祁连海域，由于受贺兰裂陷带及边缘断裂（岗德乐—西米峰断裂）的控制而以裂陷海盆沉积为特征，海水自西向东侵入沉积了巨厚的晚石炭世海湾—潟湖沉积（图 3-2-7），成为秦岭—祁连海的一部分，称为羊虎沟组。东部海域属华北海，至晚石炭世才接受沉积，其地形较为平坦，海水自东向西侵入，以陆表海沉积为主，地层厚度较小。本溪组沉积晚期，兴蒙海槽向南俯冲、消减，区域应力场受来自北侧的南北向的挤压应力控制，包括鄂尔多斯地区在内的华北地台区域构造格局由南隆北倾转为北隆南倾，华北海域与西部海域沿北部局部连通。

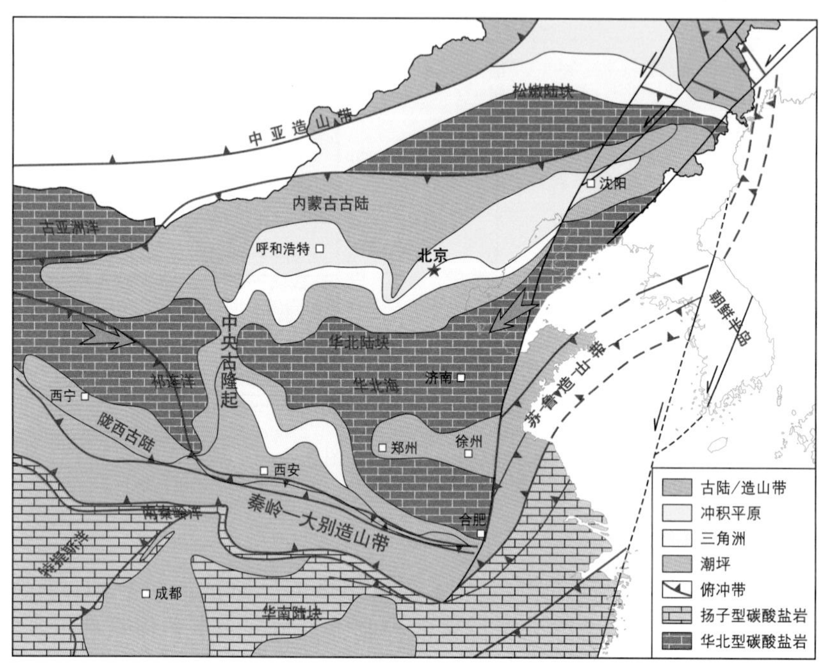

图 3-2-6　华北板块区域构造古地理重建

（一）沉积相类型及特征

通过对鄂尔多斯露头剖面、煤探钻孔，特别是天然气钻井资料系统观察、描述，结合常规岩石薄片、铸体薄片鉴定、成分及岩石类型分析、碎屑岩粒度结构分析、泥岩微量元素及稀土元素测试、地球物理测井曲线和古生物学等主要沉积相标志，认为石炭系羊虎沟组 / 本溪组主要为潮汐—三角洲复合体系、混合沉积体系和滨海平原聚煤体系，其中潮汐—三角洲复合体系为储层发育区。

1. 三角洲相

由于陆表海水浅、基底平缓，羊虎沟组 / 本溪组三角洲表现为浅水三角洲。其特点：浅水三角洲沉积物中，分流河道沉积极为发育，前三角洲相对不发育，三角洲前缘也以水下分流河道沉积为主。分流河道、水下分流河道常对下伏沉积物强烈冲刷，切割先期的沉积物乃至包括海相沉积物在内的深水沉积物。浅水三角洲沉积主要见于中部的晋祠段及北部的畔沟段。浅水三角洲包括三角洲平原和三角洲前缘及前三角洲沉积三个亚相。

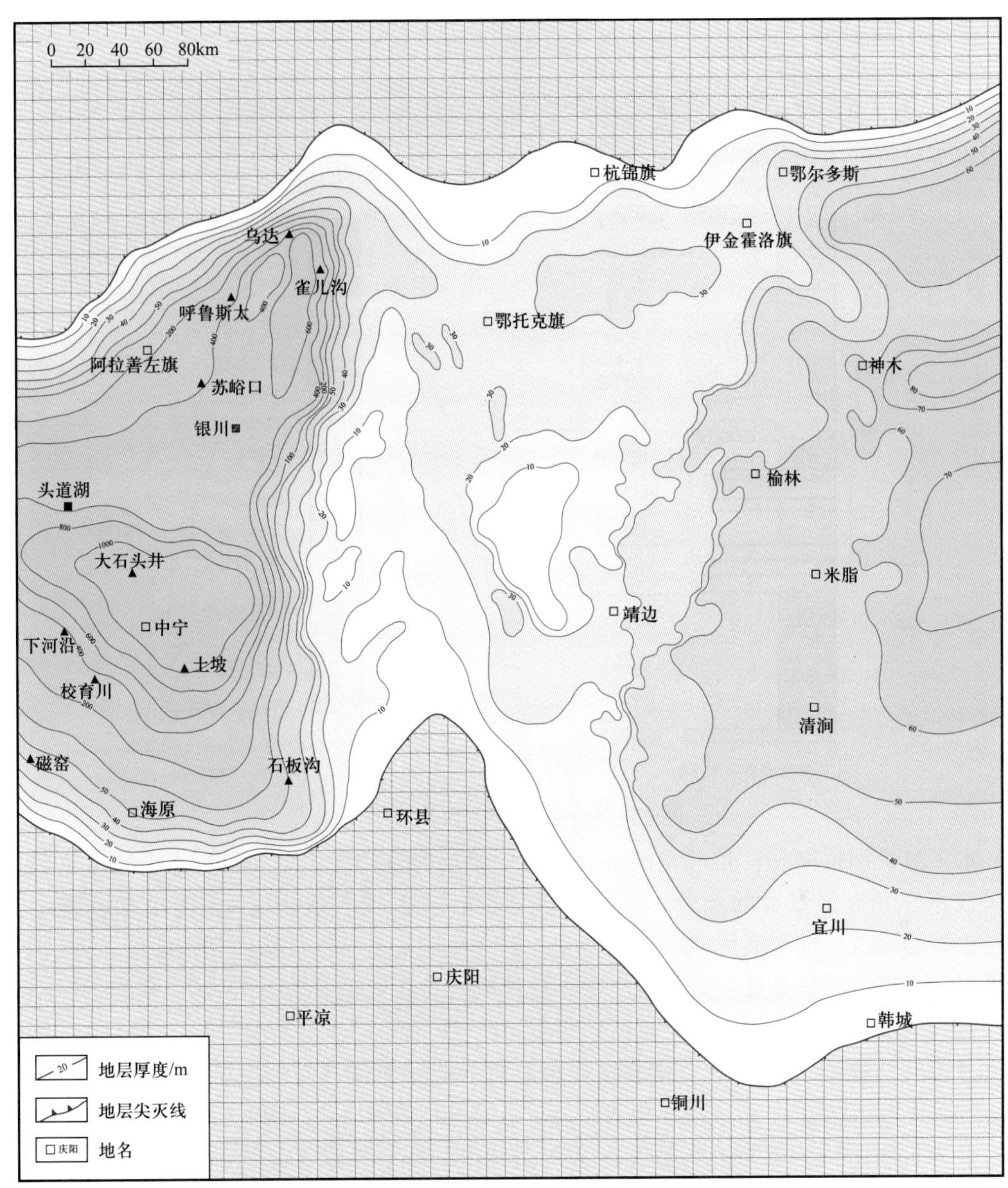

图 3-2-7　鄂尔多斯盆地石炭系羊虎沟组 / 本溪组地层厚度图

1）三角洲平原亚相

见于盆地边缘地区，可识别出分流河道、分流间洼地、泥炭沼泽微相。

分流河道微相：岩性主要为中—细粒岩屑石英砂岩，分选中等到较差，具向上变细的正粒序，底部具明显的冲刷面。发育大型楔状交错层理和典型板状交错层理。

分流间洼地微相：主要由黑色泥岩、灰黑色粉砂岩组成，厚度小，缺乏明显层理，含植物化石。

泥炭沼泽微相：位于三角洲平原分流河道间的低洼地区，沼泽中植物繁盛，排水不良，为停滞的还原环境。其沉积主要为煤层及深色泥岩或碳质泥岩，偶夹有洪水成因的粉砂与碳质泥岩互层。

2）三角洲前缘亚相

主要见于研究区中部的本溪组晋祠段，野外露头见于柳林成家庄 K_1 砂岩等层位。微相以水下分流河道和分流间湾为主（图 3-2-8）。

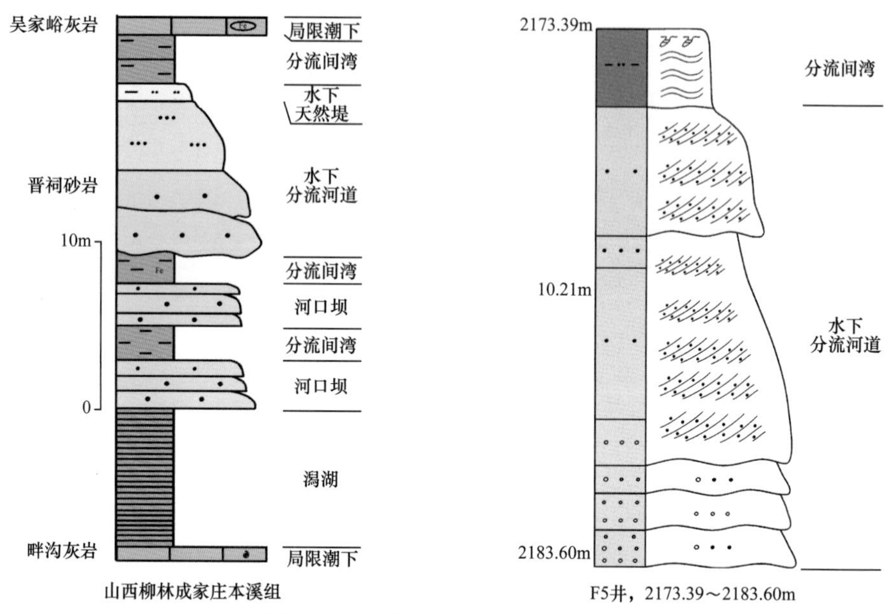

图 3-2-8　水下分流河道沉积相序

水下分流河道微相：是三角洲平原亚相中辫状河道入海（湖）后在水下的延续部分，也是浅水三角洲最发育的部分。沉积物粒度较粗，从岩性特征上看主要由含砾粗砂岩、粗—中砂岩组成。常与下伏地层冲刷接触，发育板状交错层理、槽状交错层理、楔状交错层理等，底部含泥砾是其主要特征之一。自然伽马曲线呈箱形或圣诞树形，基本与分流河道相似，但沉积物粒级较分流河道细，颜色深。

分流间湾微相：位于分流河道与湖水连通的低洼地区。岩性主要是灰黑色泥岩、粉砂质泥岩夹粉砂岩，含少量植物化石碎片，发育水平层理、透镜状层理和砂泥互层层理，含较多菱铁质结核。垂向上与分流河道密切共生，反复叠置。自然伽马曲线呈平直状或低幅齿状。对 S32 井井深 2504.59m 晋祠砂岩段泥岩微量元素分析结果，Sr/Ba 为 0.585，Ba/Ga 为 3.843，V/（V+Ni）为 0.767，V/Cr 为 1.95，Ni/Co 为 0.914，Th/U 为 3.541，表明分流间湾水体整体表现为贫氧—还原环境。

2. 障壁沙坝—潟湖相

障壁沙坝—潟湖相主要由三大碎屑单元构成，即潮下到露出水面的障壁沙坝、坝后潟湖和潮坪，以及将潟湖水体与开阔海域连通的潮汐水道和潮汐三角洲三部分组成。是盆地石炭系重要的沉积相类型，主要分为障壁沙坝、潟湖、潮坪、潮汐水道亚相。

1）障壁沙坝亚相

障壁沙坝是障壁沙坝—潟湖沉积体系的主要沉积格架，也是该系统中具有意义的储集体类型，主要出现于盆地中部。沉积物主要由灰白色的中—细粒石英砂岩组成，偶含硅质细砾岩。砂岩成分成熟度高，以石英为主，分选、磨圆程度高。常发育冲洗交错层理、低角度楔状、板状交错层理等，见生物虫迹。自然伽马测井响应表现箱状起伏，向上幅值降低呈逆粒序。

2）潟湖亚相

潟湖是障壁沙坝后在低潮时还充满残留海水的浅水盆地，与广海呈半隔绝状态。潟湖沉积在盆地内部本溪组—晋祠组中反复出现，是一个重要的沉积相类型。沉积物以大套暗色泥岩出现，水平层理发育，富含铁质结核。由灰色铝质岩及铝质泥岩、褐红色铁质泥岩组成；钻井岩心中可见黄铁矿晶粒及结构较为完整的植物化石或碎片及少量腕足类、腹足类等碎片，见倾斜的生物潜穴及生物扰动构造。

3）潮坪亚相

潮坪是发育于无强波浪作用、以潮汐作用为主的平缓倾斜的海岸地区，指平均高潮面至平均低潮面之间的地带即潮间带，主要发育在潟湖海湾的周缘及障壁沙坝后缘等受限制的地区。碎屑潮坪沉积在研究区本溪组中广泛发育，由砂泥岩互层组成，是重要的沉积相类型之一。根据其沉积特征，可进一步划分为泥坪、沙坪、混合坪和泥炭坪等微相类型（图 3-2-9）。

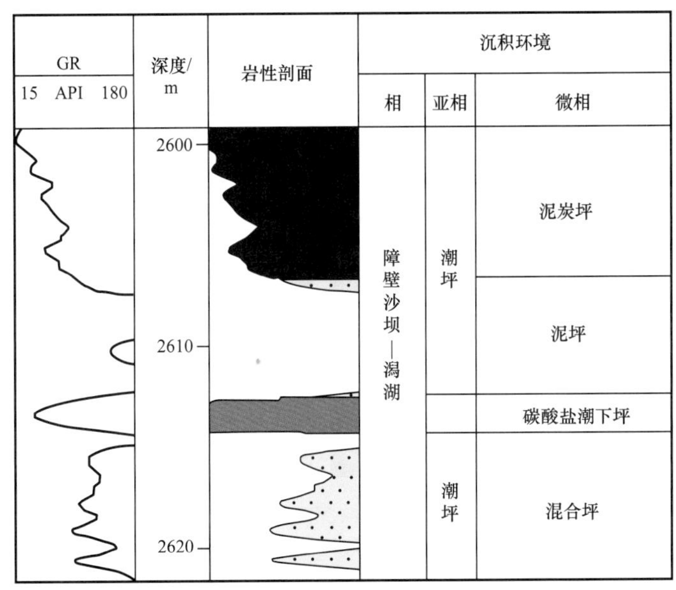

图 3-2-9　鄂尔多斯盆地潮坪相垂向沉积序列及测井响应（Y22 井）

泥坪：发育于潮间带上部—平均高潮线附近，岩性主要由灰—灰黑色泥岩、砂质泥岩、黑色碳质泥岩组成；植物根化石发育，见植物化石碎片；生物扰动构造发育，常将原生层理破坏形成特殊的“团块构造”，属于低能环境，水动力条件较弱。

沙坪：发育于低潮线附近，主要由砂质沉积物组成，岩性为中—细粒石英砂岩、岩屑石英砂岩，夹有泥质粉砂岩条带；砂岩成分成熟度较高，石英碎屑的含量在 90% 以上，磨圆较好，发育有脉状—波状层理、羽状交错层理、小型交错层理。在海退层序中，沙坪向上逐渐过渡为混合坪—泥坪—泥炭坪，粒度向上变细。

混合坪：发育于潮间带的中部，于泥坪和沙坪之间。沉积物由细砂岩、粉砂岩、砂质泥岩构成的砂泥互层组成是其典型特征。发育有典型的潮汐层理，如脉状层理、透镜状层理、波状层理；含有植物化石及碎片，生物遗迹构造相当发育，见“U”形潜穴构造等。偶见菱铁质及黄铁矿结核。

泥炭坪：是海相成煤环境。在潮湿的气候条件下，生长于潮间坪和潮上坪的大量红树林或类似的潮汐适盐植物，可形成大量的大范围的泥炭堆积，这种潮坪上直接成煤的环境称为“泥炭坪”。可以包括潮间坪、潮上坪、一部分局限潮下浅水带和潮沟（刘焕杰，1982）。泥炭坪的聚煤特点是煤层层位稳定；平面延伸范围大，煤层厚度变化大，有明显的分叉和尖灭现象；煤层中夹矸多、结构复杂；煤层原煤灰分、全硫含量高，常含黄铁矿结核及细条带状黄铁矿。8 号煤层及其他煤层主要形成于泥炭坪环境。

4）潮汐水道（潮道）

潮汐水道或潮道的作用是使障壁沙坝后潟湖与开阔海域的水体进行交换。潮道相则是在潮汐水流作用下由侧向迁移形成的侵蚀—堆积体。潮汐水道是障壁沙坝—潟湖沉积体系的主要沉积格架，也是该系统中具有意义的储集体类型。潮汐成因的相关构造在盆地南部最为发育，在北部相对发育较少（图 3-2-10）。

图 3-2-10　典型井潮汐水道垂向沉积序列

a. 羽状交错层理，畔沟段，韩城涺水河；b. 羽状交错层理，晋祠段，韩城涺水河

潮汐水道沉积垂向上往往具有粒度向上变细的正粒序结构，自然伽马曲线呈钟形、带齿状钟形或带齿状箱形。其岩性主要为浅灰色中—厚层状含砾或中—粗粒石英砂岩、石英细砾岩，成分成熟度较高且以石英碎屑为主；分选较好，磨圆中等。据岩心观察，潮道砂体主要呈下突顶平的透镜状夹层产出，垂向上自下而上具有粒度变细、交错层理规模和厚度变小变薄的正旋回层序；底部常含泥砾，为潮道掘蚀基底而成，并伴生有黄铁矿结核；发育双向交错层理、大型板状交错层理和中型槽状交错层理、楔状交错层理，见双黏土层及再作用面构造。

3. 碳酸盐潮坪相

碳酸盐潮坪相主要出现在盆地东部本溪组二段（“畔沟灰岩”或“张家沟灰岩”）和本溪组一段（“吴家峪灰岩”或“扒楼沟灰岩”），分布范围较广。岩性由泥晶灰岩、含生物碎屑泥晶灰岩、含泥泥晶灰岩等组成，见自生硅质和黄铁矿结核。石灰岩成分不纯，富含陆源碎屑物质，生物化石以蜓类、棘皮类等常见，代表了正常海水介质条件的沉积；沉积构造以发育块状层理及波状层理为特征，反映沉积盆地低坡度、浅水、潮汐作用为主的水动力条件。

（二）岩相古地理格局

本溪组整体表现为广覆式的填平补齐充填作用，形成三角洲—障壁岛—潮坪—潟湖沉积体系，底部为潟湖相铁铝质泥岩，上部为障壁沙坝和潮坪相砂泥岩、煤层夹薄层灰岩透镜体，沉积相东西分异明显。盆地腹部大面积分布障壁岛—潮坪—潟湖沉积，砂体厚度较薄，仅在盆地北部和西北部海域的边缘发育了小型三角洲沉积（图 3-2-11），其中东部海域在东北的杭锦旗、伊金霍洛旗地区发育一小型海陆过渡相三角洲沉积体系，在西部海域西北边缘发育了一个由西北物源供给的三角洲沉积体系，分布于乌海、石炭井、呼鲁斯太一线之西北地区，三角洲平原、三角洲前缘及前三角洲各相带均有发育。

三、二叠纪早期太原组沉积期岩相古地理特征及演化

太原组沉积期，陆表海进一步发展，东部华北海与西部祁连海成为统一的陆表海。不连续的幕式海侵造成大范围的潮下碳酸盐岩连片分布，并在缓慢海退过程中逐渐过渡为障壁沙坝及浅水三角洲沉积。随着盆地沉降，海水自东西两侧分别向中央古隆起侵入，从而造成前期的东西海域相通形成一个统一的海域。

（一）沉积相类型及特征

早二叠世早期，经过了晚石炭世的填平补齐，陆表海进一步发展，并与西部祁连海完全连通，水动力条件以潮汐作用为主，海平面升降频繁，海侵表现为不连续的幕式海侵过程，造成大范围的碳酸盐潮坪连片分布，并在缓慢海退过程中逐渐过渡为障壁沙坝及浅水三角洲沉积，最终演替为潮坪或泥炭沼泽而发生泥炭堆积。

该期沉积特征与本溪组沉积期类似，也可分为碳酸盐潮坪与障壁沙坝、浅水三角洲等沉积，以早期的桥头砂岩及中期的碳酸盐岩发育为特征。

1. 三角洲相

以桥头砂岩沉积为典型简述其沉积特征，其典型剖面为保德桥头剖面，桥头砂岩出露在桥头镇东的朱家川河谷内，实测厚度为 57.2m。

1）剖面结构具“二元结构”，河流沉积特征明显

河道充填沉积由细砾岩、含砾粗砂岩河道滞留沉积和含砾砂岩、中—粗粒砂岩边滩沉积构成，岩性主要为岩屑石英砂岩，发育大型板状、槽状交错层理，向上向河道边缘的天然堤沉积过渡。河流旋回发育，各次级旋回从底部的砾岩或含砾粗砂岩开始，向上逐渐变

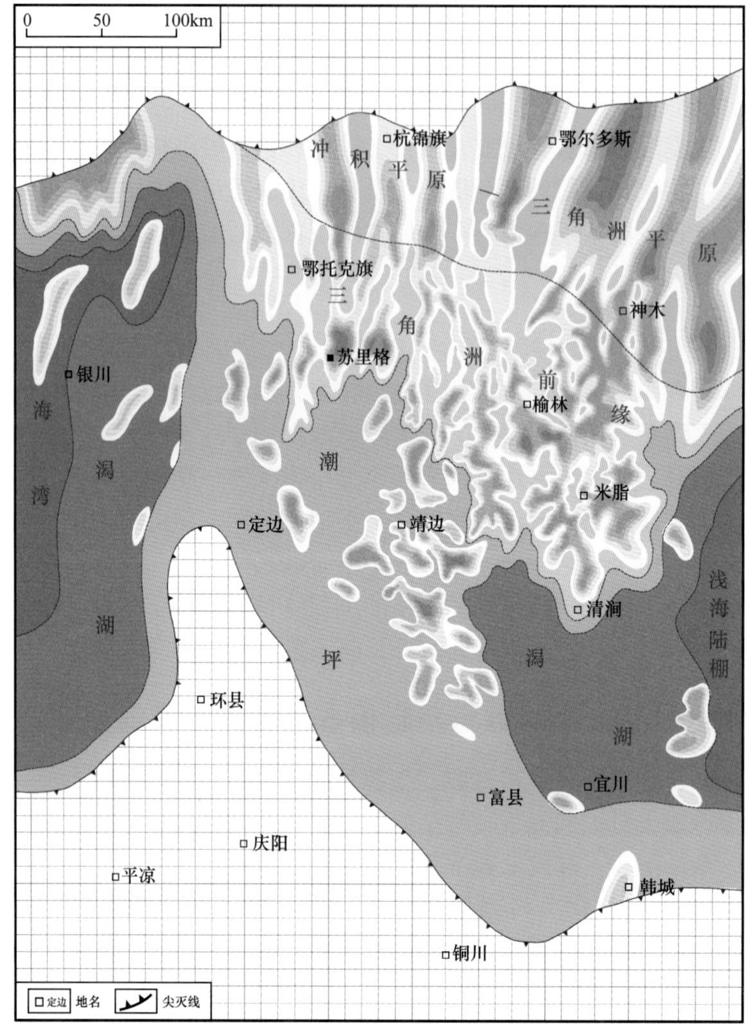

图 3-2-11 鄂尔多斯盆地羊虎沟组沉积期 / 本溪组沉积期岩相古地理图

细，构成正粒序旋回，底面冲刷构造强烈，单砂体呈透镜状叠置产出。

2）发育多个次级旋回结构，包括 10 个次级旋回（图 3-2-12）

第Ⅰ旋回：由含砾粗砂、粗砂和粉砂质泥岩组成，整体示正粒序，厚约 10m。板状交错层理发育，中部有大型硅化木化石，约 1.5～2m，直径约 15cm。该砂体与下伏地层冲刷接触，在剖面上沿横向追索，砂体底部与下伏不同层位接触：在剖面北东侧直接冲刷下伏 13 号煤层；在南西侧则与一套潮坪沉积冲刷接触。

下伏潮坪沉积为黑色砂质泥岩、粉砂岩夹细—中砂岩透镜体，砂岩透镜体横向相变为黑色砂质泥岩、粉砂岩，向上为粗砂岩冲刷接触，横向追索表现为冲刷尖灭。其中，砂岩透镜体出现，发育双向交错层理、双黏土层、板状交错层理及楔状交错层理等沉积构造。

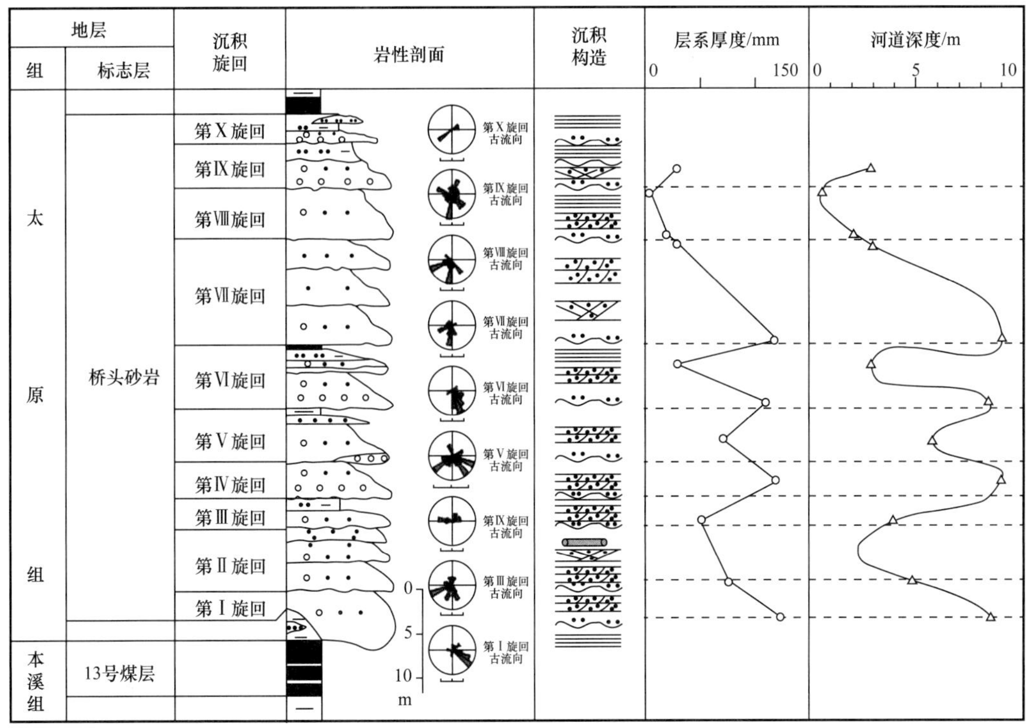

图 3-2-12 朱家川剖面桥头砂岩垂向序列及河道参数

桥头砂岩第Ⅰ旋回的垂向层序反映出，早二叠世初期在海侵过程中形成分布广泛的 8 号煤层（本地为 13 号煤层），随海平面升高，聚煤作用停止，发育一套潮坪沉积（底部泥岩大致相当庙沟石灰岩）；庙沟灰岩海平面下降初期，伴随北缘陆源碎屑物质开始向盆内进积，并随着河流水动力条件的增强，河流发育趋于稳定，沉积物粒度变粗，并对先期沉积物造成强烈冲刷，不仅冲刷下伏潮坪沉积物，乃至于先前形成的 8 号煤层（本地为 13 号煤层）。

第Ⅱ旋回：与第Ⅰ旋回不同，该旋回底部为含砾粗砂—粗砂岩，向上逐渐过渡为中砂岩，整体呈向上变细的特征，厚约 7m。旋回中由下而上可以见到大型楔状、板状交错层理，底部具有冲刷面，见到多个正粒序的次级旋回，旋回之间呈突变接触。顶部为不稳定的粉砂质泥岩薄层，横向上常被上覆河道旋回冲刷尖灭。

第Ⅲ旋回：该旋回相对较薄，约 3.2m。底具冲刷面，垂向上向上粒度变细，下部为灰白色厚层状含砾粗砂岩，发育大型板状交错层理，厚约 1.9m；上部为灰黑色粉砂质泥岩，水平层理发育，与下部砂岩呈突变接触。该旋回下层应为边滩沉积，上层为岸后洪泛平原沉积。古流向主体方向呈南西，仍反映古水流由北而南的总特征。

第Ⅳ旋回：为一套灰白色粗砂岩、中砂岩组合，厚 2～4m，与下伏地层呈冲刷接触。底部发育细砾岩，砾粒最大可达 2cm，板状交错层理发育。顶部常被上覆第Ⅴ旋回砂岩冲刷。古流向发生变化，呈东西向。

第Ⅴ旋回：为一套厚约 5.8m 的含砾粗砂岩、粗砂岩、细砂岩及泥岩的沉积组合，构成一向上变细旋回。底侵蚀面显著呈凹状起伏，见板状及楔状交错层理；顶部为一层黑色碳质泥岩，由于上覆地层的冲刷，泥岩呈透镜状产出。自下而上构成河流“二元结构”沉积组合。单砂体通常呈透镜状产出，横向上迁移叠置；古流向为南西和南东方向，表现了沉积充填过程河道的频繁迁移变化。

第Ⅵ旋回：沉积序列与第Ⅴ旋回相似，底部砂砾岩中含泥砾，与下伏第Ⅴ旋回冲刷接触并与顶部泥岩呈穿插关系；向上变细为中—粗砂岩，发育大型板状交错层理，顶部出现黑色砂质泥岩及煤层，因冲刷煤层厚度不均，为 0.5～1m。为一套河流沉积组合，古水流呈南东方向。

第Ⅶ旋回：该旋回厚约 11.5m，岩性以含砾粗砂岩、粗砂岩和中砂岩为主，砂体通常呈透镜状向南西方向重复叠置。由多个具正粒序的次级旋回组成，整体构成一向上变细的正旋回，各旋回之间呈突变接触。底面具明显的冲刷面，沉积构造发育大型楔状、板状交错层理及槽状交错层理，顶部为一层泥岩，因上覆旋回河道砂岩冲刷呈断续状分布。古水流呈南及南西方向。

第Ⅷ旋回：从底部具与下伏地层呈冲刷接触的砾岩层开始，向上过渡为含砾粗砂岩、粗砂岩，通常呈透镜状产出。下部见大中型板状交错层理，向上逐渐过渡为近于水平层理，古水流呈南西方向。

第Ⅸ旋回：包括两个分层。其整体粒度较粗、层系厚度较大，主要由细砾岩、砂砾岩、中—粗砂岩组成。下层为灰白色厚层状细砾岩—含砾粗砂岩，厚约 3m，正粒序，板状交错层理发育，顶部为中砂岩；上分层层序与下分层相似，上部中砂岩见双向交错层理，反映河道堆积明显受到潮汐作用的改造。古流向为多众数，主体方向向南。

表现了该旋回沉积时水流的方向又发生了改变。上层为灰黑色泥质粉砂岩，厚约 2m，水平层理发育。该旋回为河道滞留、边滩和天然堤沉积组合。

第Ⅹ旋回：以中砂岩为主，厚约 1.2m，底部具冲刷面，层面见铁质结核及流水波痕。向上过渡为粉砂岩、粉砂质泥岩和煤层、泥岩互层，砂泥互层层理发育，沉积环境已经发生改变，古流向为双模态，主体方向呈南西和北东向，为潮坪沉积。

3）交错层理反映的古水流向主要为多众数或单众数，主体自北而南；仅第Ⅸ和第Ⅹ旋回古水流呈双众数或多众数，反映了桥头砂岩充填晚期受到潮汐作用的影响或改造

对桥头砂岩 10 个次级旋回中的交错层理获得的 9 组 127 个古流向数据，通过吴氏网校正，编绘了各次级旋回和桥头砂岩的古流向玫瑰花图（图 3-2-13）。纹层的平均倾向和倾角为 235°∠ 11.6°，古水流方向离散度较大，呈多众数分布，主体向南，反映了单向水流的特征。

每个次级旋回中的古流向大都与该期砂岩体的延伸方向一致，并随时间推移有一定变化。每一次级旋回内部向上交错层系厚度变薄，层理规模变小。由底部的槽状交错层理向上过渡为楔状、板状交错层理，反映了水体流态的变化。在桥头砂岩垂向水体深度变化曲线上（图 3-2-14），可看出桥头砂岩的沉积过程总体上是水体逐渐变浅的。

桥头砂岩充填形成于庙沟灰岩海退背景上，河流作用不断增强，由于河流性质河道不断迁移改道，反映在古水流向上，为单众数或多众数；桥头砂岩充填末期（第Ⅸ—Ⅹ旋

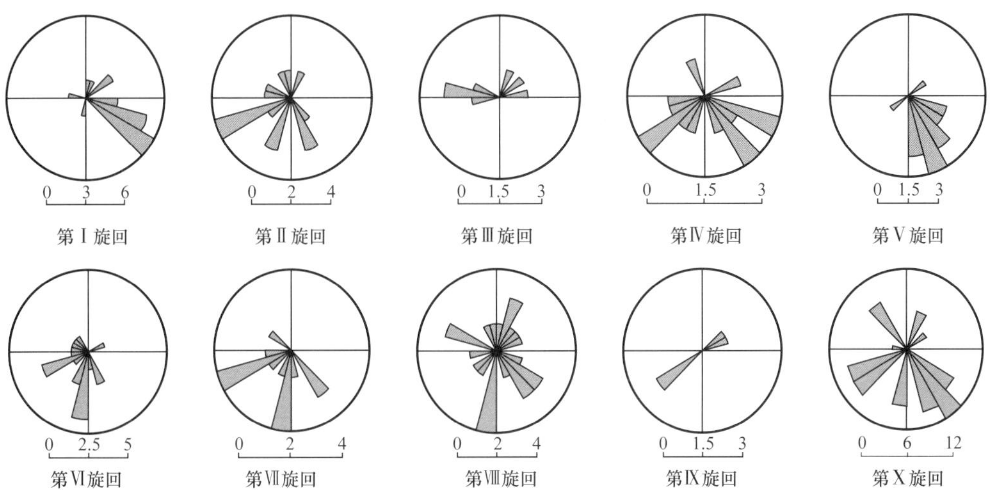

图 3-2-13　保德朱家川剖面桥头砂岩总古流向玫瑰花图

Y72井，斜道段，深灰色生屑泥晶灰岩，生物碎屑夹泥砾

M29井，2237.19m，毛儿沟段，深灰色含生屑泥晶灰岩，生物碎屑

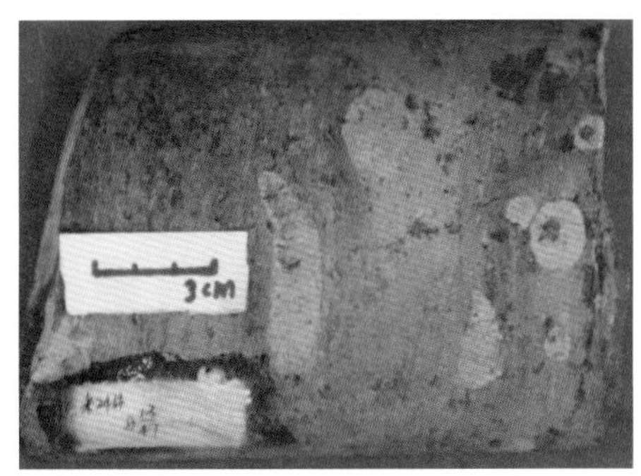

M24井，2283.3m，褐灰色生屑泥晶灰岩，生物化石

S137井，2479.9m，毛儿沟段，褐灰色含生屑泥晶灰岩，古生物壳类化石

图 3-2-14　鄂尔多斯盆地东部太原组石灰岩岩心照片

回）应是受毛儿沟组沉积初期海侵作用影响，河道趋于废弃，潮汐作用增强。其上覆沉积物为粉砂岩、粉砂质泥岩、煤层及泥岩互层且潮汐层理发育，同时 2 个旋回砂岩粒度曲线悬浮总体中次级总体发育，说明了河流作用渐弱，并有叠加水流即潮汐水流的影响。

2. 碳酸盐潮坪相

以太原组上段最为发育。其岩石类型主要为含生物碎屑灰岩、泥灰岩和少量白云质灰岩（图 3-2-14），层位稳定、厚度不大（一般小于 10m）；石灰岩中富含陆源碎屑和有机质，海相生物化石丰富，包括腕足类、蜓及有孔虫、棘皮类、软体类及介形虫、苔藓虫、海绵、珊瑚及藻类等。垂向上常与碎屑潮坪、障壁沙坝或浅水三角洲沉积共生，构成向上变浅旋回，每个旋回厚度一般小于 15～20m，推测水深不超过 20m。回流型和涡流型风暴沉积发育，风暴沉积序列不完整，具多旋回、多期次的特点，表征了浅水风暴岩的特点，主要形成于潮下—潮间环境，属受陆源碎屑影响的缓坡型陆表海清水—浑水混合沉积模式。

（二）岩相古地理格局

该期海水侵入方向由本溪组沉积期的北东向转变为由东南向西北侵入，海侵范围进一步扩大（图 3-2-15），水体加深。同时，北部物源进一步隆升，三角洲沉积范围扩大，北

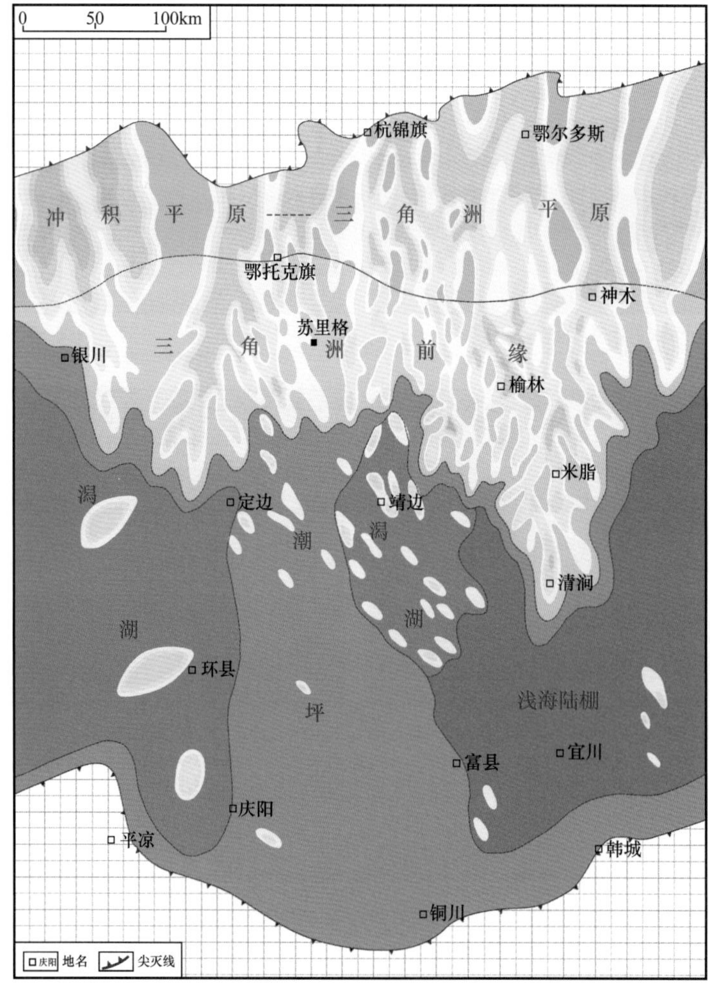

图 3-2-15　鄂尔多斯盆地太原组沉积期岩相古地理图

隆南倾的古地形决定了太原组底部桥头砂岩为代表的河道下切充填沉积。太原组沉积相为南北向分异的格局开始显现，并在区域海平面下降期在盆地形成了海相石灰岩、粗碎屑岩混合含煤沉积组合。

该期仍发育个海相三角洲沉积体系，它们是在前期两个三角洲沉积体系的基础上发展起来的，与前期相比较，平面分布范围有明显的扩展，古地理位置有所迁移。其中研究区西北角乌达地区的三角洲在前期的基础上向东、东南扩展至银川、LT1 井一带。前期在杭锦旗地区发育的三角洲演变为冲积扇沉积体系，而三角洲沉积体系向南、向东迁移，延伸至横山、子洲、绥德等广大地区。

四、二叠纪早期山西组沉积期岩相古地理特征及演化

山西组沉积早期山 2 段沉积期，区域构造环境和沉积格局发生了显著变化。该时期鄂尔多斯盆地处于海盆向湖盆转化和区域构造活动的重新分化与组合的过渡时期，区域构造活动较为强烈，南北物源区进一步隆升，进入三角洲沉积的兴盛时期，建设性三角洲发育，东西差异基本消失，而南北差异沉降和相带分异增强。

（一）沉积相类型及特征

因华北地台整体抬升，海水从鄂尔多斯盆地东西两侧迅速退出，盆地性质由陆表海盆演变为近海湖盆，沉积环境由海相转变为陆相，仅在山西组沉积早期盆地东南部保存有少量海相沉积的影响。山西组沉积晚期海水全部退出鄂尔多斯盆地，完全进入陆相沉积，因此山西组沉积期可以划分为冲积扇沉积体系、河流沉积体系、辫状河三角洲体系、曲流河三角洲体系及滨海湖泊沉积体系。

1. 冲积扇

冲积扇在山西组沉积期同样发育在鄂尔多斯“盆地”北缘地区，如杭锦旗一带。沉积特征是以厚层砾岩与含砾粗砂岩为主，夹有粗砂岩和中粒砂岩。冲积扇在山 2 段、山 1 段都有发育，平面上呈孤立状分布，表现为非连续性。

2. 河流

山西组沉积初期盆地中东部地区为自北向南倾斜的宽缓广阔斜坡，具有南倾古斜坡背景和湿热气候特征，发育潮湿气候环境下的砂质辫状河平原，辫状河沉积相平面上分布在北部靠近物源一侧。沉积物粒度以含砾粗砂、中砂为主，总体分选中—较差，反映沉积时沉积物搬运的距离距物源区较近的特点。沉积构造发育大型槽状交错层理、侧积交错层理、平行层理。

山西组沉积期沉积晚期山 1 段沉积期，随着区域构造活动的日趋稳定，物源供给减小，盆地进入相对稳定沉降阶段，发生了较大规模的湖侵，河流性质由辫状河转变为曲流河，具有明显的“二元结构”特点，即由下部推移载荷形成的粗碎屑河床、边滩亚相和上部悬移载荷形成的河漫滩亚相构成（图 3–2–16）。曲流河以河道弯曲、边滩与河漫滩发育为特征，主要包括河道滞留、边滩、天然堤、决口扇、洪泛平原等微相。其沉积序

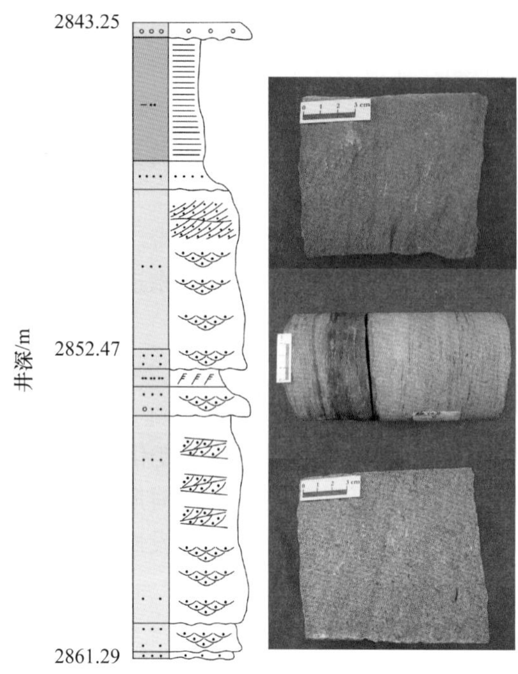

图 3-2-16　鄂尔多斯盆地山 1 段曲流河沉积序列（T23 井）

列底部为河床滞留沉积，主要由细砾岩、含砾粗砂岩所组成，冲刷明显。其上为边滩沉积，常由成分和结构成熟度较低的中—粗粒石英砂岩组成，砂岩中常发育大型板状交错层理、楔状层理、槽状层理、平行层理等，剖面结构具有明显的向上变细的正粒序特征，反映出形成时水动力条件有一次较明显的先强后弱的变化过程。顶部为天然堤及洪泛平原沉积，主要为薄层粉砂质细砂岩和泥质粉砂岩、泥岩互层，常见水平层理、沙纹层理等。

3. 三角洲

三角洲平原亚相与河流沉积很难区分，在沉积岩性、构造、垂向层序和微相组成上极为相似；但是，在洪水期三角洲平原被洪水淹没，所以会出现湖泊沉积，最主要的它和三角洲前缘或湖泊共生。其沉积层序依次为块状含砾粗砂岩、粗砂岩滞留沉积，上为分流河道沉积，是三角洲的骨架砂体，发育大型交错层理，向上粒度变细，发育低角度的斜层理或水平层理细砂岩—粉砂岩沉积，近似于平行层理，或冲刷—冲洗层理，反映了水动力能量逐渐较小的过程。顶部发育水平纹理的极细砂岩与泥岩互层，厚度较大，常见煤层及碳质泥岩。

4. 湖泊

山西组沉积期发育的滨海湖泊体系在鄂尔多斯地区主要表现为浅湖，水体较浅。发育灰黑色薄层状泥岩、页岩、粉砂岩及中厚层钙铁质泥岩，常为粉砂岩与泥岩或页岩的薄互层状；粉砂岩中见小沙纹层理，泥岩中见水平层理。前三角洲相与滨海浅湖相共生而难以区分。

（二）岩相古地理格局

从早二叠世晚期开始，华北地台整体抬升发生海退。太原组沉积末期海水主要从西南、东南两个方向退出，位于华北盆地西部的鄂尔多斯盆地由陆表海盆演变为近海湖盆，沉积环境由海相转变为陆相，主要为冲积扇—河流—三角洲—滨浅湖相。

山西组沉积早期山 2 段沉积期是海陆变化转折期，因华北地台整体抬升，海水从鄂尔多斯盆地东西两侧迅速退出，盆地性质由陆表海演变为近海湖盆，沉积环境由海相转变为陆相，东西差异基本消失，而南北差异沉降和相带分异增强。山西组山 2 段沉积期是盆地上古生界沉积的重要转折期，表现为气候由温湿向半温变化、古构造格局由东西向南转变，沉积由浅海三角洲向湖泊三角洲演化。野外工作中，根据乡宁甘草山、蒲县宋家沟、柳林成家沟等山西组剖面的详细观察，发现大量与海相沉积环境有关的沉积构造，但仅局限于盆地东南部（图 3-2-17）。

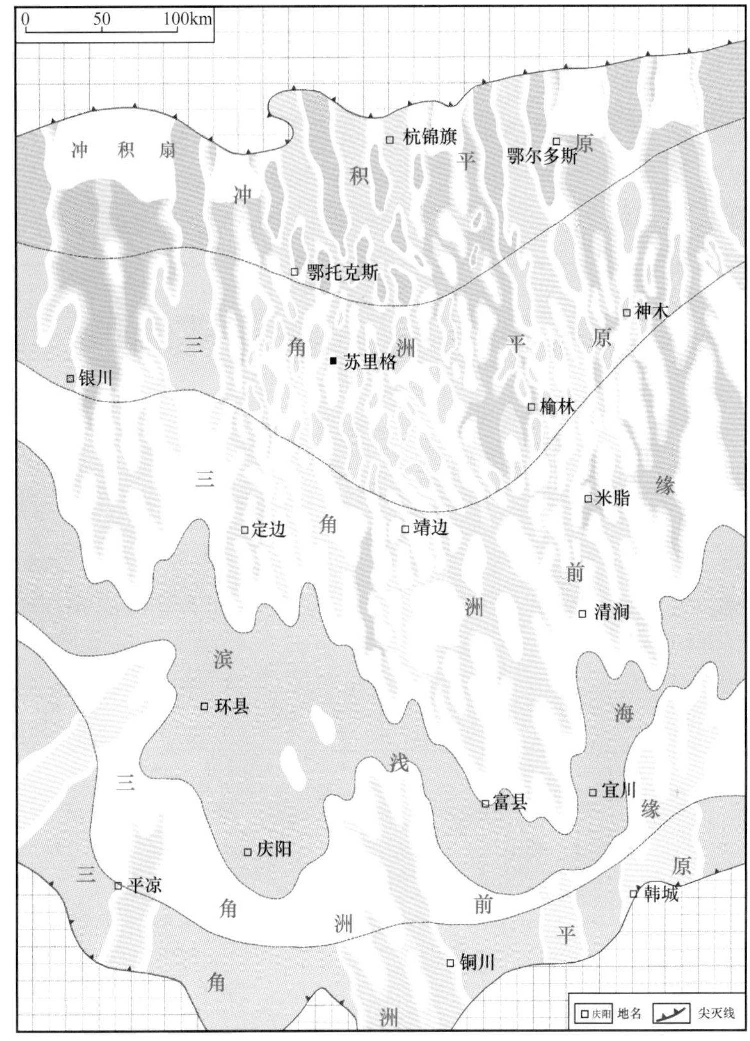

图 3-2-17　鄂尔多斯盆地山 2 段沉积期岩相古地理图

该期为盆地三角洲发育的第一个鼎盛时期，主要受北部物源的影响，北部石炭井—鄂托克旗—乌审召—准格尔旗一线以北发育冲积平原，自北向南依次发育冲积扇、辫状河、曲流河沉积。

根据物源方向的差异，可大致分为 4 条近于平行的水系，分别为鄂尔多斯—准格尔召，杭锦旗—乌审召，新召—鄂托克旗，乌海—乌达。

河流与三角洲平原的划分，主要依据该时期砂体展布形态（即河道砂体开始分叉部位）、砂岩的成熟度、剖面结构等，三角洲平原环境的分流河道延续了曲流河的一些特征，具有很大的相似性。分流河道的分支增多，横向迁移较频繁。盆地北部三角洲平原大致在银川—布拉格苏木—横山—神木一线以南逐渐过渡到三角洲前缘相，三角洲前缘向南延伸大致到柳林—清涧—甘泉一线进入滨浅湖环境。南部秦岭古陆逐步抬升，开始对南部沉积提供物源，但影响范围较小，在盆地南部边缘发育了一系列小型三角洲。

山1段继承了山2段沉积特征，但是随着区域构造活动的日趋稳定，物源供给减少，盆地进入相对稳定沉降阶段，发生了较大规模的湖侵（图3-2-18）。在盆地北部地区，伴随着湖侵作用的不断扩大，湖水相对于山2段沉积期整体变深，三角洲体系向北收缩，沉积相带相应北移，尤以三角洲平原与前缘的分界线北移表现明显，三角洲平原相区缩小，三角洲前缘相区扩大。在盆地南部，由于区域构造抬升和物源供给充足，三角洲体系向盆地推进，三角洲前缘相区扩大至泾川—西峰一带。

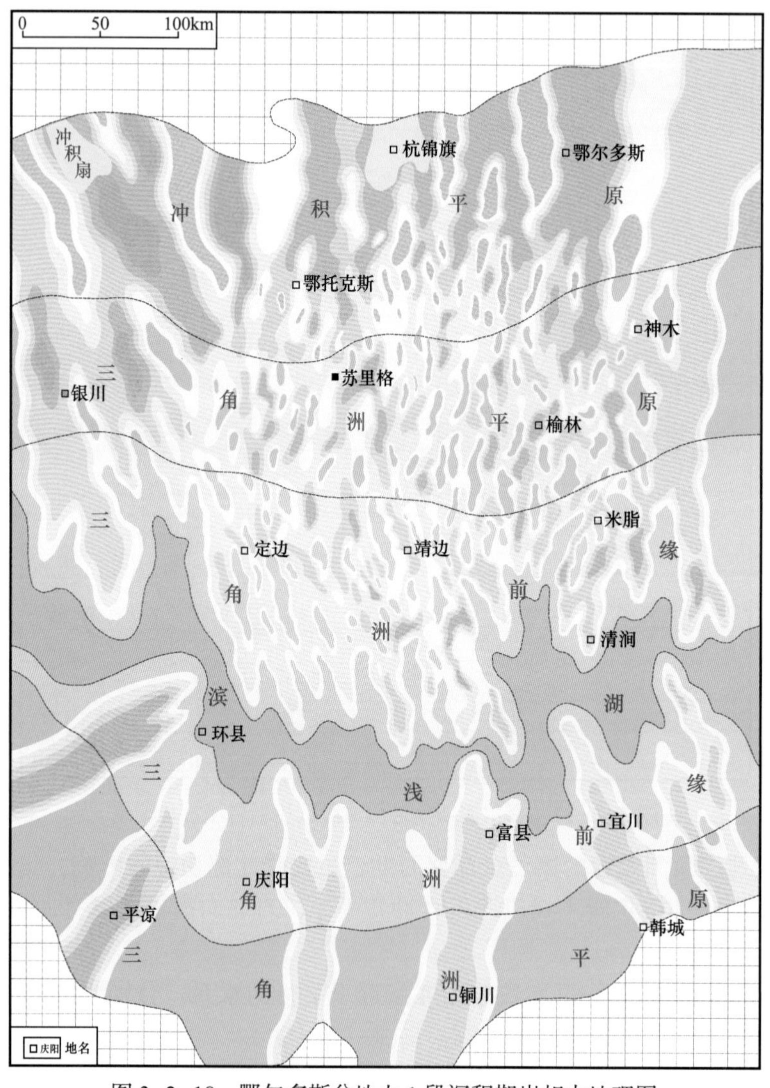

图3-2-18 鄂尔多斯盆地山1段沉积期岩相古地理图

综上所述，在山西段沉积早期，受构造轻微下沉作用和基准面小幅上升的波动，海水可能短期回返，因而在盆地东南和西南局部接受一些非正常海相沉积，例如，在盆地东南部三角洲前缘分布区，山西组沉积期可能受河流和潮汐作用的共同控制，之后渐渐演变为以河流和湖泊作用为主，因而形成了两种类型的三角洲：山西组沉积早期发育以河流作用为主、潮汐作用为次的受潮汐影响的河流三角洲，山西组沉积中—晚期发育以河流作用为主的河控—湖泊三角洲。山西组沉积期岩相古地理环境演变总体经历了由海相逐渐转变为陆相环境的过程。

五、二叠纪中期石盒子组沉积期岩相古地理特征及演化

中二叠世早期，随着兴蒙海槽的逐渐关闭，引起强烈的南北差异升降，加剧了早二叠世晚期北隆、南倾的构造格局。由于海水继续南撤，远离本区，古气候向干旱—半干旱转变，已经没有持久稳定的泥炭沼泽发育，晚古生代成煤史已经终结，盆地内形成了一套巨厚的以粗粒为主的碎屑岩建造，尤以盒 8 段砂层最为发育。该期继承了山西组沉积期沉积格局，河流—三角洲更为发育，以辫状河沉积砂体厚度大、分布广为其显著特征。

（一）沉积相类型及特征

1. 辫状河—三角洲

盆地石盒子组底部盒 8 段发育典型的辫状河沉积，河流经常分叉改道，形成分支河道相互交织的辫状水系。其河水往往携沙量大，以推移质为主，河道宽而浅，流量变化大，垂向加积快，在河道中常形成一系列河道沙坝，泛滥平原不发育，砂 / 泥比大（图 3-2-19）。沉积物粒级较粗，砂、砾含量较高，略显正旋回。研究区辫状河沉积主要有以下特征：（1）发育极不对称的“二元结构”，细粒洪泛平原沉积与粗粒河道沉积之比大多在 0.1∶1～0.5∶1 之间，砂岩段的厚度在 10～40m 之间，而泥岩段大多小于 10m，砂岩一般由一系列不完整的沉积旋回反复切割叠置而成，由此造成了剖面上粒序性不明显；（2）剖面上河道砂明显多于泛滥平原细粒沉积物，形成“砂包泥”特点，辫状河泛滥平原一般不发育，仅在河道间沉积了薄层的深灰色和灰绿色泥岩、粉砂质泥岩；（3）平面上辫状河呈连片叠置分布，这是本区辫状河河道宽深比大、河道侧向迁移

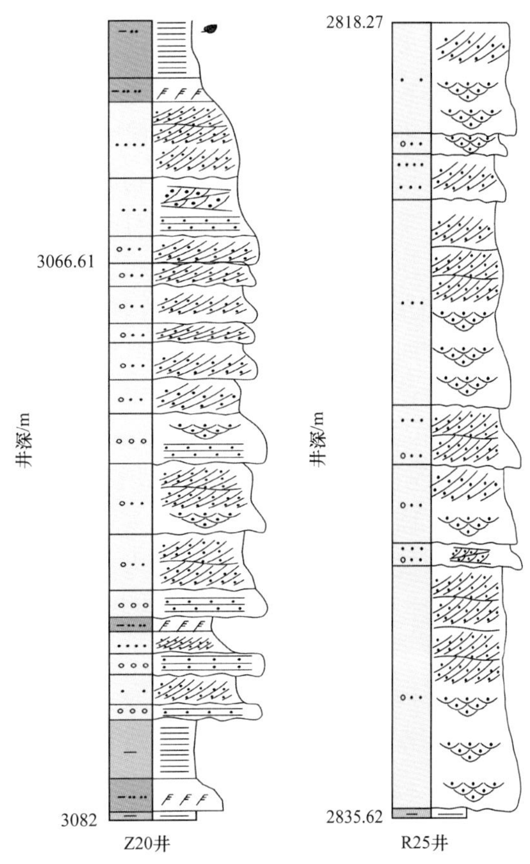

图 3-2-19　鄂尔多斯盆地盒 8 段辫状河沉积序列

快所决定的，从垂向上看，砂体由多个旋回反复叠置而成，每个旋回都具有由下而上由粗变细的趋势，并依次发育粒序层、槽状或板状交错层理、平行层理，以及一些沙纹交错层理；（4）成分及结构成熟度低，水动力条件强。

2. 湖泊

湖泊主要为杂色黏土岩，含大量的紫红色斑块或斑点，有时含菱铁矿透镜体。以暗色泥岩、页岩夹粉砂岩、泥质粉砂岩为特征，按其岩性组合及测井相类型可分为滨浅湖亚相，水平纹理发育。由于该期三角洲极其兴盛，进积作用强烈，水体萎缩，无统一汇水区（湖盆），湖泊沉积在盆地南部零星分布。盒 8 段沉积后，物源区隆升速度减弱，陆源碎屑供给减弱，湖水大范围侵入，湖泊沉积范围扩大。

（二）岩相古地理格局

进入石盒子组沉积期，气候由温暖潮湿变为干旱炎热，植被大量减少，从而沉积了一套灰白—黄绿色纯的陆源碎屑建造。初期，北部古陆进一步抬升，物源丰富，季节性水系异常活跃，沉积物供给充分，相对湖平面下降，河流—三角洲体系向南推进，三角洲沉积异常发育。随后，伴随着北部物源区抬升的再次减弱，沉积物补给通量减小，湖平面上升，河流作用减弱，湖泊作用增强。该期岩相古地理格局与山西组沉积期有一定的继承性，但亦发生了较大变化。伴随区域构造活动继续加强，北部物源区继续抬升，丰富的陆源碎屑导致相对湖平面的迅速下降，三角洲体系快速向湖中推进，致使三角洲平原相带向南迁移，平原相区增大，前缘相区缩小。

盒 8 段沉积期由于盆地北部物源区快速隆升，陆源碎屑物质供给更为充足，水动力条件更强。丰富的陆源碎屑导致相对湖平面的迅速下降，三角洲体系快速向湖中推进，致使三角洲平原相带向南迁移，平原相区增大，前缘相区缩小，北部三角洲向南进积明显，南部三角洲发育程度较弱。从北向南依次出现冲积平原、三角洲平原、三角洲前缘、前三角洲—浅湖四个沉积环境。冲积平原上的辫状河沉积特征与三角洲平原上的无明显特征区别，在河道砂体展布和河道演化过程中表现出极大的相同或相似，表现出河道的分支性增强和横向展布面积减小的特征。以三角洲平原沉积分布最为广泛，而三角洲前缘分布范围较小，从平面上明显表现出“大平原、小前缘”的特征。纵向上，盆地内大致包括西北部、北部、东北部、西部—西南部、南部和东南部五条水系，砂体主要沿河道呈透镜状分布，厚度较大。湖岸线大致位于马家滩—靖边—米脂—临县一线，以北地区为毯式浅水辫状河三角洲平原沉积，以南地区为毯式浅水辫状河三角洲前缘亚相（图 3-2-20）。

石盒子组沉积晚期，由于鄂尔多斯盆地北部构造抬升作用减弱，冲积体系萎缩，湖泊沉积体系向北扩展，气候变得较为干燥，植被减少，从而形成以紫红色、黄绿色为主的沉积，岩相古地理格局为三角洲与湖泊沉积体系共存。

六、二叠纪晚期石千峰组沉积期岩相古地理特征及演化

进入石千峰组沉积期，海西旋回末期秦岭海槽再度发生向北的俯冲消减，北缘兴蒙

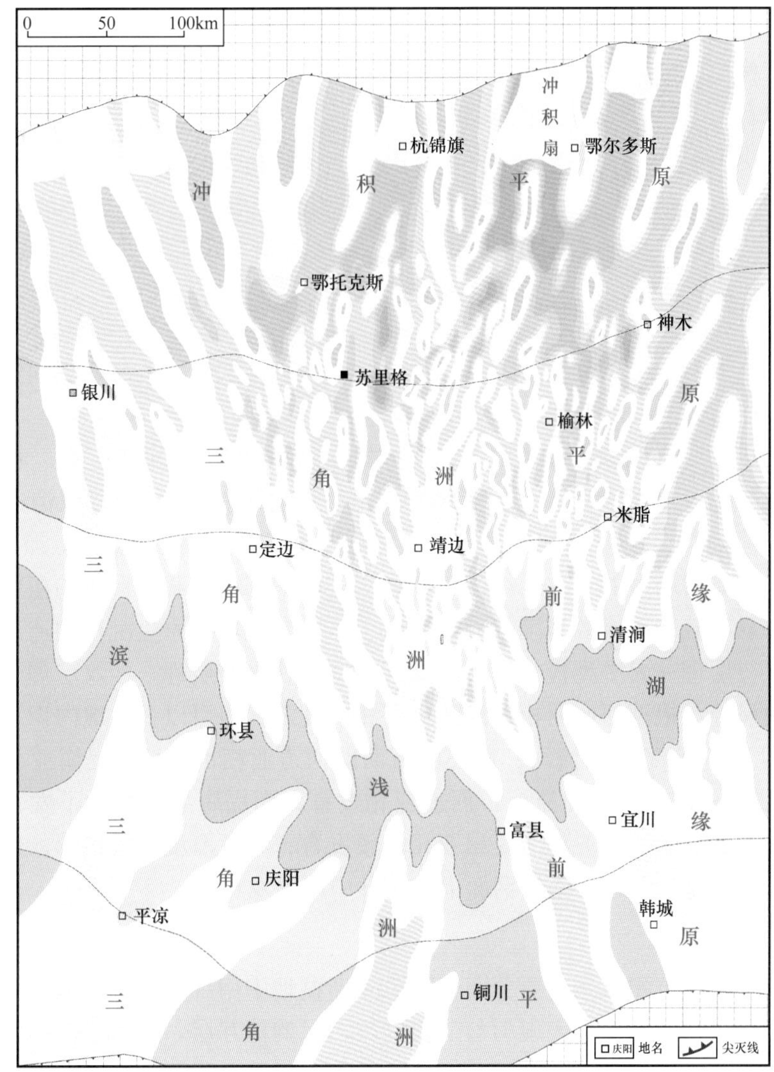

图 3-2-20 鄂尔多斯盆地盒 8 段沉积期岩相古地理图

海槽因西伯利亚板块与华北板块对接而消亡，华北地台整体抬升，海水自此撤出华北大盆地，鄂尔多斯盆地已演变为内陆湖盆，沉积环境完全转化为大陆体制，以发育河流、三角洲和湖泊沉积体系为特征。该期气候变得更为干燥，从而沉积了一套紫红色碎屑岩建造，砂岩主要为肉红色—灰色含砾粗砂岩，其碎屑组分中长石含量增多。

（一）沉积相类型及特征

石千峰组沉积早期千 5 段沉积期是盆地北缘构造碰撞最强的时期，同时也是期内位于盆地南缘的秦岭海槽向北俯冲削减最强的时期。该时期盆地北部物源区的抬升，丰富的陆源碎屑导致了湖平面迅速下降，三角洲快速向湖中推进，致使三角洲平原向南缩小，是二叠纪三角洲发育的又一兴盛时期。自北向南依次发育冲积扇、冲积平原、辫状河三角洲等相带。其主要沉积特征为棕红色碎屑沉积。

1. 冲积平原沉积

受研究区构造背景影响，北部区由冲积扇向南，由于地形平缓，因此，冲积平原广泛发育，根据岩石类型及其组合、剖面结构等特征，冲积平原上主要发育河道和河漫滩两个亚相，河道沉积又可分为两类河流体系——辫状河和曲流河。

辫状河沉积以河道较直、浅而宽、流量变动大、流速大、床砂载荷量大、河床不固定、心滩发育为特点。河道沉积主体为一套细砾岩、含砾粗砂岩或砾质粗砂岩、中粒砂岩、细粒砂岩，槽状交错层理极为发育，并见板状交错层理、平行层理等，总体显示向上变细的特征。其顶部为细粒河漫滩沉积，主要为一套砂质泥岩夹粉砂岩组成，见水平层理，并含钙质结核，且常为上覆河道亚相所侵蚀。由于辫状河中河床均不固定，所以河漫滩在辫状河沉积体系中极不发育，厚度薄。

总之，区内辫状河流沉积体系以粗碎屑岩为主，砂岩与泥岩之比大，心滩发育为特征，在垂向沉积序列中虽然仍具“二元结构”，但二者发育极不对称，以河道亚相占绝对优势为特点。

曲流河沉积具有明显的“二元结构”特点，即由下部推移载荷形成的粗碎屑河床、边滩亚相和上部悬移载荷形成的河漫滩亚相构成。从边滩到堤岸原生沉积构造出现有规律的变化，即从平行层理→大中型板状交错层理→小型板状交错层理→沙纹层理→水平层理及流水、浪成波痕等。根据河床亚相与河漫滩亚相厚度之比，可以在盆地内识别出三种类型的曲流河，即（1）高弯度曲流河：此类曲流河的河道亚相不发育，堤岸亚相发育，两者之比可达 1∶5。（2）低弯度曲流河：河道亚相发育，而堤岸亚相相对不发育。（3）中弯度曲流河：此类曲流河河道亚相与堤岸亚相均较发育，二者厚度大致相等，这类曲流河是研究区最常见的类型，在野外露头剖面上及钻井中广泛发育。

2. 湖泊沉积

石千峰组中湖泊沉积体系主要分布于鄂尔多斯盆地中南部，以浅湖亚相为主，并可以区分出滨湖亚相。纵向演化上表现为与三角洲沉积呈韵律互层。千 5 段沉积后，基准面下沉，湖水逐步侵入，在晚期的千 2、千 1 段沉积期达到最大湖侵，以细、粉砂岩与泥质岩互层为特征，常见水平层理、脉状、透镜状层理、波状层理及对称波痕等，在盆地东部及南部剖面常见。其微量元素硼量为 24.5～42.3μg/g，Sr/Ba 比为 0.1～0.45，表现为淡水沉积特征。

（二）岩相古地理格局

岩相古地理格局总体特征为：盆地北部发育冲积平原—三角洲平原沉积。前者发育在石嘴山—杭锦旗—准格尔旗一带，吴忠—鄂托克旗—兴县地区为三角洲平原沉积，马家滩—靖边—米脂以南一带发育三角洲前缘。盆地西南部和东南部地区较前期沉积有一定变化，主体发育三个三角洲体系，分别为固原—环县三角洲体系、岐山—麟游三角洲和韩城—黄龙三角洲。由于南部构造抬升加剧，三角洲沉积体系向北推进，天水—宝鸡—咸阳—渭南一带已成为古陆剥蚀区的边缘，向北到庆阳—麟游—铜川—韩城地区则以三角洲前缘沉积为特征。中部吴起—庆阳—富县—大宁一带发育滨浅湖沉积（图 3-2-21）。

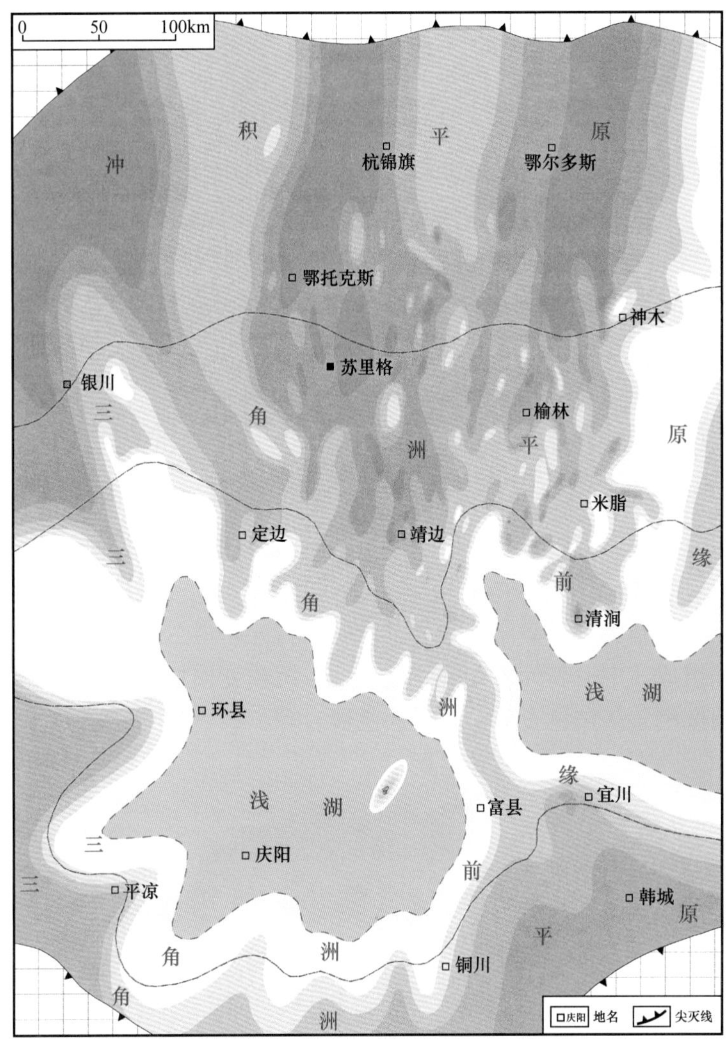

图 3-2-21 鄂尔多斯盆地千 5 段沉积期岩相古地理图

总体上，鄂尔多斯盆地晚古生代沉积演化过程中从早到晚多期次砂体发育，尤其是山西组和下石盒子组河流、三角洲沉积体系发育，砂体分布范围广，多层砂体叠置连片，形成大面积砂体储层。砂岩类型有岩屑砂岩、岩屑石英砂岩和石英砂岩，其中石英砂岩是主要储集岩。但不同粒度石英砂岩的孔渗特征不同，细粒石英砂岩硅质胶结强烈，一般比较致密；只有中粗粒石英砂岩孔渗条件最好，易于形成高效储层。而中粗粒石英砂岩主要形成于三角洲分流河道微相。山西组和下石盒子组沉积时，盆地北部隆起区是主要物源区，河流由北而南进入盆地水体形成大型的河流—三角洲沉积体系。盆地北部自东向西发育准格尔旗、东胜、杭锦旗和石嘴山 4 个呈近南北向展布的河流—三角洲沉积体系，盆地西南部发育三角洲沉积体系。由于盆地水体较浅，形成的三角洲具有浅水特征，三角洲分流河道发育，水动力条件较强，有利于中粗粒石英砂岩的形成。因此，三角洲分流道砂体有利沉积相带控制了高效储层的分布。

第三节　储集砂体分布特征

鄂尔多斯盆地上古生界含油气层系主要包括石炭系本溪组和二叠系太原组、山西组、石盒子组、石千峰组。不同时期、不同区域形成了不同成因、不同形态、不同结构的储集砂体，是盆地天然气藏形成的关键和基础。其中，太原组、山西组、石盒子组大面积发育的陆相碎屑岩构成了盆地天然气的主力储层。

一、砂体大面积分布的基础

（一）近物源、多物源是大面积富砂的物质基础

根据盆地周缘古陆特征、古流向分析、轻重矿物特征及稀土元素的富集规律分析，大华北地区盒8段沉积期物源较多，其中以北部物源，特别是西北部物源最为发育（图3-3-1）。盆地北缘的狼山、乌拉山、大青山和阴山，其前寒武系结晶变质岩系厚度达2600m以上，由中—新太古界集宁群、乌拉山群、古元古界二道凹群及中元古界渣尔泰群等多套变质岩系组成。中—新元古界的基底岩性以沉积变质岩和中基性火山岩为主，主要岩石类型有浅肉红色、灰白色石英岩，深灰色板岩等。

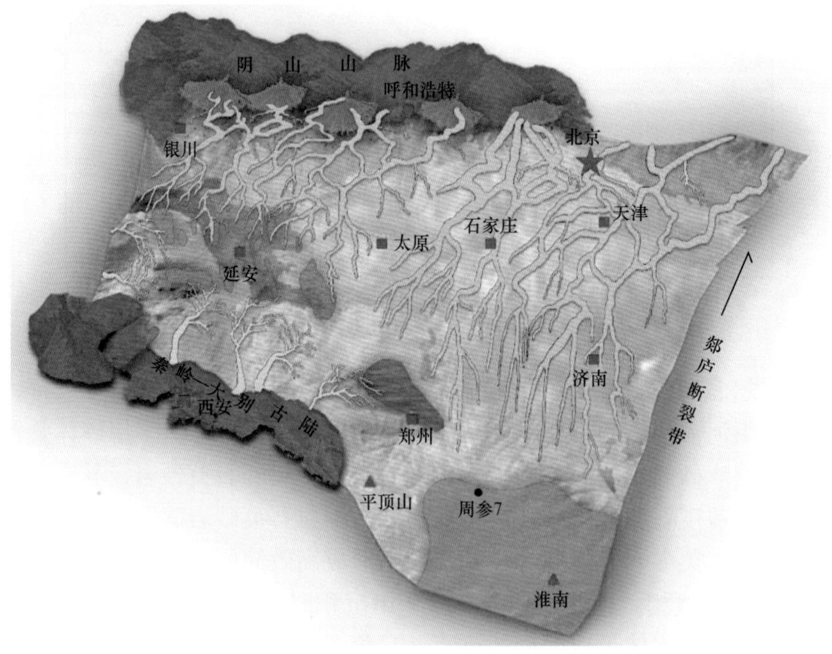

图3-3-1　大华北地区盒8段沉积期原型盆地图

（二）平缓的古底形是大面积富砂的地形因素

盒8段沉积前，经历了本溪组、太原组沉积期华北海和祁连海的东西贯通，以及紧随

的山西组填平补齐，为盒 8 段的沉积提供了一个开阔的盆地。

盒 8 段沉积期盆地北部发育缓坡辫状河三角洲，其构造格局控制下的古地形为辫状河三角洲的发育提供了先决条件。据于兴河等（2004）研究指出，地形坡降是辫状河发育的重要因素，坡降范围从每千米几米到十几米不等，除坡降的因素控制外，在空间上还要求有比较宽阔和相对平坦的地形地貌条件。

依据地层厚度及不同岩性的压实率对盒 8 段沉积期的古地形及坡降进行恢复。通过对盆地北部通岗浪沟—乌审旗一线南北向钻井地层厚度的校正及古坡度和坡降的计算表明（表 3-3-1），盆地内部坡度非常平缓，平均坡降为 1.10m/km，平均坡度为 0.063°，T27 井—Z29 井之间为加不沙—乌审召次级水系与杨七寨子—通岗浪沟主水系的交汇部位，坡度相对最陡，最大坡降为 3.34m/km，坡度为 0.191°。平缓的地形条件使多河道摆动、迁移非常频繁，为盒 8 段沉积期大面积砂体的发育创造了有利的条件。

表 3-3-1　鄂尔多斯盆地北部盒 8 段砂岩沉积期古坡度恢复表

井号	残余地层厚度 / m	砂岩厚度 / m	泥岩厚度 / m	恢复厚度 / m	井间距离 / m	坡降 / m/km	坡度 / （°）
Z53	43.6	34.8	8.8	70.0			
Z52	40.4	29.8	10.6	72.2	14.81	0.149	0.0085
T25	52.3	45.4	6.9	73.0	23.82	0.034	0.0019
T27	49.0	34.6	14.4	62.2	6.80	2.824	0.162
Z29	44.2	35.8	8.4	69.4	6.83	3.338	0.191
Z11	38.4	29.2	9.2	66.0	21.08	0.161	0.0092
Z19	31.8	14.2	17.6	84.6	17.40	1.069	0.061
S246	31.2	13.9	17.3	83.1	11.87	0.126	0.0072

（三）古气候是大面积富砂的水文环境因素

气候的变化可影响风化作用的强弱，直接影响降水量、河流径流量和海平面（湖平面）的升降，从而影响沉积物的沉积量和分布。因此，气候直接影响沉积相的类型、横向展布及纵向变迁，进而控制砂体厚度、分布及储集性能。

古植物资料表明，鄂尔多斯地块在石炭纪—二叠纪与华北板块其他地区一样，是以石松纲、楔叶纲、真蕨和种子蕨纲占主导地位的华夏植物群分布区。这个主要由常绿疏木型植物组成的植物群代表赤道热带—亚热带植被类型，晚石炭世至早二叠世早期，植被类型发生了某些变化，其主要标志是出现了东亚特有的大羽羊齿植物，鄂尔多斯地块当时处于大羽羊齿贫乏区的东部和 Gigantonoclea 分布区西北部，属热带稀树林—干草原气候。郭绪杰等（2002）研究表明，华北地区山西组沉积期—下石盒子组沉积早中期出现三角织羊齿—中国瓣轮叶—翅编羊齿组合带，为暖湿环境；下石盒子组沉积晚期—上石盒子组沉积早中期，华北中南部为波缘单网羊齿—剑瓣轮叶—束羊齿组合带，为热带气候区中的干湿交替气候环境；上石盒子组沉积晚期，主要的植物组合类型为多裂掌叶—平安瓣轮叶—细纹楔拜拉组合，反映了干旱季节加重的热带气候条件。

二叠纪陆相沉积从早期到晚期具有明显的颜色变化特征：山西组主要为灰白色 / 浅灰色砂岩和灰黑色 / 深灰色泥岩及煤层或煤线；下石盒子组为灰绿色 / 灰白色 / 灰黄色砂岩夹紫棕色 / 棕褐色及灰绿色泥岩和少量碳质泥岩，偶见煤线；上石盒子组以棕红色 / 棕褐色 / 紫灰色及灰黑色泥岩为主，间夹少量灰白色或灰绿色砂岩，偶见泥质岩夹石膏层，化石稀少；石千峰组以较鲜艳的泥质岩为标志，主要为棕红色 / 紫红色和紫灰色泥岩夹紫红色 / 紫灰色砂岩，常含有泥灰岩薄层和铁质钙质结核。颜色上的这种由灰黑到灰绿，再到棕色，最后出现红色色调的变化过程，反映了氧化程度逐渐升高、暴露程度逐渐加大的沉积环境。同时在岩性特征上，煤层沉积的消失到石膏及铁质、钙质结核的出现，也反映了气候从暖湿向干热方向的转化。

根据古地磁资料，包括鄂尔多斯盆地在内的华北板块自晚石炭世—侏罗纪从赤道向北漂移至中纬度，同时伴随着 35°～45°逆时针旋转。华北板块作为古特提斯海域内一个独立游离块体，自晚石炭世—晚二叠世向北漂移了 1100km。在这一背景下，张泓等（1999）结合不同地质时段的生态域分析，将华北板块晚古生代古气候变化分为 3 个阶段：晚二叠世—早二叠世晚期，研究区及华北板块向北漂移至北纬 15°～30°之间，属热带—亚热带干旱气候；中二叠世—晚二叠世早期，研究区及华北板块向北飘移至赤道与北纬 10°～27°之间，属有季节分化的热带稀树林气候，并出现气候分异，西北为亚热带干旱气候，东南为热带雨林气候；晚石炭世—早二叠世晚期，研究区及华北板块在赤道与北纬 20°之间，属无季节性分化的热带雨林气候（图 3-3-2）。

总之，晚古生代，华北板块位于低纬度地带。石炭纪和二叠纪早期，区内发育热带雨林植被，煤层发育。中二叠世，华北地块北移，并伴随逆时针方向旋转，加之海水逐渐从大陆退出，使古生态环境逐渐由赤道热带和亚热带的常温生态域渐变为夏温生态域，进而转变为亚热带内陆高地环境的沙漠生态域。这样的古气候背景形成了华北板块上古生界从下到上由“黑”变“红”的剖面结构。对于鄂尔多斯盆地，山西组沉积期到石千峰组沉积期，古气候由热湿变为高温和干旱。古气候的变化对盆地沉积特征和砂体展布具有重要的影响作用。

1. 古气候对山西组砂体发育的影响

山西组沉积期潮湿高温的环境有利于风化作用的进行，所形成的风化产物稳定成分含量高。同时潮湿的气候可以提供丰富的水源，水动力条件好，可以搬运的粗碎屑物质相对多，还可以进行长距离的搬运，因此可以形成成分成熟度和结构成熟度高、厚度较大的砂岩沉积。由于气候潮湿，河流可以常年流水，河道相对固定，造成砂体的分布集中性较强。通过对山西组沉积体系的研究，发现该时期（特别是早中期），河道常常发生快速频繁的废弃和复合，砂体间的相互冲刷、切割和垂向叠置加积现象十分普遍，从而导致砂体规模大，单个砂层可厚达十几米。另一重要的沉积现象是洪泛平原或平原沼泽十分发育，

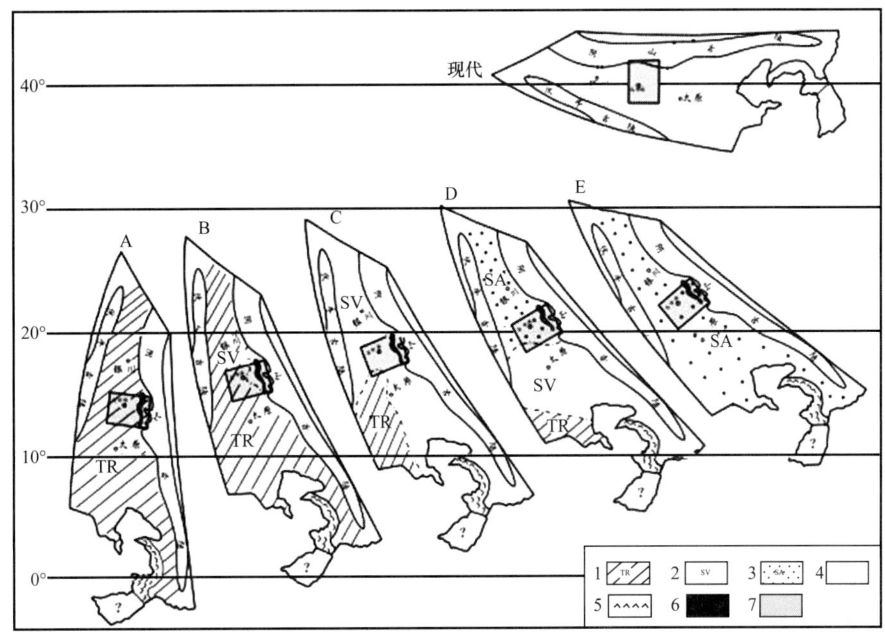

图 3-3-2 华北板块石炭—二叠纪古气候分区（经度任意，据张泓等，1999 修改）

A—晚石炭世；B—早二叠世早期；C—早二叠世晚期；D—中二叠世—晚二叠世早期；E—晚二叠世晚期

1—热带雨林气候；2—热带稀树林气候；3—热带和亚热带干旱气候；4—气候分区界线；5—高地；6—伊盟隆起；7—研究区

在潮湿气候条件下普遍沼泽化（图 3-3-3），主要形成一套泥质沉积或泥质与砂质互层沉积。两种沉积亚相特殊的分布形式导致该区砂体分布的集中性较强，即：在砂岩发育区，砂体规模大、单层厚度大，砂地比比值较高；而在泥质岩发育区，砂体规模小、单层厚度较薄。此外河间洼地普遍发育沼泽，形成一套陆源碎屑沉积的含煤层系，构成了盆地重要的气源岩之一。

2. 古气候对盒 8 段砂体发育的影响

盒 8 段沉积期，古气候表现为热带—亚热带干旱气候条件，这种气候条件一方面决定物源区以物理风化为主，可使大量碎屑物注入盆地，形成以陆源碎屑岩为主的沉积；此外，这种气候条件不利于植物生长（整个鄂尔多斯盆地该时期无可采煤层也能加以佐证），其间接影响是导致河道不固定，横向迁移频繁，砂体空间上具有“地毯式”展布特点（图 3-3-4）。

（四）多水系、高载荷水流是大面积富砂的强水动力条件

水动力条件控制水体的流速，进而控制河流的侵蚀强度、沉积构造类型和规模，并影响着河道砂体的成因类型。盒 8 段沉积期，水动力较强，水体流速快。依据前人总结归结的河道水深的经验公式，其流动的水体物理参数可以通过沉积物中交错层系的厚度、单河道沙坝的厚度、河道水深及沉积物质粒度等特征的研究近似得出（表 3-3-2）。

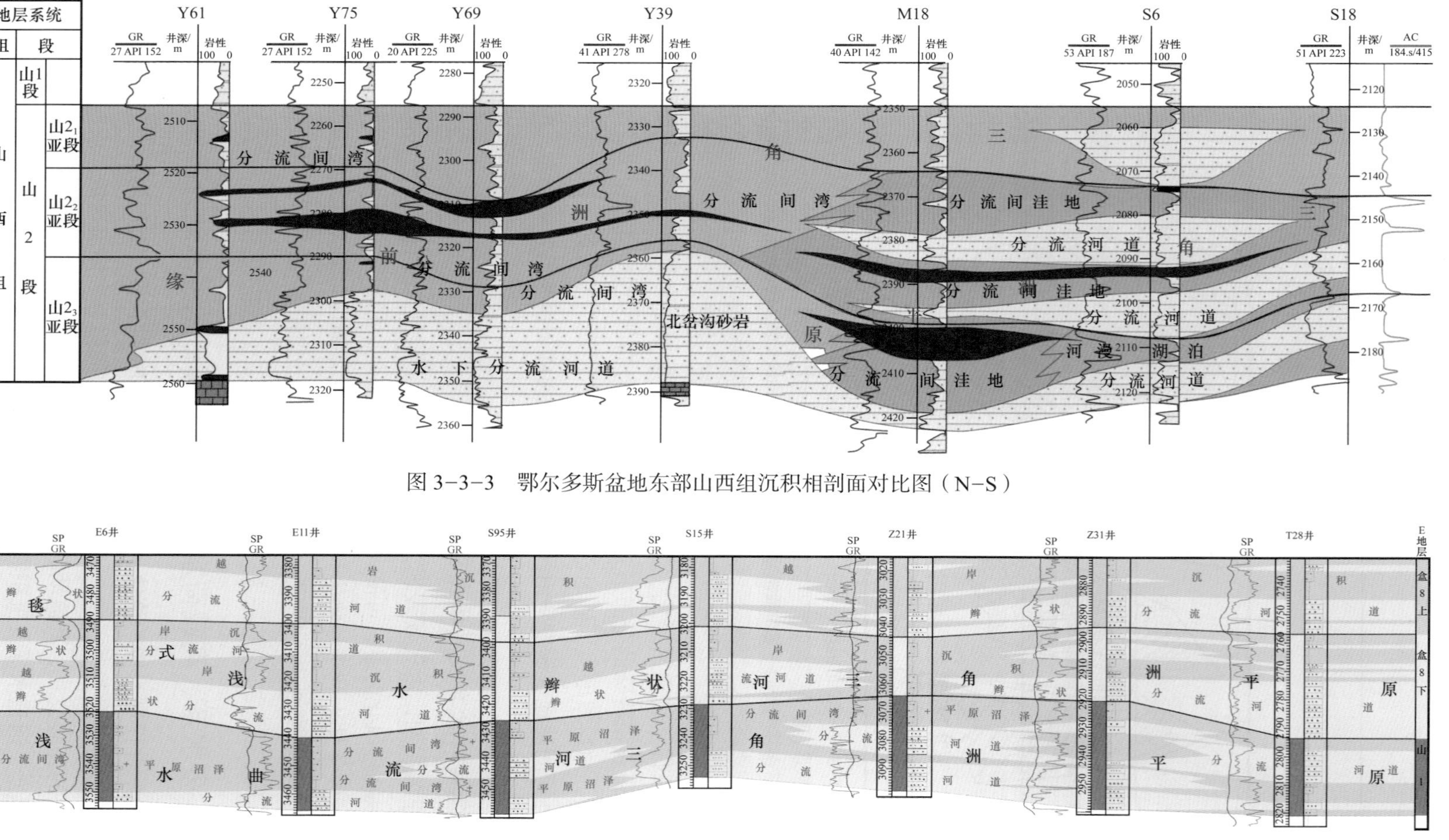

图 3-3-3　鄂尔多斯盆地东部山西组沉积相剖面对比图（N-S）

图 3-3-4　鄂尔多斯盆地北部 E6 井—T28 井山 1 段、盒 8 段沉积相连井剖面图（W-E）

表 3-3-2　鄂尔多斯盆地北部盒 8 段沉积期水动力参数

相带	井号	沙坝厚度 /m	水深 /m	河道宽度 /m	宽 / 深	最大粒径 /mm	流速 /（m/s）
冲积平原	Z53	4.20	6.30	115.74	18.37	7.00	11.92
	T30	3.60	5.40	91.28	16.90	3.50	9.22
三角洲平原	Z29	2.70	4.05	58.61	14.47	3.10	8.44
	Z43	2.10	3.15	39.80	12.64	2.70	7.73
	Z58	3.27	4.91	78.72	16.05	3.50	9.07
三角洲前缘	S257	1.80	2.70	31.39	11.63	2.40	7.24
	S250	1.60	2.40	26.18	10.91	2.30	7.00
	S291	1.50	2.25	23.71	10.54	1.40	5.87

计算表明该地区水体平均流速为 8.31m/s。由北向南冲积平原水体平均流速为 10.57m/s，三角洲平原水体平均流速为 8.41m/s，三角洲前缘水体平均流速为 6.70m/s。与现代河流沉积进行对比，可以看出：上古生界石盒子组盒 8 段沉积期水体流速较高。河流水体的高速流动又使得平缓古地形上发育的多河道不断交叉、复合，从而也为盒 8 段沉积期大面积砂体的平面分布创造了有利的条件。

同时，盒 8 段沉积期，随着兴蒙海槽的逐渐关闭，强烈的南北差异升降，加剧了早二叠世晚期北隆南倾的构造格局。由于海水继续南撤，远离本区，古气候向干旱—半干旱转变，已经没有持久稳定的泥炭沼泽发育，盆地内形成了一套巨厚的以粗粒为主的碎屑岩建造。由于河道较宽，水深较浅，呈现出多条水浅急流的辫状河道沉积。盆地北部包括西北部、北部、东北部三个方向的六条水系，即：盆地西部石嘴山—李庄子水系、乌海—铁克苏庙水系、苏里格西部前乌拉加汗—鄂托克旗水系、苏里格中部杭锦旗—好勒根计水系、苏里格东部杨七寨子—通岗浪沟水系、盆地东部准格尔旗—神木水系。正北和东北两条水系在盆地中部乌审旗一带汇合叠置，汇合后继续向南延伸至苏里格南及高桥。汇合后单层砂体变厚，连片性增强，因此，多水系发育为形成大面积复合砂体提供了有利的条件。

（五）强进积作用是大面积富砂的沉积要素

大华北地区盒 8 段沉积期进积型厚砂体发育在长期地层基准面下降期，湖盆萎缩，*A/S* 值小。根据鄂尔多斯盆地盒 8 段沉积期砾石在平面上分布的统计，盆地北部及西部砾石连片分布，盆地北部和西南部地区总体砾石发育，盆地中部地区，特别是延安附近地区砾石零星发育，北部地区苏里格、乌审旗、榆林一线以北地区砾石发育，岩性较粗，西南部庆阳一带砾石发育，盆地中部永坪、延长一带及南部韩城、铜川、旬邑一线砾石不发育。由此可见，鄂尔多斯盆地盒 8 段沉积期砾石在盆地内部发育，说明强进积作用是盆地大面积富砂的动力学条件。

二、砂体大面积分布的控制因素

（一）“敞流型洪泛盆地”沉积奠定了砂体大面积分布的模式

根据对鄂尔多斯盆地 803 口探井砾石统计分析，在 378 口井中发现砾石，且盒 8 段砾石在鄂尔多斯全盆地均有分布，但砾石的成分南北不同，北部主要为石英岩、燧石、变质砂岩等砾石，南部砾石中见比较多的花岗岩、片岩、千枚岩等砾石，反映其来源于不同的物源。同时，在几个物源体系交会的盆地中南部地区，环县—富县一带，同样在钻井中发现砾石夹层。这个现象与以往盆地南部发育统一湖盆的认识相矛盾，表明鄂尔多斯盆地盒 8 段沉积期无统一的汇水区（湖盆）。

通过对鄂尔多斯全区 687 口井（露头剖面）盒 8 段泥岩颜色进行描述、统计，可以看出，鄂尔多斯全区盒 8 段整体以杂色泥岩和浅灰色泥岩为主，几乎无深色泥岩层发育，说明鄂尔多斯地区盒 8 段沉积期古地貌平坦，从岩石特征来看沉积水体较浅，全区无深水沉积。盒 8 段泥岩中动植物化石少见，植被不发育，表明气候为干旱—半干旱，因此具备发育洪泛盆地的气候条件。

根据大华北地区煤层及页岩厚度统计和分布来看，盒 8 段沉积期大华北地区的煤层和页岩主要分布于豫东南的平顶山、方山、平陌及安徽淮南一带，大华北地区西部的鄂尔多斯地区没有煤层和页岩发育。说明大华北地区的统一汇水区应该在东南方向，鄂尔多斯地区只是大华北地区西部的一个敞流型洪泛盆地。

总之，通过上述分析，结合古地理背景可知，盒 8 段沉积期鄂尔多斯盆地只是大华北地区西部地区，受到北部、南部和西部物源的共同控制，鄂尔多斯地区在古地理格局上表现为一个洪泛盆地，无统一汇水区（湖盆），各物源方向水系在南部汇聚后统一向东南方向流出（图 3-3-5），即鄂尔多斯盆地在盒 8 段沉积期为“敞流型洪泛盆地”。

（二）洪水沉积控制了砂体大面积分布

盒 8 段沉积期，西伯利亚板块向南俯冲推挤，构造活动强烈，华北地台北缘抬升幅度加大，物源供给充足，在盆地中南部地区出现了砾岩或含砾粗砂岩，这主要是由于造成盆地北部地势的抬升而引发河流水体的间歇性活动所致。北部西伯利亚板块向南俯冲不是一期完成的，而是多期次的。盒 8 段沉积具以下特点：岩性组合间表现为顶底突变接触、砂体内部冲刷作用强烈、粒度变化不明显及概率粒度曲线差异较小、悬浮组分约占 20% 等特点。其成因与沉积期干旱的古气候条件相关。它既不同于一般的河流相、滨浅湖相，也不同于一般的三角洲相。它是在湖盆发育早期，古地形平坦的浅水湖泊中，气候干旱、半干旱的条件下形成的，与近源、短源阵发性洪水的注入及随之而来的沉积作用有关。在开阔平坦的湖岸环境中，在洪水期高水位面附近的低能带沉积了泥和粉砂等细粒碎屑物质，形成滨浅湖沉积；在低水位（枯水位）面附近的高能带附近形成滨浅湖沙坝等砂质碎屑沉积。洪水注入高峰期，由于洪水流的冲刷充填，形成洪水水道沉积。滨浅湖、分流间湾暴露在大气中发生龟裂，产生片状砾，经磨蚀后被洪水再搬运，充填于水道中，形成泥质的

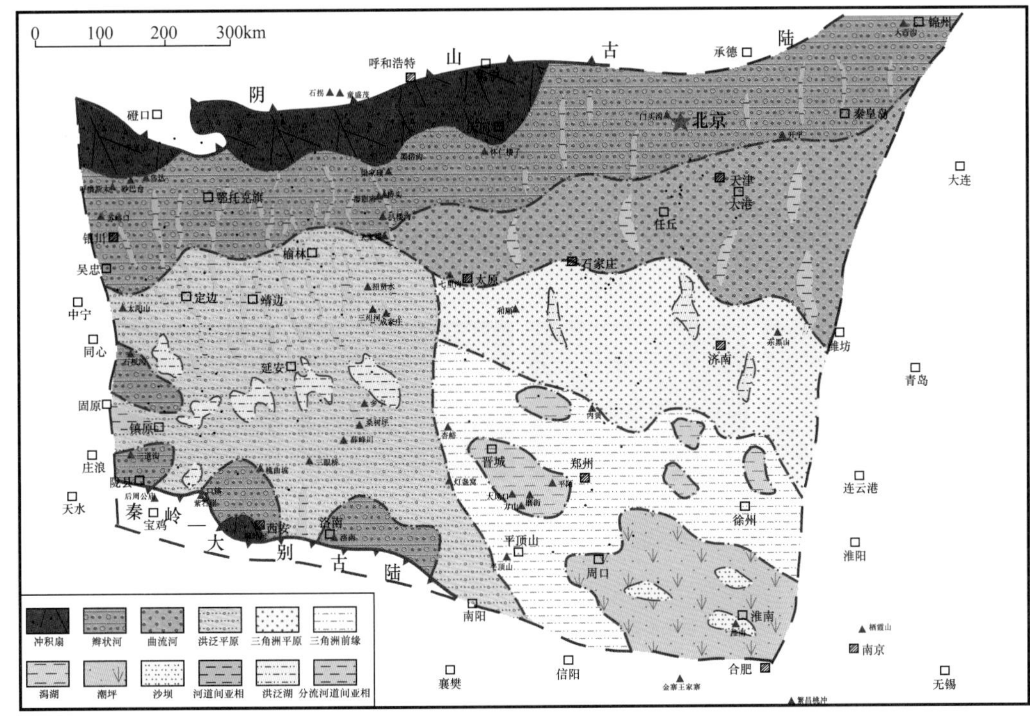

图 3-3-5　鄂尔多斯敞流型洪泛盆地与大华北地区关系

内碎屑（泥砾）。洪水流的高密度、粗组分充填满水道后，细的低密度悬浮物质漫出水道四处溢散，形成漫溢沉积。由水道向远处，沉积物质逐渐变细，并叠加覆盖在其他水道沉积物之上。每个洪水事件之后，沉积环境变稳定，潜穴生物开始大量出现并活动。多期洪水的暴发事件形成洪水水道沉积与漫期沉积互相叠置的垂向沉积序列。

其主要沉积特点是：（1）在垂向序列中“二元结构”不明显，且岩性组合间表现为突变接触，反映水体间歇性活动的特征。洪水期河流水体水动力条件强，携带大量的砾、砂等物质，形成旋回底部的砾石、含砾粗砂及中砂岩等粒度混杂的滞留和河道沉积；枯水期因河流水动力条件的减弱，携砂量明显降低，且以细—粉砂及泥质等细碎屑物质为主。（2）砂体内部冲刷作用强烈，常表现为后期沉积的砂体对先前沉积物造成强烈的冲刷，垂向上表现为沉积序列的不完整。（3）沉积构造主要为水浅流急、水动力条件较强且变化迅速环境下形成的沉积构造。如发育大—中型板状、楔状、槽状交错层理及变形层理，部分井区见砾石的叠瓦状构造等。

在平面上粒度变化不明显，粒度特征总体表现为北粗南细（北部最大粒径达 7.0mm，中南部井区一般为 2.4mm），局部出现向研究区南部推进粒度变粗的趋势，这是由间歇式洪水作用所致。整体粒度以中—粗粒为主，即便是向南延伸近 200km 后，砂岩的主要粒径仍分布在 0.5～1.0mm 之间（图 3-3-6）。因为盒 8 段砂体并非一次搬运沉积，而是多期洪水事件的叠加效应，这也是在盆地南部钻井中仍有砾岩分布的原因。

中—晚二叠世，受区域气候分异影响，盆地主体为热带—亚热带干旱气候，这一古气候条件决定了石盒子组盒 8 段沉积期具以下特点：

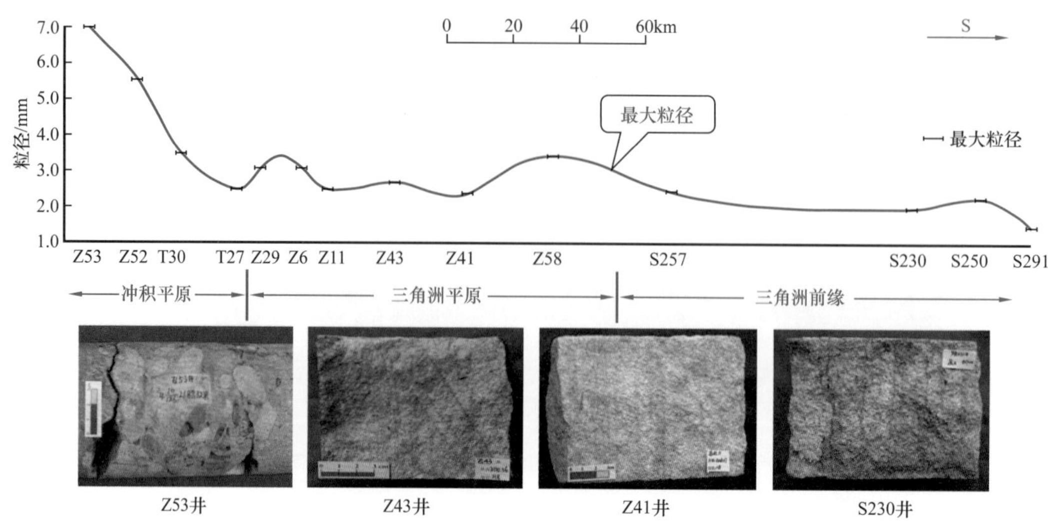

图 3-3-6 鄂尔多斯盆地盒 8 段粒度变化折线图

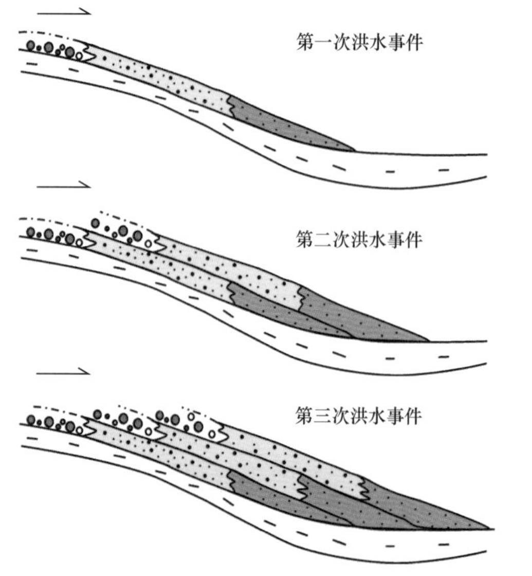

图 3-3-7 鄂尔多斯盆地盒 8 段砂岩多期洪水事件叠加效应沉积示意图

（1）物源区以物理风化作用为主，可提供丰富的碎屑物质；

（2）不利于古植物的生长，整个鄂尔多斯地区该时期无可采煤层也能加以佐证；

（3）古植被相对不发育，导致河道不固定、横向迁移频繁；

（4）河水补给以间歇性的大气降水为主，河水在洪水期充满河床，沉积物载荷量大、搬运能力强，形成粗粒碎屑沉积物（图 3-3-7）；枯水期河水局限于分支河道，载荷量较小，形成细粒碎屑沉积物。

上述条件为河流的发育奠定了基础，且河流沉积表现为洪水沉积的特征。

综上所述，建立了盆地盒 8 段沉积期洪水沉积模式。该时期沉积的最大特征是，碎屑沉积物的搬运与堆积受制于河流水体的间歇性活动。洪水期河流水体水动力条件强，携带大量的砾、砂等物质，形成旋回底部的砾石、含砾粗砂及中砂岩等粒度混杂的滞留和河道沉积，而且后期的洪水来临时可以冲刷并搬运前期沉积的碎屑物质，使得沉积物不断向盆地内部迁移，形成粗粒砂体的大面积分布；枯水期因河流水动力条件的减弱，携砂量明显降低，且以细—粉砂及泥质等细碎屑物质为主。

（三）水动力条件控制砂体的沉积韵律及分布规模

水动力条件控制着河流侵蚀（下蚀、侧蚀）的强度、沉积构造的类型及规模，并影响着河流砂体的成因类型。在构造稳定、陆源碎屑供给通量稳定、补偿沉积条件下，稳定的强水动力条件有利于截削式叠置砂体的形成，即多期（分流）河道垂向冲刷切割或侧向冲刷叠加，使后期河道含砾砂岩沉积直接覆于早期河道的中—细砂岩之上，具有削截特征。相邻两期砂体垂向上相互叠置，并形成大型交错层理组合，增大了砂体的有效联通性；不稳定的水动力条件，如水动力的逐渐减弱可形成完整叠置型砂体，即晚期（分流）河道冲刷接触早期河道，之间存在界面，界面处分布大量滞留沉积及泥质沉积。由于早期河道上部旋回的细粒沉积保存较为完整，使相邻两期水道沉积砂体连通分流河道边侧部位砂体，由于单期（分流）河道沉积后，被天然堤或分流间湾泥质沉积覆盖，泥质沉积厚度大，砂体发育程度相对较弱，储层物性及含气性较截削切割型河道有所变差。随着水动力条件的进一步减弱，可进一步过渡为孤立式河道，即发育分流河道边侧部位砂体，由于单期（分流）河道沉积后，被天然堤或分流间湾泥质沉积覆盖，泥质沉积厚度大，砂体发育程度相对较弱，储层物性及含气性变差（图 3-3-8）。

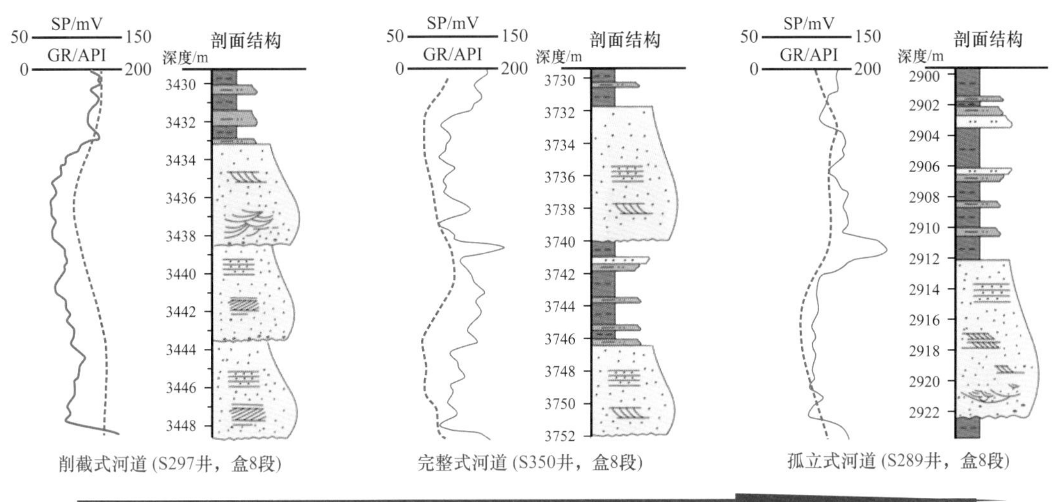

图 3-3-8　鄂尔多斯盆地北部高桥地区砂体叠置关系

山 1 段沉积期，盆地北部主要为曲流河和曲流河三角洲，分流河道携砂能力较盒 8 段沉积期弱，垂向剖面上分流河道具明显的下粗上细的二元结构，顶部细粒沉积物占有较大比重。另外，分流河道间发育含煤及暗色碳质泥岩等细粒沉积。由于水动力相对较弱，河道多期叠置，砂体间的冲刷切割等现象相对盒 8 段沉积期少见，砂体在纵向及横向上的连通性相对较差，砂体相对较窄，为条带状分布（图 3-3-9）。

盒 8 段沉积期，由于北部蚀源区隆升的加剧，陆源碎屑供给更充足，地表冲积水系与径流发育，水动力条件加强。由于河道较宽，水深较浅，呈现出多条水浅流急的网状或交织状分流河道沉积特征，分流河道沉积占绝对优势，分流河道间沉积相对不发育，多期河道彼此叠置形成巨厚砂体。剖面结构中以粗砂岩、含砾粗砂岩及中粗砂岩为主，砂体结构界面更多地表现为冲刷接触型，细砂岩和粉砂岩沉积在剖面中所占比例较少。砂体横向连片分布，平面展布规模大，为优质储层的发育奠定了良好的物质基础（图 3-3-10）。

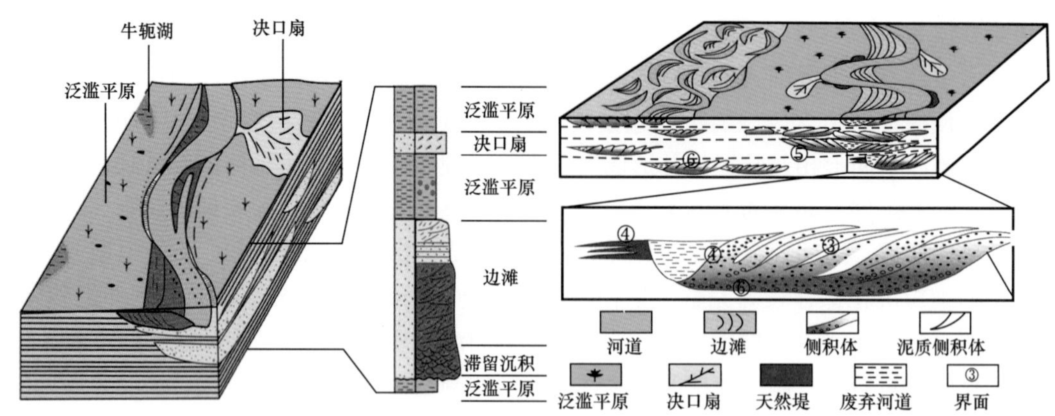

图 3-3-9　曲流河砂体发育过程及特征

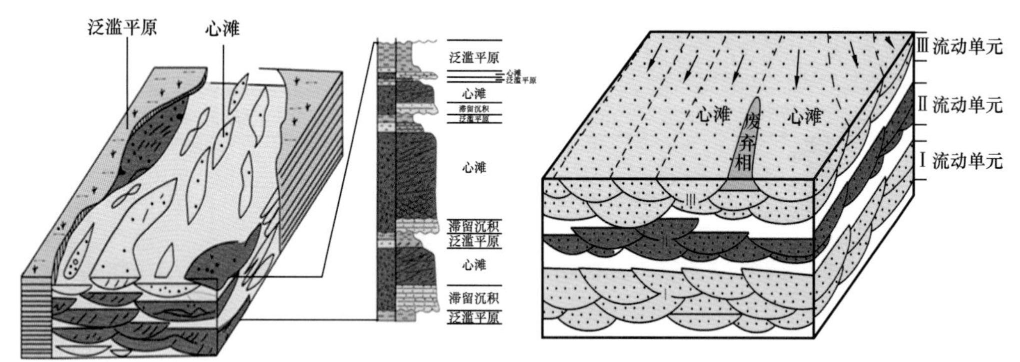

图 3-3-10　辫状河砂体发育过程及特征

总之，盒 8 段大面积砂体分布的关键因素是：强物源供给是基础、多水系发育是前提、平缓古地貌是背景、高流速河流是动力。正是上述多因素叠加导致了盒 8 段沉积期鄂尔多斯盆地砂体大面积广泛分布的格局。

三、储集砂体分布规律

在鄂尔多斯盆地上古生界沉积演化过程中，石炭系本溪组—二叠系石千峰组各组均有储集砂体发育。不同时期、不同区域形成了不同成因、不同形态、不同结构的储集砂体，这些砂体是盆地内致密气形成的关键和基础。目前，在太原组、山西组、石盒子组均发现了大气田，在本溪组和石千峰组也发现了若干个气藏。总体上看，盆地内上古生界从早到晚所发育的砂体具有：发育层位多、成因类型全、砂体形态异、分布面积广、成藏组合多等特征。

（一）石炭系本溪组砂体

本溪组砂体为鄂尔多斯盆地上古生界发育的第一套砂体，俗称“晋祠砂岩”。由灰白色、灰绿色及灰褐色石英砂岩组成。晋祠砂岩在鄂尔多斯盆地不连续分布，一般厚 5～10m，最厚可达 15～20m（图 3-3-11），向南逐渐减薄，基本可追踪对比（图 3-3-12）。

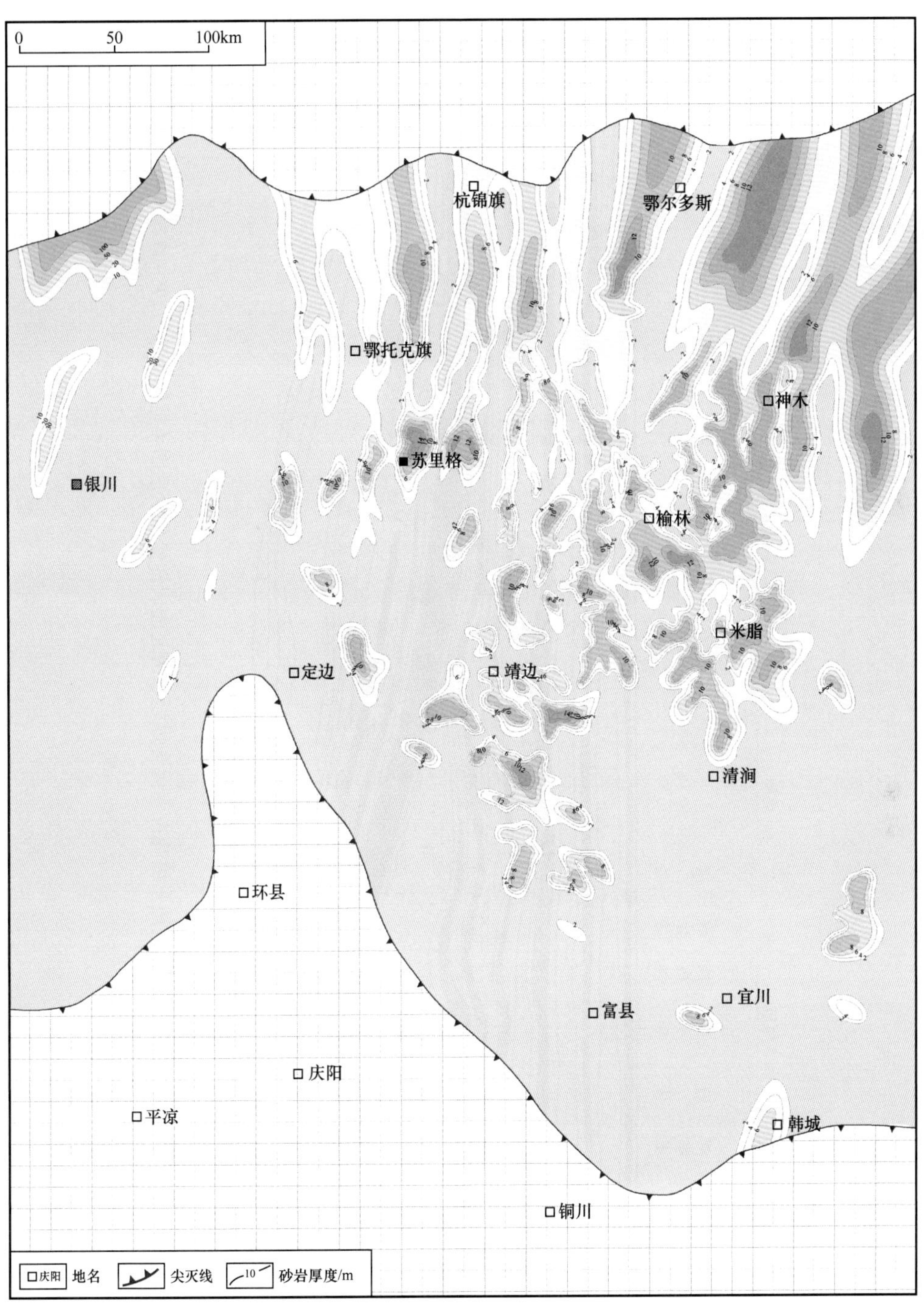

图 3-3-11 鄂尔多斯盆地本溪组砂体厚度图

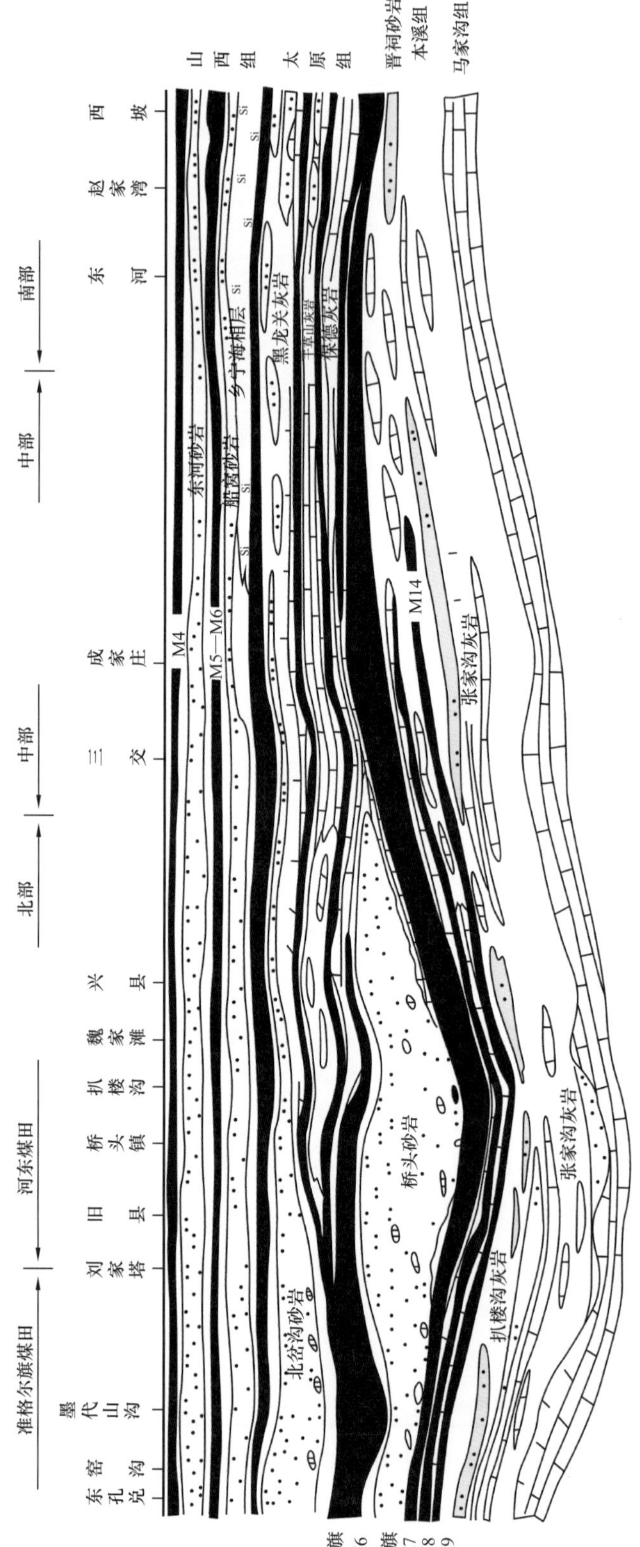

图 3-3-12　鄂尔多斯盆地东缘晚古生代含煤岩系南北向岩性变化示意图（据陈钟惠，1989 修改）

本溪组沉积期，中央古隆起作为重要的屏障将盆地分割成祁连海和华北海两个海域：西部祁连海为裂陷海湾—潟湖，发育障壁沙坝、潮道储集砂体；东部华北海从北向南依次发育河流相砂体、三角洲砂体、障壁沙坝储集砂体。其中，盆地中部发育的透镜状障壁沙坝储集砂体明显受古隆起的控制。

陆缘部分的冲积扇—河道砂体呈条带状，近南北—南东向分布为主，而陆表海中的障壁沙坝砂体受古隆起的控制，以北西向呈透镜状展布为主。

（二）二叠系太原组砂体

在太原组沉积演化过程中发育了三套砂体，分别位于太原组底部、中部和上部，俗称“桥头砂岩”“马兰砂岩”和“七里沟砂岩”，太原组砂体为神木气田的主力气层。

桥头砂岩：在太原组沉积早期北高南低古地形的基础上，受海平面上升和构造沉降的控制，在海侵早期发育的第一套规模较大的砂质沉积体，可进一步划分为分流河道砂体、水下分流河道砂体、河口坝等（图 3-3-13），砂岩周边局部可见庙沟灰岩分布。

马兰砂岩：在太原西山称为“上马兰砂岩”，位于毛儿沟灰岩之上、斜道灰岩之下。形成于太原组最大海侵期，为一套细—粗粒岩屑砂岩，北粗南细，厚度较薄，在盆地内分布相对局限，主要为三角洲前缘砂体。

七里沟砂岩：位于斜道灰岩之上、东大窑灰岩之下。形成于太原组最大海侵—海退转折期，为一套灰白色细—中粒含长石岩屑砂岩。横向上不稳定，主要为三角洲前缘砂体。太原组沉积期为鄂尔多斯盆地最大海侵期，海水漫延至北部伊盟古陆，盆地内总体发育陆表海—三角洲—潮坪—潟湖沉体系。

太原组沉积期总体继承了本溪组沉积期的沉积格局，盆地内从北向南依次发育条带状的海陆过渡三角洲分流河道、水下分流河道砂体、朵状的河口坝砂体及呈透镜状展布的障壁沙坝砂体，平面分布具有连片—分散的特点（图 3-3-14）。盆地内从北向南依次发育多个海陆过渡三角洲体系，三角洲体系在发育过程中具有连片的趋势。而盆地中部发育朵状的河口坝砂体及障壁沙坝砂体，因而具有分散的趋势。

（三）二叠系山西组砂体

山西组自下而上可分为山 2、山 1 段，其底砂岩分别为“北岔沟砂岩”“铁磨沟砂岩”。

“北岔沟砂岩”：山西组沉积期最主要的砂体是发育于山 2 段底部的砂体，此套砂体俗称“北岔沟砂岩”，为榆林气田、子洲气田的主力气层。

山 2 段沉积期，华北盆地发生海退，海水向东南退出，鄂尔多斯盆地主要发育海退三角洲沉积体系，总体沉积面貌表现为自北向南依次发育冲积扇砂体、辫状河砂体、曲流河砂体、三角洲砂体。其中冲积扇砂体在北部陆缘发育，主要分布在加不沙、伊金霍洛旗一线以北，河流相砂体展布在乌审旗—补兔—双山以北。以南为三角洲砂体。砂体自北向南

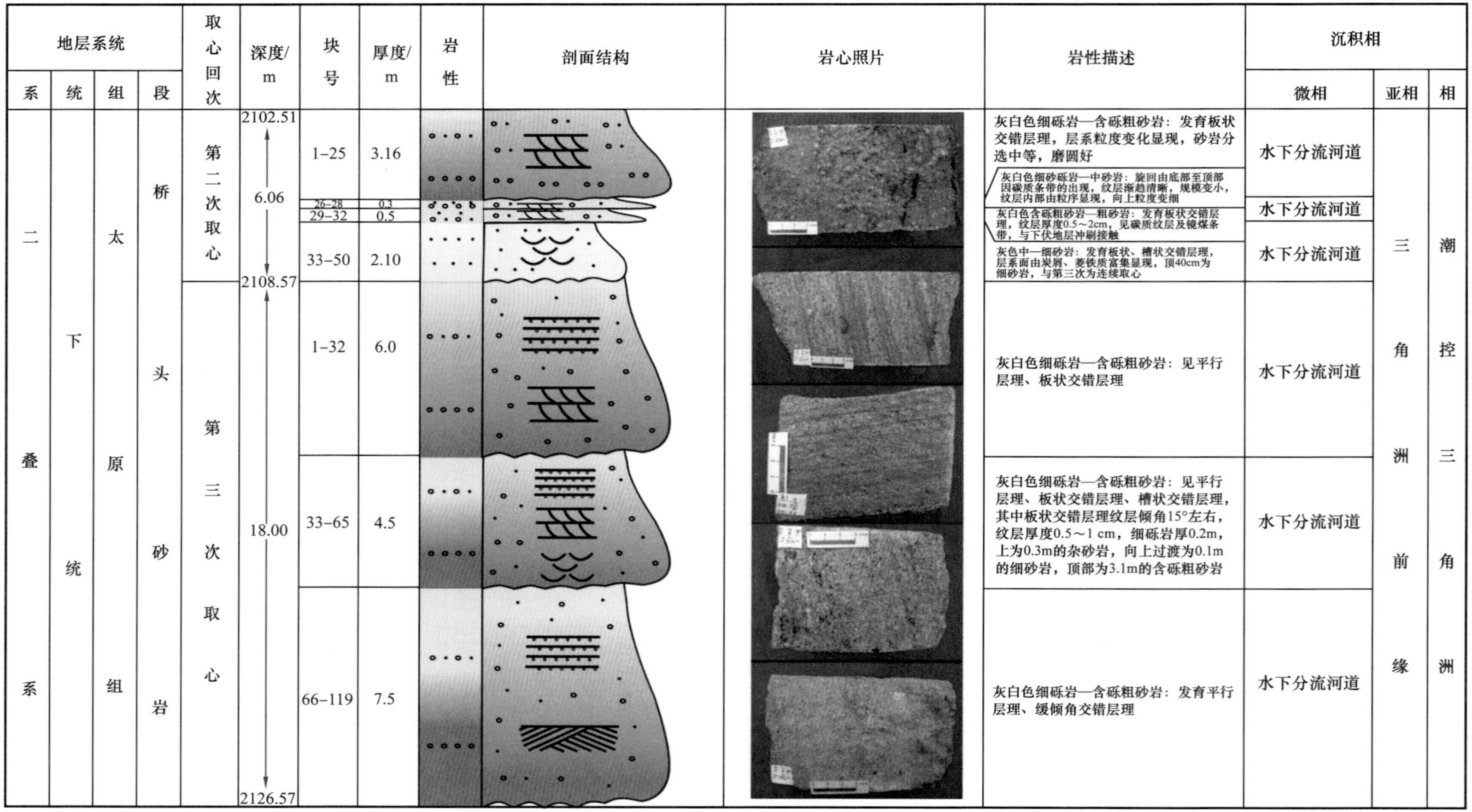

地层系统				取心回次	深度/m	块号	厚度/m	岩性	剖面结构	岩心照片	岩性描述	沉积相		
系	统	组	段									微相	亚相	相
二叠系	下统	太原组	桥头砂岩	第二次取心	2102.51～2108.57（6.06）	1–25	3.16				灰白色细砾岩—含砾粗砂岩：发育板状交错层理，层系粒度变化显现，砂岩分选中等，磨圆好	水下分流河道	三角洲前缘	潮控三角洲
						26–28	0.3				灰白色细砂砾岩—中砂岩：旋回由底部至顶部因碳质条带的出现，纹层渐趋清晰，规模变小，纹层内部由粒序显现，向上粒度变细			
						29–32	0.5				灰白色含砾粗砂岩—粗砂岩：发育板状交错层理，纹层厚度0.5～2cm，见碳质纹层及镜煤条带，与下伏地层冲刷接触	水下分流河道		
						33–50	2.10				灰色中—细砂岩：发育板状、槽状交错层理，层系面由炭屑、菱铁质富集显现，顶40cm为细砂岩，与第三次为连续取心	水下分流河道		
				第三次取心	2108.57～2126.57（18.00）	1–32	6.0				灰白色细砾岩—含砾粗砂岩：见平行层理、板状交错层理	水下分流河道		
						33–65	4.5				灰白色细砾岩—含砾粗砂岩：见平行层理、板状交错层理、槽状交错层理，其中板状交错层理纹层倾角15°左右，纹层厚度0.5～1 cm，细砾岩厚0.2m，上为0.3m的杂砂岩，向上过渡为0.1m的细砂岩，顶部为3.1m的含砾粗砂岩	水下分流河道		
						66–119	7.5				灰白色细砾岩—含砾粗砂岩：发育平行层理、缓倾角交错层理	水下分流河道		

图 3-3-13　鄂尔多斯盆地 F1 井太原组桥头砂岩取心段三角洲前缘砂体剖面结构图

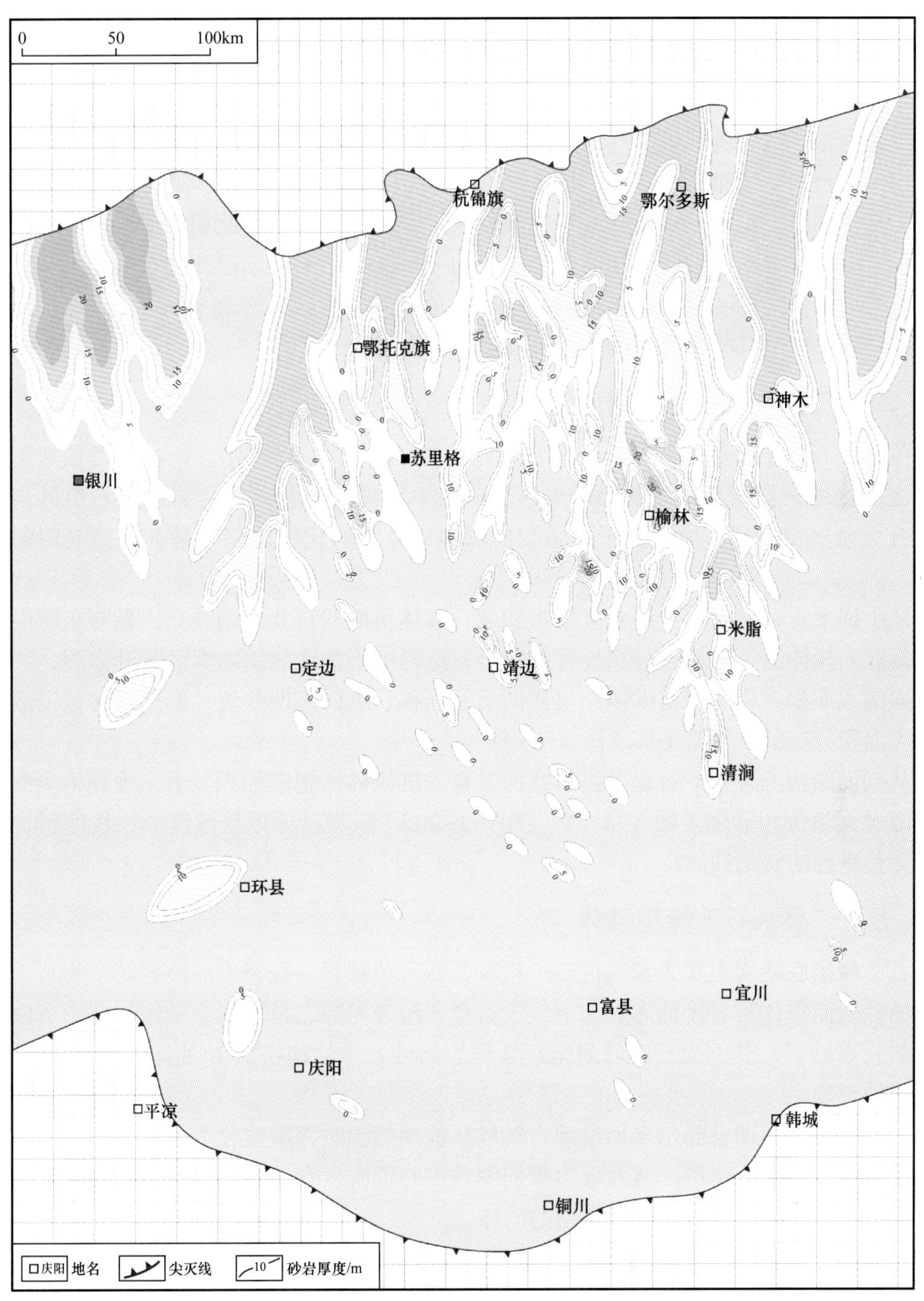

图 3-3-14　鄂尔多斯盆地太原组砂体厚度图

呈现出砂岩粒度变细、砂体变薄的特点。此套砂体作为盆地内的主要储集砂体主要由灰白色细—粗粒石英砂岩、岩屑石英砂岩组成，在盆地东部的兴县、临县、离石、中阳、柳林一带主要为三角洲砂体（图 3-3-15），砂体厚度 5～15m（图 3-3-16）。为山西组重要的砂岩储集体及对比标志。

"铁磨沟砂岩"：此套砂体位于山西组山 1 段底部，虽然其不及"北岔沟砂岩"发育，但在盆地内钻遇率，为苏里格气田、陇东气田的主力气层。

山 1 段沉积期盆地沉积格局发生重大转变，由前期的海陆过渡环境转化为陆相湖盆，三角洲沉积体系也从前期的海退三角洲演化为湖泊三角洲沉积。此期，从盆地的北部边缘向南依次发育冲积扇、辫状河、曲流河、湖泊三角洲沉积体系。因此储集砂体的主要成因类型可分为辫状河的心滩、曲流河的边滩、三角洲平原的分流河道、三角洲前缘的水下分流河道、河口坝及其相互叠置的复合型砂体，厚度 5～15m（图 3-3-17）。

（四）二叠系下石盒子组砂体

位于下石盒子组底部的砂体，俗称"骆驼脖子砂岩"，为鄂尔多斯盆地内最为重要的砂体之一。为一套浅灰色含砾粗砂岩、灰白色中粗粒砂岩及灰绿色岩屑质石英砂岩，砂岩发育大型交错层理，为石盒子组重要的储集砂体及对比标志层，是苏里格气田的主力产层。

从平面上看，下石盒子组盒 8 段沉积期，砂体呈面状自北而南展布，具有东西向展布宽、南北向延伸远、区域上分布连片的特点，这是由于盆地北部物源区抬升强烈，三角洲砂体向南大面积进积。河道砂体经过横向反复迁移、纵向多期叠置，形成延伸范围数百千米的大面积分布的砂岩储集体（图 3-3-18）。

从剖面结构上看，下石盒子组辫状河发育，沉积砂体垂向加积显著，表现为多次冲刷的心滩及河道沉积砂体（图 3-3-19、图 3-3-20）。该类砂体单层厚度大，粒度粗，物性较好，是良好的储集砂体。

（五）二叠系石千峰组砂体

石千峰组底砂岩主要为紫红色细—粗粒长石石英砂岩、长石岩屑砂岩等，为石千峰组重要的砂岩储集体及对比标志。与下伏上石盒子组分界标志是上石盒子组顶部为黄白色细粒岩屑长石砂岩，其上为石千峰组紫色含砾岩屑砂岩（结构松散），此套砂体为干旱气候条件下的产物。

石千峰组沉积期，鄂尔多斯盆地古气候从前期的温暖潮湿演化为干燥炎热，从而在盆地内形成了一套红色建造。从盆地边缘向湖盆中心依次发育冲积扇砂体、辫状河砂体、曲河流砂体、三角洲砂体等多成因类型的砂体。

从平面上看，石千峰组沉积期千 5 砂体从北向南表现为条带状分布的特点，反映了此期河流性质及类型的变化。该期自盆地北部物源区向南依次发育冲积平原、三角洲平原、三角洲砂。在冲积平原上主要发育曲流河，因此该期河流进入湖盆形成曲流河三角洲。正因如此，砂体平面分布以条带状为特征（图 3-3-21）。

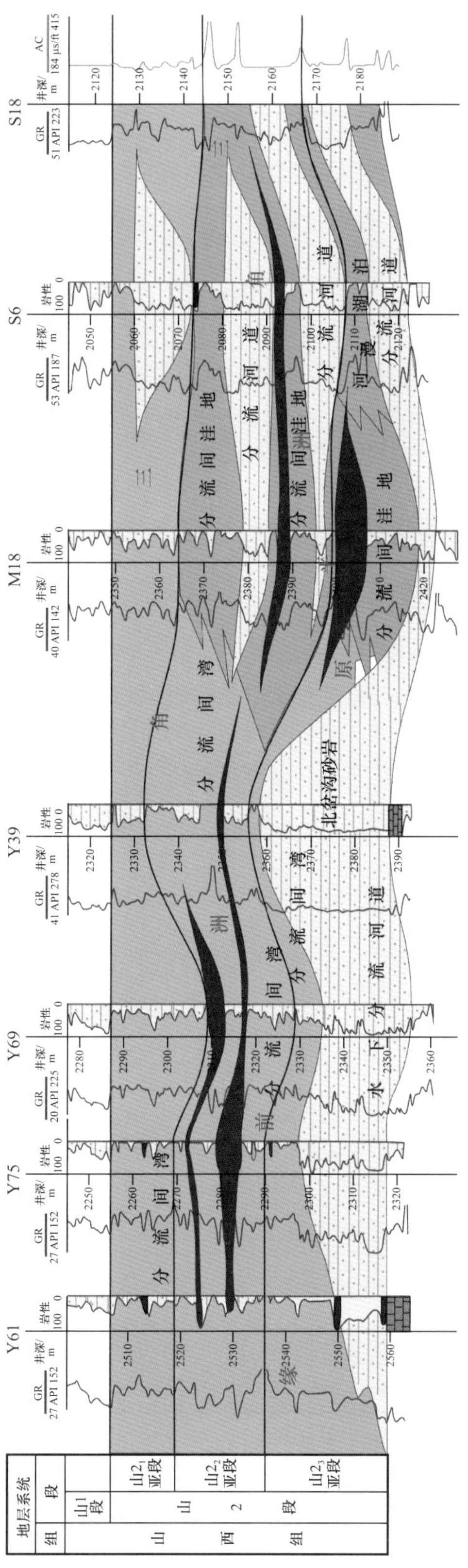

图 3-3-15　鄂尔多斯盆地“北岔沟砂岩”区域变化及成因类型特征

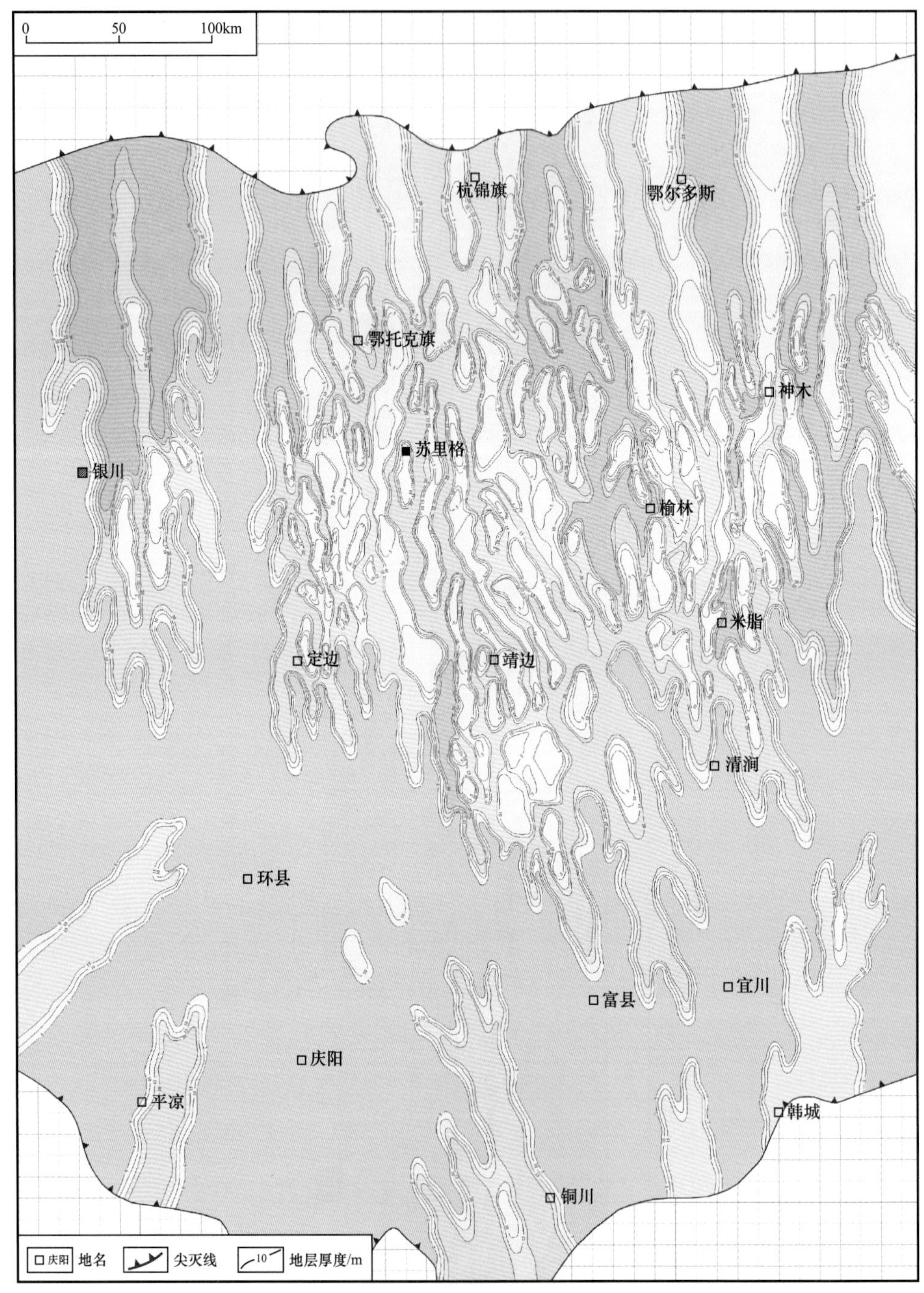

图 3-3-16 鄂尔多斯盆地山西组山 2 段砂体厚度图

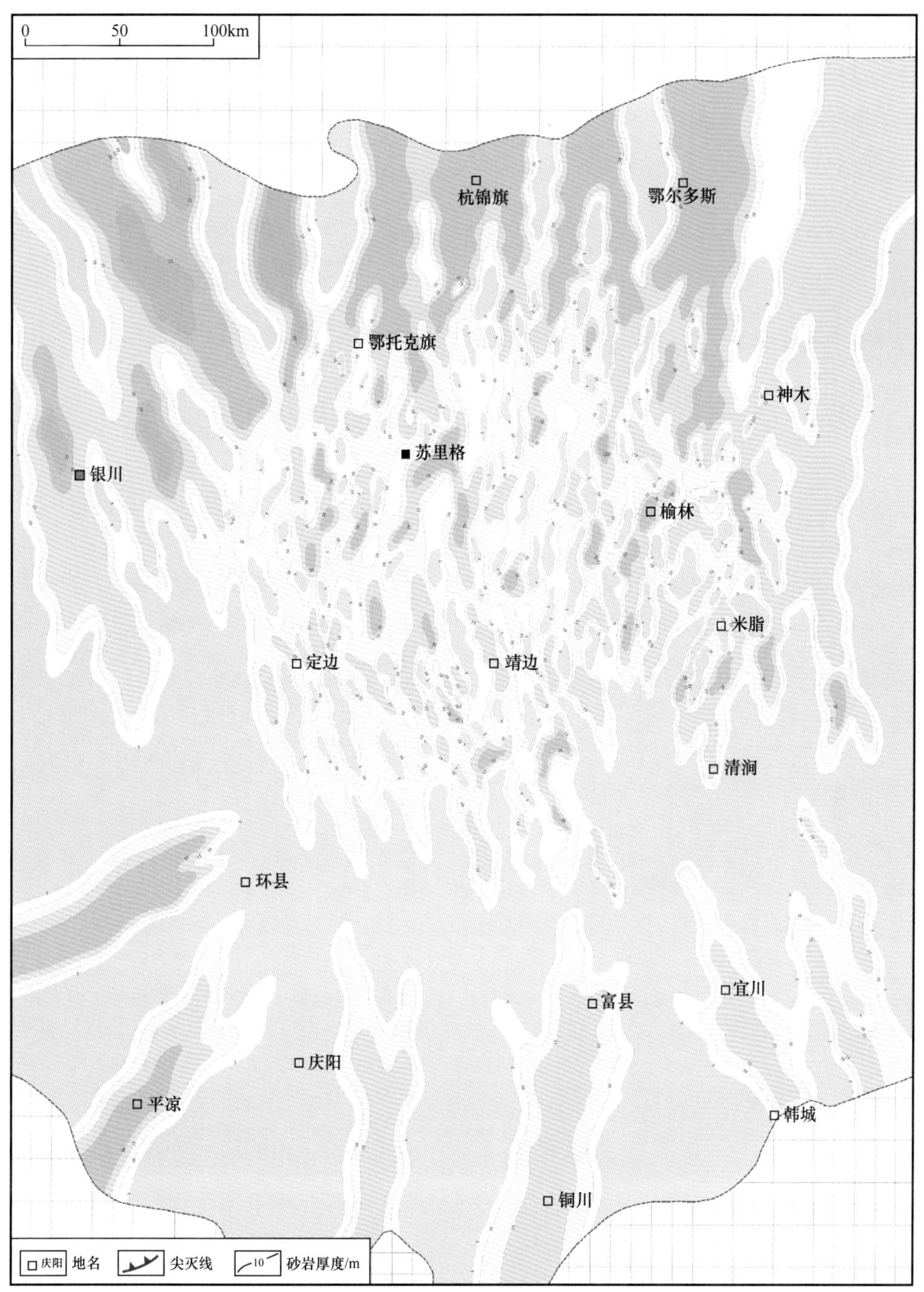

图 3-3-17 鄂尔多斯盆地山西组山 1 段砂体厚度图

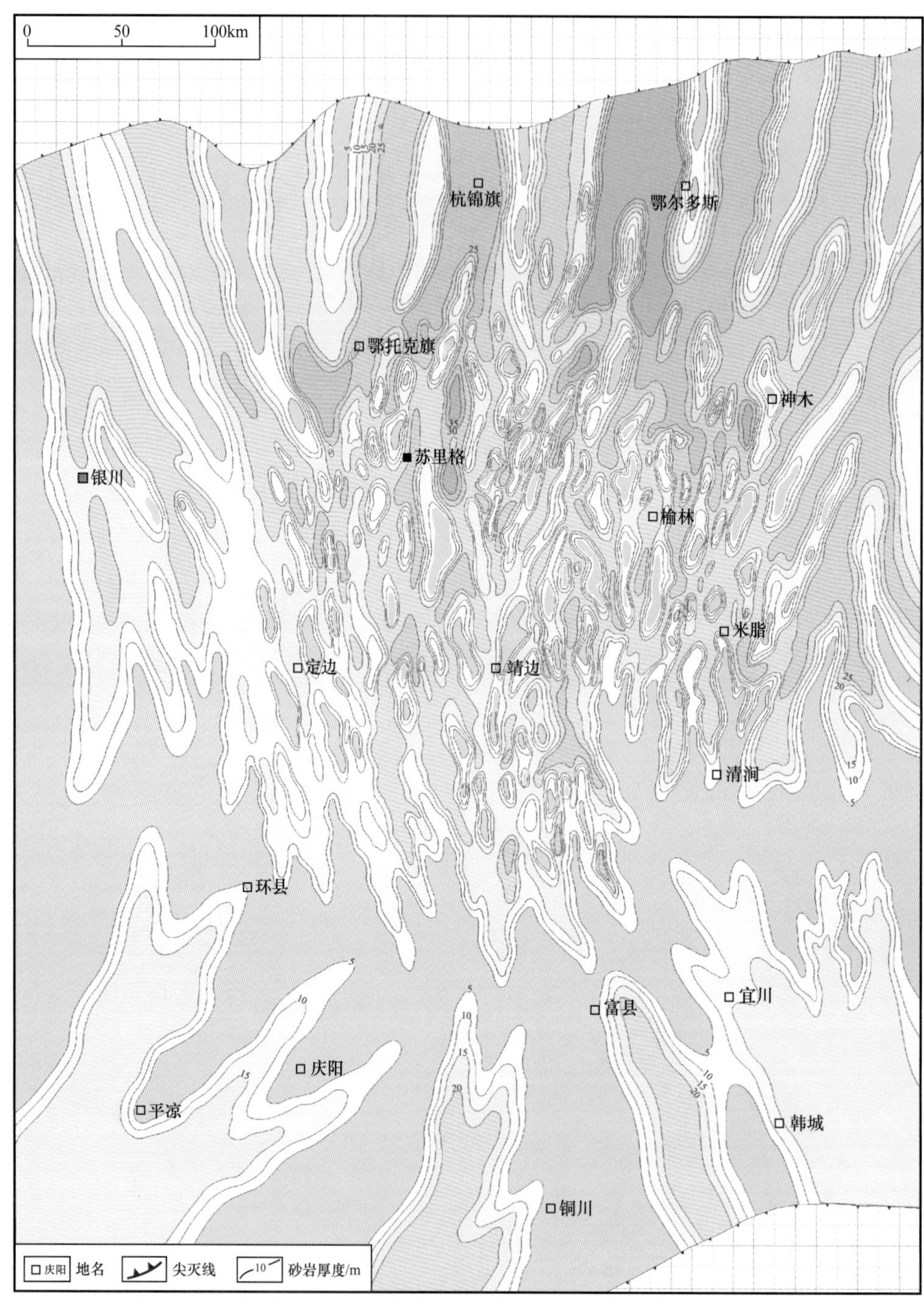

图 3-3-18　鄂尔多斯盆地石盒子组盒 8 段砂体厚度图

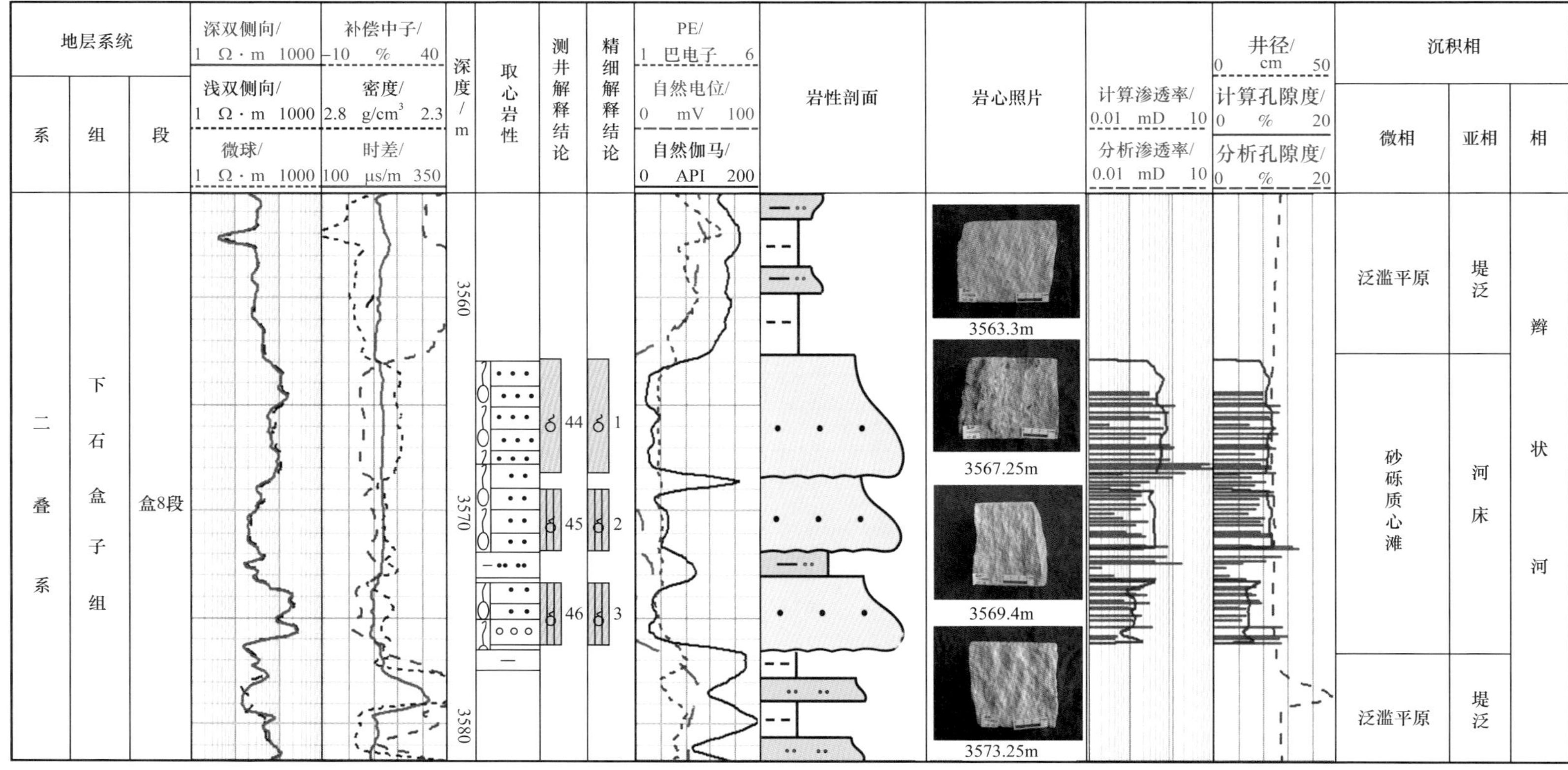

图 3-3-19　鄂尔多斯盆地辫状河砂砾质心滩储集砂体（S46 井，盒 8 段）

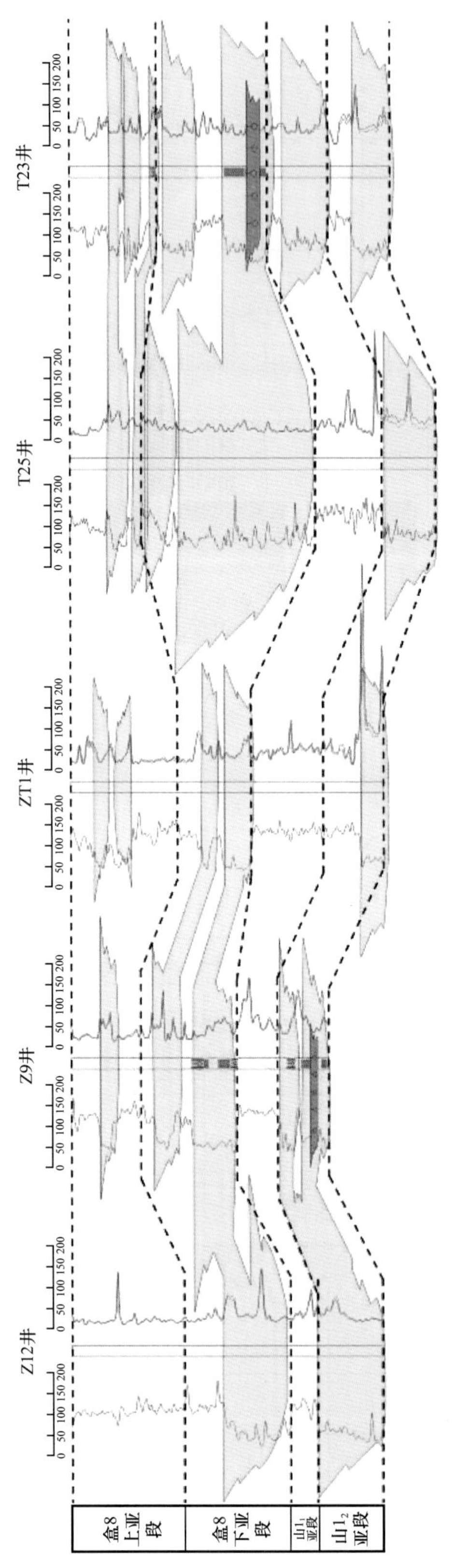

图 3-3-20 鄂尔多斯盆地盒 8 段储集砂体剖面结构形态特征

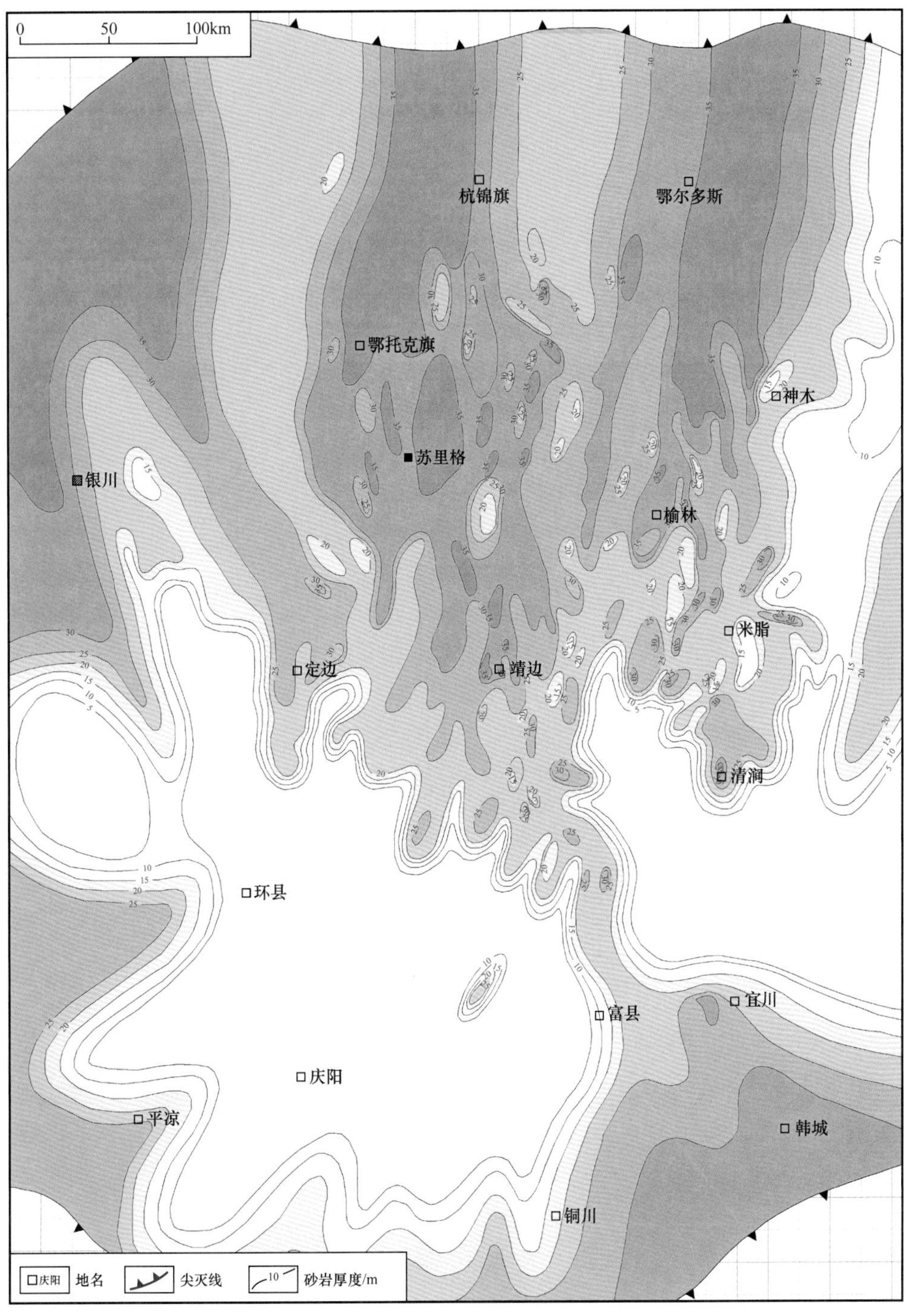

图 3-3-21　鄂尔多斯盆地石千峰组千 5 段砂体厚度图

第四节 储层特征

鄂尔多斯盆地上古生界储层属于河流—三角洲沉积体系，发育陆相碎屑岩和海相碎屑岩沉积，碎屑组分复杂，成岩作用强烈，90% 以上的储层孔隙度小于 10%，渗透率小于 1mD，属典型的致密砂岩储层。

一、上古生界砂岩储层岩石学特征

受盆地北部阴山古陆物源分带性影响，鄂尔多斯盆地上古生界碎屑岩储层岩性整体上表现出明显的分带特征。盆地西部受富石英物源区的影响，发育一套以石英砂岩为主的储集砂体，盆地东部受相对贫石英物源区的影响，发育一套以岩屑石英砂岩、岩屑砂岩为主的储集砂体。自西向东，依次发育石英砂岩、石英砂岩 + 岩屑石英砂岩和岩屑石英砂岩 + 岩屑砂岩 3 个岩性区带，且不同区带之间存在明显的岩性过渡带。

上古生界主力含气层段主要包括石炭系本溪组和二叠系太原组、山西组（山 1 段、山 2 段）、石盒子组（盒 1 段—盒 8 段）、石千峰组（千 1 段—千 5 段）。其中，本溪组和太原组储层发育海相碎屑岩，山西组发育海陆过渡相碎屑岩，石盒子组和石千峰组发育陆相碎屑岩。受沉积环境的影响，上古生界不同层系碎屑岩石类型有所差异，本溪组和山 2 段主要发育石英砂岩和岩屑石英砂岩，少量岩屑砂岩；太原组以岩屑石英砂岩和岩屑砂岩为主，少量石英砂岩；盒 8 段以岩屑石英砂岩和石英砂岩为主。从盒 6 段—盒 7 段开始长石逐渐增多，盒 6 段—盒 7 段为岩屑石英砂岩、含长石岩屑砂岩。盒 1 段—盒 4 段与千 5 段岩性相似，以长石岩屑砂岩为主，总体上，从本溪组到石千峰组长石含量逐渐增多，规律性明显（图 3-4-1）。

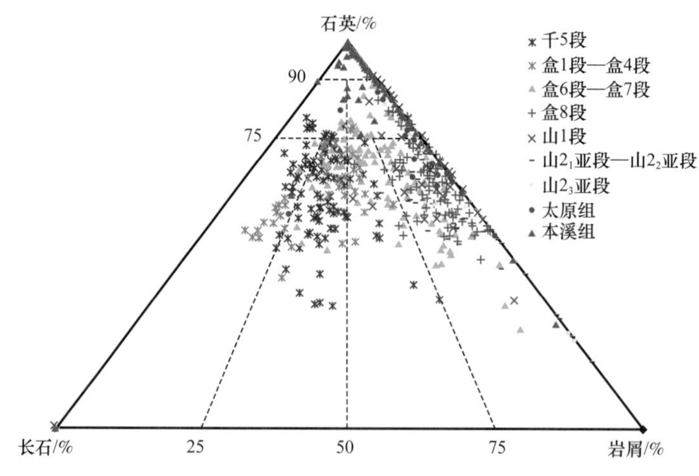

图 3-4-1　鄂尔多斯盆地上古生界不同层系岩石类型三角图

（一）碎屑特征

砂岩的碎屑颗粒成分以石英类（包括单晶石英、多晶石英、燧石以及变质石英岩岩屑）和岩屑（除变质石英岩岩屑）为主，长石含量极少，几乎为零，主要为碱性长石，多数已经高岭石化。不同层位、不同区域的石英、岩屑及长石的含量相差较大，岩石类型复杂多样。

1. 石英

砂岩中石英含量在 75%～95% 之间，岩屑含量在 10%～24% 之间（图 3-4-2）。石英以普通石英为主，常见二轮回石英、碎裂愈合石英、变晶石英、火山石英，富含包裹体石英、脉石英等；其中二轮回石英为前寒武系古老沉积岩系的风化产物；包裹体石英、变晶石英等大部来自花岗片麻岩、变粒岩等高级变质蚀源区；碎裂愈合石英、脉石英等表明母岩经历了热液和断裂应力作用的强烈改造；火山石英来自火山喷发的晶屑或蚀变玻璃，保存着棱角状、刃状、溶蚀港湾状的标型特征。

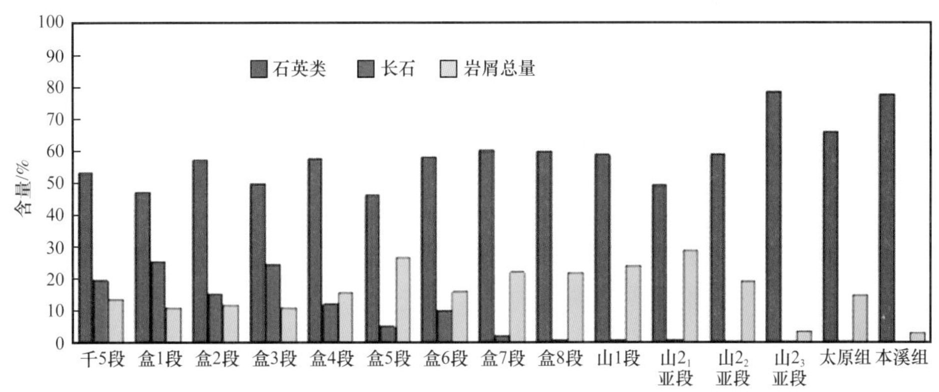

图 3-4-2　鄂尔多斯盆地上古生界不同层系碎屑组分平均含量图

2. 长石

盆地上古生界残存的碎屑长石一般呈板柱状—粒状，较新鲜者可见聚片双晶，多数长石为棱角状，磨圆度较差，多具弱—强的绢云母化、高岭石化。长石含量为 5%～10%；不同层系、不同区域长石含量有一定差异。平面上，盆地东部长石含量 0～9.8%，平均为 0.58%，晋西褶皱带、西缘断褶带出露地表的剖面上长石含量普遍较高，最高达 30%。盆地西缘盒 8 段普遍含有长石，大致以 R13 井为界，R13 井以北长石含量 10%～25%，岩性以长石石英砂岩和岩屑石英砂岩为主。R13 井以南长石含量明显降低，仅 5% 左右，岩性以含长石岩屑石英砂岩为主。纵向上，上部的石千峰组长石砂岩含量丰富，最高可达 28%。上石盒子组砂岩长石含量大于 10%，下石盒子组长石含量不足 10%。山西组、太原组和本溪组砂岩长石含量小于 3%。

除受物源分区分带控制外，成岩演化阶段的不同也可引起长石分布的差异。长石等硅酸盐矿物在低温条件下相对稳定，随着地层埋深加大，地温升高，水岩反应增强，长石等硅酸盐矿物的溶蚀、蚀变作用逐渐强烈，形成自上而下长石含量降低的现象。

3. 岩屑

岩屑类型主要为千枚岩、泥板岩、变质砂岩和中酸性火山碎屑等，岩屑含量

15%～40%。组分以火成岩岩屑和变质岩岩屑为主，沉积岩岩屑含量低。从岩屑类型来看，从本溪组至石千峰组物源特征相似。铸体薄片鉴定表明，上古生界砂岩中岩屑类型多样，包括火成岩岩屑、变质岩岩屑、沉积岩岩屑、蚀变碎屑及云母碎屑等。

沉积岩岩屑：少量泥岩、粉砂质泥岩、碳酸盐等沉积岩岩屑（0～2.5%，平均0.38%），泥质岩屑与杂基混杂，且发生强烈蚀变，难以区分，各层砂岩中沉积岩岩屑含量很低，偶见有粉砂岩岩屑。

火成岩岩屑：多为中酸性喷发岩岩屑，含量0～35%，平均5.3%。镜下可见流纹质霏细岩屑、安山岩屑、石英斑岩岩屑、英安岩屑等中—酸性火山熔岩的岩屑和凝灰岩屑，具有火山岩结构，并且发生了强烈的蚀变，火山岩岩屑的溶解及泥铁化现象显著，多数难以辨认。

变质岩岩屑：主要类型为石英岩岩屑、片麻岩岩屑、细粒石英砂岩岩屑、变质粉砂岩岩屑、绢云母石英千枚岩岩屑、泥板岩岩屑等。含量1.3%～28.0%，平均13.1%，其压扁变形及假杂基化现象明显。塑性岩屑是影响砂岩物性的主要因素。

（二）填隙物特征

1. 填隙物类型

上古生界致密砂岩储层填隙物主要包括以下四类：黏土充填物、硅质胶结物、碳酸盐类胶结物和火山灰。对各层系砂岩填隙物的含量进行统计（图3-4-3），填隙物含量总体上呈现出高黏土、高硅质、高碳酸盐的充填胶结特点，胶结作用强烈是储层致密的主要原因之一。

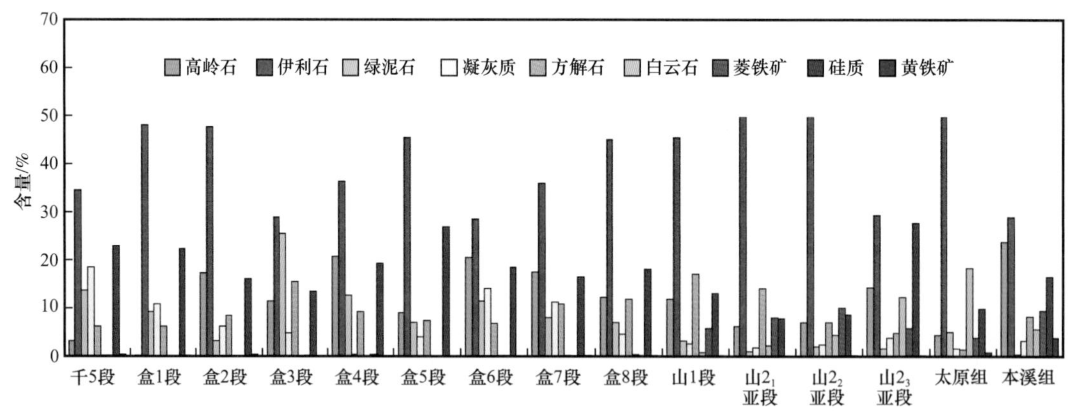

图3-4-3　鄂尔多斯盆地上古生界不同层系填隙物分布图

1）黏土充填物

上古生界砂岩储层中，高岭石、伊利石、绿泥石、伊/蒙混层及蒙脱石等黏土矿物含量高，一般在5%～15%，以高岭石和伊利石为主，占据了大量的粒间孔隙。盆地上古生界黏土常见有绿泥石、伊利石和高岭石及伊/蒙混层（图3-4-4）。从结构上看，自生黏土矿物可呈薄膜状或栉壳状包围碎屑颗粒，也可呈晶体集合体充填粒间孔隙或岩石缝洞。这些黏土矿物除了部分来自母岩的风化产物外，更多的是同沉积火山物质的蚀变产物。

Y49井，山2_3亚段，2550.60m，丝发状伊利石、自生石英　　Q6井，山2_3亚段，2706.67m，自生高岭石，结构松散，充填粒间孔　　Q9井，盒8上亚段，2712.26m，自生高岭石，较致密，晶间孔

Y73井，本溪组，2566.80m，网状伊利石、高岭石共生　　Y49井，盒8下亚段，2404.0m，绿泥石，玫瑰花状集合体　　Y39井，山2_3亚段，2363.93m，自生高岭石

图 3-4-4　鄂尔多斯盆地不同类型黏土矿物

黏土矿物在一定的条件下可以相互转化。蒙皂石形成于碱性孔隙水条件下，它在成岩过程中必须经过由蒙皂石→无序混层→有序混层→伊利石或绿泥石的转化过程。绿泥石早期以包膜和衬边形式包裹碎屑颗粒，可阻碍石英次生加大的形成，并在一定条件下可转化为伊利石，高岭石在富 K 的碱性环境可以向伊利石转化。

分析表明，鄂尔多斯盆地东部黏土胶结物含量较西部多，黏土溶蚀产生暗色矿物，东部黏土矿物演化作用脱出 Ca^{2+}、Fe^{3+}、Mg^{2+}、Si^{4+} 等，岩心和薄片均呈现出东部地区较西部地区暗色矿物发育。

X 射线衍射定量分析表明（图 3-4-5），上古生界黏土矿物中伊利石含量为 25.6%～63.5%，且有随着深度增加含量增高的规律。而伊 / 蒙混层类黏土矿物则相反，含量介于 4.5%～11.5% 之间，随着层位的加深而逐渐减少。绿泥石含量介于 0～42.63%，同样呈现出上高下低的趋势，高岭石含量在 18.81%～34% 之间，具有上下高、中部低的分布特点。

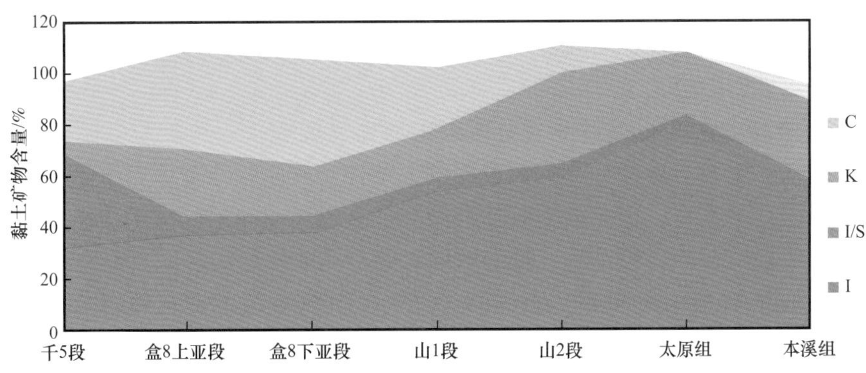

图 3-4-5　鄂尔多斯盆地上古生界主要层系砂岩储层黏土矿物 X 射线衍射汇总图

受埋藏深度、温度及成岩作用影响，不同层段黏土矿物相对含量及组合特征差异明显（表3-4-1）。千5段伊/蒙混层含量为37.2%，伊利石含量32.2%，绿泥石含量25.7%，高岭石含量5%，以伊/蒙混层+伊利石+绿泥石黏土矿物组合为主，其中伊/蒙混层含量较其他研究层系多。盒8段黏土矿物中伊利石相对含量29.1%，高岭石相对含量27.5%，绿泥石相对含量27%，伊/蒙混层相对含量16%，黏土矿物表现为绿泥石+高岭石+伊利石组合，盒8段绿泥石较其他层系多。山2段伊利石含量40%，高岭石含量50.9%，绿泥石和伊/蒙混层含量均不足5%，黏土矿物组合表现为高岭石+伊利石，高岭石发育普遍，变化范围大，榆林气田、子州气田部分井的相对含量超过30%，主要集中在研究区南部子洲地区。太原组伊利石含量51%，高岭石含量33.6%，伊/蒙混层含量12.7%，绿泥石含量不足2%，黏土矿物组合单一，为伊利石或伊利石+高岭石组合方式，主要集中在神木气田一带。

表3-4-1　鄂尔多斯盆地主力层系黏土矿物含量分布表

层位	伊利石（I）/%	伊/蒙混层（I/S）%	高岭石（K）/%	绿泥石（C）/%
千5段	32.2	37.2	5.0	25.7
盒8段	29.1	16.1	27.5	27.1
山2段	40.0	4.2	50.9	4.4
太原组	51.0	12.7	33.6	1.9
本溪组	43.6	4.25	50.7	3.2

从石千峰组千5段到本溪组，伊利石含量增加，绿泥石含量逐渐降低；高岭石含量在石千峰组千5段相对较低，其余层位基本稳定；伊/蒙混层在石千峰组千5段含量最高。黏土矿物含量的变化基本符合黏土矿物随埋深演化的规律，即在成岩演化初期伊/蒙混层较发育，随着埋深的增加伊利石含量逐渐增加。

2）硅质

硅质胶结物是上古生界砂岩储层的主要胶结物，储层中的硅质胶结物有石英次生加大边和自生微晶石英集合体两种类型。硅质普遍分布于上古生界石英砂岩和岩屑石英砂岩储层中，含量在2%～7%之间，最高达10%～15%。主要分布在石英砂岩和岩屑石英砂岩之中，其形态和产状各式各样，有孔隙充填状、环边加大、晶粒珠琏状及隐晶质孔隙充填状等，对于储层物性影响较大。

石英砂岩中高含量的石英颗粒为石英次生加大的形成提供了物质基础，黏土矿物等填隙物含量较低，为石英次生加大的形成提供了条件。硅质胶结物填充于储层的粒间孔隙内，不利于储层孔隙发育，但是硅质胶结物的增加又提高了储层的抗压实作用的能力，有利于粒间孔隙的保留，硅质胶结物含量的增加对储层孔隙发育的影响具有两面性。

砂岩硅质胶结物 SiO_2 的来源是多样的。（1）在山 2_3 亚段的石英砂岩中，尤其是发育缝合线的岩石中，压溶作用可以提供一部分 SiO_2 的来源；各个层位的岩屑砂岩中绢云母质岩屑与石英接触处常存在压溶作用。（2）存在于凝灰质蚀变黏土的各层砂岩中，当蚀变黏土被溶蚀形成孔隙及蚀变成高岭石时。(3)不稳定的长石质碎屑被溶解形成孔隙时。(4)碳酸盐对石英的交代作用。(5)来自泥岩中黏土矿物的转变。不同井位、不同层位、不同岩性的砂岩中的硅质胶结物 SiO_2 的来源存在差异。

3)碳酸盐类

碳酸盐胶结物可形成于上古生界储层成岩演化的各个阶段，主要为铁方解石、铁白云石、菱铁矿等富铁碳酸盐类矿物(表 3-4-2)。盆地东部(铁)方解石胶结分布广泛，含量一般为 2%～4%，在钙质致密层中含量达 15%～23%。大部分呈连晶式胶结，镜下可见方解石含量较多的地方孔隙极少或者不发育。方解石和铁方解石在东部地区上古生界各层段都有分布，而铁白云石和菱铁矿胶结物主要分布在山西组、太原组和本溪组。

表 3-4-2　鄂尔多斯盆地上古生界各层段碳酸盐类胶结物统计表

层位	方解石 /%	铁方解石 /%	铁白云石 /%	菱铁矿 /%	合计 /%
千 4 段	0.2	0.6	0	0	0.8
千 5 段	0.5	0.2	0	0	0.7
盒 1 段	0.3	0.1	0	0	0.4
盒 2 段	1.7	0.7	0	0	2.4
盒 3 段	0.1	2.3	0	0	2.4
盒 4 段	0.9	0.6	0	0	1.5
盒 5 段	0	5.2	0	0	5.2
盒 6 段	0.2	1.8	0	0	2
盒 7 段	0.2	0.9	0	0	1.1
盒 8 段	0.7	1.4	0	0	2.1
山 1 段	0.2	2.4	0.2	0.7	3.5
山 2_1 亚段	0	2.3	0.7	1.8	4.8
山 2_2 亚段	0.4	1.0	1.3	1.7	4.4
山 2_3 亚段	0.1	0.3	1.7	0.3	2.4
太原组	0.3	0.9	2.9	0.1	4.2
本溪组	0.3	0.3	0.8	2.4	3.8

4)凝灰质

凝灰质是指胶结物产状的火山灰。其保存程度和溶蚀强度因岩性不同而存在一定差异，平均含量 5%～10%，各层系中普通发育。一般呈黑褐色絮状，溶蚀后呈现残片状。

在山 1 段、盒 8 段及千 5 段的砂岩中。充填于砂岩粒间孔中的残余火山凝灰质呈黏土状，棕褐色，波状消光的隐晶质分布于碎屑粒间，扫描电镜下呈皱纹状薄膜和蜂窝状薄膜，经电子探针证实其成分富含 SiO_2 和 Al_2O_3，表明大量的火山灰分布于粒间孔中或砂岩的泥质杂基中，在成岩过程中向铝硅酸盐转化，根据其镜下特征主要由绿泥石和伊利石组成（图 3-4-6）。

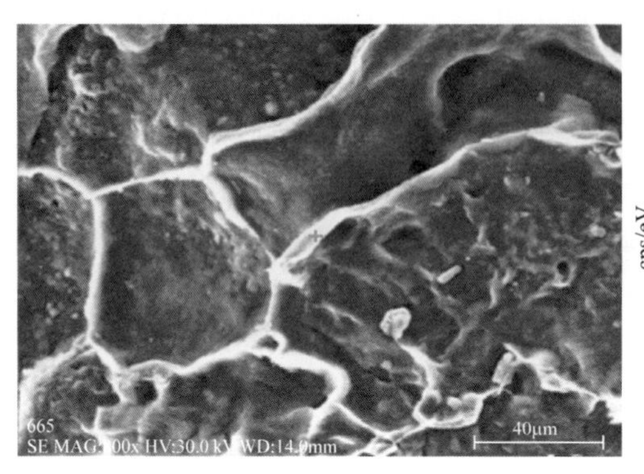

Y87井，盒8上亚段，2371.1m，凝灰质蚀变黏土，呈不规则片状

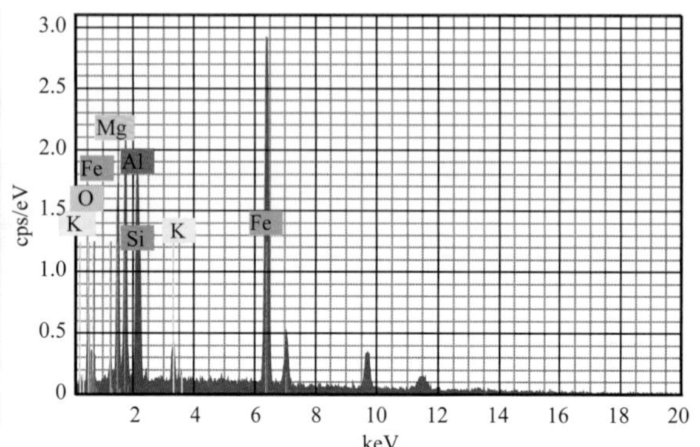

层位同左，能谱分析表明其成分为含铁、镁、铝和钾等阳离子的硅酸盐物质，为绿泥石和伊利石的混合物

图 3-4-6　凝灰质蚀变绿泥石黏土

2. 胶结物含量平面分布规律

不同层系胶结物平面分布差异明显。山西组胶结物含量在平面上的分布呈东西向分异。盆地东部山 1 段以伊利石和碳酸盐为主，西北部以高岭石、伊利石及碳酸盐为主，西南部以高岭石、伊利石及硅质为主；东部山 2 段以伊利石、碳酸盐和高岭石为主，西北部以高岭石及伊利石为主，西南部以硅质、高岭石为主。太原组及本溪组胶结物含量在平面上的分布也具有明显的东西差异。盆地东部太原组以伊利石、高岭石和碳酸盐为主，中部以伊利石和碳酸盐为主，西部以硅质、高岭石及伊利石为主；盆地东部本溪组以伊利石、碳酸盐和高岭石为主，西部以高岭石、硅质及伊利石为主。

二、上古生界砂岩储层物性特征

盆地上古生界储层孔隙度主要分布在 3%～10%，渗透率在 0.1～1mD，覆压渗透率一般小于 0.1mD。90% 以上的孔隙度小于 10%，渗透率小于 1.0mD，属于典型的致密砂岩储层。

上古生界主力层系的储层物性分析表明，储层物性受岩石类型控制较明显（表 3-4-3），山西组山 2_3 亚段石英砂岩储层的物性相对较好，其次是千 5 段和本溪组长石岩屑砂岩和石英砂岩，盒 8 段和太原组相对物性较差。盒 8 段孔隙度分布在 2%～14% 之间，变化范围较大，山 2_3 亚段明显相对集中。山 2_3 亚段石英碎屑含量高，刚性颗粒多抗压实能力强，储层物性相对较好，孔隙度变化范围小。

对 1800 块岩心样品的孔隙度与渗透率关系分析表明，上古生界储层渗透率均与孔隙度呈明显的正相关关系，说明渗透率的变化主要受孔隙发育程度的控制，孔隙度越高，渗透率越好，显示出孔隙型储层的特征。

表 3-4-3　鄂尔多斯盆地各层段主要砂岩类型物性特征统计表

层位	砂岩类型	平均孔隙度 /%	平均渗透率 /mD	样品数 / 块
千 5 段	岩屑长石砂岩	8.3	2.4	20
	长石岩屑砂岩	9.5	4.4	16
盒 8 段	岩屑砂岩	7.8	0.5	92
	岩屑石英砂岩	9.5	0.85	47
山 2_3 亚段	石英砂岩	5.8	4.6	44
	岩屑石英砂岩	7.1	2.4	90
	岩屑砂岩	7.5	0.5	19
太原组	岩屑砂岩	7.8	0.5	44
	岩屑石英砂岩	8.5	0.75	73
本溪组	石英砂岩	6.1	3.6	45

三、上古生界砂岩储层孔隙特征

（一）孔隙类型

1. 原生孔隙

原生孔隙主要为粒间孔。主要发育在石英砂岩中。面孔率平均 0.6%～0.7%，最高可达 3%。孔径较小，一般为 60～70μm。以千枚岩、板岩等软岩屑为主的岩屑砂岩中粒间孔隙基本消失。

2. 次生孔隙

次生孔隙类型主要包括火山物质溶蚀孔、长石溶孔及铸模孔、高岭石晶间孔、碳酸盐溶孔，其中火山物质溶蚀孔是上古生界致密砂岩储层最主要的次生孔隙类型（图 3-4-7）。

火山物质溶蚀孔：可分为收缩孔、岩屑溶孔、晶屑溶孔和火山灰溶孔。收缩孔主要为砂岩中充填孔隙的火山灰，形态一般呈线形、新月形，含量 0～4.0%，平均 2%。岩屑溶孔主要为岩屑中的长石晶屑、玻璃层等被溶形成网络状的群体孔隙，孔径大小不等，一般介于 30～50μm，最大 100～150μm。晶屑溶孔以长石晶屑溶蚀为主，因其含量较少，仅提供 1%～2% 面孔率；火山灰溶孔的溶蚀量变化较大，一般介于 1%～9%，S6 井平均溶蚀量为 3.9%。孔隙中的火山灰溶蚀彻底时与粒间孔无异，孔径变化较大，一般 10～50μm，最大 300μm。

长石溶孔及铸模孔：盆地内部盒 8 上亚段、盒 8 下亚段、山 1 段长石含量较少，一般

Y99井，盒8上亚段，2419.80m，粒间溶孔，火山灰几乎全部被溶解

Y39井，山2段，2364.23m，铸模孔

Z54井，本溪组，3235.57m，残余粒间孔

P2井，山2段，2237.25m，溶蚀钙质胶结物

M25井，山2段，2302.44m，长石黏土化和溶蚀

Y71井，山2_3亚段，2503.55m，高岭石晶间孔

Y87井，盒8上亚段，2368.69m，粒间溶孔

S218井，本溪组，3021.61m，溶孔及高岭石晶间孔

S318井，本溪组，3211.75m，高岭石晶间孔及溶孔

图 3-4-7　鄂尔多斯盆地不同层系主要孔隙类型

不超过 3%，且以中基性斜长石为主；在深埋和酸性介质中，酸性介质通过长石的解理、双晶缝等结构缝渗滤扩溶，形成组构性溶蚀孔隙，往往形成梳状、蜂窝状孔隙。

高岭石晶间孔：蚀变型高岭石晶间孔极少，面孔率不足其含量的 1/10，孔径一般 2～5μm。自生析出型高岭石晶形粗大，松散堆积在粒间孔隙中，晶间孔发育，孔径粗，可达 5～20μm，其孔隙体积是高岭石含量的 1/3～1/4。盆地西部地区的石英砂岩、岩屑石英砂岩储层中发育大量高岭石，形成了以高岭石晶间孔为主的微孔，平均含量 0.87%～5.74%。

碳酸盐溶孔：方解石、白云石沿解理方向或边缘溶蚀，孔隙形态一般为线状、蚕蚀状和港湾状，大小 10～20μm，面孔率一般小于 0.5%，有时与硅质接触进行交代溶蚀也较常见。

（二）孔隙组合

孔隙组合类型可以直观地分析盆地不同地区储层的储集特征，对于储层孔隙组合类型的划分前人开展了大量的工作（罗静兰，2011；李壮福，2011；杨申谷，2011），均对鄂尔多斯盆地上古生界不同地区、不同层段砂岩储层的孔隙组合进行了划分。基于全盆地不同地区近千口井 4000 多块样品孔隙类型进行分类总结，盒 8 段储层的储集空间多以各类孔隙的复合形式出现，划分为 8 类主要的孔隙组合（表 3-4-4）。

表 3-4-4　鄂尔多斯盆地盒 8 段不同孔隙类型组合砂岩物性特征统计表

孔隙组合类型	孔隙度 /%	渗透率 /mD	面孔率 /%	溶蚀率 /%	百分比 /%
粒间溶孔	8.80	1.16	4.60	＞50	9.17
晶间孔—粒间孔—粒间溶孔	8.90	0.72	5.93	＞50	6.02
晶间孔—粒间溶孔—粒间孔	11.66	1.12	5.65	＞50	4.24
晶间孔—粒间孔	7.60	0.68	5.28	25～50	2.33
晶间孔—溶孔	7.45	0.46	3.72	25～50	16.55
溶孔—微孔	5.60	0.35	3.02	25～50	3.15
晶间孔—粒内溶孔	5.20	0.24	2.86	＜25	13.54
晶间微孔	4.30	0.15	0.59	＜25	43.78

1. 粒间溶孔

岩性主要为中粗粒石英砂岩和岩屑石英砂岩，分选较好，磨圆度主要为次圆状—次棱角状，颗粒之间以点—线接触为主，胶结类型主要为孔隙式、加大—孔隙式。孔隙类型以粒间溶孔为主，并与微裂缝组合形成一种良好的复合储集空间类型，该孔隙组合类型占样品总数的 9.2%，平均面孔率为 4.60%，平均孔隙度 8.80%，渗透率为 0.8～561mD，平均渗透率为 1.16mD，溶蚀率大于 50%。

2. 晶间孔—粒间孔—粒间溶孔

岩性主要为中粗粒石英砂岩和岩屑石英砂岩，分选中—好，磨圆度主要为次棱角状—次圆状，颗粒之间以线接触为主，胶结类型主要为薄膜—孔隙式、加大孔隙式。孔隙类型以粒间溶孔为主，并与粒间孔和晶间孔组合形成一种良好的复合储集空间类型，此类孔隙组合类型占样品总数的 6.02%，平均面孔率 5.93%，平均孔隙度 8.9%，平均渗透率 0.72mD，溶蚀率大于 50%。黏土矿物晶间孔发育，局部地区砂岩中见少量方解石晶内溶孔。

3. 晶间孔—粒间溶孔—粒间孔

岩性主要为中粗粒石英砂岩和长石石英砂岩，分选中—好，磨圆度主要为次棱角状—次圆状，颗粒之间以点—线接触为主，胶结类型主要为薄膜—孔隙式、加大孔隙式。孔隙类型以粒间溶孔、粒间孔为主，此类孔隙组合类型占样品总数的4.24%，平均面孔率为5.65%，平均孔隙度为11.66%，平均渗透率为1.12mD，溶蚀率大于50%。

4. 晶间孔—粒间孔

岩性主要为中粗粒长石石英砂岩，分选中—好，磨圆度主要为次棱角状—次圆状，颗粒之间以点—线接触为主，胶结类型主要为薄膜—孔隙式、加大孔隙式。孔隙类型以晶间孔、粒间孔为主，此类孔隙组合类型占样品总数的2.33%，平均面孔率为5.28%，平均孔隙度为7.6%，平均渗透率为0.68mD，溶蚀率为25%～50%之间。

5. 晶间孔—溶孔

岩性主要为中粗粒岩屑石英砂岩、岩屑砂岩，分选中—差，磨圆度主要为次棱角状—次圆状，颗粒之间以点—线接触为主，胶结类型主要为孔隙式、加大孔隙式。孔隙类型以晶间孔、粒间溶孔、粒内溶孔为主，此类孔隙组合类型占样品总数的16.55%，平均面孔率为3.72%，平均孔隙度为7.45%，平均渗透率为0.46mD，溶蚀率为25%～50%之间，主要分布在太原组储层中。

6. 溶孔—微孔

砂岩岩性主要为中粗粒岩屑石英砂岩、岩屑砂岩，分选中—差，磨圆度主要为次棱角状—次圆状，颗粒之间以点—线接触为主，胶结类型主要为孔隙式、加大孔隙式。孔隙类型以粒间溶孔、粒内溶孔为主，此类孔隙组合类型占样品总数的3.15%，平均面孔率为3.02%，平均孔隙度为5.6%，平均渗透率为0.35mD，溶蚀率为25%～50%。

7. 晶间孔—粒内溶孔

砂岩岩性主要为中粗粒长石岩屑砂岩、岩屑砂岩，分选较差，磨圆度主要为次棱角状，颗粒之间以点—线接触为主，胶结类型主要为孔隙式胶结。孔隙类型以晶间孔、粒内溶孔为主，此类孔隙组合类型占样品总数的13.54%，平均面孔率为2.86%，平均孔隙度为5.2%，平均渗透率为0.24mD，溶蚀率低，普遍小于25%。

8. 晶间微孔

砂岩岩性主要为中粒的长石岩屑砂岩、岩屑砂岩，分选较差，磨圆度主要为次棱角状，颗粒之间以点—线接触为主，胶结类型主要为孔隙式胶结。孔隙类型以晶间微孔为主，此类孔隙组合类型占样品总数的43.78%，平均面孔率为0.59%，平均孔隙度为4.3%，平均渗透率为0.15mD，溶蚀率低，普遍小于25%。

四、微观孔隙结构及渗流特征

致密砂岩储层微米—纳米级喉道发育，储层微观孔隙结构与常规低渗透储层特征有显著差异。渗流指流体在多孔介质中的流动，渗流能力为流体在孔喉体系中的流动能力，渗流能力主要受流体流通通道的控制。喉道为颗粒间连通的狭窄部分，喉道的发育状况是决定岩石内流体渗流能力的主控因素。多种分析测试技术手段综合开展微观孔喉结构特征及其对渗流的影响是致密储层综合研究的重要方面。

（一）常规压汞

压汞技术是储层孔喉结构研究的重要手段，压汞测得的毛细管压力曲线表征了储层微观孔喉大小及分布。根据上古生界不同层系致密砂岩储层的毛细管压力测定参数统计结果（表 3-4-5），砂岩排驱压力在 0.5～1.3MPa，太原组排驱压力最大（图 3-4-8），中值喉道半径山 2 段最大（图 3-4-9），其次是本溪组和千 5 段；孔径一般介于 0.5～400μm 之间，孔喉分选差，其分选系数介于 1.8～2.3，平均为 1.98；退汞效率低，一般在 30%～41%，平均 36%。

表 3-4-5　鄂尔多斯盆地上古生界压汞参数统计表

层位	排驱压力 /MPa			中值半径 /μm			分选系数			变异系数			最大进汞饱和度 /%			退出效率 /%		
	平均	最小	最大	平均	最小	最大	平均	最小	最大	平均	最小	最大	平均	最小	最大	平均	最小	最大
千 5 段	0.51	0.02	3.18	0.34	0.02	3.43	2.35	1.08	3.55	0.21	0.08	0.41	74.79	25.28	98.30	30.35	13.40	49.90
盒 6 段	0.93	0.07	3.17	0.07	0.01	0.26	2.07	0.15	6.00	0.20	0.07	1.06	65.42	1.61	94.11	35.88	10.33	52.40
盒 8 上亚段	0.84	0.02	13.03	0.11	0.01	3.04	1.92	0.08	4.78	0.17	0.03	0.63	63.71	1.59	92.61	39.34	10.16	58.48
盒 8 下亚段	0.98	0.13	7.76	0.08	0.01	0.87	1.81	0.02	5.84	0.22	0.07	3.37	56.79	0.25	94.28	37.02	3.50	57.90
山 1 段	1.03	0.02	6.91	0.08	0.00	0.36	1.92	0.10	6.13	0.21	0.05	1.80	60.29	1.01	96.33	41.66	15.62	58.80
山 2 段	1.02	0.01	37.87	0.67	0.00	15.12	1.96	0.05	5.65	0.23	0.02	9.57	66.90	1.02	96.59	32.43	0.40	96.80
太原组	1.27	0.01	14.45	0.25	0.01	0.97	1.97	0.17	4.22	0.27	0.03	3.44	69.69	7.29	94.60	36.92	1.30	96.80
本溪组	0.72	0.04	2.08	0.41	0.04	2.56	1.82	0.22	6.35	0.31	0.09	3.55	79.61	6.92	97.42	37.26	4.10	53.24

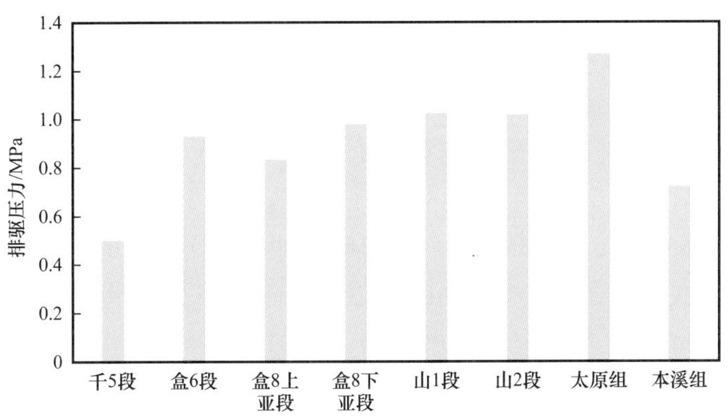

图 3-4-8　鄂尔多斯盆地不同层系排驱压力对比柱状图

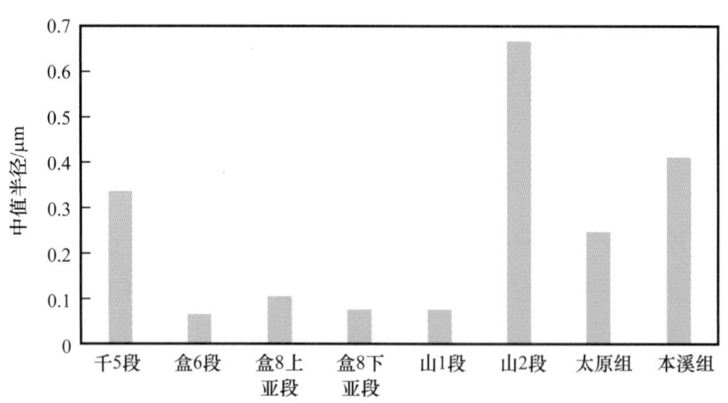

图 3-4-9　鄂尔多斯盆地不同层系中值半径对比柱状图

鄂尔多斯盆地致密砂岩储层的排驱压力普遍偏高，退汞效率普遍较低，根据孔喉的大小分布曲线和数据分析，喉道普遍具有两个以上峰，说明岩心具有两种孔隙—喉道系统。压汞曲线平台不明显，主要为陡斜式。依据大量的储层毛细管压力曲线的分析，认为毛细管压力曲线可分为以下四种类型。

低排驱压力—微细喉道—分选好型：排驱压力小于 0.5MPa，中值压力小于 10MPa，孔喉中值半径大于 0.3μm，最大进汞饱和度大于 80%，退出效率小于 40%。压汞曲线平台明显，孔喉分选好，粗歪度。

中排驱压力—微细喉道—分选好—中等型：排驱压力 0.5～0.8MPa，中值压力 2～20MPa，孔喉中值半径 0.1～0.3μm，最大进汞饱和度 76%～80%，退出效率大于 40%。压汞曲线平台较明显，孔喉分选好—中等，略粗歪度。

中排驱压力—微喉道—分选较好型：排驱压力 0.8～2.0MPa，中值压力 20～100MPa，孔喉中值半径 0.05～0.1μm，最大进汞饱和度大于 70%～76%，退出效率小于 40%。压汞曲线平台不明显，孔喉分选较好，略细歪度。

高排驱压力—吸附喉道—分选差型：排驱压力大于 2.0MPa，中值压力大于 100MPa，孔喉中值半径小于 0.05μm，最大进汞饱和度小于 70%，压汞曲线平台不明显，分选不好，细歪度。

总体上储层孔隙平台发育，排驱压力较低；平均孔、喉半径小，孔喉比差别大。根据长庆油田孔隙—喉道大小分类标准，砂岩孔喉组合以细孔隙—微细喉道、微孔隙—微喉道为主，小孔隙—细喉道为辅。

重点对盆地盒 8 段孔喉类型进行分析（图 3-4-10），其大部分砂岩的排驱压力较低（在 0.27～2.05MPa 之间，平均 1.35MPa），中值压力较高（盒 8 上亚段与盒 8 下亚段平均分别为 19.65MPa、24.75MPa），中值喉道半径较小（0.001～1.27μm 之间，平均 0.11μm），最大孔喉半径普遍小于 3.0μm，总体偏向于小孔喉半径，部分样品的最大孔喉半径超过了 30μm。最大进汞饱和度较高（16.01%～96.95%，平均 75.49%），退汞效率较低（3.05%～50.73%，平均 39.50%）。这些参数特征反映砂岩的最大喉道较粗，粗喉道与孔隙间的连通性较好，但占比较小；平均喉道半径较小，这类喉道与孔隙间的连通性较差。有效孔隙在总孔隙中所占的比例相对较低，且分布不均匀，储层非均质性较强。

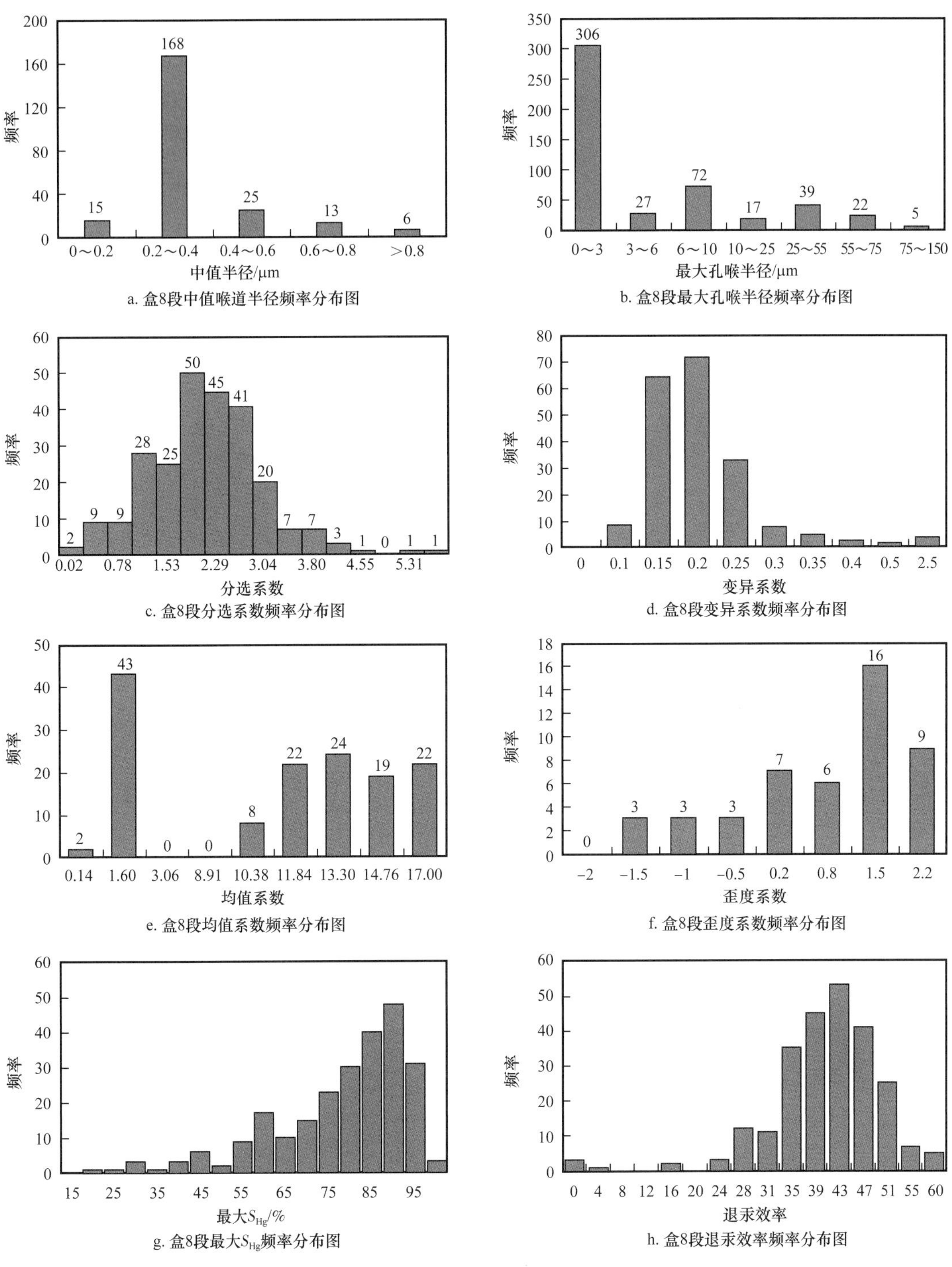

图 3-4-10　鄂尔多斯盆地盒 8 段毛细管压力曲线参数频率分布图

（二）恒速压汞分析

恒速压汞分析理论基础为假设多孔介质由半径大小各异的喉道与孔隙构成，当以非常低的恒定进汞速度（0.00005mL/min）准静态将汞注入岩石孔隙，通过进汞过程中的压力涨、落获取孔隙和喉道信息，可直接测量喉道和孔隙半径的大小及分布。恒速压汞测试可将储层的喉道和孔隙分开，可定量的确定储层孔隙及喉道的大小及分布特征。盒8段储层孔隙分布在10～500μm范围内，主峰为70～200μm（图3-4-11）；喉道分布在0.1～14μm范围内，主峰为0.2～2.2μm（图3-4-12）。属典型的大孔隙、中—细喉道储层，即大孔隙由小、微喉道控制。

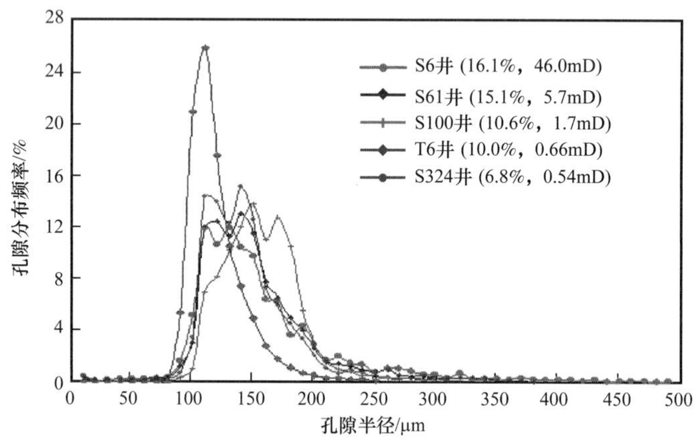

图3-4-11　鄂尔多斯盆地盒8段储层孔隙半径分布图

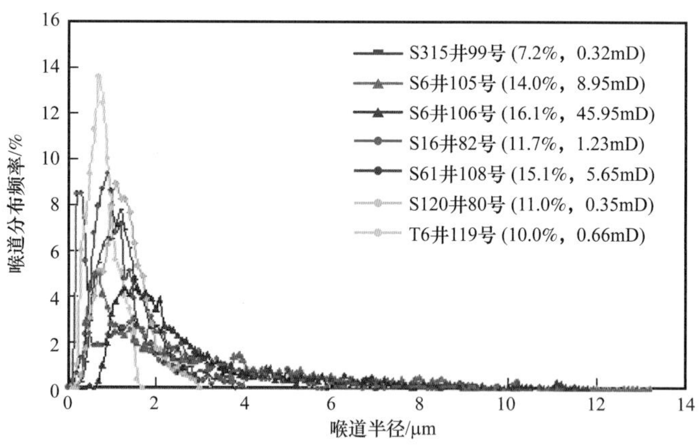

图3-4-12　鄂尔多斯盆地盒8段储层喉道半径分布图

（三）三维CT扫描数字岩心分析技术

CT扫描即X射线断层扫描，可全角度对岩心样品逐个断层依次扫描，直观表现致密砂岩储层孔喉三维立体特征，孔隙、喉道、微裂缝发育程度及孔喉连通情况均可呈现。致密砂岩储层以管束状、网状喉道为主，孔喉配位数3～4个，图3-4-13（左、中）中不同颜色代表相互独立的孔隙，具体详细参数见表3-4-6。

a. 孔隙、喉道三维CT扫描立体图

b. 孔隙空间展布特征

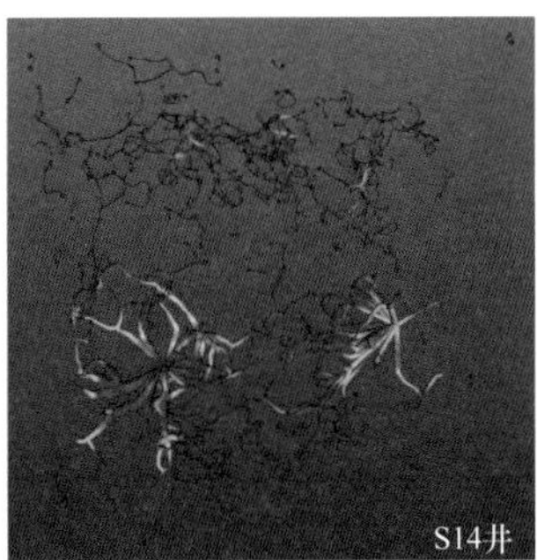

c. 喉道空间展布特征

图 3-4-13 鄂尔多斯盆地盒 8 段储层三维 CT 扫描立体孔隙结构特征图

表 3-4-6 鄂尔多斯盆地盒 8 段三维 CT 扫描定量参数统计表

岩心编号	1	2	3	4	5
孔隙度 /%	12.8776	10.6261	10.0462	11.5662	5.7864
渗透率 /mD	0.749685	0.616517	0.486581	0.406572	0.093838
孔隙数目 / 个	104679	46690	81514	75314	60721
喉道数目 / 个	211919	80463	146418	137793	111117
平均配位数 / 个	4.04396	3.43763	3.58709	3.6528	3.65229

（四）场发射扫描电镜

1. Ⅰ类储层

岩性以石英砂岩、岩屑石英砂岩为主，孔隙度大于 10%，渗透率大于 1.0mD，储层物性好；微观孔隙结构特征表现为孔隙尺寸较大，孔隙类型丰富，残余粒间孔、溶孔较为发育。喉道充填度低，孔隙连通性较好，延伸程度高，往往相互连通构成微裂缝网络（图 3-4-14）。

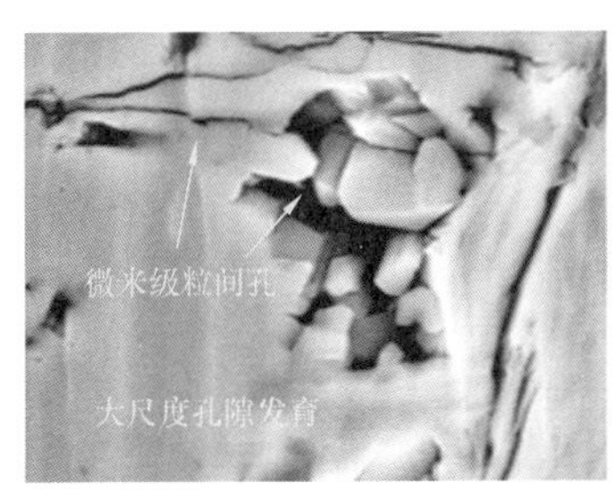

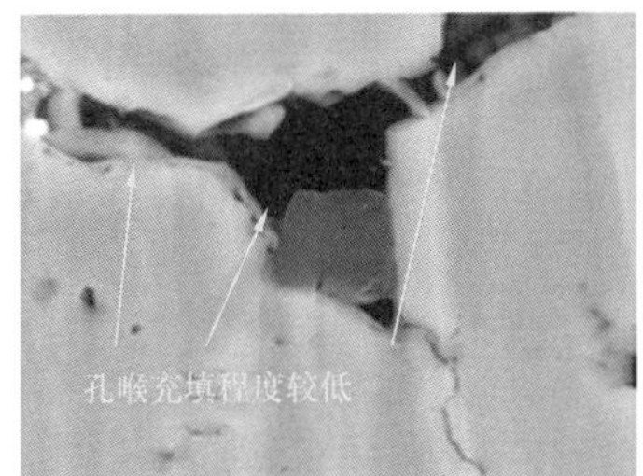

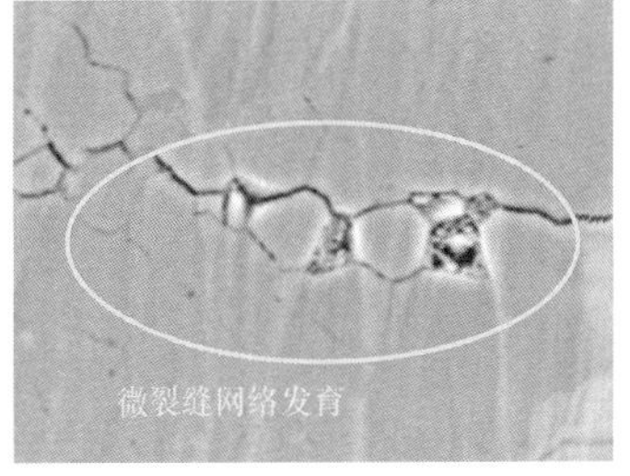

Y30井，山2_3亚段，粗粒石英砂岩，2537.62m

图 3-4-14 Ⅰ类储层微观结构特征

2. Ⅱ类储层

岩性以岩屑石英砂岩、石英砂岩为主，孔隙度 7%～10%，渗透率 0.5～1.0mD，储层物性较好；微观结构特征表现为黏土矿物晶间孔所占比例显著增多，残余粒间孔、溶孔等仍有一定发育程度，但所占比例显著减小。孔隙尺寸变小，喉道有一定充填，孔隙间连通性较差，延伸程度低，孔隙、喉道相对独立，孔隙类型较为复杂，(图 3-4-15)。

3.Ⅲ类储层

以岩屑砂岩、岩屑石英砂岩为主，孔隙度小于 7%，渗透率小于 0.3mD。微观结构特征表现为孔隙尺寸小，喉道几乎完全被充填（主要是自生黏土矿物）；孔隙间连通性极差，储集空间小而孤立；孔隙类型较为单一，黏土矿物等充填孔隙，以黏土矿物晶间孔（纳米级孔隙）为主，粒间孔、溶蚀孔等微米级孔隙不发育（图 3-4-16），储层物性相对较差。

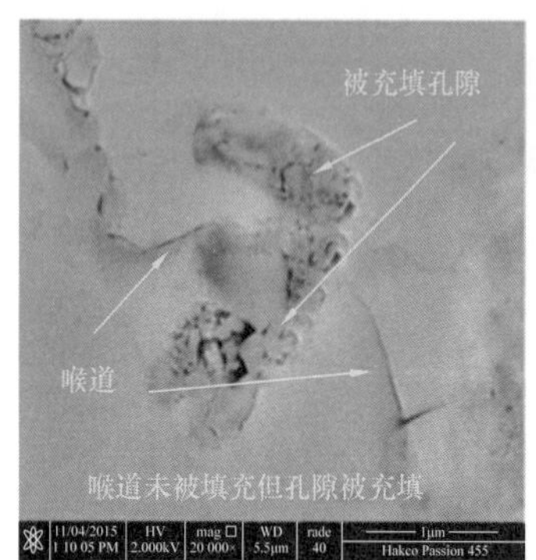

a. 中粒岩屑石英砂岩，Y44井，山2_3亚段，2667.03m

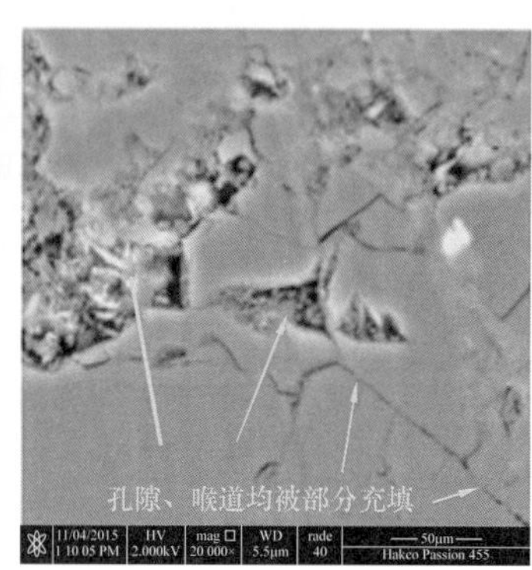

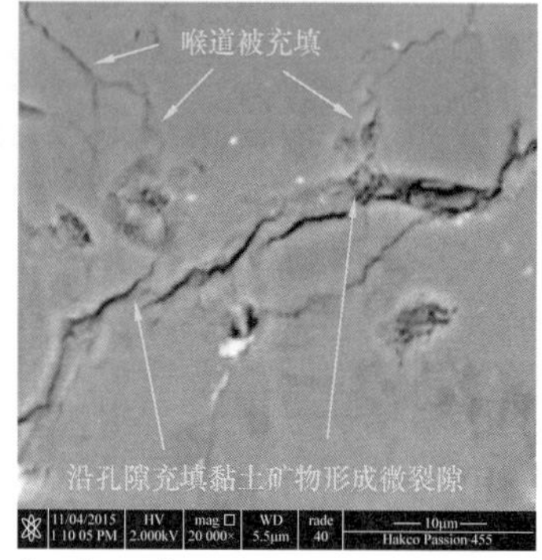

b. 中粒岩屑石英砂岩，Q6井，山2_3亚段，2877.56m

图 3-4-15　Ⅱ类微观结构特征

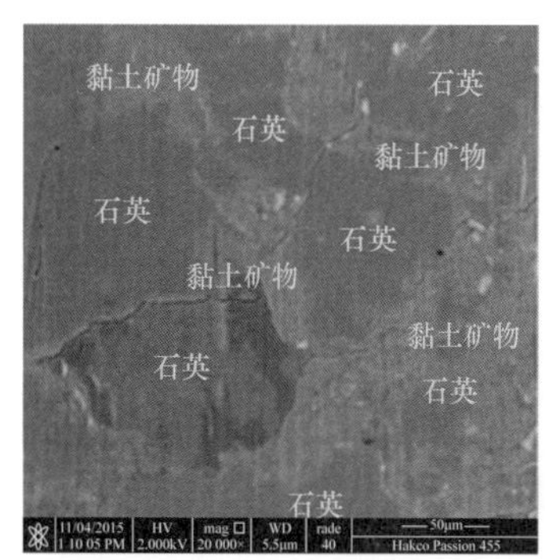

a. Y40井，山2_2亚段，2546.81m

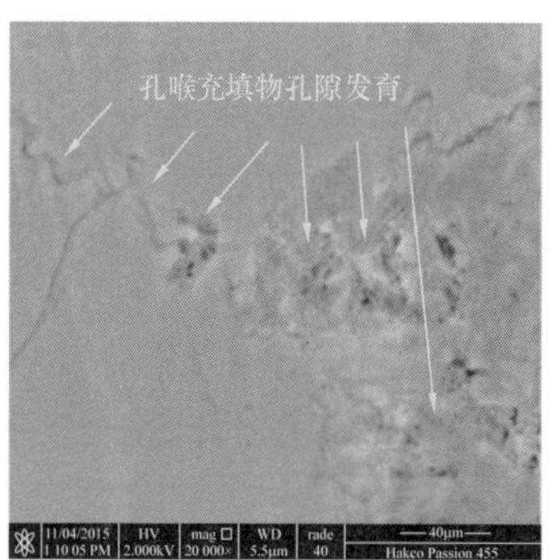

b. Y30井，山2_2亚段，2516.08m

图 3-4-16　Ⅲ类储层微观结构特征

（五）气水相渗

当储层中存在多相流体时，各相流体间会发生相互干扰作用。气、水两相渗流实验可反映气藏储层中气、水两相的渗流能力。致密砂岩储层整体束缚水高，等渗点低，气水干扰程度强，气相渗流能力差；从Ⅰ类到Ⅳ类两相区范围变窄、束缚水饱和度依次增高、气相渗流能力依次变差（表 3-4-7）。

在渗透率相近的情况下，不同岩性储层孔隙结构及填隙物差异明显，石英砂岩气相相对渗透率高、束缚水饱和度低，岩屑石英砂岩次之，岩屑砂岩气相相对渗透率低，束缚水饱和度最高（图 3-4-17）。5 块石英砂岩储层平均束缚水饱和度为 48%，7 块岩屑石英砂岩储层平均束缚水饱和度为 64.3%；石英砂岩、岩屑石英砂岩及岩屑砂岩随着岩性、物性的变差相渗曲线依次变陡、气水共区范围变小，束缚水饱和度依次增加，渗透率降低幅度也较大。

表 3-4-7 不同类型相渗分析数据表

类型	束缚水处		交点处		残余气初		共渗区范围 / %
	含水饱和度 / %	气相对渗透率 / %	含水饱和度 / %	气相对渗透率 / %	含水饱和度 / %	气相对渗透率 / %	
Ⅰ	28.79	2.82	50.88	0.245	70.41	0.61	41.62
Ⅱ	57.79	1.63	70.7	0.294	84.16	0.56	29.37
Ⅲ	73.76	0.01	85.2	0.191	88.73	0.35	26.78
Ⅳ	62.46	0.007	87.8	0.154	91.32	0.33	14.97

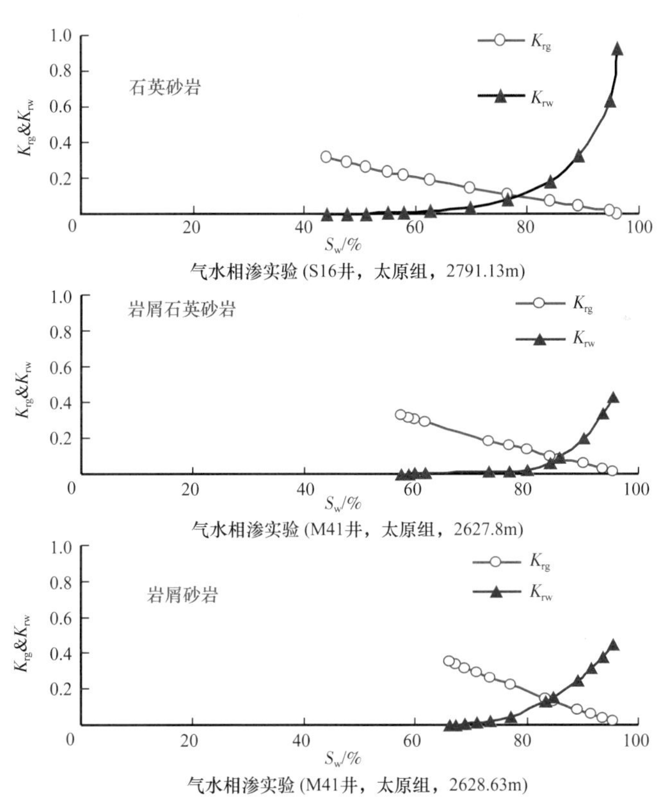

图 3-4-17 鄂尔多斯盆地不同岩性相渗曲线图

（六）核磁共振

核磁共振技术在岩心分析和测井分析中得到了广泛的应用。利用核磁共振 T_2 谱可对岩样孔隙内流体的赋存状态进行分析，由于 T_2 弛豫时间的大小取决于孔隙（孔隙大小、孔隙形态)、矿物(矿物成分、矿物表面性质)和流体(流体类型、流体黏度)等，因此岩样内可动流体含量的高低就是孔隙大小、孔隙形态、矿物成分、矿物表面性质等多种因素的综合反映。

核磁共振能提供众多的地层岩石物理及流体特征参数：岩石中孔隙大小的分布、有效孔隙度、有效渗透率、可动流体、不可动流体及油气藏条件下的扩散系数等相关信息。核磁共振技术研究致密砂岩可动流体百分数及标定致密砂岩 T_2 截止值，以用来准确计算可动流体百分数，快速有效评价致密砂岩储层。

盒 8 段致密砂岩储层可动流体饱和度为 30%～80%，平均为 59%。大孔喉越发育，可动流体饱和度越高。可动流体饱和度与渗透率具有一定的正相关性，与可动流体孔隙度相关性最为明显。对于孔隙度接近的砂岩样品，岩屑石英砂岩、岩屑砂岩相对于石英砂岩可动流体饱和度低，可动流体孔隙度小，储层的渗流能力弱(图 3-4-18)。

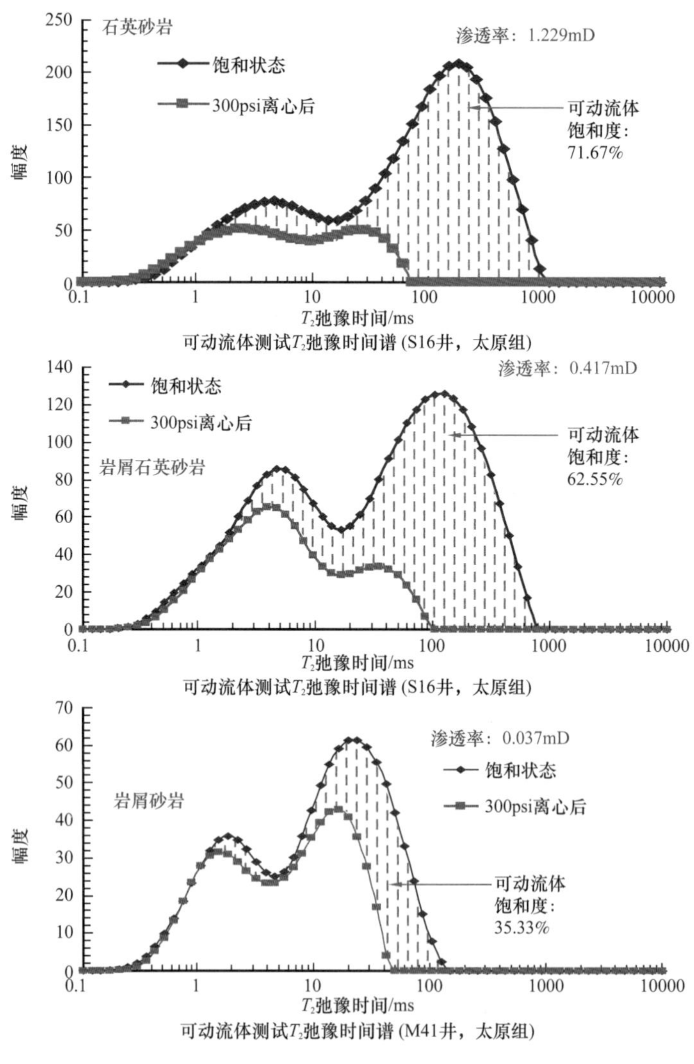

图 3-4-18 鄂尔多斯盆地不同岩性核磁共振谱图

五、上古生界致密砂岩成岩作用及孔隙演化

鄂尔多斯盆地上古生界砂岩埋藏深度大（3500～4000m）、埋藏历史长（250—300Ma）、热演化程度高（高成熟—过成熟阶段）、成岩作用改造复杂，不利于原生孔隙的保存，孔隙类型以次生溶孔和微孔为主。埋藏成岩作用过程中长石及火山物质的溶解和蚀变作用对砂岩孔隙的形成及储集性能的改善起着十分重要的作用（付金华等，2004）。

（一）成岩作用类型

鄂尔多斯盆地上古生界砂岩储层成岩作用强烈而复杂，就其成岩作用类型而言，主要经历了压实作用、压溶作用、溶蚀作用、胶结作用及交代蚀变作用等（表3-4-8）。其中压实压溶、充填胶结等作用对储层孔隙危害较大，溶蚀作用形成的岩屑溶孔、火山物质溶孔，及黏土矿物晶间孔对储层孔隙具有建设意义。

表3-4-8 鄂尔多斯盆地上古生界砂岩主要成岩作用类型及特征

<table>
<tr><th colspan="2">成岩作用</th><th>主要特征</th></tr>
<tr><td colspan="2">压实和压溶作用</td><td>刚性颗粒破裂，裂缝生成塑性颗粒变形/假杂基化，颗粒定向排列，颗粒之间呈线接触—凹凸接触</td></tr>
<tr><td rowspan="5">胶结作用</td><td rowspan="3">自生黏土矿物</td><td>自生绿泥石，主要以薄膜式或环边形式生长于颗粒表面，部分充填孔隙</td></tr>
<tr><td>水云母及伊/蒙混层，普遍存在，在普通显微镜下呈黄褐色，细而薄的鳞片状或网状集合体充填粒间孔隙，发育晶间微孔隙</td></tr>
<tr><td>自生高岭石，研究区普遍发育，从颗粒形态、结晶程度等方面大致可区分出二类高岭石：一种为长石蚀变而来，一种从孔隙水中沉淀而来</td></tr>
<tr><td>硅质</td><td>主要以次生加大石英和粒间充填自生微晶粒状石英两种形式产出</td></tr>
<tr><td>碳酸盐</td><td>方解石呈不规则粒状和连晶状充填孔隙或交代各种矿物；
白云石和菱铁矿呈菱形粒状晶形分布于颗粒表面或溶蚀孔中</td></tr>
<tr><td colspan="2">交代作用</td><td>胶结物交代碎屑、后期形成的胶结物交代早期形成的</td></tr>
<tr><td colspan="2">重结晶作用</td><td>现象较普遍，有微晶方解石的重结晶、泥铁质杂基的重结晶等</td></tr>
<tr><td colspan="2">溶解作用</td><td>碎屑颗粒及填隙物均发生了一定程度的溶解，扩大微裂隙</td></tr>
</table>

1.压实作用

受煤系地层酸性孔隙流体影响，压实作用在上古生界致密砂岩储层物性变差的主要因素。随着沉积物埋藏深度加大，压实作用强度逐渐加大，杂基体积不断减小，颗粒之间由胶结物支撑变为颗粒支撑，胶结类型呈现由基底式→孔隙式→接触式→无胶结物的转变；颗粒接触方式由飘浮状→点接触→线接触→凹凸接触逐渐向缝合线接触演化。

压溶作用主要发生在石英砂岩中，随埋深不断增大和地质时间的推移，颗粒接触关系依次由点接触→线接触→凹凸接触演化到缝合接触。

压实/压溶作用主要表现在：石英、石英岩岩屑等刚性碎屑表面的脆性微裂纹和它们

之间的位移和重新排列，石英颗粒呈现波状消光；塑性颗粒（黑云母、泥岩岩屑、千枚岩岩屑和少量火山岩岩屑等）的塑性变形、扭曲及其假杂基化，高含量的塑性岩屑（平均15%）压实作用下发生塑性变形、吸水膨胀及假杂基化，导致大量孔与喉道堵塞，孔隙度、渗透率与其含量呈较明显的负相关。

致密砂岩储层碎屑颗粒切线状排列，常见镶嵌状、锯齿状及缝合线状接触。粒间孔隙基本丧失，柔性岩性及云母类矿物严重揉皱变形，一些刚性石英颗粒也出现了楔状裂缝。盆地东部岩屑砂岩压实效应显著，原生孔隙全部丧失，仅剩余黏土杂基中不可压缩的微孔隙，在上倾方向形成了致密遮挡带；西部石英砂岩分布区，埋藏深度大，压实作用主要表现为刚性断裂、破碎、压嵌缝合等方面，偶见粒间孔，但孔径已十分细小。为了更好地表征压实强度，对盆地内各组砂岩的压实率进行了计算（表3-4-9）。

表3-4-9 鄂尔多斯盆地上古生界砂岩压实率统计表 （单位：%）

地区	盒6段	盒7段	盒8上亚段	盒8下亚段	山1段	山2段	太原组
榆林—绥德	58.0	59.9	62.6	65.6	69.9	48.4	60.3
乌审旗	51.4	51.9	56.2	54.7	52.1	55.4	54.0
苏里格	54.7	48.1	56.1	46.3	61.5	55.2	57.9
靖边—志丹		59.4	61.2	55.6	68.7	69.2	

上古生界储层压实率值基本上在46%～70%之间，反映出各组砂岩均经历了强烈的压实作用，由于区块岩性的差异，压实率也存在差异。东部榆林、绥德、米脂一带，岩屑石英砂岩和岩屑砂岩分布区，压实率普遍较高，为58%～69.9%之间，山2段和太原组压实率较低，岩性为石英砂岩，因而具有相对较好的抗压性。盆地北部乌审旗地区压实率在51.1%～56.6%之间，压实强度较低，这是因为其埋藏较浅，岩性结构较粗。西部苏里格地区压实率介于46%～61.5%之间，其中盒8下亚段最低，为46.3%。盆地中南部的靖边—志丹地区，压实率介于53.5%～65.6%之间，表现出较强的压实效应。压实作用越强，压实率越高，砂岩损失的孔隙度越大。孔隙度演化分析表明，上古生界致密砂岩储层原始孔隙度一般介于37%～39%之间，取其均值38%。各区块因压实作用所损失的孔隙度见表3-4-10。

表3-4-10 鄂尔多斯盆地上古生界砂岩压实作用损失的孔隙度 （单位：%）

地区	盒6段	盒7段	盒8上亚段	盒8下亚段	山1段	山2段	太原组
榆林—绥德	22.1	20.3	23.2	24.4	25.1	23.5	22.2
乌审旗	19.5	16.2	20.9	21.3	20.4	20.1	20.6
靖边—志丹		21.9	22.3	21.6	24.0	25.3	

2. 压溶作用

压溶作用是在更大的埋深压力和温度下发生的化学压实作用，上古生界砂岩压溶作用非常明显，溶出的 SiO_2 或在颗粒边缘形成次生加大边，或充填孔隙，或形成自生石英微粒。尤其在石英砂岩中 SiO_2 胶结物平均为 5%～7% 最高在 12%～15% 之间，对孔隙度和渗透率的影响都很大。

3. 胶结作用

上古生界储层胶结物主要有硅质胶结、黏土矿物胶结和碳酸盐岩胶结。

1）硅质胶结

SiO_2 是上古生界致密砂岩储层的主要胶结物之一，除了石英次生加大外，平均含量达 2%～6%，西部盒 8 上亚段、盒 8 下亚段，东部山 2 段、太原组及本溪组可达 10%～15%，以孔隙充填状居多，多与碎屑石英主轴光性方位不同，不属于简单的加大产物，其产状和形态方式多样（在填隙物部分作为胶结矿物已论述）。

2）黏土胶结作用

（1）伊利石（水云母）。伊利石在上古生界储层中广泛发育，含量平均为 6.75%，最高可达 20%（太原组达到最高）。伊利石具有细小的晶间孔，形态多种多样，有毛发状、卷曲片状、针状及纤维状等，覆盖在粒间硅质、高岭石、绿泥石等颗粒表面。自生伊利石容易呈网状集合体充填储层粒间孔隙，堵塞孔隙喉道，对孔隙度影响不明显，但可降低渗透率。

（2）高岭石。上古生界各层系均发育高岭石，含量为 2%～4%，盒 8 段、山 2 段和本溪组的高岭石含量最多，呈褐色，正低突起，一级灰白干涉色，易结晶形成手风琴状、蠕虫状；高岭石一般形成于酸性环境，根据颗粒形态、结晶程度等可以将高岭石分为两种：一种为整齐洁净呈六方书页状的集合体，松散堆积在岩石的粒间孔隙内，且内部有细小的晶间孔；另一种高岭石分布于长石的次生溶孔中，此类高岭石结晶后堆积紧密，晶间孔隙非常小。

高岭石形成于酸性环境，随着孔隙流体向碱性转变，高岭石的稳定性逐渐变弱。当埋深增至 3500～4000m，温度 165～210℃时，孔隙流体富 K^+ 和 Al^{3+} 时转化为伊利石，富 Mg^{2+} 和 Al^{3+} 时则变为绿泥石。伊利石和绿泥石在酸性孔隙中可转化成高岭石。

（3）绿泥石胶结。多呈薄膜式，部分呈孔隙充填式。薄膜式绿泥石胶结为早期胶结，孔隙式胶结为晚期胶结，并在一定条件下可转化为伊利石。盆地上古生界上部地层石盒子组和石千峰组相对山西组、太原组及本溪组发育。

绿泥石主要以孔隙衬边或颗粒环边形式出现，环边平均厚度 4～6μm，电镜下绿泥石多为针叶状或叶片状，聚合体常呈玫瑰花状或绒球状，常与伊利石、高岭石、自生石英晶粒共生。绿泥石膜大量形成于早成岩 A 期，发生在石英一期加大之后，可增加砂岩储层的抗压能力，另外绿泥石膜隔断孔隙水，阻止颗粒继续自生加大，抑制后期胶结，利于原生孔隙的保存。

（4）蒙皂石及伊 / 蒙混层。蒙皂石形成于碱性孔隙水条件下，成岩过程中经由蒙皂石→无序混层→有序混层→伊利石 / 绿泥石的转化。蒙皂石多见于颗粒表面，扫描电镜下呈皱纹状薄膜和蜂窝状薄膜，多由物源区的火山灰蚀变或重结晶而来，其形成时间较早，纯粹的蒙皂石较少见，多为向伊 / 蒙混层过渡的产物；伊 / 蒙混层镜下富伊利石层在形态上接近伊利石的不规则片状，富蒙皂石层主要为皱纹状薄膜和蜂窝状薄膜，其上具一些刺状的突起。上古生界千5段蒙皂石及伊/蒙混层较其他层系发育，具明显的蒙皂石的蜂窝状及伊/蒙混层的层状结构，其他层系蒙皂石及伊/蒙混层发育较少。

3）碳酸盐岩胶结

碳酸盐岩胶结物是上古生界常见的胶结物，它是影响储层性质的主要因素之一。碳酸盐胶结物含量与砂岩孔隙度呈明显负相关关系，随碳酸盐岩含量增高，孔隙度降低，对储层物性起破坏性作用。

关于碳酸盐岩胶结物成因机理，目前认可的为碳酸盐形成多期，早期胶结物以方解石为主，晚期胶结物常含铁质，多为铁方解石、铁白云石。从结构上讲以粉晶、细晶为主，可见泥晶、微晶及中晶，偶尔可见到连晶结构。含铁碳酸盐胶结物是由于孔隙水中的Fe^{2+}增加交代碳酸盐或碎屑颗粒，或沿解理缝或晶粒四周交代形成。可用下式表示：

$$\underset{\text{（白云石）}}{CaMg(CO_3)_2} + Fe^{2+} \longrightarrow \underset{\text{（铁白云石）}}{Ca(Fe\,Mg)(CO_3)_2}$$

上古生界为煤系地层，在早成岩期，形成的生物成因气CO_2含量较高，高含量的CO_2进入储层，使长石和含长石岩屑甚至部分石英在CO_2的作用下水解或溶蚀，从而发生碳酸盐化。

4. 交代作用

交代作用包括碳酸盐矿物对石英、长石和岩屑的交代，黏土矿物对石英、长石和岩屑的交代，被交代的碎屑颗粒的边缘形状通常不规则。

碳酸盐化：方解石以细小晶体交代长石，在长石的溶蚀孔及微孔内沉淀。还可交代高岭石及硅质胶结物。有时可见到被方解石所包围的石英和高岭石胶结物残余，表明方解石对高岭石和石英胶结物的交代。高岭石化：从形态上看，高岭石化长石主要为钾长石。长石蚀变的高岭石生长紧密，保持碎屑长石外形，部分受挤压后变形呈假杂基。

5. 溶解作用

溶解作用在鄂尔多斯盆地不同层系均有发育，主要由长石溶蚀形成长石溶孔，被溶长石往往具有港湾状边缘，形成粒内溶孔或全部被溶蚀后形成的铸模孔；岩屑中易溶组分被全部或部分溶蚀掉形成的蜂窝状孔隙；凝灰质、黏土矿物溶蚀形成大量的粒间溶孔、溶缝及晶体间孔。

溶解作用促进次生孔隙的形成，对改善储层的物性起着积极的作用，煤系地层中有机质成熟过程中释放出的CO_2和有机酸为溶解作用提供酸性环境和介质条件，对岩屑、长石和碳酸盐胶结物进行溶蚀，形成伊利石、高岭石、石英次生加大等产物，当孔隙流体呈碱性时，易导致石英颗粒及次生加大边的溶解，造成碱性矿物的胶结，如方解石、白云石和绿泥石的形成。

（二）成岩—孔隙演化序列

在对盆地构造演化史、埋藏史、热史分析的基础上，建立了埋藏—成岩—孔隙演化序列和孔隙演化模式，恢复地质历史时期成岩矿物的转变（图3-4-19）。

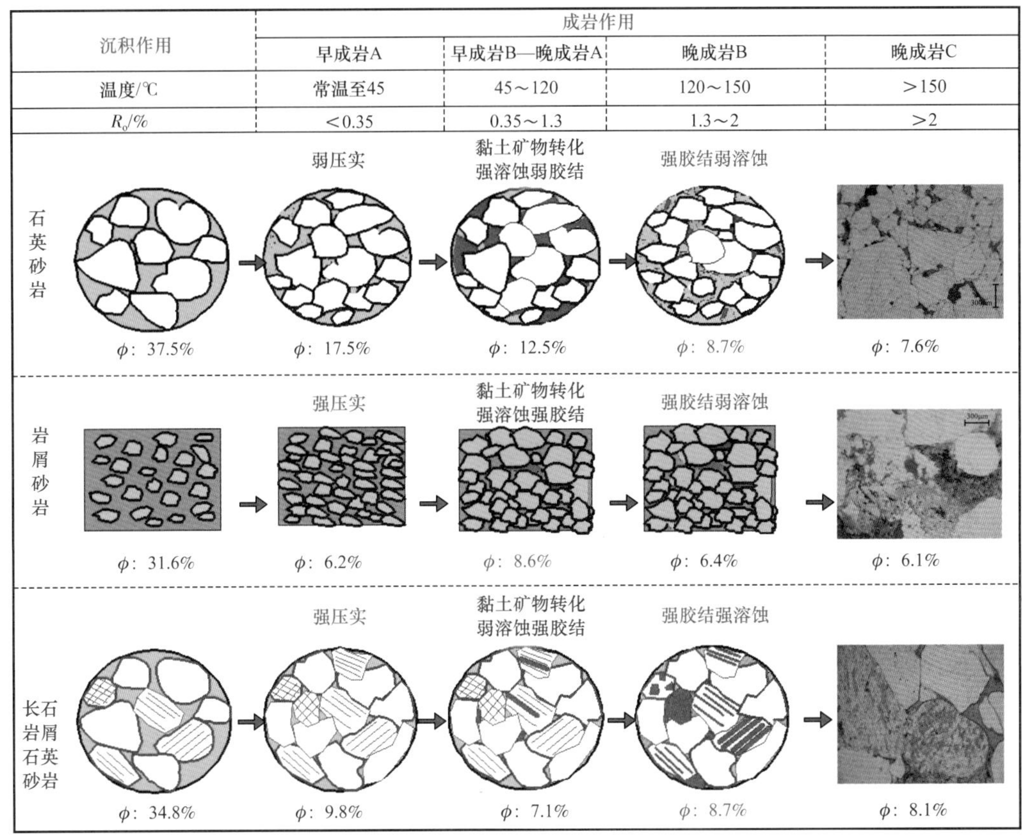

图 3-4-19　鄂尔多斯盆地盒 8 段致密砂岩成岩—孔隙演化序列

以盒 8 段砂岩储层为例，对不同类型砂岩的原始岩石孔隙度进行了计算。利用 Beard 和 Wely（1973）提出的恢复砂岩原始孔隙的计算公式：ϕ_o=20.91+22.90/S_o 式中 ϕ_o 为砂体原始孔隙度，S_o 为特拉斯科分选系数，粒度累计曲线上 25% 处粒径大小与 75% 处粒径大小之比的平方根。利用上述公式计算获得石英砂岩、岩屑砂岩、长石岩屑石英砂岩的原始孔隙度分别为 37.5%、31.6%、34.8%。

早成岩 A—B 期（P_2—T_3）：盆地处于稳定下沉阶段，埋深一般小于 1500m，温度小于 80℃，镜质组反射率小于 0.5%，有机质演化处于半成熟阶段。机械压实作用使颗粒间趋向紧密排列，黑云母等塑性岩屑发生水化膨胀和假杂基化充填孔隙。火山灰泥化，微晶石英和碎屑颗粒渗滤蒙皂石衬边形成。黑云母、火山岩屑分解产生 Mg^{2+} 和 Fe^{2+}，同时泥晶方解石和菱铁矿团块沿膨胀黑云母的解理面发生沉淀，导致砂岩的孔隙度大幅下降，石英砂岩刚性颗粒较多，软岩屑相对少，损失的孔隙度相对较少，最终石英砂岩的孔隙损失 52%，岩屑砂岩孔隙损失 80%，长石岩屑石英砂岩孔隙损失 70%。

晚成岩 A 期（T_3—K_1）：埋深在 1500～3100m 之间，古地温小于 120℃，镜质组反射率小于 1.2%，有机质大量成熟并达到生烃高峰。随埋藏深度的逐渐加大和压实作用的逐渐增强，原生孔隙含量逐渐减少。有机酸提供的 H^+ 使不稳定的铝硅酸盐矿物组分如黑云母、凝灰岩屑、火山岩屑和粒间的凝灰质填隙物发生溶蚀，产生大量次生孔隙，改善了储层的储集性，这个过程中石英砂岩溶蚀产生的孔隙最多，石英砂岩增加了 10% 的次生孔隙，岩屑砂岩增加了 5% 的孔隙。

晚成岩 B 期（K_1 末以后）：埋藏在 3100m 以上，古地温大于 120℃，镜质组反射率大于 1.2%，有机质处于高成熟阶段。在强压溶胶结合有机酸的强溶蚀共同作用下，长石大量溶蚀形成次生孔隙，同时，几乎所有石英具宽的加大边，自生石英晶体相互连接使石英颗粒呈镶嵌状；高岭石的稳定性逐渐变弱，在介质水中富 K^+ 和 Al^{3+} 时转化为伊利石，在富 Mg^{2+} 和 Al^{3+} 时，则变为绿泥石，碳酸盐胶结交代。同时在构造应力作用下，岩石开始破裂形成微裂隙。此时发生的强压溶胶结合交代作用影响石英砂岩孔隙的发育，而高成熟度有机质促使长石发生溶解，促使长石岩屑砂岩开始增孔。

（三）成岩分异规律及应用

1. 沉积分异及成岩分异作用的原理

理论上，碎屑沉积物的分布遵循沉积分异规律，沉积分异作用是指母岩风化产物及其他来源的沉积物，在搬运和沉积过程中按照颗粒大小、形状、密度、矿物成分和化学成分在地表依次沉积下来的现象。密度与形状差异造成成分分异必然造成岩性的差异（杨申谷，2015）。

随河流能量的降低，等轴粒状矿物优先沉积下来，柱板状矿物及板片状矿物则随水流继续移动；随水动力条件减弱，柱板状矿物及等轴粒状矿物发生沉积；水动力进一步减弱，导致等轴粒状矿物及柱板状矿物和板片状矿物沉积。

由于形态、密度和水化能力的沉积分异，造成从主河道向河道分岔坝处、河道中部与侧缘、三角洲前缘到前三角洲发生碎屑组分及岩石类型的分异，影响着成岩作用的差异。

2. 分异作用在预测储层孔隙中的应用

不同的流体动力环境聚集不同的碎屑组分，发生不同的成岩过程，形成不同的成岩产物。不同的沉积和成岩分异规律，具有不同的孔隙分异规律。以富石英河流为例说明孔隙分异规律（图 3-4-20）。

在河道顺直水动力最强处，发育有石英砂岩，形成石英加大式胶结，苏里格地区上古生界石英砂岩区即发生这一分异特征，形成石英加大发育的石英砂岩，是主要的粒间孔发育区，发育石英加大胶结剩余粒间孔。

在河道分岔前缘水动力条件较强处，发育基性斜长石石英砂岩，钙长石分碳酸盐化后并发生碳酸盐胶结，有机酸进入之后发生溶蚀作用。而裂解气阶段早期，残余长石分子发生高岭石化，形成高岭石交代与孔隙式胶结，发育高岭石不完全充填溶孔、晶间孔和少量粒间孔，以溶孔为主，晶间孔次之。

在河道分岔水动力条件弱处，发育中酸性斜长石石英砂岩，钙长石分碳酸盐化后并发生碳酸盐胶结，有机酸进入之后发生溶蚀作用。而裂解气阶段早期，残余钠长石分子发生高岭石化，形成高岭石交代与孔隙式胶结。由于中酸性斜长石钙长石分子较少而钠长石分子较多，溶蚀作用不如前缘发育，但高岭石化与高岭石胶结较发育，形成以晶间孔为主，溶孔次之的孔隙组合。

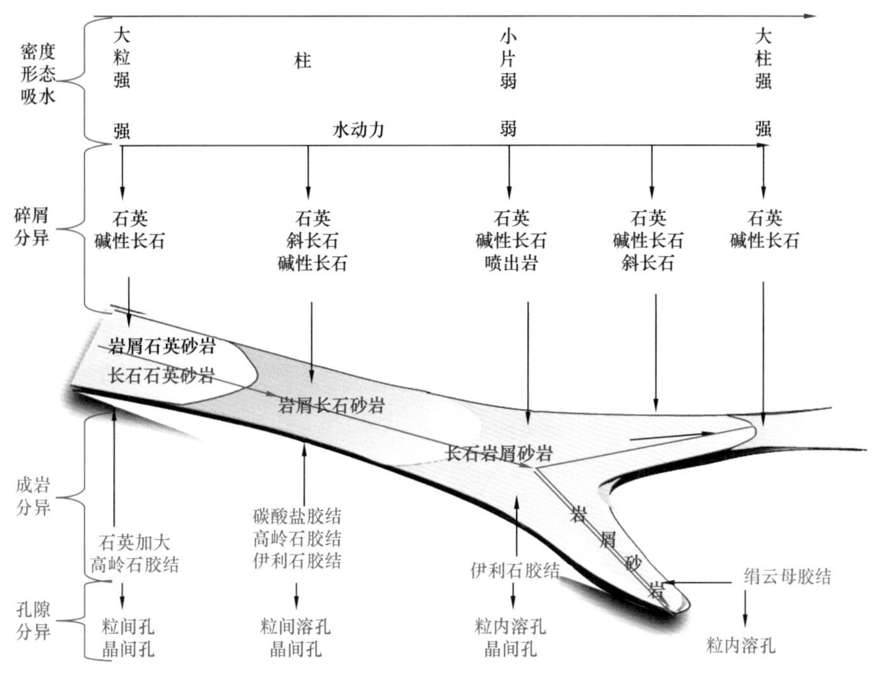

图 3-4-20 富石英河流分异模式图

（四）成岩相的划分

在成岩分异规律理论指导下，依据成岩作用特征，参照成岩指数，结合储层物性、孔隙结构及压汞曲线特征，可将上古生界致密砂岩划分为四种成岩相带（图 3-4-21）。

1. 粒间孔 + 火山物质强溶蚀相

该类储层岩性主要为石英砂岩。成岩早期形成的绿泥石薄膜阻止了石英次生加大边的形成，部分原生粒间孔得以保存，在有机酸进入前，有较大空间待酸进入，使砂岩中大量化学性质不稳定的中基性火山物质发生强烈溶蚀，次生孔隙发育，残余一定的原生孔，孔径大，孔隙结构好（图 3-4-21）。平均孔隙度为 9.5%，平均渗透率为 1.51mD。排驱压力小于 0.5MPa，中值压力小于 2 MPa，最大进汞饱和度大于 90%，孔喉连通性好。该类储层是鄂尔多斯盆地北部优质储层发育的岩相带。

2. 晶间孔 + 火山物质强溶蚀相

该类储层岩性主要为石英砂岩，由石英压溶、硅酸盐矿物溶解及黏土矿物相互转化释放出的大量 SiO_2，以石英次生加大边的形式充填于粒间孔隙中，造成粒间孔隙明显减少。部分孔隙被后来的自生高岭石所充填，发育高岭石晶间孔。同时中基性火山物质的强烈溶蚀，形成了大量的溶蚀孔隙，砂岩储集性能较好。孔隙类型主要为溶蚀孔、晶间孔及少量粒间孔。平均孔隙度为 8.2%，平均渗透率为 0.89mD。排驱压力小于 1 MPa，中值压力介于 5～10MPa，最大进汞饱和度大于 80%。该类储层是鄂尔多斯盆地北部地区储集条件好的储层。

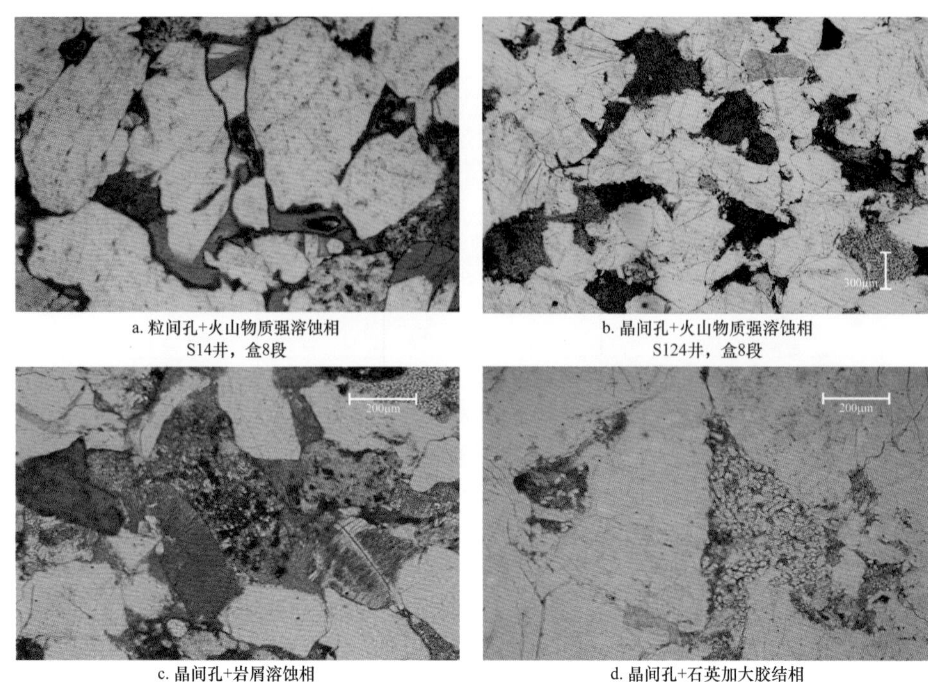

a. 粒间孔+火山物质强溶蚀相
S14井，盒8段

b. 晶间孔+火山物质强溶蚀相
S124井，盒8段

c. 晶间孔+岩屑溶蚀相
T31井，盒8段

d. 晶间孔+石英加大胶结相
S113井，盒8段

图 3-4-21 鄂尔多斯盆地不同类型成岩相带的显微照片

3. 晶间孔 + 岩屑溶蚀相

该类储层主要分布于鄂尔多斯盆地东部，岩性主要为岩屑石英砂岩，填隙物及软组分含量相对高，机械压实强，原生孔隙迅速减小，同时由于黏土矿物使孔喉变小、变复杂，流体活动范围有限，火山碎屑、凝灰质与黏土杂基发生溶解，形成不规则的粒内溶孔和杂基溶孔与溶蚀缝，火山物质的溶蚀不彻底，残余较多的黏土矿物，储层非均质性较强。孔隙类型主要为溶蚀孔、晶间孔。平均孔隙度为 9.8%，平均渗透率为 0.72mD。排驱压力介于 1～2MPa，中值压力介于 10～20MPa，最大进汞饱和度大于 80%。该类储层是鄂尔多斯盆地北部储集条件较好的储层。

4. 晶间孔 + 石英次生加大胶结相

该类储层岩性主要为中粒石英砂岩，埋深较大，压溶作用较强，石英次生加大现象非常普遍，大量充填于粒间孔隙中，粒间孔隙几乎消失殆尽，仅发育少量的高岭石晶间孔，岩性较致密。孔隙类型主要为溶蚀孔、晶间孔。平均孔隙度为 6.5%，平均渗透率为 0.29mD。排驱压力大于 2 MPa，中值压力介于 10～20MPa，最大进汞饱和度介于 70%～80%。该类储层是鄂尔多斯盆地北部储集条件较差的储层。

以上四种成岩相—孔隙组合类型在上古生界不同地区、不同层段的发育与分布存在一定差异。通过多口典型井开展不同层位单井、成岩相—孔隙组合分析，可以了解地层纵向上成岩相与孔隙组合的分布与变化规律。上古生界主力含气层段中黏土薄膜 + 石英弱加大胶结溶蚀相和黏土杂基充填溶蚀相是有利成岩相带，发育相对高渗透储层。盆地中西部盒 8 段成岩相平面分布图见图 3-4-22。

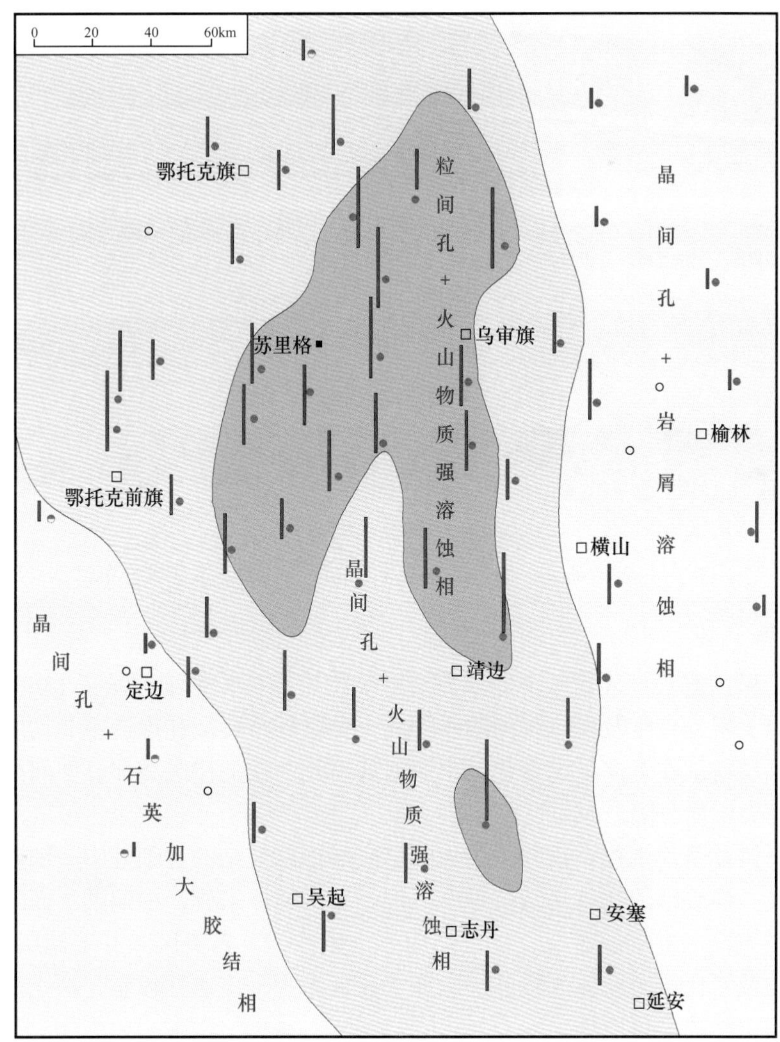

图 3-4-22　鄂尔多斯盆地北部盒 8 段成岩相分布图

六、上古生界致密砂岩储层主控因素及分布规律

鄂尔多斯盆地致密储层地质条件复杂，沉积环境多变，砂岩类型多样，矿物成分及含量变化大，这些都影响着储层的储集及渗流能力。

（一）影响储层非均质性因素

选取了乌海千里山剖面进行野外剖面非均质性分析。在千里山剖面盒 8 段以 6cm × 30cm 网格钻取岩心（图 3-4-23），对岩心铸体薄片二维重构测试后得到三维数字岩心模型图。千里山剖面盒 8 段砂岩岩性主要为中粒岩屑石英砂岩；碎屑颗粒之间火山物质相对较少，以石英颗粒为主，含硅质岩岩屑、变质岩岩屑、喷发岩岩屑。多以孤立分散的孔隙为主，孔隙连通性较差。

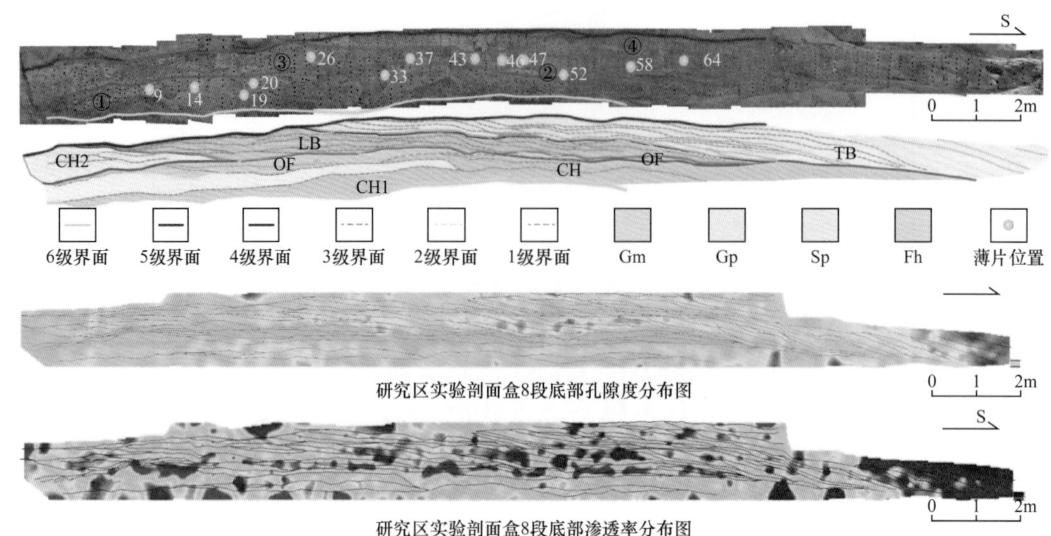

图 3-4-23　研究区实验剖面盒 8 段底部孔隙度、渗透率分布图

1. 夹（隔）层

通过对千里山露头剖面盒 8 下亚段露头砂体构型分析，精细测量了 136 套单砂体和 5 套泥质夹（隔）层，粒度及孔、渗的韵律特征，夹层分布特征和渗透率非均质程度等及单砂层规模内储层特征在垂向上的变化，小层内部由几个正韵律段叠加，中间由泥质或物性较差的钙质薄夹层所分隔。

结合井下铸体薄片观察，物性夹层为河道底部钙质胶结的含细砾中—细砂岩，与河道顶部的强压实、强胶结的致密平行层理中—细砂岩。整体来看，中期洪泛面附近夹层厚度较大、分布频率高、夹层密度高，储层层内非均质性强。露头区和井下储层孔隙的二维、三维空间重构及对比，表明盒 8 段储层以孤立孔隙为主，连通性较差，这正是盒 8 段储层低渗透强非均质性的主要原因。

2. 沉积组构

原始孔渗性取决于沉积组构，而沉积组构的主要控制因素为水动力能量及其持续性。水动力能量决定了其搬运和沉积的颗粒粒度，而水动力能量的持续性则决定了沉积物的分选性。不同的沉积相水动力能量及其持续性存在差异，因而其沉积组构存在着差异。

鄂尔多斯盆地盒 8 段主要发育冲积扇—辫状河—洪泛平原—洪泛湖沉积，河道和分流河道砂体发育，缺乏三角洲前缘的河口坝砂体。不同沉积微相砂岩的粒度分析表明，河道和分流河道砂体是最主要的两种砂岩储层，其粒度粗、分选中等、结构成熟度高。扇中水道砂体虽然粒度也比较粗，但砂岩的分选磨圆较差，储层非均质性强。

3. 碎屑颗粒组构

碎屑颗粒的组构特征，如颗粒的形状、圆度、粗糙度、分选性及杂基含量等对压实作用效应都有影响，颗粒的圆度越高，分选性越好，杂基含量越低，沉积后的压实效应相对较小。

粒径对压实作用的影响主要体现在两方面：一是粒径本身表现出来的抗压性能力大小，二是不同粒径砂岩的塑性岩屑含量有较大差异。粗粒级砂岩的表面积较小，颗粒间支撑力较大，特别是颗粒早期自生加大时，其抗压性将进一步提升。而细粒级砂岩颗粒间支撑力较小，在受压时颗粒易滑动和重新排列，压实作用在较细粒级砂岩中容易进行。总的来说，粒径越小，其抗压能力越小。通常来说，粗粒级碎屑砂岩中岩屑含量明显偏高，但抗磨性弱和易磨蚀的各种陆源塑性岩屑含量较低。而细粒级砂岩则相反，即粒径越细，塑性岩屑含量越高，进而压实越易进行。

就压实作用而言，在沉积组分相似且处于同一成岩背景条件下（同一深度范围、同一成岩阶段等），粒度越粗、杂基含量越低，压实作用越弱，即随着粒度的增加、杂基含量的减少，储层的压实率呈不断降低的趋势。盆地西部盒 8 段西部石英砂岩颗粒粗，磨圆度以次圆状—次棱角状为主，分选以好—中等为主，杂基含量低，因此抗压实能力强，压实作用较弱；岩屑砂岩粒度变化大，以次棱角状为主，分选较差，偏塑性的千枚岩、板岩、片岩含量高，杂基含量高，抗压实能力弱。

（二）储层主控因素

1. 沉积相带

沉积相带的空间展布控制了砂岩的分布规律。陆相河流沉积具有横向上相变较快的特点，即使是同一期沉积作用形成的砂体，砂层的不同部位也会表现出不同的孔渗性能。就上古生界砂岩储层而言，石千峰组沉积期发育河流相，盒 8 段砂体主要为辫状河三角洲沉积，砂层厚度大，横向叠加连片性强；而山 1 段为曲流河三角洲沉积，砂体规模相对较小，横向连片性变差；山 2 段发育海陆过渡相三角洲沉积体系；太原组和本溪组发育海相三角洲沉积体系。

总的来说，不同的沉积相类型其沉积组构有着较大的区别（图 3-4-24）。辫状河心滩砂体和三角洲分流河道砂体处于高能相带，淘洗作用强，形成的砂岩粒度较粗，分选、磨圆较好，因此，物性最好；冲积扇的扇中水道砂体砂岩虽然粒度粗，但快速沉积导致淘洗作用弱，砂岩分选、磨圆非常差，非均质性强，物性差。在沉积体系研究的基础上，通过全区不同沉积微相的砂岩储层物性分析可明确沉积微相与储层物性的关系。河道砂体的储集物性较三角洲砂体好，三角洲平原相较三角洲前缘相好，海相三角洲前缘相也有较好的储层发育，海相三角洲体系中砂坝物性也较好。

2. 水动力条件

水动力条件对优质储层的影响主要体现在碎屑颗粒粒度大小、分选、韵律等结构成熟度方面。

自然伽马测井曲线可以划分地层岩性和识别渗透层，曲线形态可反映水动力条件变化。以盆地东部为例，依据自然伽马测井形态特征，可将主力含气层段砂体结构划分为三类：箱形、钟形、齿化钟形。箱形砂体结构 GR 较低，在 0～45API 之间，表现为高中幅度；钟形砂体结构 GR 介于 45～75API，表现为中高幅度，砂体底部曲线幅度高，上部曲线幅度中等；齿状钟形砂体结构 GR 值大致在 75API 以上，表现在中低幅度（表 3-4-11）。

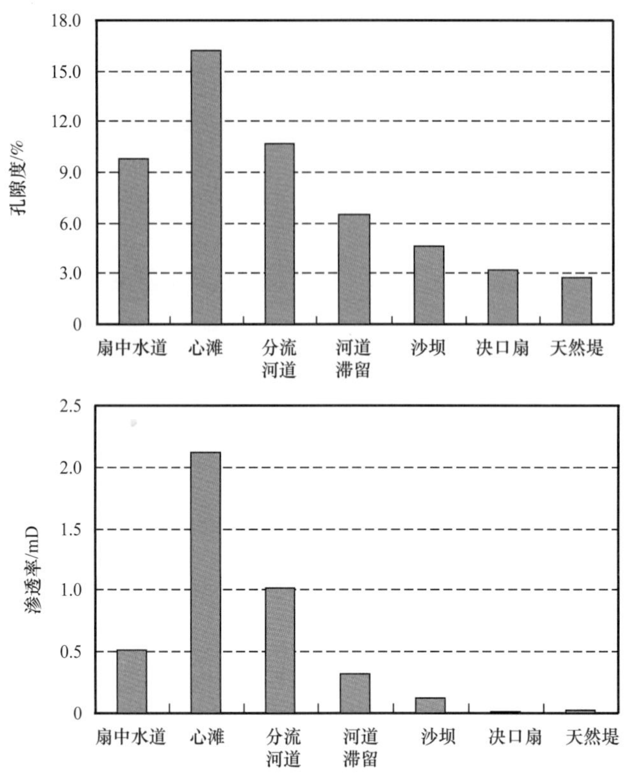

图 3-4-24 鄂尔多斯盆地不同沉积微相砂岩储层物性对比图

表 3-4-11 鄂尔多斯盆地东部盒 8 段、山 2 段、太原组砂体结构类型表

砂体结构类型	曲线形态	岩石类型	韵律	水动力条件
箱形		旋回以石英砂岩为主，中间含薄层岩屑石英砂岩	旋回内部具正粒序	物源碎屑供给充足、持续稳定强水动力条件
钟形		下部以岩屑石英砂岩为主，顶部为中细粒岩屑砂岩	正粒序	物源碎屑供给较充足、由强变弱的较强水动力条件
齿形		以岩屑砂岩为主	正逆粒序交替	物源碎屑供给不稳定、水动力相对较弱，强弱频繁交替

水动力条件控制沉积砂体结构类型，三种砂体结构分别对应不同的水动力条件。强水动力条件下，冲洗和淘洗作用强烈，沉积物粒度粗，杂基含量低，多形成粗粒纯净的石英砂岩，储层物性好，砂体结构表现为高幅度箱形；水动力条件较强时，河道稳定，形成正粒序中高幅钟形结构，砂体下部粒度粗，物性较好；弱水动力条件下，河道断流或改道频繁，形成低幅度齿化钟形结构，砂体泥质夹层多，储层物性相对差。

从盒 8 段砂体结构分布图来看，产气量与形成于强水动力条件下的箱形—钟形砂体结构区有很好的对应关系，表明砂体结构控制着高效产能的分布。砂体结构分析表明盒 8 段上亚段在横山—殿市一带、米脂—清涧一带为箱形—钟形砂体结构发育区，盒 8 段下亚段在横山—清涧一带整体上为箱形—钟形砂体结构发育区，米脂地区为齿状钟型砂体结构发育区（图 3-4-25、图 3-4-26）。

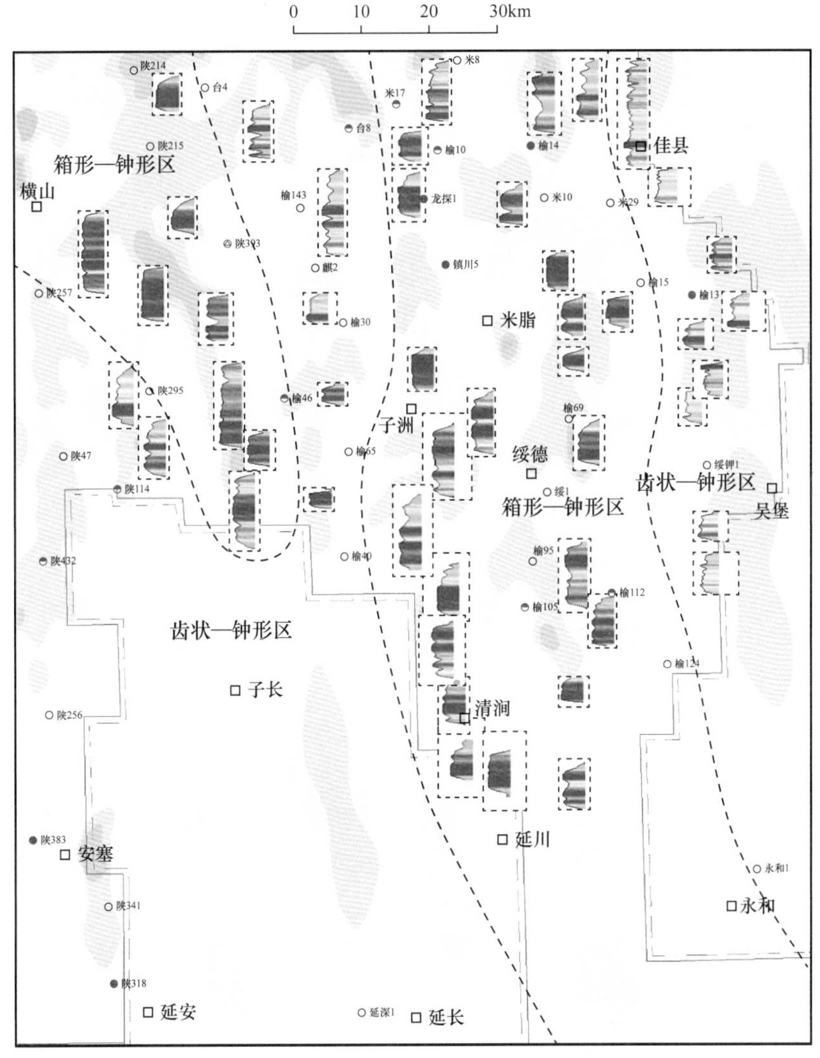

图 3-4-25　鄂尔多斯盆地盒 8 段下亚段砂体结构平面分布图

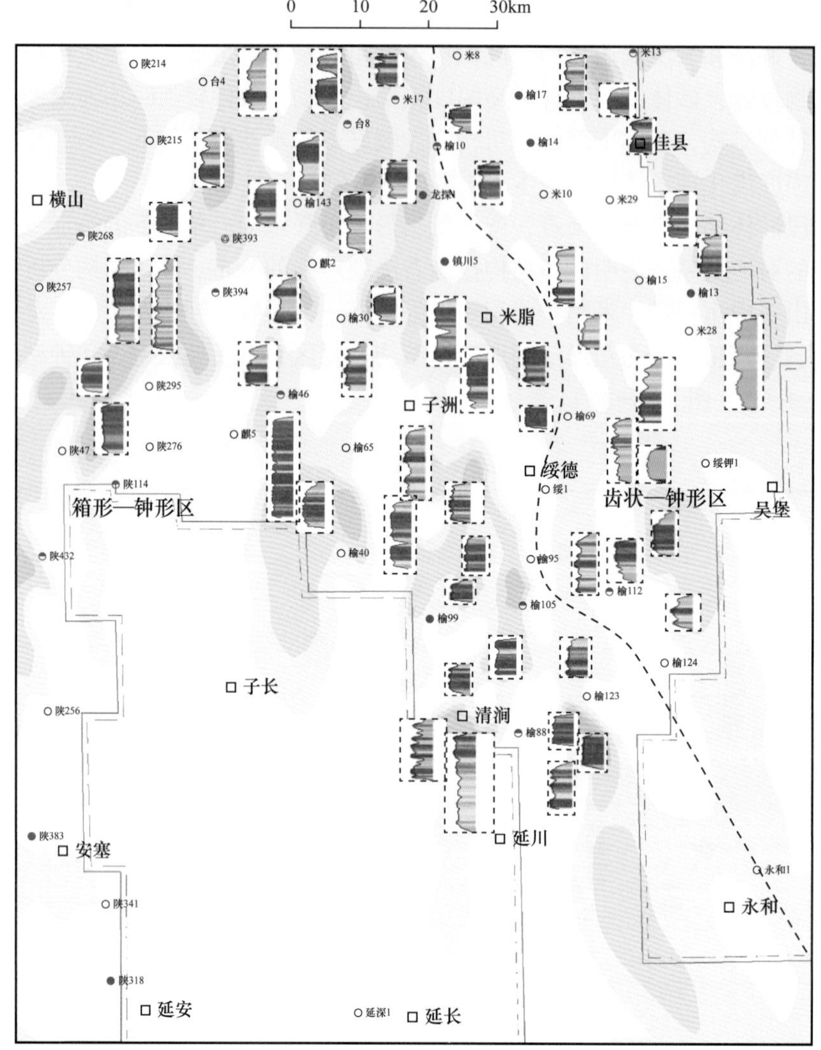

图 3-4-26　鄂尔多斯盆地盒 8 段下亚段砂体结构平面分布图

3. 碎屑组成

据岩心观察和薄片鉴定，鄂尔多斯盆地石盒子组砂岩储层以中—粗粒为主，砂岩类型多样。

对比不同石英含量砂岩储层孔隙度与渗透率分布图，可以发现石英含量越高，储层物性越好（图 3-4-27）。同时石英含量越高，储层应力敏感性越弱，高石英含量砂岩是储层物性的甜点，石英为刚性矿物颗粒，脆性强，储层改造效果好，也是工程甜点。

盒 8 段、山 2_3 亚段及太原组储层岩性及物性分析表明，石英砂岩、岩屑石英砂岩和岩屑砂岩储层物性存在一定差别，石英砂岩的物性相对较好。盒 8 段石英砂岩储层孔隙度主要为 5%～10%，部分样品大于 10%，渗透率主要在 0.1～0.5mD 和 1～10mD 之间。岩屑石英砂岩孔隙度 2%～10%，渗透率则从小于 0.01mD 到 10mD 皆有分布。岩屑砂岩储层物性相对较差，孔隙度主要为 2%～8%，渗透率主要集中在 0.1～1mD 之间。

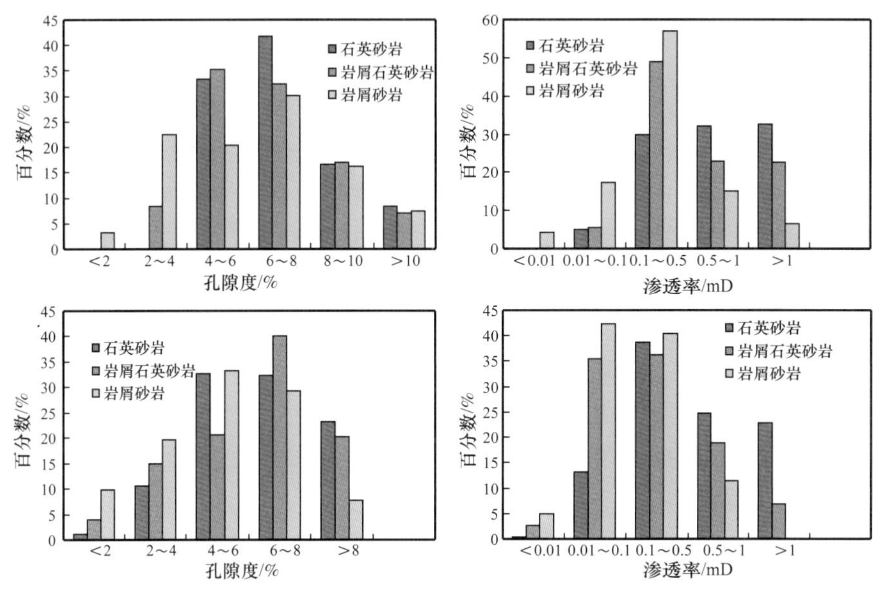

图 3-4-27　鄂尔多斯盆地东部盒 8 段、山 2 段不同岩性、物性柱状图

统计表明，储集性能与岩石类型关系明显（表 3-4-12）。鄂尔多斯盆地上古生界盒 8 段储层以岩屑石英砂岩和岩屑砂岩为主，岩屑石英砂岩占 60%～70%，石英砂岩主要分布在盆地西部；山 2_3 亚段砂体中，岩屑石英砂岩占 50%～60%，主要分布于东北区，西区和南区以石英砂岩为主，占比达 70%～90%；太原组储层中，中区和北区以岩屑石英砂岩为主，占比 50%～70%，西区和南区岩屑含量较高，主要为岩屑砂岩；太原组砂体西区和东区以石英砂岩为主，中区岩屑含量较高，岩屑石英砂岩为主。石英砂岩主要分布在盆地东部的西区，是盆地东部致密砂岩有利勘探目标区。

表 3-4-12　鄂尔多斯盆地不同岩性砂岩储集性能特征

岩性	孔隙度 / %	渗透率 / mD	孔隙度大于 10% 的样品所占比例 /%	渗透率大于 1mD 的样品所占比例 /%	样品数 / 块
石英砂岩	$\frac{20.2}{1.87}$7.79	$\frac{23.12}{0.015}$1.03	18.0	16.8	79
岩屑石英砂岩	$\frac{15.44}{1.42}$6.68	$\frac{19.74}{0.008}$0.75	16.1	9.7	314
岩屑砂岩	$\frac{13.78}{1.8}$5.23	$\frac{7.73}{0.02}$0.52	12.2	7.8	82

4. 成岩作用对储层的改造

鄂尔多斯盆地储层溶蚀作用的特点：一是溶蚀作用广泛，砂岩中各种易溶组分（包括易溶碎屑颗粒、凝灰质等杂基、自生胶结物）均可见到溶蚀现象；二是溶蚀作用强烈，一些不易溶蚀的组分如石英碎屑与石英岩岩屑等也普遍发生了溶蚀。

各种孔隙的存在对改善储层发挥重要作用。喷发岩岩屑中的长石斑晶和基质部分被溶蚀后形成蜂窝状粒内溶孔，黑云母、千枚岩等假杂基被溶蚀后形成粒内微溶孔，黏土杂基内溶孔，局部地区砂岩中发育有少量方解石晶内溶孔。上古生界砂岩储层总体表现为高石英、贫长石特征，长石普遍遭受溶解形成长石粒内次生溶孔，甚至全部被溶蚀而留下铸模孔。在溶解作用较强的地区，石英颗粒也发生溶解而形成表面呈现凹凸不平状，边缘呈现不规则状和港湾状及形成粒内次生溶孔。石英在碱性环境下直接溶解形成溶解型孔隙，也可在有机酸条件下与 SiO_2 形成络合物随流体运移来完成对 SiO_2 的溶蚀，从而产生次生孔隙。

鄂尔多斯盆地主力层系孔隙类型均以岩屑溶孔为主（图 3-4-28）。鄂尔多斯盆地东部地区来自阴山古陆的浅变质岩和花岗岩，为神木气田提供了大量浅变质岩屑、石英碎屑和少量长石。在成岩作用晚期，烃类形成和聚集的时期，烃源岩中有机质在热成熟过程中释放出的 CO_2 进入孔隙流体中，这些碎屑颗粒在酸性条件下发生溶解作用，形成了岩屑溶孔、高岭石晶间孔及长石溶孔等孔隙类型，其中岩屑溶孔发育较多。

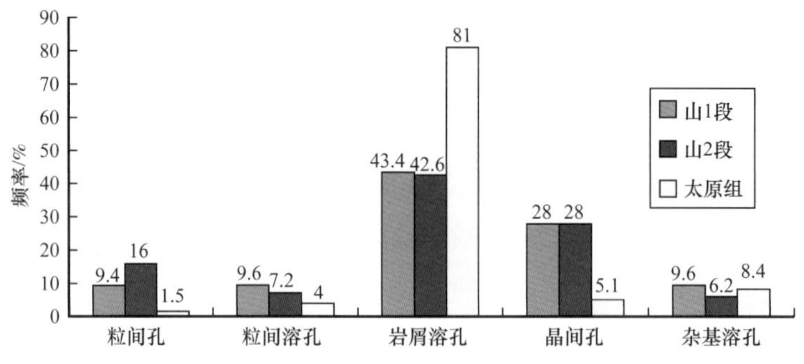

图 3-4-28　鄂尔多斯盆地孔隙类型分布频率对比

压实作用是破坏性的成岩作用。不稳定的岩石组分（如塑性岩屑、云母等）在埋藏过程中易压实变形，从而降低沉积物原始孔隙度，沉积物碎屑组分对压实作用的影响很大。长石和石英或硅质岩屑具有相同或相似的抗压性和抗热性，而岩屑组分中易压缩和变形的塑性岩屑及云母等塑性组分对岩石的压实率有较大的影响，决定了相同外部地质应力作用下岩石的变形程度（图 3-4-29）。

a. 千枚岩与云母的假杂基化，F2井，1960.94m

b. 黑云母的假杂基化，M30井，2298.38m

图 3-4-29　鄂尔多斯盆地盒 8 段塑性成分砂岩压实作用镜下特征

盆地千 5 段和盒 8 段是凝灰质、白云母和黑云母发育富集层段，凝灰质、云母的蚀变产生绿泥石和高岭石。其含量高的地方，除其本身抗压实能力较弱外，还充填粒间孔隙。另一方面，黑云母蚀变时析出钾、镁和铁离子，附近一般有绿泥石膜发育。这种早期绿泥石薄膜的形成增强了储层的抗压实性，阻止了石英次生加大，对孔隙有明显的保护作用（图 3-4-30）。

a. 绿泥石膜抑制石英次生加大，孔隙发育，H1井，2356.44m

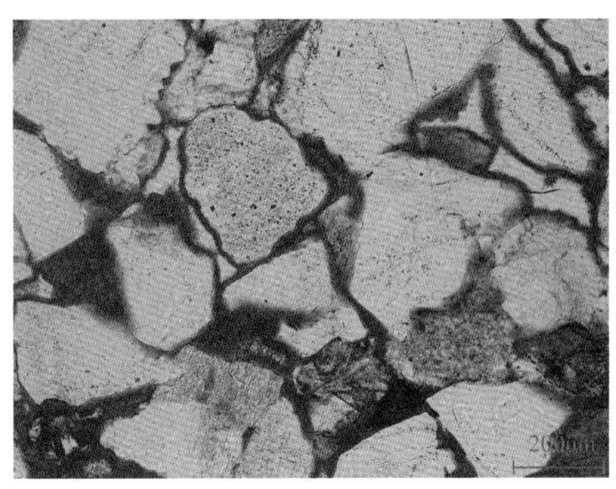

b. 凝灰质蚀变为绿泥石，M30井，2283.2m

图 3-4-30　鄂尔多斯盆地盒 8 段绿泥石镜下特征

（三）储层分类评价体系

在综合研究的基础上，结合成岩作用、孔隙组合、孔隙结构参数、毛细管压力曲线等参数，参考长庆油田上古生界储层综合评价结果，将研究区储层划分为四个类别，建立了综合评价标准（表 3-4-13）。

Ⅰ类储层：岩性主要为粗粒石英砂岩、砾状石英砂岩及岩屑石英砂岩等，填隙物含量少，主要为硅质、高岭石，主要发育粒间孔、粒间溶孔等，孔隙类型以溶孔—粒间孔、溶孔—晶间孔为主。孔隙度一般大于 10%，渗透率大于 1.0mD。成岩相类型以粒间孔 + 火山物质强溶蚀相为主；这类储层不仅孔、渗较高，且砂体厚度大，非均质性相对较弱，是优质储层。

Ⅱ类储层：岩性主要为中—粗粒石英砂岩、岩屑石英砂岩，填隙物含量中等偏低。主要发育粒间孔—溶孔及晶间孔等。孔隙度一般分布于 7%～10%，渗透率一般分布于 0.5～1.0mD。成岩相类型以晶间孔 + 火山物质强溶蚀相为主，这类储层孔、渗较高，砂体厚度较大，非均质性弱，是较好的储层。

Ⅲ类储层：岩性主要为粗—中粒岩屑石英砂岩、岩屑砂岩，填隙物含量较高，以钙质为主。主要发育溶孔、晶间孔及微孔。孔隙度一般分布于 3%～6%，渗透率一般分布于 0.1～0.5mD，成岩相类型以晶间孔 + 岩屑溶蚀相为主，这类储层孔、渗较低，砂体厚度较薄，非均质性一般，是研究区的差储层。

Ⅳ类储层：岩性主要为岩屑砂岩，填隙物含量高，泥质、钙质含量均高，主要发育晶间孔、微孔。孔隙度一般小于 3%，渗透率一般小于 0.1mD，成岩相类型以晶间孔 + 石英次生加大胶结相为主，这类储层孔、渗低，砂体厚度薄，非均质性较强，为非储层。

从层位上来看，本溪组储层孔隙度分布在 1%～15% 之间，平均为 6.3%；渗透率分布在 0.01～12.68mD，平均为 0.84mD。本溪组储层大部分属于Ⅰ、Ⅱ类储层，主要分布在榆林地区、神木地区、殿市—艾好峁地区。

表 3-4-13　鄂尔多斯盆地上古生界储层综合分类评价表

类别		Ⅰ	Ⅱ	Ⅲ	Ⅳ
主要岩性		含砾粗粒石英砂岩、砾状石英砂岩，填隙物含量低，主要为硅质、高岭石	粗粒石英砂岩、岩屑石英砂岩、岩屑长石砂岩，填隙物含量中等—偏低，以硅质、高岭石、钙质为主	粗—中粒岩屑石英砂岩、岩屑长石砂岩、岩屑砂岩，填隙物含量较高，以钙质，泥质为主	含泥细中粒石英砂岩、长石岩屑砂岩、岩屑砂岩，填隙物含量高，钙质、泥铁质含量均高
孔隙组合		溶孔—粒间孔、溶孔—晶间孔型	溶孔—粒间孔、晶间孔型	溶孔、晶间孔型	晶间孔、微孔型
物性	孔隙度 /%	＞8	6～8	3～6	＜3
	渗透率 /mD	＞0.5	0.2～0.5	0.05～0.2	＜0.05
孔隙结构参数	排驱压力 /MPa	＜0.4	0.4～0.8	0.8～2	＞2
	中值压力 /MPa	＜2	2～20	20～100	＞100
	孔喉半径中值 /μm	＞0.3	0.1～0.3	0.05～0.1	＜0.05
	最大进汞饱和度 /%	＞80	76～80	70～76	35～70
	歪度	粗歪度	略粗歪度	略细歪度	细歪度
	分选	好	好—中等	较好	不好
成岩相类型		粒间孔＋火山物质强溶蚀相	晶间孔＋火山物质强溶蚀相	晶间孔＋岩屑溶蚀相	晶间孔＋石英次生加大胶结相
毛细管压力曲线类型		Ⅰ类	Ⅱ、Ⅲ类	Ⅱ、Ⅲ、Ⅳ类	Ⅲ、Ⅳ类
束缚水饱和度 /%		＜35	35～50	50～65	＞65
可动流体饱和度 /%		＞65	50～65	35～50	＜35
启动压力梯度 /（MPa/m）		＜0.05	0.05～0.2	0.2～0.5	＞0.5
主流喉道半径 /μm		＞2.5	1.3～2.5	0.8～1.3	＜0.8
综合评价		好	中等	差	非储层

太原组储层孔隙度分布在 1%～13.26% 之间，平均为 7.24%；渗透率分布在 0.01～14.31mD，平均为 0.66mD。孔隙类型以岩屑溶孔为主。太原组储层大部分属于Ⅱ—Ⅲ类（中等—差）储层，还有少量的Ⅰ类（好）储层及Ⅳ类非储层。太原组Ⅰ、Ⅱ类储层主要分布于盆地东部的双山—米脂地区，以及府谷地区、神木以北及小纪汉地区，呈南北向展布；补兔—殿市—老君殿地区为Ⅲ类区；临县、吴堡、石楼地区及石湾、安塞地区为Ⅳ类区。

山2段储层孔隙度分布在1%～14.99%之间，平均为5.4%；渗透率分布在0.01～58.82mD，平均为0.58mD。山2段储层大部分属于Ⅰ—Ⅱ类（好—中等）储层，还有少量的Ⅲ类（差）储层及Ⅳ类非储层。山2段储层Ⅰ类区在榆林—横山—子长地区呈连片状的南北向条带展布，在瑶镇—王家砭—米脂区同样呈南北向条带展布；双山地区为Ⅱ类区；临县、石楼地区及佳县、子洲区为Ⅲ、Ⅳ类区。

山1段储层孔隙度分布在1%～16.29%之间，平均值是6.3%；渗透率分布在0.01～26.16mD，平均为0.46mD，大部分属于Ⅱ—Ⅲ类（中等—差）储层，Ⅰ类（好）储层较少。山1段储层Ⅰ类区主要分布在阿拉泊—瑶镇地区、榆林地区、柳林地区、孤山地区；Ⅱ类区呈南北向条带状在全盆地分布。

盒8段总体上以粒间孔、粒间溶孔和高岭石晶间孔为主要的储集空间类型，储集物性较好，孔隙度为8%～10%，渗透率多数为0.5～1mD，区域上的非均质性较强。苏里格—高桥地区为Ⅰ类区，榆林—子洲地区和陇东地区为Ⅱ类区。

石千峰组储层孔隙度主要分布在5%～15%，约占总样品的75%，渗透率分布在0.1～10mD，约占总样品的70%，主要岩性为岩屑长石砂岩或长石岩屑砂岩，孔隙类型为粒间孔和粒间溶孔，神木及榆林—大河塔、王家砭及大佛寺的东南一带储集性较好，为Ⅰ、Ⅱ类区，主要分布在盆地东部。

第五节　烃源岩特征

鄂尔多斯盆地晚石炭世—二叠纪早期处于北纬20°左右的热带、亚热带气候区，本溪组—山西组沉积期陆地华夏植物群长期繁盛，在沉积环境演变过程中大面积发育多套煤层及暗色泥岩。受中生代晚期区域构造热事件作用，三叠纪到中侏罗世，煤系烃源岩普遍成熟，在盆地范围内达到高—过成熟阶段，为上古生界大面积成藏创造了充足的气源条件。

一、烃源岩类型及分布

鄂尔多斯盆地在晚古生代尚未独立成盆，属于大华北盆地的西北沉积区，先后经历了陆表海（上石炭统本溪组—下二叠统太原组）、海陆过渡相（山西组）及陆相—河流湖泊（中二叠统石盒子组—上二叠统石千峰组）沉积演化阶段。其中本溪组—太原组沉积期的潮坪、潟湖相和山西组沉积期的海陆过渡相浅水三角洲泥炭坪有利于煤系烃源岩的发育。煤系烃源岩主要为煤岩和暗色泥岩，烃源岩单层厚度较薄，但不同层段烃源岩相互叠置在盆地范围内形成了稳定分布。

（一）烃源岩类型

1. 煤岩

上古生界煤岩主要分布在本溪组、太原组和山西组，含煤5～11层，其中以山西组山2_3亚段5号煤岩、本溪组8号煤岩为主力煤岩。煤岩工业分析表明，5号煤岩水分含量分布在0.26%～1.76%，平均0.89%，挥发分含量介于8.20%～29.40%，平均21.41%，灰分含量介于6.20%～27.17%，平均17.75%；8号煤岩水分含量分布在0.36%～1.77%，平均0.90%，挥发分含量介于7.85%～30.10%，平均18.57%，灰分含量介于7.85%～17.99%，平均11.50%（表3-5-1）。总体来说，上古生界煤岩为中—低灰分煤，形成于海陆过渡相的5号煤岩灰分含量高于陆表海相的8号煤岩，从北至南5号煤岩和8号煤岩均呈现出灰分含量明显减小的趋势。

表3-5-1　鄂尔多斯盆地上古生界主力煤岩工业分析结果

井号	层位	煤号	水分/%	灰分/%	挥发分/%
G1	山2_3亚段	5	0.63	27.17	22.79
S13	山2_3亚段	5	0.88	26.01	26.89
Y12	山2_3亚段	5	0.26	21.75	19.75
M115	山2_3亚段	5	1.76	6.20	8.20
L1	山2_3亚段	5	0.92	7.60	29.40
S75	本溪组	8	1.77	17.99	26.00
G1	本溪组	8	0.72	15.31	19.93
M172	本溪组	8	0.65	12.23	11.95
M109	本溪组	8	0.80	11.02	13.94
M115	本溪组	8	1.52	8.13	7.85
Y5	本溪组	8	0.36	7.85	20.2
L1	本溪组	8	0.45	8	30.1

2. 煤系暗色泥岩

石炭—二叠系本溪组至山西组煤系暗色泥岩富含有机质，以黑色、深灰色为主。

煤系泥岩的X射线衍射分析结果表明，山西组山2段泥岩黏土矿物含量分布在29%～87%，主要集中在42%～65%，太原组泥岩黏土矿物含量分布集中，主要分布在43%～75%，本溪组泥岩黏土矿物含量分布集中，为45%～81%。黏土矿物组成以伊利石和高岭石为主，绿泥石和伊/蒙混层含量较低，一般在10%左右。泥岩的脆性矿物含量较高时，有利于微裂缝的产生。北美地区页岩气勘探成果证实，当富有机质页岩中硅质含量在35%以上时，页岩具有较好的脆性，水力压力比较容易产生裂缝网络。山西组—太原组煤系泥岩作为烃源岩，硅质脆性矿物含量较高，有利于超压流体产生微裂缝排烃。山西组山2段、太原组煤系泥岩中硅质脆性矿物含量较高，山2段为13%～71%，平均45.4%。太原组为24%～54%，平均41.4%，本溪组的硅质脆性矿物含量偏低，为15%～55%，平均35.2%。山2段、太原组、本溪组泥岩的碳酸盐含量变化大，山西组山2段和本溪组泥岩的碳酸盐含量相对较低，太原组泥岩的碳酸盐含量整体相对较高，平均可达4.8%（图3-5-1）。

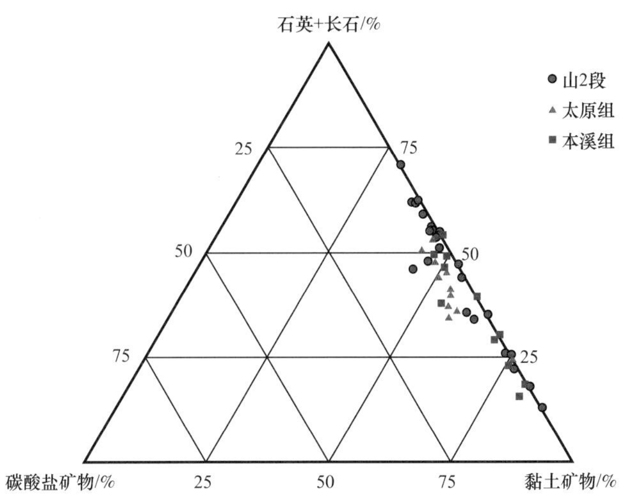

图 3-5-1 鄂尔多斯盆地上古生界本溪组—山西组煤系泥岩矿物组成三角图

3. 碳酸盐岩

碳酸盐岩烃源岩主要为太原组石灰岩。岩石类型主要为深灰色和灰黑色高有机质纹层状泥质泥晶灰岩，灰色至深灰色中—高有机质块状泥晶灰岩和生屑灰岩。石灰岩中多见有孔虫、䗴类、腕足类、藻类等海相生物化石。石灰岩矿物成分主要为方解石，含量多大于70%，其余为黏土矿物、石英及少量黄铁矿等。

（二）烃源岩空间分布

1. 烃源岩纵向分布特征

统计分析表明，煤岩烃源岩在纵向上呈现多层、薄层分布的特征。本溪组、太原组至山西组，累计发育 15～20 层煤岩，最多可达 30 余层。煤岩一般划分为 10 套，分别对应 1 号和 10 号煤岩（图 3-5-2）。1 号和 2 号煤岩发育于山西组山 1 段，厚度较薄，多以夹层、透镜状分布。3 号至 5 号煤岩发育于山西组的山 2 段，多与砂泥岩互层，其中 5 号煤岩厚 2～8m，为主力煤岩。6 号至 10 号煤岩发育于太原组—本溪组，与石灰岩及砂岩互层，其中以本溪组 8 号煤岩分布范围最广厚度较大，厚度 6～16m，最高可达 20m 以上。本溪组—山西组煤层的单层厚度为 0.1～12.5m，累计厚度介于 1.2～53.8m，主要集中在 8～16m 之间。

本溪组—山西组煤系泥岩单层厚度为 0.1～20.0m，累计厚度主要集中在 100～140m。石灰岩由下往上分别发育畔沟、吴家峪、庙沟、毛儿沟、斜道及东大窑六套，其中畔沟、吴家峪石灰岩属本溪组，其余四套属太原组。石灰岩单层厚度为 0.5～17.1m，累计厚度可达 10.5～45.2m（表 3-5-2）。

2. 烃源岩平面分布特征

鄂尔多斯盆地上古生界烃源岩在盆地范围内稳定分布。从上古生界煤层累计总厚度来看，煤层分布从西南至东北逐渐增厚，表现出东北厚、西缘厚，南薄北厚的基本特征。煤层总厚度 0～35m，无煤区主要分布在杭锦旗西北部和铜川—彬县一线以南地区。盆地西

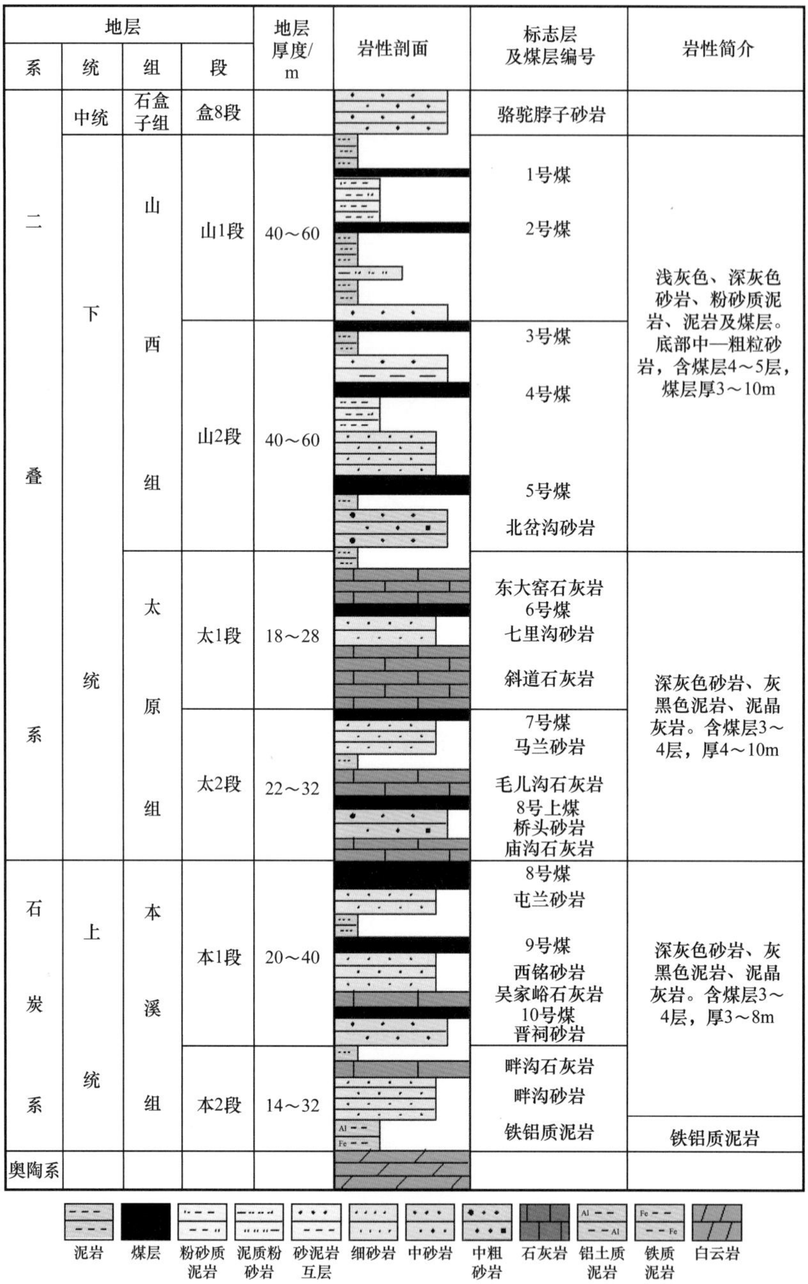

地层				地层厚度/m	岩性剖面	标志层及煤层编号	岩性简介
系	统	组	段				
二叠系	中统	石盒子组	盒8段			骆驼脖子砂岩	
	下统	山西组	山1段	40～60		1号煤 2号煤	浅灰色、深灰色砂岩、粉砂质泥岩、泥岩及煤层。底部中—粗粒砂岩，含煤层4～5层，煤层厚3～10m
			山2段	40～60		3号煤 4号煤 5号煤 北岔沟砂岩	
		太原组	太1段	18～28		东大窑石灰岩 6号煤 七里沟砂岩 斜道石灰岩	深灰色砂岩、灰黑色泥岩、泥晶灰岩。含煤层3～4层，厚4～10m
			太2段	22～32		7号煤 马兰砂岩 毛儿沟石灰岩 8号上煤 桥头砂岩 庙沟石灰岩	
石炭系	上统	本溪组	本1段	20～40		8号煤 屯兰砂岩 9号煤 西铭砂岩 吴家峪石灰岩 10号煤 晋祠砂岩	深灰色砂岩、灰黑色泥岩、泥晶灰岩。含煤层3～4层，厚3～8m
			本2段	14～32		畔沟石灰岩 畔沟砂岩 铁铝质泥岩	铁铝质泥岩
奥陶系							

泥岩　煤层　粉砂质泥岩　泥质粉砂岩　砂泥岩互层　细砂岩　中砂岩　中粗砂岩　石灰岩　铝土质泥岩　铁质泥岩　白云岩

图 3-5-2　鄂尔多斯盆地本溪组—山西组煤层纵向分布图

部厚煤带分布于 Y3 井—LS1 井一线西侧，总厚度大于 10m，富煤中心厚度达 20～30m。盆地东部厚煤带分布于神木—延川—吉县一带东侧，厚度大于 10m，神木东北侧富煤中心总厚度在 20m 以上。定边—吴起—富县一线以西，煤层厚度整体较薄，一般为 2～10m，中央隆起带的范围基本一致。(图 3-5-3)。

表 3-5-2 鄂尔多斯盆地北部山西组—本溪组不同岩性烃源岩厚度统计表

层位	地层厚度 / m	煤层厚度 /m		煤系泥岩厚度 /m		石灰岩厚度 /m	
		单层厚度	累计厚度	单层厚度	累计厚度	单层厚度	累计厚度
山西组	40～168	0.1～7.0	0.2～17.5	1.0～20.0	15.0～140.4	—	—
太原组	10～80	0.1～8.5	0.5～13.4	0.1～12.4	2.1～34.9	0.5～17.1	0.5～45.2
本溪组	5～70	0.1～12.5	0.5～22.8	0.1～16.0	0.5～43.5	0.5～8.0	0.5～12.5

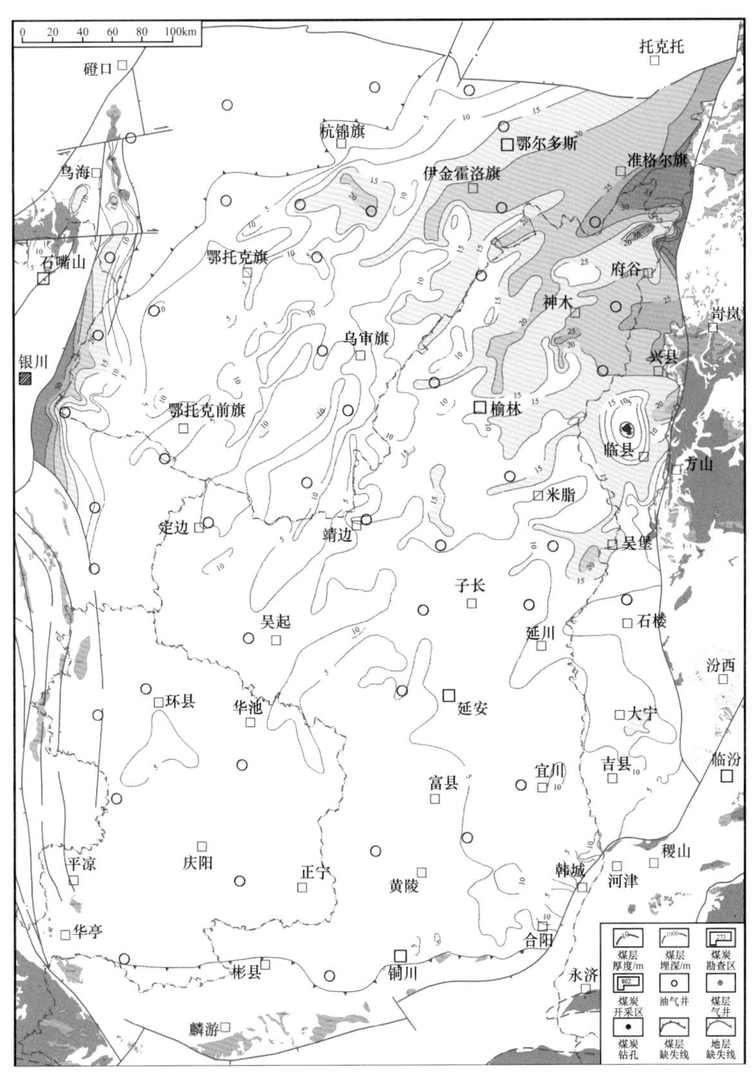

图 3-5-3 鄂尔多斯盆地上古生界煤岩厚度图

煤层对比分析表明，5 号和 8 号主力煤岩均在地范围稳定分布，但厚度存在差异。S34 井—S18 井一带，8 号煤岩厚度大于 6m，西部的 S171 井—S301 井一带 8 号煤岩厚度通常小于 1m。5 号煤岩厚度主要分布在 2～8m，局部厚达 12m，局部厚度为零（图 3-5-4）。

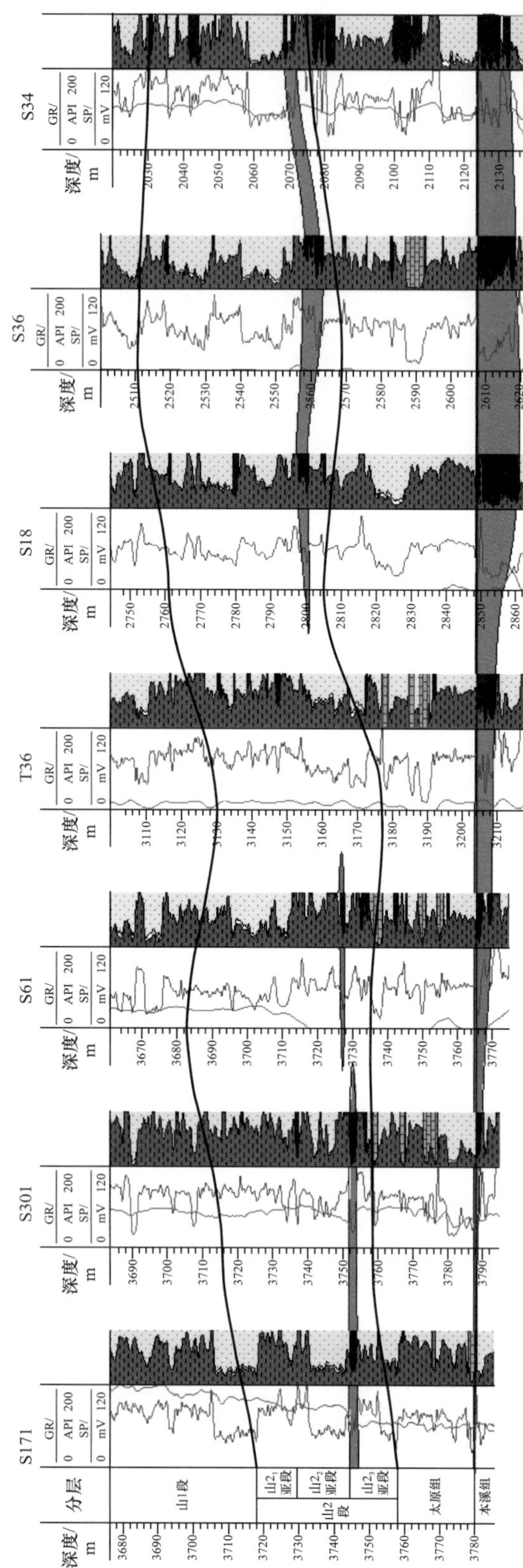

图 3-5-4　鄂尔多斯盆地上古生界煤层对比图

受晚石炭世和早二叠世盆地沉降和沉积体系影响，上古生界煤系泥岩厚度总体表现为东西厚中间薄的基本特征。定边以西最厚，R3 井、LS1 井区煤系泥岩总厚度达 200～250m。靖边—横山一线以东次之，Y9 井—Y6 井—P1 井一带及离石地区厚度一般为 100～120m。中部厚度较薄，厚度一般为 60～100m，吴起以南、鄂托克旗以北厚度相对较薄，一般为 10～40m（图 3-5-5）。

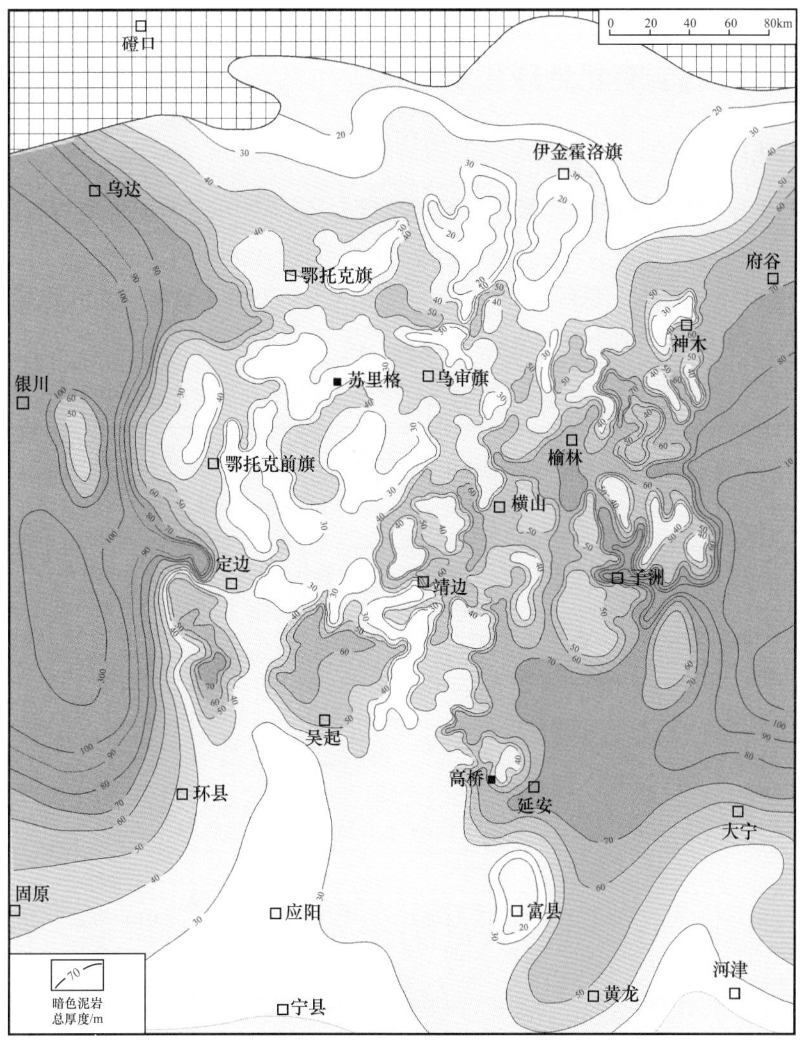

图 3-5-5 鄂尔多斯盆地上古生界煤系泥岩厚度图

上古生界煤系泥岩主要发育于山西组、太原组及本溪组。山西组煤系泥岩厚度一般为 60～90m，盆地中部地区相对较薄，厚 30～60m。太原组泥岩厚度一般为 15～30m，盆地北部厚度可达 25～45m。本溪组泥岩在乌审旗—靖边以东发育 20～30m 厚带，盆地西部地区厚度较薄，厚 5～10m。

上古生界碳酸盐岩烃源岩主要分布在中央古隆起及其以东地区，盆地西南部、北部及横山地区基本不发育。在神木—靖边—吴起—富县一线以东厚度为 10～25m，吴堡地区厚度最大可达30余米，在盆地西部乌达地区及北部鄂托克旗—杭锦旗相对较厚，厚度均小于15m。

总体来说，上古生界本溪组—山西组煤岩、煤系泥岩及石灰岩的单层厚度较薄，累计厚度较大，在纵向上煤系烃源岩及石灰岩与致密砂岩储层呈互层式分布，有利于烃源岩向邻近储层排烃充注。平面上，不同层段烃源岩与致密砂岩储层大面积叠置，形成盆地范围内的广覆式源储组合，有利于天然气大面积成藏。

二、煤系烃源岩有机地球化学特征

（一）有机质丰度

本溪组—山西组煤岩有机质丰度在不同地区、不同层位均表现为相对较高的有机碳、氯仿沥青“A”及总烃含量。煤岩有机碳含量主要介于70.8%～83.2%，氯仿沥青“A”含量主要介于0.61%～0.8%，总烃含量主要介于1757.1～2539.8μg/g。氯仿沥青“A”/有机碳、总烃/有机碳平均分别为0.95%和0.36%，表明有机质转化率低（表3-5-3）。

表3-5-3　鄂尔多斯盆地上古生界烃源岩有机质丰度统计表

层位	岩性	有机碳/% 最小～最大/平均	氯仿沥青“A”/% 最小～最大/平均	总烃/μg/g 最小～最大/平均	氯仿沥青“A”/有机碳/% 最小～最大/平均	总烃/有机碳/% 最小～最大/平均
山西组	煤层	30.26～87.38 62.57	0.103～2.449 0.802	519.90～6699.90 2539.81	0.12～4.97 1.03	0.06～1.36 0.45
	泥岩	0.21～8.65 2.44	0.002～0.501 0.037	19.85～524.96 163.76	0.12～7.14 1.84	0.01～7.49 0.93
太原组	煤层	32.45～91.32 62.01	0.026～1.962 0.612	222.31～4463.53 1757.12	0.03～5.12 0.92	0.03～1.16 0.44
	泥岩	0.13～8.98 2.88	0.003～2.052 0.120	15.42～1904.64 361.6	0.01～9.21 3.6	0.01～5.88 1.09
	石灰岩	0.08～6.30 1.04	0.003～0.074 0.045	54.73～534.57 396.66	0.45～10.07 6.18	0.75～7.32 5.43
本溪组	煤层	34.74～91.64 69.41	0.406～0.966 0.773	240.00～4556.51 2896.21	0.51～1.74 1.09	0.03～0.82 0.41
	泥岩	0.14～8.00 2.64	0.002～0.437 0.065	12.51～1466.34 322.73	0.02～8.74 2.56	0.01～2.93 1.27
	石灰岩	0.10～4.12 0.92	0.004～0.087 0.043	52.27～914.95 417.26	0.44～10.63 5.27	0.64～11.16 5.09

本溪组—山西组煤系泥岩有机碳含量主要分布在 2.0%～3.0% 之间，总体上反映了上古生界煤系泥岩具有较高的有机碳含量和较低的可溶有机质含量。氯仿沥青“A”含量为 0.002%～2.052%，平均为 0.0758%。总烃含量为 12.51～1904.64μg/g，平均为 326.75μg/g。煤系泥岩有机质丰度受沉积环境、沉降幅度和沉积速率的影响，不同层系间变化较大。本溪组和太原组暗色泥岩发育于海陆交互环境，有机质丰度相对较高且稳定，山西组暗色泥岩多发育于陆相沉积环境，有机质丰度相对较低且横向分布不均匀。

本溪组与太原组石灰岩的有机质含量基本相似，有机碳含量在 0.08%～6.30% 之间，平均为 0.96%，可溶有机质含量较高，其氯仿沥青“A”平均为 0.044%，总烃含量在 52.27～914.95μg/g 之间，平均为 407.2μg/g。

（二）有机质类型

1. 有机岩石学特征

上古生界煤岩显微组分以镜质组占绝对优势，含量主要介于 50～100% 之间，平均含量 87%，惰质组含量介于 0～46% 之间，平均含量 10%，壳质组和腐泥组含量介于 0～39% 之间，平均含量 3%，类型指数为 −86～−6，均属于Ⅲ型干酪根。煤系泥岩显微组分变化大，总体显微组成以镜质组及壳质组和腐泥组为主，镜质组含量介于 0～100% 之间，平均含量 50%，壳质组和腐泥组含量介于 0～100% 之间，平均含量 42%，惰质组含量介于 0～43% 之间，平均含量 9%，类型指数为 −80～100，有机质类型以于Ⅲ型干酪根为主，其次为 $Ⅱ_2$ 型和 $Ⅱ_1$ 型，少量为Ⅰ型，反映煤系泥岩有机质来源以陆生植物有机质为主，水生生物为辅。本溪组—太原组石灰岩干酪根显微组分以壳质组和腐泥组占绝对优势，含量介于 71%～87% 之间，平均含量 78%，惰质组含量介于 0～29% 之间，平均含量 14%，镜质组含量介于 0～15% 之间，平均含量 8%，类型指数为 42～76，有机质类型为 $Ⅱ_1$ 型（图 3-5-6）。

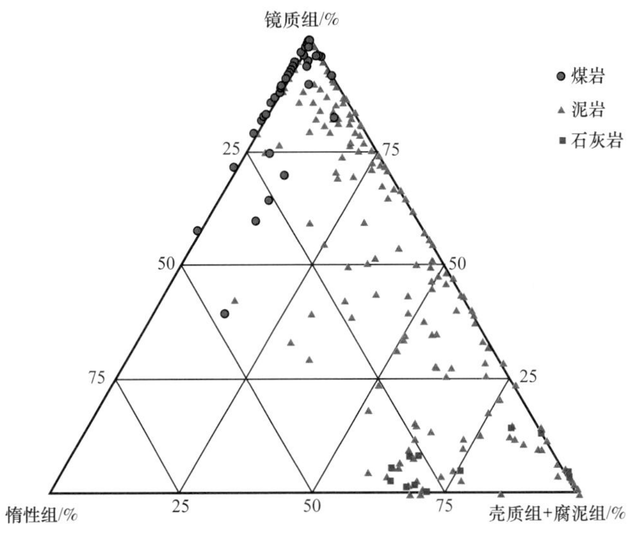

图 3-5-6　鄂尔多斯盆地本溪组—山西组烃源岩干酪根显微组成三角图

2. 干酪根碳同位素特征

烃源岩干酪根碳同位素组成与有机质来源关系密切。(Tissot，1978；Golyshev，1991)。来源于高等植物的干酪根碳同位素较重，$\delta^{13}C_{PDB}$ 一般为 −28‰～−23‰，而来源于水生低等植物及细菌的干酪根碳同位素较轻，$\delta^{13}C_{PDB}$ 为 −32‰～−28.0‰。本溪组—山西组煤岩干酪根 $\delta^{13}C_{PDB}$ 主要分布在 −25‰～−22‰之间，反映了腐殖型有机质的特征。煤系泥岩干酪根 $\delta^{13}C_{PDB}$ 组成呈双峰分布特征，重碳同位素分布（−25‰～−23‰）反映了腐殖型有机质来源，轻碳同位素分布（−30‰～−28‰）反映受细菌改造或水生低等生物来源影响。与煤系泥岩干酪根碳同位素组成相似，本溪组—太原组石灰岩干酪根碳同位素组成呈双峰分布，干酪根 $\delta^{13}C_{PDB}$ 主要分布在 −29‰～−23‰，表现出混合型有机质的特征（图 3-5-7）。

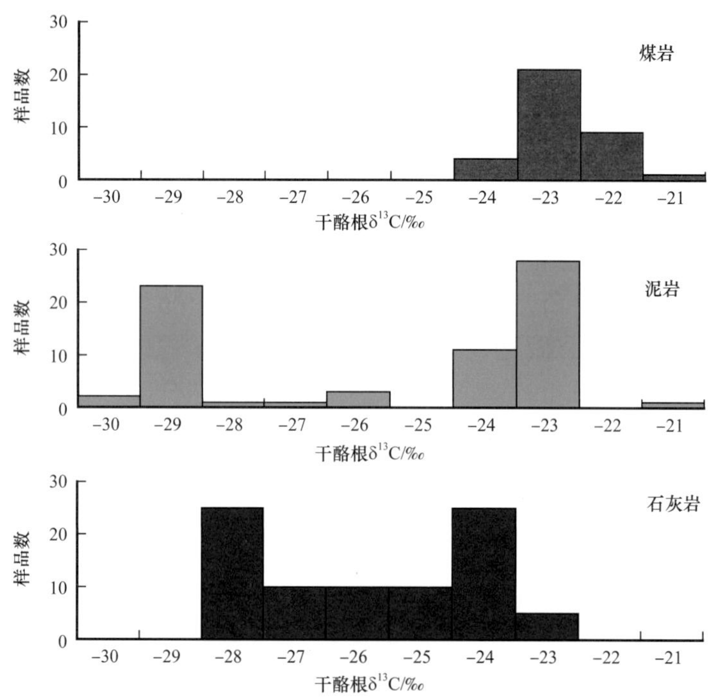

图 3-5-7　鄂尔多斯盆地本溪组—山西组烃源岩干酪根碳同位素直方图

（三）有机质热演化程度

烃源岩有机质成熟度是控制烃源岩生烃能力的重要指标之一。镜质组反射率是直接且最有效的热演化程度评价指标。上古生界烃源岩干酪根 R_o 在 0.8%～3.0% 之间，总体上处于成熟—过成熟阶段。

在平面上，上古生界烃源岩的成熟度虽然在不同地区存在一定差异，但是总体上以高成熟—过成熟为主，R_o 大于 1.3% 的高成熟及过成熟区分布面积约占盆地总面积的 72%（图 3-5-8）。盆地南部环县—吴起—绥德一线以南上古生界烃源岩成熟度最高，R_o 达 2.2%～3.0%，处于过成熟干气阶段。盆地中部大部分地区 R_o 为 1.6%～2.4%，处于高成熟—过成熟阶段。盆地东北部 S1 井区和杭锦旗以北烃源岩成熟度相对较低，R_o 小于 1.0%。

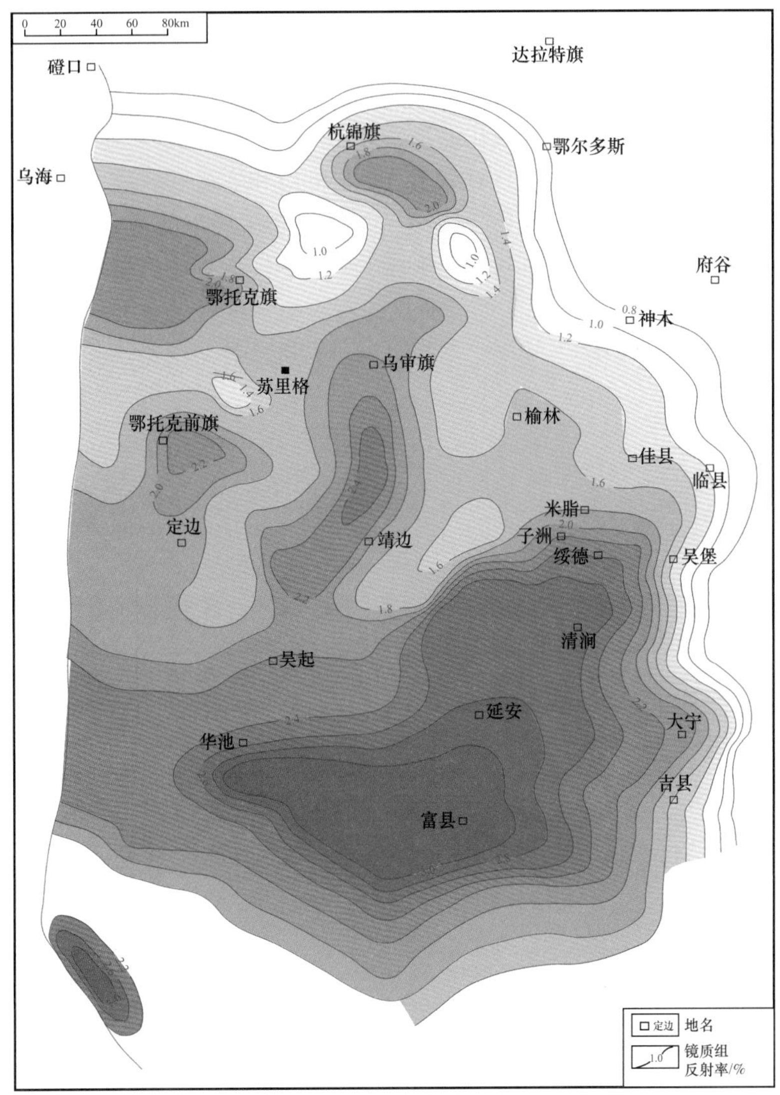

图 3-5-8　鄂尔多斯盆地上古生界烃源岩镜质组反射率等值线图

三、煤系烃源岩生烃热压模拟实验

在地质演化过程中，有机质受温度、压力和时间的影响，发生一系列的化学反应而形成油气（Behar et al.，1997；饶松等，2010）。温度和时间是影响生烃过程的两个重要因素，其中温度是生成油气最为关键的影响因素（Behar and Vandenbroucke，1996；Dieckmann et al.，2000）。有机质在地质条件下的热演化过程是低温、缓慢且复杂的过程，并且容易受到多种地质因素的影响（彭威龙等，2018）。根据温度和时间互相补偿的原理（Connan，1974），在实验条件下，可采用快速升温，用温度补偿时间的方法模拟有机质的生烃过程

（Behar et al.，1992；Dieckmann et al.，1998）。随着热模拟实验温度和成熟度的不断增加，干酪根有机大分子逐步裂解成小分子物质。根据不同温度下各种组分的产率，可以计算出各组分的生烃动力学参数。利用数值模拟软件和生烃动力学参数等资料，可以反推地质条件下的生烃过程，从而恢复烃源岩在地质条件下的生烃过程，以达到油气资源量评价的目的（Behar et al.，1992；胡祥云等，2000）。鄂尔多斯盆地上古生界煤系烃源岩生烃模拟实验，学者们通常采用盆地东北部低演化的煤岩和泥页岩，但盆地范围内暗色泥岩和煤岩显微组分必然是存在差异的。盆地泥岩显微组分分析和沉积有机相研究表明，从盆地北部至南部，泥岩显微组分中镜质组含量逐渐降低、腐泥组和壳质组的稳定组分含量逐渐增高，沉积有机相从北部的高位森林沼泽相和陆地森林沼泽相转变到中部覆水森林沼泽相、南部开阔水体相（图 3-5-9）。盆地东北部低演化的煤岩和泥页岩显微组分以镜质组为主，有机质类型为Ⅲ型。盆地东南部下寺湾山西组页岩，有机质类型以Ⅰ、Ⅱ型为主，气藏部分

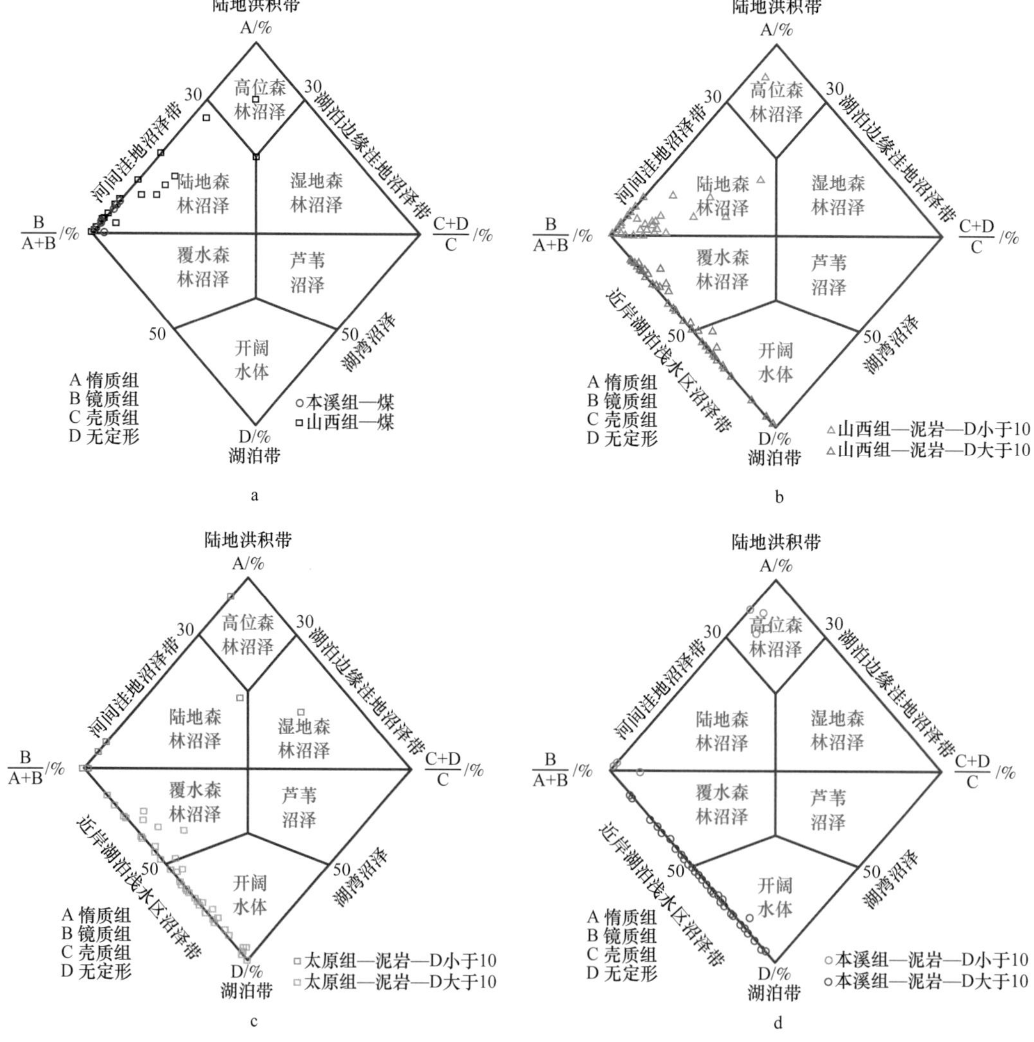

图 3-5-9　鄂尔多斯盆地上古生界山西组、太原组、本溪组煤（a）和泥岩（b—d）的有机相特征

天然气甲烷同位素具有腐泥型干酪根生气特征。因此采用东北部低演化煤系泥页岩不能代表盆地南部富腐泥型开阔水体相烃源岩的生烃演化。

（一）实验样品

1. 盆地南部实验样品制备

盆地南部开阔水体相泥岩普遍处于高成熟—过成熟阶段，难以开展热压模拟实验，采用了人工制备低成熟度的实验样品。选取鄂尔多斯盆地西缘山西省蒲县东河煤矿富含腐泥组的低成熟腐泥煤，制备盆地南部开阔水体相实验样品。腐泥煤镜质组反射率为 0.52%，显微组成为腐泥组 35%、壳质组 5%、镜质组 50%、惰质组 10%（表 3-5-4），有机质类型为Ⅱ型，有机相为覆水森林沼泽相，代表盆地中部高成熟样品。镜下藻类体发黄色荧光，轮廓清楚，多为不同扁度的椭圆状群体，具有蜂窝状结构和齿状外缘（图 3-5-10），从形态判断这些藻类体为皮拉藻。

表 3-5-4　有机显微组分分离初始样品的有机地球化学参数

样品	层位	腐泥组 / %	壳质组 / %	镜质组 / %	惰质组 / %	TOC/ %	S_1/ mg/g	S_2/ mg/g	HI/ mg/gTOC	R_o/ %	备注
腐泥煤	山西组	35	5	50	10	75.3	2.6	296.9	394	0.52	东河煤矿

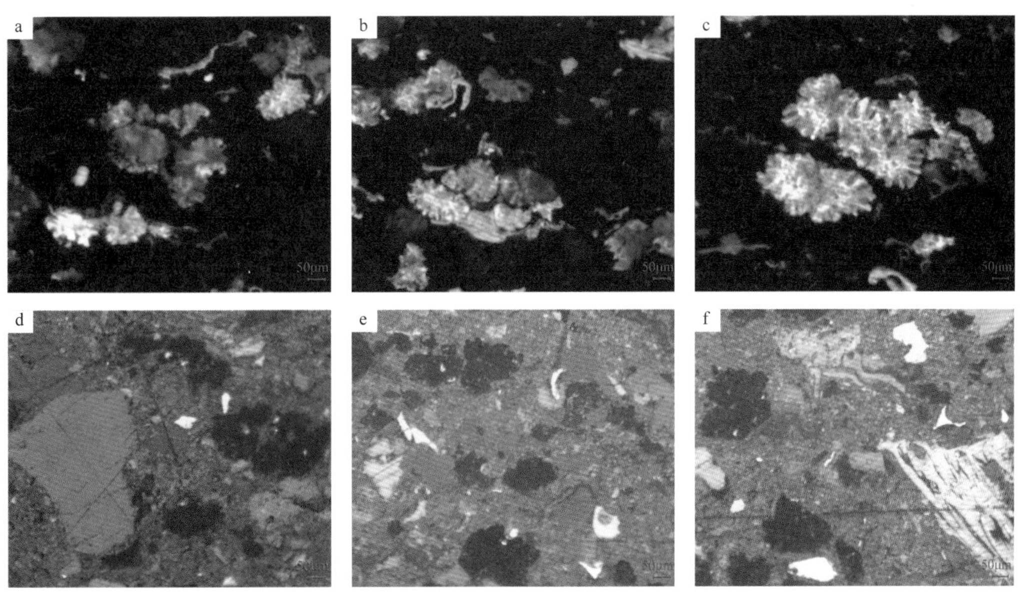

图 3-5-10　山西省东河煤矿山西组腐泥煤镜检

Dormans 采用浮沉实验方法进行了煤岩组分分离和富集，由此奠定了煤组分重液分离基础。Dyrkacz 等在重液分离的基础上，开发出了等密度梯度离心分离煤组分的技术（Dyrkacz et al.，1982，1992）。Stankiewicz 等（1994）对Ⅰ、Ⅱ和Ⅲ型有机质开展了密度分异离心。Xie 等（2020）采用重液分离的方法分离富集了桦甸油页岩中的有机显微组分，在 1.06～1.23g/mL 密度范围内主要富集层状藻类体，1.26～1.36g/mL 密度范围内富集碎屑镜质组。依据前人资料，为了分离富集腐泥煤中的藻类体，采用的重液密度为1.12g/mL。

腐泥煤样品粉碎至粒径0.175～0.150mm（80～100目），然后用索氏抽提的方法，将可溶组分抽提出来。用液氮冷冻的方法使显微组分之间产生裂缝，然后用球磨仪粉碎，使样品粒度更小，以备显微组分分离。重液分离所有的重液为LST（solution of lithium heteropolytungstates in water）重液，该重液安全无毒、黏度小、密度高、稳定性强、回收率高。LST重液初始密度约为2.85g/mL，与纯净水混合配置重液密度1.12g/mL，将干酪根（≤50mg）超声分散在配制好的重液中，然后在离心机中高速离心30min。此时，密度大于配制好重液的干酪根沉到底部，密度小于或者等于配制重液的干酪根悬浮在液体中。通过砂芯抽滤装置过滤重液，收集悬浮在重液中的干酪根颗粒。沉在底部的干酪根则经历下一轮的重液分离实验。腐泥煤提纯样品镜检分析表明，分离提纯的结果，发黄色荧光的腐泥组占总体的75%。

2. 热模拟实验样品

采用山西组煤和本溪组煤分别代表山西组和本溪组陆地森林沼泽相模拟样品，山西蒲县东河煤矿的腐泥煤代表覆水森林沼泽相模拟样品，腐泥煤提纯样代表开阔水体相模拟样品。生烃热模拟实验样品有机地球化学参数具体见表3-5-5。

表3-5-5　高压釜—黄金管生烃热模拟实验用样品的地球化学参数

井号	层位	深度/m	岩性	腐泥组/%	壳质组/%	镜质组/%	惰质组/%	R_o/%	TOC/%	S_1/mg/g	S_2/mg/g	HI/（mg/g TOC）	有机相
S13	山西组	2184.5	煤	5	7	80	8	0.76	66.3	9.7	173.8	262	陆地森林沼泽
PLG	本溪组	剖面	煤	—	30	60	10	0.66	77.2	1.7	151.0	196	陆地森林沼泽
DHMK	山西组	煤矿	腐泥煤	30	10	55	5	0.52	75.3	2.6	296.9	394	覆水森林沼泽
DHMK	山西组	煤矿	腐泥煤提纯	75	—	25	—	0.52	76.5	1.4	409.5	536	开阔水体

（二）实验方法

实验选择封闭体系下黄金管高压热模拟实验方法。黄金管规格为40mm（长）×4mm（直径）×0.25mm（壁厚）。将裁切好的金管一端进行焊封，之后放入马弗炉800℃煅烧1h；将干酪根粉末样品装入黄金管内，并通入氩气维持15min。由于低温阶段干酪根以生油为主，高温阶段以产气为主，因此金管内干酪根重量需要依次递减，最低温度点样品量约为100mg，最高温度点样品量为10mg左右。之后将金管的另一端进行焊封，并将焊好的金管放入热水中检查是否漏气，并做出相应补救措施。

将焊接好的金管放入高压釜内。实验压力设置为50MPa，误差±2MPa。温度设置范围为336～600℃，每隔24℃设置一个取样温度点，共计12个温度点。高压釜温度从室温经10h升至250℃，之后分别以2℃/h和20℃/h进行程序升温，当达到目标温度点时，关闭所对应高压釜的压力截止阀，之后取出高压釜在冷水中快速降温并取出金管。

气体含量分析借助于Agilent 6890N气相色谱仪完成。将金管置于特定的真空装置中，在真空状态下扎破金管，使气体释放出来，待压力稳定后，打开与仪器相连接的阀门，之后气体进入仪器内进行气体含量分析。

（三）实验结果分析

1. 气体组成和产率特征

4个样品在两个升温速率条件下（20℃/h和2℃/h）的气态烃产率如表3-5-6所示。4个样品的气态烃产率在实验温度条件下尚未达到最高值，特别是代表本溪组陆地森林沼泽相和山西组陆地森林沼泽相两个样品。针对这一问题，Shuai等（2006）通过计算表明在600℃时的甲烷产率除以0.97即为最终的产率。本次工作对气体最大产率做了相似处理。在2℃/h实验条件下，代表山西组陆地森林沼泽相、本溪组陆地森林沼泽相、覆水森林沼泽相、开阔水体相4个样品甲烷最大产率分别为200mL/g TOC、212mL/g TOC、364mL/g TOC、402mL/g TOC。Zhao等（2018）对神府地区的山西组煤岩和泥岩开展了高压釜—黄金管生烃热模拟研究，结果表明神府地区山西组煤岩的甲烷最大产率为242.65 mL/g TOC，Zhao等（2018）热模拟实验所用煤岩的HI为363.53mg HC/g TOC，远高于本次山西组煤岩的HI（262mg HC/g TOC）。付少英（2002）对山西组煤岩和太原组煤开展的黄金管封闭体系生烃热模拟结果表明山西组煤的最大产率为271.08mL/g TOC。Liu等（2019）对L1井太原组煤封闭体系黄金管热模拟实验研究表明甲烷最大产率为204mL/g TOC。煤的非均质性较强，不同样品之间的生烃潜力有一定差异，不能采用单一的参数代表整体的生烃潜力。因此，采用本次工作和前人结果的平均值（249.03mL/g TOC）作为山西组煤烃类气态烃最大产率。本溪组煤的最大产率采用前人发表的太原组煤和本溪组煤与本次工作得到本溪组煤最大产率的平均值（251.59mL/g TOC）。

表3-5-6　不同有机相烃源岩热模拟实验气态烃产率数据　（单位：mL/g TOC）

温度/℃	升温速率/℃/h	陆地森林沼泽相（山西组煤）	陆地森林沼泽相（本溪组煤）	覆水森林沼泽相（腐泥煤）	开阔水体相（腐泥煤提纯）
336	20	0.06	0.51	0.03	0.11
360	20	0.61	1.39	0.26	0.46
384	20	1.40	5.32	1.83	2.94
408	20	8.10	13.46	6.16	12.69
432	20	25.67	26.41	22.66	36.03
456	20	50.93	44.20	59.10	77.94
480	20	76.40	63.10	94.20	150.91

续表

温度/℃	升温速率/℃/h	陆地森林沼泽相（山西组煤）	陆地森林沼泽相（本溪组煤）	覆水森林沼泽相（腐泥煤）	开阔水体相（腐泥煤提纯）
504	20	101.30	85.87	159.87	217.44
528	20	122.12	102.81	218.29	261.83
552	20	139.45	128.68	262.38	306.64
576	20	159.28	144.30	285.43	339.29
600	20	174.96	169.43	298.45	354.21
336	2	0.02	1.74	0.37	0.83
360	2	2.17	6.77	2.24	4.28
384	2	15.52	20.09	19.50	23.02
408	2	41.54	37.40	29.97	58.92
432	2	68.80	57.69	98.94	119.53
456	2	95.05	79.60	154.83	191.88
480	2	119.64	103.72	206.08	250.00
504	2	142.84	122.87	257.48	283.50
528	2	157.67	151.52	291.67	335.75
552	2	173.83	166.98	314.39	362.81
576	2	190.39	201.88	329.21	375.44
600	2	177.44	187.29	345.96	383.08

2. 生烃动力学参数计算

由于本实验最高热解温度尚未达到甲烷生成死限，在模拟计算时虚拟高温点（一般不超过 700℃），进行反复拟合计算，以达到甲烷生成平衡。模拟计算结果及生烃动力学参数见图 3-5-11、图 3-5-12。山西组陆地森林沼泽相生成烃类气体（C_{1-5}）的主频活化能分布在 50kcal/mol 和 59kcal/mol 左右，频率因子为 6e+10/s；本溪组陆地森林沼泽相的主频活化能较靠后，为 53kcal/mol 和 58kcal/mol，频率因子为 1.01e+10/*s*。覆水森林沼泽相的主频活化能分布有两个，分别为 52kcal/mol 和 63kcal/mol，频率因子为 1.73e+11/*s*，开阔水体相的主频活化能分布在 51～53kcal/mol 之间，频率因子为 2.96e+11/*s*。开阔水体相的活化能分布较集中，这与陆地森林沼泽和覆水森林沼泽相不同。

不同有机相样品活化能的差异可能与样品的显微组成不同有关。镜质组含量较高的样品（陆地森林沼泽相和覆水森林沼泽相）在高温条件下，仍然能生成大量的甲烷，在最高热解温度 600℃时，甲烷的生成量还未达到最高值。而开阔水体相的主要有机显微组分

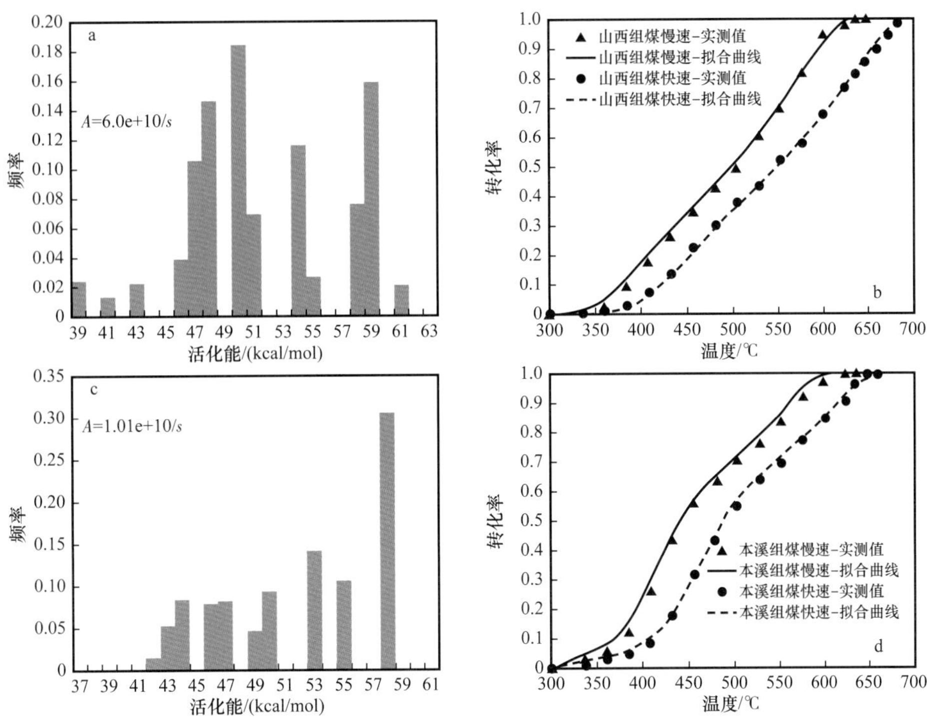

图 3-5-11　陆地森林沼泽相 C_{1-5} 活化能分布及温度—转化率关系图

a、b—山西组；c、d—本溪组

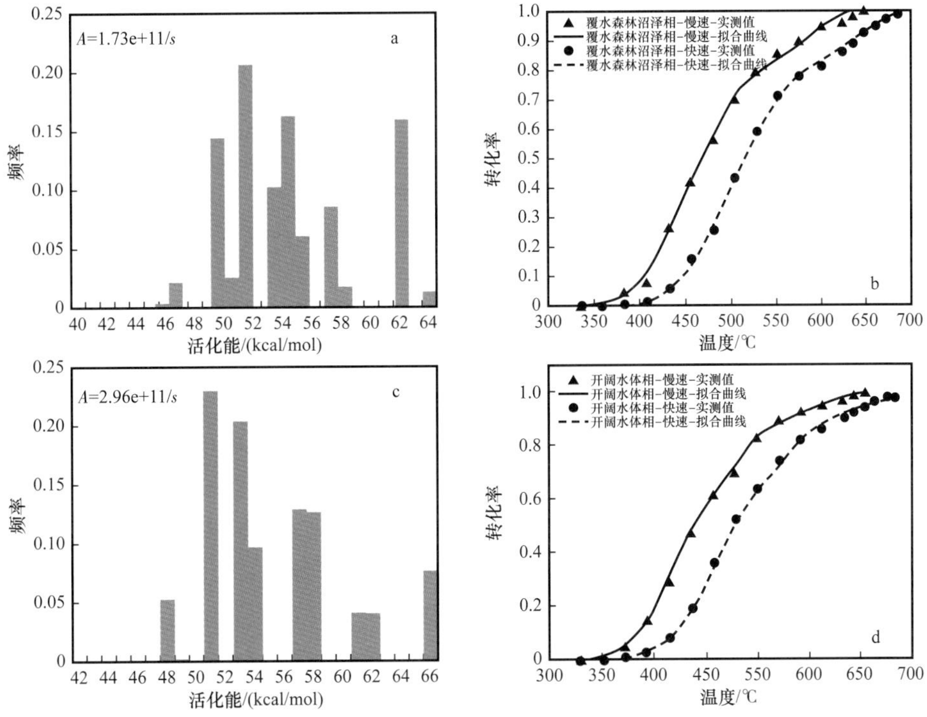

图 3-5-12　覆水森林沼泽相和开阔水体相 C_{1-5} 活化能分布及温度—转化率关系图

为藻类体，镜质组含量较低，在高温 600℃时，烃类气体生成的趋势已经变缓。山西组陆地森林沼泽相和本溪组陆地森林沼泽相均以镜质组为主，但活化能存在一些差异，付少英（2002）对鄂尔多斯盆地上古生界山西组煤和太原组煤开展的生烃热模拟实验表明，太原组煤生成甲烷的动力学参数较山西组煤高，这一结果与本次实验相似。显微组分类型的差异会造成活化能分布产生较大的差异，相同的显微组成也会造成活化能有一定的差别。

活化能分布的差异主要与干酪根的化学结构有关。付少英等（2002）开展的 Py-GC-MS 结果表明，同样的裂解条件下，与太原组原煤相比，山西组原煤可以裂解出更多的正构烷烃 / 烯烃。原煤结构中存在的长链的烷基侧链和桥键的断裂是煤成干气的主要来源。同样的热力学条件下，长链烷基侧链的断裂比芳香环上的 C—C 键断裂容易得多。煤成烃实验实际上是一个包括长链烷基侧链和桥键断裂与烷基芳香结构的 C—C 键断裂在内的整体反应。在一定程度上，长链烷基侧链和桥键在整个分子结构中的分布关系到煤成烃反应的活化能分布，较多的长链结构意味着煤成烃具有较低的整体活化能分布。这与山西组煤成烃的活化能相对太原组或者本溪组较低及腐泥煤有机显微组分提纯样品的活化能相对较低的实验事实可以相互验证。

3. 转化率与产率计算

基于实际的地质条件和封闭体系条件下烃类气体的生烃动力学参数（包括活化能和频率因子），可以推算和重建在地质历史时期烃类气体生成的过程（Ungerer and Pelet，1987；Behar et al.，1992，1997）。基于鄂尔多斯盆地 184 口井的热史和本次工作得到的不同有机相气态烃生烃动力学参数，发现 184 口井的山西组陆地森林沼泽相、本溪组陆地森林沼泽相、覆水森林沼泽相和开阔水体相的 R_o 与转化率的关系高度一致，因此以南部热演化程度高的 FT1 井热史为代表，通过 kinetics 软件计算，建立山西组陆地森林沼泽相、本溪组陆地森林沼泽相、覆水森林沼泽相和开阔水体相烃源岩的 R_o 与转化率之间的关系（图 3-5-13）。

在三叠纪（约 240Ma），上古生界山西组和本溪组陆地森林沼泽相进入低成熟演化阶段（R_o 为 0.5%～0.7%），在 R_o 为 0.4%～0.5% 时，开始生成烃类气体（图 3-5-13a）。在这一热演化阶段，山西组和本溪组陆地森林沼泽相的转化率最高不到 10%。从晚三叠世至早—中侏罗世，烃源岩处于成熟演化阶段（R_o 为 0.7%～1.3%），山西组陆地森林沼泽相的转化率升高到约 48%，本溪组陆地森林沼泽相增长到约 35%。从晚侏罗世到早白垩世，烃源岩进入高成熟演化阶段（R_o 为 1.3%～1.6%）和高—过成熟演化阶段（R_o 为 1.6%～3.3%）。在高成熟阶段，山西组和本溪组陆地森林沼泽相的转化率分别增长到 42% 和 60%，气体量的增长主要与油裂解有关。当 R_o 高于 1.6% 时，山西组和本溪组陆地森林沼泽相的气体增长速率放缓。随后，两个样品的气体转化率有一点差异，本溪组陆地森林沼泽相从 R_o 约 2.2% 开始气体转化率增长速率又增加，而山西组陆地森林沼泽相从 R_o 约 2.9% 开始，增长速率增加。前人对煤的生烃演化有较多研究，油裂解主要阶段结束后，煤后期生成气体量仍然较高（黄文魁，2019；Mahlstedt and Horsfied，2012），且到 600℃时，仍未达到最高气态烃产率。在这一阶段，山西组和本溪组陆地森林沼泽相的转化率增长了 30%～35%。这一阶段的气体来源可能主要与煤生成油与干酪根芳环形成的稳定沥青的裂

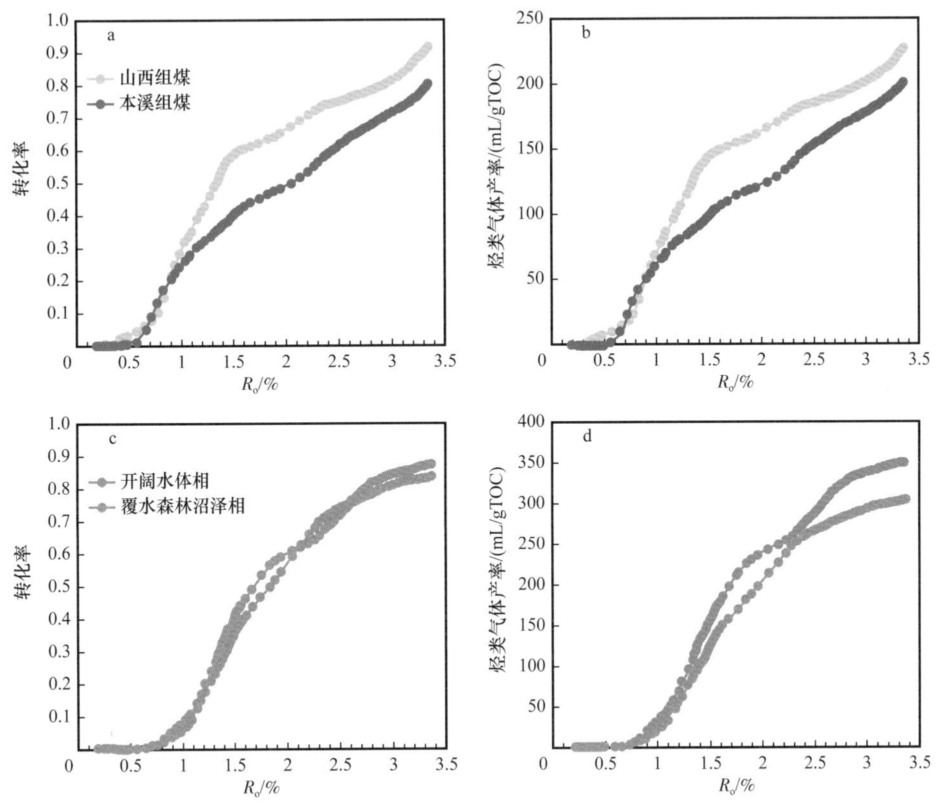

图 3-5-13　鄂尔多斯盆地山西组和本溪组陆地森林沼泽相、覆水森林沼泽相和开阔水体相的 R_o 与转化率（a，c）和总烃类气体产率关系图（b，d）

解生气有关（Mahlstedt and Horsfied，2012）。

在整个热演化生烃过程中，山西组陆地森林沼泽相的转化率明显高于本溪组，这与山西组陆地森林沼泽相的活化能较低有关。综合前人和本次的热模拟实验结果中煤的最大烃类气体产率（刘新社，2005；李剑锋，2005；Liu et al.，2019；Zhao et al.，2018；付少英，2002），取前人及本次实验山西组煤的最大产气率的平均值 249mL/gTOC 为山西组陆地森林沼泽相的最大产气率，取太原组煤或者本溪组煤的平均值 252mL/gTOC 为本溪组陆地森林沼泽相的最大产气率。根据转化率和最大产率，计算得到相应成熟度的气体产率（图 3-5-13b）。

相同的热演化条件下，覆水森林沼泽相泥岩的转化率与开阔水体相泥岩相似。两个沉积有机相的生烃过程与山西组陆地森林沼泽相和本溪组陆地森林沼泽相相似，最大转化率在 85% 左右，较山西组陆地森林沼泽相低（图 3-5-13c）。当 R_o 小于 1.6% 时，覆水森林沼泽相和开阔水体相各演化阶段的转化率增长与陆地森林沼泽相的相似。而当 R_o 高于 1.6% 时，覆水森林沼泽相和开阔水体相的转化率增长速率并未马上放缓，这可能与其中的轻烃和湿气含量较高，裂解生成大量甲烷，导致气体量增长速率仍然较高。在 R_o 约为 1% 时，两个沉积有机相的转化率均较低，约为 7%，明显低于两个陆地森林沼泽相的转化率。当 R_o 约 2% 时，覆水森林沼泽相的转化率与开阔水相相似，转化率约为 60%。当 R_o 约 3% 时，覆水森林沼泽相的转化率为 82%，开阔水体相的为 85%（图 3-5-13c）。覆水森林沼泽相和开阔水体相的烃类气体最大产率分别为 364mL/gTOC 和 403mL/gTOC，明显高于 2 个陆地森林沼泽相的产率。当 R_o 高于 1.0% 时，在相似的成熟度条件下，覆水森林沼泽相的产率明显低于开阔水体相的（图 3-5-13d）。在 R_o 高于 1.6% 时，覆水森林沼泽相和开阔水体相泥岩的产率明显高于山西组陆地森林沼泽相和本溪组陆地森林沼泽相。

（四）生气强度平面分布特征

烃源岩的生气强度是指单位面积内烃源岩中的有机质在现今的热演化程度下所形成的天然气在标准状态下的体积，生气强度的计算是盆地生气量计算的关键（李剑锋，2005）。目前，对于鄂尔多斯盆地上古生界生气强度的计算，不同的学者所用的算法基本一致（刘新社，2001；李剑锋，2005；郑松等，2007），只是在参数设置方面有所不同。

本次鄂尔多斯盆地不同有机相烃源岩的 R_o 与气态烃产率的关系（图 3-5-13b、d），以及山西组、太原组、本溪组煤岩和泥岩的厚度、密度、有机碳含量，计算了 530 余口井的山西组、太原组、本溪组各层生气强度和上古生界总生气强度。计算数学模型如下：

$$G_{\text{gas}}=H\cdot\rho_{\text{rock}}\cdot \text{TOC}\cdot r\times 10^3$$

式中 G_{gas}——烃源岩的生气强度，$10^8\text{m}^3/\text{km}^2$；

H——烃源岩厚度，m；

ρ_{rock}——烃源岩的密度，g/cm^3，煤的密度取 1.3g/cm^3，暗色泥岩的取值为 2.6g/cm^3；

TOC——烃源岩的有机碳含量，煤取 72%，山西组、太原组和本溪组暗色泥岩的 TOC 含量分别为三个组泥岩的实测数值的平均值；

r——烃源岩的产气率，mL/g TOC。

由于热演化程度和不同层系烃源岩的平面上的差异，重新编会的盆地中东部不同层系生烃强度图（图 3-5-15 至图 3-5-18）可以看出：

山西组总生烃强度包括煤岩和泥岩的生烃强度，主要分布在 2×10^8～$20\times10^8\text{m}^3/\text{km}^2$ 之间（图 3-5-15）。神木一线以南的区域生烃强度普遍高于 $4\times10^8\text{m}^3/\text{km}^2$；乌审旗地区主体分布在 8×10^8～$14\times10^8\text{m}^3/\text{km}^2$ 之间；靖边地区的在 8×10^8～$16\times10^8\text{m}^3/\text{km}^2$ 之间；子洲—绥德—吴堡地区高于 $12\times10^8\text{m}^3/\text{km}^2$ 的分布面积较广；神木—榆林地区主体分布在 4×10^8～$15\times10^8\text{m}^3/\text{km}^2$ 之间；神木以北地区的生烃强度小于 $4\times10^8\text{m}^3/\text{km}^2$；北部的伊金霍洛旗地区局部生烃强度较高，与成熟度较高有关。

从图 3-5-16 可见，太原组的生烃强度明显低于山西组，生烃强度低于 $2\times10^8\text{m}^3/\text{km}^2$ 区域分布较广，生烃强度大于 $2\times10^8\text{m}^3/\text{km}^2$ 的区域分布在伊金霍洛旗、乌审旗、靖边—横山区域、神木—榆林—佳县和子洲—绥德—清涧区域。

本溪组总生烃强度包括煤岩和泥岩的生烃强度（图 3-5-17）。北部伊金霍洛旗、神木—府谷地区的生烃强度主体在 4×10^8～$10\times10^8\text{m}^3/\text{km}^2$ 之间，部分区域的生烃强度小于 $4\times10^8\text{m}^3/\text{km}^2$；乌审旗地区的生烃强度在 4×10^8～$10\times10^8\text{m}^3/\text{km}^2$ 之间；横山地区的生烃强度在 6×10^8～$12\times10^8\text{m}^3/\text{km}^2$ 之间；榆林—米脂的生烃强度在 8×10^8～$12\times10^8\text{m}^3/\text{km}^2$ 之

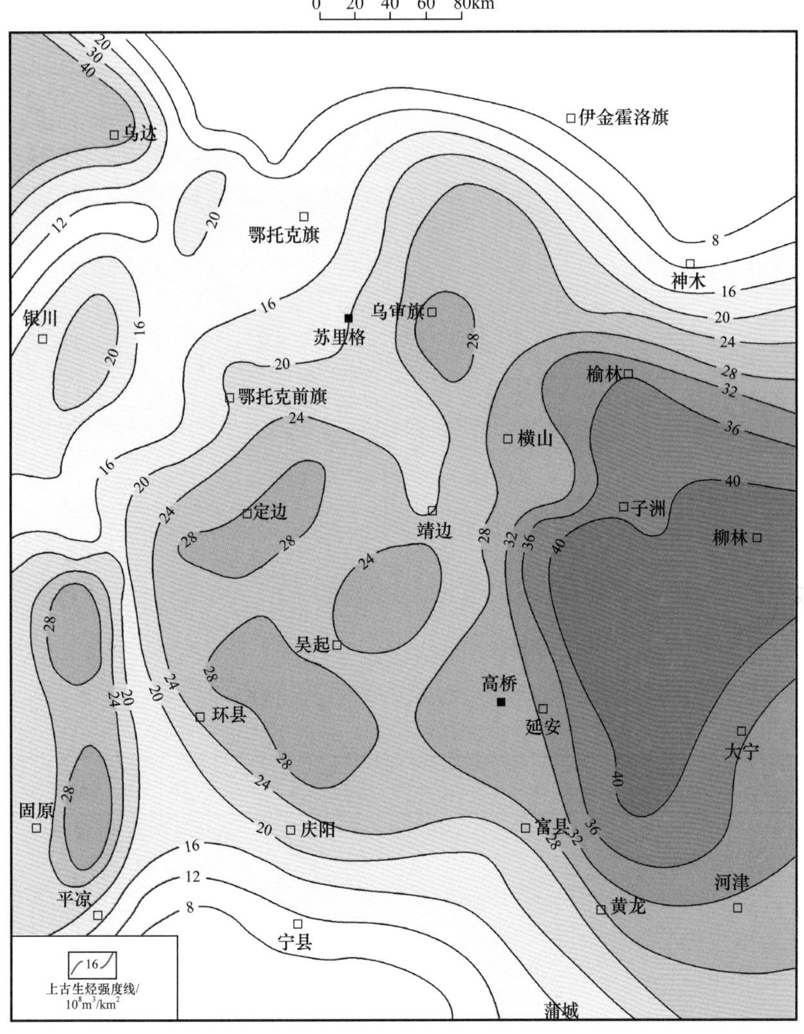

图 3-5-14 鄂尔多斯盆地上古生界烃源岩生烃强度图

间；绥德—吴堡生烃强度较高，主体在 8×10^8～$14\times10^8m^3/km^2$ 之间；靖边周边区域，本溪组生烃强度较低，生烃强度小于 $6\times10^8m^3/km^2$。

不同地区上古生界总生气强度差异较大（图 3-5-18），神木—府谷以北生烃强度低于 $15\times10^8m^3/km^2$，这与烃源岩的成熟度较低有关。南部的生烃强度大于北部，中东部的高于西部。西部区域乌审旗生烃强度主体在 12×10^8～$25\times10^8m^3/km^2$ 之间；中部榆林区域的生烃强度较高，大部分区域的生烃强度高于 $15\times10^8m^3/km^2$，最高生烃强度为 $30\times10^8m^3/km^2$，向北到神木附近降低到 $15\times10^8m^3/km^2$，向南降低到 $25\times10^8m^3/km^2$。南部区域生烃强度普遍大于 $20\times10^8m^3/km^2$，只是在米脂—子洲的一个狭长地带，生烃强度介于 10×10^8～$20\times10^8m^3/km^2$。伊金霍洛旗西侧地区生烃强度较高，在 10×10^8～$25\times10^8m^3/km^2$ 之间。

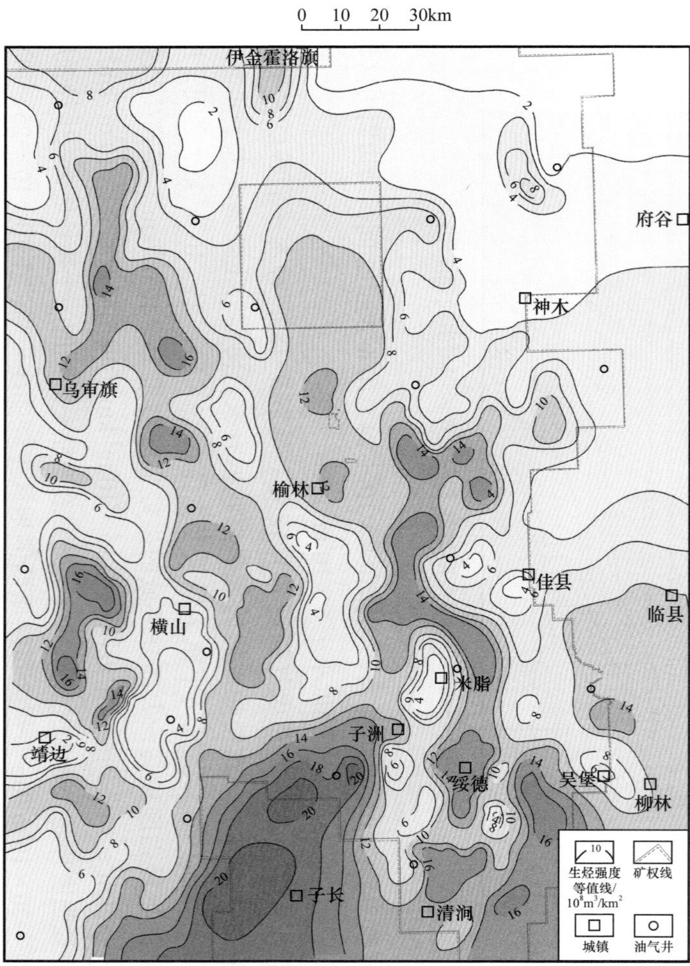

图 3-5-15　鄂尔多斯盆地中东部山西组生烃强度等值线图

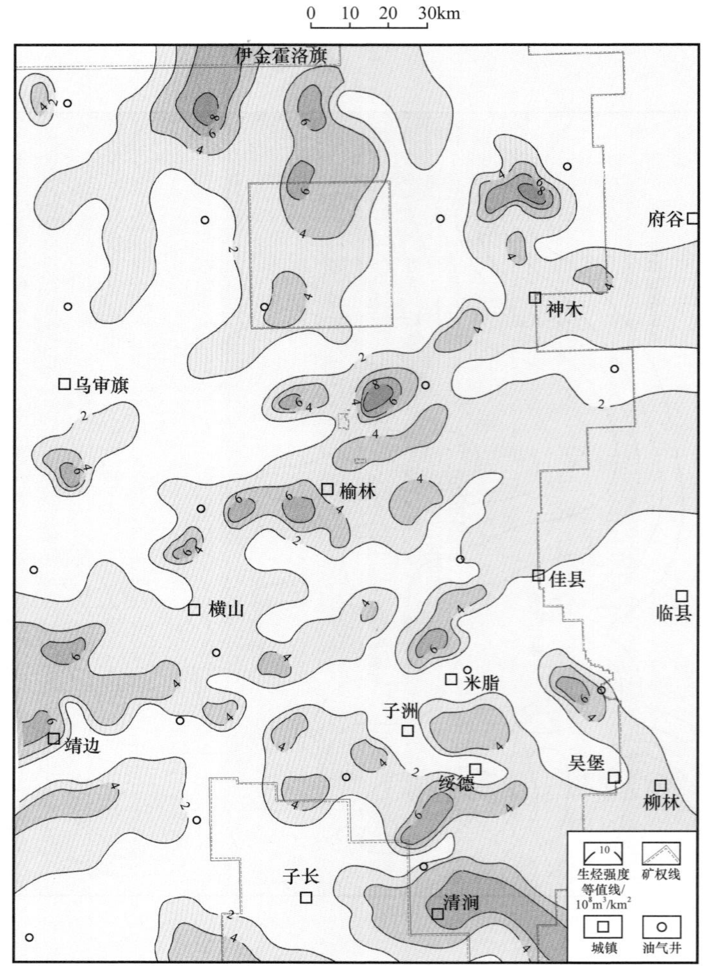

图 3-5-16　鄂尔多斯盆地中东部太原组生烃强度等值线图

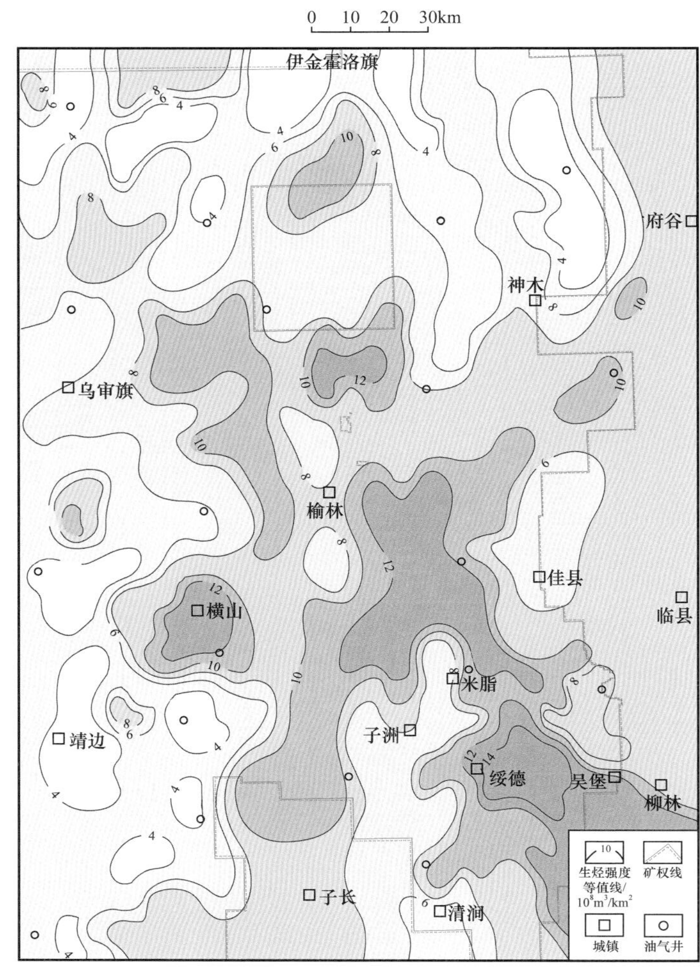

图 3-5-17　鄂尔多斯盆地中东部本溪组生烃强度等值线图

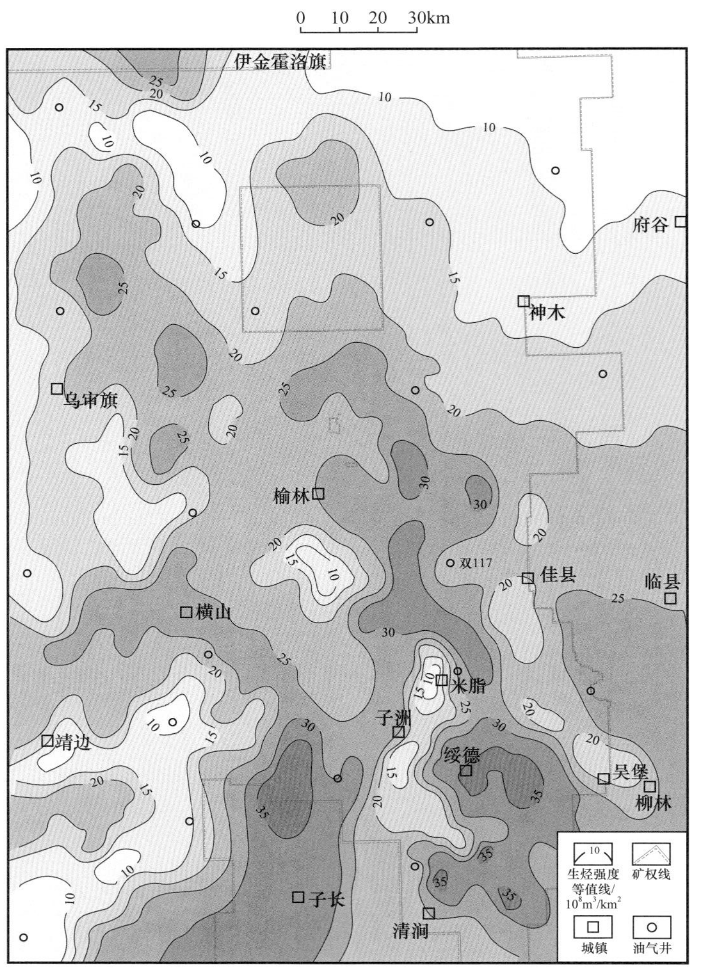

图 3-5-18　鄂尔多斯盆地东部上古生界总生烃强度等值线图

第六节　天然气成藏特征

鄂尔多斯盆地区域构造平缓，上古生界储层致密化时期早于天然气主成藏期，且非均质性强，天然气在浮力作用下难以克服致密储层毛细管阻力进行长距离二次运移。上古生界致密砂岩气具有“煤系烃源岩广覆式生烃、天然气持续性充注、近距离运聚、大面积富集”的基本成藏特征。

一、上古生界天然气地球化学特征与气源对比

（一）天然气地球化学特征

1. 烃类组分

上古生界天然气中烃类组分是最主要的成分，烃类组分含量分布在89%～100%，平均为96%，其中甲烷含量分布在84%～98%，平均为92.72%，重烃组分含量平均为3.32%，主要分布在1%～6%之间（表3-6-1）。大部分天然气样品的甲烷化系数（$C_1/C_{1-5}\times100\%$）大于95%，反映了以“干气”为主。甲烷化系数在垂向上呈现出较为明显的“下高上低”的变化趋势。下部气层组（本溪组、太原组）天然气的平均甲烷化系数为98%，上部气层组（山西组、石盒子组、千5段）天然气的平均甲烷化系数相对低一些，为96%。从图3-6-1也可以清楚地看出下部气层组干气所占比例明显高于上部气层组。

表3-6-1　鄂尔多斯盆地上古生界天然气组成

井名	层位	气体体积组成/%									干燥系数
		CH_4	C_2H_6	C_3H_8	i-C_4	n-C_4	i-C_5	n-C_5	CO_2	N_2	
F2	千5段	87.29	7.20	2.72	0.54	0.71	0.19	0.20	0.52	0.34	0.88
S63-53C4	千5段	93.77	4.28	0.62	0.11	0.09	0.05	0.02	0.93	0.10	0.95
M23	千5段	95.11	2.10	0.41	0.09	0.09	0.04	0.02	0.45	1.555	0.97
Y108	千5段	84.53	2.92	0.98	0.24	0.32	0.03	0.20	9.928	0	0.95
Y76	千5段	96.22	3.12	0.29	0.03	0.05	0.02	0.01	0.199	—	0.96
Y61	石盒子组	97.89	1.25	0.13	0.02	0.03	0.01	0.01	0.245	—	0.99
Z6	石盒子组	91.47	5.34	1.24	0.25	0.25	0.14	0.07	0.524	0.268	0.93
T32	石盒子组	91.94	1.85	0.32	0.04	0.05	0.00	0.01	0.574	5.17	0.98
T12	石盒子组	94.46	2.72	0.49	0.08	0.09	0.03	0.02	2.072	0	0.97
E36	山西组	91.57	2.77	0.48	0.08	0.07	0.04	0.02	1.518	3.402	0.96
L31	山西组	87.70	1.02	0.20	0.01	0.02	0	0	5.184	5.855	0.99

续表

井名	层位	气体体积组成/%									干燥系数
		CH_4	C_2H_6	C_3H_8	$i-C_4$	$n-C_4$	$i-C_5$	$n-C_5$	CO_2	N_2	
S26	山西组	85.30	7.37	2.48	0.42	0.60	0.03	0.21	0.502	2.608	0.88
S169	山西组	89.31	4.50	1.23	0.13	0.23	0.07	0.03	0.017	4.437	0.94
S214	山西组	93.20	2.46	0.33	0.09	0.04	0.01	0	1.908	1.958	0.97
S15	山西组	93.65	3.59	0.75	0.16	0.13	0.06	0.02	1.452	0.416	0.95
Y43	山西组	97.01	1.47	0.12	0.02	0.03	0.01	0.01	1.195	—	0.98
S143	山西组	94.71	3.78	0.57	0.08	0.10	0.05	0.06	0.323	0.275	0.95
M21	山西组	95.18	3.38	0.50	0.09	0.07	0.03	0.02	0.434	0.217	0.96
L2	太原组	88.83	0.76	0.25	0.04	0.05	0.02	0.02	8.911	2.233	0.99
S112	太原组	92.98	2.29	0.49	0.07	0.08	0	0.02	1.869	2.165	0.97
S138	太原组	93.62	1.52	0.14	0.02	0.02	0	0	2.063	2.618	0.98
M9	本溪组	97.22	0.88	0.10	0.03	0.02	0.01	0	1.563	—	0.99
S438	本溪组	93.02	1.06	0.14	0.02	0.02	0.01	0	4.624	1.105	0.99
S134	本溪组	93.53	1.88	0.32	0.09	0.08	0.01	0.03	0.755	3.269	0.98
T66	本溪组	94.17	0.49	0.07	0.01	0.01	0	0	3.429	1.805	0.99

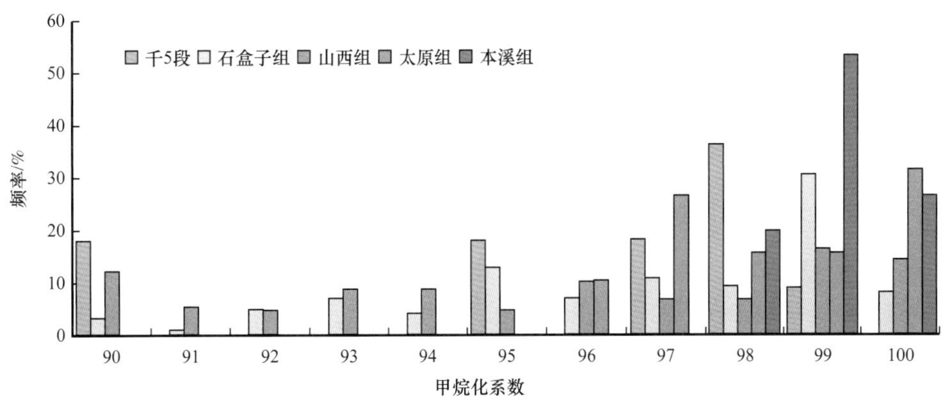

图 3-6-1　鄂尔多斯盆地上古生界天然气甲烷化系数统计直方图

2. 非烃类组分

上古生界天然气中非烃组分主要为二氧化碳和氮气，氢气和氦气等组分含量极低，基本不含硫化氢。天然气中的二氧化碳含量大多小于 4.0%，部分样品的二氧化碳含量大于 5%（图 3-6-2）。在纵向上二氧化碳含量呈现自下而上降低的趋势，这可能与太原组、本溪组气层组发育一定厚度的石灰岩有关，也可能是天然气自下往上垂向运移过程中地层吸附作用使其相对含量逐渐降低。

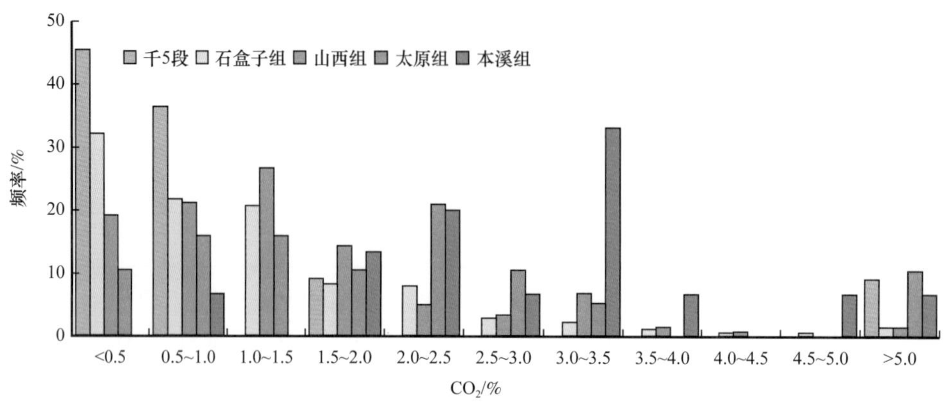

图 3-6-2　鄂尔多斯盆地上古生界天然气二氧化碳含量统计直方图

天然气中氮气含量大部分小于 5%，主要分布在 0.2%～4.5%，平均值为 2.07%，为低氮气藏。氮气含量相对较高的样品在平面上通常位于构造活动较为强烈的西缘逆冲带和伊盟隆起区，以及盆地东北部埋深较浅的石千峰组气层，氮气含量增加与气藏的保存条件较差有关。

3. 烷烃气碳同位素组成特征

上古生界天然气的乙烷和丙烷碳同位素组成相对较重，总体上反映了典型煤型气成因特征。天然气 $\delta^{13}C_1$ 主要分布在 −37‰～−28‰之间，平均值分布区间为 −36‰～−31‰；$\delta^{13}C_2$ 主要分布在 −28‰～−20‰之间，平均值分布区间为 −28‰～−23‰；$\delta^{13}C_3$ 主要分布在 −30.0‰～−19.0‰之间，平均值分布区间为 −26‰～−22‰；$\delta^{13}C_4$ 同位素多数在 −28‰～−18‰之间，平均值分布区间为 −27‰～−21‰（表 3-6-2）。天然气的乙烷和丙烷碳同位素组成相对较重，总体上反映了典型煤型气成因特征。

天然气碳同位素组成不仅能够反映烃源岩母质来源特征，还与其经历的热演化程度呈正相关，随烃源岩成熟度升高天然气碳同位素变重。在成熟度较低的盆地东北部神木地区（R_o 为 1.1%～1.6%）和西缘逆冲带（R_o 为 1.2%～1.7%），烷烃气碳同位素组成较轻，$\delta^{13}C_1$ 平均值区间为 −36.6‰～−34.7‰，$\delta^{13}C_2$ 平均值区间为 −28.0‰～−26.1‰，$\delta^{13}C_{13}$ 平均值区间为 −25.5‰～−24.1‰；在成熟度较高的苏里格（R_o 为 1.8%～2.2%）、乌审旗（R_o 为 1.8%～2.2%）及榆林气田（R_o 为 1.7%～2.0%）等地区，烷烃气碳同位素组成相对较重，$\delta^{13}C_1$ 平均值区间为 −32.2‰～−31.1‰，$\delta^{13}C_2$ 平均值区间在 −25.9‰～−23.5‰之间，$\delta^{13}C_3$ 平均值区间为 −24.5‰～−23.0‰。

有机成因的原生天然气碳同位素系列呈正碳同位素系列分布，天然气碳同位素值随碳数增加而有序增大（$\delta^{13}C_1<\delta^{13}C_2<\delta^{13}C_3<\delta^{13}C_4$），无机成因的原生天然气碳同位素系列呈负碳同位素系列分布，天然气碳同位素值随碳数增加而有序减小（$\delta^{13}C_1>\delta^{13}C_2>\delta^{13}C_3>\delta^{13}C_4$）（戴金星等，1992）。鄂尔多斯盆地上古生界天然气碳同位素系列大多数属于正碳同位素系列，但也有部分发生 2、3 单项性碳同位素倒转和 3、4 单项性碳同位素倒转，例如 $\delta^{13}C_1<\delta^{13}C_2>\delta^{13}C_3<\delta^{13}C_4$ 或 $\delta^{13}C_1<\delta^{13}C_2<\delta^{13}C_3>\delta^{13}C_4$，还有少数天然气碳同位素系列为多项性碳同位素倒转，天然气碳同位素倒转不固定，如 $\delta^{13}C_2>\delta^{13}C_3$，或 $\delta^{13}C_1>\delta^{13}C_2$ 或 $\delta^{13}C_3>\delta^{13}C_4$ 中两项或多项同时发生（图 3-6-3）。

表 3-6-2 鄂尔多斯盆地上古生界天然气碳同位素组成

构造单元	区带（气田）	烃源岩 R_o/%	层位	碳同位素 /（PDB，‰）			
				$\delta^{13}C_1$	$\delta^{13}C_2$	$\delta^{13}C_3$	$\delta^{13}C_4$
				最小～最大 平均	最小～最大 平均	最小～最大 平均	最小～最大 平均
西缘逆冲带	胜利井、刘家庄气田	1.2～1.7	石盒子组 山西组	−35.7～−33.8 −34.7	−26.8～−24.6 −26.1	−24.8～−23.4 −24.1	−23.2
天环北段	李华 1 区带	1.6～2.0	石盒子组 山西组	−32.8～−31.0 −31.9	−25.4～−23.7 −24.6	−25.5～−23.8 −24.6	−21.9～−21.5 −21.7
伊盟隆起	召 4 区带	1.5～1.8	石盒子组 山西组	−35.7～−31.0 −32.7	−27.0～−25.0 −26.4	−28.1～−24.3 −26.0	−27.9～−24.4 −26.5
伊陕斜坡	苏里格气田	1.8～2.2	石盒子组 山西组	−36.5～−30.0 −32.7	−27.2～−23.2 −24.1	−25.5～−23.4 −24.5	−24.5～−21.6 −22.6
	乌审旗气田	1.8～2.2	石盒子组	−32.2～−31.3 −31.8	−23.7～−23.2 −23.5	−23.1～−23.0 −23.0	−22.8～−22.2 −22.5
	靖边上古生界气田	1.7～2.0	石盒子组 山西组	−35.1～−29.1 −32.2	−25.4～−22.2 −24.0	−26.0～−21.3 −23.8	−26.2～−20.5 −22.9
	榆林气田	1.7～2.0	山西组	−32.2～−30.0 −31.1	−26.0～−25.8 −25.9	−24.4～−24.0 −24.2	−23.8～−23.1 −23.4
	米脂气田	1.6～2.0	石盒子组	−35.6～−28.4 −32.9	−26.7～−20.8 −23.8	−29.6～−19.4 −23.0	−26.2～−19.0 −21.6
	神木气田	1.1～1.6	山西组 太原组	−37.0～−36.2 −36.6	−28.1～−27.9 −28.0	−26.3～−24.8 −25.5	−25.9～−25.8 −25.9

天然气碳同位素系列倒转的原因主要有 6 种：（1）有机成因气与无机成因气混合；（2）细菌氧化降解作用；（3）不同类型天然气混合；（4）不同源或不同期天然气混合；（5）高温及高压作用（气层气和水层气混合、硫酸盐热氧化还原反应、瑞利分馏作用）；（6）天然气运移扩散效应。鄂尔多斯盆地内部构造稳定，晚古生代以来断裂和岩浆活动不发育，无机成因气体的影响甚微。细菌活动温度一般在 75℃以下，在正常地温梯度下地层埋藏深度一般不会超过 2000m，硫酸盐热还原反应最低反应温度一般为 120～140℃，而上古生界经历最大古地温大多在 140～160℃之间，并且天然气中几乎不含硫化氢，上古生界天然气为近距离运聚成藏，因此，天然气碳同位素倒转主要与不同期次的煤型气聚

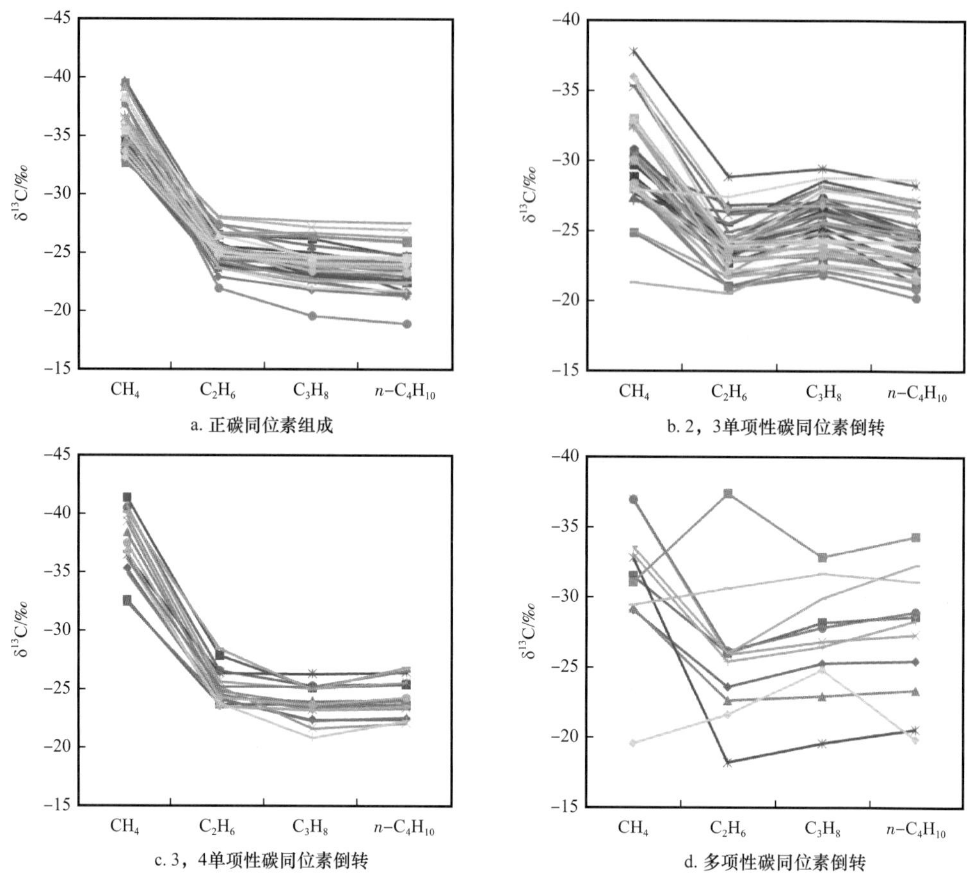

图 3-6-3　鄂尔多斯盆地古生界烷烃气 $\delta^{13}C$ 变化曲线

集及油型气的混合有关。上古生界烃源岩在晚三叠世至早白垩世由低成熟演化为高—过成熟期间，不同成熟度的天然气在相同储层中聚集混合时，碳同位素系列将发生变化。此外，上古生界烃源岩虽然以煤系有机质为主，但在中央古隆起以东地区本溪组—太原组发育有 20～30m 碳酸盐岩烃源岩，其有机质类型为混合型。混合型有机质在成熟过程中能够形成一定数量的油型气。在子洲气田南部的 Y82、Y86 等井的太原组天然气 $\delta^{13}C_2$ 小于 −29.0‰，表明有油型气的混入。

4. 烷烃气氢同位素特征

氢稳定同位素为 H 和 D，相对丰度分别约为 99.985% 和 0.015%。氢同位素组成由 D/H 比值确定的 δD 表示，以标准平均海洋水（SMOW）作为标准品。沈平等（1998）指出中国陆相盆地天然气甲烷的氢同位素组成介于 −255‰～−158‰之间，其中形成于海陆交互相的半咸水环境中有机质生成的甲烷 δD 值重于 −190‰，而在淡、微咸水湖相与沼泽相环境生成生物甲烷的 δD 值一般轻于 −200‰。鄂尔多斯盆地上古生界天然气甲烷氢同位素介于 −214‰～−169‰之间，平均值为 −190‰，总体反映了海陆过渡相的半咸水环境煤系烃源岩甲烷生成特点。乙烷氢同位素介于 −173‰～−148‰之间，平均值为 −161‰，丙烷氢

同位素介于 −181‰～−134‰之间，平均值为 −156‰，异丁烷和正丁烷氢同位素平均值分别为 −137‰和 −139‰。同一样品从甲烷到丁烷的氢同位素，总体上表现出变重的趋势，呈正常氢同位素序列（表 3−6−3）。

表 3−6−3 鄂尔多斯盆地上古生界天然气氢同位素统计结果表

地区	井号	层位	R_o/%	δD/（SMOW，‰）				
				甲烷	乙烷	丙烷	异丁烷	正丁烷
神木气田	M5	P_2s	1.1～1.6	−213.9	−158.2	−158.2	−133.6	−142.8
	S3	P_1x		−194.6	−168.1	−154.7	—	—
	Y17	P_2s		−202.9	−149.5	−134.8	−123.8	−133.8
	Y17	P_1x		−190.6	−157.4	−147.0	−140.1	−134.1
苏里格气田	S33−18	P_1x	1.8～2.2	−190.3	−172.8	−180.7	−155.6	−157.4
	S40−16	P_1x		−197.9	−162.2	−173.4	−145.7	−149.5
榆林气田	S117	P_1s	1.7～2.0	−196.9	−162.6	−156.1	−134.1	−143.5
	S215	P_1s		−192.5	−167.0	−154.5	−130.7	−130.6
米脂气田	M4	P_1x	1.6～2.0	−176.2	−154.5	−160.3	−142.1	−133.7
	Y12	P_1x		−178.1	−148.2	−140.2	−127.6	−121.2
	Y15	P_1t		−169.6	−166.9	−160.5	—	—
	Q2	P_1t		−176.5	−162.7	−156.1	−138.3	−137.9
平均值				−190.0	−160.8	−156.4	−137.2	−138.5

由于 CH_2D 官能团 C−C 键的亲和力要比 CH_3 官能团的 C−C 键强，只有热力达到一定程度，C−CH_2D 键才可断开。因此，随着热演化程度的增强，氢稳定同位素 D 的浓度相对富集。从神木地区、苏里格气田、榆林气田到米脂气田，上古生界天然气甲烷及重烃同系物的氢同位素组成整体呈明显变重的趋势，表明天然气中甲烷及重烃同系物的氢同位素组成与热演化程度之间存在着良好的相关性，也说明天然气具有就近聚集的特点。

5. 氦同位素特征

氦稳定同位素为 ^3He 和 ^4He。^3He 主要为元素合成时形成的原始核素，^4He 则主要为地球上自然放射性元素铀、钍 α 衰变的产物。^3He 和 ^4He 成因的差异成为不同来源氦的判识标志。大气来源氦的 $^3He/^4He$ 值为 1.4×10^{-6}，壳源氦的 $^3He/^4He$ 值为 2×10^{-8}，幔源氦的 $^3He/^4He$ 值为 1.1×10^{-6}（徐永昌，1997）。据戴金星（2005）的研究资料（表 3−6−4），榆林山 2 段气藏 $^3He/^4He$ 为 3.10×10^{-8}～3.72×10^{-8}，苏里格盒 8 段气藏 $^3He/^4He$ 为 3.57×10^{-8}～4.48×10^{-8}，乌审旗盒 8 段气藏 $^3He/^4He$ 为 3.52×10^{-8}～3.83×10^{-8}，$^3He/^4He$ 的比值均在 $n\times10^{-8}$ 范围内，为典型壳源氦。戴金星等（2005）依据 $CH_4/^3He$ 比值识别幔源成因甲烷。幔源成因甲烷 $CH_4/^3He$ 比值为 $n\times10^5$～$n\times10^7$。榆林山 2 段气藏 $CH_4/^3He$ 比值

为 8.7171×10^{10}～1.6112×10^{11}，苏里格盒 8 段气藏 $CH_4/^3He$ 比值一般在 4.3807×10^{10}～8.3510×10^{10} 之间，乌审旗盒 8 段气藏 $CH_4/^3He$ 比值为 7.8936×10^{10}～9.0128×10^{10}，反映上古生界天然气的甲烷属于有机成因。

表 3-6-4　鄂尔多斯盆地上古生界不同气田氦同位素及相关数据（据戴金星，2005）

气田	井号	深度 /m	层位	$^3He/^4H$	$CH_4/^3He$
榆林	S118	2856.8～2864.0	山 2 段	$(3.72\pm0.20)\times10^{-8}$	8.7171×10^{10}
	S143	2795.0～2812.6		$(3.39\pm0.24)\times10^{-8}$	1.3191×10^{11}
	S211	2903.0～2928.0		$(3.64\pm0.24)\times10^{-8}$	1.4357×10^{11}
	S217	2778.6～2788.5		$(3.10\pm0.24)\times10^{-8}$	1.6112×10^{11}
苏里格	S1	3350.0～3353.6	盒 8 段	$(4.48\pm0.26)\times10^{-8}$	4.3807×10^{10}
	S20	3442.1～3472.4		$(3.57\pm0.16)\times10^{-8}$	8.3510×10^{10}
	S36-13	3317.5～3351.5		$(3.71\pm0.22)\times10^{-8}$	7.4238×10^{10}
	T5	3272.0～3275.0		$(3.93\pm0.22)\times10^{-8}$	6.9882×10^{10}
乌审旗	S240	3157.8～3161.0	盒 8 段	$(3.52\pm0.21)\times10^{-8}$	8.2173×10^{10}
	W22-7	3119.8～3142.0		$(3.52\pm0.27)\times10^{-8}$	7.9640×10^{10}
	G01-09	3038.0～3053.2		$(3.70\pm0.22)\times10^{-8}$	7.8936×10^{10}
	G03-10	3027.8～3035.0		$(3.83\pm0.20)\times10^{-8}$	9.0128×10^{10}

（二）天然气成因

有机成因天然气的碳同位素组成既与烃源岩有机母质类型有关，同时受有机质热演化程度及天然气运聚成藏方式等影响。烃源岩干酪根碳同位素具有很强的遗传性，可传递给其所生成的天然气。上古生界煤系有机质相对富集 ^{13}C，煤岩 $\delta^{13}C$ 值总体在 −26.3‰～−20.5‰之间，煤系泥岩干酪根 $\delta^{13}C$ 值为 −30‰～−23‰，呈双峰分布特征。

乙烷的碳同位素是划分煤型气与油型气的关键指标。徐永晶等（1979）、戴金星等（1994）以 $\delta^{13}C_2$>−28‰为分界点，将天然气划分为煤型气和油型气。即 $\delta^{13}C_2$>−28‰的天然气来源于煤系有机质，$\delta^{13}C_2$<−28‰天然气来自腐泥型有机质。根据天然气 $\delta^{13}C_1$—$\delta^{13}C_2$—$\delta^{13}C_3$ 成因分类图版，鄂尔多斯盆地上古生界天然气主要为煤型气，少量天然气的 $\delta^{13}C_2$ 为 −35‰～−30‰，表明混有油型气（图 3-6-4）。

（三）气源对比

上古生界煤岩和煤系泥岩厚度较大，分布稳定，明确天然气主要来源对天然气勘探部署具有指导意义。鄂尔多斯盆地上古生界煤系烃源岩埋深较大，受热事件影响叠加，盆地大部分烃源岩热演化达到高—过成熟阶段。本溪组—太原组石灰岩为混合型有机质，能够生成一定数量的油型气，但总体规模较小，仅在局部地区有一定的贡献。

天然气藏中 ^{40}Ar 和 ^{36}Ar 不受任何物理或化学分馏过程的影响，$^{40}Ar/^{36}Ar$ 值仅与烃源岩含钾矿物丰度和烃类形成时间有关。$^{40}Ar/^{36}Ar$ 值与烃源岩中含钾矿物丰度和地层年代呈正相关，含钾矿物丰度越高，地层年代越古老，$^{40}Ar/^{36}Ar$ 值越大。鄂尔多斯盆地上古生界煤系泥岩的钾含量平均为2.49%，煤岩的钾含量平均为0.214%，两类烃源岩中钾含量差异明显，从而影响天然气中 $^{40}Ar/^{36}Ar$ 值。苏里格气田4口井煤岩对天然气的贡献率计算结果表明（表3-6-5），煤岩钾含量为0.197%～0.927%，煤岩贡献率均大于68%，平均值为86.6%，表明煤岩为上古生界主力气源岩，其次为煤系泥岩。

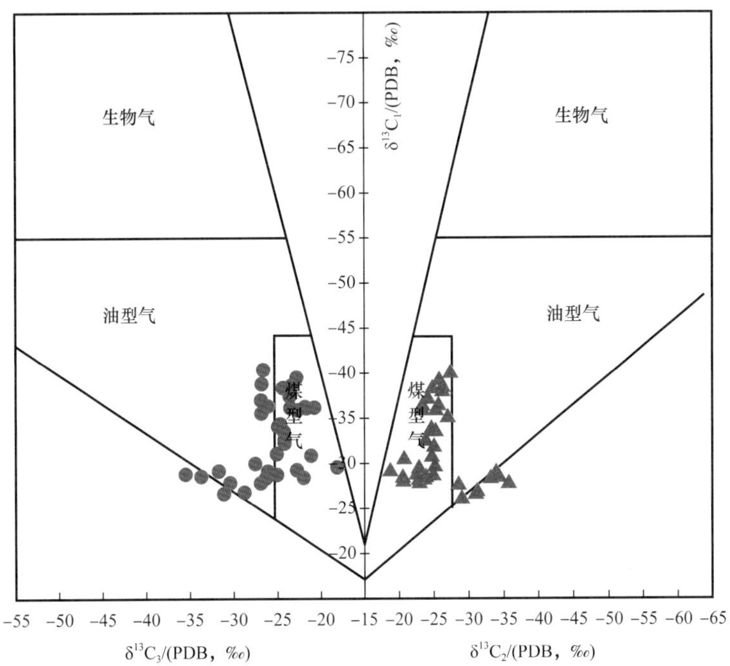

图3-6-4 鄂尔多斯盆地上古生界天然气的烃类气体成因分布图

表3-6-5 上古生界煤岩钾含量及煤岩对苏里格气田天然气贡献率（据刘全有等，2007）

井位	K含量/%	贡献率/%	K含量/%	贡献率/%	K含量/%	贡献率/%
S6	0.927	68.7	0.725	77.5	0.501	87.4
S40-16	0.365	93.4	0.285	96.9	0.197	100.7
S38-16	0.468	88.8	0.366	93.3	0.253	98.3
S35-17	0.919	69.0	0.719	77.8	0.497	87.6
$^{40}Ar/^{36}Ar$	920		1094		1450	

注：$^{40}Ar/^{36}Ar$ 为920、1094和1450分别表示石炭纪与二叠纪始末的烃源岩中 $^{40}Ar/^{36}Ar$ 数值。

二、上古生界天然气运聚成藏年代分析

油气聚集成藏时期是油气地质学、油气藏地球化学研究中核心理论问题，也是油气勘探关注的焦点问题之一，成藏年代学已成为油气地质学的一个前沿领域（王飞宇等，1997；赵靖舟等，2002）。随着流体包裹体方法、伊利石K—Ar同位素测年、伊利石

$^{40}Ar/^{39}Ar$ 同位素测年等新技术的广泛应用，成藏年代学研究取得了重要进展。应用包裹体均一温度法、自生伊利石 K—Ar 同位素测年法及 $^{40}Ar/^{39}Ar$ 同位素测年法对上古生界致密砂岩气藏的形成时期进行了综合分析。

（一）流体包裹体方法

流体包裹体是矿物结晶生长过程中被捕获在矿物晶体缺陷、空穴、晶格空位、错位及微裂隙中的成岩成矿流体，并且至今在宿主矿物中被完好封存（刘德汉等，2007）。流体包裹体的研究最早可追溯到 19 世纪中叶。1858 年英国科学家 Sorby 首次提出了流体包裹体均一法测温的基本原理，从而奠定了包裹体均一法测温的理论基础。1957 年 Marray 在自形石英中发现了较大的油气包裹体。20 世纪 70 年代末到 80 年代初，随着石油地球化学的发展，流体包裹体被广泛应用于沉积盆地热演化历史、成岩作用、油气成藏时间和期次等石油地质领域。

鄂尔多斯盆地上古生界气藏多为低孔渗、低压力、低产量、低丰度的大面积岩性气藏，储层主要为河流—三角洲沉积体系，特别是在盆地中北部平缓构造背景下，发源于北部物源区的近南北向展布的河流砂体叠合连片分布，储层砂体物性差，非均质性强，天然气运移和聚集机理复杂。地质学家在储层成岩阶段、成岩时间、成岩环境、天然气运移、天然气充注时间及期次、天然气成藏时间及期次和气藏后期改造等地质方面开展了大量研究工作。

1. 包裹体均一温度特征

上古生界储层流体包裹体主要分布在石英加大边、石英颗粒微裂缝、碳酸盐胶结物中。根据流体包裹体组分特征可将其划分为盐水包裹体及烃类包裹体两大类。烃类包裹体是油气运移聚集过程中留下的证据。利用与烃类包裹体同期的盐水包裹体的均一温度，可以确定烃类包裹体的形成温度。根据上古生界储层中与烃类共生的盐水包裹体均一温度测定结果分析，太原组盐水包裹体温度范围为 100～160℃之间，呈两期分布。Ⅰ期盐水包裹体均一温度为 100～125℃，主要分布于石英加大边中；Ⅱ期盐水包裹体均一温度为 135～160℃，主要分布于晚期石英加大边及方解石胶结物中（图 3-6-5）。

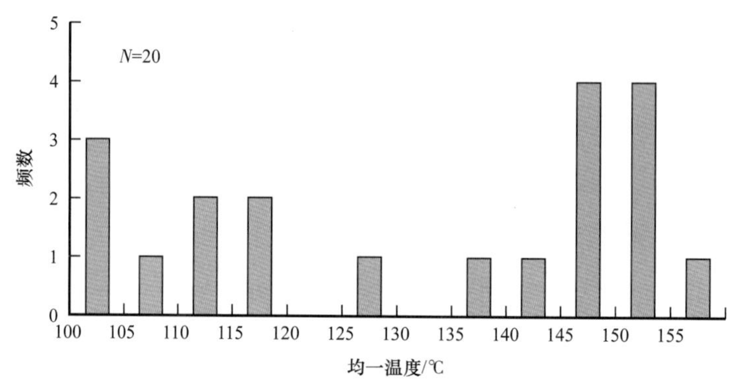

图 3-6-5　鄂尔多斯盆地太原组流体包裹体均一温度分布图

山西组盐水包裹体的均一温度主要分布在95～150℃之间，呈两期分布。Ⅰ期盐水包体温度范围为105～125℃，Ⅱ期温度范围为130～150℃（图3-6-6）。

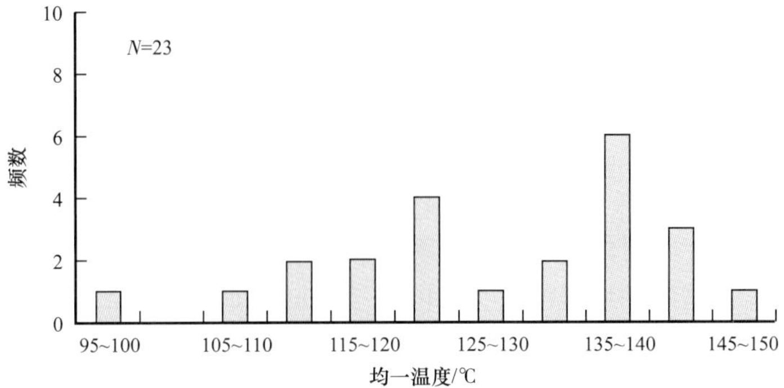

图3-6-6 鄂尔多斯盆地山西组流体包裹体均一温度分布图

下石盒子组盐水包裹体的均一温度主要分布在90～145℃之间，呈两期分布。Ⅰ期盐水包体温度范围为100～120℃，Ⅱ期温度范围为125～150℃（图3-6-7）。

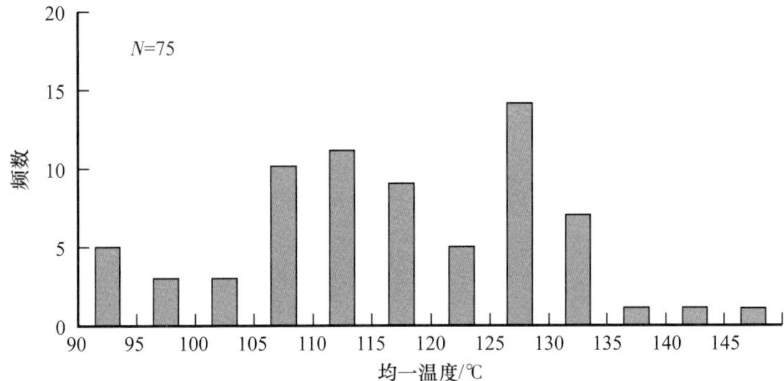

图3-6-7 鄂尔多斯盆地石盒子组流体包裹体均一温度分布图

石千峰组盐水包裹体均一温度主要分布在110～180℃之间，呈两期分布。Ⅰ期温度范围为110～130℃，大量产出；Ⅱ期温度范围为140～180℃，含量较少（图3-6-8）。

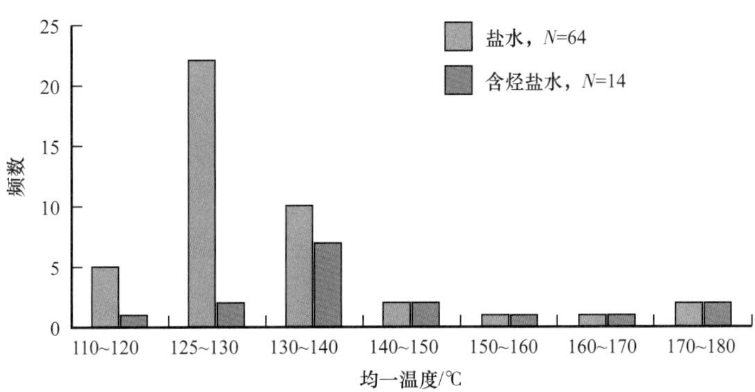

图3-6-8 鄂尔多斯盆地石千峰组流体包裹体均一温度分布图

2. 油气充注时期

油气在储层中运聚成藏是一个复杂、连续的过程，而运聚的动力学和运动学机制的非均匀性决定了这一过程必然具有幕式特征。李明诚等（2002）认为，烃类的运移和聚集是具有幕式特征的连续过程。储层中烃类包裹体均一化温度的分布范围可以较准确地判断出油气成藏时期，但同时必须结合具体地质条件进行综合分析判断是否存在多个间隔的成藏期次。

依据与烃类伴生的盐水包裹体均一温度和上古生界埋藏热演化史模拟，可将上古生界储层油气充注总体上可划分为早、中、晚三期。早期充注发生在三叠纪中晚期—早侏罗世，盒 8 段—本溪组储层的埋藏深度为 2400～2900m，地层温度低于 110℃，压实作用使储层中大量的沉积埋藏孔隙水被排出，孔隙度快速降低，硅质胶结开始形成。此时，盆地内部分地区烃源岩有机质进入低成熟期（R_o 为 0.5%～0.7%），液态烃形成并早期注入，但充注规模较小，未能聚集成藏。中期充注发生于中侏罗世—晚侏罗世，盒 8 段—本溪组储层埋藏深度达到 2900～3700m，地层温度为 110～160℃。上古生界储层自生矿物的胶结作用和机械压实作用使储层原生孔隙逐渐丧失，形成致密储层，有机质进入成熟阶段（R_o 为 0.7%～1.3%），烃源岩开始生烃、排烃，有机酸性流体进入储层而形成一定规模的次生孔隙。烃源岩生成的天然气经短距离向上运移进入储层并且在局部地区聚集成藏。晚期充注发生于晚侏罗世—早白垩世，盒 8 段—本溪组储层埋深为 3700～4000m，在埋藏和构造热事件作用双重影响下，地层温度大幅度增加，超过 160℃，由于储层致密，水—岩作用弱，仅有少量的石英胶结物形成。此时，有机质进入生气高峰的高成熟—过成熟阶段（R_o 大于 1.3%），大量天然气生成，并通过储层残余原生孔隙、次生孔隙及微裂缝向致密砂岩储层充注，在上古生界岩性圈闭中聚集成藏（图 3-6-9）。

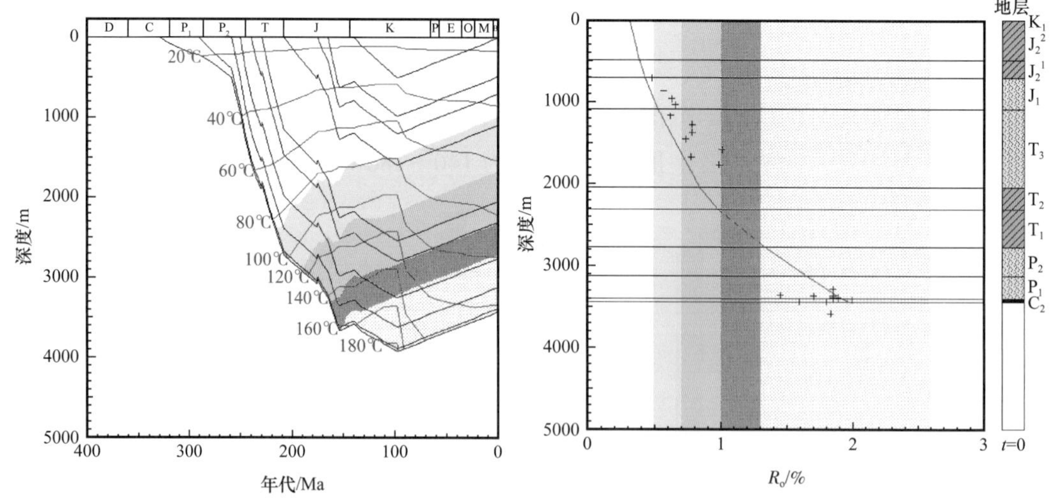

图 3-6-9 鄂尔多斯盆地上古生界埋藏史与油气充注成藏时期

（二）储层自生伊利石年代学分析法

储层自生伊利石同位素测年法是确定成藏年代最直接的方法，20 世纪 80 年代开始引入油气成藏年代学研究，并成功地用于确定北海等油气田的成藏时间（Lee 等，1989；Hamilton 等，1989；Hogg，1993），王飞宇等（1997）在国内最早开始了这方面的研究。目前，一般通过储层自生伊利石 K—Ar 法和 $^{40}Ar/^{39}Ar$ 法进行同位素测年。

1. 自生伊利石 K—Ar 同位素测年

在一定条件下，沉积岩中某些矿物的放射性同位素组成可以代表成岩胶结物的年龄。Lee 等（1985）提出应用 K—Ar 同位素进行沉积岩矿物定年的方法，Hogg 等（1993）对这一方法进行了总结和评述。伊利石 K—Ar 同位素在油气藏研究中应用的基本原理是：砂岩储层中的自生伊利石是埋藏成岩过程中形成的，是烃类运移充注之前形成的最新矿物之一，当烃类充注聚集，储层孔隙或裂缝中的自由水被驱替，水—岩反应减慢并最终停止，伊利石的生长受到抑制并最终停止生长。一般来说早期形成的伊利石粒径较大，晚期形成的粒径较小，多呈丝发状。分离出最小粒径小于 0.1μm 的伊利石，并测定其形成的年龄，即可确定油气充注的最早时间，也就是油气藏的最早成藏时间。假如被分离出的伊利石从大到小代表其形成时间从早到晚，就可以建立从含烃带到含水带伊利石年龄剖面，从而确定烃类运聚特征（快速充注还是逐渐充注）及烃类运移的方向（纵向或横向）。较大颗粒的伊利石代表形成时间较早，大颗粒伊利石 K—Ar 同位素资料用于确定伊利石开始形成的时间，并进而确定伊利石生长的时间跨度。

储层在成岩过程中，自生伊利石的形成主要有两种形式：一是高岭石、蒙皂石和伊 / 蒙混层黏土矿物的伊利石化；二是孔隙水通过化学沉淀形成自生的丝发状伊利石。蒙皂石向伊利石转化是砂岩中最主要的成岩变化之一，具有不同层间比的伊 / 蒙混层是中间过渡性矿物。由于大多数含油气盆地砂岩储层中的蒙皂石向伊利石成岩演化均未达到伊利石（层间比小于 10%）阶段。现在的自生伊利石 K—Ar 同位素测年实际上是自生伊利石与伊 / 蒙混层矿物测年。层间比越小测年越好，层间比小于 25% 的伊 / 蒙混层的 K—Ar 同位素测年结果大多数基本合理，而层间比大于 40% 的伊 / 蒙混层的 K—Ar 同位素测年结果大多数大于其所赋存砂岩储层的地层年龄，不具有油气成藏意义。

鄂尔多斯盆地上古生界储层自生伊利石呈丝发状，主要分布于砂岩粒间孔和粒间溶孔中（图 3-6-10）。X 射线衍射分析表明，黏土矿物中伊 / 蒙混层含量较高，为 70%～90%，

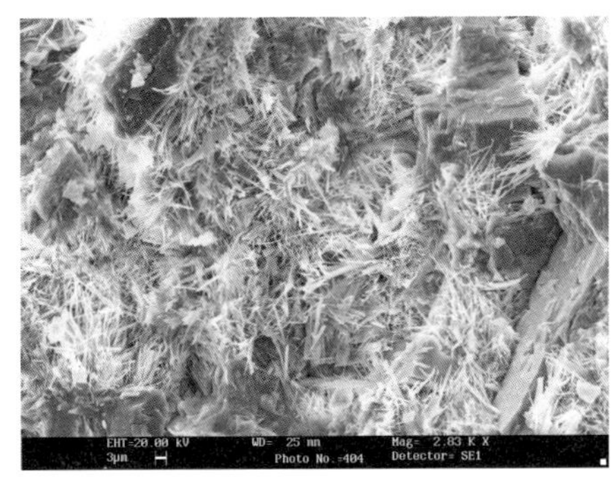

a. S6井盒8段粒间丝发状伊利石

b. M13井山西组石英砂岩粒间溶孔中丝发状伊利石

图 3-6-10　鄂尔多斯盆地上古生界砂岩黏土矿物扫描电镜照片

伊/蒙混层比为10%～30%，自生伊利石含量为1%～3%，未检测出碎屑钾长石。为了分析不同时期形成的伊利石时间，把每个样品分离出0.3～0.15μm粒级和小于0.15μm两个粒级的伊利石样品，分别测定了不同粒级伊利石的K—Ar同位素年龄（表3-6-6）。上古生界储层伊利石K—Ar同位素测年结果表明，多数样品的早充注时间在160—120Ma之间，少数样品油气开始充注的最早时间为275—259Ma。总体上山西组的成藏时间相对较早，为中侏罗世—早白垩世，盒8段气藏的成藏时间为中侏罗世晚期—早白垩世，千5段气藏形成时间略晚，开始于晚侏罗世，主要形成于早白垩世。

表3-6-6 鄂尔多斯盆地上古生界砂岩自生伊利石K—Ar法同位素测年分析

井号	层位	深度/m	含气性	黏土矿物相对含量/%				伊/蒙混层比/%	钾含量/%	年龄/Ma
				伊/蒙混层	伊利石	高岭石	绿泥石			
S25	千5段	1824.2	气层	53	2		45	25	3.66	152.06±1.69
				57	2		41	25	3.81	152.38±1.11
M13	山1段	1936.18	气层	96	1	3		10	6.68	128.32±1.18
				96	1	3		10	6.52	132.46±1.22
Y84	山1段	2162.07	干层	97	1		2	10	6.48	159.18±1.44
				97	1		2	10	6.44	160.32±1.31
S17	盒8段	2508.9	干层	70	3		27	25	5.30	129.06±1.64
F5	山2段	2125.14	干层	99		1		5	6.44	122.89±1.11
				99		1		5	7.00	124.95±0.99
S25-1	盒8段	3167.1	干层	66	2		30	30	4.40	145.13±2.12
S25-2	盒8段	3172.0	干层	61	2		36	30	4.62	139.57±2.02
				59			39	30	4.71	140.01±2.05
S25-3	盒8段	3200.8	气层	71			29	10	6.53	155.97±2.28
				78			22	10	6.72	156.75±2.26
S25-4	盒8段	3205.2	气层	61			39	10	6.14	156.82±2.26
S217	山2^3亚段	2781.5	气层	95		5		5	5.89	259.79±3.74
S217	山2^3亚段	2785.7	气层	92		6		5	4.82	275.44±4.01

2. 自生伊利石$^{40}Ar/^{39}Ar$同位素测年

自生伊利$^{40}Ar/^{39}Ar$同位素测年方法比K—Ar法相对更具优势。首先是$^{40}Ar/^{39}Ar$法的测试全部在高精度的质谱计上进行，测年精度提高，而K—Ar法是在原子吸收计上进行，无法排除样品分布不均匀性产生的影响；二是充填在碎屑储层孔隙中的黏土矿物相对较少，在致密砂岩储层中的自生伊利石的含量更少，$^{40}Ar/^{39}Ar$ 法样品用量较少；三是 $^{40}Ar/^{39}Ar$ 法提供了更加丰富的信息，比如矿物的缺陷、伊利石生长的多期性及受热历史等关于矿物结晶和埋藏史方面的信息。

王龙樟等（2005）对鄂尔多斯盆地苏里格气田储层自生伊利石年龄进行了研究，发现盒 8 段储层伊利石有 2 种年龄图谱。一种只有自生伊利石的年龄，另一种图谱既有自生伊利石的年龄，也有碎屑伊利石的年龄，形成二阶式的图谱。通过自生伊利石的形成时间推断，苏里格盒 8 段气藏的最早充注时间晚于 189—169Ma，相当于早侏罗世晚期—中侏罗世。

（三）上古生界致密砂岩气藏的主成藏期

依据流体包裹体法、自生伊利石 K—Ar 同位素测年、自生伊利石 $^{40}Ar/^{39}Ar$ 同位素测年综合分析来看，上古生界不同层系致密砂岩气藏天然气成藏时期存在明显差异（表 3-6-7）。总体而言，上古生界太原组气藏、山 2 段气藏主要充注成藏时间为中侏罗世—早白垩世，盒 8 段气藏主要充注成藏时间为中—晚侏罗世—早白垩世，千 5 段气藏的主要充注成藏时间为晚侏罗世—早白垩世。

表 3-6-7　鄂尔多斯盆地上古生界典型气田形成时期

方法	苏里格气田盒 8 段、山西组气藏	乌审旗气田盒 8 段—太原组气藏	东部地区米脂、神木气田	
			本溪—山西组气藏	石千峰组气藏
流体包裹体法	中侏罗世—早白垩世时期			晚侏罗世—早白垩世时期
自生伊利石法	早侏罗世晚期—早白垩世时期			

中侏罗世至早白垩世埋藏作用和区域性构造热事件双重作用，使鄂尔多斯盆地上古生界煤系烃源岩进入大量生烃时期，在异常高压和微裂缝排烃作用下充注到邻近的岩性圈闭。从晚白垩世开始，盆地开始整体性抬升，中生界下白垩统、中—上侏罗统遭受大量剥蚀，古地温降低，上古生界煤系烃源岩生烃减弱，甚至停止生烃，煤岩吸附气在降温降压过程中的解析作用可在一定程度上持续充注天然气。通过烃源岩生排烃史的综合分析，可以确定晚侏罗世—早白垩世是上古生界致密气藏的主成藏期。

三、上古生界致密气成藏—成岩耦合关系

上古生界致密砂岩储层成岩—孔隙演化分析表明，次生溶蚀孔隙大量形成时储层埋深普遍接近 3000m，压实作用减孔率普遍大于 60%，次生溶蚀孔隙是主要孔隙类型。早—中侏罗世时孔隙度总体上小于 10%，已致密。成藏年代分析表明，上古生界天然气主成藏期为晚侏罗—早白垩世，上古生界致密砂岩储层先致密后成藏。

盆地地热场取决于大地构造背景，不同类型沉积盆地具有不同的地热特征（邱楠生，2000）。全球克拉通地区，大地热流值一般小于 45mW/m^2，沉积盖层的地温梯度

约为 2.7℃ /100m（郝蜀民，2011）。晚古生代—中生代三叠纪鄂尔多斯地区地温梯度为 2.2～2.4℃ /100m（任战利，1999，2007），地温梯度较低（图 3-6-11）。

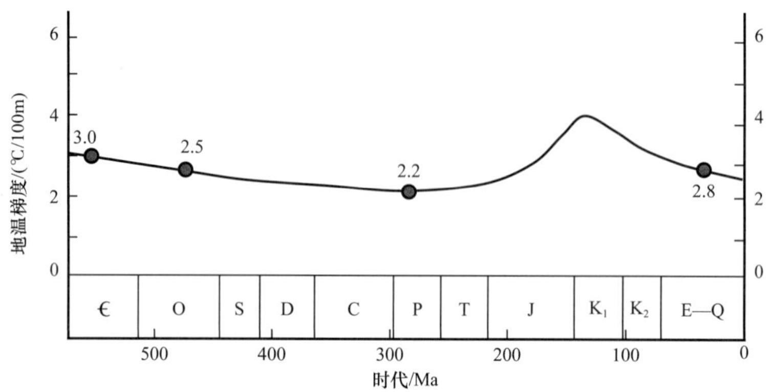

图 3-6-11　鄂尔多斯盆地地温演化图（据任战利，1998）

按 2.4℃ /100m 计算，鄂尔多斯盆地上古生界主力储层埋深约为 3300m 时古地温才能达 80℃、R_o 为 0.75% 的早成岩 B 期。盆内大量单井埋藏史分析表明，绝大部分地区石炭—二叠系古地温到达 80℃时埋深为 2600～3400m，处于深埋藏状态（图 3-6-12）。

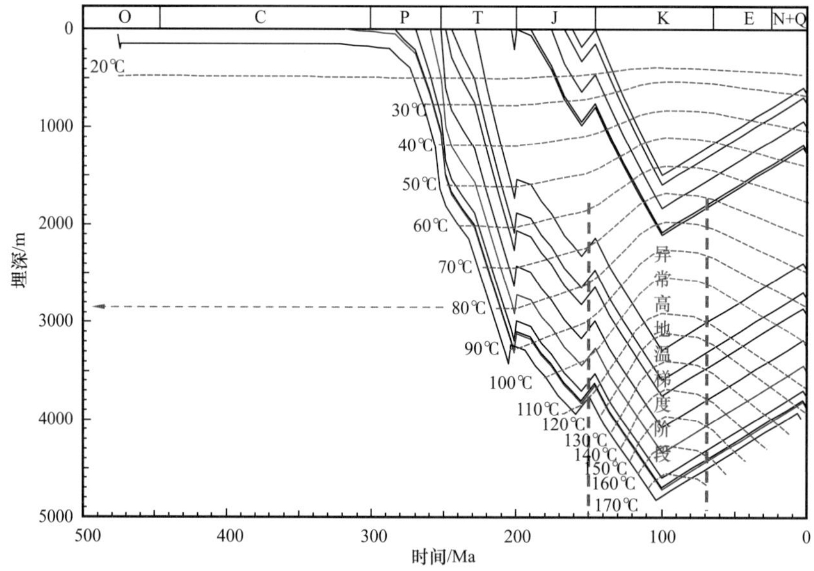

图 3-6-12　鄂尔多斯盆地上古生界埋藏史图（S323 井）

当温度接近 80℃时，羧酸阴离子浓度呈指数增加（Surdam，1989），有机酸浓度在 80～120℃达到高峰。在 80℃以下，虽也有羧酸阴离子生成，但细菌会消耗这些短链有机基团，使其浓度降度，且尚未发生有机质脱羧作用，孔隙流体羧酸离子浓度较低，对储层反应微弱，强溶蚀作用尚未能开始。成岩作用主要为机械压实作用。由于上古生界本溪组至山西组均为煤系地层，孔隙流体为酸性，压实作用过程中缺乏早期的方解石、绿泥石等碱性胶结物的支撑作用，长期深埋作用下，储层绝大部分原生粒间孔隙损失，已初步致密。大量薄片观察分析也表明，上古生界致密砂岩储层碎屑颗粒呈线状接触，压实作用下损失的孔隙占原始总孔隙的 60% 以上，强压实作用是储层致密的主要原因。

早白垩世，鄂尔多斯盆地岩石圈深部热活动增强，拉张构造环境下地幔发生底侵作用，岩石圈减薄，引发岩浆侵入和喷发，地温梯度升高，主要分布在 3.3～4.8℃ /100m 之间，构造—热事件作用形成的异常高地温场加速了烃源岩的热演化进程。该期构造—热事件控制了鄂尔多斯盆地上古生界致密气的主成藏期（任战利，1999，2006，2007）（图 3-6-11、图 3-6-12）。在古地温大于 80℃之后，烃源岩相继快速进入有机质脱羧和生、排烃高峰期，煤系烃源岩丰富的有机羧酸发生强溶蚀作用。但储层压实作用程度影响了孔隙流体的交替强度，进而影响了可溶物质的溶蚀程度，压实程度越强的砂岩储层可溶物质的溶蚀程度越弱。压实作用下已初步致密的砂岩储层孔隙流体交替困难，可溶蚀物质溶蚀不彻底，溶蚀产物迁移范围较小，就近胶结，储层进一步致密。

克拉通盆地构造稳定，岩浆活动弱，地温梯度低，烃源岩成熟晚，储层埋深大。储层早成岩期地温梯度低是鄂尔多斯盆地上古生界致密气藏储层先致密后成藏的根本原因。

四、上古生界天然气近距离运聚模式

（一）上古生界致密气输导体系类型及特征

输导体系是沟通烃源岩与储层的桥梁，是油气成藏模式的关键控制因素。输导体系是油气从烃源岩运移到圈闭过程中所经历的所有路径网，主要包括连通砂体、不整合面、断层和裂缝及这 4 种类型的复合类型。

鄂尔多斯盆地上古生界从发育最底部烃源岩的本溪组至区域盖层所在的上石盒子组，均为连续沉积，不发育不整合面，致密气藏输导体系主要类型为连通砂体、断裂—裂缝。其中，连通砂体与断裂—裂缝这两种类型最为发育。

1. 连通砂体

在上古生界致密气主力含气层段中，以山西组山 2 段、石盒子组盒 8 段、石千峰组千 5 段砂体最为发育。砂体宽 10～40km，长 200～300km，厚 10～35m，全盆地大面积分布。砂体展布方向主要为南北向，南北向连通性明显好于东西向。

鄂尔多斯盆地本溪组、太原组、山西组、石盒子组等主力含气层段砂体均形成于浅水海相三角洲或浅水湖泊三角洲沉积，在平缓沉积底形控制下单砂体规模普遍较小。沉积水体较浅，可容纳空间小，海（湖）进、海（湖）退频繁，岸线大范围反复波动，河流—三角洲河道横向摆动、往返迁移频繁，多期河道侧接、归并、叠置，形成横向连片、纵向叠置、厚度薄、宽厚比很大的宽平厚板状复合砂体。该复合砂虽长度、宽度较大，但其组成的基本单元单砂体宽度窄、厚度薄、夹层发育，复合砂体内部连通性较差。

此外，成岩过程中的压实作用及硅质、钙质的胶结成岩作用进一步加强了复合砂体内部单砂体间的分隔程度。上古生界砂体在砂岩、泥岩接触面附近，普遍发育“顶、底”钙质胶结，“顶、底”钙由强烈的（铁）方解石胶结物形成，（铁）方解石含量一般为 5%～25%，充填孔隙，交代碎屑，储层孔隙完全丧失（图 3-6-13a），形成垂向致密遮挡带。在石英砂岩区，由溶蚀产物及石英碎屑压溶作用形成硅质加大边和自生石英普遍发育，硅质胶结物平均含量达5%～8%，部分层段可达10%～15%，充填孔隙，堵塞喉道，形成硅质致密层（图3-6-13b）。“顶、底”钙形成层间渗流屏障，硅质胶结致密带将单砂体分割，形成内部渗流屏障（图3-6-13c），储层连通程度进一步变差。

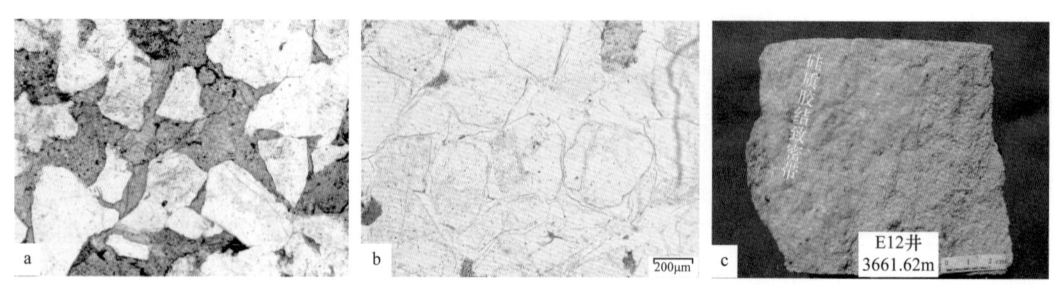

图3-6-13　鄂尔多斯盆上古生界砂岩储层胶结作用特征

a. 铁方解石胶结致密，L3井，3363.63m；b. 钙质胶结致密，S244井，3566.1m；c. 硅质胶结带，E12井，3661.62m

开发加密井资料也表明，上古生界致密砂岩气藏储层非均质性强，连通砂体规模小，以孤立分布为主。以砂体规模最大的苏里格气田S6和S14井区为例，加密井区有效单砂体解剖显示，连通砂体长度主要为600～900m，宽度为500～700m，有效厚度为2～6m。不稳定试井解释的河道宽度在39.5～660m之间，平均值为248m，宽度小于400m的占89%。

2. 孔—缝输导网络

克拉通盆地刚性基底稳定性决定了后期构造变形特征为盆缘强烈、盆内微弱，区域性升降（汪泽成，2006）。现今区域构造上，鄂尔多斯盆地虽周缘变形强烈，断裂发育，但内部十分稳定，是夹持于周边活动带之间的稳定克拉通盆地（任战利，1999；杨遂正等，2006）。地震大剖面（图3-6-14）表明，盆地内部大断裂未能切穿上古生界，上古生界断裂不发育，地层平缓。

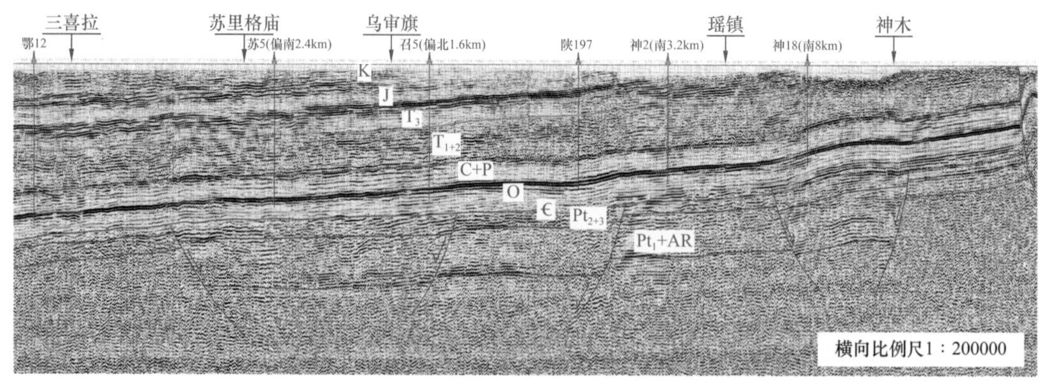

图3-6-14　鄂尔多斯盆地东西向地震剖面图

上古生界大量钻井岩心观察表明，约10%的砂岩发育近垂向的剪节理缝，缝面平直，无断距、无擦痕，张开度小（0.5～1mm），部分缝见方解石全充填—半充填（图3-6-15），偶见张裂缝，缝面弯曲。相紧邻的粗砂岩与细砂岩，细砂岩较粗砂岩裂缝更为发育；约4% 泥岩发育 45°～60°斜向缝，缝面光滑类似擦痕，敲开后可见多个不同方向的光滑面，表现出应力破碎带的特征；约 1% 砂、泥岩的界面处发育水平滑移缝。当同一条裂缝切穿砂、泥岩薄互层时，表现为砂岩段为垂向缝、泥岩段为斜向缝的特征。砂岩孔隙—裂缝、泥岩缝相互沟通，构成了上古生界致密气藏的输导网络体系。

图 3-6-15　鄂尔多斯盆上古生界砂、泥岩裂缝特征图

（二）上古生界致密气岩性圈闭特征

按成因及形态，鄂尔多斯盆地上古生界气藏圈闭类型可划分为岩性圈闭、地层圈闭、构造圈闭、复合圈闭 4 大类。其中以岩性圈闭最发育。

圈闭类型呈环带状分布。盆地中心伊陕斜坡构造稳定，受挤压应力微弱，地层平缓，以发育岩性、地层圈闭为主，主要发育岩性油气藏。榆林、苏里格、神木等大型气田均以岩性气藏为主。盆地北部伊盟隆起是一个古生代、中生代的超覆沉积区，以地层超覆不整合圈闭为主。西缘冲断构造带、晋西挠褶带、渭北隆起三个盆地边部区域构造单元，处于盆地边缘褶皱区，地层变形显著，以西缘地区最为强烈，背斜构造成排成带分布，是构造圈闭分布的主要地区。

1. 岩性圈闭

鄂尔多斯盆地上古生界致密砂岩气藏展布主要受三角洲平原分流河道砂体控制。分流河道砂体近南北向条带状展布，其东西两侧为河道侧翼，厚度变薄，并尖灭相变为洪泛平原及分流间泥质沉积，形成了东西向的侧向岩性遮挡。向北上倾方向为致密岩性带和断层遮挡的圈闭。根据遮挡条件的不同，又可进一步划分出储层上倾尖灭圈闭和储层透镜体圈闭两大类，这两类岩性圈闭的成因机理也明显不同。

1）岩性圈闭的分类

（1）储层上倾尖灭圈闭：由岩性尖灭带和构造（单斜、背斜、向斜围翼）组合形成。不论是构造弯曲，还是岩性尖灭，在岩性尖灭线的高部位，同一构造等值线与尖灭线相闭合才能形成圈闭。鄂尔多斯盆地石炭—二叠纪属于以三角洲、湖泊、河流为主的沉积区，砂体呈南北向及北东向分布，宽度数百米至数十千米，厚几米至十几米。燕山期盆地中东部明显抬升，形成了向西倾斜的区域大斜坡。由砂体分布和区域构造形态分析，岩性尖灭线和构造走向基本一致，在局部鼻状构造与岩性尖灭复合区及砂体走向弯曲部位均有上倾砂岩尖灭圈闭的分布。

（2）储层透镜体圈闭：由透镜状和各种不规则状的储集体构成，其四周均为不渗透或渗透性差的岩层所围限。泥质岩中的砂岩透镜体圈闭最为常见，其特点是顶平底凸，迅速向两侧尖灭，透镜体圈闭规模普遍较小，周围界限较清晰，在上古生界本溪组、太原组、山西组、石盒子组等主力含气层段均发育，由废弃河道、决口扇砂、点沙坝砂等组成。其中，山西—石盒子组发育河流三角洲相透镜体圈闭，透镜体的长轴方向与河流流向一致，多个透镜体南北向呈串珠状叠置排列。

2）岩性圈闭形成机理

（1）沉积作用：上古生界以河流沉积作用为主，砂体宏观分布非均质性强，空间上连续性差。山西组山2段主要发育网状河流沉积类型，垂向上互相切割叠置，横向上被泥岩所包围，形成孤立式、切割式的透镜体岩性圈闭。下石盒子组盒8段砂体横向摆动大，垂向相互切割，横向上连片分布。在河道的主体部位渗透性好，侧向物性变差，多形成致密型岩性圈闭；圈闭呈透镜体分布，或呈上倾尖灭型分布，沉积微相控制了圈闭分布。

（2）成岩作用：形成的岩性圈闭主要指由于成岩作用形成的硅质、钙质胶结使砂岩的孔隙减少形成非均值性，储层间产生渗透率级差而形成的圈闭。相对于宏观砂体尺度，这种成岩作用的封闭是局部的、小尺度上的封闭。

（3）毛细管作用：天然气的主体甲烷分子直径0.414nm，它可以穿过很小的孔隙进行运移。上古生界砂岩储层以强亲水润湿相为主，束缚水占据了微细孔喉，毛细管阻力形成对天然气运移的屏障作用，这是致密储层中的一种普遍圈闭现象。

3）岩性圈闭成藏特点

鄂尔多斯盆地上古生界主力含气层段为海陆过渡相—陆相煤系地层，“广覆型”煤系地层的存在，使煤系烃源岩生气高峰（R_o小于1.25%）到来之前，砂岩普遍处于酸性孔隙流体成岩环境中，缺乏早期的方解石、绿泥石等碱性胶结物的胶结支撑，在上覆地层作用下压实作用强烈，储层初步致密。在后期的溶蚀、胶结作用成岩阶段，受成岩早期压实作用影响，孔隙流体交替不畅，被溶蚀物质就近胶结，储层进一步胶结致密。上古生界岩性圈闭早于煤系烃源岩生气高峰形成，对天然气捕获更有利。此外，由于煤系地层生烃是一个连续过程，本溪组—山西组岩性圈闭又被煤系地层所包围，一直处于捕获天然气的有利位置。

2. 地层圈闭

上古生界地层圈闭主要发育在石炭系与下伏的下古生界不整合面之间。由上、下古生界非渗透层对石炭系渗透层的封闭或遮挡而形成。在上古生界主要发育地层不整合遮挡型圈闭，包括不整合侵蚀谷充填圈闭及地层超覆不整合圈闭。

1）不整合侵蚀谷充填圈闭

不整合侵蚀谷充填圈闭是储渗物性较好的岩体在侵蚀作用形成的沟谷内充填并被封闭的一种圈闭类型，可进一步划分为谷内尖灭圈闭和谷壁遮挡圈闭。这类圈闭多见于奥陶系风化壳之上石炭系之中。在大型侵蚀沟谷内发育石炭系本溪组物性好、储渗能力强的近岸潮汐石英砂岩，这类砂体与潮坪相泥质岩类交替发育，并在泥岩中尖灭而形成圈闭。或者石炭系储集砂体直接与非渗透性的谷底碳酸盐岩直接接触，而上覆石炭系泥质岩类封盖层形成圈闭。谷壁遮挡圈闭，是在侵蚀谷中，储集体沿沟谷两侧向内延伸至尖灭，由谷壁碳酸盐岩成为遮挡而形成。

2）地层超覆不整合圈闭

地层超覆不整合圈闭是指两套或两套以上的地层以不整合接触的方式，在隆起或斜坡区由地层逐层上超所形成的圈闭，不整合面既可充当油气运移的通道，也可以起到遮挡层的作用。在鄂尔多斯盆地中央古隆起东西两侧及在盆地北部乌兰格尔凸起持续存在，使得石炭系陆相碎屑岩地层超覆在下古生界甚至更老地层之上，加之上覆二叠系盖层的封闭从而形成地层超覆圈闭。

3. 复合圈闭

在上古生界中，构造—岩性复合圈闭也有发育。构造—岩性复合圈闭由构造、岩性因素相互配置而形成，典型圈闭剖面如镇川堡圈闭，在鼻隆构造高部位，储渗岩体向两侧尖灭或同一岩体储集物性变差而形成岩性圈闭。西缘地区局部构造，如断层造成遮挡封闭，同时储集体上倾形成岩性尖灭，周围非渗透性岩层形成封闭，从而形成构造—岩性圈闭。

（三）上古生界致密气成藏动力、阻力分析

上古生界致密气成藏动力主要为源储压差、浮力，成藏阻力主要为毛细管力。

1. 源储压差

成藏期源储压差是指天然气在成藏关键时刻气源岩的供烃压力与圈闭储层孔隙流体压力的差值。主要成藏期烃源岩和储层的剩余压力差可反映天然气充注成藏的动力，源储压差越大，则充注动力就大，充注程度就高。

烃源岩的排烃压力可以作为气源灶的供烃压力，烃源岩的超压微裂缝排烃是目前公认的烃源岩排烃的主要机理。Snarsky（1961）的研究表明，当局部压力为静水压力的1.4～2.4倍时，岩石会产生破裂，因此，烃源岩的破裂压力可视为其排烃压力。将烃源岩埋深恢复到最大古埋深，烃源岩的破裂压力系数取为1.9，用烃源岩最大埋深时的静水压力乘上破裂压力系数，即得烃源岩的排烃压力。

储层最大埋深时的过剩压力恢复理论依据为鲁贝与哈伯特（1959）提出的表示正常压实趋势的页岩孔隙度与深度的指数函数关系：

$$\varphi=\varphi_0 \cdot e^{-c \cdot Z} \quad (3-6-1)$$

式中 φ 和 φ_0——分别为地表与埋深 Z 处页岩的孔隙度（一般指原生孔隙度）；

c——因次常数，常称压实系数。

储层最大埋深时的古压力计算采用平衡深度法（或等效深度法），平衡深度法的基本公式为：

$$p_z=\gamma_w Z_e+\gamma_b (Z-Z_e) \quad (3-6-2)$$

式中 γ_w——静水压力梯度；

γ_b——深度 $Z-Z_e$ 段岩柱的压力梯度；

Z——计算点的深度；

Z_e——平衡深度，即在以各种物理量表示的压实曲线的正常趋势线上与计算点同值的深度（图 3-6-16）。

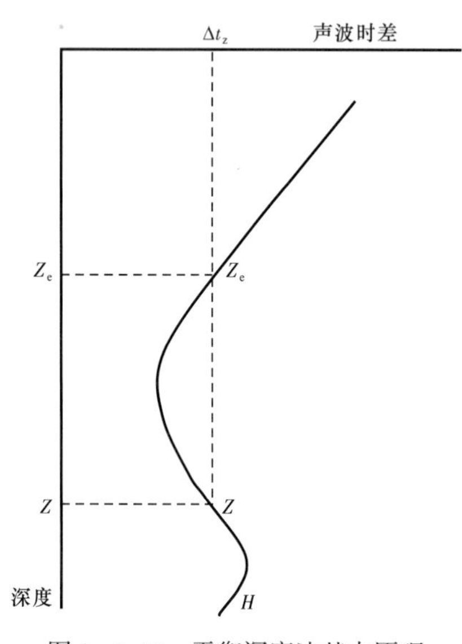

图 3-6-16　平衡深度法基本原理

由于泥岩压实曲线的正常趋势在延伸到泥岩骨架值（H 点）时应发生转折，故当压力计算点深度大于 H 时，应用下式计算压力：

$$p_z=\gamma_w Z_e+\gamma_b (H-Z_e)+\gamma_w (Z-H) \quad (3-6-3)$$

用计算出的压力减去该深度应有的静水压力即可得出相应点的过剩压力值。

根据前人研究成果，选取声波时差 600μs/m 作为地表声波时差，200μs/m 作为泥岩的平均骨架声波时差。岩柱密度采用通用经验值 2.31g/cm^3。

根据完钻层位、测井井段起始深度及测井质量等因素，读取了声波时差、自然伽马、井径等数据，经过对部分井测井数据与岩性综合解释成果的对比，绘制了单井泥岩压实曲线图（图 3-6-17）。

储层古压力的计算首先需要确定正常压实段，通过对泥岩压实曲线对比分析发现鄂尔多斯盆地上古生界的正常压实段终止于下三叠统刘家沟组底部。二叠系和石炭系泥岩压实曲线明显偏离正常压实趋势。依据曲线形态，可分为两种类型，一种为三段式起伏，一种为两段式起伏。无论是三段式起伏还是两段式起伏，前两段均以上二叠统上石盒子组偏离幅度最大，石千峰组次之，山 2 段、太原组和本溪组泥岩时差曲线在两段式起伏模式中随深度增加向下偏离幅度逐渐减小，在三段式起伏类型中向下又逐渐加大（图 3-6-17），整体来看，泥岩压实曲线以两段式类型居多。

经过计算盒 8 段早白垩世时的古压力值为 45～60MPa，平均值为 54MPa；山 1 段古压力为 40～52MPa，平均值为 48MPa，比盒 8 段低。早白垩世末期盒 8 段源储压差为 22～26MPa，成藏动力强，具有东北低、西南高的总体分布特征（图 3-6-18a）；毛脑海庙—三喜拉地区压差较低，排烃效果相对较差。山 1 段源储压差为 24～30MPa，成藏动力更强，分布特征与盒 8 段类似（图 3-6-18b）。

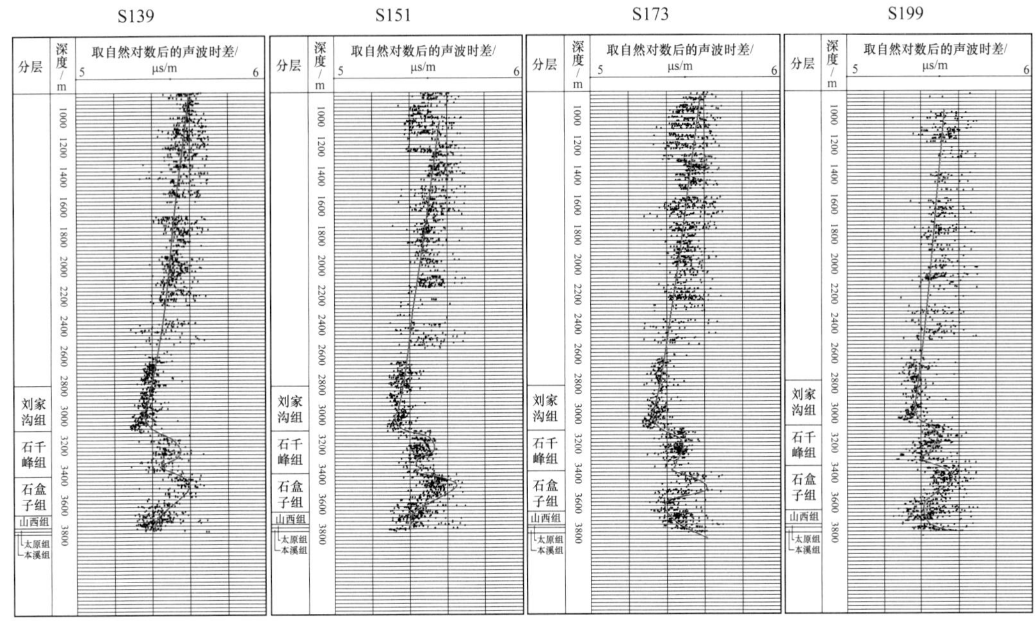

图 3-6-17 鄂尔多斯盆地单井泥岩压实曲线图

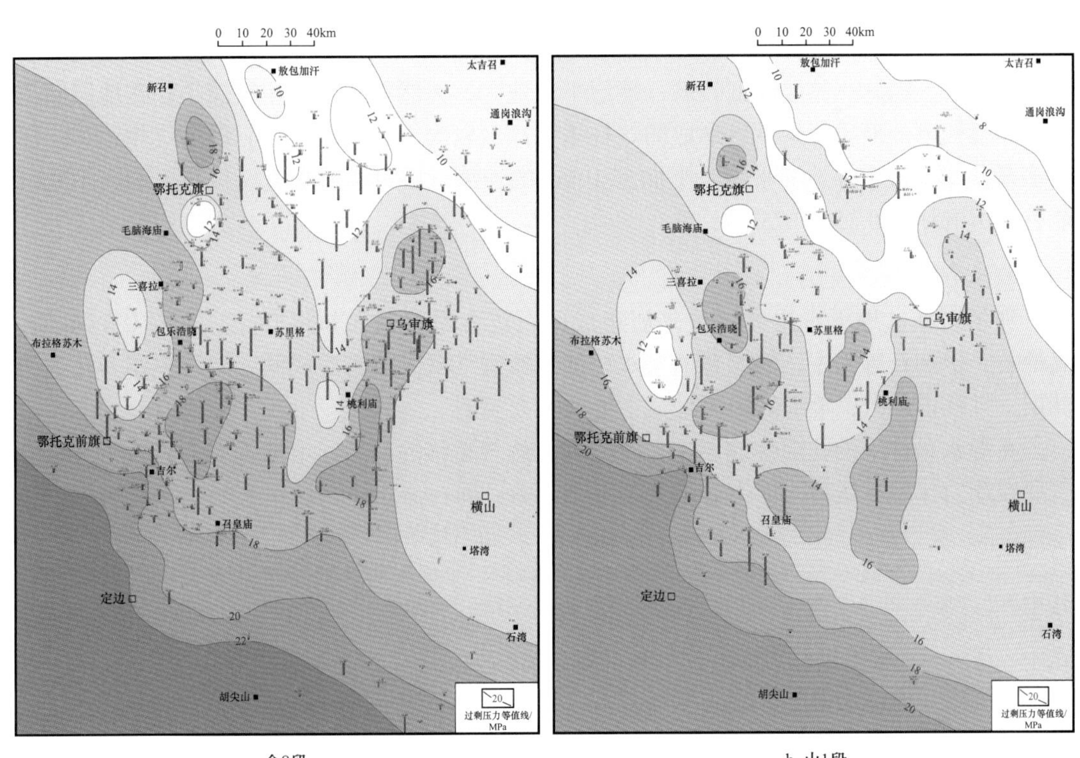

图 3-6-18 鄂尔多斯盆地盒 8 段、山 1 段早白垩世末过剩压力与气藏分布关系图

源储压差可以反映天然气从烃源岩向储层运移的动力，鄂尔多斯盆地上古生界不同地区充注强度有所差异，生气强度比较弱的地区，气源供给不足，出现含水现象。

2. 浮力

浮力是由于游离相烃类与孔隙水之间的密度差所产生。从烃源岩中排出的油气以游离相的形式逐渐在储层大孔粗喉中聚集，通过油（气）珠的生长，形成连续相的烃柱，然后在岩石孔隙自由水中产生一种向上的浮力。游离相浮力的大小与流体密度差和游离相体积成正比。对于单位体积的游离天然气而言，天然气运移聚集的浮力取决于气柱垂直高度和气水密度差；

$$\Delta p=Y_{o}g\left(\rho_{w}-\rho_{g}\right) \tag{3-6-4}$$

式中 Δp——浮力，0.1MPa；

Y_o——游离气相高度，m；

ρ_w——孔隙水密度，g/cm^3；

ρ_g——游离气相地层条件下密度，g/cm^3；

g——重力加速度，9.8m/s^2。

在含有孔隙自由水的储层中，游离烃相的密度总是低于孔隙水的密度，游离烃相的浮力几乎是绝对长期存在的，因此，浮力是常规储层中游离烃相进行二次运移最重要的动力。在常规砂岩储层中，0.3～3m 的气柱垂直高度产生的浮力就可以驱动气相二次运移，碳酸盐岩储层的气柱临界高度一般为 0.9～2.3m（Berg，1975；李明诚，2002）。Schowalter（1979）认为，游离烃相在运载层中二次运移，主要通过运载层上部几英尺的储层中进行。因此，储层厚度较薄，地层平缓地区，天然气的浮力相对较小；在地层倾角大和储层较厚的地质背景下，形成的气柱垂直高度较大，有利于浮力驱动的气相运移。鄂尔多斯盆地上古生界地层平缓，平面上 10km 的连续气层对应的垂直气柱高度 50～100m，能够产生的浮力 0.35～0.75MPa。

3. 毛细管阻力

鄂尔多斯盆地上古生界储层碎屑组成中石英含量普遍在 80% 以上，胶结物以硅质、高岭石、伊利石等为主，储层普遍亲水。加之致密气藏先致密后成藏，储层主要为孔隙型储层，且喉道细微，毛细管阻力是最主要的阻力类型。

在静水条件下的孔隙性储层中，浮力为天然气运移的动力，毛细管力为阻力，天然气若要在浮力作用下运移，浮力必须大于毛细管力。即：

$$H>\Delta p_{g}/\left[\left(\rho_{w}-\rho_{g}\right)g\right] \tag{3-6-5}$$

其中：

$$\Delta p_{g}=2\delta_{wg}\left(1/r_{t}-1/r_{p}\right)\cos\theta \tag{3-6-6}$$

式中 H——克服毛细管力所需的气柱高度，m；

ρ_w——地层水密度，kg/m^3；

ρ_g——地层天然气密度，kg/m^3；

g——重力加速度，9.8m/s^2；

Δp_g——毛细管力差，MPa；

δ_{wg}——气水界面张力，mN/m；

r_t——喉道半径，μm；

r_p——孔隙半径，μm；

θ——润湿角，(°)。

毛细管力可以采用压汞法求得，但必须要将实验室中的汞—空气毛细管力换算为地层条件下气—水毛细管力，换算关系为：

$$p_{c_R}=p_{c_L}(\delta_{wg}\cos\theta_{wg})/(\delta_{Hg}\cos\theta_{Hg}) \tag{3-6-7}$$

式中　p_{c_R}——地层条件下的门限压力，MPa；

p_{c_L}——实验室中用压汞法所测得的门限压力，MPa；

δ_{wg}——地层条件下气水界面张力，30MPa，110℃条件下，δ_{wg} 为 25mN/m；

θ_{wg}——天然气—地层水与岩石的润湿接触角，由于水是完全润湿流体，天然气为强非润湿相，故 θ_{wg} 为 0°；

δ_{Hg}——水银的界面张力，为 480mN/m；

θ_{Hg}——水银与岩石的润湿接触角，θ_{Hg} 为 140°。

依据上述参数可求得：$p_{c_R}=0.068p_{c_L}$，再利用公式 $H_{临界}=p_{c_R}/(\rho_w-\rho_g)g$ 即可算出克服储层岩石毛细管阻力所需的临界气柱高度 $H_{临界}$，取地层水密度（ρ_w）为 1×10^3kg/m^3；地层条件下天然气密度（ρ_g）为 0.17×10^3kg/m^3；g 为重力加速度。

计算在地层条件下，储层毛细管阻力主要分布在 0.15～2.0MPa（图 3-6-19）。上古生界区域构造平缓，气层连续高度主要分布在 10～35m，一般不超过 40m。计算得出盒 8 段、山 1 段气藏天然气向上浮力在 0.08～0.28MPa（图 3-6-20）。

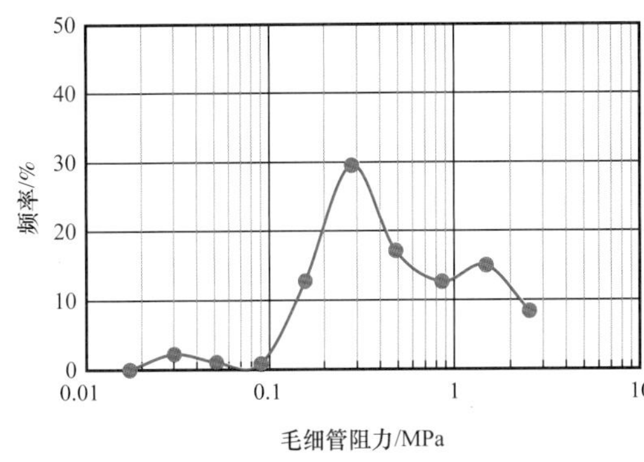

图 3-6-19　鄂尔多斯盆地盒 8 段、山 1 段储层毛细管力分布频率图

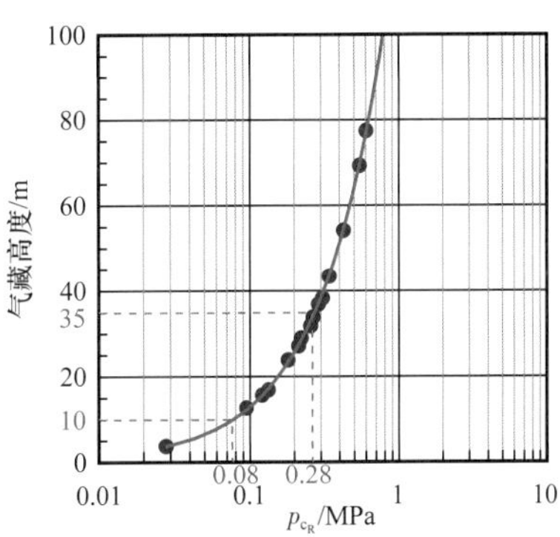

图 3-6-20　鄂尔多斯盆地盒 8 段、山 1 段气藏气柱高度与天然气浮力关系图

由上述计算可知，对于上古生界致密储层，大多数情况下，气体浮力在 0.08～0.28MPa 下难以有效地克服储层的毛细管阻力 0.15～2.0MPa，浮力不发挥作用，成藏后气、水在纵向上较难分异。

从 S61—S118 井盒 8 段气藏剖面图中可以看出，在连通砂体中受相对优质储层含气富集规律的控制，气层分布在相对高孔渗储层中（图 3-6-21）。S59 井射孔层段平均孔

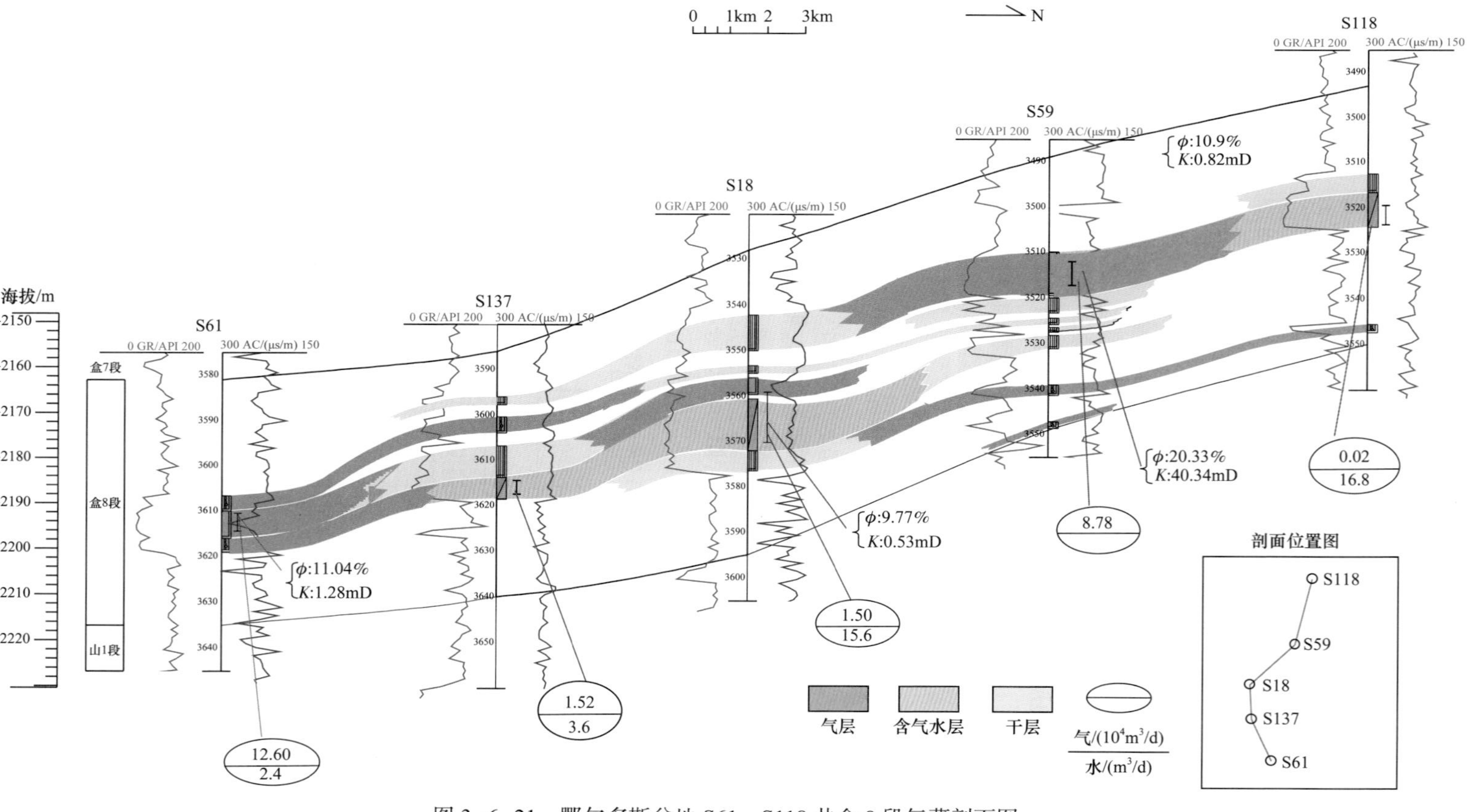

图 3-6-21 鄂尔多斯盆地 S61—S118 井盒 8 段气藏剖面图

隙度为 20.3%，平均渗透率为 40.34mD，物性好，试气获 $8.78\times10^4m^3/d$（AOF）工业气流；S118 井射孔层段平均孔隙度为 10.9%，平均渗透率为 0.82mD，物性较差，试气产气 $0.02\times10^4m^3/d$，产水 $16.8m^3/d$，主要产水。处于构造低部位的 S61 井射孔层段平均孔隙度为 11.04%，平均渗透率为 1.28mD，物性好，试气获 $1.28\times10^4m^3/d$（AOF）工业气流。在构造低部位的相对高渗透储层仍有工业气井分布。

（四）主要输导体系中的天然气运移动力学机制

1. 压差驱动下天然气在孔隙砂岩中的运移

在孔隙性砂岩中，天然气运移的通道主要为孔喉体系，天然气在其中运移的阻力主要是毛细管力（p_c）、水的黏滞力（F_{wn}）、气本身的黏滞力（F_{gn}）、气和含水孔隙壁之间的摩擦阻力（F_m）。

在静水条件下，驱使天然气运移的动力主要是浮力（F_{fw}）。根据静水条件下天然气在致密砂岩中的上浮实验结果，仅在浮力驱动下，天然气很难上浮，说明浮力远远小于水的黏滞力（F_{wn}）、气本身的黏滞力（F_{gn}）、毛细管力（p_c）、气和含水孔隙壁之间的摩擦阻力（F_m）之和，即：

$$F_{fw}<F_{wn}+F_{gn}+p_c+F_m \quad (3-6-8)$$

由于天然气很难在孔隙砂岩中上浮，因此，它在孔隙性砂岩中的运移必须要有除浮力以外的驱动压力（或驱动压差 F_{yc}），即：

$$F_{yc}>F_{wn}+F_{gn}+p_c+F_m \quad (3-6-9)$$

对于特定的水和天然气来讲，其黏滞力一般是恒定的，但摩擦阻力 F_m 一般与气相的波及面积和长度（d）有关，距离越大，F_m 越大，即：

$$F_m \propto d \quad (3-6-10)$$

毛细管力 p_c 一般与喉道半径、表面张力等有关，并与喉道半径呈反比，即：

$$p_c=2\sigma\cos\theta/r \quad (3-6-11)$$

因此，在天然气注入储层的过程中，由于气波及面积小，摩擦阻力 F_m 较小，运移阻力主要为毛细管力 p_c，假如压差 F_{yc} 一定，那么，气会沿阻力最小的孔隙运移。这种情况下，气往往会以有限的前缘向前运移。由于浮力始终是向上的，因此，气运移的方向是斜向上的，直至贴近储层顶面运移。

随着天然气运移距离的增加，摩擦阻力 F_m 增加，气相要继续运移，必然需要更高的压差 F_{yc}，压差的增大便可克服更大的毛细管阻力，进入更小的孔喉，导致近注入点的气相饱和度增加（图 3-6-22）。天然气在致密砂岩孔隙介质中的运移是有选择性的，即天然气运移前端选择一条孔喉半径较大的通道作为主通道运移，随着驱动压差的增大然后再波及其他通道中。天然气在砂岩中运移的过程，同时也是近注入点含气饱和度增加的过程，即聚集的过程。

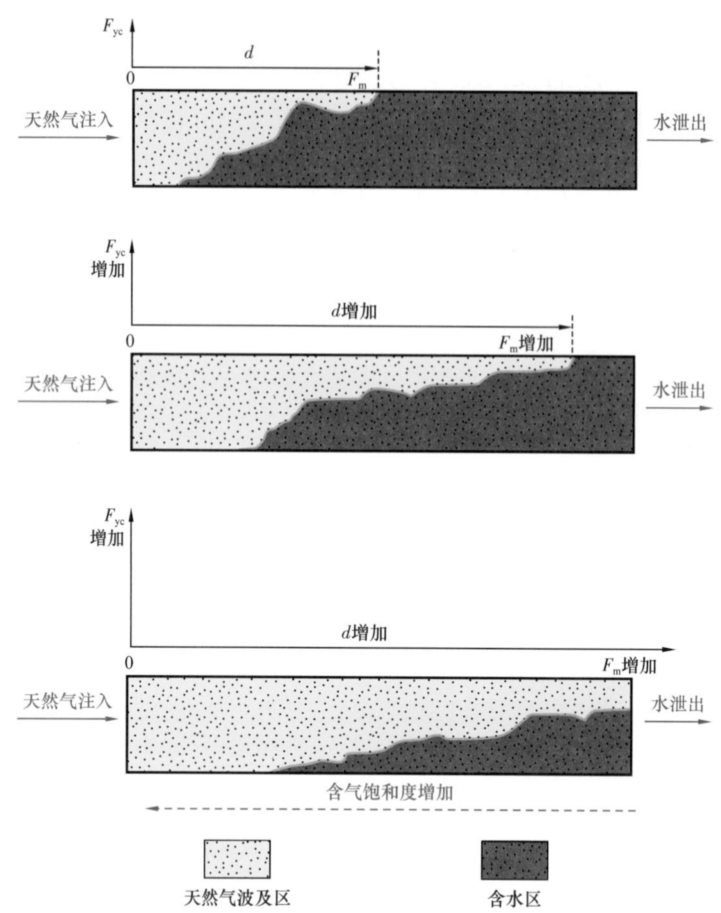

图 3-6-22　天然气注入砂岩过程中运移动力、阻力和含气饱和度的变化示意图

2. 天然气在裂缝输导体中的运移机理

在裂缝中，天然气运移的阻力主要是摩擦阻力（F_m）、水的黏滞力（F_{wn}）、气本身的黏滞力（F_{gn}），毛细管力是可以忽略的。在静水条件下，天然气运移的主要驱动力是浮力（F_{fw}）。根据实验的结果，在裂缝中，天然气一般是可以上浮的，这说明浮力一般高于摩擦阻力（F_m）、水的黏滞力（F_{wn}）和气本身的黏滞力（F_{gn}）之和，即：

$$F_{fw}>F_{wn}+F_{gn}+F_m \tag{3-6-12}$$

这个特点与在砂岩孔隙中完全不同。

因此，在裂缝中，气体在浮力的驱动下，很容易上浮至裂缝的顶部（图 3-6-23），孔隙性砂岩和泥质岩就可以作为其垂向封闭层；浮至顶面后，气体会沿着封闭性顶面做侧向运移，若断裂在侧向上不封闭，气体就会沿断裂顶面无限延伸而散失；若断裂在侧向上封闭，气体就会在断裂中聚集，其压力也会逐渐升高。

3. 天然气在孔隙—裂缝复合输导体中的运移机理

在孔隙—裂缝复合输导体中，天然气一般先在裂缝中运移，如果天然气供给量充足，

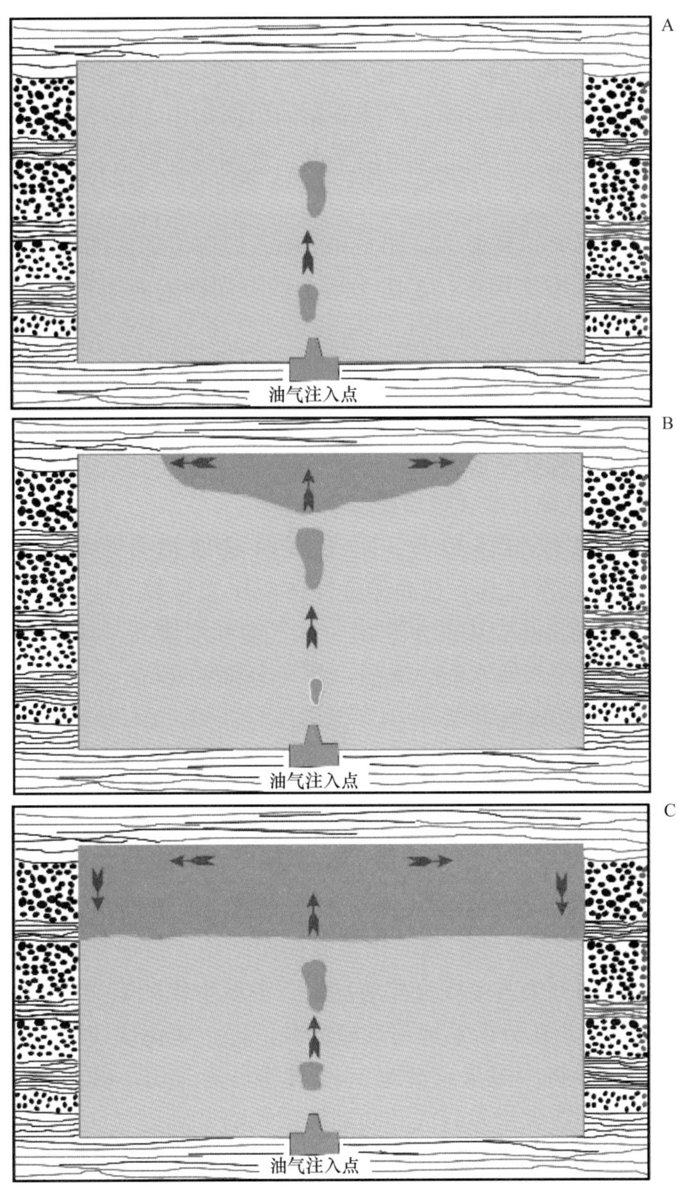

图 3-6-23　天然气在裂缝中运移示意图

那么，其会首先占据并充满裂缝。当天然气在裂缝中受到遮挡或封盖时，在驱动力持续增大的条件下，天然气才会选择较大的孔喉通道缓慢向砂岩孔隙中运移。

（五）上古生界致密气成藏模式

1. 成藏过程

根据鄂尔多斯盆地演化历史可将上古生界天然气成藏过程分为两个阶段，即早白垩世之前的沉降压实阶段和晚白垩世以来的抬升剥蚀阶段。

1）沉降压实阶段的成藏过程（早白垩世）

随着鄂尔多斯盆地不断沉降，温度逐渐升高，特别是在晚侏罗—早白垩世构造热时间作用下，烃源岩快速进入生烃门限，广泛分布的山西组山 2 段至石炭系本溪组煤系地层于侏罗纪大面积成熟进入生气阶段。在早白垩世，埋深达到最大，进入大量生成气态烃时期，发生广覆式大范围生烃。

在早白垩世，源储压差达到最大，20～30MPa，烃源岩形成的大量成熟—高成熟阶段的天然气在较强的源储压差作用下，沿阻力最小的方向做垂向运移而进入致密砂岩储层，大面积供气。

由于上古生界致密砂岩储层非均质较强，加之东西向上连通性较差，大量生烃期古构造面貌平缓，而且缺乏大规模侧向运移的通道（大型的断层、不整合面），天然气侧向运移不充分，在岩性圈闭中就近聚集成藏。

2）抬升剥蚀阶段的成藏过程（晚白垩世以来）

晚白垩世末以后盆地整体抬升，鄂尔多斯盆地抬升剥蚀幅度较大，一般在450～1100m之间，由于天然气具有很高的弹性体积压缩系数，地层剥蚀降压后，在天然气膨胀力作用下，天然气将孔隙中的水驱出、含气饱和度增高，地层抬升剥蚀厚度越大，气体膨胀幅度越大，孔隙中气驱水能力增强，含气饱和度越高。

2. 上古生界天然气成藏模式

沉积盆地是油气生成与聚集的基本地质构造单元，油气的生成、运移、聚集和保存与盆地的形成、演化和改造密切相关。盆地所处的应力环境和大地构造背景决定了盆地类型，盆地类型制约着含油气层系形成的沉积环境、烃源岩生烃演化的地热环境和油气聚集、保存的构造环境。盆地类型不同，油气成藏地质条件及成藏模式不同。康玉柱（2014）依据大地构造背景、盆地形成演化及纵横向结构、盆地充填沉积及相变 3 项标准将全球上千个盆地总体划分为古生代克拉通盆地、中新生代断陷盆地和中新生代前陆盆地 3 大类。魏国齐等（2016）在分析盆地与气藏成藏机理、演化规律的基础上，依据盆地与致密砂岩气藏成藏特点，将中国重点盆地 35 个致密砂岩气田（藏）划分为克拉通大面积致密砂岩气、前陆背斜构造致密砂岩气和断陷深层致密砂砾岩气 3 种类型。其中，克拉通致密气占中国致密砂岩气地质资源量的 83%，以鄂尔多斯盆地上古生界和四川盆地须家河组为典型代表。鄂尔多斯地区位于华北克拉通的西段，奠基于太古宇结晶岩和早元古代变质岩基底之上。盆地演化可划分为中晚元古代拗拉谷、古生代稳定克拉通、中生代前陆盆地、新生代周缘断陷 4 个阶段。是多构造体制、多演化阶段、多沉积体系、古生代地台与中—新生代台内坳陷叠合的克拉通盆地（杨俊杰，2002；杨华，2015）。

上古生界沉积基底平缓、覆水浅，多旋回幕式海（湖）进、海（湖）退频繁，形成了大面积叠合分布的近邻型生、储、盖成藏组合；克拉通盆地岩浆活动微弱，地温梯度较低，烃源岩成熟相对较晚，在储层发生强溶蚀作用之前，埋深普遍超过 3000m，储层先压实致密，再溶蚀、成藏；烃源岩广覆式生烃、天然气大面积充注，区域构造平缓无明显高点，天然气运聚无明确指向；由于沉积底形平缓，河道摆动频繁，水动力条件不稳定，复合砂体夹层发育，单砂体厚度薄、规模较小。储层成岩过程中强烈的压实作用和硅质、钙质的胶结作用形成的渗流屏障进一步分隔了储层，形成物性圈闭，连通砂体规模进一步缩小；加之断裂不发育，输导体系以小范围连通砂体为主，源储压差是天然气二次运移的主要动力，浮力不起作用；天然气在压差作用下近距离运聚，未能形成大面积汇聚，聚集效率低。气藏多为原生型，大面积、低丰度分布，气、水分布关系复杂，无统一气—水界面，无边、底水。单井控制的储量规模小，产量低。

3. 不同类型盆地致密砂岩气成藏模式对比

沉积底形控制了烃源岩、储层、盖层的分布特征，地温梯度决定了烃源岩生烃和储层孔隙演化过程，输导体系、圈闭类型决定了油气的运移聚集范围。克拉通盆地、前陆盆地、断陷盆地致密砂岩气藏在沉积底形、生—储—盖分布叠合模式，地温梯度、输导体系、圈闭类型等成藏地质条件，成藏主控因素、气藏分布特征方面存在较大差异，具有不同成藏模式。具体主要差异见表 3-6-8。

表 3-6-8　我国不同盆地类型致密砂岩气成藏地质特征对比表

盆地类型	克拉通盆地	前陆盆地	断陷盆地
沉积底形特征	底形平缓，坡度＜1°	陡坡，具明显沉积中心	沉积过程受断裂活动控制，坡度＜10°，具明显多个凹陷沉积中心
烃源岩分布	全盆地广覆式薄层分布，暗色泥岩厚 40～120m，煤厚 6～20m	沿冲断带一侧厚层分布，暗色泥岩厚 500～1000m	断槽中心厚层分布，暗色泥岩厚 200～1100m，煤层厚 10～120m
砂体分布及粒度特征	全盆地大面积、薄层分布，砂体 30～80m，以三角洲平原砂体为主，含砾粗砂岩	冲断带前渊厚层分布，砂体厚 200～300m，短物源，沉积相带窄，以扇三角洲、辫状河三角洲为主，砂砾岩	多物源、短物源，盆地周边裙边式厚层分布，砂体厚 600～1400m，沉积相带窄，以冲积扇、辫状河三角洲为主，砾岩、砂砾岩
封盖条件	泥岩、致密砂岩	膏岩、泥岩	泥岩隔层
圈闭特征	岩性、物性圈闭	断背斜、背斜、断块等构造圈闭，地层圈闭	构造—岩性、断层—岩性
构造活动及火山作用	构造稳定，火山活动不发育，地温梯度较低，烃源岩成熟晚	挤压构造环境，地温梯度低，早期长期浅埋。晚期逆冲构造叠加地层重复加厚，快速深埋藏，烃源岩快速成熟，大量生气，晚期成藏	拉张构造环境，岩浆活动强烈，烃源岩沉积初期即处于高地温场中，成熟早，成藏早
地温梯度及烃源岩热演化程度	地温梯度中等偏低，2.2～2.4℃ /100m，R_o：0.8%～3.2%	地温梯度低，1.8～2.7℃ /100m，R_o：0.6%～2.5%	地温梯度较高，4.2～5.2℃ /100m，R_o：1.3%～3.5%
生烃强度 / $10^8m^3/km^2$	生烃强度：10～40，生烃中心不明显	生烃强度：50～150，气源充足，具明显生烃中心	生烃强度：50～300，气源充足，具明显生烃中心

续表

盆地类型	克拉通盆地	前陆盆地	断陷盆地
储层主要孔隙类型	岩屑溶孔、高岭石晶间孔，孔隙单一介质	粒内、粒间溶孔，构造裂缝发育，孔—缝双介质	砾内、粒内、粒间溶孔、粒间缝，孔—缝双介质
主要输导体系类型	连通砂体，微裂缝、断裂不发育	阶梯式逆冲断裂、构造剪切缝、连通砂体	断阶式大顷角正断层、构造裂缝、不整合面。断裂先于主生烃期活动，断裂—裂缝高效输导，具长距离运聚能力
气藏分布特征	天然气聚集程度低，气藏薄饼式低丰度分布，气藏分布不受断裂和构造高点控制	在与优质盖层邻近背斜轴部和转折端等裂缝密集发育的构造高部位局部富集	在生烃洼槽内及边缘，断阶带、背斜轴部和转折端等构造高部位局部富集
典型气藏实例	鄂尔多斯盆地上古生界、四川盆地须家河组	塔里木盆地侏罗系—白垩系、准噶尔盆地南缘侏罗系	松辽盆地徐家围子断陷沙河子组、营四段

第七节　致密砂岩气富集规律

鄂尔多斯克拉通盆地致密砂岩气富集主要受储层非均质性和生烃强度的控制，成藏后构造活动对天然气富集影响较弱。在天然气未充注前，致密储层孔隙由地层水饱和，充注完成后，部分储层仍有一定的地层水残留，储层含气饱和度、单井试气产量、出水量等特征是气藏富集程度的主要标志。通过分析气水分布特征与成藏地质要素的关系，可明确致密气成藏主控因素与富集规律。

一、地层水分布特征及成因分析

（一）地层水平面分布

鄂尔多斯盆地上古生界面积分布最广的盒 8 段致密气藏试气结果和出水井地层水分布表明，盆地西部、北部出水井比例高，气水关系复杂，盆地东部以纯产气井为主，基本不产水（图 3-7-1）。

（二）地层水成因分析

通过地层水地球化学特征分析，可明确地层水成因。未有大气淡水混入的地层水代表了气藏原始地层水分布状态，储层含气饱和度、试气产水量可反映气藏天然气富集程度。

盒 8 段地层水总矿化度主要集中在 29.12～68.30g/L，平均为 48.37g/L，pH 值为 6～7。常规离子中阳离子含量大小顺序为 Ca^{2+}＞Na^{+}+K^{+}＞Mg^{2+}，Ca^{2+} 含量一般可达 6～15g/L，阴离子含量大小顺序为 Cl^{-}＞HCO_3^{-}＞SO_4^{2-}，Cl^{-} 含量达 18～42g/L。以 Ca^{2+}、Na^{+}+K^{+} 和 Cl^{-} 占绝对优势，水型均为 $CaCl_2$ 型（表 3-7-1）。

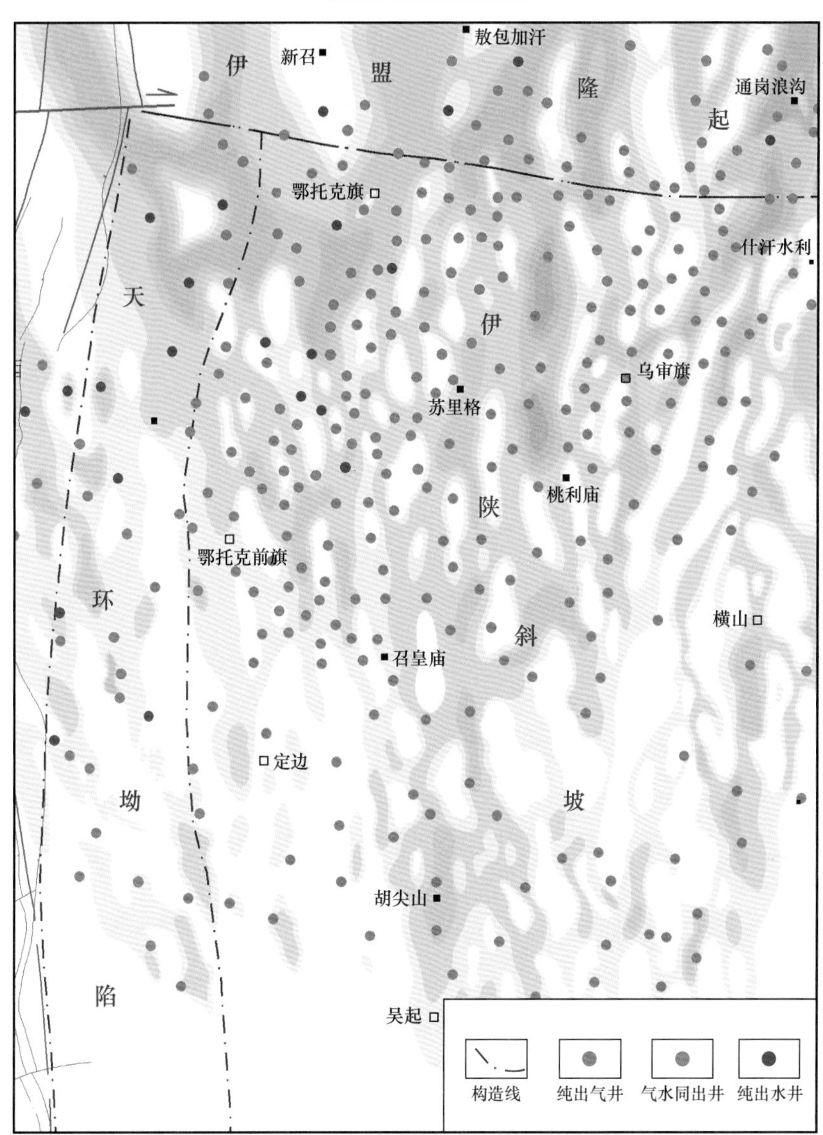

图 3-7-1　鄂尔多斯盆地上古生界盒 8 段试气出水井位分布图

地层水离子组合系数相对于矿化度及水型更具有继承性，能真实地反映地层水的运移、变化及其赋存状态。地层水成因识别离子组合系数主要有钠 / 氯系数、脱硫系数、变质系数、钠 / 钙系数等。同时地层水氢氧同位素、锶同位素特征也是很好的成因判识指标，地层水成因分析一般需要对这几项指标进行综合判识。

1. 钠 / 氯系数（rNa^+/rCl^-）

钠 / 氯比（rNa^+/rCl^-）能反映地层水的浓缩变质作用程度及储层水文地球化学环境特征。地下水的封闭性越好，浓缩度越高，变质程度越深，钠 / 氯系数越小，对油气藏的保存越有利（熊亮等，2011），钠 / 氯系数是地层水水动力活跃程度的反映。

表 3-7-1　鄂尔多斯盆地西部盒 8 段地层水地球化学特征表

序号	井号	$K^{+}+Na^{+}$/mg/L	Ca^{2+}/mg/L	Mg^{2+}/mg/L	Ba^{2+}/mg/L	Cl^{-}/mg/L	SO_4^{2-}/mg/L	HCO_3^{-}/mg/L	总矿化度/g/L	钠氯系数（Na^{+}/Cl^{-}）	脱硫系数（$100\times SO_4^{2-}/Cl^{-}$）	变质系数［（$Cl^{-}-Na^{+}$）/$2Mg^{2+}$］	钠钙系数（$Na^{+}/2Ca^{2+}$）	水型
1	E11	6151	12115	60	207	31134	0	107	49.77	0.30	0	122.12	0.44	$CaCl_2$
2	E6	9592	13911	612	0	41109	0	115	65.34	0.36	0	14.55	0.60	$CaCl_2$
3	S51	8296	13623	501	0	37903	495	134	60.95	0.34	0.97	16.96	0.53	$CaCl_2$
4	S56	5945	11785	271.7	0	29510	245	420	48.18	0.31	0.61	25.34	0.44	$CaCl_2$
5	S57	8400	11900	110	326	34500	0	76.9	55.31	0.38	0	66.30	0.61	$CaCl_2$
6	S66	7409	11642	38	0	31635	297	464	51.49	0.36	0.69	180.01	0.55	$CaCl_2$
7	C1	9588	15295	338	0	42239	594	248	68.30	0.35	1.04	27.49	0.55	$CaCl_2$
9	S46	9296	12457	210	0	34394	3317	229	59.90	0.42	7.13	32.33	0.65	$CaCl_2$
10	S54	7205	11729	181	0	31536	953	242	51.85	0.35	2.23	38.19	0.53	$CaCl_2$
11	S58	13128	14910	804	0	45333	4765	178	79.12	0.45	7.77	10.56	0.77	$CaCl_2$
12	S65	10268	14366	751	0	42180	1484	267	69.32	0.38	2.60	11.87	0.62	$CaCl_2$
13	S66	7626	11208	338	0	32325	149	229	51.88	0.36	0.34	20.59	0.59	$CaCl_2$
14	S70	5424	5666	332	0	19081	119	312	30.93	0.44	0.46	10.93	0.83	$CaCl_2$
16	S87	6195	6759	422	0	22273	476	191	36.32	0.43	1.58	10.20	0.80	$CaCl_2$
17	S88	4536	6660	1206	0	21090	1429	248	35.17	0.33	5.01	3.96	0.59	$CaCl_2$

博雅尔斯基（1979）按照钠/氯系数对 $CaCl_2$ 型地层水进行了详细分类：当 rNa^+/rCl）大于 0.85 时，地层水为Ⅰ，地下水活跃，最不利于油气藏的保存；当 rNa^+/rCl^- 为 0.85～0.75 时，为Ⅱ型，处在地下静水带与交潜带之间，由于受地表水的影响，油气保存条件相对较差；当 rNa^+/rCl^- 为 0.75～0.65 时，为Ⅲ型，表明封闭条件较好，处于水—岩作用充分的水动力场；当 rNa^+/rCl^- 为 0.65～0.5 时，为Ⅳ型，封闭条件良好，显示为与地表隔绝的环境；当 rNa^+/rCl^- 小于 0.5 时，地层水为Ⅴ型，为封存的古代残余地层水，代表水流慢或静止环境，属于原始沉积—高度变质水，油气保存最好。盒 8 段地层水以Ⅴ型为主，少量Ⅳ型，整体上保存条件较好。研究区钠氯系数 rNa^+/rCl^- 均小于 0.65，分布范围为 0.30～0.51。

2. 脱硫系数（$100\times rSO_4^{2-}/rCl^-$）

脱硫系数是油气藏保存环境好坏的指标。脱硫系数越小，表明地层水封闭性越好，越有利于油气的保存。脱硫系数可以作为还原条件好坏的界线指标（林晓英等，2012）。脱硫系数小于 1 的地层水，通常表明地层水还原彻底，埋藏于封闭良好地区；反之，则认为还原作用不彻底，可能受到浅表层氧化作用的影响。研究区脱硫系数为 0～3.76，还原较彻底。

3. 变质系数［（rCl^--rNa^+）/rMg^{2+}］

变质系数可表明地层水在运移过程中水—岩作用的强度和离子交替置换的程度。通常地下径流越慢或水—岩作用时间越长，离子交换作用越彻底，地层水中的 Na^+、Mg^{2+} 可能越少，而 Ca^{2+} 离子相对越多，水的变质程度越深，越有利于油气保存。在地下深处，沿水—岩作用和生物化学作用加强的方向，Ca^{2+}、Cl^- 浓度增加，而 Mg^{2+} 浓度降低，Na^+ 逐渐被 Ca^{2+} 置换，表现为变质系数增大。与油气伴生的地层水变质系数一般大于 1（熊亮等，2011）。盒 8 段地层水变质系数为 7.81～180.01，均大于 1，表明变质程度深，有利于天然气保存。

4. 氢（δ^2D）和氧（$\delta^{18}O$）同位素

研究区主要主力层段地层水同位素具有明显相同的组成。氢（δ^2D）和氧（$\delta^{18}O$）同位素中，δ^2D 最大值为 −60.5‰，最小值为 −82.7‰，平均为 −73.77‰；$\delta^{18}O$ 最大值为 −3.39‰，最小值为 −6.3‰，平均为 −4.70‰，为典型浓缩成因的古沉积水（图 3-7-1）。氢、氧同位素呈线性关系，外延后与全球大气降水线（$\delta D=8\delta^{18}O+10$）（韩吟文等，2003）相交，交点值与苏里格地区雨水平均值（侯光才等，2007）基本一致，研究区地层水没有经淡水混合。

5. $^{87}Sr/^{86}Sr$ 同位素比值

由于锶元素在化学和生物学过程中不会产生同位素分馏，是研究物质迁移和变化的有效示踪剂。虽然蒸发等地质作用可以改变锶同位素的浓度，但锶同位素在同一地质时期、同一水域组分 $^{87}Sr/^{86}Sr$ 的比值几乎不变。$^{87}Sr/^{86}Sr$ 值均分布在 0.7136～0.7171 之间。对比盒 8 段地层水与地表白垩系地层水锶同位素可看出，前者锶同位素特征明显区别于后者，且曲线分布比较稳定，具有很好的同源性（图 3-7-3），表明盒 8 段地层水未受浅层白垩系地层水的影响，反映了其具有较好的保存条件。

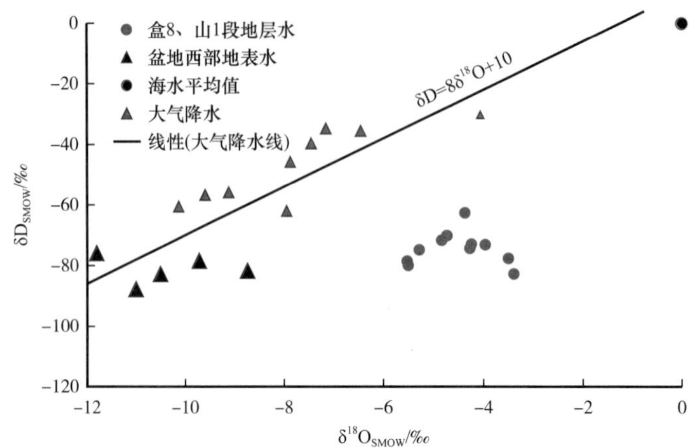

图 3-7-2　鄂尔多斯盆地西部地层水氢、氧同位素关系图

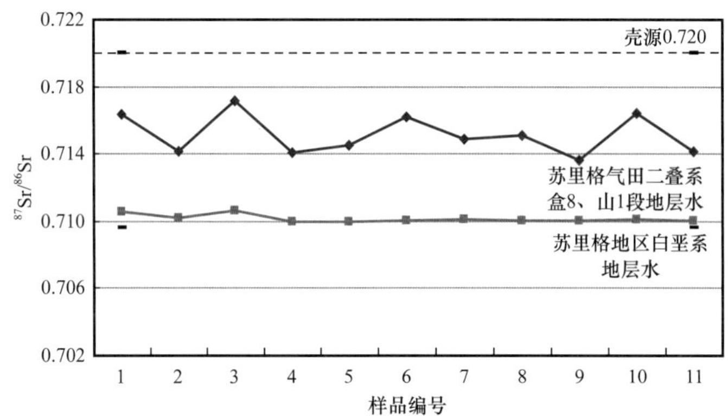

图 3-7-3　苏里格气田地层水与地表白垩系地层水锶同位素特征图

二、上古生界致密砂岩含气富集控制因素

（一）含气富集区与生烃强度的关系

1. 充注动力与含气饱和度

生烃压力即天然气膨胀力。烃源岩生烃强度决定了天然气的充注动力，生烃强度越高，充注动力越大（张福东等，2018）。同一块致密砂岩样品（孔隙度 7.56%，渗透率 0.92mD，）饱和水后在不同充注压差作用下天然气驱替实验表明，随着充注压差的增大，储层含水饱和度不断降低。10MPa 与 7MPa 压差驱替 T_2 弛豫时间曲线虽然比较接近但仍未重合（图 3-7-4），表明充注压差对致密储层天然气充注富集具有重要影响。一定的充注压差对应一定临界孔喉，随着充注动力的增大，油气可充注临界孔喉逐渐减小，含气饱和度增大。

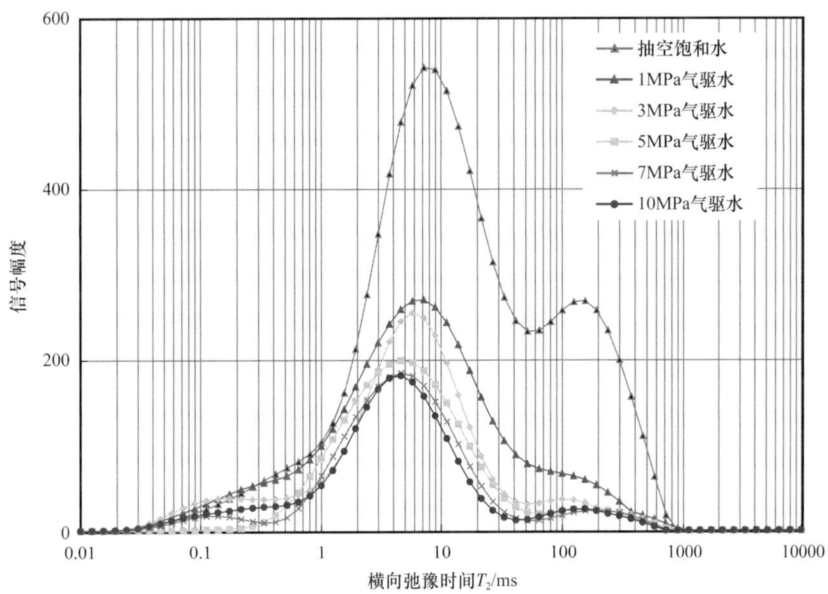

图 3-7-4　同一样品不同充注压差下核磁共振曲线图谱

以低生烃强度区的盆地西部盒 8 段为例，依据张福东等（2018）提出的生烃强度临界值评价模型，按盒 8 段气藏埋深 4000m 模拟计算了不同生烃强度与充注最小喉道半径关系（图 3-7-5）。生烃强度 10×10^8～$20\times10^8 m^3/km^2$ 对应充注喉道半径为 0.22～0.45μm。对物性较好的Ⅰ类储层，含气饱和度可以达到 45%～56% 以上，形成气层，对物性较差的Ⅱ类储层含气饱和度仅能达到 25%～42%（图 3-7-6），多形成气、水混储状态。表明生烃强度小于 $10\times10^8 m^3/km^2$ 时，致密储层含气饱和度小于 45%，难以形成经济有效的气层，$10\times10^8 m^3/km^2$ 为盆地西部致密气成藏临界生烃强度值。

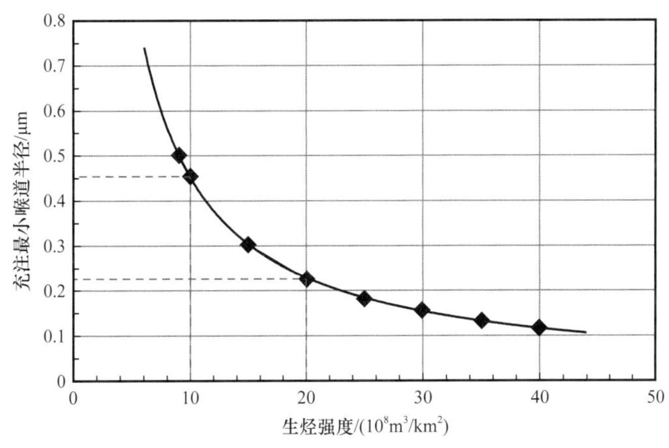

图 3-7-5　鄂尔多斯盆地西部盒 8 段气藏生烃强度与最小充注喉道半径关系

2. 生烃强度与气藏分布正相关关系明显

鄂尔多斯盆地烃源岩具有“广覆式”生烃的特点，具有大面积成熟、大范围生气的特

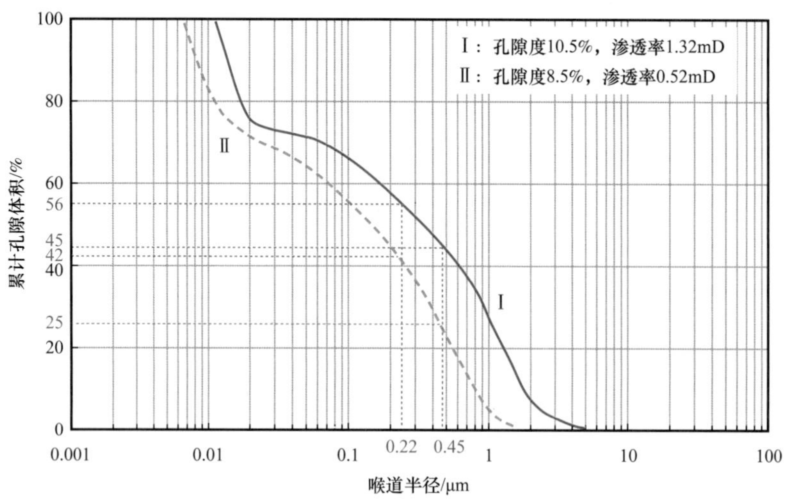

图 3-7-6　鄂尔多斯盆地西部盒 8 段储层喉道半径与可动流体饱和度关系

征。上古生界气源岩是一套广覆式分布的海陆过渡相至陆相的含煤岩系，煤层有机质含量较高，热演化程度高，生气能力强。

受古地形、沉积环境和热演化程度的影响，上古生界石炭—二叠系发育的煤系烃源岩生烃强度在平面上存在一定的差异。从图 3-7-7 来看，上古生界烃源岩生烃强度整体较大，盆地西北角及北部生烃强度较低，小于 $14\times10^8m^3/km^2$，盒 8 段的产水井位主要分布在生气强度小于 $14\times10^8m^3/km^2$ 的区域，表明生烃强度控制了气水分布的大格局。

（二）含气富集区与储层物性的关系

盒 8 段 62 块不同物性（ϕ：2.4%～16.34%，K：0.034～4.678mD）真实岩心样品压差（0.16～9.9MPa）作用下天然气充注物理模拟实验表明，含气饱和度与渗透率呈正相关关系，随渗透率增大含气饱和度升高（图 3-7-8），表明天然气优先进入毛细管阻力较小的大孔喉，差异充注。天然气充注至束缚水状态时，含气饱和度为 23.9%～70.7%，平均值为 40.4%。表明致密砂岩天然气充注驱替效果较差，储层束缚水饱和度较高，普遍为气水混储状态。勘探开发生产实践也表明，相同供烃背景下，相邻井之间、同井同层段不同砂体之间及同井同层同一砂体内，物性好的储层含气饱和度高。L50 井盒 8 段密闭取心资料表明，在同一套砂体内，由于储层物性的差异（ϕ：3.6%～11.8%，平均为 11.8%，K：0.04～5.25mD，平均为 0.53mD），含气饱和度明显不同。随孔隙度、渗透率增大含气饱和度升高（图 3-7-8）。在相同生烃强度充注下，对同一临界可充注喉道半径，不同物性的储层含气饱和度差异明显，物性较好的储层含气饱和度高。这表明存在物性差异的储层发生天然气充注时，相对优质储层喉道半径大，孔喉连通性好，毛细管阻力小，相同充注动力下，可被充注的连通孔隙体积占比高，含气饱和度高，相对优质储层含气富集。即致密砂岩非均性强，天然气差异充注，相对优质储层含气饱和度高。相对优质储层分布区是大面积含气背景下的致密气富集区。

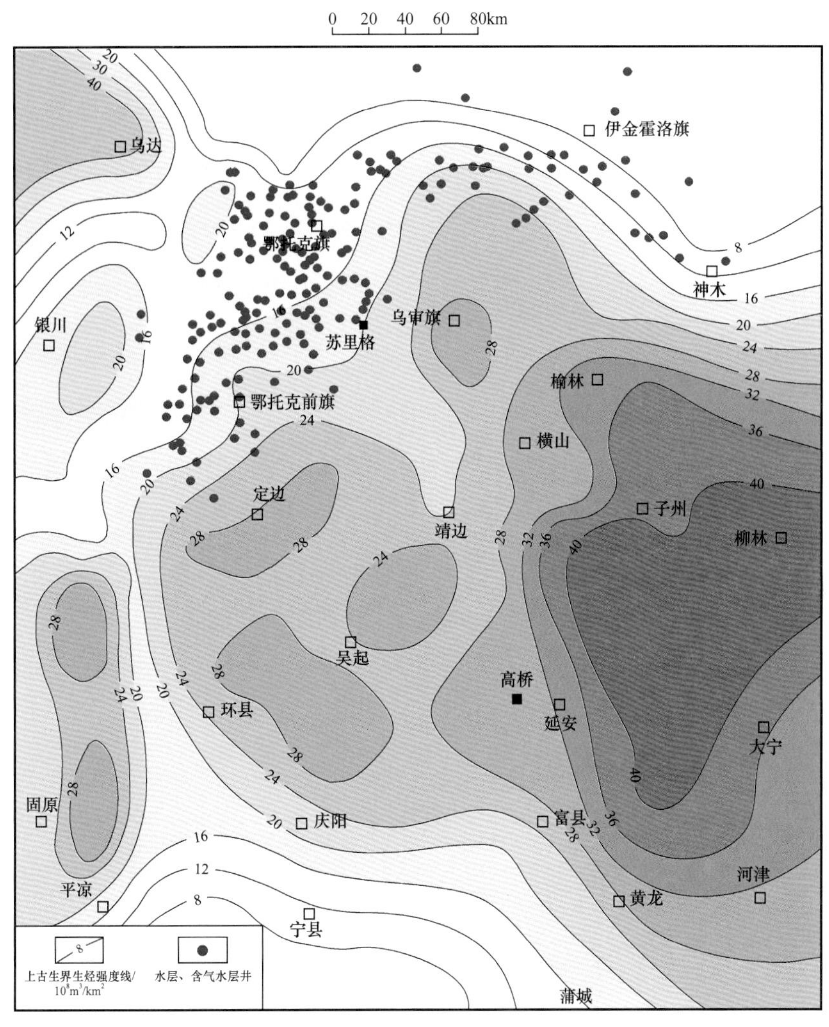

图 3-7-7　鄂尔多斯盆地上古生界生烃强度与盒 8 段水层、含气水层的分布关系图

（三）含气富集区与现今区域构造的关系

盆地西部整体表现为东高西低、北高南低，局部构造不发育，平均坡降 3～5m/km，地层倾角小于 1°的构造特征。开发评价证实可连通的单砂体长度为 100～500m，厚度为 5～20m，气柱高度不超过 25m（杨华等，2007），单个气藏的气柱高度仅为 8～20m，由气柱高度所产生的最大浮力为 0.15MPa，明显小于该地区阻流层的排驱压力（大于 1.2MPa）（赵文智等，2005）。在

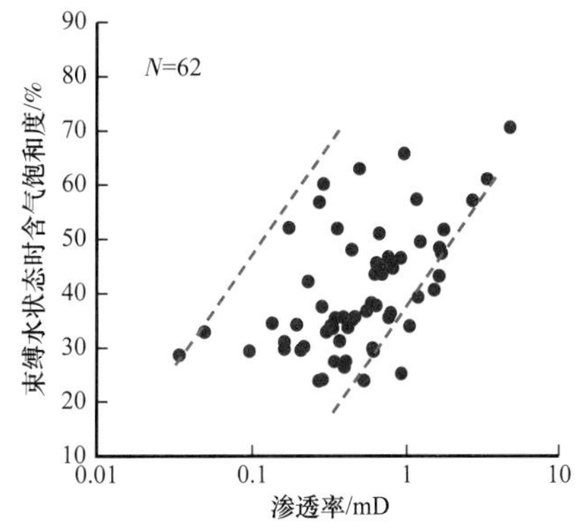

图 3-7-8　鄂尔多斯盆地致密砂岩储层天然气驱替实验渗透率与束缚水饱和度关系图

这种储层致密、连通砂体规模小、构造倾角小于1°的背景下天然气的向上浮力难以有效地克服致密储层的毛细管阻力，气、水分异作用不明显，气、水分布基本不受区域构造的控制，未见边、底水和统一的气—水界面（图3-7-10），含气富集区与现今区域构造关系不明显。

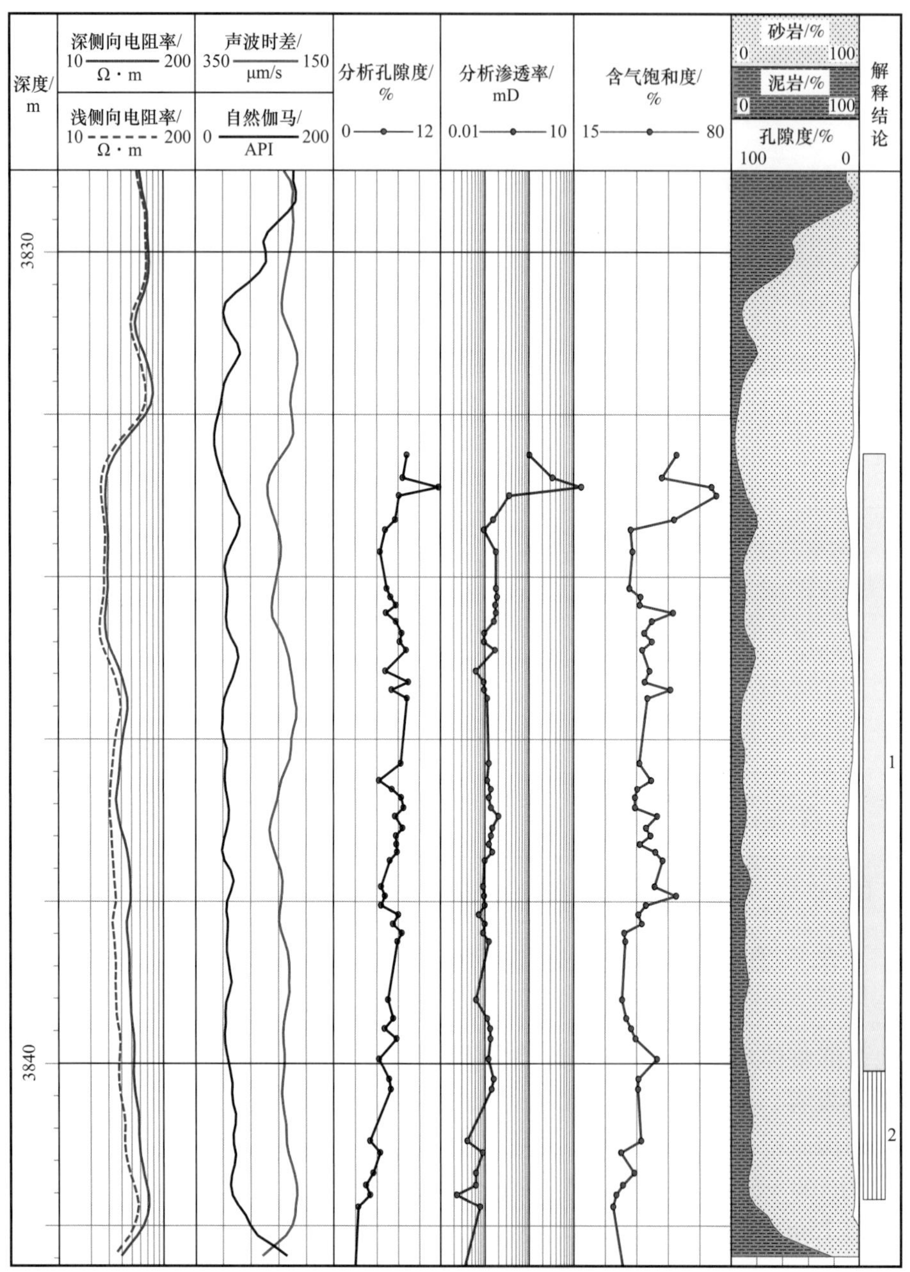

图3-7-9 鄂尔多斯盆地L50井盒8段储层物性与含气饱和度关系

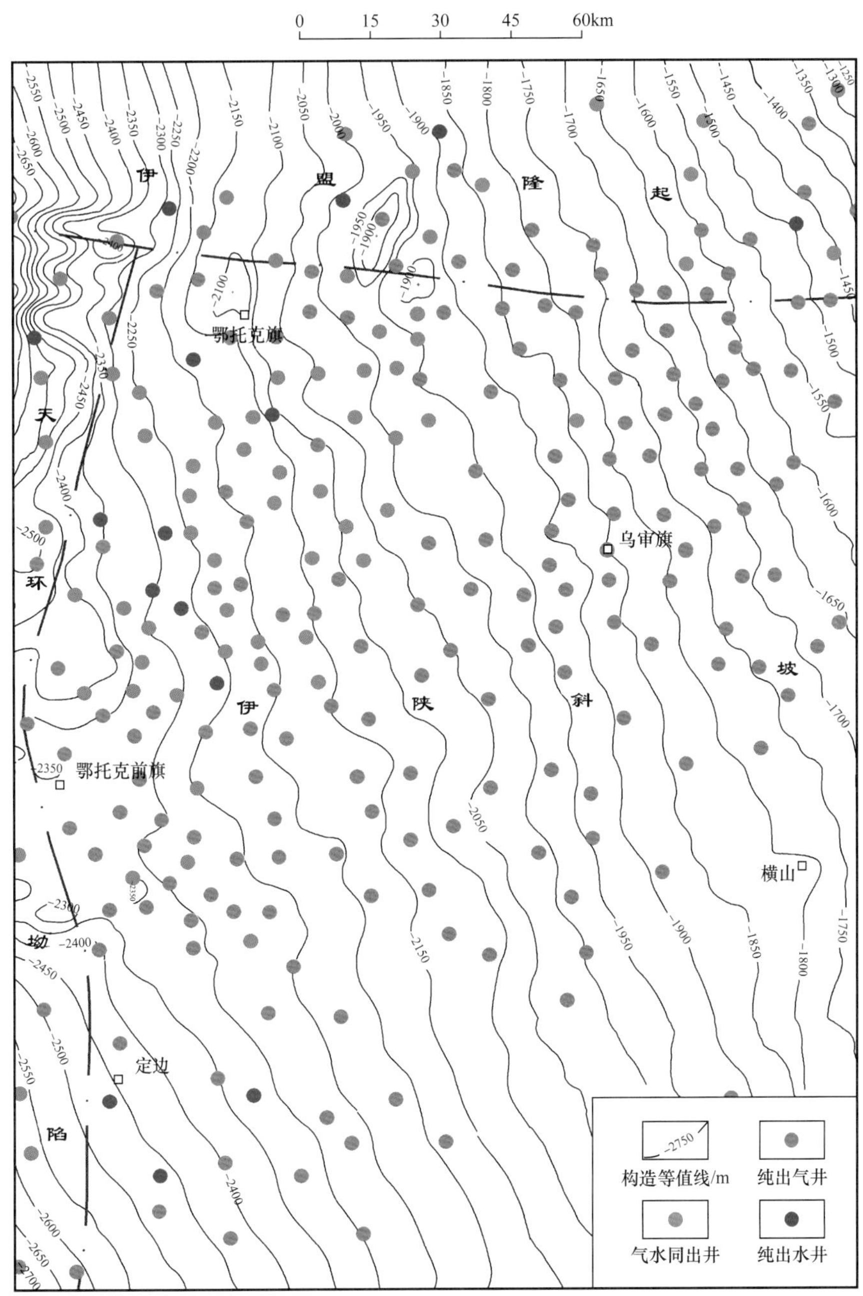

图 3-7-10　鄂尔多斯盆地西部区域构造与产水井分布关系图

（四）含气富集区与主成藏期区域构造的关系

晚侏罗—早白垩世为鄂尔多斯盆地致密气的主成藏期，山西组顶面侏罗纪末、白垩纪末古构造与盒 8 段气水分布关系图（图 3-7-11、图 3-7-12）中，古构造坡度平缓，地层倾角小于 0.5°。产气井与出水井交互分布，表明含气富集区分布不受主成藏期古构造高部位的控制。

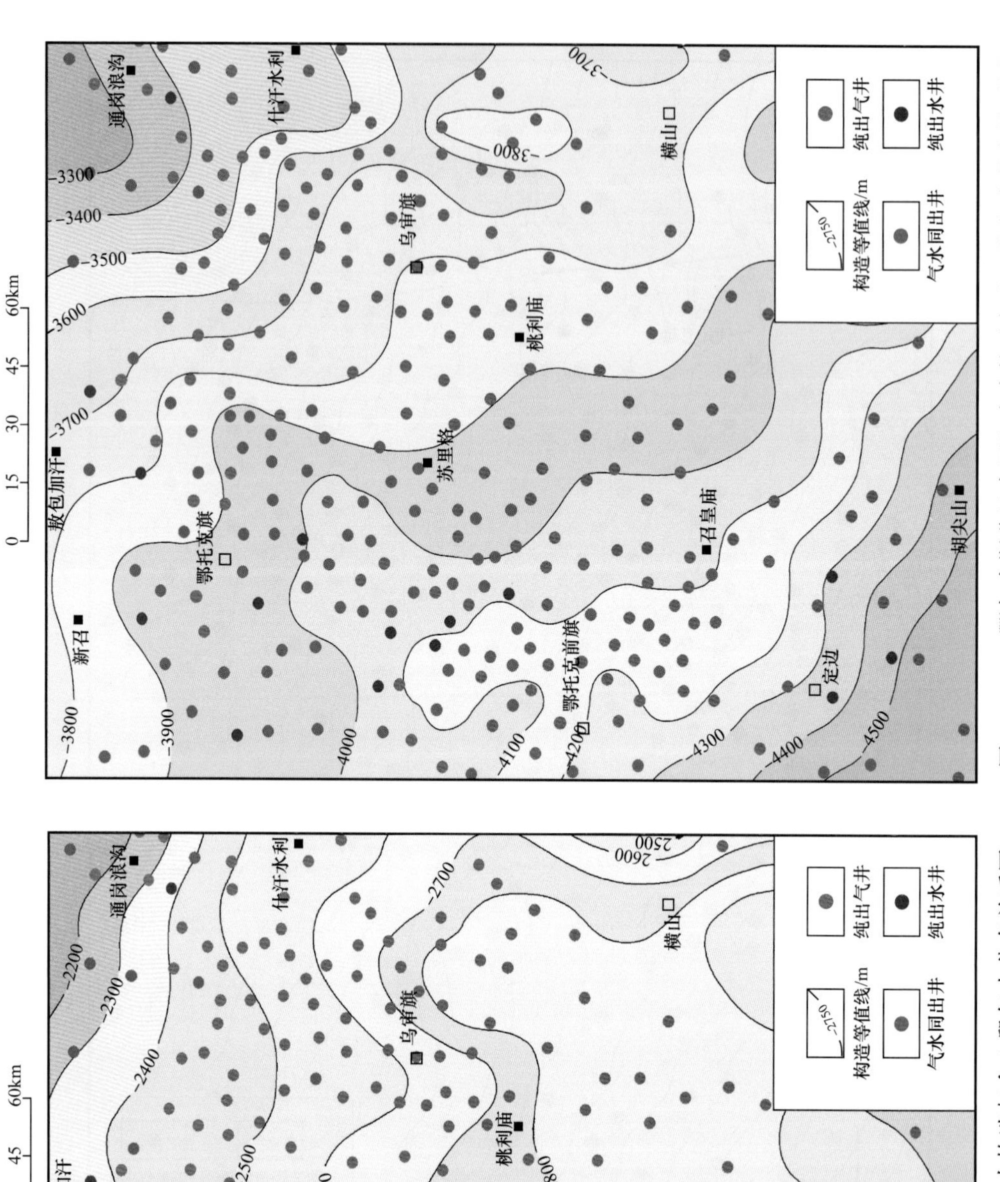

图 3-7-11 鄂尔多斯盆地侏罗纪末古构造与盒 8 段气水分布关系图

图 3-7-12 鄂尔多斯盆地白垩纪末古构造与盒 8 段气水分布关系图

综上所述，含气富集区与生烃强度、储层物性、现今区域构造、主成藏期区域构造的关系分析表明，鄂尔多斯盆地上古生界致密气含气富集主控因素为：气水分布不受区域构造控制，生烃强度控制了气藏分布的大格局，天然气充注动力、储层物性与气藏富集程度正相关。

受成藏地质条件差异的控制，在鄂尔多斯盆地上古生界致密气高生烃强度富集、相对优质储层富集的普遍规律之下，盆地东部与盆地西部致密气还具有相对鲜明的成藏富集特征（图 3-7-13）。

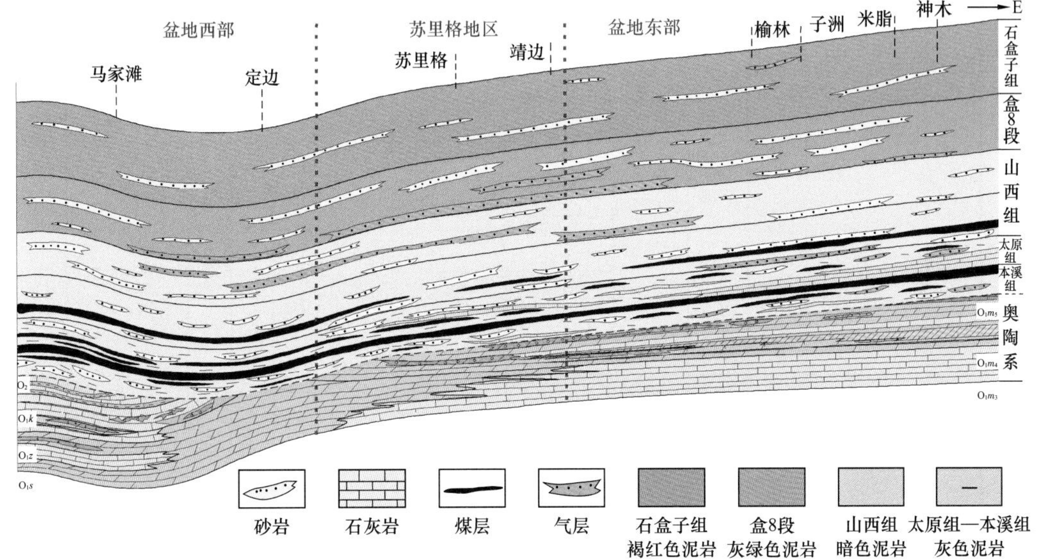

图 3-7-13　鄂尔多斯盆地东部、西部气藏分布特征示意图

三、盆地东部过饱和充注富集规律

盆地东部致密气成藏富集具多层系含气，气藏低含水饱和度等主要特征。

（一）多层系含气近源富集特征及成因机理分析

1. 多层系含气特征

受中央古隆起控制，本溪组至山西组山 2 段沉积期，海水均由盆地东部进出。相对于盆地西部，盆地东部地区沉积可容纳空间大，本溪组、太原组和山西组山 2 段较盆地西部发育。

鄂尔多斯盆地东部致密气主要分布在上古生界石炭系本溪组和二叠系太原组、山西组、石盒子组及石千峰组碎屑岩中。自下而上，发育本溪组本 1、本 2、本 3 段 3 个含气层段，太原组太 1、太 2 段两个含气层段，山西组山 1、山 2 段两个含气层段，石盒子组盒 1 段至盒 8 段 8 个含气层段，石千峰组千 1 段至千 5 段 5 个含气层段共 19 个含气层组。主力含气层段为下石盒子组盒 8 段、山西组山 1 段、山 2 段和太原组太 1 段，单井平均发育气层 5～10 段，单个气层厚 3～8m。依据源储空间配置关系，纵向上可划分为源内、近源、远源三套成藏组合，不同的成藏组合在纵向上相互叠置，形成多套含气层系。其中，源内、近源含气组合气源充足，含气饱和度高，气藏规模大；远源组合以次生气藏为主，含气规模相对较小（图 3-7-14）。

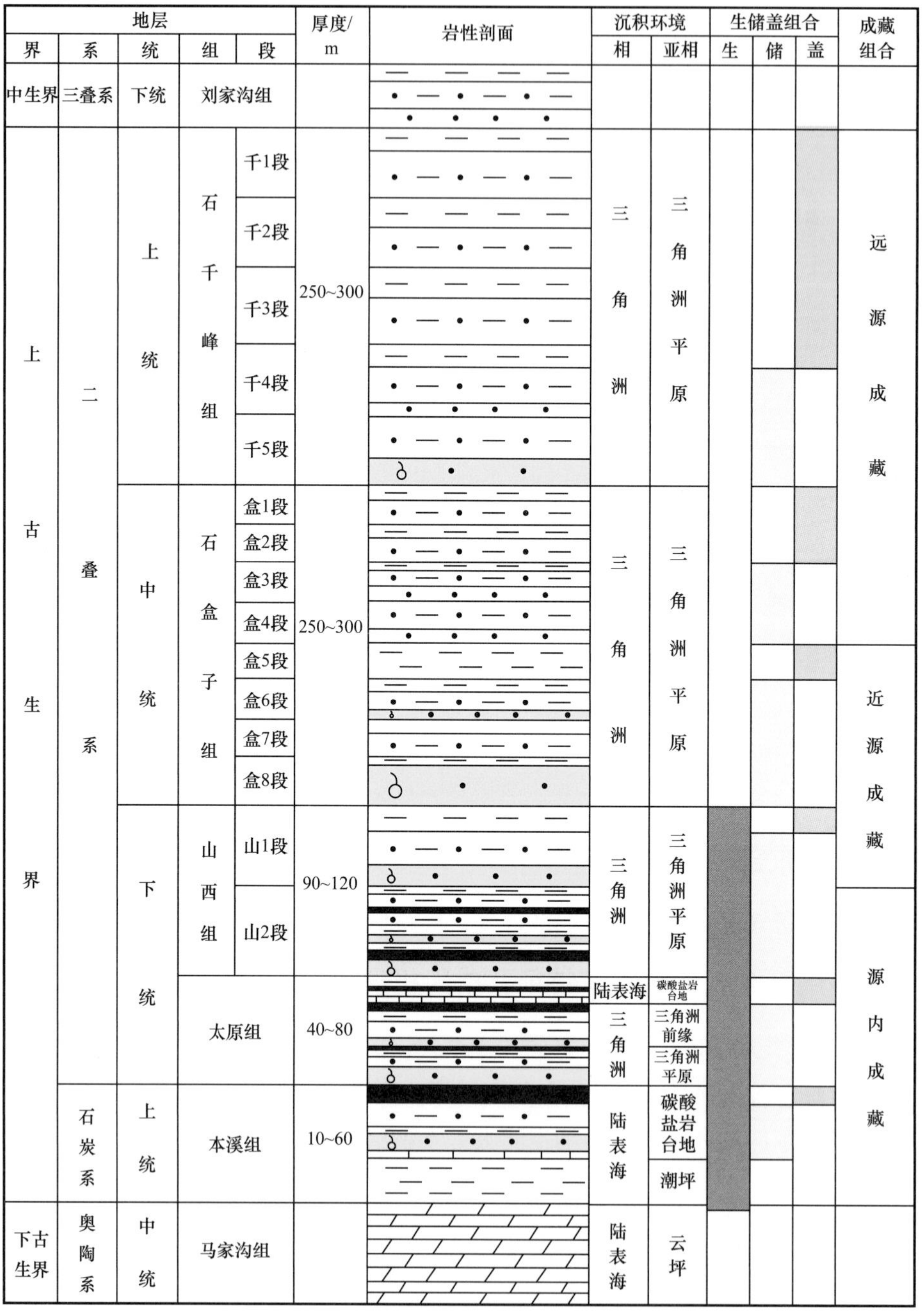

地层					厚度/m	岩性剖面	沉积环境		生储盖组合			成藏组合
界	系	统	组	段			相	亚相	生	储	盖	
中生界	三叠系	下统	刘家沟组									
上古生界	二叠系	上统	石千峰组	千1段	250~300		三角洲	三角洲平原				远源成藏
				千2段								
				千3段								
				千4段								
				千5段								
		中统	石盒子组	盒1段	250~300		三角洲	三角洲平原				
				盒2段								
				盒3段								
				盒4段								
				盒5段								近源成藏
				盒6段								
				盒7段								
				盒8段								
		下统	山西组	山1段	90~120		三角洲	三角洲平原				
				山2段								源内成藏
			太原组		40~80		陆表海	碳酸盐岩台地				
							三角洲	三角洲前缘				
								三角洲平原				
	石炭系	上统	本溪组		10~60		陆表海	碳酸盐岩台地				
								潮坪				
下古生界	奥陶系	中统	马家沟组				陆表海	云坪				

图 3-7-14　鄂尔多斯盆地上古生界致密气成藏组合关系图

2. 近源富集特征

勘探开发实践表明，盆地东部太原组—山西组山 2 段的源内气藏、山西组山 1 段—石盒子组盒 5 段近源气藏、石盒子组盒 4—盒 1 段远源气藏，含气饱和度主要分布区间分别为 43%～84%、23%～73% 和小于 57%，存在明显差异，离烃源岩越近，气藏含气饱和度越高（图 3-7-15），具有近源富集的特征。郭迎春（2016）通过统计发现鄂尔多斯盆地上古生界越靠近烃源岩的层位甲烷碳同位素越高，同一地区天然气 C_1 和 C_2 碳同位素存在近 5‰～10‰的离散，也表明天然气近源聚集。

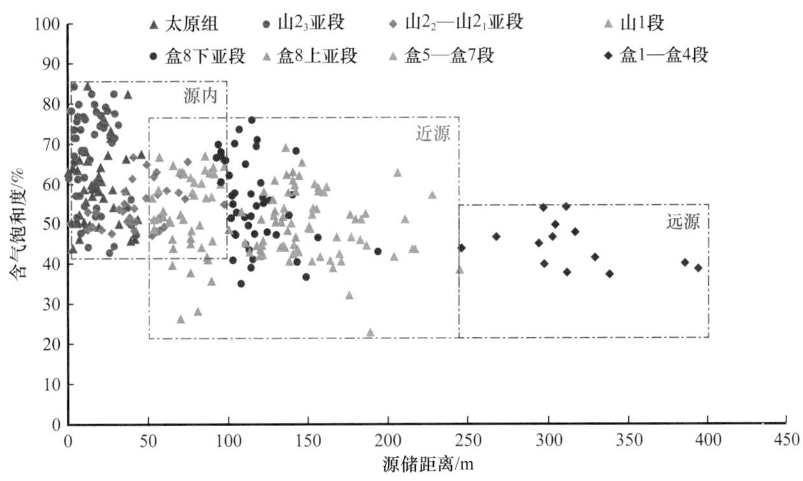

图 3-7-15 鄂尔多斯盆地东部气藏含气饱和度与源储距离关系图

3. 多层系含气近源富集成因机理

1）多套生储盖组合

沉积基底区域性、缓慢沉降，物源周期性供给及频繁的海（湖）进、退形成了多套生储盖组合。

总体来说，晚石炭世—二叠纪末期，华北地块北与西伯利亚板块、扬子板块之间的碰撞、拼合具有阶段性和周期性。阶段性和周期性碰撞，引发了碎屑物源的周期性供给。平缓沉积基底之上的物源周期性供给在纵向上形成了大面积叠合的近邻型生、储、盖组合。从晚古生代沉积演化来看，与研究区致密气生、储、盖组合相关的海（湖）平面分别有 3 次升降，沉积体系的发育与（海）湖平面的变化具有较好的对应关系。在海（湖）平面上升期，形成烃源岩和盖层，在海（湖）平面下降期形成储层（汪正江等，2002）。

碰撞期，物源区快速抬升，物源碎屑供给相对充足，海（湖）平面下降、发育三角洲体系，形成储层。平面上，多水系输砂，三角洲平原分流河道在平缓沉积基底上频繁摆动。在区域性海（湖）退大背景下，砂体向南不断快速延伸，大面积、薄层分布，形成上古生界主力含气层段。其中，太原组砂体延伸距离 150～200km，砂体宽 2～8km，厚 10～15m；山西组山 2 段砂体延伸距离 200～300km，砂体宽 5～15km，厚 10～25m；下石盒子组盒 8 段砂体延伸距离 240～350km，砂体宽 15～30km，厚 10～35m。

碰撞间歇期物源碎屑供给不足或海（湖）平面上升时，形成烃源岩及盖层。平缓沉积底形、广阔的滨岸平原及周期性的海水进（退）陆表海沉积环境为聚煤作用提供了良好的场所（汪正江等，2002）。晚石炭世，在沉积基底由南隆北倾转为北隆南倾海退过程中遗留的大范围平坦、富水的环境特别适合成煤物质繁衍及成煤沼泽扩展，在平缓的沉积底形上形成了分布广、厚度大的本溪组顶部 8 号、9 号煤层（尚冠雄等，1995）。早二叠世早期平缓的沉积底形和海水大规模进、退，使独立泥炭坪的发育波及宽广的海岸带，并与滨海平原的独立泥炭沼泽相接，独立泥炭坪成为主要成煤环境，形成大面积分布的 6 号、7 号煤层；早二叠世晚期，三角洲沼泽和独立泥炭沼泽成为主要聚煤环境，形成大面积分布的 3～50 号煤层（桑树勋等，2001）；中二叠世晚期上石盒子组沉积期湖泊扩展、冲积体系萎缩，研究区形成了一套厚度大、分布稳定、封盖能力强的滨浅湖相，泥岩累计厚度 70～120m，占上石盒子组地层厚度的 80% 以上，成为研究区致密气理想的区域盖层（汪正江等，2002；杨仁超等，2012）。

沉积基底区域性、缓慢沉降（汪泽成等，2006），平缓沉积基底之上的物源碎屑阶段性、周期性供给，在纵向上形成了多套大面积叠合的近邻型生、储、盖组合，为鄂尔多斯盆地多层系含气奠定了物质基础。

2）近源储层充注强度大

压差驱动下天然气在孔隙砂岩中的运移物理模拟实验表明，随着天然气运移距离的增加，摩擦阻力增加，要促使天然气继续运移，必然需要更高的压差，压差的增大可克服更高的毛细管阻力，促使气进入更小的孔喉，形成近注入点的气饱和度增加，即近注入端充注强度大，天然气近源富集。

（二）低含水饱和度特征及成因机理分析

1. 低含水饱和度现象

超低含水饱和度指气藏含水饱和度低于储层束缚水饱和度的现象。

1）储层的原始含水饱和度

储层原始含水饱和度可由密闭取心样品确定。盆地东部 S16 井、S60 井、M41 井 3 口密闭取心井的原始含水饱和度统计结果表明，盒 8 段储层原始含水饱和度主要分布在 40% 以下，累计频率可达 82.5%，平均含水饱和度为 30.6%；太原组储层原始含水饱和度也主要分布在 40% 以下，累计频率可达 92.5%，平均含水饱和度为 26.6%（图 3-7-16、图 3-7-17）。

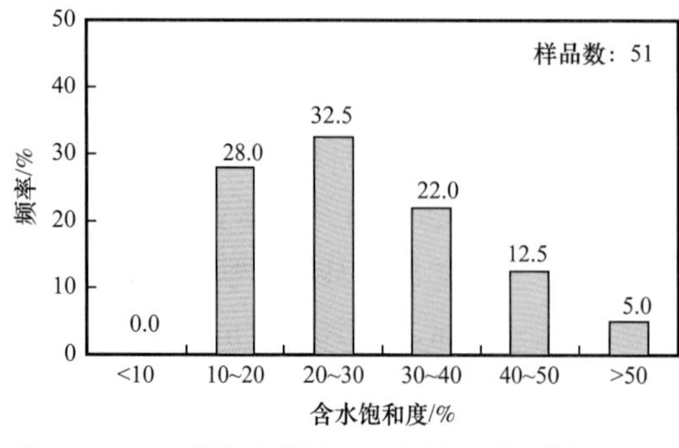

图 3-7-16　鄂尔多斯盆地东部盒 8 段原始含水饱和度分布图

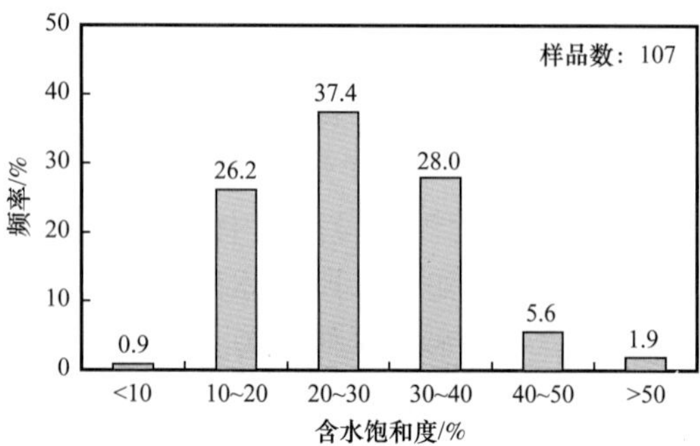

图 3-7-17　鄂尔多斯盆地东部太原组原始含水饱和度分布图

2）束缚水饱和度

束缚水饱和度可通过气水相渗和核磁共振两种分析测试获得。气水相对渗透率曲线在水相渗透率为零处对应的含水饱和度即为气水相渗束缚水饱和度。目前对于致密砂岩储层，在离心力达到300psi后，储层含水饱和度基本不再变化，300psi离心后的含水饱和度即为核磁共振束缚水饱和度。

3）储层原始含水饱和度与束缚水饱和度的比较

表3-7-2中10块密闭取心样品的原始含水饱和度均低于束缚水饱和度，原始含水饱和度比相渗法求取的低6.9%～37.0%，平均低19.7%。10块密闭取心样品实测的平均含水饱和度为18.3%，核磁共振法测试的平均束缚水饱和度为47.9%，相渗法所得的平均束缚水饱和度为38.0%。表明盆地东部上古生界发育低含水饱和度气藏。

表3-7-2 鄂尔多斯盆地东部主要层系储层束缚水饱和度与密闭取心含水饱和度关系统计表

序号	井号	深度/m	层位	物性		束缚水饱和度/%		密闭取心含水饱和度/%	$S_{wir}-S_{wi}$/%	测井解释结论
				ϕ/%	K/mD	离心法	相渗法			
1	S16	2789.87	太原组	8.2	0.459	42.35	33.68	25.14	8.5	气层
2	S16	2790.60	太原组	9.2	1.229	28.33	29.73	14.63	15.1	气层
3	S16	2791.13	太原组	8.7	1.425	30.34	35.96	17.54	18.4	气层
4	S16	2797.71	太原组	7.4	0.474	39.50	34.47	26.13	8.3	气层
5	S16	2798.39	太原组	7.2	0.417	37.45	33.46	26.52	6.9	气层
6	S60	2763.60	太原组	8.1	0.733	26.64	33.90	10.24	23.7	气层
7	M41	2458.70	盒8段	7.2	0.114	65.63	54.02	29.69	24.3	含气层
8	M41	2459.80	盒8段	9.7	0.306	70.69	44.71	10.19	34.5	气层
9	M41	2461.20	盒8段	9.2	0.457	72.09	49.58	12.59	37.0	气层
10	M41	2461.82	盒8段	9.6	0.850	65.74	30.88	10.62	20.3	气层
平均值/%				8.4	0.6	47.9	38.0	18.3	19.7	

2. 低含水饱和度成因机理

天然气高强度驱替与增温、增压作用是形成超低含水饱和度气藏的主要原因。

1）大压差充注

纵向上，超低含水饱和度现象存在于源内和近源组合中。平面上，发育于生烃强度大于$32\times10^8m^3/km^2$区域内。致密砂岩储层含水饱和度随驱替压力的增大持续降低，直至束缚水饱和度。盆地东部位于生烃中心，源内、近源源储成藏组合天然气供给充足，源储压差普遍大于5MPa，天然气驱替强度大，气藏含水饱和度已接近储层束缚水饱和度。

2）高温天然气充注。

天然气携水能力随温度升高而增强。1.013MPa 和 15.6℃时的携水能力仅为 14.0g/m³，27.57MPa 和 100℃时天然气的蒸发和携水能力为 1136.7g/m³，随着温度压力的增大，天然气的携水能力显著增加（表 3-7-3）。

表 3-7-3　不同温度条件下天然气携水的能力　（单位：g/m³）

温度 /℃	压力 /MPa			
	1.013	1.380	10.34	27.57
15.6	14.0	16.3	23.5	46.2
40	51.5	56.3	84.6	25.4
60	139.2	141.6	194.4	282.0
80	328.0	310.8	400.3	578.2
100	539.0	609.0	789.0	1136.7

流体包裹体分析表明，盆地东部上古生界发生过两期天然气充注（图 3-7-18）。第一期充注储层流体包裹体均一温度为 105～120℃，包裹体形成古压力为 20～28MPa；第二期充注储层流体包裹体均一温度为 135～160℃，包裹体形成古压力为 50～60MPa。第二期充注的温度、压力明显高于第一期。将两期充注成藏期的温度、压力投影至不同温压条件下天然气饱和水蒸气含量图版上发现，第一充注期天然气携水量为 5000～7000g/km³，在第二充注期天然气携水量为 10000～12000g/km³，第二期充注的天然气携水量是第一期充注的天然气携水量的近 2 倍，表明随着温度压力的增大，气藏中束缚水被蒸发汽化，高温天然气将束缚水汽化携出储层，形成低含水饱和度气藏。

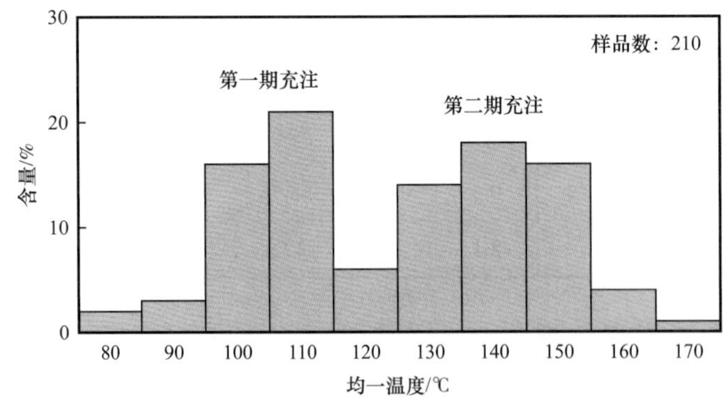

图 3-7-18　鄂尔多斯盆地东部盒 8 段储层流体包裹体均一温度分布图

3）干气的充注

煤层工业分析的水分含量是煤层的内在水分，内在水分是指吸附或凝聚在煤颗粒内部毛细孔中的水。通过统计鄂尔多斯盆地东部煤层工业分析水分含量与有机质成熟度（R_o）关系发现，在 R_o 大于 1.2% 时，煤中水分含量明显降低（表 3-7-4），表明高热演化阶段的烃源岩生成的天然气饱和水蒸气含量少，随着干气持续注入储层，将部分束缚水蒸发迁移，形成低含水饱和度气藏。

表 3-7-4　鄂尔多斯盆地东部煤层工业分析水分含量与 R_o 关系表

地区	煤层号	R_o/%	水分 /%
府谷风场沟	5	0.62	3.31
府谷五一	8	0.7	2.66
府谷五一	5	0.72	4.27
吴堡麻塔则	3	1.2～1.4	0.77
韩城下峪口	5	1.62	0.72
韩城下峪口	8	1.66	0.66
韩城下峪口	5	1.67	0.58
韩城象山	5	1.96	0.98

3. 超低含水饱和度气藏的形成过程

超低含水饱和度气藏的形成过程可分为可动毛细管水驱替阶段和束缚水蒸发汽化阶段。在可动毛细管水驱替阶段，R_o 大于 1.3%，烃源岩大量生烃，天然气持续充注，驱替可动毛细管水，储层含气饱和度不断增大，该阶段气藏含水饱和度不低于储层束缚水饱和度；在束缚水蒸发汽化阶段，随着后期高温天然气的充注，束缚水蒸发汽化由天然气携出，储层束缚水饱和度进一步降低，形成超低含水饱和度气藏（图 3-7-19）。

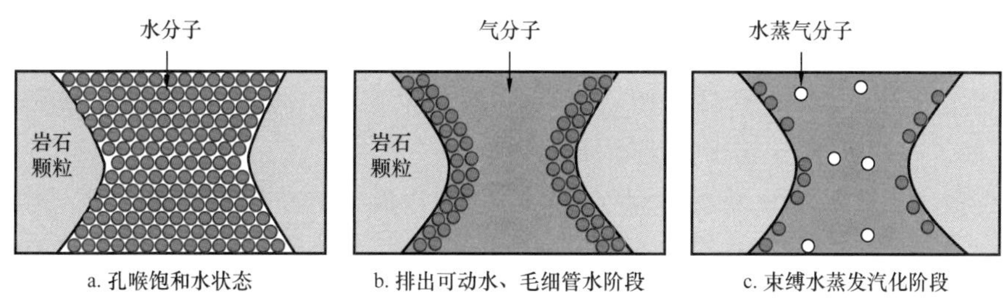

图 3-7-19　超低含水饱和度气藏的形成过程示意图

4. 低含水饱和度的地质意义

低含水饱和度的地质意义主要有两个方面。其一，超低含水饱和度气藏含气饱和度高，增加了致密气资源量。低含水饱和度现象的存在，增大了盆地东部致密气的含气饱和度，相对于正常含水饱和度的致密气藏，资源量更大。由储层束缚水饱和度与气藏含水饱和度间的差值部分引发的水锁伤害，不能用压差驱替的方式解除，这部分水锁伤害称为永久性水锁伤害。其二，低含水饱和度气藏易形成储层水锁伤害。水锁伤害指外来水体进入储层，导致储层气相渗透率降低的现象。只要进入储层的水相流体超过储层水相流体的原始饱和度，就会引发储层水锁伤害。

四、盆地西部改造型致密气富集规律

（一）相对单一层系含气、气水关系复杂

受中央古隆起控制，本溪组至山西组山 2 段沉积期，海水进、退均由盆地东部进出。相对于盆地东部，盆地西部地区本溪组、太原组和山西组山 2 不发育。地层、煤岩、砂岩储层平均厚度分别比盆地东部地区薄 50m、8.1m、12.2m，烃源岩、储层厚度均存在明显差异（图 3-7-20）。

受成藏地质条件控制，盆地西部致密气主力含气层段为山西组山 1 段和石盒子组盒 8 段，苏里格西部及北部产气井与出水井交互分布，气水关系复杂。

盆地西部盒 8、山 1 段储层岩石类型以石英砂岩、岩屑石英砂岩为主，储层成岩过程中抗压实能力强，孔隙流体交替相对容易，次生溶蚀孔隙更为发育，物性整体好于盆地东部盒 8、山 1 段。在压差充注一次成藏结束后的气藏保存过程中，在区域构造作用下地层坡度变大、裂缝更加发育，充注动力（压差）、浮力与毛细管阻力形成平衡状态被打破，水发生分异，天然气在浮力作用下向构造高点进一步富集，构造高部位天然气相对富集，低部位富水，形成“改造型”致密气藏，气藏发生调整，表现出改造型气藏的特征。天环坳陷地区改造型气藏最为发育。

（二）改造型致密气富集机理分析

天环坳陷北部地区烃源岩主要为上古生界煤层和暗色泥岩。煤层主要发育在石炭系羊虎沟组及二叠系太原组和山西组山 2 段。其中羊虎沟组和太原组煤层形成于滨海沼泽或潟湖环境，山 2 段煤层主要形成于湿地沼泽沉积环境。煤层厚度 1～5m，平均 3.1m，羊虎沟组至山西组暗色泥岩厚度 30～60m，平均厚 46.7m，整体上北薄南厚。利用煤层和暗色泥岩厚度、成熟度、生烃转化率及埋藏史等资料，计算得出天环坳陷地区上古生界煤系烃源岩生烃强度主要介于 10×10^8～$20\times10^8m^3/km^2$ 之间，明显低于盆地中东部地区的 24×10^8～$40\times10^8m^3/km^2$，属于低生烃强度区。

燕山早期（早侏罗世—中侏罗世）是盆地西缘六盘山逆冲带的主变形期。南北向挤压较强，盆地西部、西南发生构造热事件。晚三叠世晚期—早侏罗世贺兰山汝箕沟鼓鼓台—二道岭一带厚层块状玄武岩的形成标志着研究区构造热事件的开始（刘池洋，2006）。随着温度的进一步上升，烃源岩快速成熟，天然气在源储压差作用下开始向岩性圈闭中大量充注。以盒 8 段储层为例，喉道中值半径 0.05～0.65μm 对应毛细管阻力为 0.15～2.0MPa，平缓构造背景下，天然气浮力（0.08～0.28MPa）难以克服孔隙水的毛细管阻力。同时由于生烃强度较低，天然气充注强度不足，对地层水驱替不彻底，储层多为气、水混储状态，仅在部分相对优质储层区形成天然气相对富集区。

晚侏罗世中晚期天环坳陷开始出现雏形（高山林等，2000），受西缘逆冲作用，天环地区形成大型构造—岩性圈闭。白垩纪末期（燕山运动最后一幕）盆地西缘再次强烈活动，在近东西向的挤压之下，引发了华北地块西缘断裂带发生强烈的逆冲推覆构造运动，褶皱进一步加强和定型（聂宗笙，1985；高山林等，2000）。天环坳陷北段受此影响，原

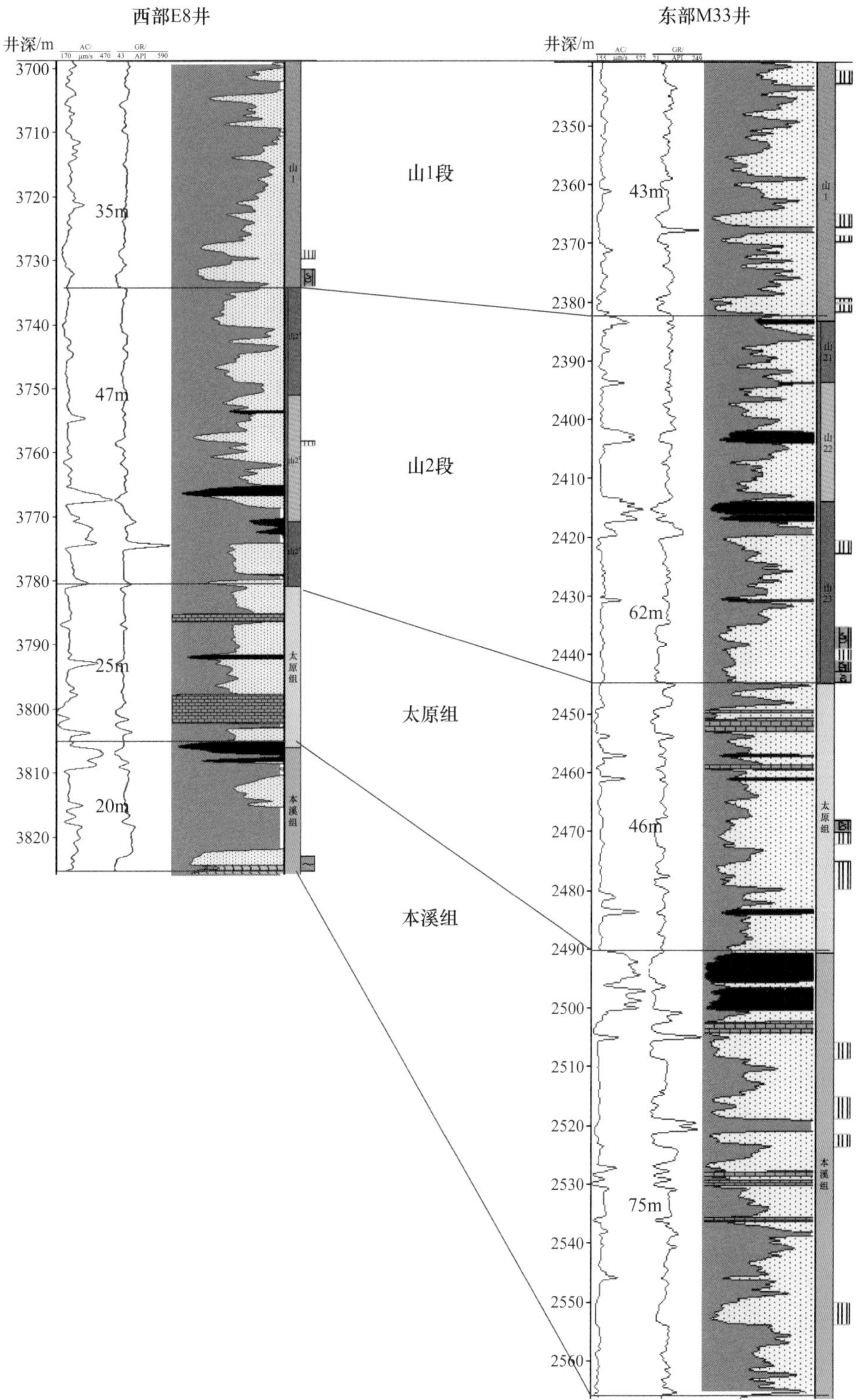

图 3-7-20　鄂尔多斯盆地东、西部上古生界地层厚度及岩性组合对比图

有气水平衡关系被打破，在物性较好的局部构造高点，气、水发生分异，形成“改造型”致密气藏。

从区域构造看，天环坳陷西翼临近西缘冲断带，构造坡度大，加之盒8段砂体展布方向为北西—南东向，在浮力作用下天然气在孔缝复合输导体系中发生阶梯式较长距离的二次运移，天然气向构造高点富集，原有气、水关系重新调整。勘探实践也表明，天环坳陷西翼气藏整体含气饱和度大，以纯气井为主，东翼构造低缓，储层裂缝相对不发育，以气、水同出井居多。从局部构造看，天环坳陷“坳中隆”控制了气、水分布格局，低幅度构造高点控制了含气富集区。在鼻状构造的翼部，地层倾角比正常情况下增大3°～5°，天然气浮力作用强，鼻状构造多为含气富集甜点。

L55井盒8段含气水层段发育大量的含饱和烃、CH_4组分的包裹体，表明地质历史时期该段曾发生天然气有效充注，形成气层，后期发生调整运移，现今为含气水层。S120-47-94井盒8段密闭取心物性分析表明（图3-7-21），相对优质储层段（ϕ为5.4%～16.5%，平均为12.8%，K为0.15～4.83mD，平均为1.10mD）平均含气饱和度为34.6%，比低孔渗段（ϕ平均值为5.8%，K平均值为0.15mD）的平均含气饱和度40.4%低，也表明上部高孔渗段的天然气发生了运移调整。

（三）改造型致密气成藏模式

晚石炭世至早二叠世山2段沉积期，受中央古隆起西侧斜坡区沉积底形的控制，天环坳陷北段羊虎沟组至山2段厚度比盆地东部整体薄40m左右，上古生界煤层、暗色泥岩厚度较薄，生烃强度介于10×10^8～$20\times10^8m^3/km^2$之间，属低生烃强度区。

燕山早期（早侏罗世—中侏罗世），在盆地西部、西南热事件作用下烃源岩开始快速成熟，天然气大量生成开始向岩性圈闭中大量充注。由于生烃量不足，充注动力偏小，储层中地层水驱替不彻底，束缚水含量高，气水混储。

晚侏罗世中晚期在西缘逆冲作用下构造—岩性圈闭形成，白垩纪末期西缘再次强烈活动，褶皱进一步加强和定型。在多期构造活动影响下，地层倾角进一步变大，储层裂缝更加密集，相对优质储层区源储压差充注形成的气水混储状态在浮力作用下发生分异，天然气向局部构造高部位运移，在一定范围内形成汇聚。天环坳陷西翼地区由欠充注形成的气水混储状态调整为局部构造高点天然气富集、低部位含水增加的格局。天环坳陷东翼储层相对致密且地层低缓基本未发生调整，仍保持相对均一的低含气饱和度状态。

低生烃强度气水关系复杂区成藏模式可概括为：源储压差作用下天然气欠充注形成的低饱和度原生岩性气藏，经后期改造调整形成“构造—岩性”复合气藏。气水混储的低饱和度气藏在浮力作用下进一步分异，天然气向局部构造高点汇聚形成富集，构造幅度较大的地区气水分异更彻底，天然气富集程度更高。成藏模式如图3-7-22所示。

天环坳陷北段储层相对致密储层区天然气虽未向构造高部位运移调整，但其含气饱和度较低，在当前技术条件下经济有效勘探开发难度大，故相对优质储层区局部构造高部位是低生烃强度区天然气勘探首选有利目标。

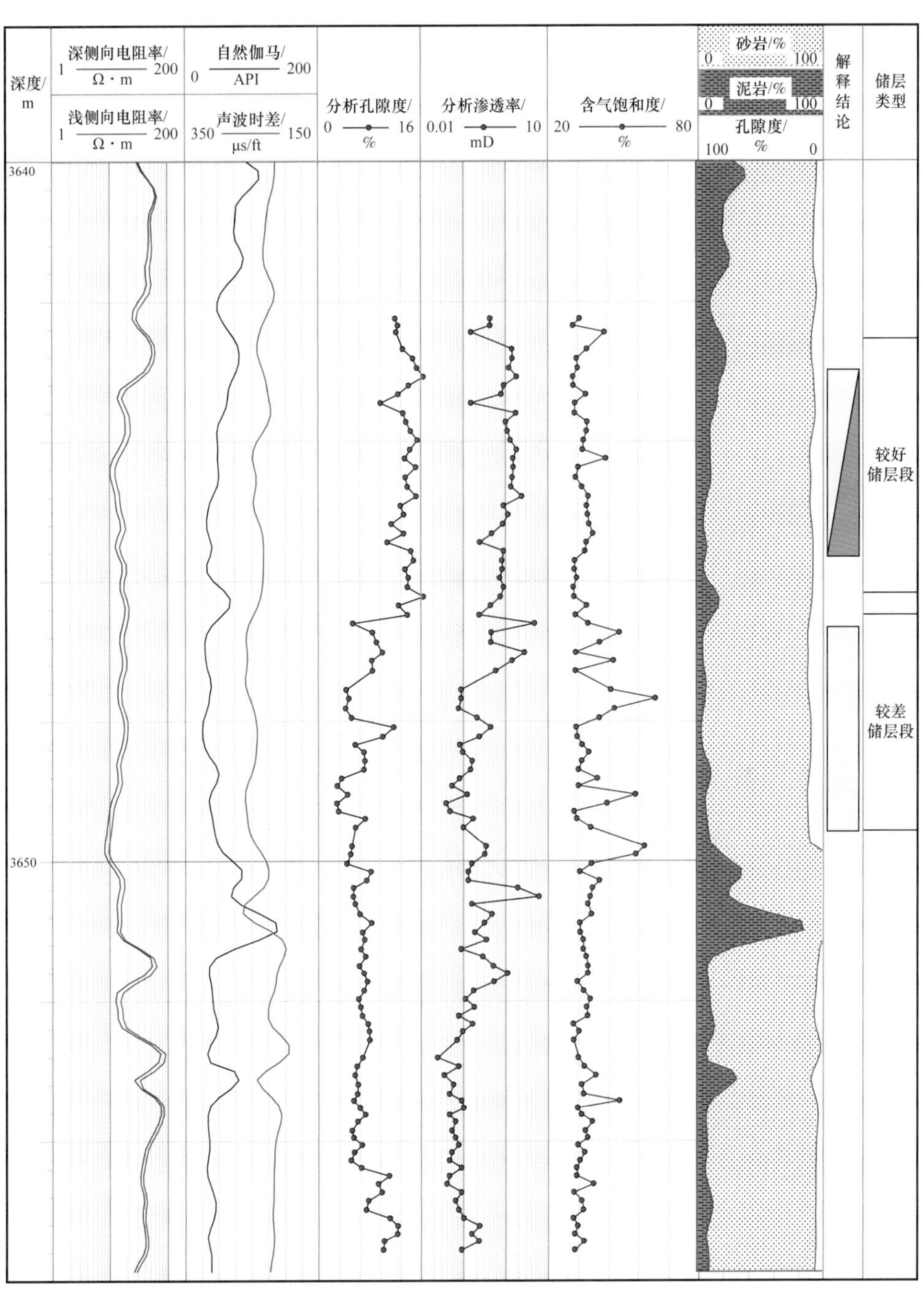

图 3-7-21　鄂尔多斯盆地西部 S120-49-74 井盒 8 段储层物性与含气饱和度关系

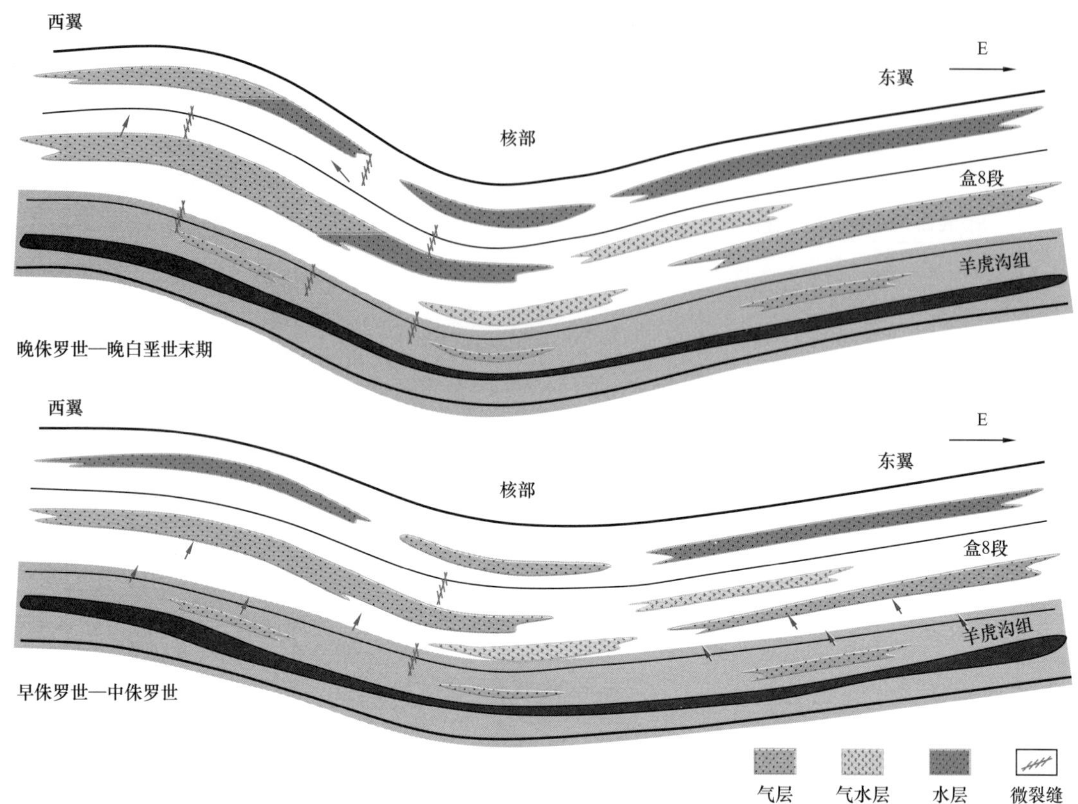

图 3-7-22　天环坳陷北段致密气成藏示意模式

五、盆地西部与盆地东部天然气成藏特征对比

与盆地东部盒 8 段致密气成藏特征相对比，盆地西部天环坳陷北段低生烃强度区天然气的成藏富集特征鲜明（表 3-7-5）。盆地东部主体位于上古生界生烃中心，生烃强度高（28×10^8～$40\times10^8\mathrm{m^3/km^2}$）；试气不出水，气藏含气饱和度为 40%～90%，部分地区低于束缚水饱和度，表现出天然气充分充注的特征；储层较天环坳陷北段致密，孔隙度为 3%～8%，渗透率为 0.3～0.6mD，后期构造活动较弱，天然气成藏主要为源储压差一次性充注成藏，后期改造浮力调整作用不明显。

表 3-7-5　盆地西部与盆地东部盒 8 段气藏成藏地质条件及特征对比

对比指标		盆地东部	天环坳陷北段
生烃特征	煤层厚度 /m	12～20，平均 14.7	1～5，平均 3.1
	暗色泥岩厚度 /m	30～70，平均 50.5	25～70，平均 44.5
	热演化程度 /%	1.4～2.2	1.2～2.2
	生烃强度 /（$10^8\mathrm{m^3/km^2}$）	28～40	10～20

续表

对比指标		盆地东部	天环坳陷北段
储层特征	岩性	岩屑石英砂岩、岩屑砂岩	石英砂岩
	渗透率 /mD	0.3～0.6	0.5～1.0
	喉道中值半径 /μm	0.22	0.46
构造特征	构造区带及地层坡度	伊陕斜坡，坡度 1°～2°	天环坳陷，西翼 2°～5°、东翼 2°～3°
	裂缝发育特征	裂缝不发育	裂缝较发育
成藏特征	成藏过程	压差充注，一次成藏，形成岩性气藏	浮力在压差充注基础上二次调整，气水发生分异，形成构造—岩性气藏
	气藏含气饱和度	天然气藏过充注，气藏含气饱和度 40%～90%，地层水以束缚水为主	天然气藏欠充注，气藏含气饱和度 30%～75%，地层水中自由水比例较高

参考文献

陈孟晋，刘锐娥，孙粉锦，等,2002. 鄂尔多斯盆地西北部上古生界碎屑岩储层的孔隙结构特征初探［J］. 沉积学报，20（4）：639–643.

陈全红，李文厚，胡孝林，等，2012. 鄂尔多斯盆地晚古生代沉积岩源区构造背景及物源分析［J］. 地质学报，86（7），1150–1161.

戴金星，1992. 各类天然气的成因鉴别［J］. 中国海上油气（地质）（1）：11–19.

戴金星，戴春森，宋岩，1994. 中国一些地区温泉中天然气的地球化学特征及碳、氦同位素组成［J］. 中国科学（B 辑），24（4）：426–433.

戴金星，李剑，罗霞，2005. 鄂尔多斯盆地大气田的烷烃气碳同位素组成特征及其气源对比［J］. 石油学报，26（1）：18–25.

戴金星，倪云燕，胡国艺，等,2014. 中国致密砂岩大气田的稳定碳氢同位素组成特征［J］. 中国科学（地球科学），44（4）：563–578.

冯乔，马硕鹏，樊爱萍，2006. 鄂尔多斯盆地上古生界储层流体包裹体特征及其地质意义［J］. 石油与天然气地质，27（1）：27–32.

付金华，魏新善，南珺祥，等，2013. 鄂尔多斯盆地上古生界致密砂岩气田储集层特征与成因［J］. 岩性油气藏，15（4）：529–538.

付少英，彭平安，刘金钟，等，2002. 鄂尔多斯盆地上古生界煤的生烃动力学研究［J］. 中国科学（D 辑：地球科学），10：812–818.

付锁堂，石小虎，南珺祥，2010. 鄂尔多斯盆地东北部上古生界太原组及下石盒子组碎屑岩储集层特征［J］. 古地理学报，12（5）：609–617.

傅献彩，沈文霞，等，1991. 物理化学［M］. 北京：高等教育出版社.

高山林，韩庆军，杨华，等，2000. 鄂尔多斯盆地燕山运动及其与油气关系［J］. 长春科技大学学报，30（2）：353–358.

郭英海，刘焕杰，2000. 陕甘宁地区晚古生代沉积体系［J］. 古地理学报，2（1）：19–29.

郭迎春，宋岩，庞雄奇，等，2016. 连续型致密砂岩气近源累计聚集的特征及成因机制［J］. 地球科学，41（3）：433-440.

韩吟文，马振东，张宏飞，等，2003. 地球化学［M］. 北京：地质出版社.

郝蜀民，陈召佑，李良，2011. 鄂尔多斯大牛地气田致密砂岩气成藏理论与勘探实践［M］. 北京：石油工业出版社.

侯光才，苏小四，林学钰，等，2007. 鄂尔多斯白垩系地下水盆地天然水体环境同位素组成及其水循环意义［J］. 吉林大学学报（地球科学版），37（2）：255-360.

侯云东，陈安清，赵伟波，等，2018. 鄂尔多斯盆地本溪组潮汐—三角洲复合砂体沉积环境［J］. 成都理工大学学报（自然科学版），45（4）：393-400.

黄文魁，2019. 库车坳陷生烃动力学和地球化学特征研究［D］. 北京：中科院博士毕业论文.

李剑锋，2005. 鄂尔多斯盆地两缘古生界烃源岩生烃潜力及油气地球化学特征研究［J］. 西安：西北大学.

李明诚，2002. 对油气运聚研究中一些概念的再思考［J］. 石油勘探与开发，19（2）：13-4-19.

李文厚，张倩，陈强，等，2021. 鄂尔多斯盆地及周缘地区晚古生代沉积演化［J］. 古地理学报，23（1）：39-52.

李武广，杨胜来，徐晶，等，2012. 考虑地层温度和压力的页岩吸附气含量计算新模型［J］. 天然气地球科学，23（4）：792-796.

李新景，胡素云，程克明，2007. 北美裂缝性页岩气勘探开发的启示［J］. 石油勘探与开发，34（4）：392-400.

林晓英，曾溅辉，杨海军，等，2012. 塔里木盆地哈得逊油田石炭系地层水化学特征及成因［J］. 现代地质，26（2）：73-81.

刘德汉，卢焕章，肖贤明，2007. 油气包裹体及其在石油勘探和开发中的应用［M］. 广州：广东科技出版社.

刘金库，彭军，刘建军，等，2009. 绿泥石环边胶结物对致密砂岩孔隙的保存机制［J］. 石油与天然气地质，（1）：53-58.

刘全有，刘文汇，徐永昌，等，2007. 苏里格气田天然气运移和气源分析［J］. 天然气地球科学，18（5）：697-703.

刘锐娥，肖红平，范立勇，等，2013. 鄂尔多斯盆地二叠系“洪水成因型”辫状河三角洲沉积模式［J］. 石油学报，34（1）：120-128.

刘文汇，孙明良，徐永昌，2001. 鄂尔多斯盆地天然气稀有气体同位素特征及气源示踪［J］. 科学通报，46（22）：1902-1905.

刘新社，2005. 鄂尔多斯盆地上古生界盆地分析模拟［D］. 西安：西北大学.

刘新社，周立发，侯云东，2007. 运用流体包裹体研究鄂尔多斯盆地上古生界天然气成藏［J］. 石油学报，28（6）：37-42.

米敬奎，肖贤明，刘德汉，等，2003. 利用包裹体信息研究鄂尔多斯盆地上古生界深盆气的运移规律［J］. 石油学报，24（5）：46-51.

聂海宽，张金川，2012. 页岩气聚集条件及含气量计算——以四川盆地及其周缘下古生界为例［J］. 地质学报，86（2），349-361.

聂宗笙，1985. 华北地区的燕山运动［J］. 地质科学（4）：320-333.

欧成华，李士伦，易敏，等，2002. 高温高压下多种气体在储层岩芯中吸附等温线的测定［J］. 石油学报，23（1）：72-76.

秦建中，刘宝泉，2003. 成煤环境不同类型烃源岩生排烃模式研究［J］. 石油实验地质，25（6）：758-764.

邱楠生，2000. 不同类型沉积盆地热演化成因探讨［J］. 石油勘探与开发，27（2）：15-17.

任战利，1999. 中国北方沉积盆地构造热演化史研究［M］. 北京：石油工业出版社.

任战利，于强，崔军平，等，2017. 鄂尔多斯盆地热演化史及其对油气的控制作用［J］. 地学前缘，24（3）：137-148.

任战利，张盛，高胜利，等，2006. 鄂尔多斯盆地热演化程度异常分布区及形成时期探讨［J］. 地质学报，80（5）：674-684.

桑树勋，陈世悦，刘焕杰，2001. 华北晚古生代成煤环境与成煤模式多样性研究［J］. 地质科学，36（2）：212-221.

尚冠雄，1995. 华北晚古生代聚煤盆地造盆构造述略［J］. 中国煤田地质，7（2）：1-6.

沈平，徐永昌，1998. 石油碳、氢同位素组成的研究［J］. 沉积学报，16（4）：124-127.

田景春，张兴良，王峰，等，2013. 鄂尔多斯盆地高桥地区上古生界储集砂体叠置关系及分布定量刻画［J］. 石油与天然气地质，34（6）：737-815.

汪泽成，陈孟晋，王震，等，2006. 鄂尔多斯盆地上古生界克拉通坳陷盆地煤成气成藏机制［J］. 石油学报，27（1）：8-12.

汪正江，陈洪德，张锦泉，2002. 鄂尔多斯盆地晚古生代沉积体系演化与煤成气藏［J］. 沉积与特提斯地质，22（2）：18-24.

王飞宇，何萍，张水昌，等，1997. 利用自生伊利石 K-Ar 定年分析烃类进入储集层的时间［J］. 地质论评，43（5）：540-546.

王龙樟，戴橦谟，彭平安，2005. 自生伊利石 $^{40}Ar/^{39}Ar$ 法定年技术及气藏成藏期的确定［J］. 地球科学，30（1）：78-82.

维索茨基，1986. 天然气地质学［M］. 戴金星，吴少华，郑汉璇，等译. 北京：石油工业出版社.

魏新善，王飞雁，王怀厂，等，2005. 鄂尔多斯盆地东部二叠系太原组灰岩储层特征［J］. 天然气工业，25（4）：16-18.

吴昌华，孙敏，李惠民，等，2006. 乌拉山—集宁孔兹岩锆石激光探针等离子质谱（LA-ICP-MS）年龄——孔兹岩沉积时限的年代学研究［J］. 岩石学报，22（11）：2639-2652.

吴胜和，2010. 储层表征与建模［M］. 北京：石油工业出版社.

席胜利，李文厚，刘新社，等，2009. 鄂尔多斯盆地神木地区下二叠统太原组浅水三角洲沉积特征［J］. 古地理学报，11（2）：187-194.

席胜利，王怀厂，秦伯平，等，2002. 鄂尔多斯盆地北部山西组、下石盒子组物源分析［J］. 天然气工业，22（2）：21-24.

熊亮，康保平，史洪亮，等，2011. 川西大邑气藏气田水化学特征及其动态运移［J］. 西南石油学报（自然科学版），33（5）：84-89.

徐永昌，1997. 天然气中氦同位素分布及构造环境［J］. 地学前缘，4（3）：185-193.

徐永昌，王先彬，吴仁铭，1979. 天然气中稀有气体同位素［J］. 地球化学，4：471-478.

杨华，魏新善，2007. 鄂尔多斯盆地苏里格地区天然气勘探新进展［J］. 天然气工业，27（12）：6-11.

杨建，康毅力，桑宇，等，2009. 致密砂岩天然气扩散能力研究［J］. 西南石油大学学报（自然科学版），31（6）：77-79.

杨遂正，金文化，李振宏，2006. 鄂尔多斯多旋回叠合盆地形成与演化［J］. 天然气地球科学，17（4）：

494–498.

杨郧城，文冬光，侯光才，等，2007. 鄂尔多斯白垩系自流水盆地地下水锶同位素及其水文学意义［J］. 地质学报，81（3）：405–412.

姚泾利，刘晓鹏，赵会涛，等，2019. 鄂尔多斯盆地盒 8 段致密砂岩气藏储层特征及地质工程一体化对策［J］. 中国石油勘探，24（2）：186–194.

张福东，李君，魏国齐，等，2018. 低生烃强度区致密砂岩气形成机制——以鄂尔多斯盆地天环坳陷北段上古生界为例［J］. 石油勘探与开发，45（1）：73–81.

张浩，康毅力，陈一健，等，2005. 致密砂岩气藏超低含水饱和度形成地质过程及实验模拟研究［J］. 天然气地球科学，16（2）：187–189.

张泓，沈光隆，何宗莲，等，1999. 华北板块晚古生代古气候变化对聚煤作用的控制［J］. 地质学报，73（2）：131–138.

张文正，刘桂霞，陈安定，等，1987. 煤成气地质研究［M］. 北京：石油工业出版社.

张玉清，王弢，等，2003. 内蒙古中部大青山北西乌兰不浪紫苏斜长麻粒岩锆石 U—Pb 年龄［J］. 中国地质，30（4）：394–399.

赵会涛，王怀厂，刘健，等，2014. 鄂尔多斯盆地东部地区盒 8 段致密砂岩气低产原因分析［J］. 岩性油气藏，26（5）：75–90.

赵靖舟，2002. 油气成藏年代学研究进展及发展趋势［J］. 地球科学进展，17（3）：378–383.

赵文智，汪泽成，陈孟晋，等，2005. 鄂尔多斯盆地上古生界天然气优质储层形成机理探讨［J］. 地质学报，79（6）：833.

赵文智，汪泽成，朱怡翔，等，2005. 鄂尔多斯盆地苏里格气田低效气藏的形成机理［J］. 石油学报，26（5）：5–9.

郑松，陶伟，袁玉松，等，2009. 鄂尔多斯盆地上古生界气源灶评价［J］. 天然气地球科学，18：440–443.

钟宁宁，陈恭洋，2002. 煤系气油比控制因素及其与大中型气田［M］. 北京：石油工业出版社.

钟宁宁，陈恭洋，2009. 中国主要煤系倾气倾油性主控因素［J］. 石油勘探与开发，36（3）：331–337.

Beard D C，Weyl P K，1973. Influence of texture on porosity and permeability of unconsolidated sand［J］. AAPG Bulletin，57（2）：349–369.

Behar F，Kressmann S，Rudkiewicz L，1997. Thermal cracking of kerogen in open and closed systems：determination of kinetic parameters and stoichiometric coefficients for oil and gas generation［J］. Organic Geochemistry，26：321–339.

Behar F，Vandenbroucke M，Tang Y C，1992. Experimental simulation in a confined system and kinetics modelling of kerogen and oil cracking［J］. Organic Geochemistry，19：173–4–189.

Chaudhuri S，Srodoń J，Clauer N，1999. K–Ar dating of illitic fractions of Estonian “blue clay” treaded with alkylammoniumcations［J］. Clays and Clay Mineral. 47（1）：96–102.

Dong H，Hall C M，Halliday A N，et al.，1997. Laser ^{40}Ar–^{39}Ar dating of microgram–size illite samples and implications for thin section dating［J］. Geochimi.Cosmochimi.，61（18）：3803–4–3808.

Dong H，Hall C M，Peacor D R，et al.，2000. Thermal ^{40}Ar/ ^{39}Ar seperation of diagenetic from detrital illitic clays in Gulf coast shales［J］. Earth Plan. Sci . Lett.，175：309–325.

Dyrkacz G R，Horwitz E P，1982. Separation of coal macerals［J］. Fuel，61：3–12.

Dyrkacz G R，Ruscic L，1992. An investigation into the process of centrifugal sink float separation of micronized coals. 2. Multiple fractionation of single coal samples [J]. Energy Fuels, 6: 743–52.

Golyshev S I, Verkhovskaya N A, Burkova V N, et al., 1991. Stable carbon isotopes in source—bed organic matter of West and East Siberia [J]. Org Geochem, 14 : 277−291.

Hamilton P J, Kelley S, Fallick A E, 1989. K−Ar dating of illite in hydrocarbon reservoirs [J]. Clay Minera, 24: 215−231.

Hogg A J C, Hamilton P J, Macintyre R M, 1993. Mapping diagenetic fluid flow within a reservoir: K−Ar dating in Alwyn area [J]. Marine and Petroleum Geology, 10: 279−294.

Karlsen D A, Nedkvitne T, Larter S R, et al., 1993. Hydrocarbon composition of autogenic inclusions: application to elucidation of petroleum reservoir filling history [J]. Geochimi.Cosmochimi Acta, 57: 3641−3659.

Lee M, Aronson J L, Savin S M, 1989 .Timing and conditions of Permian Rotliegende sandstone diagenes in southern North Sea: K−Ar and oxygen is otopic data [J]. Bull. Am. As soc. Petrol. Geol., 73: 195−215.

Lee M, Aronson J L, Savin S M, 1985. K−Ar dating of time of gas emplacement in Rotliegendes sandstone, Netherlands [J]. AAPG Bulletin, 69: 1381−1385.

Lewan M D, 1993. Laboratory simulation of petroleum formation: hydrous pyrolysisin.M.H.Engel and S.A.Macko eds [J]. Organic Geochemistry: New York.Plenum Press, 45: 419−442.

Liu J L, Liu K Y, Liu C, 2019. Quantitative evaluation of gas generation from the Upper Paleozoic coal, mudstone and limestone source rocks in the Ordos Basin, China [J]. Asian Earth Sci, 178: 224–241.

Mahlstedt N, Horsfield B, 2012. Metagenetic methane generation in gas shales I. Screening protocols using immature samples [J]. Marine and Petroleum Geology, 31: 27–42.

Mclimans R K, 1987. The application of fluid inclusions to migration of oil and diagenesis in petroleum reservoirs [J]. Applied Geochemistry, 2 (5): 585–603.

Rubey W K, and Hubbert M K, 1959, Role of the fluid Pressure in mechanics of overthrust faulting [J]. Geol, Soc, Ame.Bull., 70: 167−206.

Shuai Y, Peng P, Zou Y, Zhang S, 2006. Kinetic modeling of individual gaseous component formed from coal in a confined system [J]. Organic Geochemistry, 37: 932–943.

SmithP E, Evensen N M, YorkD, et al., 1993. First successful ^{40}Ar−^{39}Ar dating of glauconites: Argon recoil in singlegrains of cryptocrystalline material [J]. Geology, 21 : 41−44.

Snarsky A N, Verteilung Von Erdgas, 1961. Erdoel and Wasser im Profil [J]. Zeitschrift fuer Angewandte Geologie, 7 (1): 2−8.

Stankiewicz B A, Kruge M A, Crelling J C, et al., 1994. Density gradient centrifugation: application to the separation of macerals of type Ⅰ, Ⅱ, and Ⅲ sedimentary organic matter [J]. Energy & fuels, 8: 1513–1521.

Tang Y, Behar F, 1995. Rate constants of n−alkanes generation from type Ⅱ kerogen in open and closed.

Tissot B P, Welte D H, 1978. Petroleum formation and occurrence [M]. Springer−Verlag, Heidelberg, New York.

Ungerer P, Pelet R, 1987. Extrapolation of the kinetics of oil and gas formation from laboratory experiments in sedimentary basins [J]. Nature, 327: 52−54.

Waples D W, 1980. Time and temperature in petroleum formation: Application of Loptain's method to petroleum exploration [J]. AAPG Bulletin, 64 (6): 916−926.

Xie X，Li M，Xu J，et al.，2020. Geochemical characterization and artificial thermal maturation of kerogen density fractions from the Eocene Huadian oil shale，NE China［J］. Org. Geochem，144：103947.

Zhao Z F，Pang X Q，Jiang F J，et al.，2018. Hydrocarbon generation from confined pyrolysis of lower Permian Shanxi Formation coal and coal measure mudstone in the Shenfu area，northeastern Ordos Basin，China［J］. Mar. Petrol. Geol，97：355–369.

第四章　中生界致密油成藏特征

第一节　延长组沉积期沉积环境与沉积演化

晚三叠世延长组沉积期原型盆地沉积范围和湖区面积均十分广阔，沉积边界远超出今盆地边界，向南开口，东界可达冀、皖地区。现今保留的晚三叠世延长组沉积以细砂岩、泥岩、页岩为主，颜色主要为黄绿色，泥岩颜色以黑色、灰黑色为主。其中的长 7 油层组“张家滩页岩”和长 9 油层组“李家畔页岩”是延长组主要的两套页岩层，代表了晚三叠世盆地演化过程中重要的两次湖侵。延长组富含 *Daeniopsis –Bernoullia* 植物群和其他动物化石，说明当时盆地处于温暖潮湿、半潮湿气候环境。此时盆地边缘构造背景复杂，造成来自盆地周缘不同物源区物质充填，形成类型多样的沉积体系，可划分出东北、西南、西部、西北、南部等沉积体系。来自不同源区的砂岩中碎屑矿物成分、重矿物组合具有明显的源区特点，其平面分区分带性显著。

一、中—晚三叠世原型盆地恢复

鄂尔多斯盆地在长期的演化及后期改造过程中，主体以幕式、不均匀整体升降为特色；内部明显的褶皱变形和显著的差异升降相对少见，地层之间区域性不整合面不发育。在盆地边部和周缘，构造变动和改造较为强烈；长期的北高南低和晚期的东高西低和由此而引起的强烈而不均匀的剥蚀，盆地北部、东部的中生界或剥蚀殆尽，或残缺不全，致使对中生界的沉积范围和边界缺乏清晰的认识。

目前多数学者认为，在鄂尔多斯中生代盆地发展演化时期，沉积范围远大于现今盆地（刘池阳等，2012）。通过物源分析、地层对比、构造演化、裂变径迹等方法重新厘定了中—晚三叠世鄂尔多斯盆地的沉积边界。

（一）西部边界

贺兰山西缘断裂带与西华山—六盘山断裂（海原—北祁连北缘断裂）分别为晚三叠世延长组沉积期鄂尔多斯盆地的西北边界和西南边界。

1. 西北边界

（1）大地构造学分析认为，阿拉善地块主体在中元古代—早侏罗世为华北板块西北部的长期隆起区，于中侏罗世才沉降接受沉积，而贺兰山西缘断裂带东侧的鄂尔多斯盆地发育中—上三叠统纸坊组和延长组，在哈拉乌沟—水磨沟、汝箕沟、香池子沟等地发育延长组紫红色混杂堆积砾岩、含砾砂岩，较好地指示了盆地边缘沉积相带。

（2）地震资料显示银川地堑东侧斜坡的延长组是在燕山运动中期才被逆冲断层推至地

表遭受剥蚀的。在上覆下白垩统沉积之前，银川地堑东部现今缺失延长组的地区与整个鄂尔多斯盆地连为一体，共同接受沉积。

（3）汝箕沟—石沟驿—盐（池）定（边）一带延长组重矿物属同一组合，且不稳定矿物逐渐减少，而稳定矿物逐渐增加，表现为绿帘石—石榴子石组合含量较高，显示同一沉积体系的横向变化特征（赵文智，2006）。表明晚三叠世延长组沉积期贺兰地区与鄂尔多斯盆地内部归属同一沉积体系。

（4）贺兰地区延长组分布普遍，沉积环境和沉积相具有由陆上向水下、由浅水向深水演化的明显趋势；具近源沉积和相变较快的显著特点。晚三叠世延长组五个岩组发育齐全，组成一个完整的沉积旋回。中侏罗世地层在贺兰山分布层位较全，延安组、直罗组和安定组均有分布，且和鄂尔多斯盆地本部同期沉积地层完全可以对比。这表明该时期贺兰山地区不仅未隆起成山，相反则是较大范围地沉降，接受沉积。

（5）河西走廊过渡带上三叠统延长组样品的稀土元素、微量元素分配模式与鄂尔多斯盆地本部具有较强的一致性，具有上地壳的典型曲线形态特征（图 4-1-1）。在主、微量元素判别图解上，该地区与鄂尔多斯盆地西南缘的投影区一致性较强，主要落入大陆岛弧—活动陆缘地区。

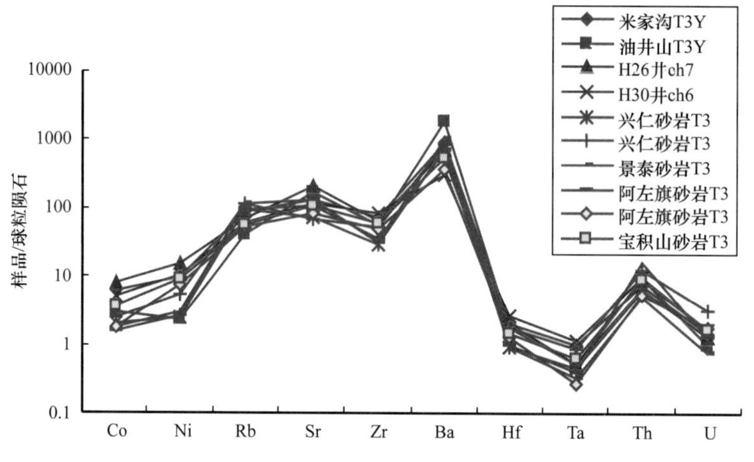

图 4-1-1　河西走廊过渡带与环县地区微量元素分配模式图

2. 西南边界

控制晚三叠世延长组沉积期鄂尔多斯盆地西南缘沉积的边界断裂应为西华山—六盘山断裂（海原—北祁连北缘断裂），该断裂向西与北祁连北缘断裂相接，而青铜峡—固原深大断裂则应为划分鄂尔多斯盆地与河西走廊过渡带的分界断裂。

（1）西华山—六盘山断裂带南北两侧构造单元发育史截然不同。研究普遍认为，西华山—六盘山断裂带大致形成于加里东期，此后于海西期、印支期、燕山期乃至喜马拉雅期均有活动。该断裂带南侧属秦祁加里东褶皱带，北侧为华北陆块，其完全控制着南北两侧构造单元的发展史。祁连构造带内部盆地沉积特征也反映出盆地西南边界大体位于西华山—六盘山断裂带东侧。其分布于祁连构造带内的山间小盆地，形状不规则，部分以断层为界，面积几十至数百平方千米不等。上三叠统南营儿群中、下部以紫红色砾岩、含砾砂岩为主；上部以砂、粉砂岩为主，偶有煤线，地层出露完整，厚度超过 2000m，为典型的红色山麓冲积扇沉积，晚期转变为山间河湖相。结合该区地层沉积展布、岩性、厚度、构造环境等特征的对比分析，可看出该沉积特征与盆地内部沉积及其构造环境有明显区别，这种差异亦从沉积展布角度反映出盆地晚三叠世延长组沉积期西南缘的边界大体位于西华山—六盘山断裂带东侧。

（2）界分鄂尔多斯盆地与六盘山盆地的“古隆起”，在晚三叠世不具明显的分割性（赵文智，2006）。西缘逆冲带主要形成于晚侏罗世；因而在此之前六盘山地区与盆地应彼此相通，两侧残存地层虽经过后期强烈的挤压变形，但从厚度看仍表现出明显的渐变特点，因而认为六盘山地区的上三叠统与盆地本部为同一盆地沉积。此外，在以往认为“古陆梁”的炭山、窑山等地区发现有上三叠统湖相、河控三角洲相含煤沉积的存在。同时，从古水流与地球化学元素分析来看，走廊地区延长组沉积期古水流总体指向环县方向；河西走廊地区南营儿群与环县地区延长组的轻、重矿物组合特征相似；走廊—环县沉积区重矿物均为石榴子石—锆石组合特征，且从环县往东，锆石含量逐渐增加。上述特征均表明，河西走廊—环县地区的上三叠统属同一沉积体系。

（3）西华山—六盘山断裂带东侧发育盆地边缘相。延长组底砾岩见于平凉的崆峒山、麻武后沟及策底坡等地，岩性为棕褐色、灰褐色砾岩、细砾岩、含砂砾岩及含砾粗砂岩等，在崆峒山最为发育，出露最多，显示清楚；在策底坡，底砾岩砾石成分复杂，主要由变质基性火山岩、硅质岩和花岗岩、变质岩（石英岩、片岩和千枚岩）、碳酸盐岩等组成，来自古老造山带的砾岩成分明显，表明策底坡地区在晚三叠世已近盆地西南部边界，紧邻秦祁造山带。上述边缘相砾岩的存在表明，在鄂尔多斯盆地西南部延长组沉积期盆地边界不会超出此范围。

（4）六盘山盆地钻井（PT3 井）和古生物地层对比研究均显示有 T_3—J_{1-2} 的分布，同时在地震剖面上，六盘山盆地与鄂尔多斯盆地之间可见中—下侏罗统煤层、延长组长 7 油层组油页岩强反射波组，尚未剥蚀的 T_J—T_{T_7} 反射波组清晰、稳定，且厚度变化小，表明延长组从环县过沙井子断裂带可继续向西延伸。由此推断盆地原始沉积可与六盘山及走廊地区相互连通。同时，从地层展布上亦显示延长组厚度向西有逐渐减薄趋势，特别是西边西华山—六盘山断裂附近减薄甚至尖灭特征表现更为清楚，反映了靠近盆地边缘地带的沉积特征。

（二）南部边界

关于晚三叠世鄂尔多斯盆地南部边界的范围，前人涉及讨论较少。由于后期构造运动的破坏，使得盆地南部出露地层残缺不全，特别是现今渭河地堑的发育和分隔，使得新生代沉积覆盖掩盖了华北地块与秦岭造山带之间的自然联系，这就增加了盆地南部原盆恢复研究工作的难度。从野外残存露头客观地质实际出发，着眼于区域范围对比，对鄂尔多斯盆地晚三叠世原盆南部沉积范围进行探讨。认为，晚三叠世延长组沉积期的沉积范围南界应跨越渭河地堑和北秦岭地区，达商丹缝合带北侧的周至—洛南—卢氏—南召一线。该认识主要基于以下地质事实：

对北秦岭区残留晚三叠世地层古生物化石、厚度、岩性、岩相等特征的分析表明其与盆地南部延长组关系密切，结合盆地南部延长组厚度变化趋势及沉积相带特征，两者明显遥相呼应；同时对渭河盆地基底时代的研究表明可能仍有晚三叠世地层保存，更进一步连接了两者的关系。而北秦岭大规模的陆内隆升出现于晚白垩世以来，尤其新近纪以来北侧断块翘倾、剥蚀强烈，推测晚三叠世发育鼎盛时期盆地南界可达北秦岭地区，位于商丹断裂以北。

从大地构造角度考虑，现今鄂尔多斯盆地南缘晚三叠世地层空间展布及区域构造几何特征呈（分裂）前陆盆地的结构特征。有关北秦岭地区地层展布、岩性特征及沉积厚度变化等方面的分析描述，均反映了北秦岭地区沉积特征与鄂尔多斯盆地内部同时代地层具有很好的相似性；同时，物源分析中古流向恢复亦显示有来自南部的物源，根据瓦尔特定律及秦岭造山带的构造演化史考虑，尽管现今鄂尔多斯盆地与秦岭地区以渭河地堑相隔，但在晚三叠世古秦岭洋闭合之时，盆地沉积范围较广，可延伸至北秦岭地区，甚至于更南；同时，主、微量元素地球化学分析亦表明，洛南、周至等北秦岭地区延长群样品的主、微量元素分配模式与鄂尔多斯盆地本部具有良好的一致性，也为晚三叠世盆地的南界可延伸至北秦岭地区提供了有力的佐证。

在现今鄂尔多斯盆地南部与秦岭造山带之间不仅未发现有晚三叠世盆地边缘相的沉积，相反地却发现了大规模的湖泊和湖泊三角洲相及浊流沉积，如：陕西省铜川市耀州区至河南省义马市等地区。北秦岭地区晚三叠世沉积传统视其为山间盆地，但至今未发现晚三叠世山间盆地的磨拉石堆积。同时，在洛南蟒岭南侧分布的上三叠统仍表现为一套细粒的河湖相，局部夹劣质煤线。在现今秦岭造山带北部地区，沿陕西周至、洛南云架山、河南卢氏五里川及南召的留山、马市坪一线，目前仍保留了大面积的上三叠统。其盛产丰富的延长植物群（*Danaeopsis-Bernoulla*），发育浅湖—半深湖或三角洲河流相砂岩、暗色泥岩夹油页岩。其生物组合和沉积特征与华北地台内部同时代的地层具有相似性。

（三）东部边界

鄂尔多斯盆地东部的吕梁山及太行山隆起，导致盆地东部三叠系遭受强烈侵蚀，使东部边界的厘定较为困难。

裂变径迹研究表明盆地东部吕梁山抬升时期较晚，至少为晚侏罗世以来，随着太行山的抬升，山西地块才逐步抬升的，而且大规模抬升时期更晚。故中生代时期鄂尔多斯盆地东部原始沉积范围向东延伸较远。

山西中南部广大地区内上三叠统虽不连片，却星罗棋布、到处都有，具明显的后期剥蚀特征。根据盆地东部山西、豫西等同时代地层特征表明它们与盆地本部关系密切，在山西宁武—静乐、沁水、河南义马、济源等残留盆地，现今残留的晚三叠世地层与之西今鄂尔多斯盆地的延长组有较多的相似性和可对比性，结合山西和南华北地区中—新生代构造演化与改造的特点，认为上述两地区的大部分为晚三叠世大型鄂尔多斯盆地东部重要的组成部分，盆地的东界可达冀、皖地区。

（四）北部边界

中—晚三叠世鄂尔多斯盆地的北部边界从内蒙古的达拉特旗一直向东延伸至山西大同。

前人研究已经表明，华北板块北部受石炭—二叠纪古亚洲地壳构造体系的强烈影响，古亚洲洋板块向南俯冲于华北板块之下，形成安第斯型大陆边缘和一系列岛弧造山带，阴山—内蒙古及更北部地区出现大量 330—265Ma 侵入岩的报道（Zhang，2007），说明石炭—二叠纪隆升的内蒙古造山带确实存在。此外，大同周边有 250—200Ma 碱性混杂岩体存在的报道，这些碱性混杂岩体通常被认为是造山运动末期的产物，意味着晚三叠世时内蒙古造山带依然处于活跃状态（邵济安，2002），可以成为鄂尔多斯北缘的供源区。

位于盆地最北部的高头窑剖面发育完整的三叠系，该剖面下段沉积地层与盆地中心的中三叠统纸坊组岩性相似，河流相的"二元结构"特征明显，而上段地层（相当于延长组）以厚达 150m 砾岩层为特征（阮壮，2021），其中上段下部发育紫色含砾砂岩层，上段上部则以黄色砂岩和砾岩互层产出为特征。整个剖面反映了由冲积平原的河流环境向冲积扇环境过渡的演化历程，这说明高头窑剖面的位置在中—晚三叠世接近于盆地沉积边界。以上资料均证明鄂尔多斯盆地北部的沉积边界应位于阴山、内蒙古和大同沿线以南（阮壮，2021）。

综上所述，晚三叠世延长组沉积期原始盆地范围，西北部以贺兰山西缘断裂带—查汉布鲁格断裂与阿拉善古陆为界；向西与六盘山盆地和河西走廊过渡区可能相通；西南部至西华山—六盘山断裂（海原—北祁连北缘断裂），与陇西古陆界分；南部边界跨越现今渭河地堑和北秦岭地区，可达商丹缝合带北侧一带；东可达冀、皖；北部边界位于内蒙古的达拉特旗一直向东延伸至山西大同（图 4-1-2）。

晚三叠世延长组沉积期盆地沉积范围和湖区面积均十分广阔，沉积边界远超出今盆地边界，总体呈古地理北高南低、水体北浅南深、沉积北薄南厚特征，表现为非均衡沉降盆地，南部沉降幅度较大，沉积相带变化快，沉降中心呈带状位于盆地南部，以较深湖相为代表的沉积中心位于环县—庆阳—延安—铜川连线以东，直至济源—郑州一带，呈北西—南东近东西向展布，大致平行于秦岭造山带展布（图 4-1-2）。表明晚三叠世秦岭造山带向北的逆冲推覆，控制着盆地沉积相带的发育，南侧陡坡三角洲及冲积扇—河流相发育，而现今仅在平凉崆峒山一带出露具明显边缘相的砾岩带，其他地区可能已被剥蚀，或深埋于新生代地层之下。向湖盆中心大致有西南、南、西北和东北四个方向物源供给，以西南、东北方向的物源占主导优势。周缘西北的阿拉善古陆、西南的祁连造山带、南部的秦岭造山带及北部的阴山、大青山为主要剥蚀区。

二、沉积环境

通过对鄂尔多斯盆地三叠系延长组长 6、长 7、长 8 油层组等重点层段周缘露头剖面及盆内钻井取心共 500 余块样品进行元素地球化学测试分析，运用 $CaO/MgO \cdot Al_2O_3$、Sr/Cu、Rb/Sr、B 元素含量、Rb/K_2O、Th/U 和 V/（V+Ni）等一系列古温度、古盐度和古氧化环境判别指标，恢复延长组主要沉积期的古气候、古盐度和古氧化还原条件等古环境特征。

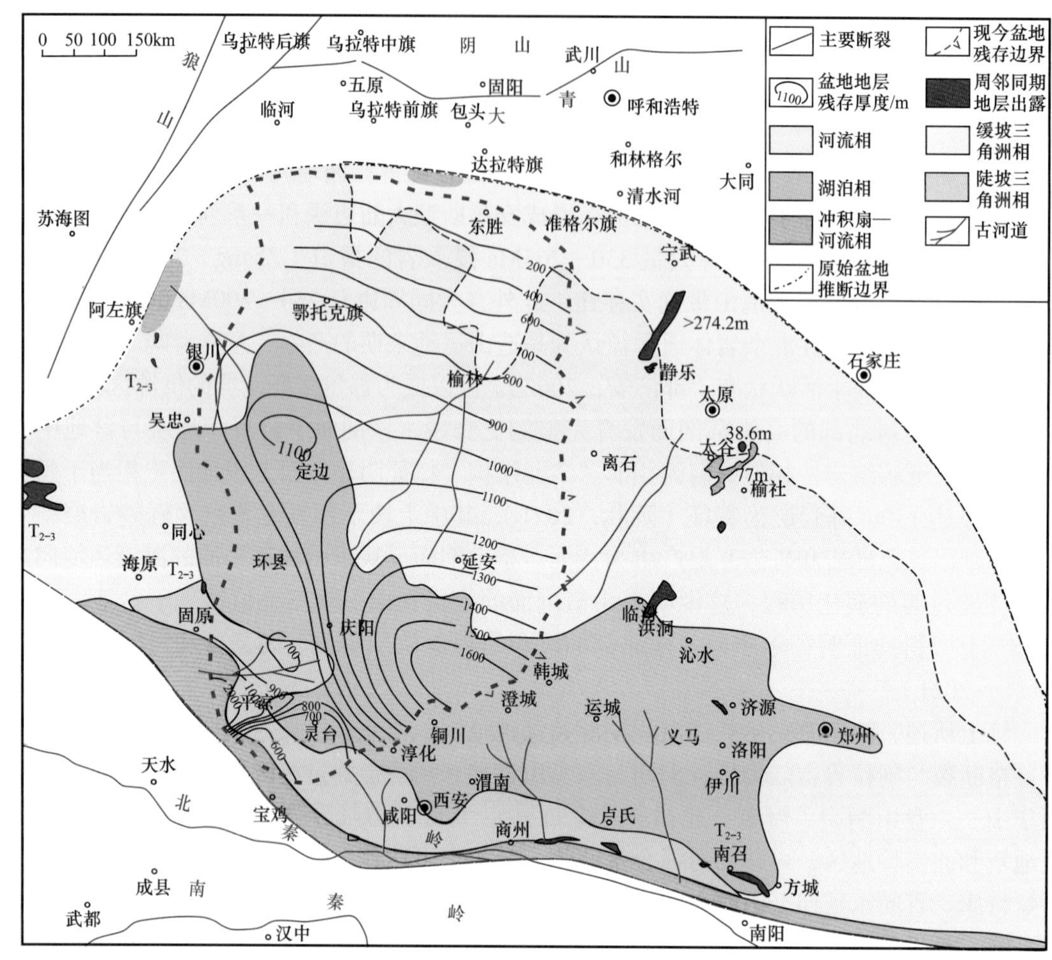

图 4-1-2　鄂尔多斯盆地延长组沉积期原始盆地面貌及沉积相图

（一）古气候

不同气候环境下沉积物的元素富集特征存在一定差异，根据各元素的沉积环境特征，通过对沉积物中的 CaO、MgO、Al_2O_3、K_2O 等常量元素和 Sr、Ba、Rb 等微量元素分析，利用 CaO/MgO · Al_2O_3 值法，结合前人利用孢粉组合特征对古气候的研究，对延长组沉积期古气候特征进行综合分析。

碳酸盐沉积记录主要反映湖泊原始沉积情况，基本上不受早期成岩作用的影响。对于陆源碎屑输入基本稳定的湖泊，内生碳酸钙沉淀直接影响沉积物碳酸盐含量的相对高低，而内生碳酸钙沉淀包含了许多气候变化信息，其沉淀量与气温呈正比。湖泊沉积物中碳酸盐矿物主要为白云石和方解石，CaO/MgO 值基本反映了沉积物方解石与白云石比值的变化。淡水湖泊中的白云石主要来源于陆源碎屑，一般不是内生沉淀的，而方解石则包含了由陆源搬运而来的外源组分和湖泊内生碳酸钙沉淀两部分，用 Al_2O_3 含量可以校正陆源碎屑输入量的变化。因此，对于陆源碎屑输入量基本稳定的长 7 油层组沉积期湖泊，CaO/MgO · Al_2O_3 值可灵敏地反映内生碳酸盐含量的相对高低，具有指示气温变化的意义，其高值指示温暖时期，低值指示相对寒冷时期。

长 7 油层组 $CaO/MgO \cdot Al_2O_3$ 平均值为 0.112，较长 9—长 8 油层组的 0.139、长 6—长 1 油层组的 0.148 及整个延长组的 0.117 要低（表 4-1-1），反映了长 7 油层组沉积时湖盆发育鼎盛期的气温较延长组其他沉积时期稍低，这与鄂尔多斯盆地中—晚三叠世湖盆演化及气候变迁吻合较好（阎存凤等，2006；吉利明等，2006；张才利等，2011），总体反映湖盆形成早期为干旱炎热的气候特征；湖盆发育鼎盛的长 7 油层组沉积期，雨水充沛，形成了大面积发育的湖区，为温暖湿润的气候特征，之后湖盆萎缩阶段温度有所升高。

（二）古水深

碎屑岩 Co 的来源主要有宇宙沉降和陆源输入，宇宙沉降每年以 8.262×10^8t 恒定速度降落于地表，陆源输入单位体积中的 Co 含量是宇宙沉降的 1/4，所以陆源物质的加入对宇宙沉降 Co 含量会产生“稀释效应”，因此 Co 的含量可以反映其当时沉积速率，即 Co 含量越高反映其沉积速率越慢，反之越快。因而可通过沉积岩中 Co 的含量来推测当时岩石的沉积速率，因水深与沉积速率存在一定关系（刘刚等，2007），因此可以推算古水深，计算公式如下：

$$V_S = V_O \cdot N_{Co} / (S_{Co} - t \cdot T_{Co})$$

$$H = 3.05 \times 10^5 / (V_S^{1.5})$$

式中　V_S——某样品沉积时的沉积速率；

V_O——当时正常大洋沉积速率（0.15～0.3mm/a），本次研究取值 0.25mm/a；

N_{Co}——正常大洋沉积物中 Co 的丰度（20μg/g）；

S_{Co}——样品中 Co 的丰度；

t——样品中 La 含量 / 陆源碎屑中 La 平均丰度（La/38.99）；

T_{Co}——陆源碎屑中 Co 的丰度（4.68μg/g）。

通过微量元素 Co 含量分小层开展长 6 油层组古水深定量计算表明：长 6_3 层水体最深，主要为 10～30m，汇水区位于研究区西南部，湖盆底型较陡；长 6_2 层水体变浅，范围缩小，主要为 10～20m，汇水区位于研究区中部；到长 6_1 层水体范围变化不大，相对深水区范围明显变小，湖盆底型明显变缓，汇水区向研究区东南迁移（图 4-1-3）。长 8 油层组水深 5～30m，其中长 8_1 层水体范围大、坡度缓，在吴起一带水深可达 25m（图 4-1-4）；长 8_2 层水域小、坡度陡，在庆城—华池一带水深可达 30m（图 4-1-5）。

（三）古氧化还原环境

沉积环境氧化还原性判断要选取对氧化还原性敏感的元素进行分析，一般认为 V、Cd、Cr、Co、Cu、U 等主量元素和 Zn、Fe、Cu 等微量元素对环境氧化还原性较为敏感。样品在还原条件下，水体中的 V 比 Ni 能以更有效的有机络合物形式沉淀下来（Hatch，1992），V/（V+Ni）值被广泛应用于沉积环境氧化还原性的判识。

表 4-1-1　鄂尔多斯盆地延长组地球化学元素及元素比值统计表

层位	B/（μg/g）	$CaO/MgO\cdot Al_2O_3$	Sr/Ba	V/（V+Ni）	Th/U	Sr/Cu	Rb/K_2O	Rb/Sr
长 9- 长 8 油层组	8.1～74.3 34.13（30）	0.057～0.295 0.139（30）	0.21～1.94 0.44（30）	0.56～0.91 0.76（30）	1.34～14.54 6.38（30）	2.52～25.24 7.09（30）	2.86～6.21 4.18（29）	0.07～1.66 0.62（30）
长 7_3 层	3.1～87.6 33.25（82）	0.001～0.514 0.101（82）	0.06～0.94 0.38（80）	0.51～0.97 0.79（82）	0.28～12.38 4.48（52）	0.88～29.37 8.19（50）	2.52～7.37 4.41（81）	0.01～6.72 0.69（83）
长 7_2 层	3.05～78.9 32.10（76）	0.002～0.313 0.112（76）	0.07～0.88 0.34（79）	0.68～0.97 0.78（76）	0.28～9.77 5.26（61）	1.75～28.22 7.20（61）	2.52～7.57 4.30（76）	0.12～2.15 0.63（76）
长 7_1 层	7.25～86.4 32.67（76）	0.027～0.239 0.125（77）	0.13～0.91 0.33（80）	0.59～0.91 0.77（76）	0.96～15.67 6.10（62）	2.54～26.70 6.71（62）	1.70～7.11 4.11（77）	0.07～2.28 0.70（77）
长 7 油层组	3.05～87.6 32.69（234）	0.001～0.514 0.112（235）	0.06～0.94 0.35（239）	0.51～0.97 0.78（234）	0.28～15.57 5.33（175）	0.88～29.37 7.31（174）	1.70～7.57 4.28（234）	0.01～6.72 0.67（236）
长 6- 长 1 油层组	9.95～104 46.29（16）	0.067～0.213 0.148（16）	0.19～0.73 0.38（16）	0.70～0.89 0.75（16）	3.11～9.21 6.43（16）	2.17～23.78 7.44（16）	3.28～5.87 4.42（16）	0.25～2.23 0.68（16）
延长组	3.05～104 33.62（280）	0.001～0.514 0.117（282）	0.06～1.94 0.36（285）	0.51～0.97 0.78（280）	0.28～15.67 5.55（221）	0.88～29.37 7.24（220）	1.70～7.57 4.27（280）	0.01～6.72 0.66（283）

注：表中数值分子为最小值～最大值，分母为平均值，括号内数值为样品数。

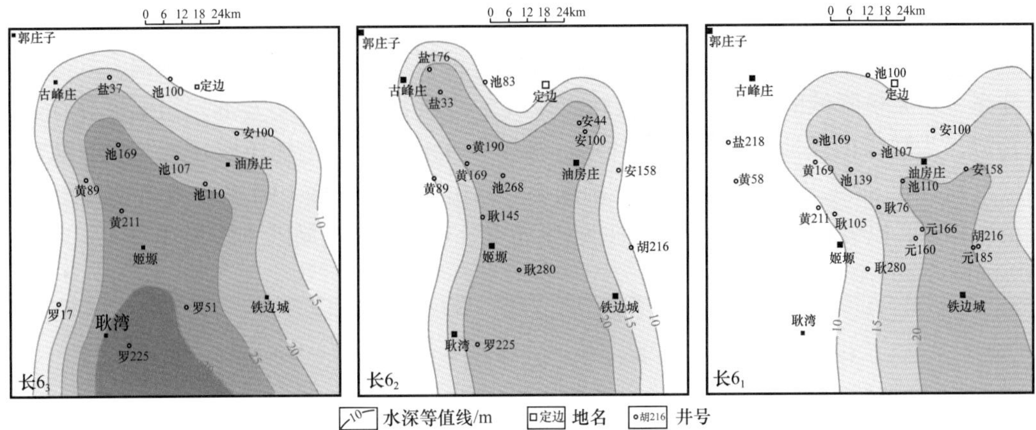

图 4-1-3　姬塬地区延长组长 6 油层组古水深等值线图

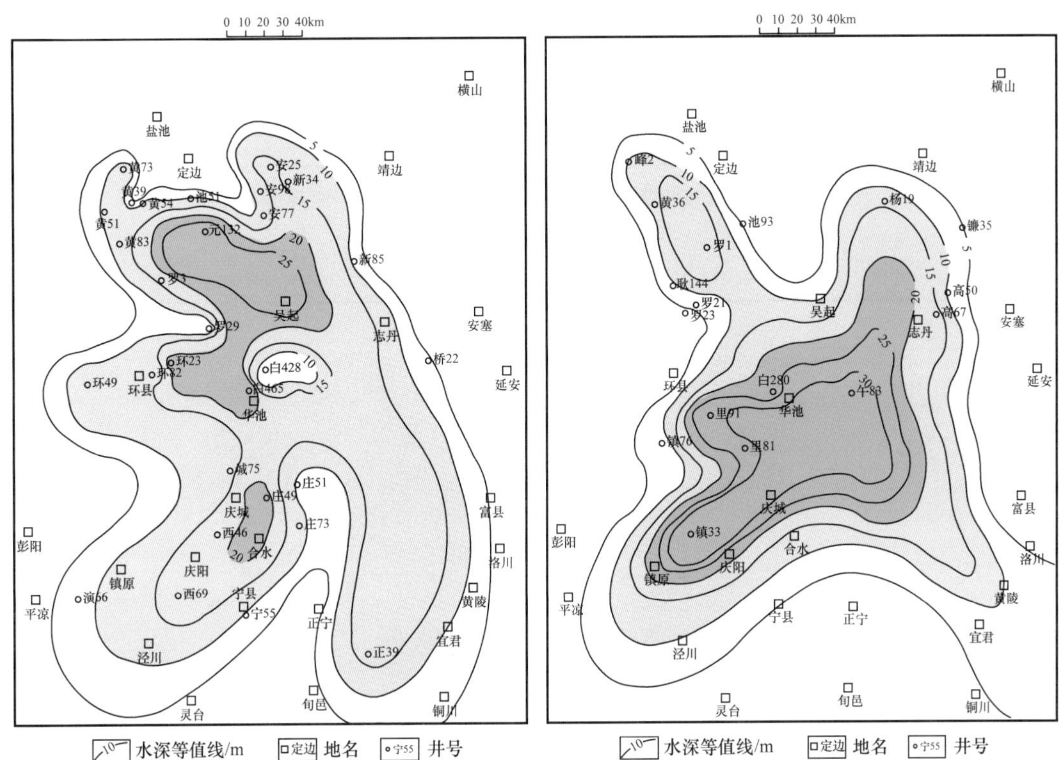

图 4-1-4　鄂尔多斯盆地延长组长 8_1 层古水深等值线图

图 4-1-5　鄂尔多斯盆地延长组长 8_2 层古水深等值线图

Jomes 等通过对西北欧地区上侏罗统暗色泥岩的古沉积环境研究认为，V/（V+Ni）大于 0.77 为缺氧、极贫氧环境，0.60～0.77 为贫氧、次富氧环境，小于 0.6 为富氧环境。Hatch 等认为 V/（V+Ni）小于 0.46 为氧化环境，0.46～0.57 为弱氧化环境，0.57～0.83 为缺氧环境，0.83～1.00 为静海环境。李广之等认为 V/（V+Ni）小于 0.5 指示氧化环境，大于等于 0.5 指示还原环境。

综合对比分析长 7 油层组各层元素地球化学特征的差异性（表 4-1-1），在沉积水体为陆相淡水、还原性的沉积环境下，存在自长 7_3 油层组到长 7_1 油层组沉积期古气温呈微弱升高、还原性降低的特征。总体反映出该区自长 7_3 油层组到长 7_1 油层组温度存在变高的趋势，为缺氧的还原性淡水沉积环境。姬塬长 6 油层组氧化和还原环境共存，从长 6_3 油层组到长 6_1 油层组还原环境范围逐渐缩小，且由西向东偏移（图 4-1-6）。盆地长 8 油层组沉积期，以氧化和过渡环境为主，还原环境分布相对比较局限（图 4-1-7）。

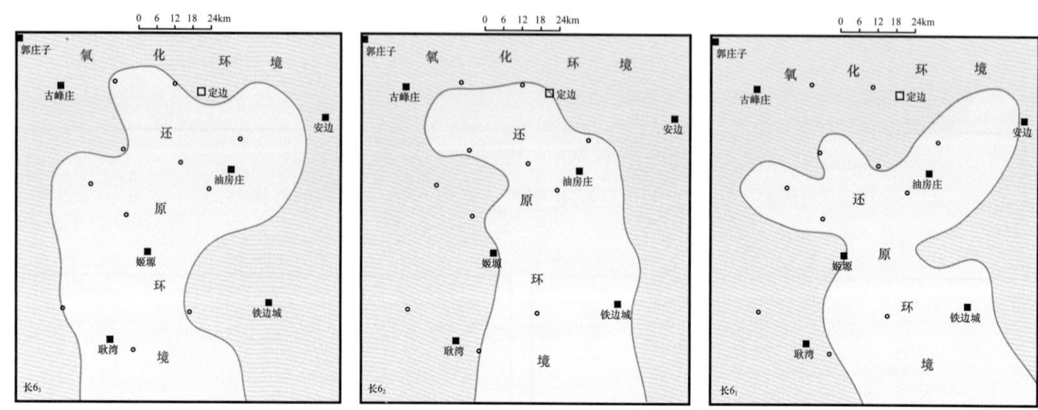

图 4-1-6　鄂尔多斯盆地姬塬地区长 6 油层组氧化还原环境分布图

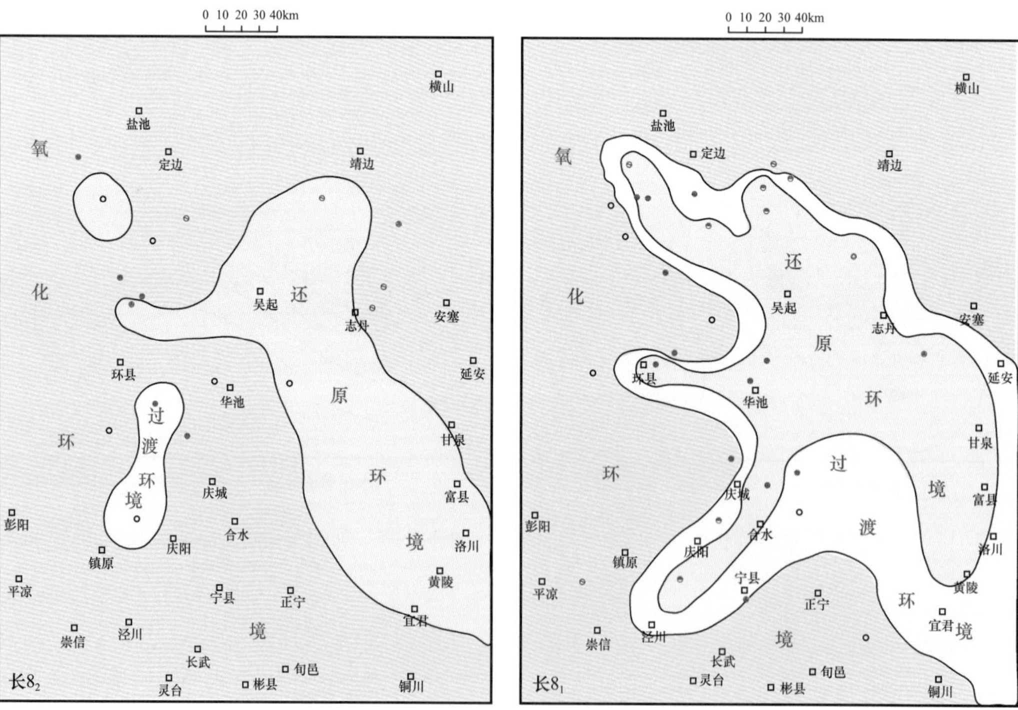

图 4-1-7　鄂尔多斯盆地长 8 油层组氧化还原环境分布图

（四）古盐度

Sr/Ba 值是古湖泊水体盐度判别的有效指标，Sr 比 Ba 在水中溶解度高，因此 Sr 迁移的更远，Sr/Ba 值可间接地反映陆相与海相沉积（熊小辉等，2011；王鹏万等，2011；叶黎明等，2008）。研究认为：Sr/Ba 值小于 0.1 为淡水环境，0.1～0.5 为微咸水环境，0.5～1.0 为半咸水环境，大于 1.0 为咸水环境。延长组 Sr/Ba 平均值为 0.36，长 7 油层组 Sr/Ba 分布范围为 0.06～0.94，平均值为 0.35，以淡水为主，局部发育半咸水；长 9—长 8 油层组 Sr/Ba 分布范围为 0.21～1.94，平均值为 0.44，咸度明显比长 7 油层组高，以半咸水和咸水为主；长 6—长 1 油层组 Sr/Ba 分布范围为 0.19～0.73，平均值为 0.38，样品以长 6 油层组为主，所以古盐度比长 7 油层组稍高，以淡水和半咸水为主（表 4-1-1）。

综合分析表明鄂尔多斯盆地长 7 油层组沉积期为古气温大于 15℃温暖潮湿的温带—亚热带气候，沉积期水体为陆相微咸水—淡水水体，沉积物是在强还原条件下形成的。适宜的温度、大面积深水湖盆、强还原性的古沉积环境，导致长 7_3 层有机质大量发育和富集保存，既形成了一套优质烃源岩，同时也为大规模页岩油的富集创造了有利条件。长 6、长 8 油层组等层段主要为微咸水—咸水水体，沉积物是在还原—氧化过渡浅水环境下形成的，在浅水沉积环境下湖岸线的频繁摆动为满盆富砂提供了优越的地质条件，为大面积规模油藏的富集提供了基础。

三、沉积物源

多年来，延长组几大物源区的分界和几大沉积体系的归属一直存在争议，汇水区的位置不够明确，沉积中心分布不祥，给沉积环境和砂体的刻画增加了难度。通过对盆地千余口探井、评价井的轻、重矿物资料，采用岩矿对比、重矿物类比分析法分别对延长组砂岩的颗粒组分特征、轻重矿物和各种岩屑的标型特征、含量进行定量化统计，并结合地层厚度、砂地比值变化规律和锆石 U—Pb 测年等新方法对主要目的层段长 8 油层组沉积物源进行系统研究。

（一）碎屑组分

由于各类岩石的成分、结构、风化稳定度均存在着显著差别，加之在风化、搬运过程中各类岩屑含量的变化极大，构造背景、盆地坡降、碎屑物质搬运距离也存在较大差异，所以不同方向物源沉积体中石英长石及岩屑的种类、含量和分区性都能够反映物源信息。

通过盆地长 8 油层组碎屑组分组合特征分析，划分出六大物源区（图 4-1-8）。东北为高长石发育区，长石含量一般在 50% 以上，石英含量在 20% 左右，岩屑不发育，在 10% 以下；北部以云母和变质岩屑为特征，长石含量比东北偏低，比西北偏高，云母和变质岩屑相对临区较发育；西北以石英和变质岩屑为主，石英含量在盆地最高，一般在 30% 以上，变质岩屑含量也相对比较发育，一般在 10% 以上；西部以石英和长石为主，石英和长石含量基本均等，在 30% 左右，岩屑相对不发育；西南岩屑比较发育，总含量为 20% 左右，石英和长石含量基本均等。

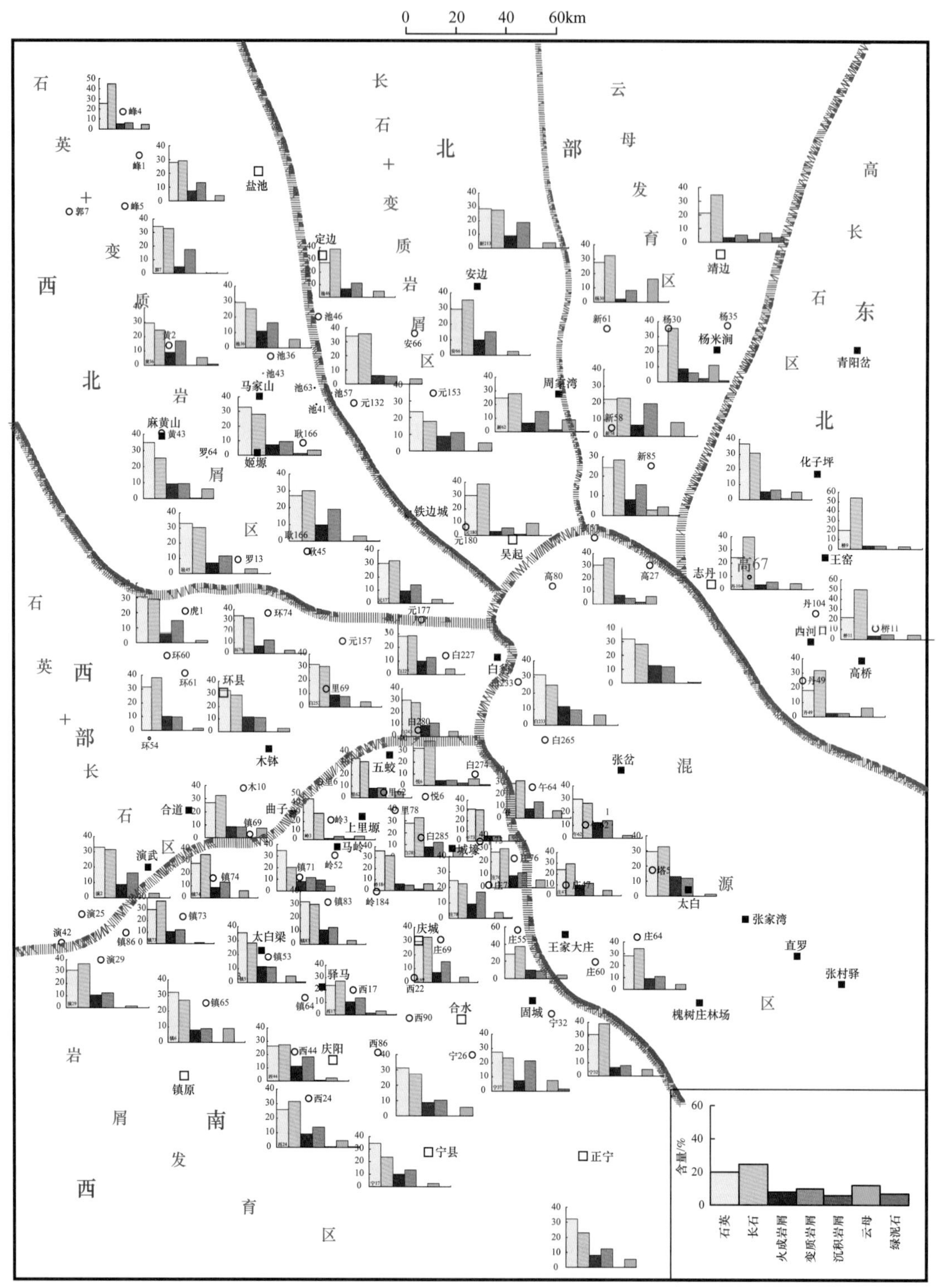

图 4-1-8 鄂尔多斯盆地长 8 油层组碎屑组分组合分区图

（二）重矿物组合

在碎屑岩中相对密度大于2.86的矿物称为重矿物。它们在岩石中含量很少，一般不超过1%。重矿物的种类很多，根据其风化稳定性可将其划分为稳定和次稳定两类，前者抗风化能力强，分布广泛，在远离母岩区的沉积岩中其百分含量相对增高；后者抗风化能力弱，分布不广，离母岩越远其相对含量越少。在鄂尔多斯盆地延长组中重矿物主要有锆石、金红石、电气石、石榴子石、磁铁矿、白钛矿、榍石、绿帘石等。以锆石、金红石、电气石最稳定，其他属次稳定重矿物。从砂岩成分来看，在成分纯、分选好的石英砂岩中重矿物含量少，而且其中只含有那些风化稳定度高的重矿物组分（锆石、电气石、金红石）；在成分复杂、分选差的岩屑砂岩中，则重矿物含量高，稳定与次稳定的重矿物均可出现。

不同类型的母岩其矿物组分不同，经风化破坏后会产生不同的重矿物组合，因此利用重矿物解释母岩是非常有用的。

长8油层组主要发育重矿物为锆石、石榴子石、金红石、电气石、硬绿泥石、榍石和绿帘石。根据各自在重矿物的含量进行组合分析，并进行组合特征分区。

通过对盆地长8油层组重矿物组合特征分析。全区划分出六大物源分区（图4-1-9）。东北以石榴子石和榍石为特征，石榴子石含量占主要重矿物含量的80%以上，榍石在本区相对比较发育，个别点达30%，其他地区基本不发育；北部以石榴子石和绿帘石为特征，锆石相对东北地区偏高，在20%左右，绿帘石含量在10%左右；西北以石榴子石、锆石和绿帘石为主，发育少量硬绿泥石；西部主要发育石榴子石、锆石和少量硬绿泥石；西南以石榴子石和锆金电组合为特征，金红石和电气石在本区普遍发育，石榴子石和锆石含量基本均等。在志丹、白豹和张岔一带出现混源特征，以稳定重矿物锆石为主，含量基本在70%以上。

（三）锆石测年

锆石是一种岩浆和变质成因的矿物，在剥蚀和搬运过程中不易被风化而被保存下来，是沉积岩中最稳定的矿物组合之一。因此根据锆石U—Pb同位素年龄的区别进行物源分区是一种有效的物源分析方法。

通过对长8油层组碎屑砂岩岩浆锆石U—Pb同位素年龄测定，存在古元古代早期、古元古代晚期和中生代三期年龄峰值，在不同的沉积体系，年龄谱系存在差异（图4-1-10），西北沉积体系主要发育古元古代晚期年龄峰值；东北沉积体系主要发育古元古代早期和古元古代晚期两期年龄峰值；西部沉积体系主要发育古元古代晚期年龄峰值，古元古代中期年龄峰值分布相对较小；西南沉积体系三期都相对比较发育。

（四）累计概率*M*值

不同沉积体系沉积物的粒度受物源供给、搬运距离、沉积相类型控制，粒度差别较大，根据大量的粒度分析资料，刻画了盆地长8油层组粒度累计概率*M*值等值线图（图4-1-11），可以清楚地划分出西北、西部、西南、东北四大物源区。

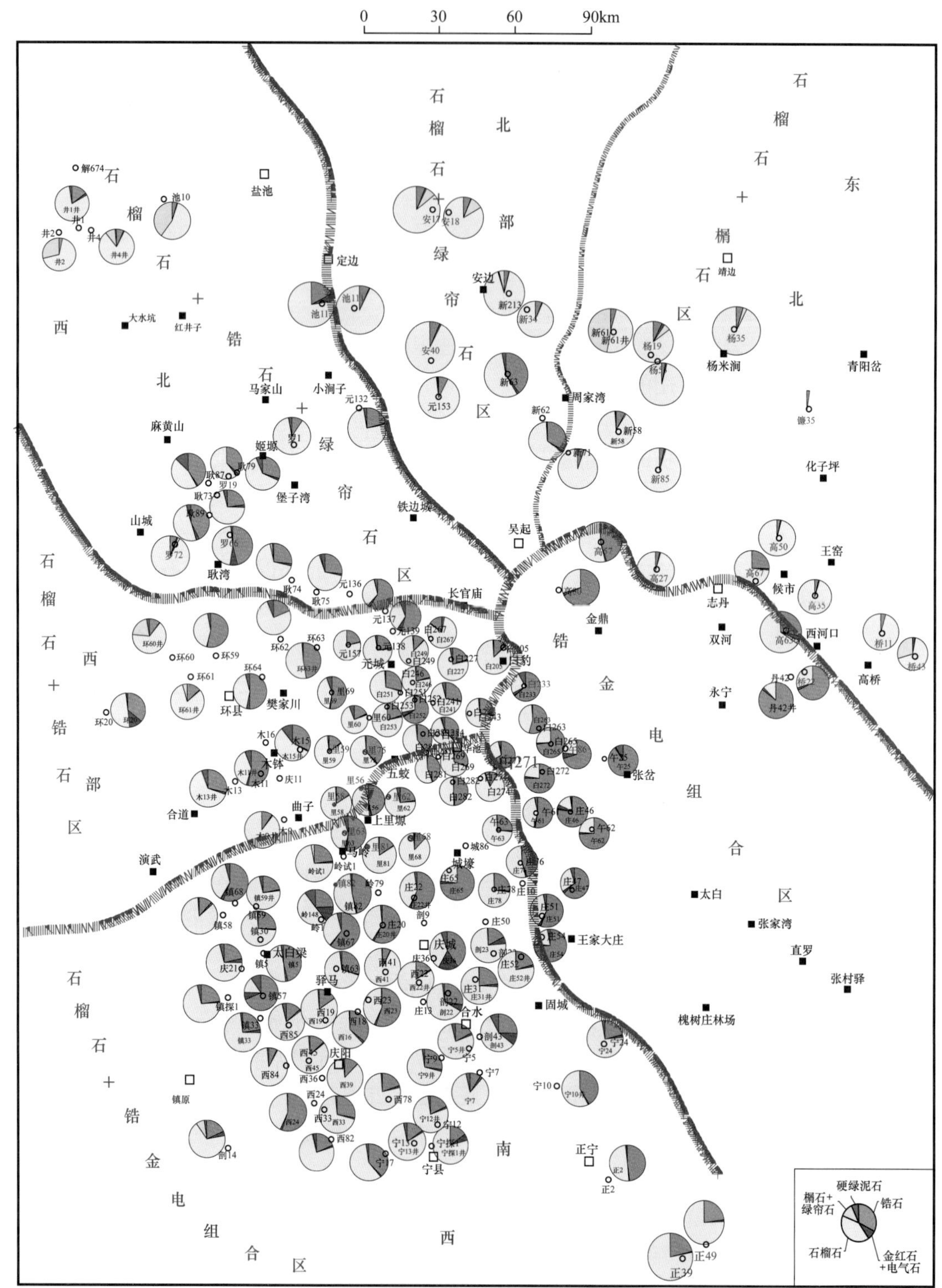

图 4-1-9 鄂尔多斯盆地长 8 油层组重矿物组合分区图

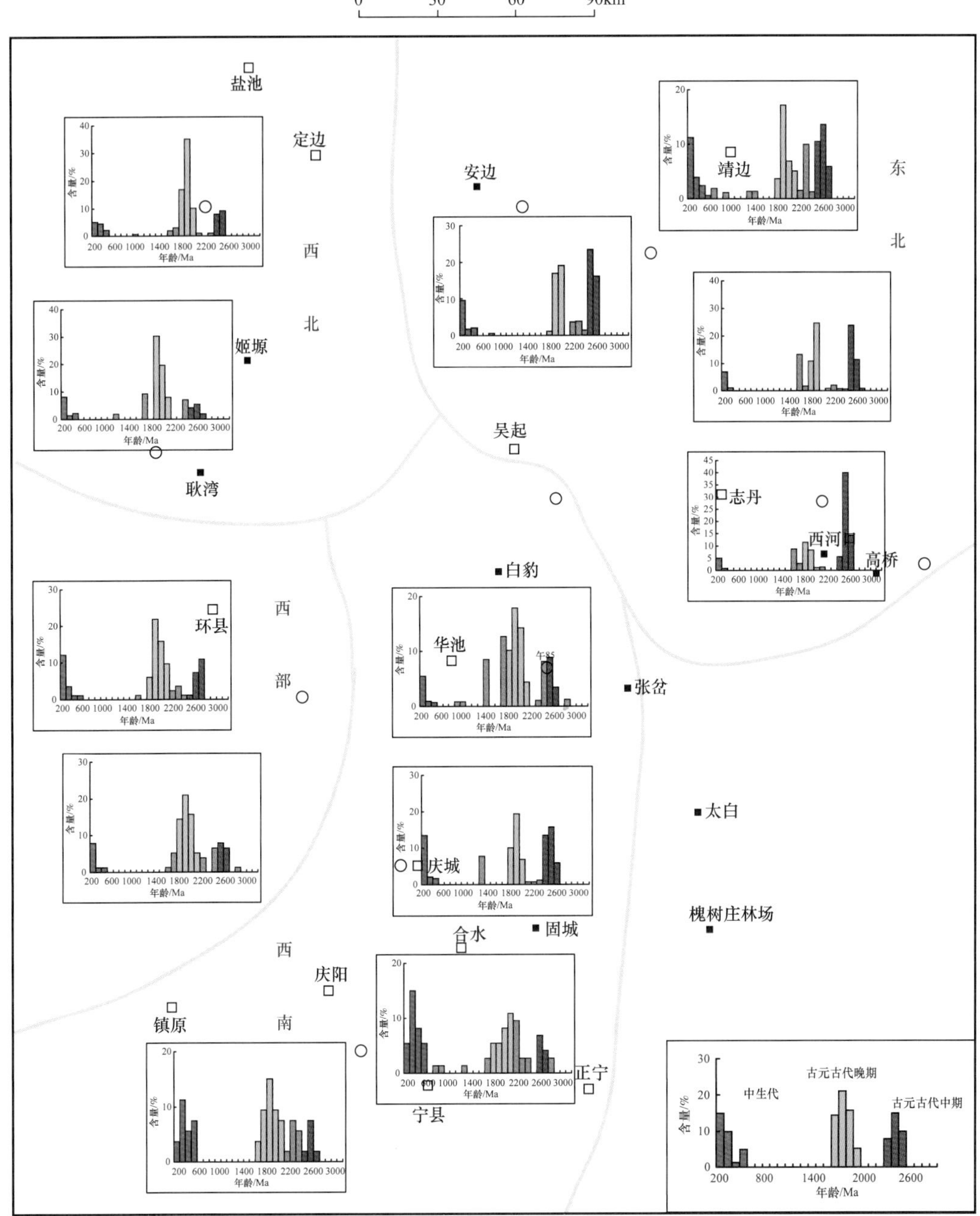

图 4-1-10　鄂尔多斯盆地延长组长 8 油层组锆石年龄分布图

西北和西部沉积体系粒度较粗，以中砂（粒径 0.25～0.5mm）为主，局部见粗砂和砾石（粒径大于 1mm）；西南沉积体系粒度相对较细，粒径一般在 0.15～0.25mm 之间，以细砂和粉细砂为主；东北沉积体系粒度最细，粒径中值一般都在 0.2mm 以下，以粉细砂岩为主。

随着物源向盆地东南方向的延伸，粒度逐渐变细，到张岔—张家湾一带岩性以粉细砂为主（粒径 0.05～0.25mm）。

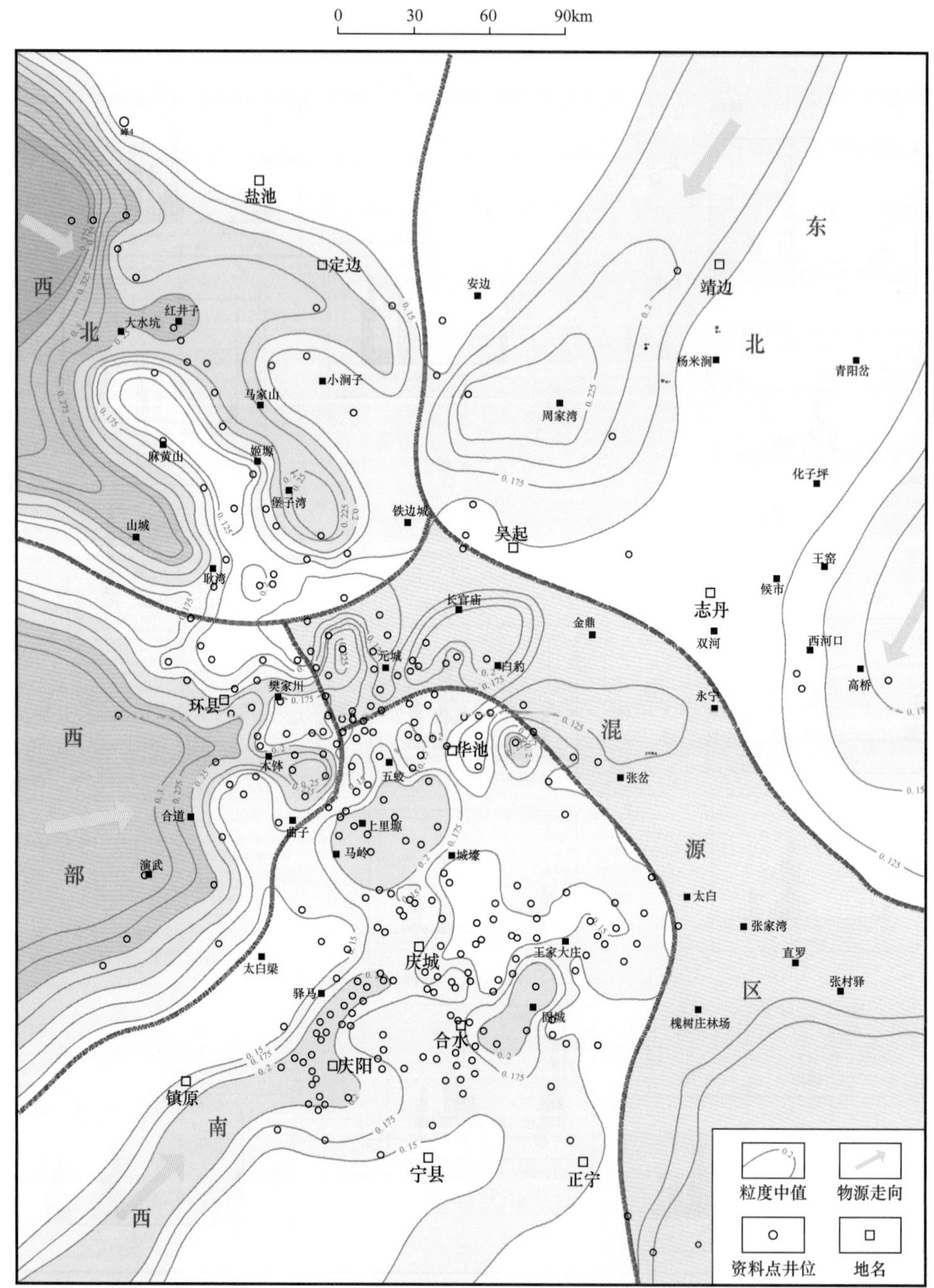

图 4-1-11　鄂尔多斯盆地长 8 油层组砂岩粒度等值线图

（五）物源综合分析

通过对长 8 油层组物源进行分析，结合周缘古陆资料认为盆地发育五大沉积物源（图 4-1-12）：西北物源重矿物以石榴子石和绿帘石为主，轻矿物以石英和变质岩屑为主，主要由阿拉善古陆前三叠纪地层的抬升剥蚀提供；西部物源主要来源于盆地西部的海原隆起，白云岩岩屑发育；西南物源来源于陇西和秦岭古陆的元古宇石英片岩、中基性火山岩，变质岩屑比较发育；东北物源重矿物以石榴子石和榍石为主，轻矿物以基性斜长石为主，来源于盆地北部阴山结晶片岩和岩浆岩为主的母岩区；南部物源主要来自盆地南缘秦岭褶皱带浅粒岩、片麻岩等。

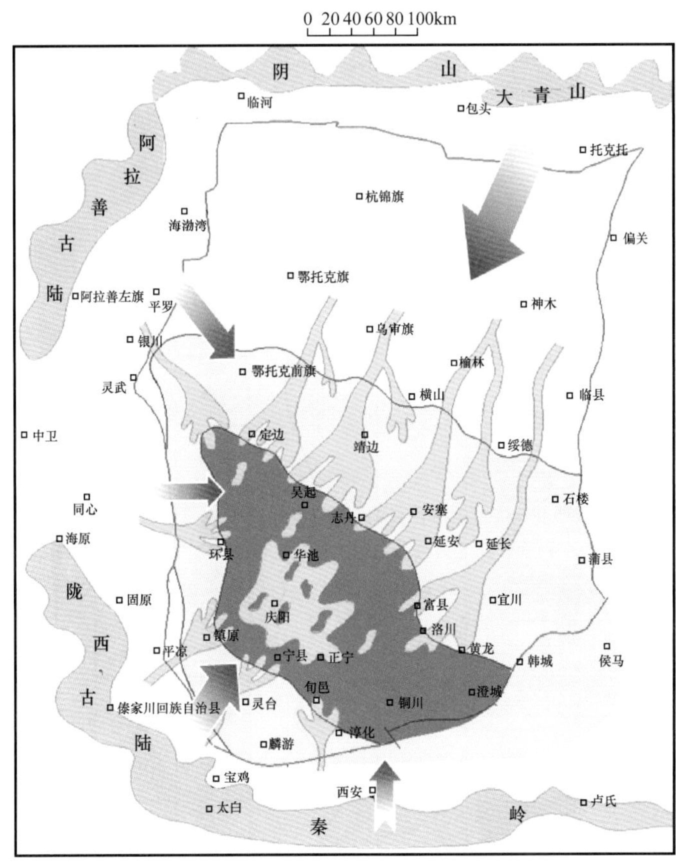

图 4-1-12　鄂尔多斯盆地延长组物源分区图

四、沉积演化

延长组发育一个完整的湖盆演化旋回沉积。其中的长 7 油层组“张家滩页岩”和长 9 油层组“李家畔页岩”是延长组主要的两套页岩层，代表了晚三叠世盆地演化过程中重要的两次湖侵。根据地震层序地层学的原理，结合层序界面的成因与盆地的演化，对鄂尔多斯盆地上三叠统延长组层序界面进行了详细分析，通过区域不整合面、沉积环境转换面、河道冲刷面、地层结构转换面及岩性颜色变化面和湖泛面 6 种成因界面的识别，将延长组划分为 1 个超长期旋回，5 个长期旋回和 17 个中期旋回（图 4-1-13）。

（一）长 10 油层组沉积期

长 10 油层组沉积期盆内主要发育河流相（冲积平原相）、三角洲平原亚相和浅湖亚相，沉积中心位于志丹—富县地区（图 4-1-14），由于处在延长组湖盆的初始形成期，湖泊面

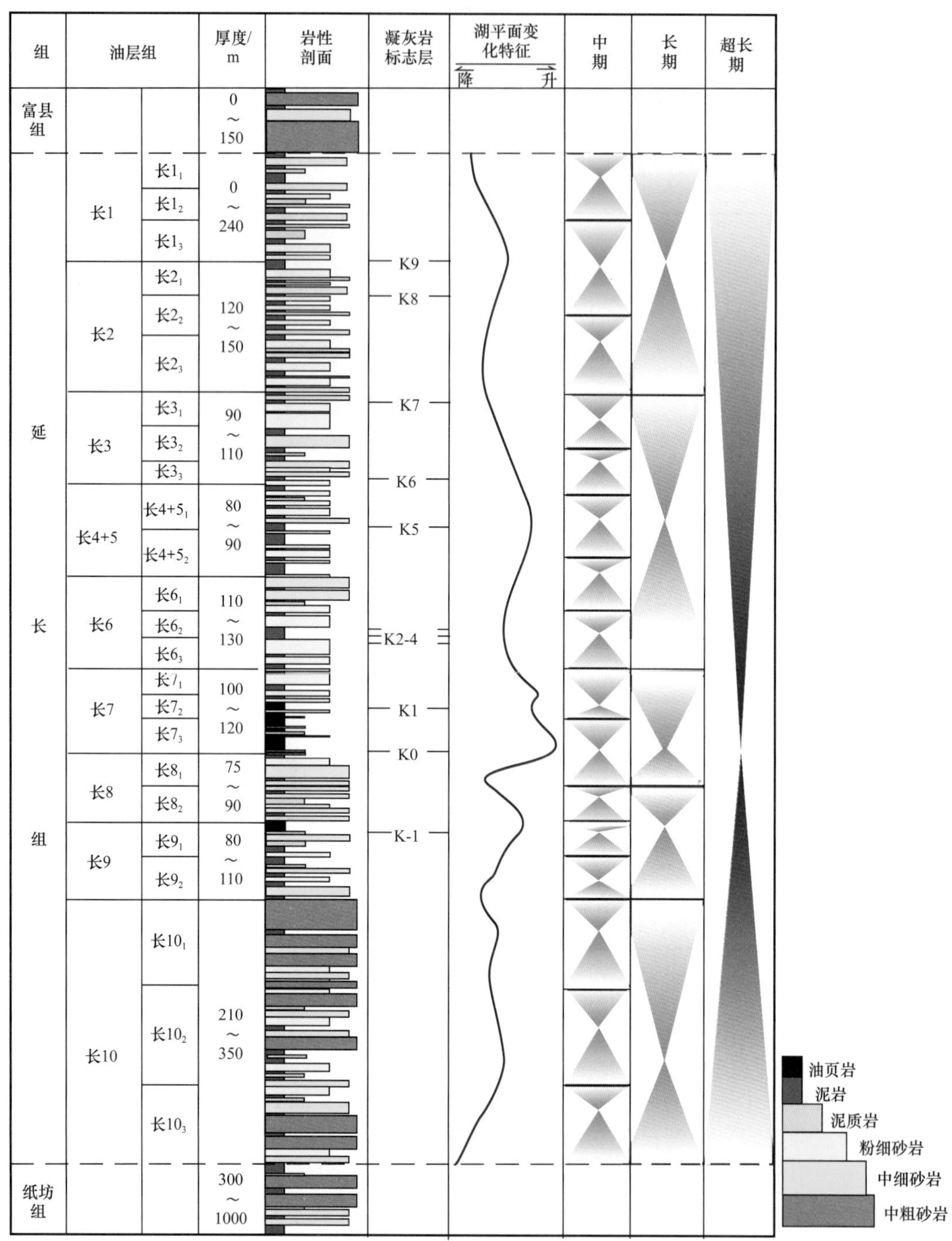

图 4-1-13　鄂尔多斯盆地延长组层序地层划分方案

积小。盆地西南、西部和西北物源活跃，沉积速率快。在环县—庆城以西地区，物源供给充沛，地层砂 / 地比一般大于 50%，局部地区砂 / 地比甚至超过 80%，以中砂岩、粗砂岩为主，主要为河流相。西部物源供屑可以影响到吴起—张岔以东的部分地区。来自西北物源区的盐池三角洲延伸到盐池—定边一带。而自南部物源区形成的黄陵三角洲向北推进。东

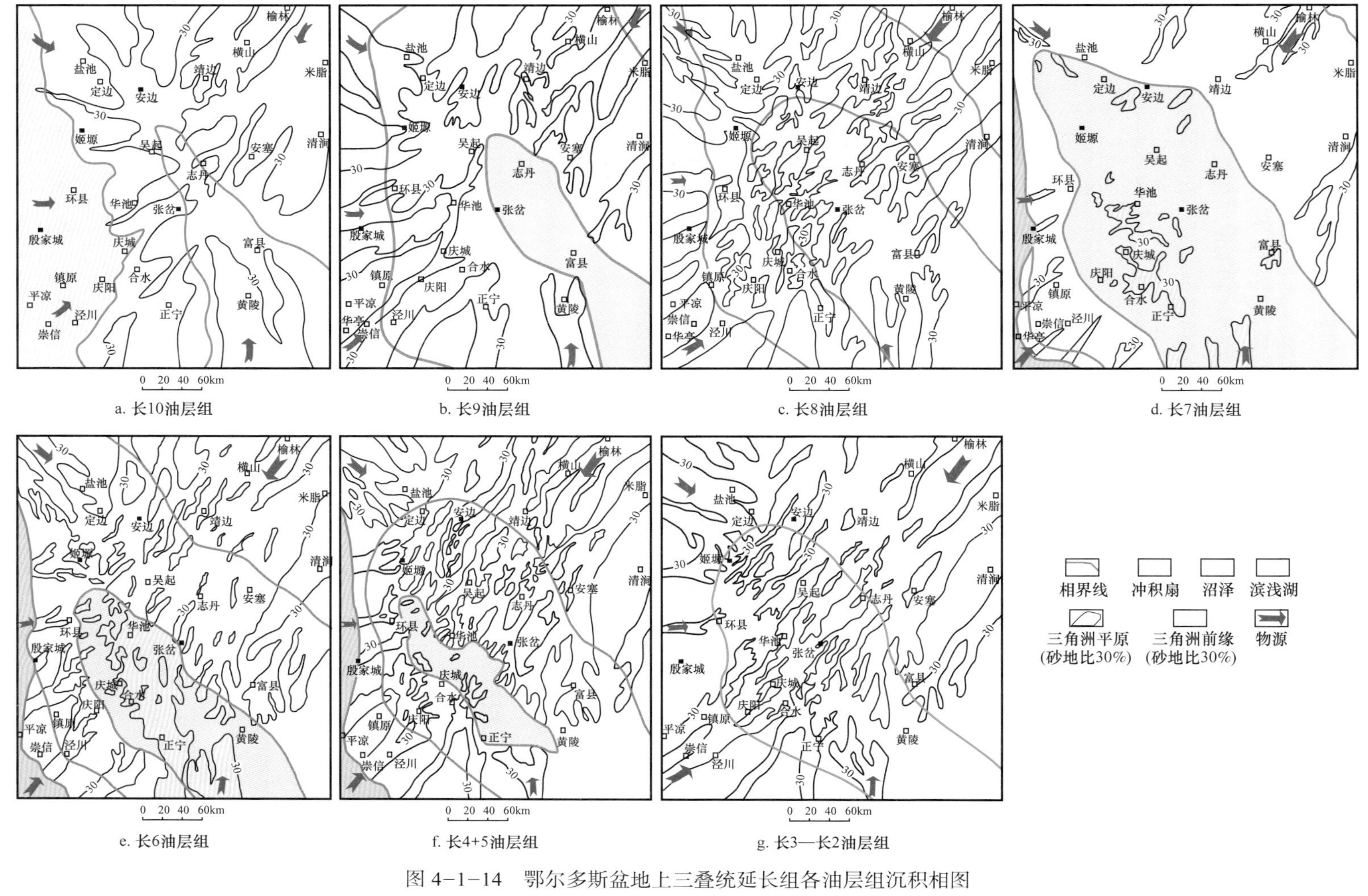

图 4-1-14 鄂尔多斯盆地上三叠统延长组各油层组沉积相图

北物源影响相对较弱，砂体止于湖盆中心志丹—安塞一带，以细砂岩和中砂岩为主。

（二）长 9 油层组沉积期

长 9 油层组沉积期代表晚三叠世早期的一次重要湖侵作用，以浅湖和三角洲沉积环境为主，局部地区发育半深湖及深湖亚相，湖泊面积约 $9\times10^4km^2$。在安塞—黄陵一带为半深湖及深湖亚相，沉积了 5～15m 厚的富有机质页岩和暗色泥岩，代表长 9 油层组沉积期的湖盆沉积中心。该沉积期，西北、西部和西南三角洲发育，尤其是西北部的盐池三角洲，形成的砂体厚度大，以中砂岩和细砂岩为主，砂 / 地比一般大于 50%，局部地区甚至达到 60%～90%，砂体分布稳定，向东抵达定边一带。西部环县三角洲，在华池一带与来自西南物源的崇信—庆阳三角洲汇合，向东北方向继续延伸至吴起地区。南部三角洲萎缩，向北仅影响到近黄陵一带。东北三角洲建设作用相对较弱，砂体厚度相对较薄，该三角洲延伸到靖边—安塞一带。

（三）长 8 油层组沉积期

长 8 油层组沉积期，湖泊水域宽广，湖水整体较浅，主要发育滨湖、浅湖亚相和三角洲相。湖底地形较平坦，发育超过 40km 的滨湖沉积，随着湖岸线迁移摆动，水上、水下沉积交替发育，常可见到煤线、根土岩、变形层理、垂直虫孔等。盆地总体上为富氧的浅水沉积环境，在靠近湖盆中心地区，仍发育大量的垂直虫孔。湖盆沉积中心位于吴起—志丹—富县一带，砂地比一般小于 20%。长 8 油层组沉积期为鄂尔多斯盆地重要的三角洲建设时期，各个物源控制下的三角洲均衡发育，砂岩主要为中、细砂岩。砂体在向前推进过程中，迁移改道频繁，形成了枝状分布特征。

（四）长 7 油层组沉积期

长 7 油层组沉积油层组底部稳定发育凝灰岩层，从西南向东北其厚度逐渐减薄至消失，说明火山灰来源于西南方向（邓秀芹等，2009）。受构造事件的影响，长 7 油层组沉积期的盆地古地理格局发生了显著的变化。主要表现为：（1）鄂尔多斯湖盆的西缘、西南缘和西北缘均快速隆升，遭受风化剥蚀，在平凉及贺兰山山前一带形成了一系列的冲积扇；（2）长 7 油层组沉积早期盆地整体快速沉降，中南部地区几乎全部被湖泊覆盖，面积超过 $10\times10^4km^2$，并出现了大面积的深湖区，湖盆发展进入全盛时期；（3）沉积中心发生了迁移，由早期的吴起—志丹—富县一带向西南迁移至华池—正宁—黄陵一带；（4）湖底地形强烈不对称，东北部斜坡长且缓，相带宽，而西南和西部斜坡较陡，相变快；（5）长 7 油层组沉积中晚期，在湖盆中心深水区大面积发育重力流沉积体，砂体厚度较大，砂 / 地比一般为 30%～50%，以粉砂岩和细砂岩为主，具“断根”分布特征。

（五）长 6 油层组沉积期

长 6 油层组沉积期，湖泊逐渐萎缩，但面积仍比较广，以半深湖—深湖亚相区重力流沉积砂和东北部靖边—安塞三角洲的建设作用为显著特征。在沉积中心华池—正宁—黄陵一带发育大致平行于相带界线、呈北西—南东向分布的大型、以细砂岩和粉砂岩为主的重力流复合沉积砂体，延伸长约 150km，宽 15～70 km。西南陡坡带三角洲与重力流砂体呈现出“断根”分布特征。东北地区由于源远坡缓，重力流沉积围绕三角洲前缘呈群状、带状分布。其中，东北体系的靖边—安塞三角洲建设作用异常显著，不断向湖盆中心推进，形成进积序列的大型复合三角洲群。而西南体系随着湖退，早期大面积带状分布的重力流复合沉积砂带逐渐解体为小型的孤立砂体。

（六）长 4+5 油层组沉积期

长 4+5 油层组沉积期，湖盆进一步萎缩，水体变浅，在长 4+5 油层组沉积中期发生了一次短暂的湖侵，半深湖—深湖亚相和重力流沉积面积缩小。与长 6 油层组沉积期相比，西部和西南三角洲建设作用有所增强，而东北地区的三角洲规模却明显减小。整体上，长 4+5 油层组沉积砂体厚度较薄，常与浅湖泥呈互层，或以湖泊相泥岩沉积为主。靖边—安塞三角洲向西南延伸至姬塬—华池—黄陵一带。崇信—庆阳三角洲向东北延伸到庆城—合水一带。

（七）长 3—长 2 油层组沉积期

长 3—长 2 油层组沉积期，湖泊仅局限于庆阳—环县—安边—志丹—富县所围区域，为浅湖沉积。该期是重要的三角洲建设期，西南部崇信—庆阳三角洲、西北部盐池三角洲和东北部靖边—安塞三角洲沉积作用活跃，并不断向沉积中心推进，于华池地区汇合。崇信—庆阳三角洲沉积的砂 / 地比一般为 30%～45%，靖边—安塞三角洲砂 / 地比一般为 30%～60%。西部和南部三角洲规模相对较小，延伸距离较短，主砂带的砂 / 地比约为 30%。

（八）长 1 油层组沉积期

长 1 油层组沉积期湖盆全面沼泽化，地层中常夹煤线、煤层、根土岩和大量的炭屑和植物化石。在陕北地区，长 1 油层组普遍发育瓦窑堡煤系地层。在横山、子长等地区，长 1 油层组中发现了油页岩和浊积岩。指示长 1 油层组沉积期是鄂尔多斯盆地统一的湖盆解体时期，在平原沼泽背景下发育了多个小型湖泊。

综上所述，延长组沉积演化具有如下特征：

（1）延长组沉积期，鄂尔多斯盆地具有振荡发展的特征。盆地从长 10 油层组沉积期的初始沉降、长 9—长 8 油层组沉积期的加速扩张、长 7 期油层组沉积的最大湖泛、长 6—长 4+5 油层组沉积期的逐渐萎缩、长 3—长 1 油层组沉积期的湖盆消亡，经历了一个完整的水进和水退旋回。除长 7 油层组沉积期最大湖泛作用外，还发育长 9 油层组沉积中晚期、长 4+5 油层组沉积中期等多个次一级的湖侵作用。

（2）受以长 7 油层组底部凝灰岩层为代表的构造事件之影响，盆地快速沉降，湖盆底形强烈不对称，且沉积中心发生迁移。长 10—长 8 油层组沉积期水体较浅，主要为河流相、浅水三角洲相、浅湖亚相，沉积中心位于志丹—富县一带；长 7—长 6 油层组沉积期，水深湖广，半深湖—深湖亚相、重力流事件沉积发育，沉积中心迁移至华池—正宁一带（图 4-1-15）。

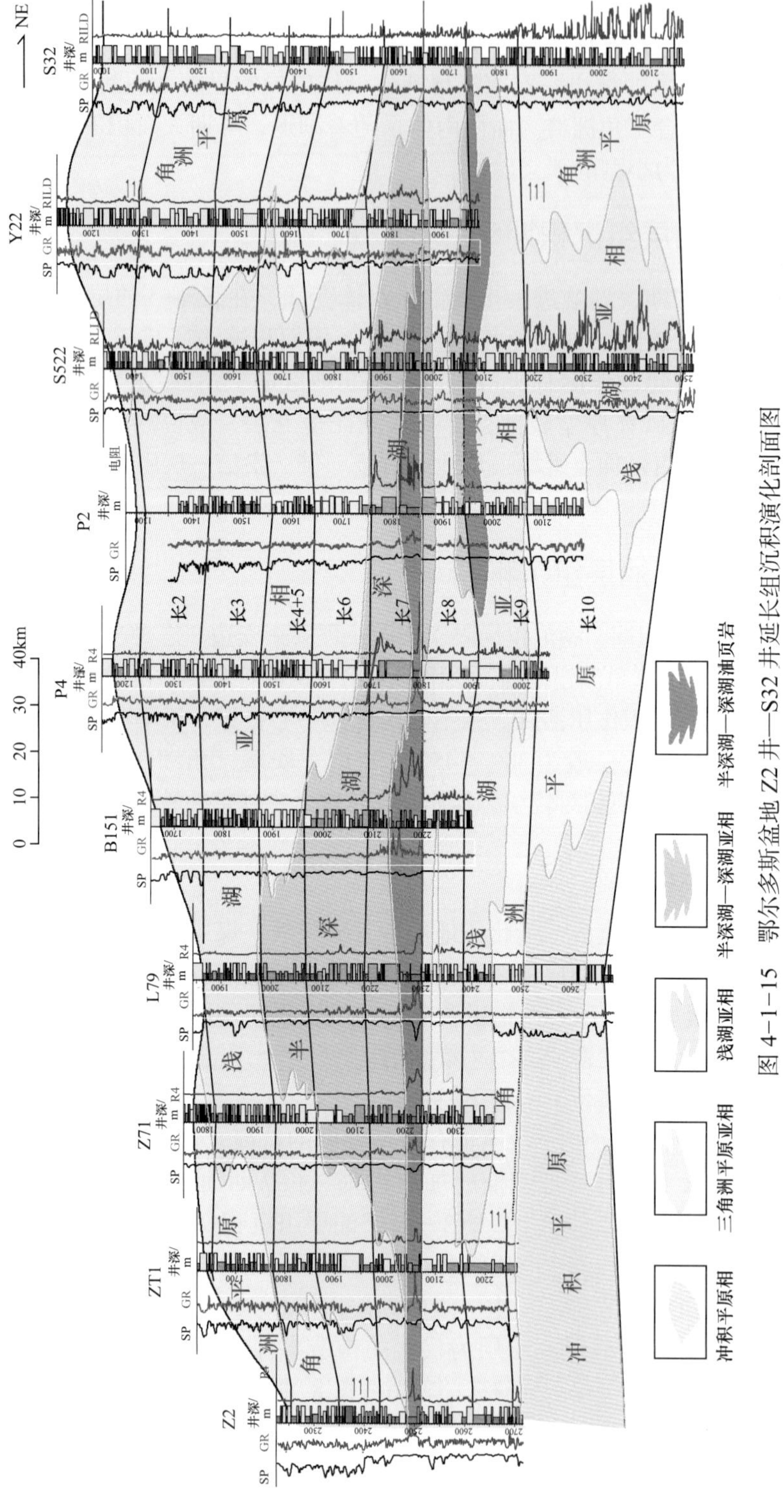

图 4-1-15　鄂尔多斯盆地 Z2 井—S32 井延长组沉积演化剖面图

（3）延长组的不同沉积期，五大三角洲呈现此消彼长的演化特征。早期，西北物源、西南物源和西部物源控制的三角洲建设作用显著，而中晚期，东北物源控制的三角洲建设作用突出，其他三角洲逐渐萎缩。

第二节 致密油沉积相与砂体展布

延长组为一个完整的湖盆演化旋回沉积。其中长 6、长 8 油层组位于超长旋回长 7 油层组的最大洪泛面附近，水体相对较深。湖盆范围较大，以浅湖相和三角洲沉积为主，在湖盆中心长 6 油层组发育半深湖—深湖相泥岩和重力流砂体，储层比较致密，整体以细粒沉积为主。

一、沉积类型与沉积相展布

鄂尔多斯盆地上三叠统延长组沉积体系包括四类，分别是河流沉积体系、辫状河三角洲沉积体系、曲流河三角洲沉积体系、湖泊沉积体系，但是在长 8—长 6 油层组沉积期湖盆范围达到最大，因此沉积体系类型主要包括 3 类，分别是辫状河三角洲沉积体系、曲流河三角洲沉积体系、湖泊沉积体系（表 4-2-1）。

表 4-2-1 鄂尔多斯盆地延长组长 8、长 6 油层组沉积体系分类表

相	亚相	微相	分布地区及层位
辫状河三角洲	辫状河三角洲平原	分流河道、分流间湾、天然堤	姬塬、陇东地区 长 8_1、长 8_2
	辫状河三角洲前缘	水下分流河道、水下分流间湾、席状砂、河口坝	姬塬、陇东地区 长 8_1、长 8_2、长 6_1、长 6_2、长 6_3
	前辫状河三角洲	席状砂	姬塬、陇东地区 长 6_2、长 6_3
曲流河三角洲	曲流河三角洲平原	分流河道、分流间湾、决口扇、天然堤	陕北地区 长 8_1、长 8_2
	曲流河三角洲前缘	水下分流河道、水下分流间湾、水下天然堤、水下决口扇、河口坝	陕北地区 长 8_1、长 8_2、长 6_1、长 6_2、长 6_3
湖泊	滨浅湖	沙坝	湖盆中部 长 8_2
	半深湖—深湖	砂质碎屑流、浊流	湖盆中部 长 6_3

（一）长 8 油层组沉积特征及沉积相展布

长 8 油层组沉积早期继承了长 9 油层组沉积末期的沉积特征，沉积水体范围较广且水深较大（图 4-2-1），随着源区带来的丰富物质向湖盆源源不断的充填，湖盆逐渐填平补齐，至长 8 油层组沉积中期大面积的滨湖沼泽化，为煤系地层覆水富氧沉积环境。虫孔多见于泥质粉砂岩或粉砂质泥岩中，管壁大多光滑平直，管径一般 5～20mm，管内多充填粉细砂岩，因此长 8 油层组沉积期总体为浅覆水、富氧的、地形比较平坦的环境特征，水

体较长 9、长 7 油层组沉积期明显变浅，以滨浅湖沉积为主，水体升降频繁、湖岸线摆动大，发育浅水三角洲和浅湖相。西北、西南和东北三角洲沉积体系最为发育，主要为三角洲平原和三角洲前缘沉积，前三角洲分布相对局限，为沉积中心。煤线、碳质泥岩、植物碎屑、垂直虫孔、波纹层理等反应浅湖沉积环境的沉积标志发育。沉积中心主要为浅湖相厚层黑色泥岩沉积，分布在吴起—志丹—甘泉一带（图 4-2-2）。

长 8_2 油层组由于受坡折和湖浪改造的双重控制，砂体顺物源方向孤立分布（图 4-2-3），连续性较差，在平面上表现为砂体展布形态与湖岸线呈平行或斜交趋势（图 4-2-1），剖面上主要表现为底平顶凸的透镜状。长 8_1 油层组砂体展布主要受东北曲流河三角洲、西部的扇三角洲、西北和西南部辫状河三角洲沉积体系影响，在平面上砂体形态呈带状和鸟足状展布（图 4-2-2），剖面上沿物源方向砂体连续性较好，且由湖盆中心向湖盆边缘砂体呈退积式堆积（图 4-2-3）。

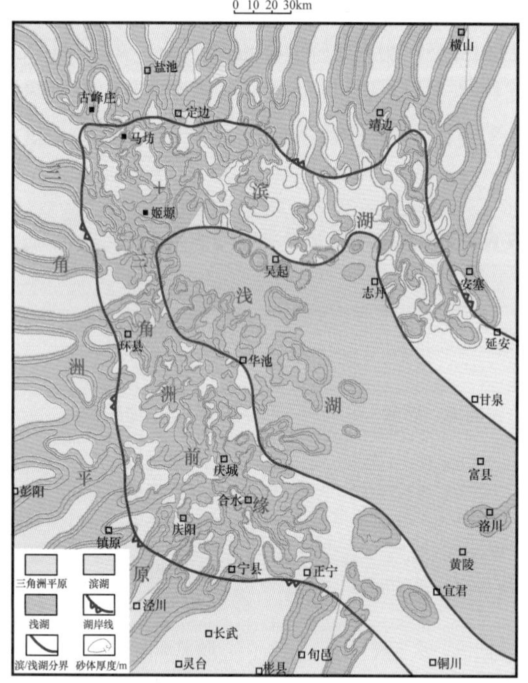

图 4-2-1　鄂尔多斯盆地延长组长 8_2 油层组沉积相展布图

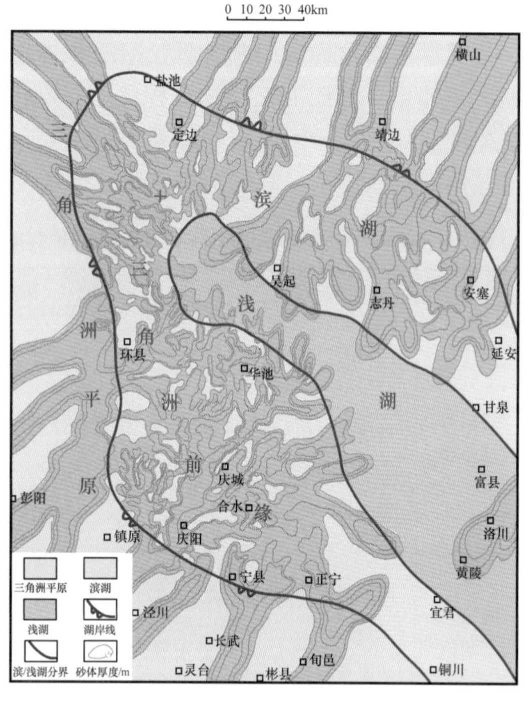

图 4-2-2　鄂尔多斯盆地延长组长 8_1 油层组沉积相展布图

1. 三角洲平原沉积

三角洲平原主要发育在长武—镇原—盐池北—靖边一带（图 4-2-2），发育煤层、煤线、碳质泥岩，砂岩富含大型植物炭屑并穿层分布，泥岩或粉砂岩疏松或球状剥落，富含植物碎片、根系（图 4-2-4）。中细砂岩，发育大型板状、槽状交错层理。单井上表现为下粗上细的正旋回，电测曲线以箱形和钟形为主，砂岩比较发育，规模大，且连续性较好，砂地比为 50%～80%，沉积微相主要为分流河道，局部发育天然堤和决口扇（图 4-2-5）。

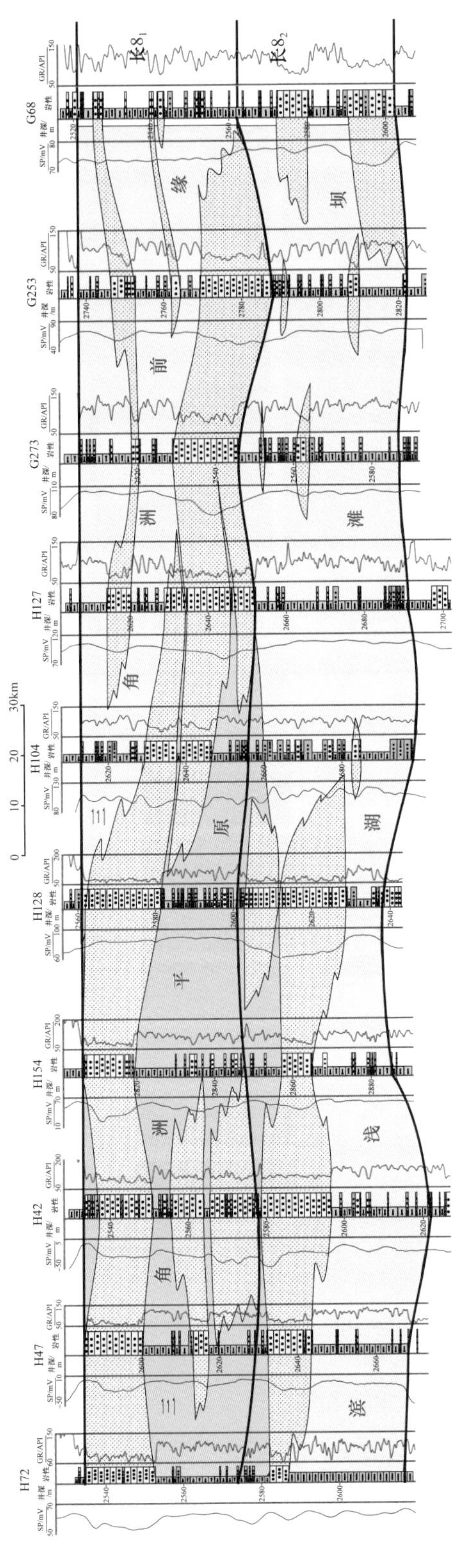

图 4-2-3　鄂尔多斯盆地 H72 井—G68 井延长组长 8 油层组沉积相剖面图

C11井长8_1油层组大型植物炭屑

W61井长8_1油层组植物根系化石

H39井长8_1油层组煤层

L81井长8_1油层组碳质泥岩

图 4-2-4 鄂尔多斯盆地长 8 油层组三角洲平原沉积特征

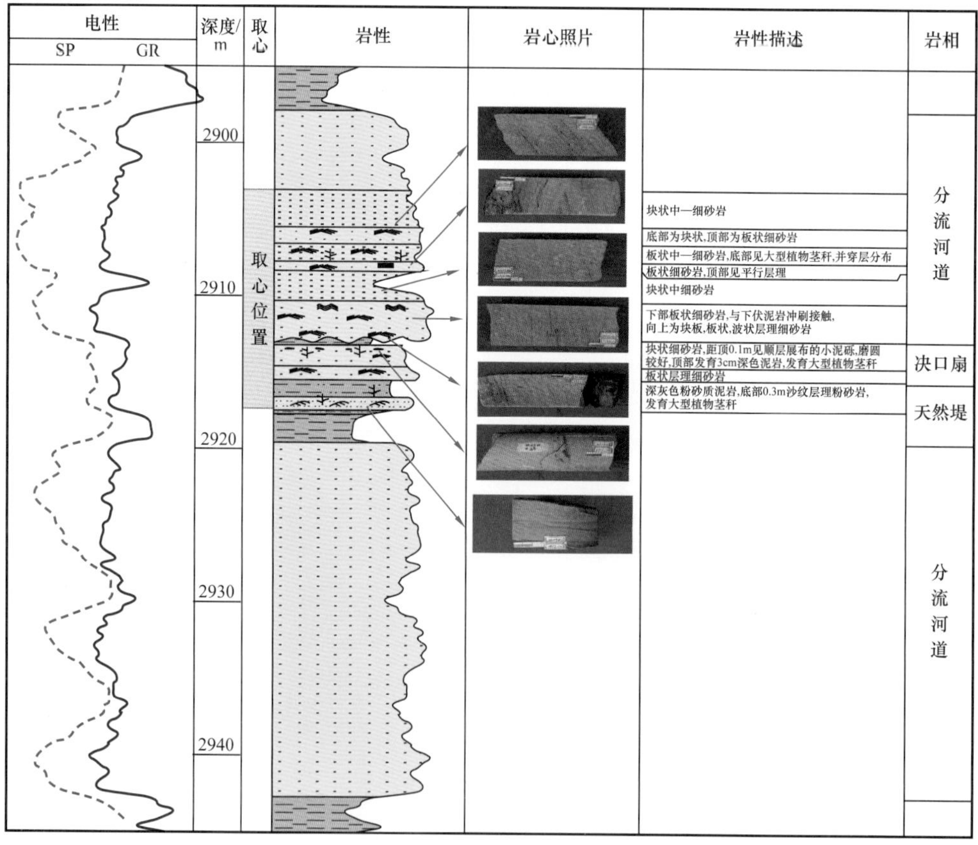

图 4-2-5 鄂尔多斯盆地 H49 井长 8_1 层扇三角洲平原沉积相剖面

2. 三角洲前缘沉积

三角洲前缘亦称过渡带，位于岸线至正常浪基面之间的浅水区，是大陆水流、波浪相互作用地带。由于各种作用因素强度不同，扇三角洲前缘可具有河控型、波浪改造型。长 8_2 油层组主要受控于波浪作用改造，呈围裙状沿湖岸线展布于合水—庆城—环县东—姬塬—吴起北一带（图 4-2-1），长 8_1 油层组主要受控于河流作用，河水入湖后继续流动形成许多水下分流河道，随着河道向湖泊深处延伸逐渐变浅而消失，呈鸟足状沿湖岸线向湖盆中心延展，主要分布在庆城—华池—环县西—定边南—吴起北—志丹—安塞一带（图 4-2-2）。沉积物组成以各种粒级的砂和粉砂为主。粒度变化向盆地方向变细，砂层中见交错层理、流水沙纹层理。随着湖水面的不断上升（湖进），砂泥互层显示出向上变细的趋势。发育水平层理深灰色泥岩，多见垂直虫孔（图 4-2-6）。剖面结构以下粗上细的正旋回为主，局部见反旋回，电测曲线以钟形、漏斗形为主。沉积微相以水下分流河道为主，开始出现河口坝和远沙坝沉积（图 4-2-7）。

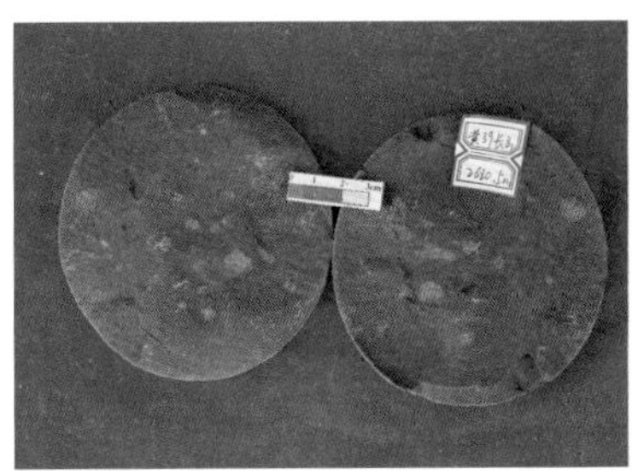

H39井，长8_1油层组，深灰色泥岩

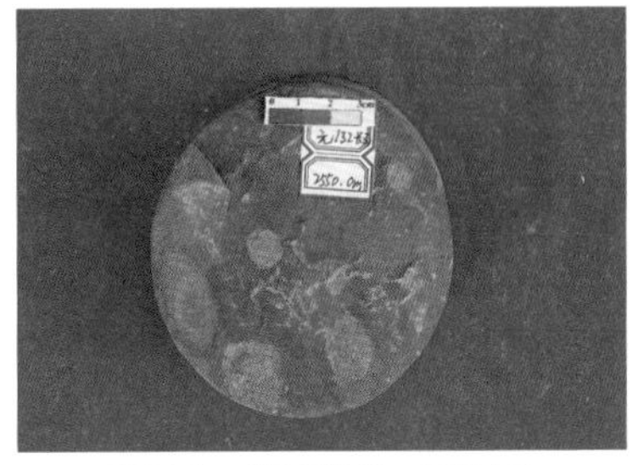

Y132井，长8_1油层组，垂直虫孔

图 4-2-6　鄂尔多斯盆地长 8 油层组三角洲前缘沉积特征

电性　SP　GR
深度/m　2080　2090　2100
取心　取心位置
岩性
岩心照片
渗透率/mD　0.01　0.1　1
岩性描述：沙纹层理粉砂岩；粉砂质泥岩；粉砂岩,层面富集大型植物茎秆；板状层理细砂岩；板状层理粉细砂岩；板状中细砂岩,底部冲刷接触,含油,顶部富含大型植物茎秆；粉砂质泥,含大型植物茎秆；粉砂质泥—粉砂,沙纹层理
微相：河口坝；水下分流河道；水下天然堤；水下分流河道

图 4-2-7　鄂尔多斯盆地 X34 井长 8_1 油层组三角洲前缘沉积

3. 滨浅湖亚相及其微相特征

由于浅湖和滨湖亚相缺乏明显的区分标志，可统称为滨浅湖亚相。长 8 油层组在湖岸线和湖盆底型的控制下，滨湖区呈环带状展布，与三角洲前缘亚相基本一致，浅湖区主要分布在吴起南—富县一带。岩性主要为灰色、深灰色、灰黑色泥岩夹薄层灰绿色、浅灰色细—粉砂岩。泥岩中发育水平层理，常见植物碎片化石和大量湖相动物化石，如鱼化石、介形虫、瓣腮类及叶肢介等（图 4-2-8），并见大量垂直虫孔。主要发育沙滩、沙坝及滨浅湖泥沉积微相。主要形成于水进和高水位期，在延长组主要发育长 8_2 层的高水位期。

沙坝发育在滨浅湖地带，形成于湖浪、湖流的筛选与风暴浪冲刷作用，水动力能量较强。坝平行或斜交岸线、并离岸分布，几何形态清楚。研究层段沙坝以细砂岩、粉砂岩为主，岩心见双向交错层理（图 4-2-8），在单井上厚度一般为 5～10m 不等，常由多个旋回叠置组成，旋回之间为薄层坝间泥岩。单个坝体厚度 1～3m，总体叠置可形成细—粗—细的对称旋回或向上变粗的反旋回，体现了一个坝体完整的发育过程，SP 或 GR 曲线呈微锯齿箱形或反旋回“漏斗”形（图 4-2-9）。

L35井，长8_2油层组，灰黑色泥岩

Q22井，长8_2油层组，双壳类化石

G67井，长8_2油层组，深灰色泥岩，发育藻包裹体

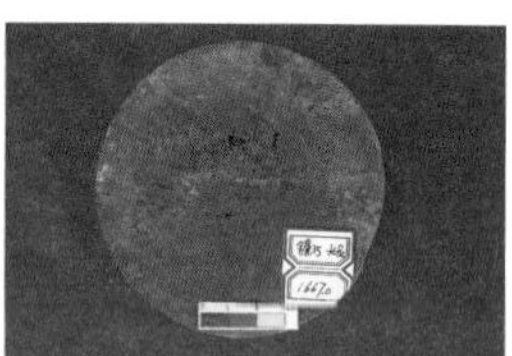
L35井，长8_2油层组，灰黑色泥岩，富集藻包裹体

Z74井，长8_2油层组，波状层理

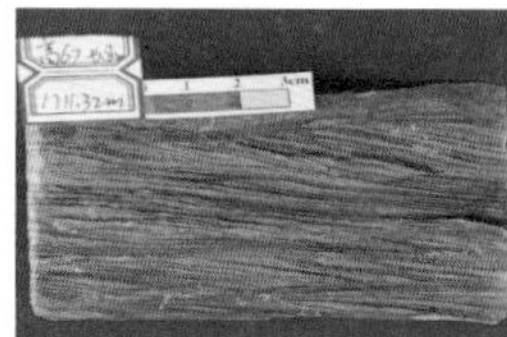
G67井，长8_2油层组，波状交错层

G75井，长8_2油层组，双向交错层理

L29井，长8_2油层组，双向交错层理

图 4-2-8 鄂尔多斯盆地长 8 油层组滨浅湖沉积特征

（二）长 6 油层组沉积特征及平面相展布

长 6 油层组沉积期尽管湖盆范围比长 7 油层组沉积期进一步萎缩，但半深湖—深湖沉积范围仍较广，并以发育浊流沉积为特征。可以划分出冲积扇、三角洲平原（西南、西北沉积体系为辫状河三角洲平原，东北为曲流河三角洲平原，西部缺乏三角洲平原沉积）、三角洲前缘（西南、西北沉积体系为辫状河三角洲前缘，东北为曲流河三角洲前缘，西部为扇三角洲前缘）、半深湖—深湖亚相及浊积亚相 5 种沉积类型（图 4-2-10）。由于西缘、西南缘的逆冲作用，使得长 7 油层组沉积期以后沉积中心向西南方向迁移，因此造成东北沉积体系三角洲砂体向西南方向的推进，可以影响到洛川、塔儿湾、华庆姬塬一带，同时西部、南部和西南沉积体系随之退缩。湖岸线位于 H20 井—镇原—泾川一线和召皇庙—杨米涧—延长一线，半深湖—深湖界线位于旬邑—庆阳—黄县—华庆—张岔—黄陵。

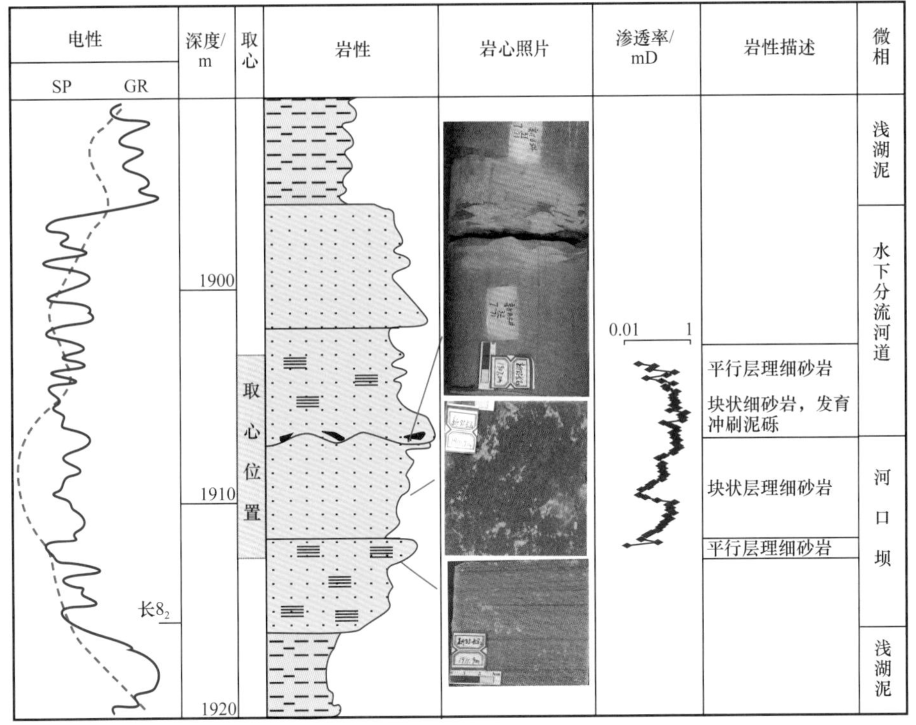

图 4-2-9　鄂尔多斯盆地 X85 井长 8_2 油层组沙坝沉积

1. 三角洲平原沉积

三角洲平原主要发育在古峰庄—镇原—泾川—灵台以西的地区和召皇庙—杨米涧—延长以东的区域，以分流河道沉积为主，河流携砂能力强。砂岩粒度粗，以中细砂岩和含砾中细砂岩、细砂岩为主，发育板状、槽状、楔状等大中型交错层理、平行层理，砂岩与下伏泥岩常呈冲刷切割的关系，底部常见泥砾。炭屑、炭化植物茎秆发育，植物化石丰富，湖岸线附近多发育大量的垂直潜穴（图 4-2-11）。

2. 三角洲前缘沉积

三角洲前缘相带宽广，影响范围达到 5.9×10^4km^2。河口坝、水下分流河道发育，自然电位曲线常表现为钟形、漏斗形或二者相互叠置，发育平行层理、各种交错层理。粉砂岩、泥质岩中变形层理、水平层理、沙纹层理发育。化石组合既可以看到大量陆生植物的化石碎片、炭屑顺层分布，同时又以湖生生物繁盛为特征（图 4-2-12）。长 6 油层组沉积期为东北三角洲重要的建设期，分流河道入湖后能量锐减，在河口区快速沉积，因此在安塞至安边一带形成一个平行于湖岸线展布的巨厚的砂带，砂体厚度一般 45～90m，局部地区超过 100m，平均厚度可以达到 60m 左右。

3. 半深湖—深湖沉积

半深湖—深湖分布于旬邑—庆阳—黄县—华庆—张岔—黄陵所划定的区域，面积约 1.8×10^4km^2。发育大段的砂质碎屑流、浊积砂体和泥质沉积。砂质碎屑流以连续性大段块状砂岩为主，下部发育板条状泥质碎屑；浊流砂体以薄层细砂岩为主，发育平行和沙纹层理；泥岩质纯，含丰富的湖生生物化石，如鱼鳞片、鱼类化石等。水平层理、沙纹层理、变形层理、包卷层理等非常发育，由于重力滑动和搅混作用，还发育泥火焰、槽模、沟模、大量的泥岩撕裂屑等沉积构造（图 4-2-13）。

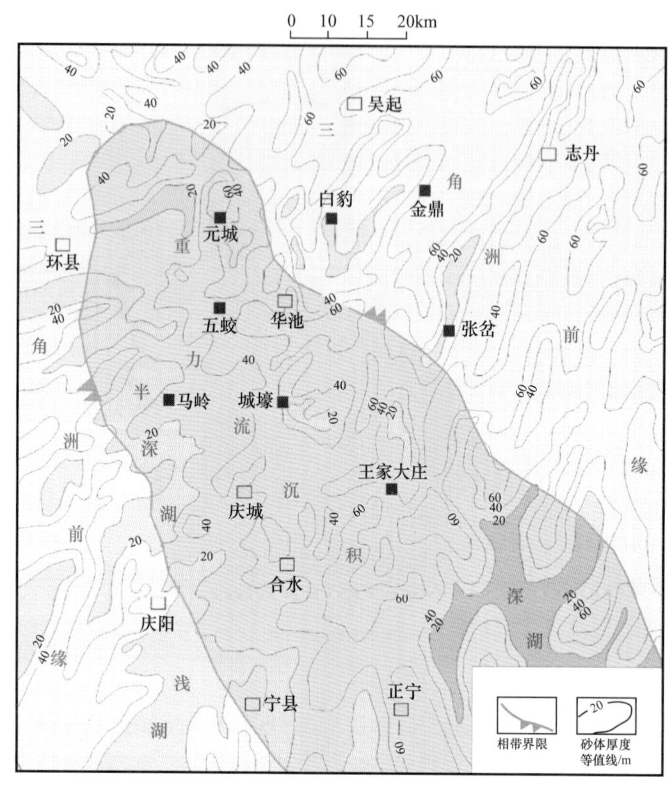

图 4-2-10 鄂尔多斯盆地三叠系延长组长 6 油层组沉积相图

图 4-2-11 鄂尔多斯盆地 Y22 井长 6_2 油层组三角洲平原亚相特征

1751.5m，暗色泥岩、垂直虫孔

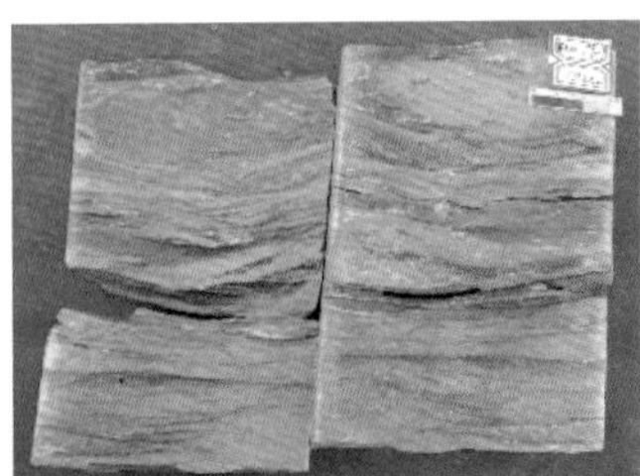
1752.5m，波状交错层理

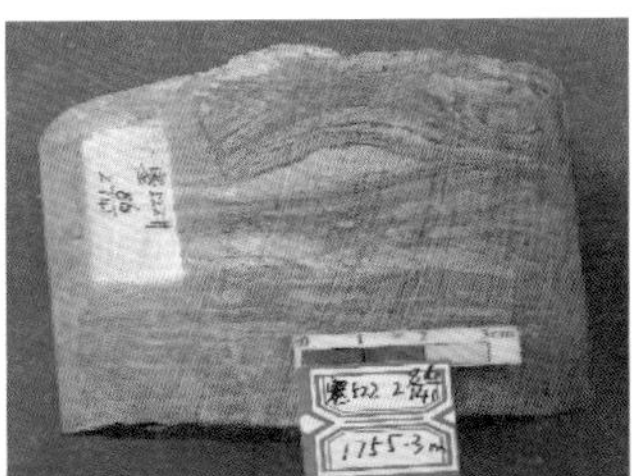
1755.3m，沙纹层理

1763.95m，暗色泥岩、植物碎片

1767.1m，暗色泥岩、壳类化石

1770.7m，变形构造

图 4-2-12 鄂尔多斯盆地 S522 井长 6_3 油层组三角洲前缘亚相特征

B224井，长6_3油层组，2260.5m，块状砂岩

B265井，长6_3油层组，1854.6m，板条状泥质碎屑

B168井，长6_3油层组，2087.5m，平行层理—波状层理细砂岩

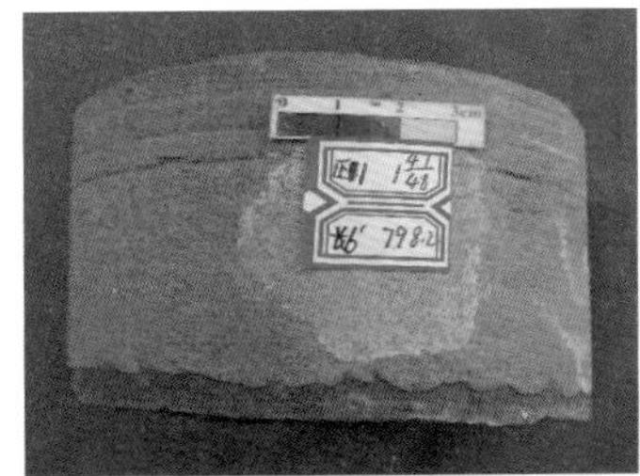
Z11井，长6_1油层组，798.2m，泥火焰

Z14井，长6油层组，1363.2m，槽模

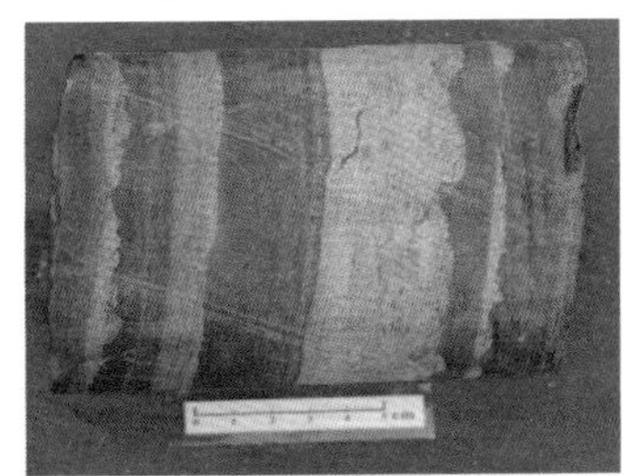
Z9井，长6_1油层组，韵律层，火焰状构造

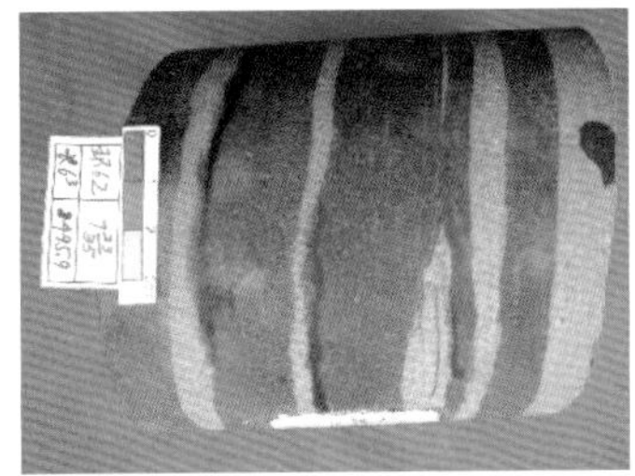
H62井，长6_3油层组，砂泥互层

Z37井，长6油层组，1679.5m，槽模

N25井，长6_1油层组，火焰状构造

图 4-2-13 鄂尔多斯盆地长 6 油层组半深湖—深湖相特征

二、砂体展布及成因模式

（一）砂体展布特征

1. 长 8 油层组砂体展布特征

长 8 油层组沉积期整体具有底形平缓，水体较浅、以滨浅湖沉积为主，水体升降频繁、湖岸线摆动大的特征，以浅水三角洲沉积为主，三角洲砂体在盆地内均衡分布，整体以建设性三角洲为主，由盆地周缘向盆地中心延展。

1）三角洲砂体展布特征

受物源和沉积相带的控制，长 8_1 油层组沉积砂体总体比长 8_2 油层组沉积发育，以低水位期的三角洲平原分流河道和三角洲前缘的水下分流河道为主，砂体呈带状、鸟足状展布。西部和西北的扇三角洲砂体最发育，砂体厚度一般都在 15～30m 之间，河道较宽，一般为 10～30km，向南东方向延伸相对较短，最远到达耿湾—康岔—樊学一带；西南辫状河三角洲砂体相对较薄，砂体厚度多在 15～20m 之间，河道宽 10～20km，向北东方向延伸较远，至白豹—塔儿湾一带的东北方向；东北的曲流河三角洲砂体与西南的辫状河砂体相比，砂体厚度较薄，一般都在 20m 以下，局部厚度中心在 20m 以上，河道宽度在 10～15km 之间，延伸距离相对较短，至庙沟—金鼎—甘泉北一带。四大物源区砂体在富县—白豹—吴起—甘泉一带交会（图 4-2-14）。

2）滩坝砂体展布特征

长 8_2 油层组砂体来自东北、西北、西部和西南四大物源方向，以三角洲平原的分流河道和滨浅湖的滩坝砂体为主。西北、西部砂体河道较宽，且厚度较大，20～40m 及以上的面积分布较广；东北砂体规模相对较小，河道砂体宽缓，厚度较薄，一般都在 20m 以下；西南的河道砂体规模处于西北和东北砂体之间，砂体厚度一般为 20～30m。位于湖岸线以内的滨浅湖滩坝砂体呈坨状或带状与河道方向平行或斜交，砂体相对比较孤立，平面连续性差，孤立砂体厚度较大，中心厚度达 30m 左右。四大物源区砂体在富县—甘泉—志丹—吴起一带交会（图 4-2-15）。

2. 长 6 油层组砂体展布特征

丰富的物源、有利的湖盆底形、持续增强的水动力、频繁的构造诱发等因素共同作用下，形成了盆地大面积富砂的格局。构建了三种砂体沉积类型，突破了单一曲流河三角洲储层成因模式的传统认识，丰富了湖盆延长组低渗透储层地质学理论。

长 6 油层组沉积期继承了长 7 油层组沉积期的沉积格局，沉积物的供给速率大，三角洲建设作用异常活跃，湖盆逐渐填充、收敛，以东北、西北三角洲的建设作用活跃和西、西南、南部的砂质碎屑流和浊积砂体发育为重要特征。长 6_3 油层组沉积期至长 6_1 油层组沉积期湖盆持续萎缩，导致半深湖—深湖区范围逐渐减小，重力流砂体也随之向湖盆中心退缩，至长 6_1 油层组沉积期北西—南东向展布的浊积砂带逐渐解体而形成几个小型的浊积体。相反，三角洲的建设逐渐增强，形成三角洲不断向湖盆中心进积的沉积面貌，碎屑流砂体发育，砂岩厚度一般为 20～40m，在湖盆中部地区和东北三角洲河流入湖的湖口区形成两个厚度带，局部地区砂岩厚度达到百米以上（图 4-2-16）。

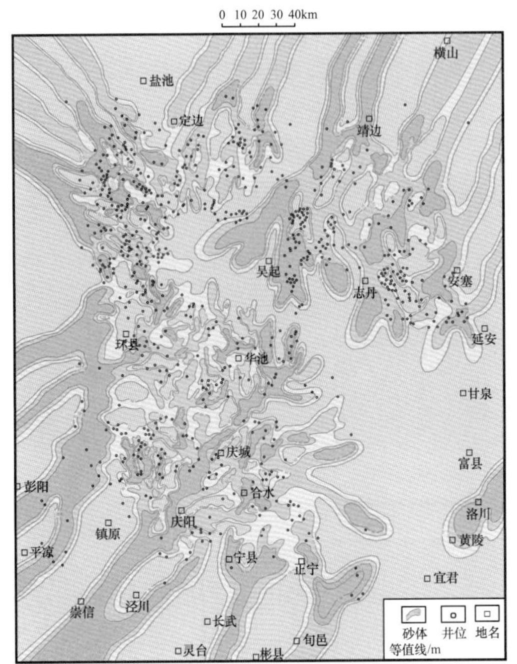

图 4-2-14　鄂尔多斯盆地延长组长 8_1 油层组砂体展布图

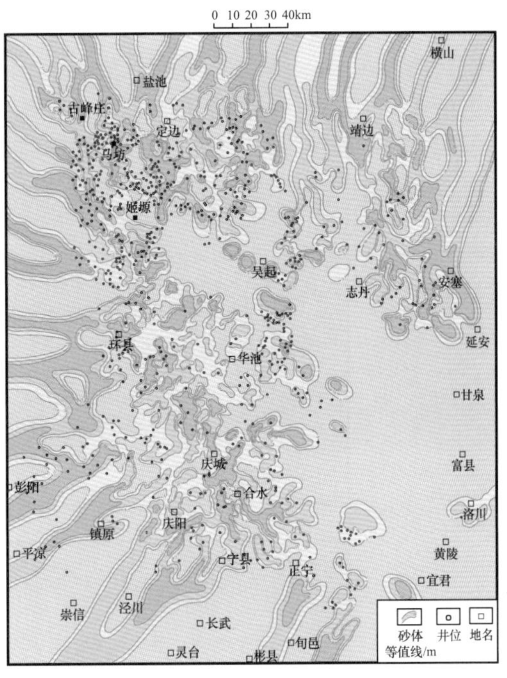

图 4-2-15　鄂尔多斯盆地延长组长 8_2 油层组砂体展布图

1）三角洲砂体

辫状河三角洲沉积砂体：以西北沉积体系为代表的辫状河三角洲沉积，长 6 油层组沉积期整体表现为进积型沉积特征，在湖岸线控制下，相变较快，长 6_3 油层组沉积期和长 6_2 油层组沉积期主要发育河口坝型和河口坝—分流河道叠加型砂体，砂体规模相对较小；长 6_1 油层组沉积期以分流河道叠加型砂体为主，砂体厚度大，分布稳定，整体表现为三角洲建设作用相对较弱，砂体规模一般，平面上主要分布在盐池—姬塬—环县一带，横向延展范围比较局限。

曲流河三角洲沉积砂体：以东北沉积体系为代表的曲流河三角洲沉积，河口坝型和河口坝—分流河道叠加型、分流河道叠加型砂体均比较发育，砂体纵向叠置较好，横向连片，没有明显的湖岸线迁移特征，建设型三角洲特征显著，易形成复合连片的规模砂体，在平面上表现为河道宽度大，向湖盆中心延展较远，由榆林—子洲一带延伸到吴起—志丹南部，长达 200 多千米。

2）深水重力流沉积砂体

在湖盆中部的长 6_3 油层组发育陡坡背景下的三角洲湖底扇沉积，具有多物源扇体相互叠加、以砂岩储层为主的特点，根据成因将重力流沉积体系分为砂质碎屑流、泥质碎屑流、浊流、滑塌四种微相，其中，砂质碎屑流、滑塌沉积主要属于内扇亚相，砂质碎屑流与浊流间互为中扇亚相，薄层浊流主要属于外扇亚相，泥质碎屑流发育相对较少。四种微相的形成机理包括整体冻结、摩擦固结及悬浮沉降。

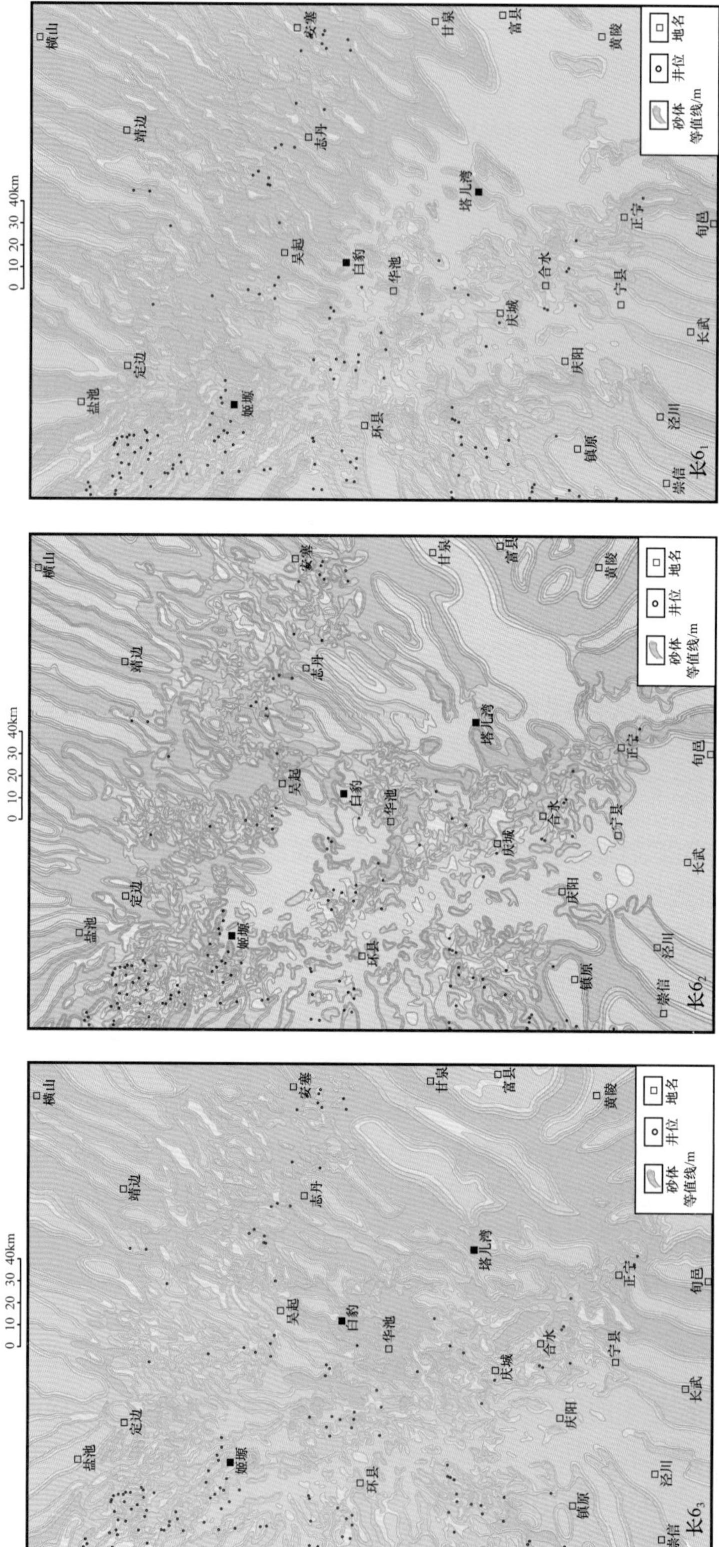

图 4-2-16　鄂尔多斯盆地三叠系延长组长 6 油层组砂体厚度等值线图

（二）沉积模式

针对延长组沉积早期砂体广泛发育的成因及沉积模式等，前人也做了大量工作，主要侧重于不同的地区或者某一层位。本次从全盆地角度和大的沉积演化背景出发，从物源、水动力条件和砂体叠置等方面综合分析砂体结构，总结了5种沉积模式（图4-2-17）。

1. 三角洲连续厚层加积模式

以盆地西南沉积体系长8_1油层组、东北沉积体系长6_3油层组为代表，具有砂体单层厚度大，叠加期次不明显，具有明显的垂向加积特征；同时，该地区水体分布范围较广，在长8_1油层组沉积期湖水水体较深。另外，由于西南和南部体系属于近物源的辫状河三角洲沉积环境，距离物源区近，物源供给相对充足。故在近物源、物源供给充足，湖泊底形相对较陡，在湖平面整体上升的过程中，湖水扩张和河流入湖的动力都较强。在河流强势入湖，湖水强势扩张的过程中，河流和湖水动力处在一种相持状态下。同时，该地区距离物源近，物源供给充分，在这种水动力条件和物源供给方式下，砂体主动卸载，就形成厚度大、垂向和横向连续的垂向加积砂体，属于高能量快速堆积方式。

2. 三角洲连续厚层退积模式

以盆地西北沉积体系长8_1、长6_1油层组为代表，具有砂体单层厚度大，叠加期次不明显，垂向上连续性好，尤其是西北体系更是如此；同时，该地区水体分布范围较广，相对东北体系水体较深。另外，由于西北和西部体系属于近物源的扇三角洲沉积环境，因此，距离物源区近，物源供给相对充足。故在近物源、物源供给充足，湖泊底形相对较陡，在湖平面整体上升的过程中，湖水扩张和河流入湖的动力都较强，且湖水扩张动力大于河流入湖动力，河流不断后退，砂体溯源沉积。同时，在湖水强力顶托的作用下，砂体被迫提前被动卸载，就形成厚度大、垂向和横向连续的退积沉积砂体，属于高能量快速堆积方式。

3. 不连续薄层退积模式

以盆地东北沉积体系长8_1油层组、西南沉积体系长6_1油层组为代表，具有砂体单层厚度小，叠加期次明显，垂向上连续性差，平面上砂体分布面积广，但是砂体厚度小；同时，在研究区的东北沉积体系水体分布范围较广，水体相对较浅。另外，由于东北沉积体系属于源远流长的曲流河三角洲沉积环境，因此，距离物源区远，物源供给不充足。故在湖平面整体上升的过程中，湖水扩张和河流入湖的动力都较弱，在小期次的湖水升降过程中，湖水进退波及范围较大，湖水和河流水动力形成了你强我弱来回“拉锯模式”的动力。在这种水动力条件和物源供给方式下，就形成砂体平面分布广、厚度薄、垂向和横向不连续的沉积特征，属于低能量缓慢堆积体。

4. 湖相沙坝沉积模式

以盆地长8_2油层组沉积为代表，湖盆底形及沉积体系的差异决定了盆地内部不同地区砂体形态的迥异。西南地区湖盆底形较陡，发育坡折带，波浪改造作用较强，在入湖处快速堆积，形成厚层河口坝沉积砂体，且呈明显的带状展布，是西南沉积体系厚层砂体主

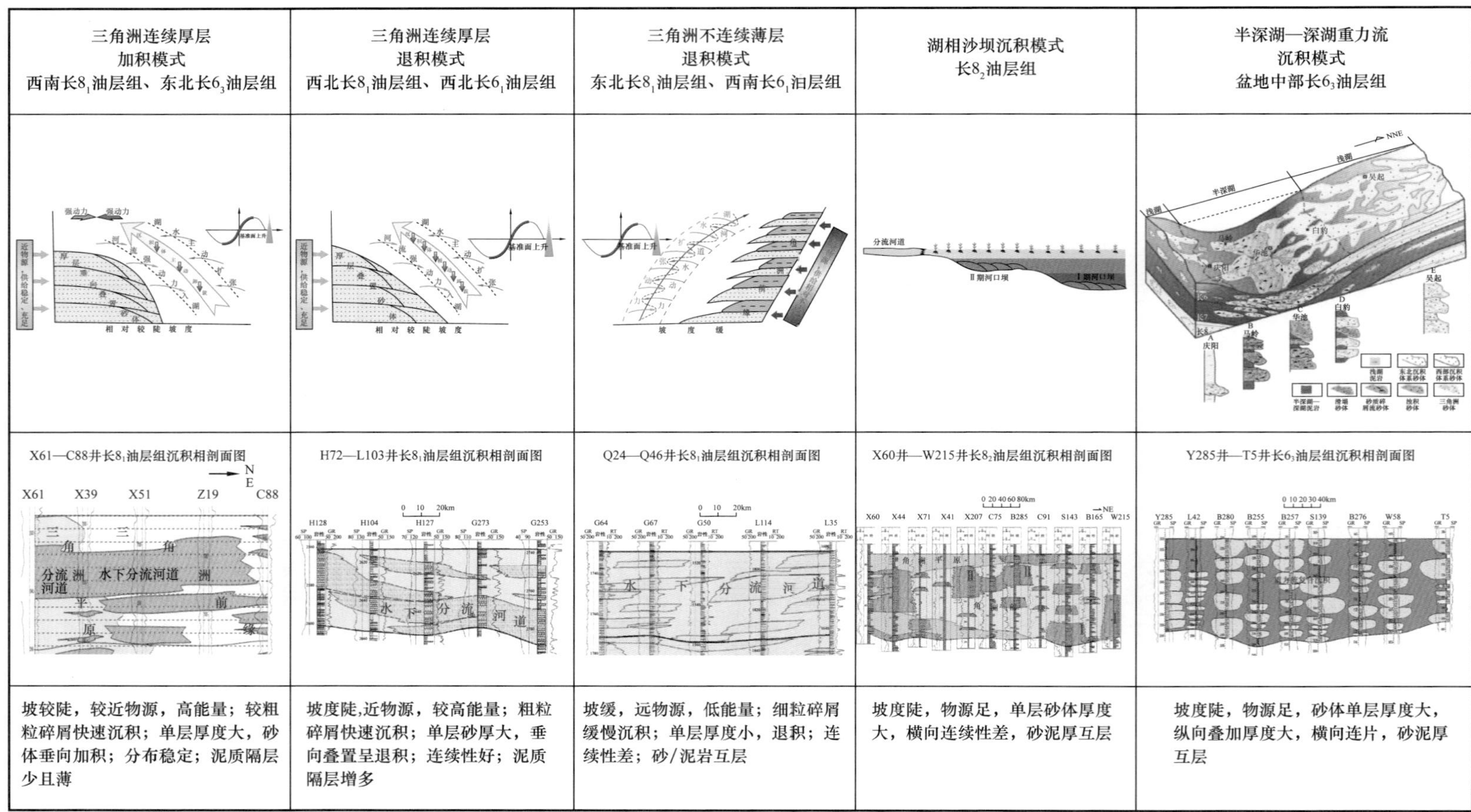

图4-2-17　鄂尔多斯盆地湖侵期浅水三角洲砂体沉积模式及特征

要成因微相类型，沉积特征表现为反旋回沉积序列，为水动力骤减、快速卸载沉积的特征，以块状厚层砂体为主（厚度大于 10m），底部与泥岩突变接触，沉积构造单一，局部见平行层理。东北地区底形平缓单一，波浪改造作用相对较弱，顺物源方向砂体连续性较强，主要发育河口坝和远沙坝，是形成东北沉积体系砂体成因的主要沉积微相类型，沉积特征表现为反旋回沉积序列，波状、平行层理比较发育。西北和西部地区距离物源较近，物源供给充分，河流搬运能力较强，河流入湖动力大于波浪作用的改造能力，分流河道和水下分流河道砂体相对比较发育，是形成西北和西部厚层砂体的主要成因微相。

5. 湖盆中部重力流沉积模式

以湖盆中部华池—庆阳地区长 6_3 层为代表，位于三角洲前缘及前缘末端和半深湖环境，三角洲进积方向为北东—南西向，通过层序格架中三角洲沉积微相、骨架砂体成因、砂体几何形态解析，确立了空间组合模式，明确了湖盆中部厚层砂体分布规律及成因，砂体自北而南依次为三角洲前缘、滑塌、砂质碎屑流、浊流砂体等成因类型。模式揭示了砂体形成的湖盆底形背景、层序构成及不同成因砂体空间叠置关系，对有利储集体预测及目标评价有较好的指导意义。

三、砂体沉积过程模拟及富砂机理

通过开展多物源河湖体系沉积模拟实验研究，模拟陇东地区长 8 油层组沉积多水系供屑沉积过程，揭示陡坡、缓坡、多物源交会等不同沉积背景下，三角洲前缘水下分流河道、河口坝、浅湖滩坝等沉积类型，在砂体结构、叠置样式、分布特征等方面的差异性，揭示三角洲 / 浪控沙坝沉积特征及迁移规律。

在广泛开展现代沉积调查、古代露头研究的基础上（于兴河等，1994；王菁等，2019），确定模拟陇东地区长 8 油层组沉积期湖泊—三角洲砂体展布特征，建立原型模型，在相似理论的约束下，建立物理模型，设计详细的实验方案，在不断改变水流量、加砂量、粒度、湖水位、坡度等参数条件下，找出研究区砂体形成、分布及演变规律，得到实验条件下的定性认识和定量关系。实验流程见图 4-2-18。

实验水槽装置长 16m、宽 6m、深 0.8m，湖盆前部设进水口 1 个，两侧各设进（出）水口 2 个，用于模拟复合沉积体系，尾部设出水口 1 个，水槽四周设环形水道（图 4-2-19）。实验中共设计两个物源，1 号物源模拟为西南部物源，相对缓坡带辫状河三角洲，2 号物源模拟为西部物源，相对陡坡带辫状河三角洲，与实际相符。本实验物源置于实验装置前端，造浪器位于实验装置末端。x 方向有效使用范围 0～6.0m，比尺为 1∶30000；y 方向有效使用范围 5.5～12.0m，比尺为 1∶30000；z 方向厚度比尺为 1∶100。y 方向 4.0～5.5m 为固定河道区，不计入有效测量范围；y 方向 5.5～12.0m 为三角洲沉积区；y 方向 12.0～15.0m 为湖区（图 4-2-20）。根据研究区湖盆底形特征及实验实际情况设计实验底形如图 4-2-20，其中西南部物源（1 号物源）控制下的缓坡辫状河三角洲沉积区设计坡度为 1°～2°，西部物源（2 号物源）控制下的陡坡辫状河三角洲沉积区设计坡度为 3°～4°，造浪器置于 y 方向 10.5～11.5m 处。其底形等值线图如图 4-2-20 所示。

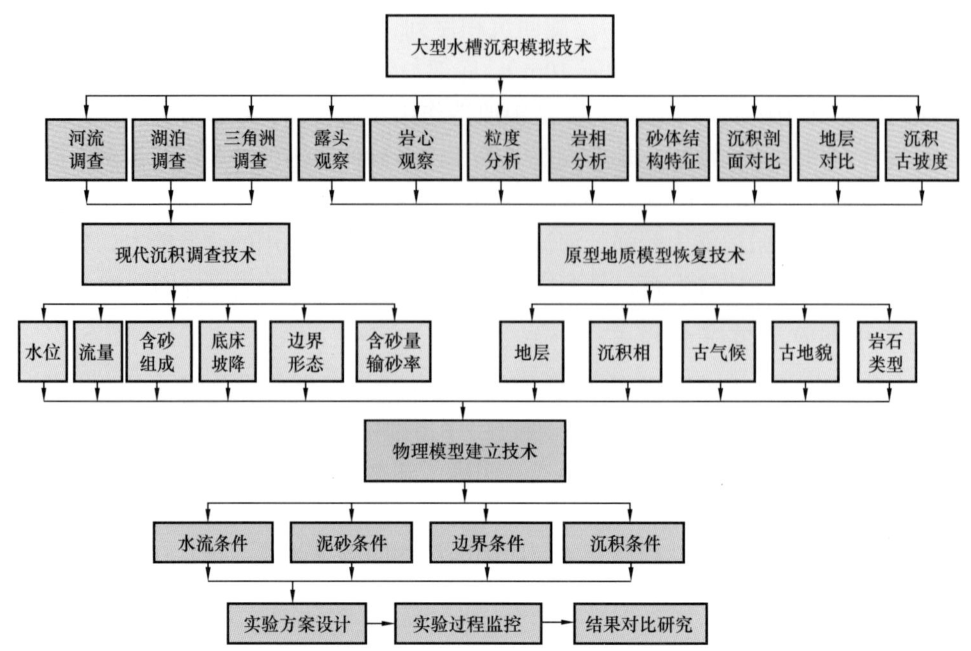

图 4-2-18　陇东地区长 8 油层组沉积期沉积模拟实验流程及技术路线图

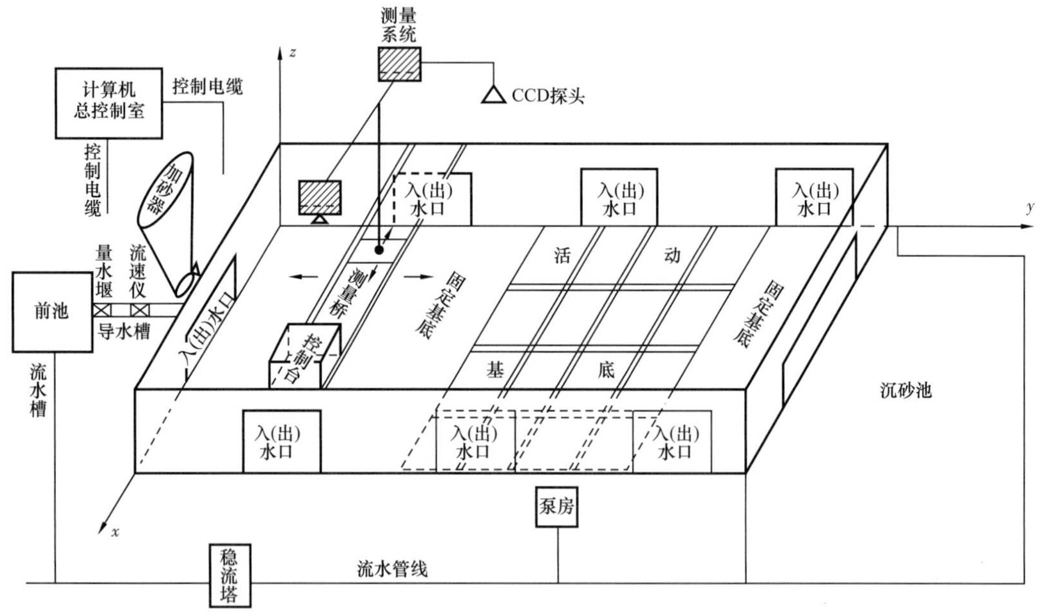

图 4-2-19　沉积模拟实验装置示意图

（一）实验参数设计

底板控制：结合研究区目的层段各沉积期地形、地貌特点及沉积物厚度分布，根据实验条件第一沉积期主要在原始底形基础上沉积，不降活动底板；第二、第三沉积期在前一期沉积物的基础上调节活动底板以保证形成沉积坳陷（表 4-2-2）。

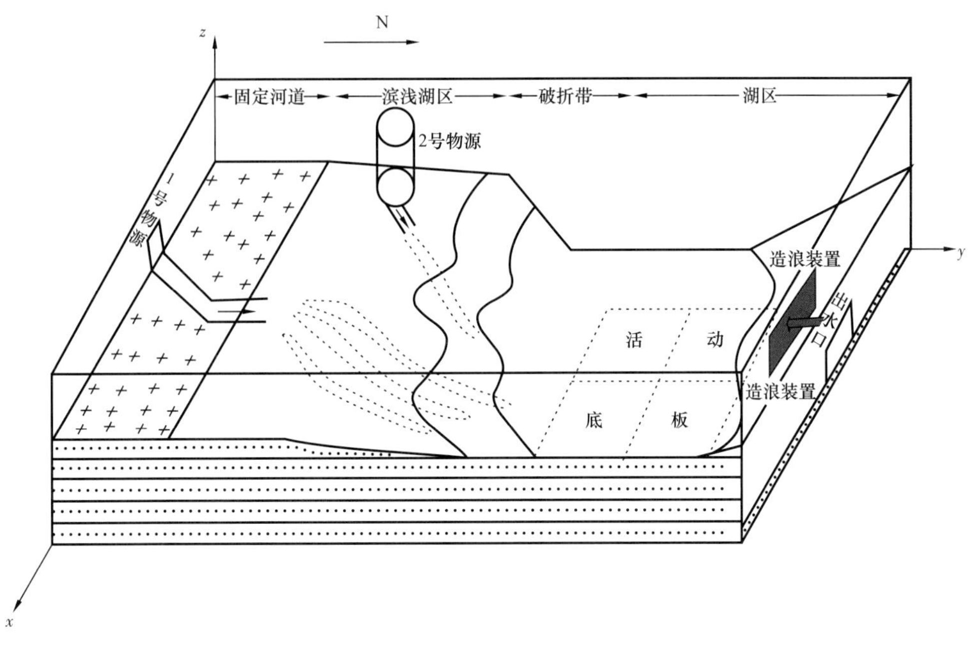

图 4-2-20　研究区水槽模拟实验底形设计

表 4-2-2　实验活动底板运动状况

调节轮次	第一排	第二排	第三排	第四排
Run2-1	3cm	4cm	4cm	5cm
Run3-1	2cm	3cm	3cm	4cm
累计	5cm	7cm	7cm	9cm

加砂组成：西南部物源控制下的缓坡辫状河三角洲沉积区以细砂为主，西部物源控制下的陡坡辫状河三角洲沉积区以中—细砂为主，见少量砾石，而且每个沉积时期的岩性又不尽相同。实验设计主要考虑到沉积物粒度特征，水流的搬运能力，洪水期、中水期及枯水期含砂量的变化。设计西南部物源主要由细砂、粉砂和泥组成，见表 4-2-3；西部物源主要由中砂、细砂、泥和少量砾石组成，见表 4-2-4；且各沉积期及不同来水条件下的加砂组成略有差异。

表 4-2-3　陇东地区长 8 油层组水槽模拟实验西南部物源加砂、泥组成

沉积期	加砂、泥组成（体积百分比，%）								
	洪水期			中水期			枯水期		
	中砂	细粉砂	泥	中砂	细粉砂	泥	中砂	细粉砂	泥
长 8_2	25	65	10	13	72	15	10	70	20
长 8_1	19	71	10	7	78	15	8	72	20

表 4-2-4 陇东地区长 8 油层组水槽模拟实验西部物源加砂、泥组成

沉积期	加砂、泥组成（体积百分比 %）											
	洪水期				中水期				枯水期			
	砾	中砂	细粉砂	泥	砾	中砂	细粉砂	泥	砾	中砂	细粉砂	泥
长 8_2	9	35	48	8	5	23	59	13	3	18	62	17
长 8_1	7	19	71	8	4	21	62	13	2	15	66	17

时间控制：自然界中洪水期、中水期、枯水期的变化具有一定的规律，考虑到长 8 油层组三角洲的形成条件，设计洪水：中水：枯水的时间比例为 1：2：6。洪、中、枯三种水量根据设计及实际情况需要在实验中进行转换，在对水量大小进行调整的过程中，水量不可以出现短时间内大幅度、跳跃性的变化，而是根据各个时期实际情况，逐步增加或减少的方式到所要求的流量。如中水加大流量到洪水后，如果此刻需要减少流量到枯水，应当将水量先减少到中水，然后再进一步控制水量，逐步过渡到枯水，即“中水—洪水—中水—枯水”模式。

流量控制：根据层区沉积特点，设计洪水：中水：枯水的流量比例为 6：3：1。为了研究波浪作用下物源来水强弱与波浪对三角洲前缘沙坝的影响，实验中选定物源来水强时，洪水期流量为 1.5L/s，中水期流量为 0.9L/s，枯水期流量为 0.3L/s；物源来水弱时，洪水期流量为 1.2L/s，中水期流量为 0.6L/s，枯水期流量为 0.2L/s。

波浪参数设置：在 Run2 沉积期和 Run3 沉积期进行造浪。Run2 沉积期时，在湖水位不变、流量和物源供给较大条件下，改变造浪器的位置，使得波浪以不同角度入射，研究波浪与三角洲砂体正交（90°）或斜交（60°）情况下对三角洲前缘沙坝形成的影响。Run3 沉积期时，在湖水位不变、流量和物源供给较小条件下，改变造浪器的位置，使得波浪以不同角度入射，研究波浪与三角洲砂体正交（90°）或斜交（60°）情况下对三角洲前缘沙坝形成的影响。长 8_1 油层组沉积期不进行造浪实验，模拟两次湖侵实验。主要考虑来水特征、水流流量及湖水深的变化，设计波浪参数见表 4-2-5。

（二）实验过程设计

充分考虑湖盆底形、物源方向、供屑能力、波浪强度等影响因素，共开展了 5 次模拟，其中长 8_2 油层组 3 次，长 8_1 油层组 2 次，模拟过程及参数见表 4-2-5。

（三）实验结果及认识

实验过程中实测了各沉积期砂体厚度及边界等参数，在三角洲近物源处，横剖面垂直物源方向（x）以 0.5m 为间隔进行切片，在三角洲前缘处，以 0.25m 为间隔进行切片，实验共得到横剖面 16 条；纵剖面顺物源方向（y）间隔为 0.5m，实验共得到纵剖面 9 条（图 4-2-21）。

表 4-2-5　陇东地区长 8 油层组水槽模拟实验期次及参数设计表

实验层位	实验期次		供水过程	历时 / min	流量 /（L/s）	造浪参数设计：波长 λ/cm、波高 h/cm、造浪角度	湖水位 z/cm、y/m
长 8_1	Run4		中—洪—中—枯水	1200	0.6～1.2～0.6～0.2	——	z=25.0～30.0 y=9.5～8.5
	Run5		中—洪—中—枯水	1200		——	z=30.0～40.0 y=8.5～7.5
长 8_2	Run1		中—洪—中—枯水	3000	0.9～1.5～0.9～0.3	——	z=35.0～25.0 y=6.5～9.5
	Run2	Run2-1	中—洪—中—枯水	2400		λ=20、h=0.4、正交	z=30 y=8.5～9.0
		Run2-2	中—洪—中—枯水	1200		λ=20、h=0.4、斜交	z=30.0 y=8.5～9.0
	Run3	Run3-1	中—洪—中—枯水	2400	0.6～1.2～0.6～0.2	λ=20、h=0.4、正交	z=25.0 y=9.0～9.5
		Run3-2	中—洪—中—枯水	2400		λ=20、h=0.4、斜交	z=25.0 y=9.0～9.5

（1）砂体边界：砂体边界展布与来水来砂、湖平面变化密切相关。每个实验沉积期结束后，实测了各沉积期外缘边界分布曲线。从七个实验沉积期外缘边界分布图来看，Run4、Run5 沉积期的砂体总体延伸较 Run1、Run2-1、Run2-2、Run3-1 和 Run3-2 砂体近，且 Run3-1 和 Run3-2 沉积期的砂体总体延伸较 Run2-1、Run2-2 远；表明在 Run4、Run5 时期相对于 Run1、Run2-1、Run2-1、Run3-1 时期湖水位呈上升趋势（湖侵），而 Run3-1 和 Run3-2 沉积期相对于 Run2-1、Run2-2 时期湖水位呈下降趋势（湖退）；所以实验模拟的多物源辫状河三角洲局部呈现为湖退，总体上是一个湖侵沉积过程。整体上看，西南部物源各期砂体总体右侧延伸较远，西部物源各期砂体总体延伸较近；各时期边界均不平整光滑，表明河流入湖时出现许多分流形成众多河口沙坝，砂体叠置频繁（图 4-2-22、图 4-2-23）。

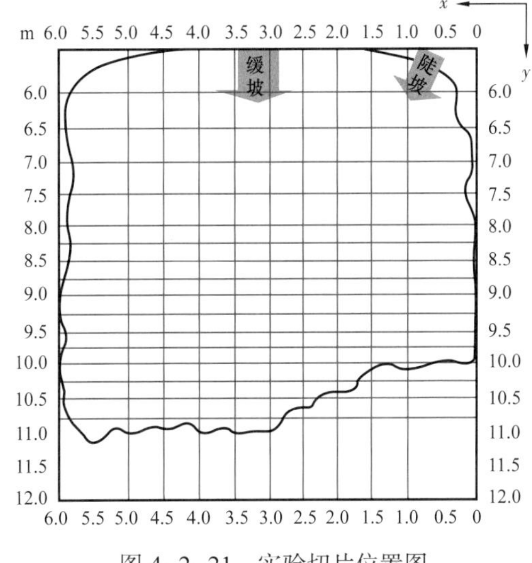

图 4-2-21　实验切片位置图

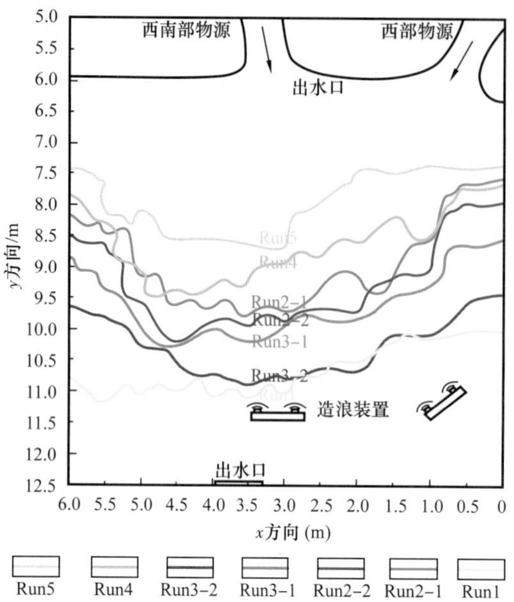

图 4-2-22　陇东地区长 8 油层组沉积期沉积模拟实验辫状河三角洲七个沉积期砂体边界分布图

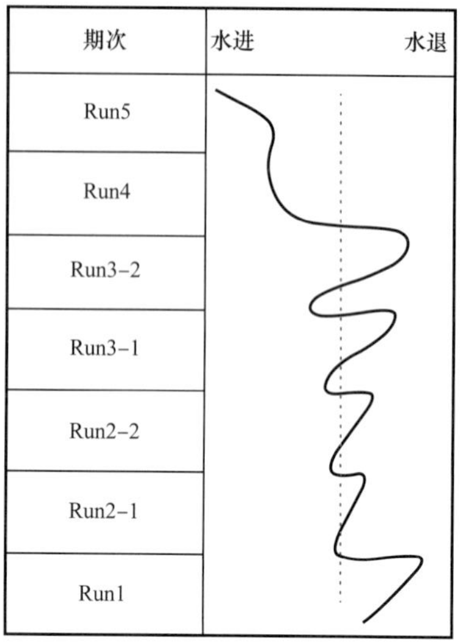

期次	水进　　水退
Run5	
Run4	
Run3-2	
Run3-1	
Run2-2	
Run2-1	
Run1	

图 4-2-23　陇东地区长 8 油层组沉积期沉积模拟实验过程湖平面升降变化曲线图

（2）沉积厚度：通过网格点（x 方向 50cm 间隔，y 方向 50cm 间隔）测量，分别绘制出了 Run1 沉积期、Run2-1 沉积期、Run2-2 沉积期、Run3-1 沉积期、Run3-2 沉积期、Run4 沉积期、Run5 沉积期砂体厚度等值线图（图 4-2-24）。在 7 次实验沉积期中，在平原区砂体厚度较薄且分布稳定，受可容空间大小和波浪作用强度的控制，前缘区厚度变化较大。三角洲砂体沿着本身物源方向或辫状河道的方向呈条带状或舌状分布，沿三角洲砂体的中部或前部厚度较大，其余部位属于厚度较薄的河道间沉积。三角洲砂体的尖朵体展布或指状展布方向代表了分流河道的走向及主砂带的展布方向。三角洲各沉积期砂体形态均呈面积大、范围广、沉积厚度厚薄不一的片叶状分布。这说明分流河道的迁移、摆动、汇合是相当频繁的。同时，由图中砂体厚度的脊线方向可以判断出主水道的延伸方向，这对于油田生产是有指导意义的。沉积主体在横向（x 方向）上的分布情况是随机的，砂体最厚发育部位有的稍偏左，有的集中于右侧，有的由左至右分布较均匀，这与当时的水动力条件、地形特点、沉积过程有关。受原始地形、波浪作用及加砂量等因素的影响，陡坡处西南物源各沉积期的砂体厚度比缓坡处西部物源各沉积期的砂体相对较厚。

（3）不同沉积区砂体纵向叠置特征不同。在滨岸区主要发育水下分流河道砂体，河道厚度较薄，分布稳定，多期河道垂向叠置；近岸区主要发育水下分流河道、河口坝及横向沙坝，河道和河口坝厚度差异大，分布范围广，横向沙坝厚度较薄，分布范围小，三种成因类型砂体垂向叠置；前缘区主要发育横向沙坝及水下分流河道砂体，横向沙坝分布范围广，厚度较小，水下分流河道分布范围较小，厚度较大。缓坡区以发育多期“坝上河”的垂向交互叠置样式为主；陡坡区以发育多期分流河道夹薄层横向沙坝的垂向叠置样式为主（图 4-2-25）。

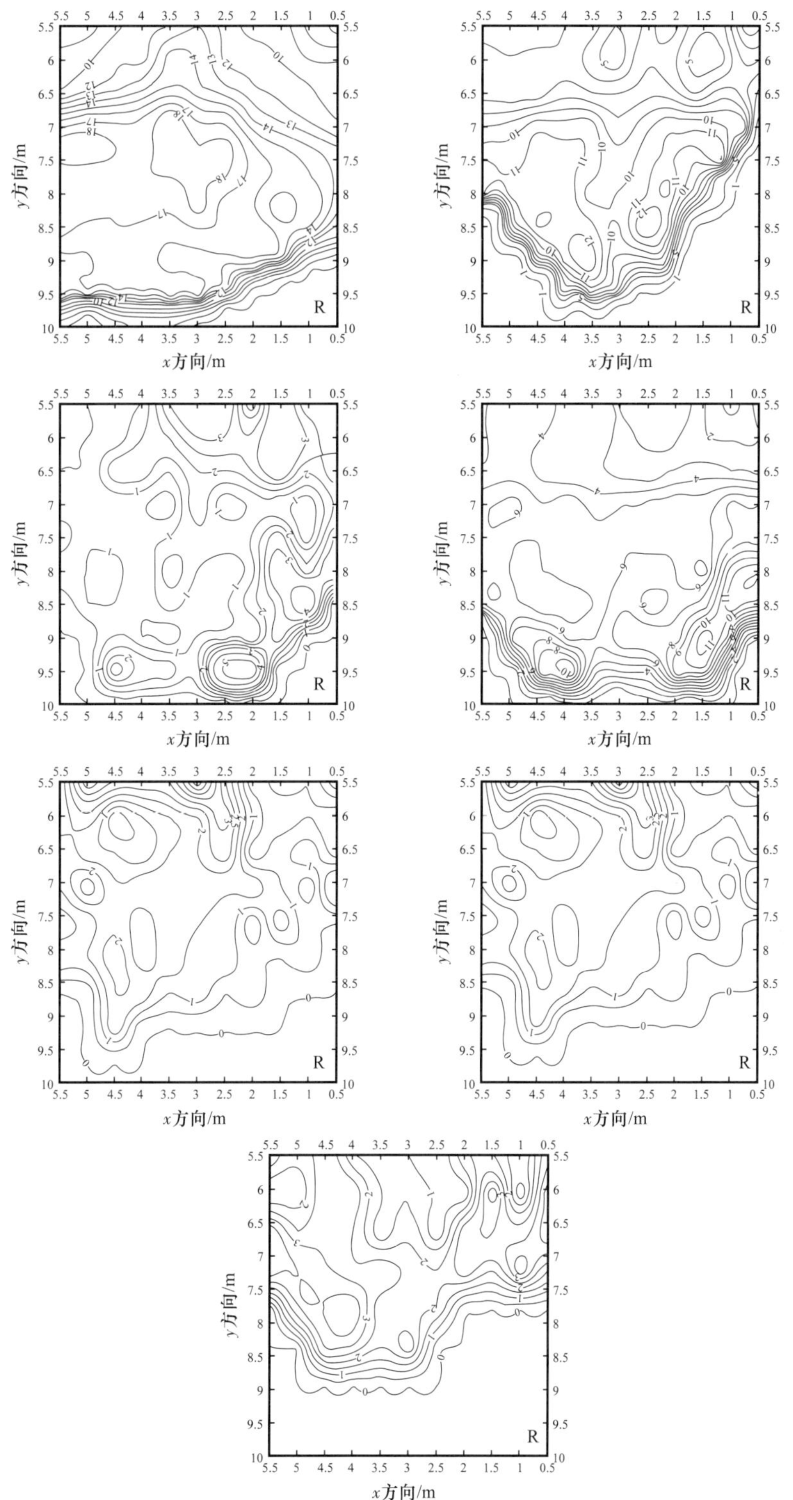

图 4-2-24　陇东地区长 8 油层组沉积期沉积模拟实验各沉积期沉积厚度等值线图

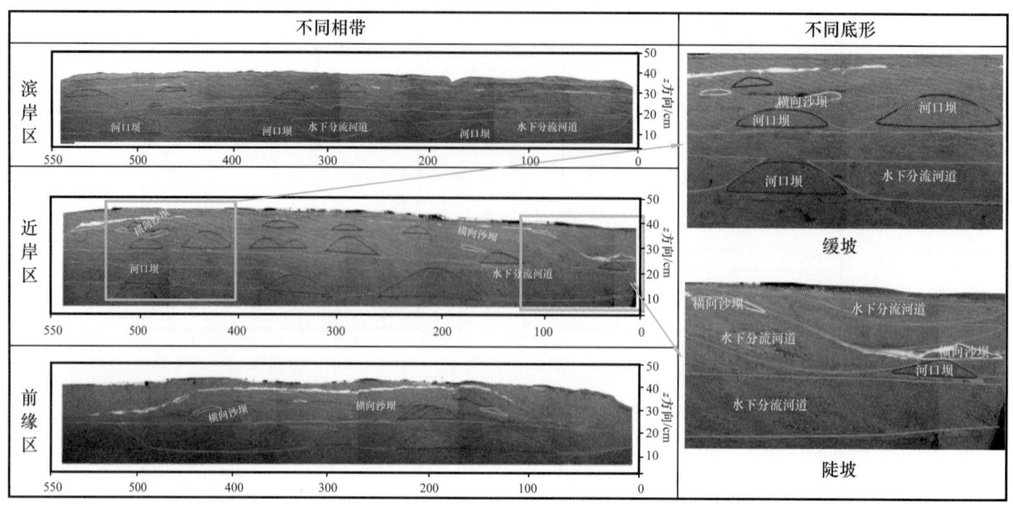

图 4-2-25　陇东地区长 8 油层组沉积期沉积模拟实验不同沉积区砂体叠置特征

（4）横向沙坝大小受波浪传播方向、水动力和供砂条件变化控制。波浪与上游来水在三角洲前缘交互，水流的运动速度减小，波浪携带的沉积物与水流携带的沉积物在交互区卸载、沉积下来，形成长条形的沙坝雏形，波浪与水流的交互区为横向沙坝堆积区。

对长 8_2 油层组沉积期四轮造浪实验得到的横向沙坝进行编号并测量长度和宽度，经过分析得出：横向沙坝的长宽比受波浪传播方向及来水特征和供砂量的大小控制。当波浪传播方向斜交湖岸并且物源供砂量较少、来水量较弱，形成的横向沙坝长宽比较大（图 4-2-26，表 4-2-6）。

表 4-2-6　陇东地区长 8 油层组沉积期沉积模拟实验各期横向沙坝形态特征参数

轮次	沙坝编号	长 /m	宽 /m	长宽比	长宽比平均值	波浪传播方向	流量和加砂量
Run2-1	1	1.4	1.1	1.27	1.5	正交	0.9～1.5L/s 8～10g/s
	2	0.4	0.2	2			
	3	0.8	0.8	1			
	4	0.6	0.35	1.71			
Run2-2	1	0.75	0.25	3	3.3	斜交	
	2	0.8	0.25	3.2			
	3	1	0.5	2			
	4	1.25	0.25	5			
Run3-1	1	1.3	0.4	3.25	3.4	正交	0.6～1.2L/s 4～6g/s
	2	3.7	0.7	5.29			
	3	1	0.4	2.5			
	4	0.8	0.3	2.67			
Run3-2	1	3.3	0.8	4.13	4.4	斜交	

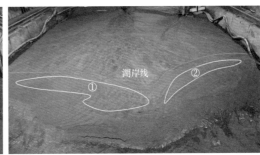

a. Run2-1沉积期横向沙坝

b. Run2-2沉积期横向沙坝

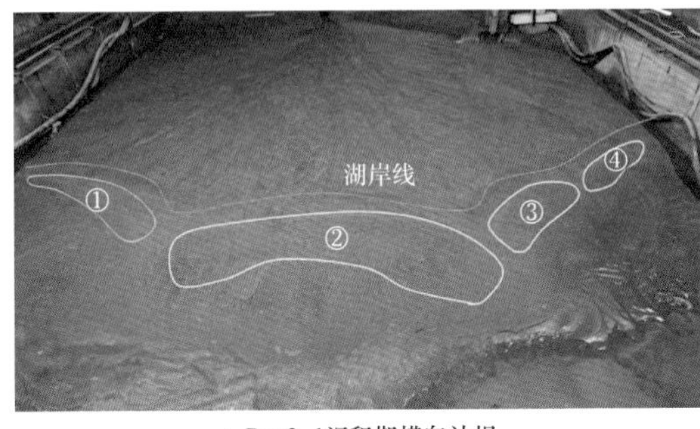

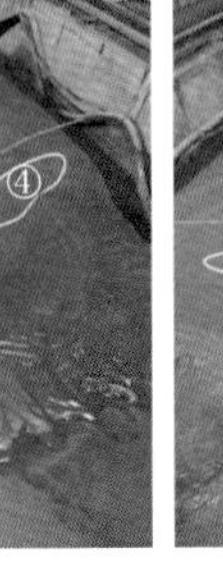

c. Run3-1沉积期横向沙坝

d. Run3-2沉积期横向沙坝

图 4-2-26　陇东地区沉积模拟实验长 8_2 油层组沉积期四轮造浪实验形成的横向沙坝

（5）各期横向沙坝的分布位置受湖平面的升降控制。从七个实验沉积期外缘边界分布图来看，Run4、Run5 沉积期的砂体总体延伸较 Run1、Run2-1、Run2-2、Run3-1 和 Run3-2 砂体近，且 Run3-1 和 Run3-2 沉积期的砂体总体延伸较 Run2-1、Run2-2 远；表明在 Run4、Run5 沉积期相对于 Run1、Run2-1、Run2-2、Run3-1 沉积期湖水位呈上升趋势（湖侵），而 Run3-1 和 Run3-2 沉积期相对于 Run2-1、Run2-2 沉积期湖水位呈下降趋势（湖退）；所以实验模拟的多物源辫状河三角洲局部呈现为湖退，总体上是一个湖侵沉积过程。整体上看，西南部物源各期砂体总体右侧延伸较远，西部物源各期砂体总体延伸较近；各时期边界均不平整光滑，表明河流入湖时出现许多分流形成众多河口沙坝，砂体叠置频繁（表 4-2-7，图 4-2-27）。

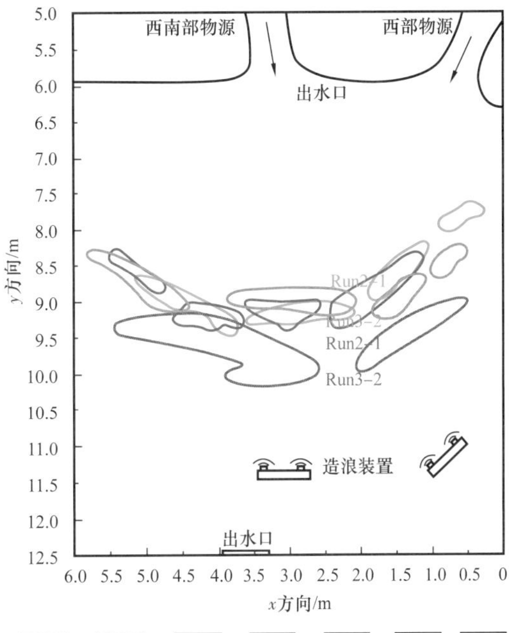

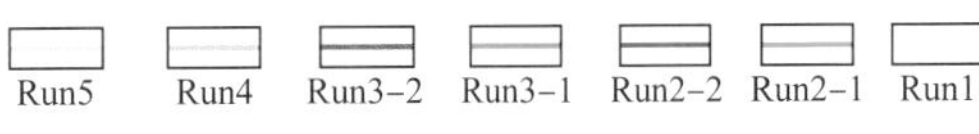

图 4-2-27　陇东地区沉积模拟实验长 8_2 油层组沉积期四轮造浪实验形成的横向沙坝平面分布图

通过模拟实验进一步明确了湖盆底形、水动力和湖浪改造是形成大面积展布砂体的主要因素。实验条件下砂体分布特征与研究区实际特征较吻合。根据岩心资料层理构造分析表明，长 8_1 沉积期，在华池东北湖盆中心位置主要受波浪作用影响，东南靠近物源区主要受河流作用影响（图 4-2-28），水下分流河道砂体最为发育，河口坝、横向沙坝仅在三角洲前缘发育，且成因类型砂体叠置样式多样，形成“坝上河”“河上坝”“坝上坝”“河道、河口坝、横向沙坝”及多期水下分流河道的垂向叠置样式，砂体分布规律性明显（图 4-2-29）。长 8_2 油层组沉积早中期主要受湖浪作用控制，发育Ⅰ和Ⅱ两期横向沙坝，平行于湖岸线展布，呈坨状、带状展布，砂体后部发育凹槽，横向连通性好（图 4-2-30）。

表 4-2-7　陇东地区沉积模拟实验长 8_2 油层组沉积期湖水位数据表

实验期次	实验轮次	湖水位 z（cm）、y（m）
长 8_2 油层组模拟实验	Run2-1	z=25.5～23.5，y=7.5～8.6
	Run2-2	z=26.5～24.0，y=8.0～9.0
	Run3-1	z=27.5～26.0，y=8.8～9.3
	Run3-2	z=29.0～26.0，y=9.0～9.7

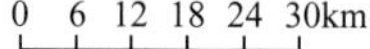

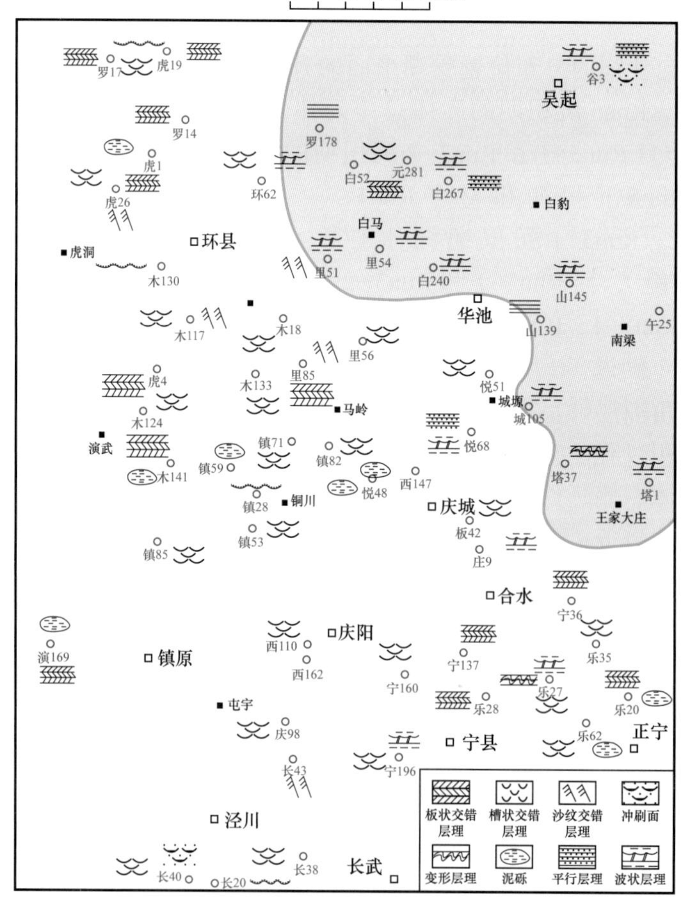

图 4-2-28　陇东地区长 8_1 油层组岩心层理分布图

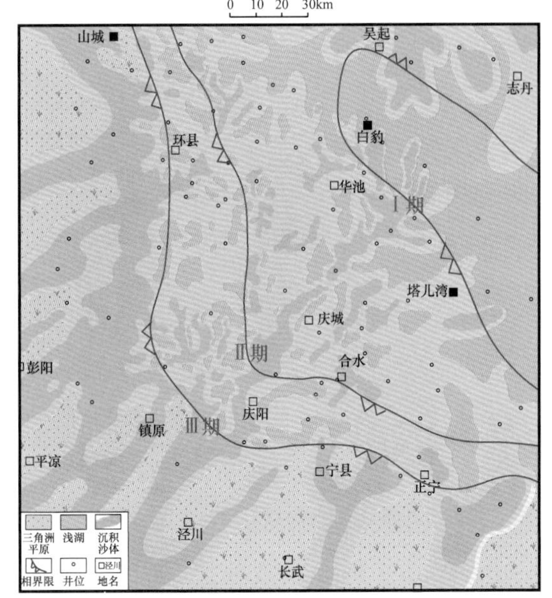

图 4-2-29　陇东地区长 8_1 油层组湖岸线迁移图

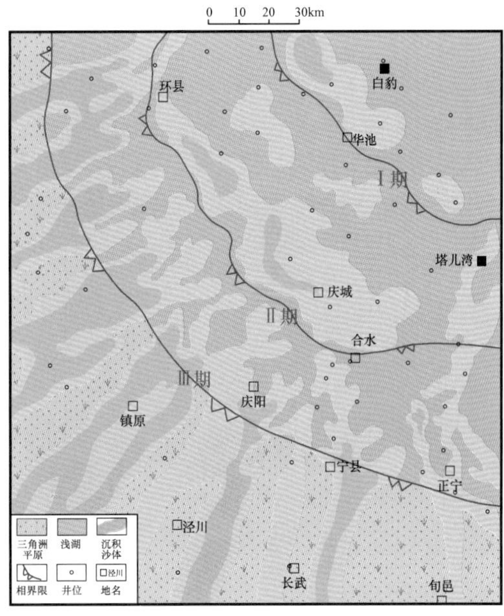

图 4-2-30　陇东地区长 8_2 油层组湖岸线迁移图

四、砂体构型及储层宏观非均质性

传统的基于累计砂厚或沉积相（微相）的储层预测方法（杨友运等，2005；杨华等，2007）已不能精确反映储层优劣及变化，砂体厚度法侧重砂体累计厚度，未能反映优势砂体位置及内部结构，微相组合法侧重于沉积微相和砂体成因分析，但忽略了同一相带内部砂体优劣及空间变化，制约了储层宏观非均质性评价。根据沉积水动力学分析（楼章华等，1999；韩晓东等，2000；韩元红等，2015），同一沉积微相主体部位砂体厚度大，以块状层理和大中型交错层理为主，侧翼部位单层厚度小，发育平行层理和小型交错层理等，以此为基础，通过精细统计和分析砂体结构与厚度、物性、含油性和电性的关系，创新提出了“相控砂体结构”研究方法。

（一）砂体结构类型与厚度分布

根据示范区 52 口井 1200 余米岩心，统计了 59 个主体段、38 个侧翼段，并进行概率累计分析，表明水动力强弱其携带及卸载的能力不同，主体的块状砂岩单期厚度要大于同期的侧翼厚度，陇东长 8_1 层单砂体主体的厚度通常集中在 3～8m 之间，以 4m 厚度居多，而侧翼的单期厚度则集中在 2～3.5m 范围内，其中 2.5m 厚度居多（图 4-2-31）。砂体厚度不是决定砂体结构的主控因素，但却是其水动力条件的一种反映，在排除叠置状况影响后，其大小与水动能条件具有正相关性。

（二）砂体结构与物性、含油性

主体部位砂体厚度大，物性好，测井曲线平滑，具有较好的均质性，同等成藏条件下，含油性好；侧翼部位粒度细，物性相对较差，测井曲线跳跃明显，非均质性强，同等

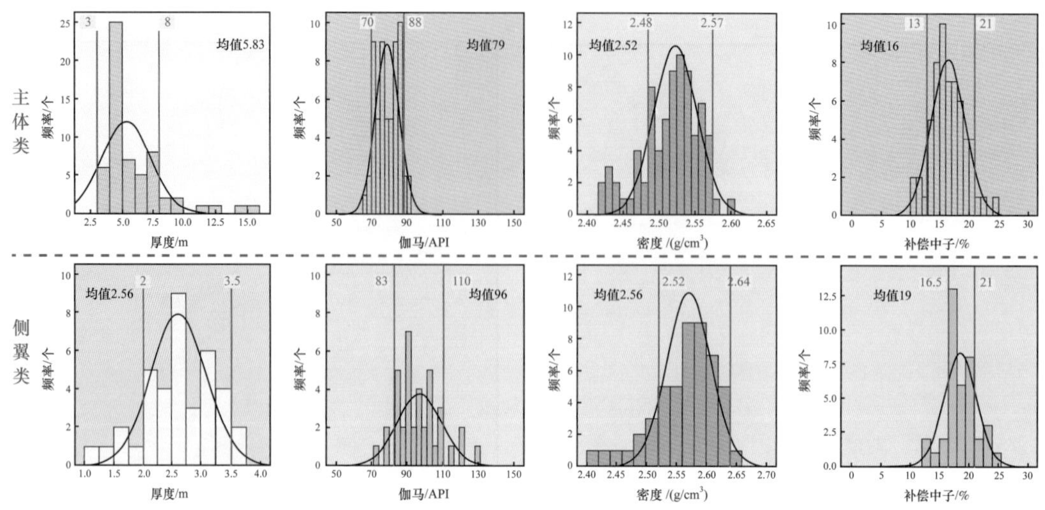

图 4-2-31　陇东长 8_1 油层组主体砂岩与侧翼砂岩电测参数对比

成藏条件下含油性差。

（三）砂体结构与电性特征

自然伽马、密度、补偿中子等对主体与侧翼所对应的岩性和层理有较好的敏感性（马止等，1982；魏立花等，2006）。主体类自然伽马值集中分布在 70～88GAPI，平均值为 79GAPI，密度主要分布在 2.48～2.57g/cm^3，平均值为 2.52g/cm^3，补偿中子集中分布在 13%～21% 之间，平均值为 16%；侧翼类自然伽马值集中分布在 83～110GAPI，平均值为 96GAPI，密度主要分布在 2.52～2.64g/cm^3，平均值为 2.56g/cm^3，补偿中子集中分布在 16.5%～21%，平均值为 19%（图 4-2-31）。

（四）相控砂体结构测井曲线形态（齿化率）定量识别方法

地质学者提出的地质上描述齿化率公式中（张广权等，2018），只是指出了一种由岩性变化导致的齿化现象，而对由层理变化，或物性变化导致的齿化现象没有考虑进去，导致其算法具有一定的局限性，而且，其对基线的选择为 GR 最小值，也就是岩性最粗部分，而以这部分为基值，则齿的形成未必是差的储层，只是相对最好的部分较差，不能真实反映储层优劣变化（图 4-2-32）。

为了解决这个问题，对砂体的测井曲线进行数据标准化，将数据标准化后的测井曲线形态校正为箱形，然后根据形态校正后的测井曲线，利用 K 均值聚类算法确定正齿、负齿及基线的重心值，再根据预设的识别门槛值与所述正齿、负齿及基线的重心值，确定正齿齿数及负齿齿数，最后利用所述正齿齿数及所述负齿齿数，确定所述测井曲线的齿化率（图 4-2-33）。

利用齿化率公式确定所述测井曲线的齿化率，公式为：

$$T_{齿化率}=\frac{T_{正频}+T_{正比}}{1+\left(T_{负频}+T_{负比}\right)}$$

式中，正频为单位深度内正齿的个数，正比为单位深度内正齿厚度所占百分比，负频为单位深度内负齿的个数；负比为单位深度内负齿厚度所占百分比。

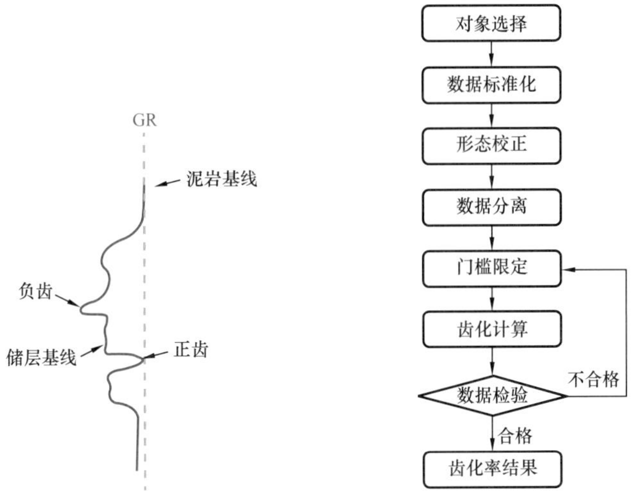

图 4-2-32　测井曲线齿化率模式图　　图 4-2-33　齿化率计算流程

通过以上计算，可以准确地确定测井曲线的齿化率，很好地解决通过测井曲线形态齿化现象来判断储层内部结构变化的问题，真实反映储层优劣变化。

（五）相控砂体结构定量自动成图方法及分布规律

通过以上分析可知，单期砂体厚度、电测门槛值及曲线齿化率是反映砂体内部结构变化的三个主要参数，三个参数相互关联，具有此消彼长的因果关系，根据这一特点，建立了相控砂体结构定量分类三角图（图 4-2-34），实现了定量划分相控砂体结构类型，并通过软件或人工识别进行平面精细刻画（图 4-2-35）。

应用相控砂体结构分析方法，建立了陇东示范区长 8_1 油层组三种砂体结构类型和 12 种组合方式。

1. 河道主体 + 侧翼组合类型

在三角洲平原及前缘亚相中，分流河道及水下分流河道是其主要沉积微相，而主体块状砂岩也主要位于二者的中心部位，在小层级别的单期沉积中，可以主要划分为河道主体与侧翼，在多期次小层组合形成的油层组级别中，则会形成多种组合，反映不同结构砂体的富集情况（图 4-2-36）。

以三期小层发育为例，分别存在三期河道主体块状砂岩叠置，两期河道主体叠加 / 两期河道主体加一期侧翼，一期河道主体加一期侧翼 / 一期河道主体加两期侧翼及纯侧翼叠加四种情况。其中，以第一种三期河道主体叠置的情况最好，说明该区域内钻井可遇到三套优质储层，也说明该区域河流稳定发育，未出现频繁改道现象，此种类型通常发育在靠近物源方向；其次，第二种两期河道主体叠置为相对较好区域，河流开始出现迁移情况，此种类型通常发育在坡折带附近；然后是第三种，只有一期河道主体的情况，说明河道开

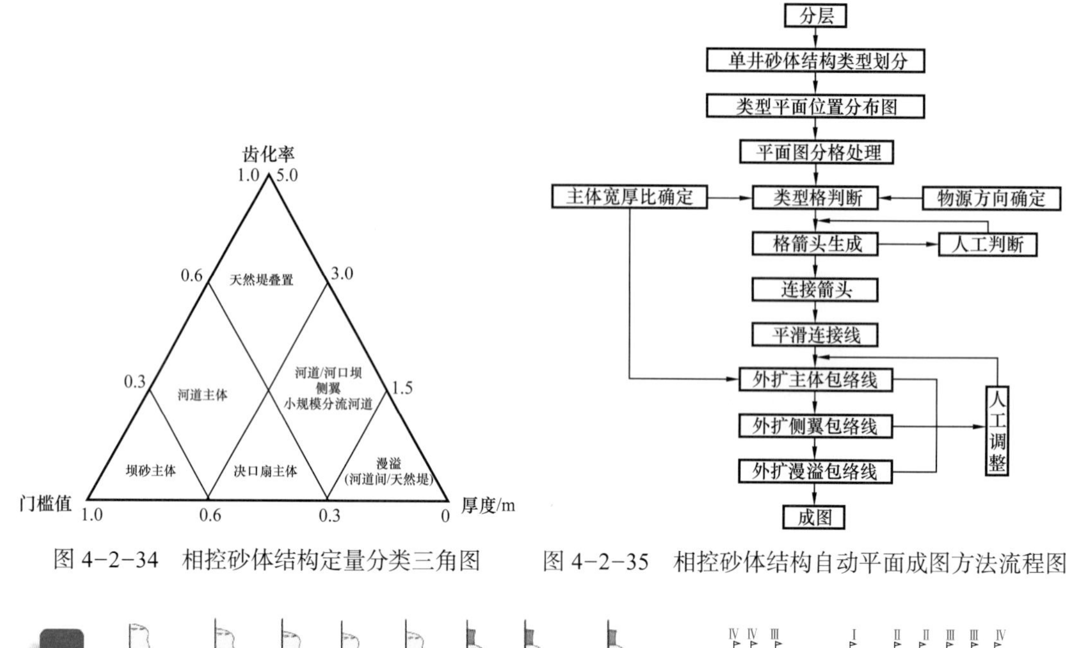

图 4-2-34　相控砂体结构定量分类三角图　　图 4-2-35　相控砂体结构自动平面成图方法流程图

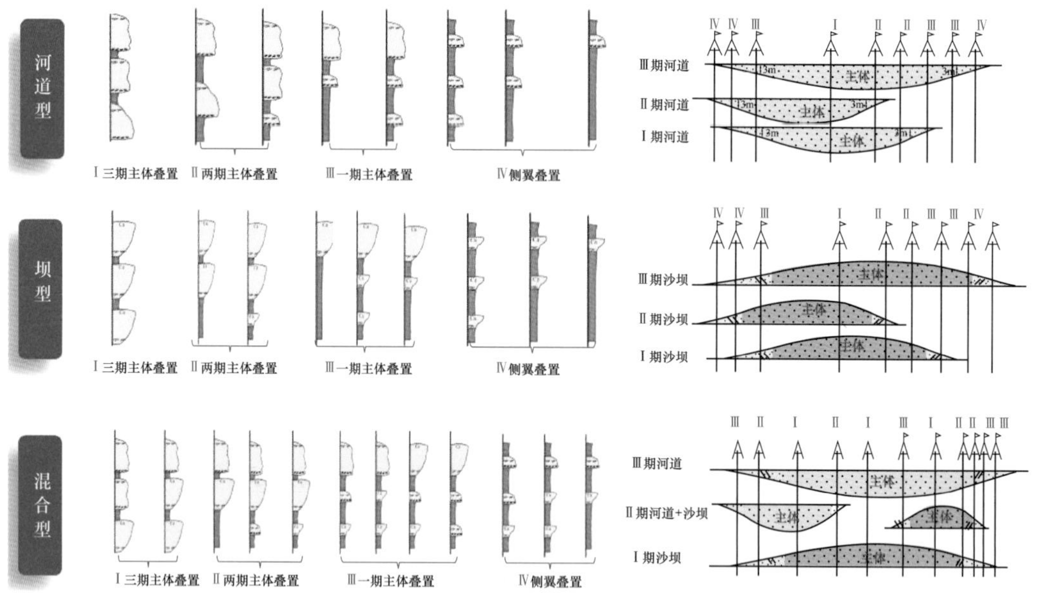

图 4-2-36　河道型砂体结构纵向组合模式

始频繁横向迁移，此类型通常发育在三角洲平原前部底形比较平缓区域；最后是第四种，基本无河道主体，此种类型分为河道间及滨湖等沉积相。

2. 河口坝主体 + 侧翼组合类型

河口坝沉积是三角洲前缘中比较重要的一种沉积微相类型，也是三角洲生长过程中的主要形态。由于三角洲类型不同，河口坝的保存条件也不同，正常河控三角洲河口坝是比较发育的，而浪控三角洲则对其破坏较大，保存条件较差，少量保存，甚至无明显的河口坝残留。此次，以河口坝相对发育为前提进行分析。

同样以三期小层发育为例，在三角洲前缘河口坝发育区，可以存在以下类似于河道主体叠合方式的四种类型：三期河口坝主体块状砂岩叠置，两期河口坝主体叠加 / 两期河口坝主体加一期侧翼，一期河口坝主体加一期侧翼 / 一期河口坝主体加两期侧翼及纯侧翼叠加四种情况。不同于河道主体叠加情况的是，河口坝叠置说明有多期孤立砂体在纵向上叠合，即三期河口坝发育在同一区域，现实沉积中此种情况比较少见，相当于三角洲前缘在同一位置加积发育。大多数情况下，遇到两期叠置的情况较多，或单期发育，因为填平补齐作用，三角洲前缘沉积在不同沉积期往往存在侧向迁移情况。

3. 河道主体 + 河口坝主体 + 侧翼复合组合类型

河道主体与河口坝主体纵向上交互出现的情况，通常存在于湖岸带附近，在特定环湖岸的区域内，由于湖泊扩张与收缩作用，分流河道与河口坝并存，在纵向上就会出现“河 + 坝”组合情况。在湖扩期，以河上坝组合为主，而在湖泊收缩期，以坝上河组合为主要组合特征，少数情况也会出现坝上河 + 河上坝等复杂组合情况（图 4-2-36）。

相对于前两种组合情况，河坝复合更为复杂，最好的第一种组合存在两种方式：河 + 河 + 坝主体组合及河 + 坝 + 坝主体组合模式；其次为第二种：坝上河 + 侧翼进积模式（或河上坝退积模式）；第三种为单期河道主体或单期坝主体组合模式；最后一种为滨湖环境形成的远沙坝等侧翼相叠加模式。

陇东长 8_1 油层组主要发育三期河道型砂体，由于河道迁移摆动，纵向上形成三期主体、两期主体、一期主体与侧翼叠置和侧翼叠置四种组合类型，仅在三角洲前缘末端发育坝砂组合，在湖岸线频繁摆动及河道迁移区，形成以河道砂体为主，坝砂次之，多种复合的组合类型。

分小层精细刻画了砂体构型平面展布图（图 4-2-37），并进行了储层分类（图 4-2-38），揭示了有效储层的内部变化和平面分布特征，反映了砂体的宏观非均质性，甜点区储层以Ⅰ、Ⅱ、Ⅲ类为主，Ⅳ类构型砂体难以形成油藏。明确了南梁—华池油藏主要分布在长 8_1^3、长 8_1^2 油层组，合水地区油藏主要分布在长 8_1^3、长 8_1^1 油层组。

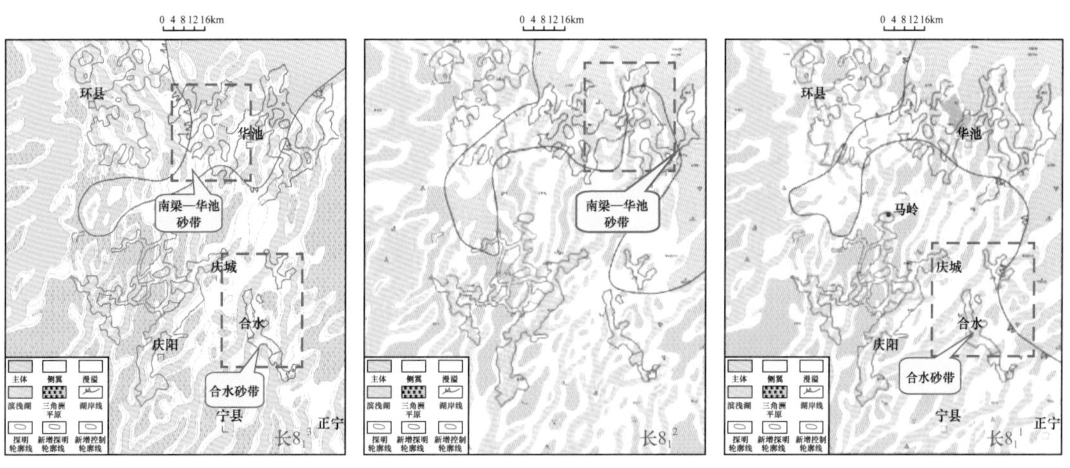

图 4-2-37　陇东示范区长 8_1 油层组相控砂体结构分布图

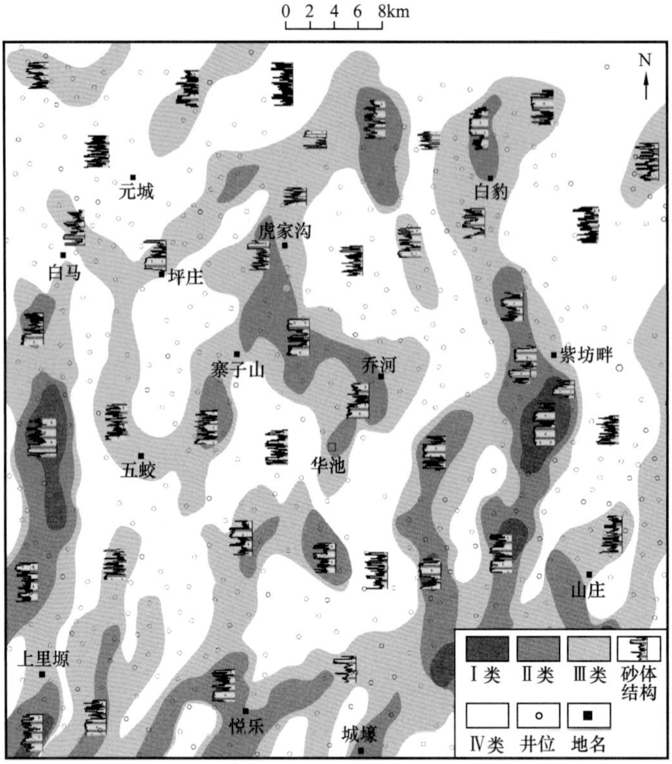

图 4-2-38　陇东地区长 8_1 油层组砂体构型平面分布及储层分类

第三节　致密砂岩储层微观特征及非均质性

一、储层岩石矿物学特征

（一）岩石类型

鄂尔多斯盆地延长组长 6 油层组储层岩石类型以长石砂岩和岩屑长石砂岩为主。不同地区存在差异，周家湾地区为细粒长石砂岩和岩屑长石砂岩，安塞地区以含浊沸石细粒长石砂岩为主，姬塬地区以细粒长石砂岩为主，塔儿湾地区以极细粒长石砂岩为主，华庆地区为细粒长石砂岩和岩屑长石砂岩，合水地区为岩屑长石砂岩（图 4-3-1）。

长 8 储层以细—中粒、中粒岩屑长石砂岩和长石岩屑砂岩等为主。其中华庆地区以岩屑长石砂岩为主，镇北、姬塬地区岩屑长石砂岩和长石岩屑砂岩均发育，西峰地区以长石岩屑砂岩为主（图 4-3-2）。

（二）碎屑组分特征

延长组长 6 油层组不同物源砂岩碎屑组分明显不同。其中东北、西北沉积体系长 6 油层组砂岩明显具有低长石、高石英特征；而西南及西部物源具有高石英、低长石特征。此

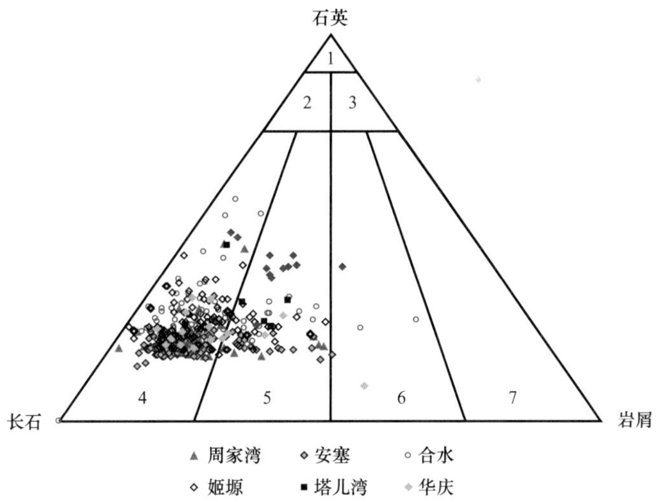

图 4-3-1　鄂尔多斯盆地延长组长 6 油层组岩石类型三端元组分图

1—石英砂岩；2—长石石英砂岩；3—岩屑石英砂岩；4—长石砂岩；
5—岩屑长石砂岩；6—长石岩屑砂岩；7—岩屑砂岩

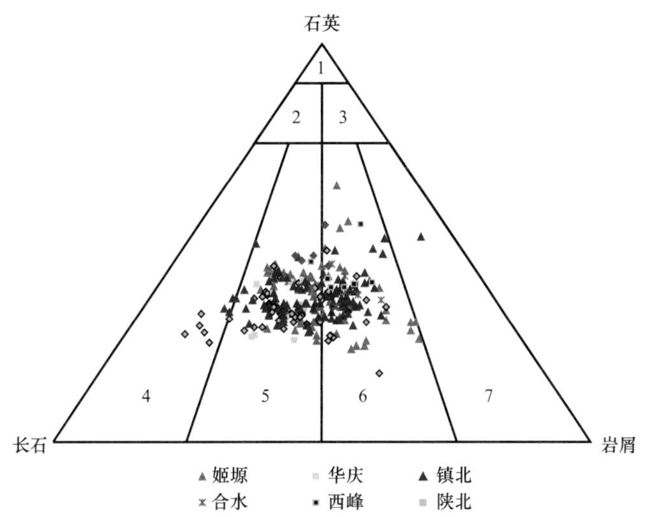

图 4-3-2　鄂尔多斯盆地延长组长 8 油层组岩石类型三端元组分图

1—石英砂岩；2—长石石英砂岩；3—岩屑石英砂岩；4—长石砂岩；
5—岩屑长石砂岩；6—长石岩屑砂岩；7—岩屑砂岩

外，对于岩屑成分来说，不同物源火山岩岩屑差异不大，而西南及西部物源变质岩岩屑、沉积岩岩屑和岩屑总量明显高于东北及西北物源（表 4-3-1）。

长 8 油层组砂岩碎屑组分具有石英与长石近等的特征。除姬塬地区石英含量略高于长石外，其他地区均为长石略高于石英。岩屑总体含量明显高于长 6 油层组，但不同地区长 8 油层组砂岩岩屑含量也存在差异，西北、西南及南部物源砂岩火山岩岩屑、变质岩岩屑及岩屑总量明显高于东北物源（表 4-3-2）。

表 4-3-1 鄂尔多斯盆地延长组长 6 油层组砂岩碎屑组分对比表

物源	地区	石英 / %	长石 / %	岩屑 /%				其他 / %
				火山岩	变质岩	沉积岩	小计	
西北物源	马家山	25.5	44.8	3.0	4.9	2.4	10.3	6.5
东北物源	安塞	19.8	55.7	3.8	5.5	0.3	9.6	4.6
	志靖	22.0	46.7	4.5	5.9	0.5	10.9	6.3
	吴起	21.4	54.1	2.8	5.7	1.1	9.6	5.8
	华庆	25.7	43.8	3.2	5.1	2.1	11.4	6.1
西南物源	镇北	45.2	12.9	3.6	10.0	5.1	18.7	1.5
	合水	46.6	17.0	3.1	10.7	4.3	18.1	3.9
西部物源	环县	42.5	17.3	3.5	10.7	5.8	20	5.4

表 4-3-2 鄂尔多斯盆地延长组长 8 油层组砂岩碎屑组分对比表

物源	地 区	石英 / %	长石 / %	岩屑 /%				其他 / %
				火山岩	变质岩	沉积岩	小计	
西北物源	姬塬	30.9	28.5	8.7	13.1	0.4	22.2	4.6
东北物源	吴起	28.0	34.9	6.2	8.0	0.3	14.5	6.4
	华庆	31.0	34.8	5.9	8.7	0.8	15.4	6.8
西南物源	上里塬	27.3	29.3	9.5	15.3	0.3	25.1	6.7
	镇原	29.9	30.0	8.8	14.2	0.5	23.5	4.3
	西峰	28.6	30.4	8.9	13.8	0.7	23.4	4.8
西部物源	环县	28.8	31.8	9.6	12.5	0.1	22.2	4.4

（三）填隙物特征

长 6 油层组储层填隙物以黏土矿物（伊利石、绿泥石及高岭石）、钙质（铁方解石、铁白云石）、硅质胶结为主（图 4-3-3），填隙物含量 10%～16% 之间，合水地区填隙物含量偏高。长 6 油层组储层总体绿泥石膜较发育（除合水地区外），西北部的马家山、姬塬地区高岭石含量较高，高桥—西河口地区含有少量的浊沸石。合水、塔儿湾地区陆源杂基（陆源伊利石为主）含量较高（表 4-3-3）。

长 8 油层组储层填隙物与长 6 油层组相似，同样以黏土矿物（伊利石、绿泥石膜和高岭石）、钙质（铁方解石）、硅质为主（图 4-3-3），填隙物总量一般在 9%～12% 之间；马家山和华庆地区填隙物含量较高，白马和镇北地区填隙物含量较低；绿泥石膜较发育（除华庆地区外）；马家山、华庆地区陆源杂基含量较高（表 4-3-4）。

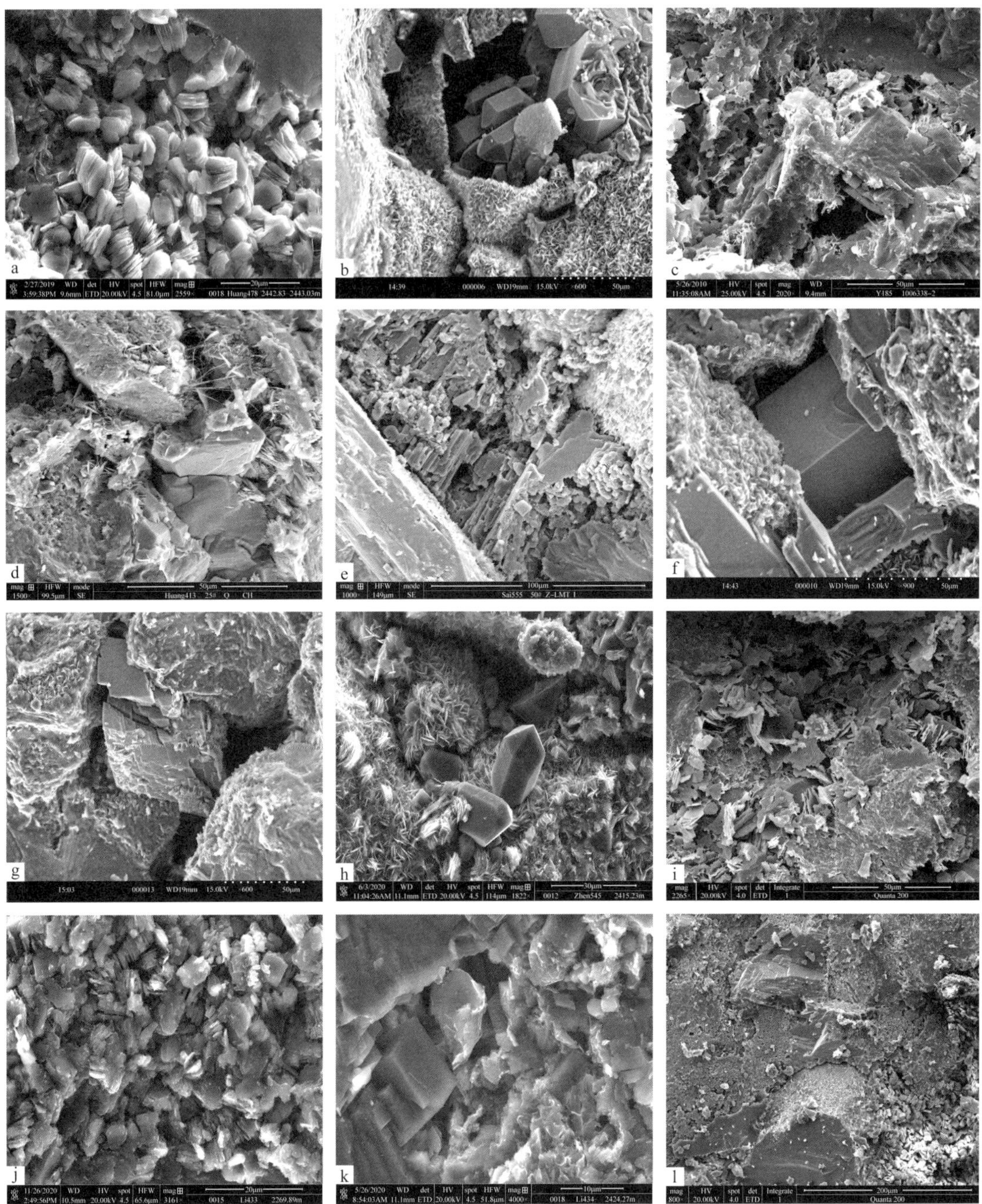

图 4-3-3　鄂尔多斯盆地长 6、长 8 油层组储层中填隙物扫描电镜特征

a. H478 井，2442.83m，长 6 油层组，高岭石；b. W421 井，1771.05m，长 6 油层组，绿泥石，自生石英；c. Y185 井，2256.33m，长 6 油层组，粒间片状伊利石；d. H413 井，2735.57m，长 6 油层组，粒间丝缕状伊利石；e. S555 井，1238.39m，长 6 油层组，浊沸石；f. W421 井，1771.05m，长 6 油层组，粒间充填方解石；g. W421 井，1776.72m，长 6 油层组，粒间充填铁白云石；h. Z545 井，2415.23m，长 8 油层组，绿泥石膜，自生石英；i. Z490 井，2265.56m，长 8 油层组，粒间充填片状伊利石；j. L433 井，2269.89m，长 8 油层组，高岭石；k. L434 井，2424.27m，长 8 油层组，铁白云石；l. M237 井，2627.68m，长 8 油层组，高岭石、方解石充填孔隙

表 4-3-3 鄂尔多斯盆地长 6 油层组储层填隙物特征表

地区	伊利石 / %	绿泥石膜 / %	高岭石 / %	铁方解石 / %	铁白云石 / %	浊沸石 / %	硅质 / %	总量 / %
周家湾	2.7	4.3	—	2.2	0.3	—	1.2	10.7
高桥—西河口	1.1	3.1	—	2.5	—	3.7	1.1	11.5
马家山	1.6	1.9	3.2	1.9	0.5	—	1.2	10.3
姬塬	2.7	2.0	2.1	2.3	0.8	—	1.4	11.3
华庆	3.1	2.8	—	4	1.4	—	1.1	12.5
塔儿湾	4.9	1.9	—	3.1	1	—	1.5	13.2
合水	8.6	0.5	—	3.5	1.8	—	1.4	15.8

表 4-3-4 鄂尔多斯盆地长 8 油层组储层填隙物特征表

地区	伊利石 /%	绿泥石膜 /%	高岭石 /%	铁方解石 /%	硅质 /%	总量 /%
马家山	3.7	2.9	1.4	2.7	1.6	12.2
姬塬	2.9	3.2	0.03	3.4	1.5	11
华庆	4.3	0.4	—	3.5	3.6	11.8
白马	1.2	3.4	0.2	1.8	2.4	9.2
镇北	2.8	2.9	0.5	2.3	1.1	9.7
董志	0.8	2.1	2.5	3.9	1.9	11.1
合水	1.5	5.2	—	3.1	1.6	11.4

研究表明，黏土矿物的发育对储层的微观孔隙、润湿性等具有重要的影响（伏万军，2000）。鄂尔多斯盆地延长组长 6、长 8 油层组砂岩主要的黏土矿物类型为伊利石、绿泥石和高岭石三种，其中绿泥石多以薄膜状发育于颗粒表面（高淑敏，2009；淡卫东，2013；张振红，2015）。

三种黏土矿物在平面上分布规律明显。绿泥石在三角洲前缘沉积环境最为发育，平原次之。长 6 油层组绿泥石主要发育于东北沉积体系的三角洲前缘（图 4-3-4a）。长 8 油层组由于整体为浅水三角洲沉积环境，半深湖分布面积局限，因此平面上绿泥石普遍发育（图 4-3-4b）。

高岭石主要分布在盆地西北部姬塬地区。长 6 油层组高岭石主要发育在盆地西北部姬塬地区（图 4-3-5a），长 8 油层组高岭石除在盆地西北姬塬地区发育外（含量较长 6 油层组减少），盆地西南环县—镇原—庆阳—宁县—正宁地区也有发育（图 4-3-5b）。

伊利石主要发育于水体较深的沉积相带，在三角洲前缘和半深湖—深湖环境中均有发育，但在半深湖—深湖环境中更为发育。长 6 油层组伊利石主要发育于盆地西南体系及湖盆中部半深湖—深湖区，半深湖—深湖区含量最高（图 4-3-6a）。长 8 油层组伊利石分布面积虽然较长 6 油层组大，但高值区分布面积小而分散，仅局部地区含量较高（图 4-3-6b）。

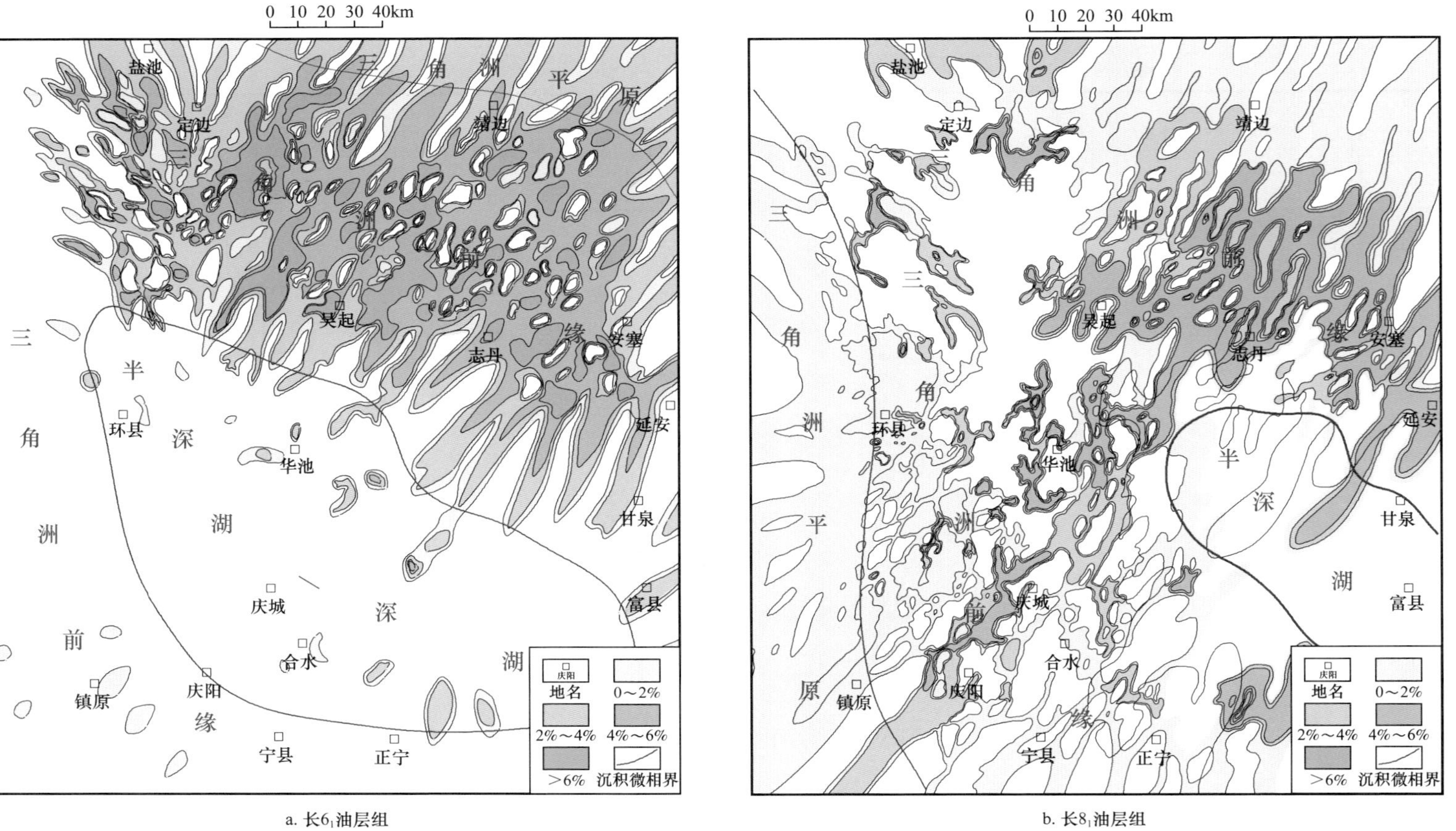

a. 长6_1油层组

b. 长8_1油层组

图 4-3-4　鄂尔多斯盆地长 6、长 8 层绿泥石填隙物平面分布图

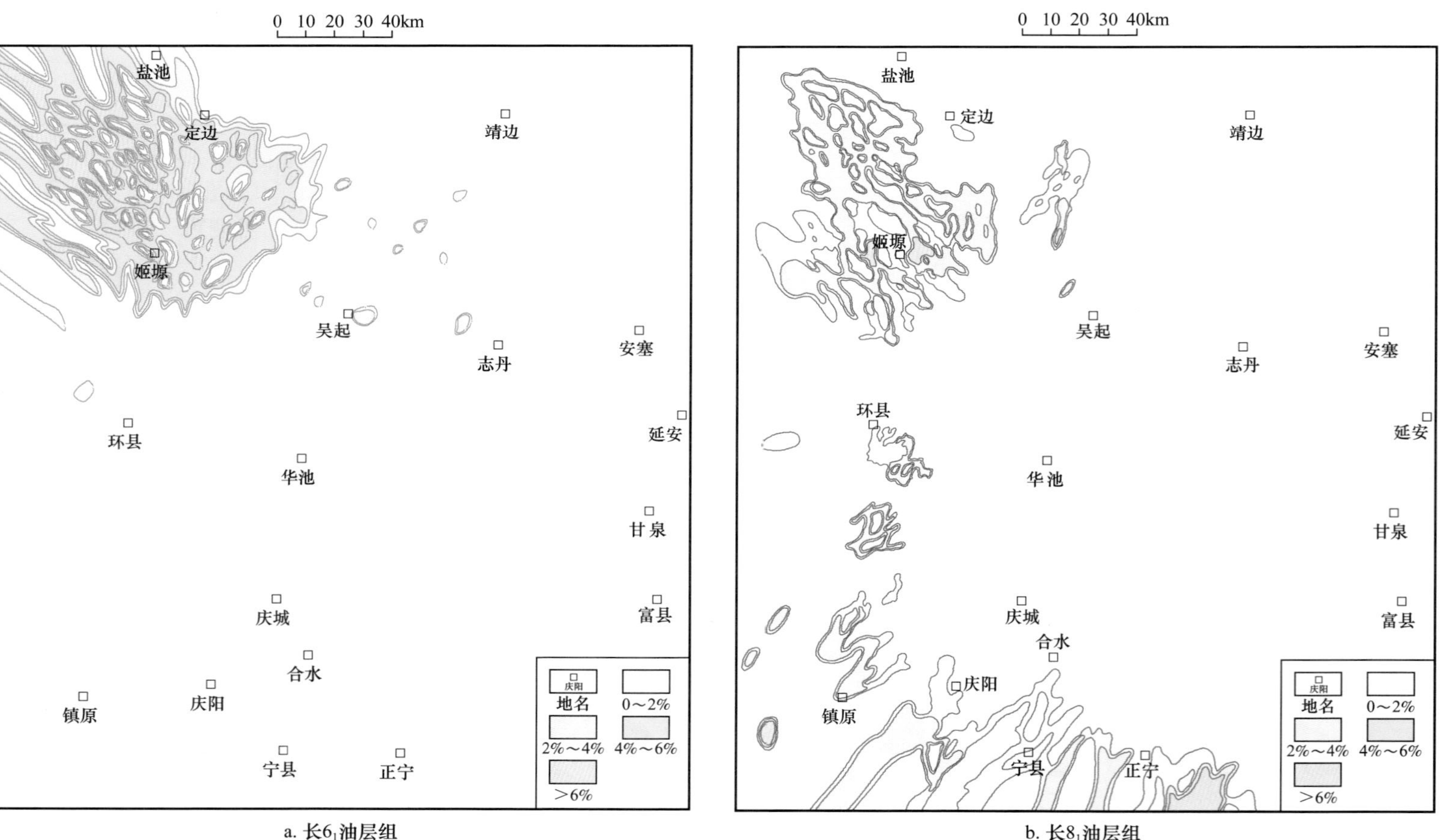

图 4-3-5　鄂尔多斯盆地长 6、长 8 油层组高岭石填隙物分布图

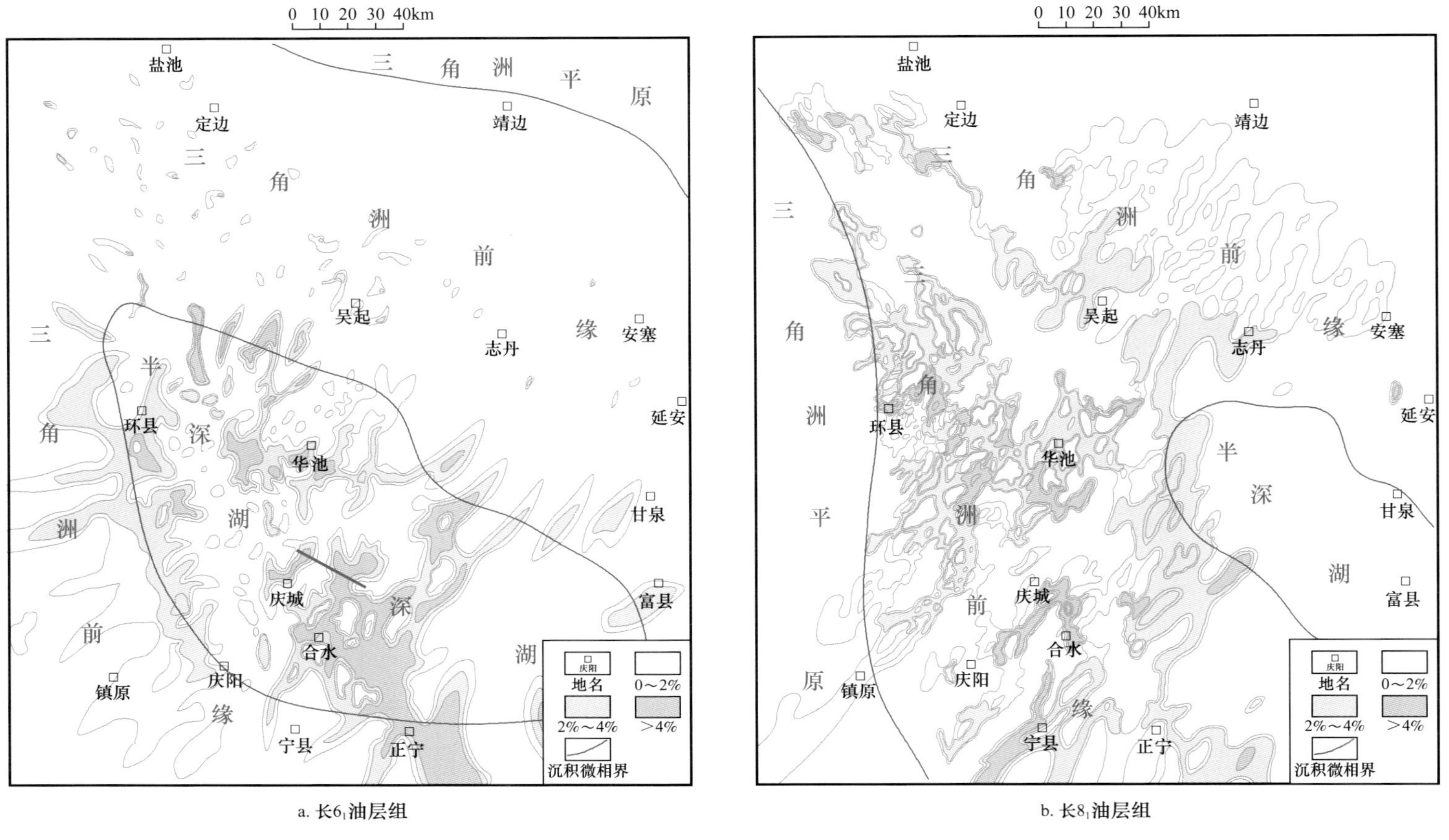

a. 长6_1油层组

b. 长8_1油层组

图 4-3-6　鄂尔多斯盆地长 6、长 8 油层组伊利石填隙物平面分布图

二、储层微观孔隙发育特征

（一）孔隙类型及组合特征

鄂尔多斯盆地延长组长6、长8油层组储层原生孔隙和次生孔隙均发育，也存在少量的微裂隙。原生孔隙以粒间孔为主，次生孔隙以溶孔为主，其次为黏土矿物晶间孔（付金华,2004,2017；杨华,2007）。溶孔以长石溶孔和岩屑溶孔为主。孔隙类型组合以粒间孔—溶孔为特征，粒间孔在大多数层位孔隙类型中占主体部分。

长6油层组储层粒间孔、溶孔发育（图4-3-7），面孔率为2.11%～3.83%。周家湾、高桥—西河口、马家山、姬塬、塔儿湾、华庆地区粒间孔较发育；合水地区长石溶孔发育，高达1.65%；此外，东北沉积体系的安塞地区浊沸石溶孔发育（朱国华，1985；杨晓萍，2002；白清华，2009）（表4-3-5）。

表4-3-5 鄂尔多斯盆地长6油层组储层孔隙类型统计表

地区	粒间孔/%	次生孔隙/%			面孔率/%
		长石溶孔	岩屑溶孔	晶间孔	
周家湾	2.39	0.54	0.08	—	3.01
马家山	2.44	1.19	0.16	0.04	3.83
姬塬	2.07	0.78	0.15	0.05	3.05
安塞	1.76	0.63	0.11	—	2.98（浊沸石溶孔0.48）
华庆	1.97	0.75	0.13	—	2.85
合水	0.30	1.65	0.16	—	2.11
塔儿湾	1.50	0.99	0.17	—	2.66

长8油层组各个区块孔隙组合以粒间孔为主，溶孔次之（图4-3-8），面孔率为2.62%～4.38%，其中粒间孔为1.37%～3.74%。区域分布上，马家山、姬塬、白马和镇北地区粒间孔较发育，合水地区的长石溶孔发育（表4-3-6）。

表4-3-6 鄂尔多斯盆地长8油层组储层孔隙类型统计表

地区	粒间孔/%	次生孔隙/%			面孔率/%
		长石溶孔	岩屑溶孔	晶间孔	
马家山	2.84	0.58	0.10	—	3.52
姬塬	3.06	0.55	0.10	—	3.71
华庆	1.61	0.85	0.15	—	2.62
白马	3.74	0.46	0.18	—	4.38
镇北	2.98	0.72	0.21	0.15	4.06
董志	1.37	0.56	0.10	0.84	2.87
合水	1.67	1.31	0.15	—	3.13

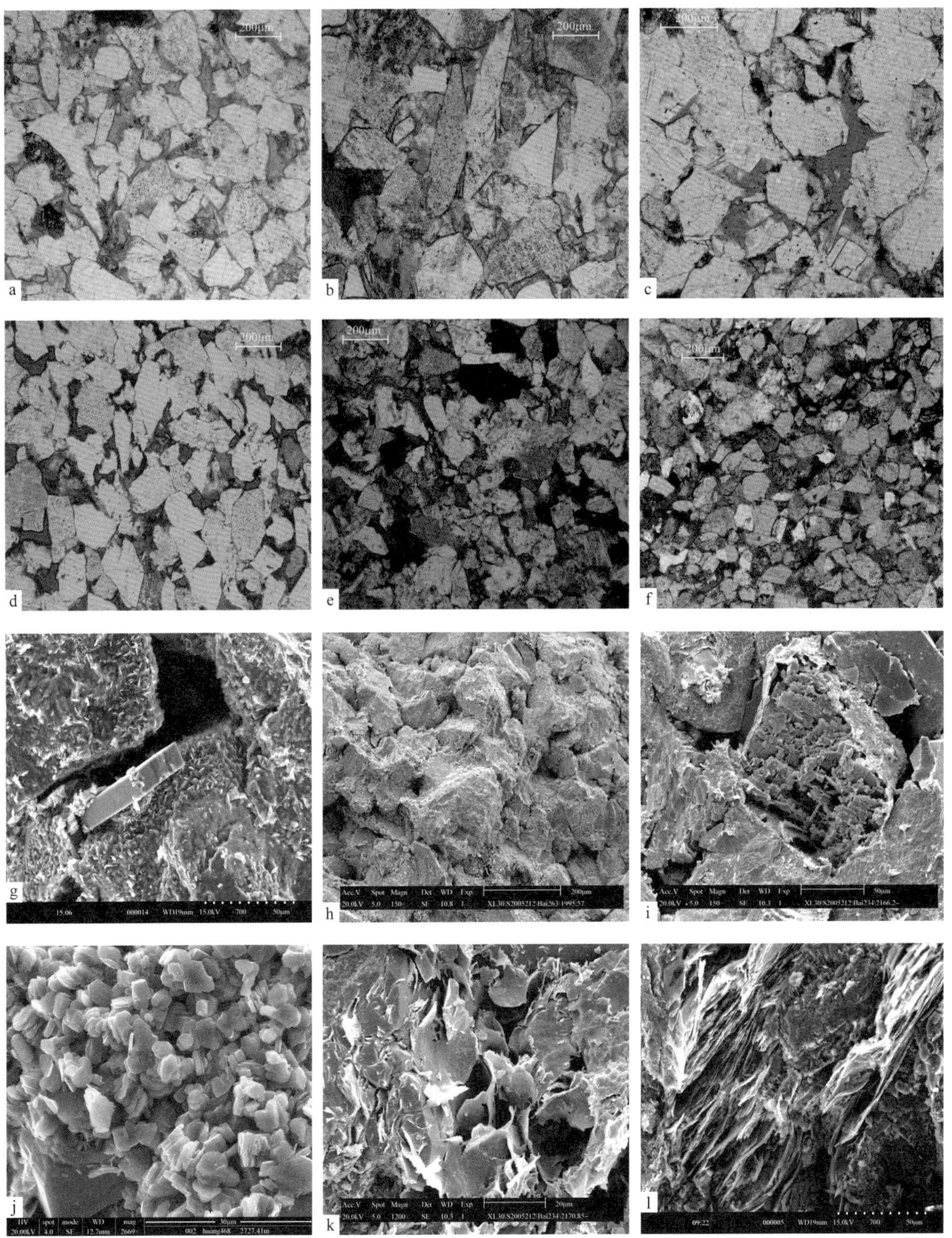

图 4-3-7　鄂尔多斯盆地长 6 油层组砂岩镜下孔隙发育特征

a. 安塞地区 S263 井，1854m，绿泥石膜、粒间孔发育；b. 安塞地区 S279 井，1074m，粒间自生浊沸石溶孔发育；c. 姬塬地区 H178 井，2298.11m，粒间孔为主，少量溶孔；d. 吴起地区 W410 井，1787m，绿泥石膜，粒间孔；e. 姬塬地区 H252 井，2011.5m，长石铸膜孔；f. 姬塬地区 H478 井，2441m，高岭石晶间孔，长石溶孔；g. 吴起地区 W421 井，1776.72～1776.92m，绿泥石膜，粒间孔；h. 华庆地区 B263 井，17995.57m，粒间孔；i. 华庆地区 B234 井，2166.2m，长石溶孔；j. 姬塬地区 H488 井，2727.41m，高岭石晶间孔；k. 华庆地区 B234 井，2170.85m，片状伊利石晶间孔；l. 华庆地区 B236 井，1847.15m，片状云母晶间孔

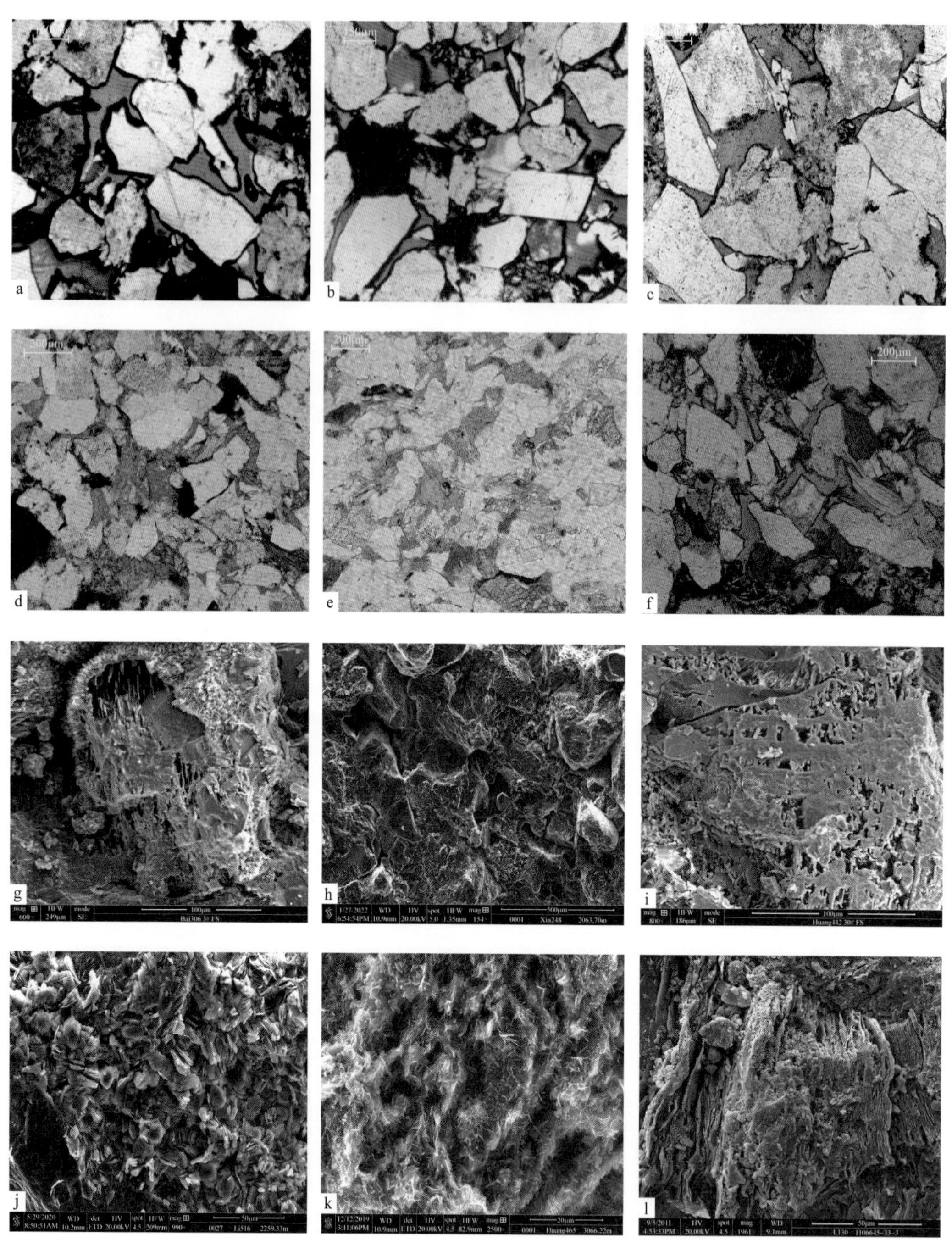

图 4-3-8　鄂尔多斯盆地长 8 油层组砂岩镜下孔隙特征

a. B455 井，2148.10m，绿泥石膜、粒间孔发育；b. S139 井，2211.91m，绿泥石膜、粒间孔、长石溶蚀孔发育；c. L140 井，2666.2m，粒间孔、长石溶蚀孔发育；d. X149 井，2037.0m，铁方解石胶结，长石溶蚀孔；e. H468 井，3009.63m，粒间孔、溶孔；f. Z53 井，2175.0m，粒间孔、溶孔；g. B306 井，2053.07m，绿泥石膜、粒间孔、长石溶孔；h. X248 井，2063.7m，长石溶孔；i. H442 井，2900.8m，长石溶孔；j. L516 井，2259.33m，高岭石晶间孔；k. H465 井，3066.22m，伊利石晶间孔；l. L130 井，2513.45m，碎屑云母次生片理孔

（二）孔隙结构特征

1. 常规压汞反映的孔隙结构特征

大量常规压汞分析表明，长 6、长 8 油层组孔喉半径明显小于长 2、长 3 油层组，略小于长 4+5 油层组，明显大于长 7 油层组（图 4-3-9，表 4-3-7）。整体孔喉半径偏小，造成长 6、长 8 油层组储层渗透性相对较低（杨华，2007；程启贵，2010；淡卫东，2011，2015；郭正权，2012）。

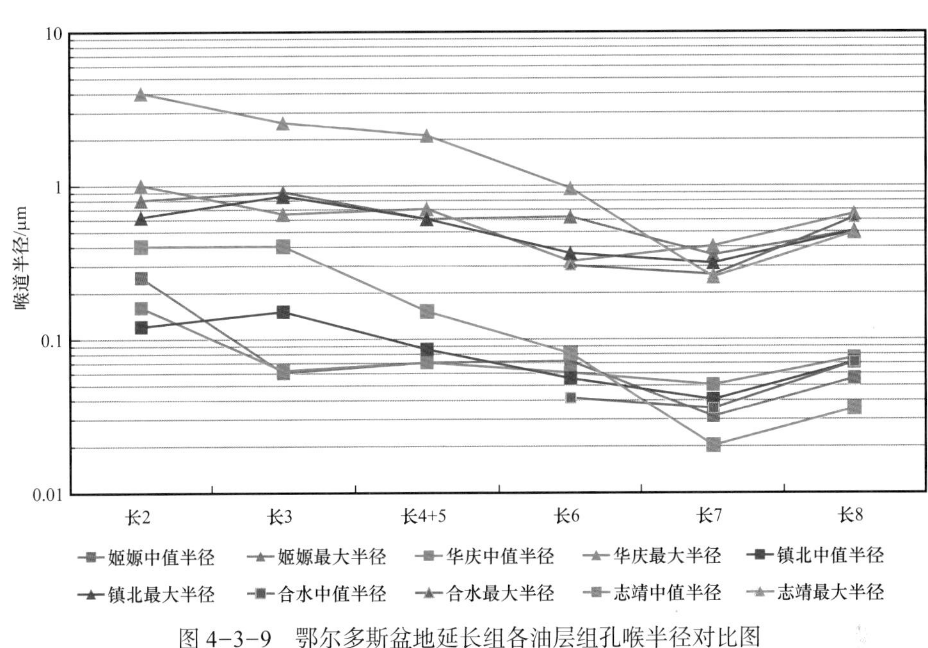

图 4-3-9 鄂尔多斯盆地延长组各油层组孔喉半径对比图

表 4-3-7 鄂尔多斯盆地不同油田延长组各层储层压汞参数对比表

层位	油田	样品数/块	渗透率/mD	孔隙度/%	排驱压力/MPa	中值压力/MPa	分选系数	变异系数	最大孔喉半径/μm	中值半径/μm	最大进汞饱和度/%	退汞效率/%
长 2 油层组	胡尖山油田	16	8.59	18.64	0.27	2.81	2.61	0.24	2.69	0.34	85.94	27.18
	姬塬油田	33	2.92	14.72	1.30	3.29	2.60	0.40	0.56	0.28	84.96	28.03
	宁定老区	8	4.20	16.75	0.26	3.36	2.49	0.22	2.80	0.23	50.46	26.73
	安塞油田	6	29.53	16.67	0.09	1.25	2.91	0.30	8.20	0.65	88.82	25.35
	靖安油田	11	10.90	16.98	0.27	2.10	2.95	0.30	2.75	0.52	90.35	26.48
	绥靖油田	11	15.41	15.67	0.11	1.86	3.05	0.34	6.63	0.61	86.62	22.79
	平均		11.93	16.57	0.38	2.45	2.77	0.30	3.94	0.44	81.19	26.09

续表

层位	油田	样品数 / 块	渗透率 / mD	孔隙度 / %	排驱压力 / MPa	中值压力 / MPa	分选系数	变异系数	最大孔喉半径 / μm	中值半径 / μm	最大进汞饱和度 / %	退汞效率 / %
长4+5油层组	胡尖山油田	20	0.95	13.08	0.71	6.75	2.38	0.22	1.04	0.21	88.68	32.00
	姬塬油田	128	0.48	11.45	1.28	11.18	2.41	0.23	0.57	0.16	86.31	29.49
	宁定老区	3	0.37	11.50	1.38	6.75	1.93	0.17	0.53	0.11	90.41	35.39
	安塞油田	3	0.62	11.37	0.70	9.25	2.42	0.22	1.05	0.11	80.58	26.61
	靖安油田	5	1.51	13.76	0.18	4.27	2.85	0.27	4.13	0.17	90.80	33.69
	绥靖油田	6	8.38	16.20	0.18	1.26	2.74	0.31	4.03	0.58	85.41	25.89
	镇北油田	8	0.78	12.75	1.68	6.43	1.92	0.17	0.44	0.20	91.92	30.00
	南梁油田	31	0.29	13.34	1.31	16.01	2.13	0.19	0.56	0.09	86.43	32.76
	白豹油田	51	2.93	15.22	1.03	8.08	2.28	0.21	0.72	0.19	87.99	33.06
	平均		1.81	13.19	0.94	7.78	2.34	0.22	1.45	0.20	87.61	30.99
长6油层组	胡尖山油田	14	0.81	13.14	0.76	9.39	2.47	0.22	0.97	0.14	88.47	29.32
	姬塬油田	79	0.76	12.42	1.00	8.25	2.31	0.21	0.74	0.15	84.90	31.85
	安塞油田	161	1.00	11.75	0.85	8.41	2.40	0.22	0.86	0.16	84.36	30.82
	靖安油田	101	0.93	12.63	0.71	8.25	2.34	0.21	1.04	0.20	84.96	31.78
	绥靖油田	8	1.82	12.58	0.37	5.42	2.58	0.26	1.99	0.27	87.70	27.38
	吴旗油田	35	1.39	13.91	0.75	10.06	2.07	0.20	0.98	0.11	82.97	30.76
	合水	60	0.09	9.97	3.17	17.60	2.03	0.17	0.33	0.07	84.69	27.19
	陇东老区	18	0.17	10.04	2.45	17.71	2.36	0.21	0.43	0.08	85.16	27.69
	镇北油田	23	0.36	10.70	1.02	4.49	2.01	0.19	0.72	0.19	90.18	27.73
	南梁油田	13	0.11	10.16	2.24	18.26	2.19	0.19	0.33	0.07	87.12	24.54
	白豹油田	147	0.44	11.47	2.13	11.76	2.21	0.21	0.34	0.16	80.25	25.13
	平均		0.72	11.71	1.40	10.87	2.27	0.21	0.79	0.15	85.52	28.56
长7油层组	胡尖山油田	24	0.28	10.05	0.94	7.27	2.38	0.21	0.78	0.11	89.65	31.87
	姬塬油田	32	0.14	8.72	2.09	17.93	2.56	0.24	0.35	0.10	81.01	22.42
	安塞油田	8	0.02	4.40	2.91	38.37	3.75	0.33	0.25	0.01	73.20	18.66
	西峰油田	16	0.16	11.13	1.74	6.97	1.80	0.16	0.43	0.14	79.28	24.03
	合水	26	0.06	9.15	3.42	17.00	2.26	0.26	0.25	0.05	82.89	25.40

续表

层位	油田	样品数/块	渗透率/mD	孔隙度/%	排驱压力/MPa	中值压力/MPa	分选系数	变异系数	最大孔喉半径/μm	中值半径/μm	最大进汞饱和度/%	退汞效率/%
长7油层组	陇东老区	9	0.13	9.80	2.44	22.49	2.38	0.21	0.47	0.09	85.34	27.47
	镇北油田	6	0.10	9.50	1.81	7.87	2.25	0.20	0.41	0.10	87.47	22.44
	南梁油田	5	0.10	11.60	1.15	4.66	1.96	0.19	0.64	0.16	86.50	22.54
	白豹油田	19	0.14	9.75	1.90	13.43	2.73	0.26	0.39	0.08	80.87	23.53
	平均		0.13	9.34	2.04	15.11	2.45	0.23	0.44	0.09	82.91	24.26
长8油层组	宁定老区	13	0.18	8.90	1.23	9.27	2.85	0.28	0.60	0.10	80.52	35.39
	安塞油田	6	0.12	8.40	3.05	43.32	2.74	0.23	0.24	0.02	81.63	30.98
	西峰油田	139	1.79	11.54	0.85	6.39	2.35	0.22	2.01	0.24	79.63	27.17
	合水	105	0.38	10.56	1.43	18.89	2.36	0.23	0.93	0.14	79.45	30.33
	陇东老区	20	0.21	8.81	1.70	16.96	2.86	0.28	0.71	0.09	79.92	24.62
	镇北油田	52	1.63	11.03	1.08	8.78	2.40	0.25	0.68	0.24	82.25	24.58
	南梁油田	16	0.21	9.23	1.08	10.39	2.77	0.26	0.68	0.10	82.97	26.15
	白豹油田	51	1.11	10.41	1.16	14.43	2.64	0.25	0.63	0.16	80.53	27.93
	平均		0.70	9.86	1.45	16.05	2.62	0.25	0.81	0.14	80.86	28.39

长6油层组储层常规压汞参数显示，姬塬和志靖—安塞地区排驱压力和中值压力明显小于合水、镇北和华庆地区，最大孔喉半径和中值半径最大，进汞饱和度和退汞效率较高，但是分选较差。合水地区排驱压力和中值压力最大，最大孔喉半径和中值半径最小，但是分选是最好的，最大进汞饱和度和退出效率较低。镇北和华庆地区各压汞参数差别不大，只是华庆地区的最大进汞饱和度和退出效率是五个地区中最小的，即孔隙间的连通性是最差的（表4-3-7）。

长8油层组储层常规压汞参数显示，志靖—安塞地区长8油层组储层物性及孔隙结构均较差。在其他四个发育区，排驱压力、中值压力、最大孔喉半径和中值半径差别不大，分选性在合水地区最好，姬塬地区最差，最大进汞饱和度差别不大，但退出效率在姬塬地区最高，镇北地区最低（表4-3-7）。

绥靖油田长6油层组储层排驱压力和中值半径最小，其次为靖安油田、吴旗油田、胡尖山油田和姬塬油田，合水、陇东老区、镇北油田、南梁油田和华庆油田储层排驱压力和中值半径最大，排驱压力平均都在1MPa以上，中值压力大平均都在10MPa以上；分选系数和变异系数在吴旗油田、合水和镇北油田最小，其他油田相当；胡尖山油田、姬塬油田、安塞油田、靖安油田、绥靖油田、吴旗油田和镇北油田最大孔喉半径平均都在1μm左右，中值半径平均在0.1μm以上，比较大；最大进汞饱和度和退汞效率在各油田相差不大。

西峰油田、镇北油田长 8 油层组储层排驱压力和中值压力最低，其他油田储层孔隙结构均相当；分选系数和变异系数均在 0.22～0.28 之间，相差不大；平均最大孔喉半径在西峰油田最大，可达 2.01μm；中值半径在西峰油田和合水最大；最大进汞饱和度和退汞效率在各长 8 油层组储层发育的油田相差不大。

综合压汞实验表明，鄂尔多斯盆地储层孔隙结构普遍为小孔细喉型和小孔微细喉型，尤其长 6—长 8 油层组，且孔隙结构很不均匀，非均质较强。

2. 恒速压汞反映的主流喉道半径特征

一般根据经验把对渗透率贡献率到 95% 时的喉道半径定为主流喉道半径。在对盆地长 6、长 8 油层组储层主流喉道的研究中发现，在小于 1.0mD 的超低渗透储层中对渗透率贡献率为 95% 时的主流喉道半径与对渗透率贡献率为 100% 的喉道半径重合（图 4-3-10），也就是说：在小于 1.0mD 的超低渗透储层中，对渗透率贡献率为 95% 的喉道半径大小与对渗透率贡献率为 100% 的喉道半径大小是相同的，无主次之分，也就不存在主流喉道。可见在致密储层中，取对渗透率贡献率 95% 时的喉道半径为主流喉道半径是不合适的。

统计发现，当喉道对渗透率的贡献率为 80% 时，主流喉道与平均喉道在 0.25mD 处重合，说明致密储层喉道半径大于 0.25mD 时，渗透率的 80% 为主流喉道贡献（图 4-3-11）。因此，鉴于油田实际情况，取对渗透率贡献为 80% 的喉道半径为主流喉道半径。

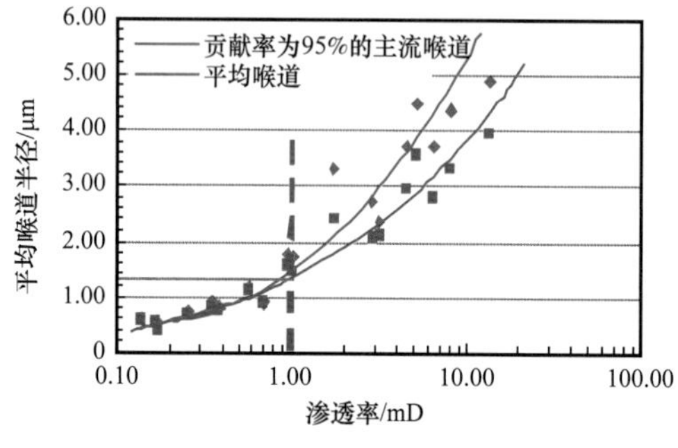

图 4-3-10　渗透率与喉道半径关系图

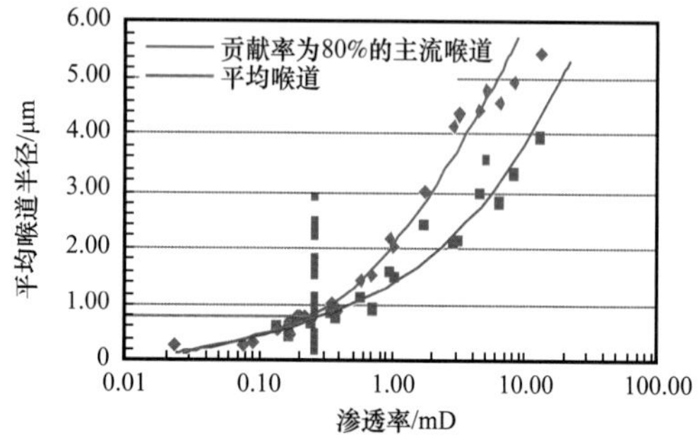

图 4-3-11　渗透率与喉道半径关系图

恒速压汞实验测出的不同地区、层位的孔隙、喉道的分布特征及喉道对渗透率的贡献特征不同。各个地区各个储层孔隙分布范围和曲线特征基本相似，但是喉道分布却有很大变化。渗透率小的样品喉道半径小，曲线峰值高且分布范围窄，单根喉道对渗透率贡献率曲线峰值也高，分布范围也窄，累计贡献率曲线陡。渗透率大的样品喉道半径大，曲线峰值低且分布范围宽，单根喉道对渗透率贡献率曲线峰值也低，分布范围也大，累计贡献曲线平缓。这也说明喉道半径的大小和分布对储层渗流能力起着决定性作用（何文祥，2011；计秉玉，2015；张三，2016）（图 4-3-12、图 4-3-13）。

延长组长 4+5—长 8 油层组储层主流喉道半径峰值分布范围在 0.1～1.2μm 之间，平均主流喉道半径为 0.98μm。长 4+5 油层组储层平均主流喉道半径最大，其次为长 8 油层组储层，长 7 油层组储层最小（图 4-3-14）。

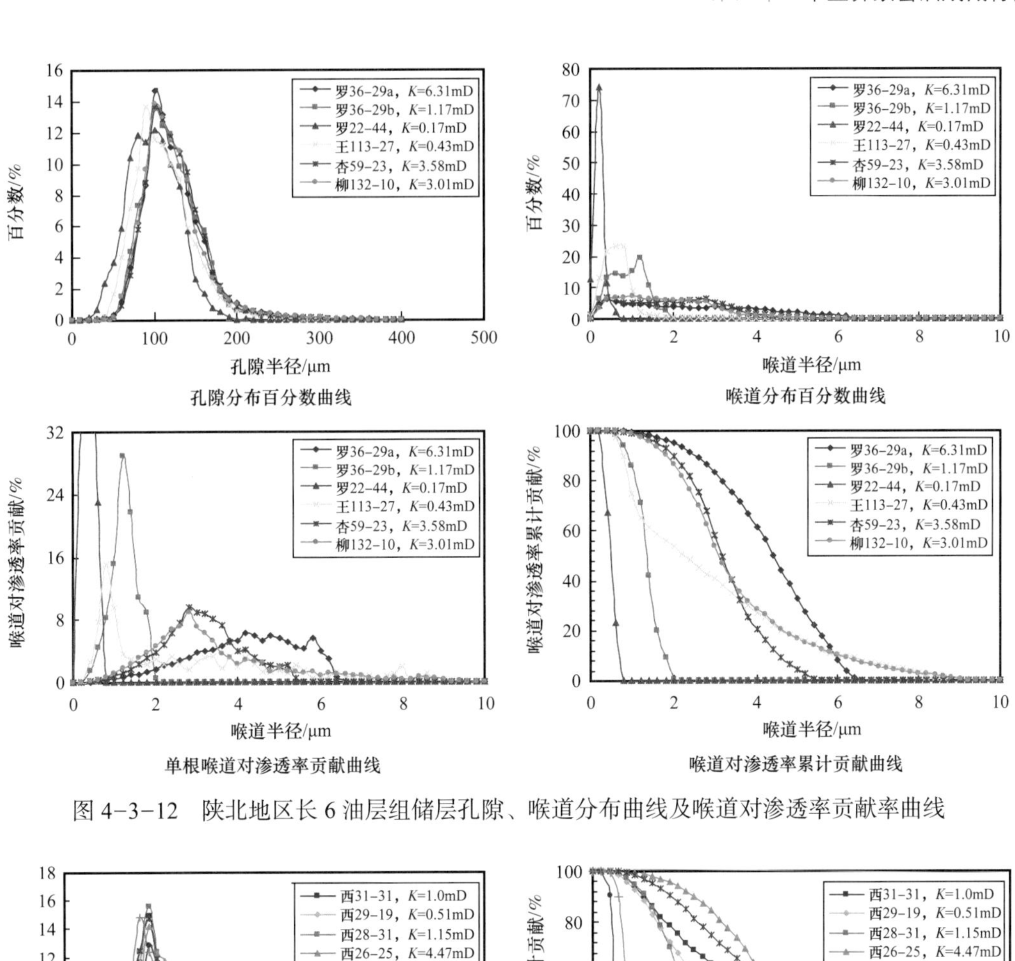

图 4-3-12 陕北地区长 6 油层组储层孔隙、喉道分布曲线及喉道对渗透率贡献率曲线

西31-31，K=1.0mD
西29-19，K=0.51mD
西28-31，K=1.15mD
西26-25，K=4.47mD
西25-29，K=1.72mD
董81-50，K=0.24mD
董75-54，K=0.38mD

百分数/%
孔隙半径/μm
孔隙分布百分数曲线

喉道对渗透率累计贡献/%
喉道半径/μm
喉道对渗透率累计贡献曲线

喉道对渗透率贡献/%
喉道半径/μm
单根喉道对渗透率贡献曲线

百分数/%
喉道半径/μm
喉道分布百分数曲线

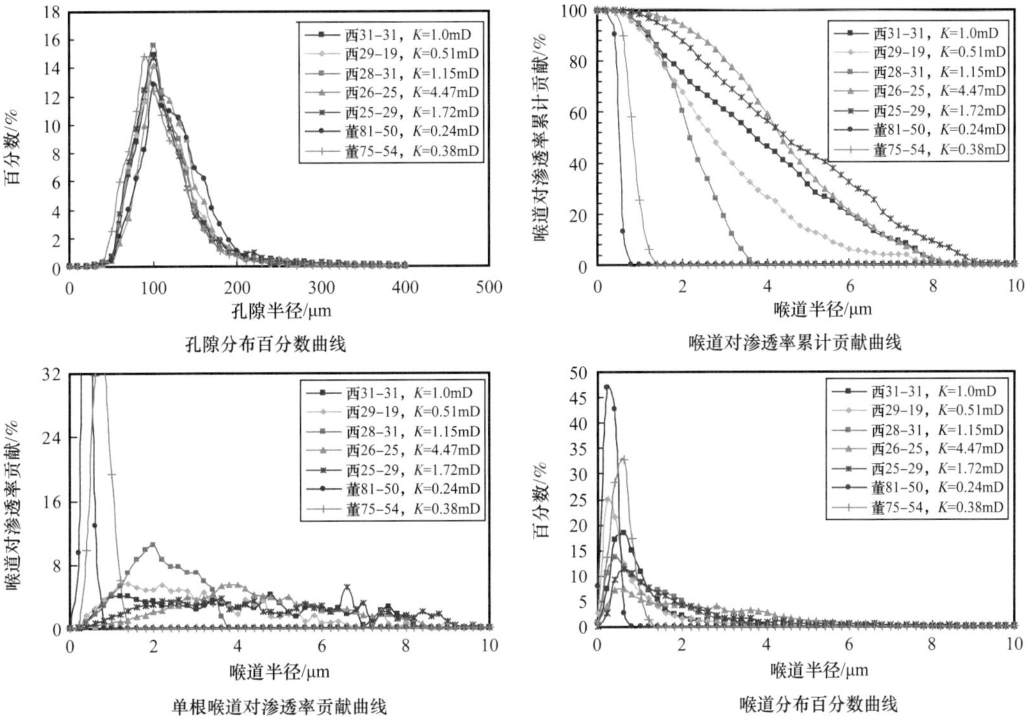

图 4-3-13 西峰油田长 8 油层组储层孔隙、喉道分布曲线及喉道对渗透率贡献率曲线

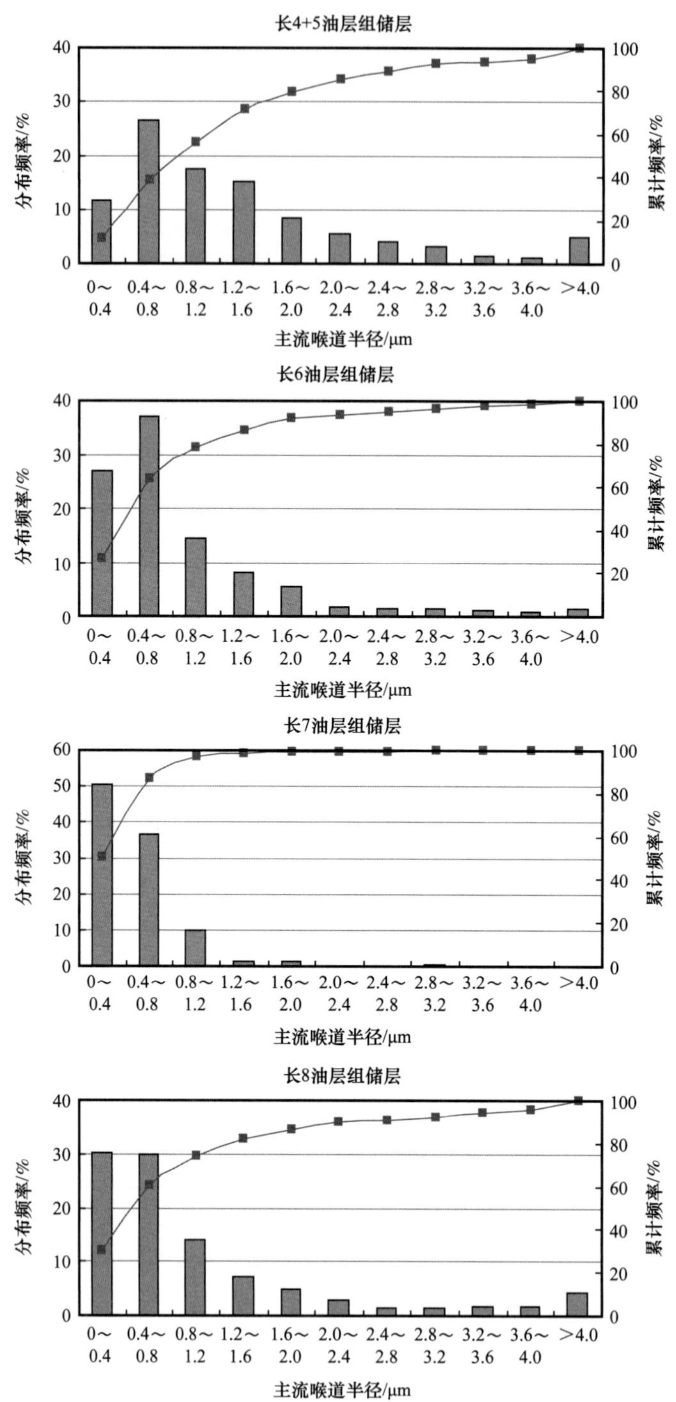

图 4-3-14 鄂尔多斯盆地延长组分层主流喉道半径分布频率图

长 6 油层组储层主流喉道半径峰值分布范围在 0.1～1.2μm 之间，主流喉道分布范围宽，但大喉道半径分布较少，平均主流喉道半径为 0.90μm。盆地北部的陕北地区和姬塬地区长 6 油层组储层主流喉道明显高于盆地南部的华庆、镇北和合水地区。

长 8 油层组储层主流喉道半径峰值分布范围在 0.1～1.2μm 之间，主流喉道分布范围宽，大喉道半径分布较多，平均主流喉道半径为 1.17μm。盆地北部略高于盆地南部。

根据已知样品恒速压汞测定的喉道半径大小及对渗透率的贡献值，计算出主流喉道半径，并与渗透率建立相关性，则可据渗透率计算出相应的主流喉道半径，从而进行平面主流喉道半径分布评价。通过对陇东南梁—华池和合水地区长 8_1 油层组主流喉道半径平面分布进行刻画（图 4-3-15），明确了平面上主流喉道半径高值区，这些高值区则是渗透率好、石油优先充注的有利区。

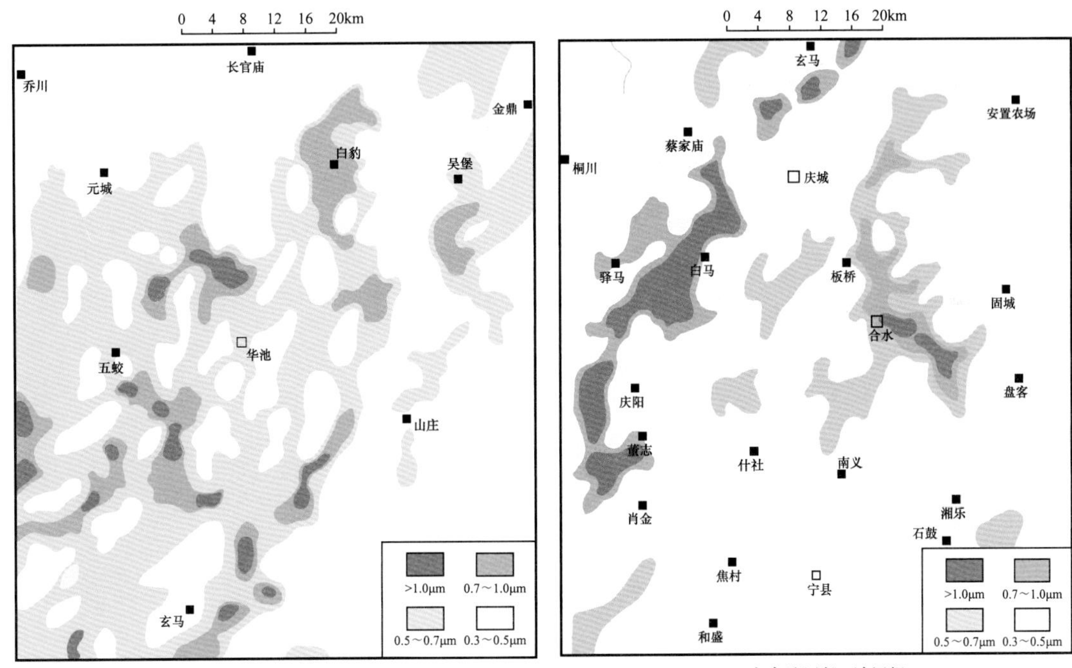

图 4-3-15 陇东地区长 8 油层组主流喉道半径平面分布图

（三）储层可动流体特征

储层流体的可动性，是影响储层品质优劣的重要参数，也是决定油藏开发效果的重要参数，核磁共振技术可有效表征储层可动流体特征（任颖惠，2017；吴松涛，2019）。通过盆地长 2、长 3、长 4+5、长 6 和长 8 油层组共 193 块核磁共振测试样品统计分析，明确了不同层系储层的可动流体特征。

长 6 油层组储层可动流体百分数在 35.6%～53.7% 之间，可动流体孔隙度在 3.7%～6.2% 之间，相差不是很大；长 8 油层组储层可动流体百分数除了板桥地区外相当，分布范围在 53%～59.4% 之间，可动流体孔隙度分布范围较大，在 2.6%～6.5% 之间（表 4-3-8）。

分层位统计来看（表 4-3-8），长 2 油层组储层可动流体百分数为 60.6%，可动流体孔隙度为 11.1%，是各层中最高的，长 3 油层组和长 8 油层组储层可动流体百分数平均值分别为 53.8% 和 52.1%，相对较高，但长 3 油层组储层 6.8% 的可动流体孔隙度明显高于长 8 油层组储层的 4.8%，长 4+5 油层组和长 6 油层组储层的可动流体百分数及可动流体孔隙度相差不大。

表 4-3-8 鄂尔多斯盆地延长组可动流体孔隙度数据表

<table>
<tr><th>地区</th><th>区块</th><th>层位</th><th>孔隙度/%</th><th>渗透率/mD</th><th>可动流体百分数/%</th><th>可动流体孔隙度/%</th></tr>
<tr><td>陕北</td><td>安塞</td><td>长 2 油层组</td><td>18.4</td><td>35.4</td><td>60.6</td><td>11.1</td></tr>
<tr><td rowspan="2">华庆</td><td>子午岭</td><td rowspan="5">长 3 油层组</td><td>9.9</td><td>0.5</td><td>41.3</td><td>4.5</td></tr>
<tr><td>白豹</td><td>7.3</td><td>0.2</td><td>39.7</td><td>2.9</td></tr>
<tr><td rowspan="2">陕北</td><td>大路沟</td><td>11.9</td><td>12.0</td><td>47.2</td><td>6.1</td></tr>
<tr><td>安塞</td><td>17.1</td><td>17.9</td><td>57.9</td><td>9.5</td></tr>
<tr><td colspan="2">平均</td><td>11.6</td><td>7.7</td><td>53.8</td><td>6.8</td></tr>
<tr><td rowspan="3">姬源</td><td>吴旗</td><td rowspan="6">长 4+5 油层组</td><td>10.4</td><td>0.2</td><td>36.4</td><td>4.0</td></tr>
<tr><td>堡子湾</td><td>8.2</td><td>0.1</td><td>35.5</td><td>2.8</td></tr>
<tr><td>铁边城</td><td>15.8</td><td>19.9</td><td>67.9</td><td>10.7</td></tr>
<tr><td>华庆</td><td>白豹</td><td>13.2</td><td>1.3</td><td>42.0</td><td>5.6</td></tr>
<tr><td>陕北</td><td>白于山</td><td>13.0</td><td>0.9</td><td>47.5</td><td>6.2</td></tr>
<tr><td colspan="2">平均</td><td>12.1</td><td>4.5</td><td>44.9</td><td>5.5</td></tr>
<tr><td rowspan="2">陕北</td><td>大路沟</td><td rowspan="10">长 6 油层组</td><td>11.6</td><td>0.2</td><td>32.6</td><td>3.8</td></tr>
<tr><td>安塞</td><td>11.5</td><td>0.8</td><td>42.6</td><td>5.0</td></tr>
<tr><td>姬塬</td><td>吴旗</td><td>11.2</td><td>0.5</td><td>39.4</td><td>4.4</td></tr>
<tr><td rowspan="3">陕北</td><td>盘古梁</td><td>14.2</td><td>1.4</td><td>42.1</td><td>5.7</td></tr>
<tr><td>沿河湾</td><td>9.0</td><td>0.1</td><td>41.8</td><td>3.7</td></tr>
<tr><td>五里湾</td><td>14.2</td><td>4.0</td><td>37.6</td><td>5.1</td></tr>
<tr><td>华庆</td><td>白豹</td><td>11.6</td><td>0.9</td><td>53.7</td><td>6.2</td></tr>
<tr><td>陕北</td><td>虎狼峁</td><td>12.6</td><td>0.8</td><td>47.3</td><td>6.0</td></tr>
<tr><td colspan="2">平均</td><td>12.0</td><td>1.1</td><td>42.7</td><td>5.1</td></tr>
<tr><td rowspan="3">合水</td><td>板桥</td><td rowspan="6">长 8 油层组</td><td>8.7</td><td>0.1</td><td>27.1</td><td>2.6</td></tr>
<tr><td>合水</td><td>7.2</td><td>0.5</td><td>57.0</td><td>4.1</td></tr>
<tr><td>西峰</td><td>10.4</td><td>0.7</td><td>53.0</td><td>5.6</td></tr>
<tr><td>陕北</td><td>西河口</td><td>6.2</td><td>0.1</td><td>56.1</td><td>3.5</td></tr>
<tr><td>镇北</td><td>镇北</td><td>10.9</td><td>0.7</td><td>59.4</td><td>6.5</td></tr>
<tr><td colspan="2">平均</td><td>8.7</td><td>0.4</td><td>52.1</td><td>4.8</td></tr>
</table>

对可动流体孔隙度与渗透率的相关性分析表明，可动流体孔隙度与渗透率相性高，说明渗透率决定着储层可动流体大小（图 4-3-16）。同时，根据渗透率与可动流体孔隙度的关系，可通过渗透率来快速定量评价储层可动流体特征。

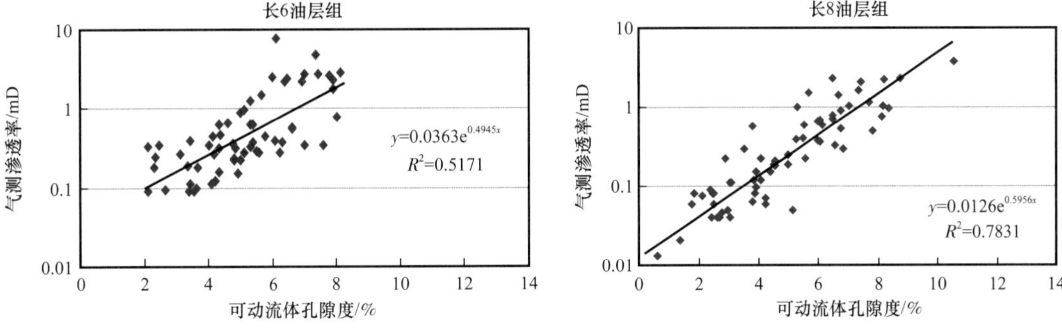

图 4-3-16　鄂尔多斯盆地延长组分层可动流体孔隙度与渗透率关系图

三、储层物性特征

（一）物性特征

统计表明，鄂尔多斯盆地延长组长 6、长 8 油层组储层物性整体致密，储层孔隙度普遍小于 12%，渗透率普遍小于 2mD，甚至很多地区小于 1mD 乃至 0.3mD（表 4-3-9、表 4-3-10）。

表 4-3-9　鄂尔多斯盆地延长组长 6 油层组储层物性统计表

地区	孔隙度 /%	渗透率 /mD	统计井数 / 口
姬塬	11.97	0.74	15
马家山	13.38	0.68	20
高桥—西河口	10.57	1.16	8
华庆	12.41	0.58	25

表 4-3-10　鄂尔多斯盆地延长组长 8 油层组储层物性统计表

地区	孔隙度 /%	渗透率 /mD	统计井数 / 口
志靖—安塞	9.05	0.21	45
姬塬	10.85	0.58	80
华庆	10.93	0.72	20
镇北	12.05	1.73	15
董志	8.83	0.42	26
合水	9.17	0.32	12
白马	9.87	2.07	25

不同地区长 6 油层组储层的物性差异不大，孔隙度为 10.57%～13.38%，渗透率为 0.58～1.16mD，其中高桥—西河口地区渗透率较高（表 4-3-9）。

各区块长 8 油层组储层孔隙度差异不大，主要分布在 8.83%～12.05%，但渗透率相差较大，镇北、白马地区平均渗透率分别为 1.73mD、2.07mD（表 4-3-10）。综合岩性资料，镇北、白马地区杂基含量少、填隙物含量低、粒间孔发育、粒度较粗是该地区物性较好的原因。

（二）物性平面展布特征

盆地延长组长 6、长 8 油层组储层物性虽然普遍致密，但由于沉积、成岩作用控制，平面上由于残余粒间孔及溶蚀孔的大量发育，往往在致密的背景上发育相对高孔高渗的物性相对甜点区，为石油规模成藏提供了有利储集体（淡卫东，2011；付金华，2013）。这些甜点区主要发育于三角洲平原及前缘分流河道砂体主带，沿砂带展布方向往往呈连续性好的带状展布，且往往在河道交会处形成连片分布（图 4-3-17 至图 4-3-20）。因而总体上致密背景上的甜点区分布面积大，顺物源方向连续性好，为大规模岩性及致密油藏发育提供了有利储集条件。

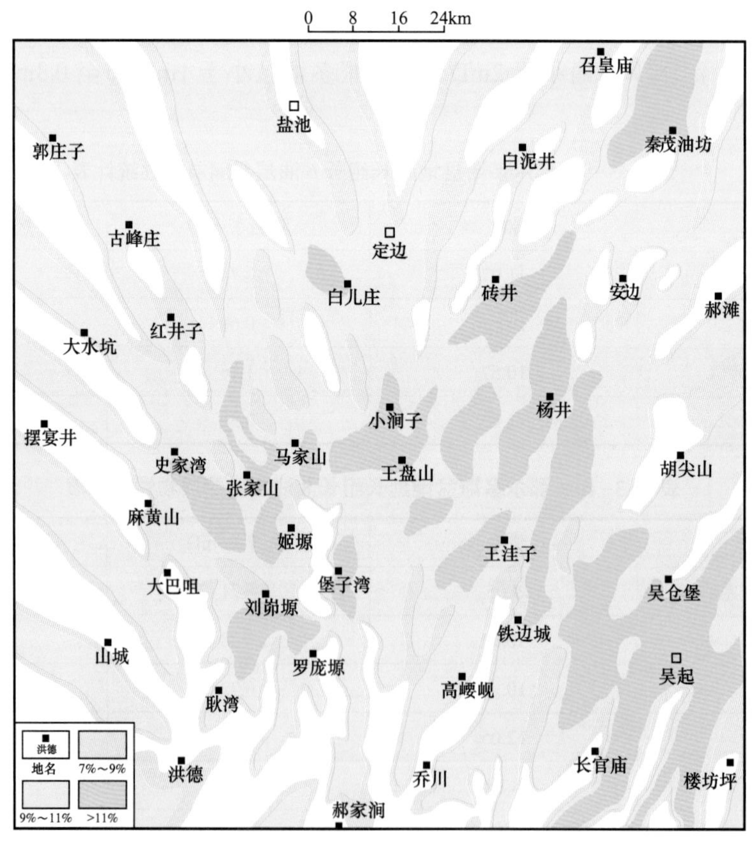

图 4-3-17　姬塬地区长 6_1 油层组孔隙度平面图

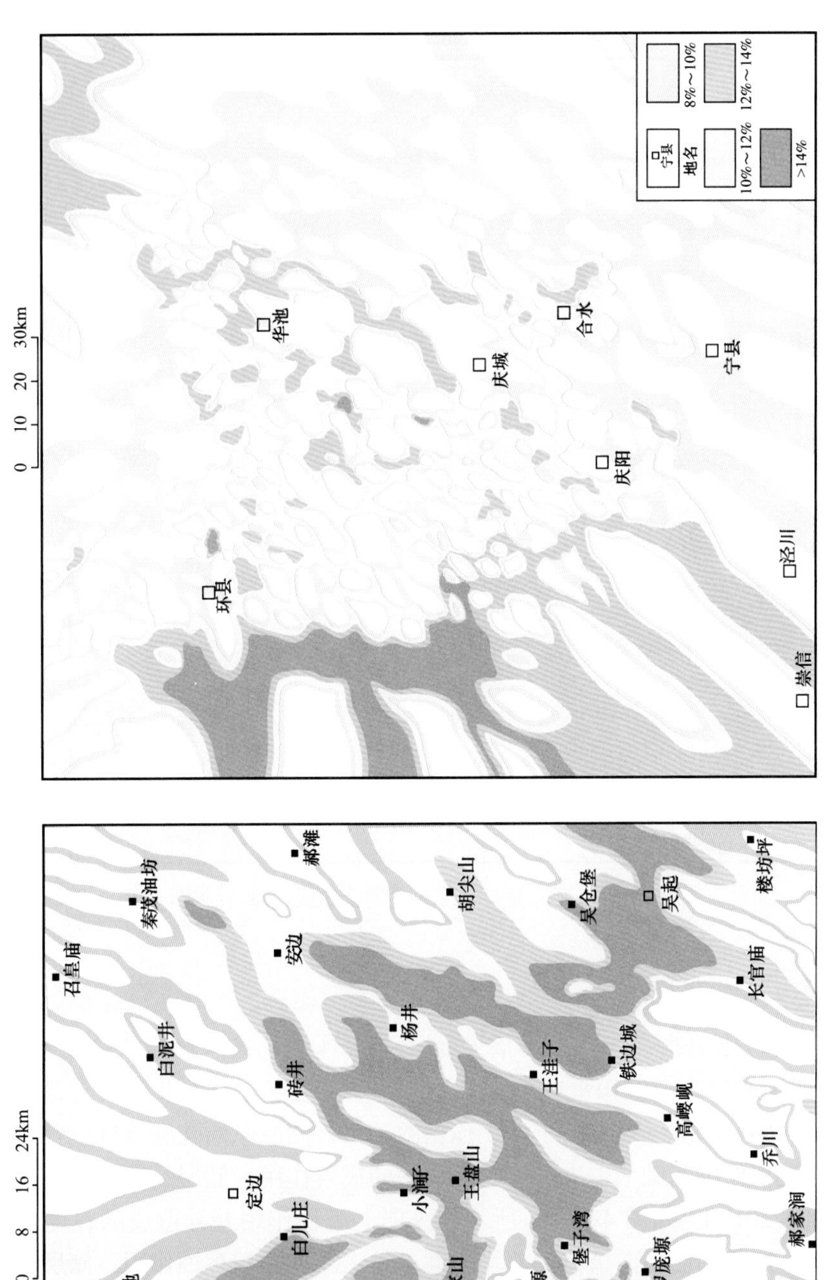

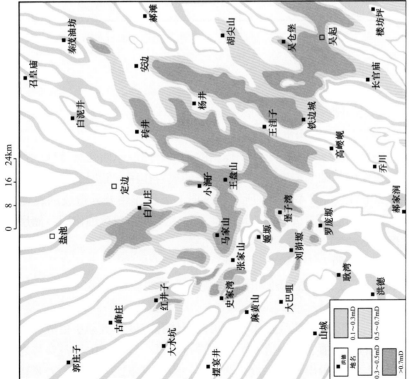

图 4-3-18　姬塬地区长 6_1 油层组渗透率平面图

图 4-3-19　陇东地区长 8_1 油层组孔隙度平面分布图

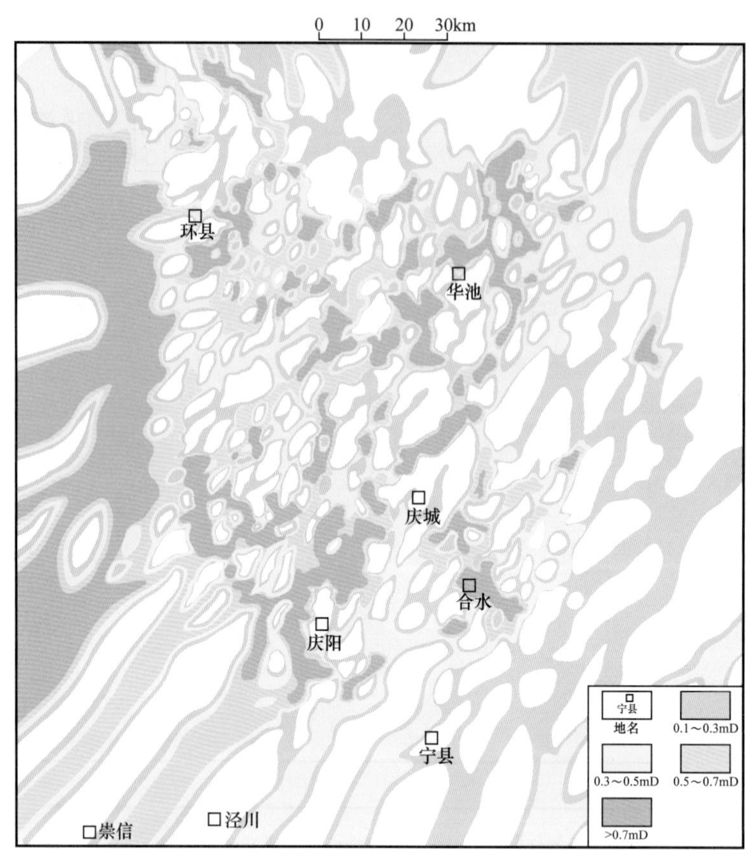

图 4-3-20 陇东地区长 8_1 油层组渗透率平面分布图

（三）储层物性非均质性

受沉积、成岩作用影响，陆相碎屑岩储层一般具有较强的物性非均质性（于翠玲，2007）。沉积作用通过决定沉积水动力条件影响沉积物粒度、分选及泥质含量等特征，从而决定着储层的原始孔隙特征。由于沉积作用的差异，储层原始孔隙特征就存在着极大的非均质性。在沉积作用基础上，由于后期不均一的成岩作用，储层孔隙特征非均质性更加强烈（马东升，2017）。如图 4-3-21 所示，纵向上沉积作用差异造成的粒度、分选及泥质含量的差异，造成储层纵向极强的非均质性，加之不均一的溶蚀作用，储层纵向物性非均质性更强（图 4-3-22）。

评价储层非均质性的方法及参数有多种，但单一评价方法与参数往往具有较大的局限性（张云鹏，2011）。为了克服这种局限性，能较全面的表述储层的非均质性，需要采用多参数分析法。

综合考虑有效孔隙度、主流喉道半径、可动流体孔隙度和流动层指数四参数，对各区块主力油层四参数的最大值、最小值、平均值进行计算、分析。由于各参数之间有一定的差异，要对储层非均质性做出合理评价并非易事，为了克服这一矛盾，需要建立一个能够

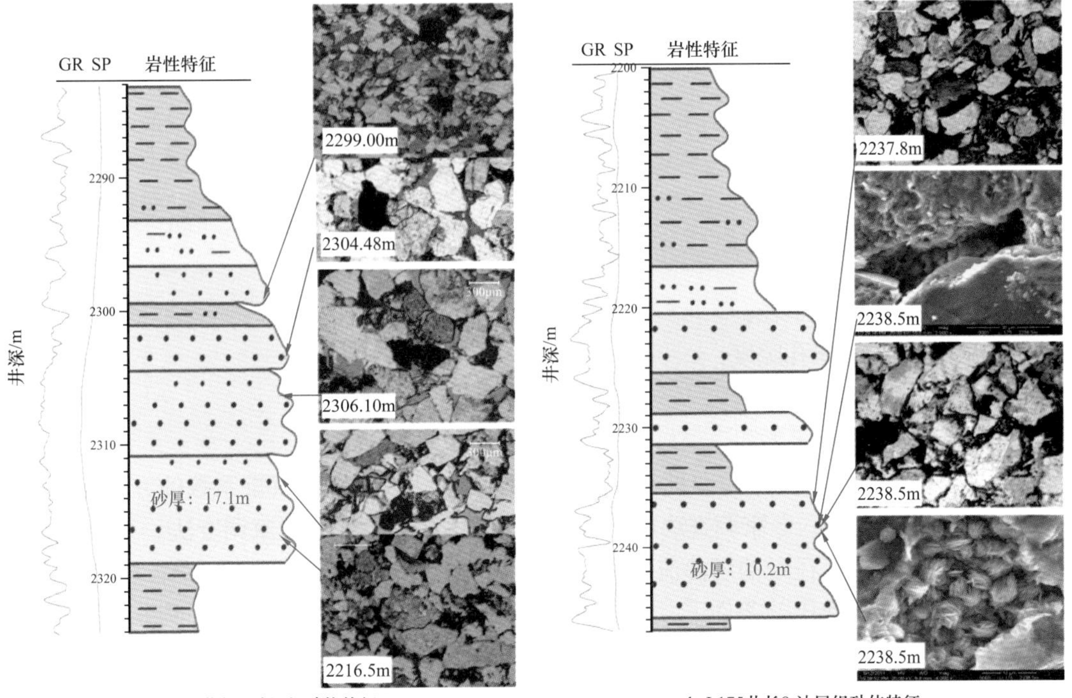

a. L174井长8_1油层组砂体特征　　b. L175井长8_1油层组砂体特征

图 4-3-21　鄂尔多斯盆地单井长 8 油层组纵向储集性化对比图

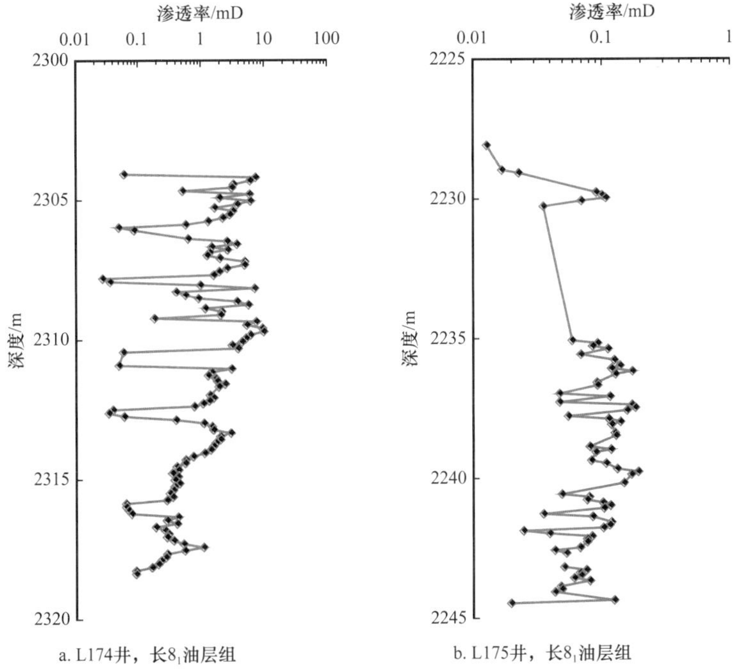

a. L174井，长8_1油层组　　b. L175井，长8_1油层组

图 4-3-22　鄂尔多斯盆地单井长 8 油层组纵向渗透率非均质性

综合四个分类参数特点的新的参数，定量的反映非均质性。为此，在对四个参数分析的基础上，对各参数进行归一化处理，进行权重分析，建立非均质评价计算公式：

$$K_v=\left(\frac{g-g_{min}}{g_{max}-g_{min}}\times c_1\right)+\left(\frac{v-v_{min}}{v_{min}-v_{min}}\times c_2\right)+\left(\frac{J-J_{min}}{J_{max}-J_{min}}\times c_3\right)+\left(\frac{f-f_{min}}{f_{max}-f_{min}}\times c_4\right) \quad (4-3-1)$$

式中 K_v——非均质系数；

g——有效孔隙度；

v——主流喉道半径；

J——可动流体孔隙度；

f——流动层指数；

c_1—c_4——权重系数。

式（4-3-1）中，非常重要的一个参数就是权重系数，确定权重系数的方法有多种，较常用的有德尔斐法、专家调查法和判断矩阵法，实际评价采用专家调查法。在四个非均质参数中主流喉道半径对油层渗流能力起着决定性影响，权重系数定为0.4；可动流体孔隙度反映了一定驱动压差条件下，能够参与流动的孔隙部分，权重系数定为0.3；流动层指数权重系数定为0.2；有效孔隙度把不能为石油所占据的孔隙喉道从总空隙中扣除掉，代表了石油能够进入的孔隙空间，权重系数定为0.1。

根据非均质评价计算公式，计算出储层的非均质性参数，把储层的非均质性分为均质性、非均质性、较强非均质性、强非均质性四类，建立非均质性分类标准（表4-3-11）。

表4-3-11 非均质性分类标准

分类	非均质系数
强非均质性	＞0.6
较强非均质性	0.5～0.6
非均质性	0.3～0.5
均质性	0～0.3

根据非均质评价计算公式，对试验区的各储层非均质性进行计算，参照非均质性分类标准对全区进行分类（表4-3-12）。

非均质评价结果表明：陕北地区长4+5油层组为强非均质，长6油层组为非均质；姬塬地区长4+5油层组和长6油层组为非均质、长8油层组为弱非均质；华庆地区长4+5油层组为强非均质，长6油层组为较强非均质，长8油层组为非均质；合水地区长4+5油层组和长8油层组为非均质，长6油层组为强非均质；镇北地区长4+5油层组、长6油层组和长8油层组均为非均质。

表 4-3-12 鄂尔多斯盆地三叠系延长组储层非均质分类表

地区	层位	有效孔隙度				主流喉道半径				可动流体饱和度				流动带指数				非均质参数	非均质分类
		最大	最小	平均	C_1	最大	最小	平均	C_2	最大	最小	平均	C_3	最大	最小	平均	C_4		
陕北	长 4+5 油层组	12.9	4.8	9.5	0.1	4.67	0.22	1.71	0.4	7.6	1.2	4.9	0.3	1.3	0.41	0.66	0.2	0.749	强非均质
	长 6 油层组	14.7	3.9	9.0	0.1	8.42	0.07	1.29	0.4	6.9	2.2	4.4	0.3	2.83	0.1	0.64	0.2	0.429	非均质
姬塬	长 4+5 油层组	15.9	0.4	9.6	0.1	11.44	0.05	1.38	0.4	10.0	0.2	5.0	0.3	1.97	0.17	0.6	0.2	0.463	非均质
	长 6 油层组	17.5	2.3	9.3	0.1	6.01	0.08	1.05	0.4	8.1	1.5	4.6	0.3	1.79	0.18	0.51	0.2	0.442	非均质
	长 8 油层组	16.2	3.0	7.8	0.1	13.65	0.15	1.59	0.4	10.5	1.7	4.9	0.3	3.47	0.16	0.68	0.2	0.293	均质
白豹	长 4+5 油层组	15.1	3.9	10.5	0.1	8.65	0.16	1.52	0.4	9.3	0.4	5.7	0.3	1.73	0.13	0.56	0.2	0.650	强非均质
	长 6 油层组	12.4	3.4	8.3	0.1	3.49	0.15	0.53	0.4	5.9	2.0	4.1	0.3	0.88	0.14	0.36	0.2	0.540	较强非均质
	长 8 油层组	12.9	2.8	7.2	0.1	14.66	0.13	1.46	0.4	8.3	1.6	4.5	0.3	3.01	0.21	0.72	0.2	0.358	非均质
合水	长 4+5 油层组	11.2	8.7	9.7	0.1	2.25	0.36	0.7	0.4	6.3	4.3	5.1	0.3	0.73	0.25	0.34	0.2	0.374	非均质
	长 6 油层组	12.0	3.1	7.9	0.1	1.05	0.1	0.42	0.4	5.7	1.9	3.9	0.3	0.82	0.17	0.34	0.2	0.661	强非均质
	长 8 油层组	13.5	3.5	7.2	0.1	5.19	0.09	1.02	0.4	8.7	2.0	4.5	0.3	2.66	0.24	0.68	0.2	0.349	非均质
镇北	长 4+5 油层组	13.5	7.9	10.3	0.1	11.25	0.31	1.78	0.4	8.1	3.6	5.5	0.3	1.83	0.24	0.61	0.2	0.384	非均质
	长 6 油层组	11.9	4.5	8.5	0.1	5.53	0.2	0.78	0.4	5.7	2.5	4.2	0.3	1.33	0.22	0.45	0.2	0.495	非均质
	长 8 油层组	15.6	2.6	7.4	0.1	6.99	0.08	1.02	0.4	10.1	1.4	4.6	0.3	2.8	0.26	0.62	0.2	0.308	非均质

四、储层成岩作用特征

（一）成岩作用类型

延长组长 6、长 8 油层组储层成岩作用较强烈、类型复杂，主要的成岩作用有机械压实作用、胶结作用和溶蚀作用等（郑俊茂，1989；付金华等，2017）。

1. 压实作用

压实作用是原生孔隙减少的最主要原因之一（郭正权，2012），主要有如下表现（图 4-3-23）。

图 4-3-23　压实作用下的颗粒碎裂、定向排列、塑性组分变形及紧密接触镜下特征

a. C36 井，2425.05m，长 6 油层组，粒内裂缝；b. G288 井，2282.04m，长 6 油层组，云母定向分布及塑性变形，颗粒点—线接触；c. B286 井，2138.28m，长 8 油层组，云母塑性变形，颗粒点—线接触；d. A155 井，1978.0m，长 6 油层组，云母塑性变形，颗粒点—线接触；e. L53 井，2482.0m，长 8 油层组，云母变形，颗粒线接触；f. L136 井，2987.0m，长 8 油层组，云母变形，颗粒线—凹凸接触

（1）刚性颗粒发生破裂：主要是长石和石英，当上覆压力超过颗粒抗压强度时，颗粒沿其薄弱裂理面、解理面和双晶面破裂，产生微细应力纹和微裂缝，有时甚至垂直于双晶面产生断裂、双晶错位，这些微裂缝的产生，对特低渗透储层储集性能的改善至关重要。

（2）塑性颗粒发生变形、调整：常见于杂基支撑的岩屑长石砂岩、岩屑砂岩和粉砂岩中，由于埋深加大，地层压力增加，一方面使云母、泥岩等塑性岩屑颗粒发生受压弯曲、变形、塑变、伸长或被硬碎屑机械的嵌入；另一方面使碎屑颗粒长轴近于水平方向紧密排列、位移和再分配。

（3）碎屑颗粒接触更加紧密：随埋深增加，颗粒接触关系渐趋紧密，由点接触到线接触，直至凹凸接触。

2. 胶结作用

胶结作用是另一类破坏性成岩作用。胶结作用在长 6、长 8 油层组储层中十分发育，胶结物含量最高可达 35%～40%。胶结作用的类型主要有碳酸盐胶结、黏土矿物胶结和硅质胶结等，是原生孔隙损失的另一重要原因（齐亚林，2014；冉天，2017）。

1）碳酸盐胶结

碳酸盐胶结物有方解石、含铁方解石和铁白云石胶结三种（图 4-3-24），长 6、长 8 油层组储层中铁方解石胶结物含量一般较高。碳酸盐胶结物含量一般为 2%～10%，个别样最高可达 20% 以上。

碳酸盐胶结物主要可分为早、中、晚三期（郑俊茂，1989；孙致学，2010）。

（1）早期碳酸盐胶结物。早期的泥晶碳酸盐主要呈孔隙充填物形式沉积下来，晶形通常为泥晶、微晶，是直接从砂层孔隙水中沉淀形成的，这时的温度、压力接近常温常压，当孔隙水中溶解的碳酸盐物质达到过饱和时，就可以直接沉淀出来。它们与沉积水介质中 $CaCO_3$ 在碱性条件下达到过饱和沉淀有关。早期碳酸盐胶结物多以泥晶团块或灰泥基质形式充填在颗粒之间。早期碳酸盐胶结物含量较高，变化在 10%～30% 之间，多形成钙质砂岩。另外还可见亮晶方解石呈连晶式胶结，使碎屑颗粒“漂浮”在胶结物中，粒间体积大，碎屑颗粒未遭受压实改造，说明形成时期较早（图 4-3-24b）。早期碳酸盐胶结物一般不交代碎屑颗粒，而且可提高砂岩抗压实能力，为后期溶蚀作用的发生提供溶蚀物质，并产生次生孔隙，因此，从这种意义上说，早期碳酸盐胶结作用是一种建设性的成岩作用。其主要形成于早成岩阶段，一般发生在主要压实期以前。

（2）中期碳酸盐胶结物。随着埋深加大，温度升高、pH 值增大、CO_2 分压降低，溶解的碳酸盐可以发生重结晶作用，形成自形的细晶方解石胶结物。这类胶结物多呈斑状、分散晶粒状分布，可见交代或包裹早期泥微晶碳酸盐胶结物现象，因此可以判断其形成时间晚于早期碳酸盐。

中期碳酸盐胶结物多呈分散状孔隙式胶结物出现，充填在颗粒之间，成分多为（含铁）方解石，多呈洁净、大晶粒状，含量较高，变化在 2%～20% 之间，多形成含钙砂岩。中期碳酸盐充填在剩余粒间孔中，碎屑颗粒之间多呈线接触，表明砂岩已遭受压实改造，因此这类胶结物形成时期较晚（图 4-3-24c）。形成时间在主要压实期之后和油气侵入之前，成岩阶段主要在中成岩阶段 A_2 期。

图 4-3-24　鄂尔多斯盆地长 6、长 8 油层组储层碳酸盐胶结镜下特征

a. W421 井，1776.72m，长 6 油层组，方解石充填孔隙；b. G186 井，2265.13m，长 6 油层组，高岭石及铁白云石充填孔隙；c. L142 井，2657.0m，长 8 油层组，方解石充填孔隙；d. H36 井，2556.24m，长 6 油层组，铁方解石充填孔隙；e. W62 井，1997.48m，长 8 油层组，铁方解石胶结致密；f. L175 井，2290.00m，长 8 油层组，铁方解石胶结致密

（3）晚期碳酸盐胶结物。在成岩晚期，由于地层埋藏深度大，温度和压力增高，在相对高温、高压、缺氧还原条件下，孔隙水中含大量的由黏土矿物或黑云母转化而产生的 Fe^{2+} 和 Mg^{2+}，当 CO_2 分压降低时，这些离子很容易结合到方解石或白云石的晶格中去，形成含铁的晚期碳酸盐矿物（图 4-3-24d），主要是铁方解石和少量的铁白云石，形成时间为油气侵入之后的中成岩阶段 A_2 期至 B 期。

长 6、长 8 油层组储层中期碳酸盐胶结最为发育。中期胶结物呈晶粒状分布在粒间孔及长石和岩屑粒内溶孔中，成分主要为含铁方解石或铁方解石。晚期胶结物多呈晶粒状充填在粒间孔和各类溶蚀孔中，成分主要为铁方解石，部分为铁白云石。

碳氧同位素分析表明，长 6、长 8 油层组储层中的中晚期碳酸盐胶结物主要与有机质热演化形成的有机酸有关（孙致学，2010）（图 4-3-25）。地温在 80℃以前，有机质在演化过程中形成的有机酸大都被细菌所破坏，形成 CH_4 和 CO_2，CO_2 分压增高，含有大量 HCO_3^-、CO_3^{2-}、Ca^{2+} 及 Fe^{2+} 的地层水由于泥岩的压实作用而被排除，进入附近砂岩层中，形成 $CaCO_3$ 沉淀，且有部分 Fe^{2+} 参与晶格，形成含铁方解石大量沉淀。

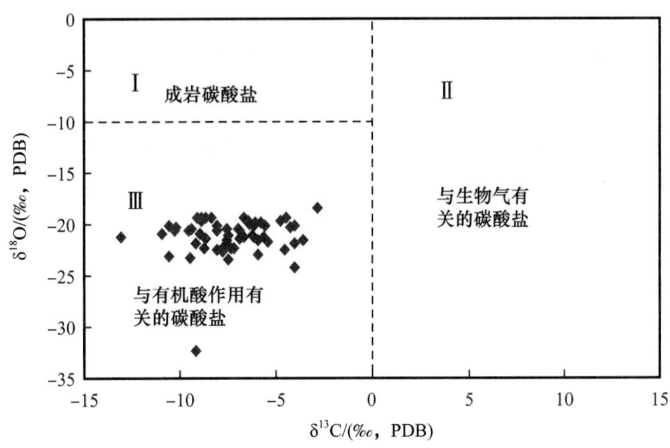

图 4-3-25 陇东地区长 8 油层组碳酸盐胶结物碳氧同位素成因模板图

研究表明，碳酸盐胶结物并不是在整个砂层发育，而是多在砂体顶底部发育。在纵向上，砂体的顶底部位由于与泥岩接触，受泥岩热演化排出的液体影响，往往铁方解石胶结发育。平面上，铁方解石主要分布于河道侧翼，主要也是由于砂体侧翼与周围泥岩接触的原因，含量高时大于 20%，河道中部含量低，一般小于 2%。受碳酸盐胶结影响，河道边部储层物性均较差。

2）黏土矿物胶结

长 6、长 8 油层组储层黏土矿物胶结类型多样，主要有绿泥石膜、高岭石和伊利石等。

（1）绿泥石在长 6、长 8 油层组储层中非常发育，主要以碎屑颗粒包膜形式出现。绿泥石薄膜一方面充填原生孔隙（图 4-3-26a），使孔隙度降低，另一方面绿泥石薄膜的形成阻碍了孔隙水与颗粒的进一步反应，并限制了石英次生加大的发育，又有利于原生孔隙的保存（田建锋，2011；姚泾利，2011）。长 6、长 8 油层组储层随着绿泥石含量的增高，粒间孔有增高的趋势，但当绿泥石膜含量较高时（大于 7%），粒间孔又有减少趋势，可见绿泥石膜胶结表现为双重成岩作用。在三角洲前缘储层中绿泥石膜含量整体较低，一般小于 5%，总体表现为建设性成岩作用。

综合分析，认为长 6、长 8 油层组储层中自生绿泥石主要是由钾长石蚀变而成。在弱碱性（弱还原）孔隙流体作用下，钾长石与孔隙流体中的 Fe^{2+}、Mg^{2+} 等离子结合，从而沉淀出了绿泥石和石英，化学反应式如下：

$$KAlSi_3O_8（钾长石）+0.4Fe^{2+}+0.3Mg^{2+}+1.4H_2O = $$
$$0.3（Fe_{14}Mg_{12}Al_{2.5}）（Al_{0.7}Si_{3.3}）O_{10}（OH）_8（绿泥石）+2SiO_2+0.4H^++K^+$$

这类成因绿泥石的最大特点就是与自生石英共生，扫描电镜下经常可以观察到叶片状绿泥石黏土膜表面或叶片之间分布着自形的石英小晶体，二者之间没有穿插、交代等现象。

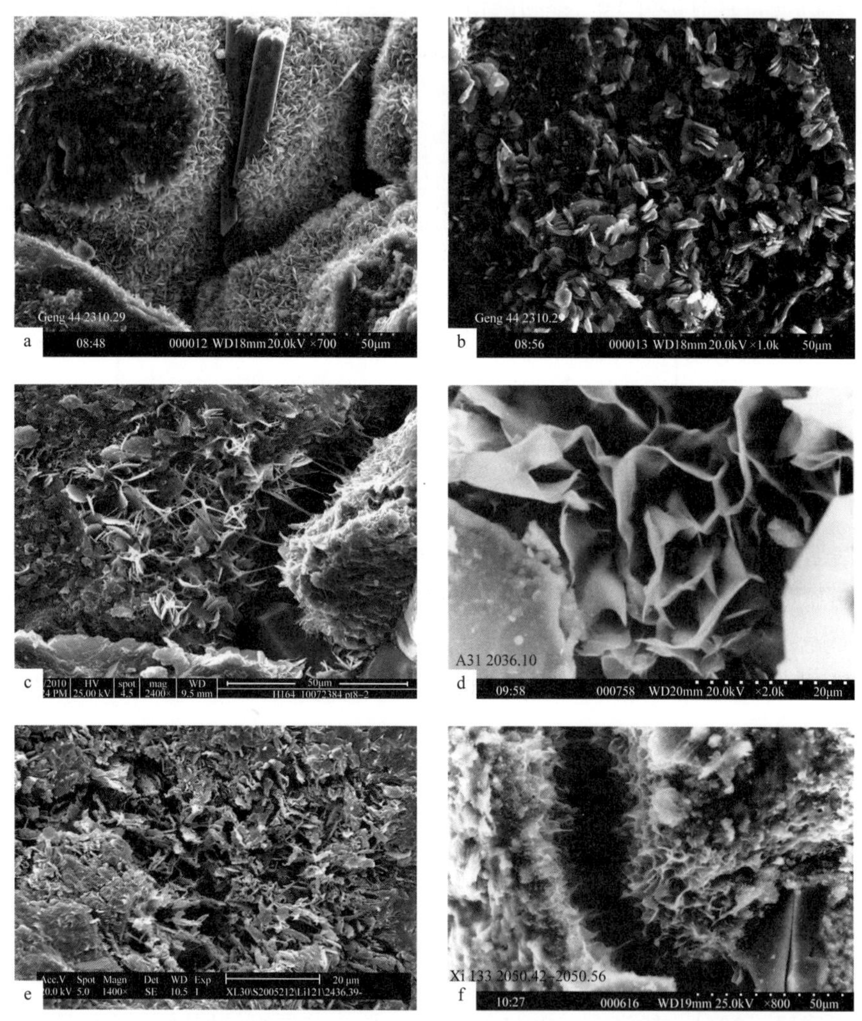

图 4-3-26　鄂尔多斯盆地长 6、长 8 油层组储层中黏土胶结物扫描电镜照片

a. G44 井，2310.29m，长 6 油层组，绿泥石膜；b. G44 井，2310.29m，长 6 油层组，高岭石充填孔隙；c. H164 井，2406.1m，长 6 油层组，伊利石呈搭桥式分布；d. A31 井，2036.10m，长 6 油层组，蜂窝状伊 / 蒙混层黏土；e. L121 井，2436.39m，长 8 油层组，粒间分布片状、丝缕状伊利石；f. X133 井，2050.42m，长 8 油层组，粒间孔喉中丝状伊利石黏土搭桥生长充填

绿泥石薄膜比较发育的砂岩通常形成于水动力条件较强的分流河道、河口坝等沉积环境中，水中携带的悬浮状、细粒黏土碎屑在沉积物沉积后，可以以碎屑颗粒表面为基底，呈凝絮状，缓慢堆积在颗粒表面，形成厚度均匀的薄膜（姚泾利，2011）。后期的绿泥石

黏土矿物发生沉淀，在表面呈树叶状分布。盆地内绿泥石膜发育的层段都不同程度的有原生粒间孔发育，而且还与自生石英伴生，说明绿泥石黏土膜发育区应是相对酸性成岩环境保持区。三角洲平原分流河道与前缘水下分流河道相对强发育，靠近湖盆中心区发育较弱。绿泥石薄膜在平面上的分布规律与原生残余粒间孔的平面分布密切相关，进一步说明绿泥石膜是原生粒间孔发育的主导因素之一。

（2）高岭石主要为长石溶蚀的产物（郑俊茂，1989）。长 6、长 8 油层组储层碎屑颗粒中含有较多的长石，在酸性成岩环境下，极易发生溶蚀，并生成自生高岭石矿物。自生高岭石多呈书页状、蠕虫状集合体赋存在原生粒间孔或次生溶蚀孔中（图 4-3-26b），造成孔隙堵塞。虽然其集合体中含大量的晶间微孔，但对砂岩孔渗的总体提高并未起到显著作用。

长 6、长 8 油层组砂岩中普遍含有丰富的自生高岭石集合体，并伴随较多的次生粒间和粒内溶孔，说明有较强的溶蚀作用发生过。同时流体的流动速率较慢，溶解物质并未搬运到远处沉淀。因此，由于高岭石的“就近”不均匀沉淀，砂岩的孔隙微观非均质性一般较强。

（3）自生伊利石主要呈丝缕状充填于粒间孔隙或呈薄膜状发育，充填孔隙堵塞孔喉，集中分布时形成网状对储层喉道减小和渗透率降低起破坏性作用（钟大康，2013）。储层中自生伊利石的产状与赋存状态可分为三种：长石水解伊利石（图 4-3-26e）、蒙皂石化伊利石（图 4-3-26d）、高岭石化伊利石（图 4-3-26b）。伊利石的大量出现是碱性成岩环境的标志。

平面上伊利石胶结主要分布于三角洲前缘及半深湖—深湖相储层中，往往水体越深、粒度越细、泥质含量越高的储层中伊利石更为发育，因此延长组长 7 油层组伊利石最为发育，长 6、长 8 油层组在水体较深的环境中伊利石也普遍发育。伊利石多以丝缕状、毛发状及片状发育于碎屑颗粒表面及孔隙中（图 4-3-26c—f），降低储层储集性及渗透性。

3）硅质胶结

硅质胶结在长 6、长 8 油层组砂岩中较为常见（杨仁超，2017），薄片观察和扫描电子显微镜下观察表明，硅质胶结有以下几种类型。

（1）次生加大边胶结。次生加大石英为早期，早期次生加大石英形成于压实之前或同期，石英次生加大边可环绕整个碎屑石英，也可仅分布于石英颗粒的局部（图 4-3-27a、b），主要受控于可生长空间大小的限制，颗粒边缘可见绿泥石环边。

（2）孔隙充填式胶结。晚期次生石英形成于压实期之后，当石英颗粒周缘有绿泥石薄膜时不能形成连续的加大石英，因而呈现孔隙充填式。孔隙充填石英是以自形石英晶体充填于绿泥石薄膜形成后的剩余孔隙空间，自形程度高，为低温的三方双锥状。石英晶体颗粒一般较小，有时可达 0.05mm。扫描电镜观察结果表明，微晶石英晶体呈六方柱、三方单锥及三方偏方面体聚形。孔隙充填石英一般单个产出，也偶见沿孔隙边缘呈集合状（图 4-2-27c—f）。

自生石英充填孔隙一方面使原生孔隙减少，另一方面对次生孔隙的产生不利，也是造成砂岩物性较差的重要原因之一。

图 4-3-27 储层中的硅质胶结现象

a. H36 井，2547.6m，长 6 油层组，石英次生加大；b. H356 井，2248.0m，长 6 油层组，石英次生加大；c. X248 井，2063.0m，长 6 油层组，自生石英充填孔隙；d. G203 井，2338.15m，长 6 油层组，自生石英充孔隙；e. H418 井，2009.3m，长 6 油层组，自生石英充孔隙；f. H374 井，2869.54m，长 8 油层组，石英加大

此外，在盆地东北沉积体系长 6 油层组三角洲前缘沉积中（志靖—安塞地区），还普遍存在浊沸石胶结，是该地区长 6 油层组储层致密的重要原因（朱国华，1985）。

3. 溶蚀作用

溶蚀作用对改善储层物性起着非常重要的作用，区内溶蚀作用可表现为对碎屑颗粒的溶解及对杂基、胶结物的溶解作用等，溶蚀作用是形成长 6、长 8 油层组储层相对高孔高渗储层的重要因素，为建设性成岩作用（史基安，2003；郭正权，2012）。

长石溶蚀是鄂尔多斯盆地长 6、长 8 油层组储层最主要的溶蚀作用，其成岩反应过程可表达如下：

$$4KAlSi_3O_8+2CO_2+4H_2O \rightarrow Al_4(Si_4O_{10})(OH)_8+8SiO_2+2K_2CO_3$$

（钾长石）　　　　　　　　（高岭石）　　　（石英）

$$4NaAlSi_3O_8+2CO_2+4H_2O \rightarrow Al_4(Si_4O_{10})(OH)_8+8SiO_2+2Na_2CO_3$$

（钠长石）　　　　　　　　（高岭石）　　　（石英）

长石是长 6、长 8 油层组储层主要的溶解矿物，可形成一定数量的粒内溶孔。长石的溶蚀常常是从解理面或双晶结合面或边缘等薄弱环节开始的，长石的溶蚀在长 6、长 8 油层组储层中广泛发育，很多样品中的长石几乎被溶解殆尽。

在早成岩 B 期阶段烃源岩大量生成有机质之前，地层中有机质在较高的温压条件下分解产生的有机酸进入砂岩储层后，孔隙介质 pH 值降低，由碱性变为酸性（远光辉，2013）。在酸性介质条件下，长石碎屑发生强烈溶解，甚至有些长石颗粒完全溶蚀，形成铸膜孔（图 4-3-28）。

此外，在盆地东部志靖—安塞地区长 6 油层组东北沉积体系三角洲前缘储层中，还普遍发育浊沸石溶蚀作用（朱国华，1985），改善了储层物性，是该地区储层物性较好的重要原因。

综上所述，长 6、长 8 油层组储层成岩作用主要有压实作用、绿泥石膜胶结作用、高岭石胶结作用、伊利石胶结作用、硅质胶结作用及长石溶蚀作用等。其中压实作用、胶结作用对储层孔隙起着破坏性作用，为破坏性成岩作用。而溶蚀作用和绿泥石膜胶结作用为建设性成岩作用。正是由于绿泥石膜保护原生粒间孔隙及溶蚀作用的普遍发育，在很大程度上改善了储层物性，使总体致密的背景上发育相对高孔高渗储层。

图 4-3-28　储层中的长石溶蚀现象

a. H20 井，2465.27m，长 6 油层组，长石溶蚀；b. L1 井，2270.02m，长 6 油层组，长石溶蚀；c. B456 井，2137.97m，长 8 油层组，粒间孔发育，长石溶蚀普遍；d. S139 井，2211.91m，长 8 油层组，长石粒内溶蚀孔隙

（二）成岩相分布特征

1. 成岩相划分

成岩相是在成岩与构造等作用下沉积物经历一定成岩作用和演化阶段的产物，包括岩石颗粒、胶结物、组构、孔洞缝等综合特征（邹才能，2008）。成岩相的命名采用控制物性的主要胶结物类型、产状和成岩作用（如溶蚀等）联合命名。出现两种以上作用时则采用复合命名法。根据以上原则结合主要成岩现象，将成岩相划分为：伊利石胶结成岩相、碳酸盐胶结成岩相、高岭石胶结成岩相、绿泥石膜粒间孔成岩相、长石溶蚀成岩相等类型。需要注意的是，成岩相主要是根据占主导作用的成岩现象来划分的，其间必然存在重叠与交叉，如水云母胶结成岩相中也会有碳酸盐胶结的成分，但主要是水云母胶结，因此以主要的成岩现象来命名。

（1）绿泥石膜粒间孔成岩相：此类成岩相在砂岩中广泛分布，并且均一性相对较好，是重要的油气储集类型之一。

（2）弱压实—粒间孔成岩相：此类成岩相储层粒度较粗、分选好，原始粒间孔发育，成岩期绿泥石膜不太发育，但由于泥质含量及塑性岩屑含量低，岩石受压实影响作用相对较弱，溶蚀孔相对不发育，现今残余粒间孔相对较为发育，一般储层物性较好。

（3）长石溶蚀成岩相：在剩余粒间孔发育区又同时有溶蚀作用的强烈发育，使孔隙度、渗透率进一步变好，此类成岩相砂岩的孔隙度和渗透率普遍优于绿泥石膜—粒间孔相。主要位于三角洲前缘及平原分流河道的厚砂层中，是石油富集的最主要地区之一。

（4）碳酸盐胶结成岩相：为不利的成岩相之一。此类成岩相常常分布于碎屑分选较好，黏土矿物含量较低的浊积水道顶、底部位，仅有少量剩余粒间孔和晶间孔。碳酸盐成岩相砂岩产能较低，难以形成一定规模的油气聚集带。

（5）伊利石胶结成岩相：普遍发育的伊利石胶结物使砂岩的孔隙度、渗透率降低，不利于油气的储集。这类成岩相主要发育在水体较深、沉积物粒度较细的沉积环境中。

（6）高岭石胶结相：高岭石为主要的胶结物，含量高。高岭石呈书页状或蠕虫状充填于残余粒间孔或溶蚀孔中，堵塞孔隙，使储层致密。并且高岭石具有较强的水敏性，在注水开发过程中遇水膨胀会使储层更加致密。此类成岩相也为不利的成岩相之一。

在不同地区不同层位储层中，并不是发育所有类型成岩相。由于储层特征及沉积成岩作用差异，不同地区不同层位储层往往发育不同类型的成岩相，但绿泥石膜粒间孔成岩相、长石溶蚀成岩相是盆地长 6、长 8 油层组储层中普遍发育的成岩相类型。

2. 成岩相展布

1）长 6 油层组

以姬塬地区长 6_1 油层组为例，总体有利的绿泥石膜粒间孔成岩相、长石溶蚀成岩相和弱压实—粒间孔成岩相大面积发育，是平面上相对高孔高渗储层发育的最主要原因（淡卫东，2013）。同时，平面上东西差异明显，西部长石溶蚀成岩相、高岭石胶结成岩相发育，东部绿泥石膜粒间孔成岩相发育，北部碳酸盐胶结成岩相发育，南部水云母胶结成岩相发育（图 4-3-29）。

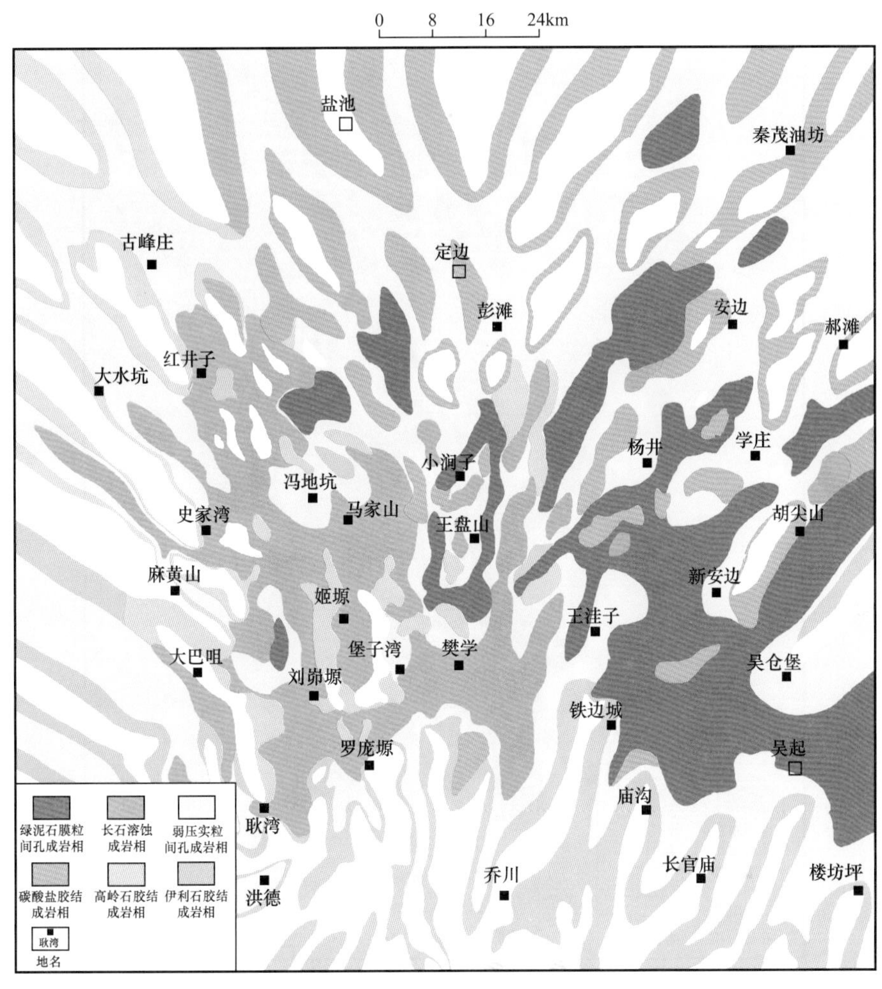

图 4-3-29 姬塬地区长 6_1 油层组储层成岩相分布图

2）长 8 油层组

根据长 8 油层组储层压实、胶结、溶蚀及绿泥石膜等成岩作用的分区差异分析，将长 8 油层组储层划分为四类成岩相：绿泥石膜—粒间孔成岩相，碎屑颗粒表面绿泥石膜发育；长石溶蚀成岩相，长石溶蚀现象普遍；碳酸盐胶结成岩相，碳酸盐胶结物充填大量孔隙，呈基底式胶结；弱压实成岩相，压实程度较低，颗粒呈点接触。

盆地长 8 油层组不同成岩相在平面分布具明显规律性（图 4-3-30）。

西南体系：以绿泥石膜粒间孔成岩相和长石溶蚀成岩相为主，平均孔隙度 10.8%、渗透率 1.06mD，面孔率 3.65%。

西北体系：以长石溶蚀、绿泥石膜粒间孔成岩相为主，平均孔隙度 9.5%、渗透率 0.66mD，面孔率 2.86%。

东北体系：以碳酸盐胶结成岩相为主，局部地区长石溶蚀成岩相发育，平均孔隙度 7.8%、渗透率 0.17mD，面孔率 1.69%。

西部体系：以弱压实粒间孔成岩相为主，平均孔隙度 11.9%、渗透率 1.8mD，面孔率 4.58%。

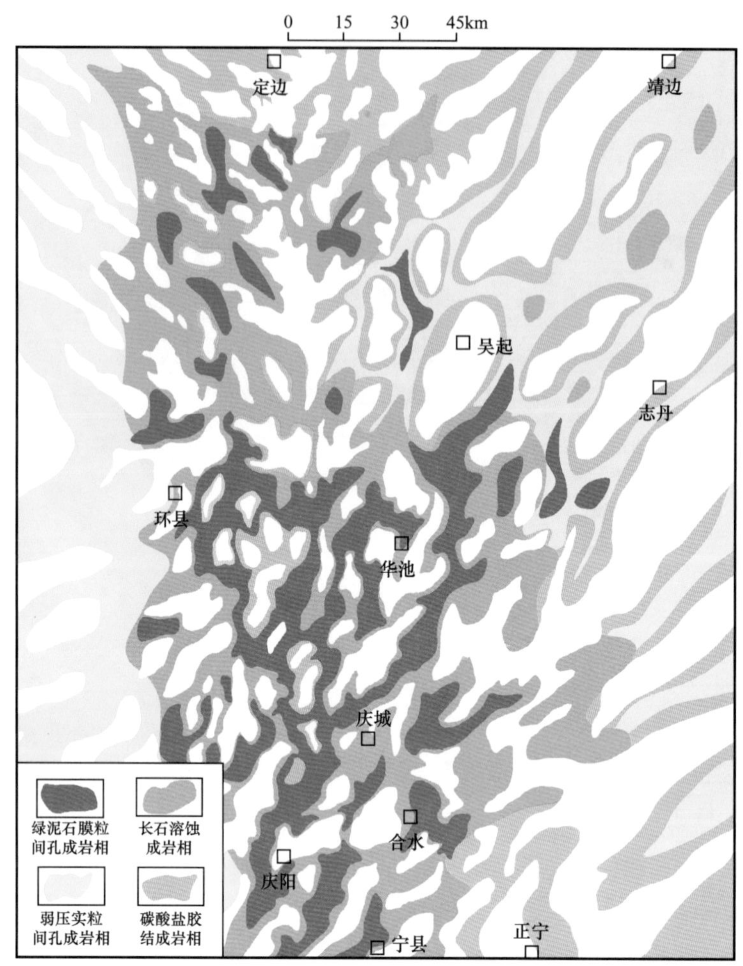

图 4-3-30　鄂尔多斯盆地延长组长 8_1 油层组成岩相分布图

3. 成岩作用对储层微观非均质性的影响

储层现今孔隙特征是在差异沉积作用基础上差异成岩作用的结果，不同成岩作用下形成的储层孔隙特征明显不同。由于成岩作用的差异及空间的不均一性，便造成了储层微孔非均质性。通过大量铸体薄片及扫描电镜等分析测试，总结了长 6、长 8 油层组成岩作用对储层微观非均质性的影响。

1）差异成岩作用形成六种孔隙结构成因类型

在不同地区沉积作用差异的基础上，后期差异成岩作用形成长 6、长 8 油层组储层六种孔隙结构成因类型（淡卫东，2015）（图 4-3-31），不同成因类型储层孔隙微观特征不同。

（1）绿泥石膜残余粒间孔型：储层原始粒间孔发育，早期压实后残余粒间孔发育，地层流体流通性好，绿泥石薄膜发育，保护了粒间孔。孔隙壁主要为颗粒边缘，孔隙形态较为规则，连通性好，微观孔隙非均质性较弱。

a. 绿泥石膜残余粒间孔型
W420井，长6油层组，1787.5m，粒间孔

b. 溶孔发育型
H39井，长6油层组，2492.42m，溶孔

c. 残余粒间孔型
G87井，长6油层组，2423.55m，粒间孔

d. 微裂缝发育型
G129井，长6油层组，2408.5m，微裂缝

e. 胶结致密型
H39井，长6油层组，2438.37m，方解石、高岭石胶结

f. 压实致密型
H37井，长6油层组，2472.1m，云母压实变形

图 4-3-31　姬塬地区长 6 油层组储层六种孔隙结构成因类型

（2）溶孔发育型：储层原始粒间孔发育，早期压实后残余粒间孔发育，地层流体流通性好，发生了大量的溶蚀（主要为长石颗粒溶蚀），溶蚀孔发育。由于溶蚀作用的不均一性，一是造成孔隙形态复杂，孔隙往往为极不规则的港湾状，孔隙微观非均质性强；二是造成溶蚀孔在储层中的不均一分布，加剧了储层微观孔隙非均质性。

（3）残余粒间孔型：储层原始粒间孔发育，早期压实后残余粒间孔发育，但绿泥石薄膜不发育。孔隙壁主要为颗粒边缘，孔隙形态较为规则，连通性好，微观孔隙非均质性较弱。

（4）微裂缝发育型：储层其他特征不定，但微裂缝发育，大大改善了储层渗透性。微裂缝在储层中发育极不均一，局部渗透率极高，增加了渗透率非均质性。

（5）胶结致密型：储层原始粒间孔发育，早期压实后残余粒间孔发育，但经过早期或中晚期强烈胶结作用造成残余粒间孔损失殆尽，储层致密。

（6）压实致密型：储层中云母等塑性组分含量高，经早期压实后变形充填孔隙，致使储层致密。

上述不同类型的孔隙微观非均质性不同，并且由于差异沉积、成岩作用，同一砂岩储集体空间不同部位发育不同孔隙结构类型储层，因此储层的非均质性更为复杂。

2）不同孔隙结构成因类型储层物性、润湿性等特征不同

统计表明，不同结构成因类型储层微观孔隙结构差异明显，导致储层渗流及开发特征明显不同。如表 4-3-13 所示，裂缝发育型储层润湿性、岩矿等其他特征不定，但由于裂缝发育，渗透率高，一般大于 2mD，而水驱油效率低，仅为 37.6%，开发效果不好，初期产量高，但产量递减快；压实或胶结致密型储层由于物性差，渗透率仅 0.11mD，润湿性为弱—偏亲水，水驱油效率低，一般小于 45%，开发效果差，初期产量低，稳产时间短；残余粒间孔型—溶孔发育型—绿泥石膜残余粒间孔型，物性逐渐变好（残余粒间孔型渗透率为 0.69mD，溶孔发育型渗透率为 0.86mD，绿泥石膜残余粒间孔型渗透率为 1.18mD），润湿性由中性—弱亲水（残余粒间孔型、溶孔发育型）变为中性—弱亲油（绿泥石膜残余粒间孔型），水驱油效率逐渐增大（残余粒间孔型最终水驱油效率 51.1%，溶孔发育型最终水驱油效率 54.5%，绿泥石膜残余粒间孔型最终水驱油效率 61.9%），开发效果变好，其中绿泥石膜残余粒间孔型开发效果最好。

表 4-3-13　姬塬地区长 6 油层组不同成因类型孔隙结构储层特征综合统计表

孔隙结构成因类型	图像孔隙				压汞		物性		润湿性	最终水驱油效率 / %	开发特征
	孔隙直径 / μm	比表面	形状因子	面孔率 / %	排驱压力 / MPa	中值半径 / μm	孔隙度 / %	渗透率 / mD			
绿泥石膜残余粒间孔型	77.0	0.5	0.8	6.5	0.78	0.23	13.9	1.18	中性—弱亲油	61.9	初期产量高稳产时间长
溶孔发育型	81.0	0.7	0.7	6.7	0.87	0.21	14.2	0.86	中性—弱亲水	54.5	初期产量高稳产时间长
残余粒间孔型	73.2	0.5	0.9	3.8	0.84	0.22	12.54	0.69	中性—弱亲水	51.1	初期产量较高稳产时间较长
裂缝发育型					＜1			＞2	不定	37.6	初期产量高产量递减快
压实或胶结致密型	24.5	0.9	0.5	1.9	＞1	0.12	7.5	0.11	弱—偏亲水	＜45	初期产量低稳产时间短

此外，从数据统计来看，溶孔发育型比绿泥石膜残余粒间孔型面孔率略高，但渗透性反倒要差一些。主要是因为溶孔发育型孔隙结构不规则（图 4-3-32、图 4-3-33），形状因子小，比表面大（表 4-3-13），流体流动时渗流阻力大。而绿泥石膜残余粒间孔型孔隙结构规则，形状因子大而比表面小，流体流动时渗流阻力相对较小，造成绿泥石膜残余粒间孔型与溶孔发育型在面孔率相当，甚至绿泥石膜残余粒间孔型面孔率略低情况下，而渗透率还能高于溶蚀孔发育型的原因。如图 4-3-31 所示，绿泥石膜残余粒间孔型储层面孔率明显小于溶孔发育型，但渗透率却大于溶孔发育型储层。

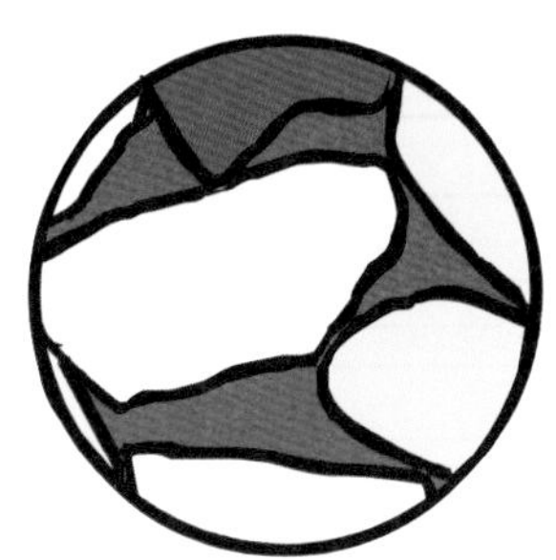

绿泥石膜残余粒间孔型

溶蚀孔型

图 4-3-32 绿泥石膜残余粒间孔型与溶孔发育型孔隙微观结构对比模式图

W420井，长6_2油层组，1787.5m，渗透率1.12mD，绿泥石膜残余粒间孔型

H39井，长6_2油层组，2492.42m，渗透率0.49mD，溶蚀孔型

图 4-3-33 绿泥石膜残余粒间孔型与溶孔发育型镜下特征对比

五、储层致密化过程与成因

（一）成岩演化序列

通过对大量铸体薄片、扫描电镜等分析测试及镜下观察所反映的成岩作用进行详细分析总结，延长组成岩序列模式可概括为：

压实→绿泥石膜→石油侵位→高岭石→方解石→石英加大→长石、岩屑溶蚀→石油侵位→浊沸石→钠长石→铁方解石→铁绿泥石→铁白云石→浊沸石溶蚀→石油侵位→晚期溶蚀→石英多次加大→铁白云石交代铁方解石（郭正权，2012；楚美娟，2013；齐亚林，2014）。当然，在不同地区、层位胶结类型和油气侵入先后略有差异，造成不同地区储层成岩序列不同。陕北长 6 油层组碳酸盐胶结物以早期方解石为主，晚期铁方解石少见，发育强烈的浊沸石胶结及溶蚀作用，其他地区以晚期铁方解石胶结为主，少见浊沸石胶结。

志靖—安塞地区长 6 油层组成岩序列：压实→绿泥石膜→早期方解石胶结→岩屑溶蚀、一次石英加大、伊利石胶结、浊沸石胶结、长石加大→长石溶蚀、浊沸石溶蚀→一期石油侵位→二次石英加大→二期石油侵位→少量晚期铁方解石胶结（图 4-3-34）。

姬塬地区长 4+5、长 6 油层组成岩序列：压实→早期方解石胶结→绿泥石膜→一次石英加大→岩屑溶蚀、长石溶蚀、碳酸盐溶蚀→二次石英加大、长石加大、铁方解石胶结、高岭石胶结、晚期溶蚀、晚期绿泥石胶结→石油侵位→铁白云石胶结（图 4-3-35）。

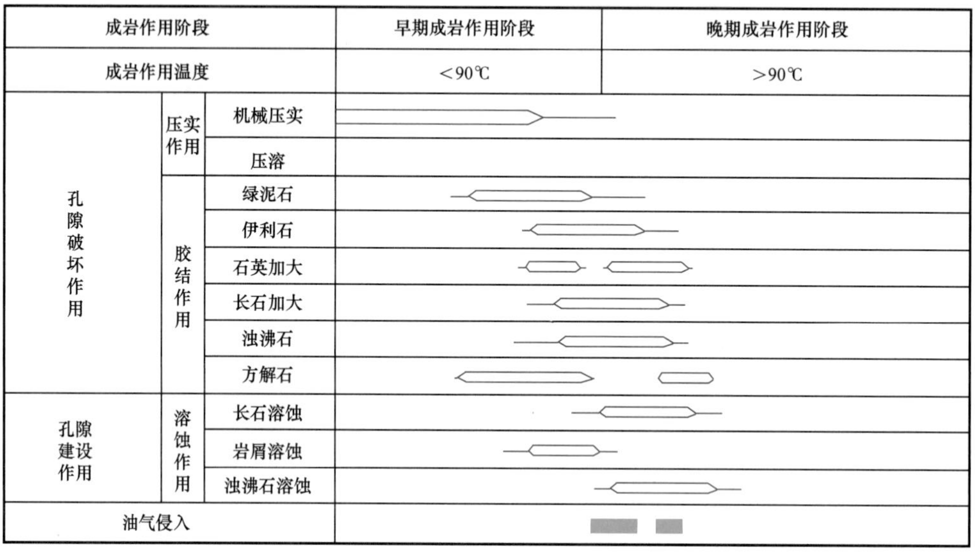
成岩作用阶段
早期成岩作用阶段
晚期成岩作用阶段
成岩作用温度
<90℃
>90℃
孔隙破坏作用
压实作用
机械压实
压溶
胶结作用
绿泥石
伊利石
石英加大
长石加大
浊沸石
方解石
孔隙建设作用
溶蚀作用
长石溶蚀
岩屑溶蚀
浊沸石溶蚀
油气侵入

图 4-3-34　志靖—安塞地区长 6 油层组成岩序列图

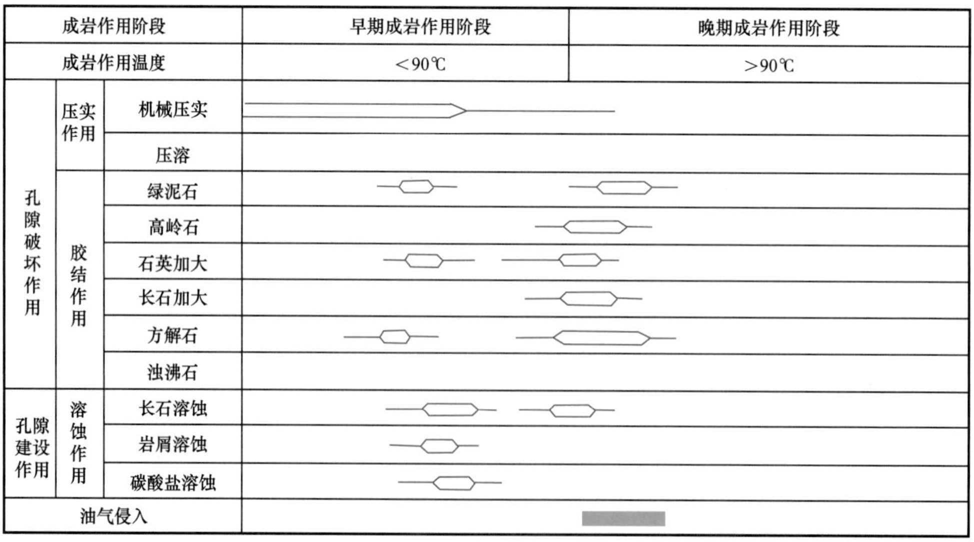
成岩作用阶段
早期成岩作用阶段
晚期成岩作用阶段
成岩作用温度
<90℃
>90℃
孔隙破坏作用
压实作用
机械压实
压溶
胶结作用
绿泥石
高岭石
石英加大
长石加大
方解石
浊沸石
孔隙建设作用
溶蚀作用
长石溶蚀
岩屑溶蚀
碳酸盐溶蚀
油气侵入

图 4-3-35　姬塬地区长 4+5、长 6 油层组成岩序列图

姬塬地区长 8 油层组成岩序列：压实→绿泥石膜、早期方解石胶结→岩屑溶蚀、长石溶蚀、碳酸盐溶蚀、石英加大→一期油气侵位→铁方解石胶结、晚期绿泥石膜、石英二次加大、长石加大、长石溶蚀、二期油气侵位→局部压溶（图 4-3-36）。

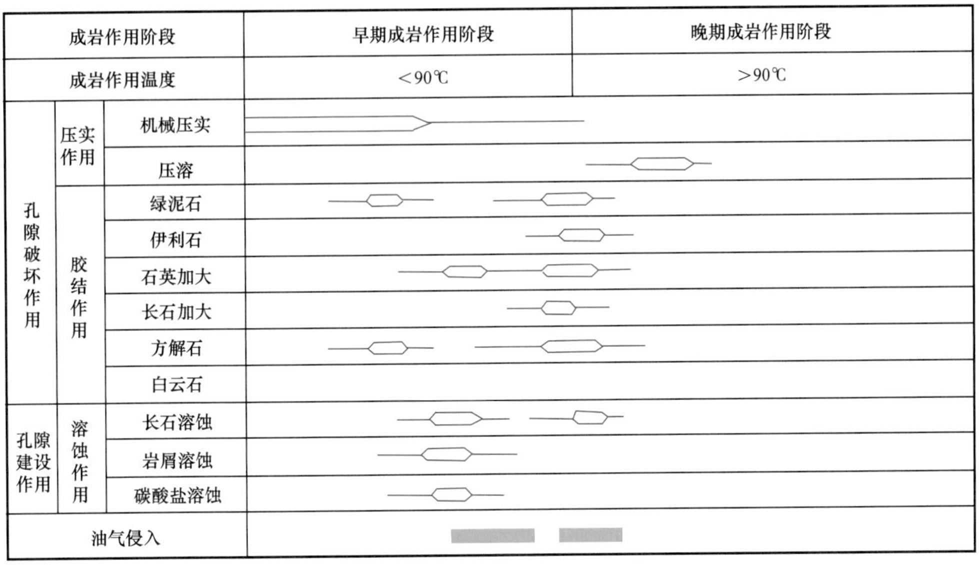

成岩作用阶段			早期成岩作用阶段	晚期成岩作用阶段
成岩作用温度			<90℃	>90℃
孔隙破坏作用	压实作用	机械压实		
		压溶		
	胶结作用	绿泥石		
		伊利石		
		石英加大		
		长石加大		
		方解石		
		白云石		
孔隙建设作用	溶蚀作用	长石溶蚀		
		岩屑溶蚀		
		碳酸盐溶蚀		
油气侵入				

图 4-3-36　姬塬地区长 8 油层组成岩序列图

华庆地区长 6—长 8 油层组成岩序列：压实→绿泥石膜→早期方解石胶结、岩屑及长石溶蚀、一次石英加大→一期石油侵位→铁方解石胶结、二次石英加大、晚期绿泥石胶结、长石加大、铁白云石胶结、长石溶蚀、二期石油侵位（图 4-3-37）。

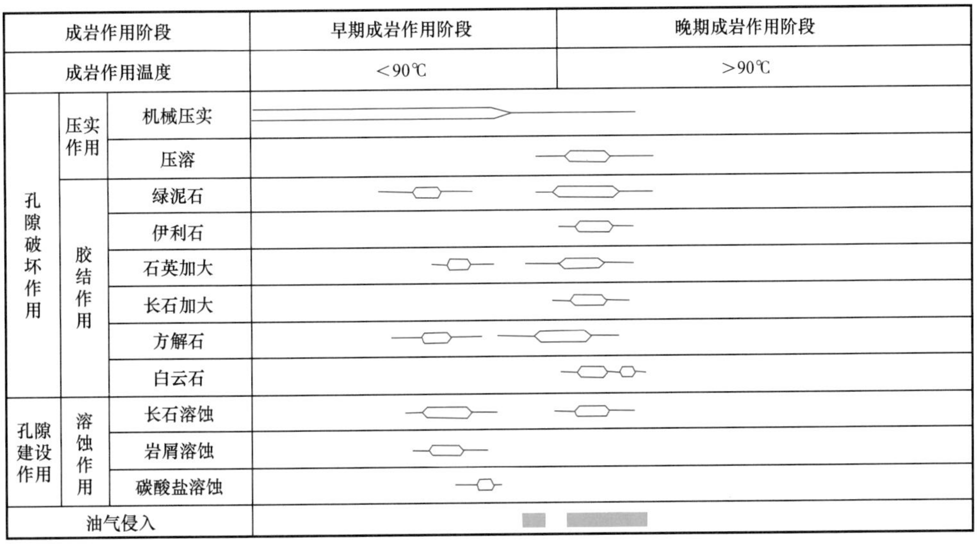

成岩作用阶段			早期成岩作用阶段	晚期成岩作用阶段
成岩作用温度			<90℃	>90℃
孔隙破坏作用	压实作用	机械压实		
		压溶		
	胶结作用	绿泥石		
		伊利石		
		石英加大		
		长石加大		
		方解石		
		白云石		
孔隙建设作用	溶蚀作用	长石溶蚀		
		岩屑溶蚀		
		碳酸盐溶蚀		
油气侵入				

图 4-3-37　华庆地区长 6—长 8 油层组成岩序列图

西峰地区长 8 油层组成岩序列：压实—早期绿泥石膜、早期方解石胶结→绿泥石膜→长石溶蚀、岩屑溶蚀、碳酸盐溶蚀、高岭石胶结、一次石英加大→一期石油侵位、晚期亮晶方解石胶结、二次石英次生加大→二期石油侵位→长石加大→长石溶蚀→晚期铁白云石胶结（图 4-2-38）。

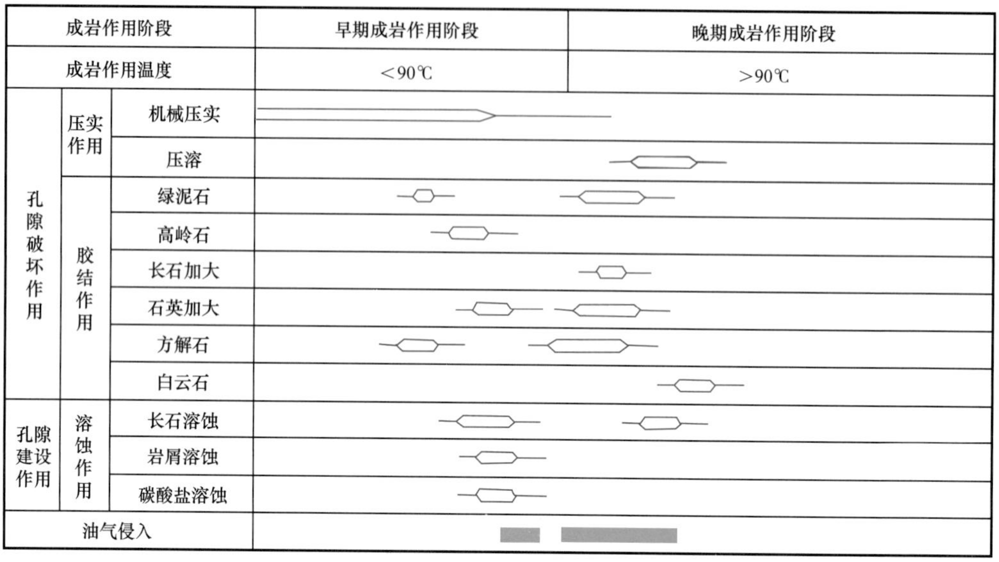

成岩作用阶段			早期成岩作用阶段	晚期成岩作用阶段
成岩作用温度			<90℃	>90℃
孔隙破坏作用	压实作用	机械压实		
		压溶		
	胶结作用	绿泥石		
		高岭石		
		长石加大		
		石英加大		
		方解石		
		白云石		
孔隙建设作用	溶蚀作用	长石溶蚀		
		岩屑溶蚀		
		碳酸盐溶蚀		
油气侵入				

图 4-3-38　西峰地区长 8 油层组成岩序列图

（二）孔隙演化及储层致密成因

1. 原始孔隙度恢复

现今孔隙度 = 原始孔隙度—压实损失孔隙度—早期胶结损失孔隙度 + 溶蚀增加孔隙度—晚期胶结损失孔隙度。根据 Beard 和 Weyl（1973）提出的等大球体颗粒原始孔隙度计算公式来计算砂岩原始孔隙度（郭正权，2012）：

$$碎屑岩原始孔隙度 = 20.91+22.9/分选系数（S） \quad （4-3-2）$$

通过计算，鄂尔多斯盆地长 6、长 8 油层组储层原始孔隙度在 37.6%～38.9% 之间。

2. 压实减孔

强烈的机械压实作用是岩石初始孔隙度减少的最主要原因。通过砂岩原始孔隙体积与压实后的粒间体积进行对比，可以计算出不同区块岩石的视压实率，从而反映压实对储层物性的影响。全盆地长 6、长 8 油层组储层以中—强压实为主，压实作用减孔量在 11%～19.4%。由于埋深原因，其中西北、西部和西南体系视压实率较大，东北体系由于岩屑含量较少，抗压实能力较强，视压实率相对较小。

3. 胶结减孔

胶结作用包括早期胶结作用（绿泥石膜、石英次生加大、泥晶方解石胶结）和晚期胶结作用（伊利石、铁方解石、铁白云石、白云石）。早期胶结损失孔隙度 1.3%～9.3%，平均 3.7%，晚期胶结损失孔隙度 8.0%～15.3%，平均 11.4%；晚期胶结损失孔隙度为早期胶结损失孔隙度的 3～4 倍，胶结作用以晚期为主。

表 4-3-14 鄂尔多斯盆地延长组长 4+5—长 8 油层组储层早晚两期胶结物含量统计表

层位	地区	早期胶结物 /%					晚期胶结物 /%										总计 /%
		绿泥石膜	石英	高岭石	方解石	小计	绿泥石	石英	高岭石	水云母	铁方解石	白云石	铁白云石	浊沸石	长石质	小计	
长 4+5 油层组	姬塬	0.6	0.8	1.4	0.7	3.6	1.1	0.8	1.4	1.5	4.3	0.1	0.5	0	0.3	10.0	13.6
长 6 油层组	姬塬	1.0	0.6	1.3	1.6	4.6	1.9	0.6	1.3	1.7	4.0	0.1	0.3	0.1	0.2	10.3	15.0
	陕北	1.5	0.4	0	2.7	4.7	2.9	0.4	0	0.6	0.9	0.1	0	2.8	0.2	8.0	12.7
	白豹	0.6	0.5	0	0.1	1.3	1.2	0.5	0	6.0	3.7	0.6	1.3	0	0.2	13.5	14.9
	合水	0.3	0.6	0	0.4	1.3	0.5	0.6	0	7.9	3.7	0.2	1.4	0	0.2	14.6	15.9
长 7 油层组	合水	0.2	0.5	0	0.3	1.3	0.4	0.5	0	9.7	2.5	0.1	1.7	0	0.2	15.3	16.5
长 8 油层组	姬塬	0.5	0.8	0.6	0.6	2.5	0.9	0.8	0.6	4.3	5.3	0	0	0.2	0.3	12.7	15.2
	陕北	1.6	1.0	0.2	6.1	9.3	3.2	1.0	0.2	4.8	0.0	0	0	0	0.2	9.4	18.7
	白豹	1.3	0.7	0.1	1.3	3.9	2.7	0.7	0.1	3.2	4.9	0	0	0	0.2	11.9	15.8
	合水	0.8	0.9	0.2	1.6	4.2	1.7	0.9	0.2	3.1	4.5	0	0	0	0.2	10.7	14.9
	环县	0.6	0.7	0.6	0.7	2.6	1.2	0.7	0.6	5.3	4.3	0	0.2	0	0.1	12.6	15.2
	镇北	0.6	0.8	0.4	0.8	2.7	1.2	0.8	0.4	2.7	4.5	0	0	0	0.1	9.8	12.5
	西峰	1.6	0.9	0.5	2.8	6.3	3.1	0.9	0.5	1.8	3.6	0	0	0	0.1	10.1	16.4

4. 溶蚀增孔

延长组储层溶蚀作用主要有长石、岩屑等碎屑颗粒及早期碳酸盐胶结物和浊沸石溶蚀，偶见石英颗粒溶蚀（表 4-3-15）。溶蚀作用增加面孔率 0.7%～1.4%。

表 4-3-15　鄂尔多斯盆地延长组长 4+5—长 8 油层组储层溶蚀孔含量统计表

层位	地区	粒间孔 / %	粒间溶孔 / %	长石溶孔 / %	岩屑溶孔 / %	沸石溶孔 / %	碳酸盐溶孔 / %	面孔率 / %
长 4+5 油层组	姬塬	2.0	0	1.2	0.2	0	0	3.6
长 6 油层组	姬塬	1.9	0	1.0	0.2	0	0	3.2
	陕北	3.0	0.1	0.8	0.3	0.6	0	4.9
	白豹	1.4	0	0.9	0.1	0	0	2.4
	合水	0.6	0	1.0	0.1	0	0	1.8
长 7 油层组	合水	0.6	0	1.1	0.1	0	0	1.9
长 8 油层组	姬塬	1.6	0	1.0	0.2	0.1	0	3.0
	陕北	1.1	0	0.9	0.1	0	0	2.3
	白豹	2.2	0	0.8	0.1	0	0	3.1
	合水	1.8	0	0.7	0.1	0	0	2.7
	环县	1.6	0	1.1	0.2	0	0	3.0
	镇北	2.0	0	1.0	0.2	0	0	3.3
	西峰	2.3	0	0.7	0.1	0	0	3.2

总体而言，长 6、长 8 油层组储层压实损失孔隙度平均 14.4%，早期胶结损失孔隙度平均 4.8%，溶蚀增加油层组平均 4.2%，晚期胶结损失油层组平均 13.5%，晚期胶结前孔隙度平均 23.8%，晚期胶结后孔隙度 9%～12%，形成了现今致密特征（图 4-3-39、表 4-3-16）。因此，由于压实、胶结作用，岩石喉道变得狭小，储层渗透率严重降低，是储层致密的最主要原因（郭正权，2012）。造成现今长 6、长 8 油层组储层渗透率普遍小于 2mD，大部分储层渗透率小于 1mD 的致密特征。

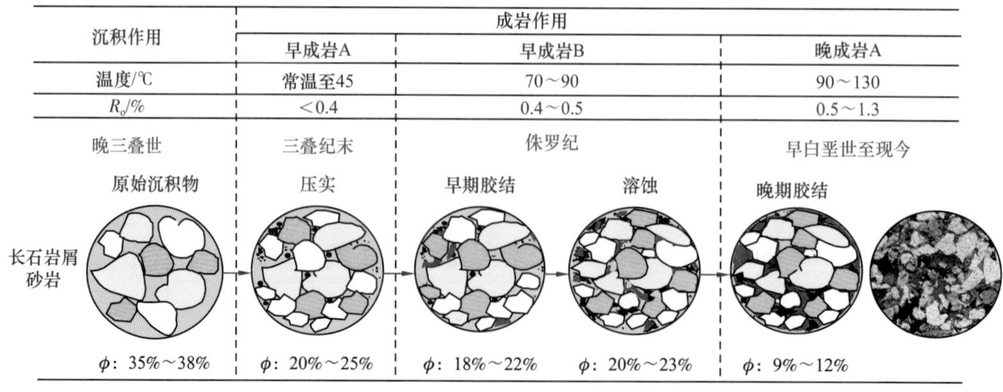

图 4-3-39　鄂尔多斯盆地延长组长 4+5—长 8 油层组储层孔隙演化模式图

表 4-3-16 鄂尔多斯盆地延长组主力油层组孔隙度演化表

层位	地区	初始孔隙度/%	压实损失孔隙度/%	早期胶结损失孔隙度/%	溶蚀增加孔隙度/%	晚期胶结损失孔隙度/%	现今孔隙度/%
长 4+5 油层组	姬塬	38.9	14.5	4.7	4.8	13.1	11.8
长 6 油层组	姬塬	38.8	14.6	5.6	4.2	11.9	11.3
	陕北	38.4	13.6	11.4	4.4	7.9	11.9
	华庆	38.9	14.8	1.5	4.2	15.4	10.4
	合水	38.4	11.0	1.9	4.3	20.8	10.0
长 7 油层组	合水	38.4	14.2	1.4	4.4	16.9	10.0
长 8 油层组	姬塬	38.3	13.9	3.1	3.1	14.1	10.0
	陕北	38.4	12.6	11.1	6.4	11.2	9.6
	华庆	37.6	12.5	5.4	6.3	16.5	10.3
	合水	38.3	15.9	4.7	2.5	11.7	9.0
	环县	37.6	13.3	3.3	4.1	16.0	9.3
	镇北	38.9	17.3	3.0	3.9	12.1	10.5
	西峰	38.9	19.4	4.8	2.4	7.8	9.8
平均		38.5	14.4	4.8	4.2	13.5	10.3

第四节 致密油成藏条件

油气成藏过程受烃源岩条件、储层地质特征（岩石性质及组合特征、孔隙结构特征和岩石孔渗特征）、盖层（岩性、厚度、封闭性）、输导体系类型及组合特征及流体动力学特征（流体物性及相态分布、流体运动样式及强度和流体驱动力）的影响。对于成藏条件的研究，有助于明确油气富集规律，为有利区优选奠定基础（付金华，2015）。

一、生储盖组合

湖盆演化决定沉积相序组合及相带平面分布。鄂尔多斯湖盆经历了多次湖盆震荡，致使湖平面发生周期性升降，在此沉积背景下，随着湖盆的振荡运动，湖平面产生周期性湖进、湖退，沉积发育了多套砂—泥岩互层的有利储盖组合，其中砂岩是油气储集的良好场所，而泥岩则是很好的盖层，为多油层复合含油富集区的形成奠定了基础（邓秀芹，2008）。

（一）烃源岩

鄂尔多斯盆地南部中生界生油凹陷是在大型台块的基底上发生、发展起来的。这个构造背景在晚三叠世形成了面积大、水域宽、深度浅、基底平缓和分割性小的淡至微咸水湖泊，是本区中生代主要生油层的沉积时期。

延长组长 7 油层组湖侵背景下形成的暗色泥岩、黑色页岩是中生界的主力烃源岩，丰度高、类型好、厚度大、分布广，是一套区域性的烃源岩，西北可伸展到姬塬—马家滩以西，西南可分布到庆阳—西峰以南，东南可覆盖至铜川以南和黄龙以东，为中生界油气成藏提供了得天独厚的油源条件。

（二）储集体

鄂尔多斯盆地中生代三叠纪长 8、长 6 油层组沉积期主要发育东北、西南、西北三大沉积体系。长 8 油层组沉积期西北部、西南部发育辫状河三角洲沉积，东北部发育曲流河三角洲沉积，水下分流河道砂体延伸远，在向湖推进过程中多次分叉，但河道分布相对较稳定。砂体呈厚层块状或向上变细的正旋回，分选和磨圆也相对较好，填隙物中绿泥石膜较发育，有效保护了粒间孔，因此形成了以粒间孔为主的较有利的孔隙组合类型，因此存在局部高渗透储层。

长 6 油层组期东北部坡度较缓，发育曲流河三角洲砂体；西南部坡度陡，发育三角洲和重力流沉积，湖盆中心区主要为重力流与三角洲前缘复合沉积，水下分流河道及重力流砂体是主要储集体。储层以细粒岩屑长石砂岩、长石砂岩、长石岩屑砂岩为主，填隙物以水云母、碳酸盐、绿泥石、硅质、浊沸石为主；孔隙类型以粒间孔、长石溶孔为主。

（三）盖层

鄂尔多斯盆地长 8 油层组沉积末期延长期湖盆迅速沉降，长 7 油层组沉积期湖盆迅速扩张，水深加大，沉积了一套有机质丰富的暗色泥岩，质纯，含藻类及介形虫化石，干酪根类型以腐泥型、腐殖腐泥型为主，有机质丰度高，既是良好的烃源岩，又是延长组下组合良好的区域盖层。到了长 4+5 油层组沉积期，又是一次小范围的湖侵期，沉积岩以泥质岩类为主，形成了一套良好的区域性盖层，对长 6 油层组油气的保存及延长组油气的富集均具有十分重要的意义。

（四）生储盖组合特征

湖盆演化决定沉积相序组合及相带平面分布。鄂尔多斯湖盆经历了多次湖盆震荡，致使湖平面发生周期性升降，在此沉积背景下，随着湖盆的振荡运动，湖平面产生周期性湖进、湖退，沉积发育了多套砂—泥岩互层的有利储盖组合，其中砂岩是油气储集的良好场所，而泥岩则是很好的盖层，为多油层复合含油富集区的形成奠定了基础。

鄂尔多斯盆地长 6 油层组发育重力流或三角洲沉积形成的储集砂体，烃源岩之下长 8 油层组发育三角洲前缘水下分流河道为主的储集砂体，形成了长 8—长 7 油层组的源下成藏组合、长 6—长 7 油层组源上成藏组合（图 4-4-1、图 4-4-2）。这几套不同性质的砂

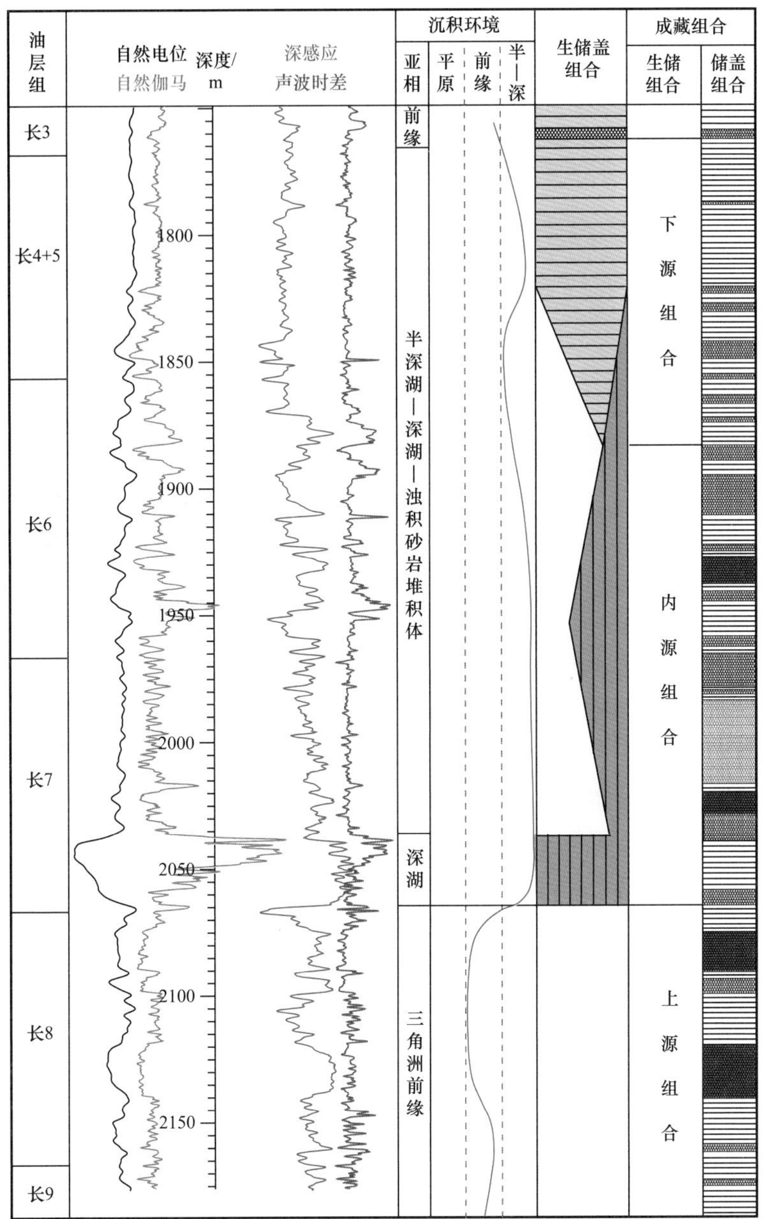

图 4-4-1　华庆地区长 6—长 8 油层组成藏组合图

岩距离烃源岩层最近，具有优先捕获油气的得天独厚的位置优势，成为区内主要含油层系。早白垩世末，盆地整体快速沉降埋藏，欠压实和有机质成熟导致长 7 油层组油页岩和暗色泥岩产生了强大的过剩压力，在过剩压力驱动下长 7 油层组烃源岩成熟的烃类大规模地向上覆和下伏储层强排烃充注，在长 8、长 6 油层组储层形成工业性油气聚集。

勘探成果表明盆地长 6、长 8 油层组是延长组重要的含油层系，资源量占盆地总资源量的 32.8%，先后发现了西峰、华庆、姬塬等亿吨级大油田，也是下步油田规模增储上产的主要层系。

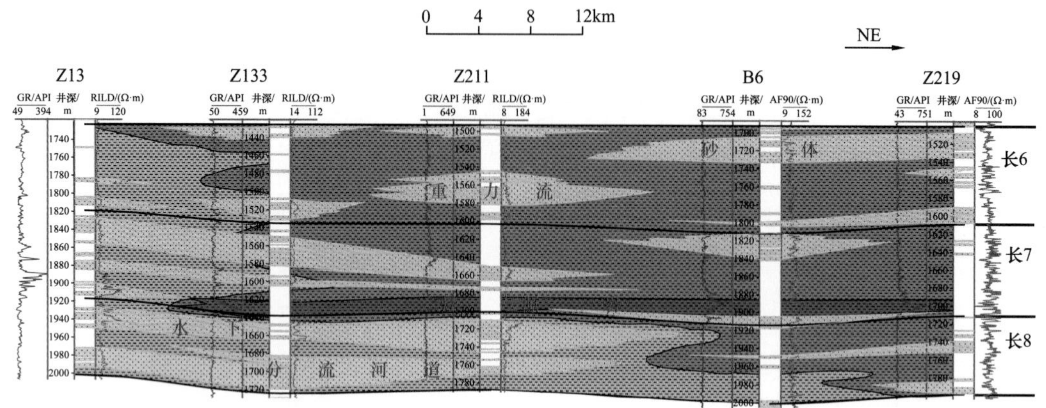

图 4-4-2　鄂尔多斯盆地延长组合水地区长 6—长 8 油层组成藏组合模式图

二、油气输导体系

油藏输导体系是指原油经初次运移之后，从输导层到储层运移途径的路径网络系统，是含油气盆地内油气由生烃中心向圈闭运移的“桥梁”。输导体系的提出使人们对油气运移途径的认识从具体、单一提高到更加综合、系统的层面，深入研究输导体系的类型、特征、分布、影响因素、时空关系，有助于认识油气运移的动态过程，揭示油气成藏规律（孙同文，2012）。

目前的认识表明输导体系包括了 3 类油气运移途径，即孔隙性砂体、不整合和裂缝或断裂。在不同的构造及沉积条件下，每一种输导要素既可以单独作为输导体系，又可以相互切叠、交叉而组合形成复合的输导体系。

通过对露头、岩心、地球化学、含油性关系及勘探实践的研究，认为上三叠统延长组中叠合连片的孔隙型砂体、裂缝及断层是原油运移的最主要通道。

（一）渗透性砂体

砂岩输导层是最普遍的一类输导体系，在石油地质及油气运移研究历程中占据非常重要的地位。砂岩输导层物性（孔隙度、渗透率）是影响油气输导能力、输导效率和输导距离的根本因素。输导层物性中连通孔喉的多少和孔隙直径的大小是主要因素，连通孔喉取决于砂岩层有效孔隙度的大小，而渗透性主要取决于孔喉直径大小，输导层孔喉直径越大，渗透性越强，油气运移通道越好。

一般来说，砂体沉积厚度越大、延伸长度越长时，代表沉积时水动力环境较强，砂体的孔、渗性较好，因而作为输导层其输导能力也越好。

由于原油沿连通砂体的运移方向具有“向源性”的特征，因此连通砂体优势通道的展布与砂体发育带有一定的相关性。这种“向源性”在储集体大面积发育时候表现得更为突出，加上物性的控制作用，烃源岩排出的原油沿优势通道运移，在孔渗性好的地方聚集成藏，其盖层可以是泥、页岩或渗透率更低的储集体。

非均质性是输导层的本质特征，低渗透储层内部因这种非均匀性很可能造成输导体内部一些孔渗性相对较好的优势通道，即描述运移优势通道时所划分的级差优势通道（庞雄奇等，2003）。对渗透性相对较好的输导层，运移的动力很容易克服输导层内运移通道上的毛细管阻力，因而石油在这些可能的通道中选择最容易突破的路径运移。

但对于延长组渗透性很低的输导层，就需要对此进行细致的分析：（1）优势通道的形成机理—低渗透的成因大都是成岩作用的结果，起作用的已非"沉积物颗粒的级差优势"，而是"最小通道的毛细管阻力的级差优势"；（2）若优势通道在运移过程中能起作用，其最小的和最大的通道半径及其对应的毛细管力是多少？（3）这些通道的三维连通性如何，能否在石油运移的同时把排开的水释放出系统？（4）这些通道上是否存在非低渗透的沉积空间？

通过研究分析认为，石油沿这种延长组储层优势运移通道发生运移的可能性很大。砂体低渗透的成因主要是由于化学胶结成岩作用，外界流体源源不断地流过砂体，带来胶结物质、使得孔隙空间被填满。在这种情况下，流动的流体最后总要留下一些使流体能够流过的通道，这些通道往往有可能就是输导层内石油运移的路线。从油田储层物性分析结果来看，虽然储层物性的平均值相对较低，但时常可以遇到相对高渗透储层（何自新等，2004）。石油进入储层后，在过剩压力及浮力的作用下，沿着相互叠置的高渗透砂体运移，在岩性相变或致密层遮挡处聚集成藏（图 4-4-3）。

（二）裂缝输导体系

裂缝是由于变形作用或物理成岩作用形成的、在岩石中天然存在的不连续面。在自然界的岩石中，裂缝的存在是一个普遍现象，是岩石受到各种力源的应力作用时发生破裂的一种表现形式，并与一定的力学机制相联系。鄂尔多斯盆地位于华北克拉通西部，基底断裂数量多、规模大，基底顶面表现为两个大型隆起：北部为伊盟隆起，中南部为中央古隆起。盆地基底结构对上覆沉积盖层中的岩性、岩相及其裂缝发育具明显的控制作用，从而间接影响到石油的运移与聚集。中—新生代不同期次的幕式构造运动导致了基底断裂复活，并在上覆盖层中形成不同的裂缝，成为延长组石油运移的优势通道。

在岩心观察过程中发现研究区裂缝以垂直缝和高角度缝为主，部分裂缝面也可以见到明显的原油浸染，是石油通过裂缝运移的直接证据。露头观察发现，裂缝一般垂向延伸高度也不是无限增加的，一般仅穿过单层的砂岩层而止于泥岩，并且这些裂缝不是孤立分布，而是多条裂缝分布，在一条裂缝消失的岩层，其附近再发育另一条裂缝。穿过储层裂隙的密度几十厘米一条，石油垂向调整的裂缝可以切割、连通多个砂层，从而可以将多个砂层与烃源岩沟通。这些裂隙在一个砂体内可以形成网络，因而在一些砂体内构成石油运移的主通道。

利用岩心裂缝方位古地磁定向的分析方法，对裂缝样品进行了分析，延长组主要发育北北东向、北东向和东西向三个方向的裂缝。另外大量的成像测井资料及野外剖面实测表明，盆地主要发育主要东西向和南北向两组裂缝（图 4-4-4），与古地磁定向结果一致。

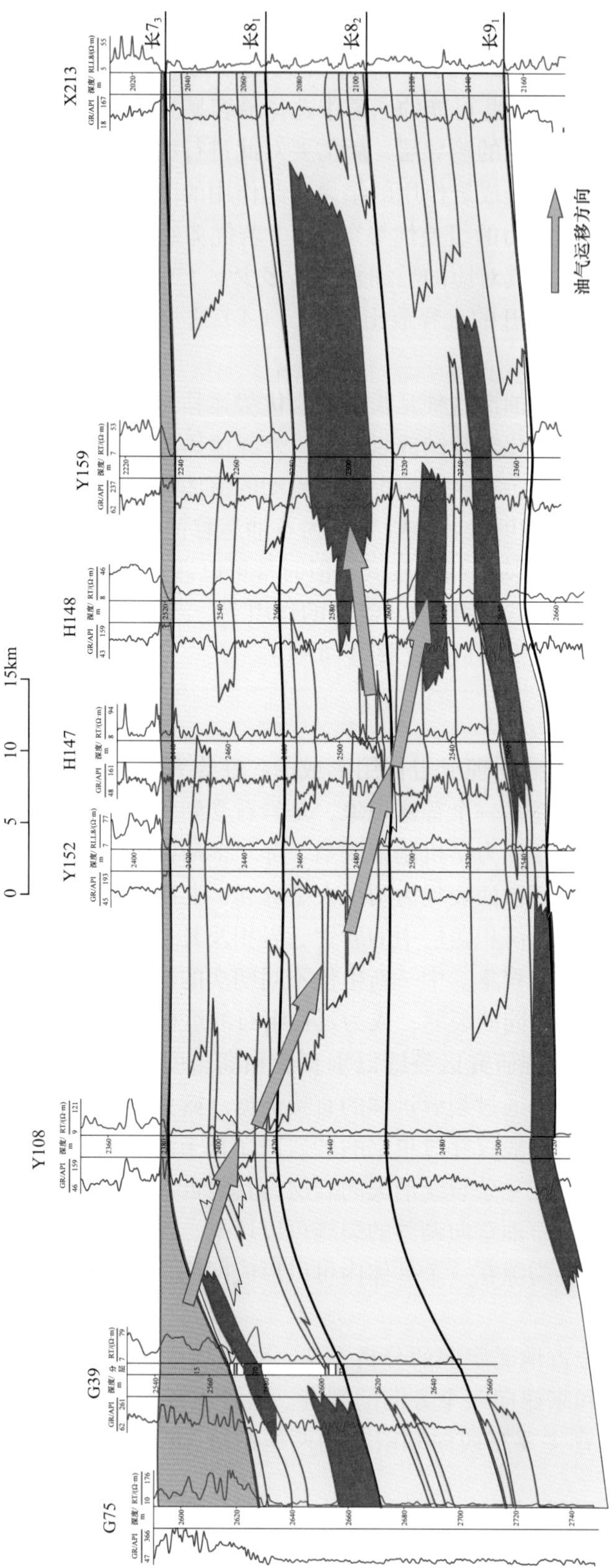

图 4-4-3　姬塬地区延长组下组合原油沿砂体运移模式图

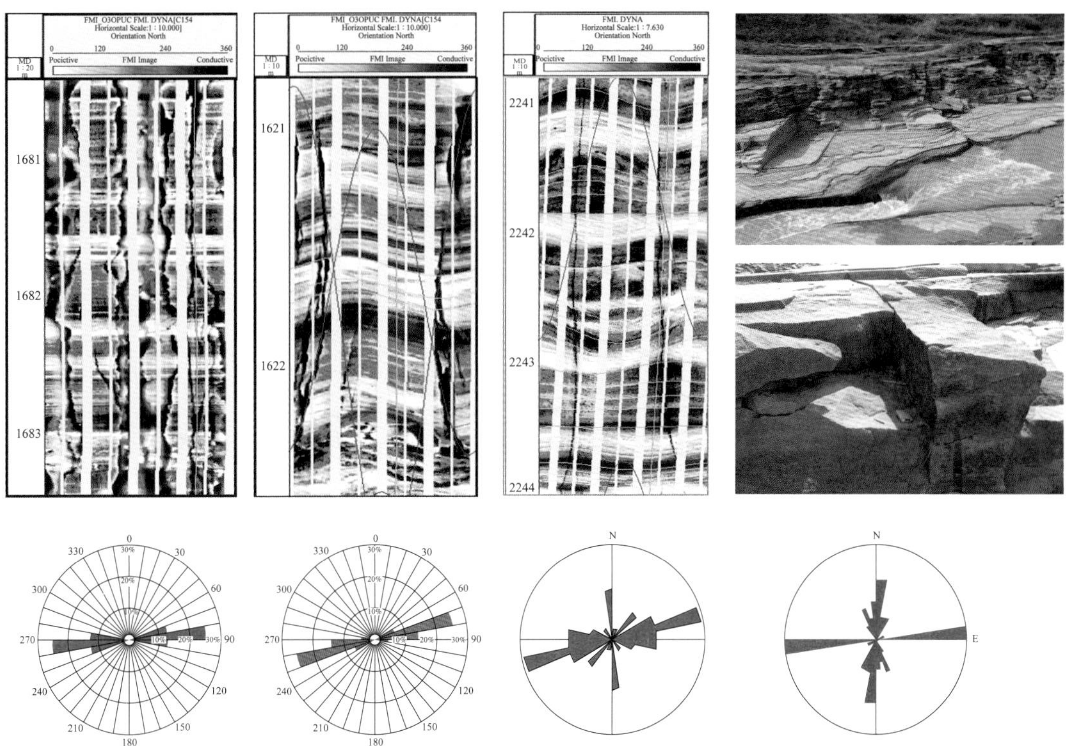

图 4-4-4　鄂尔多斯盆地延长组裂缝特征图

盆地长 8 油层组主要发育北东东向裂缝（图 4-4-5），该组裂缝发育于燕山期，燕山运动主幕的运动持续时间最长且频度最高，此时正是长 7 油层组烃源岩大量排烃、油气运聚成藏的主要时期，区域性构造裂缝成了油气运聚的主要输导系统。在共轭剪切裂缝交会的区域，应力场集中，微裂缝发育，油气输导能力强，裂缝往往能垂直切穿较厚的致密层，油气在延长组中下部异常高压的驱动下沿着燕山期形成的高角度剪切裂缝由下向上充注，再进入裂缝周围储层以后短距离运移聚集。从平面上看，大量的共轭剪切裂缝交会处成为主要的油气充注点，所以延长组中上部低渗透地层中的油气运移具有多点式充注的特点。

（三）断层输导体系

断裂能够作为油气运移疏导的通道已经毋庸置疑，断裂附近地表出露的“油气苗”、钻遇“断裂空腔”沥青及沿断裂带的矿化作用、温度和盐度异常及流体势降低都可作为直接或间接证据。关于断裂输导体系的控藏机理，前人做了大量的研究，认为受区域构造运动的影响，断裂发生多期活动，多次开启和闭合，含烃流体沿断裂带发生多次幕式运动。断层的开启和闭合的时间及断层的输导能力，对油气运移、聚集和破坏都有重要的影响。

鄂尔多斯盆地先后经历了几次大的构造运动，主要包括新元古代晋宁运动、早古生代加里东运动、晚古生代海西运动、中生代印支运动和燕山运动、新生代喜马拉雅运动。强

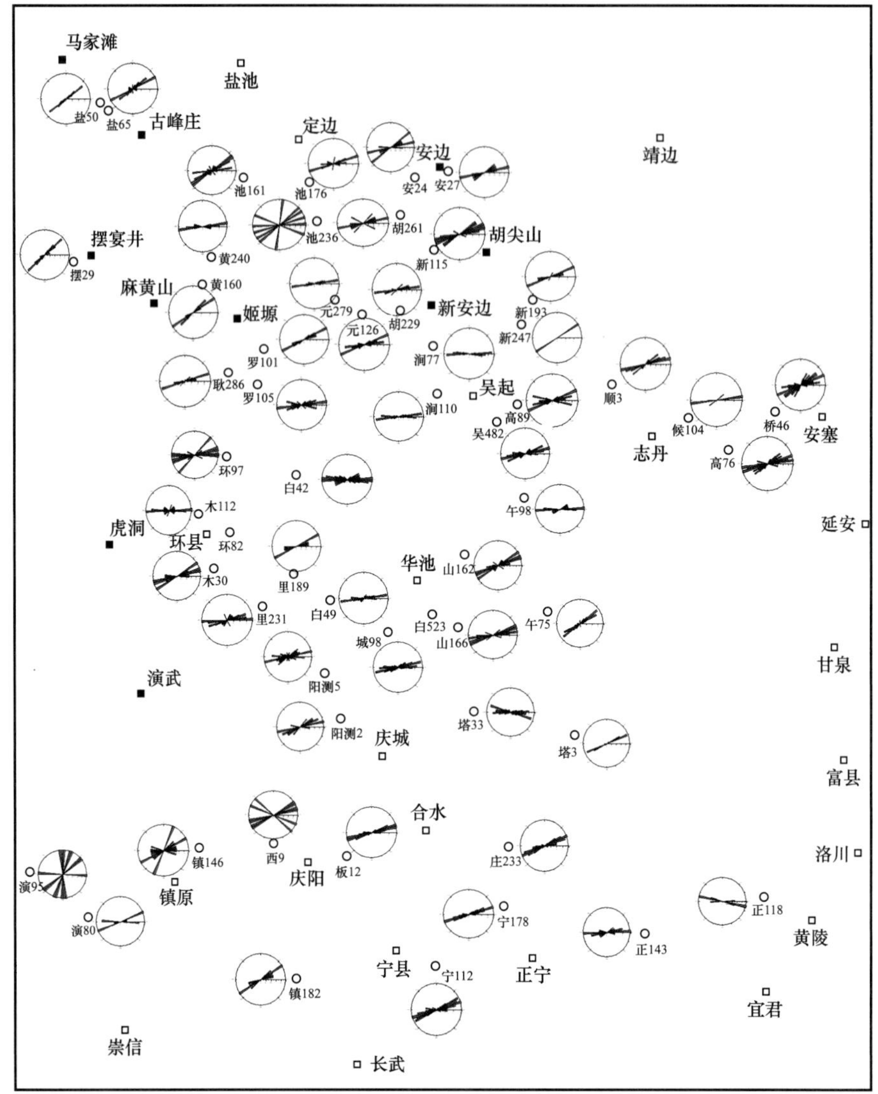

图 4-4-5 鄂尔多斯盆地长 8 油层组裂缝分布图

烈的构造运动，使得盆地周缘断裂发育，构造复杂。但盆地内部在构造运动中整体抬升或沉降，前人研究认为其构造稳定、变形微弱且少有断裂发育。

由于鄂尔多斯盆地地处黄土高原，地表形态复杂且有巨厚黄土堆叠，高精度地震勘探工作难以开展，导致中生界构造研究基础较为薄弱。近年来，得益于地震勘探技术的进步，鄂尔多斯盆地大规模实施三维地震。最新三维地震资料表明，鄂尔多斯盆地断裂非常发育，打破了原先的盆地是铁板一块、断裂不发育的传统认识（付锁堂，2020）。

以古峰庄地区为例，该区三维地震面积 779km^2，发育三类不同走向的断裂：北西西向、近南北向、北东东向（图 4-4-6）。

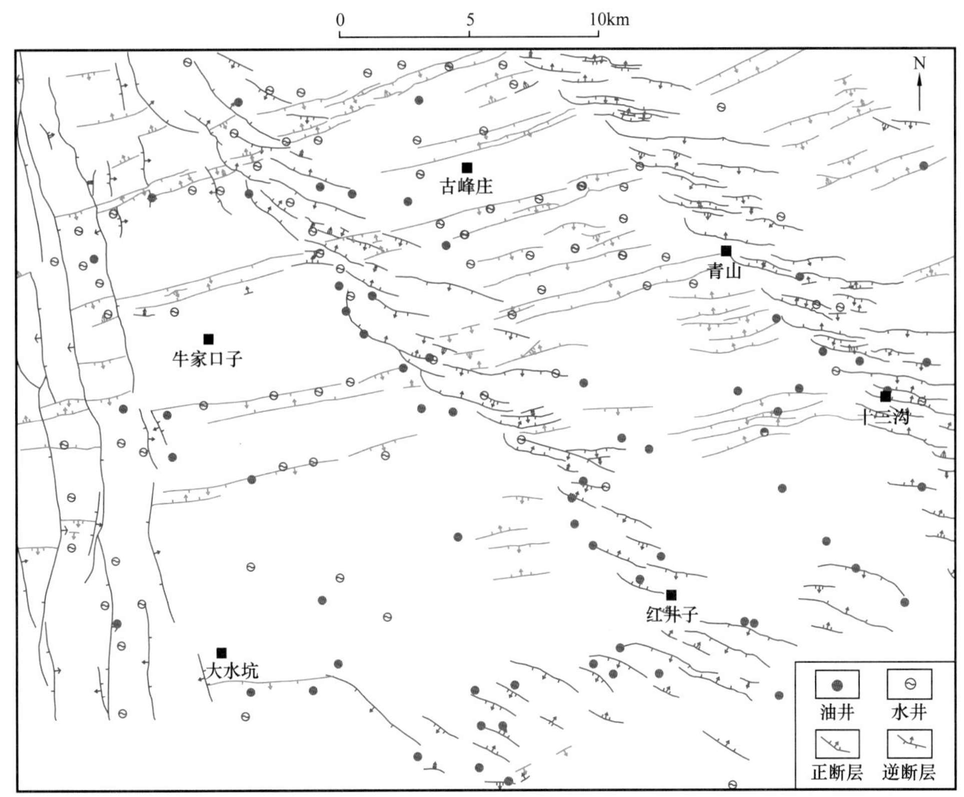

图 4-4-6　古峰庄地区中生界断裂及油水井分布图

北西西向断裂：在古峰庄东西两侧发育两组北西西向断裂，每组为呈雁列式展布的小断裂组成的断裂带，多为走滑拉张性质正断层，平面延伸长度 1.3～6.6km；在剖面上，呈似花状构造样式（图 4-4-7a），断面倾角 60°～75°，断距为 5～50m，断裂两侧边界处断距最大，中部断距较小，切穿层位主要是从基底到延长组。

北西西向断裂形成与印支构造运动有关。印支期，扬子板块向华北板块俯冲，碰撞造山，鄂尔多斯盆地最大主压应力场方向为近南北向，位于盆地西北缘的古峰庄地区，又受到处于南北挤压的阿拉善刚性地块向东滑移挤压影响，在这一联合作用共同影响下，该区最大主压应力场方向呈北西—南东向（徐黎明，2006）。由于扬子板块和华北板块自东向西“剪刀式”碰撞，在右旋张扭作用力下形成北西向燕列式走滑断裂，这样便形成了北北西向、具有走滑性质的雁列式分布的断裂。

南北向断裂：盆地西缘发育近南北向断裂，为西缘冲断带的逆冲断层，平面延伸长度较长，在 10～100km；在剖面上，呈反阶梯状断裂构造样式（图 4-4-7b），断面倾角 45°～85°，断距自东向西逐渐增大，为 100～800m，切穿层位为从基底到白垩系。

南北向断裂形成与燕山期构造运动有关。燕山期，古太平洋板块向欧亚大陆板块俯冲碰撞，导致华北板块东部地区发生强烈的构造变形和抬升，在这一碰撞的远程效应影响下，在鄂尔多斯盆地形成了以北西—南东向为主要挤压方向的构造应力场（徐黎明，2006）。同时，兴蒙褶皱带产生的被动反向挤压力自北向南作用于鄂尔多斯盆地西北部以

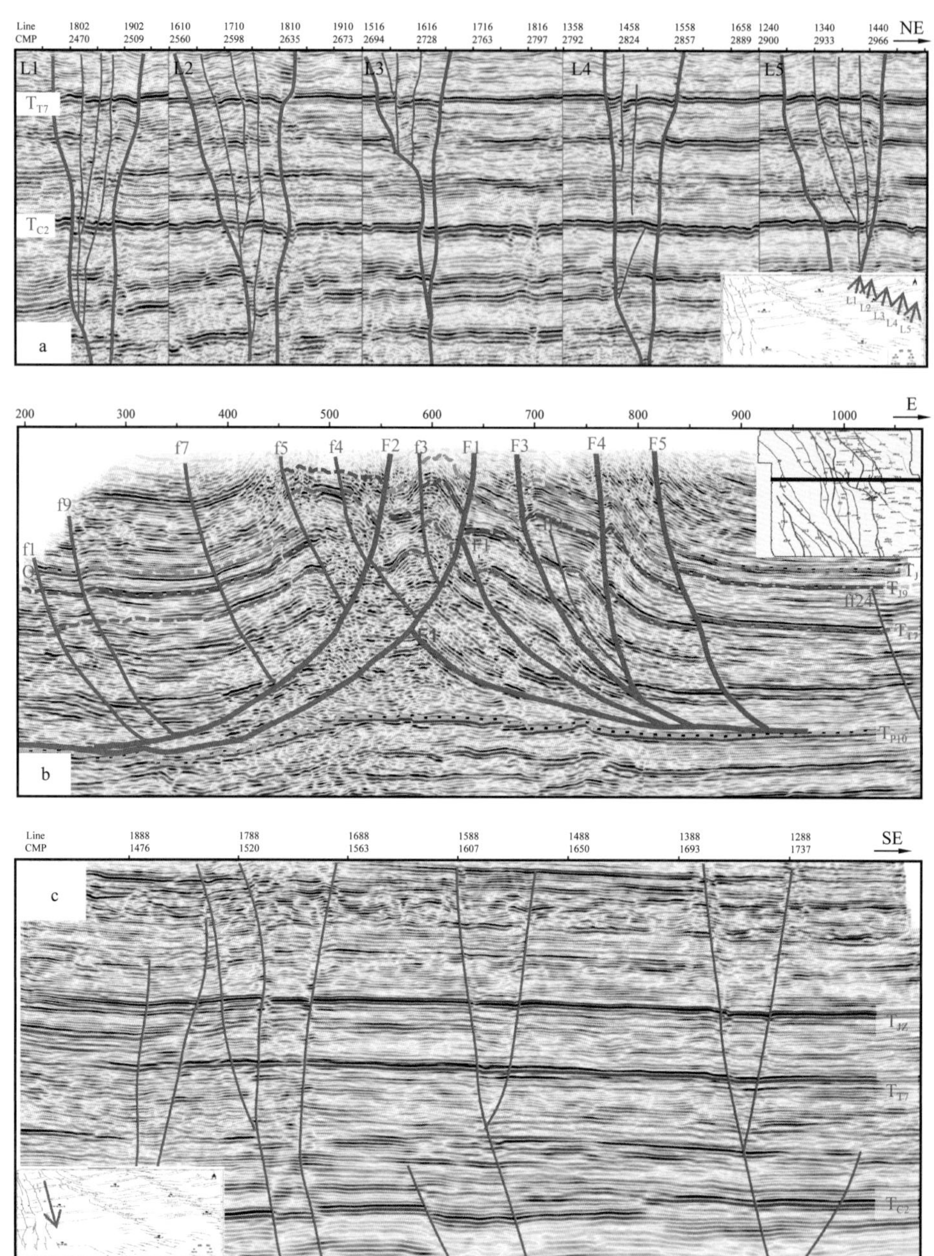

图 4-4-7　古峰庄地区三维地震剖面

a. 印支期断裂剖面构造样式，由 5 条垂直于印支期断裂带走向的北东向剖面拼接，似花状构造样式；b. 燕山期断裂剖面构造样式，主断裂呈逆冲推覆滑脱断层为主，次生断裂呈反阶状断裂构造样式；c. 喜马拉雅期断裂剖面构造样式，不规则的“Y”形构造

及阿拉善地块，受此影响，西缘开始逆冲抬升，西缘冲段带形成，形成了近南北向的大型逆冲断层。

北东东向断裂：在古峰庄地区自西北向东南平行分布 5 组北东东向断裂，每组断层有两条主断裂，多为具有走滑性质的正断层，平面延伸长度较长，在 2～30km；在剖面上表现为不规则的“Y”形构造样式（图 4-4-7c），断裂在深部收敛，浅层撒开，断面倾角接近直立，断距为 5～20m 之间，切穿层位为从基底到第四系。

北东东向断裂形成与喜马拉雅期构造运动有关。喜马拉雅期，太平洋板块和印度板块与欧亚板块俯冲碰撞，盆地最大主压应力场方向呈北北东—南南西向（徐黎明，2006），在这一挤压应力作用下，古峰庄地区形成了北东东向具有走滑性质的断裂。

从盐池地区中生界油水井分布图可以看出，在印支期断裂附近的井出油井较多。在西部，有部分出油井位于燕山期断裂附近。喜马拉雅期断裂附近出水井较多（图 4-4-8）。分别统计印支期和喜马拉雅期断裂附近井的产油量，大于 60% 水井位于喜马拉雅期断裂附近（距离小于 500m），距离断裂在 500m 至 2km 距离时，有利于形成多层系油藏。有 70% 的试油日产油大于 10t 高产油流井位于距离印支期断裂小于 500m 范围内。

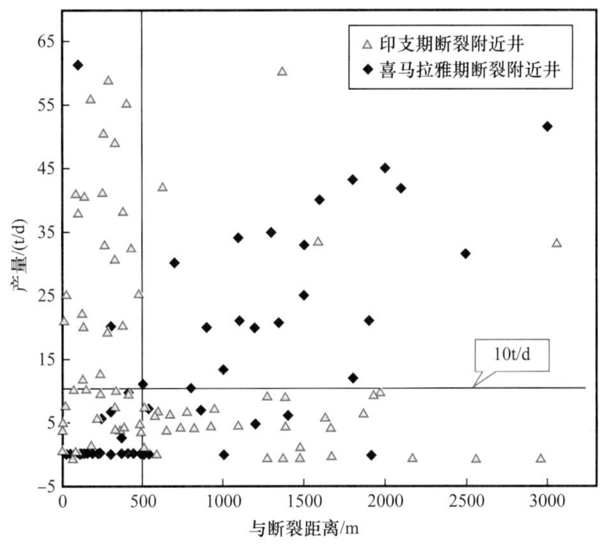

图 4-4-8　古峰庄地区出油井产量与断层距离关系图

三、石油微观赋存状态

开展致密储层不同尺度下石油微观赋存状态研究不但对于研究储层致密史及成藏期耦合关系、成藏期次、认识致密油分布规律具有重要意义，同时也可为制定致密油压裂改造方案、油田开发注水方案及开发后期寻找剩余油提供指导意义。

（一）不同赋存状态的烃类类型

采用物理压碎、酸液处理与分步抽提相结合的方法，对储层样品中不同赋存状态的烃类进行分离，获得了长 8 油层组砂岩中 4 种不同赋存状态的烃类，即：游离烃、封闭烃、碳酸盐胶结物烃和包裹体烃（付金华，2017）。

游离烃为分布在储层连通孔隙中的烃类，多呈蓝白色，主要在油气最大充注时期形成，代表分布在储层开放孔隙系统中的烃。

封闭烃为分布在储层非连通孔隙中的烃类，多呈蓝白色，和游离烃几乎同时形成，因为后期的胶结作用而被封闭保存。

酸盐胶结物烃是分布在碳酸盐胶结物中的烃类，多呈蓝白色或亮黄白色，形成时间稍早于游离烃，是油气充注过程中因碳酸盐胶结作用而捕获保存的包裹体烃类。

包裹体烃是分布在石英、长石粒内的包裹体烃类，多呈亮黄白色、蓝白色，主要在油气充注早中期形成，形成时间最早。

分离出的四种烃类的含量差异显著，其中游离烃的含量远大于其他烃类，绝对含量为7.99～12.80mg/g，平均为10.85mg/g，其相对含量平均为93.4%；封闭烃的绝对含量为0.13～0.60mg/g，平均为0.41mg/g，相对含量分布范围为0.96%～4.96%，其平均值为3.50%；胶结烃含量与封闭烃含量相近，绝对含量分布范围为0.21～0.48mg/g，平均值为0.31mg/g，相对含量分布范围为1.47%～5.47%，平均值为2.63%；包裹体烃含量最低，其绝对含量平均为0.055mg/g，相对含量为0.27%～0.70%，平均为0.47%（图4-4-9）。

（二）烃类成熟度特征

规则甾烷异构化参数 $C_{29}\beta\beta/(\alpha\alpha+\beta\beta)$ 与 $C_{29}20S/(20S+20R)$ 是常用的成熟度参数，它们的有效响应阶段为未成熟阶段至生油高峰期（R_o 为0.4%～1.0%）。常用这两个参数分析烃类热演化程度，该比值具有随成熟度增加而增大的趋势（路俊刚，2010）。比值关系分析结果显示（图4-4-10），$C_{29}20S/(20S+20R)$ 数值区间为0.39～0.63，仅一个包裹体烃值略低于0.4，$C_{29}\beta\beta/(\alpha\alpha+\beta\beta)$ 值分布区间为0.43～0.53。当两个参数大于0.4时为成熟原油（Huang，1991），可知四种烃均为成熟原油。其中，包裹体烃的成熟度相对较低，包裹体烃、胶结物烃、封闭烃和游离烃的热演化程度呈现依次增高的趋势。

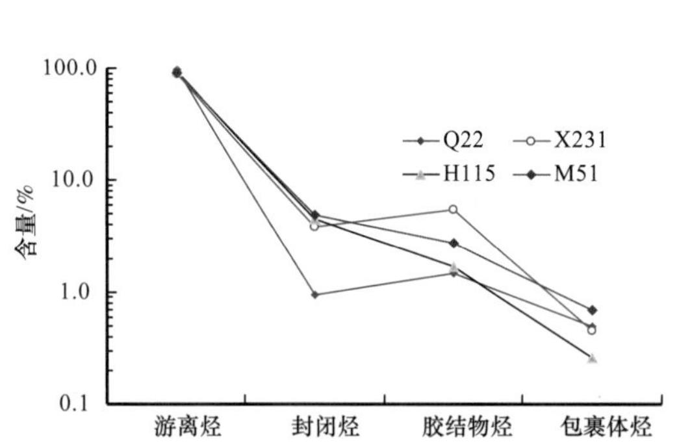

图4-4-9 鄂尔多斯盆地延长组长8油层组储层不同赋存状态烃含量

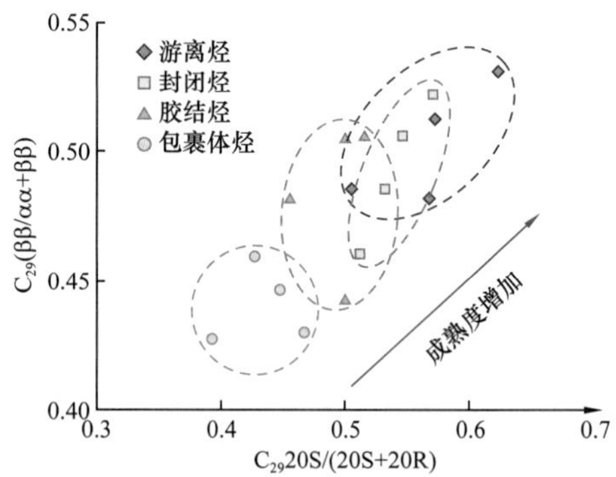

图4-4-10 $C_{29}\beta\beta/(\alpha\alpha+\beta\beta)$ 与 $C_{29}20S/(20S+20R)$ 比值

（三）包裹体特征

游离烃在透射光下为无色，荧光下为黄白色或蓝白色油质沥青；封闭烃在透射光下为无色，荧光下为蓝白色或亮黄白色；碳酸盐胶结烃在荧光下为蓝白色；石英与长石包裹体烃在荧光下主要为黄白色和蓝白色荧光的油质沥青。

本书采用两种参数对荧光光谱特征进行定量化描述：① 主峰波长（λ_{max}），它是指最大荧光强度 I_{max} 所对应的发射波长，随着小分子成分含量增加，成熟度增大，其荧光会发生明显“蓝移”，光谱主峰波长减小；反之，光谱主峰波长增大。② 主红 / 绿商（QF_{535} 和 $Q_{650/500}$），它代表了荧光颜色中红色部分与绿色部分的比值，用来定量化描述荧光光谱形态和结构。QF_{535} 被定义为发射波长 535～750nm 范围内的积分面积 $A_{(535\sim750)}$ 与发射波长 430～535nm 范围内的积分面积 $A_{(430\sim535)}$ 之比，$Q_{650/500}$ 被定义为 650nm 波长处荧光强度 I_{650} 与 500nm 波长处强度 I_{500} 的比值。I_{650} 越大，反映所测包裹体所包裹原油中含有越多的大分子组分，成熟度低；而 I_{500} 越大则反映包裹体中所包裹油中含有越多的小分子组分，成熟度越高。因此，QF_{535} 和 $Q_{650/500}$ 值越大，反映油的成熟度越低；反之，油的成熟度越高。

本次实验中，游离烃和封闭烃荧光强度较弱，无法进行光谱特征测试，因此主要对碳酸盐胶结烃、长石与石英包裹体烃进行了荧光光谱特征分析。结果显示，同一块样品的不同包裹体烃的荧光参数呈现有规律的变化趋势，其中长石包裹体烃的主峰波长值最大，为 483.4～534.6nm；平均 502.1nm；其次是石英包裹体烃，主峰波长为 474.3～530.9nm，平均 496.4nm；碳酸盐胶结物中包裹体烃主峰波长最小，分布区间为 469.2～491.1nm，平均 476.3nm。QF_{535} 与 $Q_{650/500}$ 的分析显示，长石中包裹体平均值分别为 1.08 和 0.40，石英包裹体分别为 1.11 和 0.37，碳酸盐胶结物的分别为 0.95 和 0.35。由此可见，几种包裹体烃荧光光谱主峰波长、主红 / 绿商等参数变化趋势一致，即碳酸盐胶结烃各项参数数值最小、长石和石英包裹体烃的数值较大且接近（图 4-4-11）。

游离烃和封闭烃代表的晚期充注是长 8 油层组油藏的主成藏期；游离烃、封闭烃的热演化程度近于或高于含铁碳酸盐胶结烃的热演化程度；晚期碳酸盐胶结是造成储层致密化的决定因素。以此为基础，判断长 8 油层组油藏大规模的充注成藏发生于晚期含铁碳酸盐胶结之后。因此，长 8 油层组油藏具有先致密后成藏的特征。

四、成藏期次和成藏动力

（一）成藏期次

油气成藏序列是指在时间和空间上油气藏形成的顺序。油气藏的形成是一个复杂的物理化学过程，大量勘探实践表明，目前已发现的油气藏从初次运移、成藏至今，大部分都经历了复杂的演化过程。对于多层系复合含油气盆地，在一定的时间和空间尺度下，油气藏的烃源岩条件、运移聚集方式、动力驱动等方面必然存在差异（付金华，2013）。

储层油气包裹体的形成同时具备两个条件：储层中有油气等烃类流体的运移或聚集的同时，储集岩发生了明显的成岩作用，成岩矿物在结晶生长过程中就有机会捕获油气流体而形成油气包裹体。

通过对储层成岩作用和油气包裹体特征的研究，可以反演储层成岩历史时期的油气运移和成藏过程。成岩作用特性反映了储层当时的成岩时间和阶段，而油气包裹体特征反映了油气来源、成分和含油气饱和度（丰度）。近年来，油气包裹体被广泛用来研究油气成

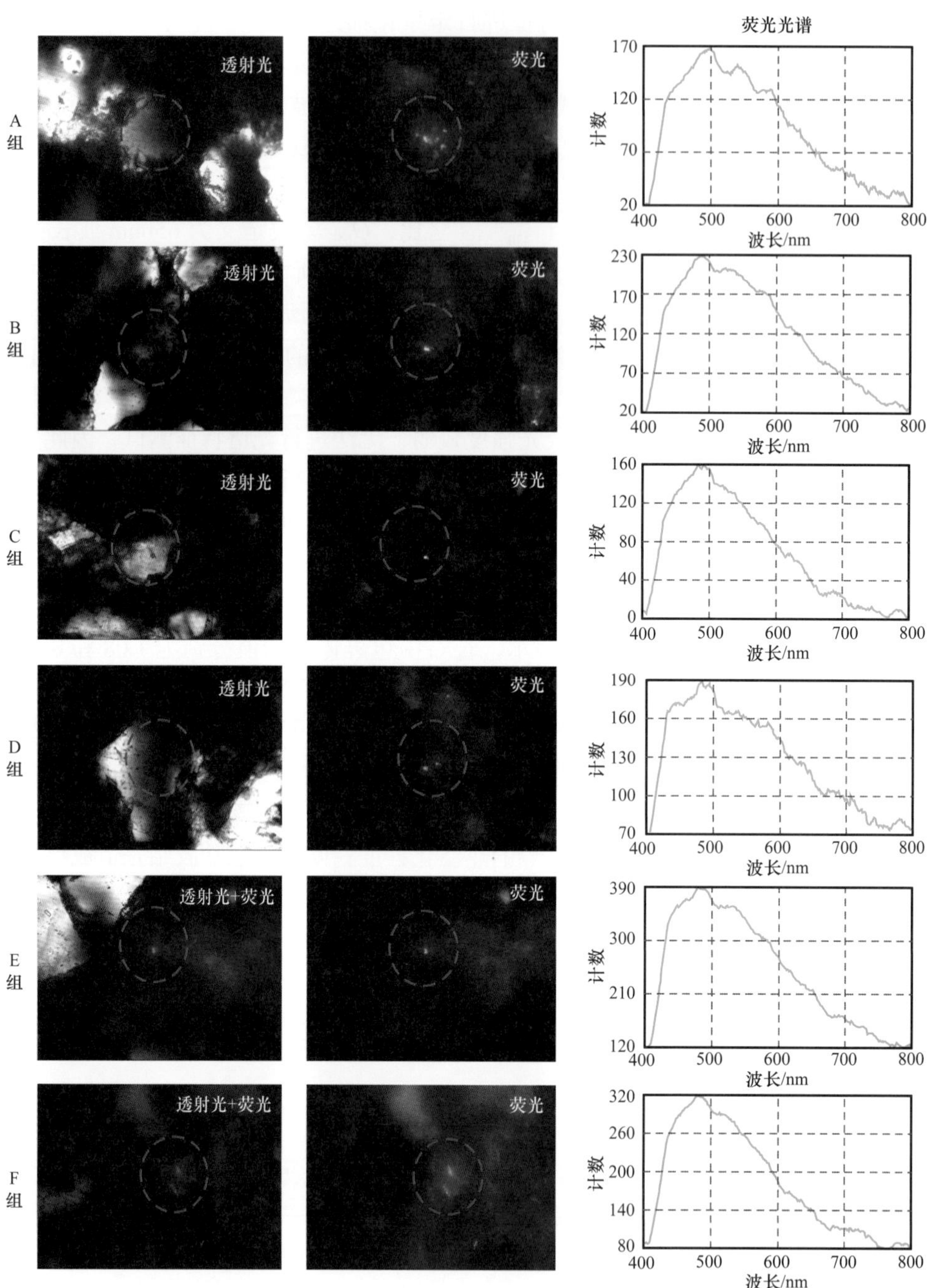

图 4-4-11 鄂尔多斯盆地 H115 井长 8 油层组储层流体包裹体荧光及荧光光谱特征

A 组：2572.55m，长石颗粒内包裹体烃，λ_{max}=498.1nm；QF_{535}=1.27；$Q_{650/500}$=0.46；
B 组：2572.55m，长石颗粒内包裹体烃，λ_{max}=483.4nm；QF_{535}=1.33；$Q_{650/500}$=0.55；
C 组：2572.55m，石英颗粒内包裹体烃，λ_{max}=483.9nm；QF_{535}=0.98；$Q_{650/500}$=0.30；
D 组：2572.55m，石英颗粒内包裹体烃，λ_{max}=483.9nm；QF_{535}=1.47；$Q_{650/500}$=0.60；
E 组：2572.55m，碳酸盐胶结物内包裹体烃，λ_{max}=478.9nm；QF_{535}=1.33；$Q_{650/500}$=0.59；
F 组：2572.55m，碳酸盐胶结物内包裹体烃，λ_{max}=475.6nm；QF_{535}=1.19；$Q_{650/500}$=0.50

藏时间和期次，成为油气勘探中一种重要研究手段，越来越得到石油地质学家的重视，并取得了大量研究成果。

通过进一步对上述四种烃类：游离烃、封闭烃、碳酸盐胶结物烃和包裹体烃进行研究，可进一步确定储层致密史与成藏史的关系。

长 8 油层组碳酸盐胶结物中的烃类包裹体其宿主矿物多含铁，以铁方解石为主，少量为铁白云石。从成岩作用的角度分析，含铁碳酸盐胶结形成于成岩作用相对较晚的偏碱性介质条件下，在中成岩 B 期大量出现。硅质和长石质胶结在早成岩阶段晚期开始出现，在中成岩 A 期、B 期酸性流体环境下普遍发育。因此，石英包裹体和长石包裹体主要形成时间早于碳酸盐包裹体的主要形成时间。

在长 8 油层组储层抽提出的烃中，游离烃含量占绝对优势，代表了主成藏期充注的烃。封闭烃赋存于储层非连通孔隙中，其发育程度受油气成藏过程中成岩作用的影响，即这些含烃的孤立孔隙与周围其他孔隙早期是连通的，但后来在晚期胶结、黏土矿物转化、压实等作用下孔隙被分隔成更小的孔隙，一些孔隙甚至被封死，变成孤立孔，一部分烃也因此被封闭在孤立孔中。

通过上面的分析可知，各种烃捕获的先后顺序为：长石与石英包裹体烃→碳酸盐胶结物包裹体烃→封闭烃→游离烃。

λ_{max}、QF_{535} 和 $Q_{650/500}$ 等荧光光谱参数变化趋势表明，碳酸盐胶结物包裹体烃的成熟度相对较高，石英包裹体烃和长石包裹体烃成熟度相对较低，且长石和石英包裹体烃的各项参数数值非常接近，说明它们的形成环境和时间基本相同，可近似地视为同期形成的包裹体。因此几种包裹体烃捕获的先后顺序为：长石与石英包裹体烃→碳酸盐胶结烃。

甲基菲比值折算 R_c 显示，游离烃和封闭烃的 R_c 值较接近，胶结烃与包裹体烃较接近。$C_{29}\beta\beta/(\alpha\alpha+\beta\beta)$ 与 $C_{29}20S/(20S+20R)$ 值关系反映，封闭烃的热演化程度近于或略低于游离烃，而高于胶结物烃，也就是说明封闭烃的形成时间与游离烃一致或略早，且不晚于含铁碳酸盐胶结物的形成（即不晚于胶结物烃的捕获时间）。因此，四种烃类的热演化程度主体呈现出包裹体烃、胶结烃、封闭烃、游离烃的成熟度呈逐渐增大趋势。

综上所述，几种方法在关于长 8 油层组储层四种烃的热演化程度分析方面的认识是一致的，即四类烃的捕获先后顺序为：石英与长石包裹体烃→碳酸盐胶结烃→封闭烃→游离烃。

通过对研究区延长组包裹体测温，综合分析得出研究区发育四种包裹体类型：石英裂隙、溶孔中的包裹体，石英胶结物和加大边中包裹体，钙质胶结物中的包裹体和钠长石中的包裹体（图 4-4-12）。包裹体的颜色主要有无色、灰褐色和浅黄色，包裹体的均一温度存在 2 个峰值：80～100℃，120～130℃。

流体包裹体均一温度是包裹体研究中最基础的一个参数，它也是我们了解流体古地温、推测盆地古地温和热演化史的主要依据。从姬塬地区流体包裹体资料中得知：延长组长 8 油层组有机包裹体均一温度峰值表现为双峰分布特征（图 4-4-13），表明该地区曾经存在两次大规模幕式排烃过程。

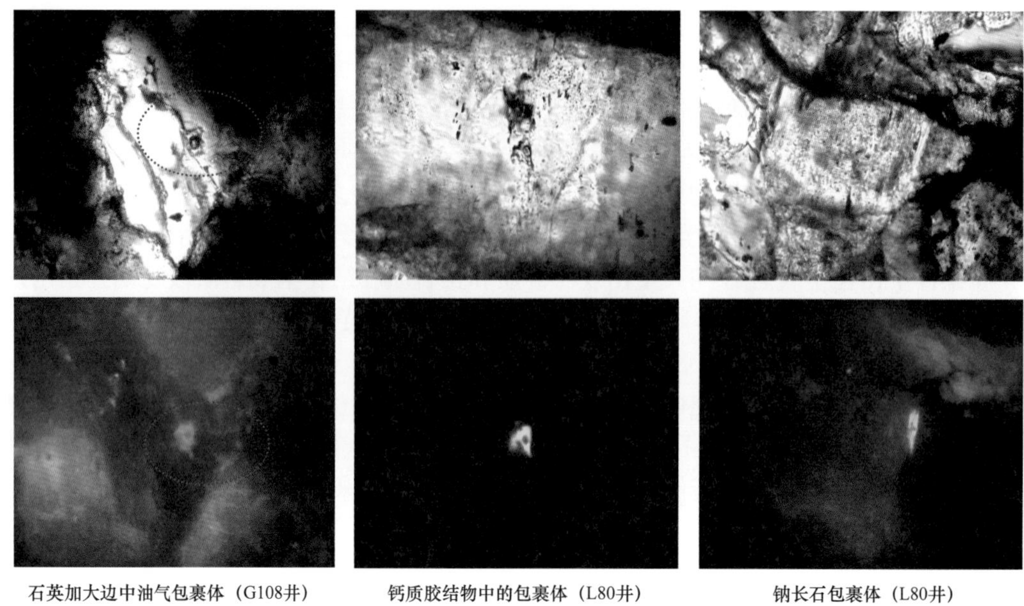

石英加大边中油气包裹体（G108井）
钙质胶结物中的包裹体（L80井）
钠长石包裹体（L80井）

图 4-4-12　鄂尔多斯盆地延长组包裹体特征

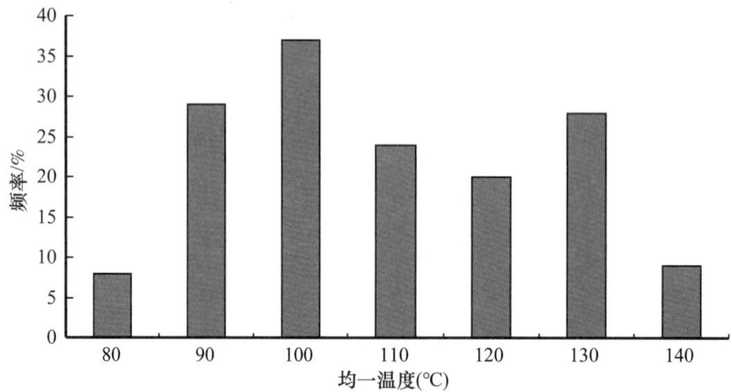

图 4-4-13　鄂尔多斯盆地西北部长 8 油层组包裹体均一温度频率分布图

（二）成藏动力

流体过剩压力是指地层流体压力高出正常静水压力的那部分压力。尽管现今鄂尔多斯盆地表现为低压盆地，但在地质历史时期却为超压盆地。过剩压力会驱使流体向压力减小的方向扩散，使流体排出区和聚集区的压力达到平衡，这也是通过过剩压力进行油气运移研究的理论基础。流体过剩压力是低渗透岩性油藏石油运移的主要动力（庞雄奇，2000）。

鄂尔多斯盆地延长组研究表明，在延长组大量泥岩发育的长 7 油层组出现异常高压，过剩压力最高可大于 20MPa，存在明显的压力差，是油气发生运移的基本动力条件。

1. 延长组异常高压形成原因

异常高压形成的一个主要条件是沉积体中具有渗透性足够低的岩石，因而在沉积体上覆载荷增大时其内的流体流出速度相对于沉积体压力增加而言可以忽略不计，因此，异常高压通常出现在页岩为主的层系中。由于流体排出不畅，通常应该由岩石骨架承担的压力转移给了地层流体，则出现高压流体。在连续埋藏时上覆沉积物重量逐渐增加，总垂直应力也随之增加，岩石骨架只承担部分新增加的应力，其余部分传导给地层流体。如果埋藏的时间足够长，考虑到地层有微弱的渗透性，则这部分增加了的压力将通过流体流出而缓慢地逐步释放。然而，由于连续埋藏，颗粒胶结更加致密，孔隙空间变小，渗透性进一步降低，地层流体的排出过程与增压过程更加不平衡，孔隙压力逐步增加。

生烃增压作用：固体有机质或干酪根转化为石油或天然气可以导致孔隙流体体积的明显增加。烃源岩大量生气过程一般被认为是产生超压的重要机制，但近年来在很多盆地中发现超压的分布与成熟烃源岩的生油强度分布也密切相关。通过泥岩孔隙度与密度的系统分析发现，一些压实程度非常高的泥岩段地层也发育较强的超压，认为这种情况下生油作用是超压发育的重要机理。长 7 油层组暗色泥岩是中生界的一套主要烃源岩，母质类型以腐殖—腐泥混合型生油干酪根为主，其暗色泥质烃源岩平均有机碳含量为 4.74%，镜质组反射率平均达到 1%，正处于生油的高峰时期，所以延长组长 7 油层组主力烃源岩的生烃对延长组超压有一定的贡献。

2. 延长组异常高压动力学特征

一般而言，沉积盆地中的异常高压均形成于封闭或半封闭的地质环境，厚层泥岩是形成异常高压的重要条件。高压泥岩表现为孔隙度高于相同深度正常压实泥岩的孔隙度。剩余孔隙度的存在使得异常高压泥岩中的孔隙流体承受了一部分本应由岩石骨架承担的上覆地静压力，这一部分地静压力在数值上就等于异常高压泥岩中的超压值。基于这一原理，可以利用平衡深度法计算出泥岩层中异常压力的大小。所谓平衡深度即在正常压实曲线上与欠压实地层孔隙度相等的深度。根据有效应力定律，孔隙度相同处的有效应力相等。因此，欠压实泥岩的孔隙压力可以表示为：

$$p_z = p_e + \left(S_z - S_e\right) = \rho_r g Z - \left(\rho_r - \rho_w\right) g Z_e$$

如果用声波时差的变化表示正常泥岩压实曲线的压实规律，则有：

$$p_z = \rho_r g Z + \frac{\left(\rho_r - \rho_w\right) g}{C} \ln \frac{\Delta t}{\Delta t_0}$$

式中 Z——欠压实泥岩的埋藏深度，m；

Z_e——欠压实泥岩对应的平衡深度，m；

p_z——欠压实泥岩的孔隙压力，Pa；

p_e——平衡深度处的静水压力，Pa；

S_z——深度 Z 处的地静压力，Pa；

S_e——平衡深度处的地静压力，Pa；

g——重力加速度，m/s^2；

ρ_r——沉积岩平均密度，kg/m^3；

ρ_w——地层孔隙水密度，kg/m^3；

Δt——欠压实泥岩的声波时差值，μm；

Δt_0——原始地表声波时差值，μm；

C——正常压实泥岩的压实系数，m^{-1}。

应该指出，平衡深度法只能用于研究盆地中泥岩的压力，不能直接用于研究砂岩的压力。但大量事实表明，相邻砂岩和泥岩的流体压力往往具有相同的变化趋势（砂岩的压力一般小于泥岩的压力）。实际上盆地中的异常压力都起源于泥岩层，砂岩的异常高压与泥岩中的异常高压具有内在的联系。

3. 泥岩压实特征

对姬塬地区单井泥岩压实曲线的对比分析表明，该区正常压实趋势明显，一致性较好，欠压实现象普遍发育于长 6 和长 7 油层组，各井开始出现稳定的异常压实处的泥岩声波时差值大部分都在 220 μs/m 左右，且正常压实与欠压实分界线多数位于长 6 油层组底界和长 7 油层组顶界之间。各单井曲线上仅在异常段的顶界埋深、层位及异常段偏离正常压实趋势的幅度等方面存在着一定的差异。

从异常压力层位的分布看，异常压力出现的层位多为延长组长 6 油层组底部与长 7 油层组顶之间。长 7 油层组之上地层压力基本保持在静水压力带附近，在接近长 7 油层组暗色泥岩处，地层压力逐渐偏离静水压力，超压幅度渐增。西南方向出现异常的深度较大，一般为 2400～2500m，例如 G75 井异常压力出现在 2500m 长 6 油层组底部（图 4-4-14）。

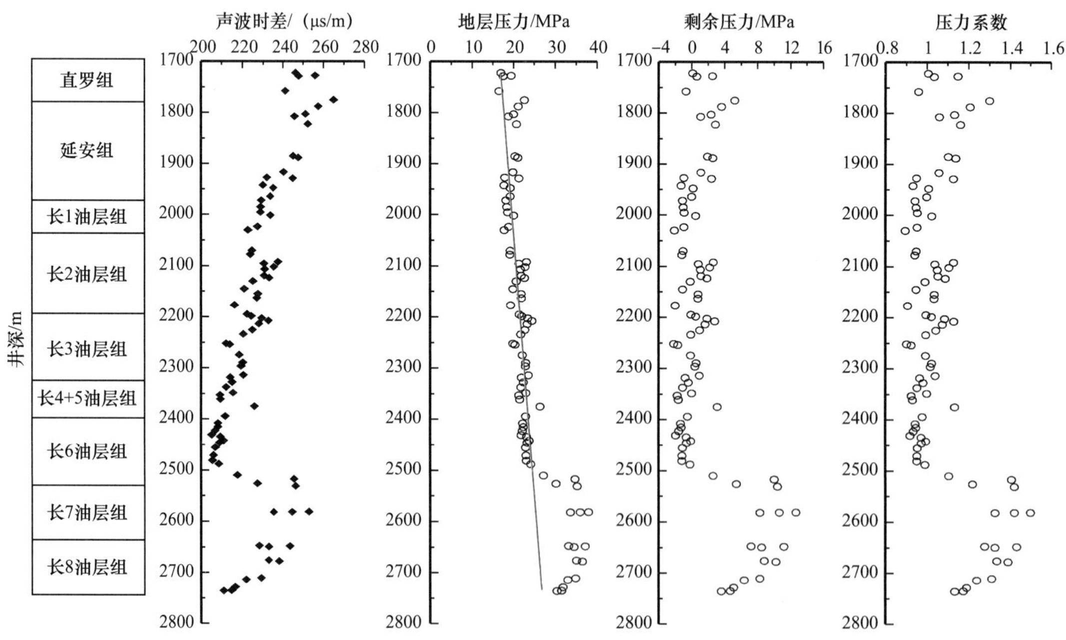

图 4-4-14　鄂尔多斯盆地 G75 井声波时差与孔隙压力特征

异常压力出现层位和深度的不同主要是差异压实的结果，总体规律是黑色页岩厚的地方，单井过剩压力较大，黑色页岩较薄的地方，单井过剩压力较小。姬塬地区 G73 井长 7

油层组黑色页岩厚度最大达到 80m 以上，单井最大过剩压力达到 15.17MPa，向东北方向随着长 7 油层组页岩厚度的减薄，单井最大过剩压力逐渐减小，例如 Y106 井单井最大过剩压力为 8.15MPa，向东北方向的 Y94 井单井最大过剩压力为 7.9MPa，研究区东北角的 A57 井单井最大过剩压力只有 6.4 MPa（图 4-4-15）。

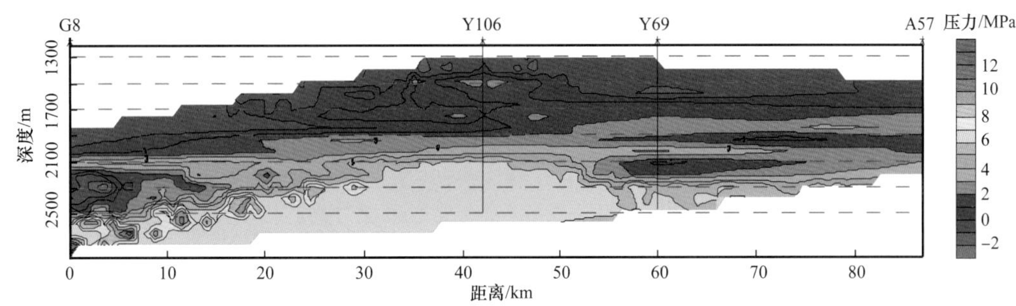

图 4-4-15　鄂尔多斯盆地 G8 井—A57 井剩余地层压力连井剖面图

4. 地层异常压力分布特征

利用泥岩声波时差定量恢复泥岩过剩压力，结果表明：

纵向上，长 4+5 油层组以上的地层基本处于静水压力状态，没有产生过剩压力，在研究区中—南部从长 6 油层组开始局部存在过剩压力。图 5-4-16 展示了鄂尔多斯盆地长 6 油层组流体过剩压力平面分布特征。总体上，长 6 油层组过剩压力出现在吴起—志丹以南的地区，较高过剩压力分布区主要有 2 个，分别是姬塬—上里塬区域和张岔—庆城—太白区域。姬塬—上里塬区域最高过剩压力大于 10MPa，其中以耿 73—耿 30—元 132 一带最为明显。张岔—庆城—太白区域过剩压力主要为 2～8MPa，过剩压力最明显的地方主要为 W61—W62 井区和 T17 井区。

鄂尔多斯盆地长 7 油层组普遍存在过剩压力，其平面分布范围与长 7 油层组高阻泥岩分布范围基本一致，总体上过剩压力值较高，在 4～20MPa 之间，具有北高南低的特征。北部一般为 8～20MPa，南部一般为 4～10MPa。较高的过剩压力分布区带主要有 4 个，分别是马家滩—古峰庄、安边—姬塬、靖边南—吴起北和张岔地区。其中，马家滩—古峰庄最高过剩压力大于 12MPa，安边—姬塬过剩压力一般大于 14MPa，局部超过 20MPa，靖边南—吴起北区最大过剩压力超过 14MPa，张岔地区过剩压力相对较小，一般大于 10MPa，仅部分地区过剩压力大于 14MPa。盆地南缘过剩压力相对较低，可能受两方面因素影响，一是宁县—正宁以南地区泥质沉积厚度相对较薄，另一个因素与它位于华北地台南缘，受后期秦岭造山带构造演化影响较大有关（图 4-4-17）。

长 8 油层组流体过剩压力平面分布特征如图 4-4-18 所示。长 8 油层组的高过剩压力分布区主要有 3 个，包括吴起—志丹、富县和华池南，其中以吴起—志丹一带过剩压力的高值分布区面积较大，过剩压力大于 8MPa，与长 8 油层组湖盆中心位置一致。长 8 油层组流体过剩压力平面分布的另外一个突出特点是分布有几个低值区域，如合水、上里塬—庆城和古峰庄—王洼子地区，尤其是后者，过剩压力多小于 4 MPa，与该地区长 7 油层组的高过剩压力分布形成鲜明对比。

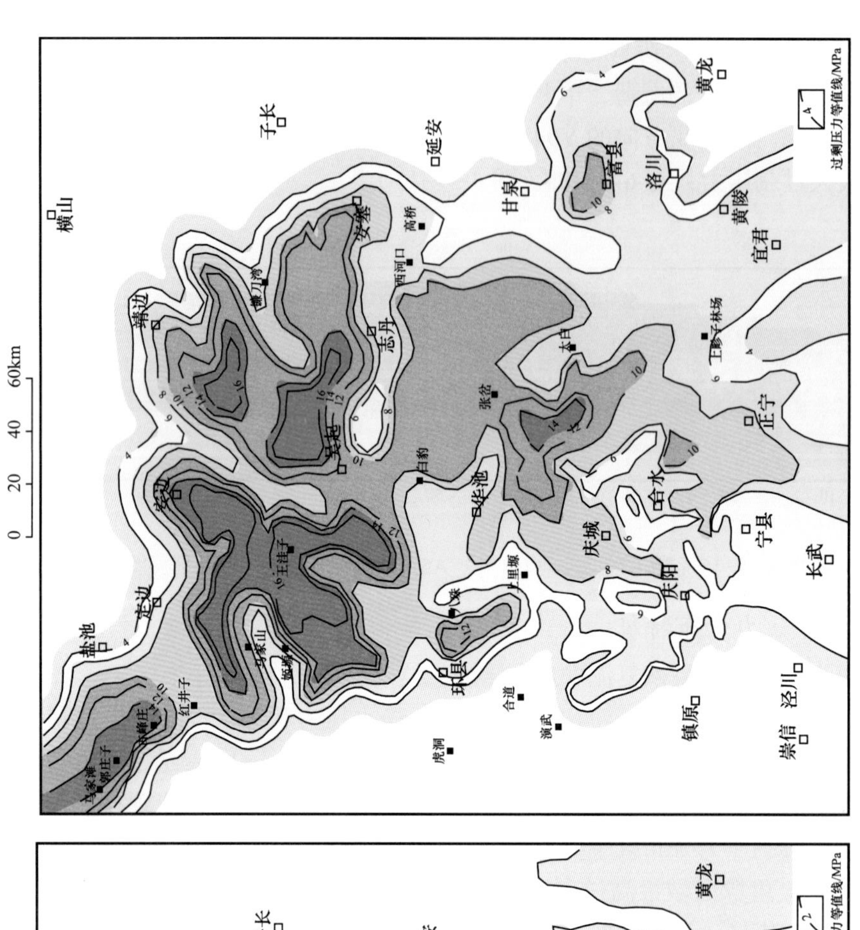

图 4-4-17 鄂尔多斯盆地长 7 油层组过剩压力分布图

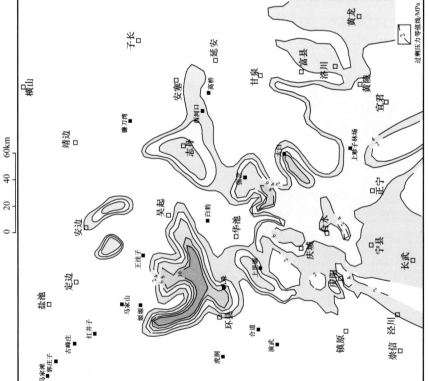

图 4-4-16 鄂尔多斯盆地长 6 油层组过剩压力分布图

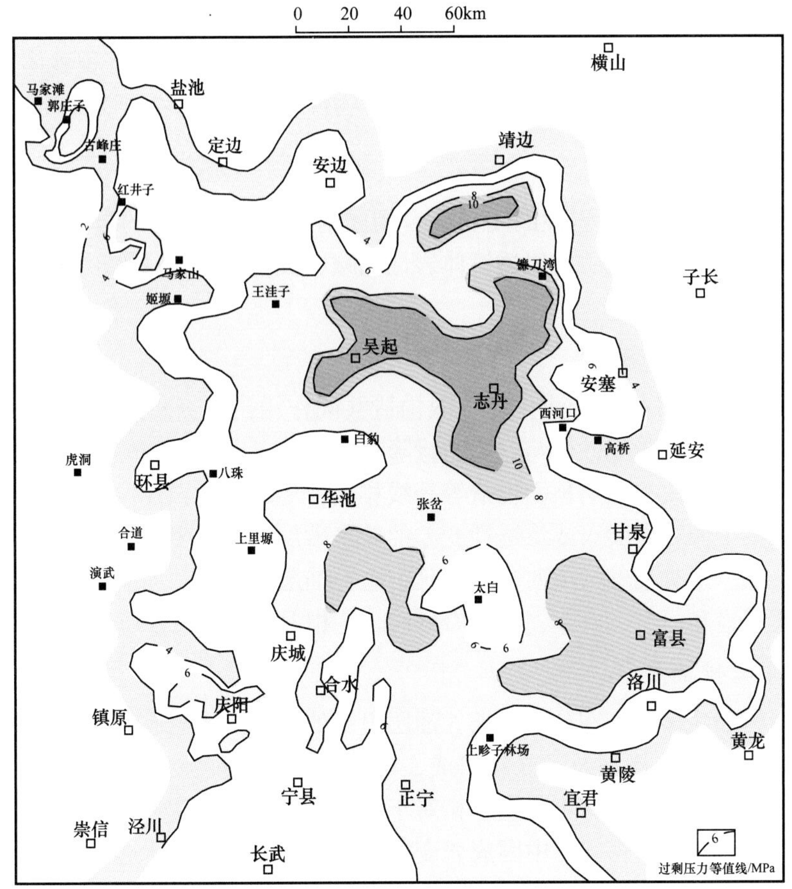

图 4-4-18　鄂尔多斯盆地长 8 油层组过剩压力分布图

第五节　致密油富集规律

鄂尔多斯中生代湖盆经历了多次湖盆震荡，致使湖平面发生周期性升降，在此沉积背景下，随着湖盆的振荡运动，湖平面产生周期性湖进、湖退，沉积发育了多套砂—泥岩互层的有利储盖组合，其中砂岩是油气储集的良好场所，而泥岩则是很好的盖层，为多油层复合含油富集区的形成奠定了基础。通过深化盆地中生界致密油藏特征和成藏主控因素研究，明确了盆地中生界优质烃源岩厚度大、有机质丰度高，在主生排烃期可产生强大的排烃运移动力，烃类通过互相叠置的砂体、微裂缝和不整合面等优势通道进行运移，具有“上下排烃、大面积充注”的成藏特点。同时，认识到三角洲前缘亚相水下分流河道及河口坝砂体储集性能良好，且距油源近，是油气聚集的最有利场所。

一、油藏特征

鄂尔多斯盆地三叠系延长组长 10—长 1 油层组均发现了油藏，其中，长 8、长 6、长 4+5 油层组为主力勘探层系，油藏规模大、分布面积广；长 10、长 9 油层组局部地区油藏富集；长 7 油层组页岩油规模储量已经落实；长 3、长 2、长 1 油层组发育规模较小的油藏。延长组长 6、长 8 油层组以三角洲前缘、三角洲平原和浊流沉积砂体为主要储层，储层孔隙类型以粒间孔为主，其次为长石溶孔，物性整体较差，主要为致密油藏。

（一）油藏类型

不同油藏序列均以各种岩性圈闭和复合圈闭为主，其中常见的岩性圈闭油藏类型有上倾方向砂岩尖灭岩性油藏、砂岩透镜体岩性油藏、成岩圈闭油藏等，复合圈闭油藏以构造—岩性油藏为主。

1. 上倾尖灭岩性油藏

油藏分布主要受沉积相带演化和区域构造共同作用，由三角洲分流河道（水下分流河道）砂体和河口坝等骨架砂体与盆地边缘隆起（斜坡）上倾方向的分流间湾泥岩相相配合，使砂岩上倾尖灭线与储层顶面构造等高线相交，形成上倾岩性尖灭圈闭。油藏中的油气往往聚集在沿上倾方向尖灭或渗透性变差的储集砂层内，圈闭规模往往较大，其边界常与岩性边界一致。这类油气藏主要分布在延长组各油层组的三角洲前缘亚相带，储集体为前缘水下分流河道和河口坝砂体，围岩为分流间湾相泥岩或者粉砂质泥岩。

2. 透镜体岩性油藏

砂岩透镜体油藏多分布在长 8 和长 6 油层组中的三角洲平原或者前三角洲亚相区，储层由分流河道砂、河口沙坝及远沙坝组成，周围被非渗透性泥岩所包围。砂岩透镜体中的储集体规模控制着油气的聚集数量，相对于其他岩性油藏，其规模较小，常见底水或边水。另外，在浊积砂及致密岩层中因成岩变化形成的局部高渗砂体透镜带中也可出现透镜体油藏。

3. 砂岩成岩圈闭油藏

砂岩成岩圈闭主要由沉积微相和成岩作用共同控制。在砂岩成岩圈闭油藏中，不仅储层有明显的溶蚀改造，并且局部的遮挡盖层也是由成岩作用形成的致密砂岩，而非泥质岩类，储层非均质性强，油藏的边界并非岩性边界，具有油水分异较差、油藏预测难度较大的特点。这类油气藏主要分布于长 8、长 6 油层组三角洲平原分流河道中。

4. 构造—岩性油藏

构造—岩性油藏多分布在长 8 和长 6 油层组中的三角洲平原或者三角洲前缘亚相区，受构造活动或差异压实作用，以及岩性变化的共同作用。含油层组顶面形成了鼻状隆起，其规模有限，幅度较小，这种鼻状隆起与各含油层组在上倾方向的三角洲分流河道及河口坝带状砂岩储层及河间泥质类相互配置，形成较好的差异压实构造—岩性复合圈闭油气藏。油藏规模小，储层主要受沉积作用的影响，物性及油水分异好，单井产量高。这类油藏主要分布于长 8_2、长 6_1 等层中。如姬塬地区 C46 井区长 8_2 油层组油藏即属于构造—岩性油藏，由于砂体规模及厚度的变化引起的差异压实形成南、北两个鼻状隆起，砂体控制鼻隆，鼻隆控制圈闭，圈闭控制成藏。砂体规模及物性是决定成藏的主要因素，构造对油水分异起一定作用，构造高部位产纯油，低部位油水同出。

（二）油藏基本特征

1. 油藏具有“低渗、低压、低丰度”三低特征

盆地内延长组长 6 油层组油层厚度差异较大，以盆地内长 6 油层组油层具有代表性的安塞油田、华庆油田和姬塬油田为例说明，长 6 油层组油层厚度一般为 8.4～21.7m，平均孔隙度主要分布在 9.7%～11.6%，平均渗透率主要分布在 0.45～1.01mD 之间（表 4–5–1）。延长组长 8 油层组以西峰油田、姬塬油田和环江油田为例说明，长 8 油层组油层厚度一般为 11.5～12.6m，平均孔隙度 8.5%～10.0%，平均渗透率主要分布在 0.55～0.80mD 之间，总体显示为致密储层特点。

表 4–5–1 鄂尔多斯盆地延长组长 6、长 8 油层组油层主要特征统计表

层位	代表油田	油层厚度 / m	平均孔隙度 / %	平均渗透率 / mD	含油饱和度 / %
长 6 油层组	安塞油田	10.7	11.4	1.01	55.0
	华庆油田	21.7	11.6	0.50	70.0
	姬塬油田	8.4	9.7	0.45	50.5
长 8 油层组	西峰油田	12.5	10.0	0.80	70.0
	姬塬油田	11.5	8.5	0.66	72.1
	环江油田	12.6	8.5	0.55	72.5

通过对鄂尔多斯盆地中生界延长组 582 个实测地层压力数据的统计，其地层压力分布范围为 6～22MPa，地层压力系数主要分布在 0.6～0.9 之间，平均为 0.74。按照国内现行应用较广的分类方案（压力系数小于 0.75 为超低压，0.75～0.9 为异常低压，0.9～1.1 为常压，1.1～1.5 为异常高压，大于 1.5 为超高压），盆地中生界延长组地层压力以超低压和异常低压为主，常压及高压较少。因此，中生界延长组油藏属于异常低压、超低压油藏。

鄂尔多斯盆地中生界地层压力和压力系数垂向分布特征与地层埋深关系密切。地层压力随深度增加呈线性增大，地层压力普遍偏离静水压力的趋势线，且随深度增加其偏离的程度有所增加；压力系数也具有随埋深增加而逐渐增大的趋势（图 4–5–1）。延长组各层系平均压力系数变化不大，分布在 0.70～0.77，延长组长 1、长 2、长 3、长 4+5、长 6、长 7、长 8 和长 9 油层组的平均地层压力系数分别为 0.74、0.70、0.76、0.74、0.73、0.74、0.75 和 0.77（图 4–5–2），整体属于异常低压、超低压。

延长组长 6、长 8 油层组油藏总体显示出储量丰度低的特点。延长组长 6 油层组提交的 20.01×10^8t 探明储量中，储量丰度主要分布在 14×10^4～129×10^4t/km^2，平均为 45.0×10^4t/km^2；延长组长 8 油层组提交的 14.69×10^8t 探明储量中，储量丰度主要分布在 16×10^4～86×10^4t/km^2，平均为 45.2×10^4t/km^2，总体为低丰度储量。

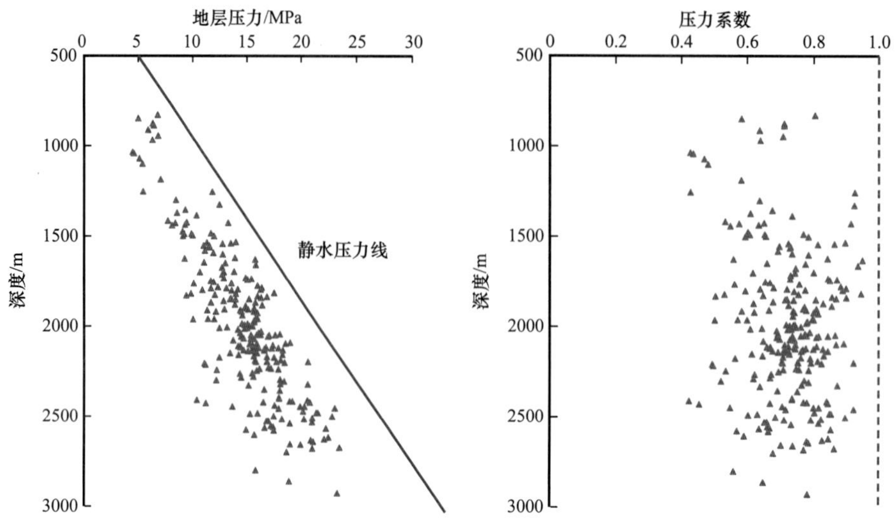

图 4-5-1 鄂尔多斯盆地中生界储层压力、压力系数与埋藏深度关系图

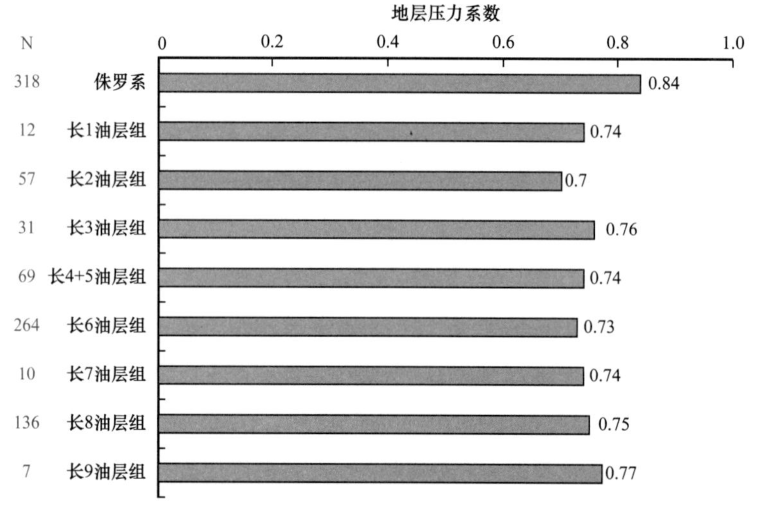

图 4-5-2 鄂尔多斯盆地中生界各层系地层压力系数分布直方图

2. 油藏流体性质

1）原油性质

鄂尔多斯盆地三叠系延长组致密油藏埋深一般为1200～2800m，地层温度一般为40～80℃。地面原油密度为0.83～0.85g/cm^3，地下原油黏度为0.97～2.82mPa·s，地面原油黏度为3.66～6.68mPa·s，不含蜡、不含硫，凝固点为18.2～23.8℃，饱和压力为6.19～11.12MPa，气油比为41.0～115m^3/t，具有低密度、低黏度、不含硫、不含蜡和较高凝固点的特点（表4-5-2）。

2）地层水性质

三叠系地层水均为典型的$CaCl_2$型，但由于沉积环境、埋藏深度及后期改造程度的差异使各个区块地层水的化学特征变化较大（表4-5-3）。

表 4-5-2 鄂尔多斯盆地延长组长 6、长 8 油层组原油性质统计表

层位	代表油田	地面原油密度 / g/cm^3	地面原油黏度 / mPa·s	凝固点 / ℃	地下原油黏度 / mPa·s	气油比 / m^3/t	饱和压力 / MPa	体积系数	含蜡 / %	含硫 / %
长 6 油层组	安塞油田	0.84	4.85	22.0	1.96	79	6.19	1.21	无	无
	华庆油田	0.85	6.22	18.2	0.97	115	11.12	1.34	无	无
	姬塬油田	0.85	6.30	23.8	1.69	41	8.21	1.18	无	无
长 8 油层组	西峰油田	0.85	6.68	22.0	1.90	80	9.91	1.24	无	无
	姬塬油田	0.84	6.12	20.8	1.21	85	9.01	1.27	无	无
	环江油田	0.83	3.66	19.0	2.82	95	9.50	1.30	无	无

表 4-5-3 鄂尔多斯盆地延长组主要含油层段地层水化学特征数据表

层位	区块	K^++Na^+/ mg/L	Ca^{2+}/ mg/L	Mg^{2+}/ mg/L	Ba^{2+}/ mg/L	Cl^-/ mg/L	SO_4^{2-}/ mg/L	CO_3^{2-}/ mg/L	HCO_3^-/ mg/L	总矿化度 / g/L	水型
长 6 油层组	姬塬	17225	891	278	452	28870		24	461	48.2	$CaCl_2$
	华庆	39439	8849	1266	1693	80907			173	132.33	$CaCl_2$
	安塞	6985	19002	18	120	44380			200	70.7	$CaCl_2$
	靖安	26530	4590	709	1627	51786			224	85.47	$CaCl_2$
长 8 油层组	西峰	16914	6712	347	672	39228		24	461	64.36	$CaCl_2$
	合水	8616	422	89	157	13894		24	759	23.96	$CaCl_2$

姬塬地区长 6 油层组地层水 Ca^{2+} 浓度达到了 2863mg/L，富含 Ba^{2+}（997mg/L）和 HCO_3^-（434mg/L），矿化度为 48～67g/L。华庆地区与姬塬地区不同，以高 Ca^{2+}、Mg^{2+}、Ba^{2+}、低 HCO_3^- 为特征，不含 CO_3^{2-} 和 SO_4^{2-}，矿化度最高达 132g/L，为典型的高矿化度原始地层水。

志靖—安塞长 6 油层组地层水以特高 Ca^{2+}、低 Mg^{2+}、低 HCO^{3-}、不含 CO_3^{2-} 为特征，矿化度为 70～110g/L，为典型的原始地层水。

西峰长 8 油层组地层水具有高 Ca^{2+}、低 Mg^{2+}、中 Ba^{2+} 含量特征，矿化度 40～60g/L，为中等矿化度原始地层水。合水地区具有中 Ca^{2+}、低 Mg^{2+}、中 Ba^{2+}，富含 HCO_3^-，矿化度在 25g/L 左右。

3. 含油饱和度特征

根据各油田长 6、长 8 油层组储层特征、孔隙发育程度、储层含油情况及油藏特征等，含油饱和度以密闭取心法为主，参考测井计算方法、压汞法、相渗法求得，各油田含油饱和度差异较大，变化范围为 50.5%～72.5%（表 4-5-1）。为了更加细致的分析含油饱

和度，又引进了可动流体饱和度进行分类。

根据国内外可动流体饱和度划分标准：一类储层可动流体饱和度大于 50%，二类储层可动流体饱和度为 30%～50%，三类为 20%～30%，四类储层可动流体饱和度小于 20%。根据盆地 6 个油田 5 个层位 116 块岩心核磁共振试验结果看，一类储层 39 块，占 33.6%，二类储层 63 块，占 54.3%，三类储层 10 块，占 8.6%，四类储层 4 块，占 3.4%（表 4-5-4）。总体上看，鄂尔多斯盆地致密储层可动流体饱和度较高，平均达 45.2%，以一、二类储层为主，占 87.9%，具有较大的开发潜力。从油田分布统计看，西峰油田、安塞油田可动流体饱和度较高，分别达 49.9% 和 49.6%，而姬塬油田可动流体饱和度相对较低，仅为 35.5%。从不同含油层系看，长 8 油层组油层可动流体饱和度相对较高，可达 51.4%，长 6 油层组油层可动流体饱和度相对较低，一般为 40% 左右。

表 4-5-4　鄂尔多斯盆地致密储层可动流体饱和度分类统计表

分类	样品数 / 块	百分比 /%	孔隙度 /%	渗透率 /mD	可动流体百分数 /%
一类	39	33.6	12.8	2.32	58.5
二类	63	54.3	11.8	0.70	41.9
三类	10	8.6	10.2	0.19	25.9
四类	4	3.4	7.9	0.05	14.6

（三）油水分布特征

延长组主力勘探开发的长 6—长 8 油层组油藏大多属于致密油藏。由于致密砂岩孔喉狭窄，毛细管阻力大，浮力对油气运移的作用非常有限，导致致密砂岩油藏内油水重力分异不明显，油气藏无明确的油水边界和统一的油水界面，油水关系复杂，油水分布规律也存在差异，并可出现油水关系倒置现象。

以姬塬地区长 6 油层组油藏为例，说明油水分异及油水关系特点。姬塬地区延长组长 6 油层组油藏剖面特征（图 4-5-3）表明，砂岩内常见油水同层，油水分异不彻底，无底水，没有明确的油水边界，很难确定单个油藏的边界和大小。姬塬地区延长组长 6_1 油层组不同区块含油差异性较大。西部区域位于生烃中心，充注程度高，含油饱和度大，为纯油层型，试油以出纯油为主。中部区域砂体较发育，但充注程度低，试油主要出水，工业油流井较少。东部区域烃源岩厚度较薄，长 4+5 油层组与长 6 油层组油藏叠加发育，充注程度低，主要为油水同出型。因此，致密砂岩油藏往往连片分布，为多个油藏的集合体。受源储组合关系影响较大，不同区块延长组不同层位油水分布特征各不相同。

与常规油田地层水类似，姬塬地区延长组长 8 油层组地层水水型主要为 $CaCl_2$，矿化度分布范围较大，最小值为 14g/L，最大值为 102g/L，主要分布在 25～45g/L 之间，平均值为 38g/L。地层水中阳离子主要包含有 K^++Na^+、Ca^{2+} 和 Mg^{2+}，其中 K^++Na^+ 最高，次为 Ca^{2+}；阴离子主要包含有 Cl^-、SO_4^{2-} 和 HCO_3^-，Cl^- 含量最高，SO_4^{2-} 次之。从长 8 油层组地层水的矿化度及其离子含量可以直观地看出，其含量分布范围较大，反映了地层水

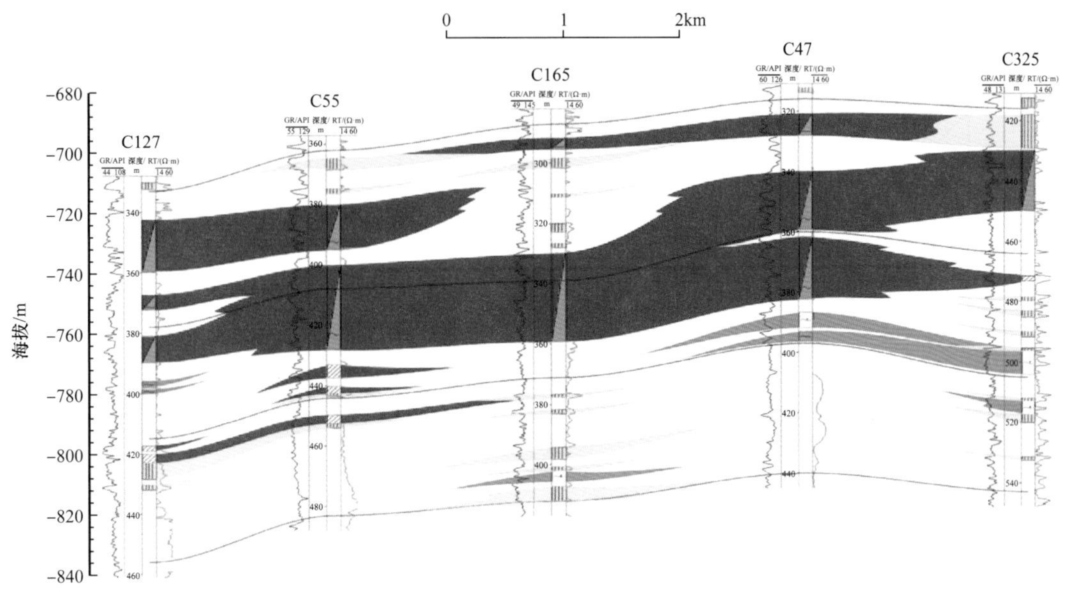

图 4-5-3 姬塬地区 C127—C325 井长 6 油层组油藏剖面图

中水—岩相互作用存在一定的差异，抑或是反映出地层水受到后期的改造交换作用。地层水中的离子数值及离子比例系数间接或直接性地对地层水所处的水文地质环境有着地质意义反映。常用的离子参数包括碳酸根离子（CO_3^{2-}）、碳酸氢根离子（HCO_3^-）及碘离子（I^-）等，常用的离子比例系数为钠氯系数（rNa^+/rCl^-）、脱硫系数（rSO_4^{2-}/rCl^-）、变质系数（rCl^--rNa^+/rMg^{2+}）、钠钙系数（rNa^+/rCa^{2+}）、碳酸盐平衡系数（$rHCO_3^-+rCO_3^{2-}/rCl^-$）等。这些参数对油田地层水的活跃程度、油气封闭条件及地层水流向等特征有着重要的指示意义。姬塬地区长 8 油层组地层水的钠氯系数（rNa^+/rCl^-）是地层封闭性、地层水变质程度和活动性的重要指标，与油气没有直接关系，属于环境指标，其值大小反映地层水活跃程度。根据统计显示，研究区内碳酸氢根离子（HCO_3^-）分布在 137～634mg/L，平均值为 302mg/L；钠氯系数（rNa^+/rCl^+）主要分布在 0.4～0.8，平均为 0.57，整体反映出区内油气保存条件较好。

姬塬地区长 8 油层组矿化度平面上有着明显的分布规律。从图 4-5-4 中可以看出，区内矿化度受天环坳陷轴部与坳陷两侧地层抬升的影响，矿化度分布具有两边低中间高、呈南北向带状分布的特点。在古峰庄—红井子—史家湾—大巴咀一线以西，矿化度小于 30g/L，研究区中部矿化度值均大于 30g/L，至东部定边—小涧子—王盘山—樊学一线，该线以东矿化度值基本分布在 20～30g/L 之间。矿化度在平面上的分布特征主要受盆地西缘冲断带及天环坳陷双重因素影响。在晚侏罗世，由于构造应力转换作用，使得盆地西缘地层受到一定的挤压、逆冲变形和抬升剥蚀等作用，形成了现今复杂多样的冲断构造，由此导致研究区长 8 油层组地层封闭性变差，地表水具有向下渗透混入油气层中，导致矿化度普遍较低；而研究区东侧定边—小涧子—王盘山—樊学一线矿化度较低的主要原因则是后期构造影响地层抬升的结果。由此形成研究区平面上呈现两边低中间高、南北向带状分布特征。

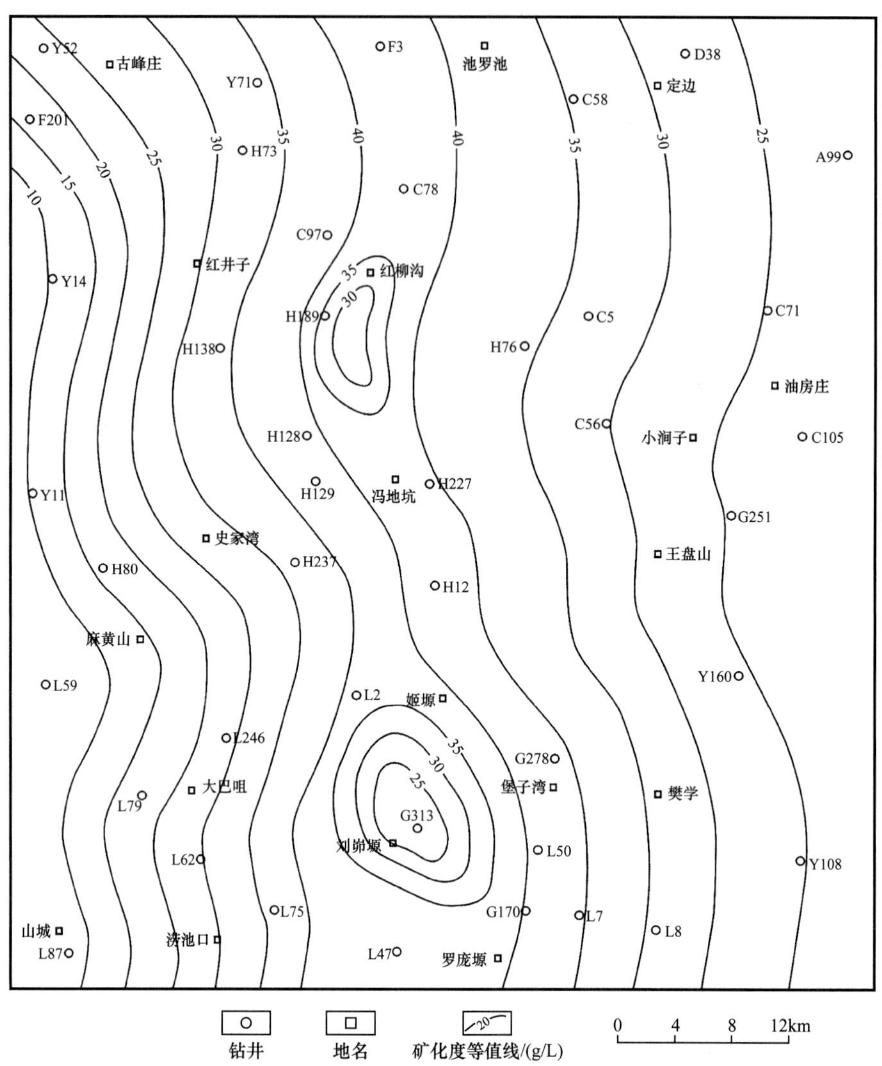

图 4-5-4　姬塬地区延长组长 8 油层组矿化度平面分布图

二、成藏主控因素

多年的研究和勘探实践表明，鄂尔多斯盆地三叠系延长组油藏分布主要受控于烃源岩的分布及规模（杜金虎，2014）、沉积相带及有利储集体的展布、纵向生油层与储层的配置关系、砂岩岩性相变及成岩变化与区域构造背景叠置形成的圈闭等主控因素（郭忠铭，1994；张才利，2021；胡春桥，2021）。

（1）优质烃源岩是形成致密油藏的基础。

鄂尔多斯盆地延长组致密油藏在平面上主要处于或靠近湖盆沉积中心的位置，这些地带也是长 7 油层组暗色泥岩和黑色页岩烃源岩分布地带。从长 7 油层组生烃强度的平面分布特征分析，湖盆中部烃源岩已达到成熟阶段，镜煤反射率为 0.8%～1.0%，高阻泥岩厚度大，分布稳定，一般为 30～50m，且具有很高的生烃强度。延长组油藏的分布主要受长

7 油层组烃源岩范围的控制。鄂尔多斯盆地已发现的大型岩性油藏主要分布于优质烃源岩分布的范围内（图 4-5-5）。

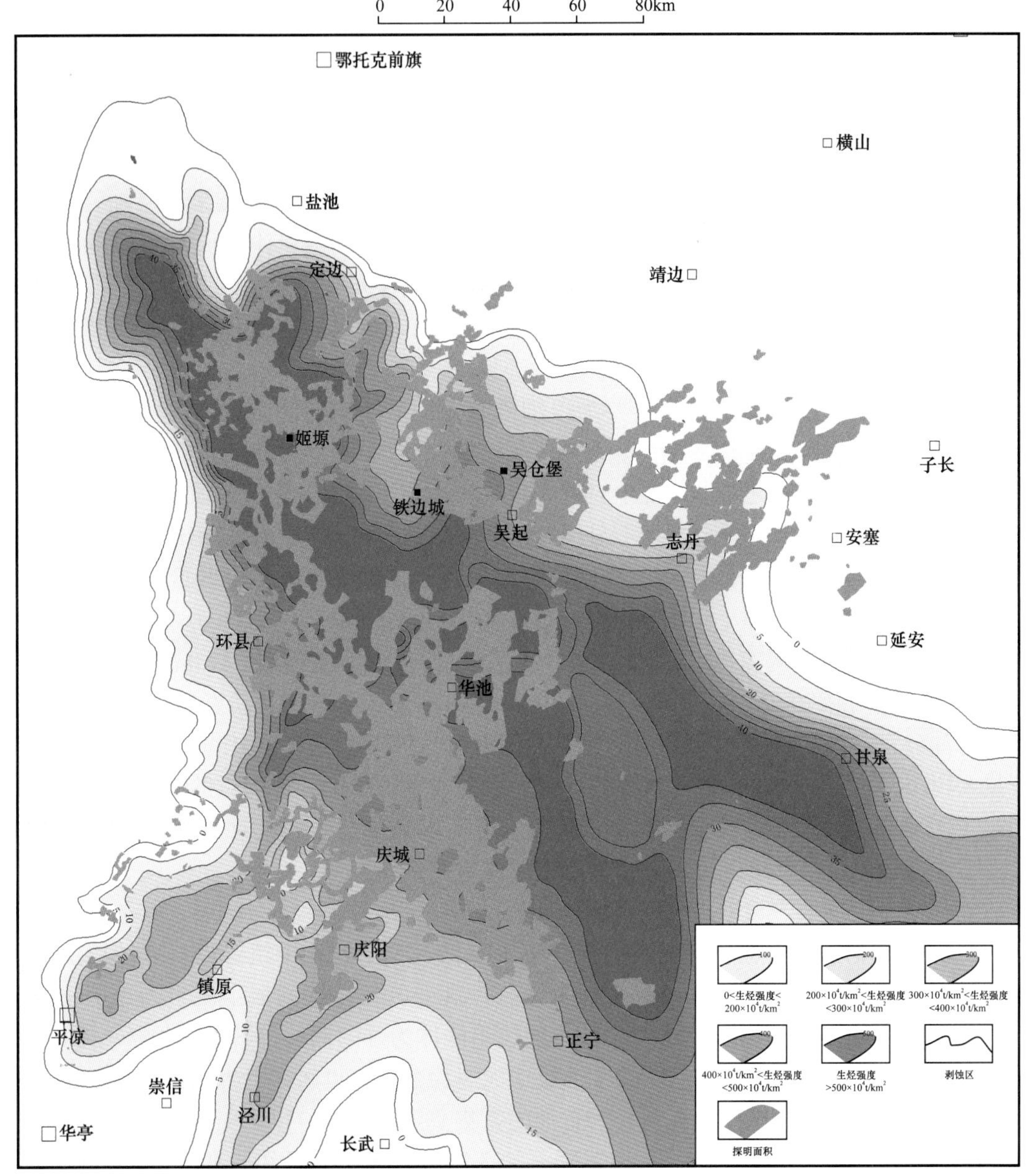

图 4-5-5　鄂尔多斯盆地长 7 油层组烃源岩与油藏分布图

（2）大面积展布的三角洲砂体及湖盆中部重力流砂体是石油聚集的有利场所。

东北沉积体系发育大型的长 6 油层组曲流河三角洲沉积，物源供给充足，地形平缓（李凤杰，2004），多期分流河道纵向叠置，横向迁移，沉积砂体复合连片，形成了大规模的储集体，复合砂体厚度一般为 30～80m，宽度为 20～50km，有利储集体面积近 $3\times10^4km^2$。储层岩性以细粒长石砂岩为主，储集空间为原生粒间孔及次生溶蚀孔，平均孔隙度 12%～15%、渗透率 1～10mD。目前已发现靖安、安塞等油田，储量规模近 15×10^8t。

西南沉积体系发育长 8 油层组辫状河三角洲沉积，沉积地形较陡，分流河道延伸较远，沉积砂体呈条带状展布，连通性好，单层砂体厚度较大，一般为 10～30m，延伸距离近 100km。有利储集体面积近 2×10^4km^2。储层岩性以中细粒长石岩屑砂岩为主，储集空间主要为原生粒间孔，平均孔隙度 9%～12%、渗透率 0.5～2.5mD。目前已发现西峰、镇北等油田，储量规模 10×10^8t。

西北沉积体系发育长 8 油层组浅水三角洲沉积，分流河道与河口坝复合叠加，砂体厚度较大（王峰，2005），复合砂体厚度一般为 20～40m，有利储集体面积 1.2×10^4km^2。储层岩性以细粒长石砂岩、长石岩屑砂岩为主，储集空间主要为原生粒间孔和溶蚀孔，平均孔隙度 8%～13%、渗透率 0.3～3.62mD。目前已发现姬塬多油层复合发育区，储量规模超 20×10^8t（图 4-5-6）。

湖盆中部长 6 油层组碎屑流主要为以细砂支撑的砂质碎屑流沉积，主要发育在华庆地区。其中顶、底突变和顶部渐变、底部突变的类型最常见（李凤杰，2002）。深水区的砂质碎屑流中有时可以见到事件发生时湖底生物逃逸留下的遗迹化石。该类砂体规模相对较大，厚度从几十厘米至十余米，不显层理。测井自然电位曲线主要为箱形、钟形。该区受不同沉积—成岩作用控制，储层物性也具有分区性。在 Y284—L70 井区平均油层厚度 21.6m，平均孔隙度 11.9%、渗透率 0.60mD，单井平均试油产量 12.38t/d。B255—B468 井区位于 Y284—L70 井区东侧，具有类似的成藏条件，平均油层厚度 12.0m，平均孔隙度 11.7%，平均渗透率 0.52mD，单井平均试油产量 10.31t/d。在东侧又新发现了午 58、午 69 两条含油砂带，平均油层厚度 12.3m，平均孔隙度 10.1%、渗透率 0.41mD，单井平均试油产量 8.49t/d。围绕长 6 油层组有利含油砂带、以落实整装规模储量为目的，先后探明了白 209、白 284 等含油砂带，提交探明储量 6.17×10^8t，证实了湖盆中部具有较大的勘探潜力。

（3）多套储盖组合是多层系复合油藏形成的重要条件。

延长组主要发育三套生储盖组合。下组合以长 8 油层组砂体为储层，其上的长 7 油层组泥岩既是生油层，也是盖层，组成“上生下储”型组合；中组合以长 6 油层组砂体为好的储层，其下的长 7 油层组泥岩为生油层，其上的长 4+5 油层组泥岩为盖层，组成“下生上储”型组合；上组合以长 2、长 3 油层组砂体为好的储层，其下的长 7、长 6、长 4+5 油层组泥岩为生油层，其上的长 1 油层组泥岩为盖层，也属“下生上储”型组合。以上组合对石油运移及聚集极为有利，为石油的富集奠定了基础。以华庆地区为例，鄂尔多斯盆地长 8 油层组沉积末期湖盆迅速沉降，长 7 油层组沉积期湖盆迅速扩张，水深加大，湖盆中部地区沉积了一套有机质丰富的暗色泥岩，质纯，含藻类及介形虫化石，干酪根类型以腐泥型、腐殖腐泥型为主，有机质丰度高，为中生界提供了充足的油源；长 6 油层组沉积期持续湖退过程，发生了大规模的三角洲砂体进积，并且受湖盆底形、沉积相及火山活动等突发地质事件的控制，在鄂尔多斯湖盆中部地区形成了东西宽 15～80km，南北长约 150km，厚度分布稳定的、沿半深湖、深湖斜坡地区发育的大型复合浊积砂带，因此，在华庆地区长 6 油层组形成巨厚层的储集砂体。到了长 4+5 油层组沉积期，又是一次小范

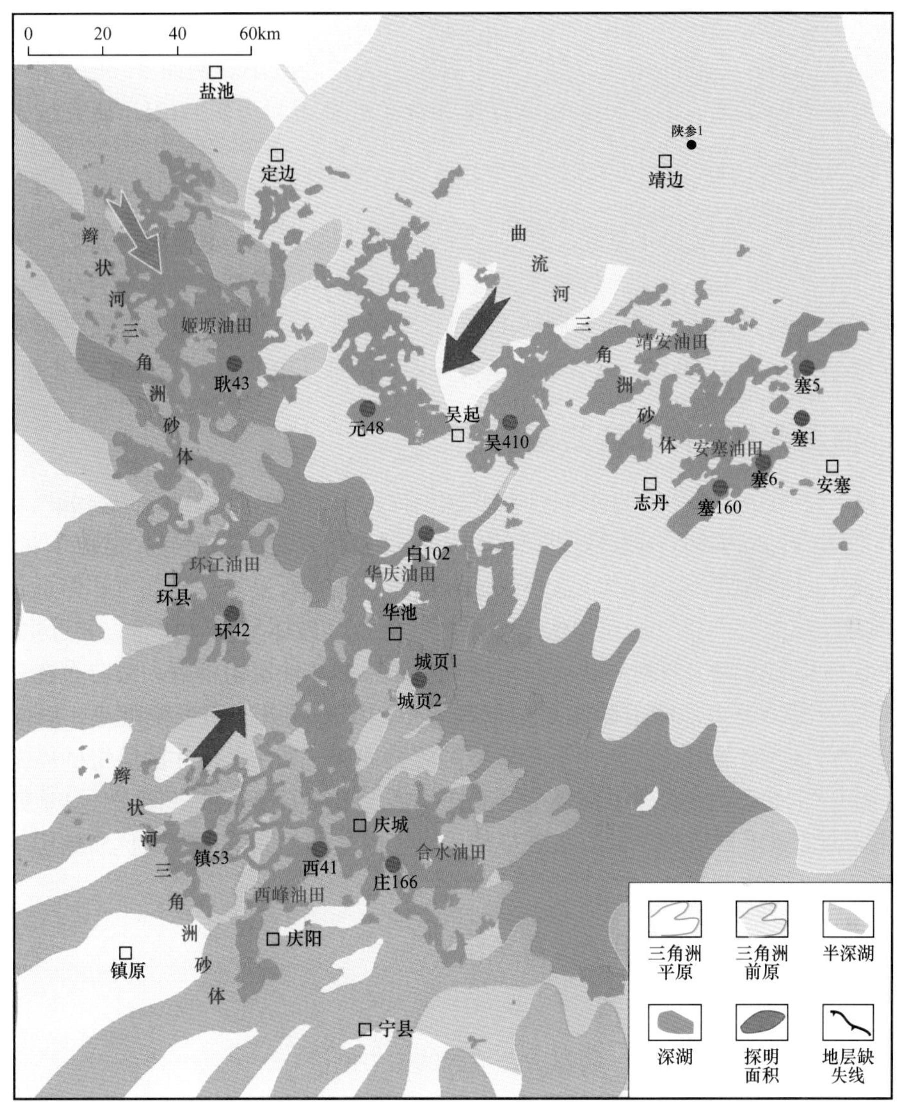

图 4-5-6　鄂尔多斯盆地沉积体系勘探成果图

围的湖侵期，沉积岩以泥质岩类为主，形成了一套良好的区域性盖层，对长 6 油层组油气的保存及延长组油气的富集均具有十分重要的意义。纵向上良好的生储盖配置关系形成了华庆地区长 6—长 8 油层组源上组合大型油藏。

（4）生烃增压是石油运聚的主要动力。

鄂尔多斯盆地延长组研究表明，在延长组大量泥岩发育的长 7 油层组及长 6 乃至长 4+5 油层组普遍出现异常高压（长 7 油层组烃源岩厚度较大，生成的原油过剩压力最高可大于 20MPa，长 6、4+5 油层组小于 10MPa，存在明显的压力差），是油气发生运移的基本动力条件。

异常压力出现层位和深度的不同主要是差异压实的结果，总体规律是油页岩厚的地方，单井过剩压力较大，油页岩较薄的地方，单井过剩压力较小。姬塬地区耿 73 井长 7

油层组油页岩厚度最大达到80m以上，单井最大过剩压力达到15.17MPa，向东北方向随着长7油层组油页岩厚度的减薄，单井最大过剩压力逐渐减小。例如Y106井单井最大过剩压力为8.15MPa，向东北方向的Y94井单井最大过剩压力为7.9MPa，研究区东北角的A57井单井最大过剩压力只有6.4 MPa。

长7油层组优质烃源岩厚度大、有机质丰度高，在早白垩世末开始大量生烃，烃源岩孔隙流体体积膨胀，形成异常高压，产生强大的排烃运移动力，具有上下排烃、大面积充注的特点。在生烃增压作用下，烃类通过互相叠置的砂体、微裂缝和不整合面等优势通道进行运移。受运移距离和有效储集砂体的控制，在长4+5、长6、长8油层组形成了大面积的岩性油藏，在长9、长3、长2油层组及侏罗系形成了高产的构造—岩性油藏。

三、油藏富集规律及含油富集区

通过深化盆地中生界致密油藏特征和成藏主控因素研究，认识到三角洲沉积体的各个亚相距离油源的远近不同，在捕获油气的优先程度上存在着明显差异，盆地东北、西南、西北三大沉积体系各自对应的油藏富集规律和油藏模式有所差异。东北沉积体系长6油层组油藏一般分布在三角洲前缘亚相水下分流河道相带，砂体呈朵状展布，邻近生油坳陷，是石油运移的有利方向。西南辫状河三角洲沉积体系长8油层组油藏一般分布在三角洲前缘亚相水下分流河道中，河道砂体呈条带状展布，湖岸线纵向演变幅度小，纵向上构成长8与长7油层组储盖组合。西北沉积体系烃源岩发育，长8、长6油层组砂体发育并且紧临长7油层组烃源岩，构建了姬塬地区双向排烃、多层系复合成藏模式。盆地西南部陇东地区烃源岩主要发育于长7油层组的下部，易于向紧邻的长8油层组优质储层中运移成藏，形成了上生下储成藏模式。

（一）长6、长8油层组油藏富集规律

1. 长6油层组

长6油层组是陕北、姬塬、湖盆中部地区的主力油层。

1）陕北地区

陕北地区长6油层组油层以三角洲前缘水下分流河道砂体为主（杨华，2003），油层主要位于上部长6_1油层组，累计砂岩厚度大，一般可达20m左右，储集物性较好，孔隙度10%～13%，渗透率1～5mD，砂体横向分布稳定，复合连片。陕北地区长6油层组属源上成藏组合，陕北地区长6油层组成岩圈闭控制油藏分布。

（1）自生绿泥石分布对油藏的影响。

自生黏土矿物绿泥石多呈薄膜环边附着在成岩矿物碎屑的周围，环边绿泥石形成之后，岩石骨架颗粒间的相对位置便基本稳定，能够抗压实，从而使各种类型的孔隙不再因压实作用而显著减少。同时，绿泥石环边的形成，使粒间孔隙得到了较好的保存，因此绿泥石在储层演化中的作用是积极的，其含量较高（4%～6%）的地方，储层储集性能好。平面上分布和砂体走向基本一致，绿泥石高的地方为主砂体带，随着砂体侧向相变，绿泥石膜不发育，砂岩物性变差，形成上倾遮挡而聚集石油（图4-5-7）。

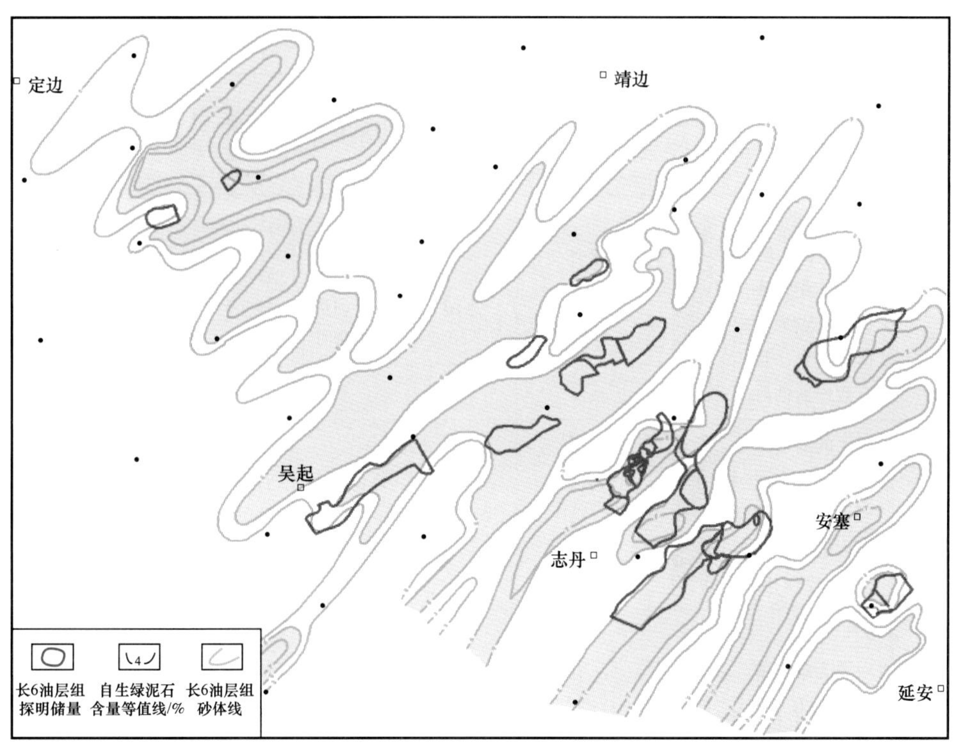

图 4-5-7　陕北地区延长组长 6 油层组自生绿泥石含量与油田分布

（2）溶解作用对砂岩孔隙的改善。

长 6 油层组储层油田水为封闭水，属氯化钙水型，呈弱酸性（pH 值 4.5～6.5），水体交换弱，但是由于靠近长 7 油层组烃源岩层，在生烃过程中油气与羧酸类运移进入长 6 油层组储层，酸蚀作用造成长 6 油层组储层长石、浊沸石溶蚀（朱国华，1985；杨晓萍，2002；张立飞，1982），形成次生孔，在浊沸石强溶区，长 6 油层组储层性质优于浊沸石富集轻溶区和微溶区。安塞三角洲长 6 油层组砂岩储集体，其孔隙度为 10%～15%，镜下可见面孔率达 7%～8%，王家窑、候市、杏河长 6 油层组油藏的开发明显优于坪桥长 6 油层组油藏与此有关，因此，溶解作用产生的浊沸石溶孔对安塞、志靖地区成为有效储层起了决定性的作用。同样，溶解作用产生的晶间孔隙、岩屑孔隙都对改善储层做出了贡献。

2）姬塬地区

姬塬地区长 6 油层组沉积期为大规模建设型三角洲，分流河道砂体发育，砂厚 10～30m，横向分布稳定，平面上复合连片。该区发育麻黄山、堡子湾、王盘山、铁边城和吴仓堡五条有利含油砂带。长 6 油层组储层孔隙类型以粒间孔、长石溶孔为主，平均孔隙度 10.5%、渗透率 0.52mD，平均面孔率 3.35%，储集物性好，具备发育大型岩性油藏的条件。姬塬地区长 6 油层组砂体结构控制了砂体的含油性，该区主要发育三种砂体结构类型，即连续叠置型、多泥夹储型、薄互层型（表 4-5-5）。

连续叠置型：前、后期河道砂体直接接触，相互叠置，砂体厚度大（一般为 8～18m），有效连通性好；测井曲线为箱形，单砂体厚度大于 10m，微相类型为多期水下分流河道叠置，位于各期砂体主砂带，该类结构砂体含油性整体较好。

表 4-5-5　姬塬地区长 6 油层组砂体结构类型及特征

砂体结构类型	砂体结构特征	岩性特征	测井曲线形态（SP、GR）	单砂体厚度 / m	微相类型	区域位置	含油性	主控因素
Ⅰ类：多期砂叠置厚层型	前、后期河道砂体直接接触，相互叠置，特点为砂体规模大，且有效连通性好			＞10	多期水下分流河道叠置	各期砂体主砂带中央	含油性整体较好，油水分布复杂程度较低	沉积环境类型
Ⅱ类：厚砂与薄砂、泥互层型	叠置的河道砂体之间常有泥质夹层，单砂体内部非均质性较强			5～10	水下分流河道主体带	各期砂体的主砂带	油藏充注难度增大，油水分布复杂性强	
Ⅲ类：薄砂、泥互层型	一般为单一薄层或薄互层，发育于水下分流河道水流停滞期，与前两类层互层分布			＜5	水下分流河道侧翼或小型水下分流河道	主砂带分叉变薄地区	难以形成规模性油藏，多为含油水层或干层，含油性差，如与前两类层互层分布，有时有一定量的油气聚集	

多泥夹储型：叠置的河道砂体之间常有泥质夹层，单砂体内部非均质性较强；单砂体厚度一般为 5～10m，累计厚度可达 10～30m，纵向隔层、夹层厚度大，分隔明显，单期砂体以小型钟形为主；微相类型为水下分流河道主体带，该类结构砂体油藏充注难度增大，油水分布复杂性强，是研究区的主要产油储层类型。

薄互层型：一般为单一薄层或薄互层，发育于水下分流河道水流停滞期，与前两类层互层分布；测井曲线为指型，单砂体厚度小于 5m，微相类型为水下分流河道侧翼或小型水下分流河道，位于主砂带分叉变薄地区，该类结构砂体难以形成规模性油藏，多为含油水层或干层，含油性差。姬塬长 6 油层组岩性尖灭形成的地层岩性圈闭控制油藏分布。姬塬地区长 6 油层组为三角洲前缘亚相，水下分流河道砂体发育，局部发育河口坝，河口坝拓宽了砂体展布范围。长 6 油层组三角洲规模较大，砂体连续性好，为油藏的形成提供了有利储集条件。本区构造背景属西倾的陕北斜坡，构造平缓，对石油聚集控制作用不明显。三角洲前缘砂体近南北向展布，与分流间泥岩东西相间展布，构成上倾湖相泥质岩良好的遮挡条件。上倾方向湖相泥岩为最佳遮挡条件，其次为上倾方向致密砂岩遮挡，在主砂带形成典型的岩性油藏。

3）湖盆中部地区

湖盆中心华庆及合水地区长 6 油层组为源上成藏组合，沉积时主要处于半深湖、深湖区，发育深水重力流和牵引流沉积组合（邹才能，2009）。总体重力流占优势，砂岩厚度大，砂带纵向较稳定，物性较正常三角洲砂岩差，砂体呈多支近南北向展布，其间被湖相泥岩分隔。致密油藏以长 6_3 油层组为主，其次为长 6_2 油层组，油藏主要分布在湖盆中部地区。储层为分布稳定的、平行于相带界线展布的厚层砂体，单砂体厚度一般为 5～50m，孔隙度一般为 8%～14%，渗透率为 0.2～1.2mD，分布稳定。不同地区砂岩储层成因不同，其中受东北物源体系控制区长 6 油层组厚层砂体主要为深水三角洲夹重力流沉积，西南物源体系控制区、混源区和东北物源体系的前端主要为重力流复合沉积（包括砂质碎屑流、浊流、滑塌沉积等）。

2. 长 8 油层组

长 8 油层组发育源下成藏组合，是西峰油田、姬塬油田的主力油层。主要受西南物源、西北部物源体系控制，沉积相类型主要为三角洲前缘水下分流河道、河口坝和远沙坝沉积，砂体厚度相对较大，单砂体厚度一般为 4～20m，沿主河道分布稳定。孔隙度一般为 6%～12%，渗透率为 0.2～4.0mD，储层以细砂岩、粉砂岩为主。长 8 油层组储层以中、细砂岩为主，储层碎屑颗粒表面普遍发育绿泥石薄膜，有利于原生粒间孔的保存，孔隙类型以残余粒间孔为主，其次为长石溶孔。

1）陇东地区

陇东地区长 8 油层组受西南和西部两大物源控制，该区分别发育辫状河三角洲和扇三角洲沉积体系（王多云，2002；史基安，2003；付金华，2004；杨友运，2005）。镇北地区发育辫状河三角洲沉积，多期分流河道砂体呈北东—南西向展布，延伸距离远，分布稳定，纵向叠合发育，厚度 10～20m；岩性以细粒岩屑长石砂岩为主，孔隙类型以粒间孔为主，面孔率 3.39%，平均孔隙度 10.3%、渗透率 1.0mD，局部存在相对高渗区。环江地区发育扇三角洲沉积，分流河道和河口坝砂体纵向叠合发育，近东西向展布，厚度 5～10m，局部发育厚砂层；岩性以细粒岩屑长石砂岩为主，孔隙类型以粒间孔和长石溶孔为主，面孔率 2.63%，平均孔隙度 8.3%、渗透率 0.36mD。该区大范围展布的砂体与上覆烃源岩直接接触，成藏条件优越，油藏类型为岩性油藏，纵向上发育下部和中部两套叠合油层，油层厚度大，分布稳定，平面上复合连片，局部存在高产含油富集区。长 8 油层组三角洲砂体以三角洲分流河道砂体为骨架砂体，砂体展布方向以西南—东北向为主，局部发育近东西向和南北向，砂体自西南向东北推进，并逐渐减薄、变细、尖灭，砂带之间被分流间泥岩相隔，形成砂体侧向透镜状尖灭。这种砂体展布格局与西倾单斜的构造背景构成最佳成藏配置，砂岩上倾方向的岩性遮挡可谓是“自然天成”，极有利于形成岩性圈闭而富集油气，西峰油田主带及两侧均为岩性圈闭成藏。

2）姬塬地区

姬塬地区延长组长 8 油层组主要受东北、西北两大沉积体系控制，长 8 油层组沉积期为浅水三角洲沉积，多期分流河道和河口坝复合叠置，宽度 10～15km，厚度一般为 15～25m，区内延伸可达 90～110km，砂体分布稳定。岩石类型为细粒长石岩屑砂岩和岩屑长石砂岩，主要发育粒间孔和长石溶孔，孔喉分选较好，平均孔隙度 8.5%、渗透率 0.60mD。储层主要为绿泥石膜—粒间孔成岩相和长石溶蚀成岩相，发育于三角洲平原及三角洲前缘分流河道的主体部位。

姬塬地区位于中生界生烃中心，延长组长7油层组湖侵背景下形成的暗色泥岩、页岩、油页岩是中生界的主力烃源岩，丰度高、类型好、厚度大（50～120m）、分布广，有机碳含量0.81%～3.02%，氯仿沥青“A”含量0.08%～0.34%，总烃含量145～2300μg/g，生烃强度高200×10^4～500×10^4t/km^2，在早白垩世生排油高峰期，过剩压力最高可达22MPa，与长8、长6油层组存在明显的压力差，是油气发生运移的基本动力条件。从姬塬地区流体包裹体资料中可知延长组长8油层组有机包裹体均一温度峰值表现为双峰分布特征，结合该区的埋藏史，表明在白垩世早、中期发生了两期流体充注，通过孔隙性砂体、不整合面、裂缝、微裂缝等多种输导体系运聚成藏，在长6、长8油层组形成大规模岩性油藏。

3）陕北地区

通过开展物源、湖盆底形、水动力等研究，陕北地区长8油层组主要发育东北曲流河浅水三角洲沉积，粒度细，单砂体厚度小（小于10m），横向复合连片，有利储集砂体以水下分流河道沉积微相为主。通过沉积微相精细分析，陕北地区长8油层组主要发育吴起、顺宁、侯市3条有利砂带，单砂体厚度5～10m，砂体横向连片，宽度10～15km，勘探范围1×10^4km^2。储层岩性以长石砂岩为主，粒度较细，填隙物含量高，以铁方解石、绿泥石为主。吴起—安塞一带为长石溶蚀成岩相发育区，储层物性相对较好，渗透率一般大于0.3mD，局部达到0.8mD；排驱压力较小（1.00～1.60MPa），紧邻烃源岩，是形成大型岩性油藏的有利指向区，主要发育岩性油藏。纵向上长8油层组储层置于长7油层组生油坳陷之下，来自上部长7油层组的石油在过剩压力的驱动下，沿叠置砂体、裂缝等输导体系向长8油层组储集体运聚成藏，形成了多套油层叠加的岩性油藏。

（二）长6、长8油层组成藏模式及含油富集区带

通过对鄂尔多斯盆地延长组长6、长8油层组油藏分布规律、油气来源、运移动力和运移通道的研究，构建了三种成藏模式：姬塬地区的双向排烃、复合成藏模式，陇东地区的上生下储、下部成藏模式，陕北地区的侧向运移、上部成藏模式。这三种成藏模式代表了以长7油层组为主要烃源岩的油藏的主要成藏机理，三者在油气分布规律上存在明显的差异。姬塬地区的双向排烃、复合成藏模式最大特征是长7油层组优质烃源岩异常发育，烃源岩的发育程度及紧邻烃源岩的储层物性优劣决定了油气的富集程度。陇东地区的上生下储、下部成藏模式最大特征是下伏的长8油层组储层物性明显的要较上覆的长6油层组储层物性好，烃源岩主要发育于长7油层组的下部，且厚度较姬塬地区要薄，烃类以大规模向下运移聚集成藏为主。陕北地区的侧向运移、上部成藏模式最大特征是长7油层组烃源岩在该区不发育，发育一套区域性的长9油层组烃源岩，烃源岩发育程度及长8油层组和长6油层组储集体性质差异，决定了油气的运移方向及成藏特征。

1. 成藏模式

1）姬塬地区双向排烃、复合成藏模式

双向排烃、复合成藏模式是盆地西北部姬塬地区油气成藏的主要模式，该模式的最大

特征是长 7 油层组优质烃源岩异常发育，烃源岩厚度大多区域大于 40m，最厚的可达 80m 以上。烃源岩排烃强度大，由于生烃增压作用强烈，长 7 油层组存在高的过剩压力，使得生成的烃类流体在过剩压力的驱动下向上覆的长 6、长 4+5 油层组和下伏的长 8 油层组中双向排烃。该区长 7 油层组与长 8 油层组过剩压力差主要分布在 4～10MPa，古峰庄、马家山和王洼子地区为过剩压差高值区，过剩压差分布在 10～15MPa，前述长 8 油层组储层中石油大规模运移所需要克服的毛细管力为 0.073～0.179MPa，过剩压差远大于毛细管力，因此长 7 油层组烃源岩排出的烃类能向下大规模运移。下伏的长 8 油层组主要发育浅水三角洲砂体，砂体分布稳定，多期分流河道砂体叠加，在主成藏期储层物性较好，在相互叠置的连通砂体及裂缝等优势通道的沟通下，满足油气向下大规模运移成藏的条件，上覆的长 7 油层组烃源岩也是良好的盖层，在有利的成藏配置下，易形成大规模的岩性油藏（图 4-5-8）。

同时该区长 7 油层组与长 6 油层组过剩压力差也较大，主要分布在 6～15MPa，古峰庄、马家山和安边南地区过剩压力差均大于 15MPa，局部高值区可达 20MPa，长 6 油层组储层中石油大规模运移所需要克服的毛细管力为 0.057～0.155MPa，过剩压力差远大于毛细管力，因此长 7 油层组烃源岩排出的烃类能克服毛细管力向长 6、长 4+5 油层组大规模运移。上覆的长 6、长 4+5 油层组三角洲沉积砂体发育，物性较好，满足成藏的条件，形成大规模的油藏聚集。该模式中烃源岩的发育程度及紧邻烃源岩的储层物性优劣决定了油气的富集程度，烃源岩向上和向下的双向排烃，使得姬塬地区在长 8、长 6、长 4+5 油层组等多层系均发育大规模的岩性油藏，形成了多层系复合成藏的有利含油场面。

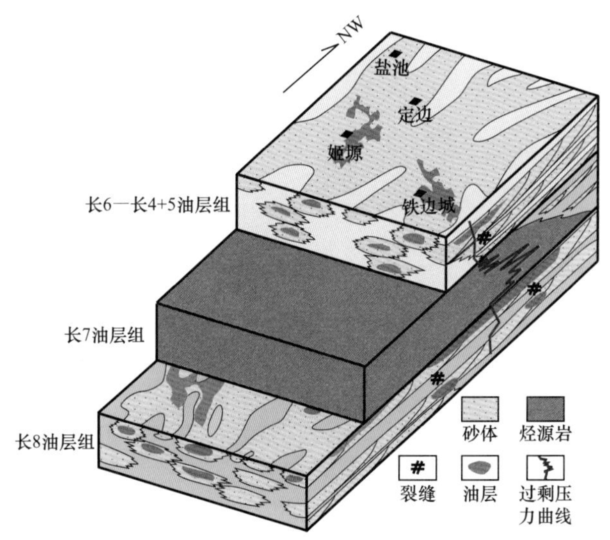

图 4-5-8　鄂尔多斯盆地姬塬地区长 6、长 8 油层组成藏模式图

2）陇东地区上生下储、下部成藏模式

上生下储、下部成藏模式是盆地西南部陇东地区油气成藏的主要模式，该模式的最大特征是下伏的长 8 油层组储层物性明显的要较上覆的长 6 油层组储层物性好，且烃源岩厚度较姬塬地区要薄，烃源岩主要发育于长 7 油层组的下部，易于向紧邻的长 8 油层组优质

储层中运移成藏。陇东地区长 7 油层组与长 8 油层组过剩压力差主要分布在 2～6MPa，局部地区过剩压力差稍高，分布在 6～8MPa，前述长 8 油层组储层中石油大规模运移所需要克服的毛细管力为 0.073～0.179MPa，过剩压差大于毛细管力，因此长 7 油层组底部的优质烃源岩排出的烃类能向下大规模运移。同时下伏的长 8 油层组储集体主要为浅水三角洲沉积砂体，分流河道砂体稳定，多期河道砂体叠加，储层物性好。在相互叠置的连通砂体及裂缝等优势通道的沟通下，通过过剩压力的驱动，油气更易向下伏的长 8 油层组优质储层中聚集，形成大规模的岩性油藏（图 4-5-9）。该区长 7 油层组与长 6 油层组过剩压力差主要分布在 2～6MPa，且该过剩压力差主要是长 7 油层组底部的欠压实泥岩与长 6 油层组的过剩压力之差，生成的烃类向上运移要先经过长 7 油层组的中部和上部，而陇东地区长 7 油层组的中部和上部储集砂体较发育，因此烃类优先在该砂体中聚集成藏，加上长 7 油层组烃源岩厚度较姬塬地区要薄且上覆长 6 油层组砂体规模相对较小，储层物性较差，因此运移到上部长 6 油层组中的烃类有限，难以大规模成藏。因此该模式以烃类大规模向下运移聚集成藏为主。在位于该区东北部的华庆地区，由于更靠近湖盆中心，烃源岩发育，同时满足向上大规模运移成藏的条件，在上部长 6 油层组中形成大规模油气聚集。

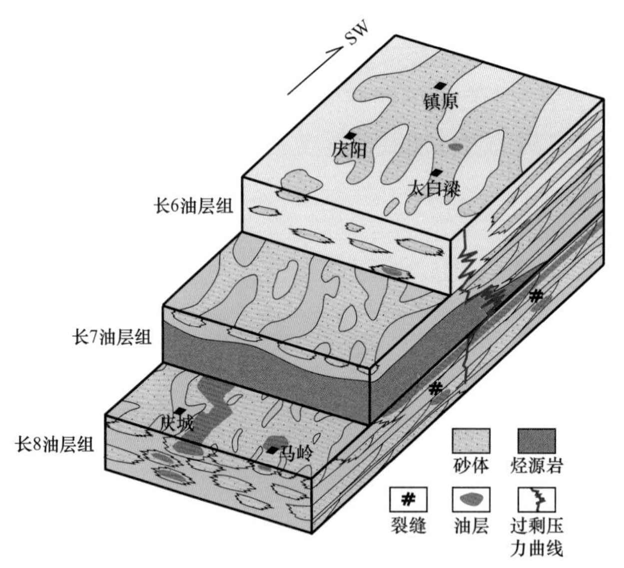

图 4-5-9　鄂尔多斯盆地陇东地区长 6、长 8 油层组成藏模式图

3）陕北地区侧向运移、上部成藏的模式

侧向运移、上部成藏的模式是盆地东北部陕北地区油气成藏的主要模式，该模式的最大特征是长 7 油层组烃源岩在该区不发育，湖盆中部的烃源岩排出的烃类向上倾方向的陕北地区侧向运移而聚集成藏。陕北地区长 7 油层组与长 6 油层组过剩压力差在志丹—安塞一带主要分布在 2～6MPa，该区长 7 油层组暗色泥岩不发育，存在过剩压力差的地区主要是长 7 油层组的中部发育一套 10m 左右的较纯的暗色泥岩欠压实形成的，生成的烃类向下运移要先经过长 7 油层组的底部，而长 7 油层组的底部发育三角洲前缘砂体，因此

有限的烃类优先在该砂体中聚集成藏，勘探中已在长 7 油层组底部发现了一定规模的石油聚集。该区长 8 油层组储集体主要为曲流河三角洲沉积，相对于姬塬地区和陇东地区的近源辫状河三角洲沉积砂体来说，粒度较细，且陕北地区长 8 油层组储层由于碳酸盐胶结程度较姬塬地区、陇东地区均要强很多，导致该区长 8 油层组储层物性最差，因此有限的烃类难以向下大规模运移成藏。陕北地区的南部区域由于发育一套区域性的长 9 油层组烃源岩，在长 9 油层组烃源岩的有效排烃区域内，长 9 油层组与长 8 油层组过剩压力差在西河口地区较高，主要分布在 1～4MPa，长 8 油层组储层中石油大规模运移所需要克服的毛细管力为 0.073～0.179MPa，过剩压力差可克服毛细管力向上运移，但由于长 9 油层组烃源岩厚度有限，且长 8 油层组储层物性较差，因此成藏规模有限，仅在长 8 油层组中的相对高渗段聚集成藏（图 4-5-10）。该区上覆的长 6 油层组储集体为三角洲沉积建设期形成的大规模分流河道砂体，砂体厚度大，物性好。在烃源岩发育程度及长 8 油层组和长 6 油层组储集体性质差异的控制下，湖盆中部的优质烃源岩生产的烃类优先选择在侧向向上的长 6 油层组优质储集体中聚集成藏，下伏的长 8 油层组在更靠近湖盆中部的三角洲前缘砂体中有可能有一定规模的油气聚集。

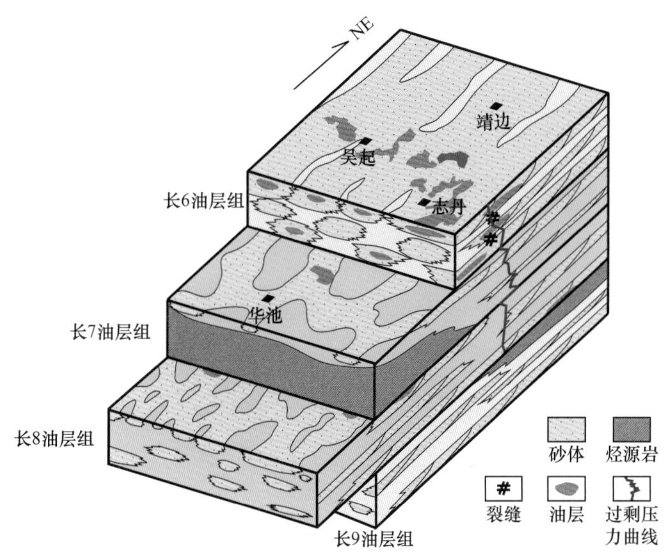

图 4-5-10 鄂尔多斯盆地陕北地区长 6、长 8 油层组成藏模式图

2. 长 6、长 8 油层组含油富集区带及资源潜力

1）长 8 油层组含油富集区带及资源潜力

鄂尔多斯盆地长 8 油层组发现了姬塬、陇东和陕北三大含油富集区，油藏实现大连片（图 4-5-11）；在姬塬和陇东地区提交探明地质储量 14.69×10^8t，在陕北地区石油勘探取得重大突破，新增控制储量 1.73×10^8t，勘探成果显著。总资源量 39.0×10^8t，剩余资源量 24.31×10^8t，仍然具有较大的勘探潜力。

（1）陇东地区长 8 油层组探明地质储量 8.25×10^8t，剩余资源潜力 13.73×10^8t。

陇东地区长 8 油层组主要受西南和西部物源控制，发育辫状河三角洲和扇三角洲两

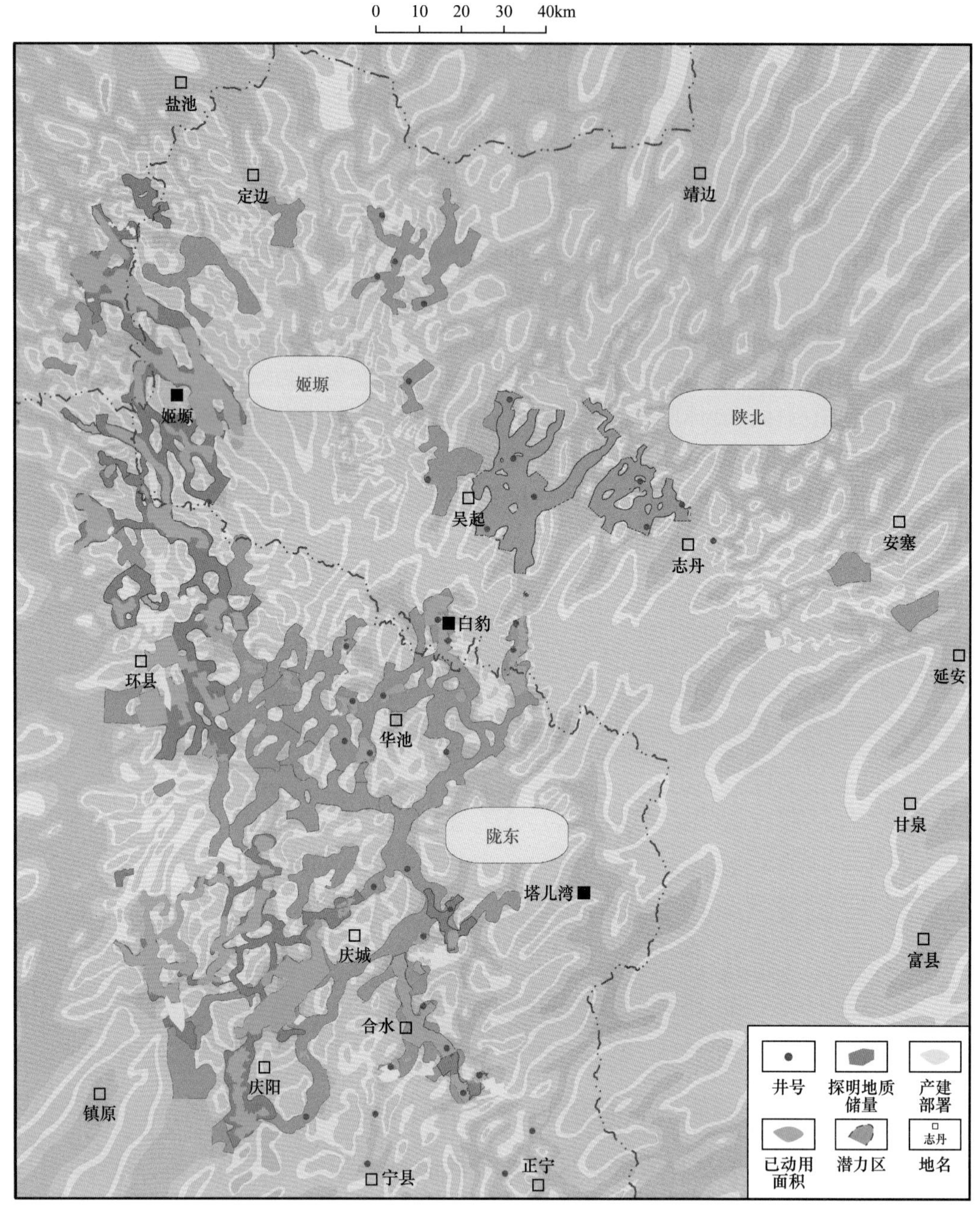

图 4-5-11 鄂尔多斯盆地长 8 油层组含油富集区带分布图

大沉积体系，受物源供给、湖盆底形及湖岸线变迁等影响，砂体结构和储层粒度有较明显的差异。其中，受西南物源控制辫状河三角洲前缘水下分流河道呈南西—北东向展布，砂体宽 5～10km，厚 10～20m，延伸距离远，砂体横向分布稳定，具有与西峰油田类似的成藏地质背景，为有利的勘探相带。该区油藏分布具有东西分异的特点，环县—合道—孟坝以东油源条件好，石油通过叠置砂体运聚，易形成大型岩性油藏。目前陇东地区镇北、西峰和环江及华庆和合水地区五大含油富集区共有探明地质储量 8.25×10^8t，总资源量 21.98×10^8t，剩余资源量 13.73×10^8t，具有较大的勘探潜力。

（2）姬塬地区长 8 油层组探明地质储量 6.44×10^8t，剩余资源潜力 6.84×10^8t。

该区长 8 油层组沉积期为浅水三角洲沉积，水体较浅。长 8_1 油层组沉积期为浅水三角洲沉积，多期分流河道和河口坝复合叠置，宽度为 10～15km，厚度一般为 15～25m，区内延伸可达 90～110km，砂体分布稳定。岩石类型为细粒长石岩屑砂岩和岩屑长石砂岩，主要发育粒间孔和长石溶孔，孔喉分选较好，平均孔隙度 8.5%、渗透率 0.60mD。储层主要为绿泥石膜—粒间孔成岩相和长石溶蚀成岩相，发育于三角洲平原及三角洲前缘分流河道的主体部位。长 8_2 油层组沉积期处于湖平面下降半旋回，受湖盆底形及湖岸线迁移控制，发育平行于湖岸线的砂坝沉积，沉积厚度大，砂体呈透镜状展布，受湖浪改造作用的影响，砂岩分选好。长 8_2 储层绿泥石含量高，粒间孔发育，绿泥石膜—粒间孔和长石溶蚀成岩相发育相对高渗储层，平均孔隙度 12.2%、渗透率 2.17mD，储层物性好，有利于石油聚集。主要发育岩性油藏，油层厚度大，分布稳定，单井试油产量高。目前姬塬地区长 8 油层组共有探明地质储量 6.44×10^8t，总资源量 13.25×10^8t，剩余资源量 6.84×10^8t，具有较大的勘探潜力。

（3）陕北地区长 8 油层组新增规模地质储量 1.73×10^8t，剩余资源潜力 3.77×10^8t。

陕北地区长 8 油层组储层更加致密，按照“直井落实油藏，水平井提产提效”的思路整体部署、整体勘探，发现了吴起、顺宁等 4 条含油砂带，“安塞下面找安塞”取得实质性突破。2020 年，陕北地区长 8 油层组首次新增规模地质储量 1.73×10^8t，为老油田发展提供了新的资源基础。此次提交储量品质较好，在虎狼峁长 8_1 油藏富集区投产水平井 19 口，初期单产 14.0t，目前单产 9.5t，建产 11.7×10^4t。目前陕北地区长 8 油层组没有提交探明储量，总资源量 3.77×10^8t，该区仍有一定的勘探潜力。

2）长 6 油层组含油富集区带及资源潜力

鄂尔多斯盆地长 6 油层组发现了陕北、姬塬、南梁—华池和环江—合水四大含油富集区（图 4-5-12），共有探明地质储量 20.0×10^8t，总资源量 48.0×10^8t，剩余资源量 28.0×10^8t，具有较大的勘探潜力。

（1）陕北地区长 6 油层组探明地质储量 9.82×10^8t，剩余资源潜力 6.32×10^8t。

陕北地区长 6 油层组沉积期为三角洲建设高峰期，主要发育水下分流河道、河口坝、水下分流间湾等微相，河道宽 5～10km，砂体厚 15～30m，孔隙度 10.1%～14.1%，渗透率 0.5～2.0mD，且该区处于长 7 油层组湖相生油岩之上，为油气的有利运移方向，加之上部长 4+5 油层组广泛发育的大套泥岩形成了区域盖层，构成了有利的生储盖组合。目前陕北地区长 6 油层组共有探明地质储量 9.82×10^8t。该区总资源量 16.14×10^8t，剩余资源量 6.32×10^8t，勘探潜力较大。

（2）姬塬地区长 6 油层组探明地质储量 2.82×10^8t，剩余资源潜力 4.88×10^8t。

长 6 油层组为鄂尔多斯盆地石油勘探开发的重要目的层系，与安塞、华庆相比，姬塬长 6 油层组埋深大、油水关系复杂，勘探难度大。通过重点开展沉积微相和油藏富集规律

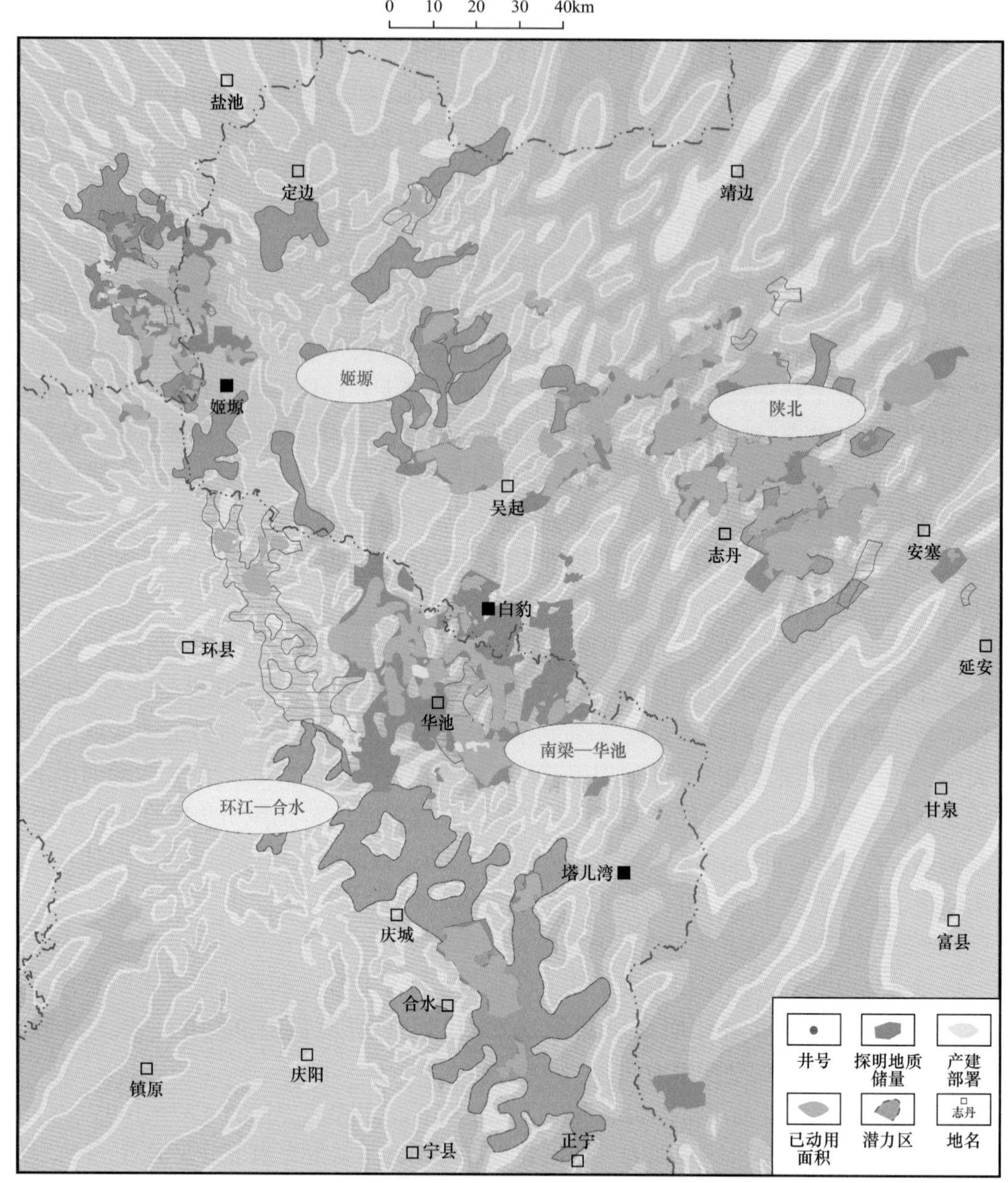

图 4-5-12　鄂尔多斯盆地长 6 油层组含油富集区带分布图

研究，明确了长 6 油层组沉积期为辫状河三角洲前缘亚相，以水下分流河道微相为主。多期水下分流河道砂体叠加，平面上复合连片。长 6 油层组发育绿泥石膜—粒间孔、长石溶蚀成岩相，物性相对较好，孔隙度分布在 8.0%～14.0%，渗透率分布在 0.1～1.0mD。目前姬塬地区长 6 油层组共有探明地质储量 2.82×10^8t。该区总资源量 7.7×10^8t，剩余资源量 4.88×10^8t，勘探潜力较大。

（3）南梁—华池地区长 6 油层组探明地质储量 6.17×10^8t，剩余资源潜力 9.67×10^8t。

近年来，在南梁—华池地区不断深化湖盆中部长 6 油层组沉积特征研究，创立了坳陷湖盆中部成藏理论，提出的湖盆中部发育三角洲分流河道与重力流复合成因的沉积砂体，突破了湖盆中部难以形成大型油藏的传统认识（邹才能，2009；邹才能，2012；付金华，2015）。通过深化湖盆中部沉积特征研究，深化大型岩性油藏成藏机理研究，强化储层特征、成岩相带及高渗透储层分布规律研究，加大勘探评价力度，围绕长6油层组有利含油砂带、以落实整装规模储量为目的，先后探明了白209、白284等含油砂带，提交探明储量6.17×10^8t。在落实规模储量的同时，通过深化沉积特征研究，明确华庆东部长6油层组仍发育有效储集砂体，积极向东甩开勘探，落实了S156、W49、Z22井等含油富集区，形成了新的亿吨级储量接替区。该区总资源量15.84×10^8t，剩余资源量9.67×10^8t，勘探潜力较大。

（4）环江—合水地区长6油层组探明地质储量1.02×10^8t，剩余资源潜力7.3×10^8t。

合水地区长6油层组受西南物源、湖盆底形及湖岸线迁移控制，主要为半深湖—深湖相，以砂质碎屑流和滑塌浊积形成的厚层砂体为主，平均15～30m。长6油层组储层物性普遍致密，平均渗透率0.16mD，受有利沉积—成岩相带控制，局部存在高渗区，具备形成大型岩性油藏的地质基础。合水地区长6油层组油层含油显示普遍，多油层叠合发育，岩性油藏复合连片、规模大，具有较大勘探潜力。截至目前，该区石油探明储量1.02×10^8t。该区总资源量8.32×10^8t，剩余资源量7.3×10^8t，通过下一步勘探与评价，有望形成新的亿吨级储量规模。

参考文献

白清华，柳益群，樊婷婷，2009. 鄂尔多斯盆地上三叠统延长组浊沸石分布及其成因分析［J］. 西北地质，42（2）：100-107.

程启贵，陈恭洋，2010. 低渗透砂岩油藏精细描述与开发评价技术［M］. 北京：石油工业出版社.

楚美娟，郭正权，齐亚林，等，2013. 鄂尔多斯盆地延长组长8储层定量化成岩作用及成岩相分析［J］. 天然气地球科学，24（3）：477-484.

淡卫东，程启贵，牛小兵，等，2011. 鄂尔多斯盆地重点含油区块长4+5—长8油层组低渗透储层综合评价［J］. 石油天然气学报（江汉石油学院学报），33（8）：48-53.

淡卫东，辛红刚，庞锦莲，等，2013. 鄂尔多斯盆地姬塬地区长6_1储层成岩相半定量划分研究［J］. 石油天然气学报（江汉石油学院学报），35（5）：7-11.

淡卫东，汪伶俐，尹洪荣，等，2015. 鄂尔多斯盆地姬塬地区长6油层组储层微观孔隙结构类型及特征［J］. 石油天然气学报（江汉石油学院学报），37（11+12）：1-6.

邓秀芹，蔺昉晓，刘显阳，等，2008. 鄂尔多斯盆地三叠系延长组沉积演化及其与早印支运动关系的探讨［J］. 古地理学报，10（2）：159-166.

邓秀芹，李文厚，等，2009. 鄂尔多斯盆地中三叠统与上三叠统地层界线讨论［J］. 地质学报，83（8）：1089-1096.

杜金虎，何海清，杨涛，等，2014. 中国致密油勘探进展及面临的挑战［J］. 中国石油勘探，19（1）：1-9.

付金华，罗安湘，喻建，等，2004. 西峰油田成藏地质特征及勘探方向［J］. 石油学报，25（2）：25-29.

付金华，李士祥，刘显阳，2013. 鄂尔多斯盆地石油勘探地质理论与实践［J］. 天然气地球科学，24（6）：1091-1101.

付金华，喻建，徐黎明，等，2015. 鄂尔多斯盆地致密油勘探开发新进展及规模富集可开发主控因素［J］. 中国石油勘探，20（5）：9-19.

付金华，邓秀芹，王琪，等，2017. 鄂尔多斯盆地三叠系长 8 储集层致密与成藏耦合关系——来自地球化学和流体包裹体的证据［J］. 石油勘探与开发，44（1）：48-57.
付锁堂，王大兴，姚宗惠，2020. 鄂尔多斯盆地黄土源三维地震技术突破及勘探开发效果［J］. 中国石油勘探，25（1）：67-77.
伏万军，2000. 黏土矿物成因及对砂岩储集性能的影响［J］. 古地理学报，2（3）：59-68.
高淑敏，范绍雷，梅启亮，等，2009. 鄂尔多斯盆地低渗透储层黏土矿物分析［J］. 特种油气藏，16（3）：15-18.
郭正权，齐亚林，楚美娟，等，2012. 鄂尔多斯盆地上三叠统延长组储层致密史恢复［J］. 石油实验地质，34（6）：594-598.
郭忠铭，张军，于忠平，1994. 鄂尔多斯地块油区构造演化特征［J］. 石油勘探与开发，21（2）：22-29.
韩晓东，楼章华，姚炎明，等，2000. 松辽盆地湖泊浅水三角洲沉积动力学研究［J］. 矿物学报，20（3）：305-313.
韩元红，李小燕，王琪，等，2015. 青海湖水动力特征对滨湖沉积体系的控制［J］. 沉积学报，33（1）：97-104.
何文祥，杨乐，马超亚，等，2011. 特低渗透储层微观孔隙结构参数对渗流行为的影响——以鄂尔多斯盆地长 6 储层为例［J］. 天然气地球科学，22（3）：477-481.
何自新，等，2004. 鄂尔多斯盆地演化与油气［M］. 北京：石油工业出版社.
胡春桥，任来义，贺永红，等，2021. 鄂尔多斯盆地延长探区油气勘探历程与启示［J］. 新疆石油地质，42（3）：312-318.
吉利明，吴涛，李林涛，2006. 陇东三叠系延长组主要油源岩发育时期的古气候特征［J］. 沉积学报，24（3）：426-431.
吉利明，王少飞，徐金鲤，2006. 陇东地区延长组疑源类组合特征及其古环境意义［J］. 地球科学—中国地质大学学报，31（6）：798-806.
计秉玉，赵宇，宋考平，等，2015. 低渗透油藏渗流物理特征的几点新认识［J］. 石油实验地质，37（2）：129-138.
李凤杰，王多云，郑希民，等，2002. 陕甘宁盆地华池地区延长组缓坡带三角洲前缘的微相构成［J］. 沉积学报，20（4）：582-587.
李凤杰，王多云，宋广寿，等，2004. 陕甘宁盆地坳陷型湖盆缓坡带三角洲前缘短期基准面旋回与储层成因分析［J］. 沉积学报，21（1）：73-78.
刘刚，周东升，2007. 微量元素分析在判别沉积环境中的应用［J］. 石油试验地质，29（3）：307-314.
楼章华，兰翔，卢庆梅，等，1999. 地形、气候与湖面波动对浅水三角洲沉积环境的控制作用［J］. 地质学报，73（1）：83-88.
路俊刚，陈世加，王绪龙，等，2010. 严重生物降解稠油成熟度判识——以准噶尔盆地三台—北三台地区为例［J］. 石油实验地质，32（4）：373-375.
马东升，符超峰，李克永，等,2017. 延长地区延长组储层非均质性特征［J］. 西安科技大学学报,37（6）：879-885.
马正，1982. 应用自然电位测井曲线解释沉积环境［J］. 石油与天然气地质，3（1）：25-39.
庞雄奇，金之钧，等，2003. 油气成藏定量模式—油气成藏机理研究系列丛书（卷八）［M］. 北京：石油工业出版社.
庞雄奇，金之钧，左胜杰，2000. 油气藏动力学成因模式与分类［J］. 地学前缘，7（4）：507-513.
齐亚林，尹鹏，张东阳，等，2014. 鄂尔多斯盆地延长组储层胶结物形成机理及地质意义［J］. 岩性油气藏，26（2）：102-107.

冉天，谭先锋，王佳，等，2017. 陆相碎屑岩成岩作用系统研究进展及发展趋势［J］. 地质找矿论丛，32（3）：409-420.
任颖惠，吴珂，何康宁，等，2017. 核磁共振技术在研究超低渗—致密油储层可动流体中的应用——以鄂尔多斯盆地陇东地区延长组为例［J］. 矿物岩石，37（1）：103-110.
阮壮，罗忠，等，2021. 鄂尔多斯盆地中—晚三叠世盆地原型及构造古地理响应［J］. 地学前缘，28（1）：12-32.
邵济安，张履桥，2002. 华北北部中生代岩墙群［J］. 岩石学报，18（3）：312-318.
史基安，王金鹏，毛明陆，等，2003. 鄂尔多斯盆地西峰油田三叠系延长组长 6-8 段储层砂岩成岩作用研究［J］. 沉积学报，21（3）：372-380.
孙同文，付广，吕延防，等，2012. 断裂输导流体的机制及输导形式探讨［J］. 地质论评，58（6）：1081-1090.
孙致学，孙治雷，鲁洪江，等，2010. 砂岩储集层中碳酸盐胶结物特征——以鄂尔多斯盆地中南部延长组为例［J］. 石油勘探与开发，37（5）：543-551.
田建锋，喻建，张庆洲，2014. 孔隙衬里绿泥石的成因及对储层性能的影响［J］. 吉林大学学报（地球科学版），44（3）：741-748.
王峰，王多云，高明书，等，2005. 陕甘宁盆地姬塬地区三叠系延长组三角洲前缘的微相组合及特征［J］. 沉积学报，23（1）：218-220.
王菁，李相博，刘化清，等，2019. 陆相盆地滩坝砂体沉积特征及其形成与保存条件——以青海湖现代沉积为例［J］. 沉积学报，37（5）：1016-1030.
王鹏万，陈子炓，李娴静，等，2011. 黔南坳陷上震旦统灯影组地球化学特征及沉积环境意义［J］. 现代地质，25（6）：1059-1065.
魏立花，郭精义，杨占龙，等，2006. 测井约束岩性反演关键技术分析［J］. 天然气地球科学，17（5）：731-735.
吴松涛，林士尧，晁代君，等，2019. 基于孔隙结构控制的致密砂岩可动流体评价——以鄂尔多斯盆地华庆地区上三叠统长 6 致密砂岩为例［J］. 天然气地球科学，30（8）：1222-1232.
熊小辉，肖加飞，2011. 沉积环境的地球化学示踪［J］. 地球与环境，39（3）：405-414.
徐黎明，周立发，张义楷，2006. 鄂尔多斯盆地构造应力场特征及其构造背景［J］. 大地构造与成矿学，30（4）：455-462.
阎存凤，袁剑英，赵应成，等，2006. 蒙、甘、青地区侏罗纪孢粉组合序列及古气候［J］. 天然气地球科学，17（5）：634-639.
杨华，付金华，喻建，2003. 陕北地区大型三角洲油藏富集规律及勘探技术应用［J］. 石油学报，24（3）：6-10.
杨华，刘显阳，张才利，等，2007. 鄂尔多斯盆地三叠系延长组低渗透岩性油藏主控因素及其分布规律［J］. 岩性油气藏，19（3）：1-6.
杨仁超，樊爱萍，韩作振，等，2017. 姬塬油田砂岩储层成岩作用与孔隙演化［J］. 西北大学学报，37（4）：626-629.
杨晓萍，裘怿楠，2002. 鄂尔多斯盆地上三叠统延长组浊沸石的形成机理、分布规律与油气关系［J］. 沉积学报，20（4）：628-632.
杨友运，张蓬勃，张忠义，2005. 鄂尔多斯盆地西峰油田长 8 油组辫状河三角洲沉积特征与层序演化［J］. 地质科技情报，24（2）：45-48.
姚泾利，王琪，张瑞，等，2011. 鄂尔多斯盆地华庆地区延长组长 6 砂岩绿泥石膜的形成机理及其环境指示意义［J］. 沉积学报，29（1）：72-79.

叶黎明，齐天俊，彭海燕，2008. 鄂尔多斯盆地东部山西组海相沉积环境分析［J］. 沉积学报，26（2）：202–210.

于翠玲，林承焰，2007. 储层非均质性研究进展［J］. 油气地质与采收率，14（4）：15–17.

于兴河，王德发，郑浚茂，等，1994. 辫状河三角洲砂体特征及砂体展布模型——内蒙古岱海湖现代三角洲沉积考察［J］. 石油学报，15（1）：26–37.

远光辉，操应长，杨田，等，2013. 论碎屑岩储层成岩过程中有机酸的溶蚀增孔能力［J］. 地学前缘，20（5）：208–219.

张才利，高阿龙，刘哲，等，2011. 鄂尔多斯盆地长 7 油层组沉积水体及古气候特征研究［J］. 天然气地球科学，22（4）：582–587.

张才利，刘新社，杨亚娟，等，2021. 鄂尔多斯盆地长庆油田油气勘探历程与启示［J］. 新疆石油地质，42（3）：253–263.

张广权，李浩，胡向阳，等，2018. 一种利用测井曲线齿化率刻画河道的新方法［J］. 天然气地球科学，29（12）：1767–1774.

张立飞，1992. 陕北三叠系延长统浊沸石的成因及形成条件的理论计算［J］. 岩石学报，8（2）：145–152.

张三，马文忠，马艳丽，等，2016. 鄂尔多斯盆地姬塬地区长 6 储层渗流特征［J］. 地质通报，35（2–3）：433–439.

张云鹏，汤艳，2011. 油藏储层非均质性研究综述［J］. 海洋地质前沿，27（3）：17–22.

张振红，汪伶俐，朱静，2015. 姬塬地区长 6 油层组砂岩储层中黏土矿物分布规律研究［J］. 西安科技大学学报，35（2）：197–201.

赵文智，王新民，郭彦如，等，2006. 鄂尔多斯盆地西部晚三叠世原型盆地恢复及其改造演化［J］. 石油勘探与开发，33（1）：6–13.

郑俊茂，庞明，1989. 碎屑储集岩的成岩作用研究［M］. 武汉：中国地质大学出版社.

钟大康，祝海华，孙海涛，2013. 鄂尔多斯盆地陇东地区延长组砂岩成岩作用及孔隙演化［J］. 地学前缘，20（2）：61–68.

朱国华，1985. 陕北浊沸石次生孔隙砂体的形成与油气关系［J］. 石油学报，6（1）：1–8.

邹才能，陶士振，周慧，等，2008. 成岩相的形成、分类与定量评价方法［J］. 石油勘探与开发，35（5）：526–540.

邹才能，赵政璋，杨华，等，2009. 陆相湖盆深水砂质碎屑流成因机制与分布特征——以鄂尔多斯盆地为例［J］. 沉积学报，27（6）：1065–1075.

邹才能，陶士振，袁选俊，等，2009. “连续型”油气藏及其在全球的重要性：成藏、分布与评价［J］. 石油勘探与开发，36（6）：669–682.

邹才能，朱如凯，吴松涛，等，2012. 常规与非常规油气聚集类型、特征、机理及展望：以中国致密油和致密气为例［J］. 石油学报，33（2）：173–187.

Huang D F，Li J C，Zhang D J，et al.，1991.Maturation sequence of Tertiary crude oils in the Qaidam Basin and its significance inpetroleum resource assessment［J］. Journal of Southeast Asian Earth Science，5（1/2/3/4）：359–366.

Jomes B，Manning D A C，1994. Comparison of geochemical indices used for the interpretation of palaeoredox conditions in ancient mudstones［J］. Chemical Geology，111（1）：111–129.

Zhang S H，Zhao Y，Song B，et al.，2007. Carboniferous granitic plutons from the northern margin of the North China block：implications for a late Palaeozoic active continental margin［J］. Journal of the Geological Society，164（2）：451–463 .

第五章　中生界页岩油富集特征

第一节　沉积体系与沉积相展布

鄂尔多斯盆地是华北大型坳陷区的组成部分之一。随着二叠纪海西构造旋回的结束，整个鄂尔多斯地区结束了早期南北对挤应力场的历史（翟光明等，2002）；从早三叠世印支构造旋回开始，又进入了一种新型应力场阶段，因库拉—太平洋板块向北和欧亚板块因顺时针旋转而向南，二者之间就产生了近南北向左行剪切挤压应力场，使华北东部大部分地区隆起，华北克拉通盆地海水逐渐退出，同时在西南特堤斯力源作用下秦岭祁连造山带也形成左行剪切并向北挤压，于是在华北地块西南部太行山以西、六盘山以东、秦岭以北的广大区域，形成了巨型非对称的鄂尔多斯盆地，沉积了巨厚的三叠系陆相沉积。

受印支运动影响，鄂尔多斯湖盆经历了四个主要阶段：早期长 10、长 9 油层组沉积期，沉积盆地面积大，但由于气候影响，湖盆范围较小，湖盆平稳沉降，主要接受河流粗碎屑为主及部分湖泊沉积，沉积范围广，粒级分带清晰，其中细粒沉积物位于沉积体系末端，聚集于盆地腹地，地层厚度较薄（付金华，2013）；长 8、长 7 油层组沉积期，在构造强烈沉降作用下，盆地周围火山喷发，盆地结构转型，由于盆地不均衡强烈下陷，其中西南部沉积幅度大，东北部沉降幅度小，滑塌、浊流等事件沉积作用频发，细粒沉积平面地理位置主要位于陇东渭北一带湖盆腹地沉降中心，聚集在盆地深水区及半深水斜坡带下方，累计剖面沉积厚度大，范围广；长 6、长 4+5 油层组沉积期，盆地构造强烈回返，长 6 油层组沉积早期沉积格局继承了长 7 油层组沉积期的特点，细粒沉积物分布范围开始分散外扩，在湖盆斜坡带、半深水湖带大量分布，进入长 4+5 油层组沉积期，湖盆地形缓慢趋平，湖水总体变浅，细粒砂泥岩频繁互层，但层厚小；长 3 至长 1 油层组沉积期，盆地平缓均匀沉降，细粒沉积物主要分布于湖盆腹地及残留湖盆中（付金华，2013）。

一、沉积体系划分

延长组沉积期长 7 油层组沉积期，湖盆整体快速沉降达到最鼎盛时期，湖盆面积最大、水体深，半深湖—深湖面积达 6.5×10^4km^2，综合 U/Th 值等微量元素特征与氧化还原环境及古水深关系分析，湖区水深达 60～120m。“面广水深”的湖盆为广覆式烃源岩及砂体展布提供了可容纳空间。根据不同物源沉积特征，对长 7 油层组沉积体系进行系统划分，主要分为东北物源体系控制下的曲流河三角洲—湖泊沉积体系和西南物源体系控制下的辫状河三角洲—重力流—湖泊沉积体系（表 5-1-1），并根据岩相及相序组合及沉积特征，对沉积体系内的相、亚相和微相进行了划分。

表 5-1-1　鄂尔多斯盆地长 7 油层组沉积体系划分

沉积体系	沉积相	亚相	微相	分布区域
曲流河三角洲—湖泊沉积体系	曲流河三角洲	曲流河三角洲平原	分流河道、天然堤、决口扇、分流间洼地	盆地东北部
		曲流河三角洲前缘	水下分流河道、支流间湾、河口沙坝、远沙坝	
	湖泊	半深湖—深湖	半深湖—深湖泥	
辫状河三角洲—重力流—湖泊沉积体系	辫状河三角洲	辫状河三角洲前缘	水下分流河道、分流间湾、席状砂	盆地西南部
	深水重力流沉积	滑塌型、洪水型	砂质碎屑流沉积、低密度浊流沉积、滑动—滑塌沉积、混合事件层沉积、异重流沉积	
	湖泊	滨浅湖、半深湖—深湖	半深湖—深湖泥	

（一）东北部曲流河三角洲—湖泊沉积体系

延长组沉积期气候湿润、降水充沛，盆地周缘水系发达，地处东北缘、北缘的阴山古陆和大青山古陆为盆地东北部提供了终年稳定的物源供给，由于地形坡降缓形成曲流河三角洲沉积体系。主要发育长石细砂岩、岩屑质长石细砂岩、岩屑质长石粉砂岩、泥质粉砂岩、粉砂质泥岩、泥岩。沉积构造主要包括交错层理、平行层理、变形构造、沙纹层理等（图 5-1-1）。主要发育水下分流河道、河口沙坝、远沙坝、支流间湾等四种沉积微相类型。

水下分流河道：岩性为灰色中—厚层状长石细砂岩，砂岩泥质含量少，结构成熟度高；发育平行层理、槽状交错层理等高能牵引流沉积构造（图 5-1-1a—c）；整体为向上变细的正韵律，剖面上表现为多期河道砂体的垂向叠加，冲刷面构造发育，砂体底部常见定向排列的泥砾；岩心观察发现，多井段岩心在垂向粒度变化上具有明显的向上变细的特征，反应三角洲（水下）分流河道沉积特征（图 5-1-2）。自然电位曲线幅度为中—高幅，形态为钟形或箱形组合，自然伽马值在 40～120API 之间（图 5-1-3）。

河口沙坝：岩性以灰色中层状岩屑质长石细砂岩为主，其次为灰色泥质粉砂岩、粉砂质泥岩，砂岩泥质含量低，分选磨圆好，无明显冲刷面和泥岩隔层。自下而上有一定粒级变化，多为下细上粗的反韵律。自然伽马曲线幅度自下而上幅度递增，曲线形态呈齿化的漏斗状，自然伽马值在 50～130API 之间（图 5-1-3）。

远沙坝：岩性为灰色岩屑质长石粉砂岩—泥质粉砂岩，发育沙纹层理及浪成波痕构造，平面上分布稳定，延伸较远；纵向上相带分布范围窄，厚度薄，常与滨浅湖泥互层，自然伽马曲线呈低幅值微齿化的漏斗形。

支流间湾：岩性以暗色泥岩、粉砂质泥岩为主，泥岩中富含植物碎屑、炭屑及介壳类化石（图 5-1-1e、f），沉积构造见低能的水平层理、沙纹层理，垂直虫孔等生物遗迹构造也较为常见，测井曲线呈微齿化或光滑的低幅平直曲线（图 5-1-3）。

图 5-1-1　盆地东北部长 7 油层组岩心构造典型照片

a. 平行层理细砂岩，A28 井，长 7_2 油层组，2013.7m；b. 交错层理细砂岩，Q24 井，长 7_3 油层组，1119.1m；c. 交错层理细砂岩，H54 井，长 7_3 油层组，2714.95m；d. 包卷层理，D150 井，长 7_3 油层组，1143.04m；e. 灰黑色粉砂质泥岩，见植物叶片，H79 井，长 7_3 油层组，2659m；f. 灰色泥岩，见植物化石，A28 井，长 7_2 油层组，1963.40m

图 5-1-2　水下分流河道粒度向上变细的沉积序列特征

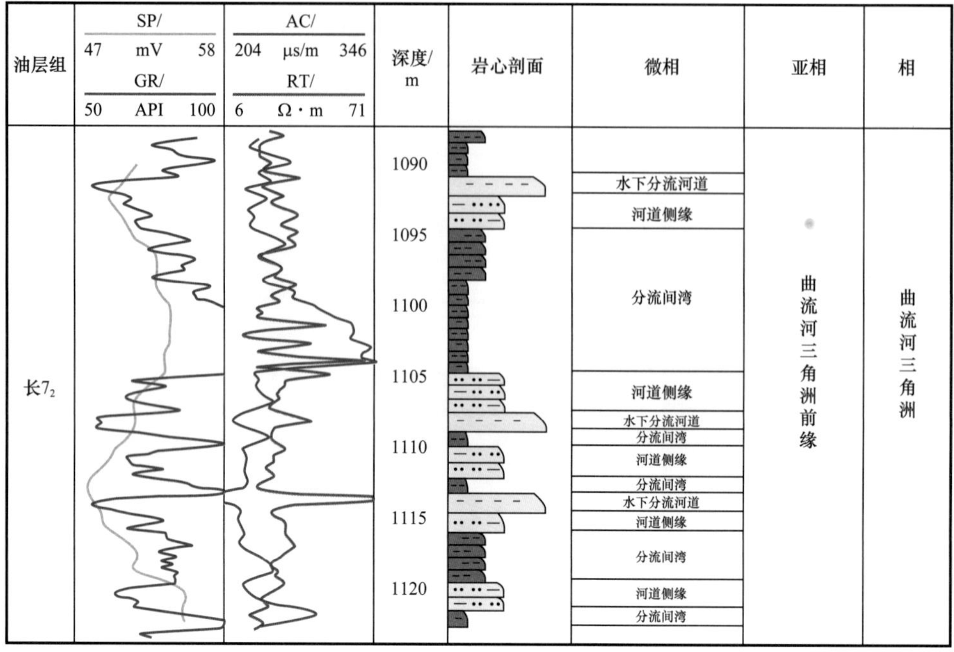

a. Hu210井水下分流河道微相测井曲线特征

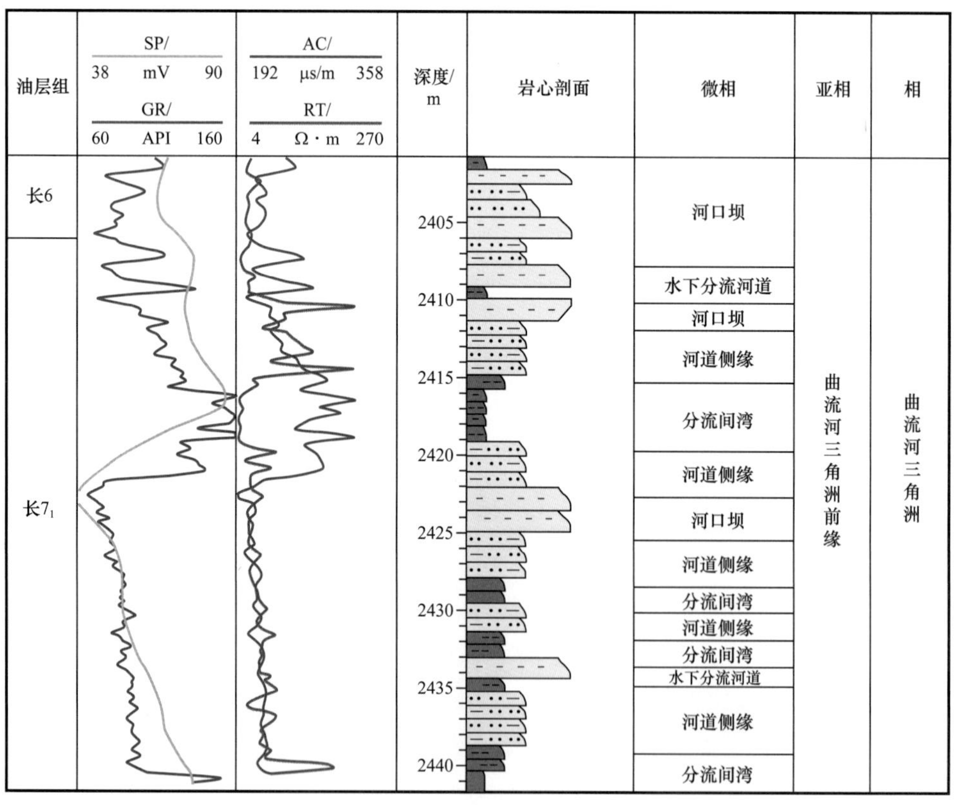

b. Hu199井河口沙坝微相测井曲线特征

图 5-1-3　鄂尔多斯盆地东北部长 7 油层组曲流河三角洲前缘各微相测井曲线特征

在东北部物源体系控制下，盆地东北部长 7 油层组沉积期向盆地中心依次发育：曲流河三角洲平原—曲流河三角洲前缘—湖泊沉积。曲流河三角洲沉积主要发育曲流河三角洲平原和前缘亚相，曲流河三角洲平原仅在盆地东北部少量发育，主要为曲流河三角洲前缘亚相（图 5-1-4）。

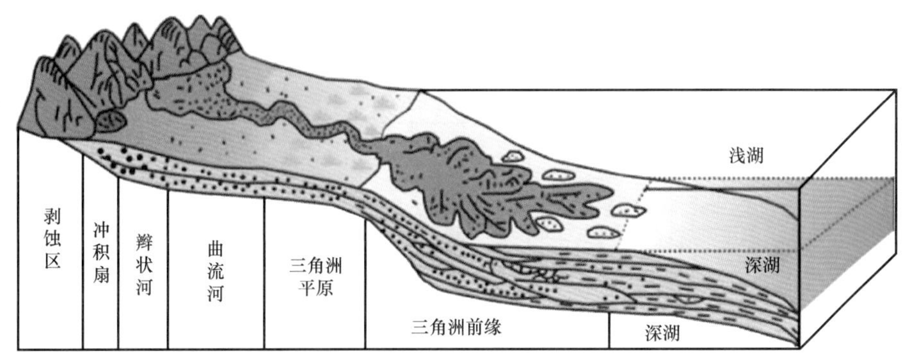

图 5-1-4　鄂尔多斯盆地东北物源水系形成的曲流河三角洲—湖泊沉积模式

（二）西南部辫状河三角洲—重力流—湖泊沉积体系

鄂尔多斯盆地南部、西南部属西秦岭北缘断裂构造带与稳定鄂尔多斯克拉通之间的过渡区域，造山带发育，地形坡降大，平均坡度范围为 3°～5°，距物源较近，发育辫状河三角洲前缘—重力流沉积体系，其中，重力流沉积体系构成细粒沉积岩的主体。长 7 油层组沉积期重力流沉积主要发育滑塌沉积、砂质碎屑流沉积、浊流沉积、异重流沉积等重力流沉积类型及水道、堤岸、前端朵叶三种微相（付金华等，2015）。近源斜坡区细砂岩，砂体沉积厚度大、横向连通性差；远源的相对平缓的坡脚区粉砂岩，砂体沉积厚度相对较薄、横向连片。在西南部物源体系控制下，盆地西南部长 7 油层组沉积期向盆地中心依次发育：辫状河三角洲前缘—重力流沉积—湖泊沉积。

1. 辫状河三角洲前缘

盆地长 7 油层组沉积期辫状河三角洲沉积主要发育辫状河三角洲前缘亚相及水下分流河道、席状砂、支流间湾等微相，各微相沉积特征如下。

水下分流河道：岩性为浅灰色细砂岩、灰绿色长石石英砂岩，长石、岩屑等不稳定组分含量较高，成熟度偏低；沉积构造以交错层理、波状层理为主；河道砂体间泥岩、粉砂岩夹层较多，底部冲刷面广泛发育，垂向上表现为下粗上细的正韵律，单砂体厚度向上逐渐变薄，测井曲线形态为箱形或钟形，GR 在 60～170API 之间（图 5-1-5）。

席状砂：为浅灰色中层状细砂岩、灰色薄层粉砂岩、薄层粉砂质泥岩的互层，这种垂向的互层是由陆上水体的间歇性变化及湖平面升降所致。

分流间湾：岩性以暗色泥岩和杂色粉砂质泥岩为主，发育水平层理、沙纹层理等稳定低能的沉积构造，测井曲线形态平直且靠近基线。

2. 重力流沉积

西南部长 7 油层组深水区砂体发育，砂岩颜色较深，发育似鲍马序列、弱平行层理、

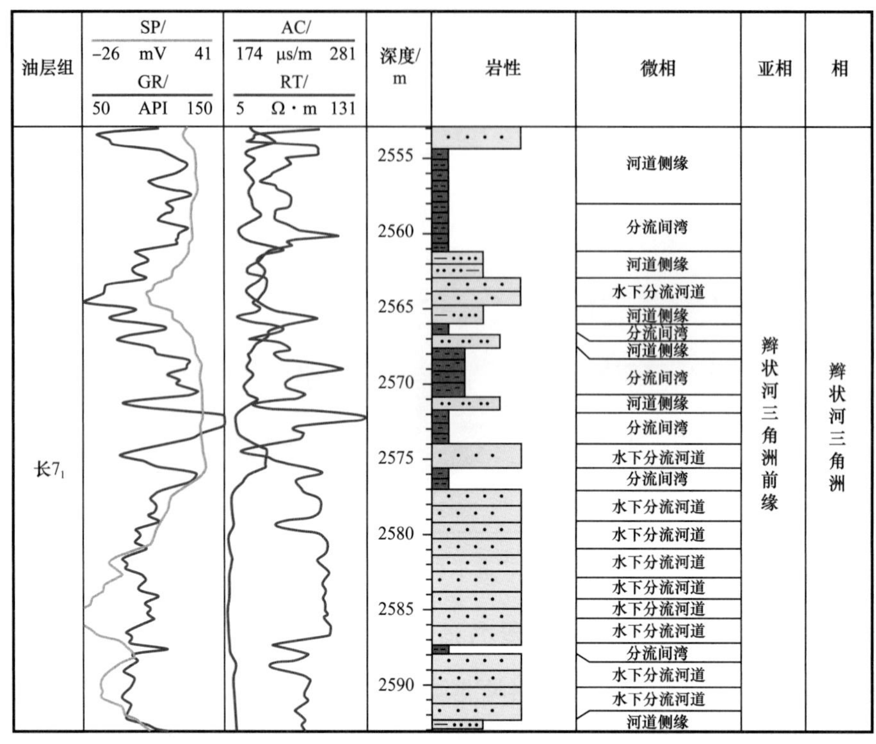

图 5-1-5　鄂尔多斯盆地西南部长 7 油层组辫状河三角洲前缘测井曲线特征（Y65 井）

软沉积物变形、底冲刷、槽模、泥岩撕裂屑及完整的植物叶片等沉积构造（图 5-1-6），指示不同类型重力流沉积特征，主要包括滑动—滑塌沉积、砂质碎屑流沉积、浊流沉积、异重流沉积四种沉积类型。

1）滑动—滑塌沉积

在外界因素的诱导下，三角洲前缘未固结—半固结的沉积物重力失稳而发生块体顺斜坡向下的滑动、滑塌事件，是深水重力流产生的主要方式。滑动是一种没有内部变形的沿平直滑动面（剪切面）的黏性块体滑移，期间沉积物做平移剪切运动。滑动在下降过程中可能转化为滑塌。滑塌是指沿上凹滑动面（剪切面）发生的块体运移，其内部具有因旋转运动产生的形变。顺坡运移期间，块体加速，颗粒间分散作用增强，流体物质增加，滑塌物质可进一步转化为碎屑流、浊流。长 7 油层组滑动—滑塌沉积以细砂岩、泥质粉砂岩、粉砂质泥岩的混杂堆积为特征，其中滑动沉积无内部明显变形但发育二次滑动面，底部发育有剪切面（图 5-1-7a、图 5-1-8），而滑塌沉积以内部发育明显的同沉积变形构造和具有包卷层理及底部砂质注入现象为特征（图 5-1-7b、图 5-1-8）。

2）砂质碎屑流沉积

砂质碎屑流是一种富砂质具塑性流变性质的宾汉塑性流体，代表一个从黏性至非黏性碎屑流连续过程系列（Shanmugam，2013），塑性流变性质使得流体在搬运过程中能够保持整体搬运。Talling 等（2012）认为砂质碎屑流底部存在的滑水作用（Hydroplaning）和基底剪切润湿作用（Basal shear wetting），使得其能够整体在水下搬运较长距离，在湖盆中

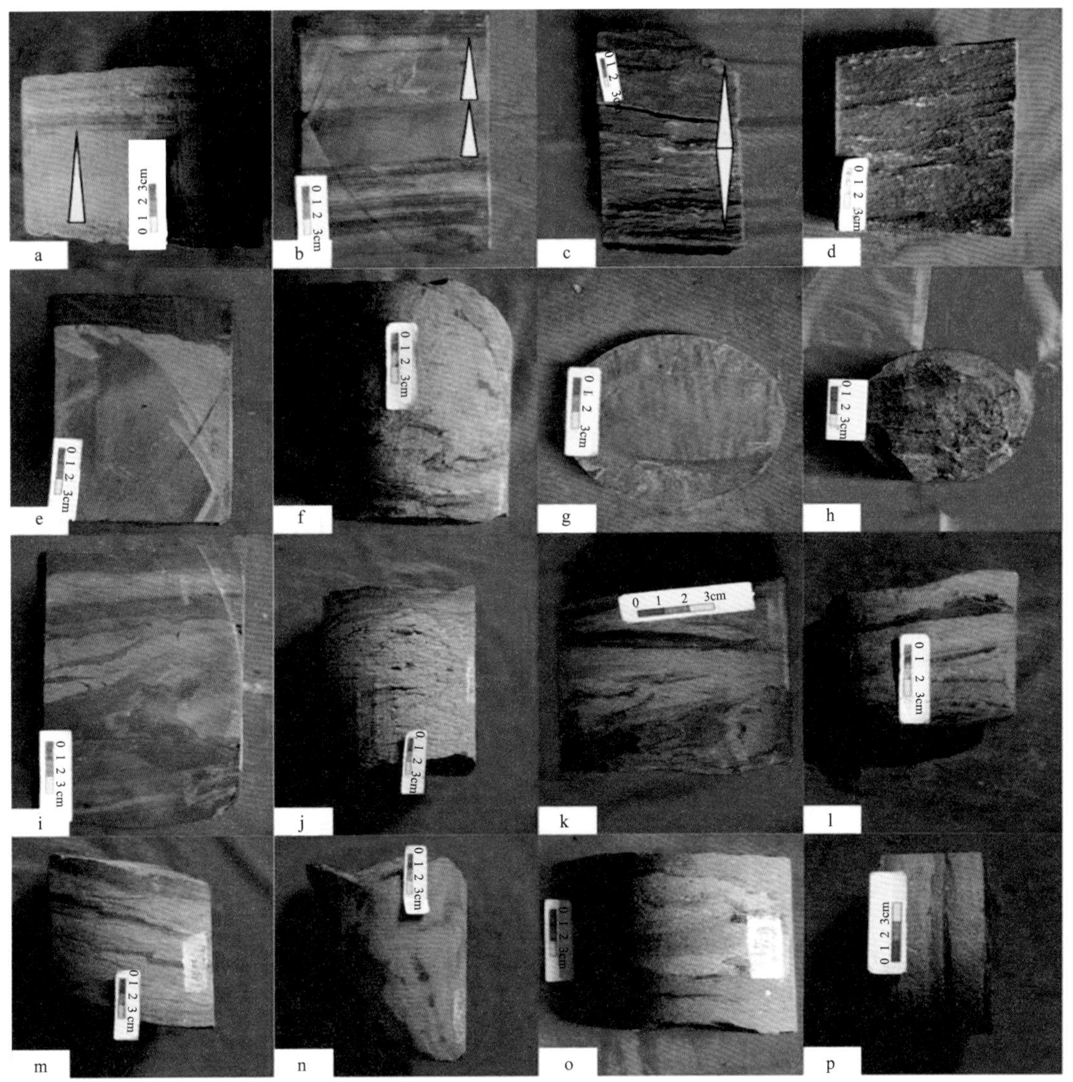

图 5-1-6 鄂尔多斯盆地长 7 油层组重力流岩心沉积构造特征

a. Z177 井，1753.55m，似鲍马序列；b. L57 井，2339.54m，正粒序；c. C30 井，1957.2m，逆—正粒序；d. Z282 井，1799.09m，弱平行层理；e. L57 井，2342.14m，岩性突变界面；f. M138 井，2338.8m，泥岩撕裂屑；g. N70 井，1691.97m，槽模；h. Z282 井，1805.05m，植物叶片；i. L57 井，2349.42m，液化砂岩脉；j. W100 井，1992.72m，揉皱；k. N70 井，1677.5m，变形构造；l. Y482 井，2253.9m，泥砾；m. W100 井，1984.85m，阶梯状小断层；n. W100 井，1995.15m，滑动面；o. G292 井，2563.31m，变形构造；p. N70 井，1710.83m，火焰状构造

心发生卸载，以整体凝结的方式形成以块状层理为主的深水砂体。长 7 油层组深水区域砂质碎屑流沉积十分发育，其沉积岩性主要为纯净的块状细砂岩、粉砂岩（图 5-1-7c—e、图 5-1-9），与上覆、下伏岩层突变接触部分砂体上部和底部常见漂浮的泥岩撕裂屑及长条状的泥质条带（图 5-1-7f、图 5-1-9），后者长轴方向近平行于层面（图 5-1-7g），指示砂质碎屑流流动中的层流作用；粒度概率曲线呈两段式分布，跳跃总体含量一般大于 70%，分选好，斜率一般大于 50°，悬移总体含量为 30% 左右，缺乏滚动总体。

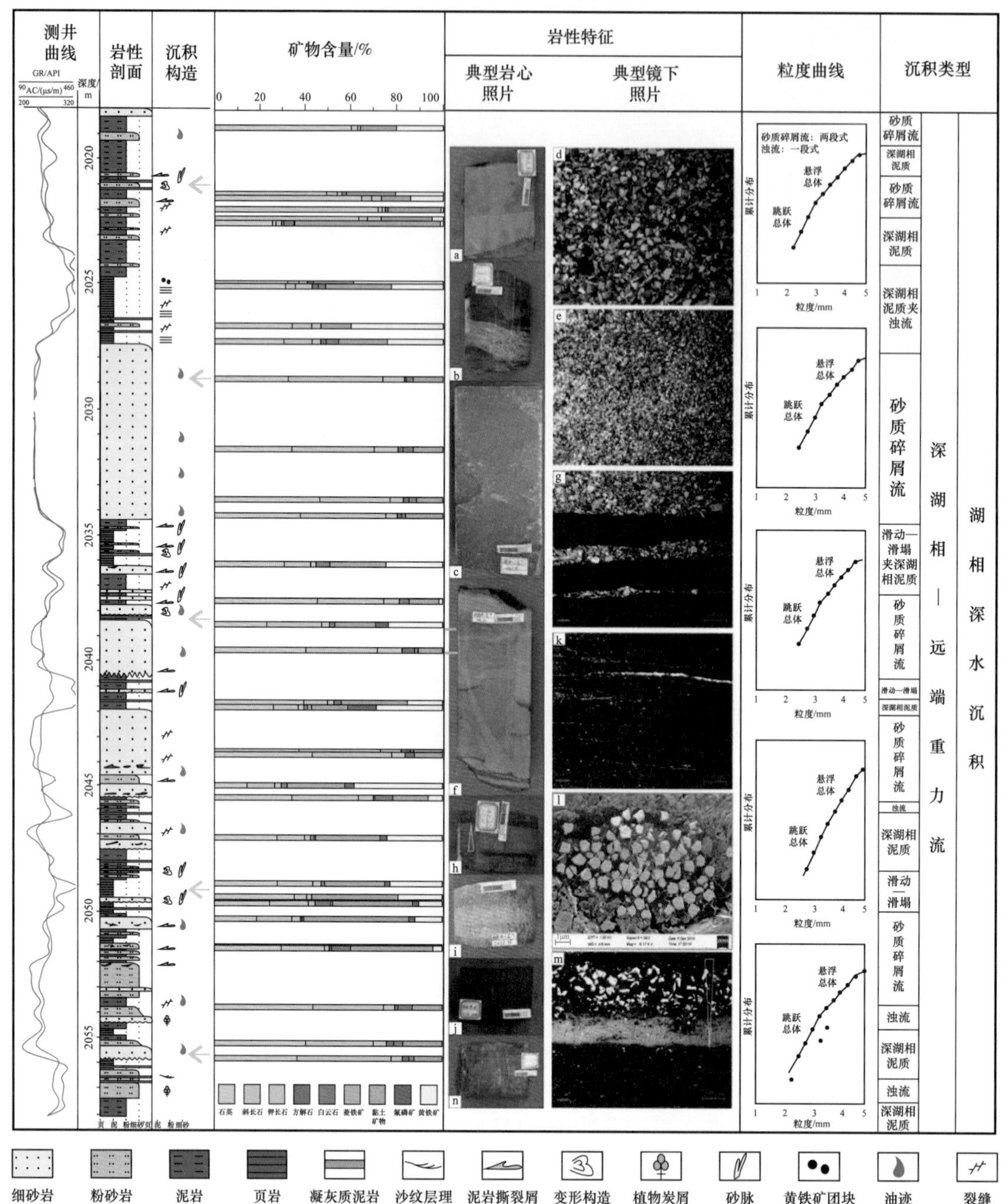

图 5-1-7　鄂尔多斯盆地城 Y1 井长 7 油层组深水沉积柱状图

a. 2007.60m，细砂岩内部的二次滑动面；b. 2021.35m，滑塌构造；c. 2030.39m，纯净的块状细砂岩；d. 2034.56m，单偏光镜下块状砂岩颗粒分选好，粒间基质少见；e. 2014.05m，单偏光镜下粉砂岩中主要为细小的长石、石英碎屑；f. 2051.39m，细砂岩中漂浮的泥岩撕裂屑，底部的长条状泥质条带近平行排列，指示碎屑流中的层流作用；g. 2051.36m，单偏光镜下细砂岩中近平行排列的泥质条带；h. 2027.05m，泥岩中的砂质条带，下部细砂岩向上渐变为粉砂岩的正粒序；i. 2056.75m，凝灰质泥岩；j. 2036.20m，黑色页岩，水平层理；k. 2048.78m，黑色页岩，单偏光镜下长英—黏土与有机质互层的“二元结构”；l. 2027.21m，黑色页岩，电子显微镜下的自生黄铁矿团块；m. 2026.70m，黑色页岩，有机质—黏土基质中悬浮的碎屑颗粒，逆粒序层理；n. 2022.94m，暗色泥岩，块状构造

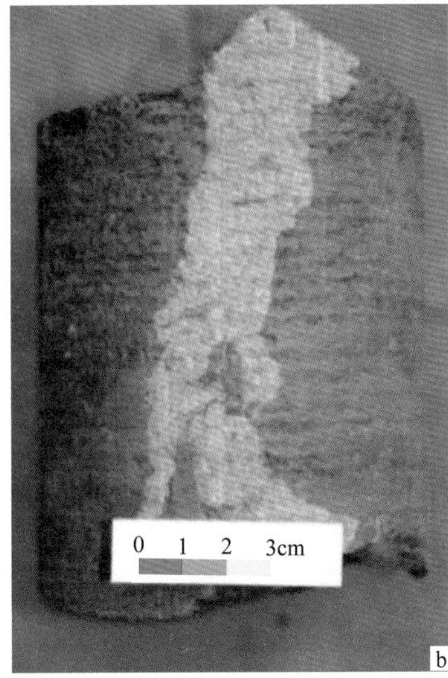

图 5-1-8 滑动—滑塌沉积岩心特征

a. Z233 井，长 7_2 油层组，1821.40m，含泥岩撕裂屑，细砂岩；b. Z22 井，长 7_2 油层组，1581.05m，砂岩脉；c. Z70 井，长 7_3 油层组，1570.16m，滑动面

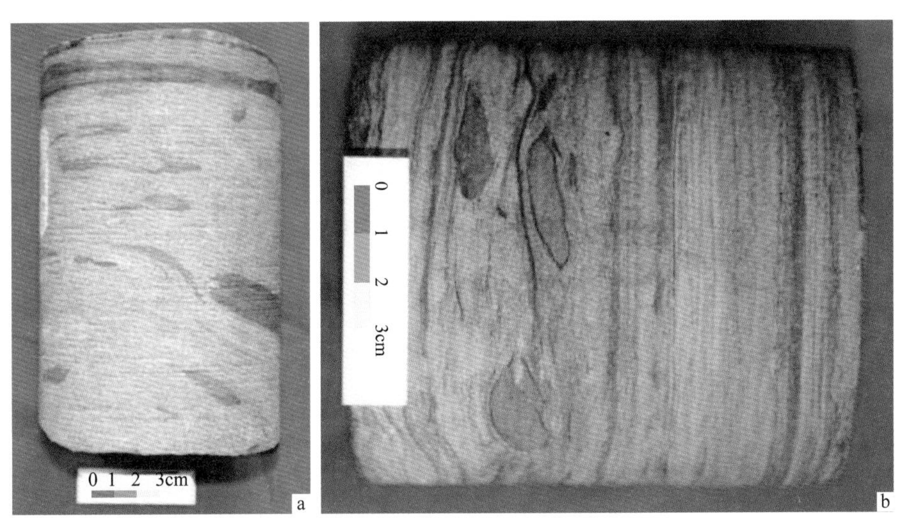

图 5-1-9 鄂尔多斯盆地砂质碎屑流沉积岩心特征

a. Z40 井，长 7_3 油层组，1451.98m，泥砾构造；b. Z233 井，长 7_2 油层组，1720.70m，泥包砾结构

3）浊流沉积

浊流是一种呈湍流状态、具牛顿流体特性的沉积物重力流，当其速度减缓或内部水流扰动强度降低时，内部颗粒按粒径逐级递减沉降。因而，具正粒序层理的砂岩与平行层理、沙纹层理和水平层理的粉细砂岩、泥岩一起构成完整或不完整的鲍马序列是浊流沉积最典型的标志。浊流主要发育在长 7_1 油层组、长 7_2 油层组，长 7_3 油层组发育相对有限，单期次浊流沉积厚度一般小于 0.5m，鲍马沉积序列不完整，岩心上表现为细砂质透镜体或厚度均一的砂质条带夹于黑色泥岩中（图 5-1-7h、图 5-1-10），局部见浊流沉积发育

于砂质碎屑流之上，形成下部砂质碎屑流—上部浊流沉积组合，上下沉积单元突变接触。粒度概率累计曲线表现为一段式特征明显，但粒度较细。

一个完整的浊积岩层序，自下而上由 5 个单元（即鲍马段）所组成：A 段——粒序递变段；B 段——下部平行纹层段；C 段——波痕纹层段或称变形纹层段；D 段——上部平行纹层段；E 段——泥质段；F 段——深水页岩段。

长 7 油层组可见完整或不完整的鲍马序列沉积，沉积厚度差别较大（图 5-1-10）。

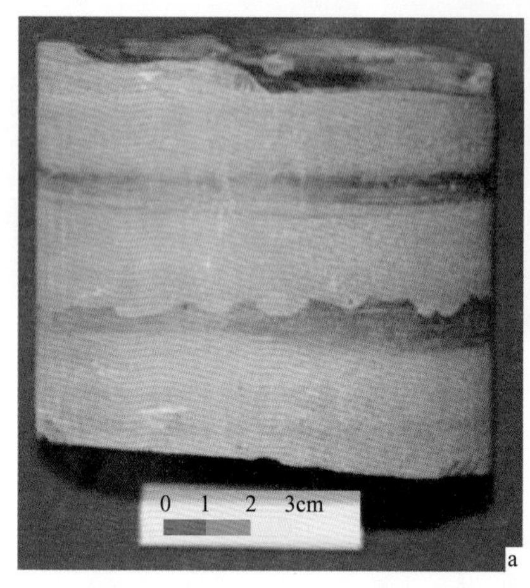

图 5-1-10　鲍马序列岩心特征

a. Z70 井，长 7_1 油层组，1583.01m，鲍马序列；b. Z40 井，长 7_2 油层组，1773.4m，鲍马序列

浊流沉积中一种常见的印模构造为沟模与槽模。指砂质岩层底面上的平行小脊状凸起（或在下伏泥质岩的上层面呈平行的沟），脊状体高数毫米，宽数厘米。因为它是流水携带的某种工具（如贝壳、树枝、岩块等）对底部泥质沉积物刻划或冲击而在水底软泥层中留下沟槽或擦痕后，被上覆砂质沉积物充填而成，故亦称“拖痕”“滑动痕”，其长轴平行水流方向。常见于浊积岩及冲积相中（图 5-1-11）。

图 5-1-11　沟模构造岩心特征

a. N228 井，长 7_1 油层组，1760.25m，沟模构造；b. N36 井，长 7_1 油层组，1603.55m，沟模构造

槽模指砂岩底面上的舌状凸起，一端较陡，外形较清楚，呈圆形或椭圆形，另一端宽而平缓，与层面渐趋一致。槽模是流水成因的，即具定向流动的水流在下伏泥质沉积物层面冲刷形成的小沟穴，后来又为上覆砂质沉积物充填而成。槽模的长轴平行水流方向，大小一般为 2～10cm，陡的一端指向上游（图 5-1-12）。

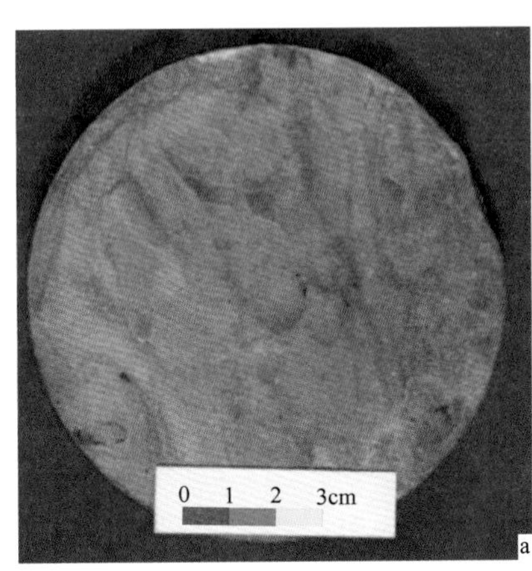

图 5-1-12　槽模构造岩心特征

a. L231 井，长 7_2 油层组，2078.24m，槽模构造；b. Z233 井，长 7_1 油层组，1734.14m，槽模构造

4）异重流沉积

异重流沉积因其作用机制与滑动—滑塌型深水重力流沉积相区别，形成异重流的关键是流体本身与足够水深的汇水盆地环境水体的密度差，达到异重流的沉积物密度阈值是异重流形成的必要条件之一。洪水对形成异重流起着关键作用，受洪水持续性补给控制，能够持续数天或数周保持流体的稳定状态，洪水水动力的“增强—稳定—减弱”演化过程使得其沉积序列出现体现相应水动力变化的沉积构造。异重流沉积以典型的侵蚀充填、逆—正粒序组合为特征，从沉积近端到沉积远端，其岩相组合依次由中厚层的块状砂岩相、块状含砾砂岩相、正粒序细砂岩相、沙纹层理细砂岩相、平行层理细砂岩相、含泥质碎屑细砂岩相、块状或水平层理泥岩相组合而成，过渡为中薄层的正粒序沙纹层理细砂岩相、正粒序平行层理、正粒序含砾砂岩相、含泥质碎屑细砂岩相、块状泥岩相，最终过渡为薄层的正粒序细砂岩相、沙纹层理砂岩相、平行层理砂岩相与逆粒序沙纹层理、平行层理细砂岩相，及块状或平行层理泥岩相组合而成（图 5-1-13）。

异重流成因的岩心主要存在块状砂岩、砂泥互层和逆正粒序组合砂岩。N155 井处于沉积近端，主要发育砂泥互层韵律层和块状砂岩沉积，块状砂岩沉积一般为灰色细砂岩，厚度可达 3m，其中可含有少量的碳质碎屑和植物碎片，部分碳质碎屑和植物碎片呈杂乱状均匀分布于砂质沉积物中，部分集中呈层状分布，表现为砂质沉积结束后悬浮的碳质碎屑和植物碎片集中沉降成因。

3. 湖泊沉积

盆地长 7 油层组湖泊沉积在盆地中心偏西南一带，主要发育滨浅湖、半深湖—深湖亚相。滨浅湖亚相主要发育中—厚层状的粉—细砂岩与砂质泥岩互层。泥岩中动物化石丰富，常含直立虫孔、介形虫、叶肢介、瓣鳃类（图 5-1-14a）、腹足类和方鳞鱼鳞片，有

图 5-1-13　异重流沉积岩心特征图

a. N155 井，块状砂质碎屑流和砂泥频繁互层沉积；b. Z155 井，砂质碎屑流沉积和砂泥韵律层互层沉积；c. Z282 井，砂泥韵律层和分层块状，发育块状砂；d. S192 井，砂泥韵律层和逆正粒序组合，发育砂岩

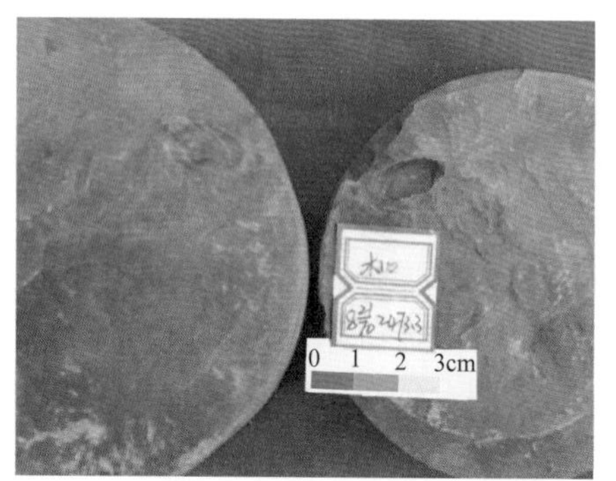

a. M10井，长7油层组，灰黑色泥岩、瓣鳃类化石，2473.3m

b. Z11井，长7油层组，黑色页岩、鱼鳞化石，929.3m

c. Z22井，长7油层组，黑色页岩、介形虫化石，1644.39m

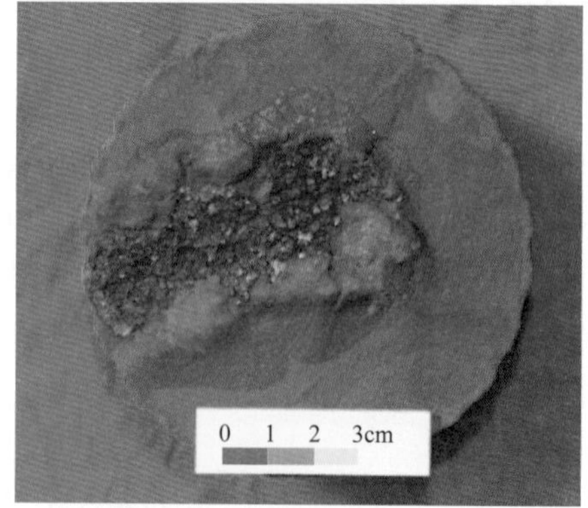

d. Y56井，长7油层组，黑色页岩 (含黄铁矿)，3058.35m

图 5-1-14　鄂尔多斯盆地半深湖—深湖沉积岩心特征

些地区发现完整的鱼类化石。岩层因生物扰动强烈，通常呈块状，风化后呈碎片状，常具不清楚的水平粉砂纹层。粉—细砂岩一般厚5～20cm，具浪成沙纹交错层理，砂岩呈明显的上凸状透镜体，厚度薄，通常在几十米范围内即可尖灭。在盆地铜川地表露头上，滨湖滩砂的沉积厚度很少超过2m，横向延伸也仅100m左右。因此，在井下地质研究中很难同浅湖沉积区分。

长7油层组沉积期半深湖—深湖亚相十分发育，也是分布范围最广的时期。岩性主要为深灰—灰黑色的纹层状粉砂质泥岩、页岩和油页岩夹浊积岩，发育水平层理和细水平纹层，常见少量鱼鳞（图5-1-14b）、介形虫等浮游生物化石（图5-1-14c）；可见菱铁矿和黄铁矿等自生矿物，多呈分散状分布于黏土岩中（图5-1-14d）。半深湖—深湖泥微相位于湖盆中水体较深的部位，波浪作用几乎完全不能涉及，水体安静，地处乏氧的还原环境。岩性的总体特征是粒度细、颜色深、有机质含量高。多类型重力流成因砂体构成了有效储集体，与深湖区泥页岩形成较好的源储配置（图5-1-15），并且有较好的油气显示，具有很大的勘探前景。

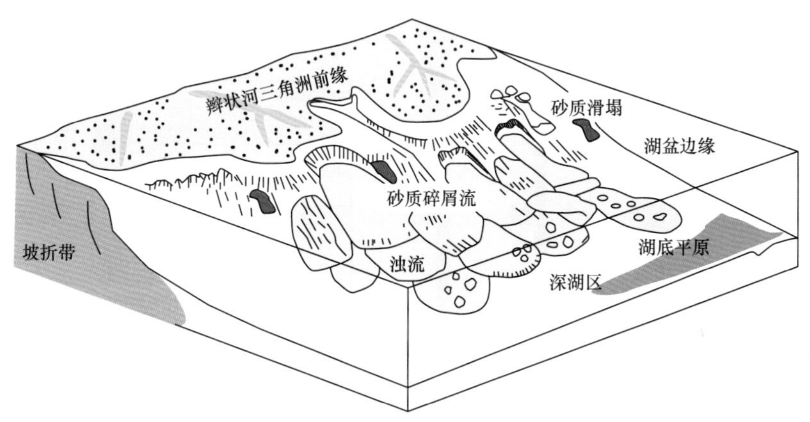

图5-1-15　鄂尔多斯盆地西南物源水系形成的辫状河三角洲—重力流—湖泊沉积模式

二、沉积相展布特征

（一）沉积相垂向展布特征

选取盆地不同位置4口单井剖面分析不同沉积类型垂向组合特征，以明确沉积相垂向展布特征，深化沉积环境垂向变化规律。

1. M53井

M53井钻遇长7油层组厚度96m，长7_1油层组厚32m，长7_2油层组厚37m，长7_3油层组厚32m。整体发育辫状河三角洲前缘沉积，以水下分流河道沉积和分流间湾沉积为主。砂岩以浅灰色细砂岩和泥质粉砂岩为主，见平行层理、交错层理及块状层理等。长7_1油层组砂岩相对较粗，以细砂岩为主，单层分流河道细砂岩厚度较大。长7_2油层组砂岩相对较细，多为细砂岩和泥质粉砂岩互层叠置，长7_3油层组多为灰黑色泥岩（图5-1-16）。总体而言，由长7_3油层组到长7_1油层组岩性逐渐由细变粗，反映了三角洲进积沉积的特点。

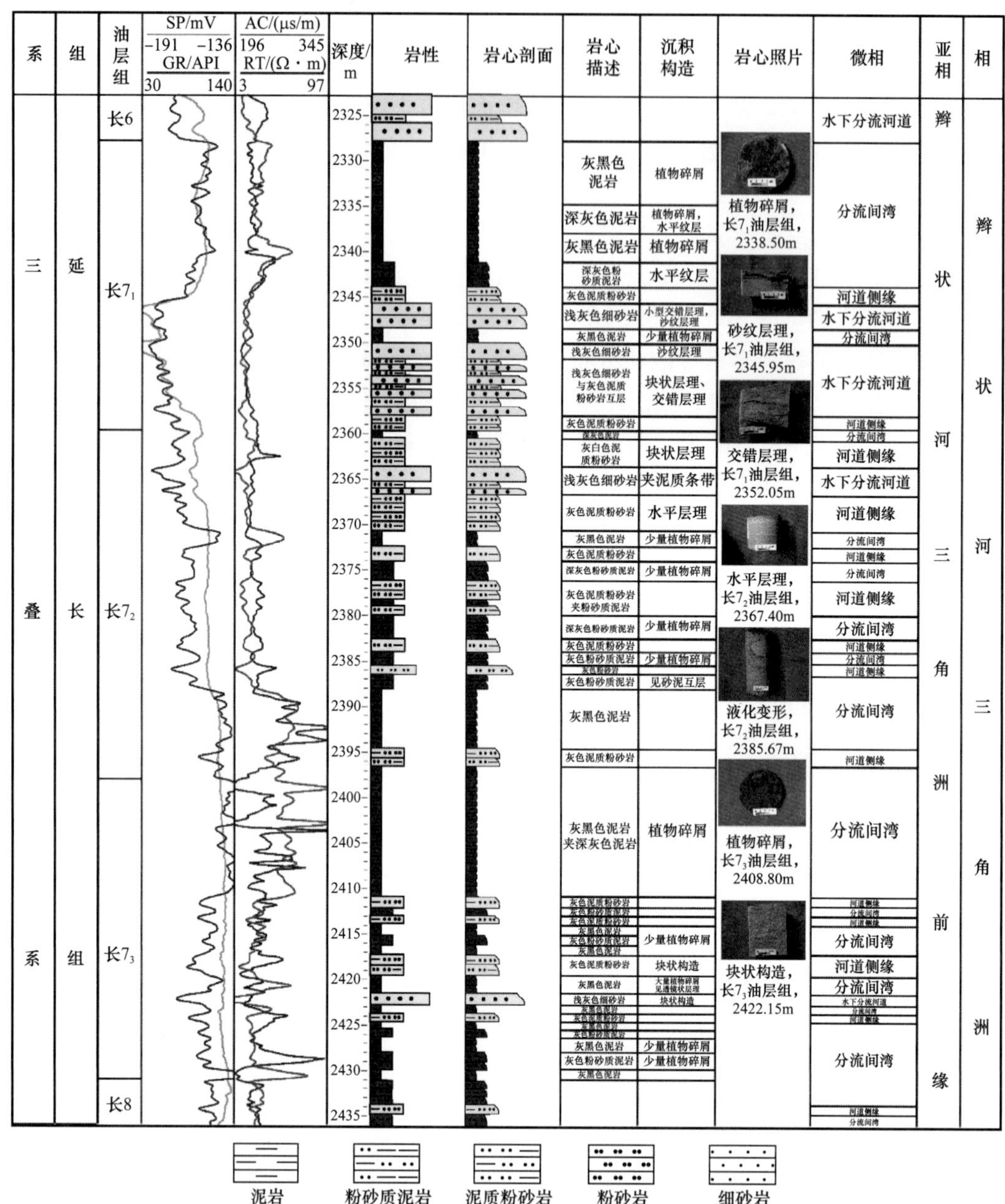

图 5-1-16　鄂尔多斯盆地 M53 井长 7 油层组沉积相综合柱状图

2. B522 井

B522 井钻遇长 7 油层组厚度 107m，长 7_1 油层组厚 39m，长 7_2 油层组厚 36m，长 7_3 油层组厚 32m。整体发育沟道型重力流沉积，以砂质碎屑流沉积和浊积沉积为主。长 7_1 油层组发育砂质碎屑流沉积，以细砂岩为主，夹浊积岩沉积。长 7_2 油层组以泥质粉砂岩浊流沉积为主，夹灰黑色泥岩。长 7_3 油层组多为黑色泥岩，多见植物碎屑、水平层理、沙纹层理（图 5-1-17）。总体而言，由长 7_3 油层组到长 7_1 油层组岩性逐渐由细变粗。

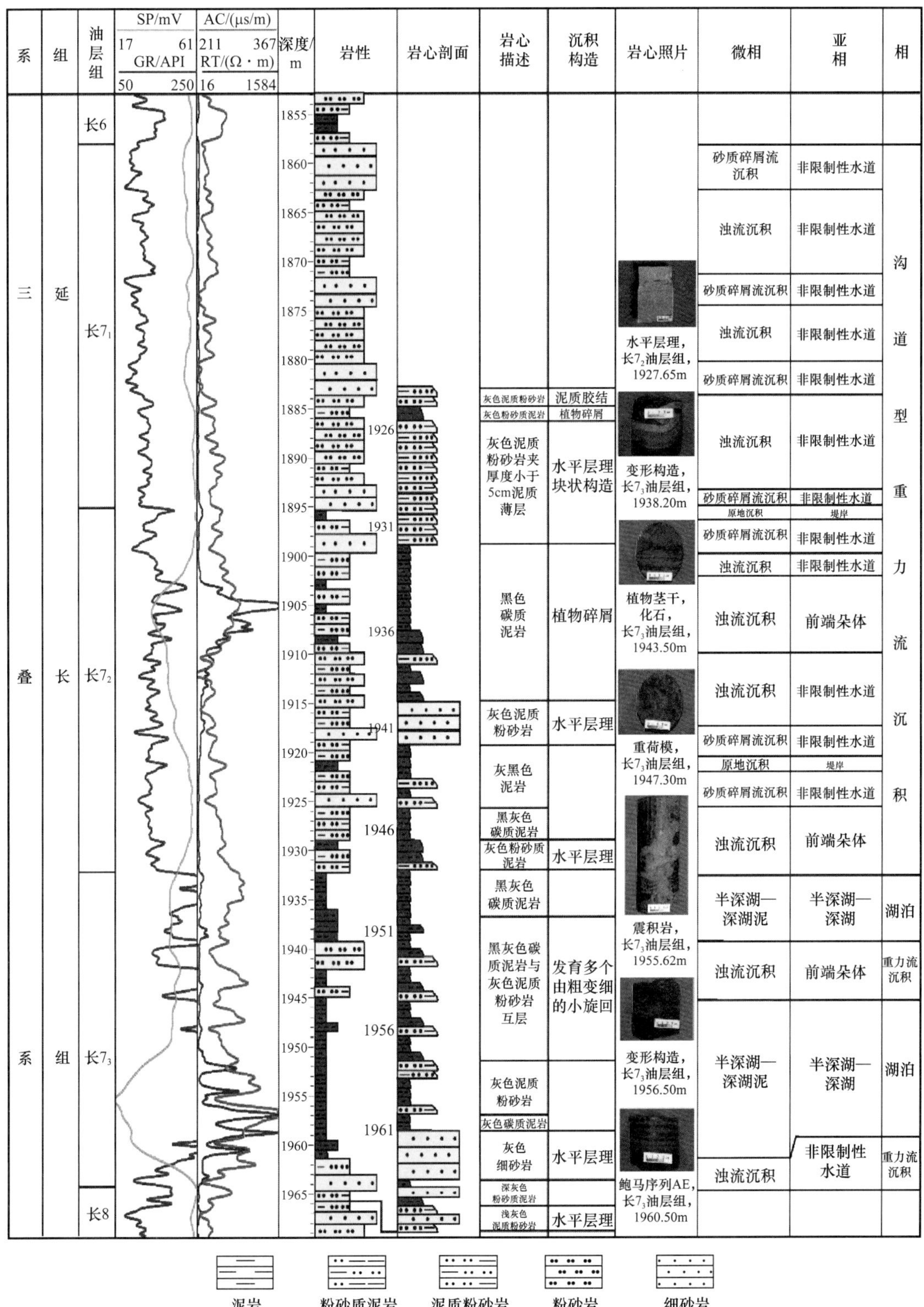

图 5-1-17 鄂尔多斯盆地 B522 井长 7 油层组沉积相综合柱状图

3. A35 井

A35 井钻遇长 7 油层组厚度 111m，长 7_1 层厚 34m，长 7_2 层厚 42m，长 7_3 层厚 35m。整体发育曲流河三角洲前缘沉积，以水下分流河道沉积为主，同时发育分流间湾相和河口沙坝相。长 7_1 层以细砂岩和泥质粉砂岩为主，夹黑色泥岩，发育浪成交错层理，泥岩撕裂。长 7_2 层以泥质粉砂岩为主，细砂岩厚度较厚。长 7_3 层为黑色泥岩夹泥质粉砂岩（图 5-1-18）。总体而言，长 7 油层组砂岩从下向上具有明显的粒度逐渐变粗，厚度逐渐变厚的趋势，反映了三角洲进积沉积的特点。

4. Z22 井

Z22 井钻遇长 7 油层组厚度 112m，长 7_1 层厚 37m，长 7_2 层厚 43m，长 7_3 层厚 32m（图 5-1-19）。整体发育湖泊相，以半深湖—深湖泥为主，岩性以黑色泥页岩为主，少量泥质粉砂岩。

（二）沉积相横向展布特征

1. 顺物源剖面

长 7_3 油层组到长 7_1 油层组沉积期由西南向东北，依次发育三角洲前缘沉积和半深湖—深湖沉积，三角洲前缘逐渐向东北方向推进，以水下分流河道沉积和分流间湾为主，反映了湖平面收缩、沉积基准面下降的沉积演化规律。深湖—半深湖发育砂质碎屑流和浊流沉积，呈透镜状展布，延展范围较短（图 5-1-20）。

2. 横切物源剖面

该剖面发育三角洲前缘沉积和深湖—半深湖相。三角洲前缘亚相以分流河道沉积为主，由长 7_3 层到长 7_1 层河道砂体厚度逐渐增大，纵向切叠频率越高。深湖—半深湖相发育重力流沉积，规模较小，剖面上呈透镜状孤立存在。长 7_3 层重力流相对不发育（图 5-1-21）。

（三）沉积相平面展布特征

鄂尔多斯盆地长 7 段沉积期在多物源沉积背景下，三角洲主要自西南、东北、西北方向向湖盆中心推进，并逐渐过渡为深水重力流沉积和半深湖—深湖沉积（图 5-1-22）。

长 7_3 油层组沉积期，鄂尔多斯盆地湖盆面积最大，东北部地区湖岸线位于横山一带，西南部地区冲积扇直接过渡为三角洲前缘沉积；半深湖—深湖沉积面积最大。长 7_2 油层组沉积期的岩相古地理是在长 7_3 油层组沉积期的基础上进一步演化而成的，分布特征继承了长 7_3 油层组沉积期的格局，盆地湖水面积有减少趋势，显示湖侵作用逐渐减弱，三角洲平原相带变化不大，而前缘亚相带向湖盆中心扩大，半深湖—深湖相面积较长 7_3 油层组沉积期明显减少，沉积中心位于姬塬—华池—塔儿湾—黄陵一线。长 7_1 油层组沉积期的岩相古地理基本继承了长 7_2 油层组沉积期的格局，盆地内总体上湖水面积比长 7_2 油层组沉积期明显减少，显示湖侵作用进一步减弱，相应的三角洲平原相带进一步变宽；前缘亚相带较长 7_2 油层组沉积期向湖盆中心萎缩，与平原相带的界限位置明显向湖盆中心进一步位移；长 7_1 油层组沉积期明显的特征是重力流砂体和前缘相砂体较长 7_2 油层组、长 7_3 油层组沉积期发育。

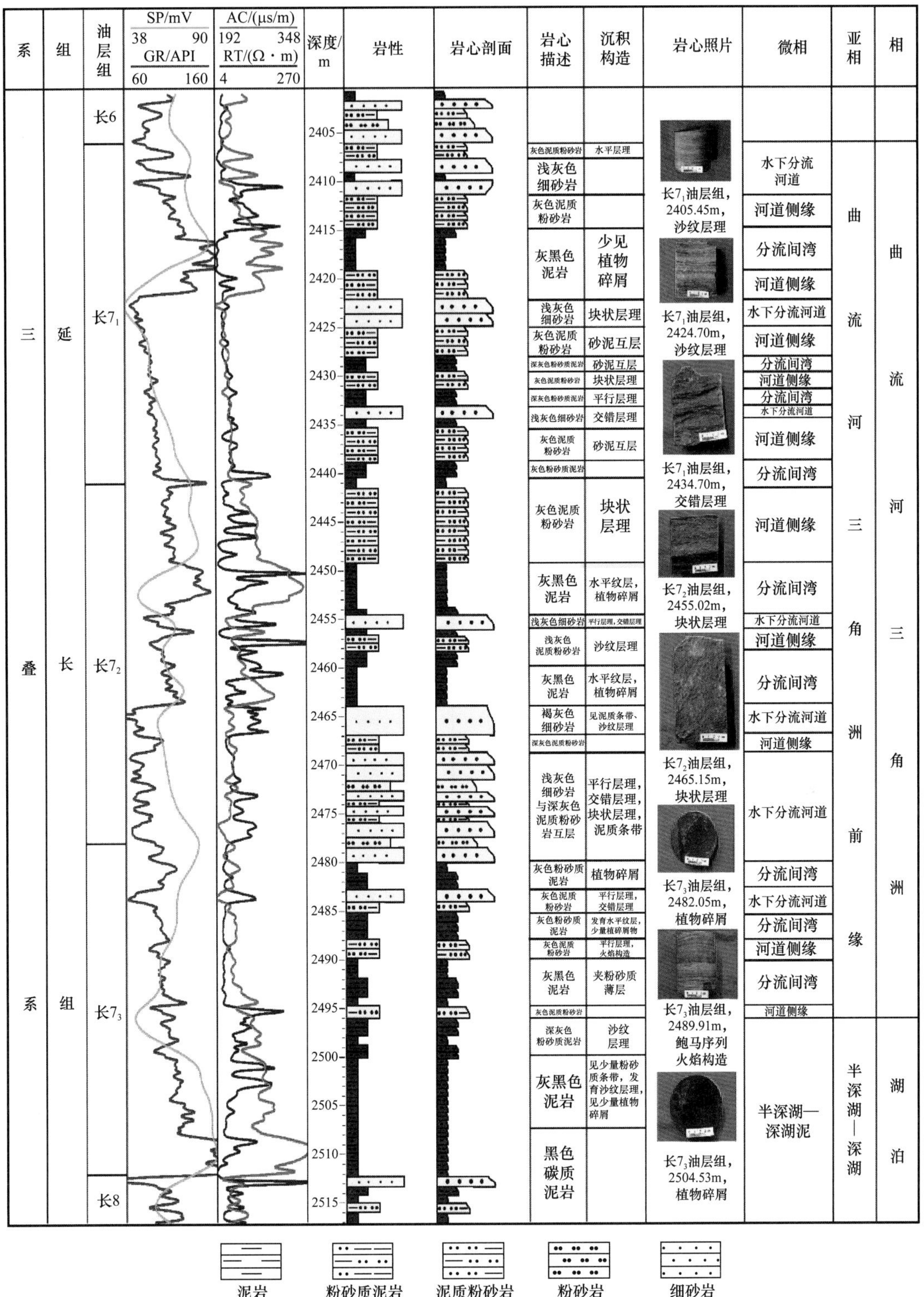

图 5-1-18　鄂尔多斯盆地 A35 井长 7 油层组沉积相综合柱状图

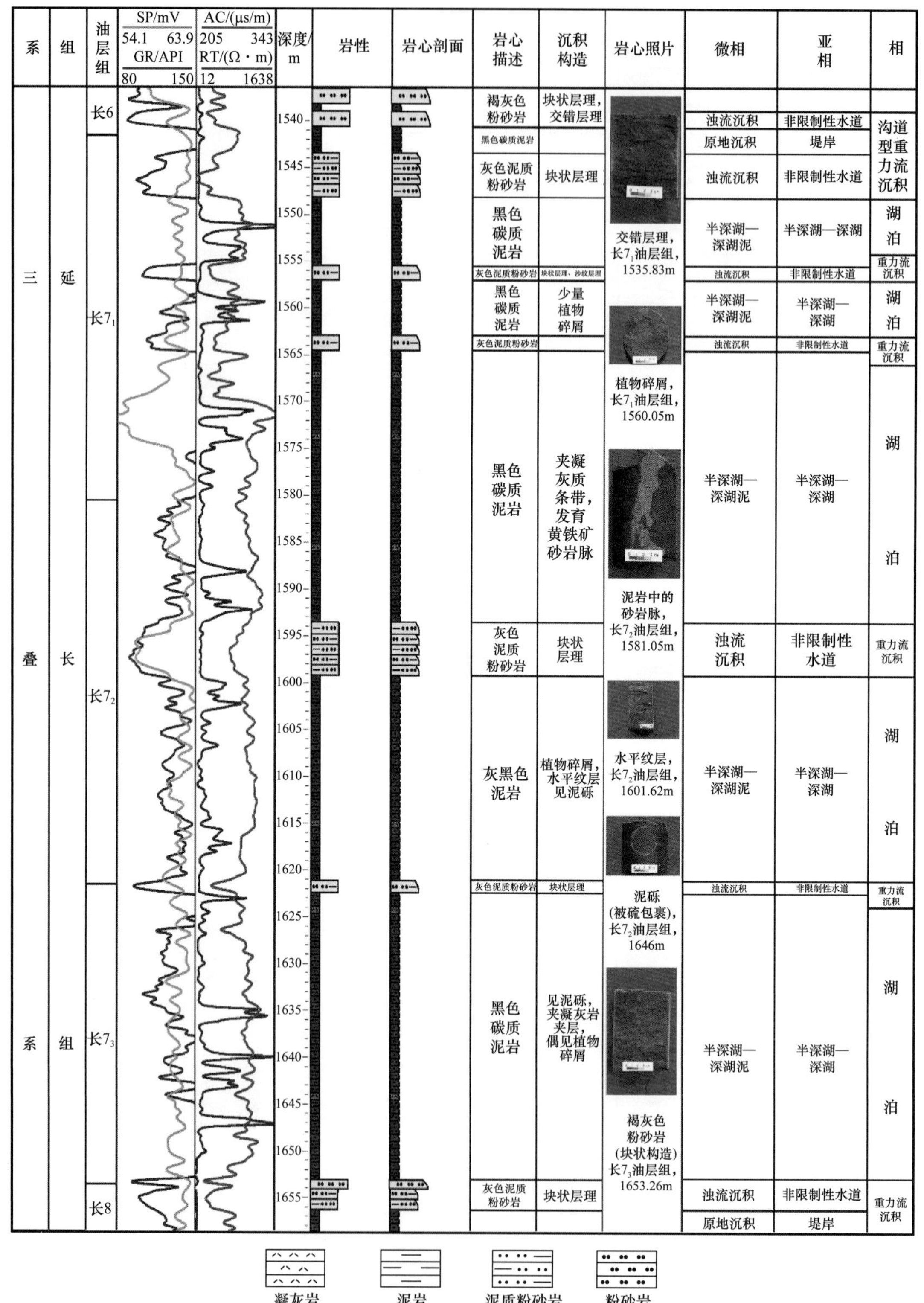

图 5-1-19 鄂尔多斯盆地 Z22 井长 7 油层组沉积相综合柱状图

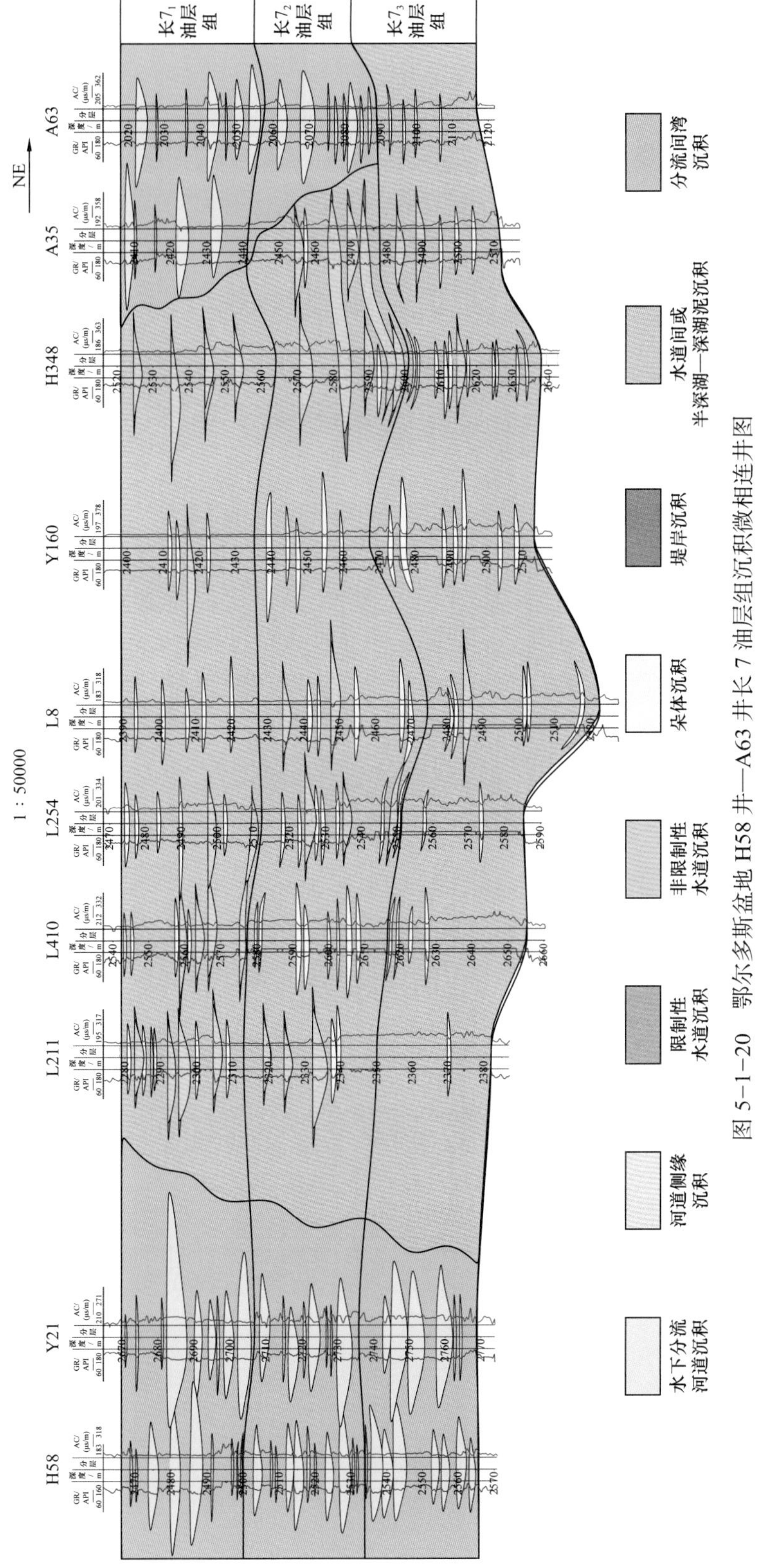

图 5-1-20　鄂尔多斯盆地 H58 井—A63 井长 7 油层组沉积微相连井图

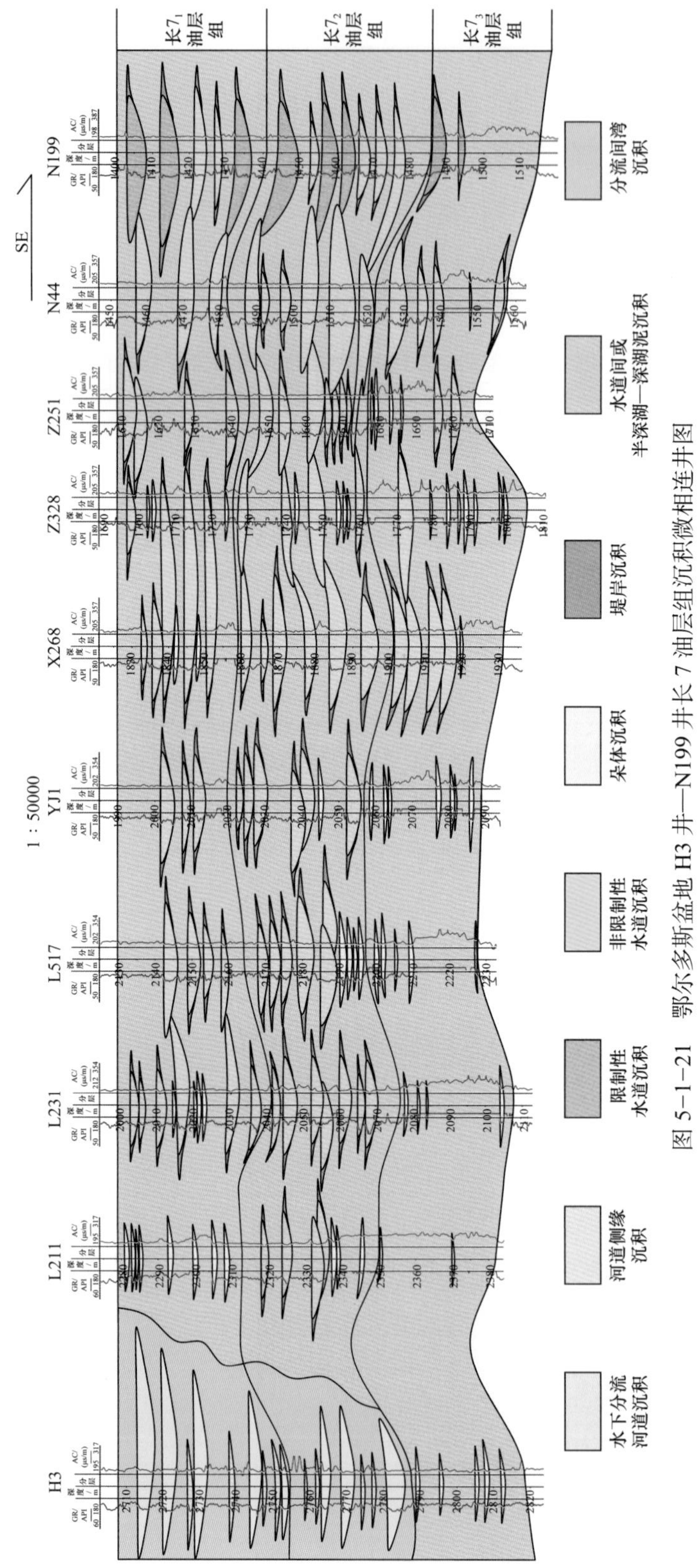

图 5-1-21 鄂尔多斯盆地 H3 井—N199 井长 7 油层组沉积微相连井图

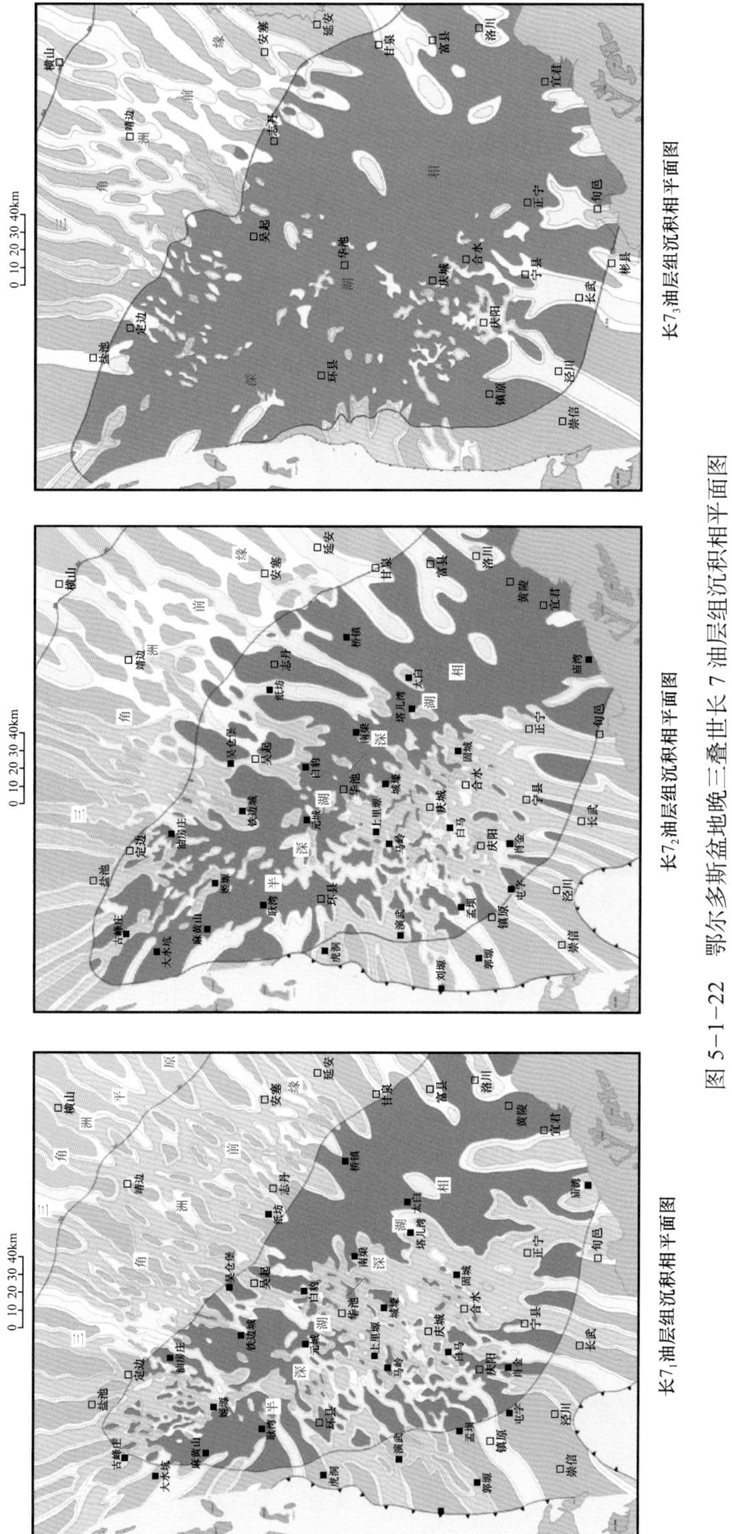

图 5-1-22　鄂尔多斯盆地晚三叠世长 7 油层组沉积相平面图

第二节　长 7 油层组富有机质烃源岩特征及其分布

一、烃源岩野外及岩心特征

（一）宏观特征

井下富有机质页岩样品外观呈黑色、质纯、手感较轻，部分样品点火可燃。露头风化后呈纸片状、黑色或浅灰白色、手感很轻、点火可燃。富有机质页岩中常见呈扁状的有机质团块、胶磷矿与有机质集合体（数毫米至 20mm，图 5-2-1）、黄铁矿和薄层凝灰质夹层（毫米级至数十毫米级）。薄片观察和电镜—能谱分析显示，集合体具二层结构特征，内核的主要成分为磷酸钙，荧光极弱，外层有机质很高，荧光很强。

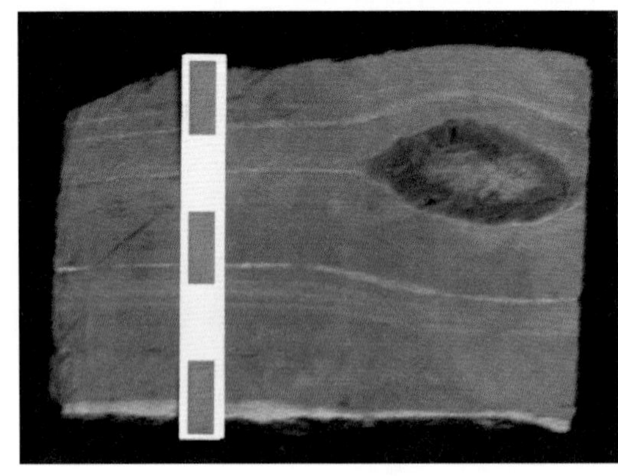
a. 2340.6m，岩心照片

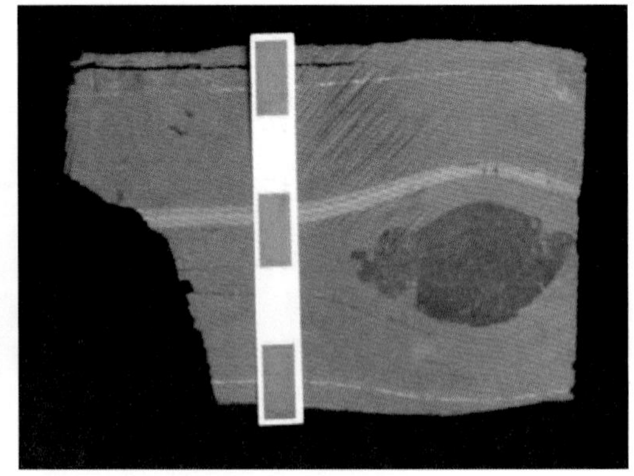
b. 2341.9m，岩心照片

图 5-2-1　鄂尔多斯盆地 L57 井长 7 油层组富有机质页岩中的磷结核

从单井特征来看，Z22 井延长组长 7 油层组 1542～1654m 连续取心，心长 99m，整体以深湖相黑色页岩为主，薄层粉砂岩零星分布（图 5-2-2）。

（二）矿物组成与分类

镜下观察，长 7 油层组富有机质页岩表现出富含莓状黄铁矿、富有机质纹层的显著特征。根据光学显微镜和电子显微镜下观察（图 5-2-3、图 5-2-4）、X 射线衍射分析，结合碳硫分析结果，可大致将富有机质页岩分为两类：黑色页岩主要发育于长 7 油层组底部，其主要特点为质硬、呈黑亮色，富有机质纹层、极富莓状黄铁矿、低—较低的黏土矿物含量、很高—高的有机质丰度；有机质与无机矿物（黏土、晶屑、玻屑等）呈纹层状分布（图 5-2-3），部分样品中富含凝灰质，并常与凝灰岩、震浊积砂岩呈互层状分布，震积岩发育。暗色泥岩主要分布于长 7 油层组中上部，主要特点为有机质纹层相对不太发育、相对富莓状黄铁矿、黏土矿物含量较低、有机质丰度高、震积岩较发育（图 5-2-4）。平面上，两类富有机质页岩的分布比例有所变化，如 L68 井以Ⅰ类富有机质页岩为主，L57 井以Ⅱ类富有机质页岩为主。

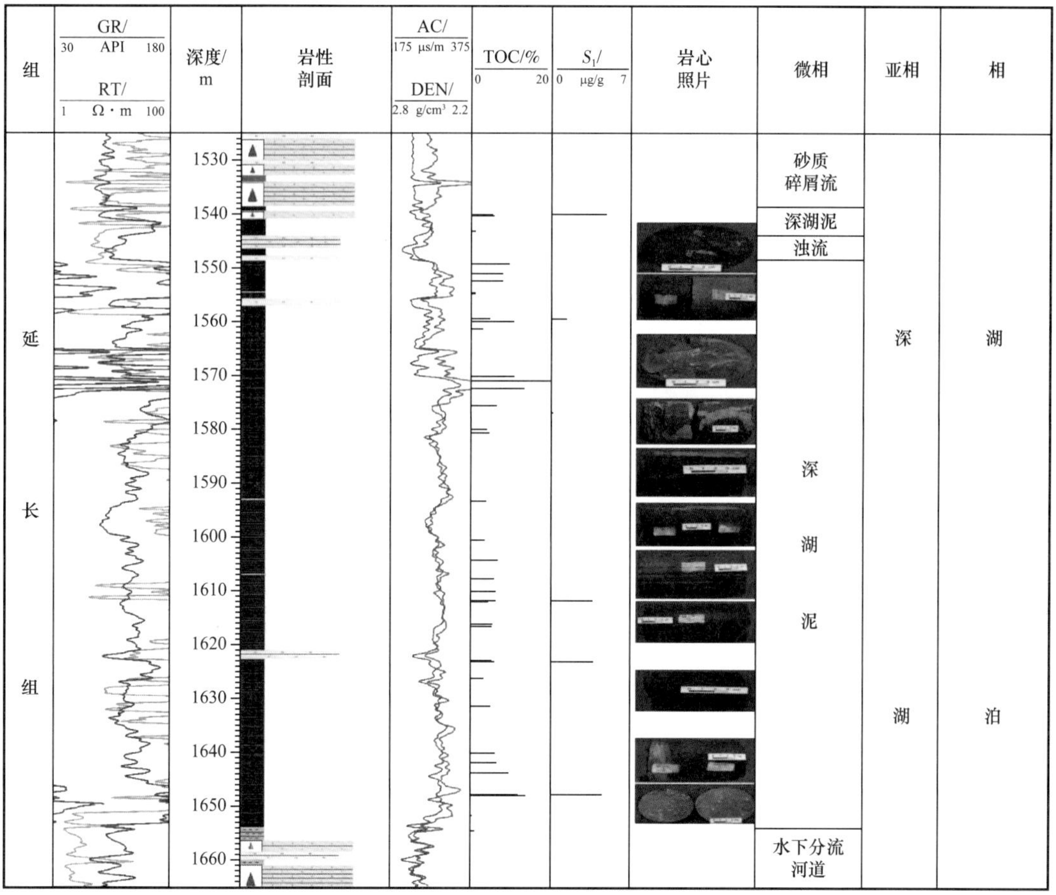

图 5-2-2 鄂尔多斯盆地 Z22 井长 7 油层组单井综合地质图

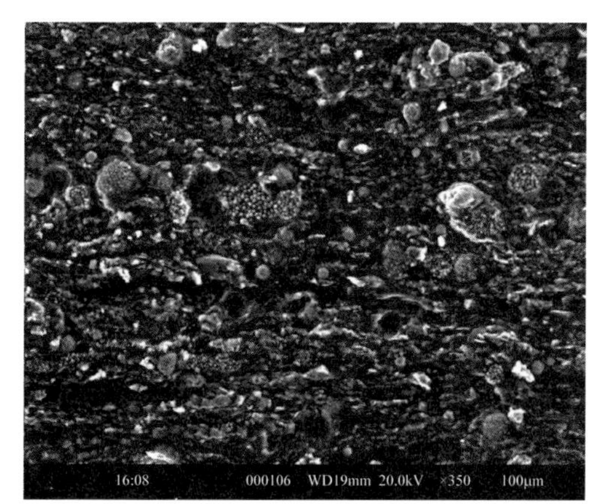

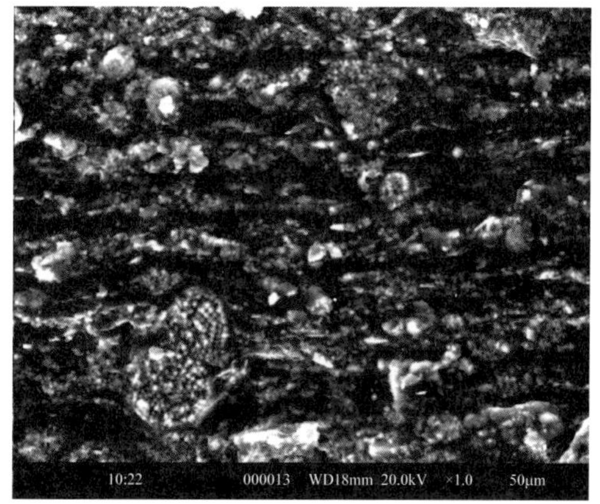

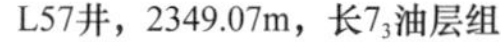

L57井，2349.07m，长7_3油层组　　　　Z66井，2047.04 m，长7_3油层组

图 5-2-3 鄂尔多斯盆地黑色页岩电镜照片

长 7 油层组富有机质页岩的碳硫分析与 X 射线衍射分析结果（表 5-2-1）显示，长 7 油层组富有机质页岩具有富含有机质和高含二价硫的特征。无机矿物主要由石英、斜长石、钾长石、碳酸盐、黏土和黄铁矿等成分组成。其中，石英、长石晶屑约占

40%～50%，黏土矿物含量主要分布于18%～37%，黄铁矿含量均大于10%、最高可达38.57%。对盆地内7口井25个样品X射线衍射分析测试结果的统计，Ⅰ类富有机质页岩的石英平均含量为22.75%，斜长石平均含量为10.74%，钾长石平均含量为9.43%，碳酸盐平均含量为7.40%，黏土矿物平均含量为25.14%，黄铁矿平均含量为24.54%；Ⅱ类富有机质页岩的石英平均含量为30.38%，斜长石平均含量为9.81%，钾长石平均含量为7.02%，碳酸盐平均含量为4.13%，黏土矿物平均含量为35.29%，黄铁矿平均含量为13.39%。显然，Ⅰ类富有机质页岩的黄铁矿含量明显高于Ⅱ类富有机质页岩，黏土矿物含量则明显低于Ⅱ类富有机质页岩，其他成分的差别不是很明显。

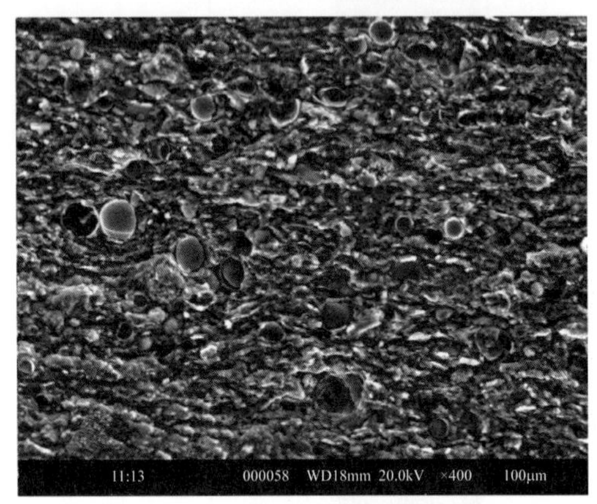

L57井，2337.05～2337.10m，长7_3层

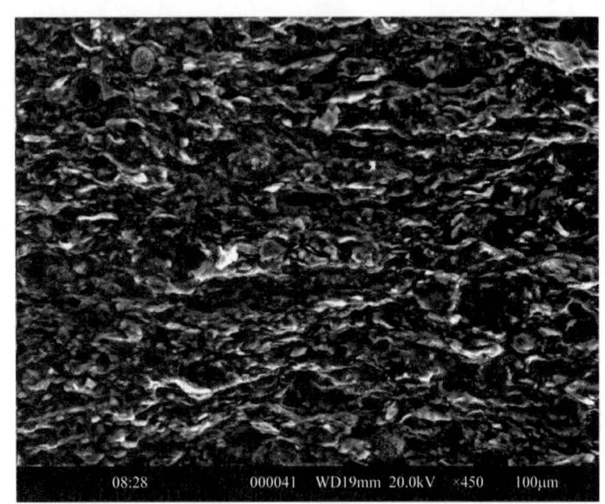

L57井，2329～2329.1m，长7_3层

图5-2-4 鄂尔多斯盆地暗色泥岩电镜照片

表5-2-1 鄂尔多斯盆地长7油层组富有机质页岩X射线衍射分析结果

井号	深度/m	岩石类型	TOC/%	S^{2-}/%	矿物含量/%					
					石英	斜长石	钾长石	碳酸盐	黏土矿物	黄铁矿
B246	2223	黑色页岩	26.69	7.09	20.83	12.81	8.25	3.63	36.87	17.6
B246	2240.3	黑色页岩	7.02	2.46	23.03	16.28	8.39	3.90	34.39	14.01
L57	2348.2	黑色页岩	20.68	13.80	9.19	8.80	10.58	11.03	27.96	32.43
L68	2077.7	黑色页岩	20.41	12.33	22.40	8.58	7.74	9.08	21.46	30.73
L68	2078.2	黑色页岩	16.79	6.18	31.83	10.25	6.05	5.56	30.55	15.76
L68	2079.8	黑色页岩	35.85	17.36	15.01	7.78	8.14	10.6	21.48	36.98
L68	2080.9	黑色页岩	32.37	13.52	12.57	7.65	9.73	11.94	19.54	38.57
L68	2081	黑色页岩	31.65	14.41	19.30	9.56	10.14	12.42	23.81	24.77
L32	2067.5	黑色页岩	17.73	6.05	23.90	13.40	11.80	5.00	24.60	21.34

续表

井号	深度 /m	岩石类型	TOC/%	S^{2-}/%	矿物含量 /%					
					石英	斜长石	钾长石	碳酸盐	黏土矿物	黄铁矿
Z50	1945	黑色页岩	10.14	3.90	42.21	14.70	11.50	4.25	18.63	8.71
Z50	1945.6	黑色页岩	18.34	11.51	22.90	12.30	10.80	6.00	27.40	20.65
Z50	1946	黑色页岩	8.41	7.40	25.50	17.70	11.10	11.60	15.50	18.42
M14	2123.3	黑色页岩	19.38	3.58	29.90	11.70	7.40	3.20	34.20	13.54
平均值			20.47	9.88	22.75	10.73	9.43	7.40	25.14	24.54
L57	2333.55	暗色泥岩	12.09	5.17	30.10	7.52	7.99	4.86	36.73	12.80
L57	2335.48	暗色泥岩	14.80	6.20	28.27	8.53	8.60	4.56	36.57	13.47
L57	2344.5	暗色泥岩	14.09	5.39	27.51	11.80	7.61	4.70	34.41	13.97
L68	1998.4	暗色泥岩	7.80	5.47	32.04	9.29	5.29	2.92	34.68	15.78
M14	2122.2	暗色泥岩	11.61	3.40	34.00	11.90	5.60	3.60	33.90	10.92
平均值			12.08	5.13	30.38	9.81	7.02	4.13	35.26	13.39

二、烃源岩地球化学特征

在晚三叠世长 7 油层组沉积早期，强烈的构造活动使得湖盆快速扩张，形成了大范围的深水沉积，大面积发育了一套富有机质优质烃源岩。综合岩性、岩石组分、有机质丰度和元素地球化学特征等将富有机质页岩划分为黑色页岩和暗色泥岩两大类。

（一）有机质丰度

有机地球化学测试资料表明，长 7 油层组黑色页岩样品的有机质丰度高—极高。残余有机碳含量主要分布于 6%～14%之间，最高可达 30%～40%（图 5-2-5）；残留可溶有机质含量即氯仿沥青“A”大多分布于 0.6%～1.2%之间，最高可达 2%以上（图 5-2-6）；热解生烃潜力 S_1+S_2 主要为 30～50mg/g，最高可达 150mg/g 以上（图 5-2-7）。由此可见，长 7 油层组黑色页岩为有机质十分富集的优质烃源岩，在陆相盆地中极为罕见。与高的有机碳含量相比较，其氯仿沥青“A”和生烃潜力明显偏低，这可能与黑色页岩发生了强烈的排烃作用有关。

长 7 油层组暗色泥岩残余有机碳含量主要分布于 2%～6% 之间（图 5-2-8），比黑色页岩有机质丰度低，但与中国其他陆相盆地相比较，也属于较好的烃源岩。氯仿沥青“A”含量大多为 0.2%～0.8%（图 5-2-9），平均含量在 0.6% 左右。热解生烃潜力主要分布于 4～20mg/g（图 5-2-10），平均生烃潜力约 11mg/g。

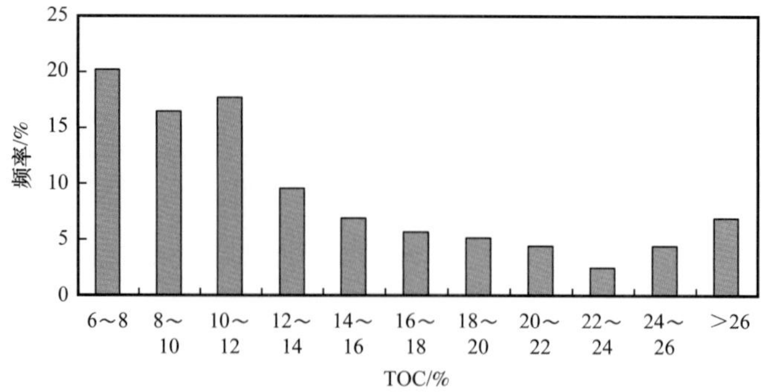

图 5-2-5　鄂尔多斯盆地长 7 油层组黑色页岩 TOC 频率分布图

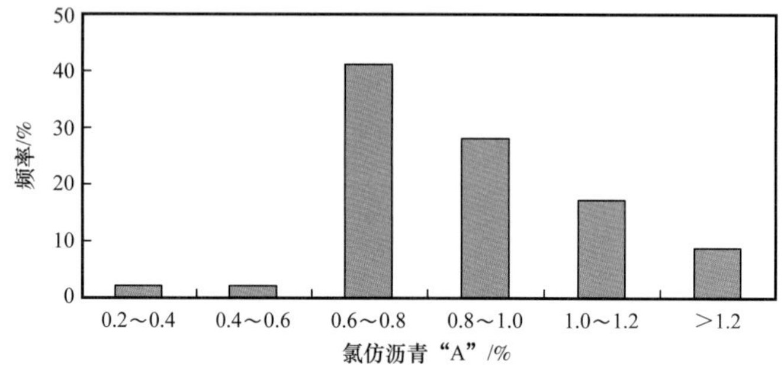

图 5-2-6　鄂尔多斯盆地长 7 油层组黑色页岩氯仿沥青“A”频率分布图

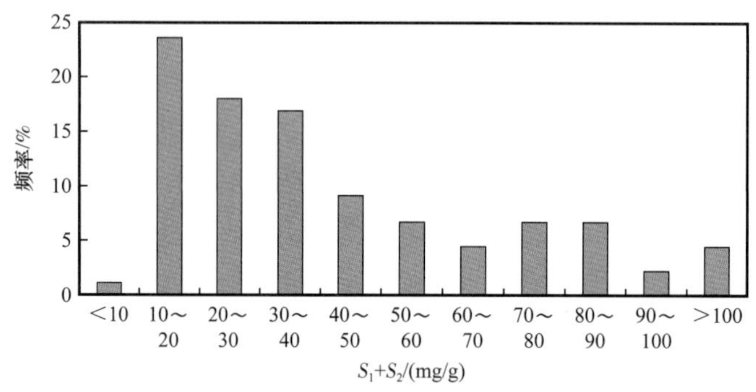

图 5-2-7　鄂尔多斯盆地长 7 油层组黑色页岩生烃潜力频率分布图

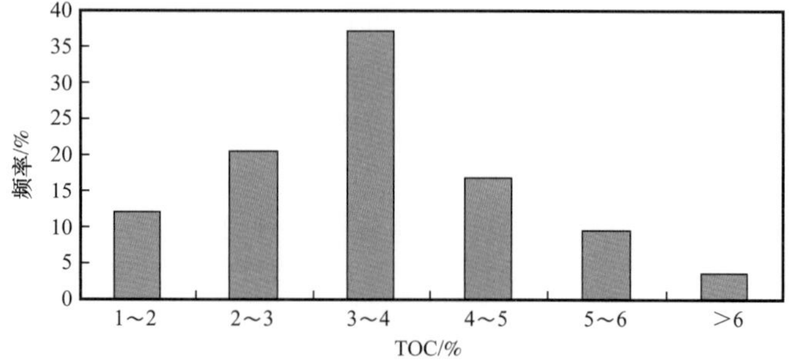

图 5-2-8　鄂尔多斯盆地长 7 油层组暗色泥岩 TOC 频率分布图

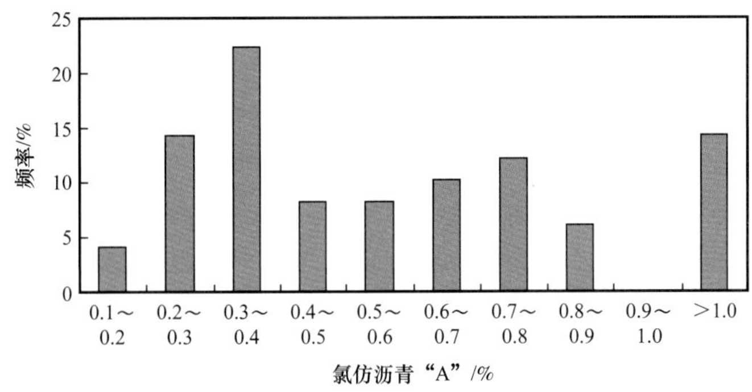

图 5-2-9　鄂尔多斯盆地长 7 油层组暗色泥岩氯仿沥青“A”频率分布图

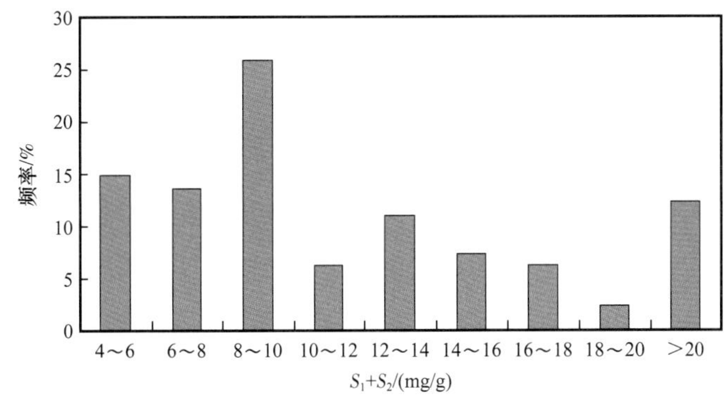

图 5-2-10　鄂尔多斯盆地长 7 油层组暗色泥岩热解生烃潜力频率分布图

（二）有机质性质

表征烃源岩有机质性质的方法主要有岩石热解、干酪根显微组分观察与碳同位素测试及可溶有机质的族组成、色谱色质分析等，从而综合评价有机质性质。

1. 岩石热解色谱参数

热解色谱分析显示，黑色页岩具有高生烃潜力、较高氢指数（I_H 为 200～400mg/g）和低氧指数（I_O 小于 5mg/g）的特征，母质类型以 Ⅰ 型为主（图 5-2-11）。暗色泥岩与黑色页岩特征基本相似，氢指数较高（I_H 为 200～400mg/g）而氧指数偏低（I_O 大多小于 20mg/g），同样反映出腐泥型（Ⅰ 型）母质的特征（图 5-2-12）。

2. 干酪根性质

透射光和反射光的镜下观察和鉴定表明，黑色页岩与暗色泥岩的干酪根均以无定形类脂体为主（图 5-2-13，图 5-2-14），组分单一；在透射光下呈棕褐色、淡黄色，紫外光和蓝光激发下呈亮黄色、棕褐色荧光。黑色页岩的干酪根内，细条状发亮黄色荧光的类脂体更为富集，并清晰可见分散状和条带状黄铁矿。因此，长 7 油层组黑色页岩、暗色泥岩的前生物均以湖生低等生物——藻类等为主。

长 7 油层组黑色页岩、暗色泥岩干酪根均具有富稳定同位素 ^{12}C 特征，干酪根的 $\delta^{13}C$ 值十分接近，主要分布在 −30‰～−28.5‰之间，干酪根碳同位素组成与热解氢指数、

H/C 原子比之间呈较好的正相关关系，说明干酪根碳同位素组成能够反映有机母质类型（图 5-2-15）。与我国东部地区古近系半咸水—咸水沉积的烃源岩相比，长 7 油层组黑色页岩的 $\delta^{13}C$ 值明显偏负，如东营凹陷沙四段烃源岩干酪根的总体碳同位素峰值在 −28‰～−27‰之间，反映出它们在发育环境和生物种类等方面存在较大的差异。表明长 7 油层组黑色页岩干酪根以湖生低等水生生物为主，其沉积水体含盐度较低。

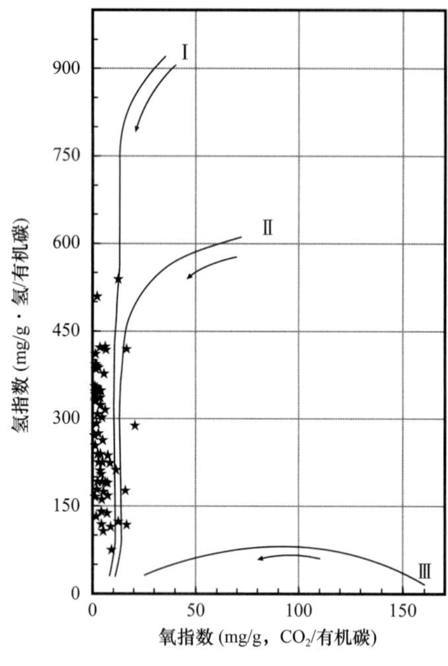

图 5-2-11　鄂尔多斯盆地长 7 油层组黑色页岩热解色谱 I_H—I_O 交会图

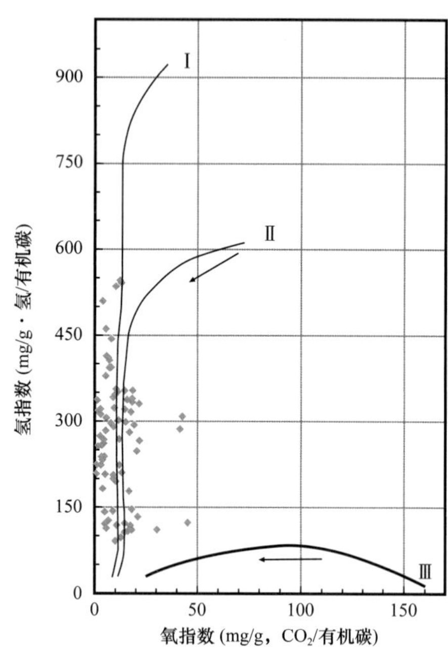

图 5-2-12　鄂尔多斯盆地长 7 油层组暗色泥岩热解色谱 I_H—I_O 交会图

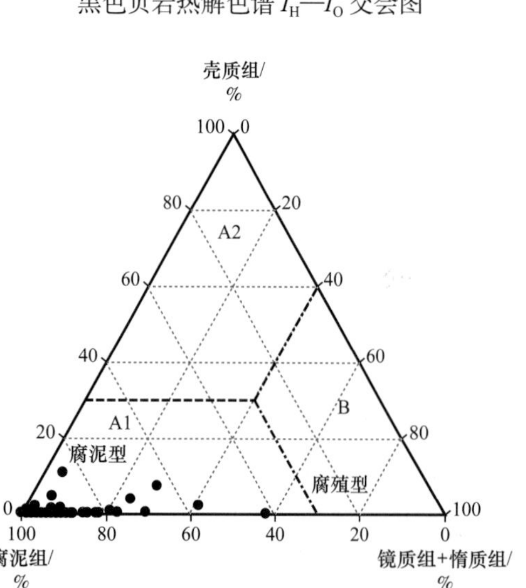

图 5-2-13　鄂尔多斯盆地长 7 油层组黑色页岩干酪根显微组成三角图

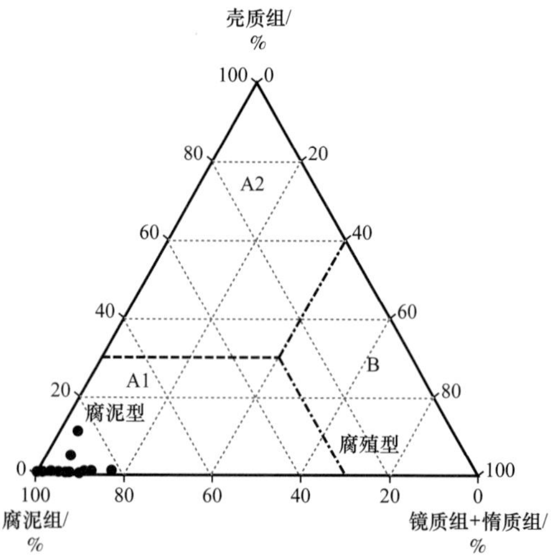

图 5-2-14　鄂尔多斯盆地长 7 油层组暗色泥岩干酪根显微组成三角图

3. 甾萜类生物标志化合物分布特征

各种生物标志化合物都是各种不同或相同沉积环境中母质的产物，有些生物标志化合物的分布具有普遍性，有些则仅是某一特定沉积环境或某一时代沉积中所特有，或者不同生物标志化合物的相对含量在不同沉积物中不同。因此，生物标志化合物有时也被认为是分子化石。通过生物标志化合物分子组成的研究可以获得有机质的来源、沉积环境、母质性质等方面的重要信息。

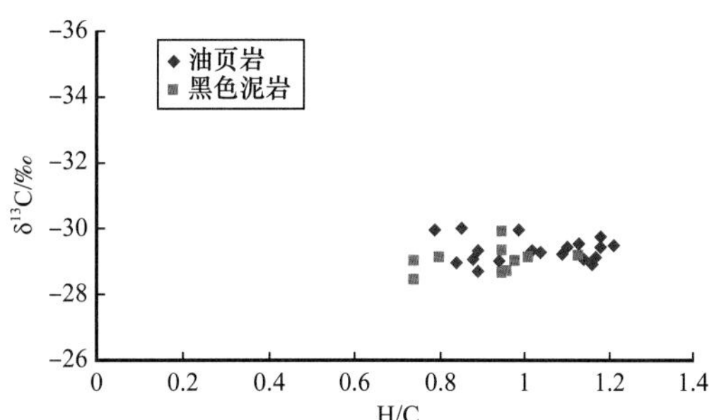

图 5-2-15　鄂尔多斯盆地长 7 油层组烃源岩干酪根碳同位素组成与 H/C 的关系

长 7 油层组黑色页岩饱和烃馏分中的生物标志化合物特征相似，暗示了母源的一致性。萜烷类化合物如图 5-2-16 所示，三环萜烷含量相对较低，五环萜烷含量较高；三萜类以 αβ 藿烷系列为优势成分，且 C_{30} 藿烷占绝对优势，莫烷系列丰度明显较低，新藿烷和重排藿烷均不发育；Ts 的相对强度高于 Tm；伽马蜡烷含量很低，反映其形成于盐度较低的沉积环境；C_{31} 藿烷 22S/（22S + 22R）值比较接近，主要分布范围介于 0.44～0.57，异构化特征参数分布表明研究区黑色页岩大部分异构化作用较为一致，均达到或接近其热平衡终点值。

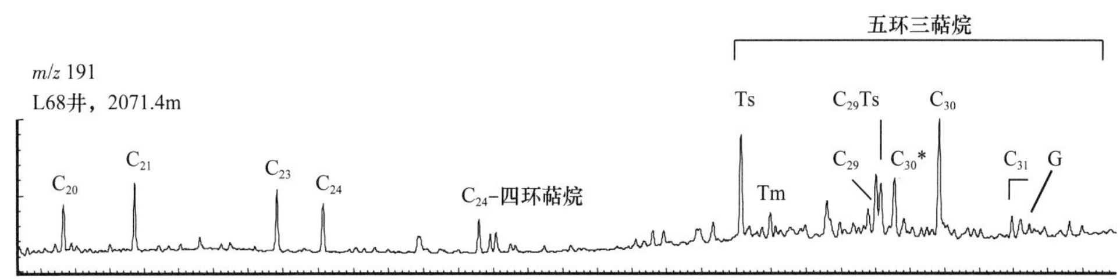

图 5-2-16　鄂尔多斯盆地长 7 油层组黑色页岩饱和烃馏分中萜烷类化合物

甾烷类化合物（图 4-2-17）以规则甾烷为主，重排甾烷含量相对较低；规则甾烷中，C_{29} 甾烷的相对强度普遍较高，C_{28} 甾烷的相对含量略低，C_{27} 甾烷含量较低；甾烷异构化程度较为一致，具有成熟的特征，C_{29}ααα 甾烷 20S/（20S+20R）为 0.37～0.61，平均为 0.5；C_{29} 甾烷 αββ/（αββ+ααα）为 0.44～0.58，平均为 0.42。大部分样品的 C_{29}ααα 甾烷 20S/（20S+20R）异构化参数已达到或接近其平衡终点值（0.52～0.55），C_{29} 甾烷 αββ/（αββ+ααα）异构化参数为 0.67～0.71，反映了黑色页岩经历了较高的成熟作用。

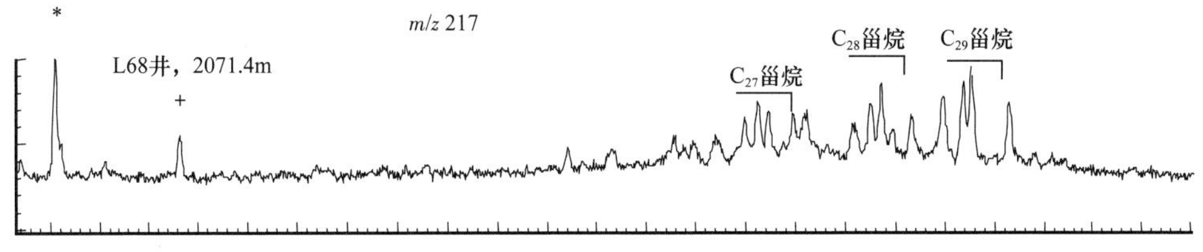

图 5-2-17　鄂尔多斯盆地长 7 油层组黑色页岩饱和烃馏分中甾烷类化合物

* 为孕甾烷；+ 为升孕甾烷

暗色泥岩的萜烷特征分布各异，大致有四种情况（图 5-2-18）：（1）Z8 井以 αβ 藿烷系列为优势成分，且 C_{30} 藿烷占绝对优势，莫烷系列丰度明显较低，新藿烷和重排藿烷相对含量很低；（2）H65 井中 C_{30}^* 较 C_{30} 藿烷的相对含量略为偏高，C_{29} 藿烷相对含量较低，呈现重排藿烷占优势的特点；（3）H63 井中三萜烷相对含量较其他井偏低，但以 C_{30}^* "一枝独秀"，较其他化合物表现出很强的优势；（4）L57 井中 C_{30}^* 相对含量亦较高，且 Ts 相对含量也较高。总体而言，暗色泥岩与黑色页岩萜烷化合物的最大差别在于 C_{30}^* 的相对含量较高，显示其形成于浅湖—半深湖相的亚氧化环境。暗色泥岩的甾烷特征与黑色页岩一致，反映其母源基本相似且成熟度差别不大。

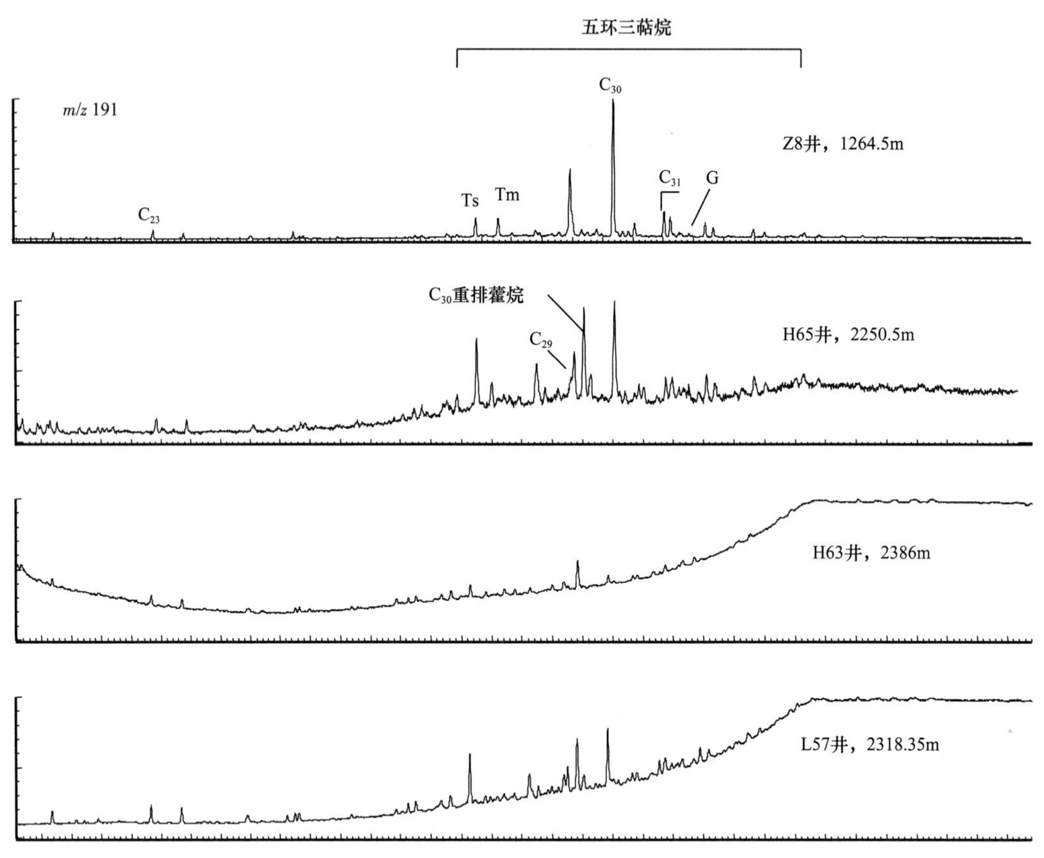

图 5-2-18　鄂尔多斯盆地长 7 油层组暗色泥岩饱和烃馏分中萜烷类化合物

（三）有机质热演化程度

镜质组反射率测试结果表明，长 7 油层组富有机质页岩发育区的绝大部分地区均已达到了成熟—高成熟早期，R_o 分布于 0.9%～1.2%，处于生油高峰的成熟阶段。此外，饱和烃各组分呈奇偶均势（OEP 值为 0.95～1.21），甾烷异构化指数 C_{29}ααα 甾烷 20S/（20S+20R）平均为 0.50，C_{29} 甾烷 αββ/（αββ+ααα）平均为 0.42，C_{31} 藿烷 22S/（22S+22R）主要分布在 0.44～0.57 之间，均达到或接近其热平衡终点值，同样反映了长 7 油层组富有机质页岩经历了较高的成熟作用。

三、高有机质富集成因机理

影响有机质富集的因素很多，如有机质的原始产率、水体和沉积物中的氧气含量（富氧或缺氧）、水循环作用和沉积速率等。富集有机质的优质烃源岩的形成必须具备有机质的高生产力和沉积物表层或底层水的缺氧环境。高生产力下所提供的丰富的原始有机质是沉积物中有机质得以富集的前提条件。同时，高生产力形成的有机质堆积，可引起强烈的细菌降解等生化作用，菌解作用等的耗氧性可促进底层水或表层沉积物缺氧环境的形成。因此，高生产力是有机质富集的先决条件，缺氧环境是有机质保存和富集的促进因素。另外，沉积速率也会影响有机质的富集程度，湖泛期的湖盆中心欠补偿沉积相带——深湖相带更有利于有机质的富集。

（一）晚三叠世长 7 油层组沉积湖泛期的高生产力特征

晚三叠世的区域构造活动造成了长 7 油层组沉积早期的大规模湖泛。长 7 油层组沉积期也是晚三叠世湖盆演化过程中的最大湖泛期，湖盆的快速扩张形成了大范围的半深湖—深湖相。湖盆水域的扩张和变深为浮游藻类、底栖藻类及水生动物的大量繁殖提供了重要的基础条件。

烃源岩的岩石学研究表明，长 7 油层组富有机质页岩中显微纹层十分发育，并常见富含有机质的磷酸盐结核，表征了沉积时初级生产力高的特征。烃源岩的元素地球化学研究揭示出长 7 油层组富有机质页岩中 P_2O_5、Fe、V、Cu、Mo、Mn 等生物营养元素明显富集的特点，因此，长 7 油层组沉积期生物的高生产力特征十分明显。

湖盆沉积水体的富营养特征是引起高生产力的重要控制因素。长 7 油层组烃源岩有机质丰度（TOC）与 P_2O_5、Fe、V、Cu、Mo、Mn 的相关性分析（图 5-2-19 至图 5-2-24）可以清楚看出，烃源岩的有机质丰度（TOC）与 P_2O_5、Fe、V、Cu、Mo、Mn 等营养元素存在着良好的正相关关系，反映出水体中丰富的营养物质是引起生物勃发和有机质高生产力的关键因素。

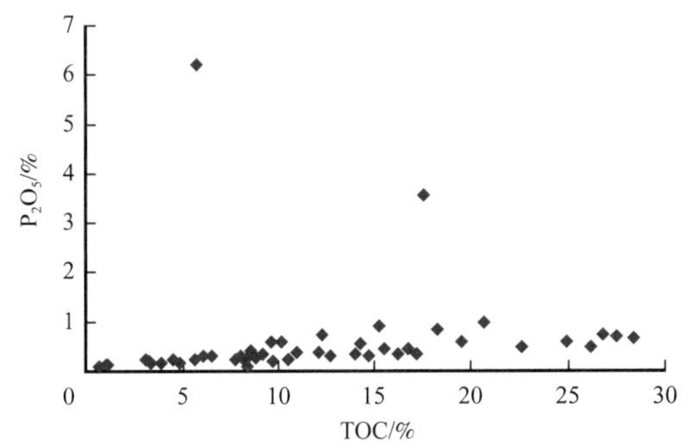

图 5-2-19　鄂尔多斯盆地长 7 油层组富有机质页岩 TOC—P_2O_5 相关关系图

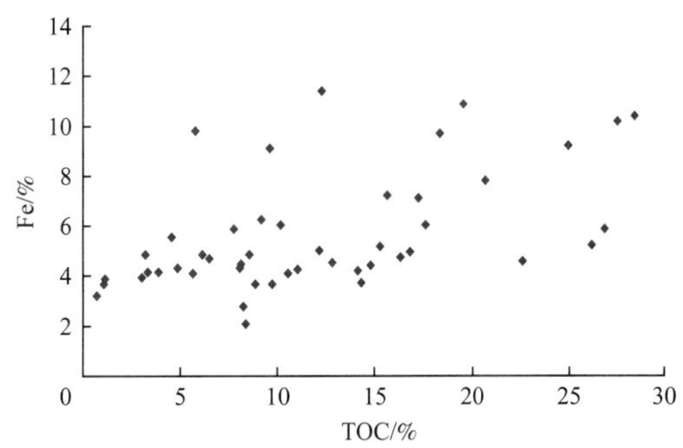

图 5-2-20　鄂尔多斯盆地长 7 油层组富有机质页岩 TOC—Fe 相关关系图

另外，烃源岩的有机质丰度与 U 元素的含量也存在良好的正相关关系（图 5-2-25）。U 元素的富集一般指示缺氧环境，并且与有机质的富集有关，与生产力的内在关系有待进一步研究。

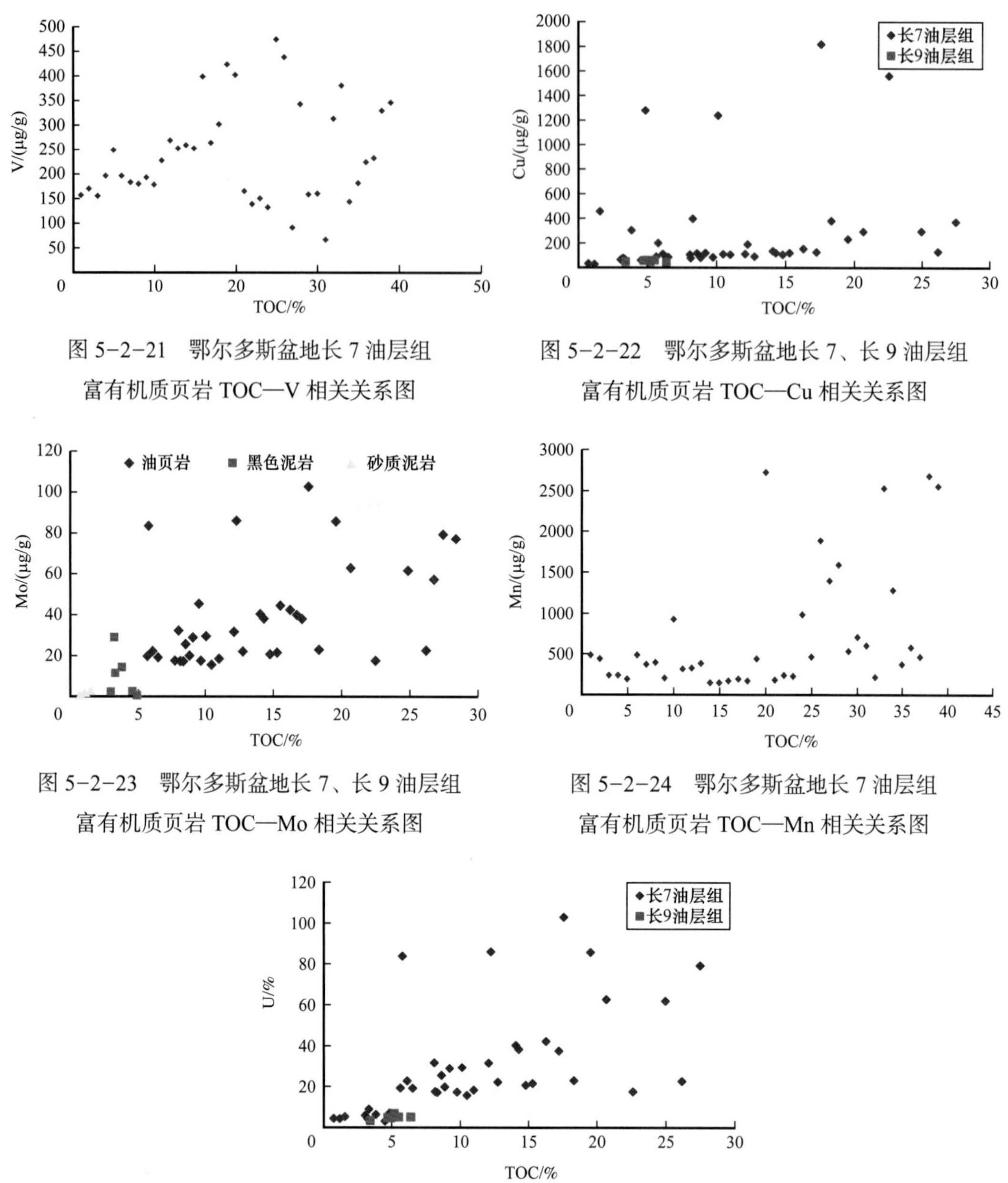

图 5-2-21　鄂尔多斯盆地长 7 油层组富有机质页岩 TOC—V 相关关系图

图 5-2-22　鄂尔多斯盆地长 7、长 9 油层组富有机质页岩 TOC—Cu 相关关系图

图 5-2-23　鄂尔多斯盆地长 7、长 9 油层组富有机质页岩 TOC—Mo 相关关系图

图 5-2-24　鄂尔多斯盆地长 7 油层组富有机质页岩 TOC—Mn 相关关系图

图 5-2-25　鄂尔多斯盆地长 7、长 9 油层组富有机质页岩 TOC—U 相关关系图

（二）缺氧环境及其对有机质富集的影响

氧化—还原环境是影响有机质保存条件的关键因素，缺氧环境无疑有利于有机质的良好保存。通常某些元素特别是变价元素的地球化学行为与氧化—还原环境有着密切的关系，某些元素——U、S、V、Eu 等在缺氧环境下呈低价，易沉积富集，因此长 7 油层组富有机质优质烃源岩富黄球状黄铁矿、高 S^{2-} 含量等，以及富有机质烃源岩的大范围发育充分表征了底层水和沉积物表层的缺氧特征。

从图 5-2-26 可以清楚地看出，长 9—长 6 油层组烃源岩的 U/Th 值与 V/（V+Ni）值之间具有良好的正相关关系，长 7 油层组富有机质烃源岩具有高 U/Th 值、高 V/（V+Ni）值的显著特征，因此，其缺氧程度明显高于其他烃源岩。

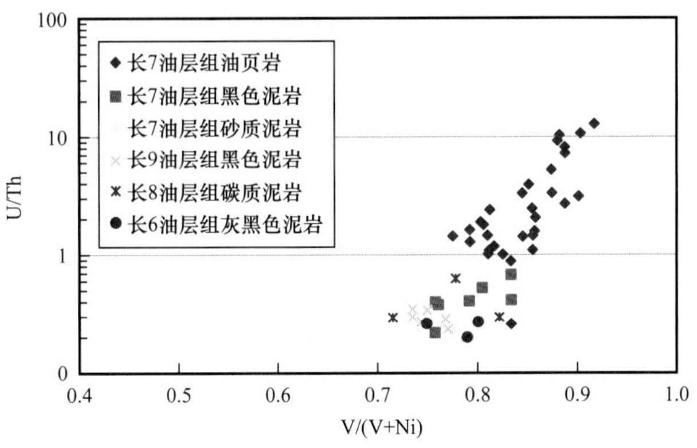

图 5-2-26　鄂尔多斯盆地延长组烃源岩 V/（V+Ni）—U/Th 相关关系图

烃源岩有机质丰度与 S^{2-}、U/Th、V/（V+Ni）等的正相关关系（图 5-2-27 至图 5-2-29）充分反映了缺氧环境在有机质保存与富集中所起的重要作用，S^{2-} 含量、V/（V+Ni）、V/Sc、V/Th、U/Th 等参数值反映出缺氧程度越高，沉积物——烃源岩中有机质富集程度越高。

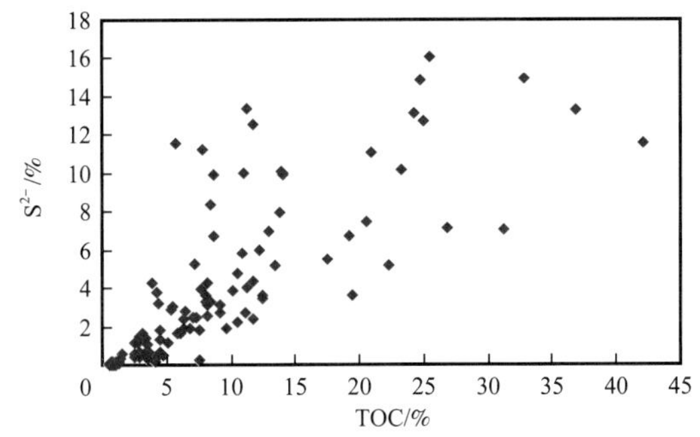

图 5-2-27　鄂尔多斯盆地长 7 油层组富有机质页岩 TOC 与还原硫含量之间的关系

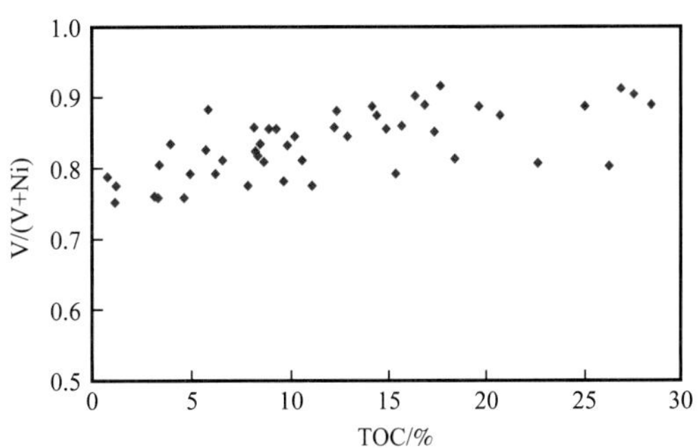

图 5-2-28　鄂尔多斯盆地长 7 油层组富有机质页岩 TOC—V/（V+Ni）相关关系

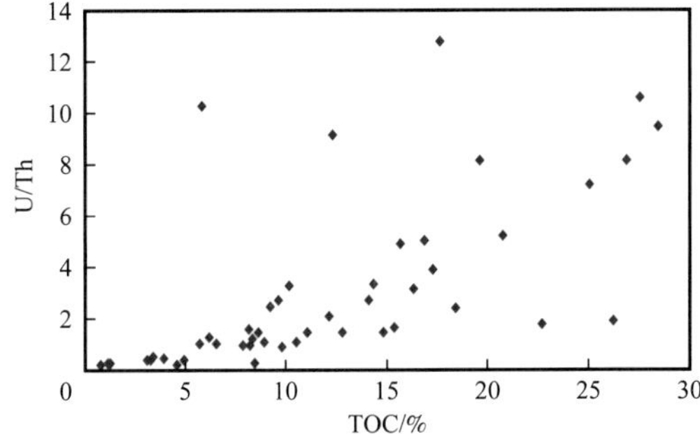

图 5-2-29　鄂尔多斯盆地长 7 油层组富有机质页岩 TOC—U/Th 相关关系

发育于长 7 油层组沉积早期湖盆快速扩张—缓慢回升过程的富有机质页岩，其各项无机地球化学参数也清楚地反映出氧化—还原环境的变化特征及其与有机质富集的关系（图 5-2-30）。

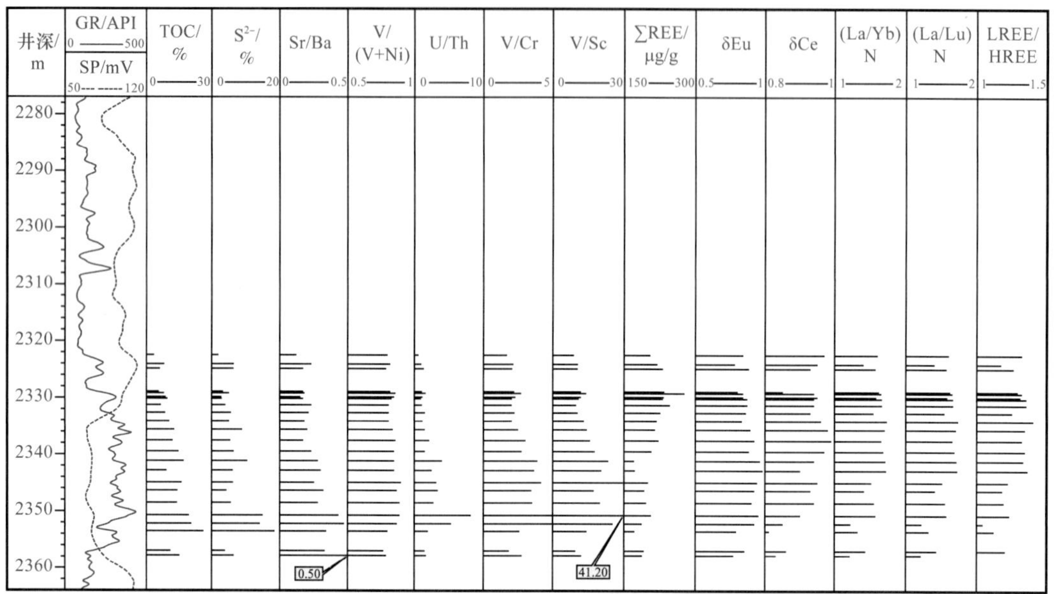

图 5-2-30　鄂尔多斯盆地 L57 井长 7 油层组富有机质页岩的各项无机地球化学参数的纵向变化趋势

（1）在湖盆快速扩张期（2358～2350m），S^{2-}、V/（V+Ni）、U/Th 等参数表现出快速增高的趋势，同时，V/Cr、V/Sc、δEu、δCe 等参数也相应地呈增高趋势，表征了缺氧环境的形成与演化。随着湖盆的扩张和水体变深、缺氧程度的增强，有机质的富集程度也明显提高。

（2）在湖盆稳定沉积期（2350～2340m），S^{2-}、V/（V+Ni）、U/Th、V/Cr、V/Sc、δEu、δCe 等各项参数处于高值，反映出沉积环境的缺氧特征。相应地，有机质富集程度也维持了高水平。

（3）湖盆缓慢抬升期（2340～2322m），S^{2-}、V/（V+Ni）、U/Th、V/Cr、V/Sc、δEu、δCe 等各项参数呈现出逐步降低的趋势，相应地，有机质富集程度也表现出逐步降低的趋势。

（三）长 7 油层组富有机质页岩发育模式

综合上述研究，长 7 油层组富有机质页岩的发育模式可能属区域地球动力系统活动产生的地质事件作用下的高生产力模式。具体可表述为：（1）晚三叠世长 7 油层组沉积早期，强烈的区域拉张伸展构造活动引起的大规模湖泛——大范围的深湖—半深湖、水体盐度较低；（2）与区域构造活动相伴随的地震、火山喷发、海侵与湖底热水活动促进了富营养湖盆的形成，诱发了高的生物生产力；（3）高生物生产力、湖底热水活动和火山喷发活动造成了十分有利于有机质保存的缺氧环境；（4）湖盆中心深湖区欠补偿沉积促进了有机质的富集。

四、烃源岩类型及空间分布

由于长 7 油层组黑色页岩、暗色泥岩在有机地球化学、元素地球化学、岩石组构等特征方面差异明显，测井响应也有所不同。要全面了解盆地烃源岩的空间展布与发育规模仅仅依靠有限的烃源岩有机地球化学测试资料是远远不够的，必须依靠大量的测井或地球物理资料才能实现。因此，建立主要烃源层的测井有机相标志、对富有机质页岩进行分类识别，对于认识烃源岩的空间展布与发育规模是十分关键的。

（一）富有机质页岩的分类识别

通常，自然伽马值（GR）是反映岩石性质的基本参数，与岩石中的 K_2O、U、Th 等放射性元素的含量存在着密切的关系。从烃源岩的有机质丰度、自然伽马值与 K_2O、U、Th 等放射性元素含量的相关性分析（图 5-2-31 至图 5-2-33）可以清楚看出，测井伽马值（API）与 U 元素的丰度呈明显的正相关关系，与 Th、K_2O 之间呈负相关关系，说明烃源层伽马值的显著正异常是铀正异常的直接响应。由此可见，放射性测井的自然伽马值不仅反映了烃源岩的铀正异常特征，而且还反映了烃源岩高有机质丰度的特征（图 5-2-34）。因此，自然伽马值应是烃源岩分类识别的重要的测井有机相参数。同时，有机质丰度与岩石密度之间存在负相关性，虽然富有机质页岩的黄铁矿含量高，但是其低密度的特征仍十分明显，因此，岩石密度测井参数也是烃源岩分类识别的重要测井有机相参数。另外，电阻率、声波时差、电位等可以作为烃源岩分类识别的辅助测井有机相参数。

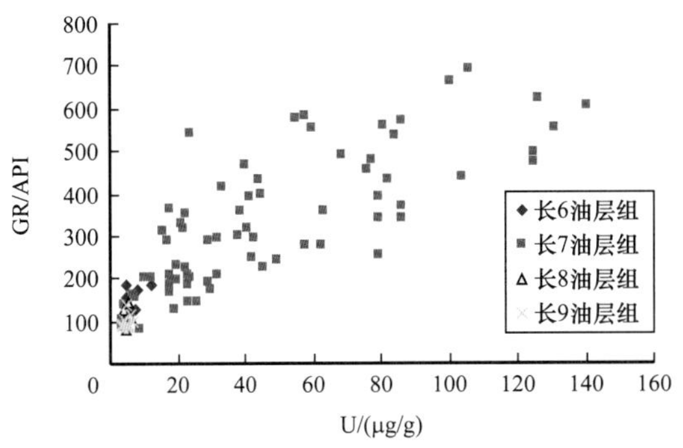

图 5-2-31　鄂尔多斯盆地长 6—长 9 油层组湖相烃源岩 U 含量与自然伽马值的关系

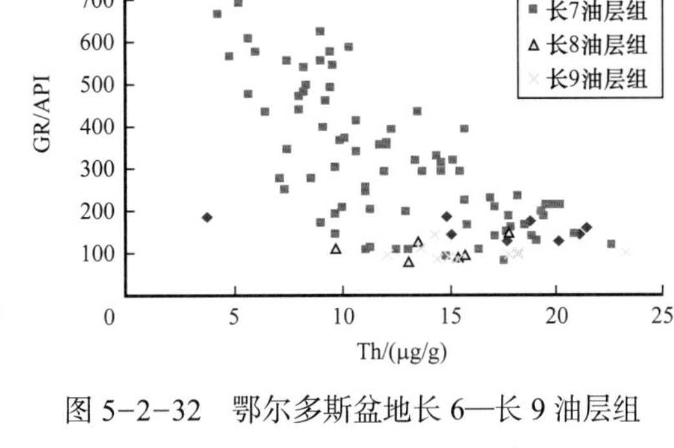

图 5-2-32　鄂尔多斯盆地长 6—长 9 油层组湖相烃源岩 Th 含量与自然伽马值的关系

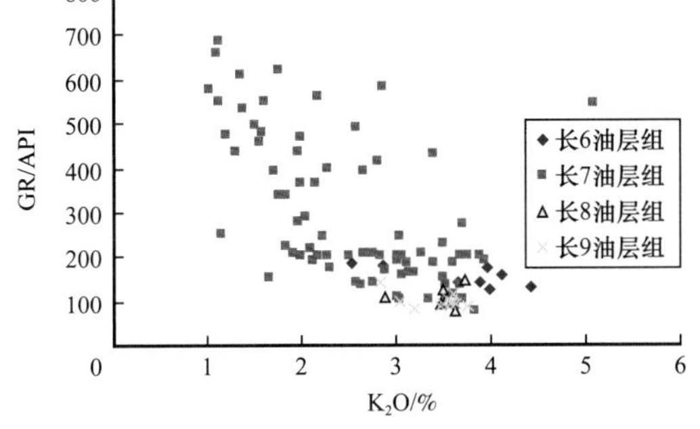

图 5-2-33　鄂尔多斯盆地长 6—长 9 油层组湖相烃源岩 K_2O 含量与自然伽马值的关系

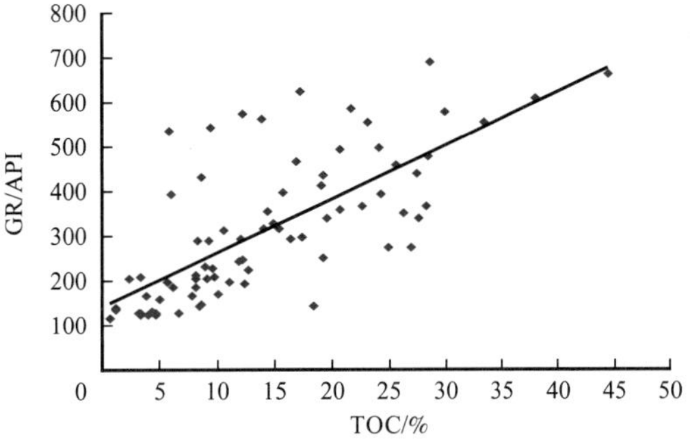

图 5-2-34　鄂尔多斯盆地长 7 油层组烃源岩的有机质丰度与自然伽马值的关系

根据以上讨论，结合测井—有机地球化学剖面的对比分析，可以建立识别各主要烃源层的测井有机相标志。

1. 黑色页岩

黑色页岩有机质十分富集（TOC≥6%），具有异常高的自然伽马、异常高的电阻率、异常低的岩石密度和低电位等显著特征，即自然伽马值大于180API，岩石密度小于2.4g/cm^3，电阻率高于50Ω·m（图5-2-35）。需要注意的是，在白豹地区长7油层组富有机质烃源岩的下段往往存在砂泥互层组合方式，由于富有机质层的厚度较小，砂岩对其测井响应的“屏蔽作用”较为明显，因此，在薄层的识别中应注意综合分析，以提高识别的准确性。

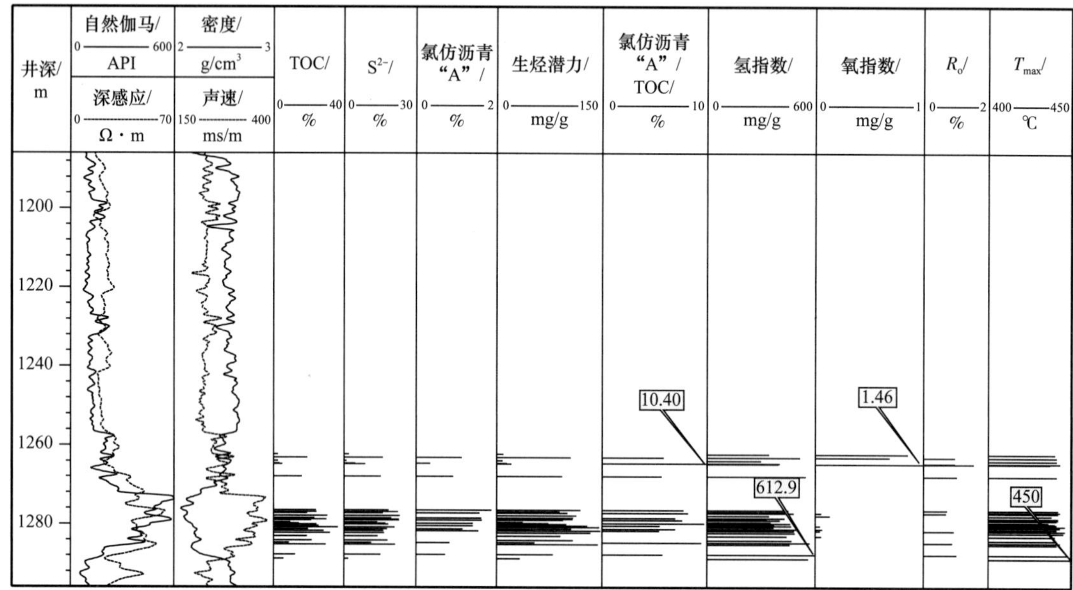

图5-2-35　鄂尔多斯盆地Z8井长7油层组富有机质页岩测井—有机地球化学综合剖面图

2. 暗色泥岩

暗色泥岩有机质丰度较高（TOC<6%），具有较高的自然伽马、较高的电阻率、较低的岩石密度等特征，自然伽马值一般在120～160API之间，岩石密度为2.4～2.5g/cm^3，电阻率大于40Ω·m（图5-2-36）。在具体识别上，还应注意其产状、分布特征等，同时还需要考虑是否存在井径扩大等现象。

（二）富有机质页岩的空间展布规律

两类富有机质页岩在空间上的分布具有一定的差异性与规律性。纵向上，长7油层组下、中段主要发育黑色页岩，长7油层组的上、中段则主要发育暗色泥岩；平面上，两类富有机质页岩的分布具有互补性（图5-2-37、图5-2-38），黑色页岩主要发育于湖盆中部的深湖相，而暗色泥岩发育于邻近湖盆中部的半深湖相带。从其累计厚度来看，黑色页岩的最大厚度可达35m，位于环县、正宁一带；暗色泥岩的厚度较大，最大累计厚度可达100m以上，以大水坑—麻黄山—耿湾、塔尔湾地区最为发育。

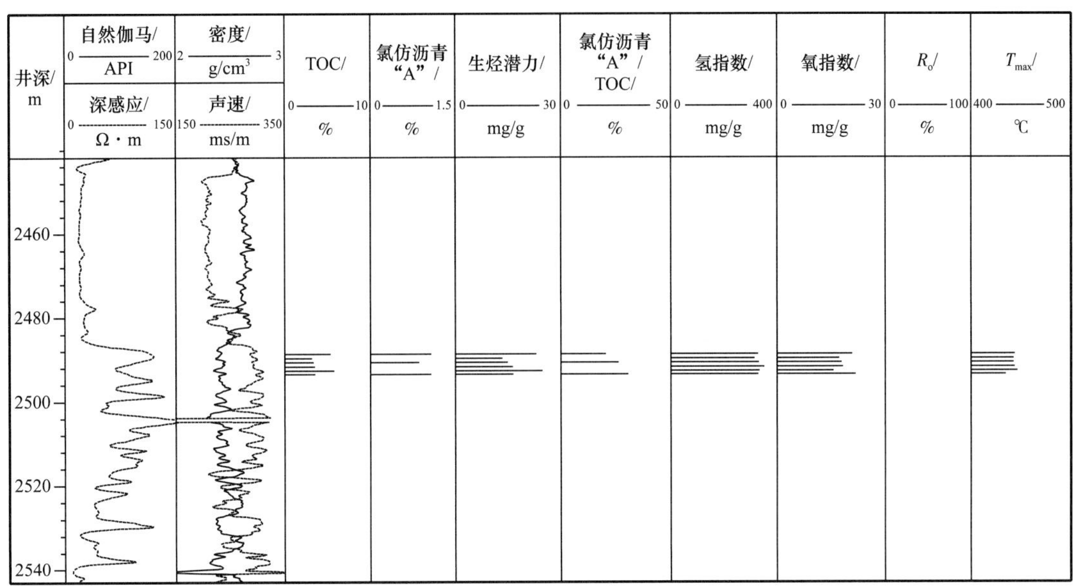

图 5-2-36　鄂尔多斯盆地 M13 井长 7 油层组黑色泥页岩生油岩测井—有机地球化学综合剖面图

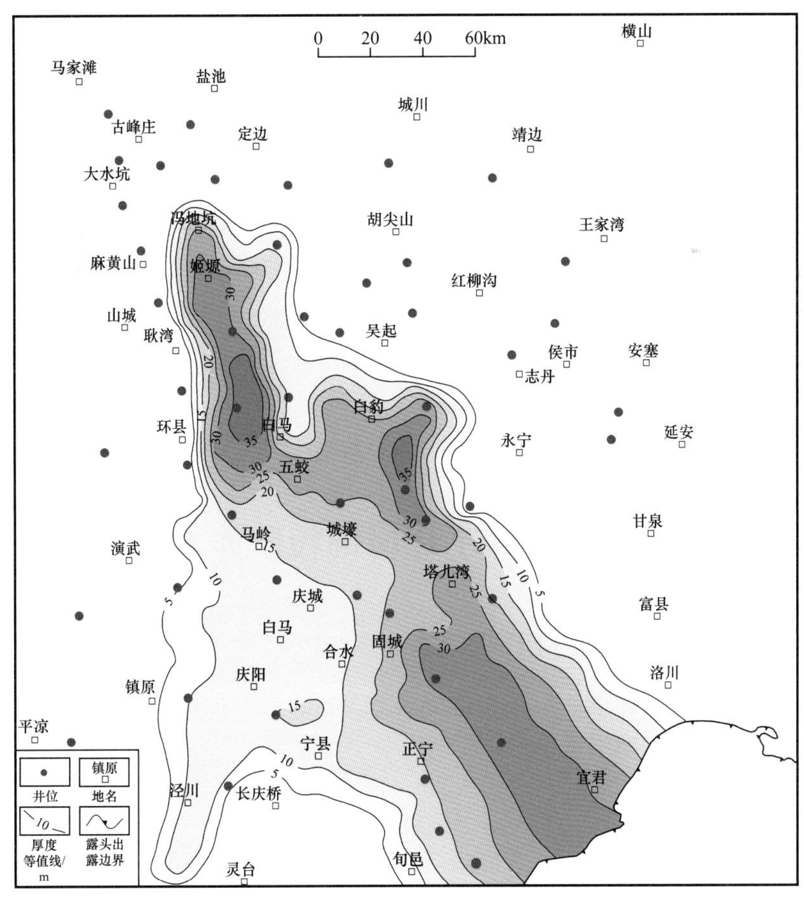

图 5-2-37　鄂尔多斯盆地延长组长 7 油层组黑色页岩分布图

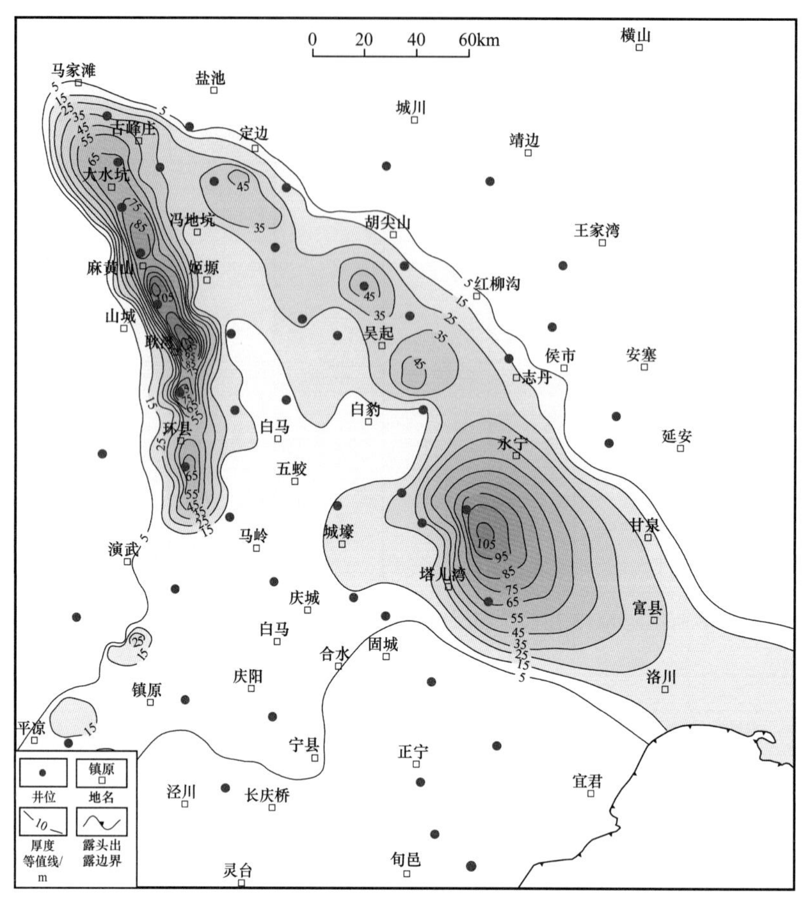

图 5-2-38　鄂尔多斯盆地延长组长 7 油层组暗色泥岩分布图

黑色页岩分布稳定，规模较大，其有机质丰度高—极高，有机质类型以 I 型为主，处于生油高峰期，排烃程度强，为中生界延长组致密油成藏提供了优质烃流体与较强的动力，在致密油成藏中起到了十分关键的作用。暗色泥岩在麻黄山、塔尔湾等地区厚度较大，排烃强度中等，在局部地区的致密油成藏中起到了重要作用。

第三节　长 7 油层组深水环境细粒砂体大面积分布成因

一、不同类型砂岩动力机制

综合颗粒大小、砂岩厚度、沉积构造等参数分析，长 7 油层组主要发育牵引流与重力流两种不同流体搬运机制所形成的砂体。

（一）牵引流成因

牵引流属于牛顿流体，一般代表能沿沉积底床搬运沉积物的流体，在长 7 油层组主要表现为河流、湖流等对沉积物的搬运作用。主要形成由水下分流河道席状砂、河口沙坝组成的砂级细粒沉积岩，包含细砂岩、粉砂岩（图 5-3-1），呈块状—中层状，发育中大型及小型交错层理，碎屑颗粒通常为次圆状—圆状，粒度分选好，粒度概率累计曲线显示为“两段式”“三段式”（图 5-3-2a）。

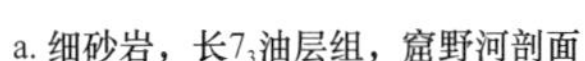

a. 细砂岩，长7_3油层组，窟野河剖面

b. 粉砂岩，长7_3油层组，窟野河剖面

图 5-3-1　牵引流成因的细粒砂岩

两眺—悬三段式

低斜两段式

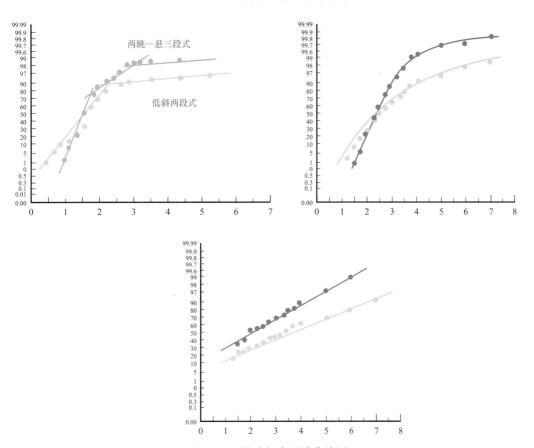

图 5-3-2　粒度概率累计曲线图

（二）重力流成因

重力流属于非牛顿流体，由沉积介质与沉积物混为一体和整体搬运。长 7 油层组西南部湖盆中部连片分布的砂体以重力流砂体为主，根据沉积特征差异进一步细分为砂质碎屑流、浊流、异重流等。砂质碎屑流形成块状细砂岩，厚度大（图 5-3-3a），多见“泥砾”及“泥包砾”结构（图 5-3-3b、c），杂基支撑（图 5-3-3d），磨圆分选差，主要呈次棱角状—棱角状，在粒度概率累计曲线显示为“宽缓上拱形”（图 5-3-2b），说明流体强度大、流势强，为非黏性砂质碎屑流整体搬运沉积，沉积于坡折带附近。

图 5-3-3 砂质碎屑流成因块状细砂岩

a. 浅灰色块状细砂岩，长 7_1 油层组，瑶曲剖面；b. 泥砾结构，长 7_1 油层组，瑶曲剖面；c. 泥包砾结构，长 7_1 油层组，瑶曲剖面；d. 分选磨圆差，长 7_1 油层组，瑶曲剖面

浊流成因的细粒岩主要为细砂岩和粉砂岩，呈薄—厚层状，具有底模构造和粒序层理（图 5-3-4a、b），颗粒分选磨圆差、以次棱角状为主（图 5-3-4c、d），粒度概率曲线为“一段悬浮式”（图 5-3-2c），反映浊流递变悬浮搬运作用的特点。

二、大面积砂体分布主控因素

综合水槽模拟实验，还原了盆地长 7 油层组砂体沉积过程，分析其主控因素，认为物源、湖盆底形及湖平面升降、沉积环境综合控制长 7 油层组沉积期湖盆大面积砂体形成及分布。

（1）多物源供给为细粒沉积奠定了物质基础。

晚三叠世鄂尔多斯盆地为一典型的大型内陆坳陷盆地，周边存在多个基岩剥蚀区和造山带。已有的研究表明，印支期盆地周边板内造山活动强烈，形成多处隆起剥蚀区，从而

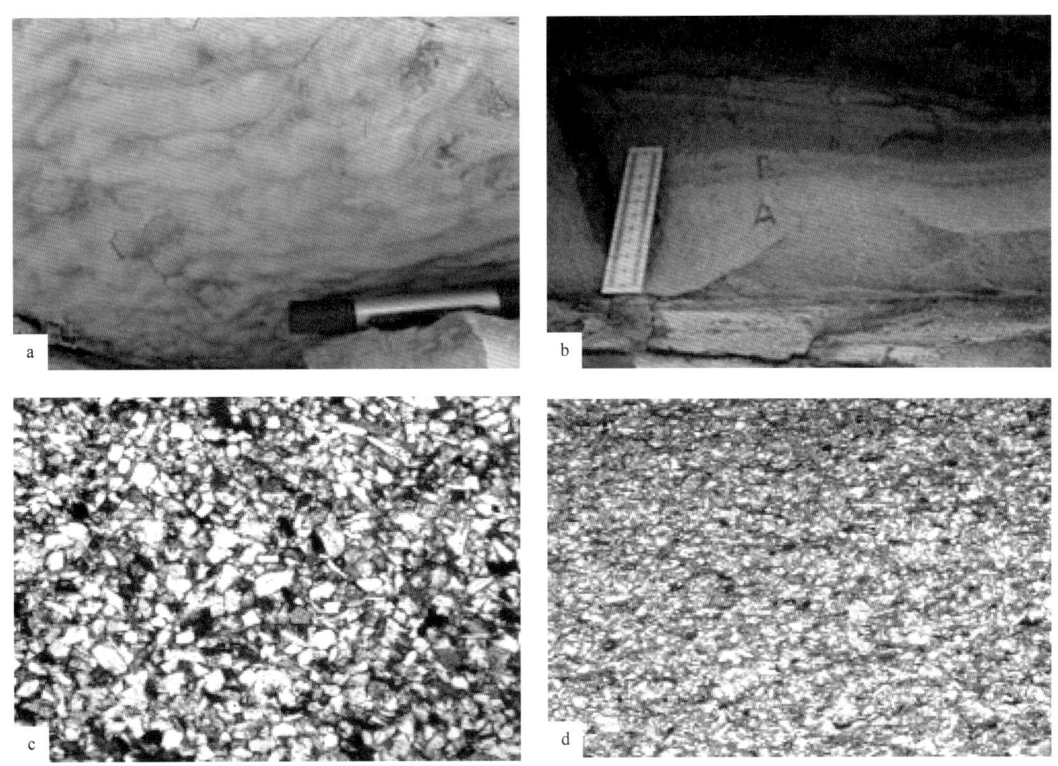

图 5-3-4 砂质碎屑流成因块状细砂岩

a. 灰色槽模构造细砂岩，长 7_1 油层组，三水河剖面；b. 粒序层理粉砂岩，长 7_1 油层组，瑶曲剖面；c. 分选磨圆差，杂基支撑，长 7_1 油层组，三水河剖面；d. 分选磨圆差，杂基支撑，长 7_1 油层组，瑶曲剖面

构成盆地的边缘，其中东北缘阴山古陆、西北缘阿拉善古陆是相对稳定地块并长期隆起遭受剥蚀，西南缘东祁连双侧造山带、南缘秦岭造山带属于相对活跃的盆地边缘，在晚三叠世强烈构造活动期影响着盆地的构造演化。

鄂尔多斯盆地长 7 油层组沉积期存在五个物源区，东北、西南源区占主导地位，其中东北部母岩为富含石榴子石的孔兹岩系和中基性岩浆岩，前者分布在太古—元古宇中，变质程度达到角闪—麻粒岩相，后者主要分布在元古宇中；西南部母岩以沉积岩和变质岩为主，变质岩以元古宇中的片麻岩为主，变质程度达到角闪—绿片岩相，沉积岩来自古生界—中生界的海相、海陆交互相、陆相多期沉积的碳酸盐岩和碎屑岩。西北、西部、南部为次一级物源区，西北地区源区母岩以阿拉善地块北部绿片岩相变质岩为主，由于印支期巴彦浩特盆地抬升，下古生界碎屑岩在长 7 油层组沉积期参与了盆地西北部物源供给，从岩屑组成看未见高级变质岩岩屑，可能在该时期贺兰山群并未隆升剥蚀；西部源区主要为寒武—奥陶纪沉积的碎屑岩、碳酸盐岩“古陆梁”，为盆地内部主要提供碎屑岩和白云岩岩屑；南部以石灰岩、浅变质岩类等组成母岩，变质程度中等，仅达到低角闪—绿片岩相，石灰岩主要来自秦岭造山带上古生界泥盆系。

从盆地周缘源源不断汇入的沉积物，为细粒沉积的发育奠定了物质基础，同时，不同的母岩性质影响了细粒沉积岩的矿物组成（表 5-3-1）。

表 5-3-1　鄂尔多斯盆地长 7 油层组碎屑组分平均含量表

区域	石英含量 /%	长石含量 /%	岩屑含量 /%	砂岩类型
西北部	36.9	46.2	16.9	长石砂岩、岩屑质长石砂岩
东北—东南部	36.0	50.2	13.8	长石砂岩、岩屑质长石砂岩
西部	49.1	23.0	27.9	长石质岩屑砂岩
西南部	51.6	26.2	22.2	岩屑质长石砂岩
南部	44.5	31.8	23.7	岩屑质长石砂岩

（2）湖盆底形控制了砂体的成因类型。

鄂尔多斯盆地在延长组沉积期是一个东北缓、西南陡的不对称盆地。东北部坡度 2°～2.5°，发育曲流河三角洲沉积体系，以砂质沉积为主，砂带延伸远，粒度变化慢；西南部坡度 3.5°～5.5°，发育辫状河三角洲沉积体系，以砂质沉积为主，砂带延伸短，粒度变化快，同时受同期构造事件控制，三角洲前缘沉积物顺斜坡滑动、滑塌，发育大规模的重力流沉积，在近源的斜坡主要分布细砂岩，砂体沉积厚度大、横向连通性差，在远源的相对平缓的坡脚主要分布粉砂岩，砂体沉积厚度相对较薄、横向连片。

结合前人研究将研究区长 7 油层组古地貌划分为高地、坡折带、湖底平原、湖底深洼（凹）、古沟道、湖底古脊和湖底古隆七种微地貌单元（图 5-3-5）。

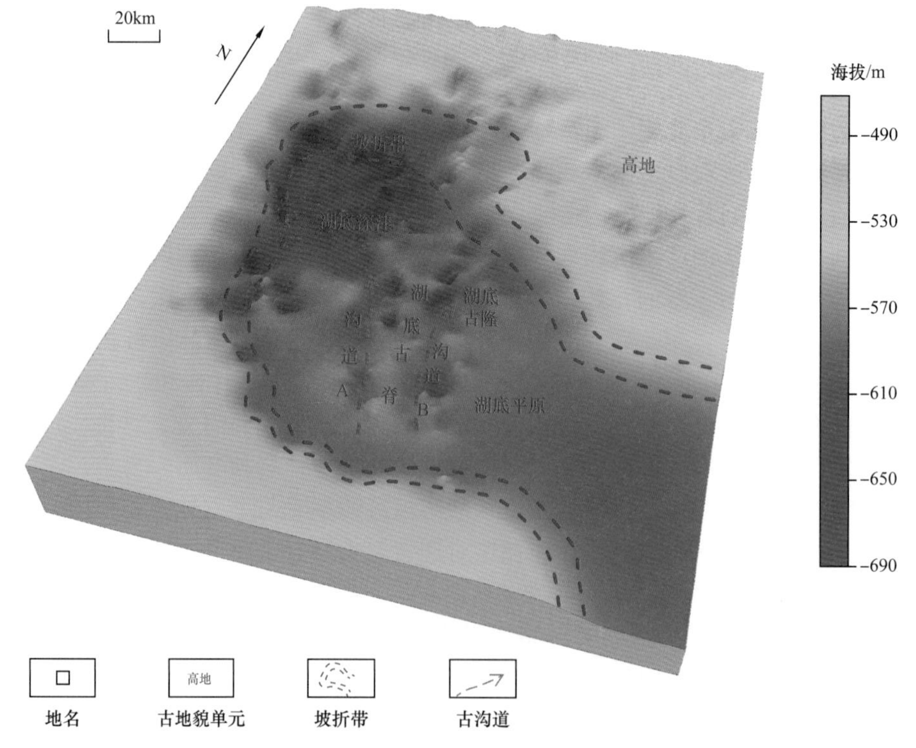

图 5-3-5　鄂尔多斯盆地三叠纪长 7_1 油层组沉积期古地貌地形图

高地主要分布在盆地东北缘、北缘和西南缘，是整个地貌单元中所处海拔最高的次一级地貌单元。高地的形态特点为地势较高且其地形较为平坦，发育三角洲沉积单元，是湖盆重力流砂体的主要供给源。

坡折带为高地与深湖区之间地形坡度突变的过渡带，也是三角洲相与湖泊相的分界线。盆地西南部较为陡窄，发育有Ⅰ级坡折带和Ⅱ级坡折带，其中Ⅰ级坡折带位于崇信一带，其平均坡降为125.67～216.45m/10km，坡角为0.72°～1.24°，宽度范围在4～5km；Ⅱ级坡折带位于庆城油田西南部，其平均坡降为89.01～164.07m/10km，坡角为0.51°～0.94°，宽度范围在3～4km。盆地东北部坡折带较为宽缓，只发育Ⅰ级坡折带，分布于定边—志丹一带，其平均坡降为67.24～154.89m/10km，坡角为0.39°～0.88°，宽度范围在4～15km（图5-3-6）。坡折带对砂体成因类型、厚度变化及展布形态具有明显的控制作用。

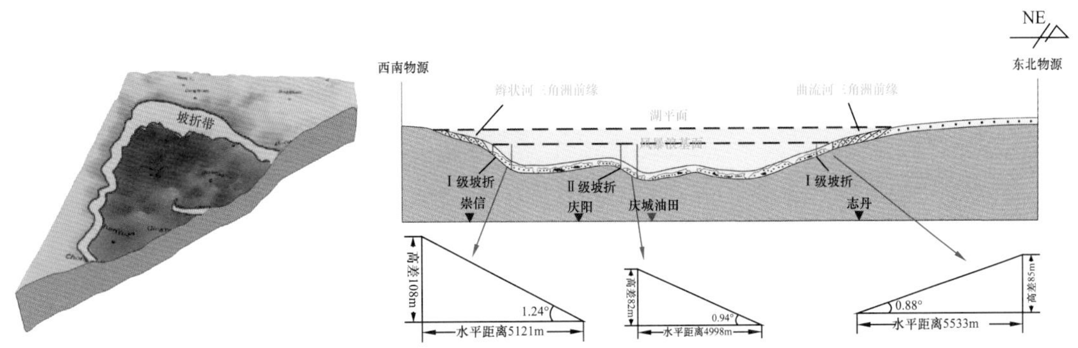

图5-3-6 鄂尔多斯盆地三叠纪长7_3油层组沉积期坡折带剖面示意图

长7油层组沉积期，盆地西南部三角洲成因砂体沉积区域坡度大，发育辫状河三角洲成因砂体，主要呈条带状展布。西南坡折带较为陡窄且距离物源较近，其沟道较为发育，所以在坡折带及其之下发育大面积的重力流砂体，在重力流沉积体系近端以砂质碎屑流砂体为主，呈条带状展布；往湖盆中央推移，砂质碎屑流砂体经过稀释、破碎等作用逐渐转换为浊流砂体，在重力流沉积体系中部以砂质碎屑流与浊流混合砂体为主，呈环带状展布；继续往湖盆中央推移，在重力流沉积体系远端以浊流成因砂体为主，主要呈零散的舌状或朵叶状展布（图5-3-7）。

东北部三角洲成因砂体沉积区域坡度小，发育曲流河三角洲成因砂体，主要呈环带状展布。由于东北部坡折带较为宽缓且距离物源较远，其沟道几乎不发育，所以在东北部坡折带之下几乎不发育重力流砂体，仅在吴起西北部少量发育，以砂质碎屑流和浊流混合成因砂体为主，主要呈零散的舌状展布（图5-3-7）。

（3）沉积体系控制了岩石类型和分布。

不同的沉积环境具有不同的流体性质、沉积机制，因此，细粒沉积岩的分布也具有显著的差异性。细砂岩主要分布在三角洲前缘水下分流河道、河口沙坝及砂质碎屑流等沉积环境；粉砂岩主要分布在远沙坝、席状砂及浊流沉积环境中；浅色泥岩主要分布在三角洲前缘支流间湾沉积环境；暗色泥岩主要分布在半深湖；黑色页岩主要分布在深湖坳陷；

凝灰岩在全盆地范围发育，西南部厚度较大；碳酸盐岩在盆地西南和南部局部地区发育（图 5-3-8）。从长 7_3—长 7_1 油层组沉积期，随着湖盆面积的萎缩，三角洲前积，砂质沉积向前推进，泥质沉积范围减小。

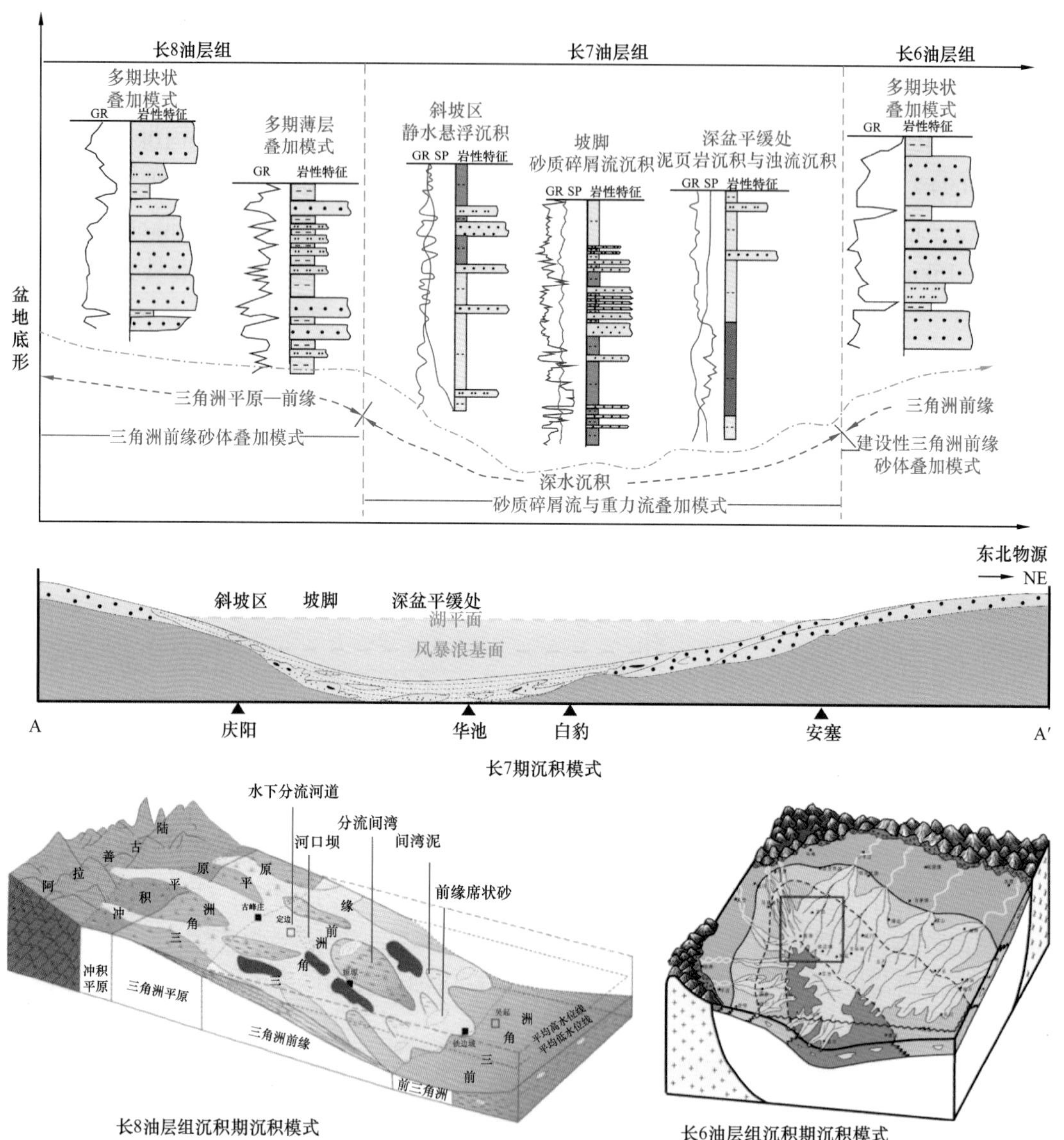

图 5-3-7　鄂尔多斯盆地延长组长 8—长 6 油层组砂体与古底形关系模式图

（4）湖平面升降控制重力流沉积砂体的空间展布。

长 7 油层组沉积期重力流沉积模拟实验表明，高湖水位期，重力流砂体主要堆积在斜坡区，砂体沉积厚度较大，平面范围较小；低湖水位期，重力流砂体向深湖区推进，砂体沉积厚度比较小，分布范围大（图 5-3-9）。湖水位的变化，直接影响重力流砂体发育规模的大小。

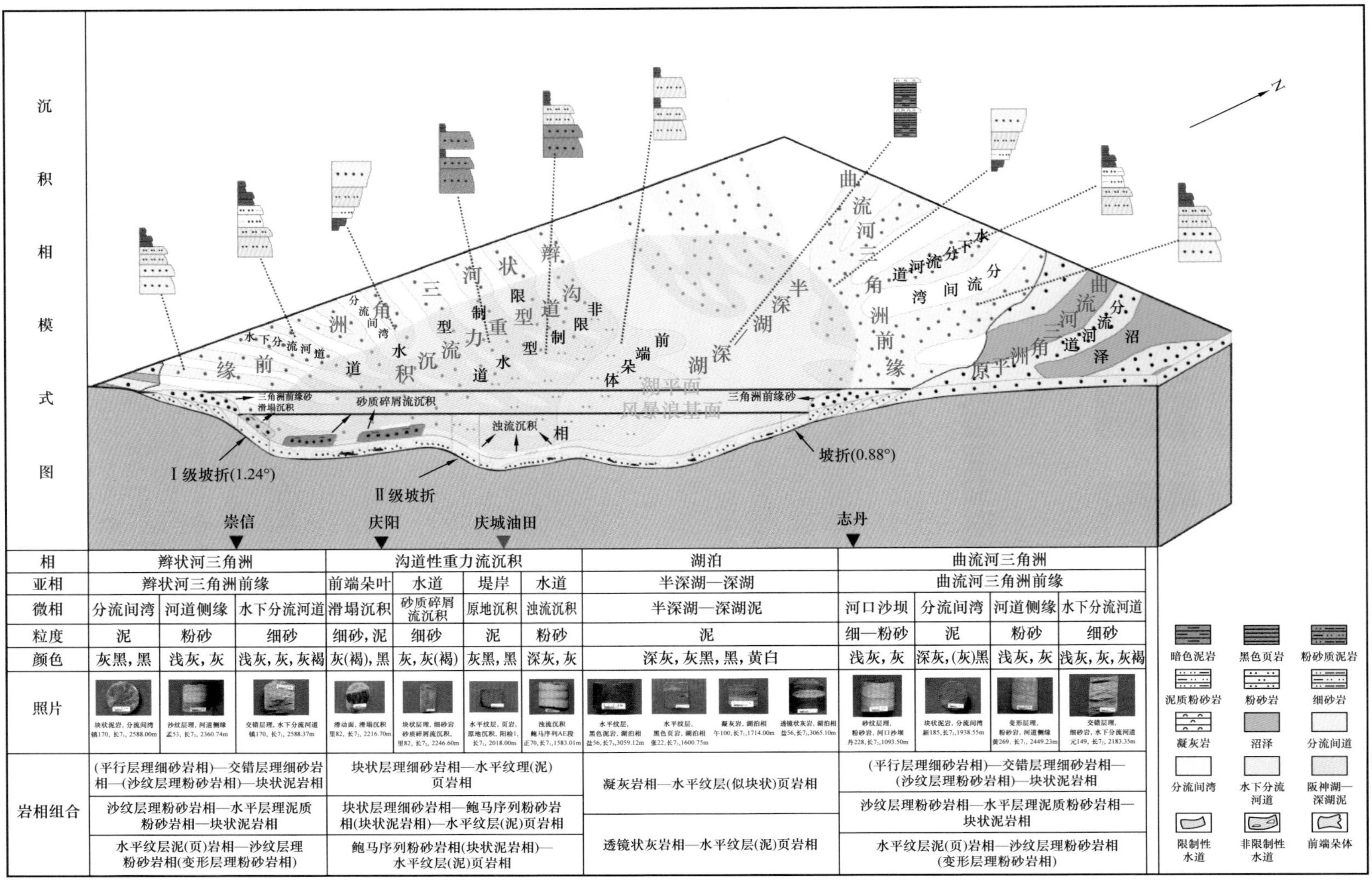

图 5-3-8　鄂尔多斯盆地长 7 油层组细粒沉积分布模式图

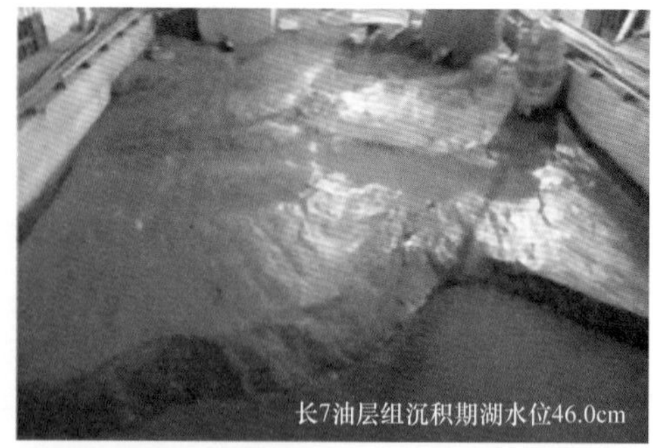

图 5-3-9　鄂尔多斯盆地长 7 油层组沉积期不同湖水位条件下重力流砂体展布实验特征

第四节　长 7 油层组页岩油储层微观特征及非均质性

一、储层岩石矿物学特征

根据取心、薄片和粒度等分析资料表明，鄂尔多斯盆地长 7_1 油层组储集体岩石类型主要为灰色、灰褐色细粒岩屑长石砂岩和长石岩屑砂岩，石英平均含量为 39.09%，长石平均含量为 18.81%，岩屑平均含量为 23.68%（图 5-4-1，表 5-4-1）。填隙物含量较高，平均含量为 18.42%，填隙物类型以水云母为主，其次为铁白云石、铁方解石（图 5-4-2，表 5-4-2）。

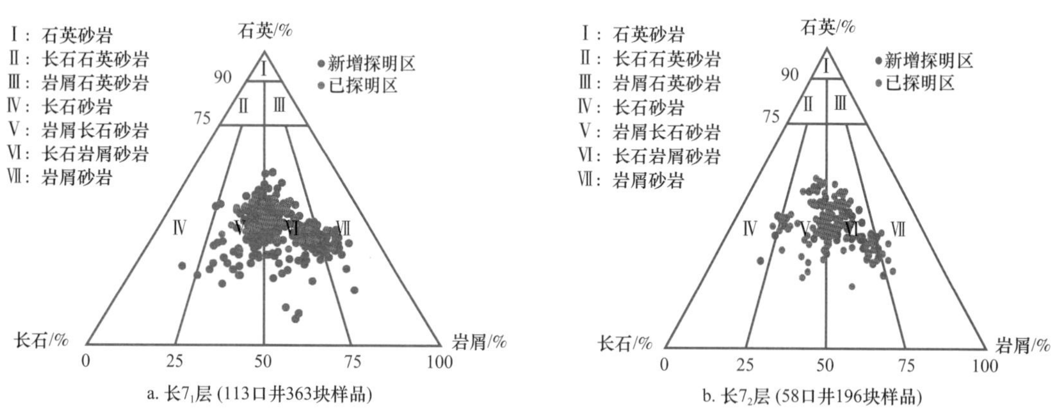

图 5-4-1　鄂尔多斯盆地延长组长 7 油层组砂岩岩石类型三角分类图

表 5-4-1　鄂尔多斯盆地延长组长 7 油层组储层碎屑组分统计表

油层组	样品数 / 块	石英 / %	长石 / %	岩屑 /%				
				火成岩	变质岩	沉积岩	其他	小计
长 7_1	363	39.09	18.81	2.89	9.69	5.22	5.88	23.68
长 7_2	196	41.41	21.22	2.86	9.82	4.54	5.57	22.79

碎屑溶蚀形成次生孔，孔中分布铁白云石、碳质、自生钠长石。Z89井，1951.78m，长7_1油层组

铁白云石、水云母充填孔隙。M53井，2222.18m，长7_1油层组

溶孔及溶孔中的自生铁白云石。C37井，1840.94m，长7_2油层组

图 5-4-2 庆城油田延长组长 7 油层组储层扫描电镜照片

表 5-4-2 鄂尔多斯盆地延长组长 7 油层组储层填隙物含量统计表

油层组	水云母 / %	绿泥石 / %	高岭石 / %	网状黏土矿物 / %	方解石 / %	铁方解石 / %	白云石 / %	铁白云石 / %	硅质 / %	长石质 / %	其他 / %	合计 / %
长 7_1	12.52	0.24	0.03	0.01	0.11	1.63	0.08	2.07	1.18	0.04	0.51	18.42
长 7_2	8.60	0.67	0.03	0.01	0.03	1.50	0.35	1.69	1.22	0.14	0.34	14.58

长 7_2 油层组储集体岩石类型为灰色、灰褐色细粒岩屑长石砂岩和长石岩屑砂岩，石英平均含量为 41.41%，长石平均含量为 21.22%，岩屑平均含量为 22.79%（表 5-4-1）。储集砂岩填隙物平均含量为 14.58%，以水云母为主，其次为铁白云石、铁方解石（表 5-4-2）。

二、储层微观孔隙发育特征

（一）孔隙类型及面孔率

为揭示长 7 油层组储层的孔隙类型、孔喉结构特征，使用了铸体薄片、高压压汞、扫描电镜等测试技术，同时还使用了激光共聚焦显微镜、场发射扫描电镜、工业 CT、核磁共振等非常规测试技术。对长 7 油层组储层进行表征发现，鄂尔多斯盆地延长组长 7 油层组发育丰富的微（纳）米级多尺度孔隙，孔隙类型多样，形态各异。三叠系延长组长 7_1 油层组储层孔隙类型以长石溶孔为主（图 5-4-3），占总孔隙的 53.5%，粒间孔次之，占总孔隙的 28.7%；岩屑溶孔、晶间孔、微裂隙较少，平均面孔率 1.01%，平均孔径 12.54μm。

溶孔及粒间孔，L189井，2169.23m 长7_1油层组

长石溶孔，B284井，1780.7m 长7_2油层组

图 5-4-3 鄂尔多斯盆地延长组长 7 油层组砂岩镜下薄片

长 7_2 油层组储层孔隙类型以长石溶孔为主，占总孔隙的 63.6%，粒间孔次之，占总孔隙的 27.3%；岩屑溶孔、晶间孔、微裂隙较少，平均面孔率 1.10%，平均孔径 13.11μm（表 5-4-3）。

表 5-4-3 鄂尔多斯盆地三叠系长 7 油层组砂岩储层孔隙组合类型表

油层组	样品数 / 块	孔隙组合 /%							平均孔径 / μm
		粒间孔	粒间溶孔	长石溶孔	岩屑溶孔	晶间孔	微裂隙	面孔率	
长 7_1	363	0.29	0.07	0.54	0.09	0.01	0.01	1.01	12.54
长 7_2	196	0.30	0.01	0.70	0.08	0.01	0	1.10	13.11

根据压汞资料统计分析，盆地延长组长 7_1 油层组储层具有排驱压力较高（3.06MPa）、中值压力较高（13.38MPa）和中值半径较小（0.055μm）的特点，平均最大进汞饱和度 78.55%，退汞效率为 27.36%，属小孔—微喉型孔隙组合结构（表 5-4-4，图 5-4-4）。

盆地延长组长 7_2 层储层具有排驱压力较高（3.26MPa）、中值压力较高（12.88MPa），中值半径较小（0.057μm）的特点，平均最大进汞饱和度 82.78%，退汞效率为 27.52%，属小孔—微喉型孔隙组合结构（表 5-4-4，图 5-4-4）。

表 5-4-4　鄂尔多斯盆地延长组长 7 油层组砂岩储层孔喉特征表

油层组	样品数 / 块	排驱压力 / MPa	中值压力 / MPa	中值半径 / μm	最大进汞饱和度 / %	退汞效率 / %	分选系数	变异系数
长 7_1	62	3.06	13.38	0.055	78.55	27.36	1.27	3.42
长 7_2	23	3.26	12.88	0.057	82.78	27.52	1.35	5.48

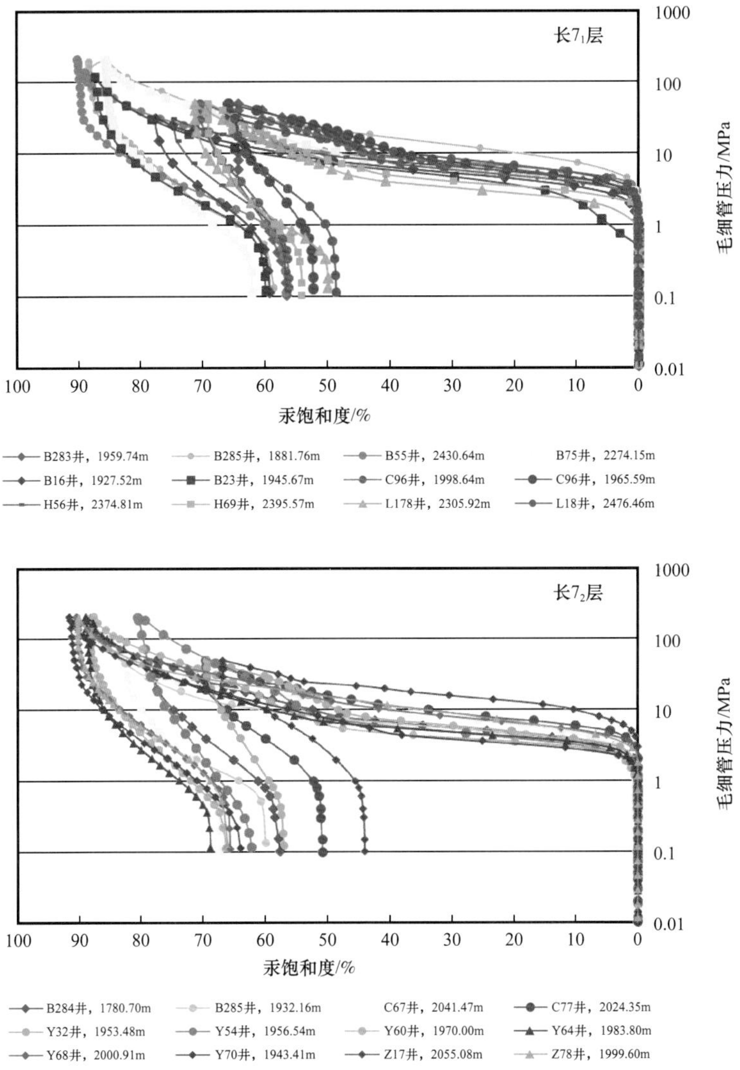

图 5-4-4　鄂尔多斯盆地延长组长 7 油层组砂岩典型毛细管压力曲线

使用CT扫描技术对孔隙进行定量表征，结果显示，该区储层喉道一般为20～120nm，孔隙配位数为每孔 1～3 个，连通性好，纳米级喉道连通微纳米级孔隙形成众多簇状复杂孔喉单元，有效提升了储集性能（图 5-4-5）。

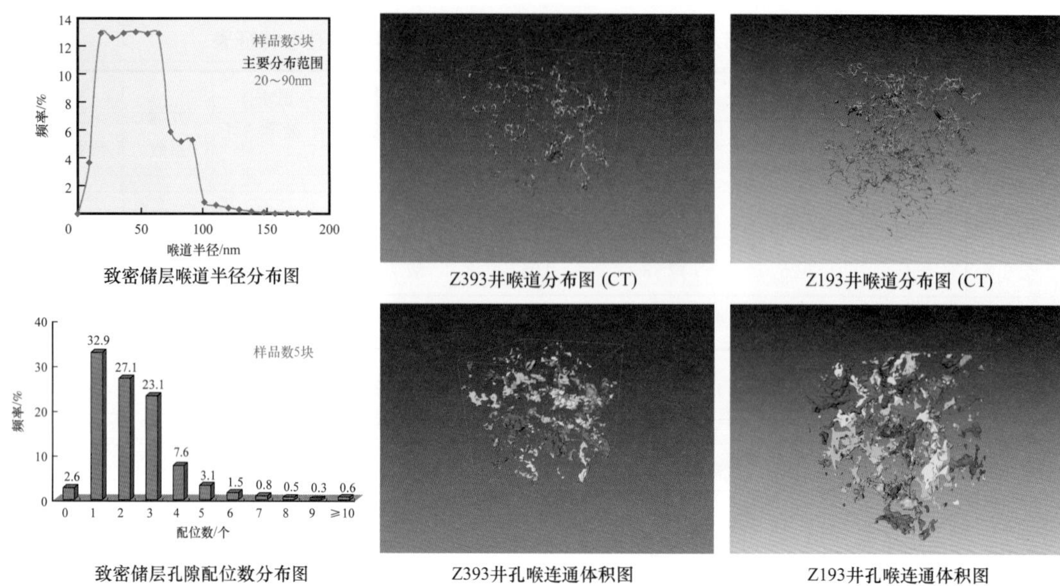

致密储层喉道半径分布图　Z393井喉道分布图（CT）　Z193井喉道分布图（CT）

致密储层孔隙配位数分布图　Z393井孔喉连通体积图　Z193井孔喉连通体积图

图 5-4-5　鄂尔多斯盆地延长组长 7 油层组储层 CT 扫描分析图

激光共聚焦显微镜图像分析可对铸体薄片进行观察，统计视域内的孔隙数量，测量其孔径和面孔率，测量的长 7 油层组储层孔隙半径一般在 1～100μm，孔隙直径以 20μm 以下为主（图 5-4-6）。

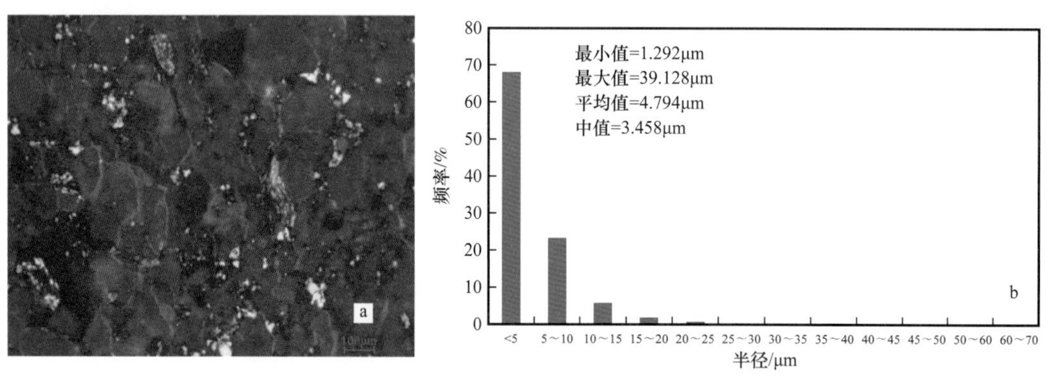

图 5-4-6　激光共聚焦显微镜图像分析

a. C96 井，长 7_2 油层组，2019.9m，粒间孔和粒内孔，激光共聚焦显微镜照片；b. C96 井，长 7_2 油层组，2019.9m，孔隙半径分布直方图

通过统计 7 个共聚焦样品的测量结果，长 7 油层组致密砂岩的孔隙半径基本在 20μm 以下，2μm 以上的孔隙占总孔隙的 70% 以上，2～5μm 的孔隙占总孔隙的 50% 以上。

三维视域下，100μm 以下的孔隙多成孤立状分布，孔隙连通性差，随着孔隙个数增多，孔径变大，孔隙连通性逐渐变好，面孔率也逐渐增大，说明大孔隙对总孔隙的贡献大（图 5-4-7）。

扫描电镜观察，孔隙直径多在 5～100μm，孔隙类型以剩余粒间孔、粒间溶孔和粒内溶孔为主。对样品进行氩离子抛光，使用场发射扫描电镜进行观察，碎屑颗粒粒间孔和溶蚀孔孔径多在 2μm 以上，黏土矿物片体间孔以纳米级孔隙居多（图 5-4-8）。

通过对核磁共振计算孔隙度与实测孔隙度进行对比，核磁孔隙度比实测孔隙度低（图 5-4-9），认为核磁共振所反映的孔喉信息不会优于高压压汞资料，因此未将核磁共振 T_2 谱转化为压汞曲线。

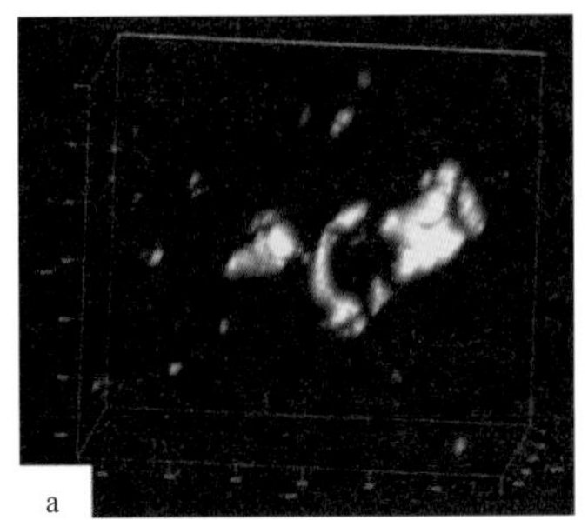
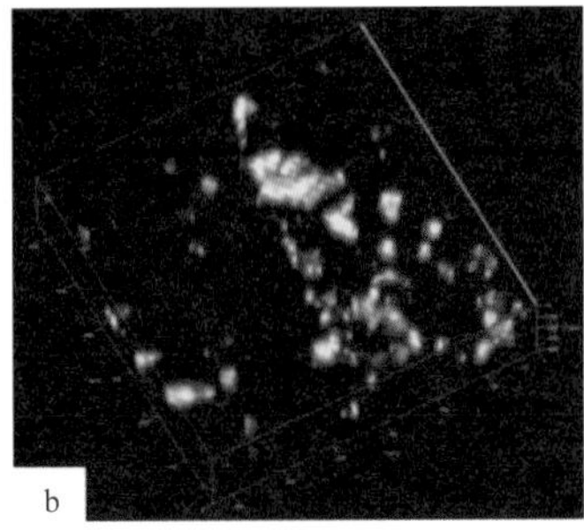
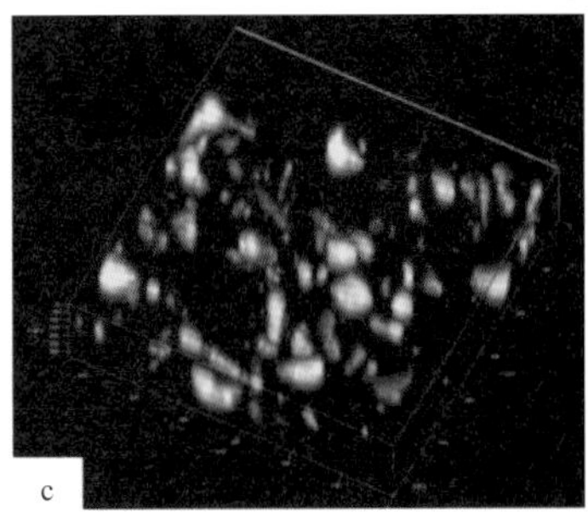

图 5-4-7 不同孔隙大小和连通性致密砂岩样品的三维孔隙特征

a. C96 井，2018.77m，三维孔隙图像（激光共聚焦）；b. C96 井，2015.92m，三维孔隙图像（激光共聚焦）；c. B522 井，1948.69m，三维孔隙图像（激光共聚焦）

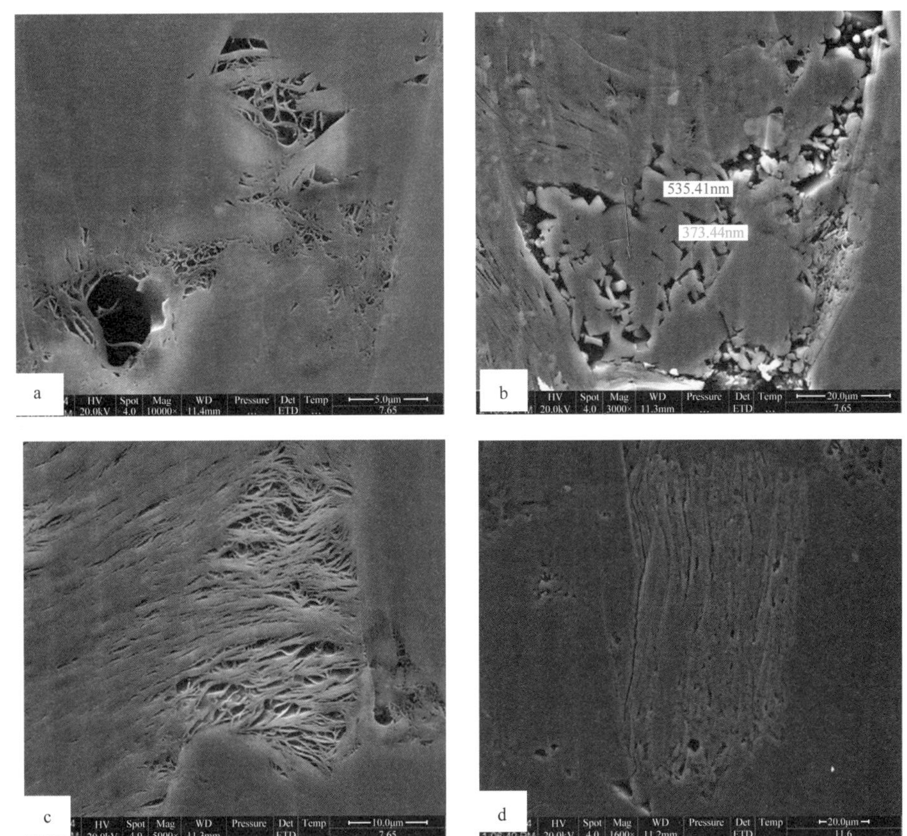

图 5-4-8 场发射扫描电镜下孔隙形态和孔隙大小

a. C96 井，2016.18m，长 7_2 油层组，粒间孔、伊利石片体间孔；b. C96 井，2016.18m，长 7_2 油层组，粒间孔；c. C96 井，2016.18m，长 7_2 油层组，伊利石片体间孔；d. C96 井，2078.69m，长 7_3 油层组，粒间孔、黏土矿物片体间孔

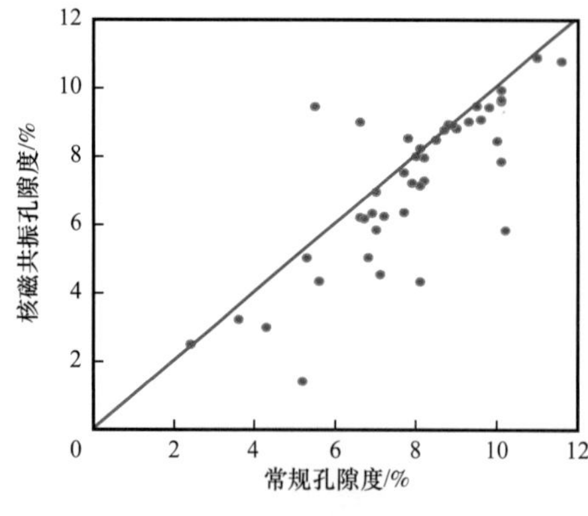

图 5-4-9　常规分析孔隙度与核磁共振孔隙度对比

根据 T_2 谱曲线形态分析，长 7 油层组致密砂岩 T_2 谱存在 4 种类型：

单峰，小孔为主，T_2 谱能量在 1ms 附近最强，反映以小孔隙为主（图 5-4-10a）；

双峰，小孔为主，出现两个峰值区，1ms 附近最强，其次为 100ms 附近小孔所占体积较多（图 5-4-10b）；

双峰，大孔为主，出现两个峰值区，100ms 附近最强，其次为 1ms 附近大孔所占体积较多（图 5-4-10c）；

双峰，小孔和大孔等量型，出现两个峰值区，1ms 和 100ms 处峰值近似相等，小孔和大孔所占体积近似相等（图 5-4-10d）。

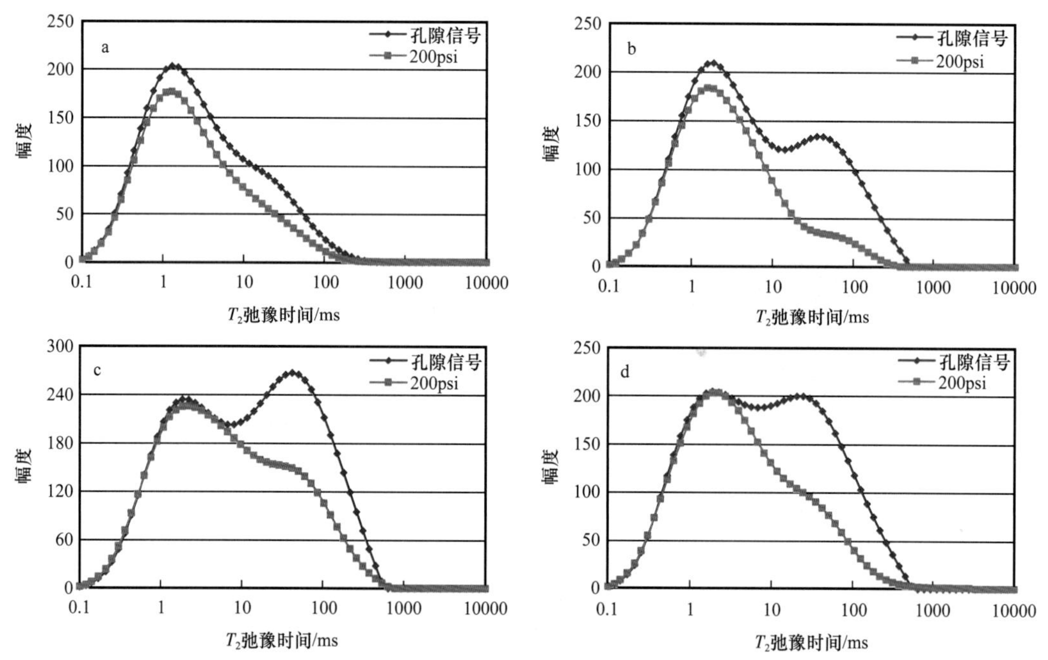

图 5-4-10　鄂尔多斯盆地 C96 井长 7 油层组 T_2 谱特征图

a. C96 井，2031.31m，单峰型，小孔为主；b. C96 井，2021.34m，双峰型，小孔为主；c. C96 井，2003.87m，双峰型，大孔为主；d. C96 井，2010.7m，双峰型

（二）微孔隙发育特征

通过研究，长 7 油层组储层中存在大量的微孔隙。常规储层表征手段精度范围有限，无法观察到这些尺度更小的微孔隙。通过高精度的场发射扫描电镜、双束电镜、微米级 CT 和纳米级 CT 扫描技术对长 7 油层组储层进行表征发现，鄂尔多斯盆地延长组长 7 油层组发育丰富的微（纳）米级多尺度孔隙（图 5-4-11），并且孔隙类型多样，形态各异。既有小尺度的残余粒间孔隙、颗粒及粒间溶蚀孔隙，又有黏土矿物间孔隙、晶间孔隙。

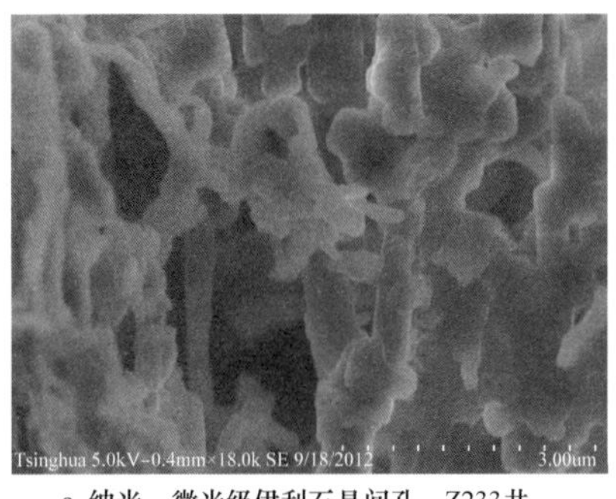

a. 纳米—微米级伊利石晶间孔，Z233井，长7_2油层组，1771.15m

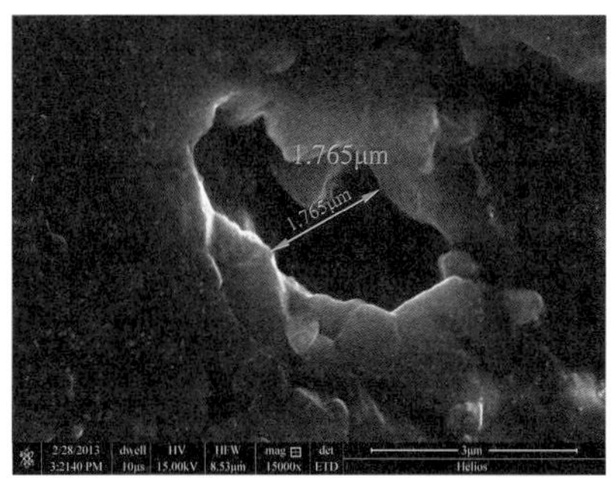

b. 微米级矿物晶间孔，YC4井，长7_2油层组，2061.47m

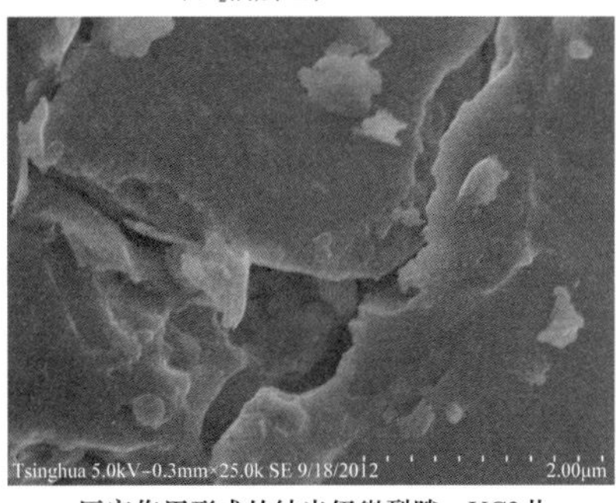

c. 压实作用形成的纳米级微裂隙，YC3井，长7_2油层组，2013.84m

d. 纳米—微米级溶蚀孔隙，Z180井，长7_2油层组，1893.3m

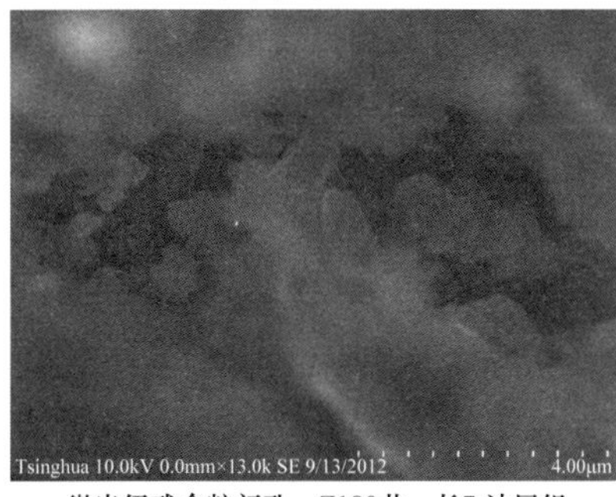

e. 微米级残余粒间孔，Z180井，长7_2油层组，1893.3m

f. 纳米级高岭石晶间孔，W233井，长7_2油层组，1915.48m

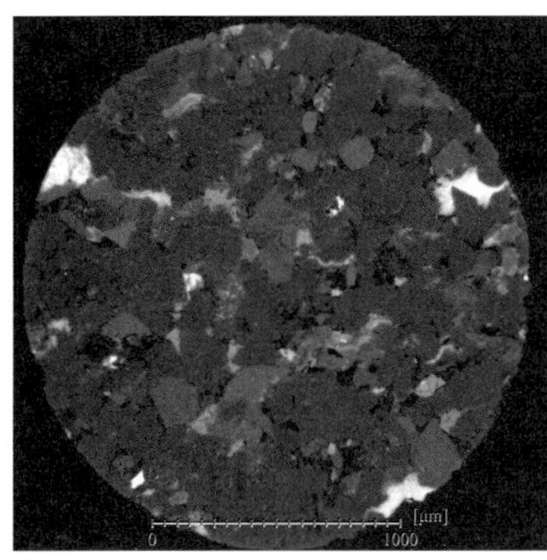

g. 纳米—微米级多尺度孔隙全貌，Z214井，长7_1油层组，1748.09m

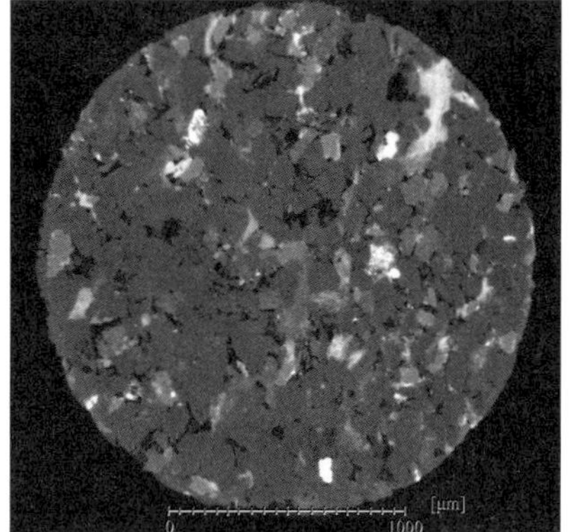

h. 纳米—微米级多尺度孔隙全貌，YC4井，长7_2油层组，2061.47m

图 5-4-11　鄂尔多斯盆地延长组长 7 油层组储层微孔隙图像

鄂尔多斯盆地延长组长 7 油层组储层孔隙以小孔隙、微孔隙和纳米孔隙最多，孔隙类型主要是各类溶蚀孔隙、残余粒间孔隙和晶间孔隙，局部发育微裂隙。在总结前人对低渗透储层划分方案（李道品，2003）的基础上，结合盆地长 7 油层组储层孔隙大小、孔隙类型发育特点，提出了鄂尔多斯盆地长 7 油层组储层孔隙大小划分方案（付金华，2018）。

（三）孔喉结构特征

孔隙和喉道是储层储集空间的两个基本单元，孔隙大小主要影响储层的孔隙度，喉道大小与连通状况直接影响着储层的有效性和渗透性，孔喉的发育程度和组合关系是控制油藏油水分布的主要因素之一。运用图像孔隙、高压压汞、恒速压汞、核磁共振及场发射扫描电镜等多种先进的分析测试方法，开展了长 7 油层组储层孔喉精细研究。

高压压汞分析长 7 油层组储层孔喉结构特征总体表现为小孔—微喉型，绝大多数有明显的平台（图 5-4-12），说明孔喉分选较好。根据毛细管压力曲线和参数，可分为以下

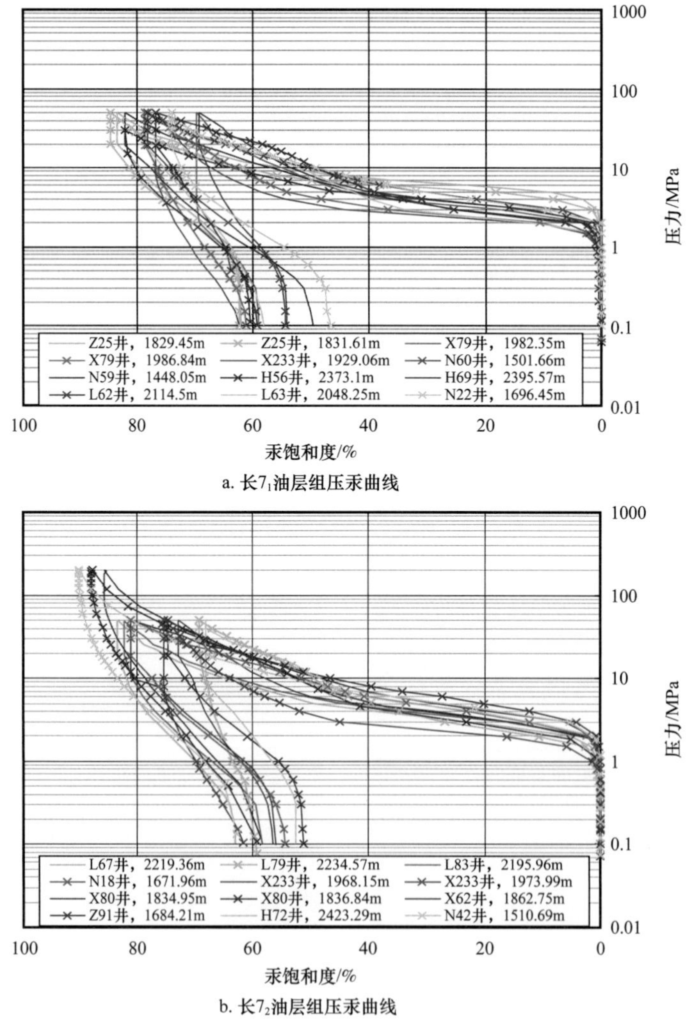

图 5-4-12　鄂尔多斯盆地长 7 油层组储层压汞曲线特征

三种类型：Ⅰ类，排驱压力小于1.5MPa，中值半径大于0.15μm，退汞效率大于28%；Ⅱ类，排驱压力1.5～3.5MPa，中值半径0.08～0.15μm，退汞效率23%～28%；Ⅲ类，排驱压力大于3.5MPa，中值半径小于0.08μm，退汞效率小于23%。庆城油田长 7_1 油层组储层孔隙结构为小孔—微喉型，排驱压力2.89MPa，喉道中值半径平均为0.08μm，主力储层孔喉略细歪度；长 7_2 油层组储层孔隙结构为小孔—微喉型，排驱压力2.56MPa，喉道中值半径平均为0.09μm，主力储层孔喉略表现为细歪度。

恒速压汞是近年来发展的一种测试孔隙结构的新型技术手段。本次通过8块样品测得长7油层组储层砂岩平均孔隙半径为162.77μm，平均喉道半径0.35μm，平均孔喉比622.45，反映出孔喉比较大，表明喉道是控制储层渗透能力的主要因素（表5-4-5、表5-4-6）。

表5-4-5　鄂尔多斯盆地长7油层组砂岩储层恒速压汞实验结果数据表

井号	油层组	孔隙度/%	渗透率/mD	总进汞饱和度/%	喉道进汞饱和度/%	孔隙进汞饱和度/%	平均喉道半径/μm	主流喉道半径/μm	微观均质系数	相对分选系数
N52	长 7_1	10.3	0.007	46.70	15.63	31.07	0.29	0.31	0.80	0.25
N52	长 7_2	9.9	0.010	47.17	15.04	32.12	0.34	0.38	0.74	0.23
YC1	长 7_2	11.0	0.383	59.89	15.82	44.07	0.42	0.50	0.62	0.29
YC1	长 7_2	11.2	0.013	51.84	14.96	36.88	0.29	0.36	0.63	0.26
YC2	长 7_2	11.3	0.014	52.93	12.92	40.01	0.28	0.30	0.60	0.26
YC2	长 7_2	11.4	0.018	56.85	16.16	40.69	0.35	0.40	0.61	0.28
Z143	长 7_2	14.8	0.012	35.96	17.48	18.48	0.28	0.29	0.77	0.22
Z143	长 7_1	14.9	0.016	44.94	12.44	32.50	0.26	0.29	0.71	0.28

表5-4-6　鄂尔多斯盆地长7油层组砂岩储层恒速压汞实验参数数据表

井号	油层组	孔隙度/%	渗透率/mD	单位体积岩样有效喉道体积/mL/cm³	单位体积岩样有效孔隙体积/mL/cm³	中值压力/MPa	中值半径/μm	阈压/MPa	平均孔隙半径	平均孔喉比
N52	长 7_1	10.3	0.007	0.02	0.03			1.89	162.46	657.51
N52	长 7_2	9.91	0.010	0.01	0.03			1.58	164.32	550.22
YC1	长 7_2	1.01	0.383	0.02	0.05	3.62	0.22	1.10	162.74	492.90
YC1	长 7_2	1.21	0.013	0.02	0.04	5.94	0.13	1.77	163.09	661.21
YC2	长 7_2	1.31	0.014	0.01	0.05	5.53	0.14	1.78	166.38	691.16
YC2	长 7_2	1.41	0.018	0.02	0.05	4.50	0.18	1.32	159.81	559.51
Z143	长 7_2	4.81	0.012	0.03	0.03			2.02	153.80	602.90
Z143	长 7_1	4.9	0.016	0.02	0.05			1.93	163.60	764.21

研究中还通过微米CT扫描识别出长7油层组储层各尺度孔隙，并进行定量分析。获得了储层孔隙半径分布特征（付金华，2018），长7油层组储层具有各尺度孔隙连续分布的特征，从几十微米到纳米级别都有。其中大孔隙（大于20μm）和中孔隙（10～20μm）比例并不高，小孔隙和微孔隙（小于2μm）数量最多。考虑到不同尺度孔隙所占有的孔隙体积是储集空间特征的重要反映，对样品不同半径的孔隙所占有的孔隙体积进行统计（付金华，2018）。

孔隙数量与孔隙体积的分布特征图对比发现，大孔隙（大于20μm）数量虽然不多，但所占的孔隙体积比重并不小；而小孔隙（2～10μm）所占的孔隙体积最大；微孔隙和纳米孔隙（小于2μm）虽然数量较多，但所占有的孔隙体积并不大。研究测试样品中，大于2μm的孔隙所占体积超过95%。综合以上分析，半径大于2μm的孔隙是长7油层组储层储集空间的主体。微米级小尺度孔隙发育，构成鄂尔多斯盆地延长组长7油层组储层的主要储集空间。正是这种原因，长7油层组油藏储集能力好。

三、储层物性分布

（一）储层物性

储层物性是非常规油气区别于常规油气的关键参数（邹才能等，2015），也是决定能否形成规模并实现经济开发的关键指标（贾承造等，2012）。另外，体积压裂虽然具有增大致密储层改造体积和油藏泄油体积的技术优势，但鄂尔多斯盆地长7油层组油藏受储层地质特征的影响，体积压裂裂缝网络形态仍是以裂缝为主，滑移缝、天然缝开启交错为辅的裂缝网络系统（李宪文等，2013），这与国外致密储层改造后呈复杂裂缝网络特征存在较大差异。可见，尽管长7油层组油藏的本质是储层致密，但优选相对“高孔、高渗”的优质储层仍是长7油层组油藏勘探开发的关键点之一。孔隙度和渗透率描述储层储集和渗透性能的研究工作仍然是长7油层组油藏地质研究的重要内容之一。

1. 地面物性特征

储层地面物性是指岩石在常压、常温条件下测量的，是最为常见的储层物性分析资料。鄂尔多斯盆地延长组长7油层组砂岩储层开展了大量的常规岩心地面物性分析，具有地面物性数据资料的井数达600余口，遍布于长7油层组油藏分布区，这为长7油层组储层储集性能评价和有利储层预测奠定了基础。其中，地面孔隙度为酒精加压饱和法测定，地面渗透率为空气渗透率。

三叠系延长组长7_1油层组储层孔隙度主要分布范围为6.0%～12.0%，平均值8.3%，中值8.3%；渗透率主要分布范围为0.03～0.50mD，平均值0.09mD，中值0.07mD（图5-4-13），为致密储层。

长7_2油层组储层孔隙度主要分布范围为6.0%～12.0%，平均值8.7%，中值8.6%；渗透率主要分布范围为0.03～0.50mD，平均值0.11mD，中值0.07mD（图5-4-14），为致密储层。新增储量区块与已上报探明区物性基本一致。

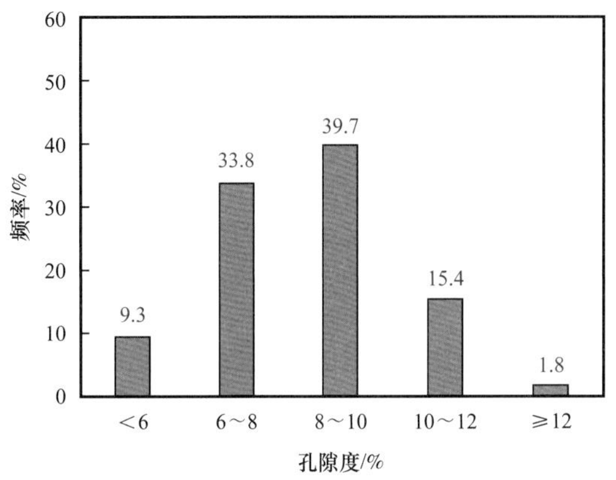

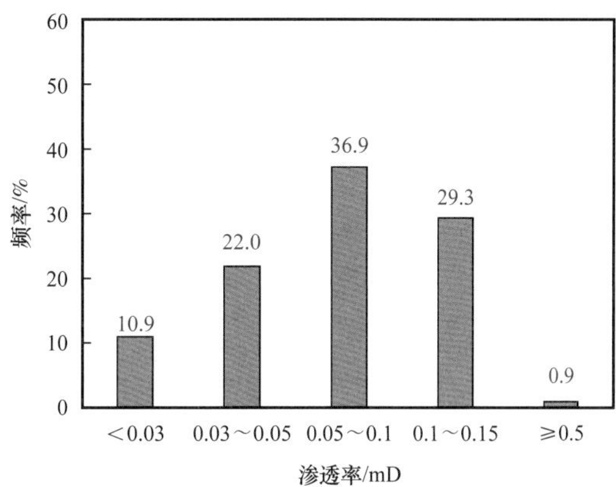

图 5-4-13 鄂尔多斯盆地延长组长 7_1 油层组储层孔隙度、渗透率分布直方图

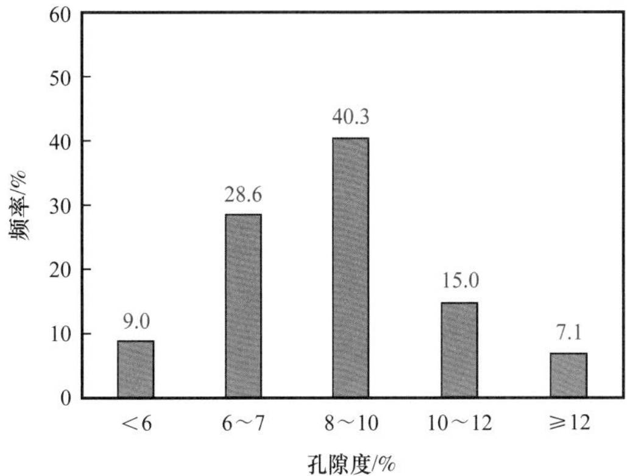

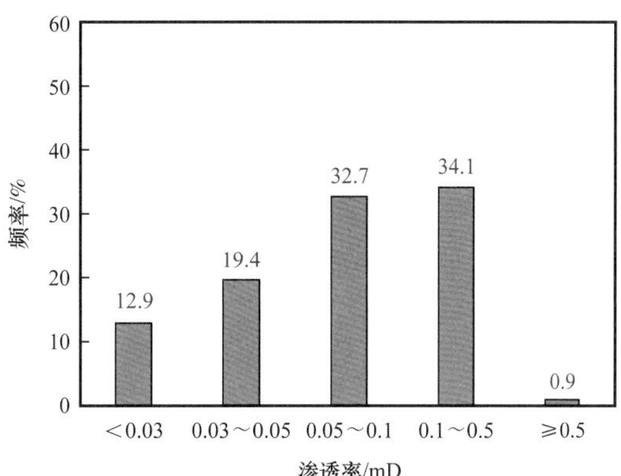

图 5-4-14 鄂尔多斯盆地延长组长 7_2 油层组储层孔隙度、渗透率分布直方图

2. 覆压物性特征

地层条件下的储层物性对提高储量计算精度和认识储层地下渗流特征具有重要意义。以延长组长 7 油层组储层的平均埋深 2000m 和平均地层压力 15.27MPa 计算，30MPa 净应力测试点的孔隙度和渗透率接近于地层条件下的储层物性特征。实验结果表明，ϕ_{sc}/ϕ_{bp}（地面孔隙度 / 覆压孔隙度）分布于 1.05～1.45，K_{sc}/K_{bp}（地面渗透率 / 覆压渗透率）主要分布于 2.0～4.87；储层渗透率小于 0.06mD 时，地下物性与地面物性相差较大（图 5-4-15）。实验过程中只考虑了地层条件下的压力，未考虑温度，实际上地层的温度远高于地面温度。李传亮（2008）研究认为，温度升高会使岩石膨胀，相应物性会有所增大。结合上述实验结果分析，鄂尔多斯盆地延长组长 7 油层组储层孔隙度在地层条件下损失甚微，K_{sc}/K_{bp} 也远小于传统认为的 10 倍关系特征。

（二）孔渗相关性

以庆城油田为例，储层孔隙度和渗透率相关性总体上较好，储层的储集能力主要依赖于砂岩基质孔隙与喉道。其中，长 7_1、长 7_2 油层组储层孔隙度和渗透率的相关性均较好，呈线性相关，数值分别为 0.6088 和 0.6807（图 5-4-16）。

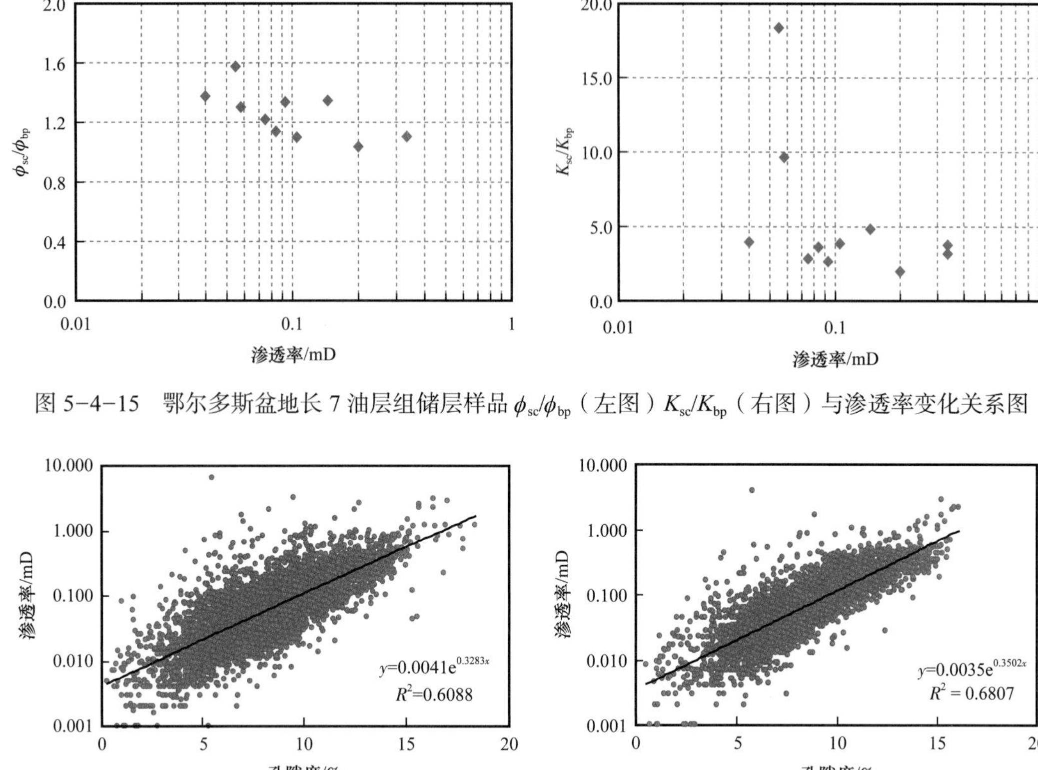

图 5-4-15 鄂尔多斯盆地长 7 油层组储层样品 ϕ_{sc}/ϕ_{bp}（左图）K_{sc}/K_{bp}（右图）与渗透率变化关系图

a. 庆城油田长7_1油层组孔渗相关性图　　b. 庆城油田长7_2油层组孔渗相关性图

图 5-4-16 庆城油田长 7 油层组孔渗相关性图

（三）储层渗透率各向异性特征

地层渗透率的各向异性是制约水平井产油效果的重要因素（徐景达，1991；邓英尔等，2002；高健等，2003；魏漪等，2014），而对于长 7 油层组油藏，“长水平段 + 体积压裂”是最有效的开发模式。因此，开展长 7 油层组储层的渗透率各向异性特征研究对长 7 油层组油藏的开发具有实际意义。实验选取了代表不同沉积类型储层的样品，测试了长 7 油层组油层的水平与垂直渗透率。实验结果表明，K_v/K_h（垂直渗透率 / 水平渗透率）平均值为 1.04，ϕ_v/ϕ_h（垂直孔隙度 / 水平孔隙度）平均值为 1.06，这说明鄂尔多斯盆地延长组长 7 油层组储层渗透率各向异性总体较弱，但不同沉积类型储层的渗透率各向异性特征存在差异。以砂质碎屑流沉积类型为主的陇东地区，是盆地长 7 油层组油藏的主力区，其储层渗透率各向异性弱，有利于水平井开发；而以三角洲前缘水下分流河道沉积类型为主的陕北地区，储层垂直渗透率显著低于水平渗透率，在一定程度上影响了水平井产能，储层的压裂改造工艺参数需有别于陇东地区。

四、储层成岩作用及非均质性

鄂尔多斯盆地长 7 油层组储层主要成岩作用有以下几方面。

（一）压实作用

压实作用是碎屑岩储层埋藏演化过程中最为重要的减孔作用，伴随储层埋藏成岩的整个过程。长 7 油层组整体以机械压实作用为主，压实作用显著，表现为碎屑颗粒在强烈的压实作用下呈现线—凹凸接触，塑性颗粒发生严重变形甚至被压断。

（二）胶结作用

胶结作用是长 7 油层组页岩层系砂质夹层内最为重要的化学成岩作用类型，其中最主要的为碳酸盐胶结。长 7 油层组页岩层系砂质夹层内，可以识别出四种物质组成差异显著的碳酸盐胶结物类型：方解石胶结、铁方解石胶结、铁白云石胶结和白云石胶结。

（三）溶蚀作用

溶蚀作用是长 7 油层组页岩层系砂质夹层内主要的增孔成岩作用类型，主要为碎屑颗粒的溶蚀，碎屑颗粒以长石溶蚀为主，也有少量岩屑溶蚀。钾长石是研究区最为常见的被溶蚀矿物，典型的溶蚀作用特征包括长石部分溶蚀形成的镂空状颗粒残余，沿长石边缘形成的港湾状溶扩孔隙，沿长石解理缝形成的窗格状溶扩孔。长石溶孔的大小受被溶蚀长石颗粒的大小及其成分控制。溶孔内常见溶蚀残余石英颗粒和高岭石，有些溶孔被油充注或者被碳酸盐充填。

（四）交代作用

交代作用是指化学组成不同的矿物与原有矿物之间的置换作用。研究区储层中的交代作用主要是自生成岩矿物对碎屑颗粒的交代作用。包括高岭石对长石碎屑的部分或整体交代，以及碳酸盐胶结物对长石和石英颗粒的交代。

鄂尔多斯盆地延长组长 7 油层组颗粒间以线接触为主（部分颗粒凹凸接触）、刚性颗粒（石英和长石）和云母多呈定向排列、岩屑压实变形及颗粒破裂现象普遍，并存在压溶现象，表明延长组长 7 油层组压实作用强。朱国华（1982）研究了成岩作用与砂岩孔隙的演化规律，发现砂岩中黏土矿物含量达 10% 以上时，在压实作用过程中孔隙度缩小至 15% 以下。据此分析，延长组长 7 油层组砂岩颗粒如此细，且黏土杂基含量较高，无疑大大地降低其抗压性和抗热性，而压实量将加大。

自生黏土矿物和硅质胶结物仅分布于孔隙周边而在砂岩颗粒接触部位缺失的现状，以及碳酸盐胶结物类型为铁白云石和铁方解石特征，说明鄂尔多斯盆地延长组长 7 油层组主要的成岩胶结作用形成于成岩期机械压实作用之后。已有研究成果揭示，不同的自生矿物晶出空间和孔隙水的渗流交替条件，会形成不同类型的成岩矿物（朱国华，1988；黄思静等，2004；钟大康，2017）。延长组长 7 油层组砂岩经机械压实作用之后，孔喉变得更为细小，致使自生矿物的晶出空间小、成岩流体难以流动，因此导致其成岩胶结作用强度和产物与常规砂岩储层存在较大差异。

自生伊利石的产状和形态及含有一定量的黏土矿物成岩转化序列的中间产物——伊利石 / 蒙皂石有序间层黏土矿物，说明鄂尔多斯盆地延长组长 7 油层组中的自生伊利石主要是由蒙皂石经依蒙混层转化形成。延长组长 7 油层组中的蒙皂石主要是碎屑黏土杂基沉积成因的。由于黏土矿物杂基的沉积主要受矿物质点粒级沉积分异作用控制，粒度越小，沉积离岸边越远，蒙皂石黏土矿物粒级细小，因此延长组长 7 油层组重力流和三角洲前缘前端沉积砂岩中的蒙皂石黏土杂基含量较高。另外，延长组长 7 油层组埋藏深度和温度已达到蒙皂石向伊利石转化的条件（黄思静等，2009；孟万斌等，2011），且目前黏土矿物组成中缺少蒙皂石矿物，这揭示延长组长 7 油层组砂岩中的蒙皂石已全部转化为伊利石或伊 / 蒙混层黏土矿物，一定程度上也反映延长组长 7 油层组砂岩中自生伊利石黏土矿物的含量受控于沉积过程形成的蒙皂石黏土杂基含量。这可从黏土矿物 X 射线衍射分析结果得到印证，延长组长 7 油层组重力流沉积砂岩黏土矿物主要由伊利石组成，伊利石和伊 / 蒙混层含量合计达 75.52%，远远高于三角洲沉积砂岩；虽然三角洲沉积砂岩伊利石和伊 / 蒙混层黏土矿物的含量显著低于重力流沉积，但三角洲沉积砂岩的黏土矿物组成中，仍含有较高含量的伊利石。结合薄片统计的胶结物组成及含量结果分析，伊利石是鄂尔多斯盆地延长组长 7 油层组储层最主要的成岩胶结作用。

鄂尔多斯盆地延长组长 7 油层组砂岩中碳酸盐胶结作用普遍，胶结物主要为铁方解石和铁白云石。在薄片和扫描电镜下观察，其在延长组长 7 油层组砂岩中主要有 3 种胶结方式：（1）连生式充填粒间孔隙，铁方解石或铁白云石在孔隙中连晶状产出，晶粒粗大；（2）连生式或自形晶体状充填溶蚀孔隙或交代矿物碎屑，铁方解石主要以连生式充填溶蚀孔隙，铁白云石主要以自形晶体状充填溶蚀孔隙，同时铁白云石交代白云岩岩屑现象普遍；（3）颗粒周缘自形晶体生长式。通常认为，长石、碳酸盐岩岩屑和暗色不稳定矿物的埋藏溶解、蒙皂石的伊利石化及相邻泥页岩的成岩压实流体是碳酸盐胶结物沉淀的物质来源。鄂尔多斯盆地延长组长 7 油层组砂岩中发育源于海相沉积的白云岩岩屑，同时长石的溶蚀与蒙皂石的伊利石化耦合成岩作用普遍而强烈，因此白云岩岩屑的溶解和蒙皂石的伊利石化是鄂尔多斯盆地延长组长 7 油层组砂岩中碳酸盐胶结作用发育和形成的机制，镜下特征也揭示了这种形成过程，与碳酸盐胶结物连生式和自形晶体式充填粒间孔与溶蚀孔的产状一致揭示，延长组长 7 油层组砂岩中的碳酸盐胶结物主要形成于成岩晚期。

碳酸盐胶结物与储层物性的相关性分析说明，延长组长 7 油层组砂岩储层的孔隙度与渗透率均与碳酸盐胶结物含量呈负相关，这说明碳酸盐胶结作用对延长组长 7 油层组砂岩储层的质量起破坏作用。一方面，因为延长组长 7 油层组砂岩缺乏早期碳酸盐胶结作用，从而缺少被溶蚀和支撑机械压实的碳酸盐胶结物，没有形成次生孔隙及起保护原生孔隙的作用。另一方面，碳酸盐胶结物对孔隙连生式的充填，使部分孔隙储集性能完全丧失；而粒间孔、溶蚀孔和颗粒周缘自形生长的碳酸盐晶体在减小了储层孔隙度的同时，也降低了其渗透性。

第五节　长 7 油层组页岩油大面积富集机制

一、页岩油储层含油气性特征

（一）含油性

通过对取自长 7 油层组页岩油储层岩心含油气性的观察，发现细砂岩中均匀含油，粉砂岩中不均匀含油或裂缝面含油，泥页岩中可见含油显示。通过对储层荧光薄片分析，表明长 7 油层组薄层砂岩中石油主要赋存在粒间微小的孔隙中和微裂缝中。对典型井密闭取心含油饱和度数据进行分析（图 5-5-1），发现长 7 油层组优质烃源岩中致密砂岩含油饱和度较高，部分井段含油饱和度高达 80% 以上。根据渗透率与可动流体饱和度拟合关系，实现了致密储层流体可动性平面上的定量表征，总体盆地页岩油储层可动流体饱和度较高（均值 48%）。

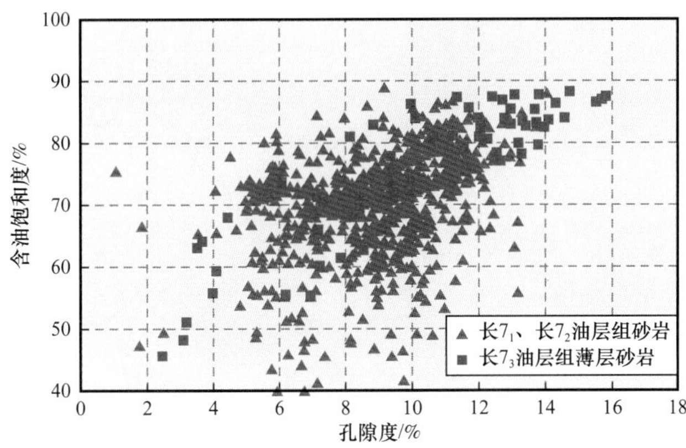

图 5-5-1 鄂尔多斯盆地页岩油储层密闭取心含油饱和度与孔隙度关系图

（二）含气性

勘探开发实践表明，含气性对页岩油开发效果具有较大影响。例如：X233 井区进行水平井攻关试验，试验区北部与南部相比，烃源岩厚度、储层物性、油层厚度等参数相当，溶解气油比相对较高，试验区南部，溶解气油比为 95.92m^3/t，北区溶解气油比为 122.64m^3/t，原油地层黏度相对较低，北部的 4 口水平井持续自喷生产近 5 年，开发效果较好。

通过热模拟实验和单因素分析，明确了长 7 油层组油藏气油比控制因素（表 5-5-1），其中黑色页岩厚度与源储组合类型对气油比起主要控制作用。在气油比控制因素研究的基础上，结合单井分析测试资料，按照气油比大于 90m^3/t 为高值区、70～90m^3/t 为中值区、小于 70m^3/t 为低值区的分类标准，预测陇东地区长 7 油层组油藏气油比处于中值—高值区；庆城长 7 油层组油藏处于气油比高值区 90～120m^3/t（图 5-5-2）。

表 5-5-1 鄂尔多斯盆地长 7 油层组油藏气油比评价参数表

参数	气油比		
	高值区（90～120m^3/t）	中值区（70～90m^3/t）	低值区（<70m^3/t）
与烃源岩组合关系	叠合	临近	较远
优质烃源岩厚度 /m	>20	15～20	<15
油层厚度 /m	>25	15～25	<15
砂体结构类型	叠置厚层型	厚砂与薄泥互层型	薄砂互层型
勘探现状	试油产量>20t/d	试油产量 10～20t/d	试油产量<10t/d

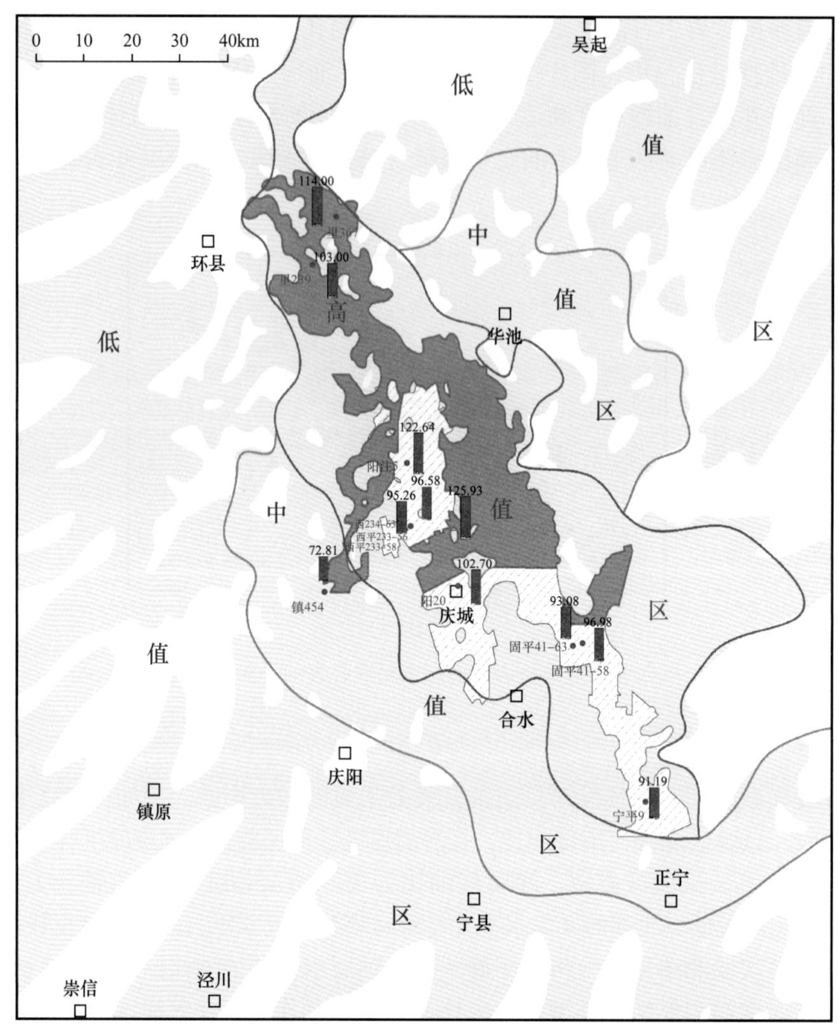

图 5-5-2　鄂尔多斯盆地长 7 油层组油藏气油比分布预测图

二、页岩油生烃和成藏模拟研究

（一）生烃特征

鄂尔多斯盆地长 7 油层组发育优质烃源岩，其生烃产生的异常高压为长 7 油层组油藏提供了有效运聚动力，中生界油藏的主要成藏期为晚侏罗世—早白垩世，地层在早白垩世达到最大埋深，此时期地层压力一般为 33.9～36.5MPa。采取室内生烃物理模拟实验方法，更准确地计算了长 7 油层组生烃增压动力。

1. 生烃物理模拟实验样品及实验条件

生烃物理模拟实验样品为长 7 油层组灰黑色泥岩，有机碳含量为 2.6%，镜质组反射率为 0.7%，S_1（游离烃含量）为 1.6mg/g，S_2（热解烃含量）为 9.4mg/g，氢指数为 366mg/g。采用中国石油勘探开发研究院石油地质实验研究中心的直压式生排烃热模拟系统进行生烃模拟。实验模拟地质条件：鄂尔多斯盆地延长组烃源岩在晚侏罗世至早白垩世进入成熟阶段，古埋深为3000～4000m，古地层温度为75～115℃。本实验样品埋深为3500m，古地层温度为104℃。

2. 生烃模拟实验过程

在正式开始生烃模拟之前，进行实验条件初始化，先将反应釜内温度升至104℃，同时使釜内压力保持在0.5MPa。生烃模拟过程共分5个阶段，第Ⅰ阶段，随着温度升高，液态水向水蒸气转变，釜内压力急剧升高，考虑到烃源岩在温度低于320℃（R_o值为0.55%～1.30%）以产油为主，产气量相对较少，当温度升至350℃左右时，烃源岩进入高演化阶段，液态烃大量裂解成气态烃，釜内压力已达到额定压力（35MPa），此时开启釜体下部连接不锈钢管中部的阀门，使多余流体通过不锈钢管流入本来闭合的活塞下部腔室。经过4h的实验，将反应釜内压力稳定在35MPa，温度升至388℃（对应镜质组反射率为1.0%～1.1%）。第Ⅱ阶段，维持反应温度388℃、压力35MPa约46h。第Ⅲ阶段，通过约5h的降温降压，缓慢降低釜内温度至初始值104℃，生烃过程的模拟结束。第Ⅳ阶段，将釜内温度保持104℃恒温约11h直至压力恒定。第Ⅴ阶段，回注反应流体，待釜体内温度与实验初始条件一致，且压力不再变化后，将活塞内反应过程中排出的液体回注到反应釜中，同时读出压力的变化值，实验结束。

3. 生烃模拟实验结果与分析

实验结果表明，在热模拟阶段结束，温度降至初始值104℃后，反应釜内残留压力为3.3MPa，相比初始压力0.5MPa升高了2.8MPa。回注阶段，反应釜内的压力回升，最大时达到38.5MPa，相比初始压力升高了38.0MPa。对照实际地质情况，在活塞回注反应排出液之前，反应釜内的压力（2.8MPa）即烃源岩排烃后剩余的异常高压；回注后达到的最大值（38.5MPa）减去初始压力即生烃增压的瞬间最大值。为了计算不同异常高压条件下烃类可以突破的孔喉半径下限，将这两个压力值代入毛细管力公式，取石油运聚时期的油水界面张力为0.367N/m，且石油运聚初始阶段储层具有完全亲水性，故θ取值为0°，则可得到在地质条件下，2.8MPa异常高压可突破的孔喉半径为262nm；38MPa异常高压可突破的孔喉半径为19nm。前人研究普遍认为鄂尔多斯盆地长7油层组的过剩压力主要分布在8～16MPa，表明在主成藏时期，长7油层组优质烃源岩生烃产生的异常高压可以驱替烃类进入致密储层，并在有利圈闭聚集成藏。

（二）成藏模拟实验

生烃物理模拟实验研究表明，生烃增压产生的压力值远大于浮力所能提供的动力。但对于鄂尔多斯盆地延长组致密储层，烃源岩生烃增压提供的动力能否克服运移阻力，推动石油向微纳米级基质储集空间充注，仍未得到充分证实。在生烃模拟实验基础上，开展了致密储层运移阻力的实验。该实验的思路是，在模拟地层环境的实验条件下，从非常小的充注动力开始，以非常小的压力增幅逐步加大充注动力，直到石油注入致密储层。这一临界最小突破压力，就是致密储层的运移阻力。

1. 真实岩心充注物理模拟实验样品及实验条件

真实岩心充注实验样品为致密细砂岩，孔隙度为4.3%，渗透率小于0.1mD，长度2.8cm。实验设备的核心部件为可同时加载围压和轴压的岩心夹持器。另一个关键部件为电阻值传感器，其使整套设备所能达到的效果优于一般驱替实验。原因在于，通过驱替过程中对岩心柱体电阻值变化的监测，实现了对油驱水全过程的定量监测，因为电阻值的变化意味着岩心内含油饱和度的变化，这是以往驱替实验无法实现的。实验选择埋深为3000m，压力系数1.2，油黏度为1.5～3.5mPa・s，水为NaCl溶液，矿化度为150mg/g。

2. 真实岩心充注实验过程

在实验之前，进行洗油、洗盐、端面碾磨、烘干、称重等样品制备。测量干样尺寸、干样的空气渗透率、孔隙度；配制矿化度为150mg/g的等效NaCl溶液；测量溶液的温度、密度、电阻率；对样品抽真空、加压饱和，秤取饱和样重量，确定样品是否完全饱和。将饱和好的岩样放入夹持器，同时加5MPa轴压和围压；打开平流泵，用饱和液驱替样品安装过程中的气体，同时测量水相渗透率。随后停泵。测量相同轴压和围压条件下的样品纵波和横波速度，计算泊松比和地层侧向压力（即实验中的轴压）。保持围压不变，调整轴压到指定值，用平流泵以0.2MPa为增量缓慢增加流压，观察样品两端电阻的变化和计量管中液位的变化。如果电阻和液位都有增加，说明油已经注入样品，记录这时的流压，此时进出段的压力差即为最小突破压力，也即运移阻力；如果只有液位增加，电阻没有变化，说明油未注入样品，只是岩样形变所致。等电阻增加后，才表明油已注入，记录这时的流压，减去流出段压力即为最小充注压力（运移阻力）。

3. 真实岩心充注实验结果与分析

真实岩心充注累计实验时间为190h，分别经历了水驱水阶段、压力平衡后停泵换油、油驱水突破前寻找运移阻力及突破后油驱水四个阶段。水驱水阶段：向饱含水样品一端再注水，以排出气体，并建立孔隙流体压力。注水过程中，持续监测岩心柱塞电阻值变化、注入端压力变化，以及流出端压力变化。从图5-5-3可看出，实验初始的60h，注入端压力从0开始，呈阶梯状递增，但流出端压力始终为0，电阻值变化也不大，说明注入水尚未到达流出端。实验进行到第70h后，流出端压力开始急剧上升，表明注入压力到达流出端。停泵换油：水驱水阶段结束后，将泵停止，撤去注入端压力。将泵内的水替为实验用油。寻找油驱水运移阻力阶段：换油后，在注入端重新加压。实验进行到第143h，压力增加至10.65MPa时，电阻值明显上升。该点即为油开始进入岩心柱塞的时刻，因为油的进入，增大了岩心柱塞的电阻值。此样品的运移阻力为10.65MPa，一旦运移动力大于该值，油就能注入储层，并发生运移。突破后油驱水阶段：油驱水突破后，注入端压力上升至11MPa的最大值后维持了约11h，这段时间也是电阻值升高最快的阶段，即油在饱含水的岩心中充注速度最快。之后，注入端压力开始分两步递减，先用10h降至10MPa，再用19h降至3.6MPa，实验结束。该阶段流出端压力始终为0（图5-5-3），说明油未运移至流出端。

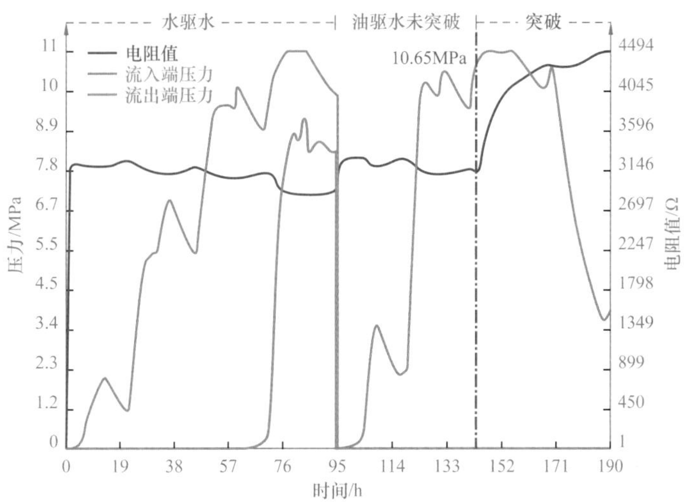

图 5-5-3 致密砂岩样品运移阻力实验压力、电阻值变化曲线

在注入端压力下降过程中，电阻值仍在缓慢上升。甚至，当注入端压力降至比运移阻力 10.65MPa 还小时，电阻值依然没有停止不变，而是继续上升，直到注入端压力为 3.6MPa 左右时，电阻值才趋于平缓。从受力角度分析，当注入端充注动力小于运移阻力时，石油无法注入样品，电阻值也应停止上升，维持在注入端压力降至 10.65MPa 时的读值。即使考虑压力迟滞效应，亦不可能在压力降至 10MPa 以下的近 20h 中，电阻值继续上升。这种反常现象只能解释为，对于鄂尔多斯盆地延长组致密储层，石油在向其充注的初始阶段，可能存在一个“突破阻力”；一旦运聚动力超过这一阻力，石油进入储层后，维持其在微观储集空间内继续运移所需克服的阻力就大大降低，远小于“突破阻力”，暂且称之为“持续阻力”。从实验结果来看，该致密砂岩样品的“突破阻力”要高于“持续阻力”约 6～7MPa。

运聚阻力实验表明，石油向渗透率只有 0.064mD 的致密砂岩充注的初始阶段，需克服的“突破阻力”为 10.65MPa，运移过程中需要克服的“持续阻力”约为 3.6MPa；0.014mD 的石灰岩“突破阻力”约为 15.8MPa，“持续阻力”约为 9MPa。浮力计算结果表明，鄂尔多斯盆地延长组连续油柱所能产生的浮力最大值仅为 0.09065MPa，远小于需要克服的各种运移阻力。另一方面，有限空间内生烃模拟实验中得到的 2.8～38MPa 的异常高压则充分说明，烃源岩生烃增压才是长 7 油层组油藏充注的有效动力，不但可以克服运移过程中的“持续阻力”，也能克服数值更大的“突破阻力”。真实岩心充注实验进一步揭示了生烃增压可以实现石油有效聚集。

三、页岩油微观赋存状态

（一）长 7 油层组油藏流体赋存状态

长 7 油层组油藏原油以游离油、物理吸附油与化学吸附油的状态赋存，以连片状、薄膜状及断续状的形式分布于储集空间中。游离油主要以连片状赋存于连通的粒间孔及大溶蚀孔中，物理吸附油以断续状赋存于细小孔隙，化学吸附油以薄膜状赋存在矿物颗粒表面。

针对不同赋存状态的烃类，利用分步破碎抽提法进行分离，将岩心柱先在常温（20℃）低压（小于界限压力）条件下，用驱替剂（二氯甲烷 + 甲醇）进行驱替收集，将这部分原油称为游离油；然后将驱替完游离油的岩心柱在地层温度（70℃）高压（大于界限压力）条件下，用驱替剂（二氯甲烷 + 甲醇）进行驱替，将这部分原油称为物理吸附油；最后将驱替完游离油与物理吸附油的岩心柱低温破碎至单矿物颗粒后，用驱替剂（二氯甲烷 + 甲醇）进行抽提，将这部分油称为化学吸附油。

索氏抽提法和温压流体共控法两种实验方法结合使用，界定游离油、物理吸附油、化学吸附油比例。界限压力是界定游离油和物理吸附油的关键，粒径大小是界定物理吸附油和化学吸附油的关键。在温压共同控制驱油实验过程中，为保证该种实验方法中驱替的游离油与物理吸附油含量数据的可靠，同时选取平行样品，低温破碎至 5～15mm 粒径抽提，将这种低温破碎法抽提的原油厘定为游离油和部分物理吸附油，含量比温压共控驱油实验中驱替的游离油含量高，是游离油含量的极限最大值。游离油主要以连片状赋存于连通的粒间孔及大溶蚀孔中，物理吸附油以断续状赋存于细小孔隙，化学吸附油以薄膜状赋存在矿物颗粒表面（图 5-5-4）。

游离油连续分布于粒间孔中。M108-29井，2268.34～2268.66m

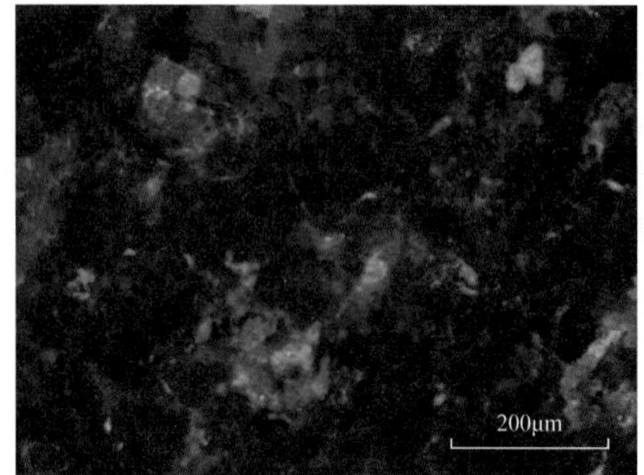

游离油连续分布于粒间孔中。M78-33井，2308.33～2308.68m

物理吸附油断续分布于小孔中。X19-24-2井，1875.42～1875.60m

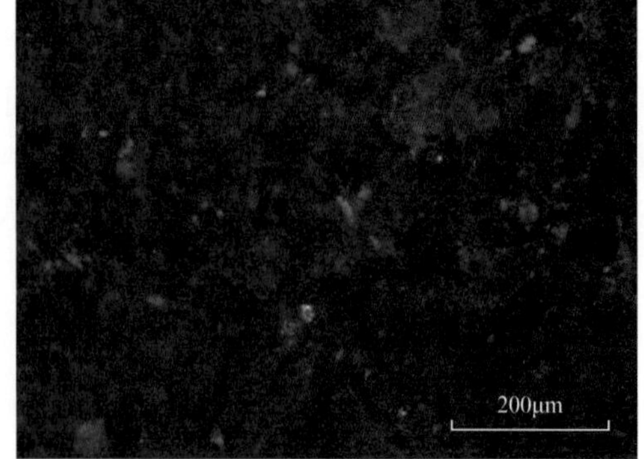

物理吸附油断续分布于小孔中。X19-24-3井，1877.28～1877.53m

图 5-5-4　鄂尔多斯盆地长 7 油层组油藏不同赋存状态烃类特征图（×100，荧光）

（二）不同温压及流体条件游离油与吸附油比例定量表征

在利用温压流体共控法驱替游离油的实验分析不同赋存状态原油含量及比例中，为避免相对高温（地层原始温度，采用70℃）条件下部分物理吸附油的解吸，实验条件为常温（20℃），压力小于对应样品界限压力条件，待游离油驱替完成后，为了使物理吸附油充分的解吸附，实验条件调整为相对高温（地层原始温度，采用70℃），压力大于界限压力条件。对完成游离油及物理吸附油驱替的样品进行化学吸附油抽提时，为避免岩样在单矿物颗粒条件下轻质组分的损失，所以采用实验条件为常温（20℃）常压抽提，在这三类原油驱替过程中，根据各类原油的特点，采用不同的温度与压力进行驱替。实验流体分为两种进行实验，水与实验试剂二氯甲烷＋甲醇（93：7），利用水驱分别完成三组实验，但效果都不佳，无法将储层中原油进行有效驱替，因此调整实验方案，利用实验试剂二氯甲烷＋甲醇。

结合温压流体共控驱油法与岩心破碎分步抽提法，厘定原始岩心未饱和油状态下（含油饱和度26.1%），游离油比例为57.4%，物理吸附油比例为38.3%，化学吸附油为4.3%。镇北与姬塬地区不同赋存状态原油比例相近，合水地区游离油比例较高，物理吸附油比例较低（图5-5-5、图5-5-6）；镇北地区游离油为56.1%，物理吸附油为38.8%，化学吸附油为5.1%；合水地区游离油为63.3%，物理吸附油为34.2%，化学吸附油为2.4%；姬塬地区游离油为56.4%，物理吸附油为39.6%，化学吸附油为4.1%。岩心饱和油状态下（含油饱和度70%），游离油比例为82.4%，物理吸附油比例为15.4%，化学吸附油为2.2%。

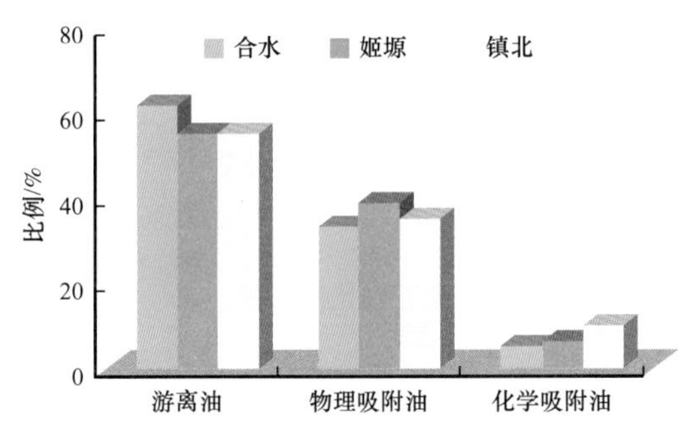

图5-5-5　鄂尔多斯盆地不同赋存状态原油比例分布图

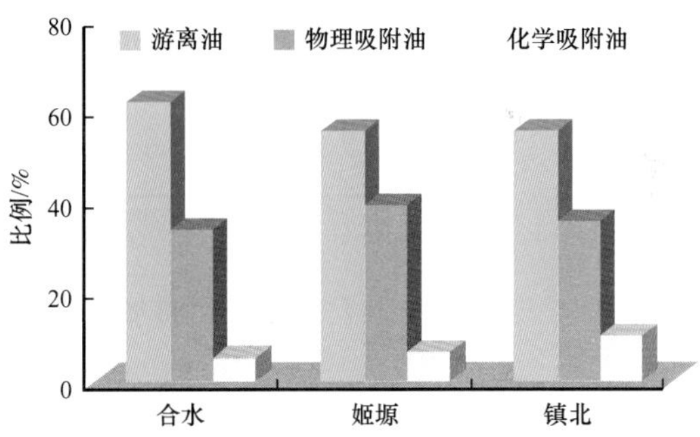

图5-5-6　鄂尔多斯盆地不同地区原油比例分布图

由上述分析得知，游离油含量与岩心现有含油饱和度成正相关关系，而岩心现有含油饱和度除了与岩心原始含油饱和度相关外，还受到取心过程中因压力释放而产生的原油散失的影响，原油散失程度及比例往往与岩心孔喉结构密切相关。孔喉连通性好，渗透率高的岩心散失速率快，比例较高；孔喉连通性差，渗透率低的岩心散失的速率慢，比例低。因此在对比不同地区不同孔喉结构的长7油层组储层不同赋存状态原油比例过程中，应将原油散失量进行校正，在相同原始含油饱和度条件下对比孔喉结构对不同赋存状态原油比例的控制才有意义。经过含油饱和度校正，发现游离油比例和渗透率及平均孔喉半径呈正相关，相同含油饱和度条件下，渗透率越高，平均孔喉半径越大，游离油比例越高；渗透率越低，平均孔喉半径越小，物理吸附油与化学吸附油比例越高。综合长 7 油层组储层孔渗分析、孔喉结构分析、不同赋存状态原油比例分析，以原始分析数据为基础，计算绘制了鄂尔多斯盆地长 7 油层组油藏不同赋存状态原油比例图版。在图版中（图 5-5-7），游离油的比例受原始含油饱和度及渗透率影响，在低含油饱和度下，相对高渗透率储层与低渗透率储层之间的游离油比例差异大，高渗透率储层中的游离油比例远远大于低渗透率储层，随着含油饱和度的增高，相对高渗透率储层与低渗透率储层之间的游离油比例差异变小。在图版的计算编制中，打破了岩心现有含油饱和度对认识的误导，将岩心含油饱和度还原到地下原始状态，最大可能地接近地下实际状况。

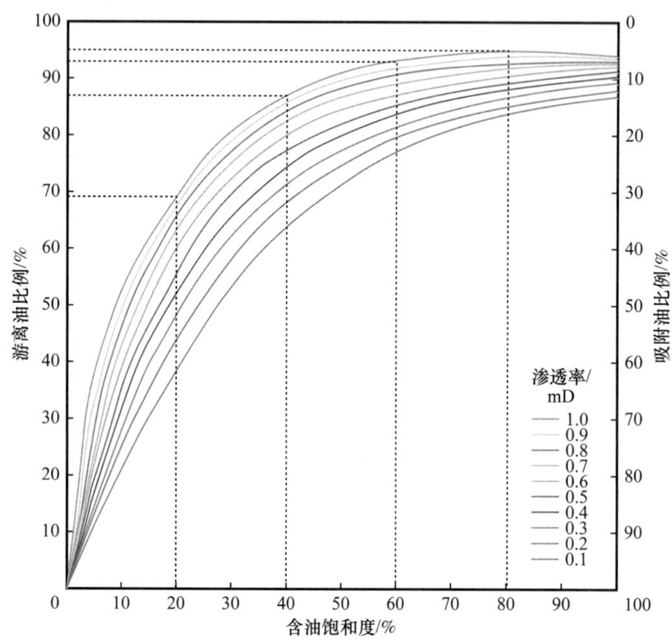

图 5-5-7　鄂尔多斯盆地长 7 油层组油藏不同赋存状态原油比例图版

四、页岩油富集模式

（一）成藏组合特征

鄂尔多斯盆地长 7 油层组沉积期湖盆最大湖泛期，受重力流沉积作用控制，沉积发育了多旋回的砂岩—泥页岩互层的有利成藏组合。根据富有机质泥页岩与细粒级砂岩储层的配置关系，长 7 油层组油藏可划分出多生厚层夹储型、底生多层串联型和底生夹层自储型 3 种成藏组合类型（图 5-5-8）。

多生夹储型储层组合类型主要发育在长 7 油层组中上部，以多期叠加的重力流滑塌砂岩为主，泥质含量较少，砂体完整，厚度大，平面上复合连片，规模大，砂岩含油性好。针对厚层块状类型，采用大液量、大排量、小砂比，泵入滑溜水和表面活性剂压裂液混合水进行压裂，产生网状裂缝，大幅度地扩大泄油体积，试油产量较高，平均单井试油产量一般达 20t/d 以上。底生多层串联型储层组合类型，砂体厚度相对较薄，一般为 5～10m，

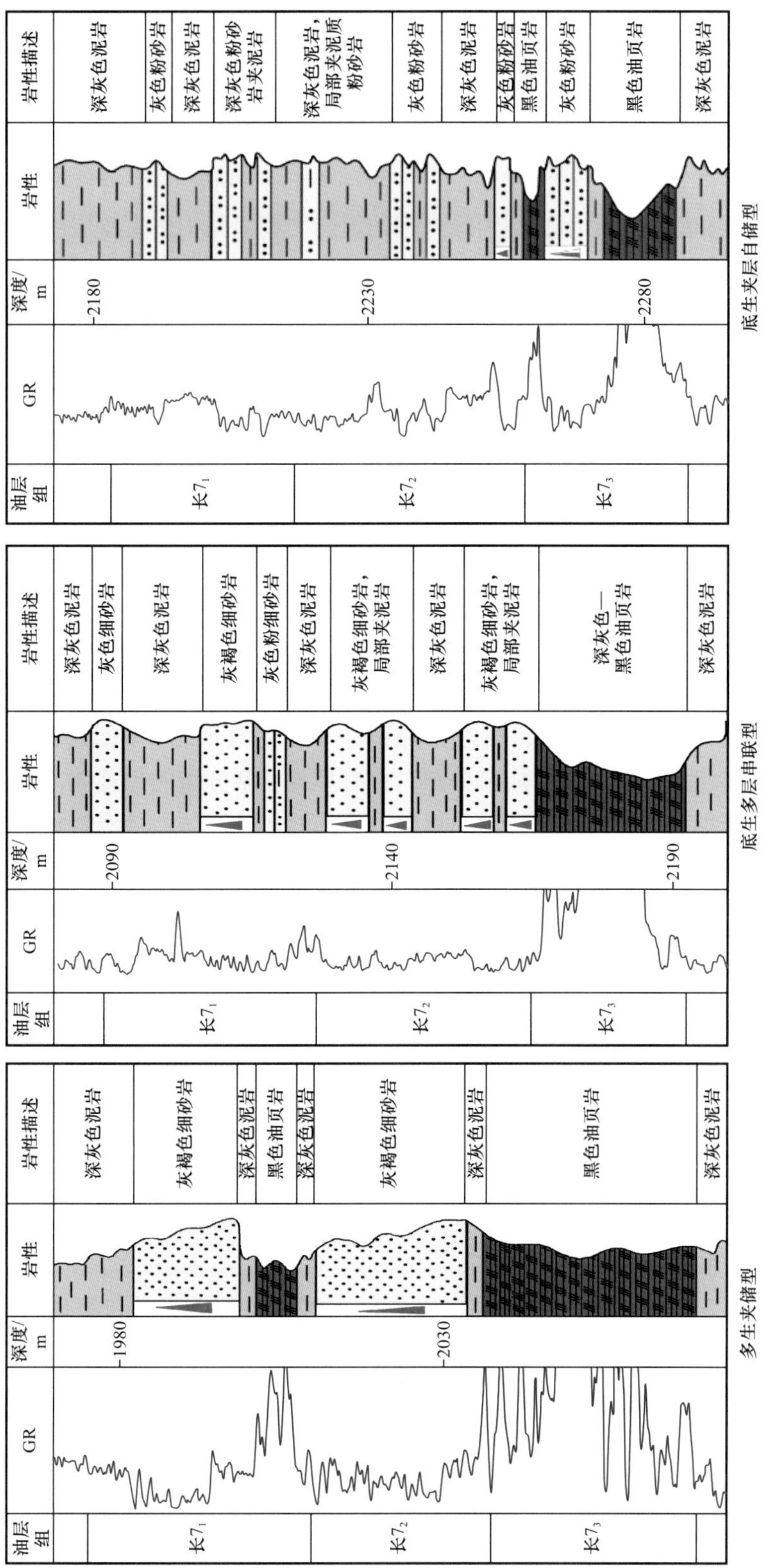

图 5-5-8　鄂尔多斯盆地长 7 油层组油藏成藏组合模式

隔夹层较多，多套砂岩与泥岩间互叠合分布，储层非均质性较强，对多套油层采用分段压裂的方式进行集中改造，单井平均试油产量主要分布在10～20t/d。底生夹层自储型储层组合类型，砂岩厚度一般分布在2～5m，多套薄层砂岩、粉砂质泥岩、泥质粉砂岩及暗色泥岩叠合发育，以泥质沉积为主，油层厚度薄且多套互层，改造难度较大，油层难以充分改造动用，试油产量较低，单井平均试油产量一般低于10t/d。这三种储层组合类型中，以多生厚层夹储型和底生多层串联型为最有利的组合类型，其中多生厚层夹储型是最好的类型，是长7油层组油藏勘探的目标和甜点。

（二）成藏期次

砂岩储层成岩矿物中通常含有大量流体包裹体，因此，通过测试流体包裹体的均一温度和烃组分，获得储层包裹体形成时的温度、压力和烃组分等数据，结合地温史和埋藏史，可分析油气在储层中运聚、成藏的时期。

完成流体包裹体测试的岩石类型为细砂岩和粉砂岩。流体包裹体宿主矿物为石英和长石，包裹体发育在颗粒成岩期微裂隙内和颗粒晶格内。镜下观察长7油层组包裹体类型分为盐水溶液包裹体（图5-5-9）和烃类包裹体（图5-5-10）。

盐水包裹体：盐水包裹体是长7油层组砂岩储层中普遍发育的一类包裹体，其主要产出于石英微裂隙及长石颗粒中，少量产出于石英次生加大边、方解石胶结物中。这类包裹体大小不一，主要分布在2～8μm；气液比为5%～15%。其形态多样，以圆形、椭圆形、长条形和不规则形状居多，多成群成带分布，也有呈孤立状分布的包裹体，透射光下显示无色或淡褐色。根据流体包裹体相态具体可细分为纯盐水包裹体、气液两相盐水包裹体及含少量的CO_2包裹体。

烃类包裹体：长7油层组砂岩储层中也普遍发育烃类包裹体，主要分布在石英微裂缝中，少量分布在石英加大边和钠长石中。偏光显微镜和荧光激发下主要见两类烃类包裹体，即含气态烃包裹体和纯液态烃包裹体。含气态烃包裹体主要产出在石英微裂隙内，是长7油层组储层中普遍发育的一种重要类型，形态多样，以长条形和椭圆形为最多，大小介于3～15μm，气液比多小于20%，主要有2种：一种单偏光下液态烃为透明无色，UV激发荧光下液态烃发蓝白色和蓝绿色，而气态烃不发荧光；另一种单偏光下为淡黄色、棕黄色，UV激发荧光下为蓝绿色，分布在长石及石英宿主矿物中。

根据流体包裹体的赋存产状、FIA特征、均一温度和冰点温度，将不同产状内流体包裹体组合可分为Ⅰ和Ⅱ两大类。

包裹体组合Ⅰ：产出于长石颗粒内。盐水＋烃类包裹体，烃类包裹体气液比多小于20%，含气态烃包裹体丰度约5%～25%，烃类包裹体的均一温度主要是在50～70℃；伴生盐水包裹体均一温度主体介于70～90℃，均值87.7℃，中值85.5℃。

包裹体组合Ⅱ：产出于石英微裂隙内。烃类包裹体的均一温度主要在80～110℃；伴生盐水包裹体均一温度主体介于100～130℃，均值112.7℃，中值114.5℃，烃类包裹体均一温度要比盐水包裹体对应的均一温度低。

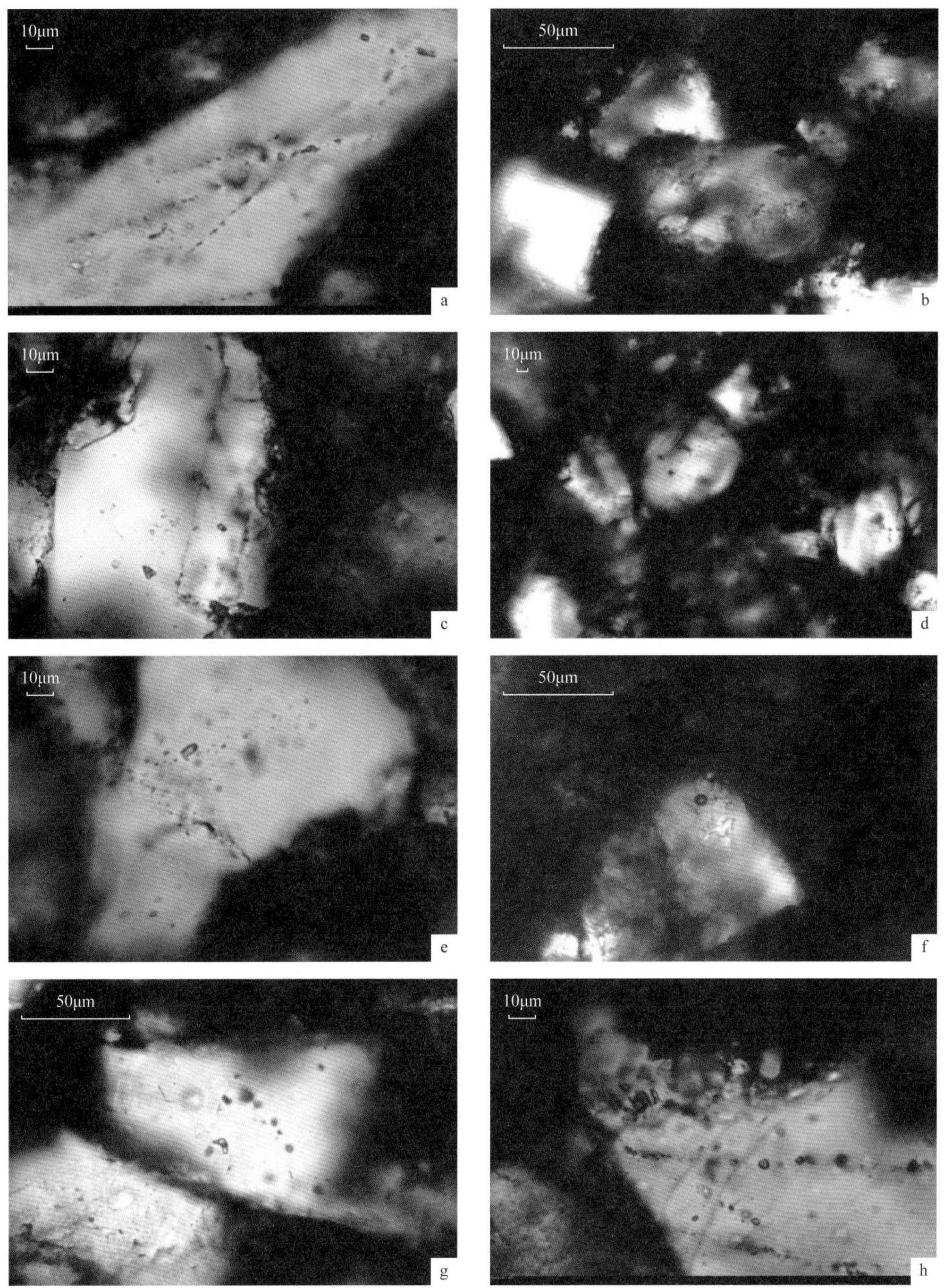

图 5-5-9 鄂尔多斯盆地 C96 井延长组长 7 油层组储层盐水溶液包裹体组合特征

a. 长 7_2 油层组，2008.53m，石英微裂缝气液两相包裹体、盐水包裹体；b. 长 7_3 油层组，2074.70m，长石颗粒中盐水包裹体；c. 长 7_1 油层组，1958.34m，石英微裂缝中捕获的纯液相、气液两相包裹体；d. 长 7_1 油层组，1968.34m，长石颗粒中捕获的气液包裹体；e. 长 7_1 油层组，1968.34m，石英微裂缝中呈串珠状的纯气相、气液两相包裹体；f. 长 7_1 油层组，1974.15m，沿切穿石英颗粒的微裂隙分布的纯气相、气液两相包裹体；g. 长 7_2 油层组，2022.54m，沿切穿石英颗粒的微裂隙分布的气液两相包裹体；h. 长 7_3 油层组，2082.49m，切穿石英颗粒微裂缝中的纯气相及盐水包裹体

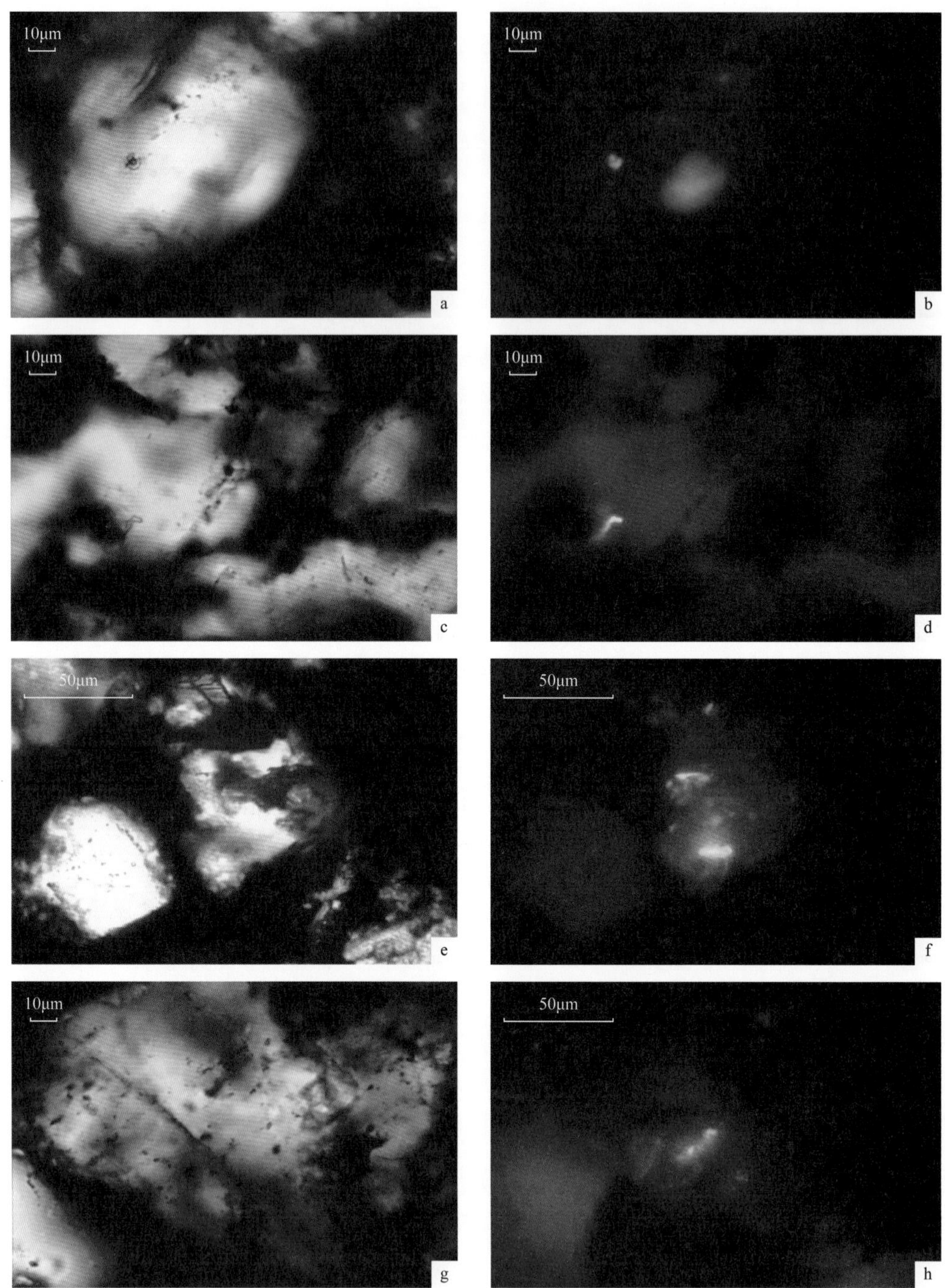

图 5-5-10 鄂尔多斯盆地 C96 井延长组长 7 油层组储层烃类包裹体组合特征

a、b. 长 7_1 油层组，1968.14m，石英裂缝中含气液烃包裹体（轻质油），透射光下液态烃呈透明无色，气态烃呈黑色，荧光下液态烃呈蓝绿色，气态烃不发荧光；c、d. 长 7_1 油层组，1976.85m，石英裂缝中含气液烃包裹体（轻质油），透射光下液态烃呈透明无色，气态烃呈黑色，荧光下液态烃呈蓝白色，气态烃不发荧光；e、f. 长 7_3 油层组，2074.70m，长石颗粒中溶蚀成因、成群分布、单偏光下呈淡黄色，荧光下呈蓝绿色；g. 长 7_2 油层组，2008.53m，石英微裂缝和石英颗粒表明呈深棕色纯液态烃包裹体；h. 长 7_3 油层组，2074.70m，长石颗粒荧光下纯液态烃包裹体呈黄绿色长7油层组储层烃类包裹体丰度高且气液比较大，表明储层中包裹体的形成与石油充注关系密切，与烃类包裹体伴生的盐水包裹体的均一温度反映油气充注成藏信息。70～90℃、100～130℃两个峰是连续分布（图5-5-11），表明长7油层组致密砂岩存在2个幕次石油主充注期，温度的连续性分布也反映长7油层组Ⅰ、Ⅱ类油藏，在地质历史时期为一漫长且连续成藏的过程。

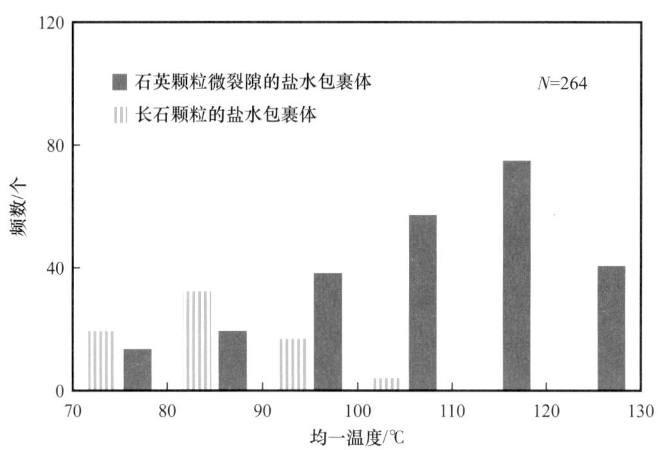

图5-5-11 鄂尔多斯盆地长7油层组砂岩中盐水流体包裹体均一温度直方图

（三）成藏时间

不同成岩矿物世代内流体包裹体组合（FIA）特征存在较大差异，反映这些烃类包裹体被捕获的同时储层内烃类物质充注富集的程度。流体包裹体均一温度不能一概作为确定包裹体及成藏期次的依据，因此要在详细观察不同类型包裹体岩石学特征的基础上，以成岩矿物世代内流体包裹体组合（FIA）及其伴生盐水包裹体均一温度等参数来综合判定划分油气成藏期次（赵靖舟等，2002；欧光习等，2006；孙玉梅等，2006；陶士振等，2006）。在综合判定划分的基础上，根据包裹体均一温度，结合盆地古地温史、推算的包裹体捕获形成深度和埋藏史，恢复单井的古地温演化曲线，可大致推算油气充注的地质年代，近似代表油气充注成藏的时间（肖贤明等，2002；刘建章等，2005）。

成藏期是指油气运聚成藏的一个时间段，一个油气藏往往由多次充注而形成（李明诚，2002，2005）。对于烃源岩附近和被烃源岩包裹的透镜体油气藏，其油气成藏期与充注期基本上是一致的；对于长距离运移后聚集的油气藏，其成藏期和充注期有可能部分重叠，也可能根本不重叠。宿主矿物中捕获的烃类包裹体可作为储层中油气充注运移的证据，主要反映储层内油气充注状态及充注期次。而这些充注进入储层的油气是否能够成藏，必须依据其他地质条件进行综合分析和解释，才能得出有关油气成藏期次方面较为客观的结论。

通过流体包裹体对鄂尔多斯盆地中生界延长组原油成藏期次开展的研究较多，判定划分原则不同因而导致分期次数及时限存在差异。对于鄂尔多斯盆地中生界延长组长7油层组原油充注期次目前主要有2种认识：时保宏等（2012）认为长7油层组储层主要有2期包裹体，第一期（120～140℃）代表热异常事件，与成藏无关；第二期（90～110℃）代表油气主成藏期，结合埋藏—热演化史曲线其对应的成藏时间为早白垩世晚期。王芳等（2012）测得的包裹体均一温度有连续的两个峰，第一个峰对应温度为70～80℃，第二个峰对应温度为90～130℃。

确定流体包裹体均一温度对应的地质年代，首先需要确定流体包裹体被捕获时的地层埋藏深度，然后在恢复埋藏史的基础上建立与成藏年代间的关系。计算埋深，鄂尔多斯盆地在三叠纪的古地温梯度为2.2～2.4℃/100m，在晚侏罗世到早白垩世之间的古地温梯度为3.3～4.5℃/100m，平均约为4.0℃/100m（任战利，2007；郭彦如，2012）。

主要依据不同类型烃类包裹体产状、丰度、气液比大小、地球化学组分和与烃类包裹体伴生的盐水包裹体均一温度等参数对比分析，并结合盆地热演化史和埋藏史恢复数据。

包裹体组合Ⅰ：产出于长石颗粒内，盐水＋烃类包裹体，同期捕获盐水包裹体均一温度介于70～90℃之间，冰点温度多介于−7～−2℃之间。推测充注时间为162—130Ma，即中侏罗世—早白垩世。该时期烃源岩已进入成熟阶段且生排烃强度逐渐增大，早期生成的原油开始运移富集；储层内运移富集的原油饱和度相对较低，因而包裹体内捕获的烃类整体较少。

包裹体组合Ⅱ：产出于石英微裂隙内，盐水＋烃类包裹体组合，烃类包裹体的均一温度主要在80～110℃；伴生盐水包裹体均一温度主体介于100～130℃，推测充注时间为123—100Ma，即早白垩世晚期。该时期烃源岩达到地质历史时期的最高排油高峰，储层内运移富集的原油饱和度相对较高，因而包裹体内捕获的烃类整体较多；该时期为中生界原油的主充注期（图5-5-12，表5-5-2）。

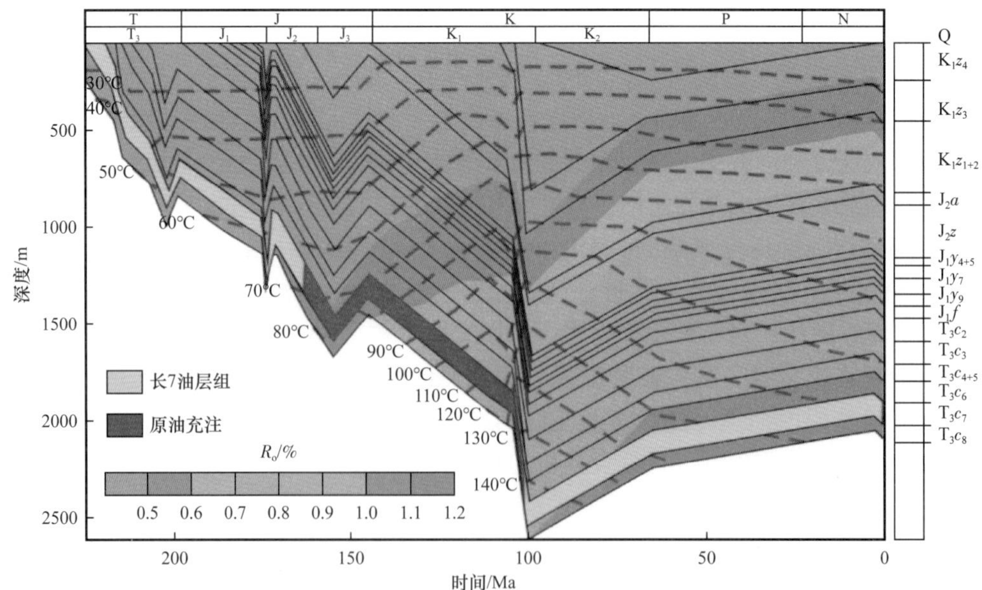

图5-5-12　陇东地区长7油层组原油充注期次推算图（CH96井）

表 5-5-2 鄂尔多斯盆地不同包裹体组合特征及其反映地质事件对比表

包裹体分类	包裹体岩相学特征	温度范围 /℃	推算时间 /Ma	反映地质事件
包裹体组合Ⅰ	产出于长石颗粒内，烃类包裹体气液比高，含气态烃包裹体丰度高	70～90	162～130	成藏充注期、开始充注
包裹体组合Ⅱ	产出于石英微裂隙内，烃类包裹体气液比多大于 20%	100～130	123～100	成藏充注期、主充注期

（四）成藏动力

1. 浮力非长 7 油层组油藏有效运聚动力

浮力是传统储层中驱使石油发生二次运移的有效动力（李明诚，2004；席胜利等，2004，2005）。但在以纳米级孔喉占储集空间主体的致密储层中，由于孔喉尺寸过小，孔喉产生的毛细管阻力非常巨大，单凭浮力无法克服这一阻力使石油在储集空间中运移。

基于鄂尔多斯盆地延长组致密砂岩厚度、原油和地层水的相关参数，对延长组致密砂岩所能提供的浮力理论极大值进行了估算。取单层厚度最大值为 25m，并假设 25m 厚致密砂岩全段充满石油，地层水密度 1100kg/m^3，原油地层密度 730kg/m^3，重力加速度 g 取值 9.8m/s^2，代入浮力计算公式（5-5-1）中求取浮力理论极大值。

$$P_{浮}=\Delta\rho gh \tag{5-5-1}$$

得出延长组致密砂岩储层所能提供的浮力理论极大值为 0.09065MPa。若将这一浮力作为长 7 油层组油藏的运聚动力，则根据毛细管力公式（5-5-2）可计算出所能突破的最小孔喉半径。

$$p_o=\frac{2\sigma\cos\theta}{R_c} \tag{5-5-2}$$

式中 p_o——毛细管压力，MPa；

σ——石油运聚时期的油水界面张力，取值 0.367N/m；

θ——石油运聚初始阶段储层尚亲水，故取值为 0°；

R_c——喉道半径，m。

将 0.09065MPa 代入上式，地层条件下浮力突破孔喉半径的下限区间为 1.0～3.0μm。即单凭浮力作用，延长组致密砂岩完全含油的情况下，石油也仅能在孔喉半径在 1.0μm 以上的储集空间中运移。压汞实验结果表明，延长组致密砂岩储层中孔喉半径大于 1.0μm 的孔喉仅占总孔隙体积的一小部分（不到 10%），如图 5-5-13 所示。因此，认为单凭浮力长 7 油层组油藏中的石油无法在致密储层中发生运移。

2. 生烃增压能够产生异常高压

在以纳米级孔喉占储集空间主体的长 7 油层组源内非常规储层中，由于孔喉尺寸过小，孔喉产生的毛细管阻力非常巨大，浮力无法克服这一阻力使石油在储集空间中运移，生烃导致的异常高压为长 7 油层组油藏提供了有效运聚动力。鄂尔多斯盆地长 7 油层组发育优质烃源岩，其生烃产生的异常高压为长 7 油层组油藏提供有效运聚动力，中生界油藏的主要成藏期为晚侏罗世—早白垩世，地层在早白垩世达到最大埋深，此时地层压力一般为 33.9～36.5MPa。采取室内生烃物理模拟实验方法，更准确地计算长 7 油层组生烃增压动力。

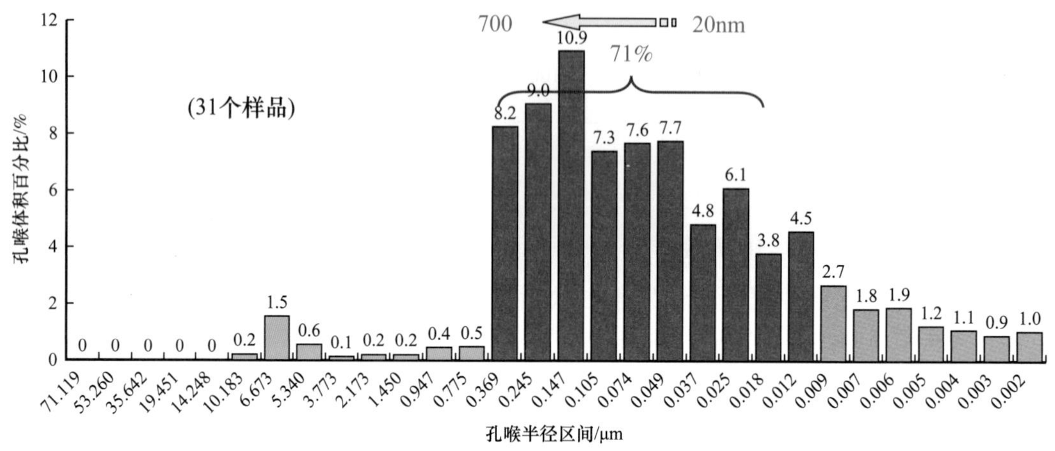

图 5-5-13　陇东地区长 7 油层组含油致密砂岩储集空间分布

（五）成藏聚集过程

铸体薄片观察和成岩序列分析表明，鄂尔多斯盆地长 7 油层组储层经历了早成岩 A、早成岩 B 和晚成岩 A 阶段演化。基于 Beard 和 Weyl 提出的等大球体颗粒原始孔隙度计算公式，对长 7 油层组砂岩进行了原始孔隙度计算，得到储层沉积时的孔隙度为 38.8%。经过三叠纪末早成岩 A 段的压实、侏罗纪早期早成岩 B 段的胶结 / 溶蚀和白垩纪早期晚成岩 A 段晚期的地层抬升降温过程含铁碳酸盐胶结后，形成了油层的最终物性，长 7 油层组油层平均孔隙度为 8.54%，平均渗透率为 0.12mD。这表明储层致密时间与延长组主成藏期处于同期，属于边致密边成藏。

为了再现砂岩中油气的运移、聚集过程，成藏模拟实验利用低渗透油气田勘探开发国家工程实验室设备，选取庆城油田南部的 Z211 井长 7 油层组砂岩样进行实验（样品规格：2.50cm × 5.75cm），储层渗透率为 0.17mD，实验前先将岩心饱和水，按照分段恒压（0.5～12.0MPa）、石油反复驱替充注、持续进行孔隙排水、使含油饱和度逐渐升高的思路，进行石油驱替成藏模拟实验，整个实验过程分快速成藏和持续充注富集两个阶段。

实验结果表明：在岩心出口端见油之前，注入的原油基本替换岩心中的地层水时，代表成藏阶段。当采用 0.5MPa 驱替压力时，烃类开始快速充注，经过 280h，岩心含油饱和度达 50%，再经过 348h，含油饱和度基本没有升高；通过提高驱替压力、持续充注、反复驱替，岩心中又有一部分水被驱出（可能为岩心出口端尚未波及的孔隙水和孔隙角隅的残余水）时，代表富集阶段，当驱替压力由 1.0MPa 增加至 12.0MPa 时，充注时长为 772h，含油饱和度由 50% 逐渐提高到 65% 以上（图 5-5-14）。

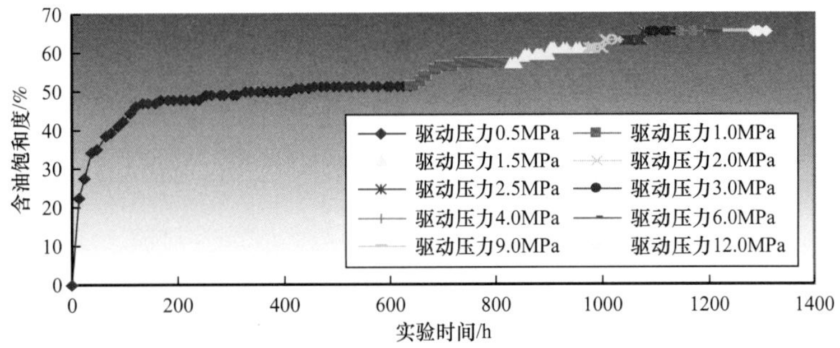

图 5-5-14　鄂尔多斯盆地长 7 油层组砂岩储层石油驱替成藏模拟实验图

因此，长 7 油层组油藏砂岩储层在源储间存在压力差时，油气就能通过有效输导体系运移充注到致密储层中，并在持续的动力作用下发生连续式石油充注，最终含油饱和度可达 70% 以上，这与长 7 油层组密闭取心井砂岩中含油饱和度测试结果一致。结合上述长 7 油层组油藏成藏组合特征分析，说明长 7 油层组油藏在短距离运移和生烃增压高压差有利条件下，持续充注成藏，最终形成高含油饱和度的油藏。

第六节　长 7 油层组页岩油富集控制因素及甜点评价

甜点评价是非常规油气勘探开发的关键。本节分析了长 7 油层组页岩油富集控制因素，建立了甜点评价标准，并对典型区块进行了解剖。

一、页岩油富集主控因素

长 7 油层组页岩油富集主控因素复杂，主要受烃源岩、砂体分布特征、储层性质、气油比等因素的影响。

（一）烃源岩对页岩油的控制

烃源岩是油气来源的物质基础，页岩油富集规律受烃源岩展布的控制。长 7 油层组沉积期整体为温带—亚热带温暖潮湿气候、弱氧化—还原性的淡水沉积环境。火山物质蚀变、深部热液作用提供了丰富的营养元素，促使生物勃发，形成高生产力；低陆源碎屑补偿促进有机质富集，沉积后的缺氧环境有利于有机质保存，有机质丰度高。长 7 油层组发育黑色页岩、暗色泥岩等优质烃源岩，黑色页岩生油母质类型好，主要为 Ⅰ 型和 $Ⅱ_1$ 型，TOC 含量介于 6%～26% 之间，平均含量为 13.81%；暗色泥岩有机质类型主要为 $Ⅱ_1$ 型和 $Ⅱ_2$ 型，TOC 含量为 2%～6%，平均含量为 3.75%。优质烃源岩产烃率可达 500kg/t TOC 以上，生烃总量约为 2000×10^8t，为长 7 油层组页岩油规模富集奠定了重要的物质基础。

陇东地区页岩油具有源内自生自储的特点，烃源岩的厚度、有机碳含量及其空间展布特征控制了页岩油的分布。目前页岩油开发区块主要分布在黑色页岩厚度大于 15m，TOC 含量大于 8%，暗色泥岩厚度介于 10～15m 的范围（图 5-6-1、图 5-6-2）。黑色页岩厚度大于 15m、TOC 含量大于 8% 的区域与高含油饱和度（大于 40%）区域有较好的对应关系（图 5-6-3、图 5-6-4）。

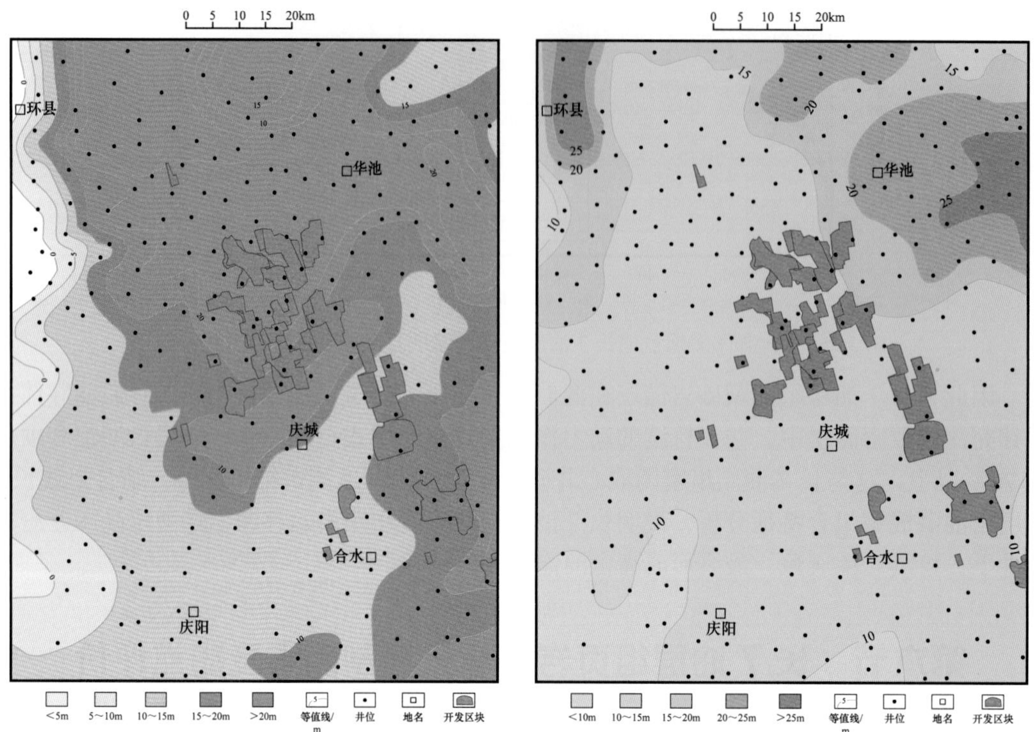

图 5-6-1 陇东地区长 7 油层组黑色页岩（左）、暗色泥岩（右）厚度与开发区块叠合图

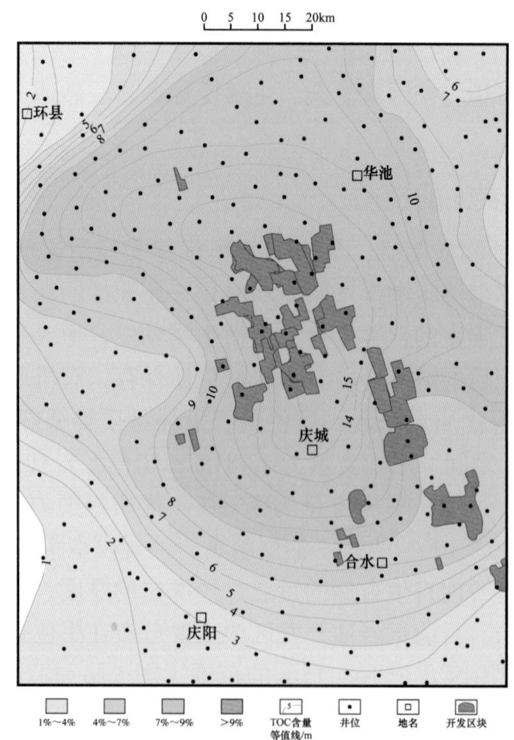

图 5-6-2 陇东地区长 7 油层组烃源岩 TOC 含量等值线与开发区块叠合图

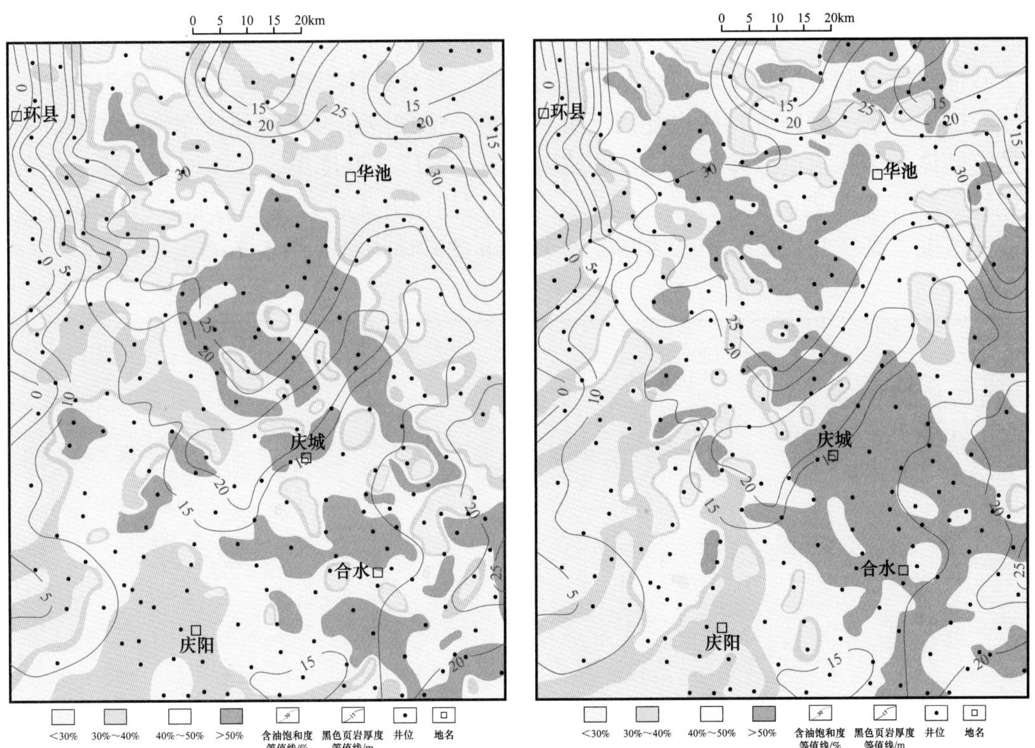

图 5-6-3　陇东地区长 7 油层组黑色页岩 TOC 含量等值线与长 7_2、长 7_1 油层组含油饱和度叠合图

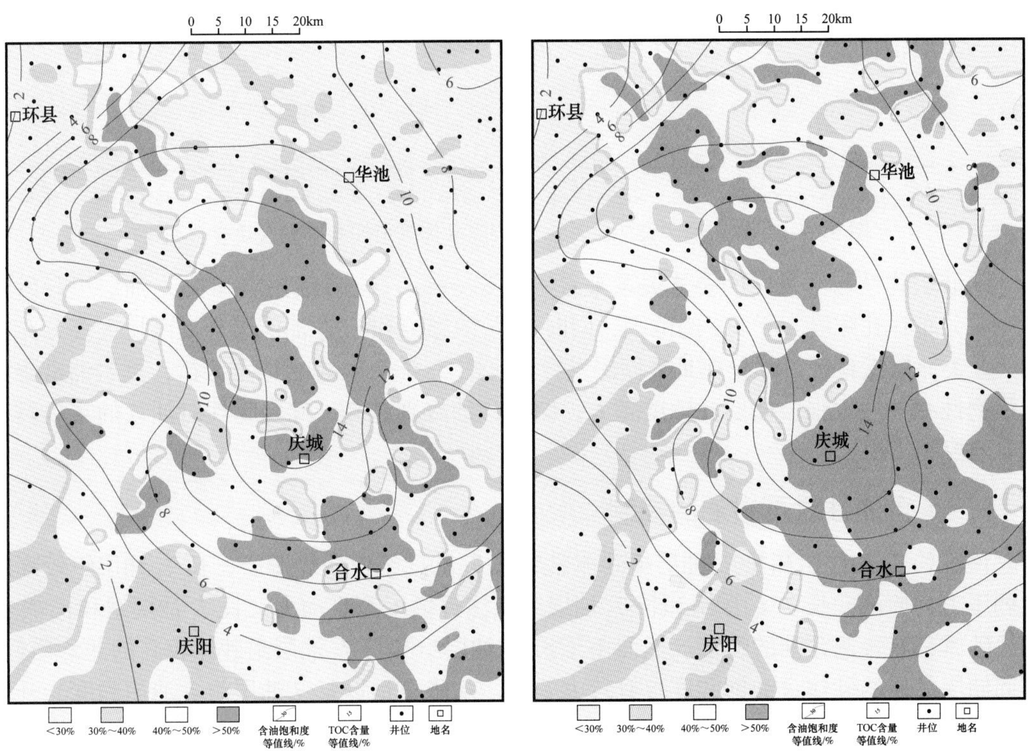

图 5-6-4　陇东地区长 7 油层组烃源岩 TOC 含量等值线与长 7_2、长 7_1 油层组含油饱和度叠合图

（二）储层对页岩油的控制

砂体厚度受制于沉积作用，沉积环境的不同，导致砂体类型产生差异。沉积砂体的组成、粒度、分选、磨圆等特征也受制于沉积环境。根据陇东地区砂体分布情况来看，长7油层组砂体为浊积水道砂体，砂体在区域内分布范围广、厚度大，砂体相互叠置，分布较为连续。勘探实践表明长，7_1 油层组和长 7_2 油层组已开发区块主要分布在砂体厚度超过10m的范围，高产井主要位于砂体厚度大于10m的砂体内部（图5-6-5）。

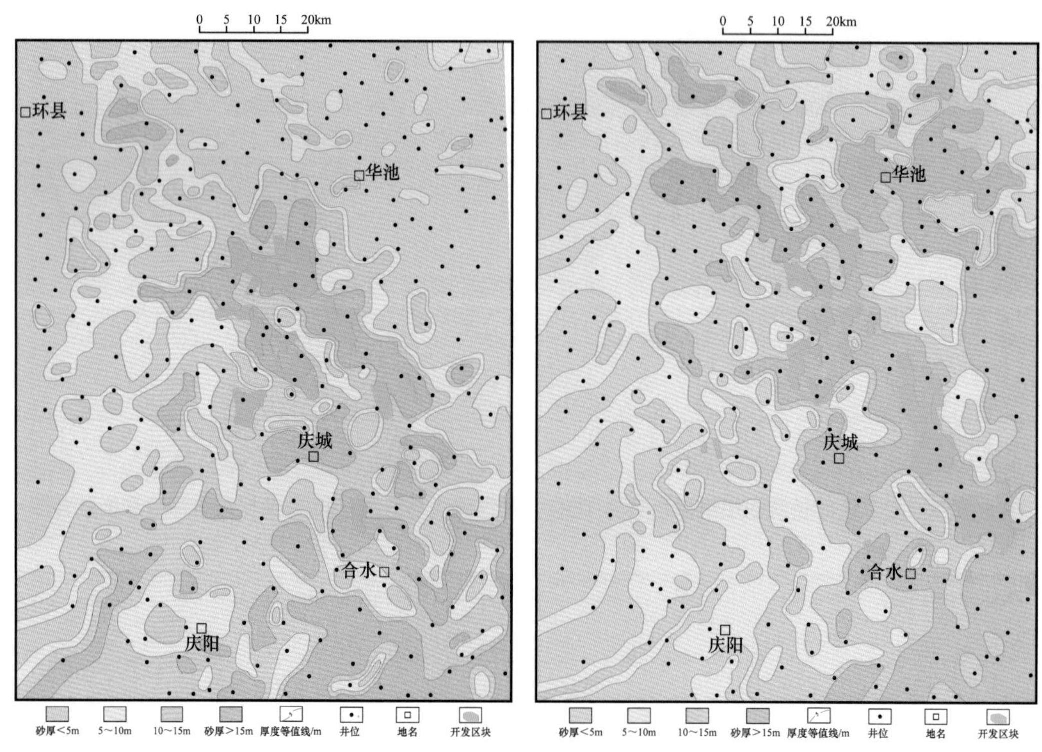

图5-6-5 陇东地区长 7_2、长 7_1 油层组砂体等值线与开发区块叠合图

从储层物性与开发区的叠置关系来看（图5-6-6），长 7_1 油层组和长 7_2 油层组开发区块主要分布在孔隙度大于8%的范围，同时长 7_1 油层组和长 7_2 油层组开发区块大多分布在Ⅰ、Ⅱ类储层发育区，部分在Ⅲ类储层发育区（图5-6-7）。综合以上分析，页岩油富集与储层物性相关性较强，储层孔隙度越大，储层含油级别越高，储层物性对油气的富集具有重要的控制作用。

（三）含油性对页岩油的控制

该区长 7_1 油层组和长 7_2 油层组砂体紧邻长 7_3 油层组优质烃源岩，长 7_3 油层组较高的过剩压力为原油向长 7_1 油层组和长 7_2 油层组充注提供了充足动力，长 7_1 油层组和长 7_2 油层组砂体具有普遍含油的特征。然而由于长 7_1 油层组和长 7_2 油层组砂体较高的非均质性，不同储层品质的砂体含油饱和度也有较大差异。从陇东地区长7油层组含油饱和度与开发区块的叠合关系图来看，长 7_1 油层组和长 7_2 油层组开发区块主要分布在含油饱和度大于50%的范围（图5-6-8），高含油饱和度对页岩油富集具有较强的控制作用。

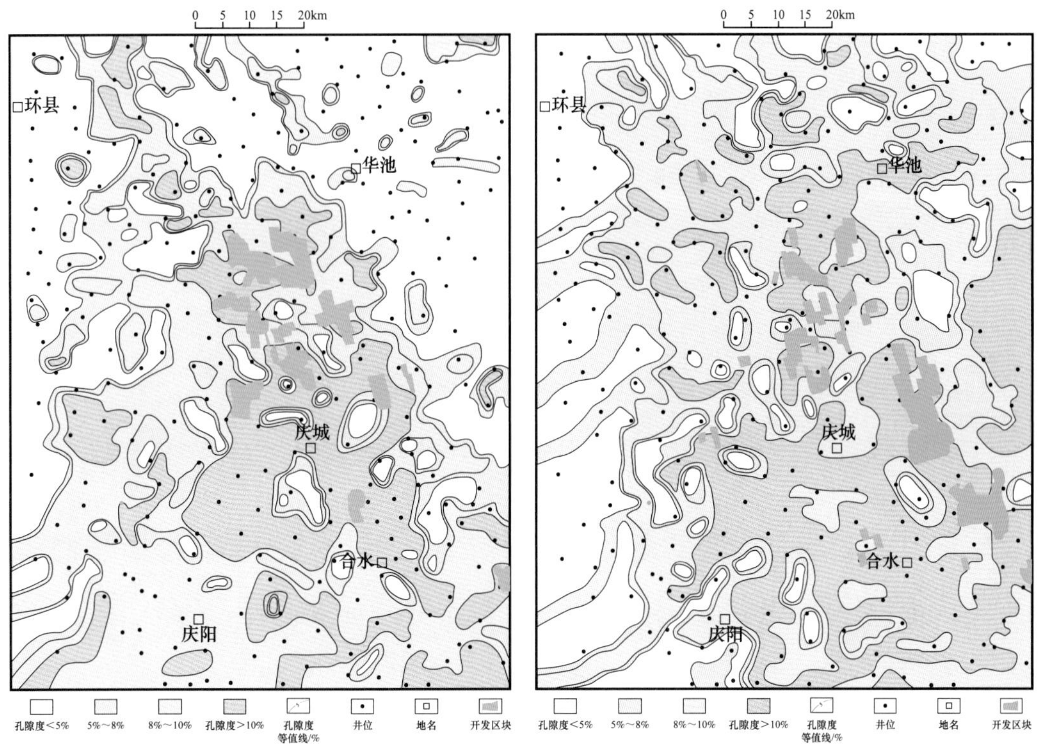

图 5-6-6　陇东地区长 7_2、长 7_1 油层组孔隙度等值线与开发区块叠合图

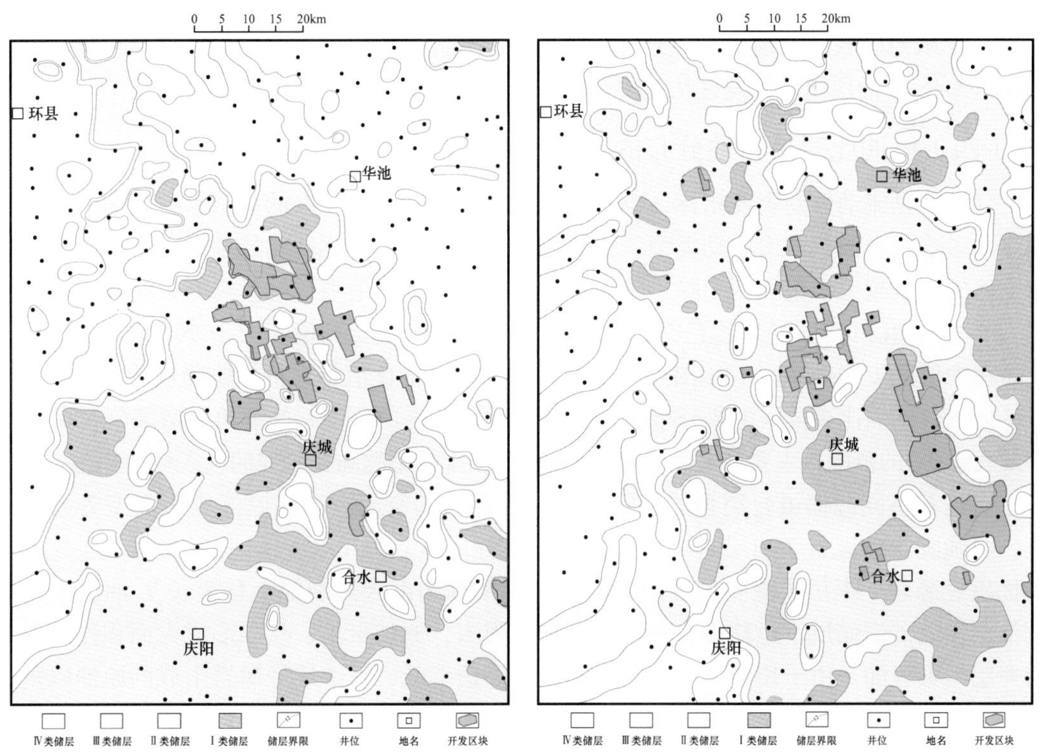

图 5-6-7　陇东地区长 7_2、长 7_1 油层组储层评价与开发区块叠合图

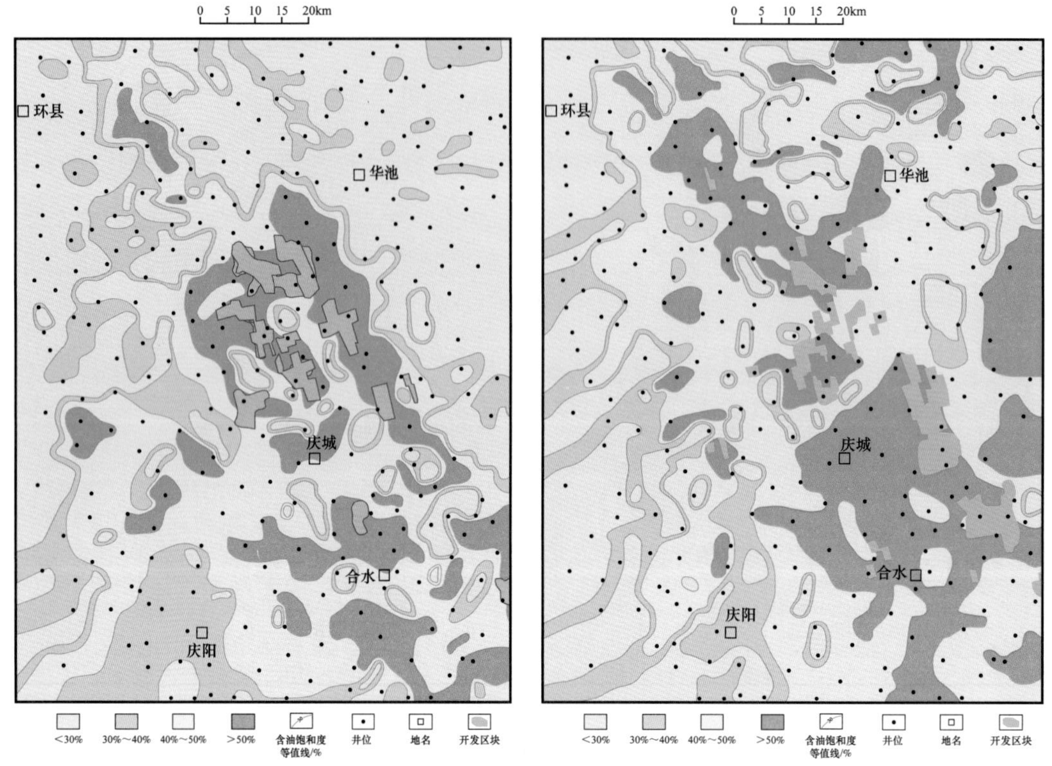

图 5-6-8 陇东地区长 7_2、长 7_1 油层组含油饱和度与开发区块叠合图

从陇东地区长 7 油层组油层厚度与开发区块的叠合关系图（图 5-6-9）来看，长 7_1 油层组和长 7_2 油层组已开发区块主要分布在油层厚度大于 8m 的范围。

（四）气油比对页岩油分布的控制作用

气油比是流动性的重要指标，也是页岩油能否实现有效开发的关键参数之一。原油饱和压力影响页岩油的产出驱动类型，饱和压力越高，溶解气驱动能量越大，溶解气驱动产出流体的比例越大。饱和压力除了受温度、压力等控制，最主要的影响因素是气油比。目前长 7_1 油层组和长 7_2 油层组已开发区块主要分布在气油比高值（大于 $90m^3/t$）区，局部分布在中值区（$70\sim90m^3/t$）（图 5-6-10）。因此，气油比值是评价地质甜点的重要参数。

此外，气油比高值区主要分布在 TOC 含量大于 8% 的范围，气油比中值区分布在 TOC 含量大于3% 的范围，主要是因为 TOC 含量越高，排烃率越高且生成的气态烃也越多。

通过对不同源储组合类型的特征、有效烃源岩的空间展布和原油成因类型等系统研究，明确陇东地区长 7 油层组页岩油富集的主控因素。长 7_3 油层组发育大面积连续分布的优质烃源岩，提供了主要的油源来源，原油沿高角度天然裂缝运移至长 7_1 油层组和长 7_2 油层组的砂岩储层，运移动力小于其毛细管阻力，原油聚集，从而形成大面积连续分布的夹层型页岩油。由于长 7 油层组页岩油储层渗透率低，长 7 层烃源岩生成的原油以垂向运移为主，侧向运移距离较短。在有效烃源岩较厚范围内、砂体厚度大和源储组合类型好的部位原油大量聚集，形成的Ⅰ类、Ⅱ类地质甜点油层厚度大、面积广、含油饱和度高。

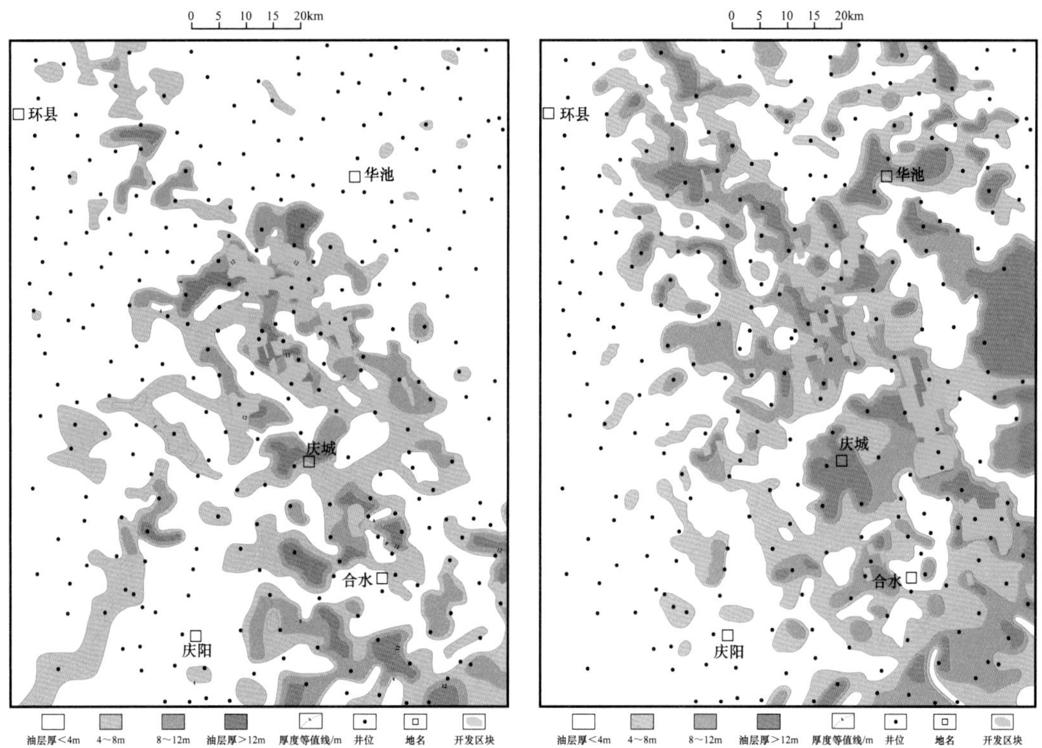

图 5-6-9　陇东地区长 7_2、长 7_1 油层组油层厚度等值线与开发区块叠合图

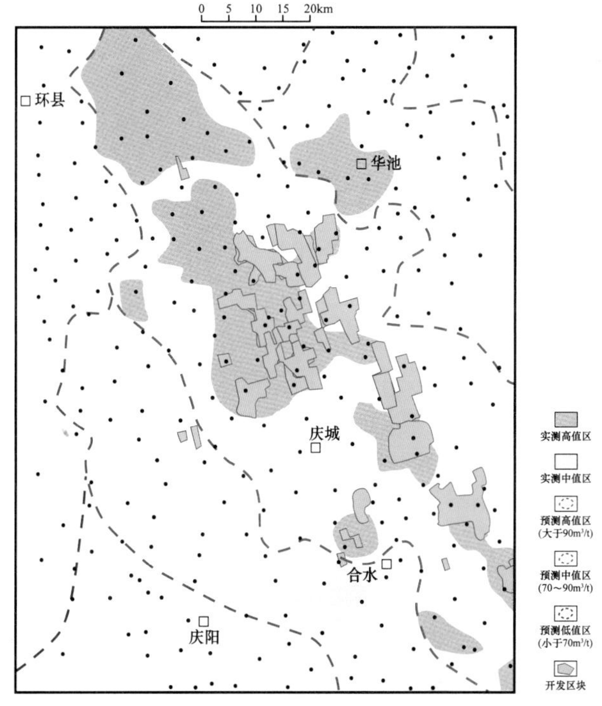

图 5-6-10　陇东地区长 7 油层组气油比分布与开发区块叠合图

Ⅲ类、Ⅳ类源储组合较差，油层发育规模小，未能形成大规模地质甜点（图 5-6-11）。因此，黑色页岩较为发育和高 TOC 含量是高含油饱和度和高气油比的前提；厚度适中的砂体（单砂体不能太薄）和储层类型以Ⅰ或Ⅱ类为主是页岩油富集的关键；高气油比和油层厚度大控制了甜点资源规模及产能。

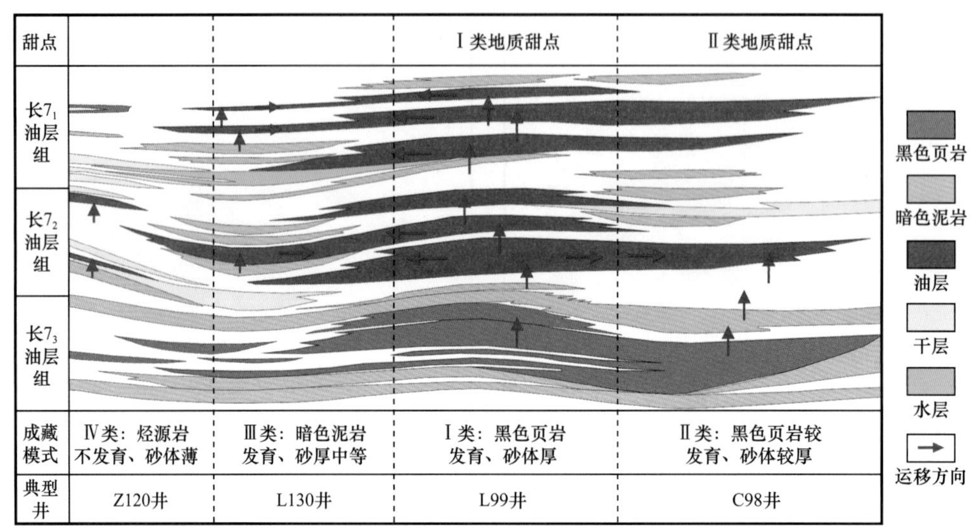

图 5-6-11　陇东地区长 7 油层组页岩油富集模式

二、地质甜点评价

（一）地质甜点分类依据

陇东地区页岩油具有源内自生自储的特点，烃源岩对页岩油富集有重要控制作用，本次同时选取烃源岩厚度、TOC 作为烃源岩条件的评价指标。

长 7 油层组发育半深湖—深湖沉积，砂岩以浊流沉积为主，且广泛分布。陇东地区长 7 油层组页岩油主要发育半深湖—深湖亚相浊积砂体，砂体通常在横向上具有一定的延展性，彼此间连片性较好，在纵向上具有一定的厚度，能为油气的运聚提供通道或储集场所。长 7 油层组重力流砂体的规模及其展布对页岩油富集具有重要控制作用，砂体厚度直接影响了页岩油储量的多少，在开发中砂体厚度决定了产油能力，因此开展延长组地质甜点研究必须考虑砂体的厚度这一重要指标。除了砂岩厚度，页岩油油层厚度也是重要的因素，油层的厚度决定了页岩油储层的发育规模和产能，是重点考虑的指标。

储层质量也是甜点评价的重要指标。孔隙度是反映储层储集能力性质的参数，一般也可以用以反映层间非均质性；其他如可动流体饱和度、孔喉特征、孔隙类型等也是储层质量相关的指标。综合这些储层质量影响因素，依据陇东地区长 7 油层组储层综合评价认识，将陇东地区储层分为四类，陇东地区页岩油主要分布在Ⅰ、Ⅱ、Ⅲ类储层中。因此，在甜点评价中，储层评价结果作为体现储层质量的控制变量，在普遍低孔低渗地质背景下的高渗带尤其是Ⅰ、Ⅱ类储层无疑成为勘探与开发的甜点区。

除此之外，含油饱和度不但与岩石、流体有关，同时还反映了岩石饱含流体后的性质。在流体性质方面，含油饱和度是变化最大的参数，在开发过程中，它随开发措施和时间变化，是个动态参数。气油比也是本研究考虑的重要因素，其与页岩油的富集和产能密切相关。

由于地下情况复杂、地表条件及勘探程度不平衡等因素，导致有利区的预测存在一定的风险。结合各沉积体系中勘探程度的差异，最大限度应用已有的地质信息，如试油试采数据等作为预测有利区带的重要线索，达到客观评价的目的。

（二）地质甜点分类方案

综上所述，综合考虑烃源岩条件、储集条件、含油性等为关键参数，根据定量指标建立了陇东地区地质甜点的分类评价方案（表 5-6-1）。

表 5-6-1　陇东地区长 7 油层组地质甜点的分类评价方案

项目	关键参数	Ⅰ类甜点	Ⅱ类甜点
烃源岩条件	黑色页岩厚度 /m	＞15	＞10
	TOC/%	＞8	＞3
储集条件	砂体厚度 /m	＞10	5～10
	储层类型	Ⅰ、Ⅱ类储层	Ⅱ、Ⅲ类储层
含油性	气油比 /（m^3/t）	＞90	70～90
	含油饱和度 /%	＞50	40～50
	油层厚度 /m	＞8	5～8
产能特征	单井产量 /（t/d）	＞10	8～10

Ⅰ类甜点：与优质烃源岩共生，位于有利的沉积相带及砂体主带，储层物性好，主要为Ⅰ类、Ⅱ类储层，具备有利的富集条件，油气显示好并且试油获得工业油流，一般产量大于 10t/d，可以作为近期增储上产的有利建产目标区。

Ⅱ类甜点：与较优质烃源岩共生，位于较有利的沉积相带及砂体主带附近，具有较有利的储层物性，主要为Ⅱ类、Ⅲ类储层，具有较好的富集条件，见有油气显示和较好的产能，一般产量在 8～10t/d，为下一步增储上产的潜力区。

（三）地质甜点平面分布

在烃源岩分布、砂体展布、储层评价、含油性、产能等综合研究的基础上，结合有利区分类方案，完成了对长 7_1、长 7_2 油层组地质甜点综合评价。

长 7_2 油层组储层含油性较好，结合烃源岩条件、砂体展布、储层评价、含油特征及试油成果，优选有利目标区 26 个（图 5-6-12）。其中Ⅰ类有利区 11 个：X225—L66 井区、X170—Y26 井区、L70—Y33 井区、Y62—X133 井区、X21 井区、B44—B11 井区、Z230—L34 井区、Z167—Z170 井区、Z180—Z291 井区、B285—Y95 井区、Y76—L283

井区，有利含油面积615.5km²；Ⅱ类有利区15个：L449—B55井区、B75—B49井区、Z276—C16井区、L159—P20井区、Z225—Z219井区、X27—X375井区、X176—N29井区、N120—Z136井区、Z146—Z118井区、Z143—Z97井区、C36—L135井区、X263—Z144井区、X252—Z52井区、B125—C87井区、B461—L413井区，有利含油面积1376.82km²。

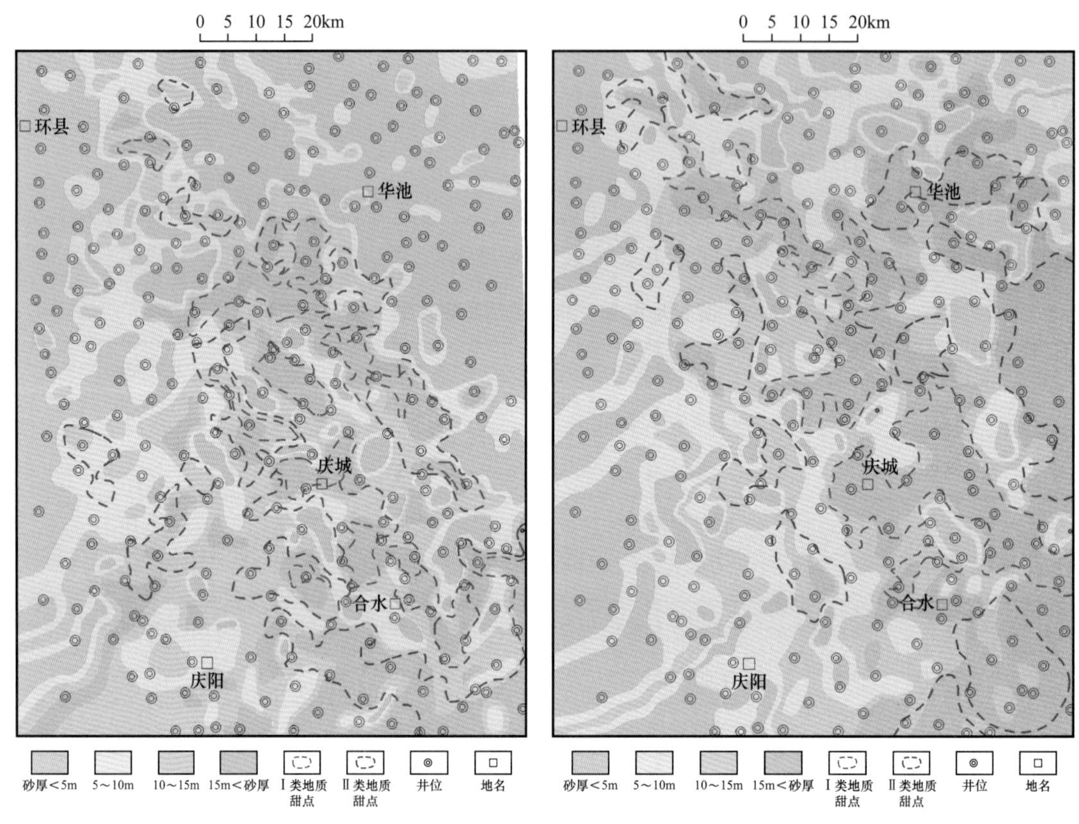

图5-6-12 陇东地区长7_2、长7_1油层组页岩油地质甜点分布

长7_1油层组储层含油性好，地质甜点范围更大，结合烃源岩条件、砂体展布、储层评价、含油特征及试油成果，优选有利目标区16个（图5-6-12）。其中Ⅰ类有利区4个：B37—L521井区、B468—Y36井区、X253—Z191井区、Z170—Z314井区，有利含油面积1415.46km²。Ⅱ类有利区12个：H64—M28井区、L18—Y456井区、L186—M9井区、M78—Z571井区、Z328—Z313井区、X98—X176井区、B49—N212井区、Z137—G7井区、B454—B264井区、W289—S169井区、Y86—Y68井区、B503—T32井区，有利含油面积1699.24km²。

三、典型区块解剖

悦76—里283区为Ⅰ类地质甜点区，主要含油层位为长7_2油层组，位于华池西南部呈带状延伸，有利区面积约184km²，包含已开发区块面积约69km²（图5-6-13）。油层段平均孔隙度10.49%，平均渗透率0.088mD，储层综合评价以Ⅰ类和Ⅱ类储层为主，平均含油饱和度57.9%，平均油层厚度13.31m，黑色页岩厚度在大于20m的范围，TOC含量平均值大于14%。其中，L99井在长7_2油层组试油日产油21.34t，白128在长7_2油层组试油日产油11.1t。

甜点区分布在黑色页岩、砂体和油层厚、渗透率高（大于0.1mD）、储层类型以Ⅰ类储层为主、含油饱和度大于50%的范围（图5-6-14至图5-6-18）。

该甜点区内典型井B456井黑色页岩发育（图5-6-19），厚度在20m左右；长7_2油层组单砂体较厚，累计厚度可达22m；储层类型也以Ⅰ、Ⅱ类储层为主；含油饱和度较高，大多在50%以上；长7_2油层组油层厚度大，累计厚度为14.62m；试油产量5.3t。与B456井形成明显对比的是B78井（图5-6-20），该井黑色页岩发育，厚度在23m左右；长7_2油层组单砂体较薄，储层类型Ⅰ—Ⅳ类均发育；含油饱和度较低，多在50%以下；长7_2油层组油层多为差油层或干层。

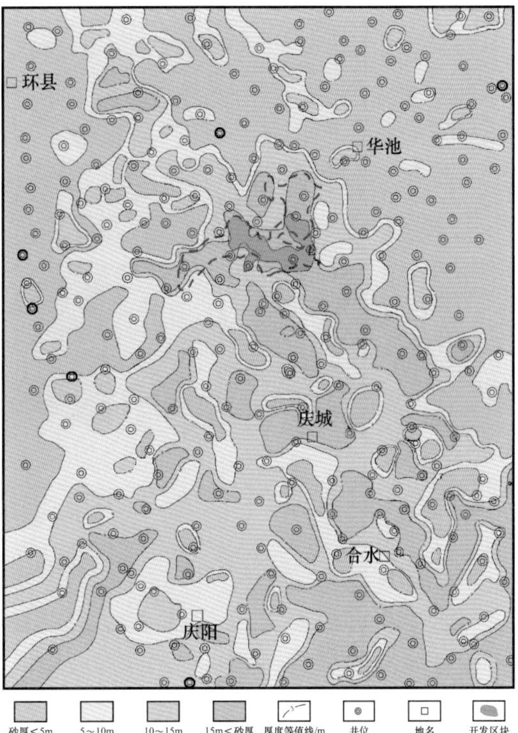

图5-6-13　陇东地区悦76—里283甜点区位置图

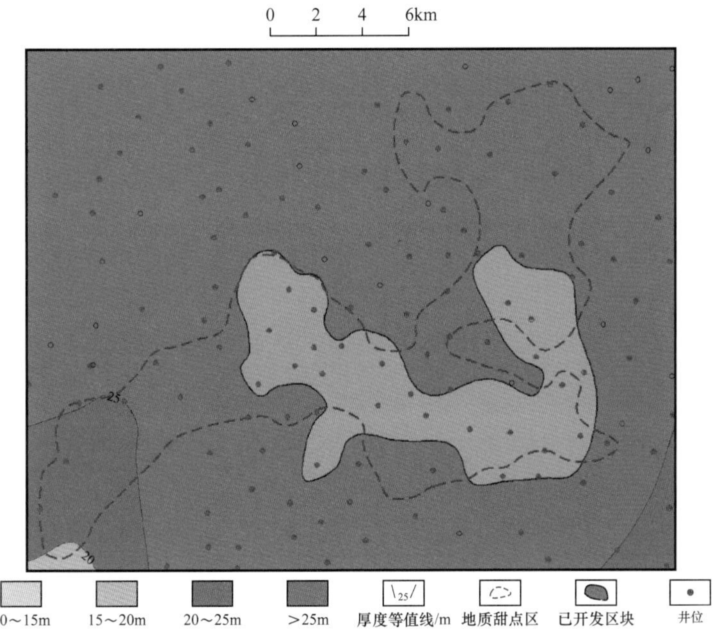

图5-6-14　甜点区与黑色页岩厚度叠合图

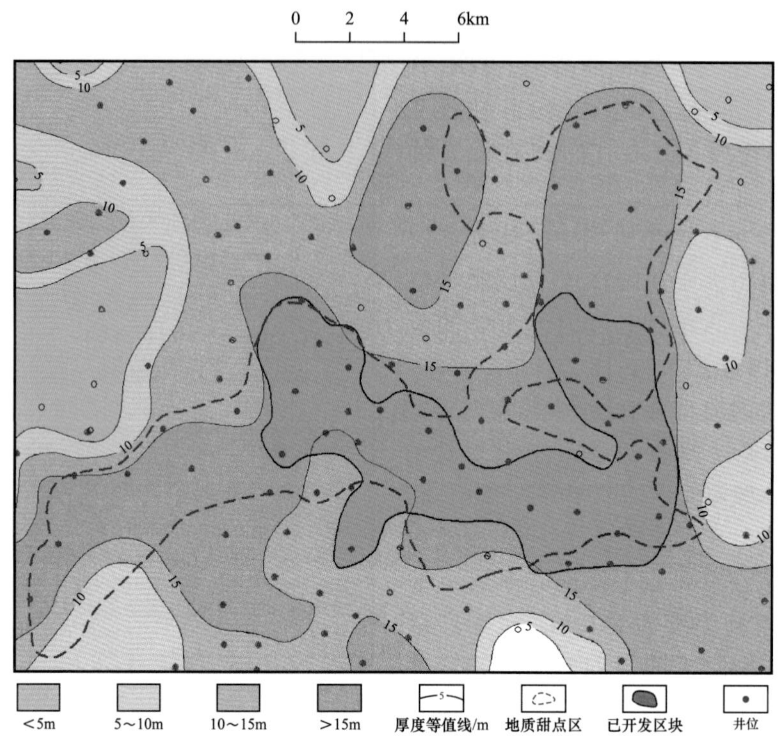

图 5-6-15 甜点区与长 7_2 油层组砂体叠合图

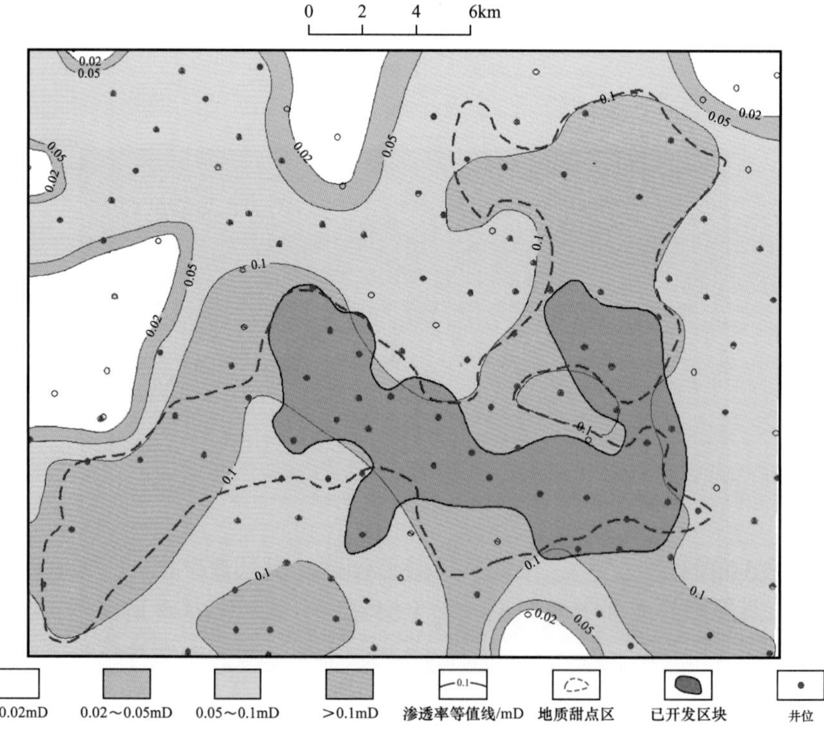

图 5-6-16 甜点区与长 7_2 油层组渗透率叠合图

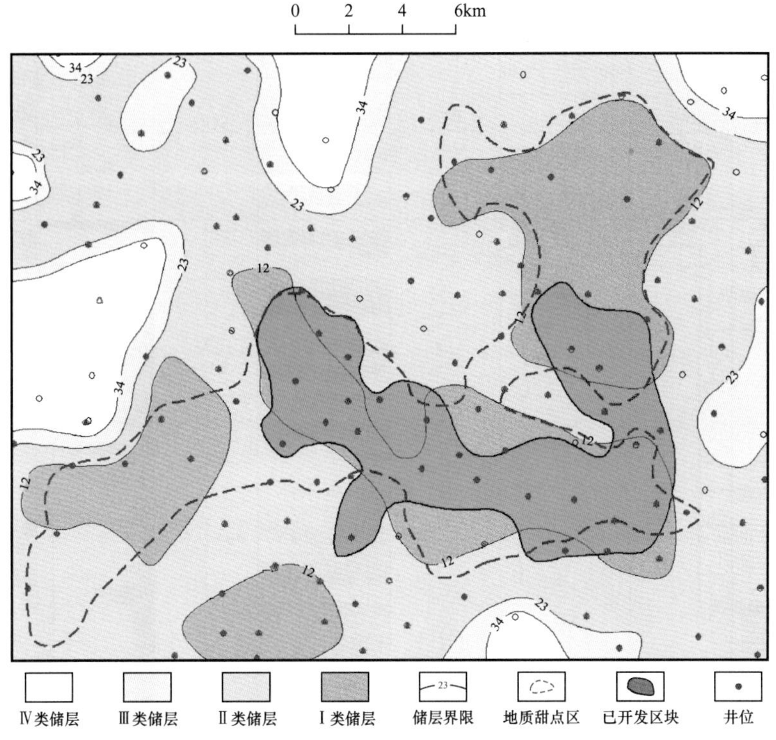

图 5-6-17　甜点区与长 7_2 油层组储层评价叠合图

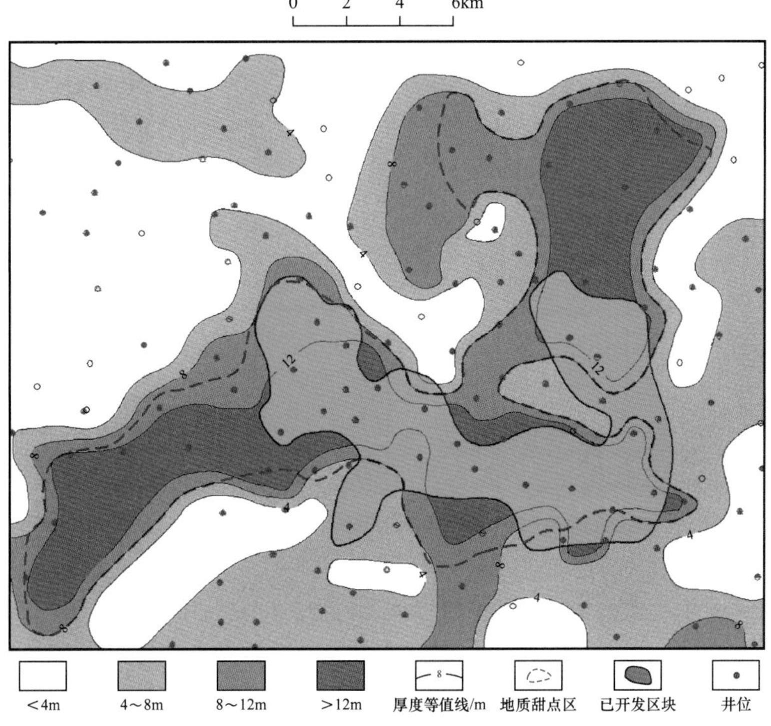

图 5-6-18　甜点区与长 7_2 油层组油层厚度叠合图

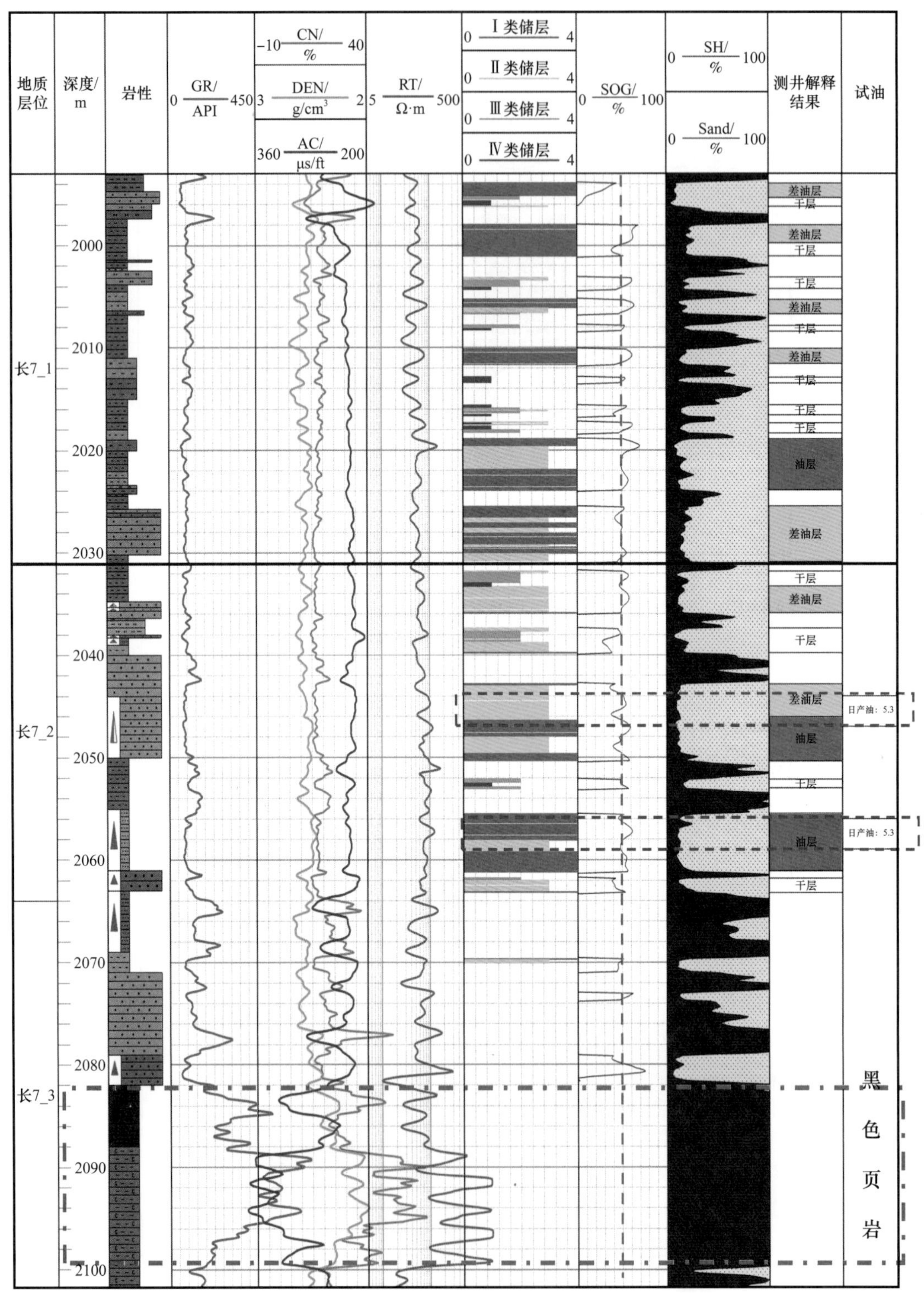

图 5-6-19　陇东地区 B456 井综合柱状图

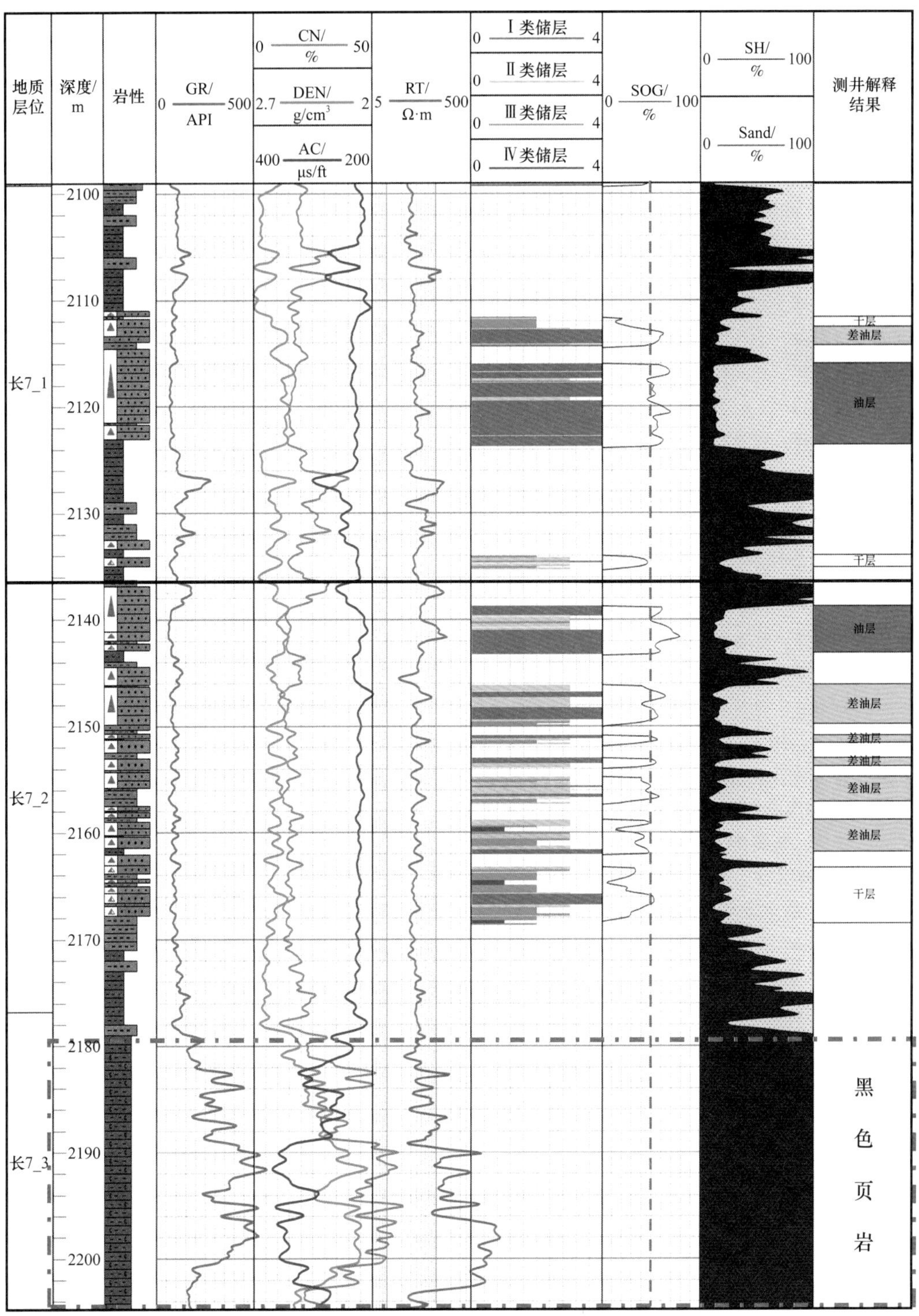

图 5-6-20　陇东地区 B78 井综合柱状图

参考文献

邹才能，杨智，王红岩，等，2019.“进源找油”：论四川盆地非常规陆相大型页岩油气田［J］. 地质学报，93（7）：1551-1562.

邹才能，杨智，崔景伟，等，2013. 页岩油形成机制、地质特征及发展对策［J］. 石油勘探与开发，40（1）：14-26.

付金华，牛小兵，淡卫东，等，2019. 鄂尔多斯盆地中生界延长组长 7 段页岩油地质特征及勘探开发进展［J］. 中国石油勘探，24（5）：601-614.

杨智，侯连华，陶士振，等，2015. 致密油与页岩油形成条件与“甜点区”评价［J］. 石油勘探与开发，42（5）：555-565.

付金华，李士祥，侯雨庭，等，2020. 鄂尔多斯盆地延长组 7 段Ⅱ类页岩油风险勘探突破及其意义［J］. 中国石油勘探，25（1）：78-92.

付金华，李士祥，刘显阳，等，2012. 鄂尔多斯盆地上三叠统延长组长 9 油层组沉积相及其演化［J］. 古地理学报，14（3）：269-284.

付金华，李士祥，刘显阳，2013. 鄂尔多斯盆地石油勘探地质理论与实践［J］. 天然气地球科学，24（6）：1091-1101.

刘化清，袁剑英，李相博，等，2007. 鄂尔多斯盆地延长期湖盆演化及其成因分析［J］. 岩性油气藏，19（1）：52-60.

付金华，邓秀芹，张晓磊，等，2013. 鄂尔多斯盆地三叠系延长组深水砂岩与致密油的关系［J］. 古地理学报，15（5）：624-634.

付金华，邓秀芹，楚美娟，等，2013. 鄂尔多斯盆地延长组深水岩相发育特征及其石油地质意义［J］. 沉积学报，31（5）：928-938.

黄振凯，刘全有，黎茂稳，等，2018. 鄂尔多斯盆地长 7 段泥页岩层系排烃效率及其含油性［J］. 石油与天然气地质，39（3）：513-521+600.

林森虎，袁选俊，杨智，2017. 陆相页岩与泥岩特征对比及其意义——以鄂尔多斯盆地延长组 7 段为例［J］. 石油与天然气地质，38（3）：517-223.

张文正，杨华，杨奕华，等，2008. 鄂尔多斯盆地长 7 优质烃源岩的岩石学、元素地球化学特征及发育环境［J］. 地球化学，37（1）：59–64.

付金华，2018. 鄂尔多斯盆地致密油勘探理论与技术［M］. 北京：科学出版社.

付金华，李士祥，徐黎明，等，2018. 鄂尔多斯盆地三叠系延长组长 7 段古沉积环境恢复及意义［J］. 石油勘探与开发，45（6）：936-946.

张文正，杨华，李剑峰，等，2006. 论鄂尔多斯盆地长 7 优质油源岩在低渗透油气成藏富集中的主导作用—强生排烃特征及机理分析［J］. 石油勘探与开发，33（3）：289–293.

杨华，李士祥，刘显阳，2013. 鄂尔多斯盆地致密油、页岩油特征及资源潜力［J］. 石油学报，34（1）：1-11.

付金华，喻建，徐黎明，等,2015. 鄂尔多斯盆地致密油勘探开发新进展及规模富集可开发主控因素［J］. 中国石油勘探，20（5）：9-19.

牛小兵，冯胜斌，刘飞，等，2013. 低渗透致密砂岩储层中石油微观赋存状态与油源关系——以鄂尔多斯盆地三叠系延长组为例［J］. 石油与天然气地质，34（3）：288-293.

赵文智，胡素云，侯连华，2018. 页岩油地下原位转化的内涵与战略地位［J］. 石油勘探与开发，45（4）：537-545.

赵文智，胡素云，侯连华，等，2020. 中国陆相页岩油类型、资源潜力及与致密油的边界［J］. 石油勘探与开发，47（1）：1-10.

王大兴，赵兴华，孟凡彬，等，2019. 基于地震波速度预测岩体物性参数模型与应用［J］. 中国煤炭地质，31（4）：71–74，79.
王大兴，张盟勃，杨文敬，等，2017. 黄土塬区致密储集层模型地震正反演模拟［J］. 石油勘探与开发，44（2）：243–251.
李坤白，赵玉华，蒲仁海，等，2017. 鄂尔多斯盆地湖盆区延长组致密油“甜点”控制因素及预测方法［J］. 地质科技情报，36（4）：174–182.
彭元超，韦海防，周文兵，2019. 长庆致密油 3000m 长水平段三维水平井钻井技术［J］. 钻采工艺，42（5）：106–107+112.
付金华，石玉江，2002. 利用核磁测井精细评价低渗透砂岩气层［J］. 天然气工业，22（6）：39–42.
吴奇，胥云，王晓泉，等，2012. 非常规油气藏体积改造技术——内涵、优化设计与实现［J］. 石油勘探与开发，39（3）：352–358.
翁定为，雷群，胥云，等，2011. 缝网压裂技术及其现场应用［J］. 石油学报，32（2）：280–284.

第六章　非常规油气勘探实践

50 多年来，经过几代石油人的艰苦奋斗，不断挑战低渗透极限，长庆油田建成了全国最大的油气生产基地。特别是近 20 年来，随着长庆油田非常规油气理论认识的不断进步和勘探技术的突破，在国内率先实现了非常规致密气、致密油和页岩油的规模有效勘探开发，油气储量产量实现了跨越式增长，发现和探明了全国最大的 $4 \times 10^{12}m^3$ 级的苏里格大型致密气田、10×10^8t 级的华庆大型致密油田和 10×10^8t 级的庆城页岩油大油田，为中国石油工业的蓬勃发展和保障国家能源安全做出了突出贡献。

长庆油田在非常规油气勘探开发上的不断突破，离不开石油工作者不懈努力和石油科技的不断进步。通过对苏里格、神木—米脂为代表的致密气田和姬塬、华庆为代表的致密油田及庆城页岩油田进行勘探实例剖析，系统总结非常规油气理论、技术及管理创新工作，期望为国内外类似盆地的非常规油气勘探开发提供指导。

第一节　苏里格气田

一、勘探开发历程

（一）概况

苏里格气田位于鄂尔多斯盆地西北部，地处内蒙古、陕西两省（区），横跨伊盟隆起、天环坳陷和伊陕斜坡三个次级构造单元，勘探面积 $5.5 \times 10^4km^2$，天然气资源量近 $6.0 \times 10^{12}m^3$（图 6-1-1）。

苏里格气田北部地表环境为沙漠、草原，地势相对平坦，海拔 1200～1350m；气田南部地表环境主要为黄土塬区，沟壑纵横、梁峁交错，海拔 1100～1400m。区内交通便利，已建成的长呼管线纵贯气田南北，西气东输、陕京、靖西、长宁等多条管线在气田的南侧或东侧穿过，集输条件非常便利。

苏里格地区的天然气勘探始于 1999 年，以苏 6 井获高产气流为标志，拉开了苏里格气田勘探开发的序幕。截至 2022 年底，区内累计完成二维地震 49770km，完钻古生界探井 996 口，进尺 376.91×10^4m，获工业气流井 436 口，累计探明天然气地质储量 $4.6 \times 10^{12}m^3$（含基本探明储量 $2.54 \times 10^{12}m^3$）（图 6-1-1），形成了 $4 \times 10^{12}m^3$ 大气区，建成了 $300 \times 10^8m^3$ 的年生产能力，成为目前中国陆上最大的气田。勘探开发实践表明，苏里格气田属于大型致密砂岩岩性气藏（杨华等，2016），具有储层大面积分布、多层系含气、气藏规模整装等特点。主要气层为上古生界二叠系石盒子组盒 8 段、山西组山 1 段，储层以三角洲平原（前缘）分流河道砂体为主，岩性为石英砂岩，单层厚度较薄、物性较差、非均质性强；同时气藏压力系数、储量丰度低，为典型的低渗、低压、低丰度致密砂岩气藏。

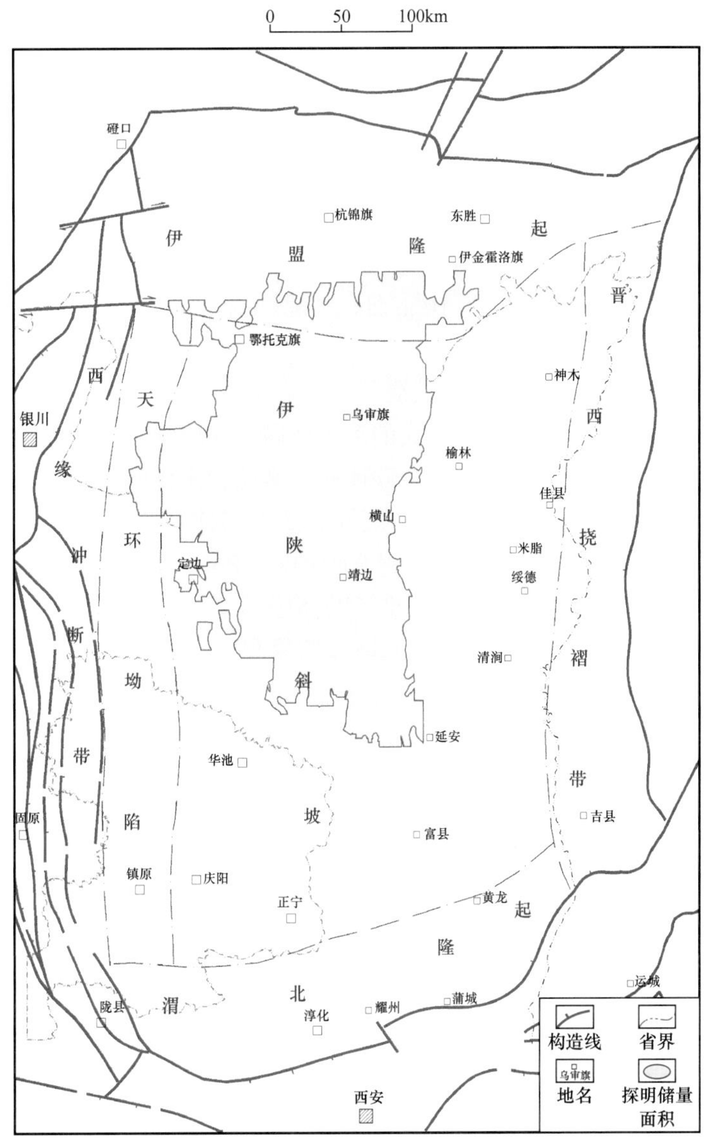

图 6-1-1 鄂尔多斯盆地构造单元及研究区位置

（二）勘探开发历程

1. 勘探历程

1）气田发现

20 世纪 80 年代，在煤成气理论的指导下，鄂尔多斯盆地天然气勘探对象从盆地边缘转向盆地腹地，勘探领域从寻找构造圈闭向岩性圈闭转移，先后发现了以靖边气田为代表的下古生界奥陶系古风化壳气藏和以榆林气田为代表的上古生界石炭—二叠系碎屑岩岩性气藏（杨华等，2012）。特别是榆林气田发现后，基于河流—三角洲沉积体系和气藏形成条件的综合分析，认识到广覆式分布的煤系气源岩和河流—三角洲砂体良好配置为大型砂岩气藏的形成提供了有利条件。在此基础上，明确了盆地北部大型河流—三角洲复合砂体是优先勘探的重点目标。

1999 年初，在地质综合研究的基础上，结合地震储层横向预测资料，按照上、下古生界兼探的原则在苏里格庙地区部署了 S2 井，在上古生界石盒子组盒 8 段钻遇砂层 25.2m，岩性为中—粗粒石英砂岩，测井解释气层 9.2m，试气获 $4.18\times10^4m^3/d$ 的工业气流。综合分析结果表明该区石盒子组砂层纵向上连续性好，砂岩石英含量高，含气性好。与此同时，苏里格庙地区东部完钻的 T2、T3 井在山西组山 1 段均发现了好的含气储层，试气分别获得 $4.03\times10^4m^3/d$、$4.34\times10^4m^3/d$ 的工业气流，再次证明苏里格地区是上古生界盒 8、山 1 段复合有利含气区。

2000 年初，长庆油田制定了“区域展开，重点突破”的勘探方针，一方面加强了盆地上古生界天然气富集规律的研究，从大的沉积格局、区域构造发育背景及气藏富集控制因素入手，确定了大型河流—三角洲复合砂体——盆地大面积展布的石盒子组盒 8 段砂体为勘探的重要目标。另一方面按照“南北展开、重点突破”的工作思路，挑选 800km 的地震剖面进行了地震精细处理解释，运用 STRATA、RM、ANN、JASON 等多种联合反演技术（图 6-1-2），进行了以盒 8 段为重点的储层厚度预测，初步勾绘了苏里格地区盒 8、山 1 段砂体厚度分布，部署了 S6 井。钻探结果显示，S6 井盒 8 段砂层厚度达 48m，主要为一套含砾中—粗粒石英砂岩，石英含量达 95% 以上；8 月 26 日经压裂改造，获得 $120\times10^4m^3/d$ 以上的高产工业气流，成为苏里格气田的发现井和勘探获得重大突破的重要标志（杨华等，2001）。

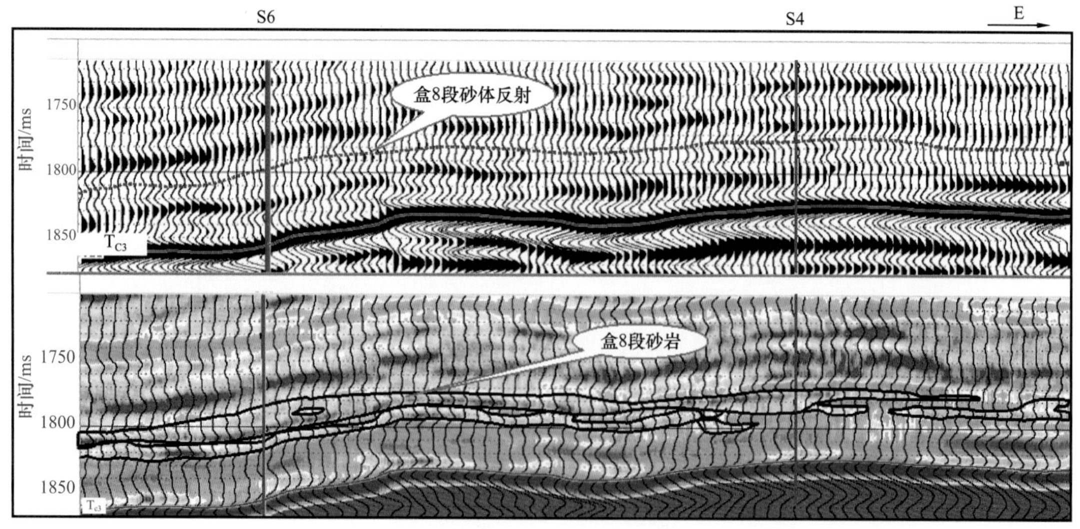

图 6-1-2　苏里格地区 L99591 测线叠加及反演剖面

S6 井获得高产工业气流之后，长庆油田在进一步总结榆林、乌审旗等上古生界气田成功勘探经验的基础上，进一步完善了上古生界大型岩性气藏勘探配套技术，在 S6 井储层地震反射模式研究基础上，加强地震、地质等多学科的综合勘探技术攻关，以 H8、S1 段为主要目的层部署了一批探井。

到 2000 年下半年，完钻的 21 口探井中有 14 口获工业气流，其中 T5 井、S4 井、S5 井、S10 井等采用一点法试气，相继在盒 8 段获得中、高产工业气流，至此苏里格大气田的轮廓基本清晰，主力含气砂体展布形态明确。当年提交天然气探明地质储量 $2204.75\times10^8m^3$，并依据砂体及气层发育情况，预测苏里格地区有望实现 5000×10^8～$7000\times10^8m^3$ 的储量规模，勘探成果受到中国石油天然气股份公司的高度重视。2001—2003 年期间，在苏里格地区完钻探井 44 口，累计发现复合含气面积 $4067.2km^2$，提交探明天然气地质储量 $5336.52\times10^8m^3$，快速高效地探明了中国最大规模的整装气田——苏里格气田，至此，拉开了苏里格地区天然气勘探开发的序幕。

2）整体勘探阶段

2006 年开始，围绕苏里格大型整装岩性气田的形成背景与控制因素、复杂地表条件下如何提高有效储层的地震预测精度等瓶颈难题，基于对苏里格地区地质背景、成藏条件、关键技术及勘探开发成功经验的科学分析和系统总结，经过一系列科技联合攻关与勘探实践，锲而不舍，顽强探索，建立了大型缓坡型三角洲沉积模式，揭示了大面积储集砂体的形成机理；通过深化烃源岩和储层配置关系，提出上古生界煤系烃源岩具有广覆式生烃的特征，天然气分布受烃源岩和储层控制，天然气近距离运聚提高了聚集效率，生气强度大于 $10\times10^8m^3/km^2$ 的地区就可以形成大规模聚集；通过加大全数字与多波地震技术的攻关力度，拓宽了地震资料的有效频带，有效储层预测精度大大提高，解决了以苏里格气田为代表的致密砂岩储层及含气性预测的技术难题。在深化成藏机理研究的基础上提出了气藏具有“边致密、边成藏”的特征，逐步完善了致密砂岩气成藏地质理论认识，提出了苏里格气田周边具有与气田本部类似的成藏地质条件，结合苏里格气田本部的有效勘探开发实践经验，极大地拓展了勘探思路和勘探领域，实现了勘探目标由气田本部向气田周边的转移，按照“整体研究、整体勘探、整体评价、分步实施”的战略，制定了“十一五”末新增天然气基本探明地质储量 $2\times10^{12}m^3$ 的工作目标，由此拉开了苏里格地区二次勘探的序幕。

2007 年根据天然气勘探程度、成藏地质条件，将苏里格气田周边划分为七大区带即东一区、东二区、东三区、西一区、西二区、南一区、南二区。按照“主攻苏里格东部，落实规模储量；加快苏里格西部勘探与评价，扩大有利含气范围；加强苏里格北部勘探，寻找含气富集区；积极预探苏里格南部，力争新发现”的部署原则，对苏里格气田周边地区展开了整体评价勘探，获得了重大突破。在东一区首先新增天然气基本探明储量 $5652.23\times10^8m^3$，为实现在苏里格地区新增天然气基本探明地质储量 $2\times10^{12}m^3$ 的工作目标迈出了坚实的一步。

苏里格西部地处天环向斜主体部位，目的层埋深增加，储层相对致密、含水率较高、非均质性较强。成为勘探路上的“拦路虎”，严重阻碍了苏里格西部西一区、西二区的勘探进程。为此，长庆油田科技工作组织了多专业联合攻关，深化地质综合研究，通过对苏里格西部地层水分布状况、地球化学及产状等特征、区域构造及微构造的精细刻画、气藏特征及控制因素系统分析，提出了苏里格西部生烃强度控制气水分布格局、形成独特的气水分布模式，揭示了气水分布的规律，为勘探指明了方向；指出储层非均质性控制气水差异性聚集，即受岩性气藏成藏过程的控制，烃类优先充注于相对高渗透储层中，造成天然气主要富集于相对高孔渗区的主河道砂体，如已发现的气水层多分布在物性较差的主河道侧翼，为富集区优选奠定了基础；构造对气水分布控制作用相对较弱，即苏里格地区气藏以毛细管水和局部滞留水为主，未见边、底水和统一的气、水边界，为进一步扩大勘探范围提供了依据。2008 年按照“主攻苏里格西部，提交规模储量；积极预探苏里格南部，力争新突破”的部署思路，勘探取得重大新进展，西一区新增基本探明储量 $5804\times10^8m^3$，实现了苏里格气田西扩。

苏里格南部与北部物源距离大，主体处于三角洲前缘沉积相带，储层是否大面积分布，同时目的层埋深增大，储层及气层变薄、物性变差，且非均质性强、成藏条件复杂等又成为勘探路上的“绊脚石”。通过大型水槽模拟实验，明确了区内大面积砂岩储集体形成机理，提出了洪水沉积模式控制了有效储集砂体的分布，揭示了苏里格南部砂体结构以块状为主，物性好，扩大了勘探范围；通过深化储层成岩作用及成岩相研究，落实了有利储层的分布规律，为富集区优选奠定了基础；通过强化“高排量、大液量、低黏低伤害压裂液”混合水压裂工艺技术攻关，提高了裂缝复杂程度、扩大了泄流面积，提高了单井产量，提高了整体成效，加快了苏里格南部勘探进程，2012 年在南一区新增基本探明储量 $3273\times10^8m^3$；南二区落实有利含气面积 $2500km^2$，形成新的规模储量接替区。

经过 2007—2017 年的规模整体勘探，在苏里格东部、西部、南部勘探取得重大进展，实现了连续 10 年年均新增探明、基本探明地质储量超 $5000\times10^8m^3$。截至 2022 年底，苏里格地区累计探明天然气地质储量 $46019.55\times10^8m^3$（含基本探明天然气地质储量 $25354.0\times10^8m^3$），探明含气面积 $38476.61km^2$，成为迄今为止我国陆上发现的最大整装天然气田。

2. 开发历程

苏里格气田作为中国陆上致密气砂岩气藏的典型代表，自 2000 年发现以来，先后经历了“探索评价、经济有效开发、快速上产、规模稳产、二次加快发展”五个阶段（图 6-1-3），2021 年天然气产量达到 $284.7\times10^8m^3$，气田迈入高质量发展新阶段。

1）探索评价阶段（2001—2005 年）

通过前期评价工作，开发工作者认识到苏里格气田是典型的低渗、低压、低丰度气田，储层空气渗透率 0.1～2mD，压力系数 0.7～0.8，天然气资源丰度 1.1×10^8～$1.5\times10^8m^3/km^2$。气田储层非均质性较强、大面积含气、局部相对富集，开发难度世界罕见。

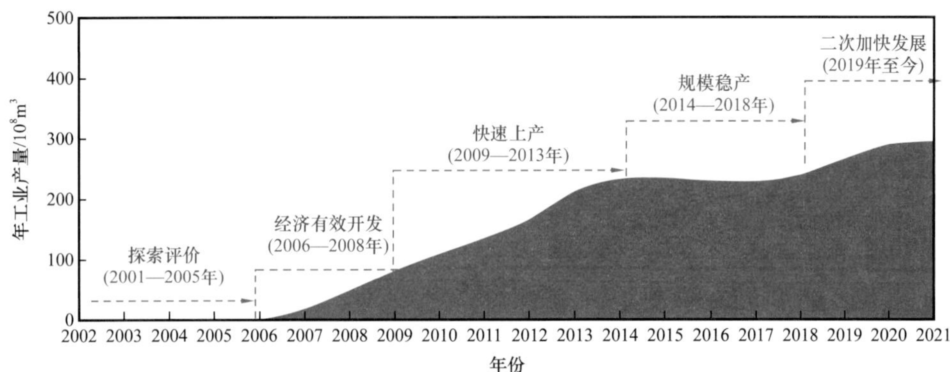

图 6-1-3 苏里格气田开发历程图

按照“依靠科技、创新机制、简化开采、低成本开发”的工作思路，针对储层“三低”和强非均质特征，将开发目标从追求单井“高产”调整为追求“整体有效”，从而把苏里格气田开发引入全新阶段。

2）经济有效开发阶段（2006—2008 年）

长庆油田转变观念，解放思想，引入市场机制合作开发，形成了“设计标准化、建设模块化、管理数字化、服务市场化”的低成本“四化”方略，在苏 14 重大开发试验区开展 10 余项试验研究，配套形成了“十二项主体开发配套技术”，创造形成了“5+1”“六统一、三共享”的合作开发模式和“苏里格中低压集气新模式”，在大幅度提高Ⅰ+Ⅱ类井比例的同时，也极大提高了钻完井速度，Ⅰ+Ⅱ类井比例达到 80%、单井综合成本控制在 800 万元以内，实现了气田的规模有效开发。

3）快速上产阶段（2009—2013 年）

为进一步降低成本、提高单井产量，针对苏里格气田典型致密砂岩岩性气藏特点，以“低成本开发”理念为指导，水平井和丛式井开发技术、储层改造技术连续取得突破，并实现规模应用，成功实现了“直井开发”到“水平井规模开发”的开发方式转变，有效提高了单井产量，实现了苏里格气田规模经济有效开发（张明禄等，2011；杨华等，2012），形成产能 $240\times10^8m^3/a$，提前两年实现“230 亿立方米规划”目标。

4）规模稳产阶段（2014—2018 年）

按照“有质量、有效益、可持续”发展要求，紧密围绕提高单井累计采气量及气田采收率目标，强化储层精细描述、井网优化、多井型大井组立体开发、工厂化作业，高效推进气田开发，实现气田按照“230”亿立方米产能规模连续稳产 5 年。

5）二次加快发展阶段（2019 年至今）

2019 年，为贯彻落实习近平总书记“加大国内油气勘探开发力度”的重要指示，长庆油田确立了二次加快发展战略。立足储量基础，开展全方位高密度三维地震解释与处理，实施水平井整体部署与差异化设计，多学科深度融合精准实时导向，同时形成了基于固井桥塞分段压裂的“密切割 + 适度规模 + 高砂比”为核心的体积压裂水平井提产技术，单井初期产量提高 20%、累计产量提高 10%，进一步提高气田整体开发水平和经济效益，助推气田二次加快发展。

经过多年的摸索与探索，形成了苏里格气田特有的开发方略和开发管理模式，实现了气田的经济有效开发。尤其是2009—2013年苏里格气田进入了快速上产阶段，天然气产量实现跨越式增长，连续6年天然气产量年新增超过$30\times10^8m^3$，建成$230\times10^8m^3$产量规模。从2014年开始到目前，气田进入稳产阶段，年均生产天然气$230\times10^8m^3$左右，2022年底已建成年产能$300\times10^8m^3$，成为长庆气区产量最大的气田，成为我国陆上连接东西、贯通南北、发挥重要枢纽作用和调节作用的战略气区，不仅促进了陕西省、内蒙古自治区经济快速发展，对保障北京、天津、呼和浩特等大中城市的安全平稳供气具有重要作用，也将为长庆油田高质量发展、构建和谐社会、促进我国经济社会协调发展做出巨大贡献。

二、气田基本地质特征

（一）气层特征

1. 沉积特征

早二叠世，华北板块与西伯利亚板块碰撞，陆壳间俯冲叠置，进入造山作用阶段，蒙古洋消失，海西造山带隆起与蒙古古陆拼接，北侧陆源区在隆升的同时，发生了强烈的褶皱与冲断，导致基底变质岩系因构造运动而发生快速的抬升、遭受剥蚀，为鄂尔多斯盆地内部沉积物的形成提供了丰富物源。

中二叠统石盒子组沉积期，古气候由潮湿转为半干旱—干旱，受气候季节性、周期性变化影响，具备形成大规模砂体的条件。盆地内部则以整体升降为特征，地形开阔而平缓，沉积分异较充分，沉积背景以缓慢沉降为主，沉积物的供给与沉降处于均衡状态，湖区经常处于浅水环境。受大华北岩相古地理控制，盒8段沉积期盆地为向东开口的“敞流型”湖盆，多物源供砂，无统一汇水区，在苏里格地区形成了以“沉积底形平缓、强物源供给、多水系输砂、分流河道砂体发育”为主要特征的大型缓坡型三角洲沉积。

在相对平坦的构造背景下，由于湖泊水体浅，需要较强的河流水动力条件，控制大面积砂体形成。在石盒子组盒8段沉积砂岩中可见明显的板状交错层理、槽状交错层理、平行层理，储集砂体的形成主要与当时间歇性的洪水沉积有关。洪水期，河流水体水动力较强，携带大量的砾、砂等物质，形成旋回底部的砾石、含砾粗砂岩及中砂岩等混杂的滞留沉积和河道沉积。后期河流搬运作用使河道沉积多期叠加并不断向前推进，同时在三角洲前缘也发育大面积分布的中—粗粒砂岩，砂岩粒径0.25～2mm。湖平面频繁波动，湖岸线摆动大而且迅速，不同期次的河道横向反复迁移，导致砂体纵向上多期叠置，平面上复合连片，从而形成苏里格地区“网毯状”分布的中—粗粒砂岩储集体，其中盒8段砂岩厚度20～40m、宽度10～30km、延伸距离达300km以上（图6-1-4）。

山西组沉积期沉积环境与石盒子组沉积期类似，主要发育曲流河三角洲平原、三角洲前缘亚相。物源供给充分，水动力较强，河流的下切作用明显，携带物质充分，该期的突出特征是以分流河道微相为主，其展布方向为近南北方向。分流河道砂体常直接与暗色泥岩或煤层冲刷接触，其相组合以三角洲平原亚相占绝对优势。分流河道边缘发育天然堤微相、少量决口扇和点沙坝微相，分流河道之间为洪泛平原（分流间湾）微相。曲流河河道和三角洲平原分流河道砂体储集性较好。由于曲流河的侧向迁移，多期河道砂体叠置，使山 1 段砂体具有带状分布、连片分布的特点，砂岩厚度 10～30m、宽度 10～20km、延伸距离达 300km 以上（图 6-1-4），是气田主力储层之一。

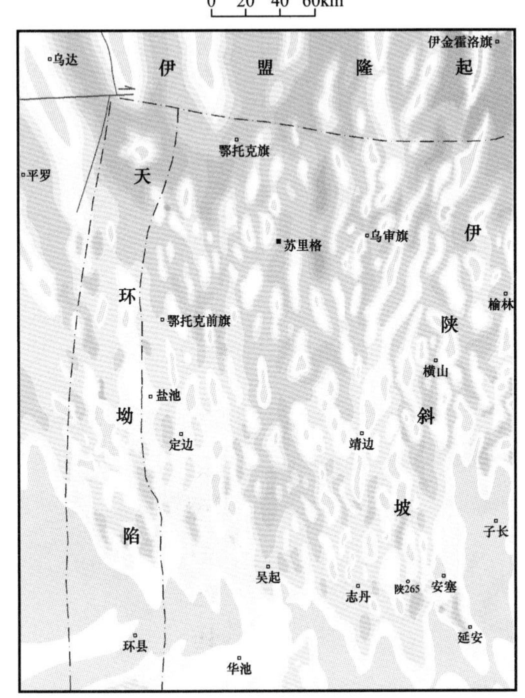

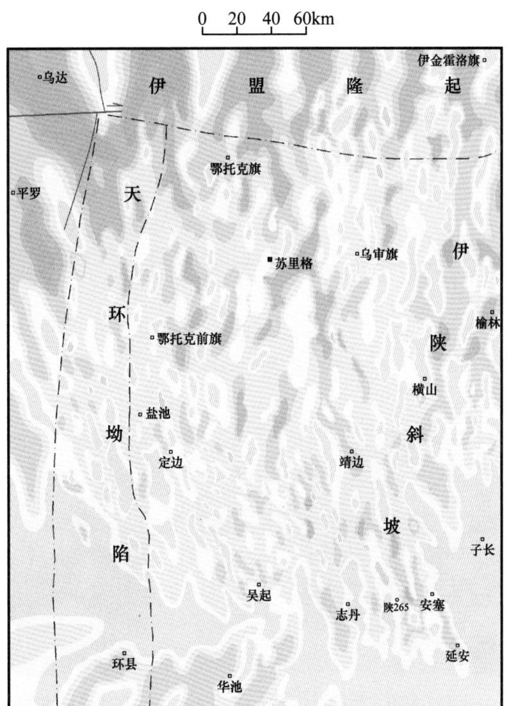

图 6-1-4　苏里格地区盒 8 段（左）与山 1 段（右）砂体分布图

2. 储层特征

苏里格地区盒 8 段及山 1 段储层砂岩类型主要为石英砂岩、岩屑石英砂岩和岩屑砂岩（图 6-1-5、图 6-1-6）。其中砂岩以粒径在 0.5～1mm 的粗砂岩为主，占砂岩总量的 50% 以上，其次为中砂和细砾，分别占砂岩总量的 33.7% 和 8.8%，几乎不含细砂及粉砂。晚古生代盆地北部主要发育两大物源区，即西部的富石英物源区和东部的贫石英物源区。受物源区母岩性质的控制，苏里格地区储层岩性分布具有东西分带的特征，自东向西石英含量依次增高。气田中西部发育石英砂岩储层，由于石英砂岩化学稳定性高、硬度大、不易被压实，有利于原生孔隙的保存和孔隙流体的流动，且该区后期成岩作用较弱，因此储层物性相对较好，储集空间以粒间孔、溶孔、高岭石晶间孔为主。在这里原生孔隙主要指原生粒间孔（或残余粒间孔）和杂基内微孔，次生孔隙主要为次生溶孔、胶结物晶间孔、成岩收缩缝及构造微缝等（图 6-1-7）。次生溶孔又可进一步分为岩屑溶孔、长石（及角闪石等）单矿物颗粒溶孔、杂基溶孔及胶结物溶孔等（图 6-1-8）。

气田东部发育岩屑石英砂岩、岩屑砂岩储层，由于岩屑砂岩，特别是以柔性岩屑为主的岩屑砂岩抗压实能力不强，不利于孔隙流体流动和溶蚀作用发生，且该区后期成岩作用强，因此储层物性相对较差，储集空间以黏土微孔为主，偶见岩屑溶孔及少量晶间孔和层间微裂隙（图 6-1-8）。

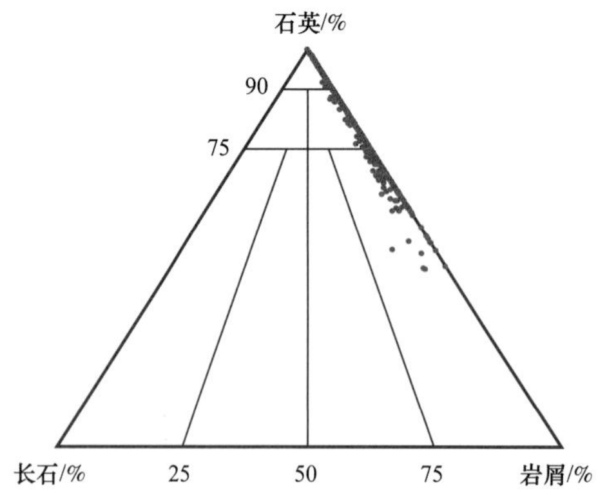

图 6-1-5　苏里格地区盒 8 段碎屑成分三角图（样品数：886 个）

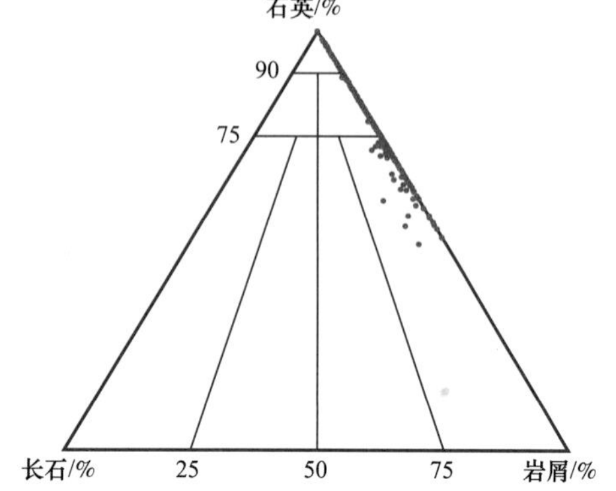

图 6-1-6　苏里格地区山 1 段碎屑成分三角图（样品数：329 个）

a. 石英砂岩，粒间溶孔发育，S43井，3590.08m，盒8段，铸体薄片，单偏光，10×10

b. 石英砂岩，长石溶孔发育，S187井，3585.92m，盒5段，铸体薄片，单偏光，5×10

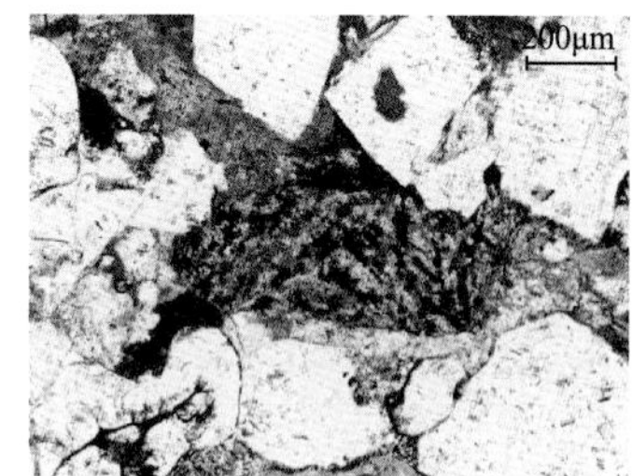

c. 岩屑石英砂岩，岩屑溶孔发育，Z30井，3032.92m，盒8段，铸体薄片，单偏光，5×10

d. 岩屑砂岩，少量溶孔、晶间孔，Z31井，2957.88m，山1段，铸体薄片，单偏光，5×10

e. 砂泥岩裂缝，S121井，3732.43m，盒8段，荧光透×50

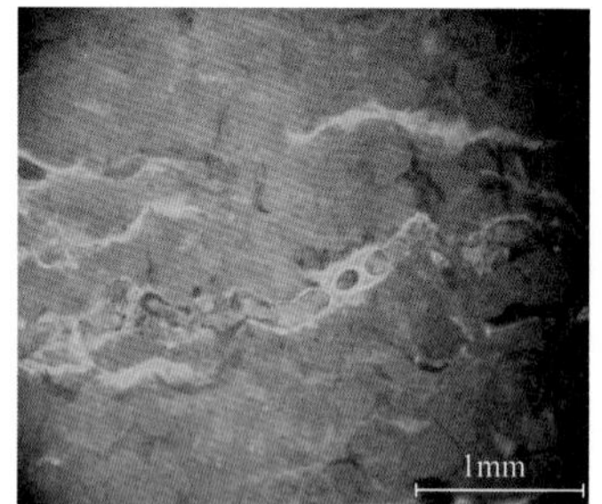

f. 石英砂岩裂缝和孔隙，S6-j2井，3303.91m，盒8段，荧光透×50

图 6-1-7　苏里格气田二叠系主要储层显微照片

盒 8 段、山 1 段砂岩孔隙度为 4%～12%，渗透率为 0.01～1mD，渗透率变化主要受孔隙发育程度控制，同时裂缝的发育明显增强了砂岩的渗透性。岩心样品的孔隙度与渗透率相关性分析表明，苏里格地区无论盒 8 段还是山 1 段储层，其渗透率均与孔隙度呈明显的正相关关系（图 6-1-9），说明渗透率的变化主要受孔隙发育程度的控制，这是孔隙型储层的重要特征。大量的现场岩心观察及铸体薄片分析均未发现大量裂缝发育的储层段，也印证了这一点。孔隙度与渗透率频率分布图（图 6-1-10、图 6-1-11）显示，盒 8 段孔隙度大于 8% 的样品分布频率占 48.7%，渗透率大于 0.5mD 的样品分布频率占 32.4%；山 1 段孔隙度大于 8% 的样品分布频率为 46.7%，渗透率大于 0.5mD 的样品分布频率为 23.6%（图 6-1-12、图 6-1-13）；盒 8 段与山 1 段相比，储集物性略好于山 1 段。

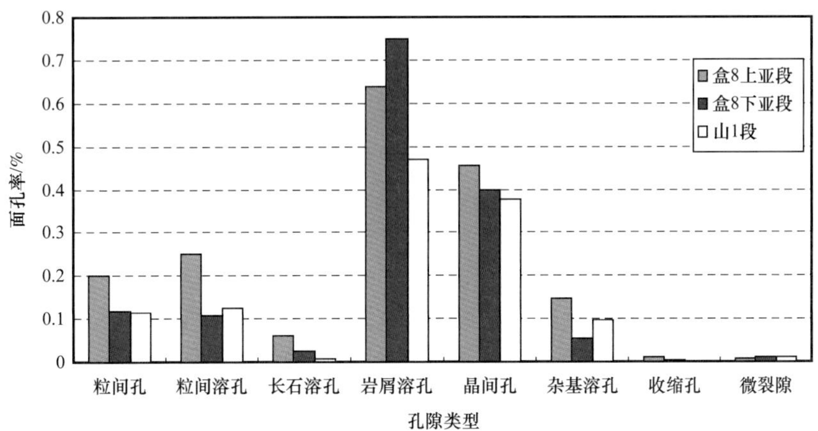

图 6-1-8　苏里格地区盒 8 段、山 1 段储层孔隙类型分布图

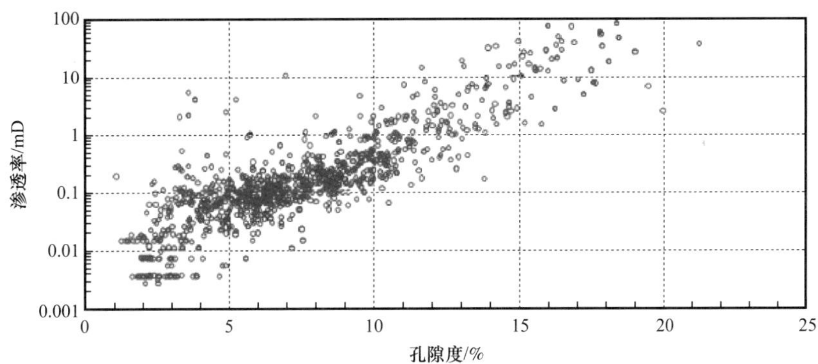

图 6-1-9　苏里格地区盒 8 段砂岩储层孔渗关系图

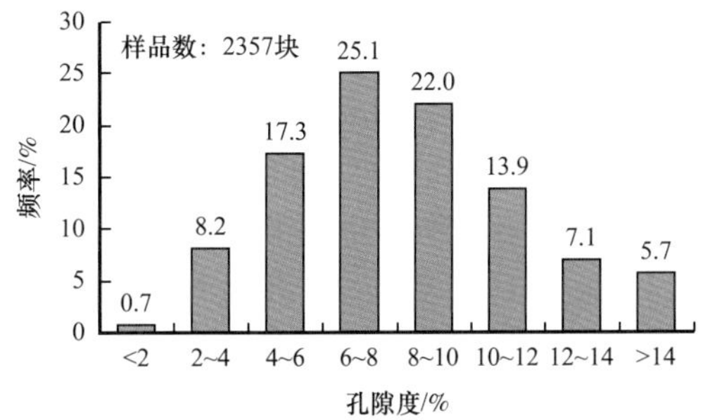

图 6-1-10　苏里格地区盒 8 段孔隙度频率分布直方图

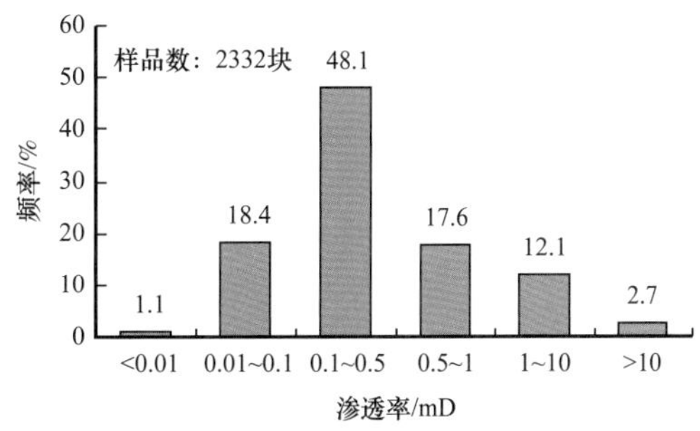

图 6-1-11　苏里格地区盒 8 段渗透率频率分布直方图

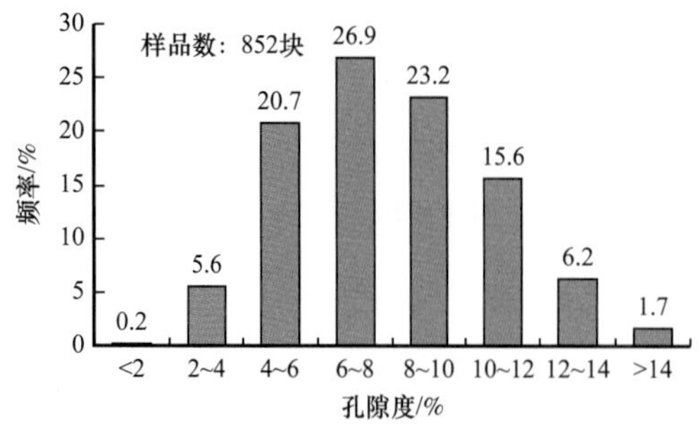

图 6-1-12 苏里格地区山 1 段孔隙度频率分布直方图

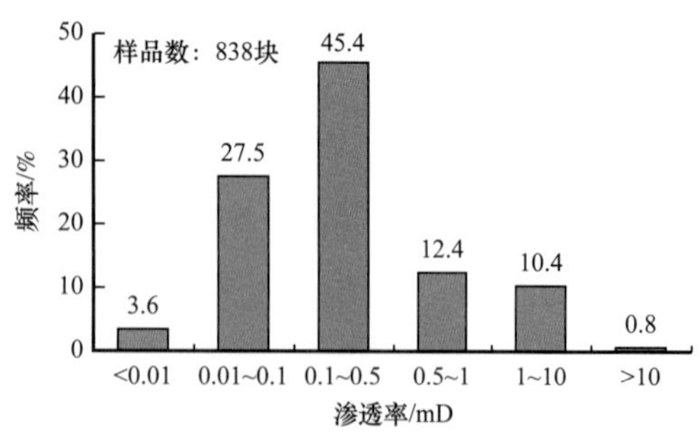

图 6-1-13 苏里格地区山 1 段渗透率频率分布直方图

储层发育微米级和亚微米（0.1～1μm）—纳米级（小于 100nm）两大孔喉体系，其中微米级孔喉占到了储层总孔喉的 22% 左右，而亚微米—纳米级孔喉占到了总孔喉的 78%（图 6-1-14）。盒 8 段高渗透储层喉道较粗，中值喉道半径一般为 0.2～0.5μm，排驱压力较低，这与颗粒溶孔和粒间溶孔所占比重大有关系。山 1 段储层喉道较细，中值喉道半径多在 0.2μm 以下，排驱压力较大，主要由于其孔隙间主要靠杂基内微孔连通所致。

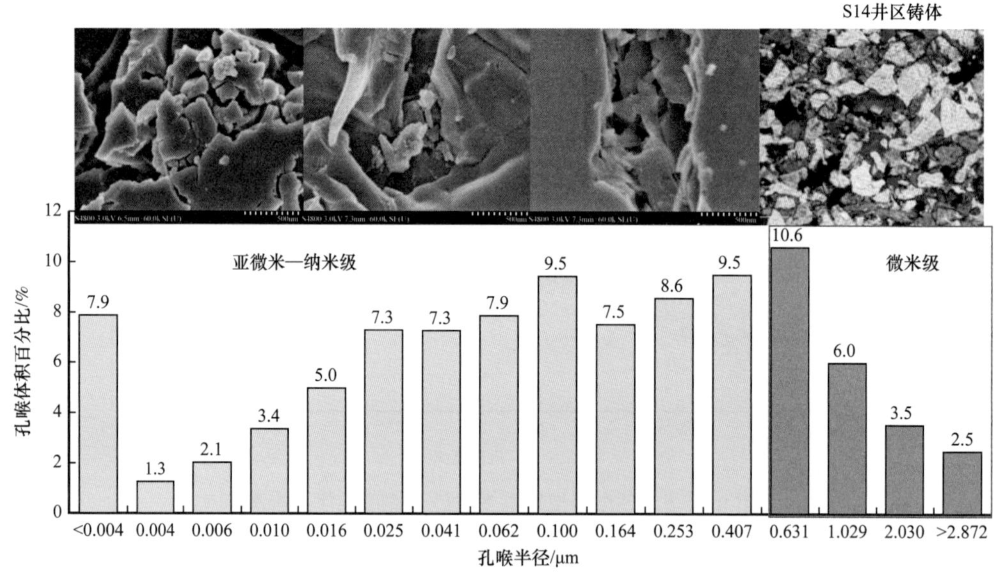

图 6-1-14 苏里格气田二叠系盒 8 段储层孔喉分布特征直方图

3. 气层分类

气田主力气层为石盒子组盒 8 段、山西组山 1 段，储层以三角洲平原分流河道砂体为主，岩性以石英砂岩为主。依据储层物性、压汞孔隙结构参数，结合薄片和孔隙图像资料，将苏里格地区盒 8 段、山 1 段气层划分为四类，对测井参数进行刻度后，得到测井分类标准。

Ⅰ类气层：发育一定厚度的块状（含砾）中—粗粒石英砂岩（一般大于 5m）；孔隙类型以粒间孔、溶蚀孔为主，毛细管压力曲线为宽缓平台型或缓坡型，孔喉分选一般较好，粗歪度，排驱压力小于0.1MPa；孔隙度8%～18%，一般大于10%，渗透率一般大于1.0mD，含气饱和度大于60%，高产井（产气量大于$10\times10^4m^3/d$）主要发育此类储层（图6-1-15）。

Ⅱ类气层：岩性为含硅质中—粗粒石英砂岩和少量中—粗粒岩屑质石英砂岩；孔隙类型主要是溶蚀孔、晶间孔，少量粒间孔，毛细管压力曲线为缓坡型，孔喉分选较好，较粗歪度，排驱压力0.1～0.5MPa；孔隙度7%～12%，渗透率0.3～1.0mD，含气饱和度一般大于50%，产气量一般4.0×10^4～$10.0\times10^4m^3/d$。

Ⅲ类气层：岩性为中—粗粒岩屑质石英砂岩，含少量岩屑砂岩；主要发育溶蚀孔和微孔，毛细管压力曲线为斜坡型，孔喉分选较好，较细歪度，排驱压力0.5～1.0MPa；孔隙度5.0%～9.0%，渗透率0.1～0.3mD，含气饱和度40%～55%，产气量一般小于$4\times10^4m^3/d$。

Ⅳ类致密层：岩性为中粒岩屑砂岩和少量岩屑质石英砂岩，杂基含量高；发育微孔和微溶孔，毛细管压力曲线为斜上凸型，孔喉分选差，细歪度，排驱压力大于1.0MPa；孔隙度2.0%～6.0%，渗透率一般小于0.1mD，含气饱和度一般小于40%，微含气，产气量一般日产只有几百立方米。

根据上述分类标准，结合测井响应特征，将苏里格地区气层测井相类型划分为四大类六个亚类（表6-1-1），其中ⅢA类以上解释为气层，ⅢB类解释为差气层，Ⅳ类解释为干层。

苏里格地区盒8、山1段气藏展布主要受三角洲平原分流河道砂体控制。区域上近南北向展布的带状砂岩体与侧向（上倾方向）分流间湾、河漫、滨浅湖沉积的泥岩相配置，构成大型岩性圈闭。分布在盒8段与盒7段储层之间地层以大面积湖泛沉积为主，发育一套以泥岩为主的碎屑岩沉积，泥质岩约占地层总厚度的80%以上，泥岩累计厚度为50～120m，封盖能力强，呈区域性大面积稳定分布，构成苏里格气田直接盖层，同时上石盒子组以泥岩为主，大面积稳定分布，形成了气田的区域盖层。由于受气藏上倾部位岩性的致密封堵、侧向泥岩遮挡、上覆区域泥岩封盖、气藏圈闭不受局部构造控制，呈大面积复合连片分布，为典型的大型岩性气藏。

（二）气藏特征

1. 气藏类型

苏里格地区上古生界天然气气藏受大面积叠合分布的分流河道及水下分流河道储集砂体控制，主要为大型岩性圈闭，整体未见边、底水，属弹性驱动层状定容气藏。

2. 分布特征

苏里格地区盒8—山1段气藏为大面积叠合分布的砂岩岩性气藏，气层的分布主要受储集性砂体的控制。因此尽管砂层的分布极为普遍，但砂层储集物性在纵横向上却表现出极强的非物质性，只有部分砂岩具有工业性储集意义，这里所说的气层即指这种具有工业性储集意义的含气砂层。区内盒8—山1段气藏的气层分布具有纵向上多层叠置、横向上复合连片的分布特征（图6-1-16）。从图中可以看出，无论在纵向上还是在侧向上，砂体

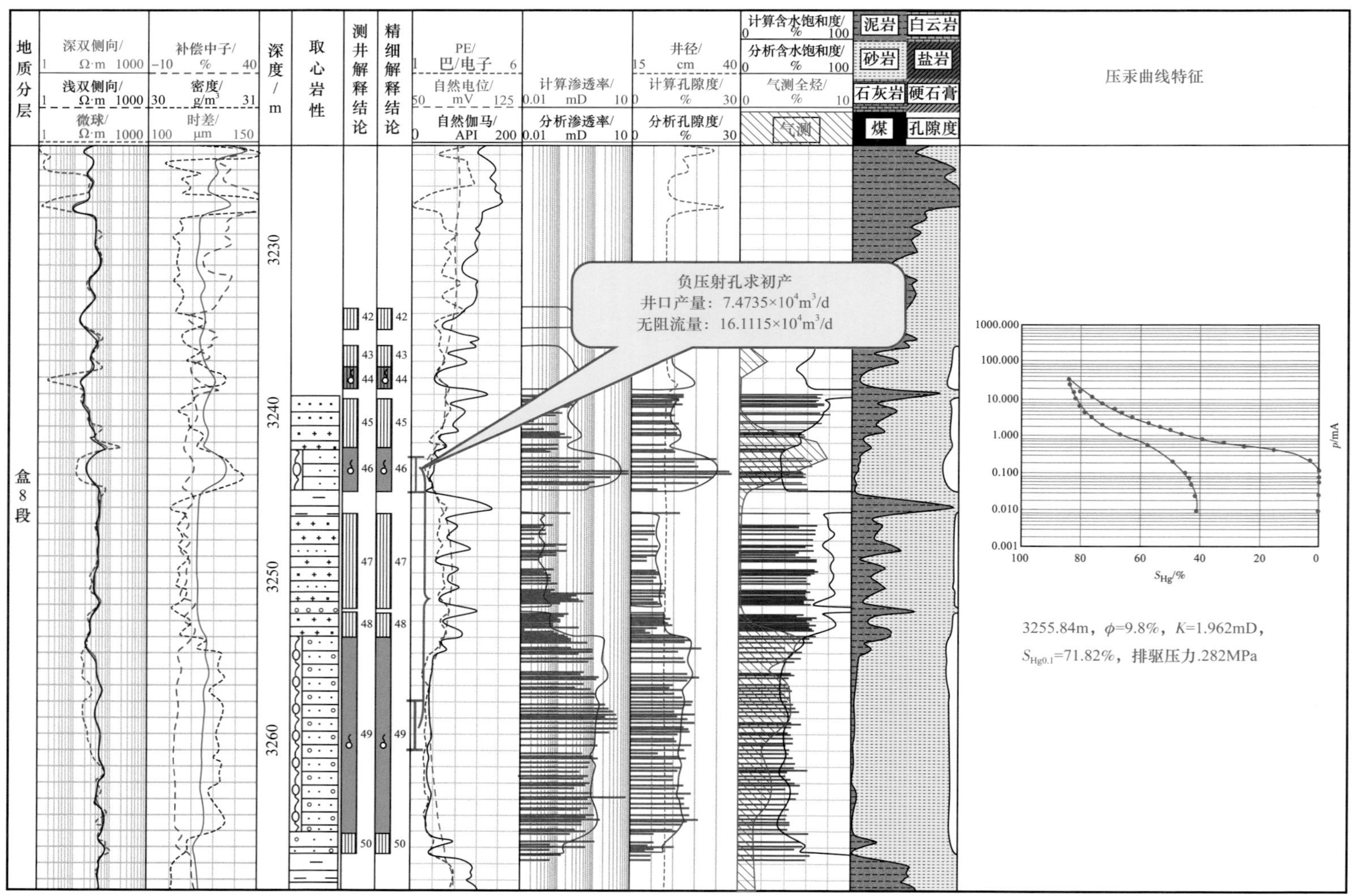

图6-1-15　苏里格气田S72井石盒子组盒8段测井解释成果图

表 6-1-1　苏里格地区盒 8 段、山 1 段储层测井分类参数表

储层分类		测井相类型	储层岩性	储集类型	孔隙度/%	渗透率/mD	自然伽马/API	时差/μm/s	电阻率/Ω·m	密度/g/cm³	产能评价
Ⅰ	ⅠA	高 Δt 高 Rt 低 GR 型	（含砾）中粗粒石英砂岩	溶孔—粒间孔型	＞10	＞1	＜35	＞240	＞40	＜2.45	初产可达工业气流，压裂可获中高产
	ⅠB	高 Δt 低 Rt 低 GR 型			＞10	＞1	＜45	＞240	＜40	＜2.45	
Ⅱ		中 Δt 高 Rt 低 GR 型	中粗粒石英砂岩	溶孔—微孔型	7～12	0.3～1	＜45	225～240	＞40	2.45～2.52	一般压裂后可获工业气流
Ⅲ	ⅢA	低 Δt 高 Rt 低 GR 型	含硅质中粗粒石英砂岩	溶孔—微孔型	5～9	0.1～0.3	＜35	210～225	＞60	2.52～2.57	层厚可获工业气流
	ⅢB	低 Δt 低 Rt 中低 GR 型	含泥中粗粒岩屑石英砂岩	微孔型	5～9	0.1～0.3	＜55	210～225	＜60	2.52～2.57	一般难以获工业气流，但对邻近主力气层有辅助供气作用
Ⅳ		低 Δt 高 Rt 中高 GR 型	含泥岩屑砂岩	致密型	＜5	＜0.1	＜75	＜210	—	＞2.57	含残余气

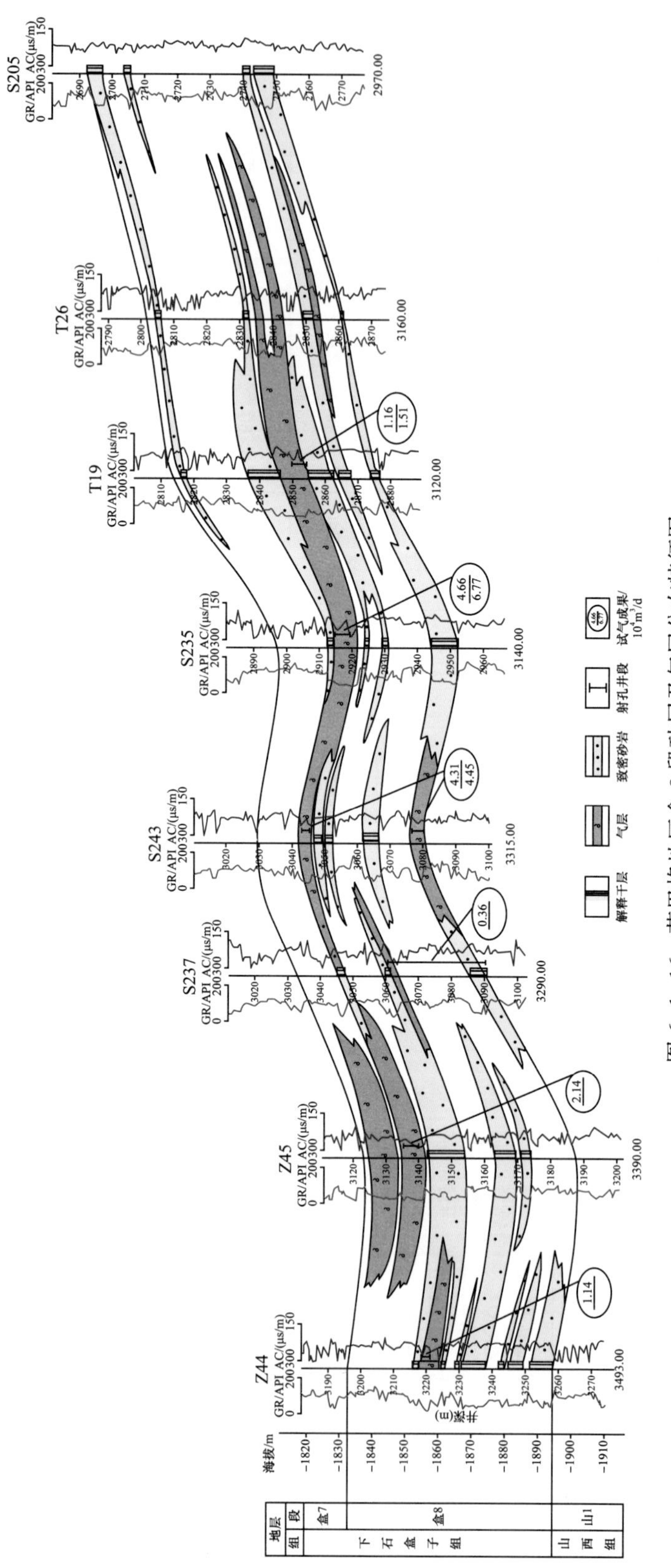

图 6-1-16　苏里格地区盒 8 段砂层及气层分布特征图

连续分布，但气层不连续，具有“沙包气”特征，气藏规模较小。但正是这种小气藏成群上万平方千米内大面积分布，纵向上叠加，构成了苏里格大气田，因此，苏里格大气田表现为“多藏”大气田特征。

3. 气藏压力

苏里格地区盒 8、山 1 段气藏呈多气层纵向相互沟通，横向复合连片，南北延伸在 300km 以上，东西宽 10～20km，因此，气藏压力平面变化较大。盒 8 段气藏压力一般为 22.469～31.502MPa，压力系数一般在 0.73～0.93 之间，平均 0.84；山 1 段气藏压力一般为 23.196～35.694MPa，压力系数一般在 0.85～0.96 之间，平均 0.91。压力系数山 1 段略高于盒 8 段，其整体低于静水压力，属低压气藏，且其流体性质稳定。

4. 地层温度

气藏温度 100～110℃。利用苏里格地区及乌审旗气田上古生界（盒 8 段气藏）实测温度与气层中部深度进行相关分析，相关性良好，相关系数 0.85，关系式为：

$$T=4.1097+0.0306D_g$$

式中 T——气层实测温度，℃；

D_g——气层中部深度，m。

求得上古生界的地温梯度为 3.06℃ /100m，与长庆气田下古生界地温梯度（3.09℃ / 100m）接近，表明苏里格气田与长庆气田具有统一地温场。

5. 流体性质

1）气体组分

鄂尔多斯盆地上古生界天然气的气源岩主要为石炭—二叠系煤系地层，其物理性质相对稳定。苏里格气田盒 8 段气藏甲烷含量在 86.96%～93.72% 之间，平均 89.82%，相对密度 0.5795～0.5920，CO_2 含量约 0.3%；山 1 段气藏甲烷含量在 85.58%～91.79% 之间，平均 89.07%，甲烷化系数 91%，相对密度 0.6095～0.6610，CO_2 含量约 1.767%，属无硫湿气（表 6-1-2）。较乌审旗气田、榆林气田及中东部地区上古生界气藏甲烷含量减少，重烃含量增加。

表 6-1-2 苏里格地区盒 8、山 1 段气藏天然气组分统计表

层位	取值	CH_4	C_2H_6	C_3H_8	C_4H_{10}	CO_2	N_2	相对密度
盒 8 段	范围值 / %	86.964～93.720	3.21～7.97	0.84～1.66	0.17～0.56	0.81～1.85	0.065～1.073	0.6005～0.6433
	平均值 / %	89.823	6.06	1.28	0.42	1.56	0.649	0.6252
山 1 段	范围值 / %	85.583～91.788	5.55～7.874	0.977～1.635	0.322～0.563	0.266～4.002	0.176～1.316	0.6095～0.6610
	平均值 / %	89.073	7.042	1.32	0.433	1.767	0.243	0.6184

2）地层水

通过对苏里格气田产出水的地球化学分析，认为产出水主要有以下三种类型。（1）地层水：$CaCl_2$ 型，矿化度一般大于 50g/L，钠钙系数小于 1，钠氯系数小于 0.5，脱硫系数小于 1，如 S15 井的盒 4 段、S2 井的盒 8 段。（2）淡化地层水：矿化度 15～50g/L，钠钙系数大于 1，钠氯系数介于 0.5～0.8，脱硫系数小于 10，如 S7、S9、S11、S12 及 S38—S14 井的盒 8 段。（3）凝析水：矿化度小于 15g/L，钠钙系数于 1，钠氯系数为 0.5～0.8，脱硫系数变化大，如 S4、S5、S6、S14 等井盒 8 段的产出水均属于凝析水。

受储层非均质性的影响，气藏内部的分隔性十分明显，天然气富集程度有较大差异。受储层非均质性较强影响，天然气聚集受渗透率级差控制，相同气源条件下，渗透率高的砂岩储层中天然气充注的起始压力低，运移阻力小，气容易驱替水；渗透率较低的储层中天然气充注的起始压力高，运移阻力大，气较难进入。储层非均质性控制下的差异充注成藏使得天然气主要富集于渗透率较高的砂岩储层中（图 6-1-17）。苏里格地区区域构造平缓，气层连续高度主要分布在 10～35m，气体向上浮力（0.08～0.28MPa）难以有效地克服储层毛细管阻力（0.15～2.0MPa），非浮力驱动，天然气运移的动力是气体异常压力。压力演化史研究表明，鄂尔多斯盆地上古生界烃源岩在地质历史上曾发育过明显的超压，是致密砂岩气藏形成的主要运移和聚集动力。

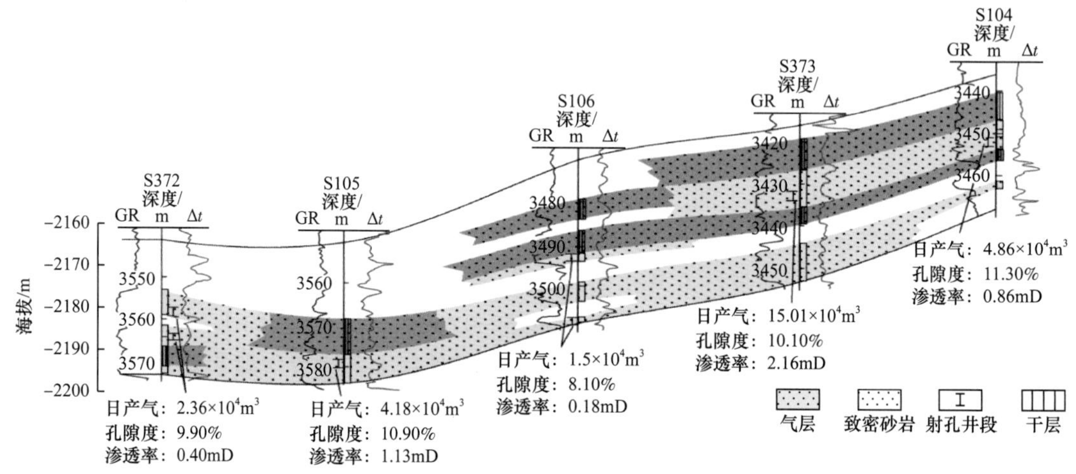

图 6-1-17　苏里格气田上古生界气藏剖面中单井产量与渗透率的关系

苏里格地区上古生界储层具有独特的气水分布关系，气水分布不受区域构造控制，地层水分布相对独立，无统一的气水边界（窦伟坦等，2010）。气水分布主要受生烃强度和沉积导致的储层非均质性共同控制。

苏里格地区上古生界煤系烃源岩具有南厚北薄、东厚西薄的特点，并在东南部形成烃源岩的沉积凹陷区，烃源岩分布对苏里格地区气藏及气水分布起到控制作用。综合地质研究认为，生烃强度是该区致密砂岩储层形成大规模气藏的主要控制因素，并控制着气藏的空间展布。平面上气田的形成和分布与生烃强度具有一定的关系：生气强度大于 $15\times10^8m^3/km^2$ 的区域为气区；10×10^8～$15\times10^8m^3/km^2$ 的区域为气水关系复杂区；小于

$10\times10^8m^3/km^2$的区域为含气水区。纵向上山1段含气饱和度整体好于盒8段，生烃对气藏的纵向展布影响较大。

苏里格地区西北部在纵向上多层位产水，产水层段厚度较小，无统一的气水界面。山西组和石盒子组地层水在平面上主要集中在毛脑海庙以西、以北及苏里格地区东北部，受沉积微相控制比较明显，主要分布于河道沉积的翼部，在其他地区只有零星分布，产水井之间往往被产气井分割。产水层段不受构造或海拔高程控制，平面上缺乏统一的气水分布边界。

从区域构造上，处在构造上倾部位的东北部分布着水层、含气水层，而构造下倾部位的西南部地区也分布有大量的工业气流井，表明气水分布不受区域构造控制。

6. 成藏模式

早白垩世晚期，鄂尔多斯盆地上古生界含气储层经历成岩作用演化已经致密化，具有低孔低渗特征。煤系烃源岩也达到最大埋深阶段，在正常的增温热演化过程中，又叠加了热事件增温，煤系烃源岩进入到高成熟热演化阶段大规模生烃。苏里格地区煤系烃源岩也具有同样的热演化过程，天然气大规模生成，并向上首先就近运移进入山1段致密化砂岩储层，且优先在相对高渗透储层中聚集。由于储集砂体与烃源岩呈面状接触，天然气充注强度大，天然气运移具有较高聚集效率，天然气易于大面积充注成藏，最终形成含气饱和度相对较高的气藏。与山1段相比，尽管盒8段也是大面积充注成藏，但是，由于砂岩储集体位于山1段上方，距烃源较远，只有山1段储集砂体天然气充注到一定程度后天然气才可能向盒8段砂岩储集体充注，天然气充注强度相对较小，因此，形成了含气饱和度相对较小的气藏。在生烃强度较小地区，如苏里格西北部，生烃强度小于$10\times10m^3/km^2$，大部分储集砂体含水，只有局部储集砂体含气。同样，在生烃强度较大地区，由于各种原因导致天然气充注路径受限，也可能局部含水。因此，苏里格地区大面积含气只是宏观特征，局部砂体含水是普遍现象。另外，由于含气饱和度较低，常规气层在开采一段时期后也可能产水。

三、勘探开发关键技术

（一）勘探难点与挑战

（1）近地表条件复杂，导致地震资料品质较差。

苏里格北部为广袤的大沙漠覆盖，南部是沟壑纵横的黄土塬地貌，表层岩性疏松，低降速带厚度变化大，地震波能量衰减强烈，干扰波严重；地表接收条件差异大，资料一致性差，采集资料总体品质较差。同时储层隐蔽性更强，地震预测难度大。勘探目标层系沉积相带复杂多变，储层与围岩波阻抗差异小，有效储层预测难度大（史松群等，2007）；气层厚度相对较薄（单层厚度5m左右），物性相对较差（平均渗透率0.67mD），储层横向变化大，地震预测难度大。

（2）苏里格气田属于大型砂岩岩性复合气藏，非均质强，气层纵向结构复杂；低阻气层形成机理复杂，低阻气层与气水层电性界限模糊，需要探讨新的气层识别方法；储层孔隙结构和黏土矿物含量对储层的含气性和电性影响较为复杂；气层纵向结构复杂，非均质性强，宏观物性参数与产能关系存在不确定性。

（二）勘探技术

1. 地震勘探技术

紧密围绕低渗透岩性油气藏，以提高钻井成功率为目标，针对地震技术瓶颈，强化采集、处理及解释技术一体化攻关，开展常规地震向数字（多波）地震采集、叠后储层预测向叠前储层预测、主河道砂体向有效储层（流体）预测三大技术攻关，实现岩性、含气性和流体的地震预测，满足了气田不同发展时期的地质需求。

1）全数字地震采集

强化近地表岩性结构调查，因地制宜，逐点设计施工参数，最大限度地改善激发条件；优选表层条件相对较好的地段（低降速带小于 60m 地区），采用深井激发，推广全数字（多分量）检波器采集；在低降速带大于 60m 区域，深井选在高速层中的潜水面下；中、深井组合选在降速层中的潜水面下或湖底泥中激发，采用高密度空间采样技术进行采集，通过室内组合提高覆盖次数，压制干扰，提高资料信噪比。图 6-1-18 为苏里格西区 S086104 测线的单炮记录频率扫描结果，可以看出在 4Hz 出现有效波，优势频率突出，有效频宽可达到 4～90Hz。

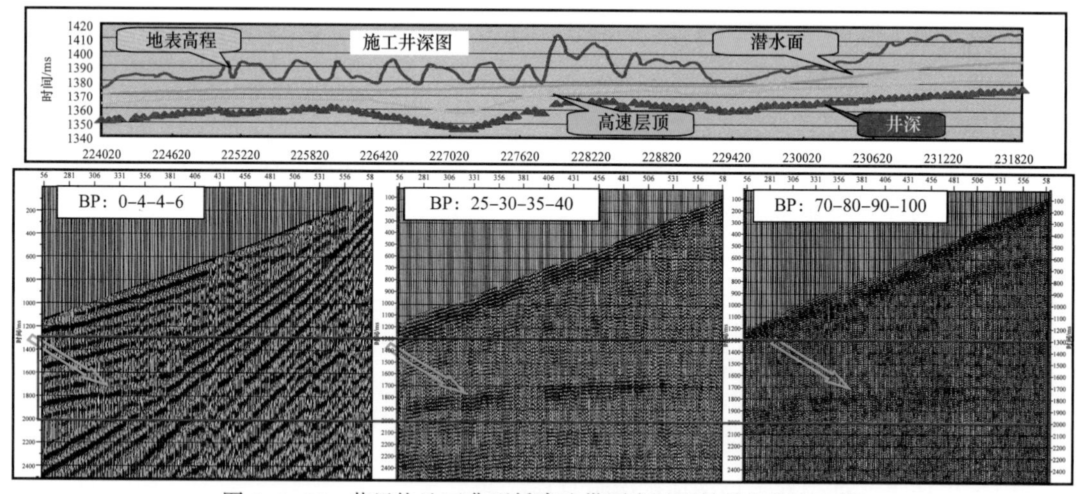

图 6-1-18　苏里格地区典型低降速带厚度及原始单炮频率分析

2）叠前保 AVO 处理

以振幅相对保真为基础，尽可能提高资料信噪比、分辨率。重点开展静校正问题、地表一致性处理，消除近地表横向变化因素对地震波走时和形态造成的差异，突出叠前道集资料的保真处理，为储层叠前预测技术的应用提供相对振幅保持和一致性好的叠前资料。图 6-1-19 是苏里格西地区 S086617 测线道集逐步处理结果，可以看出，经过随机噪声去除、分时剩余静校正处理及 CDP 组合处理后，CDP 道集能量一致性更好，盒 8 段反射的 AVO 现象更明显。

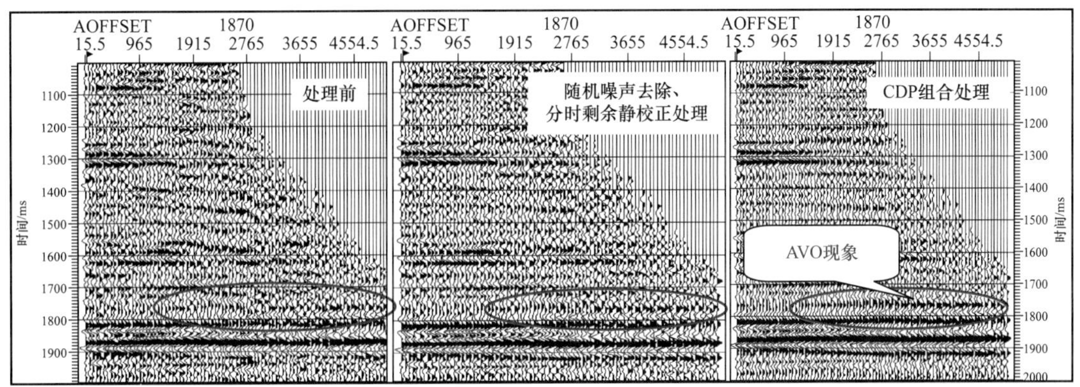

图 6-1-19　苏里格地区叠前道集处理及效果

3）以岩石物理为基础的叠前有效储层预测

重在强化预测机理分析为基础的有效储层空间展布特征预测，即在主河道带预测的基础上，通过岩石物理分析，优选表征有效储层的敏感性参数，加强叠前储层预测和地震波多属性交会，刻画薄储层的分布，优选含气富集区，开展三维可视化技术的应用，雕刻储层的空间展布特征，优化井位设计。

苏里格地区岩石物理分析（图 6-1-20）认为，利用泊松比参数能够区分盒 8—山 1 段储层岩性、预测其含气性；波阻抗能够反映储层的致密程度，泊松比与波阻抗交会能够预测有效储层。

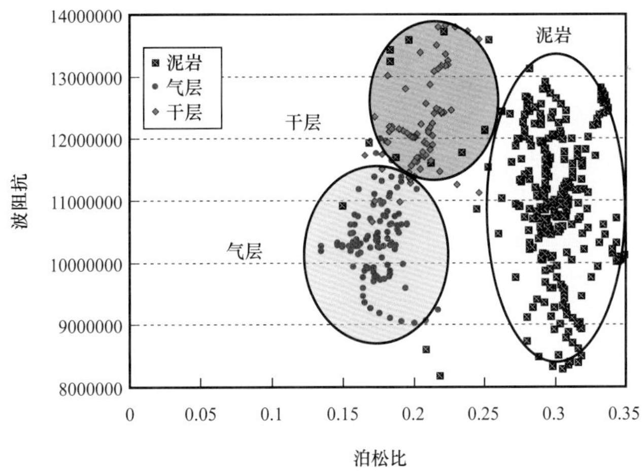

图 6-1-20　苏里格地区盒 8—山 1 段储层岩石物理分析

图 6-1-21 是过苏里格西区 S133 井的 S086981 测线弹性参数反演剖面，从纵波（上图）和横波（下图）波阻抗剖面上看出：盒 8 段储层纵波阻抗总体为中高值（绿色和红色），其中含气砂岩为中低值（绿色和浅蓝色）；而盒 8 段储层横波阻抗总体为中高值（红色和黄色），表明盒 8 段储层砂体比较发育。对比分析认为盒 8 段储层的纵波阻抗受物性和含气性影响较大，而横波阻抗受物性和含气性影响较小，其主要反映地层砂体变化。

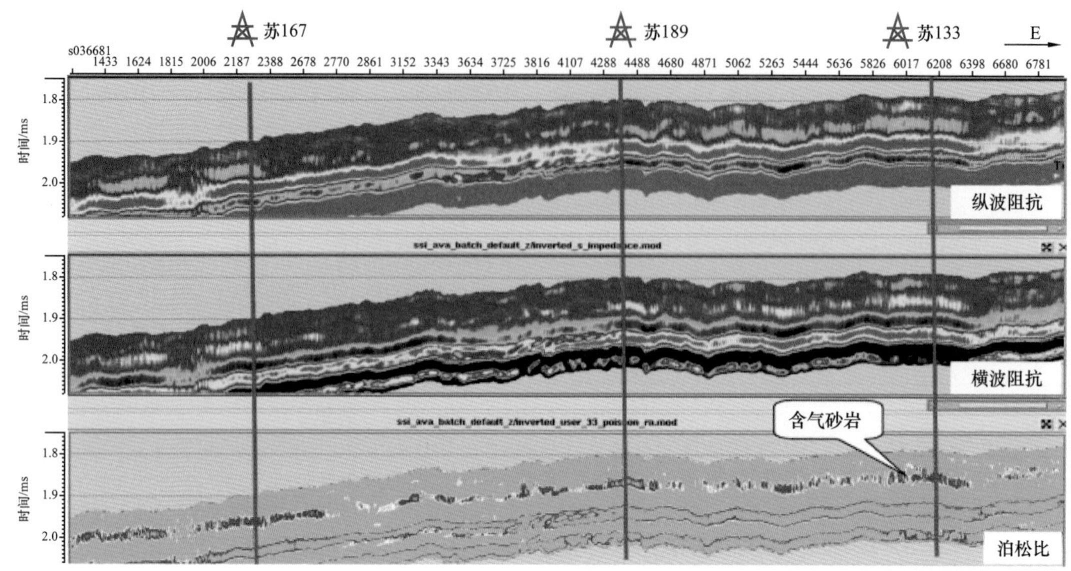

图 6-1-21　苏里格地区典型弹性参数反演剖面

自 2007 年以来，连续多年在苏里格开展了全数字纵波、多波地震处理解释关键技术攻关。其中，综合应用多波储层预测技术，共部署勘探开发井位 63 口，完钻后 53 口井获得成功，多波地震预测符合率达 84.1%，较单一纵波预测成功率 72%，提高约十个百分点，成为国家科技重大专项鄂尔多斯盆地大型低渗透岩性地层油气藏开发示范工程两项标志性示范成果之一。

2. 测井精细评价技术

苏里格地区砂岩储层中气层与水层、有效储层与非储层的岩电响应差异小，有效气层识别难度大。主要表现在：（1）天然气在岩石总体积中所占的比例一般不足 10%，大大降低了测井资料对孔隙流体的分辨率；（2）储层经历了很强的成岩后生变化，宏观和微观非均质性强，测井解释模型的影响因素复杂多变，适应范围小；（3）岩石在地层条件下的渗透率与地面渗透率并非线性关系，与矿物组分、粒度等多种因素有关。近年来，在传统分区、分层评价的基础上，以储层岩石物理研究为基础，建立了以低阻气层形成机理分析、复杂气水层判识等技术。

1）低阻气层形成机理分析技术

研究表明，苏里格气田低阻气层表现为明显的“shuang 高、shuang 组”孔隙结构特点，“shuang 高”指高孔隙度（大于 10%）、高微孔率（35%～55%），“shuang 组”指渗流孔隙与微孔隙并存。储层黏土矿物以蚀变高岭石、水云母为主，凝灰质蚀变成因的水云母、高岭石等黏土矿物充填孔隙及弱溶蚀作用形成的大量微孔被束缚水饱和，形成高束缚水体积导电，而渗流孔隙中被天然气饱和，形成低阻气层。

低阻气层岩性主要为岩屑石英砂岩和含泥石英砂岩，储集空间类型中溶孔和微孔发育。在压汞曲线上，高低阻气层具有明显的差异（图 6-1-22），高阻气层样品为宽平台型，孔喉分选好；而低阻气层具有明显的两级孔喉特征，说明低阻储层中微孔隙占有较大的比例。

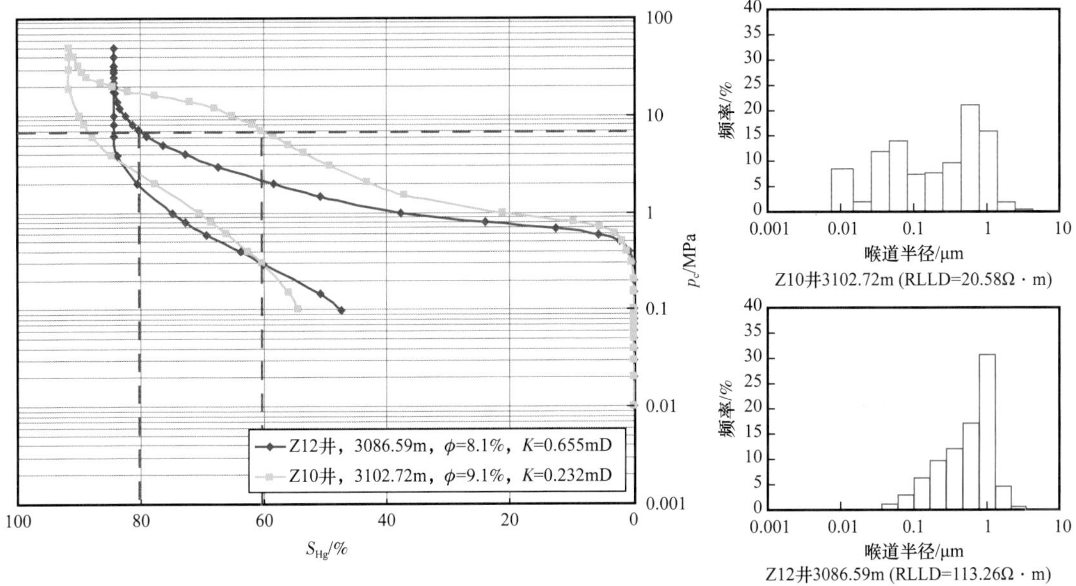

图 6-1-22 苏里格地区盒 8 段低阻、高阻气层典型压汞曲线比较图

油气从烃源层向储层运移聚集过程中，遇到储集物性不同的储层时，总是先进入储集物性好的储层。考虑与烃源岩的距离可以将油气藏油气的充注模式分为以下三种。

第一种，近源高充注高阻模式。距离烃源岩近，圈闭条件好，油源区方向的势能不断上升，可到达驱替孔隙的极限，形成高、过饱和高阻气层。

第二种，远源低充注高 / 低阻模式。距离烃源岩较远，油气运移动力相对不足，垂向上物性好、孔隙结构好的储层形成正常饱和中高阻气层；而物性较差的储层，只在较大孔隙空间充注油气，其余为束缚水充填，形成低阻油气层。

第三种，欠饱和充注低阻模式。油源不足，储集空间富裕，小孔或微孔中油气无法进入，致使储层的含油气饱和度不高，气水过渡带宽，形成低阻气层或气水同层。

2）复杂气水层判识技术

根据试气结果及储层地质特征，对苏里格地区试气出水层进行了成因分析和分类，主要有三种类型：第一种是高束缚水储层受改造后出水，主要发育在苏里格东部岩屑砂岩、岩屑石英砂岩中，表现为产水量较小，一般小于 4m^3/d，气产量也比较低，储层岩屑、泥质含量较高，测井响应中高时差（220～250μs/m）、中低电阻率（20～50Ω · m）特征；第二种是储层非均质性造成的层间水，表现为储层非均质性强，电阻率曲线纵向呈现韵律性变化，没有明显的气水界面，一般产水量较大；第三种是气藏充注程度不足形成的局部滞留水，表现为储层电阻率值接近或低于围岩值，产水量较大，一般在气层底部含水，主要发育在苏里格西部石英砂岩储层中。

针对苏里格气水层特征，研究建立了适用的气水层识别技术。

（1）视弹性模量系数法。

岩石的等效弹性模量定义为声阻抗乘以纵波速度，不受储层电阻率影响，可以有效识别低阻气层。在相近的岩性和孔隙度条件下，气层声阻抗和纵波速度均比水层小，因此可以利用岩石等效弹性模量判识流体性质。计算弹性模量（M）的公式为：

$$M=\left(\rho_b/\Delta t^2\right)\times 10^{16}$$

式中　M——等效弹性模量，dynes/cm²；

ρ_b——体积密度，g/cm³；

Δt——声波时差，μs/m。

计算视弹性模量差比值的公式为：

$$\mathrm{DRM}=\frac{M^*-M}{M}$$

式中　M^*——目的层完全含水时的等效弹性模量。

由上述可知，DRM 大于 0，指示为气层，反之为非气层，因此在相似的岩性和孔隙度条件下，可用等效弹性模量识别流体性质。Z31 井盒 8 段电阻率低，视弹性模量系数大于 0，解释为气层，试气井口产量为 $2.0156\times10^4\mathrm{m}^3/\mathrm{d}$（图 6-1-23）。

（2）侵入分析与感应侧向联合解释法。

阵列感应测井是识别低阻气层、气水层的一个有效手段。对于非典型的气水层，采用侧向与阵列感应联合识别气水层。由于侧向与感应测量原理不同，侧向测井原理可以看作是电流通路上电阻率的串联结果，被串联的电阻率值越高，对串联电阻的影响也就越大，适合于中高阻的地层；感应测井是并联导电的原理，适合于低阻地层。因此当淡水泥浆侵入高矿化度地层后，对于中低阻水层，侧向测井受侵入带影响，比感应测井值升高很多，对于油气层，两者应接近或感应低于侧向测井值，因此水层的侧向、感应电阻率比值（RLLD/RILD）应大于油层的二者比值。

根据试气资料，选取深侧向电阻率与阵列感应径向探测深度最深的电阻率建立联合识别图版（图 6-1-24），可以看出，气层和含水层具有明显的分界，识别效果较好。

3）动静态结合测井产能分级预测技术

针对苏里格气田快速建产简化试气的需求，根据气井静态参数和简化试气结果确定气井类别，动静态结合，建立了测井气井产能评价标准，为单井配产提供了依据。

根据测井分类和压力恢复动态结果综合分类，Ⅰ类井单一气层厚度为 5m 以上，压恢速度大于 2.4MPa/h，无阻流量大于 $8\times10^4\mathrm{m}^3/\mathrm{d}$，配产 $1.5\times10^4\mathrm{m}^3/\mathrm{d}$；Ⅱ类井的单一气层厚度为 3～5m，压恢速度为 1.0～2.4MPa/h，无阻流量为 4×10^4～$8\times10^4\mathrm{m}^3/\mathrm{d}$，配产 $1\times10^4\mathrm{m}^3/\mathrm{d}$；Ⅲ类井单一气层厚度小于 3m，压恢速度小于 1.0MPa/h，无阻流量小于 $4\times10^4\mathrm{m}^3/\mathrm{d}$，按 $0.8\times10^4\mathrm{m}^3/\mathrm{d}$ 进行配产（表 6-1-3）。选取已投产井 51 口，其中Ⅰ+Ⅱ类井 22 口，通过分析这些样本井测井响应参数与无阻流量之间的关系，建立了测试无阻流量与测井多参数（厚度 × 孔隙度 × 渗透率 × 电阻率）复合解释图版（图 6-1-25），实现了对气井的快速分类评价。对苏里格东部气田 40 口开发井进行测井产能分级预测效果检验，37 口井动静态分类吻合，分类符合率超过 90%。

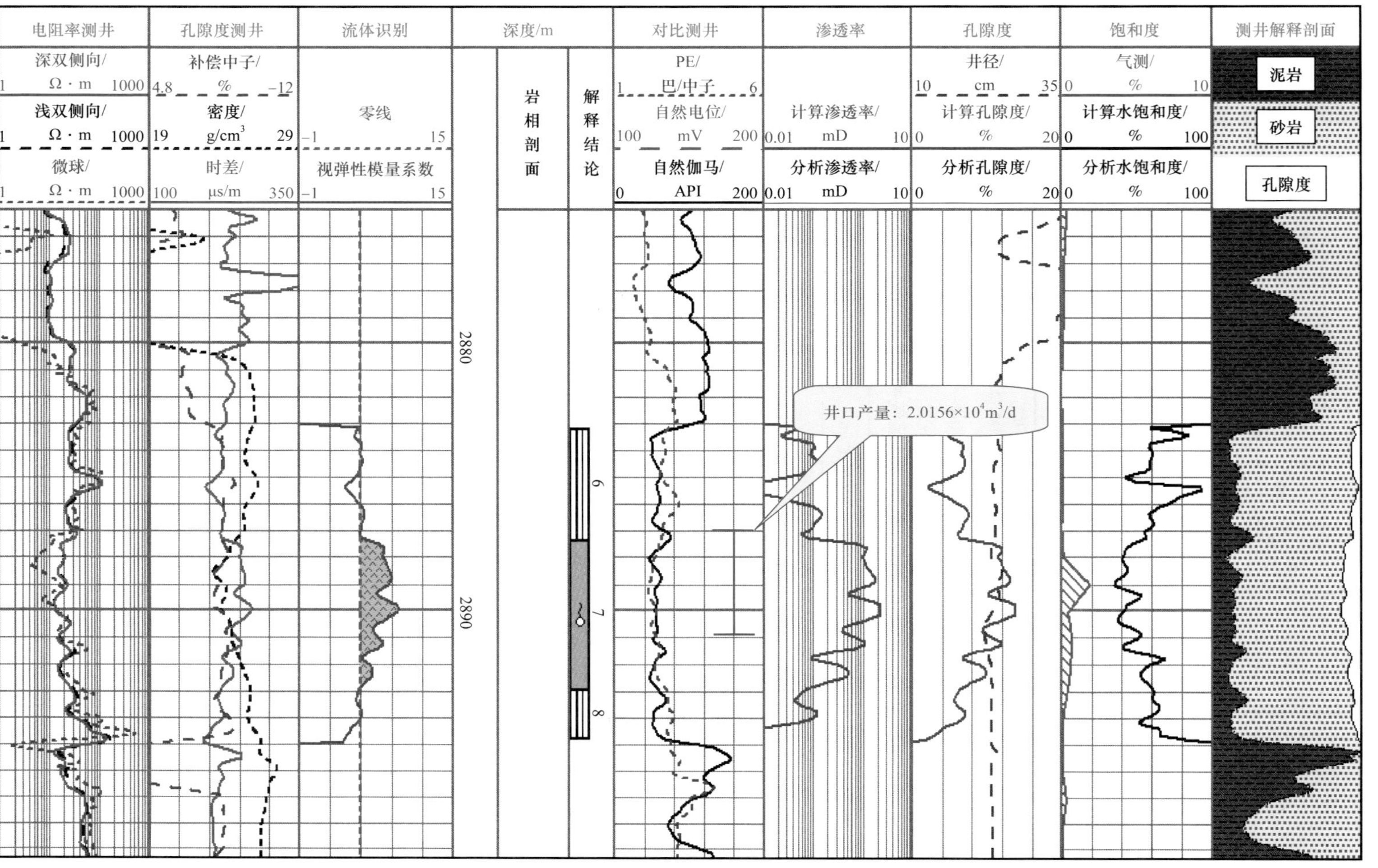

图 6-1-23　苏里格地区 Z31 井下石盒子组盒 8 段测井解释成果图

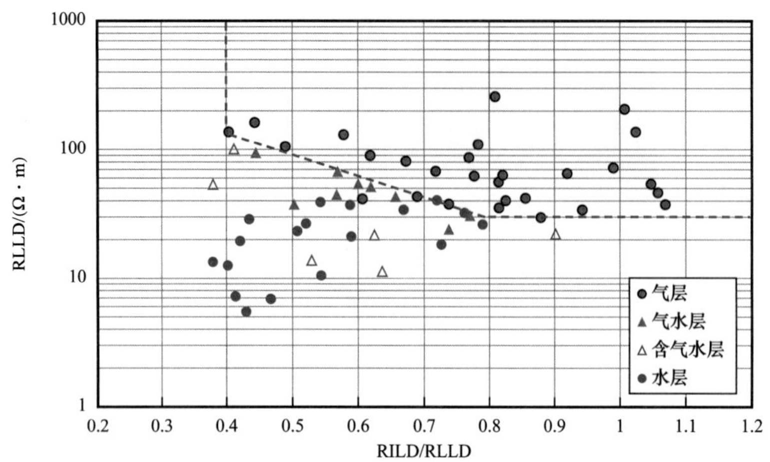

图 6-1-24　苏里格地区盒 8 段深侧向—感应联合识别气水层图版

表 6-1-3　苏里格地区气井分类标准表

井类别	单气层最大厚度 /m	累计气层厚度 /m	压恢速度 /（MPa/h）	无阻流量 /（$10^4m^3/d$）
Ⅰ	≥5	≥8	≥2.4	≥8
Ⅱ	3～5	≥8	1.0～2.4	4～8
Ⅲ	<3	≤5	<1.0	<4

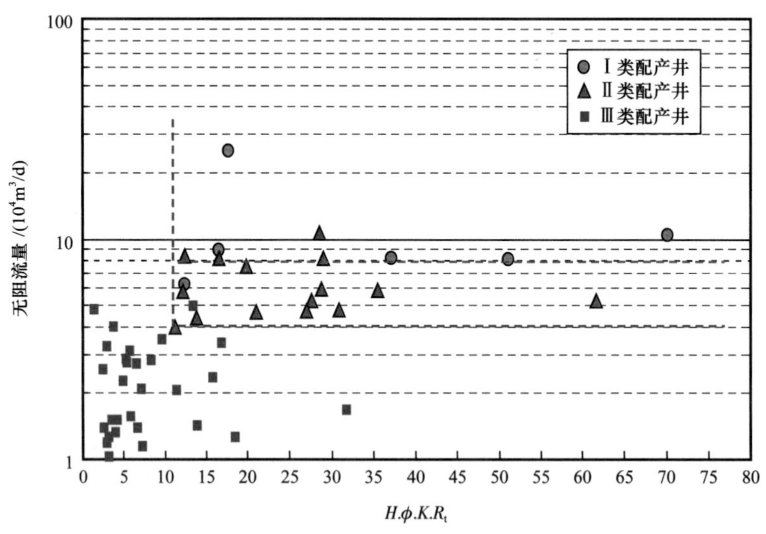

图 6-1-25　苏里格东区不同级别配产井电阻率与声波时差交会图

（三）开发难点与挑战

苏里格气田上古生界主力产层为石盒子组盒 8 段、山西组山 1 段，是以沉积相控制为主的岩性气藏。多年开发实际表明，苏里格气田不仅具有储量品质差、储层渗透率小、单井产量低等特点，同时储层非均质性强，孔隙结构复杂、束缚水饱和度高，给气田经济有效开发带来了极大挑战。

（四）开发技术

苏里格气田始终坚持低成本开发战略，持续开展关键技术攻关配套，针对气藏开发难点，在气藏工程、采气工程和地面工程领域，创新形成致密气独特的气田稳产及提高采收率技术，实现了气田高效开发。

1. 井网优化技术

国外致密气成功开发经验表明，井网优化是提高致密气田开发采收率的主要手段。通过多学科联合攻关，创新了以“模式拟合、层次分析、多维互动、动态约束”为核心的储层构型分析方法，形成了致密砂岩储层砂体定量化表征技术，实现了苏里格致密河流相储层多学科、多尺度、定量化刻画，从而构建了苏里格气田储层地质知识库。提出了“化整为散，逐级检验，聚散为整”的建模新思路，创立了致密强非均质性砂岩气藏精细建模技术（图 6-1-26），大幅度提高气藏模型精度。针对致密砂岩气田“多井一藏、一井一藏”特点，首次引入干扰概率和干扰程度概念，并依托现场干扰试验和气藏数值模拟，定量评价了干扰概率、干扰程度、累计采气量、内部收益率与井网密度关系，优化了气田开发井网，气田采收率预测可以提高 6% 以上。

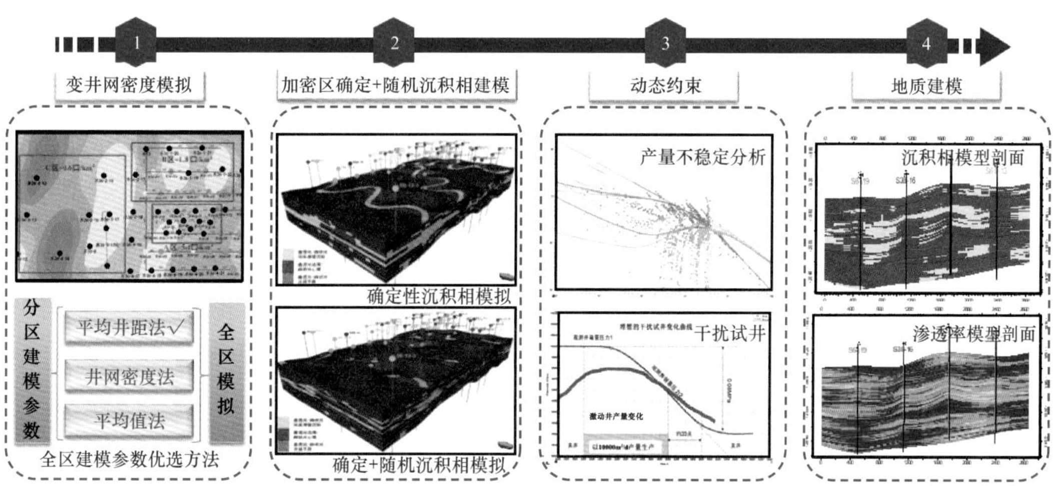

图 6-1-26　致密气藏有效储层建模技术示意图

2. 水平井开发技术

对于致密气来讲，水平井开发在提高气井单井产量方面具有明显优势。目前，根据储层砂体展布特征，形成大丛式水平井组、大丛式混合井组、多层系立体式水平井组三种部署模式，提高储量动用程度和单井产量，为工厂化作业创造了条件（卢涛等，2013）。水平段轨迹设计由平直型向大斜度型、阶梯型拓展，由穿行单套砂体追求钻遇率向动用多套砂体、扩大气井控制储量转变。同时，创新形成水平井“两阶段、三结合、四分析、五调整”精细导向技术（图 6-1-27），水平井一次入靶成功率 98%，砂岩钻遇率 85% 以上。

随着水平井开发技术不断进步，水平井产能比例由2018年的20%提高到2021年的52%，水平井产量比例大幅提高，强有力地支撑了苏里格气田持续稳产。

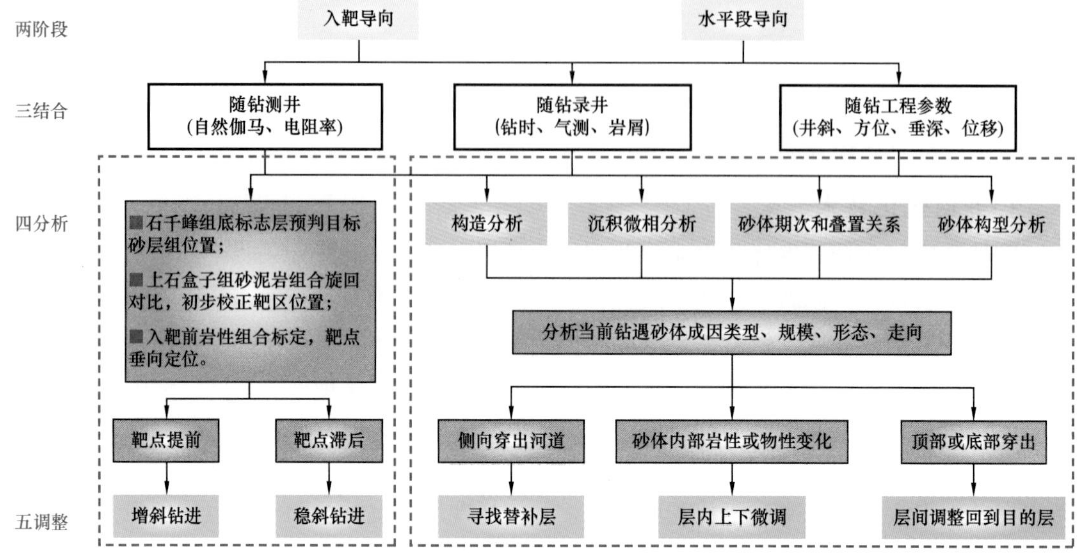

图6-1-27　水平井精细化地质导向技术流程图

3. 大井丛工厂化钻井配套技术

通过大平台整体设计、大井丛防碰绕障、多钻机联合作业等技术攻关试验，创新形成了大偏移距三维水平井设计方法，应用预分法防碰绕障技术，建立平台技术管控模式，开展多钻机联合作业，构建了一体化生产组织模式，最终形成了大井丛工厂化作业模式，实现了大井丛布井，从最初的2～4口井为主，“十三五”后期单平台井数增至4～8口，多层叠合区实现单平台22口井（图6-1-28）。

图6-1-28　苏里格地区大井丛井场图

4. 储层改造技术

直井改造技术方面，初期以机械封隔器为主，这种改造方式具有工具串复杂、施工排量受限等问题。“十三五”期间，研发形成了连续油管、可溶桥塞等新型分压技术，有效满足了直井多层高排量压裂需求，单井产量较前期提升 15% 以上（李宪文等，2011）。

水平井改造技术先后经历了裸眼完井分段压裂、固井完井桥塞分段压裂、适度密切割体积压裂三个阶段。目前，针对苏里格气田储层非均质性强的特征，在精细刻画砂体展布与裂缝延伸机理的基础上，将人工裂缝的长度、间距、缝高与储层的物性、应力、储量相结合，形成水平井适度密切割体积压裂改造理念。采用“适度加密段数、分段多簇射孔、动态暂堵转向”为核心的致密气水平井密切割压裂技术，单井初期产量提高 20%、累计产量提高 10%。

同时，构建形成“标准化井场布局、一体化物料直供、流水线拉链作业、高性能装备配套”的工厂化压裂模式（图 6-1-29）。平均压裂段数由 2～3 段 /d 提高至 6～8 段 /d，创造了靖 45-23 井组 9 天累计改造 109 段，单平台日施工 30 段的新纪录。

标准化井场布局
四个功能区，七大作业系统
实现各工序互不干扰作业

流水线拉链作业
提高设备利用效率
设备等停缩短30%~50%

图 6-1-29　拉链式压裂工厂化作业模式

5. 排水采气技术

致密气藏单井产量低，递减快，生产后期气井携液能力大幅降低，严重制约气井生产效果，为此。攻关形成以“柱塞气举、泡沫排水、速度管柱”为主体的技术体系（图 6-1-30），同时，全力推进排水采气由“单一措施向复合措施、分段措施向一体化措施、被动措施向进攻型措施、人工措施向智能化措施”转变。

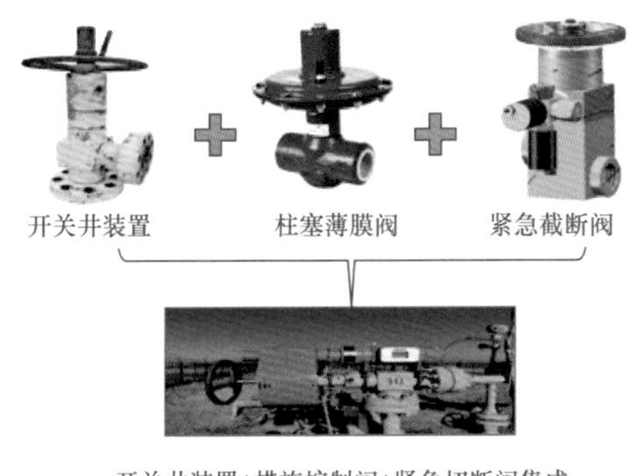

图 6-1-30　柱塞主要设备示意图

根据不同类型气井生产特点及措施需求，攻关形成“两集成两配套”井场智能技术，实现措施井工况自动诊断、智能分析决策、指令远程执行的运行模式，尤其是柱塞气举技术的突破，开创了排水采气智能化新局面，年实施 10 万余井次，增产气量超 $20\times10^8m^3$。

四、勘探成效与开发效果

苏里格，蒙语里意思为“半生不熟的肉”，也可解释为大地的“心脏”或者“肺”。苏里格气田从 S6 井的发现，到开发初期遇到“世界级难题”，之后经过几年的开发攻关实现了经济有效开发，带动苏里格气田的二次整体勘探，到目前成为我国最大的整装气田，经历了实践—认识—再实践的过程。苏里格致密砂岩气田的勘探开发是长庆人不断探索勘探新方法、总结勘探经验、突出科技创新的成果结晶。

苏里格气田勘探实践中，不懈的地质研究与理论创新，是大气田发现的重要基础。通过建立大型缓坡型三角洲沉积模式，揭示了大面积储集砂体的成因机理；开展了水槽模拟实验和成藏模拟实验等研究，完善了致密砂岩气成藏地质理论认识，提出了苏里格地区大面积含气的论断，有效促进了苏里格天然气勘探开发进程。地质综合评价技术、地震储层预测技术、以 PDC 钻头复合钻井为核心的快速钻井技术及具有针对性的气层改造工艺技术系列等勘探开发技术是发现探明大气田的重要推手和根本保障，以“勘探在点上突破，评价、开发立即跟进，整体部署，分步实施”为主要措施的勘探开发一体化是加快苏里格型致密砂岩大气田勘探开发的有效途径，加快了勘探开发的步伐。目前苏里格气田已有探明储量（含基本探明）$4.60\times10^{12}m^3$（图 6-1-31），探明含气面积 $3.85\times10^4km^2$，成为迄今为止我国陆上发现的最大整装天然气田（图 6-1-32），为苏里格天然气开发奠定了坚实的资源基础。

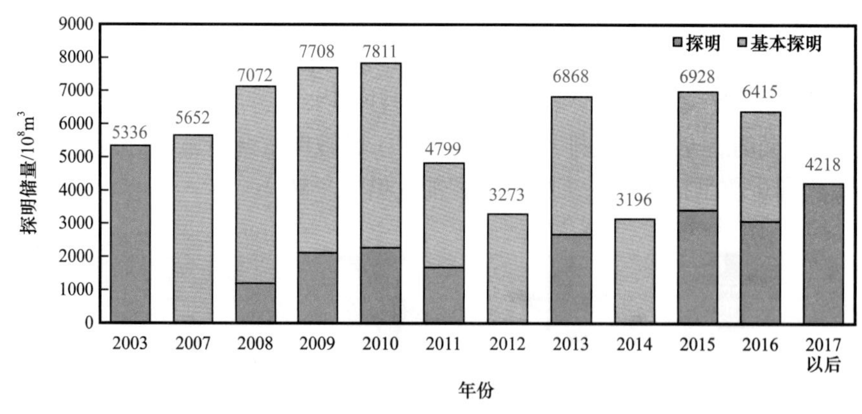

图 6-1-31　苏里格气田年探明储量增长直方图

苏里格气田经过多年的评价、开发，探索出了“技术集成化、建设标准化、管理数字化、服务市场化”开发方略及“六统一、三共享、一集中”的开发管理模式，已实现了规模效益开发。天然气产量实现跨越式增长，2022 年底已建成 $300\times10^8m^3$ 的年生产规模（图 6-1-33），天然气产量年新增超过 $8.5\times10^8m^3$，累计天然气产量 $2726\times10^8m^3$，成为长庆气区产量最大的气田。

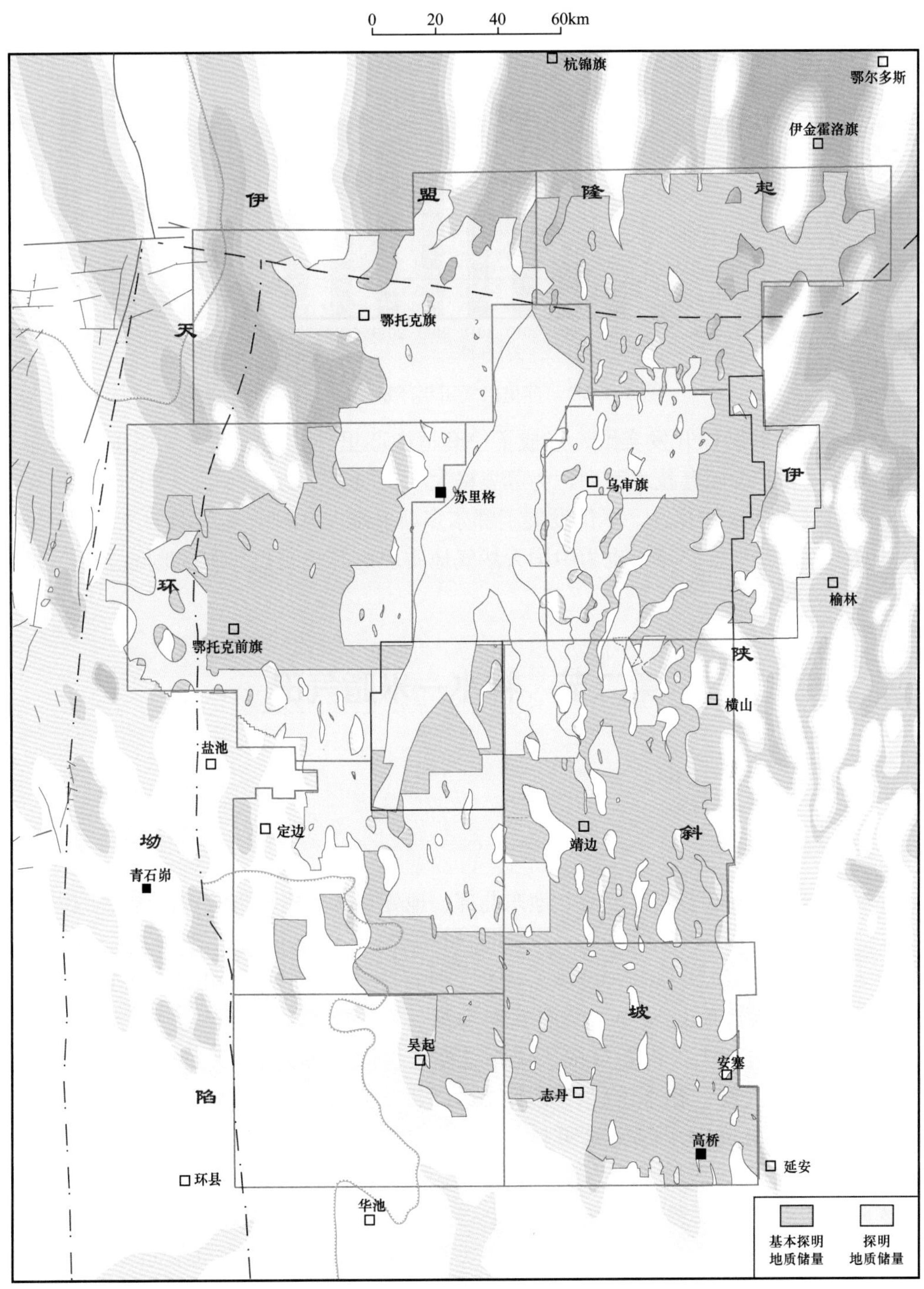

图 6-1-32　苏里格地区天然气勘探成果图

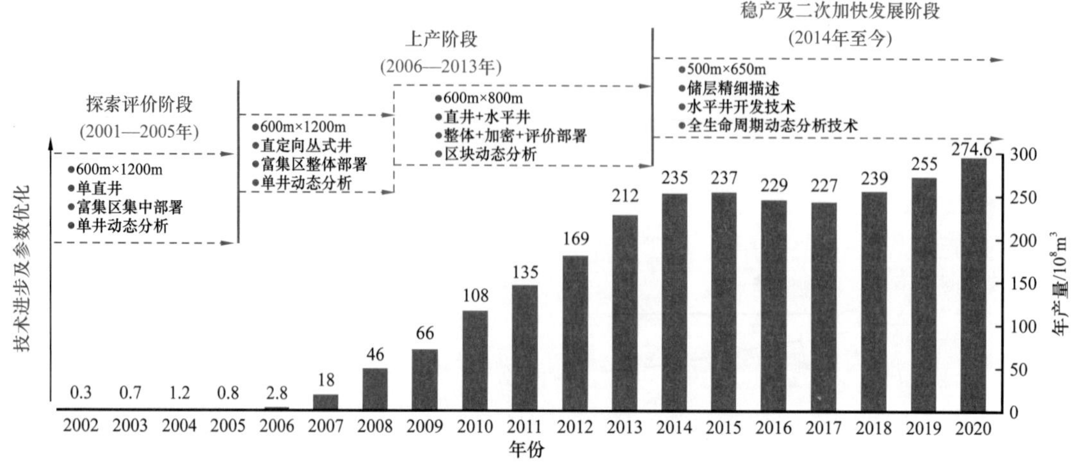

图 6-1-33　苏里格气田年产量增长直方图

经过多年来的勘探开发实践，形成了一套适应苏里格地区的地震储层预测、测井评价、储层改造和开发配套技术系列，为苏里格大气田的深化勘探开发提供了技术保障。苏里格气田的成功勘探与开发，不仅发展了鄂尔多斯盆地非常规天然气藏的成藏理论技术，拓宽了致密砂岩找气的思路，也为中国天然气地质理论的发展和其他盆地同类气藏的勘探开发提供了经验借鉴。

第二节　神木—米脂气田

一、勘探开发历程

（一）概况

神木—米脂气田位于鄂尔多斯盆地东北部，地处陕西省榆林市境内，构造上位于鄂尔多斯盆地次级构造单元伊陕斜坡东北部，勘探面积 $2.5\times10^4km^2$。

神木—米脂气田西接榆林气田，北与中石化大牛地气田相邻，南抵子洲气田（图 6-2-1）。地貌以明长城为界，西北部为沙漠区，地形相对平缓。东南部为黄土塬区，地形起伏相对较大，沟壑纵横、梁峁交错。地面海拔为 740～1450m。区内为温带大陆性季风干旱气候，春季干旱，夏季温热，秋季凉爽，冬季少雪，年平均气温 8℃，年平均降水量 440mm。区内交通便利，陕京一、二、三线从气田穿过，开发集输条件便利。

区内煤炭与石油天然气资源丰富。上古生界发育二叠系太原组、山西组、石盒子组、石千峰组和石炭系本溪组等多成因多类型砂岩储层，具有含气层系多、气藏埋藏浅的特征，勘探开发前景良好。最新油气资源评价结果表明，古生界天然气总资源量 $3.6\times10^{12}m^3$。

勘探开发实践表明：神木—米脂气田属于大型致密砂岩气藏，主力气层系为上古生界二叠系石盒子组盒 8 段、山西组山 1 段、山 2 段及太原组等，具有多层系复合成藏特征，同时单层气层厚度薄、储层非均质性强、地层压力系数低、储量丰度低、单井产量低（图 6-2-1），为典型的低渗、低压、低丰度致密砂岩气藏。

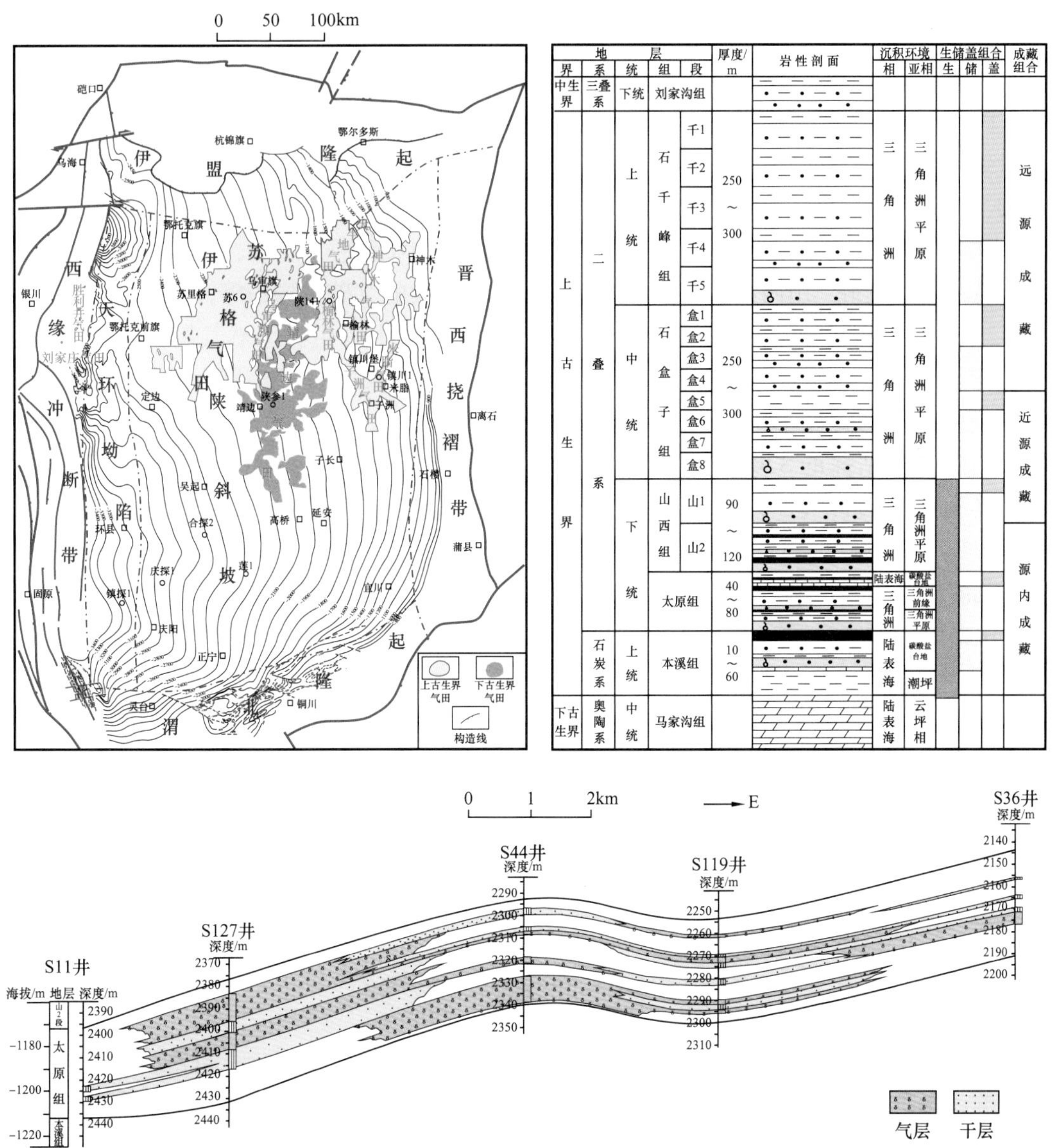

图 6-2-1　神木气田地理位置、气藏剖面及综合地层柱状图

截至 2021 年底，区内累计完成二维地震 16243.09km，完钻古生界探井 668 口，进尺 173.83×10^4m，获工业气流井 334 口，累计探明天然气地质储量 $7724.92\times10^8m^3$，形成了盆地内继苏里格地区之后又一个新的万亿立方米大气区。已建成了 $39.8\times10^8m^3$ 的年生产能力，成为长庆油田主力生产天然气的气田之一。

（二）勘探开发历程

1. 勘探历程

1）早期勘探

20 世纪 80 年代，在鄂尔多斯盆地上古生界天然气勘探过程中，在煤成气理论的指导下，鄂尔多斯盆地天然气勘探对象由构造圈闭转向构造—岩性地层圈闭，勘探领域由盆地周边逐步转向盆地腹部，在盆地东部多口探井中发现了石盒子组、太原组砂岩和石灰岩气层。1987 年 ZC2 井分别在石盒子组、太原组砂岩气层中试气获 $1.14\times10^4m^3/d$、$1.431\times10^4m^3/d$；1988 年 Z2 井在太原组石灰岩中钻遇气层，压裂后日产气 $3.4818\times10^4m^3$。由此发现了米脂气田，但受当时地质认识、技术水平等所限，尽管有多口探井发现气层，但太原组、山西组及石盒子组勘探一直没有大的突破（杨华等，2012）。

20 世纪 90 年代，随着盆地勘探工作的不断深入，上古生界天然气勘探理论逐步得到了完善，基于上古生界煤系烃源岩具有广覆型生烃、大面积供气及上古生界气藏主要受控于山西组、石盒子组河流—三角洲相砂体展布的认识，大规模开展了榆林气田的勘探，1996 年钻探的 S201 井在太原组钻遇砂岩气层，试气获 $2.69\times10^4m^3/d$，显示了太原组具有一定的含气性，针对太原组气藏地质研究与地震砂岩储层预测技术攻关由此展开。

此阶段受当时地质认识、技术水平等所限，神木—米脂地区内仅零星探井钻遇石盒子组、山西组、太原组气层，气藏分布局限，且单井试气产量较低，勘探未获突破。

2）神木—米脂气田的发现

榆林气田的探明，展示了鄂尔多斯盆地上古生界天然气勘探发展的巨大潜力，开拓了勘探思路，系统开展了对上古生界砂岩气藏富集规律的研究。2003 年在对榆林气田两侧扩大勘探时，双山地区钻探的 S3 井钻遇太原组砂岩气层 11.9m，试气获 $2.54\times10^4m^3/d$，显示了该区太原组良好的含气性，由此开展了太原组气藏特征研究。结果表明：太原组主要发育海相浅水三角洲沉积体系，分流河道砂体构成了主要储集体；砂岩储层与煤系烃源岩间互分布，形成了自生自储式的源内组合，具备形成大型岩性气藏的地质条件。基于以上认识，通过深化勘探，发现了 S3 井区太原组含气砂体分布稳定，含气性好，发育相对高产富集区，为大规模勘探奠定了基础（杨华等，2002）。

在以往太原组砂岩储层分布特征及天然气运聚规律研究的基础上，以落实含气富集区为目的，系统开展了 S3 井区的评价勘探，勘探取得了重大突破，2007 年提交天然气探明地质储量 $934.99\times10^8m^3$，发现并探明了神木气田。

3）气田规模勘探

神木气田的探明，揭示了该区太原组致密砂岩气藏巨大的勘探潜力，推动了该区整体勘探步伐。但随后的勘探却并不顺利，诸多勘探难题逐步显现：（1）部分探井缺失太原组砂岩储层，储层展布规律不清；（2）除太原组以外，其他含气层系如盒 8 段、山 1 段等天然气富集规律亟待明确；（3）储层属于致密砂岩储层，应力等敏感性形成机理与储层保护措施有待深入研究；（4）单井单层试气产量普遍为 1×10^4～$2\times10^4m^3/d$，如何提高单井单层产量与多层系气层动用程度。以上问题严重迟滞了勘探开发的步伐，使勘探几度陷入徘徊。

针对以上难题，加大了新一轮综合研究与技术攻关。第一，开展了上古生界沉积体系研究，通过不断完善太原组海侵型浅水三角洲沉积模式、重塑石盒子组及山西组沉积相等，加大砂岩储层地震预测技术攻关，逐步落实了太原组、石盒子组及山西组等储集砂体分布规律，明确神木地区太原组、石盒子组等层系主要发育分流河道砂体，分布稳定，确定了太原组勘探应以 S3 井区为中心，向东北落实储量规模、向南扩大含气面积的部署思路，为下一步勘探指明了方向。第二，开展上古生界天然气运聚成藏机理的研究，通过构建多层系复合成藏模式，提出了区内上古生界发育源内、近源、远源三套含气组合，明确了区内石盒子组、山西组及本溪组也具有形成大型岩性气藏的地质条件，发育多层系复合气藏，确立了上古生界坚持多层系立体勘探的思路（蒙晓玲等，2013）。第三，积极开展致密砂岩储层特征及应力、矿物敏感性及水锁等形成机理研究，通过无水泥浆体系、低伤害压裂液优化等技术攻关，降低了储层伤害，有效保护了储层，为提高单井产量奠定了基础。第四，开展以“单层增产、多层有效动用”为目标的储层压裂改造技术攻关，建立了套管滑套连续分层压裂（TAP）、机械封隔连续分层压裂等技术措施，提高了单井产量与多层系气层动用程度，为规模勘探提供了技术保障。

在地质研究与技术攻关的基础上，加强了神木地区多层系立体勘探与整体勘探力度，叠合含气面积持续落实与扩大，2014 年在太原组、山西组新增天然气探明地质储量 $2398.90\times10^8m^3$，同时石盒子组、本溪组等层系勘探取得重大突破，落实含气面积超 $5000km^2$，为持续扩大储量规模指明了勘探方向。

按照坚持整体部署、立体勘探的思路，强化勘探开发一体化，坚持勘探开发同研究、同部署、同实施，加快了神木—米脂地区多层系勘探开发节奏，叠合含气面积持续落实与扩大。截至 2022 年底，鄂尔多斯盆地东部的神木—米脂气田累计探明天然气地质储量 $7724.92\times10^8m^3$，三级储量合计达 $14709.9\times10^8m^3$，形成了盆地内继苏里格之后又一个新的万亿立方米大气区。

2. 气田开发历程

神木—米脂气田自探明以后，2009 年就开始投入开发试验。2011 年开始评价建产，先后经历“前期探索、规模建产、快速上产、加快发展”四个阶段。

1）前期探索阶段（2011—2014 年）

早在 20 世纪 90 年代初期，神木—米脂气田获得发现，但储层非均质性强，单井产量低，同时与煤矿规划区 100% 重叠，实现效益开发难度大。随后，通过地质—工艺技术持续攻关，开展多层合采试验，单井产量获得大幅度提升，显示良好的开发潜力，大丛式井组多层合采开发技术初步形成，实现了气田规模效益开发。

2）规模建产阶段（2015—2017 年）

大力推行丛式井开发和工厂化作业试验，全面推广多层系有利区定量化优选技术、多层系集群化布井技术、煤气互利协同开发技术，实现资源叠合区储量高效动用。至 2017

年底，神木气田 S3 井区建成了 $20\times10^8m^3/a$ 的产能规模，年产气量达 $15\times10^8m^3$。

3）快速上产阶段（2018—2020 年）

随着开发区域向东推进，储层品质更差，单井产量更低，通过在砂体精细描述，建立基于储量集中程度、储量丰度及经济评价等核心参数为约束的多层系气藏水平井开发地质界限，建立了由单一直定向丛式井组向定向井—水平井混合井组部署模式，最大化发挥储层产能，单井产量得到进一步提升。截至 2020 年底，年产气量达 $41.5\times10^8m^3$。

4）加快发展阶段（2021 年至今）

持续攻关多层系开发关键技术，不断优化部署模式，形成了神木气田“直/定向井组、混合井组、水平井立体井组”3 种分区差异化大井组部署模式，建立米脂气田“大丛式混合井组，井间接替和区块接替相结合，分区分年实施”开发模式，截至 2021 年底，神木—米脂气田产量达到 $44\times10^8m^3$，成为长庆气区主力产气区。预计“十四五”末可达到 $65\times10^8m^3$ 生产规模。

二、气田基本地质特征

（一）气层特征

神木—米脂气田具有多层系复合含气特征，气层主要分布在太原组，其次为山西组、石盒子组。气层单层厚度一般为 5～10m，累计厚度 10～20m。气层埋深浅，为 1700～2700m，气层的分布受储集砂体类型与物性控制，具有纵向上多层系复合含气、横向上复合连片的特征。

1. 沉积与砂体分布特征

受构造沉降、海平面变化、沉积物供给影响，晚古生代鄂尔多斯盆地沉积相及其组合类型多样、多种沉积体系共存（席胜利等，2009）。神木气田经历了海相潟湖—潮坪沉积体系到陆相河流—三角洲沉积体系演变，形成了大面积分布的河流—三角洲储集砂体（图 6-2-2）。

晚石炭世本溪组沉积期，鄂尔多斯盆地东部整体表现为障壁沙坝—潟湖—浅水三角洲—曲流河共存的沉积格局。曲流河—浅水三角洲平原分布在鄂尔多斯盆地东北部杭锦旗—鄂尔多斯—神木一带，主要发育三角洲平原及前缘分流河道砂体，近南北向展布，分布稳定。障壁沙坝—潟湖潮坪展布在西南—南部地区，主要发育障壁沙坝、潮道砂体，受海浪淘洗作用强烈，分选较好，但砂体连续性较差，局部富集。

早二叠世太原组沉积期，受控于北高南低的古地形及海平面变化，太原组沉积格局自北而南展布，多种沉积体系共存，沉积相组合类型多样。包括河流相、三角洲平原及前缘相、陆表海相。其中三角洲沉积体系是神木—米脂地区最主要的沉积相类型。由于沉积期海水浅、基底平缓，三角洲表现为浅水三角洲。其特点是三角洲平原和三角洲前缘相对发育，而前三角洲不发育。受沉积相控制，北部主要发育分流河道砂体，呈南北向条带状展布，砂体宽 6～15km，厚度 10～25m，延伸达几十千米以上，规模大；南部局部发育沙坝，连片性及延伸性较差，规模相对较小。

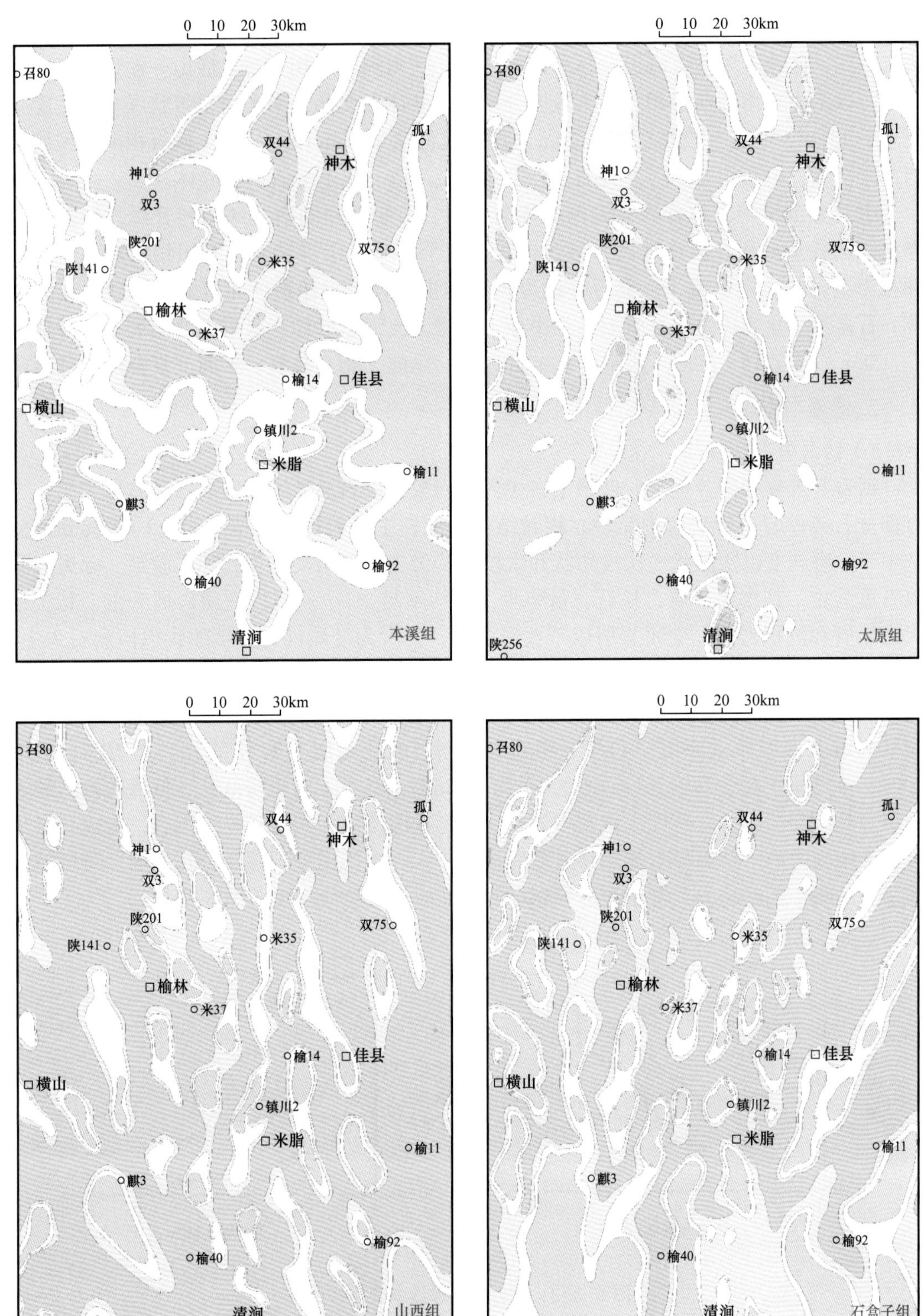

图 6-2-2 神木地区上古生界主要储层段砂体厚度图

早二叠世山西组沉积期，海水由北向南逐渐退出，沉积环境由海相转变为陆相。山2段沉积期，盆地主要发育海退三角洲沉积体系。三角洲平原相分布在横山—榆林附近以北区域，以南为三角洲前缘相。神木地区分流河道砂体近北西—南东向呈带状展布，宽度一般小于15km，厚度一般都在10～20m之间，延伸达100km以上。山1段沉积期受区域海退持续影响，由海相逐渐转变为陆相，发育分流河道—水下分流河道砂体。

中二叠世早期，随着兴蒙海槽的逐渐关闭，引起强烈的南北向差异升降，加剧了北隆南倾的构造格局，海水远离本区，古气候向干旱—半干旱转变，沉积相以冲积—三角洲相为主，盆地内形成了一套巨厚的以粗粒为主的碎屑岩建造，尤以盒8段砂层最为发育。石盒子组盒8段主要发育三角洲平原、前缘分流河道砂体，呈近南北向展布，砂体宽5～15km，厚度15～30m，延伸达200km以上，纵向上相互叠置、平面上复合连片分布。

2. 储层特征

1）储层岩石学特征

据岩心观察和薄片鉴定，气田上古生界砂岩类型以岩屑砂岩和岩屑石英砂岩为主，含有部分石英砂岩。砂岩以中粗粒、粗粒结构为主，主要粒径分布范围为0.3～1.5mm；分选中等，磨圆度以次圆状—次棱角状和次棱角状为主，胶结类型为孔隙式胶结。碎屑成分以石英为主，其次为岩屑，长石含量很少，平均不足1%。岩屑以变质岩屑为主，其次是火山岩屑和沉积岩屑，变质岩屑以千枚岩为主，其次为变质砂岩。填隙物以伊利石为主。孔隙类型以岩屑溶孔为主，其次为晶间孔。

2）储层物性特征

气田上古生界太原组—石盒子组盒8段储层的孔隙度主要分布于4%～10%，平均7.8%，渗透率主要分布于0.1～1mD，平均0.63mD，基本上属于特低孔、低渗的致密砂岩储层，具有强的应力敏感性，致密砂岩储层喉道在覆压应力条件下易于闭合，造成孔喉半径会大幅度减小，从而导致储层渗透率明显减小。神木气田储层覆压分析表明，覆压越大渗透率的减小幅度越大，常压渗透率越小的样品应力敏感性越强（图6-2-3a）。

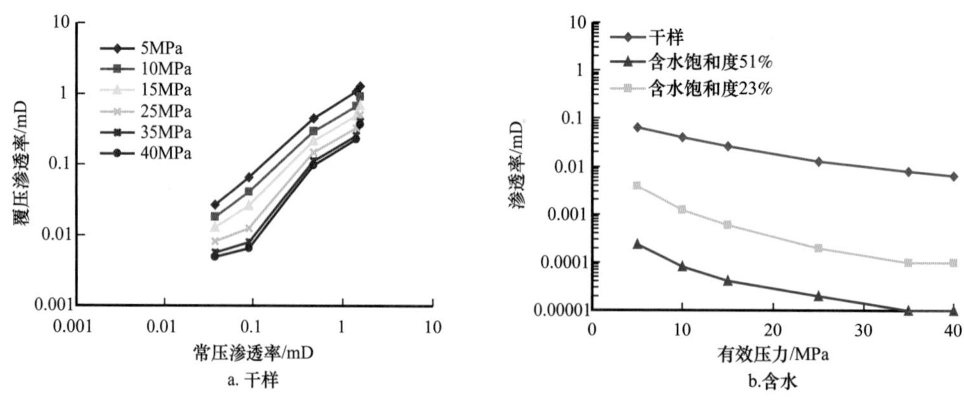

图6-2-3 砂岩覆压渗透率变化特征

在25MPa的覆压条件下，常压渗透率大于1mD的石英砂岩样品，其覆压渗透率减少率为68%～77%，平均72.6%，常压渗透率低于1mD的岩屑石英砂岩样品，其覆压渗透率减少率为 68%～86%，平均 77.5%。致密砂岩含水覆压分析表明，含水饱和度越大、储层渗透率下降的幅度越大，应力敏感性越强（图 6-2-3b）。如渗透率为 0.09mD 的岩屑石英砂岩样品在 35MPa 的覆压条件下，干样覆压渗透率为 0.008mD，为常压的 8.69%；含水饱和度为 23% 时，覆压渗透率为 0.0001mD，为常压的 0.11%，含水饱和度为 51% 时，覆压渗透率为 0.00001mD，为常压的 0.01%，干样覆压渗透率是含水饱和度 51% 覆压渗透率的 780 倍。

3）储层孔隙结构特征

高压压汞试验数据表明，神木气田储层平均孔隙半径介于 0.33～1.18μm，中值半径介于 0.12～0.56μm，排驱压力介于 0.59～0.96MPa，中值压力介于 10.30～31.60MPa，表现出孔喉半径较小、孔喉结构变化大、排驱压力中等、中值压力变化大的特征。恒速压汞分析表明盆地东部致密砂岩储层孔隙半径分布范围是 0～400μm，主要分布在 100～200μm，不同渗透率样品的孔隙半径没有明显差异（图 6-2-4）。喉道半径分布范围是 0.4～4.5μm，不同渗透率样品的喉道半径差异明显，随渗透率增大，喉道分布明显变宽（图 6-2-5）。

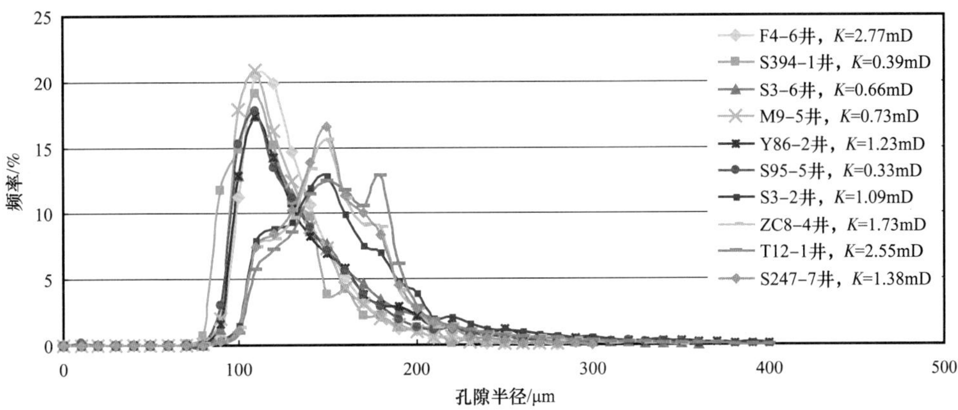

图 6-2-4 神木地区储层孔隙半径分布频率图

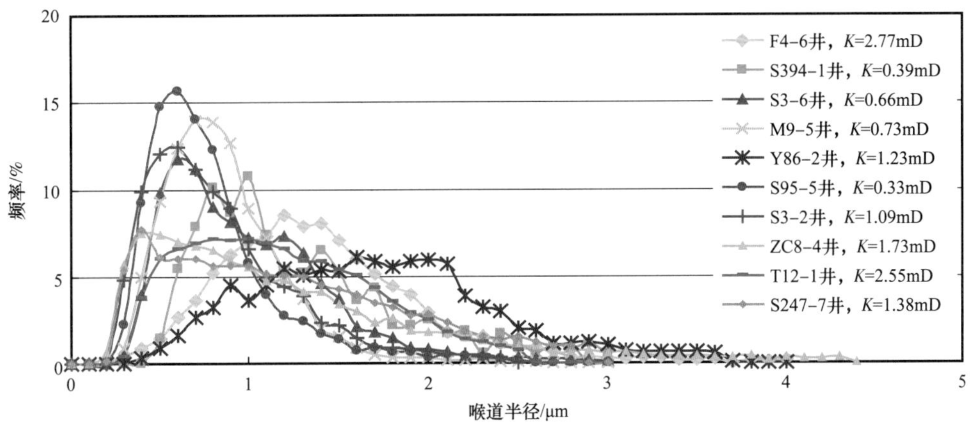

图 6-2-5 神木地区储层喉道半径频率分布图

4）储层水锁伤害

在气层勘探开发过程中，由于钻井液、压裂液等外来流体侵入储层，使储层含水饱和度增加，导致气相渗透率降低的现象，称为水锁伤害。水锁引起的渗透率损害率采用水锁指数评价（表6-2-1）。盆地东部盒8段水锁指数平均69.4%，太原组水锁指数平均63.2%，山2段砂岩水锁指数平均57.2%，总体上为水锁程度中等偏强，储层水锁损害强。同时气田也表现为强的永久性水锁，永久性水锁渗透率伤害率最小为26.6%，最大为62.3%，平均为39.4%；原始含水饱和度下气相渗透率是束缚水饱和度下气相渗透率的1.4～2.7倍，平均为1.7倍。因此设法预防和解除永久性水锁伤害，恢复原始含水饱和度下的气相渗透率，对提高相同储层物性条件的储层气相渗透率和提高单井产量有着重要的意义。

表6-2-1　神木地区砂岩储层水锁试验分析表

井号	层位	井深/m	气测渗透率/mD	孔隙度/%	束缚水饱和度下的渗透率/mD	水锁指数/%	水锁评价
shuang2	盒8段	2628.6	0.109	12.1	0.039	64	中等偏强
yu74	盒8段	2502.23	0.023	8.4	0.009	61	中等偏强
mi7	盒8段	2003.17	0.009	5.8	0.003	72.3	强
zhch4	盒8段	2078.15	0.005	8.2	0.001	80.3	强
shuang4	盒8段	2524.26	0.013	9	0.005	58.8	中等偏强
shuang11	盒8段	2269.79	0.013	9.2	0.003	79.9	强
shuang16	太原组	2789.87	0.4592	8.2	0.165	64.1	中等偏强
shuang16	太原组	2790.6	1.2294	9.2	0.5815	52.7	中等偏强
shuang16	太原组	2791.13	1.4252	8.7	0.5802	59.3	中等偏强
shuang16	太原组	2797.71	0.4738	7.4	0.138	70.9	强
shuang16	太原组	2798.39	0.417	7.2	0.1294	69	中等偏强
mi41	山2段	2555.9	0.223	6.9	0.113	49.5	中等偏强
mi41	山2段	2556.97	0.335	6.4	0.118	64.8	中等偏强

5）储层电性特征

砂岩储层自然电位有一定负异常，具低自然伽马、低补偿中子、中低密度和较高的电阻率特征。PE曲线对岩性的反应灵敏，纯石英砂岩储层的PE值在1.8左右，电性特征表现为中低时差（210～225μs/m），中高电阻率（50～210Ω·m）；岩屑砂岩储层的PE值大于2.0，电性特征表现为中高时差（210～240μs/m），中低电阻率特征。纯煤层具有低自然伽马，高声波时差（一般大于325μs/m）、高补偿中子、低密度和高电阻率特征。一般情况下，太原组气层深侧向电阻率大于 30Ω·m，声波时差大于或等于 210μs/m，孔隙度大于 5.0%，密度小于或等于 2.58g/cm³，含气饱和度大于或等于 50%（图 6-2-6）。

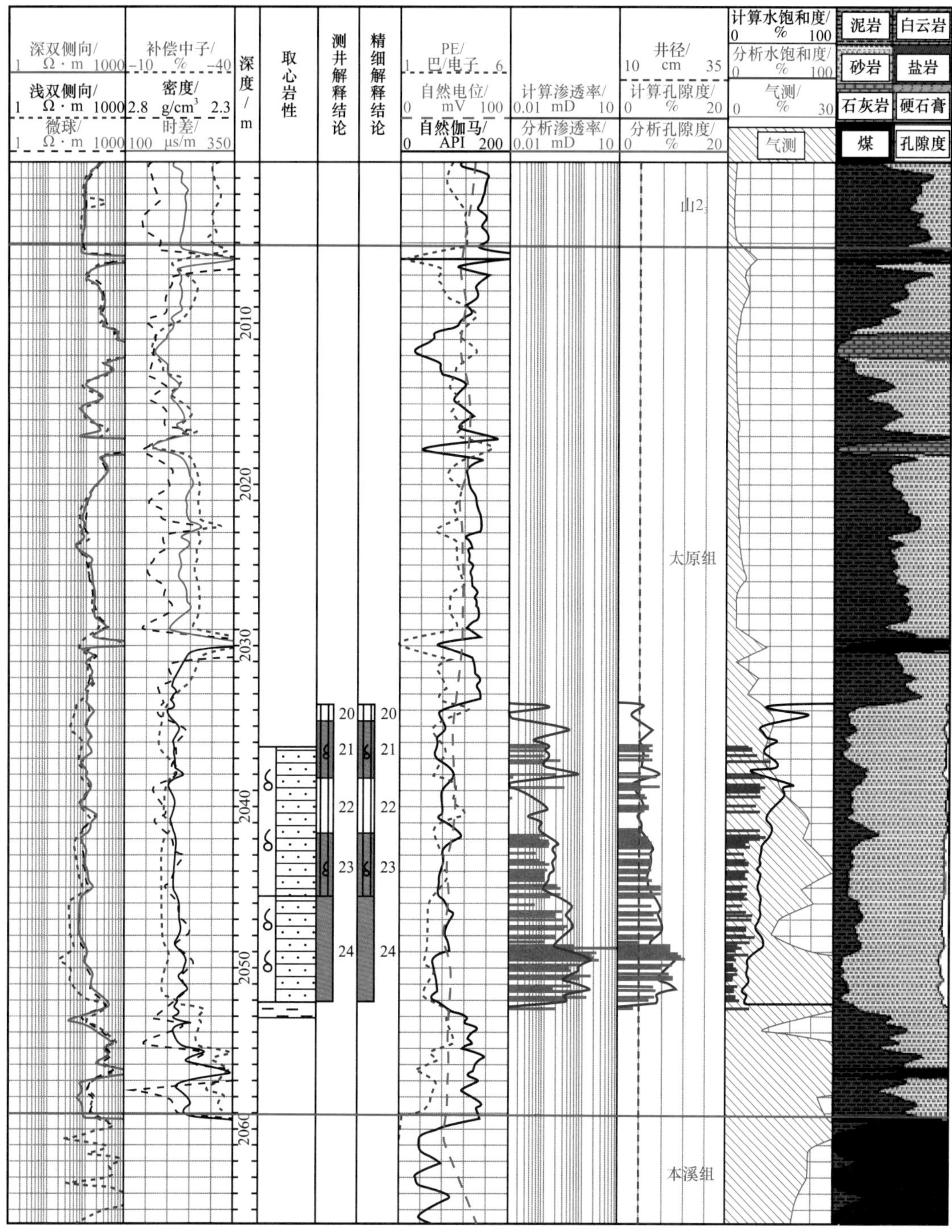

图 6-2-6　sh77 井太原组测井解释综合图

（二）气藏特征

1. 构造与圈闭特征

神木气田位于鄂尔多斯盆地伊陕斜坡构造单元的东北部，地震 T_{c_2} 反射层（太原组底部）构造图反映的神木地区构造形态为一宽缓的西倾斜坡（图 6-2-7），坡降 6～10m/km，

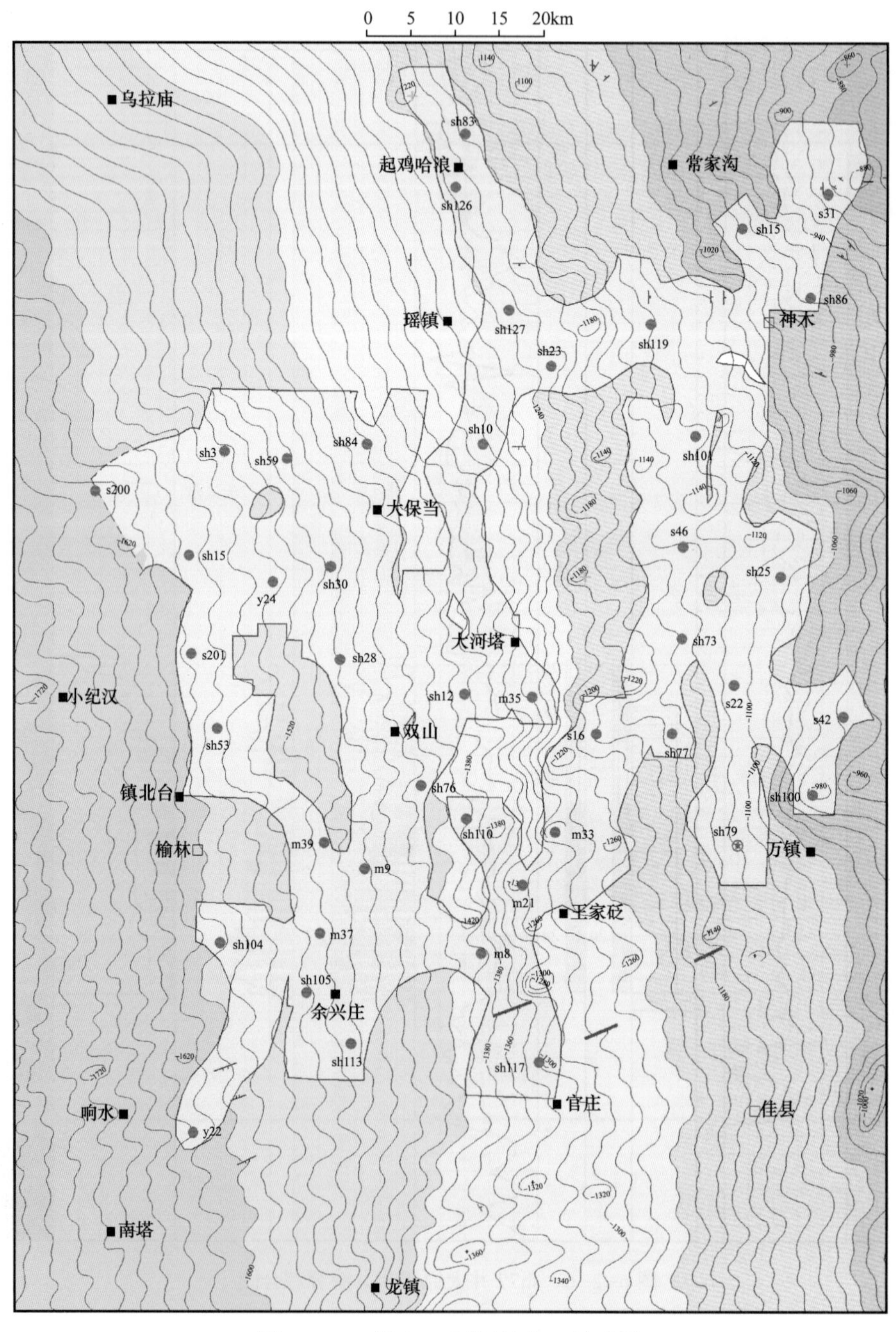

图 6-2-7　神木—米脂地区 T_{c_2} 构造图

倾角不足 1°。在单斜背景上发育着多排北东走向的低缓鼻隆，鼻隆幅度一般 10m 左右，宽 4～5km，长 25～30km。勘探开发资料证实，这些鼻隆构造对上古生界气藏没有明显的控制作用。宽缓稳定的斜坡构造背景为神木气田形成与保存创造了良好条件。

神木气田上古生界地处盆地东部生烃中心，下部煤层及烃源岩发育，有机质热演化程度 R_o 大于 1.3%，生气强度为 $30\times10^8m^3/km^2$。发育于气源岩之间及其上的三角洲平原分流河道砂岩、三角洲前缘河口坝砂岩、海相滨岸砂岩及潮道砂岩等共同构成了上古生界主要储集岩体；盒 8 段、山 1 段、山 2 段和太原组砂体呈南北向分布，主砂体两侧砂岩致密变薄或尖灭相变为分流洼地的泥质沉积，形成气藏的侧向岩性遮挡；上石炭统本溪组底部的铝土质泥岩横向分布稳定、岩性致密，作为上古生界含气层系的区域性底板；上石盒子组中泥质岩类发育，且普遍存在泥岩高压，阻止天然气向上运移，是良好的区域性盖层。上述生、储、盖的最佳配置组合，共同形成了该区千 5 段、盒 8 段、山 1 段、山 2 段和太原组岩性圈闭气藏。

2. 气藏类型

气藏受分流河道及水下分流河道砂体控制，为岩性圈闭，整体未见边、底水，属弹性驱动层状定容气藏。

3. 气藏分布特征

神木—米脂气田具有多层系复合含气特征，主要含气层位为石盒子组、山西组及太原组，气藏埋深较浅，分布受储集砂体类型与物性控制。主砂体带气层厚度较大且物性较好，厚度一般为 8～15m，分布稳定。主砂体侧翼和边缘物性相对较差，含气性也随之变差。不同层系气藏垂向上相互叠置，横向上复合连片。

4. 气藏压力

神木—米脂地区气藏呈多气层纵向相互沟通，横向复合连片，南北延伸在 300km 以上，东西宽 5～20km，因此，气藏压力平面变化较大。51 个井层的测压结果显示：上古生界单井气层中部压力一般在 19.0～23.2MPa 之间，平均压力为 21.6MPa；压力系数变化较大，低压、常压、高压均有，低压占 60.8%，常压占 19.6%，平均压力系数为 0.87，主要为低压气藏；在压力—深度关系图上表现为数据点比较分散，反映气藏压力系统复杂，存在多个压力系统，气藏连通性较差（图 6-2-8）。

5. 地层温度

神木—米脂地区气藏埋藏浅，埋深为 1700～2700m，气藏中部温度 62.1～98.2℃，平均温度 74.7℃。地温梯度变化范围为 2.63～3.34℃ /100m（刘新社等，2000），平均地温梯度为 2.85℃ /100m。

6. 流体性质

1）气体组分

天然气成分分析结果显示，神木气田上古生界天然气由烃类（C_1—C_6）气体及 N_2、CO_2 等非烃类气体组成，未检测到硫化氢。天然气以烃类气体为主，含量介于 89%～

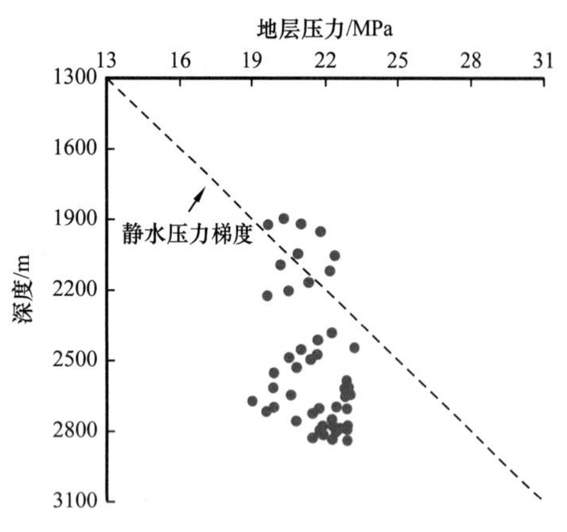

图 6-2-8　神木气田上古生界地层压力梯度

99%，平均 96%，烃类组成又以高甲烷含量为特征，甲烷含量介于 80%～95%，平均 88%，重烃（C_{2+}）含量介于 3%～17%，平均 8%，干燥系数介于 83%～97%，平均 92%，整体表现为以干气为主、湿气为辅的特征。非烃类气体含量介于 1%～11%，平均 4.1%，其中 N_2 含量低于 11%，平均 2.9%，CO_2 含量低于 3%，平均 1.1%。

2）天然气碳同位素特征

神木气田上古生界天然气 $\delta^{13}C_1$ 值介于 −40.70‰～−34.57‰，平均 −37.15‰，$\delta^{13}C_2$ 值介于 −26.44‰～−21.96‰，平均 −24.34‰，$\delta^{13}C_3$ 值介于 −25.07‰～−19.01‰，平均 −22.75‰，具有煤成气的地球化学特征。烷烃气碳同位素组成特征反映神木气田上古生界天然气具有同源性，以煤型气为主，气源为太原组、山西组及本溪组的煤系地层。本溪组、太原组和山西组均不同程度发育煤层，单层厚度一般 8～10m，分布广泛，自北而南厚度增加；煤岩和暗色泥岩以腐殖型干酪根为主，有机质成熟度较高；煤岩有机碳含量高达 62.9%，泥岩有机碳含量为 2.09%～2.33%。神木气田地处鄂尔多斯盆地东部，具有广覆式生烃特征，生烃强度为 28×10^8～$35\times10^8m^3/km^2$，累计排烃强度为 24×10^8～$30\times10^8m^3/km^2$，为气田的形成提供了充足的气源基础。

7. 天然气成藏模式

研究表明，神木—米脂气田天然气成藏具有如下特征：（1）与鄂尔多斯盆地上古生界致密砂岩储层一样，神木气田砂岩储层致密化时间为 215—150Ma，即晚三叠世—早侏罗世，晚侏罗世—早白垩世天然气大量生成并聚集成藏。具有明显的“先致密、后成藏”特征（刘新社等，2007）。（2）鄂尔多斯盆地以结构简单、平稳沉降和构造稳定为特征。气田主体所处的盆地次级构造单元伊陕斜坡，为一宽缓的西倾斜坡，构造稳定，仅发育多排低缓鼻隆，大型断层、断裂不发育，缺乏天然气长距离运移的通道。（3）神木—米脂地区烃源岩普遍进入高成熟—过成熟阶段，广覆式生烃，生成天然气与大面积分布的砂岩储集体呈交互式分布，断裂不发育，无明显的优势运移通道，天然气呈大面积弥漫式运移充注。（4）在西倾单斜的大背景下，近南北向展布的储集体呈条带状，延伸距离达几百千米以上，平面上复合连片。砂体两侧主要为分流间湾等沉积微相形成的泥岩、粉砂岩及泥质粉砂岩等致密岩，其封闭性强，形成了侧向上的致密遮挡，加之储层非均质性较强，横向上连通性差，天然气很难发生长距离的侧向运移。

在上述地质背景下，天然气以垂向近距离运移聚集成藏为主，与常规气藏相比，减少了天然气成藏过程中的散失，有利于天然气聚集成藏。

中侏罗—早白垩世，当大量天然气生成时，在源储压差的驱动下，天然气由生气中心原地垂向供气，构成源内成藏组合，形成了本溪组、太原组、山西组下部气藏；天然气通过由生气增压和构造应力共同作用产生的裂缝系统向山西组上部及石盒子组盒 8 段储层运移充注，构成近源成藏组合，具体表现为天然气垂向运移距离较短，形成了山西组上部和石盒子组盒 8 段气藏。早白垩世末构造运动使盆地整体抬升，遭受剥蚀，石盒子组上部盖层产生泄压通道，天然气在石盒子组上部、石千峰组储层发生幕式充注成藏，构成远源成藏组合，形成了石盒子组上部、石千峰组等次生气藏（图 6-2-9）。受天然气充注成藏模式的控制，源内成藏组合天然气充注强度大，含气饱和度高、气藏压力系数、规模大；近源成藏组合天然气充注强度较大，含气饱和度较高、气藏规模大；远源成藏组合受气源供给条件控制，充注程度低，含气饱和度低，气藏压力系数及规模相对较小。

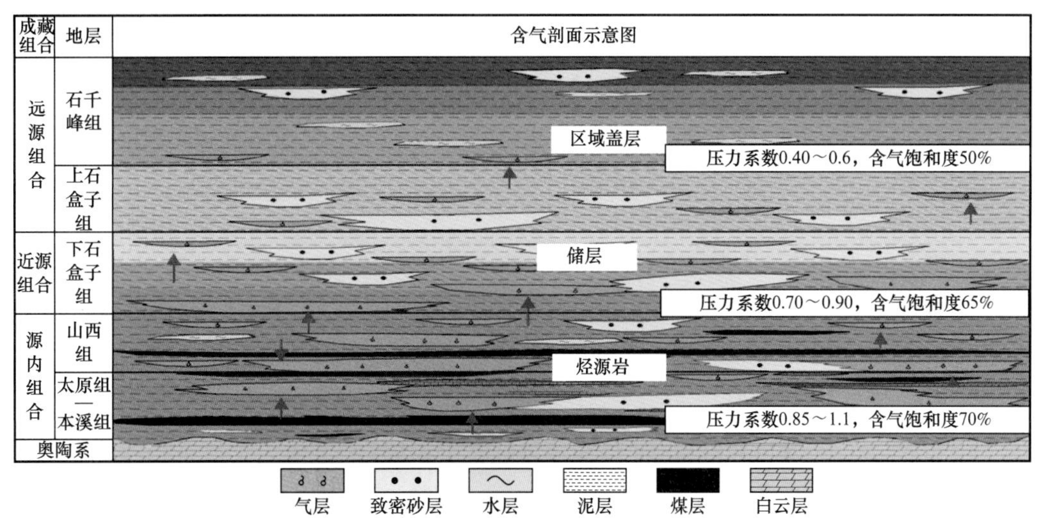

图 6-2-9　神木地区上古生界天然气成藏模式图

三、勘探开发关键技术

（一）勘探难点与挑战

1. 地震资料处理

（1）神木—米脂气田地表条件复杂、高程变化比较大，静校正问题突出。黄土山地地貌、高程变化剧烈，沟塬相对高差大，低降速带横向变化快，给静校正带来很大难度。（2）干扰波发育，信噪比低，资料成像精度难以满足解释需求，近炮点强能量干扰、线性干扰、异常振幅等噪声较为发育，保幅保低频困难。（3）由于资料激发岩性变化大，又受制于地形、低降速厚度、黄土覆盖厚度变化的影响，一致性较差（图 6-2-10）。

2. 地震资料解释

（1）神木—米脂地区目标层系多，纵向岩性组合复杂，横向砂体变化快，地震反射模式多样，砂体识别结果多解性强，地震预测难度大。（2）目标层山 2 段、太原组、本溪组受煤层、石灰岩强反射干扰，储层预测存在多解性。

3. 神木—米脂气田属于典型的多层系致密砂岩岩性气藏

受物源、沉积环境的影响，岩石矿物组分复杂，既有石英含量大于 90% 的纯石英砂岩，又存在高杂基、高岩屑的岩屑砂岩；孔隙结构复杂，储集空间类型多样，原生、次生孔隙并存，非均质性强，气层、干层识别难度大。

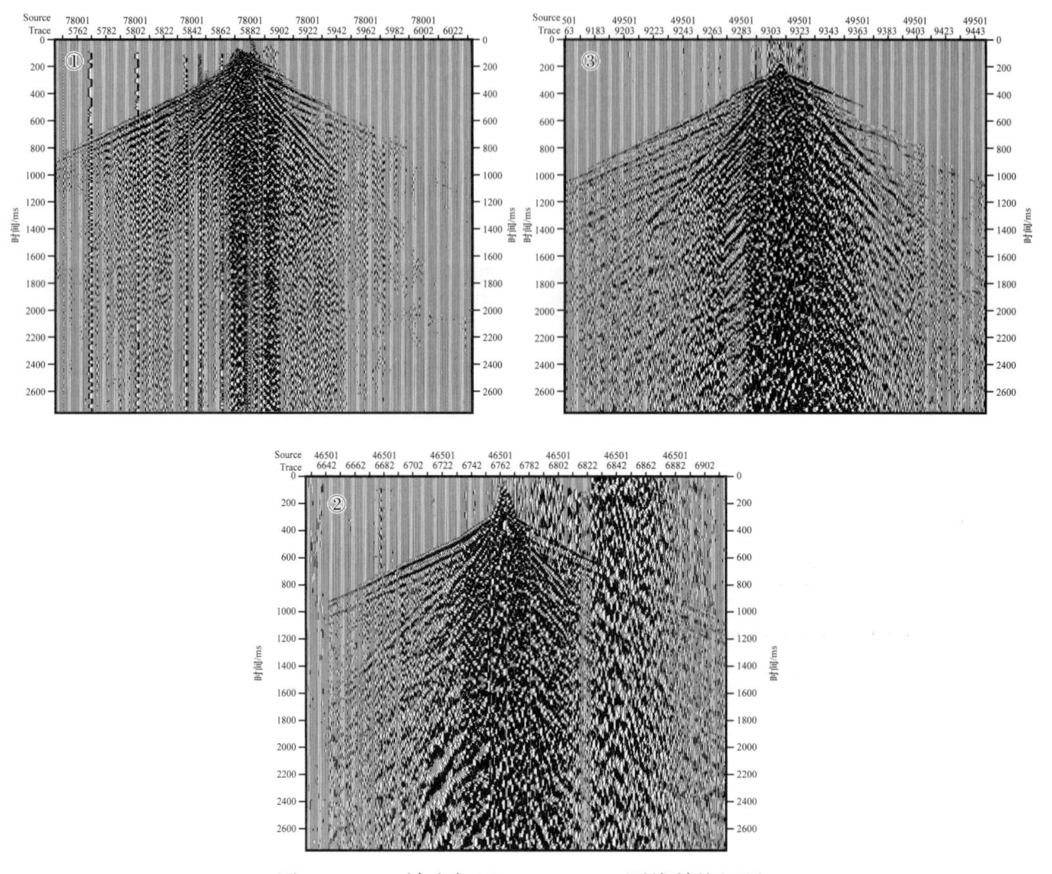

图 6-2-10　神木气田 H18KF7042 测线单炮记录

（二）勘探技术

1. 地震勘探技术

1）地震资料处理

（1）对策 1：采用多方法静校正高低频融合技术同时解决静校正内幕成像和闭合问题。

层析反演静校正通过单炮初至拾取时间，给定一个初始慢度模型，使用射线追踪方法计算理论走时，通过空间面元分割及多次迭代的方法，在每个面元中对理论走时与观测走时确定残差量，如果残差量大于预先给定的误差级别，再修改慢度模型，重复上述步骤一直到残差量小于预先给定的误差级别为止。采用非线性反演算法、基于波动方程的快速步进波前追踪技术，可以实现小网格建模，反演精度高、计算效率高，采用矩形网格建模进而在深度方向得到更高的分辨率。在应用层析静校正低频量的基础上，选取不同静校正量成像较好的区域进行高频重构，提高测线的整体成像精度。

（2）对策 2：采用多域、多方法迭代叠前保真压噪技术提高资料信噪比。

根据资料特点，利用有效信号和噪声速度、频率差异，采用多域、多方法迭代压噪技术，包括下面几项关键压噪技术：地表一致性分频异常振幅衰减技术压制异常振幅和近炮点强能量干扰；随机函数数据重构异常振幅压噪技术压制宽频强折射干扰；KL 变换线性噪声模拟切除技术和共检波点域相干噪声衰减技术压制面波和折射波等线性干扰；叠前随机噪声衰减压制随机干扰。

（3）对策 3：针对表层吸收衰减严重、子波一致性差的问题，采用球面扩散及地表一致性振幅补偿技术解决振幅一致性问题，采用地表一致性预测反褶积消除由于大地滤波作用对地震波在时间、振幅及相位的影响，提高地震子波一致性的同时压缩子波。

通过球面扩散补偿消除能量在纵向上的差异，通过地表一致性振幅补偿技术的迭代应用消除与地表条件相关因素对目的层振幅的影响。神木米脂地区地表条件比较复杂，黄土对子波能量的吸收，特别是对高频能量的吸收，使得原始资料的主频较低，大地吸收使地震波产生能量衰减和速度频散，导致接收到的地震信号频带变窄，从而降低了地震纵向分辨率，通过采取地表一致性预测反褶积和单道预测反褶积的组合消除由于大地滤波作用对地震波振幅及相位的影响，增加地震子波一致性。同时，以保幅保真井控处理为核心，合理提高资料的分辨率，消除地震资料在振幅、频率、相位等方面的差异（图 6-2-11）。

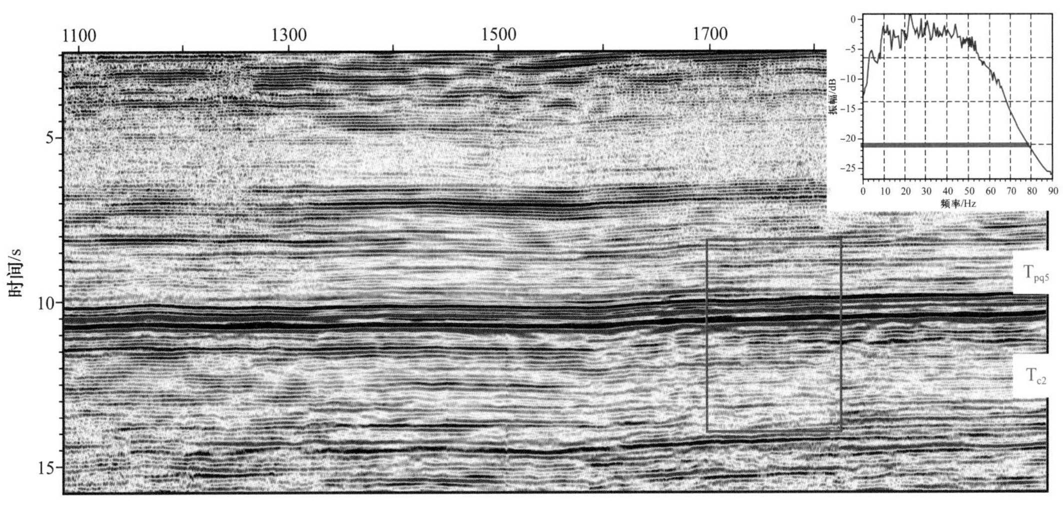

图 6-2-11　神木气田二维测线处理效果

2）地震资料解释

（1）对策 1：叠前反演预测主要目的层段有效储层。

叠前反演技术是利用偏移后的分角度叠加或分偏移距叠加数据，联合完钻井纵波速度、横波速度、密度等测井资料，求解弹性波动方程，反演出多种岩石物理参数，如纵波阻抗、横波阻抗、纵横波速度比、泊松比等，进而综合判别储层岩性、物性及含油气性的一种技术（图 6-2-12）。

叠前反演可以分为旅行时法和振幅法，目前常用的是振幅法，其基础理论来自 Zoeppritz 方程的矩阵表达式，常见的简化公式有：Aki-Richards、Fatti、Shuey 等。当入射角较小时 Aki-Richards 方法计算速度较快，当入射角较大时 Zoeppritz 方程精度更高。基本实现过程是利用测井资料、地震部分叠加数据、部分叠加数据对应子波建立低频模型，通过关键环节质控手段测试、确定反演参数，经过反演迭代运算输出敏感弹性参数，依据敏感参数交会分析结论，进一步开展储层定量预测。

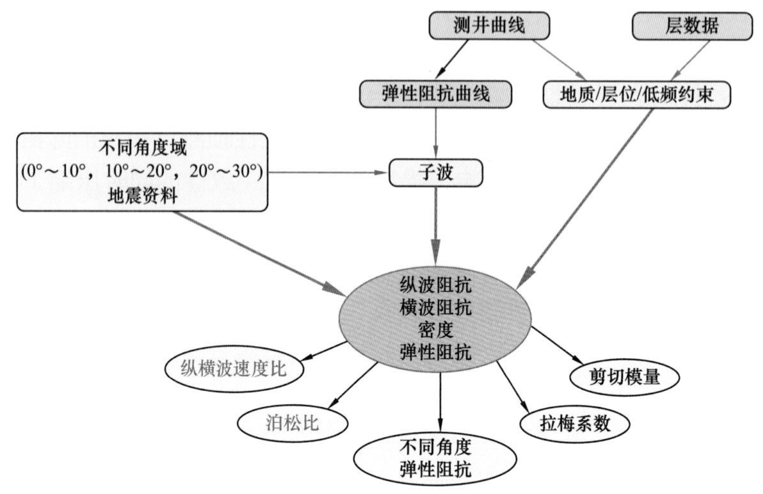

图 6-2-12　叠前反演基本流程图

通过研究发现纵横波速度比可以较好识别目的层段气砂岩、砂岩及泥岩，地震叠前反演是获取纵横波速度比的主要途径。图 6-2-13 是过 M113 井的纵横波速度比剖面及叠前反演交会解释剖面，从剖面与井点的检验来看，交会解释剖面能较好地识别出有效砂岩储层。

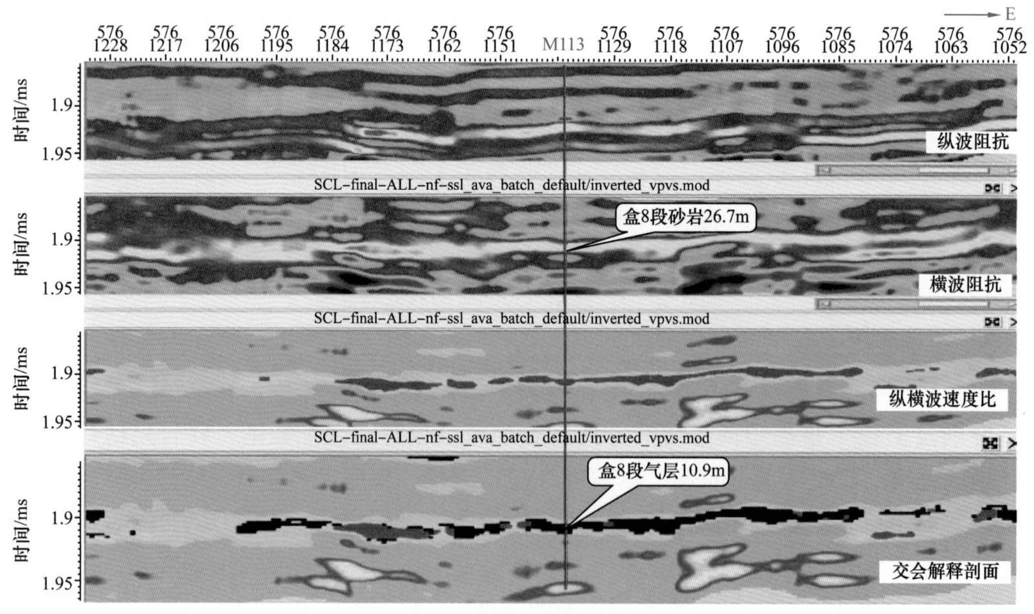

图 6-2-13　叠前反演交会解释（纵横波速度比与纵波阻抗交会）剖面

（2）对策 2：模式识别，波形聚类，预测山 2 段、太原组、本溪组储层展布。

波形聚类是根据给定时窗内的波形特征，进行地震相、岩相分析的一种方法。这是因为地震波形的总体变化与岩性和岩相的变换密切相关，任何与地震波传播有关的物理参数变化都可以反映在地震道波形变化上，因此可以对地震波形的变化进行分析，找出波形变化的总体规律，从而达到认识地震相变化规律的目的。

山 2_3 亚段砂岩发育的普遍规律是：山 2_3 亚段内煤层（5 号或 4+5 号）不发育；T_{p10} 波峰（山 2_3 亚段顶部 3 号煤层）下部的波谷（T_{p10-1}，即山 2_3 亚段砂岩顶部反射）相对较强；太原组顶部附近的 T_P 反射波位于波峰处。也就是说，山 2_3 亚段砂岩发育的波形是由太原组顶部的中—弱反射波峰及其上的中—强波谷构成，即 T_{p10}—T_{c_2} 间呈现为三个相位；山 2_3 亚段砂岩欠发育，一般表现为山 2_3 亚段内 4+5 号煤层及碳质泥岩普遍较发育，依据太原组的地层厚度，地震反射层 T_P 基本位于波谷处，T_{p10}—T_{c_2} 之间为两个相位。

通过研究，对工区内已知井太原组、山西组山 2_3 亚段及本溪储层砂岩厚度及地震波形特征等参数进行统计分析后得出以下结论：太原组与山 2_3 亚段砂岩的地震响应宏观上均处于地震反射波 T_{p10}—T_{c_2} 之间（3 号煤层与本溪顶或 9 号煤层之间）；砂岩发育层位及厚度不同，对应地震波形“三相位”的强弱关系、时差间隔有所不同（图 6-2-14）。

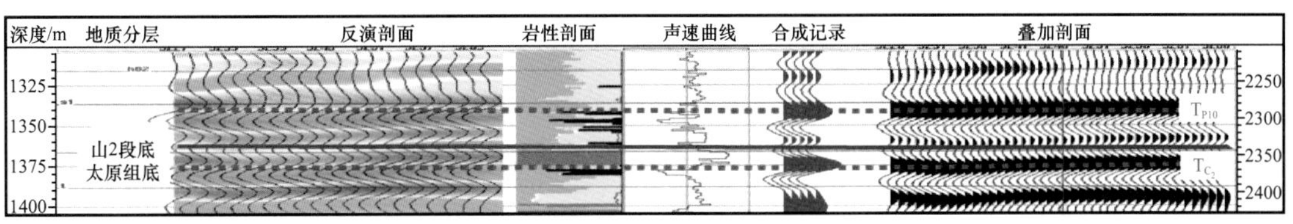

Ⅰ类　砂岩发育(>10m)

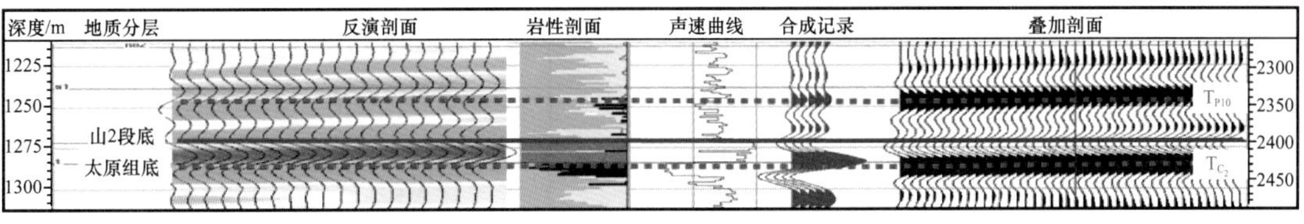

Ⅱ类　砂岩较发育(5～10m)

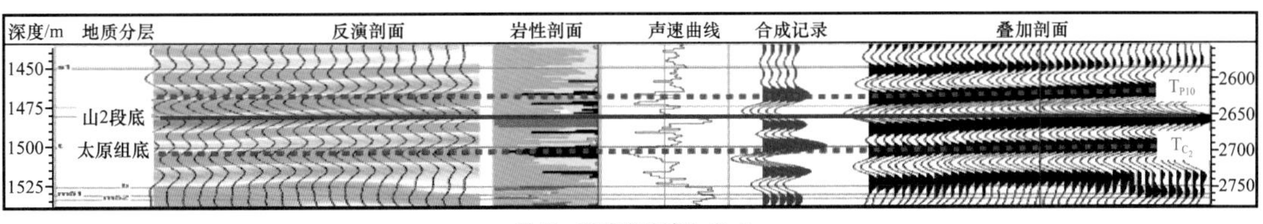

Ⅲ类　砂岩欠发育(<5m)

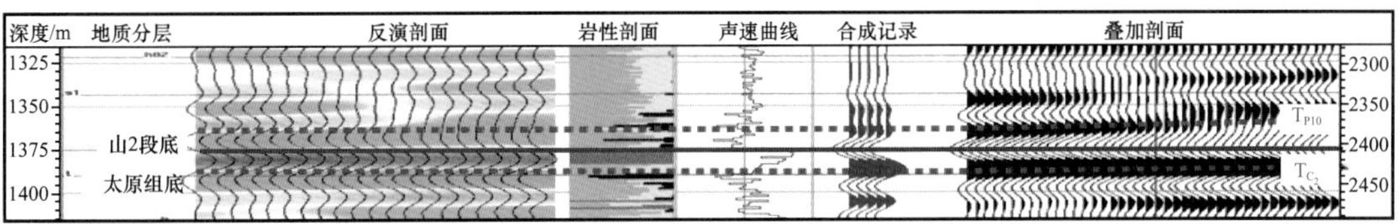

Ⅳ类　砂岩不发育(0m)

图 6-2-14　鄂尔多斯盆地东部地震 T_{p10}—T_{c2} 反射层波形特征图

2. 测录井技术

1）储层孔隙结构评价技术

对神木—米脂气田储层微观孔隙结构参数与物性特征参数进行了相关分析，发现微观孔隙结构参数与物性指数 $\sqrt{K/\phi}$ 存在较好的对应关系，见图 6-2-15 至图 6-2-18。随着物性的变好，排驱压力、中值压力逐渐降低，平均孔喉半径、孔喉均值逐渐增大，并且在 shuang 对数坐标下各孔隙结构特征参数与综合物性指数呈线性关系。

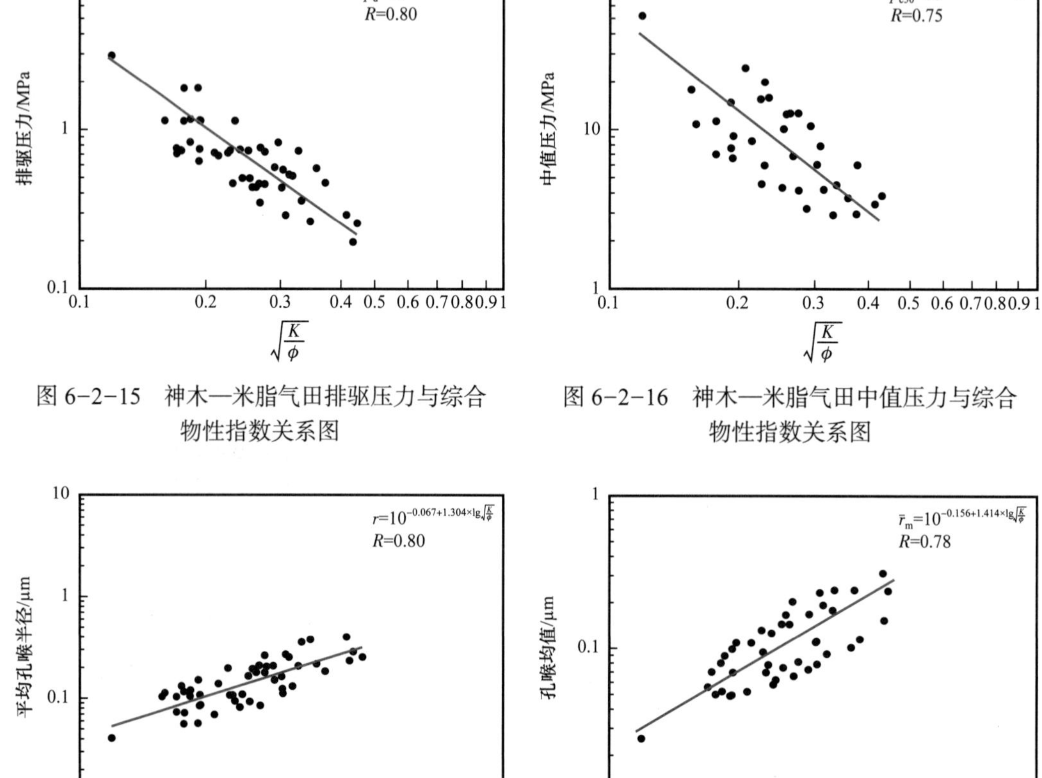

图 6-2-15　神木—米脂气田排驱压力与综合物性指数关系图

图 6-2-16　神木—米脂气田中值压力与综合物性指数关系图

图 6-2-17　神木—米脂气田平均孔喉半径与综合物性指数关系图

图 6-2-18　神木—米脂气田孔喉均值与综合物性指数关系图

综合物性指数 $\sqrt{K/\phi}$ 与排驱压力、中值压力、分选系数、平均孔喉半径、孔喉均值的相关性较好，均在 0.75 以上。因此，可以根据物性解释资料对全井段的微观孔隙结构参数进行处理解释，建立孔隙结构表征参数解释模型，神木—米脂气田各微观孔隙结构参数计算公式及精度见表 6-2-2。

表 6-2-2　神木—米脂气田储层微观孔隙结构参数计算公式

孔隙结构参数	计算公式	R
排驱压力	$p_d = 10^{-0.061-1.427\times\lg\sqrt{\frac{K}{\phi}}}$	0.80
中值压力	$P_{c50} = 10^{-0.053-1.597\times\lg\sqrt{\frac{K}{\phi}}}$	0.75
平均孔喉半径	$\bar{r} = 10^{-0.063+1.304\times\lg\sqrt{\frac{K}{\phi}}}$	0.80
孔喉均值	$\bar{r}_m = 10^{-0.156+1.414\times\lg\sqrt{\frac{K}{\phi}}}$	0.78
分选系数	$S_p = 10^{0.039+1.511\times\lg\sqrt{\frac{K}{\phi}}}$	0.82

2）储层关键参数建模技术

（1）孔隙度模型。

沉积环境的差异是导致不同层位储层岩石孔渗发育不同的重要因素之一，因此在准确岩心深度归位的基础上，分层位建立孔隙度计算模型，能够提高计算精度。通过测井参数与岩心分析孔隙度的相关性分析，优选出相关性较好的密度、声波时差测井曲线，并加入泥质的影响，分别分层选取不同参数建立孔隙度计算模型：密度和泥质含量、声波时差和泥质含量的二元回归孔隙度计算模型；密度、声波时差和泥质含量的三元回归孔隙度计算模型，计算公式见表 6-2-3。

表 6-2-3　神木地区孔隙度计算模型优选

层位	参数	孔隙度计算公式	相关系数
盒 8 段	声波时差与泥质含量	f=0.133AC−5.340V_{sh}−21.530	0.87
	密度与泥质含量	f=−46.624DEN+0.135V_{sh}+127.498	0.90
	三元回归	0.056AC−31.975DEN−1.038V_{sh}+77.480	0.92
山 1 段	声波时差与泥质含量	f=0.149AC−3.975V_{sh}−25.917	0.85
	密度与泥质含量	f=−47.562DEN+3.604V_{sh}+128.850	0.94
	三元回归	0.026AC−42.084DEN+3.123V_{sh}+109.031	0.94
山 2 段	声波时差与泥质含量	f=0.121AC−9.424V_{sh}−17.987	0.81
	密度与泥质含量	f=−41.069DEN+4.122V_{sh}+111.042	0.90
	三元回归	0.032AC−34.717DEN+1.637V_{sh}+88.426	0.91
太原组	声波时差与泥质含量	f=0.160AC−5.834V_{sh}−26.344	0.80
	密度与泥质含量	f=−33.984DEN−1.574V_{sh}+94.930	0.87
	三元回归	0.035AC−29.134DEN−1.923V_{sh}+74.859	0.88

（2）渗透率模型。

根据神木—米脂气田盒8段、山1段、山2段的岩心物性分析数据，计算各个样品的储层品质因子、标准化孔隙度指数及流动单元指数，通过对比分析，将研究区储层划分为4类流动单元。

将储层按流动单元划分后，分别建立石盒子组盒8段、山西组山1段及山2段的孔渗交会图，通过回归分析，分别建立了不同层位储层渗透率计算模型，相关系数较高，计算公式如表6-2-4所示。通过与岩心分析值对比，渗透率计算值与岩心分析值紧密分布于等值线附近，说明经过流动单元划分后，储层孔隙度与渗透率的相关性明显变好，该计算模型精度高。

表6-2-4　神木地区渗透率计算模型优选

层位	FZI	渗透率计算公式	相关系数
盒8段	FZI＞2.0	$K=10^{-2.048+0.358\times\phi}$	0.98
	1.0＜FZI＜2.0	$K=10^{-1.974+0.247\times\phi}$	0.95
	0.52＜FZI＜1.0	$K=10^{-2.169+0.203\times\phi}$	0.95
	FZI＜0.52	$K=10^{-2.686+0.209\times\phi}$	0.97
山1段	FZI＞2.0	$K=10^{-2.467+0.557\times\phi}$	0.97
	1.0＜FZI＜2.0	$K=10^{-2.340+0.382\times\phi}$	0.92
	0.52＜FZI＜1.0	$K=10^{-2.555+0.296\times\phi}$	0.95
	FZI＜0.52	$K=10^{-2.625+0.225\times\phi}$	0.95
山2段	FZI＞2.0	$K=10^{-1.760+0.348\times\phi}$	0.96
	1.0＜FZI＜2.0	$K=10^{-1.956+0.262\times\phi}$	0.95
	0.52＜FZI＜1.0	$K=10^{-2.586+0.283\times\phi}$	0.95
	FZI＜0.52	$K=10^{-3.036+0.260\times\phi}$	0.94

3）气层综合识别技术

神木—米脂气田致密砂岩气藏地质条件复杂，孔隙度小、渗透率低，不同流体的测井响应差异小，气层识别困难。从天然气测井的响应特征入手，对气层识别方法进行了详细研究，寻找适合实际的有效气层识别方法。

（1）三孔隙度重叠、差值及比值法。

孔隙度测井系列是一种识别天然气层的有效测井方法。与油水相比天然气的含氢指数、体积密度和传播速度有着显著的差异。当储层孔隙空间中含有天然气时，会引起补偿中子减小、密度值减小、声波时差增大，相应的中子孔隙度PORC减小、密度孔隙度PORD增大、声波孔隙度PORA增大。因此，利用三孔隙度测井在气层的响应特征，将它们在相同坐标系下显示，结合包络线镜像特征，可以比较准确的识别气层。根据泥质砂岩体积模型，可以得到：

视中子孔隙度：

$$\mathrm{PORC}=\frac{\left(\phi_{\mathrm{N}}-\phi_{\mathrm{Nma}}\right)-V_{\mathrm{sh}}\times\left(\phi_{\mathrm{Nsh}}-\phi_{\mathrm{Nma}}\right)}{\phi_{\mathrm{Nf}}-\phi_{\mathrm{Nma}}}$$

视密度孔隙度：

$$\mathrm{PORD}=\frac{\left(\rho_{\mathrm{b}}-\rho_{\mathrm{ma}}\right)-V_{\mathrm{sh}}\times\left(\rho_{\mathrm{sh}}-\rho_{\mathrm{ma}}\right)}{\rho_{\mathrm{f}}-\rho_{\mathrm{ma}}}$$

视声波孔隙度：

$$\mathrm{PORA}=\frac{\left(\Delta t-\Delta t_{\mathrm{ma}}\right)-V_{\mathrm{sh}}\times\left(\Delta t_{\mathrm{sh}}-\Delta t_{\mathrm{ma}}\right)}{\Delta t_{\mathrm{f}}-\Delta t_{\mathrm{ma}}}$$

三孔隙度差值及比值法利用三孔隙度测井响应之间简单的数学变换，通过突出天然气的测井响应特征，用直观的方法评价储层的含气性。其原理是分别计算出三孔隙度的比值及差值，利用补偿中子与声波时差和密度孔隙度的反向差异，尽量放大气层在三孔隙度测井曲线上的响应信息，从而更加直观地识别气层。

定义三孔隙度差值 P_1 及三孔隙度比值 P_2 分别为：

$$P_1=\mathrm{PORA}+\mathrm{PORD}-2\times\mathrm{PORC}$$

$$P_2=\frac{\mathrm{PORA}\times\mathrm{PORD}}{\mathrm{PORC}^2}$$

显然，三孔隙度差值及比值主要是放大了中子孔隙度的作用，当 $P_1>0$ 或者 $P_2>1$ 时指示为气层，反之指示为非气层。

（2）基于 Biot-Gassmann 理论的流体因子识别方法。

基于 Biot-Gassmann 理论，根据波阻抗与速度和密度的关系，结合纵横波阻抗公式，可以得到：

纵波阻抗：

$$Z_{\mathrm{p}}=\rho V_{\mathrm{p}}=\sqrt{\rho\left(f+s\right)}$$

横波阻抗：

$$Z_{\mathrm{s}}=\rho V_{\mathrm{s}}=\sqrt{\rho\mu}$$

根据分析，f 是与流体有关的项，并把它定义为流体因子：

$$\rho f=Z_{\mathrm{p}}^2-cZ_{\mathrm{s}}^2=\rho\left(f+s-c\mu\right)$$

$$c=\frac{\lambda_{dry}}{\mu}+2=\frac{K_{dry}}{\mu}+\frac{4}{3}=\left[\frac{V_p}{V_s}\right]_{dry}^2$$

从神木—米脂气田岩石声学实验着手，通过测量75块干岩样和40块饱和水岩样的纵横波速度获得纵横波速比与孔隙度的关系如图6-2-19所示，由图可知，不同孔隙度下的干燥岩样的纵横波速比近似为一个常数1.524，饱和水岩样随着孔隙度增加，纵横波速比逐渐增加。

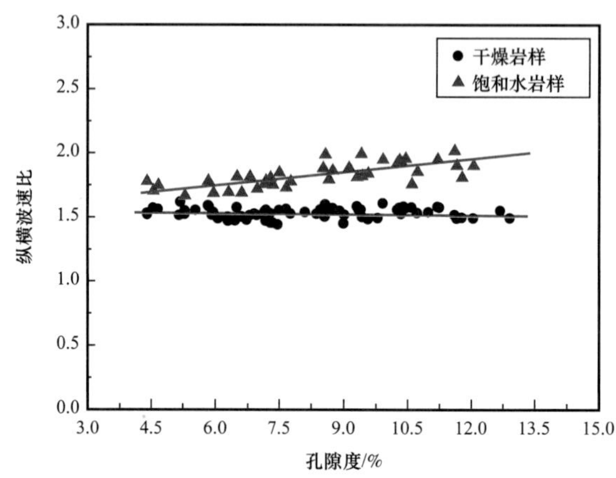

图6-2-19　神木地区纵横波速度比与孔隙度交会图（干燥岩样与饱和水岩样）

鉴于干岩样的以上特征，对神木地区75块岩样的纵横波速比、泊松比等弹性参数取平均值可得弹性参数值见表6-2-5，然后利用公式$c=\left(\frac{V_p}{V_s}\right)_{dry}^2$可得因数$c$为2.324。

表6-2-5　神木地区干燥岩样声学实验弹性常数平均值

弹性参数	$c=\left(\frac{V_p}{V_s}\right)_{dry}^2$	$\left(\frac{V_p}{V_s}\right)_{dry}$	σ_{dry}	$\frac{K_{dry}}{\mu}$	$\frac{\lambda_{dry}}{\mu}$
均值	2.324	1.524	0.121	0.991	0.324

选取神木—米脂气田6个测试层及泥岩层段分别绘制横波速度与流体因子、泊松比与流体因子交会图如图6-2-20和图6-2-21所示。由图可知，神木地区气层和干层、差气层和干层界限明显，流体因子小于15时，储层含气，整体上表现为气层流体因子和泊松比均略小于差气层的特征。

（三）开发难点与挑战

神木—米脂气田地处鄂尔多斯盆地东部生烃中心，资源量丰富，纵向发育本溪组、太原组、山西组、石盒子组、石千峰组等多套含气层系。目前气区开发面临的主要问题如下。

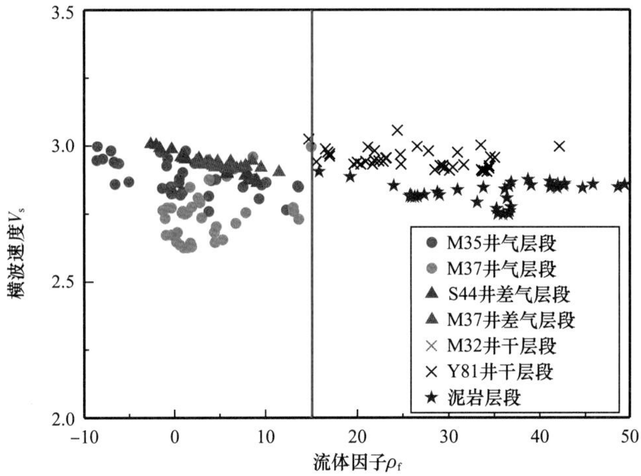

图 6-2-20　神木地区横波速度与流体因子交会图

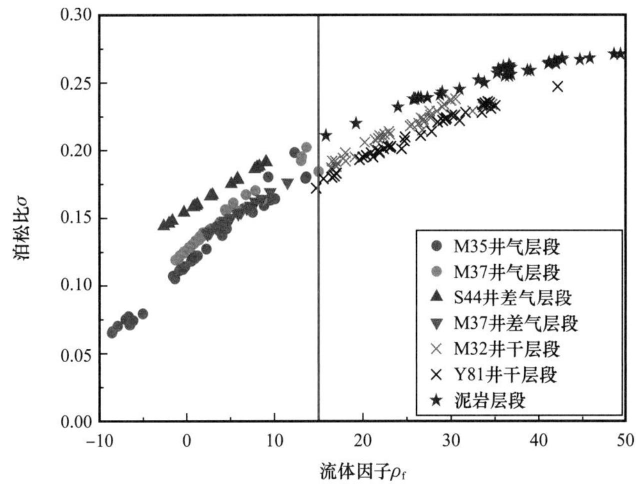

图 6-2-21　神木地区泊松比与流体因子交会图

1. 气层厚度薄，气藏压力系数、丰度及单层产量低

气田太原组及山 2、山 1、盒 8 段等层系埋深为 1900～2900m，埋藏相对较浅。单井钻遇气层 2～8 段，单层 2.7m，单井平均 9.5m；孔隙度 5%～10%，渗透率 0.01～1mD（图 6-2-22、图 6-2-23），属于致密气藏。压力系数 0.7～0.95，平均 0.82，属低压气藏。单层储量丰度 0.2×10^8～$0.6\times10^8m^3/km^2$，多层叠合平均 $0.95\times10^8m^3/km^2$，天然气资源品质较差，单层试气无阻流量平均 2×10^4～$10\times10^4m^3/d$，效益建产难度大。

2. 区内多层系气藏纵向叠置复杂，层间差异大，储量有效动用难度大

气田内部普遍发育多期次多类型薄层致密叠合气藏，该类气藏成因复杂、类型多样，砂体规模厘定及有效砂体空间展布规律刻画难度大。太原组、山 2 段及盒 8 段等层段整体平均物性相近，但各层非均质性强，纵向叠合后不同层系物性、地层压力差异大，单井盒 8 段与太原组地层压力局部达到 10MPa 以上（图 6-2-24），上石盒子组及千 5 段地层压

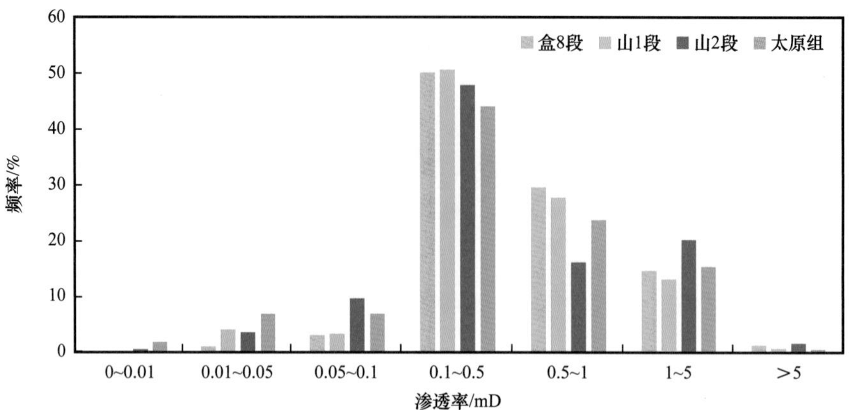

图 6-2-22　神木气田主力层系储层渗透率分布频率图

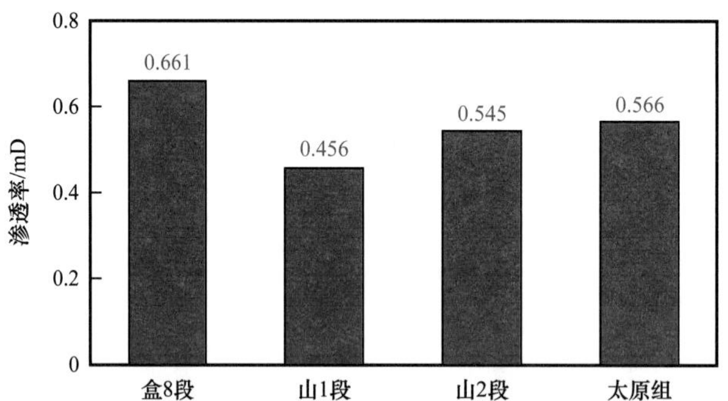

图 6-2-23　神木气田主力层系储层渗透率对比柱状图

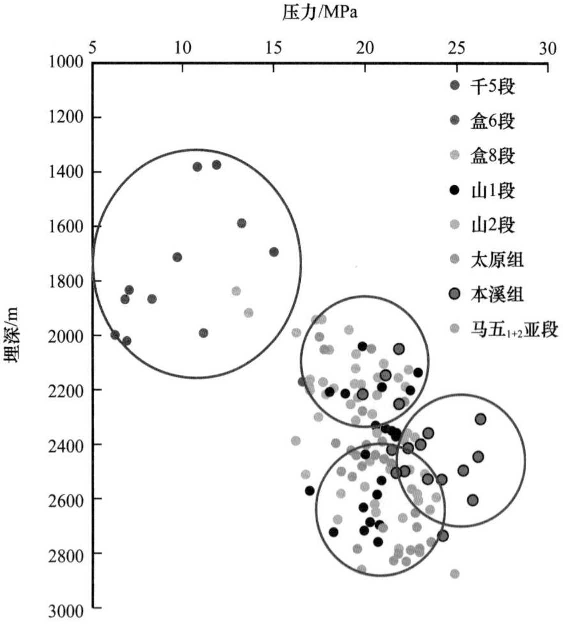

图 6-2-24　神木气田单层实测压力分布图

力与下部层系压力差异更大，合采层间干扰明显，另外直井多层兼顾合采与水平井开发矛盾突出。

3. 生态环境脆弱，煤、气等资源叠合，严重制约气田规模建产

盆地东部地表条件复杂，生态环境脆弱；地下气、煤等多种矿产资源相互重叠，叠合程度高，其中 S3 井区叠合程度达到 100%。协调多种资源开发与环境保护对天然气开发提出了更高要求。

（四）开发技术

针对以上开发难点，通过持续开展攻关试验，逐渐形成了以甜点区定量化优化、开发井网优化技术为主的配套技术系列。

1. 多因素约束的多薄层叠合气藏甜点区定量化优化方法

根据单层产能与储层厚度、孔隙度、渗透率、含气饱和度等多参之间的相关性，进行参数归一化和多元回归，建立单层产能静态参数定量评价方法（式 6-2-1）。

单层产能指数：

$$F=h\phi S_g \tag{6-2-1}$$

式中　h——有效厚度，m；

ϕ——孔隙度，%；

S_g——含气饱和度，%。

利用产气剖面测试结果和单层单试效果，评价单层产气贡献权重，结合单层产能评价结果，建立基于单层产能指数的多层产能归一化综合指数计算方法（式 6-2-2），依据经济效益界限，建立不同富集区综合指数划分标注，分类优选甜点区（图 6-2-25）。

合层产能综合指数 W：

$$W=aF_{h8}+bF_{s1}+cF_{s2}+dF_t \tag{6-2-2}$$

式中　F_{h8}、F_{s1}、F_{s2}、F_t——盒 8 段、山 1 段、山 2 段、太原组单层产能指数；

a，b，c，d——不同层系权重系数。

2. 多层系致密气藏开发井网优化技术

根据砂体叠合特征，建立三种砂体叠置模式（多层分散型、垂向复合叠加型、侧向复合叠置型）（图 6-2-26），结合不同井网密度下的井控储量、单井产量、井间干扰程度及采收率相互关系研究，确定不同区域最优井网。神木气田西侧以多层分散型为主，储层砂体连片性较差，单井控制储量范围有限，采用 500m×500m 井网布井，井网密度 4 口 /km^2；中部以垂向叠置型为主，储层砂体较连片，单井控制储量程度较大，采用 500m×700m 井网布井，井网密度 3 口 /km^2；东部以侧向复合叠置型为主，储层发育规模较大，单井控制储量程度高，采用 600m×800m 井网布井，井网密度 2 口 /km^2（图 6-2-27）。

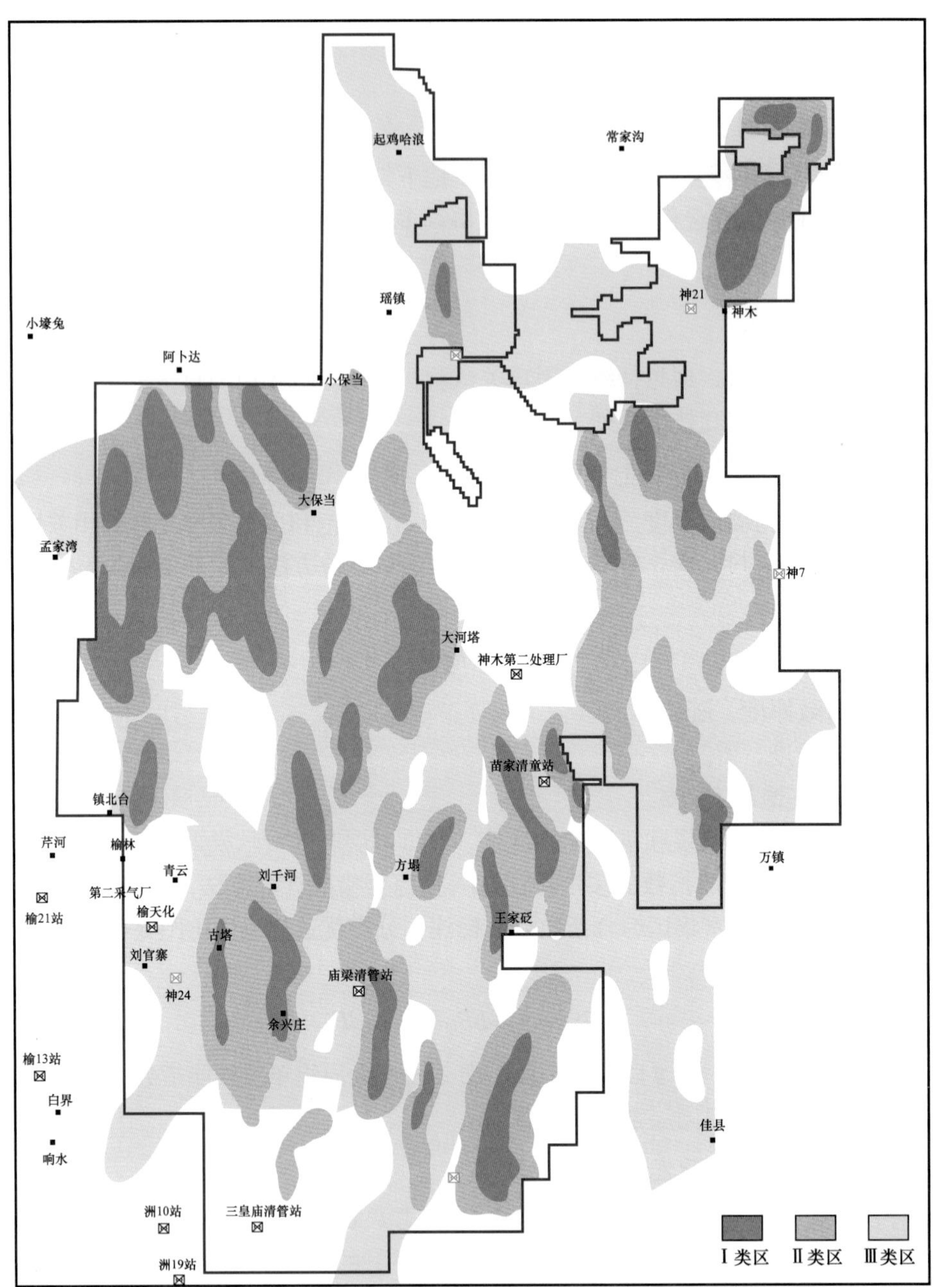

图 6-2-25　神木气田有利区平面分布图

3. 多薄层叠合气藏大丛式混合井组立体开发布井技术

根据不同区带砂体叠合规律及井网论证结果，结合水平井开发经济技术界限，考虑地面条件和整体储量动用效果，充分论证不同井型组合模式开发效果，建立了“直 / 定向井组、混合井组、水平井立体井组”3 种分区差异化大井组部署模式，实现Ⅰ+Ⅱ类井比例达到 85% 以上，平均单井场辖井 6.5 口（表 6-2-6、图 6-2-28）。

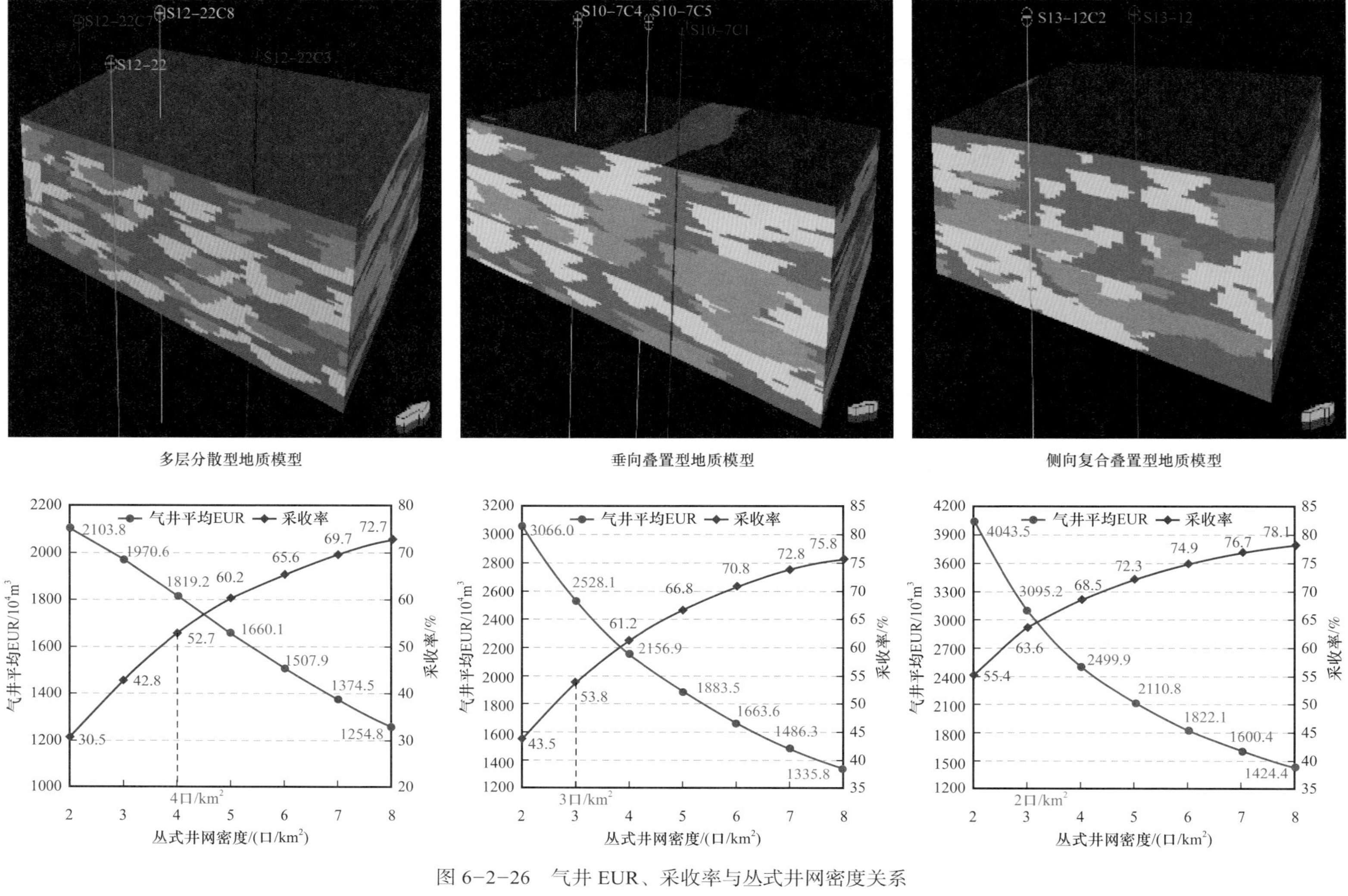

图 6-2-26　气井 EUR、采收率与从式井网密度关系

表 6-2-6　神木气田差异化大井组部署模式

部署模式	大丛式直定向井组	大丛式混合井组	水平井立体井组
区块地质条件	有效砂体侧向复合叠置 发育多套主力气层段	叠合砂体厚度大，纵向多层段 含气，主力层突出	有效砂体规模有限 纵向多层含气
示意图			

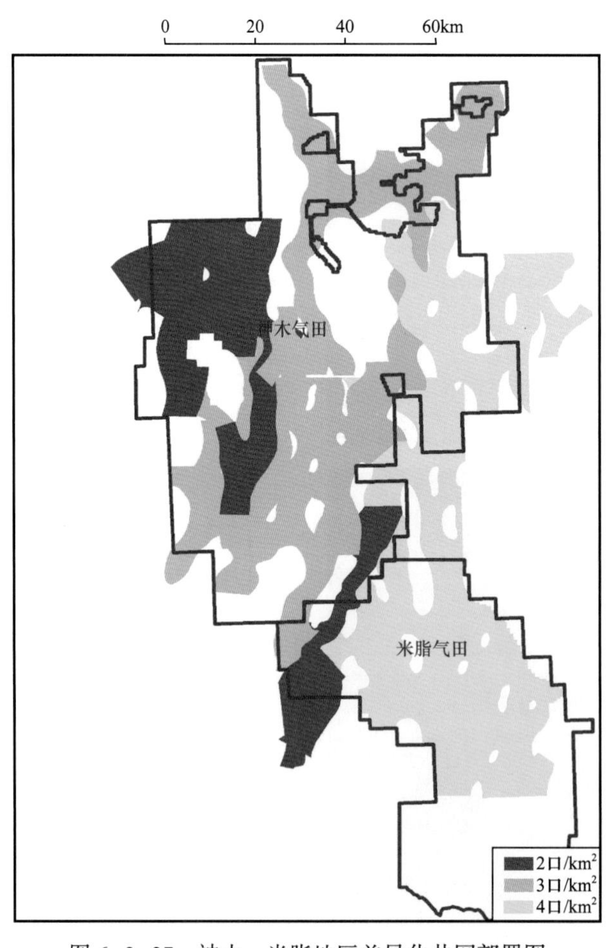

图 6-2-27　神木—米脂地区差异化井网部署图

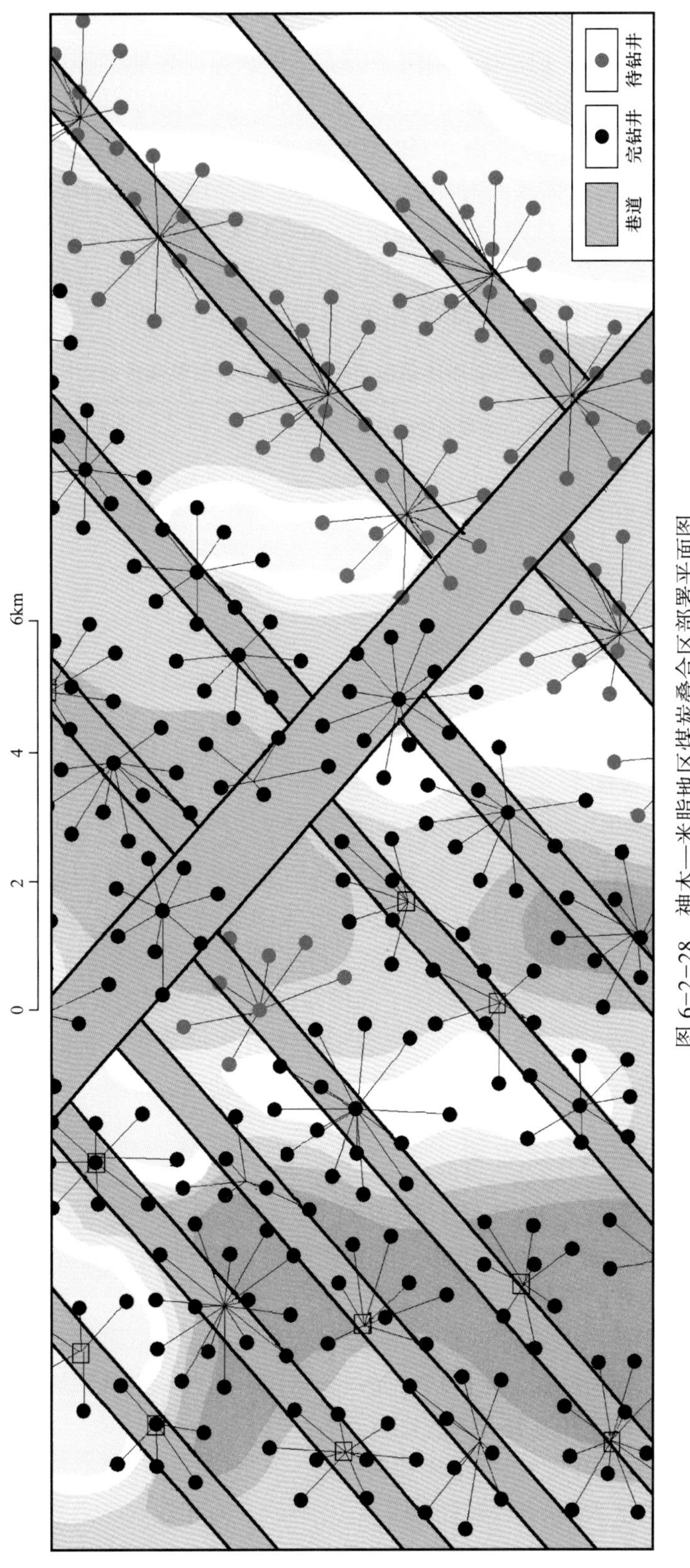

图 6-2-28　神木—米脂地区煤炭叠合区部署平面图

4. 低伤害压裂液技术

研发了以低浓度胍胶、EM50 和阴离子表面活性剂为代表的多种适应压裂液体系。低浓度胍胶压裂液体系通过复合 shuang 元络合交联剂、高效助排剂和长效黏土稳定剂等关键体系及添加剂研发，胍胶浓度由 0.55%～0.5% 降低到 0.33%～0.25%，伤害率由 21.3% 降至 17.2%。EM50 压裂液体系具有压裂液低伤害、低摩阻、低成本、可回收再利用等特点，在苏里格气田试验 47 口井，回收利用率 90%，压裂液成本降低 50% 以上。阴离子表面活性剂主要适用于岩屑含量高、喉道半径小的储层，与早期的常规胍胶压裂液相比（表 6-2-7），岩心伤害率由 27.4% 降为 18.3%，投产初期平均单井增气 $6100m^3/d$。

表 6-2-7　常规胍胶压裂液与阴离子表活剂压裂液性能对比

评价内容	常规胍胶压裂液	阴离子表活剂压裂液
耐温性能	120℃（有机硼）	110℃
破胶液黏度	＜10mPa·s	5.1mPa·s
分子量	300×10^4 左右	7×10^4
表面张力	33.82mN/m	28.21mN/m
岩心伤害率	27.40%	18.30%

5. 直井分层压裂技术

针对气层多而薄的特点，为了实现多薄层同时压裂，研发了直井机械封隔器多层连续分压技术和套管滑套分层压裂技术。机械封隔器多层连续分压技术通过大通径封隔器、多孔球座等关键工具研发，分压能力大幅提升，分压层数能达 11 层。套管滑套分层压裂技术通过可开关套管滑套、可溶球等关键工具，可实现有限级最高分压 11 层、无限级不限层数改造，排量可达 $6\sim8m^3/min$，满足了高排量混合水压裂需求。套管滑套连续分层压裂创造了目前国内连续分压 12 层的记录，实现了直井多层分压工艺的更新换代，成为直井大排量混合水压裂主体技术，实现了多层系储层有效动用。

四、勘探成效与开发效果

神木—米脂气田经过近 40 年的不懈探索，形成了以石盒子组、山西组、太原组为主要含气层系的大气田。截至 2022 年底，已有探明储量 $7724.92\times10^8m^3$，成为鄂尔多斯盆地继苏里格气田之后新的万亿立方米大气田，形成了长庆油田天然气勘探开发的主战场。

神木气田是一个低产、特低丰度、中深层特大型致密砂岩气藏，勘探经历了早期周边勘探、气田的发现和规模勘探三个阶段，是一个认识—实践—再认识的过程，认识的突破和技术的创新是引领勘探开发突破的直接驱动力。

神木—米脂气田自 20 世纪 80 年代发现以来，经过科技工作者坚持不懈的努力，丰富完善了神木—米脂地区天然气成藏地质理论，先后建立海相浅水三角洲、缓坡型三角洲沉积模式、构建多层系复合成藏模式等进一步明确了勘探的目标与方向，是神木—米脂气田勘探的推动力，同时针对砂岩储层致密、非均质性强及单井试气产量低的难点开展的套管滑套连续分层压裂（TAP）、机械封隔连续分层压裂等多层系压裂改造技术攻关，不仅加快了气田勘探的步伐，为有效动用储量、规模开发提供技术储备，还加快了神木—米脂气田勘探开发的节奏，推动了气田规模建产与有效开发。

神木—米脂气田自2009年就开始投入开发试验，2012年神木气田实现了规模开发，形成了以“多层系致密气藏大井组布井及大井组开发工艺配套技术”为核心的大井组丛式井开发模式，创新了地震预测、测井评价、储层改造和富集区优选等配套技术系列，为气田规模开发、天然气产量快速增长提供了保障。截至2022年底，年生产天然气$54\times10^8m^3$，累计产气量$131.7936\times10^8m^3$（图6-2-29），成为长庆气区主产气田之一。神木—米脂气田的规模勘探与效益开发，创新完善了鄂尔多斯盆地非常规天然气藏的成藏理论与配套技术，拓宽了致密砂岩找气的新思路，发展致密气藏勘探开发的配套技术，为中国天然气地质理论的发展和其他盆地同类气藏的勘探开发提供了经验借鉴。

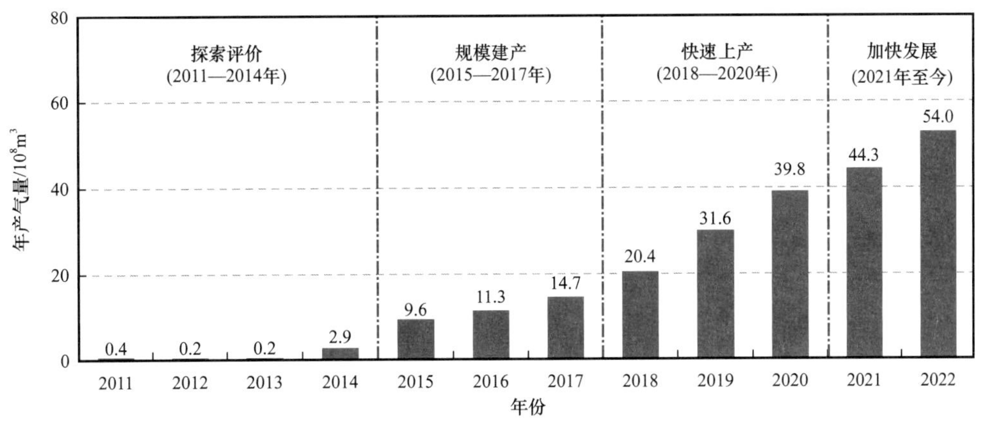

图6-2-29 神木—米脂气田开发形势图

第三节 庆城油田

一、勘探开发历程

（一）概况

庆城油田位于鄂尔多斯盆地伊陕斜坡西南部，是中生界多层系含油叠合发育区之一，行政区隶属于甘肃省庆城县、合水县及华池县。区内梁峁交错，沟谷纵横，属典型的黄土塬地貌，地面海拔1150～1550m，相对高差较大。庆城油田处于内陆中纬度地带，属温带半干旱大陆性季风气候，春季多风、夏季干旱、秋季阴雨、冬季严寒，日照充足，风沙频繁，雨季迟且雨量年际变化大，最低气温−25℃，最高气温37℃，年平均气温7.9℃，年平均降雨量316.9mm。区内交通较为便利，G211公路横贯探区南北，G309公路横贯探区东西（图6-3-1）。区内发育内陆山涧限制河流，当地人畜饮用水以河谷中第四系黄土裂

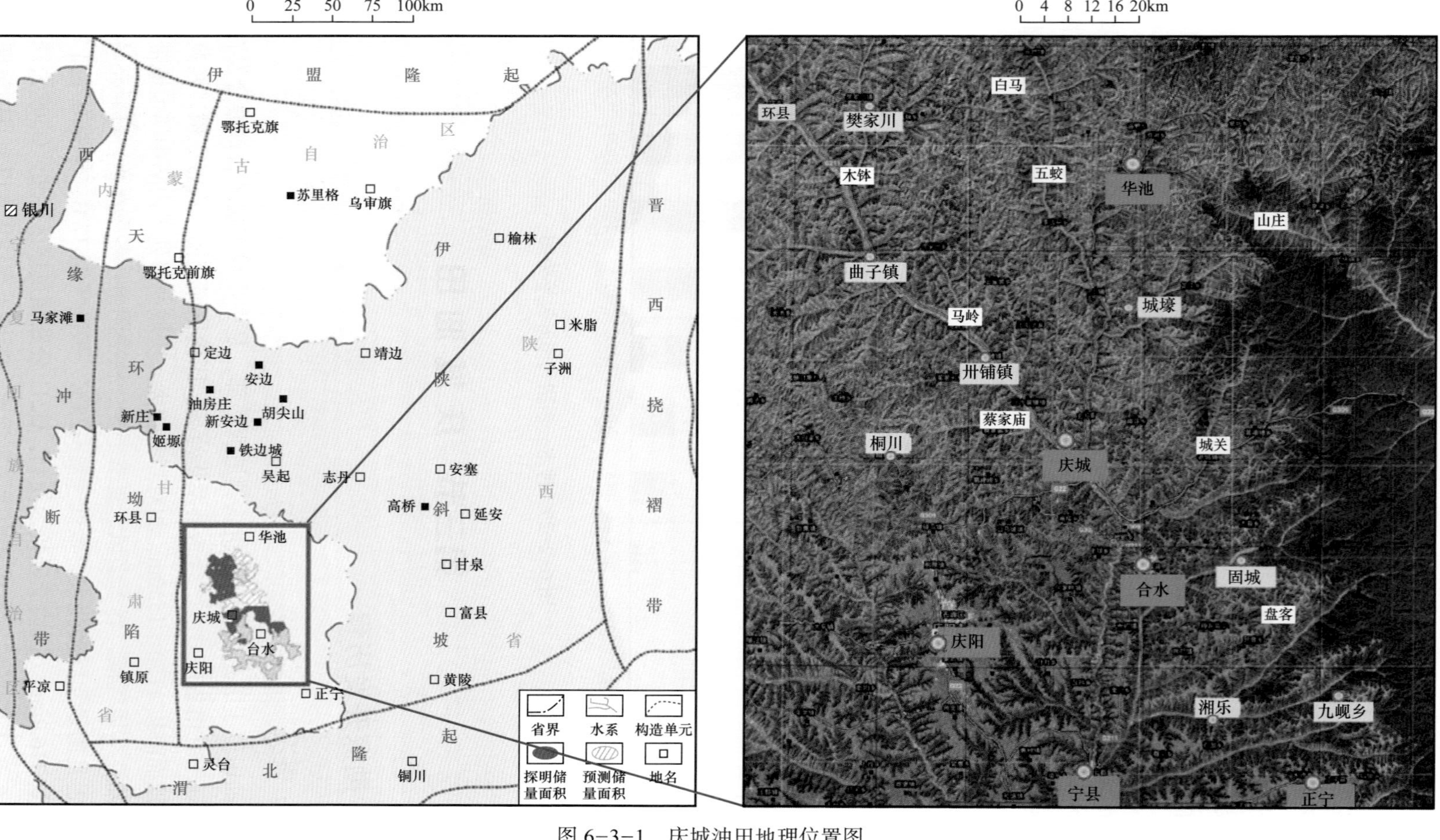

图 6-3-1 庆城油田地理位置图

隙渗滤水为主，工业用水主要是白垩系洛河—宜君组中的地下水，埋深在400m以下，矿化度为2～3g/L。单井稳定产水量500m^3/d。

庆城油田勘探范围北起长官庙，南至和盛，西起天池乡，东到太白。主力含油层系为三叠系延长组长7油层组页岩油层。长7油层组沉积期为湖盆发展的全盛时期，属半深湖—深湖相，形成以黑色页岩、暗色泥岩为主的大型生烃坳陷，以张家滩页岩为代表的最大湖进之后，盆地因河流注入，受重力流沉积作用影响，建造了一套以砂质碎屑流为主的沉积砂体，是目前实现规模效益开发的现实领域。

（二）勘探开发历程

鄂尔多斯盆地长7油层组油藏的勘探开发经历了近50年漫长而曲折的过程，通过破解非常规地质难题，勘探由源外转向源内，历经近十年的技术探索，形成了提高单井产量的有效途径，探明了10×10^8t级的庆城大油田，建成了百万吨国家级开发示范基地，走出了长庆特色的长7油层组油藏规模效益勘探开发之路。

庆城油田勘探开发始于20世纪70年代，可分为三个阶段（图6-3-2）。

第一阶段（2011年前）：勘探早期阶段。

鄂尔多斯盆地长7油层组页岩油勘探始于20世纪70年代，早期以三叠系下组合勘探为重点，对于长7油层组重点加强盆地烃源岩评价及生烃潜力分析研究并取得重要认识，有效指导了延长组石油勘探大场面的形成。

图6-3-2　鄂尔多斯盆地长7油层组油藏勘探开发历程

20世纪70年代，为了开展烃源岩评价，针对三叠系延长组长7油层组完钻一批探井，均在长7油层组见到较好含油显示。其中，1970年钻探的Q6井为盆地延长组长7油层组第一口油层井，压裂后试油见油花；1972年完钻的L3井长7油层组压裂求产获日产4.7m^3纯油，成为长7油层组第一口工业油流井；1974年完钻的L79井在长7_1层钻遇油层18.0m，但限于当时的压裂改造工艺水平，并没有压开；此后完钻的L184、L104、LS11等石油预探井均钻遇长7油层组油层，但均未压开。在70年代中生界石油整体勘探过程中，40余口井在陇东地区长7油层组钻遇油层，在QY井组开展了压裂试验，有6口井获得工业油流，其中阳11井获8.86m^3/d的油流。总的来说，该阶段以侏罗系勘探为重点，且限于当时的地质认识和工艺技术水平，仅在延长组顶部局部地区获得发现，更未认识到长 7 油层组具成藏潜力，钻遇油层被视为无开采价值。从 20 世纪 80 年代开始到 2003 年，延长组石油勘探以下部长 8 油层组勘探为主、兼探长 7 油层组，只有局部获得发现，共有一百余口井试油获工业油流，提交控制储量 5132×10^4t、预测储量 6913×10^4t，未认识到长 7 油层组可大规模成藏，长 7 油层组还是作为烃源岩层系被认知。

2004—2010 年，持续加强长 7 油层组生烃能力评价，重点开展了油源对比分析，进一步明确了长 7 油层组烃源岩是盆地中生界油藏最重要的烃源岩，并为大规模石油聚集提供了丰富的物质基础。同时，通过地质露头古水流测定、轻重矿物组合等多项技术手段的综合应用，在湖盆中部发现了重力流沉积砂体，颠覆了以往认为湖盆中部只发育泥页岩而不发育砂岩的传统观念，继而开展系统资源评价，创新形成深水重力流富砂理论，并不断加强勘探部署，稀井广探落实有利砂体分布范围，认为长 7 油层组存在一定规模的非常规油气资源。其间，在华池地区完钻的 3 口评价井（X233 井、X271 井、X270 井）在长 7 油层组试油均获工业油流，X233 井在长 7_1 油层组钻遇油层 9.3m，长 7_2 油层组钻遇油层 24.7m，长 7_1、长 7_2 油层组分压合求后，试油获日产纯油 24.2t 的高产工业油流，显示出长 7 油层组良好的勘探、评价潜力。但受开发方式和压裂工艺局限，直井试采产量低，无法有效动用，如何实现在开发方案及压裂工艺上进一步提升，有效动用这些地质储量成了勘探工作者的首要攻关难题。

第二阶段（2011—2017 年）：评价与技术攻关阶段。2011—2017 年，借鉴北美页岩油开发理念，长庆油田积极开展页岩油攻关研究与试验，大力开展评价探索与开发试验，以“水平井 + 体积压裂”为突破口，探索水平井体积压裂提产试验，先后开辟了 X233、Z183、N89 三个试验区，明确了页岩油主体开发技术，明确了开发效果，但不满足工业化开发需求。

2011 年以来，长庆油田依托国家“973”、油气专项和中国石油集团重大科技项目，围绕长 7 油层组页岩层系内油气“能否规模富集、能否找准甜点、能否效益开发”三大关键科学问题，创新地质理论，积极转变盆地长 7 油层组页岩油勘探评价思路，借鉴国外非常规油气“水平井 + 体积压裂”开发理念，开展地质、地球物理、测井、工程等多学科一体化联合攻关。在试验区进行“水平井水力喷射分段多簇同步压裂”改造攻关试验，并获得重大突破，改造攻关试验的巨大成功使得油藏勘探实现了向物性更加致密、砂体结构更加复杂的有序推进，并形成了以细分切割布缝为核心的压裂技术及关键工具的自主研发。在此基础上，2013 年在西 233 试验区提交石油控制地质储量 38008×10^4t，含油面积 490.1km^2，三个试验区部署的 25 口水平井试油平均日产超百立方米，极大地振奋了盆地长 7 油层组油藏勘探的信心，助推了长 7 油层组油藏的勘探进程，为盆地长 7 油层组新增探明储量的发现打下了良好基础。

2013—2014 年，主要开展了五点井网、七点井网面积注水开发试验（44 口井）及体积压裂超前补能开发试验（26 口井）。开发试验表明注水开发补充能量效果不明显，递减大的劣势没有得到有效改善，第一年递减率达 40.3%，且见水井数达 20 口，见水比例 45.4%；而体积压裂超前补能开发取得初步效果，初期单井产量高，采油速度高，且不存在见水的问题，开发效果较好。

2015—2017 年，体积压裂超前补能开发成为长 7 油层组开发的主要方式，在 X233 井区、Z183 井区开展长水平井、小井距体积压裂超前补能开发试验，结果表明长水平段 + 体积超前补能开发能扩大泄油体积，大幅提高单井产量，但不足的是初期递减仍较大，随后又进一步探索了注水吞吐作为体积压裂蓄能开发中后期补充能量的新方式，矿场试验初见成效。通过攻关，采用压裂—补能—驱油一体化的思路，集成创新了以长水平井（1500～2000m）、小井距（300～400m）、大井丛、细分切割体积压裂为核心的长水平井体积压裂超前补能开发关键技术。规模推广应用后，在单平台井数大幅增加、水平段增长、压裂段数增加的条件下，钻井及压裂周期显著缩短，技术指标不断创新高。

第三阶段（2018 年至今）：规模勘探开发阶段。2018 年以来，在地质理论上彻底完成了从致密油到页岩油的概念认识转变，推动了长 7 油层组页岩油勘探开发理论技术及管理思路的转变；在庆城油田设立页岩油示范区，通过攻关研究，创新突破了页岩油开发技术系列，形成了陆相低压页岩油效益开发模式。

2018 年，长庆油田加大页岩油勘探开发力度。按照“直井控藏、水平井提产”的总体思路，集中围绕长 7 油层组泥页岩层系进行系统勘探评价工作，整体部署落实储量规模，并以“建设页岩油开发示范基地、探索黄土塬地貌工厂化作业新模式、形成智能化—信息化劳动组织管理新架构”为目标，按照“多层系、立体式、大井丛、工厂化”的思路，部署水平井 159 口，设计水平段 1500～2000m、井距 400m 为主，同时开展 200m 小井距试验，开发取得了良好效果，形成了比较成熟的地质理论及配套的开发技术。

2019 年以控制、预测储量升级为目的，在 X233、Z183 井区提交石油探明地质储量 35889.14×10^4t，含油面积 782.73km^2。发现了储量规模超十亿吨的庆城油田。

2020 年以建设国家级开发示范基地为目标，积极加大庆城油田外围勘探开发力度，在 NP1 井区提交石油探明地质储量 14320.99×10^4t，含油面积 278.52km^2，并强化示范区建设，截至 2021 年底，示范区共实施水平井 455 口，平均水平段 1672m，油层钻遇率 76.9%，初期日产油 13.3t/d，达产年单井日产油 12.3t，第一年平均单井累计产油 4405t（图 6-3-3）。庆城油田累计石油探明地质储量达到 10.52×10^8t，长 7 油层组页岩油年产量接近百万吨。

二、油田基本地质特征

（一）油层特征

晚三叠世印支运动，随着扬子板块向北挤压华北板块，以及西秦岭造山带的隆升，形成了东部宽缓、西部陡窄的不对称鄂尔多斯大型内陆坳陷湖盆。鄂尔多斯盆地在晚三叠世延长组沉积期，总体是一个湖盆逐渐扩张再到消亡萎缩的多期振荡式演化过程。长 7 油层组沉积期是湖盆最大的扩张期，湖水深、水域广，形成了面积达 $6.5\times10^4km^2$ 的半深湖—深湖区，沉积了一套以暗色泥岩、黑色页岩为主的，厚度达 100m 以上的烃源岩系。长 7 油层组受古构造、古地形、古水深的控制，半深湖—深湖环境中砂质碎屑流沉积、浊流沉积、滑动—滑塌沉积、三角洲水下分流河道沉积等多期次发育，形成长 7 油层组富有机质泥页岩夹多薄层粉细砂岩的细粒沉积组合。庆城油田所在的盆地西南陡坡带，由于构造活动引起的地震等促发因素诱导下，发育多频次的重力流细粒砂岩沉积；长 7_3—长 7_1 油层组沉积期湖盆逐渐萎缩，砂质沉积从零星分布到形成一定规模，最后形成了大面积复合连片分布。

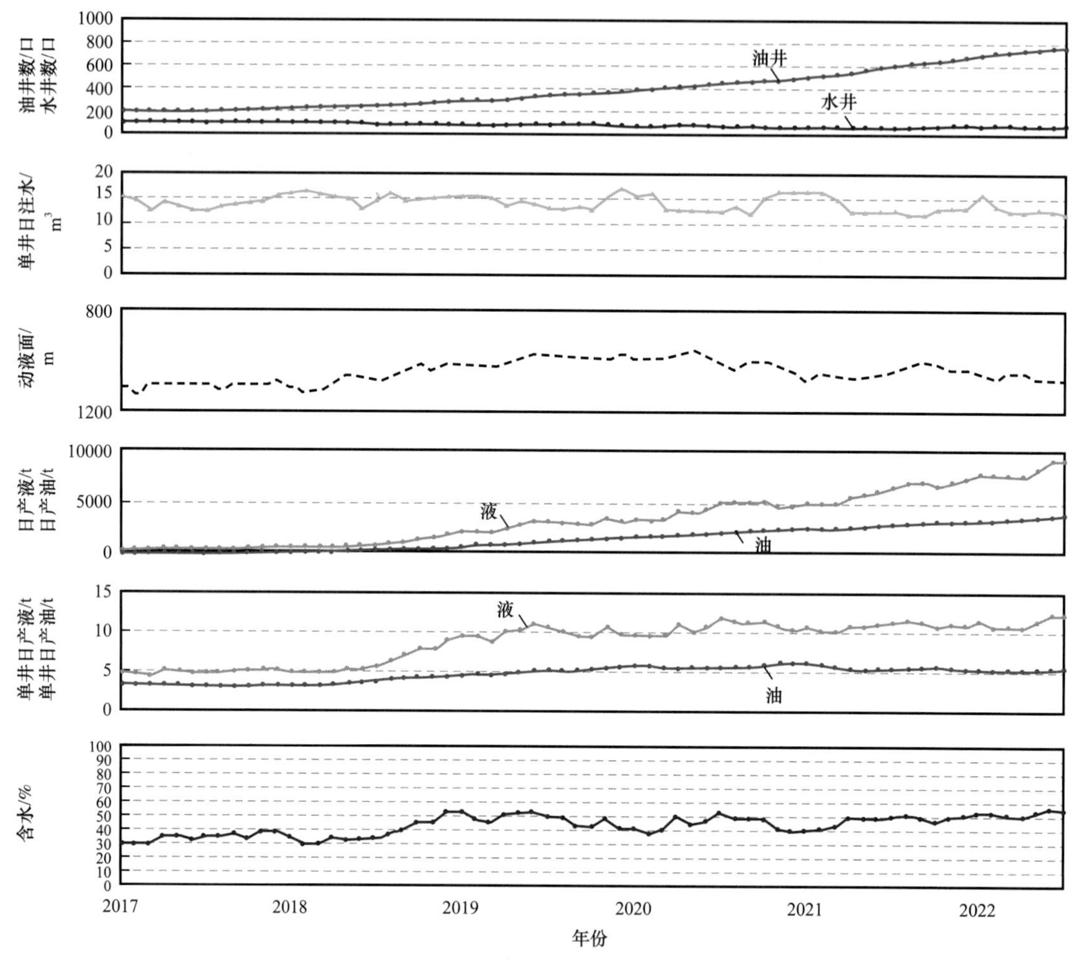

图 6-3-3　庆城油田页岩油综合开采曲线

长 7 油层组优质烃源岩广覆式分布，发育黑色页岩与暗色泥岩，是盆地中生界石油的主要烃源岩。“面广水深”的湖盆沉积环境、高生产力、低陆源碎屑补偿速度和沉积后缺氧的保存条件等是长 7 油层组有机质富集的关键因素。有机质生烃潜力约 400kg/t，生烃强度一般为 400×10^4～600×10^4t/km^2，具有很强的排烃能力；细粒沉积中的粉砂质泥岩、泥质粉砂岩也均具备一定生烃潜力，致使长 7 油层组具备整体生烃的特征；为长 7 油层组页岩油规模成藏提供了良好的生烃物质基础。

庆城油田长 7 油层组细粒沉积岩主要分为细砂岩、粉砂岩、黑色页岩、暗色泥岩、凝灰岩共 5 类，多薄层粉细砂岩是页岩油的主要储集体。细粒砂岩单砂体厚度小于 5m，具有高石英（30%～45%）、低长石（小于 25%）含量的特征；主要发育溶蚀孔、粒间孔，孔隙半径 1～8μm，喉道 20～150nm，孔隙度 8%～11%；渗透率 0.05～0.3mD。砂质储集甜点长英质含量高，有利于压裂；微纳米级孔喉虽然细小，但数量众多，提升了页岩层系的储集能力；纳米级喉道连通性较好，形成了簇状复杂孔喉体系，储集性能较强。

长 7 油层组细粒沉积整体含油，分布于厚层富有机质泥页岩中的细粒粉细砂岩普遍含油，构成了目前庆城油田长 7 油层组页岩油主要的含油富集甜点。受西倾单斜影响，庆城油田长 7 油层组油层呈现出西低东高、北低南高的分布格局，单油层平面延伸多为 1500～4000m。华池区块主力层长 7_1 油层组平均叠合油层厚度 11.3m，长 7_2 油层组平均叠合油层厚度 12.5m，油层展布受湖底沟槽控制，垂直西南物源方向；合水区块主力层长 7_1 油层组平均叠合油层厚度 13.6m，长 7_2 油层组平均叠合油层厚度 10.3m；油层平面上大面积连片发育，主体带叠合厚度大于 8m，局部区域叠合厚度大于 16m。

（二）油藏特征

庆城油田延长组长 7 油层组页岩油为烃源岩发育层系内致密砂岩和页岩中未经过大规模长距离运移而形成的石油聚集，具有典型的自生自储、源内聚集的特征。长 7 油层组沉积厚度主要分布于 90～110m，整体为一套夹有多薄层粉细砂岩的、具有较强生烃条件的富泥页岩层系。环县—庆城—合水一线为长 7 油层组重力流沉积砂体的发育区，砂地比相对较高，分布于 10%～25% 之间，受沉积物源的控制作用明显，在重力流水道的侧翼，砂地比逐渐降低；平均单层砂岩厚度 3.5m，最大厚度 5.8m。长 7 油层组页岩层系中黑色页岩平均厚度 16m，最厚达 60m，TOC 含量平均值为 13.81%；暗色泥岩平均厚度 17m，最厚达 124m，TOC 含量平均值为 3.75%；富有机质泥页岩广覆式分布，R_o 主要分布于 0.9%～1.1%，平均 T_{max} 达到 447℃，已达生油成熟阶段，处于生油高峰期。

长 7 油层组页岩油成藏模拟结果表明，成藏期储层古压力为 18～26MPa，烃源岩与砂岩过剩压力差一般为 8～16MPa，过剩压力为烃源岩层系内初次运移和近源短距离运移提供了强大的动力。生烃增压持续充注形成了庆城油田长 7 油层组页岩油储层高含油饱和度的特征，并且砂岩中富含的有机质改变了储层的润湿性，有利于烃类高效充注。页岩油成藏经历快速成藏期和持续高压充注期两个阶段：快速成藏期优先充注较大孔隙，储层中含油饱和度呈快速增长；持续高压充注期充注大量微小孔隙，含油饱和度缓慢增长，最终高达 70% 以上，更靠近优质烃源岩的有利储层具有更高的充注程度，最高含油饱和度超过 90%。原始气油比介于 70～120m^3/t（生产气油比 300m^3/t）。

庆城油田长 7_1 油层组平均原始地层压力 14.18MPa，压力系数 0.70；平均油层温度 69.6℃，地温梯度 3.4℃ /100m；平均饱和压力 8.74MPa，平均地饱压差 5.44MPa。长 7_2 油层组平均原始地层压力 15.90MPa，压力系数 0.76；平均油层温度 68.7℃，地温梯度 3.3℃ /100m；平均饱和压力 7.47MPa，平均地饱压差 8.43MPa。均属低压常温未饱和油藏（表 6-3-1）。

表 6-3-1 庆城油田延长组长 7 油层组油藏参数表

层位	油藏类型	驱动类型	埋藏深度/m	中部海拔/m/	原始地层压力/MPa	压力系数	饱和压力/MPa	地饱压差/MPa	饱和程度	地层温度/℃
长 7_1 油层组	岩性	弹性溶解气（混合驱）	1632～2528	−877.0～−435.7	14.18	0.70	8.74	5.44	未饱和	69.6
长 7_2 油层组	岩性		1712～2108	−626.3～−540.9	15.90	0.76	7.47	8.43	未饱和	68.7

（三）流体性质

1. 原油性质

庆城油田长 7 油层组地层原油黏度为 1.23～1.61mPa·s，地层原油密度为 0.731～0.762g/cm^3，体积系数为 1.240～1.278，溶解气油比为 69～87m^3/m^3。据地面原油分析资料，长 7_1 油层组油层平均原油密度为 0.830g/cm^3，平均原油黏度为 4.04mPa·s，平均凝固点为 16.6℃，平均初馏点 67.6℃；长 7_2 油层组油层平均原油密度为 0.825g/cm^3，平均原油黏度为 3.46mPa·s，平均凝固点为 16.2℃，平均初馏点 67.4℃（表 6-3-2），具有低密度、低黏度、低凝固点以及不含硫的特征。

表 6-3-2 庆城油田延长组长 7 油层组原油主要性质表

层位	地层原油				地面原油				
	密度/g/cm^3	黏度/mPa·s	气油比/m^3/m^3	体积系数	密度/g/cm^3	黏度（50℃）/mPa·s	含硫量/%	初馏点/℃	凝固点/℃
长 7_1 油层组	0.731	1.23	87	1.278	0.830	4.04	0	67.6	16.6
长 7_2 油层组	0.762	1.61	69	1.240	0.825	3.46	0	67.4	16.2

2. 地层水性质

鄂尔多斯盆地长 7 油层组沉积期为湖盆鼎盛期，湖盆范围大，湖水深度可达 140m，古盐度相对较高。长 7 油层组沉积期地层水受长 7 油层组泥页岩封隔及长 4+5 油层组泥岩遮挡，流体系统封闭，水岩作用过程伊利石化、绿泥石化形成 K^+、Mg^{2+} 相对亏损，伊利石、绿泥石胶结发育，钠长石化形成 Ca^{2+} 富集，进而形成了以 $CaCl_2$ 型为主的地层水型。

庆城油田长 7 油层组地层水总矿化度平均为 48.2g/L，长 7_1 油层组总矿化度平均为 43.1g/L、长 7_2 油层组总矿化度平均为 53.2g/L；水型为 $CaCl_2$ 型，表明油藏封闭性好，油藏保存条件好（表 6-3-3）。

表 6-3-3　庆城油田延长组长 7 油层组地层水分析数据表

层位	阳离子 /（mg/L）			阴离子 /（mg/L）				pH	总矿化度 / g/L	水型
	$Na^{+}+K^{+}$	Ca^{+}	Mg^{+}	Cl^{-}	SO_4^{2-}	HCO_3^{-}	CO_3^{2-}			
长 7_1 油层组	13859	1990	489	25313	985	368	91	6.2	43.1	$CaCl_2$
长 7_2 油层组	18423	1523	389	30816	1535	474	0	6.0	53.2	$CaCl_2$

三、勘探开发关键技术

（一）勘探技术

1. 页岩油地震勘探技术

页岩油地震勘探不仅对储层厚度、含油性等进行评价，也需对烃源岩品质、储层脆性指数等进行预测，为甜点区优选及水平井随钻导向等提供依据。庆城油田地表为典型的黄土塬地貌，地表第四纪黄土经长期的剥蚀、切割形成复杂多变的沟、塬、梁、峁、坡地形。地形起伏变化剧烈，沟塬相对高差最大可达 400m 以上。针对庆城油田黄土塬地表条件和页岩油甜点预测、水平井位部署及轨迹导向需求，形成了黄土塬井震混采单点接收三维地震采集、黄土塬“三高”成像处理、多信息融合甜点区优选及分频相移水平井随钻导向技术，为页岩油甜点区优选、水平井轨迹设计及随钻导向提供支撑（胡素云，2018；蒲秀刚，2019）。

针对黄土塬地表强吸收衰减、高差大、障碍物复杂等特点，首创井炮和可控震源混采、单点检波器接收的采集方式，提高了炮点布设均一性及接收地震波信号的频宽，解决了黄土塬三维地震采集技术难题。庆城北地区利用上述方法采集了覆盖次数 414 次、中生界目的层横纵比为 1 的 600km^2 三维地震资料（图 6-3-4）。

针对三维地震资料静校正问题突出、噪声发育、一致性差等难题，形成了以微测井约束网格层析静校正、超级道剩余静校正、近地表 Q 补偿、多域六分法去噪、子波一致性处理、OVT 域处理为主的黄土塬三维“三高”处理技术系列，攻克了井震混采、单点接收黄土塬三维地震资料成像关。庆城北三维地震工区内应用 30 口微测井资料建立了近地表模型的约束条件，采用大炮初至计算炮检点的静校正量，利用微测井约束网格层析静校正技术，较好地解决了三维区的静校正问题。庆城油田地震资料干扰波类型主要包括面波、线性干扰、多次波、异常野值等。依据噪声能量先强后弱、先规则后随机、先低频后高频的原则，分步、分频、分域、分时窗逐步去除，最大限度地保护了有效信号。在去除噪声的过程中，始终注重低频信号的保护，并且通过去噪前后单炮、剖面和噪声记录的频谱分析，严格做好质量监控，保证有效信号不会受到伤害，做到了保幅、保真去噪。针对黄土塬地区原始地震资料分辨率低的特点，采用了多种反褶积技术，联合拓宽地震资料的有效频带。地表一致性反褶积是消除子波非一致性的处理方法，这种方法在地震资料经过噪声衰减、地表一致性振幅补偿后，进行地震资料的频谱分析，计算反褶积算子，采用付氏变换进行处理。在此基础上，联合应用稳健地表一致性反褶积技术，该方法对输入数据的噪声相对不敏感，能更好地保持地震资料的有效带宽（图 6-3-5），压制高低频噪声的抬升。区内黄土塬三维地震资料处理后，波形特征活跃，地质现象丰富，主要目的层反射清晰，振幅保真性好，处理后页岩油目的层的视主频达到 30～35Hz，有效频宽为 6～70Hz，较以往二维地震资料品质大幅度提升，为甜点优选及水平井轨迹导向提供了资料基础。

复杂区域三维井震混采激发点位设计图(局部)

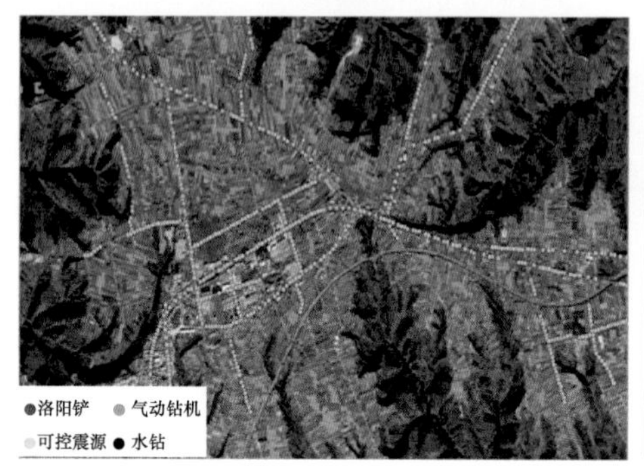

井震混采应用前后属性对比图(局部)

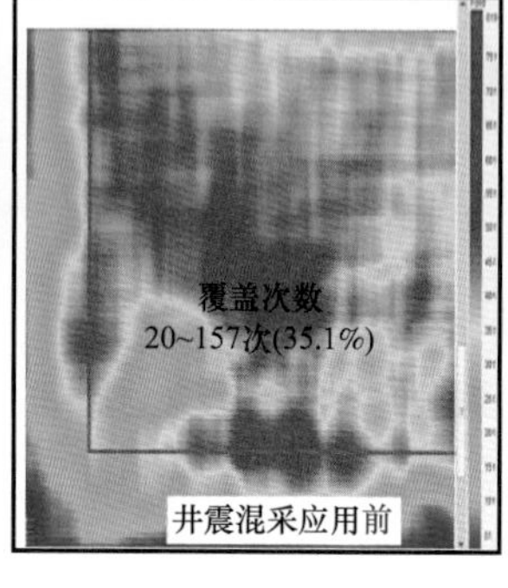

图 6-3-4 黄土山地“井震混采”技术

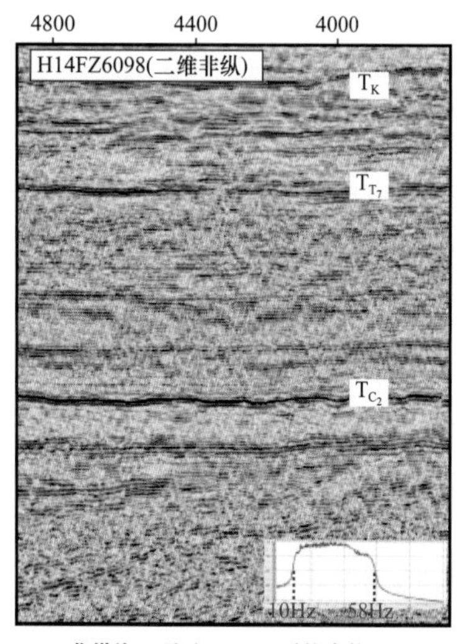

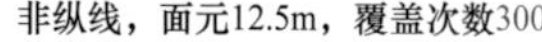

非纵线，面元12.5m，覆盖次数300

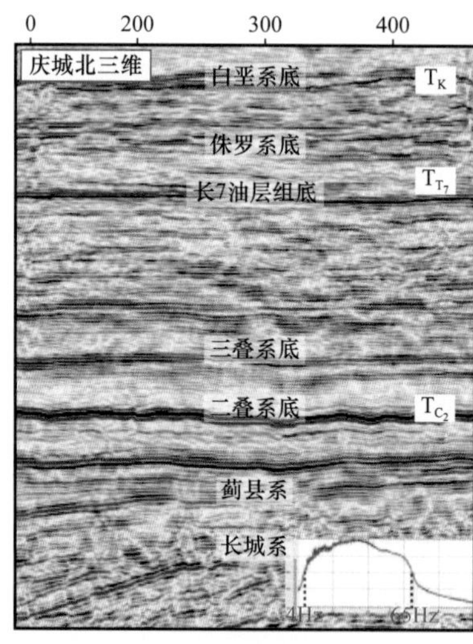

面元20m×40m，覆盖次数：414

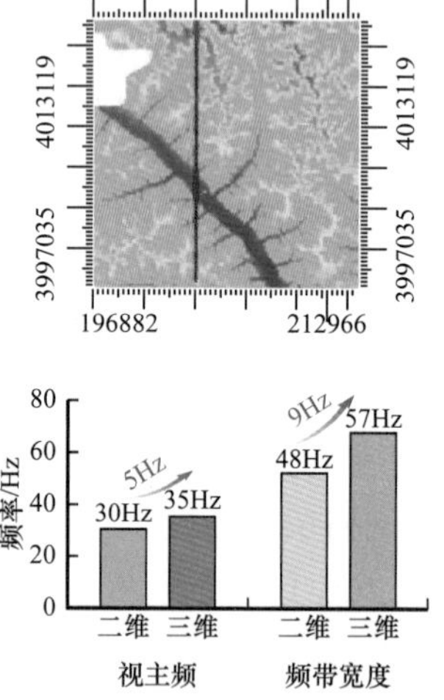

庆城北二维/三维地震成像频率对比

图 6-3-5 二维 / 三维地震资料品质对比

庆城油田页岩油储层虽然叠加厚度相对较大，但砂岩储层横向变化大，含油非均质性强，局部构造变化大，甜点区优选及水平井轨迹调整难点大。针对长 7 油层组页岩油特点，在井震层位综合标定及岩石物理分析基础上，创建了泊松比、脆性、含油性及构造和裂缝综合预测的三维地震多信息甜点优选评价方法。优选长 7_1 层甜点区 626km^2，长 7_2 层甜点区 678km^2，为十亿吨级庆城大油田的发现提供了重要的技术支撑。在甜点区优选基础上，采用分频相移技术，精细刻画薄储层及微构造变化特征，在庆城北三维区导向 30

口和盘克三维区导向 11 口，共实时导向水平井 41 口，油层钻遇率达到 81.4%，有效支撑了页岩油水平井钻探（图 6-3-6）。

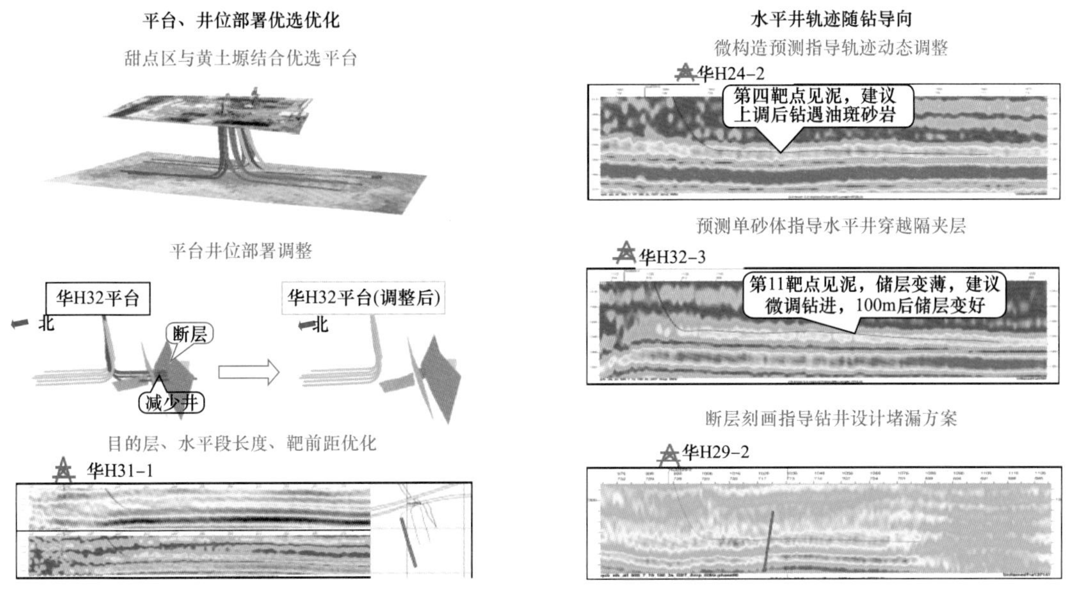

图 6-3-6 水平井优选及轨迹导向流程图

2. 页岩油测井定量评价技术

源内非常规储层岩石组分与孔隙结构更加复杂、非均质性更强、测井信噪比更低，油层测井评价难度极大。针对页岩油测井评价面临的关键问题，围绕储集空间、含油性和地应力等属性评价的生产需求，在系统配套的岩石物理机理研究和测井新技术现场试验的基础上，优化了测井系列与采集模式，研究了针对性的处理解释方法，建立了包括岩石矿物组分、孔喉结构、砂体结构、有机质丰度、岩石脆性、地应力等参数的储层、烃源岩、工程力学三品质定量解释评价技术系列（图 6-3-7），实现了对页岩油地质甜点和工程甜点的测井综合评价，对提高页岩油勘探开发效益具有重要意义（赵贤正，2019；杨智，2019）。

储层品质测井定量评价：以孔隙结构和砂体结构评价为核心，建立了页岩储层微观、宏观定量表征参数。针对页岩油微小孔隙，优化测井采集模式和参数，在降噪基础上研发了核磁测井油气校正方法，改善了孔隙度计算精度和 T2 谱质量通过 J 函数分类，建立 T2 谱计算毛细管压力曲线模型，定量评价可动流体饱和度和喉道中值半径。超低渗透致密储层往往表现出强烈的非均质性，不同的沉积环境条件下，砂体组合特征不同，结构差异很大，表现在油层的产能高低相差悬殊。通过构造测井曲线变差方差根函数，定量表征砂体和含油非均质性，将页岩储层划分为低幅块状、高幅块状和互层砂体三种类型。

烃源岩品质测井定量评价：按照源储配置精细解释的思路，建立了烃源岩品质量化及分类评价参数，为烃源岩测井评价提供了依据。根据岩性特征、有机地球化学指标，结合测井响应特征，将盆地长 7 油层组泥页岩划分为黑色页岩、暗色泥岩和一般泥岩三种类型

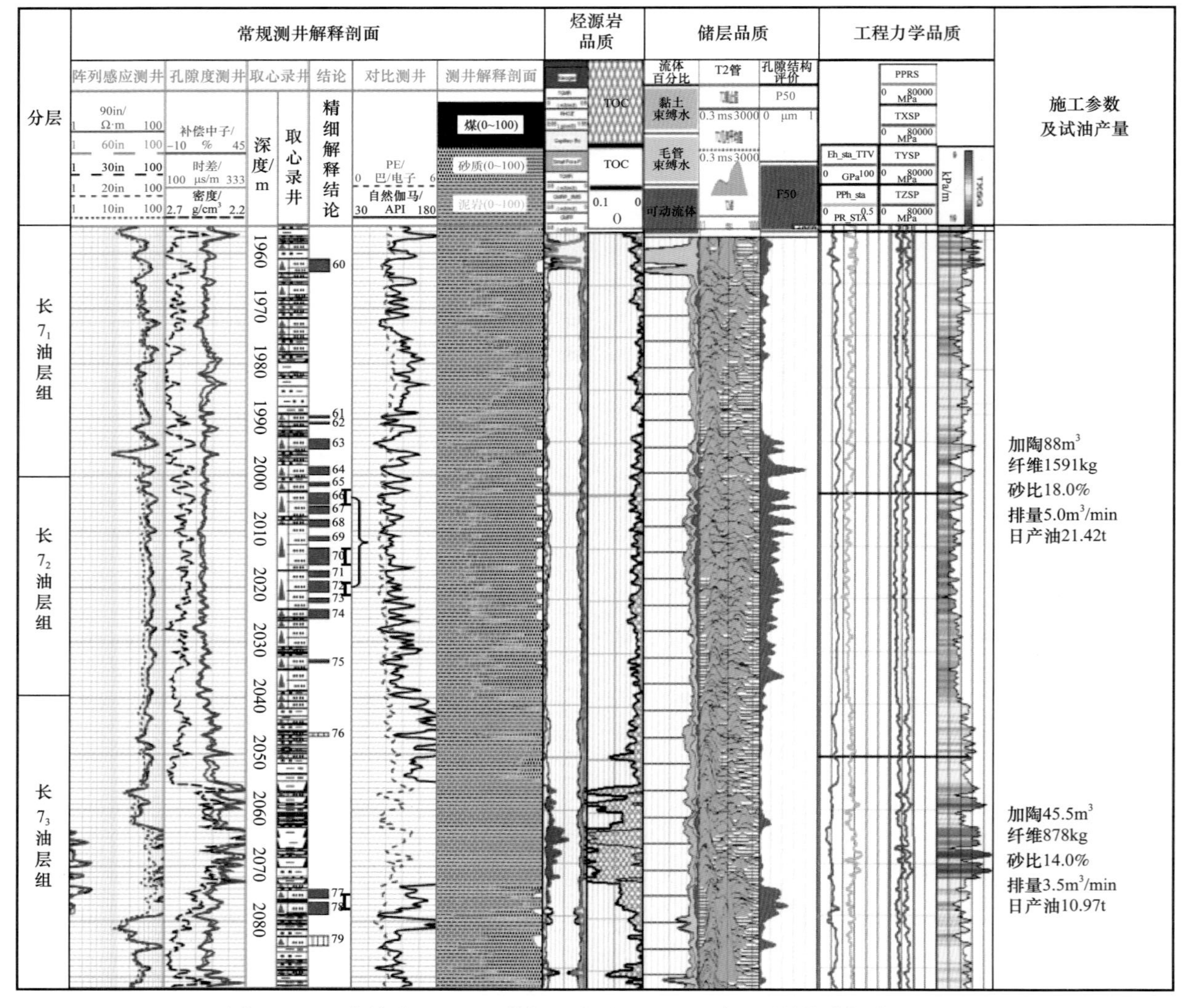

图 6-3-7 庆城油田 CH96 井长 7 油层组“三品质”测井综合评价成果图

（图 6-3-8）。在测井资料标准化的基础上，优选声波时差、密度、自然伽马多元回归建立了长 7 油层组的 TOC 计算模型。

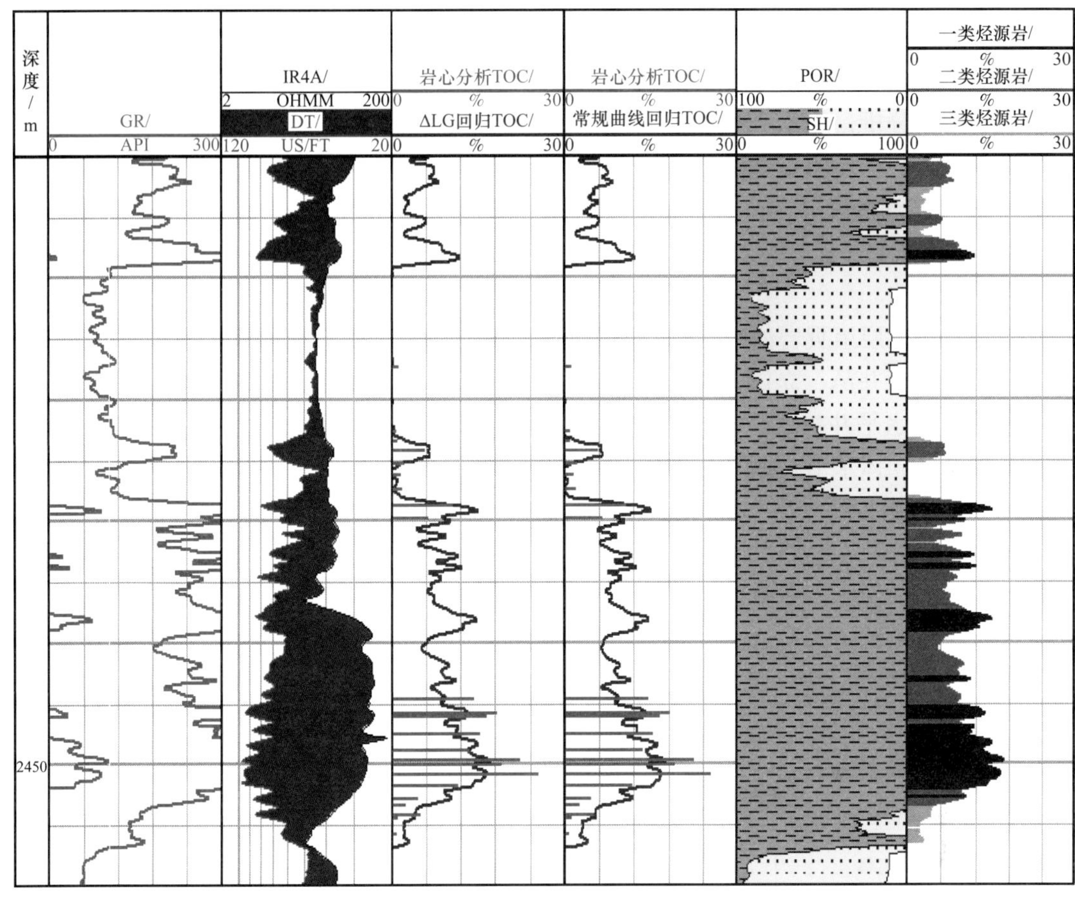

图 6-3-8 庆城油田 L147 井长 7 油层组测井计算烃源岩 TOC 及分类

工程力学品质测井定量评价：地层水平主应力大小与方位、岩石的脆性等岩石力学参数是压裂设计中的关键信息，对于研究岩石的破裂、水力裂缝延伸过程中的几何形状与扩展规律极为重要。基于阵列声波测井与三轴应力试验，形成了岩石脆性与地应力评价方法，并建立了压裂高度预测模型，为压裂方案优化提供依据。

测井“三品质”精细评价技术有力支撑了庆城大油田的勘探发现、储量提交与有效开发。结合试油井储层段取心资料，采用统计法得到岩性、含油性、物性下限标准。根据试油井油层段电性数据，采用图版法得到有效厚度电性下限标准，为页岩油储量提交提供了重要依据。综合确定庆城大油田长 7 油层组页岩油孔隙度下限 6%，渗透率下限 0.03mD。根据试油资料，利用交会图法确定储层声波时差下限为 215μs/m，电阻率下限为 23Ω · m。通过面积内 194 口井脆性指数与试油产量统计分析，脆性指数一般要大于 51%。烃源岩平均有机碳含量与含油饱和度具有正相关性，当含油饱和度大于 55% 时，有机碳含量一般大于 6%。

（二）开发技术

1. 页岩油水平井井网系统优化技术

庆城油田页岩油开发难度大，综合矿场实践、油藏特征和单井投资，以及技术经济因素分析，优化确定出合理水平段以 1500～2000m 为主；通过井下微地震、物模、数值模拟及经济效益分析，优化出水平井井距为 300～400m。庆城油田页岩油示范区目前已完钻水平井 488 口，平均水平段长度 1682m，投产 272 口，通过长水平井、小井距开发技术，初期单井日产油由 9.6t 上升至 18.6t，水平井前两年累计产油大于 7000t，初期采油速度由 0.6%～0.8% 上升至 1.8%，采收率由 5.1%～6.0% 上升至 9.0%，采油速度与采收率大大提高。

针对长 7 油层组页岩油水平井体积压裂初期超前蓄能，中后期注气的开发方式，形成了“小井距、大井丛、立体式”布井技术（图 6-3-9）。根据油层的发育情况，一套油层发育采用丛式水平井井组开发，井场组合 4～6 口水平井；砂体垂向叠合，两套油层发育时采用大丛式立体水平井组开发，井场组合 6～12 口水平井；两套以上油层叠合时，组合更多水平井，最大可达 20 口。

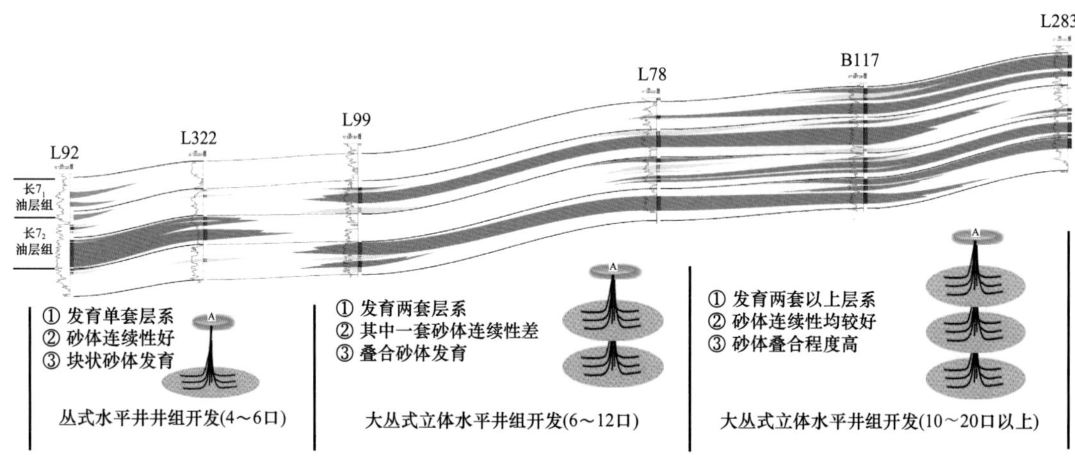

图 6-3-9　庆城油田水平井布井模式图

2. 页岩油水平井优快钻完井技术

针对庆城油田页岩油开发长水平井钻完井关键技术方面，基于“空间圆弧 + 分段设计”的大偏移距三维水平井井身轨迹设计方法，结合钻井工具的实际造斜能力，对摩阻系数、靶前距、偏移距、偏移角度三维剖面设计的关键参数进行计算优选，形成“小井斜钻偏移距—稳井斜扭方位—增井斜入窗”的实钻轨迹控制技术（图 6-3-10），大偏移距井摩阻整体降低 27%，最大偏移距突破至 1102m，最大部署井数达到 31 口。

针对长裸眼段、长水平段存在塌漏复杂地层，常规钻井液难以满足长泥岩段坍塌与薄弱地层漏失、钻井摩阻扭矩高等问题，优选强抑制复合盐防塌钻井液关键添加剂，提高钻井液的抑制性与井壁稳定，降低摩阻系数，实现摩阻系数降低 40% 及 4088m 水平段安全钻完井（图 6-3-11）。

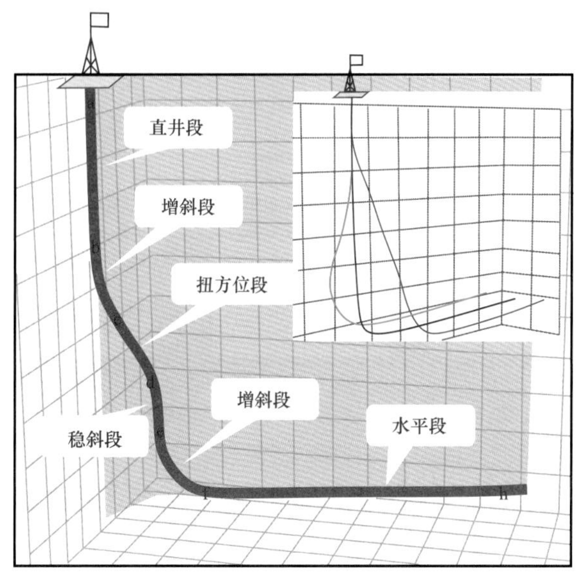

图 6-3-10　三维水平井井身剖面设计图

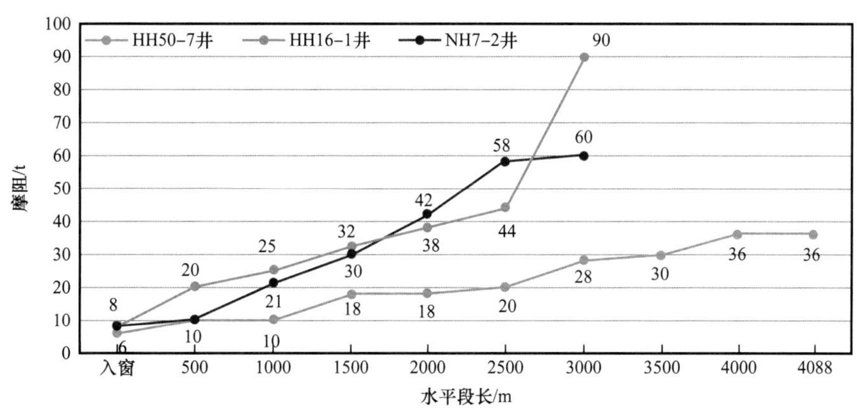

图 6-3-11　三口长水平井水平段钻具下放摩阻

针对源内非常规油在水平段多段、大排量压裂交变应力作用下的固井质量和段间有效封隔需求，优选关键韧性材料、优化水泥浆性能，研发微膨胀韧性水泥浆体系、研制刚性树脂滚轴扶正器，提高水泥石塑性形变与抗冲击能力、降低水泥石弹性模量，水平段固井质量优质率由 75%提高至 89%。

3. 页岩油水平井体积压裂改造技术

由于人工裂缝条带状特征、地层压力系数低、关键工具材料进口依赖性强等问题，导致裂缝有效控制程度低、油井产量递减快，效益开发难度大。优化全生命周期生产制度，提高累计产量（杨智，2018；杜金虎，2019）。

针对庆城油田长 7 油层组页岩油储层非均质性强、储层致密、地层压力系数低、天然裂缝发育、岩石脆性指数低等提产提效技术瓶颈，改造思路由前期“大排量打碎储集体”转变为“密切割剁碎储集体”（图 6-3-12）。通过近几年多学科联合攻关与现场实践，创新形成了水力喷砂环空加砂压裂和速钻桥塞分段多簇压裂等体积压裂工艺，并自主研发低伤害、低成本 EM30 滑溜水压裂液，实现了对庆城页岩油田储层的有效改造。

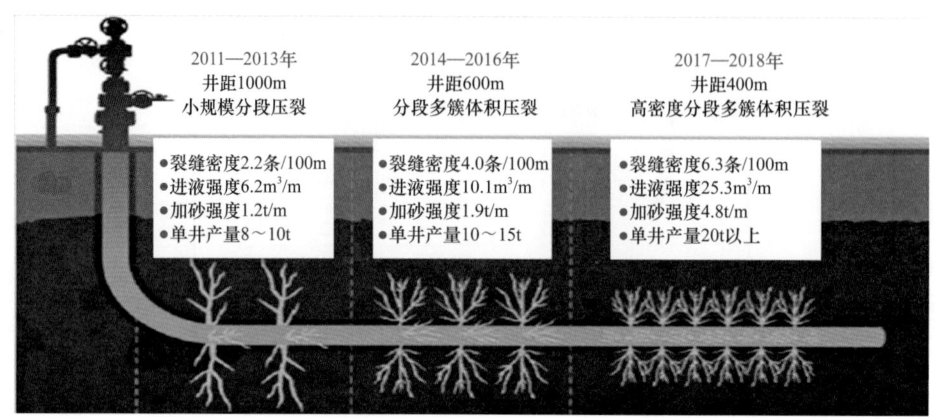

图 6-3-12　水平井裂缝设计及关键参数变化图

新一代水力喷砂分段压裂工艺以“多簇射孔、环空加砂、长效封隔”为核心，多喷射器同时喷砂实现由单簇到多簇射孔的转变；采用环空加砂，携砂通道增大，解决了高压高排量压裂难题；封隔有效性提升，满足长时间大规模压裂的要求。自主研发的新型钢带式长胶筒封隔器，应力集中区有效减小，锚定能力提高 3 倍以上，钢带连接最高承压 84MPa，提高承压 20%，同时，提高喷射器防反溅能力，使用寿命延长 25%。新一代水力喷射环空加砂压裂已成为油田水平井主体改造工艺，单趟管柱压裂段数由前期的 1～2 段提高至 4～8 段，最高达到 12 段。

水力泵送速钻桥塞分段压裂是国外页岩油体积压裂的主体技术，前期在庆城油田 YP6、YP9 井引进使用取得了较好效果，但国外技术成本较高。通过几年攻关试验，掌握了多级点火、大通径复合桥塞、可溶球、配套井口、钻磨工具等关键技术，实现了技术国产化。自主研发的复合桥塞与国外复合桥塞对比，在耐温等级、承压能力、钻磨性能等技术指标方面达到国际先进水平。水力泵送复合桥塞体积压裂工艺与水力喷砂压裂相比，技术能力大幅提升，排量最高达到 15m³/min，压裂效率由 1～2 段 / 天提高到 3 段 / 天。

配套水平井体积压裂“多簇射孔、大排量压裂、压后快速投产”的技术，攻克了高延展性可溶金属密封、可溶卡瓦锚定、压后快速清洁等难题，研制出具有自主知识产权的 DMS 可溶球座，实现了可溶金属密封替代传统橡胶密封（图 6-3-13）；应用于 60 口井 900 段，井筒清洁效率提高 1 倍，成本降低 20%。

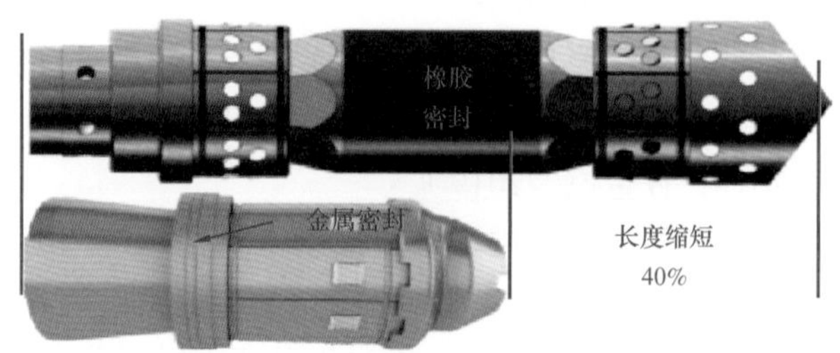

图 6-3-13　可溶桥塞与 DMS 可溶球座对比

自主研发形成了低伤害、低摩阻EM30滑溜水压裂液体系，合成了梳状高分子减阻剂，实现了体积压裂工况有效减阻；配套开发了致密储层高效助排剂TOF-1及黏土稳定剂TOS-1；研发了高效降解剂DA-1，降低了堵塞及吸附伤害。EM30滑溜水压裂液体系，满足了体积压裂对压裂液低摩阻、低伤害、低成本、可连续混配、可重复利用的新要求，在减阻性能、返排能力、岩心伤害率、综合成本四个方面的指标达到国际先进水平；EM30滑溜水压裂液体系实现成果快速转化，大幅降低了体积压裂作业成本。

在以上技术集成的基础上，创新形成了高密度细分切割、压裂前注水补能、提升油水置换率三项核心设计，研发了平台整体压裂优化、DMS可溶球座压裂、CSI驱油型压裂液三项关键技术，集成了关键参数经济优化、多簇裂缝精细控制、工具材料自研自产三项降本措施，攻关形成了长庆特色长水平井细分切割体积压裂技术，裂缝控制程度由55%提高至92%，进液强度由7.2m^3/m提高至25.1m^3/m，水平井单井初期日产油由前期的9.6t提高到18.6t，实现了庆城油田页岩油规模效益开发。

四、勘探成效及开发效果

2011年以来，长庆油田借鉴国外非常规资源勘探开发经验，积极开展“水平井+体积压裂”攻关，综合储层特性、含油性、烃源岩特性、脆性及地应力等甜点评价因素，针对不同类型，先后开辟了X233、Z183、N89三个先导试验区开展不同类型的试验攻关。截至2021年，试验区25口水平井平均试油产量均超百吨，经过长期试采评价，稳产形势较好，投产初期平均日产油11.5t，目前日产油5.2t，平均单井累计产油2.1×10^4t，累计产油52.3×10^4t，其中YP7井累计产油超过4.2×10^4t。

2018年以来，长庆油田整体部署，分步实施，实现了页岩油勘探的重大突破。2019年发现了储量规模超十亿吨的我国最大的页岩油田——庆城油田，截至2021年底，庆城油田长7油层组页岩油提交三级储量14.79×10^8t，其中探明储量10.52×10^8t（图6-3-14）。通过建立“三品质”测井精细评价技术、优化地震水平井轨迹导向和甜点预测技术、构建水平井“超前蓄能、细分切割、渗吸驱油”体积压裂技术等，实现了庆城油田页岩油的规模勘探与效益开发，率先建成中国石油百万吨整装页岩油效益开发示范区，在国内广受关注。

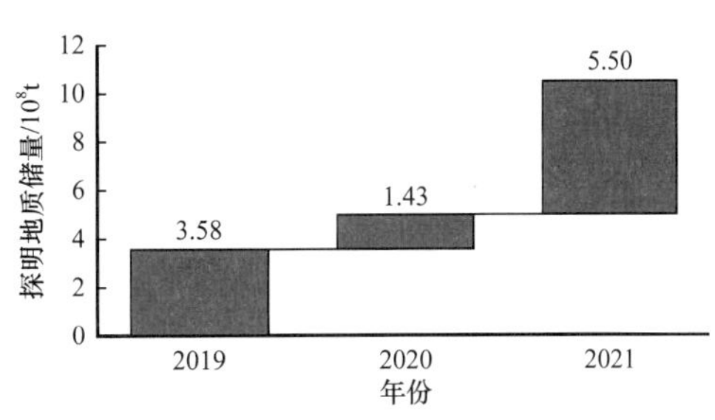

图6-3-14 庆城油田新增探明地质储量变化图

截至2021年5月，庆城油田页岩油示范区完钻水平井455口，平均水平段1672m，油层钻遇率76.9%，压裂24段，入地液量$2.7\times10^4m^3$，加砂量3129m^3；初期日产油13.3t，目前日产油7.2t，达产年单井日产油12.3t，第一年平均累计产油4405t。通过攻关研究，从方案优化、技术创新和管理升级等方面控降投资，页岩油示范区水平井单井投资由3190万元下降至2830万元；经济评价显示，示范区平均桶油完全成本47美元，内部收益率6.86%，超过行业基准收益率6%，实现效益开发。

页岩油非常规油藏的规模勘探与效益开发，得益于陆相页岩油富集理论的建立及关键核心技术的进步。沉积相、岩相、有机相三相耦合，广覆式分布的重力流砂体夹持在烃源岩之间，成藏条件优越，形成庆城油田主力甜点段；在前期页岩油试验区技术探索及庆城油田的勘探开发实践中，形成了地震、测井、储层改造工艺等一系列关键配套技术，为庆城页岩油田规模有效开发提供了重要技术保障。庆城油田页岩油勘探开发理论与关键技术的突破，实现了“资源向储量”“储量向产量”的转变，助推了庆城大油田的发现，实现了页岩油规模效益开采，对我国陆相页岩油的突破具有示范作用，对长庆油田“二次加快发展”具有重要意义（图 6-3-15）。

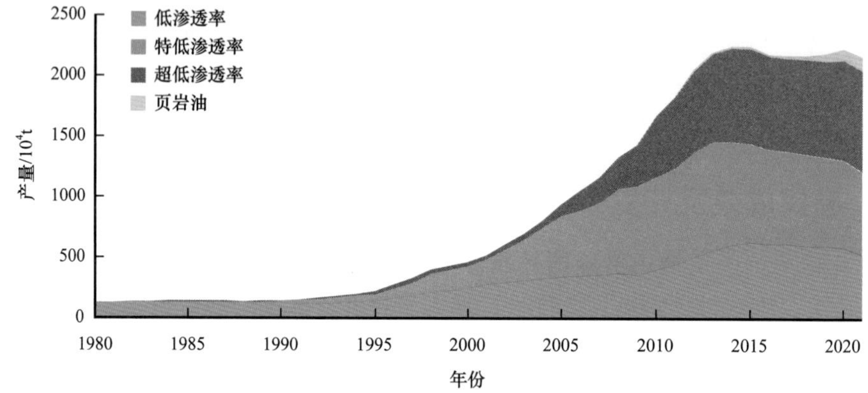

图 6-3-15　长庆油田石油产量变化图

第四节　华庆油田

一、勘探开发历程

（一）概况

华庆油田位于晚三叠世湖盆中部，处于东北与西南两大沉积体系的交会区。北起楼坊坪，南到城壕，西抵白马，东至马家砭，勘探面积 6000km^2。行政区划属于陕西省吴起县、志丹县和甘肃省华池县（图 6-4-1），地表属黄土塬地貌，黄土层厚 100～200m，地形复杂。地面海拔 1350～1660m，相对高差 310m 左右。

勘探目的层为三叠系延长组长 8、长 6、长 4+5、长 3 油层组及侏罗系延安组，油层埋藏深度 1800～2400m。是继陕北、陇东、姬塬地区石油勘探取得重大突破后的又一重点探区。

（二）勘探历程

华庆地区是继陕北、西峰、姬塬之后又一重点探区。该区山大沟深，自然环境恶劣，油藏地质条件复杂，长期处于湖盆中心，传统认识认为以泥质沉积为主，砂体不发育，难以规模成藏，勘探难度大。该区的石油勘探始于20世纪70年代长庆油田会战初期，勘探历程大致可分为三个阶段（图6-4-2）。

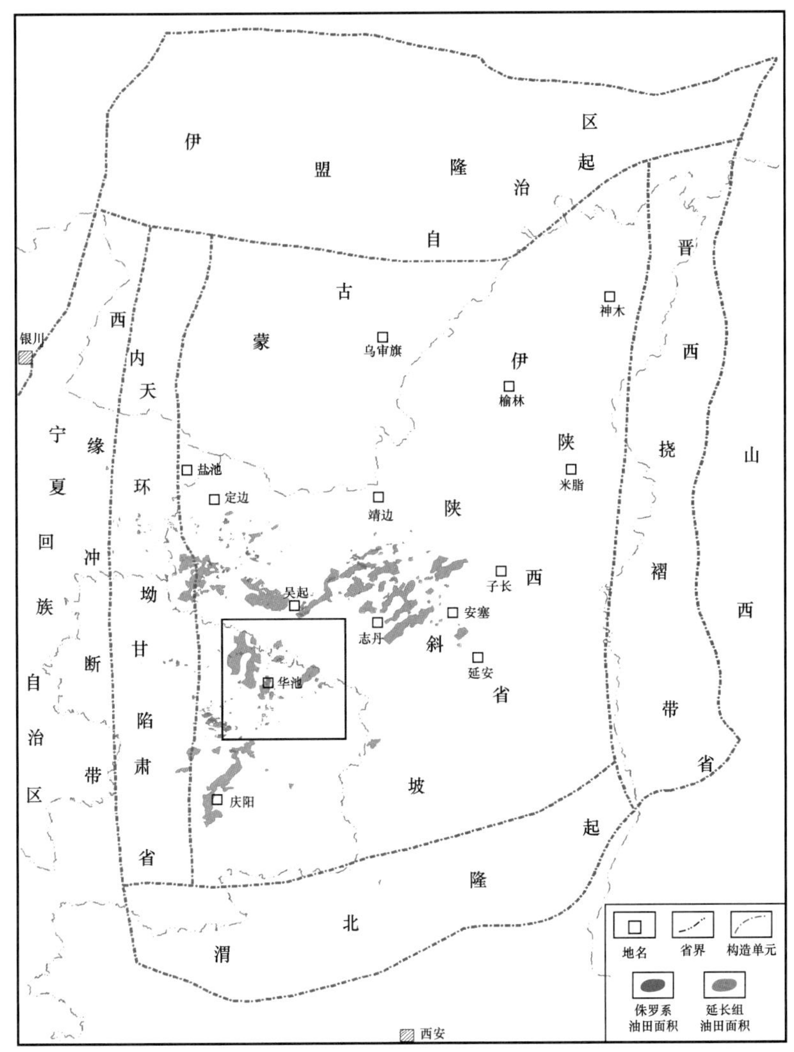

图6-4-1　华庆油区位置图

第一阶段：侏罗系勘探阶段。20世纪70—80年代，以侏罗系延安组为主要目的层，在古地貌油藏成藏理论指导下，1974年完钻的P16井钻遇延安组延9、延10油层组及延长组长2、长3、长4+5、长7油层组等六套油层，在其中的延9、延10油层组获工业油流。20世纪80年代初，围绕P16井延9、延10油层组进行滚动勘探，在侏罗系古河道两侧的斜坡地带和河间丘上发现了华池、城壕、五蛟、白豹、元城等油田，探明石油地质储量2900×10^4t。

第二阶段：延长组上部油藏勘探阶段。20世纪90年代至2006年，进行侏罗系延安组勘探的同时，在三角洲成藏理论的指导下，深化了沉积相研究，立足延长组上部长3、长4+5油层组展开预探，相继发现了华池H152井、元城Y51井、南梁W6井等13个三叠系延长组油藏，探明石油地质储量 1.08×10^8t。自此，华庆地区进入了低渗透油藏的勘探开发阶段。

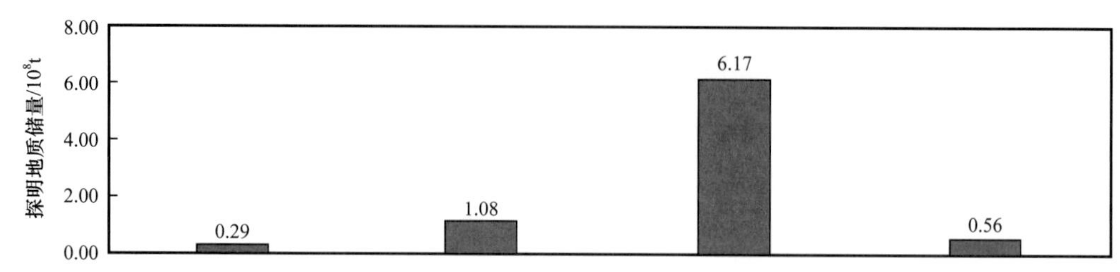

勘探阶段	侏罗系油藏勘探	延长组上部油藏勘探	延长组中下部勘探	
			华庆油田长6油层组	长8油层组
时间	1978—1990年	1990—2006年	2000—2009年	2010年以来
主要认识	以古地貌成藏理论为指导，在甘陕古河两岸的坡嘴上发现了元城、五蛟、城壕等一批侏罗系高产油藏	在三角洲成藏理论指导下，加强对三叠系延长组上部油藏的勘探，相继在华池、南梁、白豹等地区发现了长3、长4+5油层组油藏	建立了晚三叠世坳陷湖盆三角洲—重力流复合沉积模式，突破湖盆中部难以形成有效储集砂体的传统认识	三角洲砂体发育，储层物性较好，但非均强性，处于生烃中心，利于形成岩性油藏

图 6-4-2　湖盆中部华庆地区石油研究与勘探变迁图

第三阶段：延长组中下部勘探阶段。进入 21 世纪，在“三个重新认识”的指导下，通过深化湖盆中部沉积相、层序地层和湖盆底形研究，突破了“湖盆中部以泥质岩类沉积为主，缺乏有效储集体”的传统观念，提出了“长 6 油层组沉积期湖盆中部发育大面积厚层砂体”的新认识（付锁堂，2010），冲破湖盆中部勘探禁区，开辟了勘探新领域。2004 年部署的 B209 井钻穿长 6 油层组，该井钻遇长 6_3 油层组油层 16.0m，平均孔隙度 13.54%，平均渗透率 0.54mD，加砂 35m3 压裂试油获 21.93t/d 高产油流，该井的成功钻探标志该区长 6 油层组勘探取得了新的突破，也从此拉开了华庆亿吨级油田勘探的序幕。

随着勘探认识的突破，发现了厚层含油砂岩，开辟了勘探开发的新领域。石油预探通过深化沉积体系和成藏运聚研究，搞清砂体成因类型、几何形态、规模和成藏特征；评价主攻沉积微相、储层微观特征及石油富集规律研究，摸清相对高渗高产成因和分布规律，2005 年至 2007 年，通过预探、评价整体研究、整体部署实施，完钻探井 64 口，评价井 127 口，初步摸清了华庆地区油藏规模和含油富集区，显示出华庆地区具备了实现了勘探开发一体化的资源基础。初步落实了 Y284、B209—L70、B255 及 S139 等四支含油砂带油藏规模，预计储量规模可达 5×10^8t 以上。同期，评价联手开发，积极开展开发前期评价，先后在 B209、B216 和 B239 井区开展先导性开发试验和工业化开发试验，优选出合理的开发技术政策，为整体规模开发奠定了基础。

2008 年以来，按照超低渗透油藏开发建设的新思路、新技术、新模式，推行勘探开发一体化运作，探井、评价井、开发骨架井套开发井网整体一次部署到位，征地同期进行，优先实施探井、评价井、骨架井，同时采取大井场建设，避免重复建设，加快了产建步伐，建设周期大大缩短。

截至 2021 年底，华庆地区完成二维地震 4420km，测网密度 4km×4km～4km×8km，平均每 100km^2 钻达长 8 油层组探评井 20 口，已有工业油流井 437 口。长 6 油层组落实了 Y284、B209、B255 等七个有利含油砂带，区内已发现华庆、华池、南梁、元城、白豹、城壕及五蛟 7 个油田，已有探明石油地质储量 10.81×10^8t，总资源量 28×10^8t，勘探潜力较大，初步形成了 12×10^8t 以上储量规模。

二、油田基本地质特征

（一）油层特征

1. 构造

华庆油田区域构造位于伊陕斜坡中南部，构造比较简单，总体为一西倾平缓单斜，倾角不足 1°，断层不发育。在单斜背景上由于差异压实作用，局部形成了起伏较小的轴向近东西或北东向的多排鼻状隆起。华庆油田自北向南主要发育 4 排近东西向鼻状隆起，隆起东西方向延伸近 40km，南北排间距约 10km。

2. 储层

长 6 油层组沉积期，华庆地区处于湖盆沉积中心，为西南沉积体系与东北沉积体系交会处。受物源和古地形影响，不同体系沉积与储层差异明显。

东北部物源供屑充分，湖盆地形坡度较缓，形成以固定水道且规模较大的三角洲前缘砂体为主的沉积，分布稳定，厚度大，砂 / 地比一般在 30% 以上，局部地区甚至达到 80% 以上，砂体呈带状展布。砂体类型有进积的三角洲砂体、滑塌砂体和厚度较小的底流改造浊积砂体。厚层砂体主要为水下分流河道叠加型、水下分流河道砂体与远沙坝叠加型、滑塌砂体与水下分流河道砂体叠加型、复合叠加型等砂体组合类型。储层具有低石英（13.4%～26.0%）、高长石（35.8%～59.5%）的特点。填隙物含量相对较低，平均 12.6%，以水云母为主，平均 5.6%；其次是碳酸盐胶结占 4.6%；含有一定的绿泥石，平均 1.5%，以孔隙衬里的形式产出，增强了岩石的抗压能力，也抑制了石英的增长，有利于粒间孔的保存。水云母和碳酸盐胶结作用导致大量的孔隙损失。白豹区平均的面孔率只有 2.5%，其中粒间孔 1.5%，溶孔 0.8%，有少量微裂隙。由于局部地区发育绿泥石膜，造成一些储层的面孔率可以达到 4%～10%。储层孔隙度为 10.4%～15.7%，渗透率为 0.3～1.25mD（表 6-4-1、表 6-4-2）。

表 6-4-1　华庆油田长 6 油层组填隙物成分组成

区块	水云母 / %	绿泥石 / %	碳酸盐 /%					硅质 / %	长石质 / %	填隙物总量 / %	井数 / 口
			方解石	铁方解石	白云石	铁白云石	小计				
白豹	5.6	1.5	0.3	0.3		1	4.6	0.7	0.2	12.6	17
华池一上里塬	7.8	0.4	0.7	1.6	0.3	3.6	5.9	1.1	0.1	15.7	11

表 6-4-2　华庆油田长 6 油层组孔隙类型

区块	粒间孔 / %	溶孔 /%			微裂隙 / %	面孔率 / %	井数 / 口
		长石溶孔	岩屑溶孔	小计			
白豹	1.2	0.8	0.1	0.8	0.1	2.5	7
华池—上里塬	0.9	0.9	0.1	1		1.9	25

西南部坡度较陡，三角洲前缘沉积易于沿斜坡滑动、滑塌，形成重力流堆积于坡脚及湖底平原地区，形成纵向叠加平面复合平行于岸线展布的大型复合重力流群（图 6-4-3）。砂体为浊积岩、滑塌砂体、砂质碎屑流砂体夹底流改造砂体，其中浊积岩在砂岩中的比重较其他地区大。厚层砂体主要为浊积砂体与砂质碎屑流砂体叠加型、砂质碎屑流与滑塌砂体叠加型、浊积砂体与滑塌砂体叠加型等。砂体呈带状、孤立透镜状展布，厚度一般为 20～50m。西南体系储层具有高石英（22.1%～59.5%）、低长石（4.5%～29.6%）的特点，且含有特征重矿物绿泥石。填隙物含量相对较高，平均 15.7%，以水云母

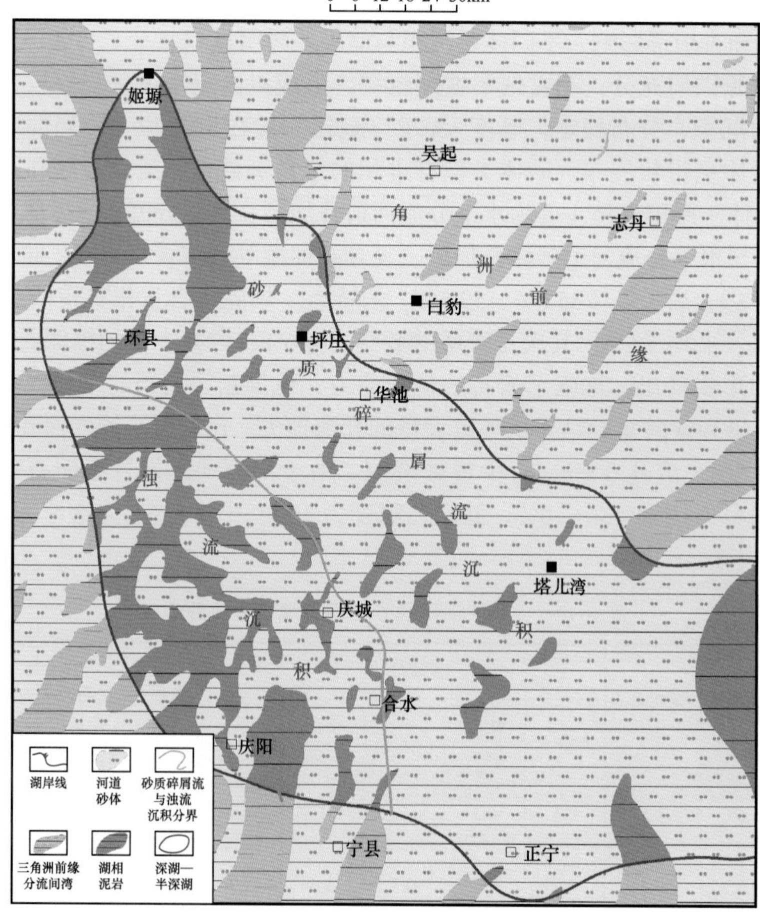

图 6-4-3　华庆油田长 6 油层组沉积相图

为主，平均7.8%，其次是碳酸盐胶结，占5.9%。绿泥石膜不发育，晚期的含铁碳酸盐平均含量5.9%，胶结致密；伊利石含量高，平均9.0%。物性较差，孔隙度一般8.6%～10.5%，渗透率0.05～0.28mD。水云母和碳酸盐岩胶结作用比白豹地区强，致使大量的孔隙损失，该区面孔率只有1.9%，其中粒间孔0.9%，长石溶孔0.9%（表6-4-1、表6-4-2）。

两大体系交会的元城—华池地区位于湖底平原，为混源区和东北物源体系的末端，砂体由砂质碎屑流砂体、滑塌砂体和浊积岩砂体夹底流改造砂体等类型组成。厚层砂体主要为滑塌砂体与砂质碎屑流叠加型、滑塌砂体与浊积岩叠加型、砂质碎屑流与浊积岩叠加型等，呈群状、带状展布。储层物性纵向非均质性较强，东北物源影响的层段绿泥石膜较发育，物性相对较好，西南物源影响的层段晚期碳酸盐胶结致密，物性相对较差，孔隙度一般8.2%～14.6%，渗透率0.05～0.88mD。

油层电阻率整体表现为中—高阻，东西部油层厚度变化较大，西部B209—B468井区油层厚度11～23m，东部B257—S137井区油层厚度10m左右，含油饱和度主要分布在61.4%～69.0%。

3. 生储盖组合

华庆地区以长7油层组黑色页岩为主要烃源岩，其上覆地层中长6油层组三角洲、重力流沉积发育，下伏地层长8油层组三角洲砂体发育，这两套不同性质的砂岩距离烃源岩层最近，具有优先捕获油气的得天独厚的位置优势，成为两个区块内主要含油层系。所以长7油层组主要存在向长8、长6油层组shuang向供烃，同时，长7油层组本身发育一定规模的重力流沉积砂体，形成长8—长7油层组源下组合、长6—长7油层组源上组合和长7油层组的源内组合3种成藏组合类型。

（二）油藏特征

油藏属于大型致密岩性油藏，油层分布稳定，原油性质好。

1. 油藏类型

延长组长6_3油层组油藏主要受沉积相带和储层物性控制，沿主砂带分布，砂体边部因岩性致密或相变形成遮挡，油藏属于大型致密岩性油藏。根据遮挡条件的不同，可以进一步划分为泥岩遮挡岩性油藏和砂岩致密遮挡岩性油藏两种类型。油藏油层平均埋深为2049m，原始地层压力13.68MPa，饱和压力9.54MPa；分析表明，延长组长6_3层油藏属未饱和油藏，油水分异较差，油藏一般不具有边水或底水，为弹性驱动岩性油藏（图6-4-4），油层连续性较好。

2. 流体性质

高压物性录取资料分析，延长组长6油层组地层原油密度为0.719g/cm^3，地层原油黏度为0.90mPa·s，溶解气油比为115.0m^3/t，体积系数为1.328（表6-4-3）。地面原油性质具有低密度、低黏度、低凝固点及不含硫的特征。长6油层组油藏地面原油密度变化范围为0.819～0.982g/cm^3，平均为0.839g/cm^3。地面原油黏度范围为1.97～16.45mPa·s，平

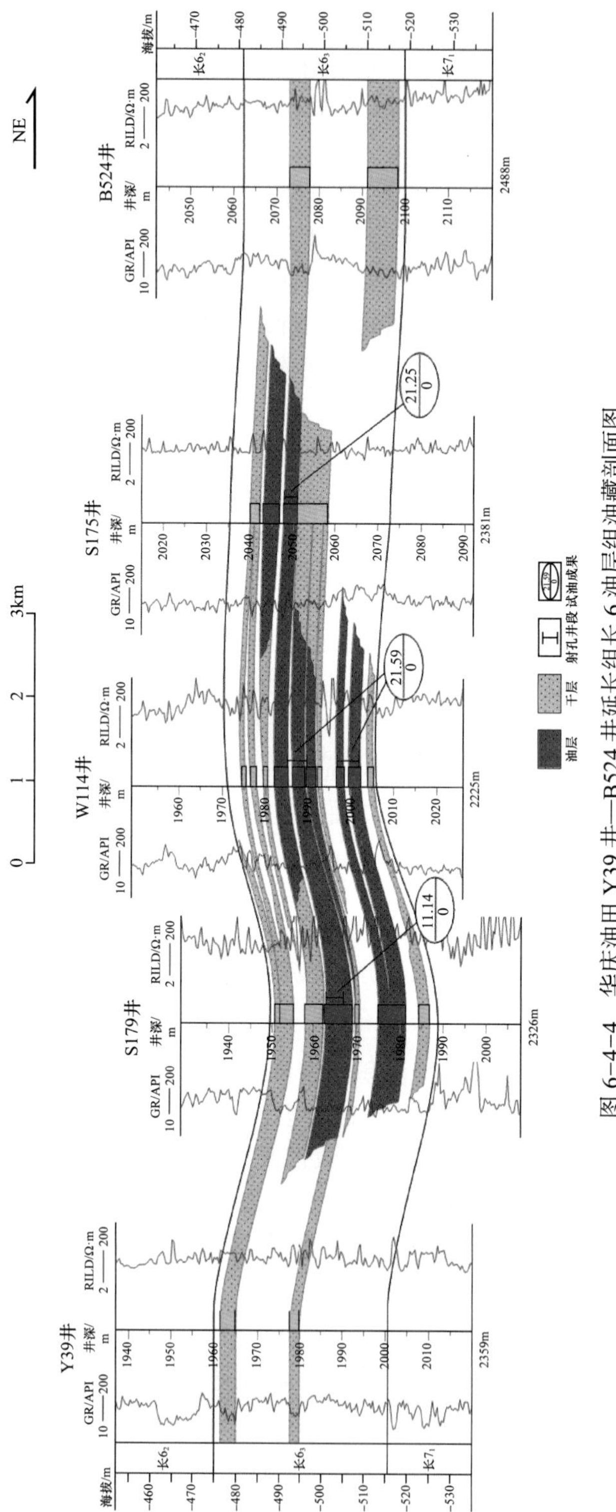

图 6-4-4　华庆油田 Y39 井—B524 井延长组长 6 油层组油藏剖面图

均为 4.93mPa·s，初馏点为 34.7～159.0℃，平均为 74.0℃，凝固点为 8.0～28.2℃，平均为 16.5℃（表 6-4-3）。华庆油田长 6 油层组油藏地层水总矿化度为 43.04g/L，水型均为 $CaCl_2$ 型，油藏封闭性好，有利于油气聚集和保存。

表 6-4-3　华庆油田长 6_3 层原油性质对比表

区块	地层原油				地面原油				
	密度 / g/cm^3	黏度 / mPa·s	气油比 / m^3/t	体积系数	密度 / g/cm^3	黏度 / mPa·s	含硫 / %	初馏点 / ℃	凝固点 / ℃
B257	0.719	0.9	115	1.328	0.839	4.93	0	74	16.5

3. 成藏模式

华庆地区长 6 油层组低渗透储层孔喉细小，毛细管阻力大，仅依靠浮力不能驱动石油在致密砂岩中发生运移。过剩压力对延长组油藏的平面分布特征有一定控制作用。最大埋深期，处于沉积中心的华庆地区长 7 油层组泥岩产生的流体过剩压力可以达到 8～16Ma，因此该区具有很强的生排烃动力（杨华，2012）。此外，华庆地区处于长 6 油层组过剩压力低值区和长 7 油层组与长 6 油层组过剩压力差高值区向低值区的过渡带上，为石油运聚的有利地区（图 6-4-5）。

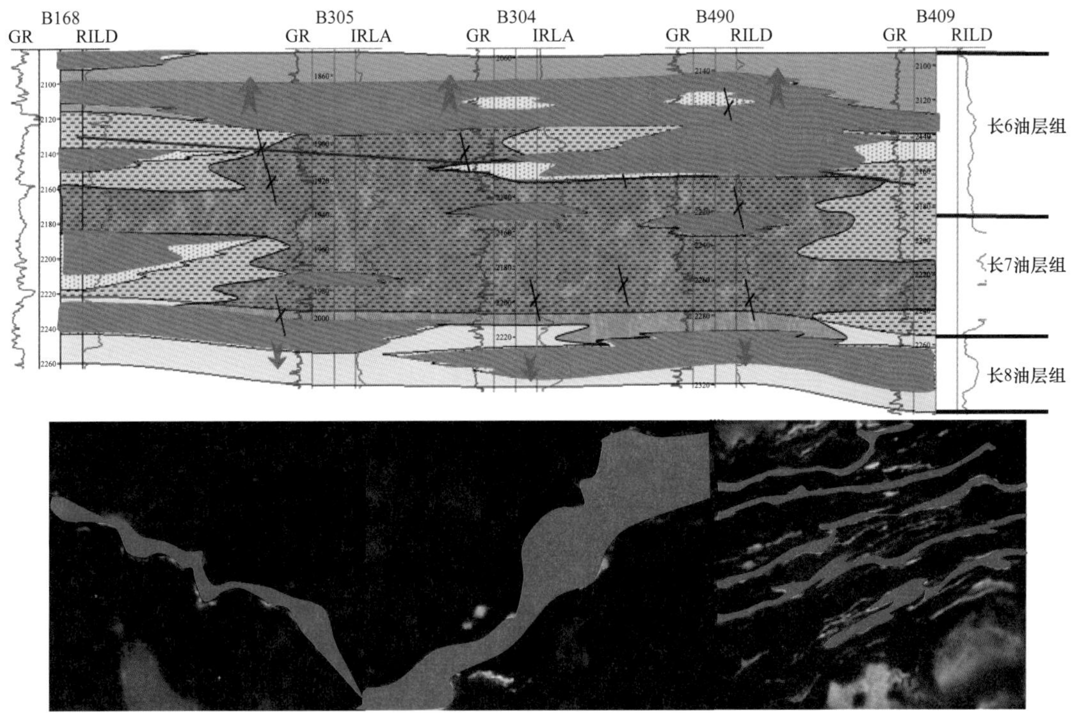

图 6-4-5　华庆油田长 6_3 油层组油藏成藏模式

三、勘探开发关键技术

针对该区地表条件差、储层非均质性强、岩电关系复杂等难点，开展了地质、地震及工改造攻关，形成了系列特色的勘探开发技术。

（一）勘探技术

1. 地震勘探技术

针对鄂尔多斯盆地南部巨厚黄土塬区地表高差大、起伏不平、低降速带厚度大、地下地层平缓的复杂地表条件和资料信噪比低的难题，长庆油田自主研发了黄土塬非纵地震勘探技术。首次采用大距离偏移的非纵地震采集方式，提高了地震资料信噪比，获得了清晰的成像资料，创新了拟三维的非纵地震处理解释技术。主频由 20Hz 提高到 35Hz，信噪比由 2 倍提高到 4 倍，提高了地震资料的品质。

针对盆地巨厚黄土塬区的地震采集，在 2007 年非纵地震点段试验的基础上，不断的优化观测系统设计，逐渐形成比较成熟的“2 炮 6 线”采集方式，即 2 条炮线，2 组（6 条）接收线，最终处理可得到 2 条纵线和 1 条非纵面元线，非纵地震覆盖次数达到 288 次，且处理中采用宽方位角叠加较好地压制非规则干扰和侧面干扰，黄土塬地震资料信噪比大幅度提高（图 6-4-6）。

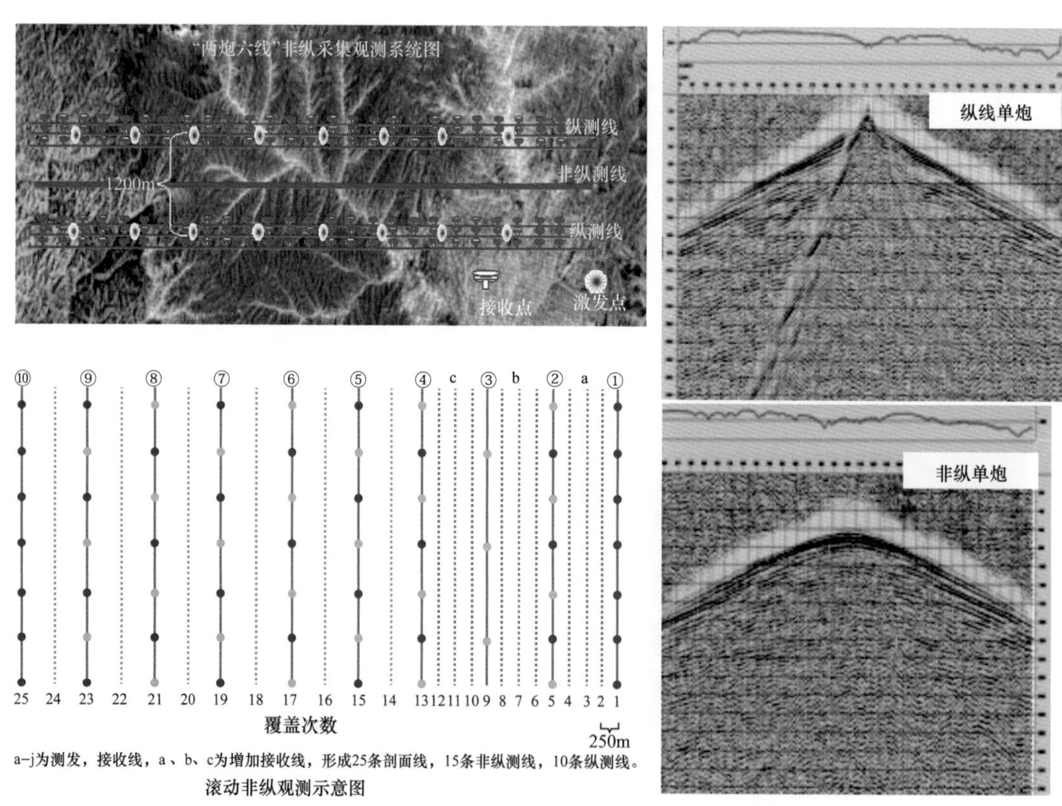

图 6-4-6　盆地南部巨厚黄土塬区非纵地震观测系统及典型单炮

针对非纵地震采集的特点，在以往二维地震资料处理技术基础上，创新了面元优化、时差校正、波场分离及拟三维处理等技术，进一步提高了非纵地震资料品质，处理后成果资料主频达 30Hz，较以往提高了 5Hz，频宽 10～65Hz，较以往拓宽了 10Hz，可满足岩性及含油气性预测需求（图 6-4-7）。

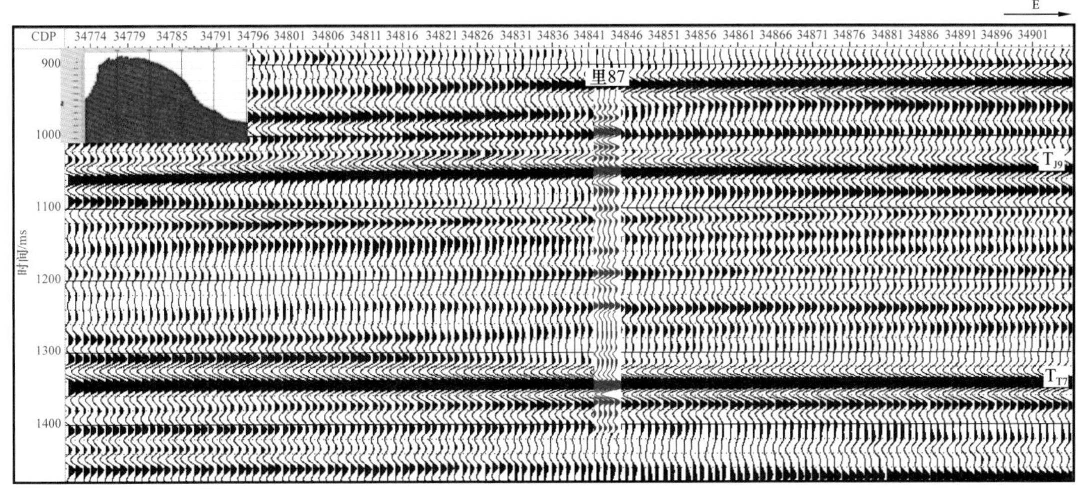

图 6-4-7 H10FZ5947Z1 测线叠加剖面

非纵地震解决了中生界岩性及含油性预测的难题，在华庆长 6 油层组勘探中发挥了重要作用。利用高品质非纵地震资料，根据地震波形的相位个数、振幅的强弱关系、相位间的宽窄等差异，由已知井出发，将目的层段的波形进行分类，进行地震相分析，识别主砂带展布（图 6-4-8），定性预测砂体的厚度；采用分频成像技术，揭示地层的纵向变化规律、沉积相带的空间演变模式，对砂体结构进行预测；通过波阻抗反演将测井的低频及高频信息与地震中频信息相结合，提高了地震砂体预测精度，可定量预测砂体厚度，较好的识别华庆长 6 油层组 8m 以上的砂体。在砂体厚度预测基础上，依据砂岩储层含油时，地震波高频能量被吸收，低频段能量加强这一特点，采用吸收衰减技术对储层进行含油性预测（图 6-4-9）。非纵地震技术为华庆油田的发现提供了重要的技术保障。

2. 测井评价配套技术

针对华庆油田致密油藏储层岩性、孔隙结构复杂，测井以储层孔隙结构、含油性评价为核心，求准储层产能为目的，创新形成了超低渗透油藏测井定量评价配套技术。

1）高自然伽马储层的岩性划分

华庆长 6 油层组发育高伽马储层，主要为长石骨架颗粒具有放射性，为储层中云母、高岭石等黏土矿物含有放射性矿物或黏土吸附有机质引起，砂岩储层高伽马现象在自然伽马能谱测井上表现为高钍异常，局部出现高铀特征，导致利用自然伽马划分岩性与取心结果不相符。基于高伽马储层的成因和测井曲线特征，建立了中子—密度交会、基于 Geoframe 平台综合反演等识别方法，能快速、准确、有效地识别高伽马储层（图 6-4-10）。利用以上方法识别高伽马储层 50 余口，其中 13 口井储层的有效厚度共增加了 67m，为储量提交提供了参数支持。

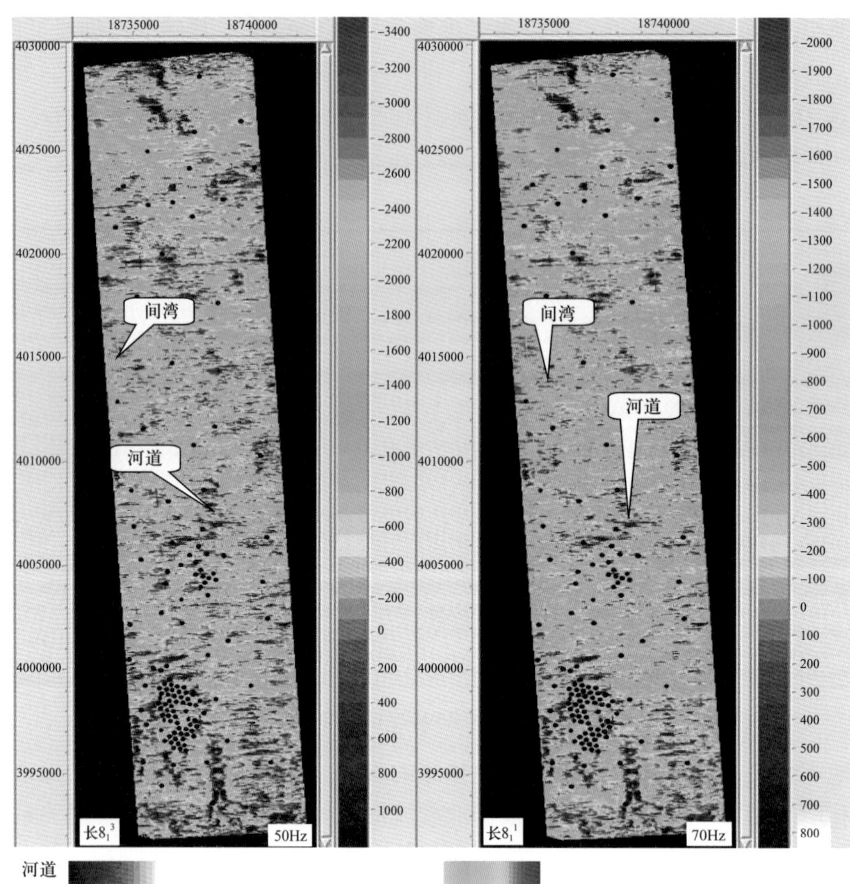

图 6-4-8 分频属性切片

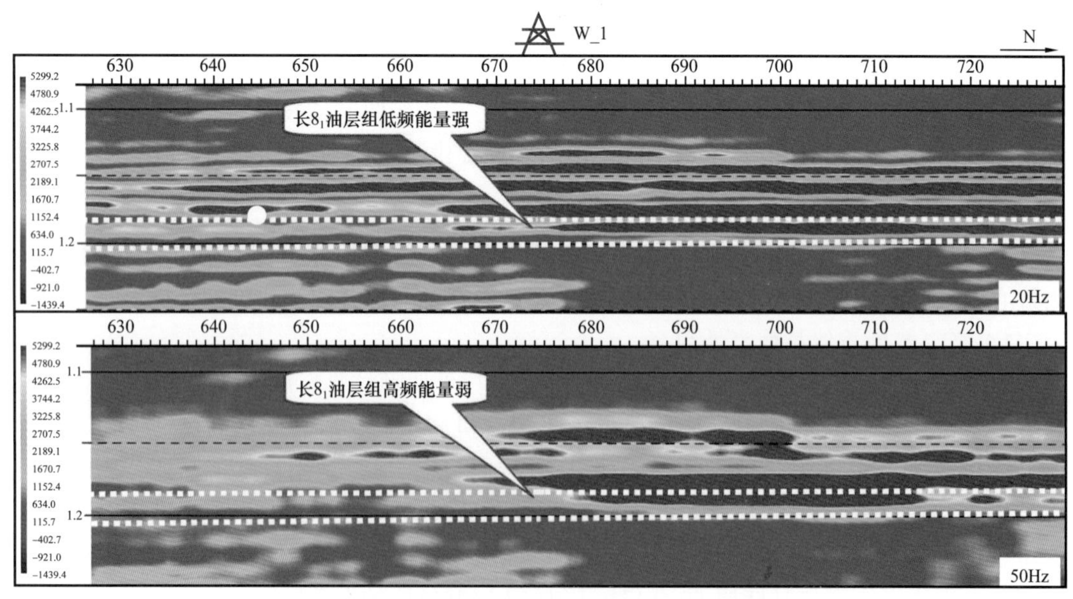

图 6-4-9 H09FZ6130Z1 分频能量对比分析剖面

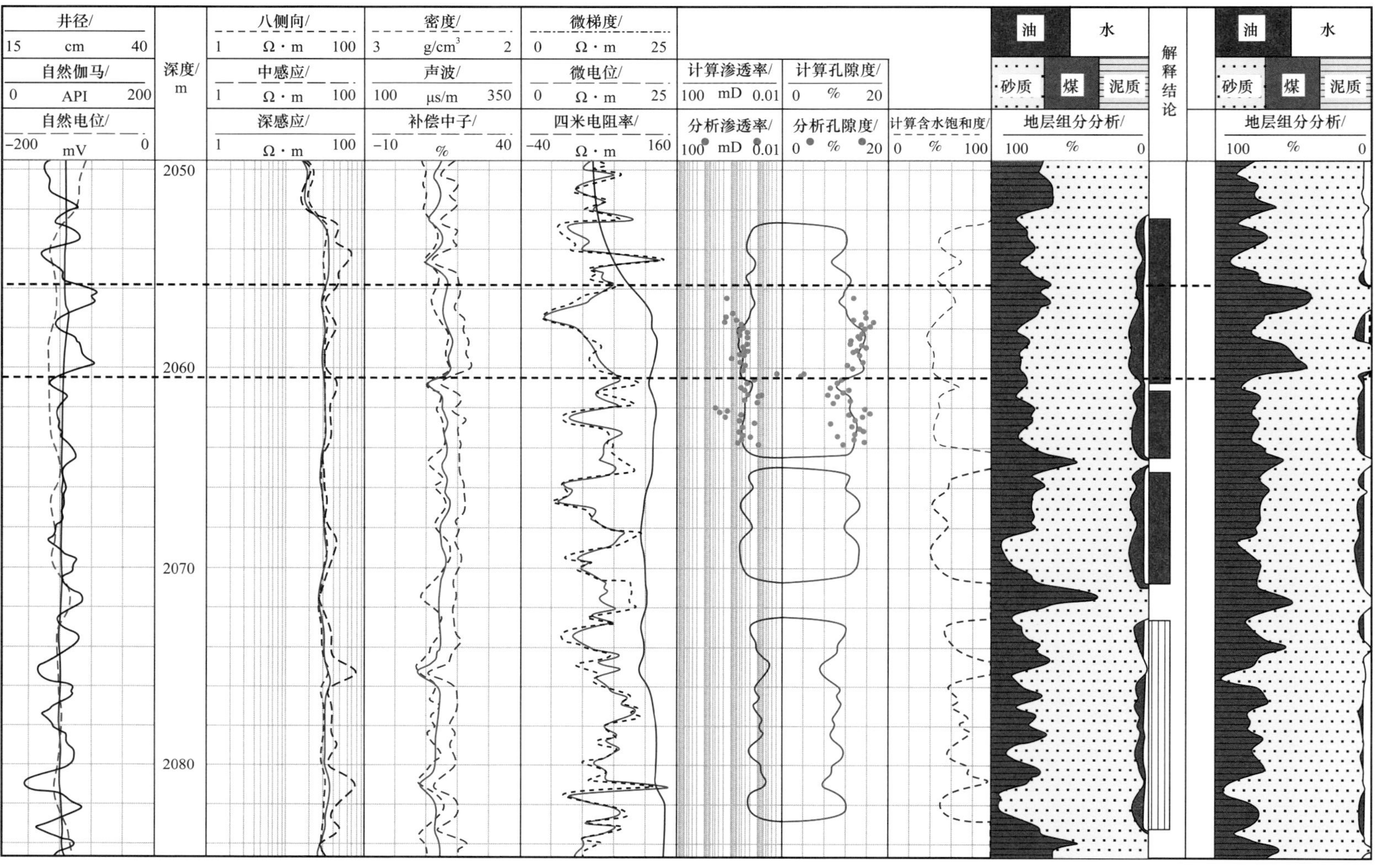

图 6-4-10　华庆油田 B209 井不同方法计算岩性剖面对比图

2）基于核磁共振测井的孔隙结构评价

孔隙结构评价是致密储层有效性评价的核心，由于核磁测井解释孔隙度与岩性无关，且核磁 T_2 谱与岩石孔径分布密切相关，可以反映岩石的孔隙结构信息。分析盆地 22 块超低渗透砂岩岩样 100% 饱和水时的 T_2 几何平均值（T_{2g}）与压汞喉道半径中值（R_{50}）之间的交会关系，得到 $R_{50}=0.0269T_{2g}-0.0306$，相关系数达到了 0.9 以上，利用 T_{2g} 可以得到压汞喉道中值半径，可直观指示超低渗透储层相对高渗透储层段，对常规解释比较致密的层段（低时差、较高密度、高伽马等）的有效储层划分出来。

如图 6-4-11 B253 井长 6_3 层 2064.0～2088.0m 自然伽马相对平直，根据核磁共振测井得到油层 R_{50} 为 0.527μm，该井段 T_2 谱也靠后，显示储层孔隙结构较好，计算储层可动流体饱和度为 58.26%，解释为油层，压裂试油获得 10.29t/d 的工业油流。

3）含油性新评价模型

基于半渗透隔板岩石电学实验装置，系统开展了超低渗透储层岩石物理配套实验，研究了超低渗透储层孔隙结构的差异对岩石电性的影响，采用变岩电参数饱和度计算模型求取储层含油饱和度。图 6-4-12 为华庆油田长 6 油层组储层 ϕ—m（a=1 时）关系图，可以看出低孔超低渗透储层具有相对较低的 m 值，二者呈自然对数关系，相关系数为 0.91。图 6-4-13 将长 6 油层组的 I—S_w 按流动单元指数分为三类求取饱和度指数 n 和系数 b，改善了 I—S_w 交会图中数据点散而乱的现象，使含油饱和度解释误差显著降低，为产能预测提供了高精度参数。

4）产能综合评价方法

基于试油资料和测井曲线特征，分析了储层品质、原油黏度及压裂试油工艺等因素对超低渗透储层产能的影响。产能预测中，假设在各种外部条件相同的情况下，决定储层产量高低的关键参数有孔隙度、渗透率、含油饱和度及砂体有效厚度，依据各参数特征与井的试油产量、投产产量建立关系，寻找规律，建立产能预测模型与方法，获得储层的预测产能。

基于产能主控因素分析，构建了厚度因子、岩性因子、物性因子、含油性因子、TPI 指数等 5 个反映储层岩性、物性、含油性、有效厚度变化的产能敏感参数，自主研发了测井曲线特征归纳法、产能指数法、模式识别法等测井产能预测技术，并形成测井快速产能预测系统。在华庆地区白 209、元 414、元 284、白 281 等规模建设区长 6 油层组推广应用该系统，产能分级预测符合率为 85.94%，实现了油井产能快速预测。在单井产能预测的基础上进行了平面产能分布评价，分别为 Y414—Y284 井区、B209 井区、B155 井区、B256 井区、B239 井区和 B216 井区；优选了 4 个后备产建目标区，分别为 B462 井区、B194 井区、B423 井区和 S156 井区；优选了 6 个产建潜力区，分别为 W58 井区、W61 井区、B117 井区、S138 井区、S111 井区及 L72 井区。储层产能的平面分布避免了低产低效井的出现，有效指导了产建整体部署和快速高效开发，降低了产建风险。

3. 水平井压裂工艺技术

针对华庆油田长 6 油层组油层厚度大，隔夹层不发育，储层物性差、喉道小、填隙物

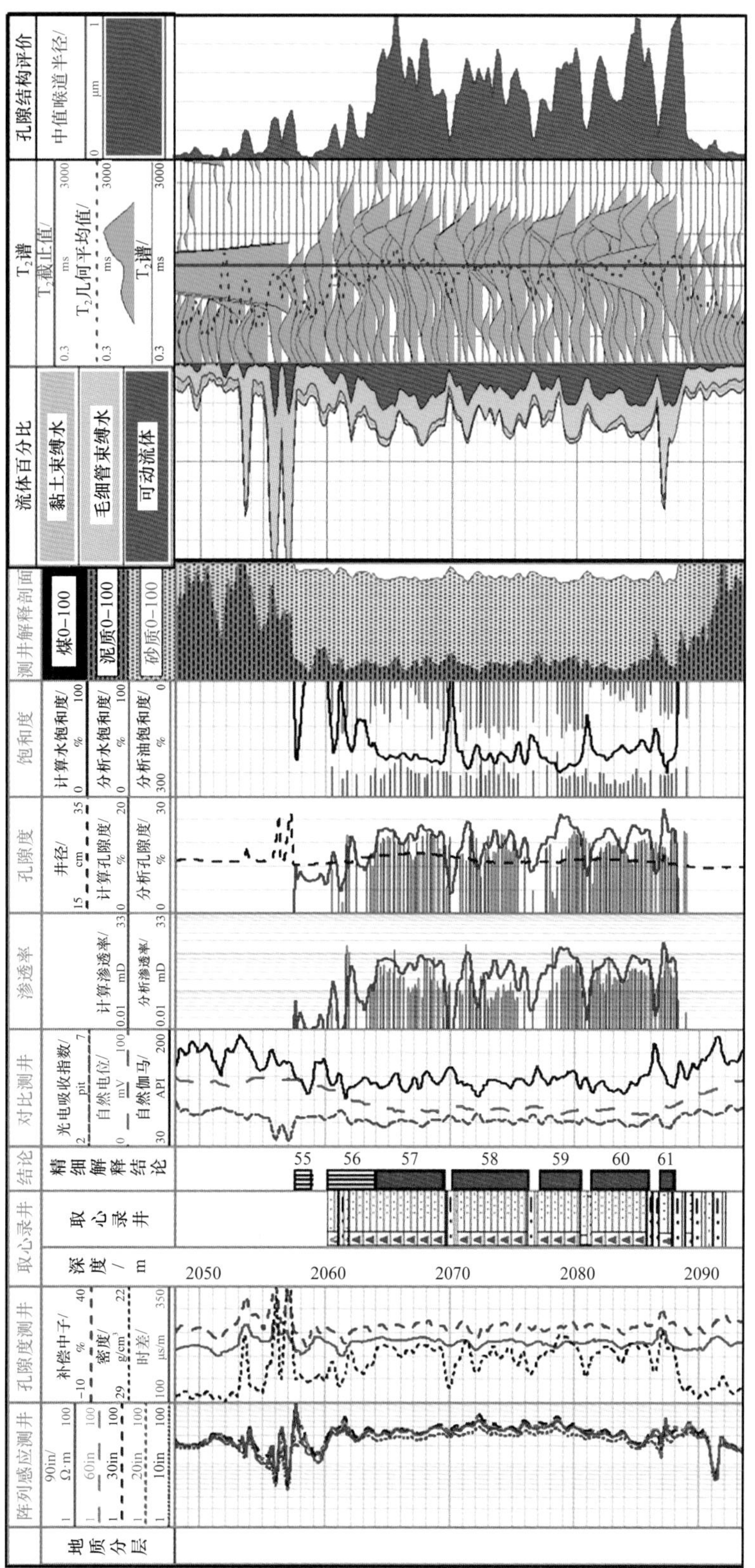

图 6-4-11 华庆油田 B253 井长 6_3 层测井解释成果图

含量高的储层特征，研发了多级加砂、多缝压裂、水平井“分簇多段”压裂工艺技术，实现了超低渗透厚油层的有效动用。

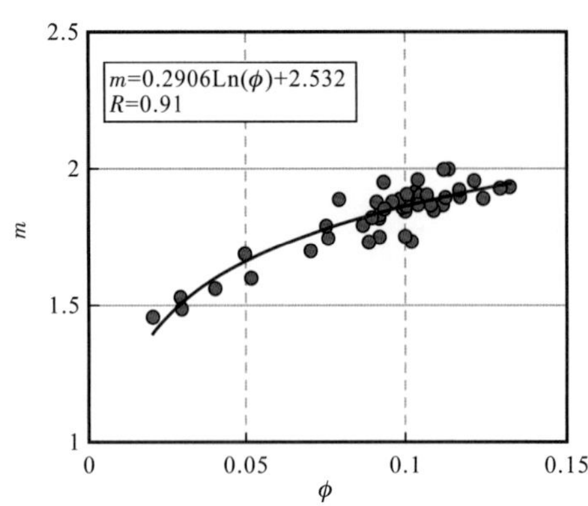

图 6-4-12　华庆油田长 6 油层组储层 m—ϕ 关系图

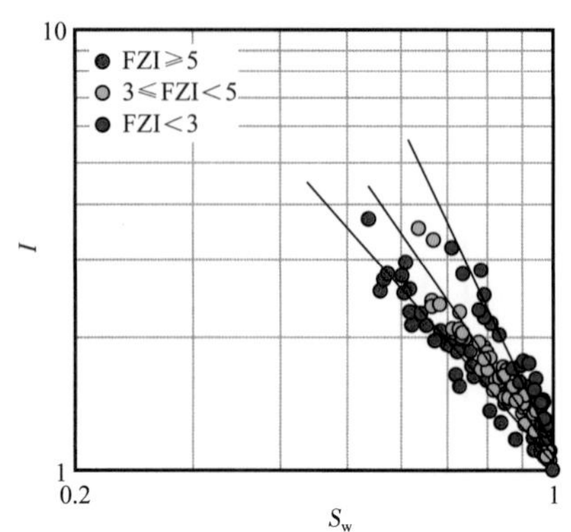

图 6-4-13　华庆油田长 6 油层组储层 FZI 分类 I—S_w 关系图

一是研发了定向射孔—多缝压裂技术。按照体积压裂的理念，提出了定向射孔—转向压裂的储层改造思路。通过物理模拟实验，当平面应力差为 3～5MPa、射孔夹角 30°～60°时，裂缝转向可控制程度较高（图 6-4-14）。

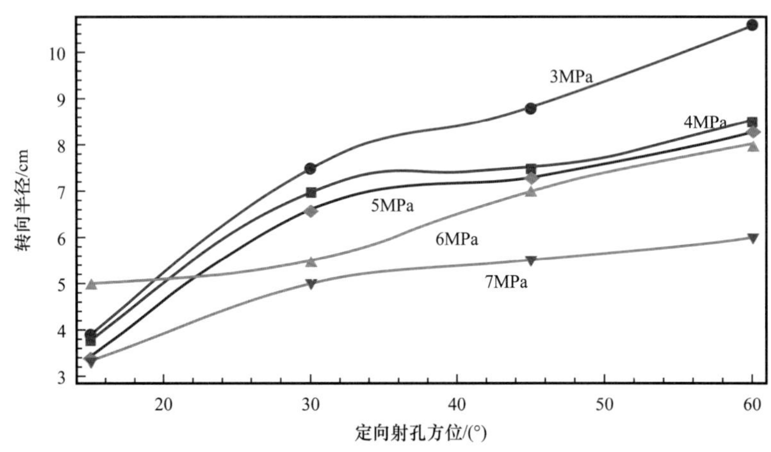

图 6-4-14　垂向应力 15MPa 时不同应力差下转向半径与射孔方位的关系

二是研发了多级加砂压裂技术。为了解决华庆地区超低渗透厚油层纵向上难以充分动用的难题，提出了多级加砂压裂技术。与常规压裂相比，多级加砂压裂技术改善了裂缝铺砂剖面和导流能力，有利于提高单井产量。2008—2009 年，在华庆地区多级加砂压裂应用了 360 余口井，投产初期，平均单井日产量提高了 15%～20%。

三是前置酸加砂压裂技术。针对华庆油田长 6 油层组储层物性差、填隙物含量高、普遍发育碳酸盐胶结的特点，在国内首次集成砂岩酸化与加砂压裂技术，形成前置酸加砂压裂工艺技术，有效提高了近井地带储层的渗透性，改善了裂缝与地层的连通程度，抑制了黏土膨胀，提高了改造效果。

四是创新了水平井水力喷射“分簇多段”压裂技术。依据射流增压原理，运用多点水力喷射加砂压裂代替了常规滑套式分段压裂，成功地进行了10簇20段压裂试验，实现了水平井分簇多段体积压裂技术的突破，单井产量是直井的3～4倍。

（二）开发技术

华庆油田沉积环境复杂，砂体分布范围广，油层厚度大，岩性致密，孔喉细微，应力敏感性强，储层物性差，非均质性较强，含油级别差异性较大，横向变化快，油水关系复杂，注水见效缓慢，油井产能低，油井投产后产量递减较快。通过持续攻关研究，形成了以“甜点优选、储层裂缝评价、大斜度井超前精细分层注水开发”为核心的有效开发关键技术，为华庆油田致密油藏效益开发奠定了基础。

1. 创新了强非均质性致密油藏甜点优选技术

华庆油田长6油层组发育三种沉积亚相，沉积环境复杂，砂体分布较为连片，分区域具有一定差异性，孔喉组合结构以小孔微细喉为主，油水关系复杂。为了快速优选建产有利区，提出了“地质工程一体”化表征低压强非均质性油藏的新认识，拓宽了超低渗透油藏甜点评价的思路；明确了致密油藏甜点受地质参数、工程参数控制，建立了以“平均喉道半径、渗透率、天然裂缝发育特征、地层原油黏度、油层结构系数、脆性指数和两向应力差”为主体的致密储层甜点分类评价参数体系，最终形成了“地质工程七元分类”评价方法（表6-4-4），解决了现有评价方法不能准确划分致密储层品质差异的难题，实现了致密储层甜点的精准预测，预测精度达到81.3%（图6-4-15）。

表6-4-4 华庆油田长6油层组油藏储层分类表

<table>
<tr><th rowspan="2">类别</th><th rowspan="2">特性</th><th colspan="5">地质类参数</th><th colspan="2">工程类参数</th></tr>
<tr><th>平均喉道半径/μm</th><th>渗透率/mD</th><th>天然裂缝发育特征</th><th>地层原油黏度/mPa·s</th><th>油层结构系数</th><th>脆性/%</th><th>应力差/MPa</th></tr>
<tr><td rowspan="2">一类</td><td>物性好
流体性质好
注水开发可见效</td><td rowspan="2">＞0.2</td><td rowspan="2">＞0.3</td><td>＜0.2条/m</td><td rowspan="2">＜1.5</td><td rowspan="2">＞3.0</td><td rowspan="2">＞45</td><td rowspan="2">＜4.0</td></tr>
<tr><td>物性较好
但裂缝发育易见水
或地面受限</td><td>＞0.2条/m</td></tr>
<tr><td>二类</td><td>物性较好
流体性质较好</td><td>＞0.15</td><td>＞0.2</td><td>＜0.2条/m</td><td>＜1.5</td><td>2.5～3.0</td><td>＞40</td><td>4.0～6.0</td></tr>
<tr><td>三类</td><td>物性略差
流体性质略差
可压性略低
裂缝发育</td><td>0.08～0.15</td><td>0.1～0.2</td><td>＜0.2条/m</td><td>3.0～1.5</td><td>＜2.5</td><td>35～40</td><td>6.0～10.0</td></tr>
</table>

2. 建立了基于常规测井的储层裂缝评价技术

华庆油田长 6 油层组储层非均质性较强，储层中天然构造裂缝或者微裂缝不同程度发育，天然裂缝的发育程度对于开发效果有一定的相关性，但目前裂缝描述存在手段少、难度大、评价标准欠缺的问题。通过利用岩心和成像测井标定常规测井资料，明确裂缝响应特征，形成了常规测井裂缝识别方法（裂缝指示参数法），并创新提出层内裂缝强度（FFI）评价裂缝发育状况，通过建立产量与层内裂缝强度的关系曲线，形成了天然裂缝发育程度评价标准。最终将裂缝评价结果应用到实际生产中，指导了开发方式的优选，对于一类裂缝强度发育区，采用准自然能量开发，二类和三类裂缝强度发育区采用注水开发（表 6-4-5）。

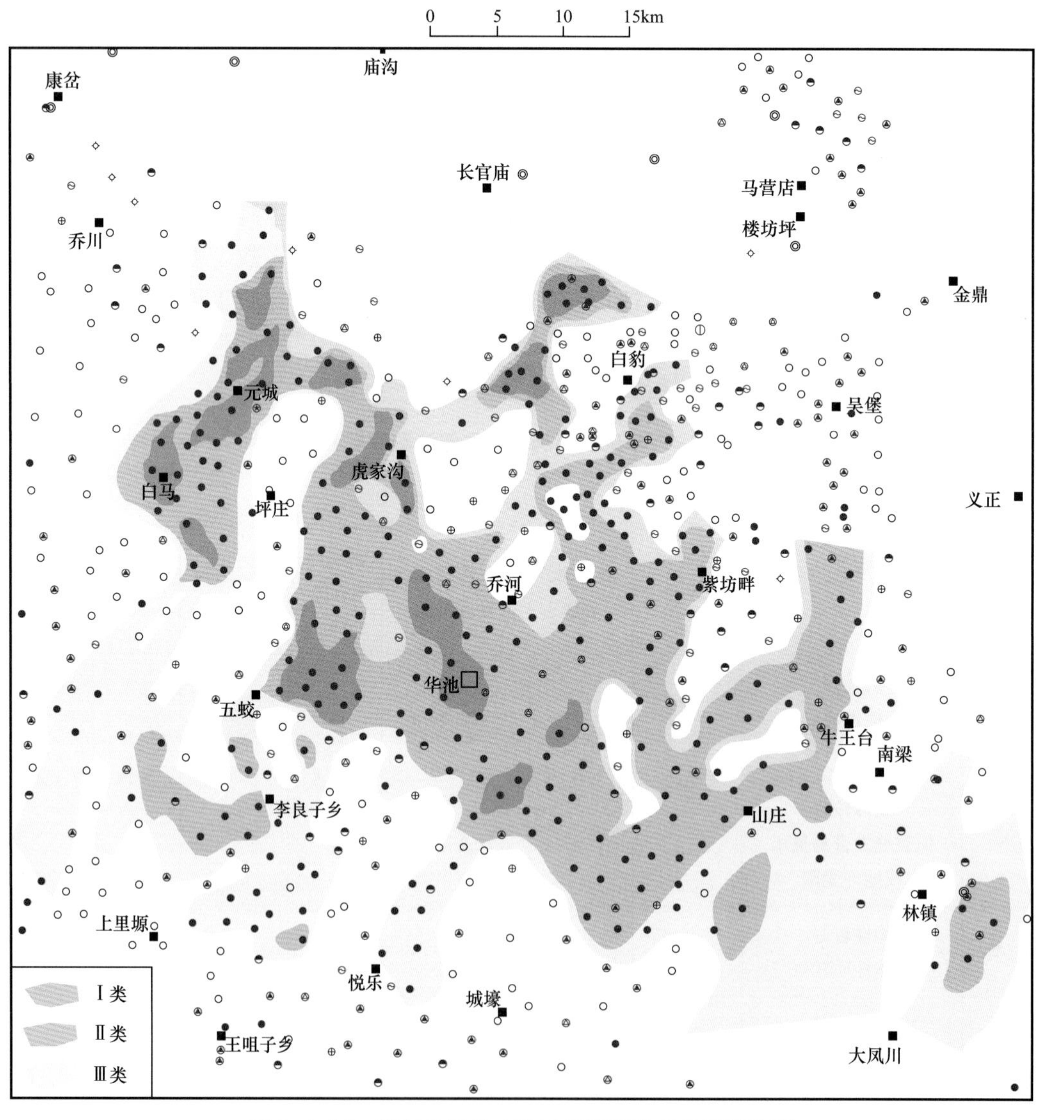

图 6-4-15　华庆油田长 6 油层组油藏甜点分类评价图

表 6-4-5　华庆油田单砂体裂缝评价标准

裂缝强度分类	FFI/（10^{-3}/m）	裂缝特征	单井月产油量 /t
一类	＞81	裂缝发育，具有一定规模和数量，裂缝测井响应较强	＞33
二类	48～81	裂缝较发育，且有一定数量，规模一般不大	22～33
三类	＜48	裂缝不发育，裂缝测井响应弱	＜22

3. 形成了大斜度井超前精细分层注水开发技术

针对华庆油田长 6 油层组多薄层油藏、隔夹层发育的厚层油藏，采用水平井开发只能动用单一小层，储量动用程度低（35% 左右），采油速度及最终采收率低；定向井开发层间干扰大，单井产量低，储量动用程度小于 40%。为了提高储量动用程度、提高采油速度和提高单井产量，通过不断分析研究与实践认识，形成了大斜度井超前精细分层注水开发技术（图 6-4-16）。通过平面甜点、纵向油层分布特征、层间储层的非均质性和分油层含油性的研究分析，明确了大斜度井适应储层标准：油层分布稳定、有效厚度大于 15m 的多夹层油藏、层内纵向物性和含油性非均质性较弱（级差＜3）、存在多个主力贡献段的油藏适合大斜度井开发。同时利用数值模拟方法和矿场实践，优化出了合理的开发技术政策，采用正方形井网、“小水量、长周期、平面均衡”超前分层注水技术政策，注水强度控制在 1.0～1.8m^3/（d·m），油井投产后，注采比保持在 1.2 左右，以及连续油管分段加砂压裂工艺，使纵向各油层段均得到充分动用，纵向储量动用程度提高到 80% 以上，实现了隔夹层发育的厚层油藏的高效开发。其中里 183 区长 6_3 油层组油藏完钻大斜度井 244 口，投产 215 口，达产年日产油 3.6t，目前日产油 3.4t，含水 33.9%，平均生产 346 天，井均累计产油 1258t，实施效果较好。

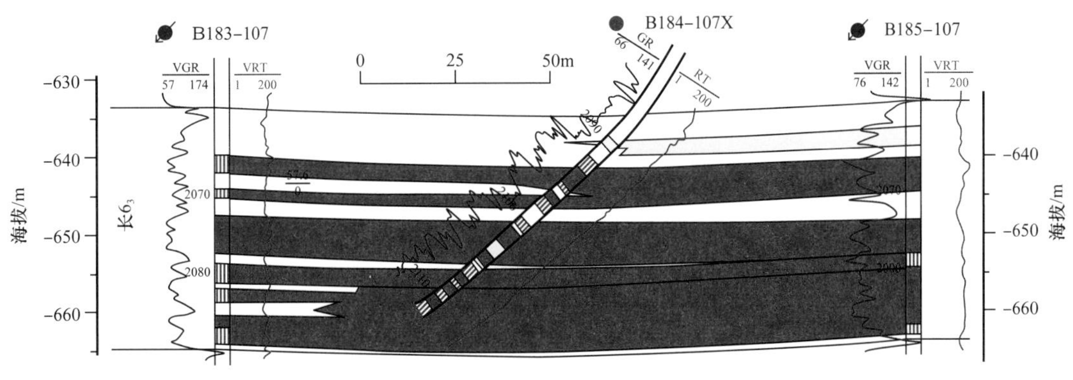

图 6-4-16　华庆油田长 6_3 油层组油藏大斜度井油藏剖面图

四、勘探成效及开发效果

（一）勘探成效

针对长庆油田低渗透油藏开发特点和快速上产需求，改变过去先勘探、后评价、再开发的做法，按照整体研究、整体部署、整体探明、整体开发的工作思路，制定“四个一体化、两个延伸、三个促进”的工作步骤。首先是开展一体化研究，明确油藏富集规律。勘探、评价、开发在科研项目设置上按照“目前与长远目标的结合、科研与生产的结合、地质与工艺的结合”的原则，形成从有利目标区、含油富集区到高渗高产区逐步快速落实的良好研究序列。其次是勘探开发联手，集中寻找富集区。在预探对油藏富集规律、油藏规模认识基本清楚的基础上，预探、评价、开发井三位一体，一套井网、整体部署、一体化运作，实现了边发现、边评价、边开发，形成了快速增储上产的新格局。最后是整体部署，集中评价，快速探明。通过勘探开发一体化，大大缩短了油气田的探明开发周期。截至2020年底，完成二维地震4420km，测网密度4km×4km～4km×8km，平均每100km^{2}钻达长8油层组探评井20口，已有工业油流井437口。长6油层组落实了Y284、B209、B255等七个有利含油砂带，区内已发现华庆、华池、南梁、元城、白豹、城壕及五蛟7个油田，已有探明石油地质储量10.81×10^{8}t，剩余控制石油地质储量4.97×10^{8}t，总资源量28×10^{8}t，勘探潜力较大，初步形成了12×10^{8}t以上储量规模，为储量增长的重要地区（图6-4-17）。

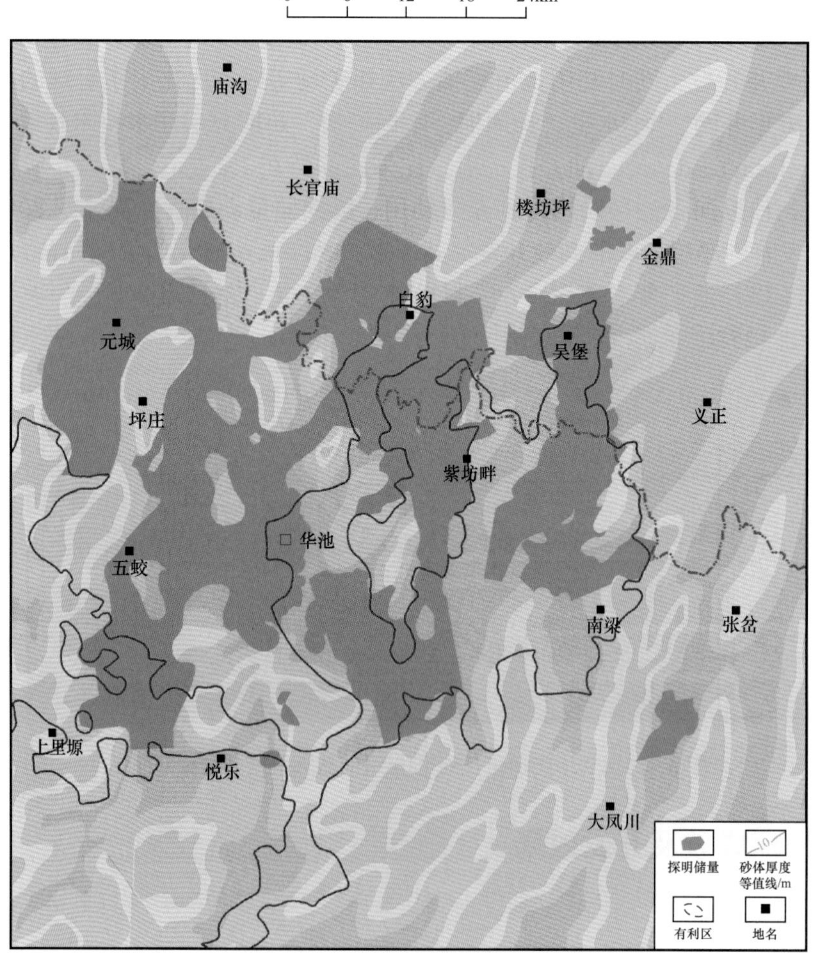

图6-4-17　华庆地区石油勘探成果图

（二）开发效果

华庆油田2005年起在B209井区长6_3油层组油藏开始注水开发试验，当年建产能9.2×10^4t，取得了良好实施效果，2008年开始大规模建设，2012年原油产量突破100×10^4t，之后一直稳定在百万吨以上。截至2021年底，华庆油田共计动用含油面积857.2km^2，地质储量53050×10^4t，建成产能483.3×10^4t，目前采油井开井3465口，单井日产油1.2t，综合含水49.6%，注水井开井1586口，单井日注17.8m^3，月注采比2.7，累计注采比2.95，原油产量达到149×10^4t，累计产油1519×10^4t（图6-4-18）。

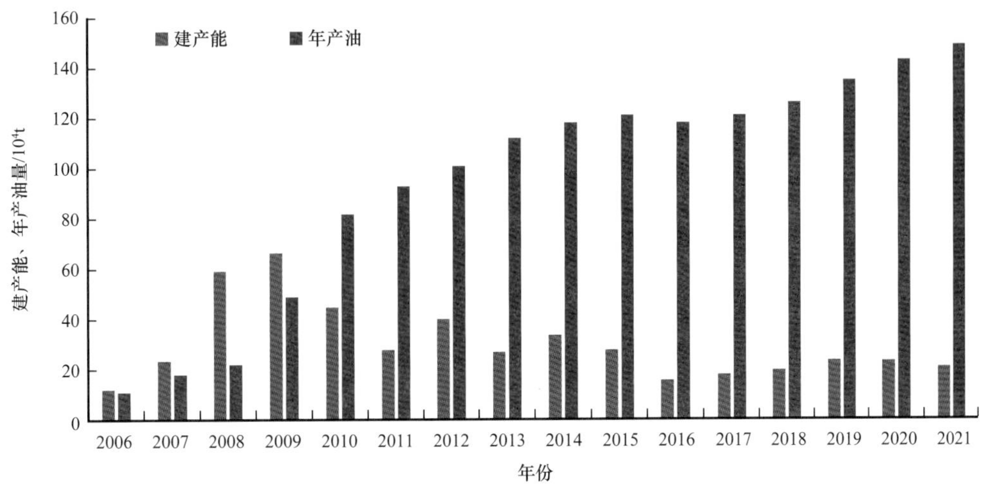

图6-4-18　华庆油田历年建产能及年产油量柱状图

第五节　姬塬油田

一、勘探开发历程

姬塬油田真正意义上的石油勘探突破是在进入21世纪的2003年，是继西峰油田之后鄂尔多斯盆地中生界石油勘探的又一重大成果。该地区勘探历史之长、过程之艰辛、含油层系之多、储量规模之大，双向排烃立体成藏之模式在鄂尔多斯盆地独一无二，其典型性、示范引领性不言而喻。

（一）概况

姬塬油田位于鄂尔多斯盆地中西部。北起盐池，南到乔川，西抵麻黄山，东至吴仓堡，勘探面积8000km^2（图6-5-1）。行政区划属于陕西省定边县、吴起县、宁夏回族自治区盐池县和甘肃省环县。构造跨伊陕斜坡、天环坳陷，为典型的黄土塬地貌，地面海拔一般为1350～1850m。

姬塬油田含油层段有侏罗系延安组延6—延10油层组与富县组，三叠系延长组长1、长3、长4+5、长6、长8、长9油层组，主力油层长4+5、长6、长8油层组为致密油层，油层埋藏深度 1900～2700m。该区位于延长组东北与西北两大沉积体系的交会区，纵向各油层组三角洲砂岩发育，也是延长组长 7 油层组烃源岩的生烃中心，生储有利配置决定了本区多油层复合成藏条件得天独厚。多口井的钻探显示，该区多层系同时发育油藏，其中 H128 井在主要油层段长 8_2、长 8_1、长 6_3、长 6_2 和长 $4+5_2$ 油层组试油分别获得 20.91t/d、7.82t/d、4.51t/d、21.59t/d、10.88t/d 的工业油流（图 6-5-2），展现了姬塬地区纵向上多层系复合含油的格局。

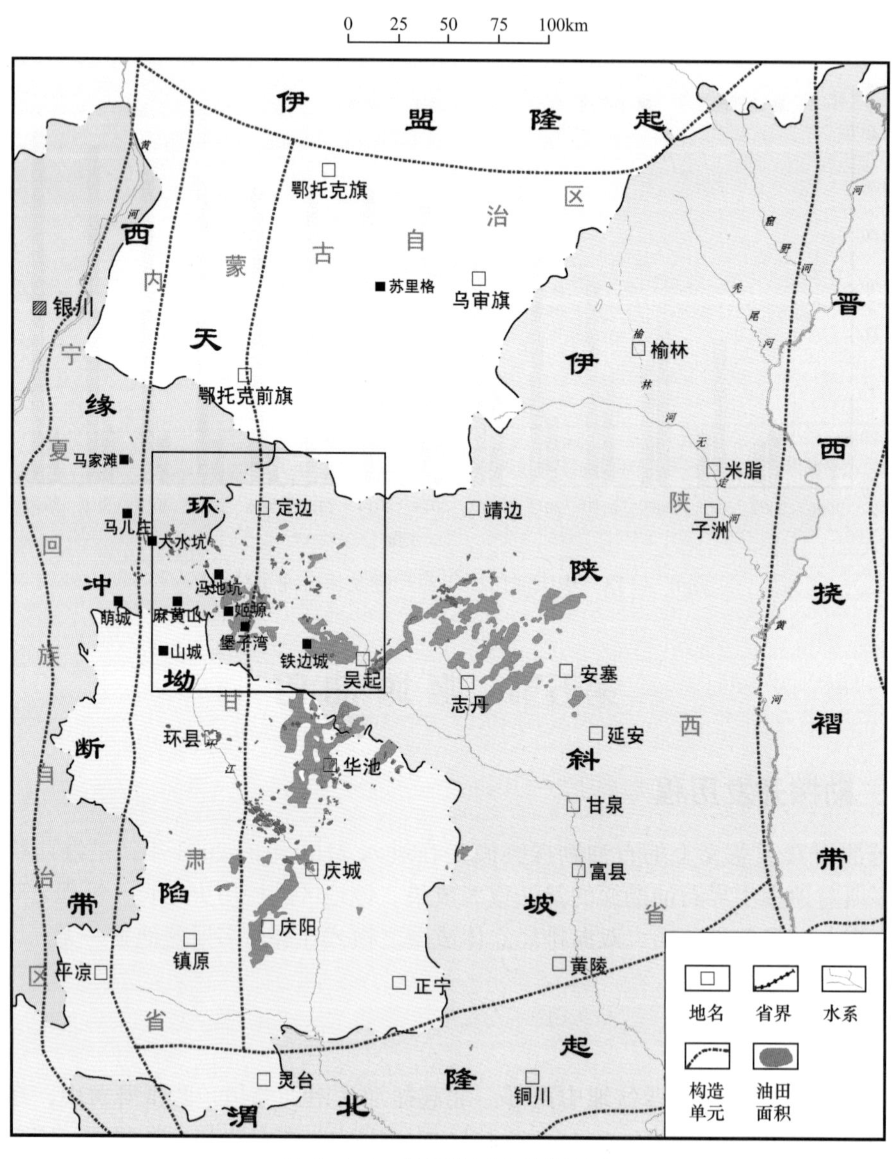

图 6-5-1　姬塬地区地理位置图

（二）勘探历程

姬塬地区山大沟深，交通不便，自然环境差；油藏埋深大，产量低；油藏分散，油水关系复杂。该区大规模石油勘探始于 20 世纪 70 年代的长庆油田会战初期，40 年多来，坚持追求无止境，勘探无止境的找油理念，不轻言放弃，勘探经历了“六上五下”的曲折历程（图 6-5-3）。

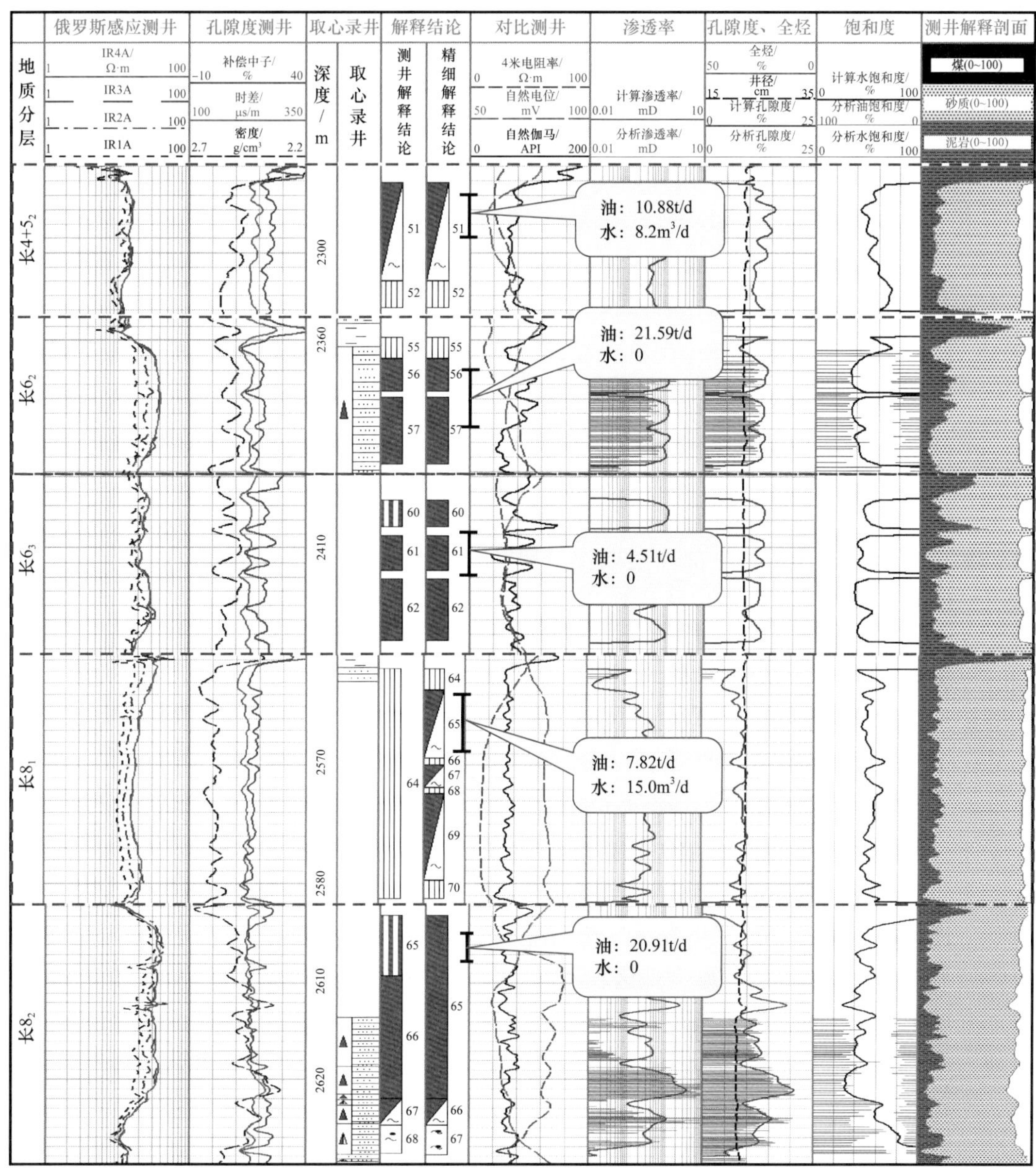

图 6-5-2　姬塬油田黄 128 井主要油层段综合柱状图

前四个阶段主要以古地貌成藏为指导，勘探目的层为侏罗系延安组。区域侦察阶段（1967—1969 年）主要进行了地质普查，开展了重、磁力详查，电法勘探，完钻探井 7 口，对区内的石油基本地质条件取得了初步认识。北坡勘探阶段（1970—1972 年）主要在北部的麻黄山、姬塬一带完钻探井 24 口，发现侏罗系出油井点；其中 J2 井试油初产获得 11.53t/d 的工业油流，证实了姬塬地区侏罗系具有良好的含油显示。东坡勘探阶段（1976—1980 年）在姬塬东坡完钻探井 20 口，两口井试油获得工业油流，发现 Y21、Y23 井等侏罗系油藏。南坡勘探阶段（1982—1993 年）是姬塬前四个勘探时期效果最好的一阶段，共钻探井 52 口，发现了元城、樊家川、Q101 井区、Q64 井区、F101 井区等一批侏罗系油田。这四个阶段在姬塬南坡与东坡累计提交探明储量 6700×10^4t。

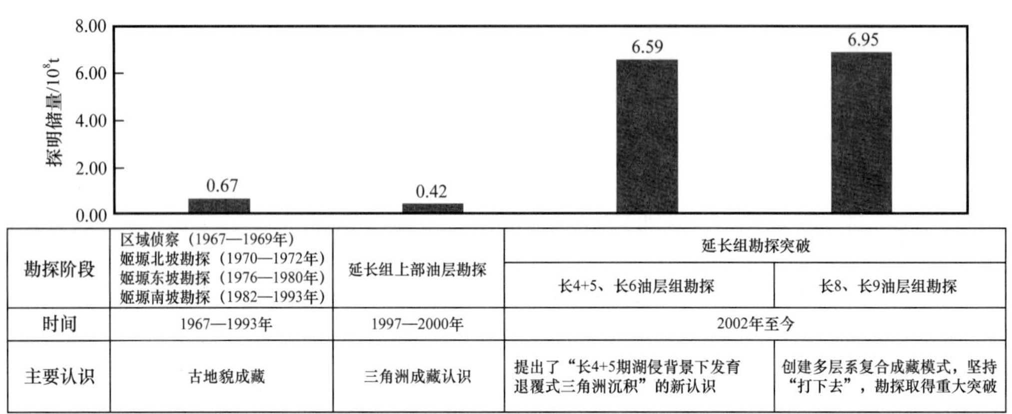

勘探阶段	区域侦察（1967—1969年） 姬塬北坡勘探（1970—1972年） 姬塬东坡勘探（1976—1980年） 姬塬南坡勘探（1982—1993年）	延长组上部油层勘探	延长组勘探突破	
			长4+5、长6油层组勘探	长8、长9油层组勘探
时间	1967—1993年	1997—2000年	2002年至今	
主要认识	古地貌成藏	三角洲成藏认识	提出了“长4+5期湖侵背景下发育退覆式三角洲沉积”的新认识	创建多层系复合成藏模式，坚持“打下去”，勘探取得重大突破

图 6-5-3　姬塬地区延长组石油研究与勘探突破变迁图

第五个阶段为延长组上部油层勘探阶段（1997—2002 年）。受安塞油田长 2 油层组油层发现的启示，勘探目的层转移到延长组上部油层，在元城油田北面的 Y51 井区完钻探井 9 口，发现姬塬地区第一个延长组油藏，新增长 1 油层组探明地质储量 532×10^4t。2002 年在姬塬地区北部完钻探井 12 口，其中，G19 井长 2_1 油层组试油获得 21.85t/d 的高产油流，发现多个长 2 油层组油藏。此阶段发现了一批长 2 油层组、长 1 油层组等小型油藏，累计提交探明储量 4200×10^4t，但勘探未获得实质性突破。

第六个阶段为延长组勘探突破阶段（2002 年至今）。随着研究的不断深入，特别是湖盆东北、西南体系勘探的突破，以及新一轮资源评价成果，更加坚定了石油勘探向低勘探程度的姬塬地区及延长组中、下部含油层系进军的信心。通过综合地质研究，首次提出了“长 4+5 期湖侵背景下仍发育三角洲沉积”的新认识，突破了“长 4+5 湖侵期缺乏有效储集体”的束缚，指出姬塬地区长 4+5 油层组位于三角洲砂体向湖盆中心延伸地带，临近生烃中心，生储盖配置好，易捕捉油气，具备形成大面积岩性油藏的成藏条件，是盆地内又一具有战略意义的勘探新层系。为此确定了再上姬塬的战略决策。2003 年，新 4 井率先在长 $4+5_2$ 油层组试油获 8.25t/d 工业油流，对久攻不克的姬塬延长组中、深层油藏勘探无疑是令人激动的消息。随后科研人员以敏锐的专业嗅觉及时捕获这个敏感地质信息，适时利用新的测井技术对区内近 30 口钻穿长 4+5 油层组的老井进行了复查及油层对比追踪，并结合岩心分析资料，在 Y12、Y48、Y49、Y83 等井发现了长 4+5 油层组油层。其中 Y48 井解释油层 8.7m，孔隙度 9.3%，渗透率 0.54mD，老井试油获 21.59t/d 高产工业油流，引起了人们对姬塬地区长 4+5 油层组的高度重视。并开展了油层对比、砂体预测等一系列研究工作，结合最新钻探成果，确定铁边城区作为勘探突破口。采取了沿砂带甩开的部署思路，部署预探井 10 口，完钻 6 口井，5 口井获得工业油流，平均试油产量 15.1t/d，其中 Y91 井日产油达 23.89t。当年在长 4+5 油层组提交预测储量 7351×10^4t，在长 6 油层组提交控制储量 1671×10^4t，从而获得重大发现，实现了石油勘探的重大转移。2004—2005 年，坚持“勘探开发一体化”和“甩开预探一块，落实评价一块，开发试验一块”部署思想，落实了铁边城、堡子湾两个亿吨级规模含油区。仅用 2 年时间，在 Y48、G43、G63 等井区提交长 4+5 油层组探明储量 2.06×10^8t，并发现了 W420、Y175、G27 等多个长 6 油层组含油富集区，新增探明储量 1.21×10^8t。截至 2021 年底，长 4+5、长 6 油层组以上油层共新增探明储量 7.68×10^8t。

2010 年在加大长 4+5、长 6 油层组勘探的同时，坚持立体勘探，积极探索延长组下组合。勘探面临如下问题：

盆地西北部是否存在长 8 油层组大型油藏?

地震勘探在巨厚干燥黄土塬区能否有效解决含油砂体预测问题?

长 8 油层组不同区块“四性”关系差异较大，测井如何提高油层识别率?

长 8 油层组油层埋藏较深，储层较致密，如何提高单井产量?

为此，通过深化延长组地层格架和湖盆演化规律研究，构建了湖盆西北部长 8 油层组“浅水三角洲沉积模式”，形成了多层系复合成藏理论（付金华，2013），坚持“打下去”，完钻的 G73 井在长 8 油层组试油获得 31.45t/d 的高产油流，H148 井试油获得 22.36t/d 的高产油流，展示出姬塬地区延长组中、下部层系良好的勘探潜力。随后按照“整体部署、立体勘探”的工作思路，姬塬地区延长组下组合勘探也取得重大突破。

2010 年有 43 口井获得工业油流，单井平均试油产量 12.88t/d，最高 33.24t/d（H170 井），实现了 H3—L1 和 G73—L24 两个井区长 8_1 油层组储量升级，新增石油控制地质储量 2.0482×10^8t，新增石油预测地质储量 2.5568×10^8t。2011 年以落实规模储量为重点，同时向外围甩开勘探寻找新发现，取得新突破。获工业油流井 65 口，单井平均试油产量 12.85t/d，最高 147.9t/d（H220 井），在新庄区块新增探明储量 2.08×10^8t、控制储量 2.10×10^8t，并新发现了 C37—C53、Y191、L82 三个含油有利区。2012 年获工业油流井 28 口，单井平均试油产量 10.40t/d，最高 21.59t/d（H257 井），G73—L24 井区新增探明储量 2.02×10^8t，落实了 C37—C53、Y67—H257、L82 三个含油有利区；同时长 8_2 油层组钻遇油层井 46 口，完试井 31 口，获工业油流井 15 口，单井平均试油产量 10.02t/d，最高 23.29t/d（C227 井），新发现了 Y67、C97、H43 等 5 个含油有利区。截至 2021 年长 8 油层组共新增探明储量 6.42×10^8t。

同时加强了长 9 油层组烃源岩和沉积组合特征的深化研究及快速色谱录井技术的广泛应用。2010 年以来长 9 油层组新层系共有 65 口井获得工业油流，最高 53.13t/d（J113 井），勘探获重要发现，落实 37 个油藏，新增长 9 油层组探明储量 6474×10^4t，开发建产 136.6×10^4t。截至 2021 年底延长组下部长 8、长 9 油层组共提交探明地质储量 7.17×10^8t。

截至 2021 年底，姬塬地区完成二维地震 6263km，测网密度 4km × 6km～6km × 8km，已获工业油流井 893 口。区内已有探明石油地质储量 17.83×10^8t，三级地质储量 22.40×10^8t，成为中国最大的致密油田。

二、油田基本地质特征

（一）油层特征

1. 构造

姬塬油田横跨伊陕斜坡及天环坳陷两个构造单元，总体构造形态为一个近东西向倾伏的平缓单斜，地层倾角约0.5°，局部由于岩性差异压实作用而形成轴向为北东—南西或近东西向分布的多排鼻状构造，对长4+5—长8油层组致密岩性油藏的控制作用不明显。

2. 储层

姬塬地区延长组沉积受西北物源和东北物源的共同影响。西北沉积体系主要为辫状河三角洲，东北沉积体系为曲流河三角洲。不同沉积体系岩石学特征存在较大差异，其中西北沉积体系中石英含量高于长石含量，含有榍石、绿帘石等重矿物，而东北沉积体系则相反，反映了母源的差异。

长8油层组沉积期发育浅湖和三角洲沉积，湖岸线位于古峰庄—山城一带。西北辫状河三角洲的建设作用强于东北曲流河三角洲，两大沉积体系交会于定边—高崾岘一带。三角洲平原和前缘砂体分布稳定，厚度较大，砂地比一般为20%～60%（图6-5-4）。

长7油层组沉积期，姬塬地区大面积发育半深湖—深湖沉积，尤其是初期，在新安边—红井子—麻黄山—山城—堵后滩范围内均发育深水环境形成的暗色泥岩和黑色页岩，之后深水范围逐渐萎缩至庙沟—姬塬—麻黄山—耿湾一带，深水区发育少量重力流沉积体。该期三角洲作用较弱，但东北三角洲明显强于西北三角洲，整体上三角洲规模有限，砂体宽度和厚度相对较小。主砂带砂地比一般为10%～30%。

长6油层组沉积期为主要的三角洲建设期。仅长6初始期在罗庞塬以南、堵后滩以东地区为半深湖—深湖区，并伴有少量小型重力流沉积体。湖岸线位于大水坑—山城一带，两大沉积体系交会于马家山—堡子湾一带。东北沉积体系三角洲建设强于西北沉积体系，长6期整体为进积型沉积，砂体厚度大。

长4+5油层组沉积期基本继承了长6期的沉积面貌，仅存在一次短暂的湖侵作用，造成该期三角洲的规模减小。砂体厚度连续性上不如长6油层组，主砂带砂地比一般为10%～40%。

姬塬油田是三叠系延长组和侏罗系延安组两套含油层系的叠合发育区，储油层为延长组长9、长8、长7、长6、长4+5、长2、长1油层组和延安组。

长4+5油层组储层岩性以极细—细粒、细—中粒岩屑长石砂岩、长石砂岩为主。填隙物平均含量12.1%，以高岭石为主（平均3.3%），其次为铁方解石（平均2.3%）、硅质（平均1.9%）。面孔率一般在0.9%～6.6%之间，平均4.33%。储层含油层段孔隙度主要分布范围为8.0%～14.0%，平均11.8%；渗透率主要分布范围为0.10～5.00mD，平均0.90mD（表6-5-1）。

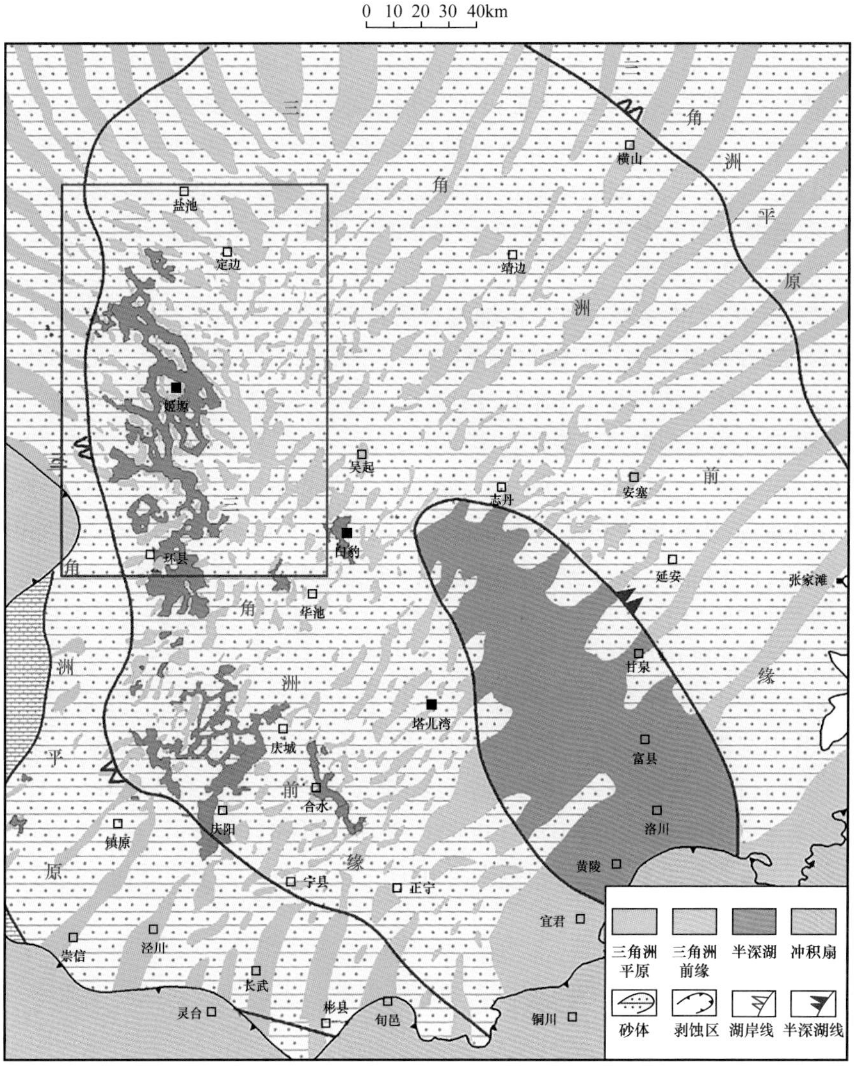

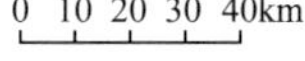

图 6-5-4　姬塬油田延长组长 8 油层组沉积相平面分布图

表 6-5-1　姬塬油田储层物性统计表

层位	样品井数 / 口	样品块数 / 块	孔隙度 /%		渗透率 /mD	
			范围	均值	范围	均值
长 4+5 油层组	69	3941	8.0～14.0	11.8	0.10～5.00	0.90
长 6 油层组	104	4917	8.0～16.0	10.7	0.10～2.00	0.44
长 7 油层组	145	11301	3.55～17.12	7.9	0.006～0.99	0.12
长 8_1 油层组	126	5168	6.0～12.0	8.6	0.07～1.0	0.51

长6油层组储层岩性为细粒长石砂岩、岩屑长石砂岩，碎屑成分成熟度较低。岩屑成分主要为变质岩岩屑，其次为火成岩岩屑及沉积岩岩屑。填隙物总量平均14.5%，成分主要为高岭石（平均4.3%）、绿泥石（平均3.2%）、铁方解石（平均2.1%），其他组分有水云母、硅质、方解石。面孔率一般在0.6%～5.8%之间，平均4.05%。粒间孔为2.65%，溶孔为1.1%。长6油层组储层含油层段孔隙度主要分布范围为8.0%～16.0%，平均10.7%；渗透率主要分布范围为0.10～2.00mD，平均为0.44mD。属于低孔、特低渗储层，储层具有一定非均质性。

长7油层组储层岩性主要为细、极细粒岩屑长石砂岩，少量长石砂岩和长石岩屑砂岩。岩屑成分以变质岩岩屑为主，火成岩岩屑次之，沉积岩岩屑含量极少。填隙物含量较高，平均为15.41%，以铁方解石为主（平均4.55%），其次为绿泥石（平均2.29%）、高岭石（平均2.76%）。储层孔隙类型以长石溶孔为主（平均1.01%），次为粒间孔（平均0.75%），面孔率一般在0.3%～3.8%之间，平均2.05%。储层孔隙度分布范围为3.55%～17.12%，主要分布在5.0%～11.0%；渗透率分布范围为0.006～0.99mD，主要分布在0.04～0.18mD，绝大部分样品渗透率小于0.3mD。属于致密砂岩储层，储层非均质性较强。

长8油层组储层岩石类型主要为细—中粒、中—细粒、细粒岩屑长石砂岩、长石岩屑砂岩，碎屑成分成熟度较低。岩屑成分主要为变质岩岩屑，其次为火成岩岩屑及沉积岩岩屑。填隙物含量平均11.3%，主要为绿泥石、铁方解石、高岭石、硅质，少量水云母、方解石等。其中绿泥石占4.8%。粒间孔和各类溶孔是最主要的孔隙类型，分别为4.31%和0.8%，平均面孔率3.16%～5.16%。储层孔隙度主要分布范围为6.0%～12.0%，平均8.6%；渗透率主要分布范围为0.07～1.0mD，平均0.51mD。含油层段孔隙度主要分布范围为6.0%～18.0%，渗透率主要分布范围为0.07～20.0mD。属于特低孔、特低渗储层。

（二）油藏特征

姬塬地区多油层发育，油藏类型以大型岩性油藏为主，油层埋藏深度适中，原油性质好，流动性好。

1. 油藏类型

姬塬油田延长组长4+5—长8油层组主要发育大面积岩性油藏（图6-5-5），长9、长2、长1油层组和延安组物性好，发育构造—岩性油藏，均为溶解气未饱和油藏，属弹性驱动岩性油藏。

长8_2油层组油藏的油层平均埋深在2664～3001m之间，原始地层压力20.85～24.01MPa，饱和压力2.67～4.73MPa，主体为岩性油藏，仅西部见少量构造—岩性油藏。长8_1油层组油藏平均埋深为2657m，油藏中部海拔为−1050m，油藏未见边底水。

长6油层组油藏的油层平均埋深在2365～2508m，原始地层压力17.80～19.25MPa，饱和压力7.87～8.04MPa。长4+5油层组各油藏的油层平均埋深在2246m之间，原始地层压力16.62MPa，饱和压力7.48MPa。油水分异较差，一般不具有边水或底水，为典型岩性油藏。

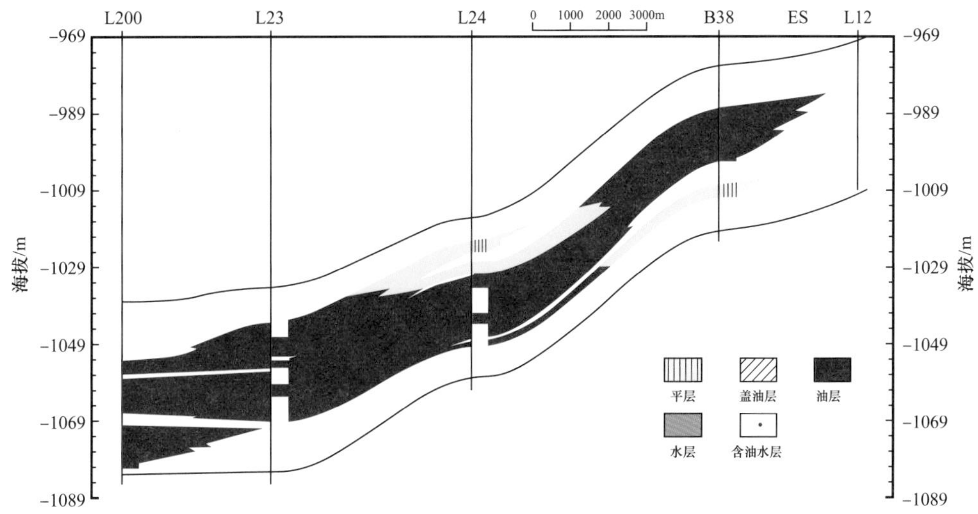

图 6-5-5　姬塬油田 L200—L12 井延长组长 8_1 油层组油藏剖面图

2. 流体性质

姬塬油田油藏原油性质好。地层原油密度小（0.725～0.765g/cm^3）、黏度小（0.98～1.83mPa·s），溶解气油比、原油体积系数随埋藏深度的增加而增大。地面原油具有低密度（0.839～0.846g/cm^3）、低黏度（6.55～6.64mPa·s）、低凝固点（20.0～23.0℃）和不含沥青质的特征（表 6-5-2）。

表 6-5-2　姬塬油田原油主要性质表

层位	地层原油				地面原油			
	密度 / g/cm^3	黏度 / mPa·s	气油比 / m^3/t	体积系数	密度 / g/cm^3	黏度（50℃）/ mPa·s	初馏点 / ℃	凝固点 / ℃
长 4+5 油层组	0.765	1.83	69	1.459	0.843	6.55	73.0	21.4
长 6 油层组	0.758	1.56	72	1.221	0.846	6.57	75.2	21.0
长 7 油层组	0.748	1.48	69	1.222	0.839	6.64	75.0	23.0
长 8 油层组	0.725	0.98	89	1.288	0.839	6.55	75.8	20.0

姬塬地区中生界地层水平均矿化度为 58g/L，其中延安组平均值为 41g/L（172 个样品），延长组平均值为 61g/L（1096 个样品），延长组地层水矿化度要高于延安组。延长组长 1—长 7 油层组地层水平均矿化度为 50～78g/L，长 8 和长 9 油层组平均矿化度较低，分布在 30g/L 左右。延长组地层水水型主要为 $CaCl_2$ 型，延安组主要为 $CaCl_2$ 型和 $NaHCO_3$ 型。

3. 成藏模式

姬塬地区中生界油藏具有幕式充注的特征，早白垩世随着烃源岩成熟，生成的原油通过孔隙性砂体、不整合面、裂缝、微裂缝等多种输导体系运聚成藏，在长 4+5、长 6、长 8、长 9 油层组形成大规模岩性油藏，并通过微裂缝和前侏罗纪古河的输导体系，在长 2 油层组及侏罗系形成了高产的构造—岩性油藏。油藏具有生烃增压、幕式排烃、多层系复合成藏的特点（付金华，2013）（图 6-5-6）。

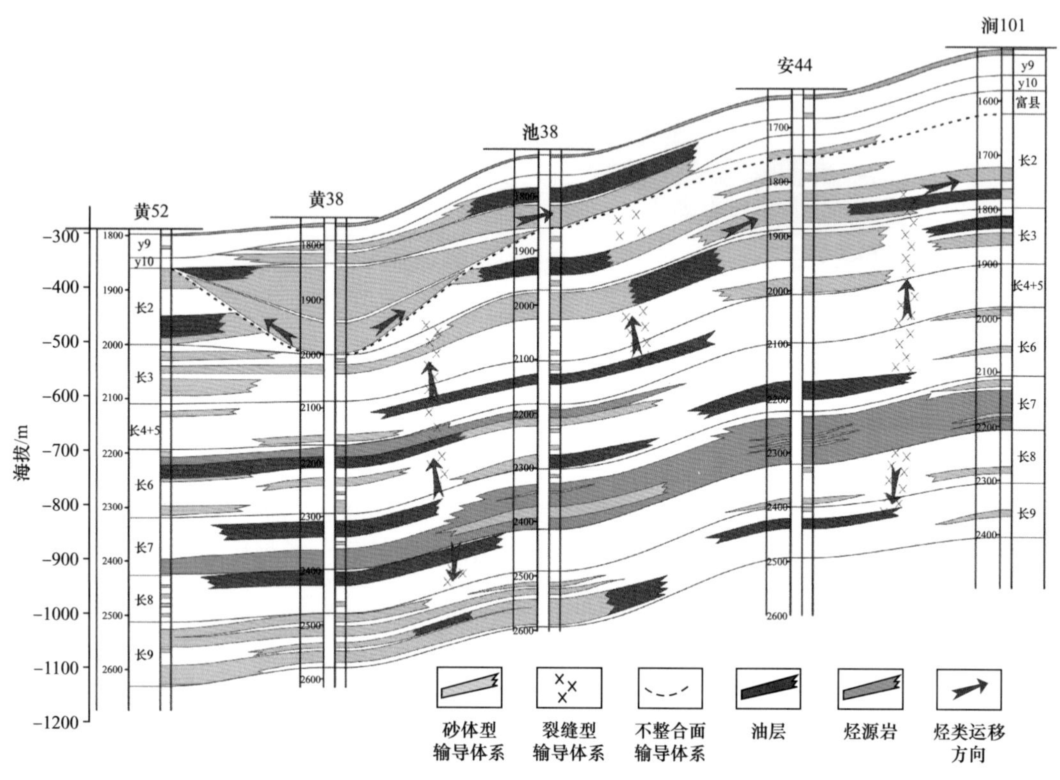

图 6-5-6　姬塬地区中生界油气运聚输导体系模式图

三、勘探开发关键技术

（一）勘探技术

1. 强化岩石物理配套实验及测井建模，提高复杂岩性及低阻油层判识率

姬塬油田多层系发育油层，长 3 油层组以上发育构造—岩性低对比度油层，长 4+5、长 6 油层组发育岩性低对比度油层，长 8 油层组发育超低渗透复杂岩性油藏。基于岩石物理配套实验，针对长 3 油层组以上、长 4+5 和长 6 油层组低对比度油层开展成因分析，形成了低对比度油层流体性质综合判识方法；针对长 8 油层组超低渗透砂岩油藏，强化测井建模，创新建立了成岩相约束下的孔隙结构 + 含油性评价方法，提高了测井定量评价精度。

1）长 3 油层组以上构造—岩性低对比度油层流体性质综合判识

姬塬油田长 3 油层组以上低阻油层主要成因为：油藏幅度低，油水分异作用弱，毛细管驱替力小，电阻增大率低；淡水泥浆滤液侵入储层使得油层电阻率测井值降低、油水同层电阻率测井值变化不大、水层电阻率测井值明显上升，造成油层、水层电阻率测井值差别缩小，增加了流体性质判识难度。基于长 3 油层组以上低对比度油层成因分析，构建含油性敏感参数，集成创新建立视电阻增大率、双 R_w 交会、全烃录井—测井联合等综合识别技术，提高了测井对长 3 油层组以上低对比度油层的识别能力（图 6-5-7）。

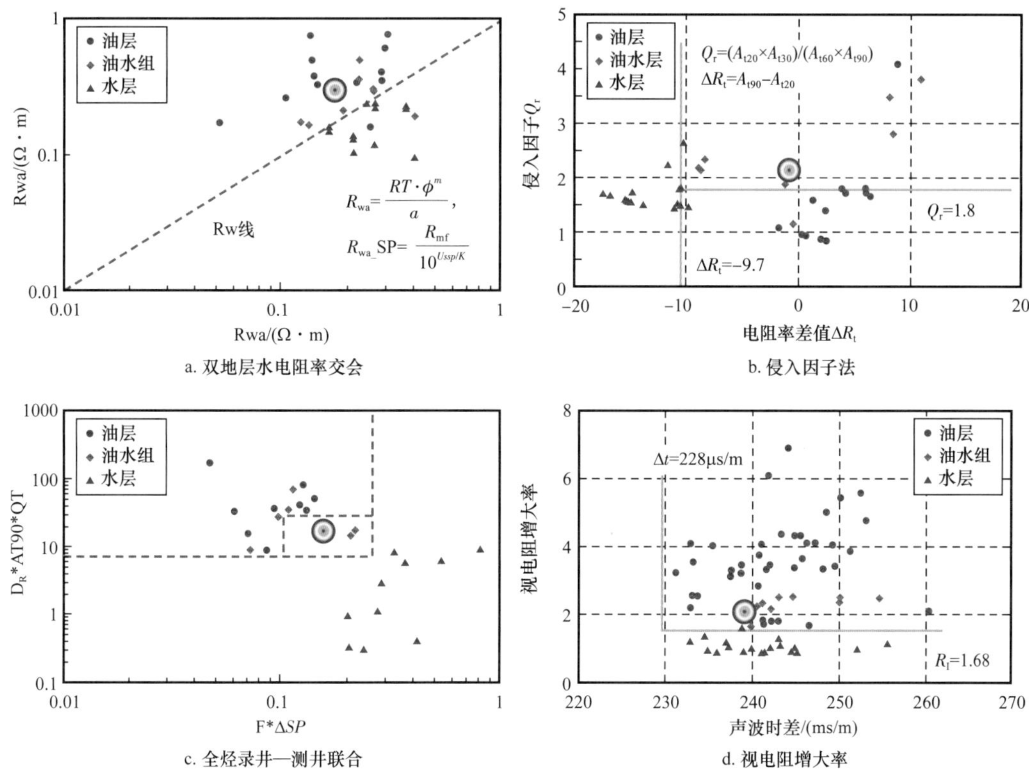

图 6-5-7　姬塬油田长 3 油层组以上构造—岩性低对比度油层测井综合识别方法

利用毛细管压力和油水分异驱动力平衡理论，分析低幅度油藏的饱和度变化规律，针对不同类型储层建立饱和度—自由水面以上高度关系曲线，用来指导测井解释；同时提出了在油藏约束下，重点突出精细测井小层对比、精细渗砂顶构造对比和精细井间电性特征对比，“点—线—面”结合的多井解释。视电阻率增大法、双地层水交会法在长 3 油层组以上低对比度油层中广泛应用，使测井解释符合率提高到 70% 以上。

2）长 4+5、长 6 油层组岩性低对比度油层流体性质综合判识

基于岩石物理配套实验，明确了姬塬地区长 4+5、长 6 油层组储层物性差、孔隙结构复杂、绿泥石膜及丝缕状伊利石等黏土矿物含量高且具有附加导电性、地层水矿化度高、可动水饱和度高等特征导致低对比度油层发育。基于低对比度油层成因分析，测井采用视地层水电阻率正态分布法、Fisher 判别分析法判识该类油层。视地层水电阻率正态分布法是利用服从正态分布规律设计的一种评价地层含油性的统计方法，根据其统计曲线形态和斜率进行油水层判别（图 6-5-8）：油层，斜率较高，值较大；油水同

层，下部斜率较低、上部斜率较高或斜率界于油层、水层之间；水层，斜率较低，值较小。Fisher 判别分析法是优选反映储层岩性（ΔSP）、物性（AC、DEN）、电阻率（AT90）等 4 个独立性较强且代表储层特征的原始变量作为低对比度油层流体识别的主要分析参数。根据 Fisher 判别分析法求解原理对所选取样本的测井数据进行分析，得到 Fisher 典则判别函数特征值，并选择第 1 典则判别函数和第 2 典则判别函数作为低对比度油层流体识别的特征变量，做交会图（图 6-5-9）油层、油水同层、含油水层及水层之间界限明显，图版精度大幅提高。

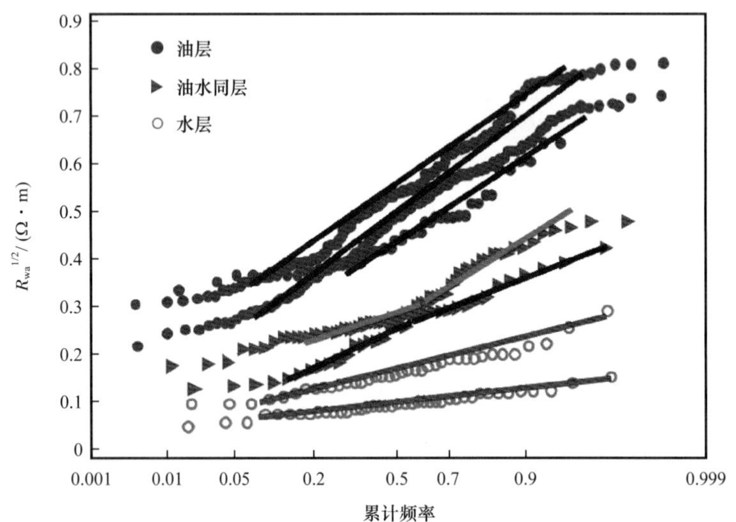

图 6-5-8　姬塬地区长 6 油层组储层 R_{wa} 正态分布曲线特征

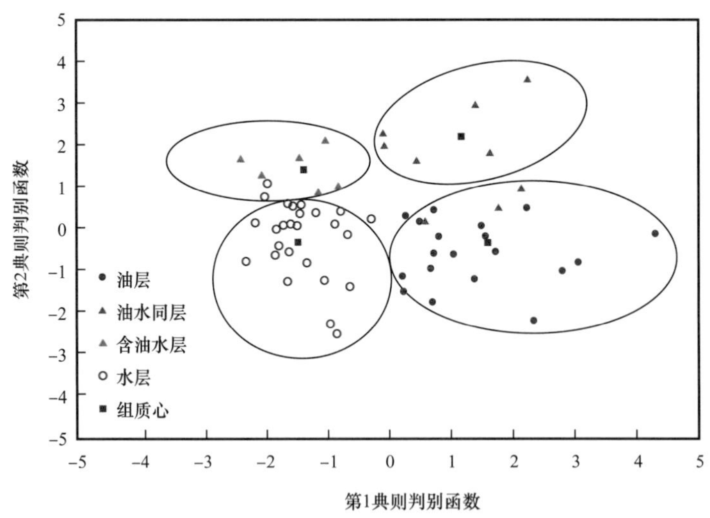

图 6-5-9　样本第 1 典则判别函数与第 2 典则判别函数交会图

3）长 8 油层组储层测井定量评价方法

基于姬塬地区延长组长 8 油层组 53 口井 445 块薄片资料，将成岩相分为五类：压实致密成岩相、碳酸盐胶结成岩相、绿泥石衬边弱溶蚀成岩相、不稳定组分溶蚀成岩相、高岭石充填成岩相。不同成岩相储层测井响应特征不同，基于不同成岩相储层测井响应特征差异性的分析，利用视石灰岩孔隙度差异—中子孔隙度交会图辅以视石灰岩孔隙度差异—密度交会图能准确识别姬塬地区长 8 油层组碎屑岩储层成岩相（图 6-5-10、图 6-5-11）。判断地层成岩相的标准如下：

绿泥石衬边弱溶蚀成岩相：CNL 大于 13% 且 CNL-DEN 视孔隙度差异小于 7pu；

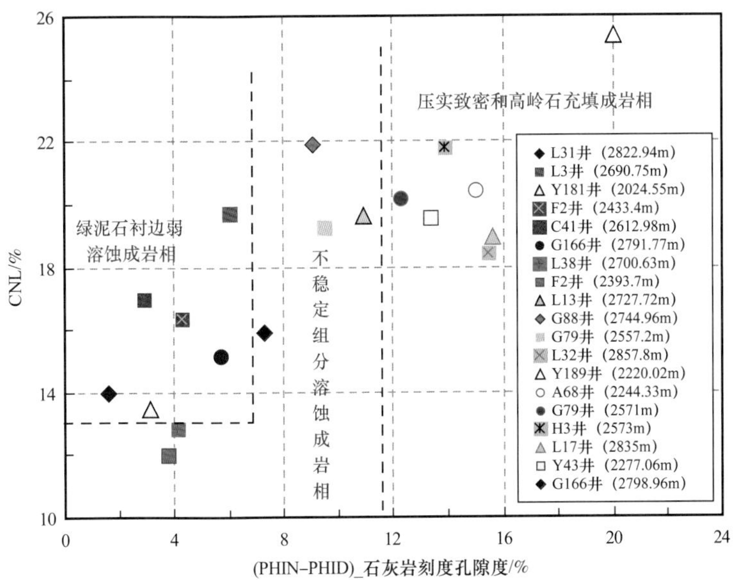

图 6-5-10　姬塬地区长 8 油层组不同成岩相地层的测井识别图版

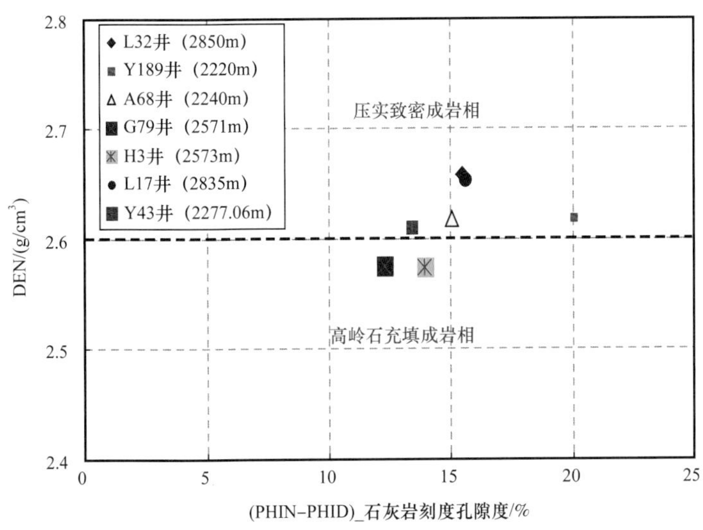

图 6-5-11　姬塬地区长 8 油层组基于中子—密度视石灰岩孔隙度差异与岩石密度交会图的成岩相识别图版

不稳定组分溶蚀成岩相：CNL 小于 13% 且 CNL-DEN 视孔隙度差异小于 7pu 或者 7pu 不大于 CNL-DEN 视孔隙度差异小于 11.5pu；

高岭石充填成岩相：CNL-DEN 视孔隙度差异不小于 11.5pu 且 DEN 小于 $2.65g/cm^3$；

压实致密成岩相：CNL-DEN 视孔隙度差异不小于 11.5pu 且 DEN 不小于 $2.65g/cm^3$。

不同成岩相储层孔隙结构不同、产量也不同：绿泥石衬边弱溶蚀成岩相储层孔隙结构好、生产能力最强，不稳定组分溶蚀成岩相储层次之，而碳酸盐胶结相储层孔隙结构、生产能力最差。分成岩相建立毛细管压力孔隙结构评价方法、储层参数定量计算模型，能提高储层参数计算精度。

单井连续成岩相测井识别技术及成岩相约束下的孔隙结构评价、储层参数计算，为姬塬地区长 8 油层组碎屑岩超低渗透储层综合评价、富集区优选提供依据，为规模储量提交提供了高精度的储量参数。

2. 优化压裂模式，提高复杂油层的改造效果

重点开展了最优裂缝长度的确定、压裂液体系和施工参数优化的攻关研究。

一是确定了最优的裂缝长度。室内水力裂缝参数模拟确定最优缝长为 100～150m，为了保证裂缝长度大于 100m，加砂量应在 $25m^3$ 以上；根据测试结果，并借鉴其他区块成功经验，压裂施工排量确定为 $1.4～2.2m^3/min$。

二是优选出性能优良的压裂液体系。压裂液优化设计技术是通过精确控制压裂液中各种添加剂的加入量，使压裂液在满足储层条件和压裂工艺要求的基础上，力求在低成本、低损害和满足施工需要之间，使压裂液综合性能达到最优化的技术。

姬塬—铁边城长 4+5 油层组储层为低孔、特低渗储层，如此的地质特征，必须减少压裂液残渣可能造成的伤害，这样对压裂液的残渣量、破胶能力和返排能力要求较高；储层压裂层段一般在 1965.0～2350.0m 之间，优化压裂液时必须考虑与之相应的耐剪切能力；压裂层段的井温基本在 75℃左右，需要压裂液具有一定的耐温耐剪切性能；由于储层具有中偏弱的水敏特性和较弱的碱敏特性，根据储层的压裂特征和现有成熟技术的现状，选用水基压裂液作为该区块的压裂液体系。在前期室内实验及现场实验的基础上确立了具有“耐温耐剪切性、低滤失、破胶快、残渣低”等特点的无机硼交联胍胶和有机硼交联两种压裂液体系，使压裂液对储层的伤害率由 40%～50% 降低到 35%。

三是总结出有效压裂改造模式。在进一步认识铁边城长 4+5 油层组储层改造地质特征的基础上，进行了储层改造工艺技术研究，研究成果及时应用于 2004 年研究区各类油井的现场改造，改造效果显著提高，形成了适合铁边城地区长 4+5 油层组储层改造的有效模式。截至目前共压裂改造 55 口井，41 口井压后获得工业油流，占压裂总井数的 74.6%，其中 22 口井试排产量大于 20t/d，占压裂总井数的 40.0%，压裂改造效果良好。

（二）开发技术

本区储层沉积类型多样，砂体规模差异大、叠置关系复杂，同时该类储层孔喉细微，纵向上隔夹层发育，能量补充方式不清，采用常规定向井开发，单井产量低、产量递减

快，难以实现规模有效开发。通过持续攻关，以“精准识别、高效开发”为攻关目标，形成了以“甜点优选、开发方式优化、立体式布井”为核心的姬塬油田有效开发关键技术，为致密油规模效益开发奠定了坚实的基础。

1. 甜点预测技术

姬塬油田三叠系致密油建立了致密油甜点分类评价参数体系，形成了地质与工程一体化甜点优选方法，实现了致密油甜点定量评价。通过以“含油性、油层纵向结构系数、渗流特征、地层原始能量、岩石力学特征”为主体的致密油分类评价参数体系，定量化了评价参数对产量贡献的权重，构建了致密储层甜度评价分类方法（表 6-5-3），解决了现有评价方法不能准确划分致密油品质差异的难题，实现了致密油甜点的有效预测，在盐池、王盘山等区长 6、长 8 油层组油藏共优选甜点目标区 24 个，落实可建产地质储量 1.1×10^8t。

表 6-5-3 姬塬油田致密油甜点分类评价指标

评价内容	参数	符号	甜点区分类指标			权重
			Ⅰ级	Ⅱ级	Ⅲ级	
含油性	含油饱和度 /%	SQ	＞55	45～55	＜45	0.163
	标准气测全烃值	QT	＞12	6～12	＜6	
渗流特征	平均喉道半径 /μm	r_a	＞0.06	0.04～0.06	＜0.04	0.186
油层纵向分布特征	油层纵向结构系数	LSE	＞1	0.6～1.0	＜0.6	0.189
地层原始能量	气油比 /（m^3/t）	GO	＞100	80～100	＜80	0.115
岩石力学特征	脆性指数 /%	BI	＞45	40～45	＜40	0.176
	水平最小主应力 /MPa	σ_n	＜30	30～33	＞33	0.172
甜点评价指数		SSEV	＞0.6	0.4～0.6	＜0.4	

2. 开发方式及井网井型优化技术

创建了致密油藏超前精细分层注水和渗吸置换超前补能两种开发模式。通过致密储层渗流机理及微观孔隙结构特征及对流体的控制作用，明确了致密油藏水驱动用下限为喉道半径 0.15μm，渗透率 0.20mD，不同类型致密油藏采取对应的开发模式，实现了有效提高单井产量和最终采收率的目的；根据储层物性、砂体结构、油层厚度及裂缝发育程度的不同，形成了不同类型油藏的定向井、大斜度井、超短 / 短水平井井网优化技术（图 6-5-12 至图 6-5-14）。大斜度井初期井均日产油 3.3t，与定向井比较采油速度由 0.7% 上升至 1.4%，预计阶梯油价下内部收益率达到了 9.1%。短水平井初期井均日产油 5.5t，与长水平井比较采油速度由 0.9% 上升至 1.5%，预计阶梯油价下内部收益率达到了 8.9%，整体适应性好，具有较好的经济效益。

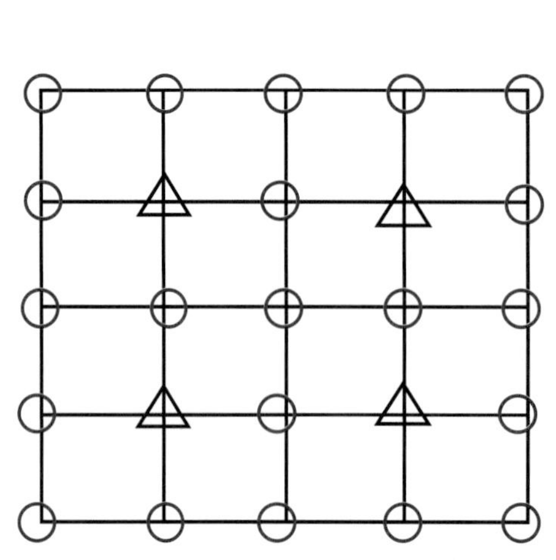

图 6-5-12　定向井正方形井网示意图

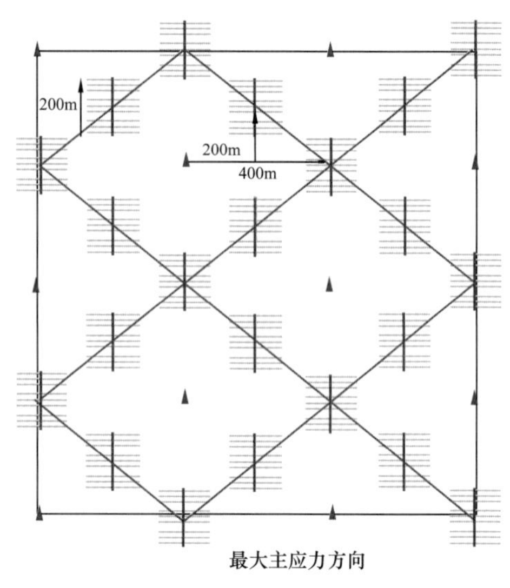

图 6-5-13　大斜度井（短水平井）正方形井网示意图

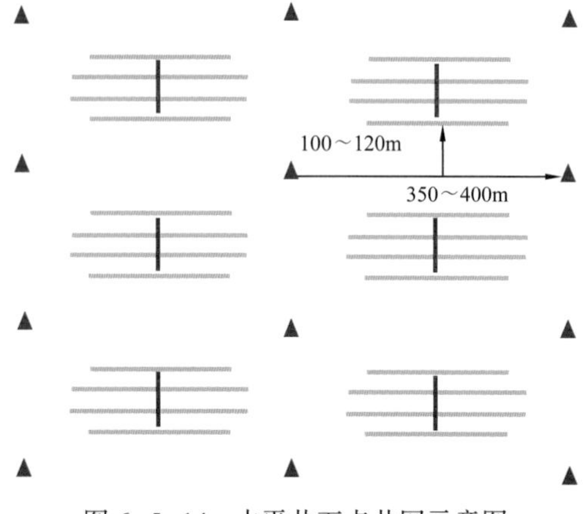

图 6-5-14　水平井五点井网示意图

3. 多层系立体布井技术

构建了黄土塬地貌下多层系叠合油藏绿色可持续建产模式，创新形成了“单层系定向井 + 水平井混合布井”“两套层系水平井共用一套注水井网立体布井”模式。解决了黄土塬井场受限问题，构建了“大井丛、多井型、立体式”绿色建产模式，实现了多层系油藏储量的一次性动用，为工厂化作业提供了条件，实现了经济效益与环境保护协调统一（图 6-5-15）。其中 H54 井区长 6 油层组油藏采用两套层系共用一套注水井网立体开发，建井场 12 座，节约土地 54000m^2。

四、勘探成效及开发效果

（一）勘探成效

姬塬油田位于鄂尔多斯盆地西北部，历经 40 年“五下六上”的曲折勘探。2003 年以来，以陆相层序地层理论为指导，首次提出“长 4+5 期湖侵背景下发育退覆式三角洲沉积”和“长 8 期发育浅水三角洲沉积”的新认识，创建了多层系复合成藏模式，明确姬塬地区在长 4+5、长 6、长 8 油层组具有形成大规模岩性油藏，在长 9、长 2 油层组及侏罗系具有形成高产的构造—岩性油藏的有利条件。在上述认识指导下，坚持“整体部署、立体勘探”的部署思路，姬塬地区实现了勘探层系的重大转移，延长组下组合勘探取得重大

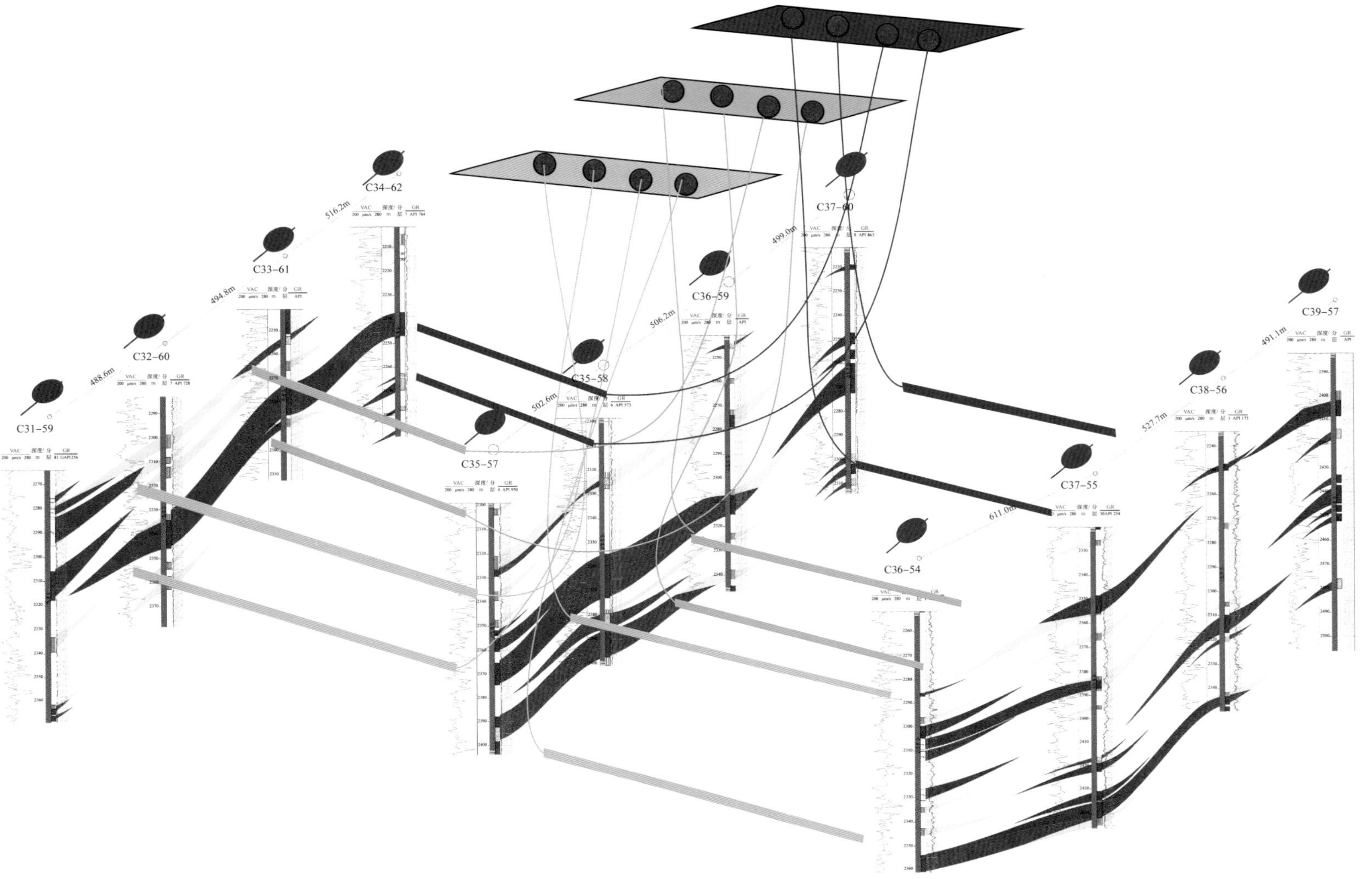

图 6-5-15　姬塬油田 H54 井区长 6 油层组油藏立体式布井模式图

突破，长8、长9油层组新增探明储量 7.0×10^8t。截至2021年底，姬塬地区完成二维地震6263km，测网密度4km×6km～6km×8km，已获工业油流井879口。区内已有探明石油地质储量 17.64×10^8t，三级地质储量 22.40×10^8t，形成超 20×10^8t 的储量规模，建成千万吨大油田，成为中国最大的致密油田（图6-5-16）。

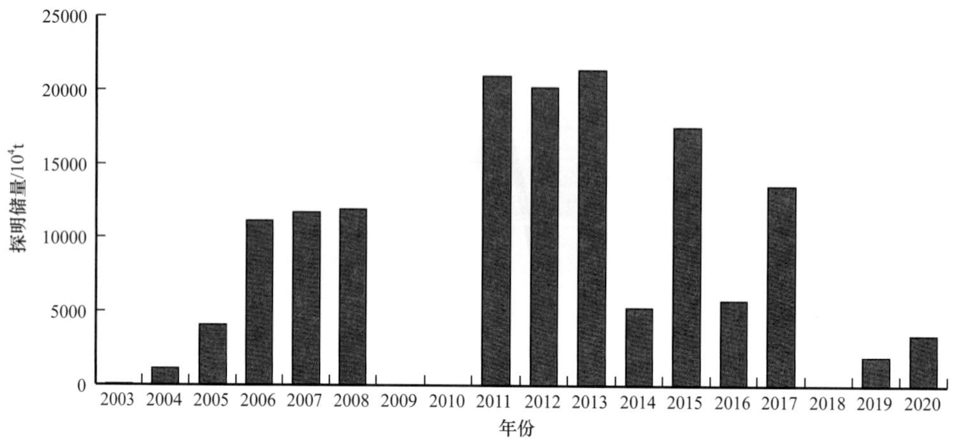

图6-5-16　姬塬油田历年新增石油探明地质储量柱状图

（二）开发效果

姬塬油田2004年起在Y48井区长4+5油层组油藏开始注水开发试验，2007年开始大规模建设。截至2021年底，姬塬油田共计动用含油面积2751.8km^2，地质储量 121697.8×10^4t，建成产能 1685.2×10^4t。目前开井13348口，单井日产油1.15t，综合含水59.08%。注水井开井4796口，单井日注18.4m^3，月注采比2.03，累计注采比1.71。自2011年以来，年原油产量稳定在 600×10^4t 以上，累计产油 8487.5×10^4t（图6-5-17）。

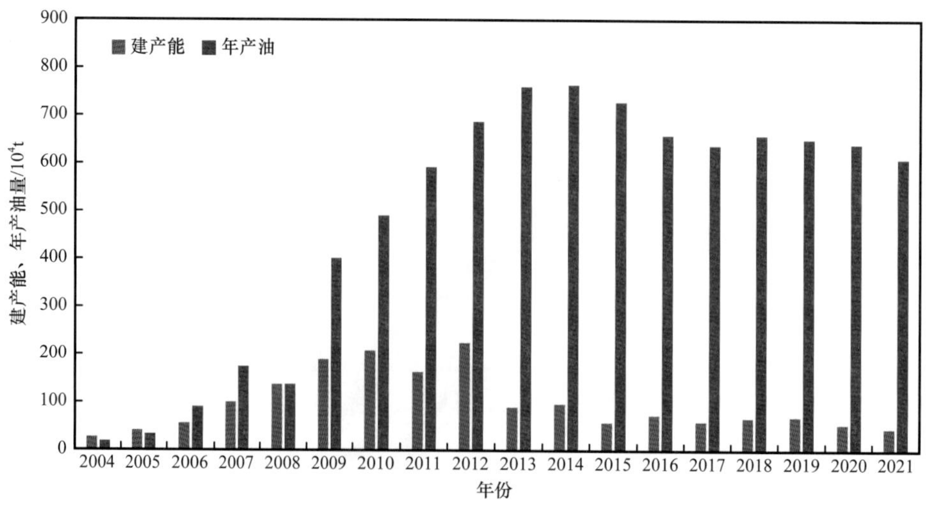

图6-5-17　姬塬油田历年建产能及年产油量柱状图

第六节　非常规油气勘探启示

鄂尔多斯盆地长期勘探开发实践表明，解放思想、科学决策、创新理论认识、不断攻克关键技术是推动油气勘探的有效手段。针对盆地非常规油气藏的不同地质特征和勘探难点，长庆油田勇于探索，大胆创新，逐步形成了一系列勘探有效方法和管理模式，积累了丰富的理论与实践成果，为国内外非常规油气勘探提供了宝贵经验和启示。

一、解放思想、科学决策部署是不断开创油气勘探新局面的重要前提

鄂尔多斯盆地油气资源丰富，油气类型复杂，在长达100多年的勘探历程中，随着勘探工作的步步深入，勘探程度的不断加深，勘探难度逐步加大，每到关键时刻，长庆油田勘探人始终保持清醒，客观冷静地看待所面临的形势目标和任务，坚持以哲学的思维、辩证的观点、发展的眼光分析问题，尤其是针对新领域、新目标，解放思想，敢于打破传统观念束缚，敢于大胆实践，在实践和认识中增强勘探信心，牢牢把握盆地非常规油气藏地质特点，针对不同阶段的地质认识和技术特点，科学决策部署，稳步推进，解决了一个又一个勘探难题，攻克了不同类型油气藏的技术难关，为实现油气勘探突破奠定了基础。

（一）深化盆地资源认识，不断增强寻找大油气田的信心和决心

鄂尔多斯盆地为典型的克拉通盆地，中部稳定，构造圈闭不发育，周边构造区断裂破坏，油气难以成藏，20世纪80年代以构造找油观点，认为盆地难以找到大油气田。

长庆油田高度重视烃源岩基础研究，基于全盆地长7油层组湖相烃源岩和上古生界煤系烃源岩研究评价，认为油气生烃条件有利，具备油气规模成藏的物质基础。

鄂尔多斯盆地在晚三叠世长7早期，印支运动使扬子板块向华北板块俯冲，秦岭造山带快速隆升，强烈的构造活动使得湖盆快速扩张，形成了“面广水深”的半深湖—深湖沉积环境，广泛发育了一套富有机质优质烃源岩。长7油层组烃源岩有机质类型好，有机母源以湖生藻类为主，有机母质类型为腐泥型—混合型，其中黑色页岩有机质类型主要为$Ⅱ_1$型和Ⅰ型，暗色泥岩有机质类型主要为$Ⅱ_1$型和$Ⅱ_2$型，生油母质条件好。有机质丰度高，黑色页岩残余有机碳含量平均13.81%，最高可达30%～40%；暗色泥岩残余有机碳含量主要分布于2%～6%之间，平均3.75%，比黑色页岩有机质丰度低，但与中国其他陆相盆地相比较，长7油层组暗色泥岩仍属于较好的烃源岩。R_o为0.9%～1.1%，平均T_{max}达到447℃，均已达生油成熟阶段，处于生油高峰期。总之，长7油层组烃源岩有机质丰度高、类型好，为陆相优质烃源岩。黑色页岩面积$4.3\times10^4km^2$，暗色泥岩面积$6.2\times10^4km^2$；产烃率高，液态烃产率200～400kg/tTOC、气态烃产率80～350m^3/tTOC，总生烃量2000×10^8t。更重要的是长7油层组烃源岩排烃效率高、运聚系数大。黑色页岩排烃率77.3%，暗色泥岩排烃率42.7%；石油运聚系数达到10.1%，为油藏规模成藏提供了充足的物质基础。近年来，随着地质理论的创新、工程技术的进步和勘探程度的提高，盆地石油资源量大幅度增加，由最初的19.1×10^8t增加到169×10^8t，资源量增加近9倍（图6-6-1）。

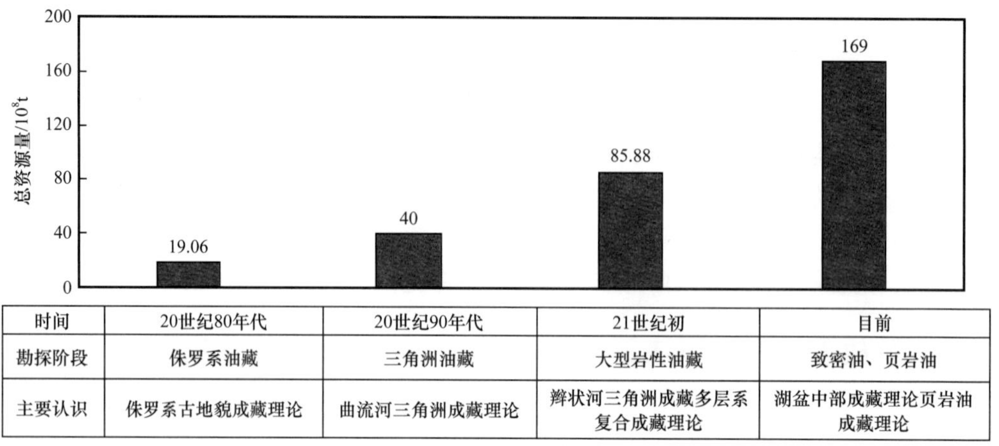

时间	20世纪80年代	20世纪90年代	21世纪初	目前
勘探阶段	侏罗系油藏	三角洲油藏	大型岩性油藏	致密油、页岩油
主要认识	侏罗系古地貌成藏理论	曲流河三角洲成藏理论	辫状河三角洲成藏多层系复合成藏理论	湖盆中部成藏理论页岩油成藏理论

图 6-6-1　鄂尔多斯盆地石油资源评价变迁图

鄂尔多斯盆地在晚古生代属于大华北盆地的西北沉积区，先后经历了陆表海（上石炭统本溪组—下二叠统太原组）、海陆过渡相（山西组）及陆相—河流湖泊（中二叠统石盒子组—上二叠统石千峰组）沉积演化阶段。本溪组—太原组沉积期的潮坪、潟湖相和山西组沉积期的海陆过渡相浅水三角洲泥炭坪发育了煤泥灰岩相互叠置、大面积稳定分布的煤系烃源岩。其中煤岩残余有机碳含量介于 38.31%～89.17%，平均为 72.53%，暗色泥岩残余有机碳含量在 0.05%～23.38% 之间，平均为 2.45%，石灰岩残余有机碳含量在 0.32%～2.31% 之间，平均为 0.78%；煤系烃源岩有机质来源以陆生植物为主，水生生物为辅，有机质类型以Ⅲ型为主，在盆地南部发育Ⅰ型和Ⅱ型有机质；R_o 在 0.96%～2.96%，平均值为 1.78%，总体上处于高—过成熟阶段。总之，煤岩有机质丰度高、分布面积广、生烃贡献率大，为主要的气源岩。主力煤岩 8 号煤岩厚度 2～12m，最厚可达 25m，分布面积约 16×10^4km^2，R_o 普遍大于 1.2%，进入大量生气阶段，最大气态烃产率为 252ml/gTOC，为鄂尔多斯盆地古生界天然气广覆式成藏提供了雄厚的气源条件。近年来，随着地质理论的创新和工程技术的进步，天然气总资源量大幅增加，由早期的 3.51×10^{12}m^3 增加到 16.31×10^{12}m^3，资源量增加近 4 倍（图 6-6-2）。油气资源量的大幅度增加进一步坚定了在盆地寻找大油气田的信心与决心。

（二）大胆解放思想，突出非常规油气，不断攻克一个又一个新目标

中生界石油勘探自侏罗系马岭油田发现之后，三叠系延长组受非常规油气困扰，油气勘探长期处于停滞状态。油田要生存，勘探是基础，储量是关键。面对严峻的勘探开发形势，长庆油田领导和勘探系统的员工没有气馁，冷静分析了油田自身地质条件，认识到储层致密的非常规油气是必须面对的客观实际，是不以人的意志为转移的。要实现勘探的突破，必须充分发挥人的主观能动性，解放思想，转变观念，放飞想象的翅膀，坚持用哲学的思维、辩证的观点、发展的眼光看问题、搞勘探。要敢于突破禁区，打破观念束缚。思想上要解放，要敢于大胆实践，搞勘探的人如果总是受老观念、老思想束缚，头脑里面没有新领域、没有新区带，勘探肯定不会有什么大的突破。地质家心中要有油，要敢想敢做（刘宝和，2005）。多年来，通过对盆地的重新认识，突出解决了勘探前景与主攻方向的问

题，坚定了寻找大油气田的决心；通过对低渗透的重新认识，突出解决了面对现实挑战极限打进攻仗的问题；通过对自己的重新认识，突出解决了积极进取的精神状态问题，从而使长庆油田走上了快速发展之路，不仅解放了深埋地下的低渗透储层，更重要的是解放了多少年深受低渗透困扰的几代人的思想。事实证明，解放思想既是长庆油田勘探开发工作的思想法宝。

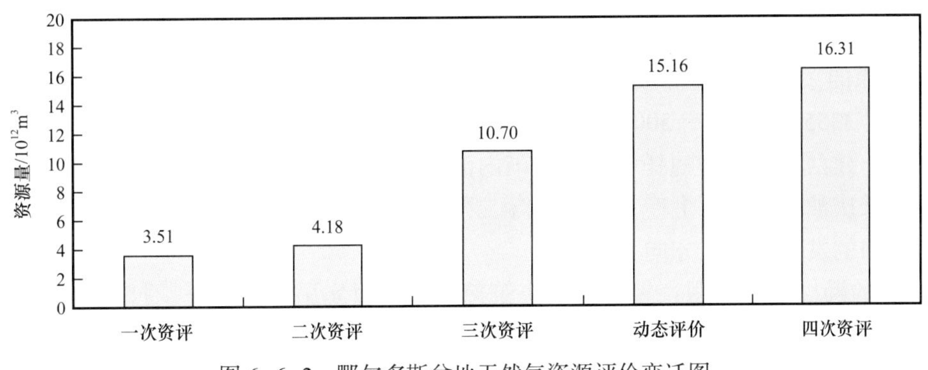

图 6-6-2　鄂尔多斯盆地天然气资源评价变迁图

不断重新审视自己的思想方法，跳出习惯看自己，跳出有限的时间看自己，冲破固有的思维模式搞勘探。应用三角洲找油理论，开展了三叠系沉积相与油气富集规律的研究，创立了陕北地区长 6 油层组发育大型三角洲群的新认识（杨华，2003）。明确了陕北地区延长组长 6 油层组发育大面积三角洲沉积体系，三角洲前缘亚相分流河道和河口坝砂体广泛分布，储集条件优越，横向上分布稳定，纵向上叠合连片，在安塞、靖安油田发现的基础上，进一步向南推进、向外围扩大勘探，实现了油藏的大发现和复合连片，长 6 油层组累计探明石油地质储量 8.06×10^8t，最终拿下了超 10×10^8t 级的陕北大油田。陇东地区长 8 油层组的勘探首先也是在老井复查中发现了重要线索，由此引发了对该区辫状河三角洲沉积体系的新认识，通过系统研究，创立了辫状河三角洲成藏理论（付金华，2004），明确了辫状河三角洲分流河道砂体延伸距离远，分布稳定，是石油富集的有利场所。认真分析论证部署的 X17 井于 2001 年 10 月 19 日完钻，长 8_1 层试油获得 34.68t/d 的高产油流，从而拉开了西峰亿吨级油田勘探的序幕。2003 年底提交探明石油地质储量 1.08×10^8t，发现了西峰油田。坚持甩开勘探，陇东地区含油面积进一步扩大，在西峰油田东西两侧的镇北、合水地区和北部的环江地区相继发现了三个亿吨级大油区，探明石油地质储量 8.89×10^8t，有望形成 12×10^8t 以上储量规模。姬塬地区早期勘探的主要目的层是侏罗系延安组，后来又经历了以长 2 油层组为目的层的过程，2003 年长 4+5 油层组获得突破是以 Y48 井老井复查试油为先导的，正是该井获得 21.59t/d 的高产油流才揭开了姬塬地区长 4+5 油层组寻找亿吨级油田的勘探序幕。在深化沉积体系分析的基础上，重点开展了石油运聚成藏机理研究，创建了姬塬地区多层系复合成藏模式。勘探锲而不舍，坚持“不死心、不灰心、不放弃”的精神，坚持“打下去”，坚持“整体部署、立体勘探”，实现了勘探层系的重大转移，长 4+5、长 6、长 8、长 9 油层组多层系立体勘探取得新进展。姬塬地区已累计探明石油地质储量 17.2×10^8t，储量规模可达 20×10^8t 以上。近几年又突破了湖盆中部深水区难以形成有效储集砂体的传统认识，创立内陆坳陷湖盆中部成藏理论，发现储量规模 10×10^8t 级的华庆大油田；积极探索源内非常规致密油富集规律，加强勘探甜点预测，强化技术攻关试验，发现了超 10×10^8t 级庆城大油田。

（三）科学决策部署，实现油气藏快速发现与规模储量落实

盆地中生界长 7 油层组泥页和上古生界煤系地层分布范围广、生烃能力强，具有充足供烃潜力，加之多层系的砂岩储集体广泛发育，具备形成大型岩性油气藏的地质条件，如何实现勘探的大发展和良性接替，是长庆勘探决策层和广大科技人员必须思考的重大问题。围绕“33551”和上产 5000×10^4t 重大目标，特别牢记习近平总书记要求长庆油田创和谐典范、建西部大庆的嘱托和“加大国内油气勘探开发力度”的重要指示，保障国家能源安全，长庆油田确立了上产 6800×10^4t 二次加快发展战略。党和国家及中国石油的重大决策为油田的发展指明了方向。

50 年的勘探实践表明：一要科学决策部署，适时实施区域展开，打开油气勘探新局面，实现勘探目标有效接替；二要科学勘探程序与方法，快速高效落实储量规模。

盆地沉积的多旋回发展，形成了多套生储盖组合，从而奠定了油气勘探在“面上展开、向多层发展”的地质基础。地质构造的差异性决定了油气圈闭的多样化，形成了盆地腹部的隐蔽圈闭序列和盆地周边的构造、地层、岩性复合圈闭。

20 世纪 50—60 年代油气勘探以盆地周边构造找油气为主，勘探没有取得突破。70 年代，以侏罗系古地貌成藏理论为指导，石油勘探实施第一次区域展开和层位集中，勘探重点由灵盐地区向盆地南部 $10\times10^4\mathrm{km}^2$ 发展，横切天环坳陷完成了 5 条综合勘探大剖面，勘探目的层向侏罗系集中，Q1、Q3、Q16 井相继获得高产油流，拉开了长庆油田会战的序幕，发现了马岭、华池、元城等一系列中高产油田，储量大幅度上升，新增探明石油地质储量 8946×10^4t，迎来了第一个储量增长高峰，原油年产量突破百万吨，跻身于全国十大石油生产基地的行列。

20 世纪 80 年代，长庆油田勘探开发的步伐曾一度徘徊。年产原油一直维持在 140×10^4t 左右，勘探没有大突破，经营上十分困难。经过不断探索，鄂尔多斯盆地纵向上多油气层复合叠加和上油下气、横向上南油北气的分布格局与规律，逐渐被长庆人掌握。伴随着地质勘探的突破，长庆油田把目光由侏罗系转向三叠系，提出了“东抓三角洲，西找湖底扇”的勘探思路。1983 年 7 月，位于陕北安塞的 S1 井获 64.45t/d 高产油流。随后首先沿三角洲主要相带的走向，采用少量“S”形甩开井网进行战略侦察，打开局面；接着横切三角洲复合体，布大剖面 6 条，钻井 18 口，整体解剖，局部围歼，落实含油范围；最后明确重点，狠抓储量和开发试验。探明了盆地首个亿吨级油田，并为工业性评价和开发取得了大量的资料。S1 井的钻探发现和安塞油田的开发，敲开了特低渗透油田效益开发之门，在长庆油田的发展历程中写下了浓重的一笔，使长庆油田增储上产出现了第二个高峰（图 6-6-3），经历 8 年的开发攻关试验，形成举世闻名的安塞模式，成功开发低渗透油田，进一步坚定了勘探的信心。在此基础上，向西扩大发现靖安油田，二次勘探实现了陕北长 6 油层组油田的复合连片，探明储量超 10×10^8t。

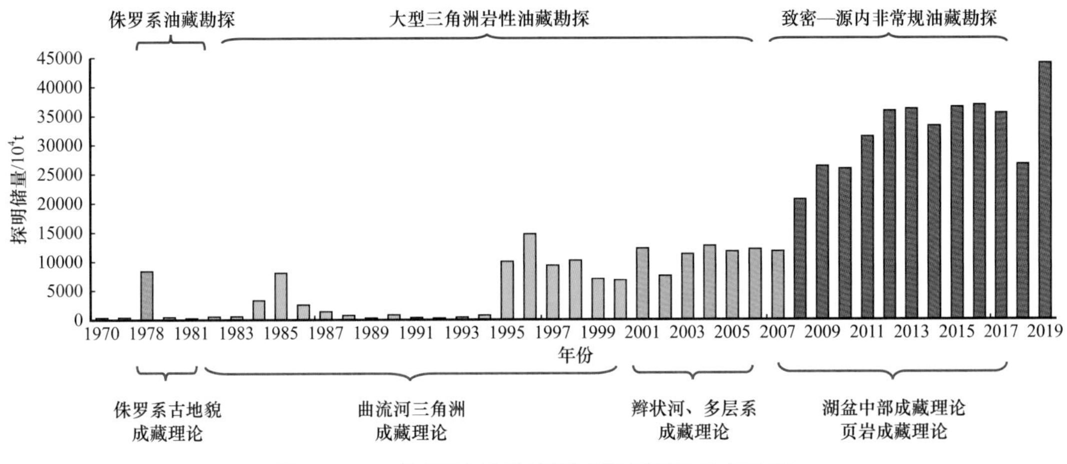

图 6-6-3 长庆油田历年新增石油探明储量变化图

21 世纪以来，坚持三个重新认识，按照“甩出去、打下去”的区域甩开部署思路，突出“新区带、新层系、新类型”的勘探，勘探目标分为现实展开区和战略准备区两个层次推进。又经历了四次区域上展开和层位集中，一是向盆地西南地区扩大勘探，发现西峰大油田，探明储量超 2×10^8t，三级储量近 5×10^8t；二是西北部姬塬地区三叠系获重大突破，三级储量超 2×10^8t；三是湖盆地中部长 6 油层组现华庆油田；四是进军非常规源内页岩油，发现储量超 10×10^8t 的庆城大油田。储量快速攀升，保持高峰期增长，连续 10 年年均新增探明储量 3×10^8t 以上，占中国石油新增储量的半壁江山。

天然气勘探向盆地北部、中部发展，勘探重点地区向盆地腹部集中，勘探层位向奥陶系、石炭—二叠系集中，结果相继发现并探明靖边大气田和神木、榆林、乌审旗、苏里格大气田，盆地中部和苏里格大气田探明储量分别超 $3000\times10^8m^3$ 和 $50000\times10^8m^3$，同时在盆地西南部发现庆阳气田，促成了鄂尔多斯盆地油气协调发展的大好局面（图 6-6-4）。

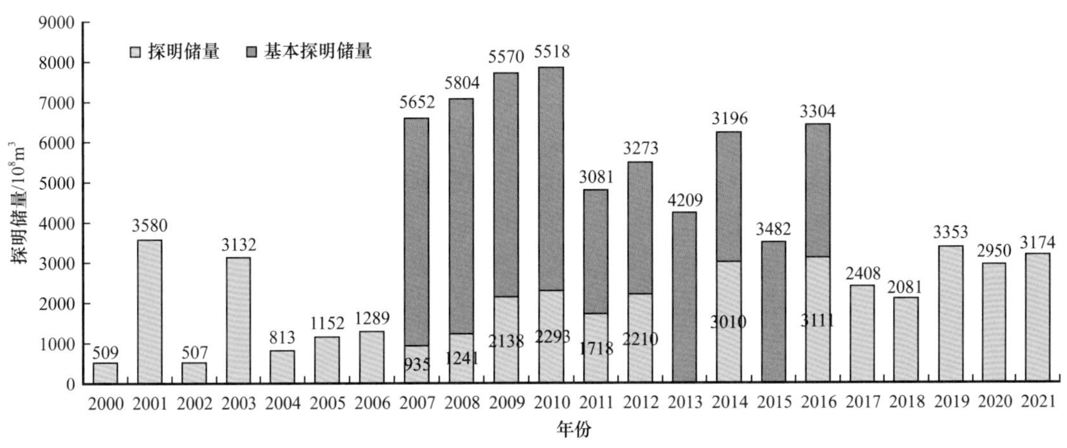

图 6-6-4 长庆油田历年新增天然气探明储量变化图

二、创新地质理论是引领油气勘探新突破的不竭动力

油田的希望靠资源，资源的发现靠勘探，勘探的动力在创新。鄂尔多斯盆地 50 年的

油气勘探史，是一部艰辛的科技创业史，是一部实践—认识—再实践—再认识的哲学史。

鄂尔多斯盆地大型岩性油气藏是典型的致密—页岩油气田，既是长庆地质工作者的斗争对象，又是舍不得、丢不下的朋友，认识它、探索它、掌握它是一个长期的过程，也是实现油气勘探大突破的必然之路。回顾长庆50年的勘探历程，每次大的勘探发现，都来源于地质理论上的创新。长期以来，长庆油田始终把地质理论创新作为勘探工作的突破口，形成了对盆地油气资源宏观、立体、全方位的新认识，引领了盆地油气勘探不断取得大突破、大发现。近年来，依托国家示范工程、集团公司重大专项等科研项目，石油勘探持续深化地质研究，创建内陆湖盆河流三角洲成藏、致密油—页岩油成藏理论认识，实现了石油勘探从侏罗系古地貌找油向三叠系岩性找油、从源外低渗透向源内非常规页岩油的重大战略转移，实现了资源认识有突破，规模储量有落实，勘探领域有接替。先后实现了以安塞、靖安、西峰、姬塬、华庆、庆城油田为代表的低渗透（10～50mD）、特低渗透（1～10mD）、超低渗透（0.3～1mD）、致密、页岩油等油藏的规模勘探和效益开发。天然气勘探创建了致密气成藏地质理论、构建了多层系成藏组合模式及完善了碳酸盐岩成藏地质理论，实现了致密气向非常规勘探、从远源成藏组合向源内成藏组合转变、碳酸盐岩从顶部风化壳向下拓展到盐下深层重大转移，先后发现探明了苏里格、靖边、榆林、子洲、乌审旗为代表的致密气藏的规模勘探与开发。目前已经成为我国最大的致密、页岩油气资源勘探开发基地。

（一）建立大型陆相三角洲群成藏模式，实现陕北低渗透大型油藏的复合连片

20世纪80—90年代，应用三角洲找油理论，以陆相层序地层学研究为基础，建立了陕北地区中生界延长组层序格架；通过系统开展沉积模式与演化研究，指出三叠纪延长期陕北地区为构造宽缓的斜坡带，古地形平缓，古气候潮湿，北部沉积物源充足，发育多条河流，为多个大型复合三角洲的形成提供了条件。在此基础上，创新提出了陕北地区长6油层组发育大型三角洲群的重要认识（图6-6-5），构建了陆相三角洲群成藏模式，明确主力含油层系长6油层组发育多期、多个三角洲，三角洲前缘分流河道和河口坝砂体广泛分布，砂岩厚度大，横向连片性好。成岩期形成的大量浊沸石溶孔进一步改善了储集性能，有利于大型岩性油藏富集。按照综合研究优选的有利目标，发现了安塞—靖安油田，揭开了挑战低渗透岩性油藏的序幕。21世纪初，实现二次勘探，沿探明区向外围进行整体部署，加大钻探力度，实现了长6油层组勘探成果的扩大和油藏的复合连片，新增探明石油地质储量7×10^8t，使陕北地区石油储量跃升到12×10^8t，为陕北老区原油年产700×10^4t夯实了资源基础。

（二）创新浅水三角洲大面积富砂机制新认识，长8油层组新发现10×10^8t规模储量

20世纪80年代，盆地西南部陇东地区钻了10余口井，勘探一直未能获得突破，普遍认为储层条件差，难以形成大油田。为了深刻认识这一地区，我们走过三十年的求索之

路，持续进行了研究。

深化古地理研究，应用高分辨率层序地层、地球化学、沉积构造等多方法证实了长 8 油层组为浅水沉积环境，水深一般为 5～20m。

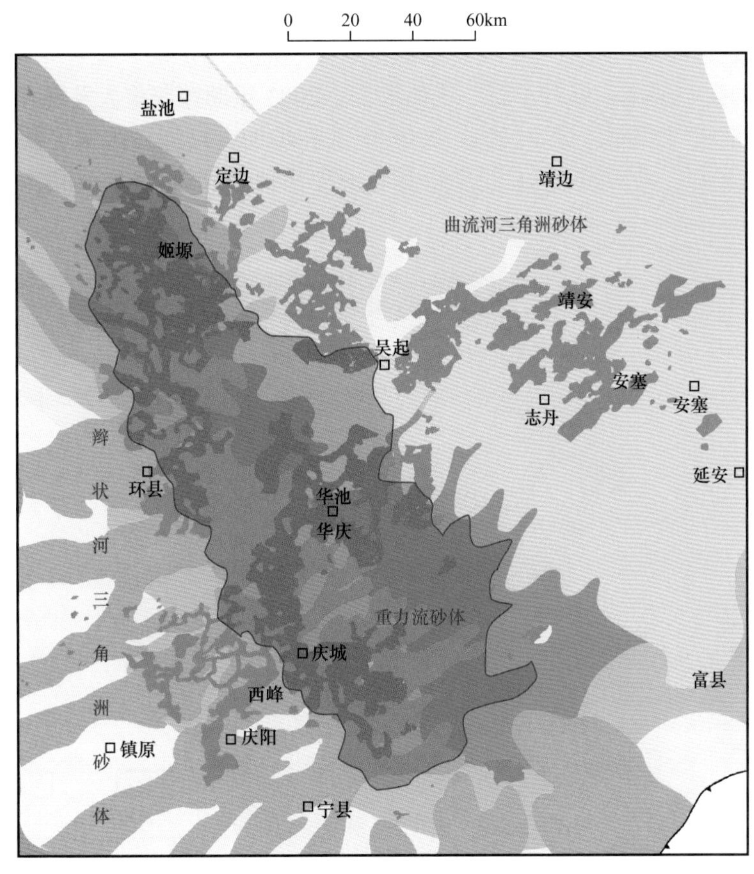

图 6-6-5 鄂尔多斯盆地延长组砂体分布图

通过对沉积物源、湖盆底形、水动力条件、沉积组合、砂体叠置样式的系统研究，创建了大型浅水三角洲沉积模式（图 6-6-6），突破了长期以来认为“陇东主要发育水下扇，难以形成大面积有效储集体”的传统认识束缚，明确了长 8 段沉积期不同时期砂体展特征。

长 8_2 层沉积期湖浪作用强，沙坝发育，分三期平行于湖岸线呈坨状、带状展布；长 8_1 层沉积期河流作用较强，水下分流河道砂体发育，沿主河道呈条带状展布，延伸距离远。

在此基础上，制定了“整体部署、分步推进、从东到西、由南向北、逐步勘探”的总体思路，快速发现了镇北、环江亿吨级大油田，实现了西峰油田向北拓展，向东落实合水规模含油区，使陇东地区主要含油层系延长组长 8 油层组有利含油范围超过 5000km^2，储量规模达 12×10^8t，奠定了建设千万吨级大油田的资源基础。

（三）创建多层系复合成藏模式，发现了我国最大的低渗透油田

姬塬地区位于盆地中西部，横跨伊陕斜坡、天环坳陷两个构造单元，山大沟深，自然

环境恶劣，地质条件复杂，工程施工难度大，石油勘探经历了“五下六上”的曲折勘探历程，长期未获突破。2000年坚持勘探无止境的找油理念，通过系统开展沉积相、砂体展布、烃源岩再认识、油藏富集规律等地质研究，提出了姬塬地区发育东北、西北三角洲沉积体系，烃源岩具有强大的生排烃能力，认为三角洲砂体具备良好的勘探前景。在此认识的指导下，重翻老资料，发现了Y12、Y48等长4+5油层组油层，优选Y48井进行试油，获得21.59t/d的高产油流，展开了新一轮的勘探，2003年勘探获重大发现和突破，在铁边城地区发现了亿吨级含油目标。2004—2005年进一步加大勘探，落实了铁边城、堡子湾两个亿吨级含油区，长4+5、长6油层组共新增探明地质储量4.06×10^8t，发现了姬塬大油田。

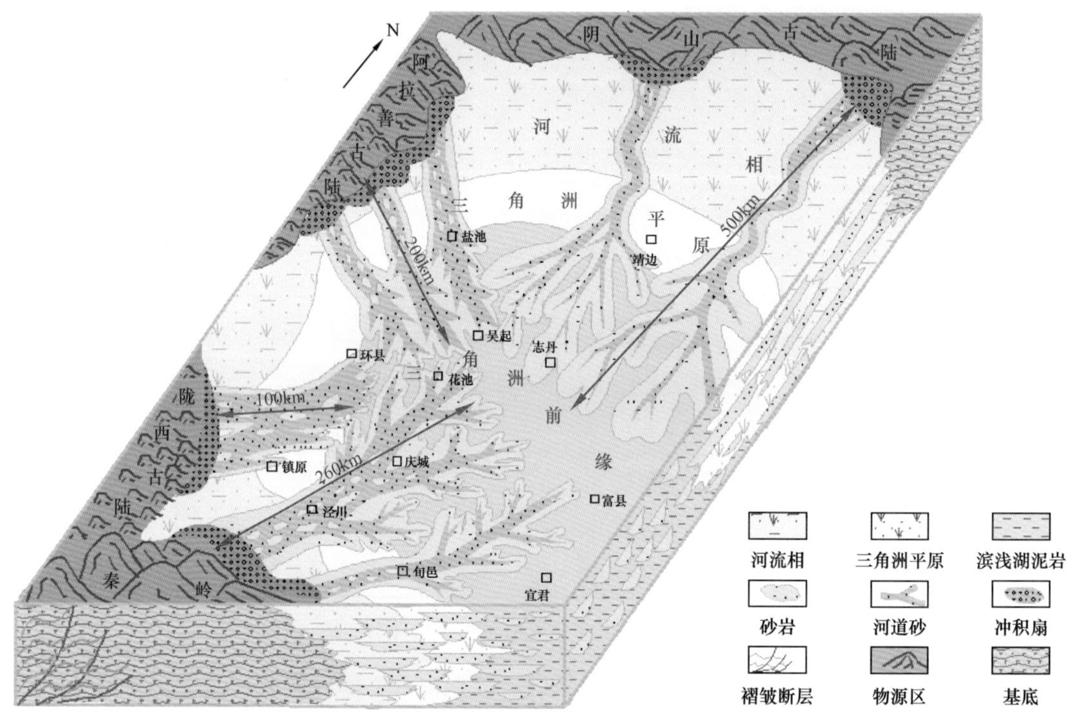

图6-6-6　鄂尔多斯盆地延长组长8油层组沉积模式图

同时，积极思索下一步勘探目标和方向，在深化沉积体系分析的基础上，重点开展了石油运聚成藏机理研究，创建了姬塬地区多层系复合成藏模式（图6-6-7）。坚持“打下去”，坚持“整体部署、立体勘探”，实现了勘探层系的重大转移，延长组下组合勘探取得重大突破，长8、长9油层组新增探明储量7.0×10^8t。累计探明石油地质储量15.7×10^8t，形成20×10^8t的储量规模，建成千万吨级大油田，成为盆地最大含油富集区。

（四）创立内陆坳陷湖盆中部成藏理论，华庆地区勘探取得重大突破

华庆地区位于中生界湖盆东北与西南两大沉积体系的结合部，长期处于湖盆中部，长6期水体较深，传统观点认为，该区以泥质岩类沉积为主，缺乏有效储集体，难以找到大型油藏。

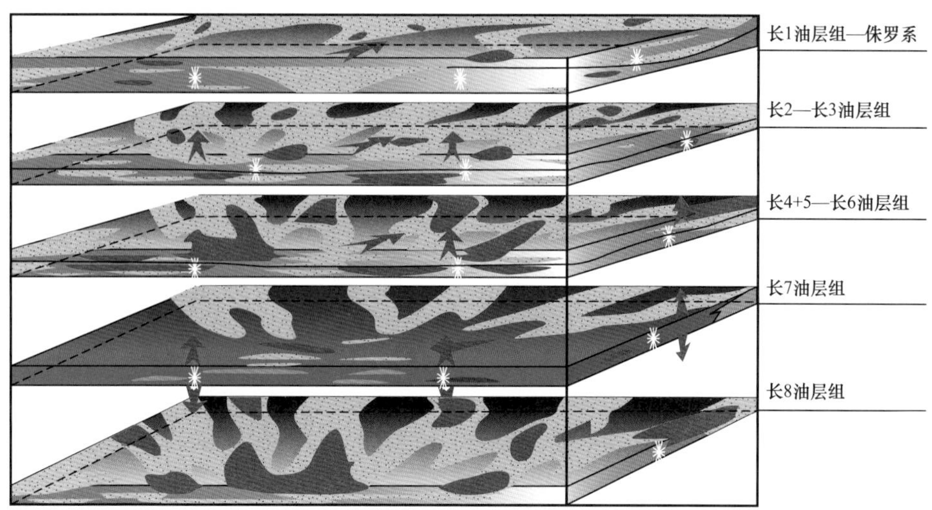

图 6-6-7 鄂尔多斯盆地中生界延长组多层系复合成藏模式图

2004 年以来，开展了对湖盆中部沉积相的再认识，通过物源分析、湖盆底形、等时地层沉积充填特征研究，建立了晚三叠世坳陷湖盆三角洲—重力流复合沉积模式（图 6-6-8），突破湖盆中部难以形成有效储集砂体的传统认识，明确了长 6 油层组砂岩厚度大、分布范围广，且处于长 7 油层组生烃中心，易于就近捕捉油气，是寻找大油田的有利目标，使湖盆中部长 6 油层组有利勘探范围增加了 $1.5 \times 10^4 km^2$。

通过进一步研究，提出了“生烃增压、双向主动排烃、近源运聚、大面积充注”的成藏新认识。延长组长 6、长 8 油层组储集砂体与长 7 油层组优质烃源岩直接接触，生储配置组合好，受生烃增压作用影响，湖盆中部烃源岩上下双向主动排烃，有利于油气向低渗透致密储层中运移。油气通过微裂缝和互相叠置的砂体近源运聚成藏，聚集效率高，有利于形成大型岩性油藏（图 6-6-9）。

在上述认识指导下，甩开部署两条北西—南东向钻井大剖面，进行整体解剖，快速落实了四条有利含油砂带，使湖盆中部石油勘探获得重大突破——发现了华庆大油田。2017 年又在南梁—华池长 8 油层组取得了重大突破。同时，针对油藏规模大的特点和油田快速上产需求，改变过去先勘探、后评价、再开发的做法，按照“整体研究、整体部署、整体探明、整体开发”的工作思路，积极推进勘探开发一体化，大大缩短了从勘探到开发的周期，降低了勘探成本，累计探明石油地质储量 $9.96 \times 10^8 t$，储量规模达 $12 \times 10^8 t$。

（五）创立了陆相页岩油成藏理论，盆地长 7 油层组落实 $20 \times 10^8 t$ 规模储量，实现了勘探领域从低渗透向非常规的重大战略转移

借鉴北美地区非常规油气勘探开发理念，以富有机质泥页岩时空分布为突破口，围绕细粒致密砂岩形成机制和分布模式、储层致密机理与储集空间特征、页岩油成藏机理和富集规律、页岩油资源评价方法体系四个关键科学问题开展系统研究。

首次揭示了大型内陆坳陷淡水湖盆泥页岩富有机质形成机理、提出了“三古控砂”的沉积新认识，频繁的构造事件、充足的物源供给、相对较陡的底形、广阔的可容纳空间，

有利于湖盆深水区形成大面积重力流复合沉积体。滑塌、砂质碎屑流、浊流沉积在不同底形单元形成不同的组合类型，在坡脚和湖底平原叠置连片发育。

图 6-6-8　华庆地区延长组长 6_3 油层组沉积相图

创立“超富有机质供烃、微纳米孔喉共储、高强度持续富集、源储一体化分布”成藏模式，明确了长 7 油层组油藏自生自储、源储一体，有利于形成大面积分布、甜点高产的源内大油田。指明了源内非常规页岩油勘探方向，实现了长 7 油层组从“烃源岩”到“源储一体”认识的重大转变，拓展勘探领域 $2.5\times10^4km^2$，推动源内非常规勘探取得重大突破，发现了储量超 10×10^8t 级的庆城大油田，盆地长 7 油层组落实 20×10^8t 规模储量，建成了我国首个百万吨级页岩油开发示范区，实现了规模效益开发。使我国成为继北美之后第一个页岩油规模化开发的国家。

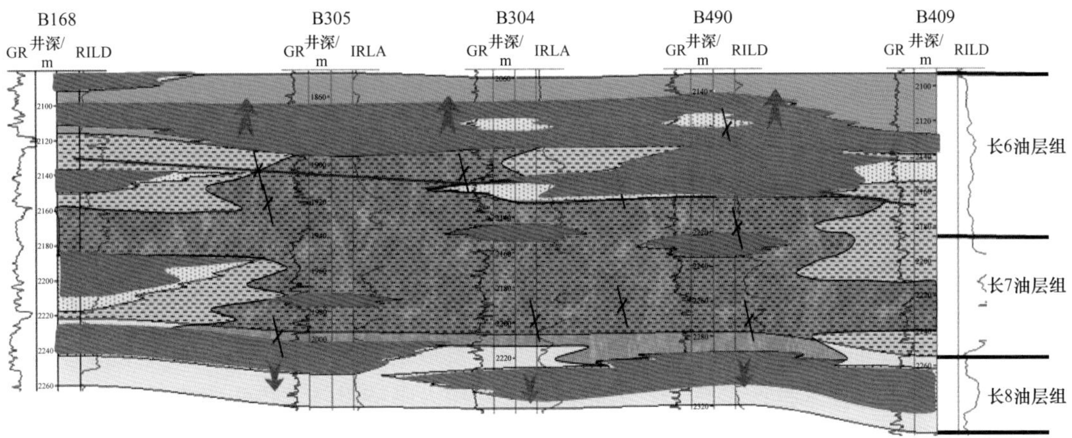

图 6-6-9　鄂尔多斯盆地湖盆中部地区延长组长 6—长 8 油层组成藏示意图

（六）创新致密气成藏地质理论，发现落实了近 $5\times10^{12}m^3$ 的大气区

在古生界天然气勘探中，早期在煤成气勘探理论指导下，以上古生界煤系地层为主要目的层勘探，发现了胜利井、zhch 堡、子洲等为代表的小型天然气藏；20 世纪 80 年代末，在碳酸盐岩岩溶古地貌气藏成藏理论的指导下，勘探对象由上古生界陆相碎屑岩转向下古生界海相碳酸盐岩，在盆地腹部发现了靖边大气田，探明天然气地质储量 $2919\times10^8m^3$；近年来，在上古生界天然气勘探研究方面重点开展了沉积体系、优质储层控制因素及致密砂岩气藏成藏机理等研究，取得了一系列新的认识，明确了大型缓坡型三角洲是形成大面积储集砂体的基础，广覆式生烃、多点充注是大面积天然气富集的关键，石英砂岩是优质储层形成的重要控制因素，从而丰富了上古生界大型河流三角洲的成藏理论，在苏里格地区落实了 $3\times10^{12}m^3$ 的特大气区、盆地东部发现了新的规模储量接替目标。

苏里地区位于盆地西北部，上古生界发育河流—三角洲沉积，储层非均质性强，气层有效厚度薄，气藏具有“低渗、低压、低丰度”的特征，单井产量较低，勘探开发难度大。

勘探过程中长庆人坚持解放思想，坚持三个重新认识，不断深化成藏地质认识，强化地质理论创新，引领勘探持续取得突破，实现了“低渗、低压、低丰度”苏里格气田高效勘探和规模有效开发。

榆林气田发现以后，通过开展盆地上古生界综合研究，加深了对油气资源分布的整体认识，以现代沉积学理论为指导，在鄂尔多斯盆地形成演化特点研究的基础上，对河流—三角洲成藏地质理论及分布规律进行了深入探讨，指出：盆地中部构造发展稳定、紧邻生烃中心、发育多条大型河流三角洲复合砂体、区域封盖条件好、成藏有利，是大气田勘探的有利方向。在沉积体系研究基础上，首次提出了高建设型河流—三角洲沉积模式，确立了盆地北部米脂、榆林、苏里格、石嘴山四大河流—三角洲砂岩沉积体系，石盒子组盒8段砂体延伸远、分布宽、厚度大，指出了盆地西北部具有大气田形成的有利条件，从而追踪发现了苏里格气田。苏里格气田前期开发评价过程中发现该气藏属于典型的致密砂岩气藏，开展上古生界大面积致密砂岩成藏规律研究，构建了大型缓坡型三角洲沉积模式和“广覆式生烃、大面积成储、连续性聚集”的致密砂岩气成藏模式，完善了致密气成藏理论，在大型致密气成藏理论的指导下，认为苏里格周边和苏里格气田具有相似的成藏地质条件，通过整体勘探、整体部署，苏里格地区含气范围由以往不足 $1\times10^4km^2$ 扩大到 $5\times10^4km^2$ 以上，形成了近 $5\times10^{12}m^3$ 的大气区。

三、突破关键技术是推动油气勘探大发展的重要保障

非常规油气储层致密、丰度低、压力低，绝大多数井无自然产能。常规技术生产的油气产量仅为常规油气田的1/10、甚至1/100。可见发展的艰难和不易。要实现勘探突破，甜点预测是重点，技术提产是核心。为此，长庆勘探人坚持以技术进步为先导，进行顽强探索，形成了三项先进适用的勘探技术，为大油气田的发现和产量快速增长提供了重要的技术保障。

（一）致密油—页岩油气层地震预测技术

1. 黄土塬区中生界储层地震预测技术

1）致密油储层地震预测技术

鄂尔多斯盆地延长组长6、长8油层组致密油储层物性相对较好，含油砂体的地球物理特征表现为四低三高：低速度、低密度、低GR、低电阻，相对高孔、相对高渗、高含油饱和度，是油气良好的聚集场所，分区分层砂体和储层响应特征差异大，河道砂体分布窄、变化快，储层致密，且有些物性好的储层其砂体厚度不足10m，有效储层识别难度大。

针对长6—长8油层组低渗透岩性油藏砂体横向变化快、含油非均质性强、甜点区优选难度大的难题，创新了同步挤压小波砂体结构预测、地质统计学反演单砂体识别（图6-6-10）、叠前弹性反演含油性预测（图6-6-11）及岩性力学参数脆性指数预测等技

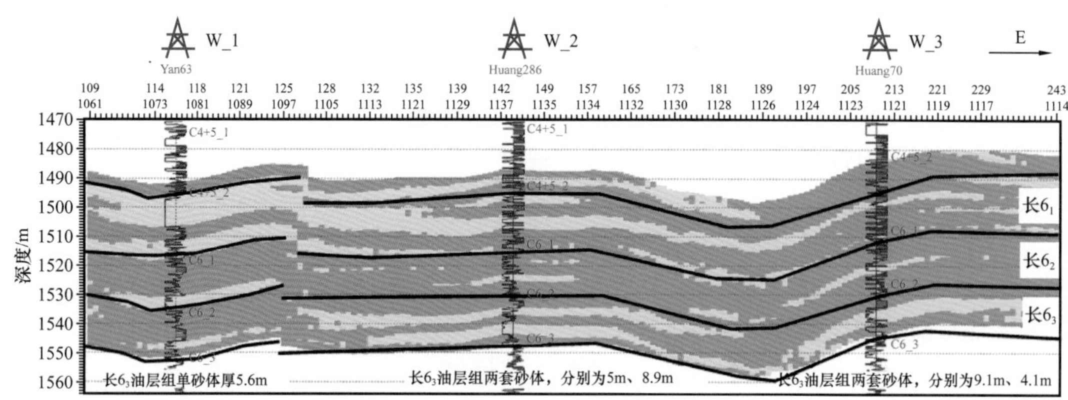

图6-6-10　地质统计学反演过井长6油层组岩性剖面

术，突破了砂体结构预测瓶颈，实现了5m以上单砂体地震识别，解决了低渗透岩性油藏甜点区优选难题。

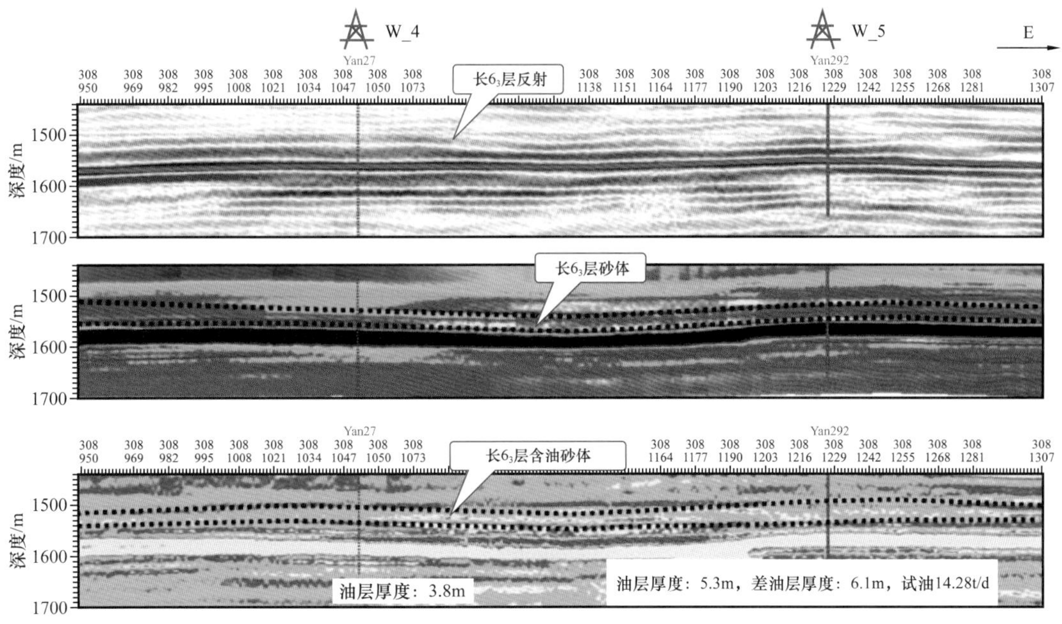

图6-6-11　古峰庄三维区过井线叠加、横波阻抗及泊松比剖面

2）页岩油甜点地震综合评价技术

鄂尔多斯盆地庆城地区是盆地页岩油开发的重点示范区，长7_1、长7_2油层组储层整体厚度虽然较大，但单砂体薄、砂体厚度横向变化大、含油非均质性强，局部构造变化较大，为页岩油甜点区优选、水平井部署及钻探带来困难。针对页岩油勘探开发需求，在该区开展了三维地震处理及解释一体化攻关，形成了黄土塬区三维地震页岩油勘探开发关键技术，提高了页岩油勘探效率及水平井有效储层钻遇率。形成的以微测井约束层析静校正、宽频保真去噪、井震混采一致性匹配处理、近地表Q补偿、OVT域处理及Q叠前深度偏移为主的黄土塬区三维"三高"地震处理技术系列，成果剖面目的层主频达30～35Hz，有效频宽5～65Hz，信噪比达到5以上（图6-6-12），可满足页岩油甜点预测、低幅度构造圈闭识别需求。

在此基础上，针对页岩油储层特征形成的砂体、含油性、烃源岩品质、脆性等多信息融合页岩油甜点区预测技术（图6-6-13）及构造、断层及分频相移薄储层预测水平井轨迹导向技术，为资源落实及水平井钻探提供了有力技术支撑，助推了页岩油规模效益勘探开发。

2. 致密气储层地震预测技术

鄂尔多斯盆地致密气藏主力产气层为二叠系下石盒子组盒8段，储层的分布受到岩性和物性的双重控制，砂体纵向叠置、横向复合连片，累计厚度较大，单砂体规模小，横向上物性、含气性变化快，储层平均孔隙度为2%～12%，平均渗透率为0.01～1mD，有效

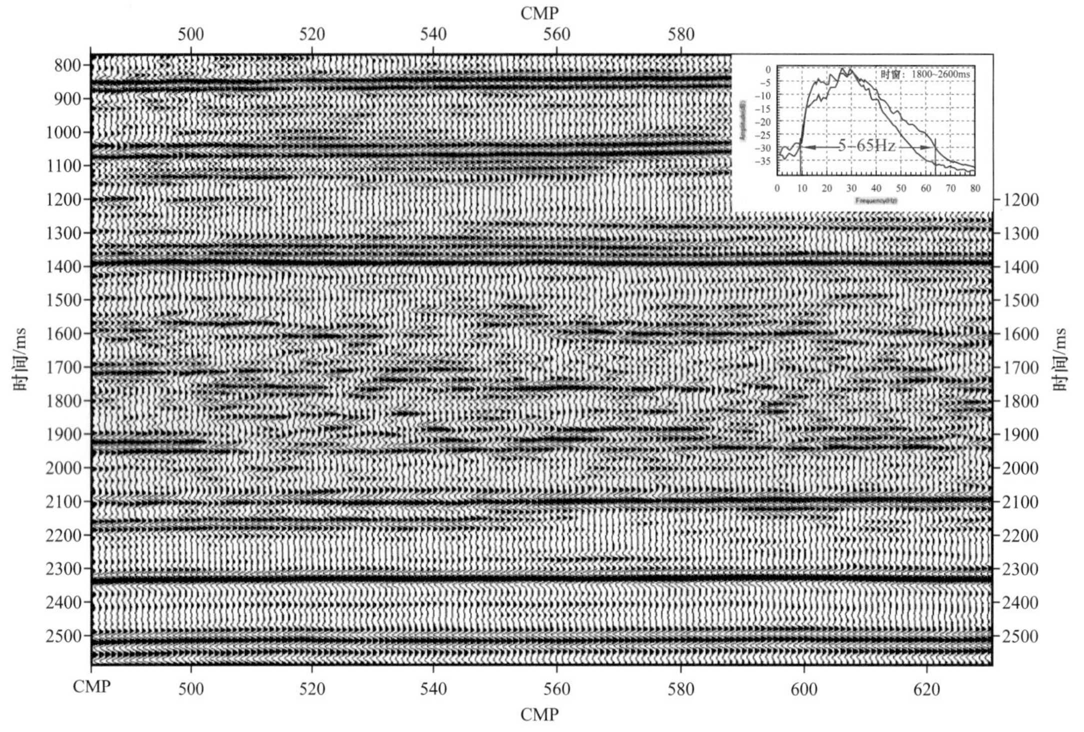

图 6-6-12　庆城北“三高”处理剖面

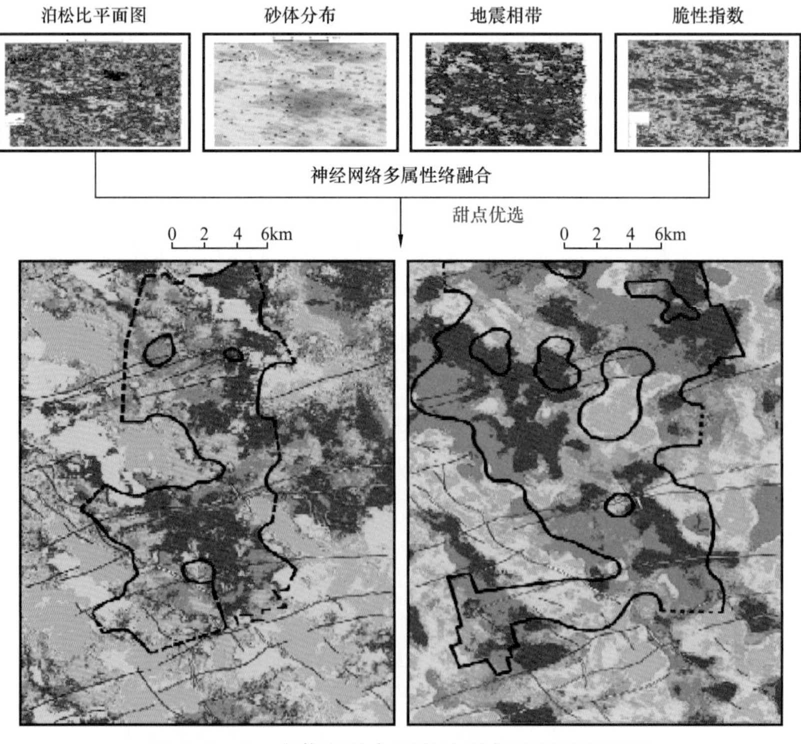

图 6-6-13　多信息融合页岩油甜点区预测流程图

砂体的横向分布受局限、连通性差，有效砂层厚 3～10m。实践证明，利用大规模水平井开发致密气藏是有效解放储层、提高单井产量及提高气田采收率的重要手段，因此要求地震必须精细识别单砂体、特别是有效单砂层的空间展布特征，为水平井的设计与实施提供准确的目标层、精确的入靶深度与有效的水平段轨迹。

针对致密气储层的地质特征和开发需求，地震运用叠前地质统计学反演（图 6-6-14）、波形指示反演、神经网络反演、优选多属性融合储层综合评价技术（图 6-6-15）进行薄层单砂体预测、流体识别、储层平面展布、甜点筛选，有效支撑了致密气水平井井位部署（图 6-6-16）和随钻地震导向，从而提升致密气开发效果。

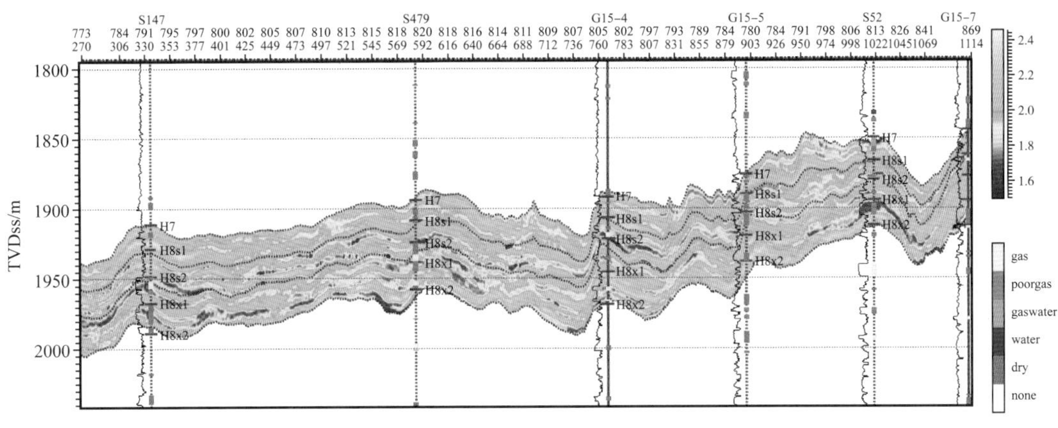

图 6-6-14 叠前地质统计学反演剖面

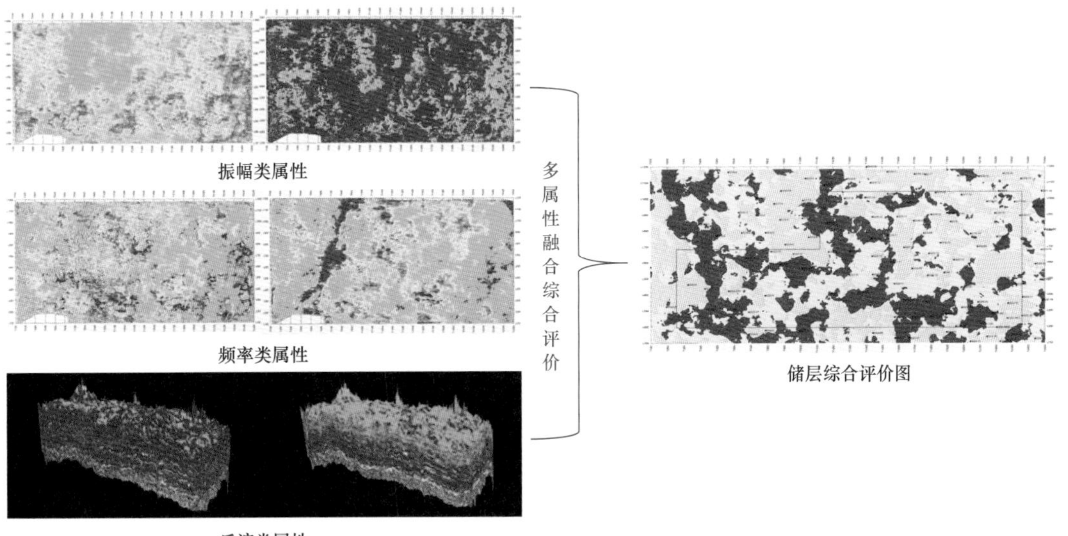

图 6-6-15 多属性融合的储层综合评价

（二）致密油—页岩油气层测井精准识别技术

致密油—页岩油气层地质特征与开发方式的特殊性，使得致密油—页岩油气测井评价面临三个方面的挑战：一是能否及时发现致密油—页岩油气层，解决有无储量的问题；二是寻找甜点分布，即解决能否产出工业油气和如何选择富集区域的问题；三是为钻完井和工程改造提供技术支持，解决如何产出工业油气的问题。针对上述三大挑战，致密油—页岩油气测井评价主要围绕储层“三品质”评价来进行技术攻关，创新形成了致密油—页岩油气“三品质”测井评价技术，为地质综合研究、勘探生产及储量计算提供了有力技术支持。

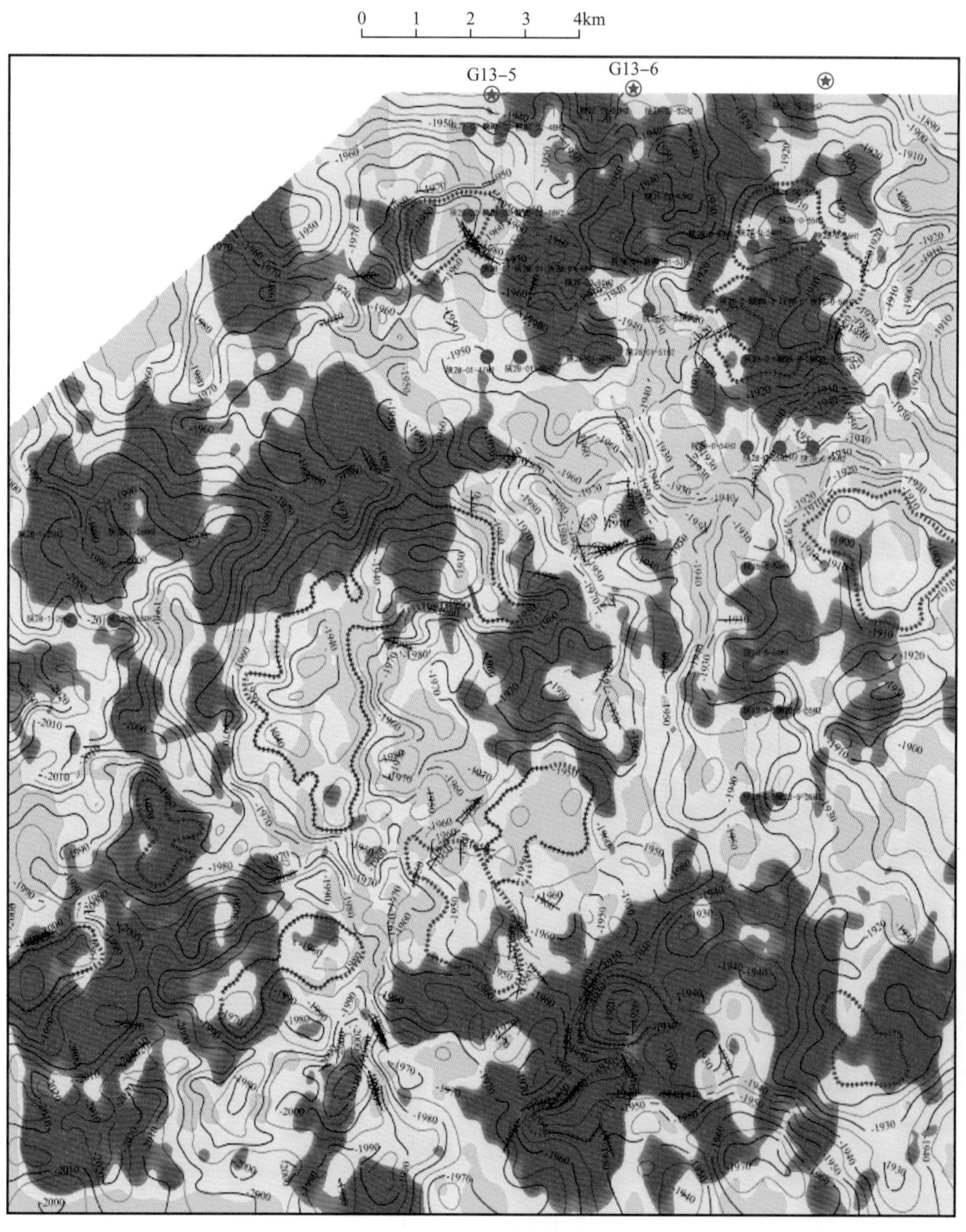

图 6-6-16　水平井井位部署

1. 致密油—页岩油层测井评价技术

针对致密油—页岩油测井评价需求，优选基本测井系列为高精度数控 + 自然伽马能谱 + 电成像 + 核磁共振，关键井测井系列为高精度数控 + 电成像 + 元素俘获 + 核磁共振 + 偶极声波。基于岩石物理配套实验，在常规储层“四性”评价基础上，围绕致密油—页岩油识别评价和钻完井工程应用需求，重构了致密油—页岩油“三品质”测井评价参数体系，包含储层品质、烃源岩品质及完井品质评价的 12 项参数。在储层品质评价方面，主要基于核磁测井开展了孔隙结构及可动油测井评价，基于元素俘获 + 电成像测井开展了精细成岩相、岩石组分及储层非均质性评价；在烃源岩品质评价方面，基于岩性扫描 + 能谱测井开展了有机碳含量计算，并开展了测井烃源岩丰度分类评价；在完井品质方面，基于阵列声波扫描测井，开展了各向异性地层岩石力学参数评价（包括杨氏模量、泊松比、最小和最大水平主应力、岩石脆性），并形成了压裂缝高度预测技术。图 6-6-17 是 Y32 井测井综合解释成果图，完全按照致密油—页岩油“三品质”体系进行测井综合评价，满足了地质工程评价需求。

致密油“三品质”评价参数体系比传统的测井“四性”关系评价体系内涵更加丰富，不仅满足了储层精细评价的要求，并且通过研究源储配置关系，优选了甜点区，也满足了地质综合研究的需要；同时还可以为水平井钻井和大型体积压裂改造等工程需求提供技术支持。因此“三品质”是致密油测井评价的核心内容，所建立的参数评价体系能够很好地满足盆地致密油勘探开发的需求。

2. 致密砂岩气层测井评价技术

针对上古生界致密气储层测井识别与定量评价难度大的问题，通过配套岩石物理实验和流体识别方法攻关，建立了流动单元分类渗透率模型和基于相渗曲线的可动水饱和度计算模型，形成了考虑储层品质因子的低充注气藏孔隙结构评价方法，有效提高了储层参数计算精度。构建了以含水饱和度为基础的气水层识别方法、多尺度小波分析法（图 6-6-18）；深化阵列声波、核磁共振测井资料处理及应用，创新形成了阵列声波时频分析法、Biot-Gassmann 流体因子法、核磁增强扩散因子法、核磁 T_2 几何平均值法等非电法复杂流体判识方法；采用神经元非线性 Sigmoid 函数构建了产水率评价模型，基于气水相渗的非线性产水率模型，实现复杂气水层的分级解释。以核磁测井为基础，形成了测井定量计算毛细管喉道中值半径和可动流体饱和度的方法，实现了致密砂岩有效储层的准确识别与定量评价。通过推广应用，探井测井解释符合率提高 15%，达到 80% 以上，为勘探生产提供了技术支持。

（三）压裂改造技术

1. 致密油 / 页岩油压裂改造技术

1）长 6—长 8 油层组致密多薄层定点多簇立体压裂技术

盆地长 6、长 8 油层组规模勘探区储层物性差（渗透率在 0.3mD 以下），以砂泥层叠合发育为主，层内泥质及钙质隔夹层较发育（厚度小于 2m），水平两向应力差大

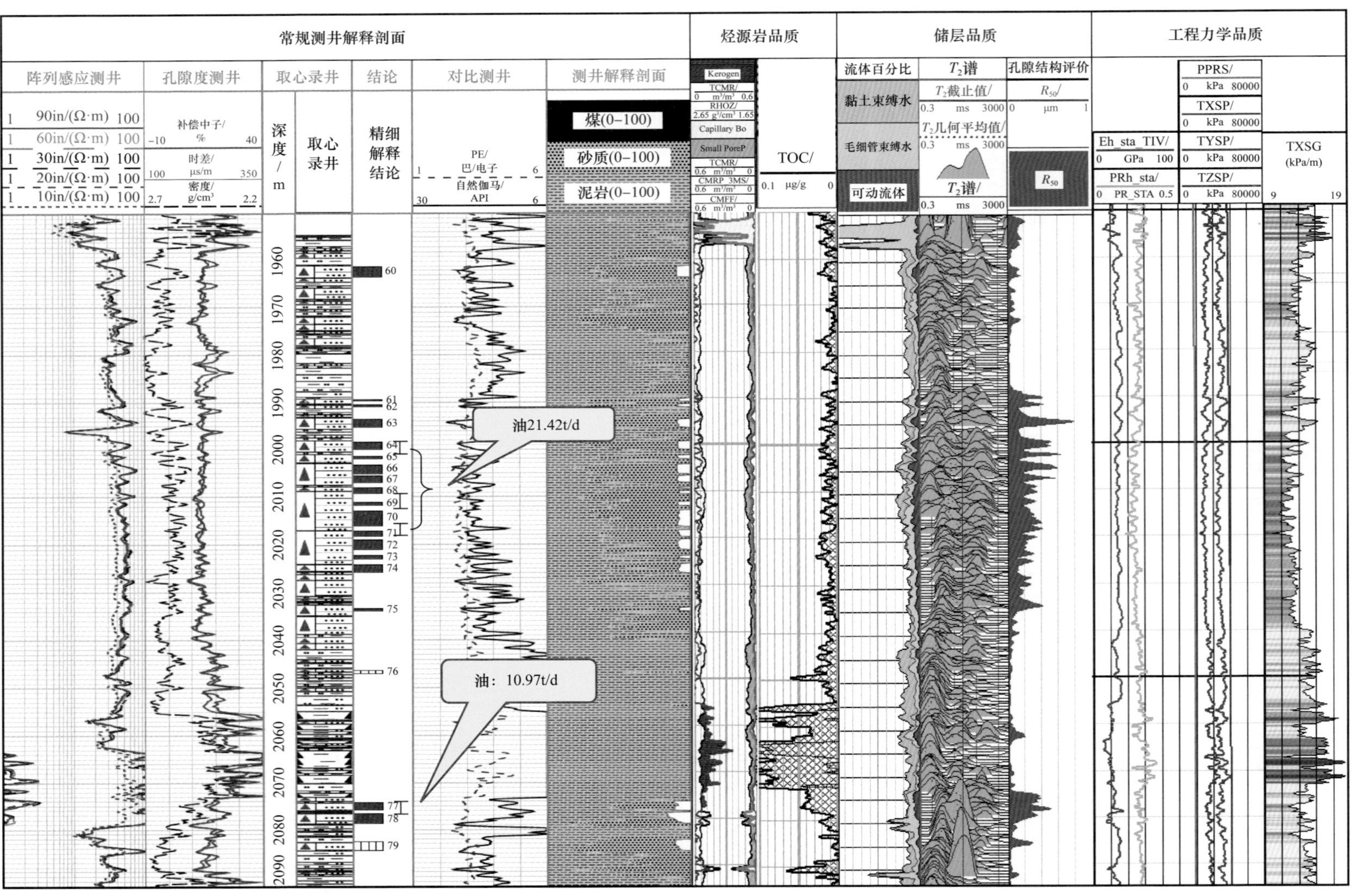

图 6-6-17　悦 32 井长 7 油层组“三品质”测井评价综合图

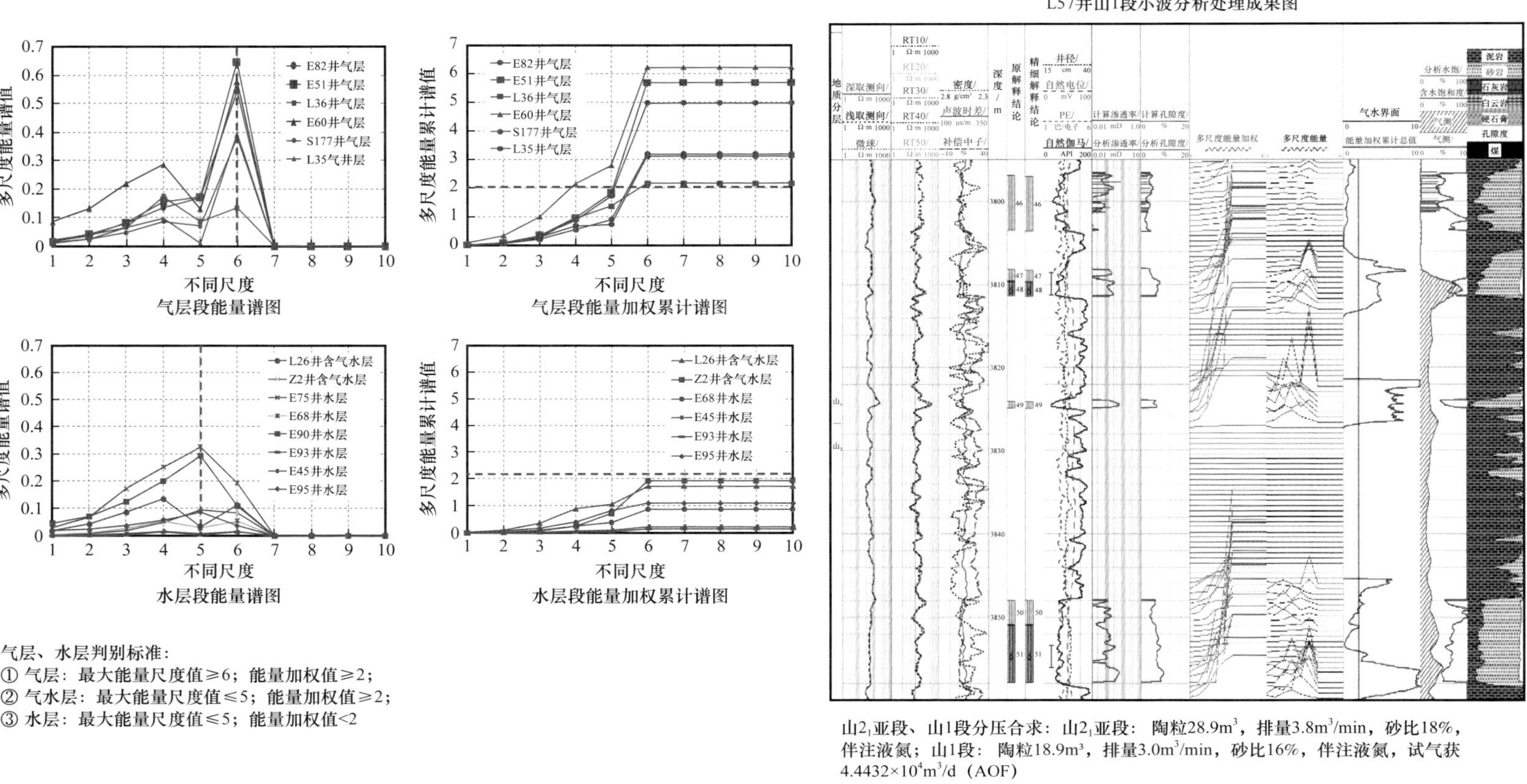

图 6-6-18　致密砂岩复杂气水层识别技术

（5.5MPa）、脆度指数较低（40% 左右），难形成复杂裂缝，且受隔夹层的影响，储层纵向改造程度不高、横向有效支撑不理想。通过前期深化储层压裂地质特征认识，结合可视化复杂裂缝物模试验，创新形成以"多簇射孔、段间暂堵、变序设计、恒定加砂"为核心的定点多簇立体压裂技术（图 6-6-19、图 6-6-20）。

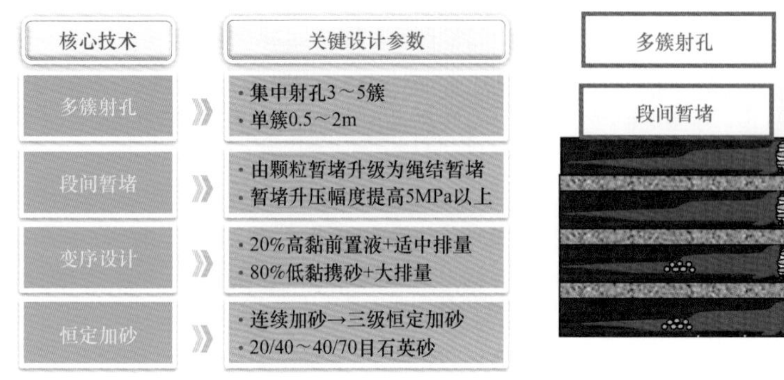

图 6-6-19　定点多簇立体压裂技术核心

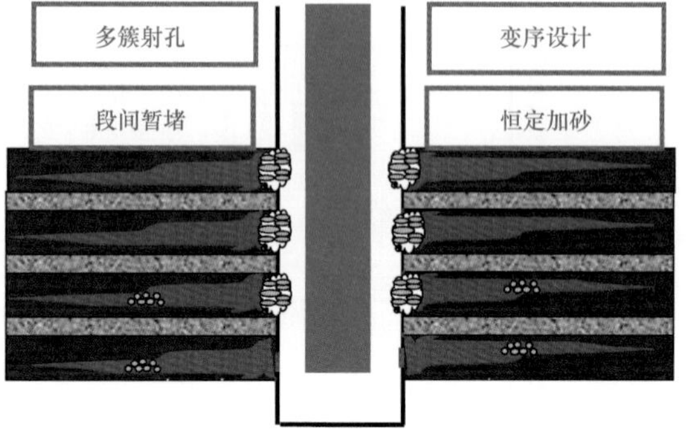

图 6-6-20　定点多簇立体压裂示意图

针对隔夹层发育难以精准判识工程甜点问题，采用多簇小段射孔方式，配套多级缝口暂堵（1～3 级），暂堵有效性达 72.1%，实现纵向上分散的多个甜点充分动用。针对滑溜水滤失量大、液体效率低、支撑缝长短，提出"高黏液低排量造主缝、滑溜水大排量造复杂缝"的变序压裂思路，增加了裂缝复杂程度。针对常规阶梯加砂无法实现缝端有效支撑，通过恒定加砂方式优化，改善裂缝支撑剖面，提高支撑剂充填程度。

2）长 7_3 油层组纹层型多岩性复合立体改造技术

长 7_3 油层组纹层型页岩油纵向上砂泥页互层叠合、砂泥变化快、单砂体厚度薄（小于 5m），具有地层压力系数低（0.7～0.8）、基质孔喉细微（砂岩 1～5μm、泥页岩 20～120nm）、连通性差、黏土矿物含量高（50%）、层间应力差高（2.5～5.0MPa）、有机碳丰度高（TOC 为 3%～28%，R_o 为 0.6%～1.1%）等油藏地质特征。在前期试验基础上，通过岩石力学地应力测试、大型物理模拟和渗吸置换等基础实验研究，初步形成了长 7_3 层纹层型多岩性复合立体改造技术，为下甜点有效动用明确了改造思路（图 6-6-21、图 6-6-22）。

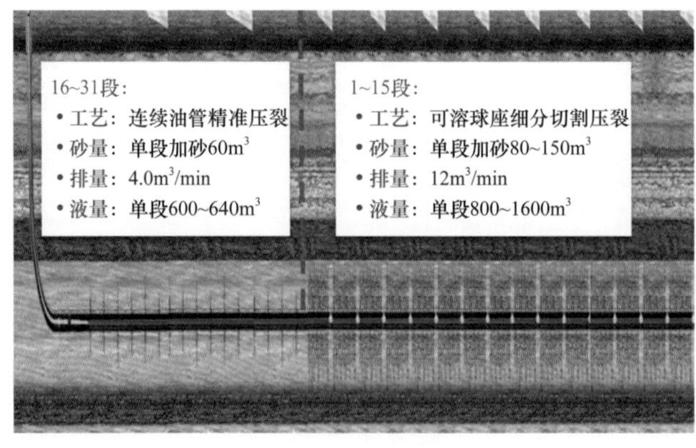

图 6-6-21　LY1H 井水平段精准分段改造图

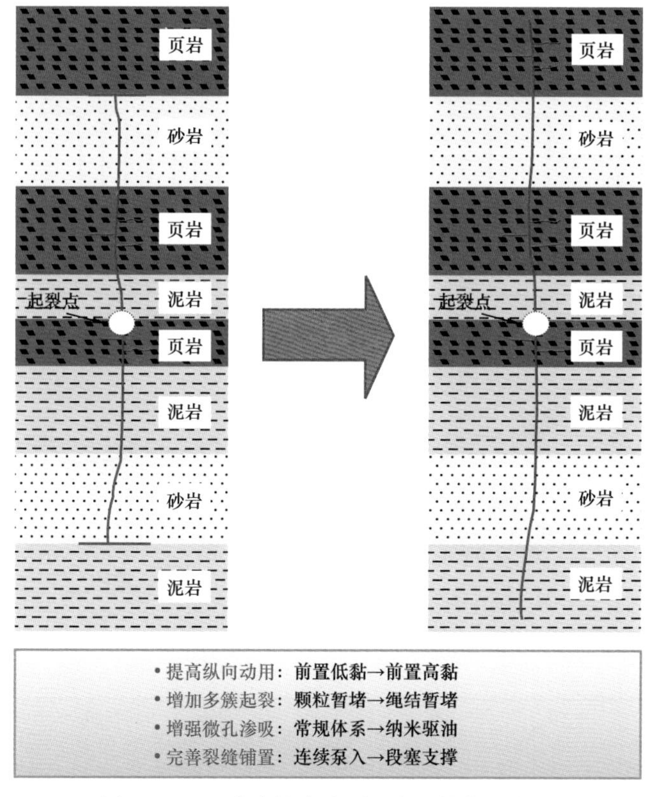

图 6-6-22　多岩性水力裂缝穿层控制示意图

针对砂泥页多岩性互层裂缝纵向穿层难度大的问题，通过岩心观察刻画岩性剖面、水力压裂裂缝扩展物模实验和数值模拟方法，明确了裂缝扩展受岩性变化和层间应力差控制，提出“优先砂层射孔，高黏液（230cP 以上）、适度排量（5～8m^3/min）、连续泵注造缝高，低黏液（40cP 以下）、大排量（8m^3/min 以上）、循环泵注造缝长”的压裂思路，解决了人工裂缝起裂困难的问题，提高了纵向改造程度。

针对微纳米级孔喉发育、渗吸驱油效率低的问题，自主研发了高温高压可视化渗吸实验装置，揭示了高温高压下存在明显的低压区向高压区渗吸现象，随着渗吸压差不断增大，渗吸效率可提高到 54.5%，在此基础上研发了新型纳米变黏滑溜水体系，见油返排率由 5.3% 下降至 4.4%、见油周期缩短 50%，较好满足了纳米级孔喉的补能和渗吸需求。

2. 致密气 / 页岩气压裂改造技术

苏里格致密砂岩气藏埋藏较深（3000～4500m）、压力系数低（0.7～0.9）、储层致密（孔隙度 5%～14%、覆压渗透率 0.01～0.1mD）、储层非均质性强、区块差异性较大。通过开展完井方式优化、致密气裂缝扩展规律研究、地质工程一体化压裂参数模拟等研究，提出基于储层物性、应力的人工裂缝缝长、缝高参数设计方法，攻关形成致密气适度密切割压裂技术（图 6-6-23、图 6-6-24），实现了苏里格致密气体积压裂设计模式的升级换代，对气田 300×10^8m^3/a 稳产意义重大。

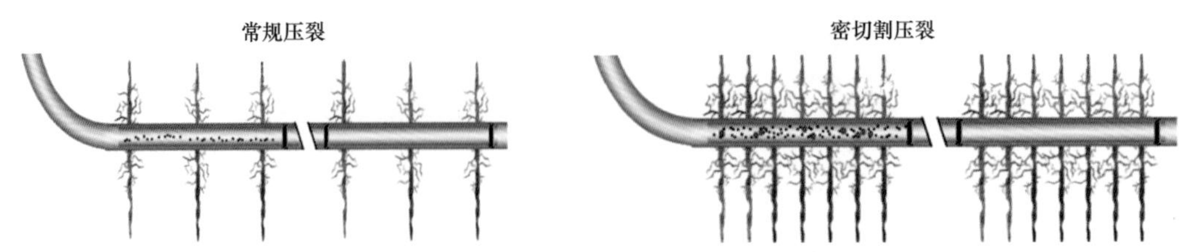

图 6-6-23　致密气适度密切割压裂示意图

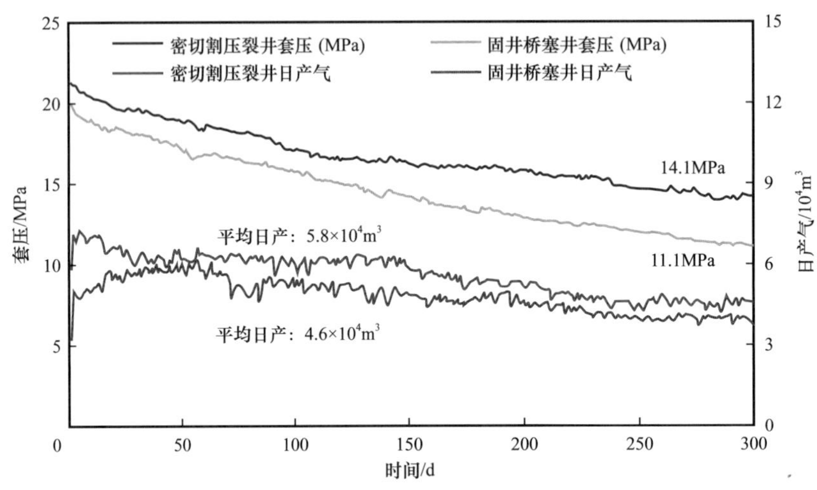

图 6-6-24　适度密切割体积压裂改造效果对比

针对苏里格东北部“厚砂体、薄气层、低气饱、难返排”的改造难点，在适度密切割压裂设计的基础上，通过开展储层裂缝纵向延伸规律和 CO_2 压裂提产机理研究，明确了致密气 CO_2 增能助排和改善裂缝纵向铺置的提产优势，提出了以“全剖面支撑 + 控液增砂 +CO_2 增能”为核心的全缝网压裂技术思路，砂比增加到 28%，前置液比例降到 20%，区块单井产量取得突破。

针对南部储层埋藏深（4200～4500m）、地层温度高（约 130℃）、裂缝延伸困难的改造难点，通过开展高闭合应力储层裂缝扩展规律研究，明确了“提高净压力”对深层砂岩裂缝扩展影响关系，提出集成“提高承压等级、多簇暂堵匀扩、耐高温压裂液”三要素的深层致密气水平井高压缝控体积压裂技术，工程限压由 70MPa 上升至 84MPa、排量由 4～6m^3/min 上升至 8～10m^3/min、砂比由 16% 上升至 21%，研发的耐高温压裂液储层伤害率小于 10%、减阻率大于 60%、耐温达 140℃，全面满足了深层致密气体积压裂改造需求。

针对盆地东部致密砂岩“多层系、弱遮挡、强水锁、难返排”的改造难点，通过开展岩屑砂岩储层压裂液伤害实验，明确了岩屑砂岩储层增产机理，提出了“降低水锁伤害、提高返排效果”的工艺思路，通过研发防水锁压裂液体系降低水锁伤害（水锁解除率较前期提高 30%）、控降单孔流量（由 0.33m^3/min 降至 0.17m^3/min）、增大低黏液比例（由 40% 上升至 70%）等工艺参数优化，形成了“多簇限流 + 纤维携砂 + 防水锁 + 低密石英砂”为核心的压裂技术，解决了东部岩屑砂岩储层提产难题。

针对苏里格西区可动水饱和度高（大于20%）、储量有效动用难的问题，通过开展含水储层控水压裂+排水采气一体化提产技术研究，提出将提产思路由控水压裂向大规模压裂+强排强采的转变，形成了“同层水提水提气压裂、底层水控水增气压裂”的高含水饱和度气藏主体改造技术模式。

四、勘探开发一体化是提高勘探成效的重要手段

在过去，一个油田从发现到评价到开发，要经历“先探明、后评价、再开发”三个接力阶段，整个周期最长达10年左右。这样做，费时费力，时间不允许，效益也不高。为进一步提升勘探开发成效，为此，在深入分析鄂尔多斯盆地发育大型岩性油气藏的地质特点基础上，提出了全面推行勘探开发一体化的有力措施。勘探和开发原本是分散的、独立的两个不同领域，要使其紧密结合起来，成为一个有机的整体，就是一场从内到外的变革。“简而言之，就是勘探环节向开发延伸，开发生产向勘探渗透，变前后接力为相互渗透。”其核心就是勘探在点上突破，评价全方位跟进，开发紧跟评价部署，迅速扩大油气发现面积。在实施过程中，评价与开发同步扩大油气面积，发现并获得成倍的油气储量。具体可以概括为“五个一体化”，即地质研究、技术攻关一体化；方案、井位部署一体化；资料录取、信息共享一体化；现场组织、实施一体化；安全环保一体化（图6-6-25）。通过勘探、评价、开发整体规划、统一部署，实现了勘探、评价、开发的有序衔接，纵向上减少层次，横向上相互补位，减少重复建设，大大减少了一个整装油气田探明的时间，缩短了从勘探到开发的周期，促进投资效益的提高，达到“增储量、建产能、拿产量”的目的，实现油藏规模探明、效益建产和又好又快发展。

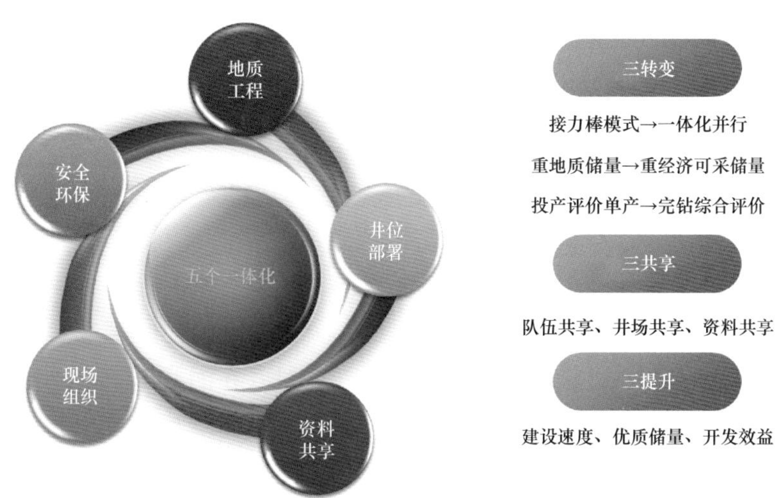

图6-6-25 勘探开发一体化工作框架图

（一）科研技术攻关统筹安排，形成良好的衔接序列

勘探、评价、开发在科研项目设置上做好“短期与长远目标的结合、科研与生产的结合、地质与工艺的结合”。勘探阶段重点解决沉积体系与有利相带预测、成藏控制因素及

地质条件、成岩演化与成藏期次关系、油藏特征与储量计算方法、地震预测与测井新技术等五个方面的课题；评价阶段重点开展有利成岩相带刻画、沉积微相及储层微观特征、油藏描述及地质建模、富集区优选及开发前期评价、渗透储量计算及经济评价、提高单井产量综合研究等六个方面的工作；进入开发阶段，在充分吸收勘探和评价阶段科研成果的基础上开展以提高单井产量和长期稳产为重点的高渗高产富集区目标优选、油藏精细描述及数模、开发技术政策优化、剩余油分布稳产调整、油藏开发对策、提高采收率研究等六个方面的研究工作。从而形成了由有利目标区、含油富集区到高产高渗区快速落实、稳步高效开发的良好研究序列。

（二）井位整体部署，缩短了建设周期

井位整体部署是勘探开发一体化运行的重要内容，在区域地质综合研究的基础上，预探、评价井在寻找新发现的同时，落实含油富集区；开发骨架井在建设产能的同时，坚持打下去，寻找新层系；围绕有利目标区，预探、评价、开发井三位一体，按开发井网统一规划、整体部署，一体化运作，边发现、边评价、边开发，大大缩短了勘探开发周期。天然气勘探开发通过大力推进一体化，缩短气田开发进程，建产周期由早期的 8～12 年降低至 5～8 年（图 6-6-26）。

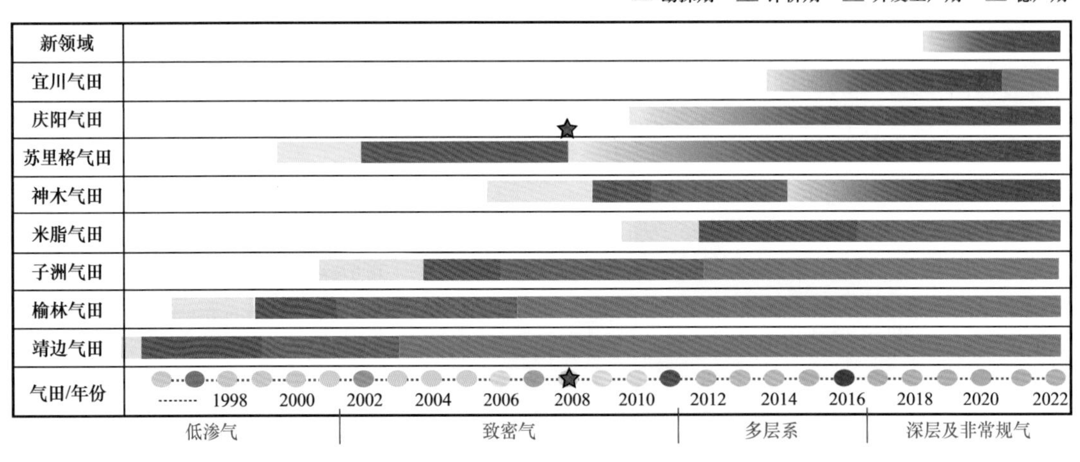

图 6-6-26　不同气田勘探开发建设周期示意图

一是地质研究成果为井位整体部署提供了先决条件。在油藏规律基本认识清楚的基础上，开发井网整体一次部署到位，征地同期进行，优先实施探井、评价井、骨架井。按照“预探不仅只是找发现，勘探、评价、开发联手寻找富集区”的新思路，预探井发现出油井点后，评价井马上套骨架井、开发井井网，预探钻机转为开发钻机，大大加快了从发现到规模建产的进度。

二是根据鄂尔多斯盆地多油层复合发育的地质条件，针对长 8、长 9 及长 10 油层组等下部新层系部署探井、评价井之前，对上部油藏开发部署进行全面了解；同时，选择部分开发井加深评价，避免了重复投资，不仅加快了区域地质认识，而且有效降低了勘探开

发成本。

三是勘探评价实施过程中按照油藏工程、钻采工艺、地面工程整体考虑的思路，推行一体化操作。在富集区推广了大井场组合与井站合建的建设模式，避免了重复建设，实现了“土地资源节约、地面建设节约和生产管理节约”。

（三）资料录取、信息共享一体化，提升工作效率和质量

说起来容易，做起来难。一体化运行的源头和基础在资料信息，三院两所一体化运行是成败的关键。经过反复实践，建立科研生产“一股绳”、增储建产“一盘棋”、井位部署“一张图”、室内现场“一家人”的“四个一”科技工作新模式。首先统一设计资料录取方案，预探、评价、开发井互相补位，满足资料录取需求，开发所需资料可在探井、评价井上录取，确保资料原始性、可靠性；预探（评价）井由于地形、钻井等影响，未取到的资料可在开发井上予以补录，确保资料完整性。其次是要最大程度地发挥已有资料作用，避免重复录取。为此，整合现有资源，充分运用 RDMS 大平台，实现资源共享、数据共享、技术共享、成果共享和荣誉共享五个共享，全面提升各专业的工作效率和质量，保障各项生产的顺利实施。

总之，按照“整体研究、整体部署、整体评价”的新思路，勘探开发一体化改变了以往需要多年“零敲碎打”才能够整体探明的整装复合岩性油藏的缺陷，通过“整体性评价、一体化管理，规模性建产”，不仅对油藏有了整体的深入认识，做到一次性整体探明，将控制储量升级率从 70% 左右提高到 85% 以上，而且有效地降低了后期开发风险，探明储量动用率从 90.2% 提高到 95.1%，加快了整装大油田的快速发现和高效开发，将原来需要 3～5 年完成的探明储量亿吨级周期缩短为 1～2 年，将原来需要 4～5 年完成的年产原油百万吨级周期缩短为 2～3 年完成。勘探开发周期不断缩短，规模效益显著提高，整装油田得到快速高效开发，低成本战略得以广泛实施，促进油田原油产量大幅度上台阶，2008 年以来整装大油田原油产量占总产量的四分之三。勘探开发一体化是促进油田快速发展的有力保证。

参考文献

杨华，刘新社，黄道军，等，2016. 长庆油田天然气勘探开发进展与“十三五”发展方向［J］. 天然气工业，36（5）：1-14.

杨华，付金华，刘新社，等，2012. 鄂尔多斯盆地上古生界致密气成藏条件与勘探开发［J］. 石油勘探与开发，39（3）：25-303.

杨华，傅锁堂，马振芳，等，2001. 快速高效发现苏里格大气田的成功经验［J］. 中国石油勘探，6（4）：89-94.

杨华，刘新社，杨勇，2012. 鄂尔多斯盆地致密气勘探开发形式与未来发展展望［J］. 中国工程科学，14（6）：40-48.

张明禄，吴正，樊友宏，等，2011. 鄂尔多斯盆地低渗透气藏开发技术及开发前景［J］. 天然气工业，31（7）：1-4.

窦伟坦，刘新社，王涛，2010. 鄂尔多斯盆地苏里格气田地层水成因及气水分布规律［J］. 石油学报，31（5）：767-773.

史松群，张盟勃，程思检，等，2007. 苏里格气田全数字地震勘探技术及应用［J］. 中国石油勘探，12（3）：33–42.
李宪文，凌云，马旭，等，2011. 长庆气区低渗透砂岩气藏压裂工艺技术新进展——以苏里格气田为例［J］. 天然气工业，31（2）：20–24.
杨华，2012. 长庆油田油气勘探开发历程述略［J］. 西安石油大学学报（社会科学版），21（1）：69–77.
杨华，席胜利，2002. 长庆天然气勘探取得的突破［J］. 天然气工业，22（6）：10–12.
蒙晓玲，张宏波，冯强汉，等，2013. 鄂尔多斯盆地神木气田二叠系太原组天然气成藏条件［J］. 石油与天然气地质，34（1）：37–41.
席胜利，李文厚，刘新社，等，2009. 鄂尔多斯盆地神木地区下二叠统太原组浅水三角洲沉积特征［J］. 古地理学报，11（2）：187–194.
刘新社，席胜利，付金华，等，2000. 鄂尔多斯盆地上古生界天然气生成［J］. 天然气工业，20（6）：19–23.
刘新社，周立发，侯云东，2007. 运用流体包裹体研究鄂尔多斯盆地上古生界天然气成藏［J］. 石油学报，28（6）：37–42.
胡素云，朱如凯，吴松涛，等，2018. 中国陆相致密油效益勘探开发［J］. 石油勘探与开发，45（4）：737–748.
蒲秀刚，金凤鸣，韩文中，等，2019. 陆相页岩油甜点地质特征与勘探关键技术—以沧东凹陷孔店组二段为例［J］. 石油学报，40（8）：997–1012.
赵贤正，周立宏，赵敏，等，2019. 陆相页岩油工业化开发突破与实践—以渤海湾盆地沧东凹陷孔二段为例［J］. 中国石油勘探，24（5）：589–600.
杨智，邹才能，2019. "进源找油"：源岩油气内涵与前景［J］. 石油勘探与开发，46（1）：173–184.
杨智，侯连华，林森虎，等，2018. 吉木萨尔凹陷芦草沟组致密油、页岩油地质特征与勘探潜力［J］. 中国石油勘探，23（4）：76–85.
杜金虎，胡素云，庞正炼，等，2019. 中国陆相页岩油类型、潜力及前景［J］. 中国石油勘探，24（5）：560–568.
付锁堂，邓秀芹，庞锦莲，2010. 晚三叠世鄂尔多斯盆地湖盆沉积中心厚层砂体特征及形成机制分析［J］. 沉积学报，28（6）：1081–1089.
杨华，付金华，何海清，等，2012. 鄂尔多斯华庆地区低渗透岩性大油区形成与分布［J］. 石油勘探与开发，39（6）：641–648.
付金华，李士祥，刘显阳，等，2013. 鄂尔多斯盆地姬塬大油田多层系复合成藏机理及勘探意义［J］. 中国石油勘探，18（5）：1–9.
刘宝和，2005. 从勘探实践看找油的哲学［M］. 北京：石油工业出版社.
杨华，付金华，喻建，2003. 陕北地区大型三角洲油藏富集规律及勘探技术应用［J］. 石油学报，24（3）：6–10.
付金华，罗安湘，喻建，等，2004. 西峰油田成藏地质特征及勘探方向［J］. 石油学报，25（2）：25–29.

第七章　非常规油气勘探潜力与发展前景

全球非常规与常规油气资源比例大约为 8 ∶ 2（邹才能，2015），其中非常规石油与常规石油资源大致相当，非常规天然气约是常规天然气资源的 8 倍。全球非常规石油可采资源量为 4421×10^8t，非常规天然气可采资源量为 $227\times10^{12}m^3$。中国非常规石油资源约 240×10^8t（常规石油资源约 200×10^8t），非常规天然气资源约 $100\times10^{12}m^3$（常规天然气资源约 $20\times10^{12}m^3$），发展潜力巨大。

鄂尔多斯盆地拥有丰富的致密砂岩油气、页岩油气和煤层气等非常规油气资源。目前，致密油气进入了大规模勘探开发阶段，页岩油勘探开发也取得了重大突破，并逐步实现了规模开发，页岩气、煤层气等新类型油气勘探还处于探索和攻关阶段。随着非常规油气地质理论认识和工程技术的不断进步，盆地非常规油气资源发展前景广阔，将在未来我国能源结构中占有重要的地位。本书分别对盆地致密气、致密油和页岩油资源进行评价，并展望了盆地非常规油气发展前景。

第一节　致密砂岩气资源潜力

我国致密砂岩气资源丰富，总地质资源量约 $30.66\times10^{12}m^3$，主要分布在鄂尔多斯、四川、塔里木及松辽等盆地。鄂尔多斯盆地致密砂岩气地质资源量约 $13.32\times10^{12}m^3$，占我国致密砂岩气总资源量的 43.4%，是我国致密砂岩气勘探开发的重点领域。本书主要讲述了采用“以体积法为核心，地质类比法、小面元容积法、盆地模拟法为辅助”的方法，对鄂尔多斯盆地致密砂岩气开展资源评价的工作。

一、致密砂岩气资源评价

（一）资源评价方法简介

由于致密砂岩气在形成机理、储层特征、流体特征及聚集特征上与常规气藏存在着明显差异，适用于常规气藏的地质与资源评价体系和参数取值方法不能有效应用于致密砂岩气。目前国内外已有多种致密砂岩气资源评价方法（表 7-1-1），这些方法大致可归纳为类比法、统计法和成因法三大类。

类比法：国内常用的类比法是单位面积资源丰度类比法，这种方法与常规油气资源评价的类比法相似，国外主要采用 USGS 的 FORSPAN 法及其相应的改进方法。

统计法：主要有体积法、甜点规模序列模型法、甜点发现过程法、单井储量估算法和油气资源空间分布预测法等，这些方法与常规油气资源评价方法相似。

表 7-1-1　国内外致密砂岩气资源评价方法

国内	国外
特尔菲法、资源丰度类比法、EUR 类比法、剩余资源量分析法、地层流体异常压力恢复法、盆地模拟法、数值模拟法、体积法、小面元容积法、甜点规模序列模型法	类比法、单井储量估算法、体积法、发现过程法、资源空间分布预测法、USGS 的类比法（FORSPAN）、随机模拟法、单井储量估算法、统计法（发现过程法与资源空间分布预测法）

成因法：基于油气藏形成机理，对其过程进行定量评价的方法。国内用得较多，主要有盆地模拟法和热解模拟法。

（二）盆地致密气资源评价技术

鄂尔多斯盆地致密砂岩气资源评价，结合盆地致密砂岩气藏地质特征，选择了合理的评价参数，并以此为依据优选适用的评价方法，系统建立合理的评价方法体系。

1. 评价层次

鄂尔多斯盆地上古生界发育多套致密砂岩含气层系，不同层系由于沉积背景不同，沉积相存在差异，储层发育程度及物性特征也不同。本溪组、太原组及山西组山 2 段发育暗色泥岩及煤系烃源岩，属于自生自储的源内成藏组合；山西组山 1 段及下石盒子组紧邻烃源岩层系，属于近源成藏组合；上石盒子组及石千峰组属于远源成藏组合。不同成藏组合成藏地质条件各异，天然气富集程度不同，资源面积丰度及含气面积均存在较大差异。

传统的评价单元，单纯以平面上的油气藏边界、勘探开发区块边界及构造单元边界等作为评价单元划分依据，而没有充分考虑纵向上不同层系在成藏类型、储层发育及含油气性等方面存在的差异，将多个层系笼统划为一个评价单元，所采取的评价方法也缺乏针对性。为了使评价过程更具有针对性和实用性，使结果更加精细、客观，本书中资源评价建立了“层区带”的评价思路，其核心是充分考虑致密砂岩气藏在纵向层系上存在的成藏类型、储层发育及含油气性差异，将成藏特征相同或相近的单个或某几个层系作为一个独立的评价对象，进而采用有针对性的评价方法进行精细评价。

根据各含气层系储层特征及成藏组合特征的异同关系，将鄂尔多斯盆地上古生界致密砂岩气划分为 7 个层区带、25 个评价单元，并分别建立了相应刻度区进行资源评价（表 7-1-2）。

表 7-1-2　鄂尔多斯盆地上古生界致密气层区带、评价单元及刻度区划分表

资源类型	成藏组合	层区带	评价单元	刻度区
致密砂岩气	远源组合	石千峰—上石盒子组	盆地中西部、 神木—米脂、 盆地南部	佳县
	近源组合	下石盒子组 盒 5—盒 7 段	盆地中西部、 神木—米脂、 盆地南部	米脂

续表

<table>
<tr><th>资源类型</th><th>成藏组合</th><th>层区带</th><th>评价单元</th><th>刻度区</th></tr>
<tr><td rowspan="5">致密砂岩气</td><td rowspan="2">近源组合</td><td>下石盒子组
盒 8 段</td><td>杭锦旗、苏里格、
盆地西部、神木—米脂、
陇东、宜川—黄龙</td><td>苏里格中部、
苏里格东部、
米脂</td></tr>
<tr><td>山西组
山 1 段</td><td>杭锦旗、苏里格、
盆地西部、神木—米脂、
陇东、宜川—黄龙</td><td>苏里格中部、
榆林</td></tr>
<tr><td rowspan="3">源内组合</td><td>山西组
山 2 段</td><td>盆地中西部、
神木—米脂、
盆地南部</td><td>苏里格东部、
榆林</td></tr>
<tr><td>太原组</td><td>盆地中西部、
神木—米脂、
盆地南部</td><td>神木</td></tr>
<tr><td>本溪组</td><td>全盆地</td><td>艾好峁</td></tr>
</table>

2. 评价方法体系

在合理划分层区带和评价单元的基础上，按照“实用性、可操作性、可继承性”的原则，建立了以体积法为核心，小面元容积法、资源面积丰度类比法和盆地模拟法为补充，并采用特尔菲法对以上各方法评价结果进行综合评价的方法体系（表 7-1-3）。

表 7-1-3 鄂尔多斯盆地天然气资源评价方法体系

<table>
<tr><th>资源类型</th><th>方法类型</th><th>评价方法</th></tr>
<tr><td rowspan="5">致密砂岩气</td><td rowspan="2">统计法</td><td>体积法</td></tr>
<tr><td>小面元容积法</td></tr>
<tr><td>类比法</td><td>资源面积丰度类比法</td></tr>
<tr><td>成因法</td><td>盆地模拟法</td></tr>
<tr><td colspan="2">特尔菲法</td></tr>
</table>

1）体积法

（1）方法原理：体积法主要是通过对储层含气面积系数、有效储集空间及其含气饱和度的计算，估算有效储层内的天然气资源量。计算公式如下：

$$Q_{\mathrm{g}}=0.01\cdot A\cdot C_{\mathrm{a}}\cdot H_{\mathrm{fg}}\cdot\phi\cdot\left(1-S_{\mathrm{w}}\right)\frac{T_{\mathrm{sc}}p_{\mathrm{i}}}{Tp_{\mathrm{sc}}Z_{\mathrm{i}}} \tag{7-1-1}$$

式中 Q_{g}——天然气资源量，$10^8\mathrm{m}^3$；

A——有效储层面积，km^2；

C_a——储层含气面积系数；

H_{fg}——预测气层平均有效厚度，m；

ϕ——平均有效含气孔隙度；

S_w——原始含水饱和度；

T_{sc}——地面标准温度，℃；

p_{sc}——地面标准压力，MPa；

T——气层温度，℃；

p_i——气层原始地层压力，MPa；

Z_i——天然气偏差系数。

体积法的关键评价参数如含气面积系数、储层有效厚度、有效孔隙度等均需通过对评价区已有勘探成果统计获得。

（2）适用条件及优缺点：体积法适用于中、低勘探程度区，其优点是所需参数少、评价过程简单、快速等。缺点主要有以下两方面：① 未考虑含气量、孔隙度等关键参数在纵向和横向上的非均质性，评价结果不能体现资源空间分布；② 对地质资料的依赖程度极大，地质资料统计的详细、准确程度将直接决定最终评价结果的可信程度。

2）小面元容积法

（1）方法原理：小面元容积法是基于体积法的一种评价方法。将评价单元划分为若干网格单元（或称面元、PEBI 网络），考虑每个网格单元致密储层有效厚度、有效孔隙度等参数的变化，应用体积法逐一计算出每个网格单元资源量，然后汇总得到评价单元的总资源量。核心是应用软件构建小面元的 PEBI 网格，根据井孔位置调整网格分布，最合理地利用已有的资源信息估算天然气资源量。其计算公式为：

$$Q = A \cdot h \cdot C_f \cdot SNF$$
$$SNF = 0.01 \cdot \phi \cdot (1 - S_w) \frac{T_{sc} p_i}{T p_{sc} Z_i} \qquad (7-1-2)$$

式中 Q——天然气资源量，$10^8 m^3$；

A——圈闭面积，km^2；

h——储层厚度，m；

C_f——天然气充满系数；

SNF——天然气单储系数。

其他各参数符号代表意义与体积法相同。

该方法所需有效孔隙度、有效厚度、含气饱和度等参数主要通过评价单元内已有探井资料获取。

（2）适用条件及优缺点：小面元容积法适用于资料相对较多、地质认识程度较高的中、高勘探程度区。其优点如下：一是对资料数量依赖程度较低，井资料数据点多时，以实际数据点为依据；井资料数据点少时，软件可以通过网格差值计算出数据点。二是一定程度上考虑了各参数平面上的非均质性，可预测甜点区，评价结果对资源平面分布具有预测性。缺点在于软件操作缺乏地质思想，评价结果有可能与地质规律符合程度低。

3）地质类比法

（1）方法原理：地质类比法是采用由已知区推未知区的方法之一，同时适用于常规气和致密砂岩气。地质类比法的方法有多种，既有成藏条件方面的综合类比，也有其他单一地质因素的类比。本书采用资源面积丰度类比法。

假设某一评价区（评价单元）和某一高勘探程度类比区（刻度区）具有类似的成藏地质条件，那么它们将会有大致相同的资源面积丰度。其计算公式为：

$$Q=\sum_{i=1}^{n}\left(S_i \cdot K_i \cdot \alpha_i\right) \tag{7-1-3}$$

式中　Q——层区带天然气总资源量，$10^8 m^3$；

S_i——层区带中各评价单元的面积，km^2；

K_i——刻度区天然气资源面积丰度，$10^8 m^3/km^2$，由刻度区解剖得出；

i——层区带中评价单元的个数；

α_i——评价单元与刻度区的类比相似系数。

地质类比法的关键评价参数是资源面积丰度和相似系数。刻度区资源面积丰度由实际勘探成果得出；相似系数是通过建立统一的致密砂岩气地质风险分析评分标准，分别对评价单元和刻度区进行地质风险分析，给出两者的地质风险评价综合得分，进行类比得出：

$$\alpha_i=\frac{\text{预测区地质类比总分}}{\text{刻度区地质类比总分}}$$

（2）适用条件及优缺点：资源面积丰度类比法适用于资料相对较少、地质认识程度不高的中、低勘探程度区。该方法的优点是操作流程简单、迅速，在对较低勘探程度区天然气资源潜力的预测性方面有优势。缺点是未考虑资源丰度分布的非均质性，类比参数的选取及类比标准主观性较强，不能准确预测资源的差异分布。

4）盆地模拟法

（1）方法原理：盆地模拟法主要是通过计算机软件定量模拟含油气盆地五史，核心是定量模拟烃类的生成、运移和聚集过程来估算含油气盆地的油气资源潜力。该方法用于常规气评价的前提条件是必须正确地划分运聚单元。鄂尔多斯盆地致密砂岩气虽然没有明显的运聚单元边界，但由于是近距离垂向运移成藏为主，在盆地级评价范围内也可以使用该方法。计算公式为：

$$Q=Q_{\text{生}} \cdot K_{\text{聚}} \tag{7-1-4}$$

式中　Q——总资源量，$10^8 m^3$；

$Q_{\text{生}}$——生气量，$10^8 m^3$；

$K_{\text{聚}}$——天然气运聚系数。

盆地模拟法的关键评价参数为生气量和天然气运聚系数，其中生气量由烃源岩生气定量模拟获得，天然气运聚系数通过地质类比法与相似类型刻度区类比获取。

（2）适用条件及优缺点：除了油气普查阶段没有系统的盆地石油地质条件，难以开展盆地分析模拟的情况之外，盆地模拟法适用于盆地油气勘探的高、中、低各个阶段。该方法的优点是适用范围广，评价结果能系统地反映油气资源的地质分布特征和聚集规律。缺点是重要参数的获取受样品采集、分析测试等的影响，以及模拟过程复杂、评价周期长等。

5）特尔菲法

特尔菲法是一种综合评价其他各种评价方法所得结果的评价方法，其核心是根据不同评价方法的合理性及其评价结果可靠程度，分别给予每种评价结果合理的权重系数，从而综合各种结果得到最终的资源评价结果。由于每种资源评价方法都有自身的合理性与局限性，每种方法的评价结果都不能单独地客观体现评价对象的资源潜力，有必要通过特尔菲法将各种结果综合，从而得到最为合理的资源评价结果。

二、评价参数与刻度区解剖

（一）参数取值

评价对象的气藏特征及评价方法决定了关键参数的种类和取值。根据盆地致密砂岩气资源评价体系，结合刻度区解剖，优选关键参数，确定参数取值原则。本次评价重点选取 5 类共 24 项关键地质参数，用于刻度区地质风险评价，以及与评价单元类比。包括储层类型、有效储层厚度、有效储层孔隙度和渗透率、气藏含气饱和度、气藏温度、气藏压力及生烃量、生烃强度、天然气层运聚系数、资源面积丰度等。通过对刻度区详细解剖，建立了资源评价参数体系，根据各项参数对气藏的影响程度给定了每项参数的权重系数（表 7-1-4）。

表 7-1-4　鄂尔多斯盆地天然气资源评价参数体系

参数类型	权重系数	风险参数	
		参数名称	权重系数
圈闭条件	0.05	圈闭类型	0.1
		圈闭幅度 /m	0.7
		圈闭面积系数 /%	0.2
盖层条件	0.05	盖层厚度	0.3
		盖层岩性	0.4
		盖层面积系数 /%	0.2
		盖层以上的不整合数	0.05
		断裂破坏程度	0.05
储层条件	0.35	储层沉积相	0.05
		储层平均厚度 /m	0.35

续表

<table>
<tr><th rowspan="2">参数类型</th><th rowspan="2">权重系数</th><th colspan="3">风险参数</th></tr>
<tr><th colspan="2">参数名称</th><th>权重系数</th></tr>
<tr><td rowspan="3">储层条件</td><td rowspan="3">0.35</td><td colspan="2">储层百分比 /%</td><td>0.05</td></tr>
<tr><td colspan="2">储层孔隙度 /%</td><td>0.35</td></tr>
<tr><td colspan="2">储层渗透率 /mD</td><td>0.2</td></tr>
<tr><td rowspan="9">烃源岩条件</td><td rowspan="9">0.25</td><td rowspan="2">烃源岩厚度 /m</td><td>煤</td><td rowspan="2">0.35</td></tr>
<tr><td>暗色泥岩</td></tr>
<tr><td rowspan="2">有机碳含量 /%</td><td>煤</td><td rowspan="2">0.40</td></tr>
<tr><td>暗色泥岩</td></tr>
<tr><td colspan="2">有机质类型</td><td>0.05</td></tr>
<tr><td colspan="2">成熟度 /%</td><td>0.05</td></tr>
<tr><td colspan="2">供烃面积系数</td><td>0.05</td></tr>
<tr><td colspan="2">生烃强度 /（$10^8m^3/km^2$）</td><td>0.05</td></tr>
<tr><td colspan="2">垂向运移距离 /m</td><td>0.05</td></tr>
<tr><td rowspan="4">气藏特征</td><td rowspan="4">0.3</td><td colspan="2">气藏温度 /℃</td><td>0.05</td></tr>
<tr><td colspan="2">气藏压力 /MPa</td><td>0.05</td></tr>
<tr><td colspan="2">含气面积系数</td><td>0.45</td></tr>
<tr><td colspan="2">含气饱和度 /%</td><td>0.45</td></tr>
</table>

地质参数通过对评价单元内钻井、地震等资料的统计分析获取，含气面积、有效储层厚度、有效孔隙度、含气饱和度、气藏温度、气藏压力及天然气偏差系数等计算参数均来自刻度区或评价单元内已提交储量的相关参数。

评价参数主要通过评价单元与刻度区类比、相应方法评价等方式获得。例如：盆地上古生界生烃量为 $601.34\times10^{12}m^3$，生烃强度为 10×10^8～$45\times10^8m^3/km^2$；盆地天然气层运聚系数以苏里格地区盒 8 段最高，为 2.24%；天然气资源面积丰度以苏里格地区盒 8 段最高，为 $0.6318\times10^{12}m^3/km^2$。

（二）刻度区解剖

按照表 7-1-4 中资源评价参数体系对刻度区进行系统解剖，并在此基础上进行刻度区资源评价，得到刻度区地质资源面积丰度、可采资源面积丰度及可采系数等关键类比参数（表 7-1-5）。

表 7-1-5　鄂尔多斯盆地致密砂岩气天然气资源丰度取值结果统计表

资源类型	刻度区	面积 / km^2	地质资源量 / 10^8m^3	可采资源量 / 10^8m^3	可采系数 / %	地质资源面积丰度 / $10^8m^3/km^2$	可采资源面积丰度 / $10^8m^3/km^2$
致密砂岩气	苏里格中部	4827	5200.00	3120.00	0.60	1.0773	0.6464
	苏里格东部	5135	3693.00	1741.82	0.47	0.7192	0.3392
	米脂	4448	1679.00	842.65	0.50	0.3775	0.1895
	苏里格中部	4827	2094.27	1078.13	0.51	0.4339	0.2234
	苏里格东部	6398	1482.00	696.78	0.47	0.2316	0.1089
	神木	1822	874.10	456.24	0.52	0.4797	0.2504
	艾好峁	1821	456.28	305.69	0.67	0.2506	0.1679

三、资源量及分布特征

（一）地质资源量

1. 体积法评价

以盒 8 段为例，根据苏里格盒 8 段储量标准，提交储量的试气产量下限 $1\times10^4m^3$ 对应的储层有效厚度为 3m，相应钻井砂岩厚度为 10m。将 10m 砂体厚度等值线作为含气面积边界。圈定盒 8 段含气面积为 $78566km^2$。各评价单元关键参数通过数据统计获得（表 7-1-6）。体积法评价鄂尔多斯盆地上古生界致密砂岩气地质资源量为 $119604.10\times10^8m^3$，技术可采资源量为 $63816.10\times10^8m^3$。

表 7-1-6　鄂尔多斯盆地上古生界石盒子组盒 8 段各评价单元体积法关键参数取值表

层区带	评价单元	面积 / km^2	储层厚度 / m	孔隙度 / %	含气饱和度 / %	气藏温度 / ℃	气藏压力 / MPa	天然气偏差系数
下石盒子组盒 8 段	苏里格	60849	7.54	8.2	58.98	106.86	29.01	0.97
	神木—米脂	54897	4.64	7.03	64.96	73.51	21.74	0.91
	陇东	52480	6.14	7.07	45.12	110.00	29.50	0.91
	盆地西部	24287	6.10	9	43.00	60.00	22.00	0.87
	杭锦旗	19647	8.00	8	30.00	100.00	23.00	0.97
	宜川—黄龙	31725	6.20	6.6	51.48	75.00	15.50	0.91

2. 小面元容积法评价

小面元容积法所需各项参数均根据各评价单元单井资料统计获取（散点数据）小面元容积法评价流程如图 7-1-1 所示。小面元容积法评价长庆探区致密砂岩气地质资源量为 $138904.98\times10^8m^3$，技术可采资源量为 $74088.52\times10^8m^3$。

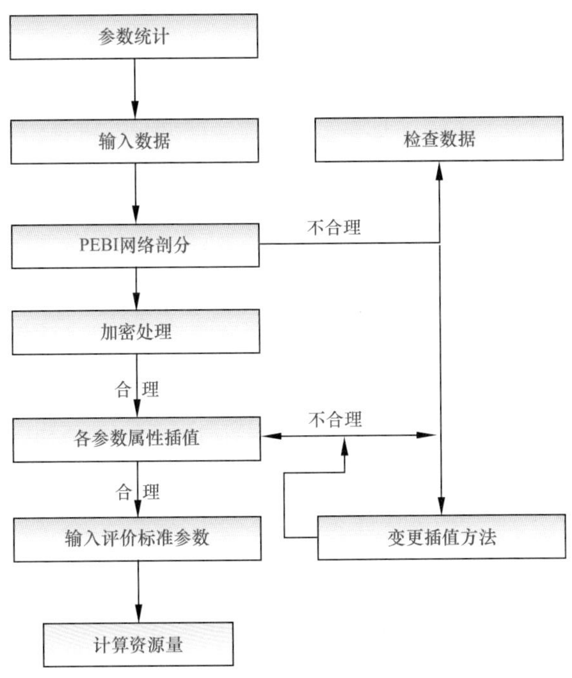

图 7-1-1　小面元容积法评价流程图

3. 资源面积丰度类比法评价

通过刻度区解剖与参数分析，建立了上古生界致密砂岩气地质风险分析的评分标准（表 7-1-7）。资源面积丰度类比法评价盆地致密砂岩气地质资源量为 $138904.98\times10^8m^3$，技术可采资源量为 $74088.52\times10^8m^3$。

表 7-1-7　鄂尔多斯盆地上古生界致密砂岩气地质风险分析评分标准表

参数类型	权重系数	风险参数		评分标准			
		参数名称	权重系数	1.0～0.75	0.75～0.5	0.5～0.25	0.25～0.0
圈闭条件	0.05	圈闭类型	0.1	构造—岩性	岩性	岩性～地层	地层
		圈闭幅度 /m	0.7	＞10	10～5	5～3	≤3
		圈闭面积系数 /%	0.2	＞75	75～50	50～25	≤25
盖层条件	0.05	盖层厚度	0.3	＞100	100～80	80～50	≤50
		盖层岩性	0.4	泥岩	粉砂质泥岩	泥质粉砂岩	致密砂岩

续表

参数类型	权重系数	风险参数			评分标准			
		参数名称		权重系数	1.0～0.75	0.75～0.5	0.5～0.25	0.25～0.0
盖层条件	0.05	盖层面积系数 /%		0.2	＞120	120～100	100～80	≤80
		断裂破坏程度		0.05	无破坏	破坏弱	破坏较强	破坏强烈
储层条件	0.35	储层沉积相		0.05	河流—三角洲	三角洲前缘	前三角洲	
		储层平均厚度 /m		0.35	≥7.5	7.5～6	6～4	≤4
		储层孔隙度 /%		0.35	≥8	8～6	6～4	≤4
		储层渗透率 /mD		0.2	≥0.8	0.8～0.5	0.5～0.1	≤0.1
		储层埋深 /m		0	＜1500	1500～2500	2500～3500	≥3500
烃源岩条件	0.25	烃源岩厚度 /m	煤	0.2	＞10	10～7.5	7.5～5	≤5
			暗色泥岩		＞100	100～60	60～20	≤20
		有机碳含量 /%	煤	0.1	＞70	70～50	50～30	≤30
			暗色泥岩		＞3	3～2	2～1	≤1
		有机质类型		0	Ⅲ			
		成熟度 /%		0.05	过成熟	高成熟	成熟	未成熟
		供烃面积系数		0.05	＞1	1～0.75	0.75～0.5	≤0.5
		供烃方式		0.1	汇聚流	平行流	发散流	线形流
		生烃强度 /（$10^8m^3/km^2$）		0.5	≥20	12～20	12～8	≤8
		生烃高峰时间		0	白垩纪			
		运移距离	侧向运移 /km	0	＜10	10～25	25～50	≥50
			垂向运移 /m		＜50	50～100	100～200	≥200
		输导条件		0	储层 + 裂缝	储层	裂缝	不整合
气藏特征	0.3	气藏温度 /℃		0.05	≤60	90～60	120～90	≥120
		气藏压力 /MPa		0.05	≥30	30～20	10～20	≤10
		含气面积系数		0.45	≥0.8	0.8～0.6	0.6～0.2	≤0.2
		含气饱和度 /%		0.45	≥60	60～40	40～20	≤20
配套史条件	0	区带形成与生烃匹配		—	早或同时（1.0～0.5）		晚（0.5～0）	
		运移方式		—	网状	垂向	侧向	线形
		生储盖配置		—	自生自储	下生上储	上生下储	异地生储

4. 盆地模拟法评价

（1）生烃量的计算：盆地天然气烃源岩为石炭系—二叠系煤系烃源岩，生气高峰期在生烃演化的第三阶段，晚侏罗世—早白垩世生气速率达到峰值 2.7×10^{12}～$7.9\times10^{12}m^3/Ma$，生烃演化第二阶段的生气速率仅 1.0×10^{12}～$2.0\times10^{12}m^3/Ma$。经计算烃源岩累计生气量为 $601.34\times10^{12}m^3$。以盆地中部伊陕斜坡最高，占总生气量的 56%。不同烃源岩对总生气量的贡献受有机质成熟度、烃源岩厚度、烃源岩产烃能力的影响，煤层和暗色泥岩的生气量也不尽相同。煤岩生气量为 $467.07\times10^{12}m^3$，泥岩生气量为 $134.06\times10^{12}m^3$。

（2）运聚系数：运聚系数利用类比法刻度区解剖结果（表 7-1-8）。

表 7-1-8　鄂尔多斯盆地盆地模拟法评价单元运聚系数表

层区带	层位	评价单元	评价单元生烃量 /$10^{12}m^3$	层运聚系数 /%
石千峰—上石盒子组	千 5 段	盆地中西部	181.08	0.055
		神木—米脂	172.62	0.35
		盆地南部	247.64	0.02
	盒 3 段	盆地中西部	181.08	0.01
		神木—米脂	172.62	0.164
		盆地南部	247.64	0.001
	盒 4 段	盆地中西部	181.08	0.014
		神木—米脂	172.62	0.044
		盆地南部	247.64	0.007
下石盒子组盒 5—盒 7 段	盒 5 段	盆地中西部	181.08	0.01
		神木—米脂	172.62	0.08
		盆地南部	247.64	0.008
	盒 6 段	盆地中西部	181.08	0.087
		神木—米脂	172.62	0.248
		盆地南部	247.64	0.012
	盒 7 段	盆地中西部	181.08	0.183
		神木—米脂	172.62	0.366
		盆地南部	247.64	0.015
下石盒子组盒 8 段	盒 8 段	苏里格	179.18	2.236
		神木—米脂	141.17	0.295

续表

层区带	层位	评价单元	评价单元生烃量 /$10^{12}m^3$	层运聚系数 /%
下石盒子组盒 8 段	盒 8 段	陇东	96.7	1.006
		盆地西部	51.71	0.596
		杭锦旗	26.18	0.666
		宜川—黄龙	106.4	0.545
山西组山 1 段	山 1 段	苏里格	179.18	0.904
		神木—米脂	141.17	0.6
		陇东	96.7	0.525
		盆地西部	51.71	0.395
		杭锦旗	26.18	0.752
		宜川—黄龙	106.4	0.394
山西组山 2 段	山 2 段	盆地中西部	191.08	0.486
		神木—米脂	187.82	0.561
		盆地南部	222.44	0.047
太原组	太原组	盆地中西部	191.08	0.218
		神木—米脂	152.29	0.501
		盆地南部	257.97	0.01
本溪组	本溪组	全盆地	601.34	0.091

（3）资源量：盆地模拟法评价长庆探区上古生界致密气地质资源量为 169952.23×10^8m^3，技术可采资源量为 90613.77×10^8m^3。

5. 特尔菲法评价结果

采用特尔菲法对以上体积法、小面元容积法、资源面积丰度类比法及盆地模拟法评价的鄂尔多斯盆地致密砂岩气资源量进行综合评价，得到地质资源量为 133180.38×10^8m^3，技术可采资源量为 71013.70×10^8m^3，技术可采系数为 0.53（表 7–1–9）。

6. 地质资源分布特征

在层系上，鄂尔多斯盆地上古生界致密气资源主要分布在石千峰组、石盒子组、山西组、太原组和本溪组等层系中，其中石盒子组盒 8 段、山西组山 1 段和山 2 段，三个主力层合计地质资源量 11.09×$10^{12}m^3$，占上古生界致密砂岩气总地质资源量的 83.24%，是盆地天然气资源的重要组成部分（图 7–1–2）。

表 7-1-9　特尔菲法计算的鄂尔多斯盆地致密砂岩气资源量数据表

资源类型	评价方法	权重系数	地质资源量 / 10^8m^3	可采资源量 / 10^8m^3	计算结果	
					地质资源量 / 10^8m^3	可采资源量 / 10^8m^3
致密砂岩气	体积法	0.3	119604.10	63769.55	133180.38	71013.70
	小面元容积法	0.3	118425.70	63141.27		
	地质类比法	0.2	138904.98	74088.52		
	盆地模拟法	0.2	169952.23	90613.77		

平面上，鄂尔多斯盆地上古生界致密砂岩气地质资源量主要分布在苏里格地区和神木—米脂地区，合计地质资源量 $10.94\times10^{12}m^3$，占上古生界总地质资源量的 82.1%（图 7-1-3）。

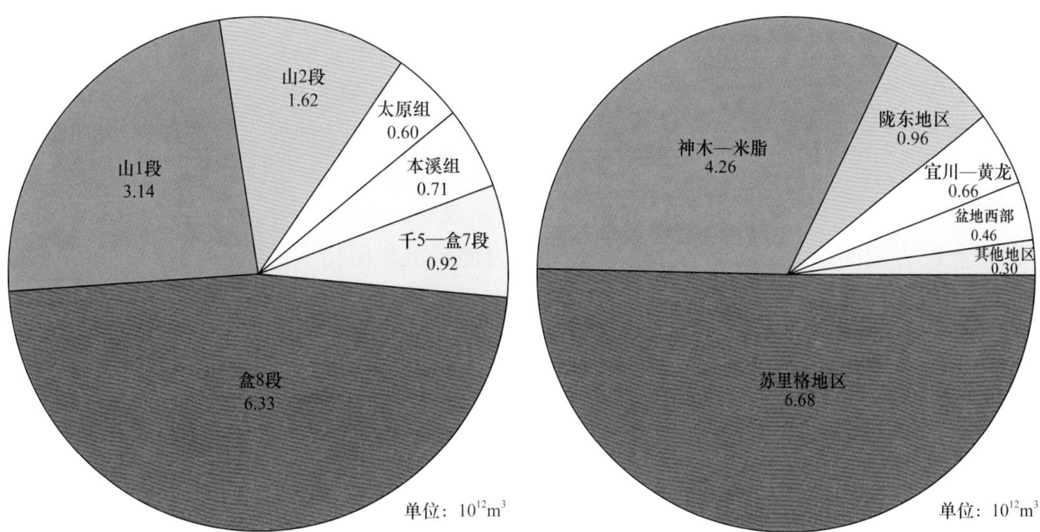

图 7-1-2　盆地致密气地质资源层系分布直方图　　图 7-1-3　盆地致密砂岩气地区分布饼状图

（二）剩余资源潜力

鄂尔多斯盆地上古生界致密气地质资源量为 $13.32\times10^{12}m^3$，截至 2022 年底，长庆油田探明地质储量 $5.98\times10^{12}m^3$（含基本探明 $2.18\times10^{12}m^3$），资源探明率为 44.9%，剩余地质资源量 $7.34\times10^{12}m^3$。在层系上，上古生界致密砂岩气剩余地质资源量主要分布在石炭—二叠系石盒子组盒 8 段、山西组山 1 段和山 2 段，三个层系剩余地质资源量 $4.62\times10^{12}m^3$，占致密砂岩气总剩余资源量的 62.9%，其次是本溪组、千 5 段，两个层系合计剩余地质资源量 $1.13\times10^{12}m^3$，占上古生界致密砂岩气总剩余地质资源量的 15.40%。

在地区上，盆地致密气剩余气地质资源量主要分布在盆地东部神木—米脂地区、盆地中部苏里格地区及盆地南部的陇东地区和宜川—黄龙地区，合计地质资源量 $5.24\times10^{12}m^3$，占上古生界剩余地质资源量的 2.0%，是下一步致密砂岩气储量增长的主要领域。

第二节　致密油资源潜力

我国致密油资源潜力巨大，分布范围较广，重点分布在四川盆地侏罗系、渤海湾盆地沙河街组湖相碳酸盐岩、酒泉盆地白垩系泥灰岩、准噶尔盆地二叠系云质岩及鄂尔多斯盆地延长组致密砂岩层系，其中鄂尔多斯盆地致密油主要赋存在中生界延长组长 6 段和长 8 段，占盆地总资源量的 51.5%，约占全国总资源量的 67.9%，资源潜力巨大。本书主要介绍采用体积法、地质类比法及盆地模拟法，结合特尔菲综合法进行资源潜力评估。

一、致密油资源评价技术

为准确评估鄂尔多斯盆地致密油资源潜力，在对比分析盆地致密油与国内其他盆他致密油资源形成富集特点和石油资源各类评价方法的基础上，充分借鉴致密油资源评价方法和关键参数，优选并建立了适合盆地延长组石油地质特征的致密油资源评价方法和关键参数。

（一）地质评价及参数

根据鄂尔多斯盆地石油地质特征和勘探最新成果，本书致密油资源评价在参数选择上，重点以含油面积或者油气藏有效厚度、主力储层沉积微相、主要储层段储层厚度、主力储层的储集物性、单储系数、原油密度等为主要参数，与常规油藏资源评价类同，但各有侧重。

（二）分类分级标准

根据鄂尔多斯盆地致密油油层厚度、砂体结构、物性及烃源岩条件，包括烃源岩的厚度、平均 TOC、成熟度及有机质类型，将致密油储层分为一、二、三、四级。其中一级储层油层厚度大于 15m，砂体结构以多期叠置厚层型为主，孔隙度大于 12%，渗透率大于 0.12mD，烃源岩厚度在 12m 以上，泥岩厚度在 30m 以上，平均 TOC 大于 6%，成熟度在 0.85%～0.95% 之间，有机质类型以Ⅰ、Ⅱ型为主；二级储层油层厚度在 10～15m 之间，砂体结构以厚砂、薄泥互层型为主，孔隙度在 10%～12% 之间，渗透率在 0.08～0.12mD 之间，烃源岩厚度为 8～12m，泥岩厚度为 15～30m，平均 TOC 为 3%～6%，成熟度在 0.75%～0.85% 之间，有机质类型以Ⅱ型为主；三级储层油层厚度在 10～15m 之间，砂体结构以厚砂与薄砂、泥互层型为主，孔隙度在 8%～11% 之间，渗透率在 0.05～0.09mD 之间，烃源岩厚度为 2～8m，泥岩厚度为 5～15m，平均 TOC 为 1.5%～3%，成熟度在 0.65%～0.75% 之间，有机质类型以Ⅱ、Ⅲ型为主；四级储层油层厚度在 4～10m 之间，砂体结构以单期沉积型、薄砂泥互层型为主，孔隙度在 5%～9% 之间，渗透率在 0.03～0.07mD 之间，烃源岩厚度小于 2m，泥岩厚度小于 5m，平均 TOC 小于 1.5%，成熟度小于 0.65%，有机质类型以Ⅲ型为主（表 7-2-1）。

表 7-2-1 鄂尔多斯盆地中生界致密油区带评价分级标准表

评估分值			一级	二级	三级	四级
储集条件	油层厚度 /m		>15	15～10	15～10	10～4
	砂体结构		多期叠置厚层型	厚砂、薄泥互层型	厚砂与薄砂、泥互层型	单期沉积型、薄砂泥互层型
	孔隙度 /%		>12	12～10	11～8	9～5
	渗透率 /mD		>0.12	0.12～0.08	0.09～0.05	0.07～0.03
烃源条件	有效厚度 /m	油页岩	>12	12～8	8～2	<2
		泥岩	>30	30～15	15～5	<5
	平均 TOC/%		>6	3～6	1.5～3	<1.5
	成熟度（R_o）/%		0.85～0.95	0.75～0.85	0.65～0.75	<0.65
	有机质类型		Ⅰ，$Ⅱ_1$	$Ⅱ_1$，$Ⅱ_2$	$Ⅱ_2$，Ⅲ	Ⅲ

二、致密油资源评价

针对鄂尔多斯盆地致密油，优选了体积法、资源丰度类比法和 EUR 类比法三种方法进行资源量计算。

（一）体积法

体积法计算资源量的关键在于确定储层面积及有效储层厚度，其他计算参数来源于已探明地质储量区块。

体积法的计算公式为：

$$Q=100 \cdot A_o \cdot H_o \cdot \phi \cdot S_o \cdot \rho_o / B_{oi} \tag{7-2-1}$$

式中 Q——致密油地质资源量，10^4t；

A_o——面积，km^2；

H——储层厚度，m；

ϕ——有效孔隙度，%；

S_o——含油饱和度，%；

ρ_o——地面原油密度，t/m^3；

B_{oi}——原始原油体积系数。

以长 6 油层组层区带为例计算资源量。

1. 含油面积圈定

以三叠系延长组长 6 油层组为例：根据目前长 6 油层组储量提交标准，试油产量 2.0t

对应的储层有效厚度为4m，相应钻井砂岩厚度为10m。将10m砂体厚度等值线作为含油面积边界（图7-2-1、图7-2-2）。

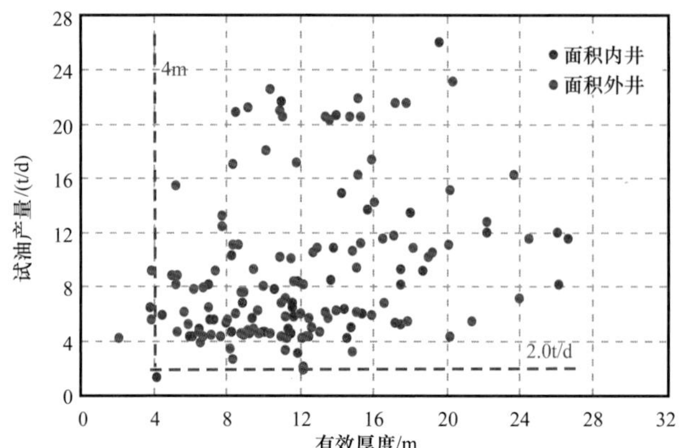

图7-2-1　鄂尔多斯盆地长6油层组有效厚度与试油产量关系图

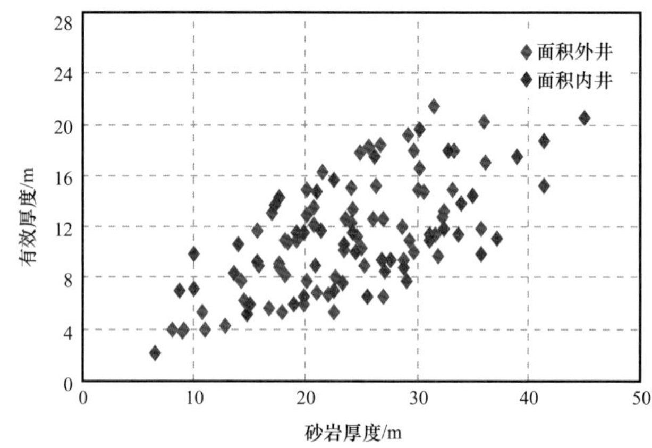

图7-2-2　鄂尔多斯盆地长6油层组砂岩厚度与有效厚度关系图

长6油层组以10m砂体厚度等值线为含油边界，结合各评价单元内试油产量、含油显示，剔除产水井、干层井控制面积，最终圈定含油面积（表7-2-2）。

表7-2-2　鄂尔多斯盆地长6油层组各评价单元含油面积统计表

层区带	评价单元	评价单元面积/km^2	含油面积/km^2	含油面积系数
长6油层组	姬塬	15971	5167	0.3272
	志靖—安塞	21780	6928	0.3181
	华庆	14059	7657	0.5446
	镇原	11593	1077	0.0929
	盆地东南	15989	807	0.0505

2. 其他关键参数

其他关键参数与其他区块略有差异（图 7-2-3、图 7-2-4，表 7-2-3）。

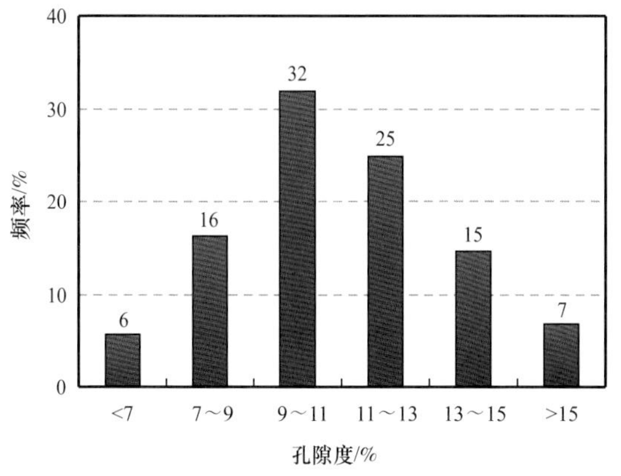

图 7-2-3　华庆油田 B257 井区长 6_3 油层组孔隙度分布直方图

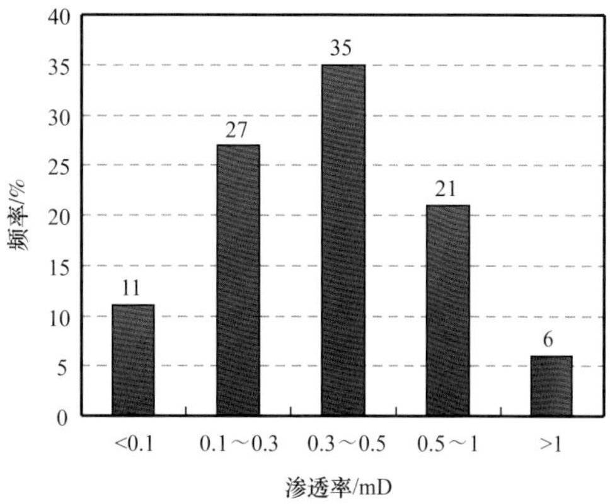

图 7-2-4　华庆油田 B257 井区渗透率分布直方图

表 7-2-3　鄂尔多斯盆地长 6 油层组各评价单元体积法计算关键参数取值表

关键参数 \ 评价单元		华庆	志靖—安塞	姬塬	镇原	盆地东南
有效储层厚度 /m	分布范围	11.10～22.90	3.90～18.40	6.90～20.6	7.35～16.13	4.03～17.23
	平均	17.64	9.08	12.31	10.23	7.97
孔隙度 /%	分布范围	5.69～16.58	9.00～15.00	9.60～13.70	8.13～17.61	7.26～16.28
	平均	11.33	11.77	11.59	11.69	10.14
含油饱和度 /%	分布范围	70	49.50～57.00	55	23～63	49.50～57.00
	平均	70	53.86	55	43	53.86
原油密度 /（g/cm^3）	分布范围	0.84～0.85	0.84～0.87	0.84～0.86	0.84～0.85	0.84～0.87
	平均	0.85	0.85	0.85	0.85	0.85
原油体积系数	分布范围	1.33～1.34	1.04～1.24	1.24～1.32	1.33～1.34	1.04～1.24
	平均	1.33	1.20	1.28	1.33	1.20

3. 资源量评价结果

应用中国石油油气资源评价软件体积法计算资源量，盆地致密油地质资源量为 87×10^8t，可采资源量为 16.51×10^8t。其中长 6 油层组地质资源量为 48×10^8t，长 8 油层组地质资源量为 39×10^8t（表 7-2-4）。

表 7-2-4　鄂尔多斯盆地致密油区带体积法计算结果表

层区带	评价单元	面积 / km^2	资源量 / 10^4t				地质资源量 / 10^4t	技术可采率	技术可采资源量 / 10^4t
			95%	50%	5%	期望值			
长 6 油层组	姬塬	15971	70000	77000	107800	77000	480000	0.20	14683
	镇原	11593	21091	23200	32480	23200			4424
	华庆	14059	144045	158449	221829	158449			30215
	志靖—安塞	21780	182228	200451	280631	200451			38225
	盆地东南	15989	19000	20900	29260	20900			3985
长 8 油层组	姬塬	14925	120449	132494	185492	132494	390000	0.19	25002
	陇东	30984	199818	219800	307720	219800			41476
	志靖—安塞	24035	28824	31706	44388	31706			5983
	盆地东南	13517	5455	6000	8400	6000			1132
			790909	870000	1218000	870000	870000		165126

（二）地质类比法

资源面积丰度类比法是采用由已知区推未知区的方法，其使用条件为：假设某一评价区和某一高勘探程度类比区具有相似的成藏地质条件，那么它们将会有大致相同的含油气丰度。计算公式为：

$$Q=\sum_{i=1}^{n}\left(S_i\times K_i\times \alpha_i\right) \tag{7-2-2}$$

式中　Q——评价区的油气总资源量，10^8t；

S_i——评价区类比单元的面积，km^2；

K_i——刻度区石油资源面积丰度，$10^8t/km^2$；

a_i——评价区与刻度区的相似系数；

i——评价区子区的个数。

利用地质类比法计算的盆地致密油地质资源量为 95.08×10^8t，可采资源量为 18.49×10^8t。其中延长组长 6 油层组致密油地质资源量为 65.08×10^8t，延长组长 8 油层组致密油地质资源量为 30.0×10^8t（表 7-2-5）。

表 7-2-5　鄂尔多斯盆地致密油区带地质类比法计算结果表

层位	评价单元			地质资源量 / 10^8t		可采系数	可采资源量 / 10^8t
	名称	面积 / km^2	资源面积丰度 / $10^4t/km^2$				
长 6 油层组	姬塬	15971	0.00090	14.34	65.08	0.20	12.83
	镇原	11593	0.00025	2.84			
	华庆	14059	0.00188	26.37			
	志靖—安塞	21780	0.00095	20.69			
	盆地东南	159*89	0.00005	0.84			
长 8 油层组	姬塬	14925	0.00050	7.52	30.00	0.19	5.66
	陇东	30984	0.00056	17.37			
	志靖—安塞	24035	0.00018	4.40			
	盆地东南	13517	0.00005	0.71			
合计				95.08		0.19	18.49

（三）盆地模拟法

三叠系延长组致密油地质资源量 67.03×10^8t，可采资源量 12.98×10^8t。其中延长组长 6 油层组致密油地质资源量为 39.92×10^8t，延长组长 8 油层组致密油地质资源量为 27.11×10^8t（表 7-2-6）。

表 7-2-6　鄂尔多斯盆地三叠系延长组致密油盆地模拟法资源评价结果数据表

层区带	评价单元	评价单元生烃量 / 10^8t	评价单元层运聚系数 / %	地质资源量 / 10^8t		层运聚系数 / %	可采系数	可采资源量 / 10^8t
长 6 油层组	姬塬	351	0.0138	4.84	39.92	0.0289	0.1971	7.87
	镇原	133	0.0166	2.21				
	华庆	309	0.0591	18.28				
	志靖—安塞	338	0.0352	11.89				
	盆地东南	235	0.0115	2.7				
长 8 油层组	姬塬	306	0.0268	8.2	27.11	0.02	0.1887	5.12
	陇东	604	0.0296	15.89				

续表

层区带	评价单元	评价单元生烃量 / 10^8t	评价单元层运聚系数 / %	地质资源量 / 10^8t		层运聚系数 / %	可采系数	可采资源量 / 10^8t
长 8 油层组	志靖—安塞	349	0.0058	2.01	27.11	0.02	0.1887	5.12
	盆地东南	189	0.0054	1.01				
合计				67.03			0.1929	12.98

三、资源量及分布特征

根据以上三种评价方法的合理程度和可靠性，应用特尔菲综合法对三种评价结果取适当权重系数进行综合评价，盆地中生界致密油地质资源量为 87×10^8t，可采资源量为 16.51×10^8t（表 7-2-7）。其中延长组长 6 油层组致密油地质资源量为 48.0×10^8t，可采资源量为 9.15×10^8t；长 8 油层组致密油地质资源量为 39.0×10^8t，可采资源量为 7.36×10^8t。

表 7-2-7 鄂尔多斯盆地三叠系延长组致密油资源评价结果数据表

资源类型	评价方法	权重系数	地质资源量 / 10^8t	可采资源量 / 10^8t	计算结果		
					地质资源量 / 10^8t	可采系数	可采资源量 / 10^8t
常规油	体积法	0.65	87	16.51	87	0.1871	16.51
	地质类比法	0.25	95.08	18.49			
	盆地模拟法	0.10	67.03	12.98			

盆地中生界致密油在层系上主要赋存于延长组长 6 段和长 8 段，主要分布在陇东、姬源和志靖—安塞等地区，合计地质资源量 80×10^8t 以上。截至 2022 年底，致密油已有探明地质储量 47.25×10^8t，资源探明率为 54.3%，剩余资源量 39.75×10^8t。在层系上主要分布在紧邻烃源岩的延长组长 6 油层组和长 8 油层组，在地区上，主要分布在陇东、姬源和志靖—安塞等地区，占致密油总剩余地质资源量的 90% 以上。

第三节 页岩油资源潜力

页岩油作为非常规领域的热点资源，受到了广大学者的关注。目前，全球油页岩油可采资源量约 1501.3×10^8t，主要分布在美国、俄罗斯和中国等国家和地区，其中美国可采资源量达到 1011.1×10^8t（邹才能，2015）。经过近 10 年的技术攻关，在理论和技术研发上均取得了重大进展，特别是在美国二叠盆地、威利斯顿盆地、西部海湾和西加拿大沉积盆地等，页岩油勘探生产相继获得了重大突破。

中国页岩油资源主要分布在松辽、鄂尔多斯、准噶尔和渤海湾等盆地，地质资源量约 280×10^8t，其中鄂尔多斯盆地页岩油资源量约占全国的 14.3% 左右，勘探开发潜力大。近年来，页岩油勘探也取得了显著成效，是今后潜在的石油资源接替领域。

中国陆相页岩层系大致可划分为夹层型、混积型和页岩型 3 种类型（焦方正，2020）。鄂尔多斯盆地长 7 油层组页岩油以夹层型、页岩型为主，其中的页岩型页岩油又可分为纹层型和页理型两种类型。目前夹层型页岩油勘探开发已取得重要突破，纹层型与页理型页岩油正处于初步探索攻关阶段。本书对夹层型、纹层型及页理型页岩油主要采用蒙特卡洛法进行资源评价。

一、夹层型页岩油

所谓夹层型，主要是指烃源岩夹砂岩、石灰岩、凝灰岩或其他岩性，其中砂岩甜点型是最重要的类型。鄂尔多斯盆地夹层型主要分布在延长组长 7_1、长 7_2 层，平面上主要分布在半深湖—深湖及湖盆边缘三角洲前缘亚相砂体内，具有分布范围广、含油饱和度高、流体性质好的特点。

资源潜力估算的方法有很多种，其中体积法、成因法、资源丰度类比法等应用相对普遍，常用的体积法有 S_1 产量法、氯仿沥青“A”法和 PhiK 法等。PhiK 法是一种较新的模型，该模型认为页岩油主要存储于有机孔中（矿物基质孔偏向于水润湿），有机孔中含油饱和度接近 100%。通过模拟实验和动力学模型建立起有机孔预测模型，并绘制有机孔与 R_o 的关系曲线（图 7-3-1），根据有机孔和岩石体积估算出页岩油资源量，计算公式为：

$$\mathrm{PhiK}=\left(\left[i\mathrm{TOC}\times C_c\right]k\right)TR\left(\frac{RhoB}{RhoK}\right) \tag{7-3-1}$$

式中　PhiK——有机质孔隙度，%；

iTOC——原始有机碳，%；

C_c——可转化有机碳含量，%；

TR——转化率，%；

k——换算系数，无量纲；

$RhoB/RhoK$——重量百分比到体积百分比的密度转换，可从测井资料获得。

Modica 等（2012）应用 PhiK 法和 S_1 产量法对 Wyoming 盆地 Mowry 页岩油原地资源量进行了估算，当 R_o 小于 0.75% 时，两种方法计算结果接近；当 R_o 大于 0.75% 时，PhiK 法结果是 S_1 产量法的两倍多。虽然体积法操作方便，能对盆地资源量进行快速评价，但是基于常规储层体积法的页岩油资源评价方法受制于单一基质孔隙结构模型，无法依油气在储层中的赋存状态分类评价，不能为资源开发决策提供与油气流动性相关的信息（谌卓恒等，2019）。

成因法主要强调页岩油气组成成分和赋存机理，根据不同相态的烃类含量和流动性对页岩油资源量进行分级评判，提供不同级别资源勘探开发的储集信息和风险程度。根据

Javrie（2012，2018）对页岩油资源组成的看法，地下总石油产量（TOY，mg/g）是指热解前样品中已存在的石油量，在热解实验中由 FID 检测。热解前样品中已存在的石油量包括了岩心保存、处理过程中损失的部分（S_1^{loss}）和实验室检测到的 S_1 及以吸附状态存在于 S_2 中的吸附烃：

$$TOY=S_1^{loss}+(S_1-S_1^{ex})+(S_2-S_2^{ex}) \qquad (7-3-2)$$

式中 TOY——总石油产量，mg/g；

S_1^{loss}——岩石损失烃量，mg/g；

S_1 和 S_2——样品抽提前热解仪检测值，mg/g；

S_1^{ex} 和 S_2^{ex}——样品抽提后热解仪检测值，mg/g。

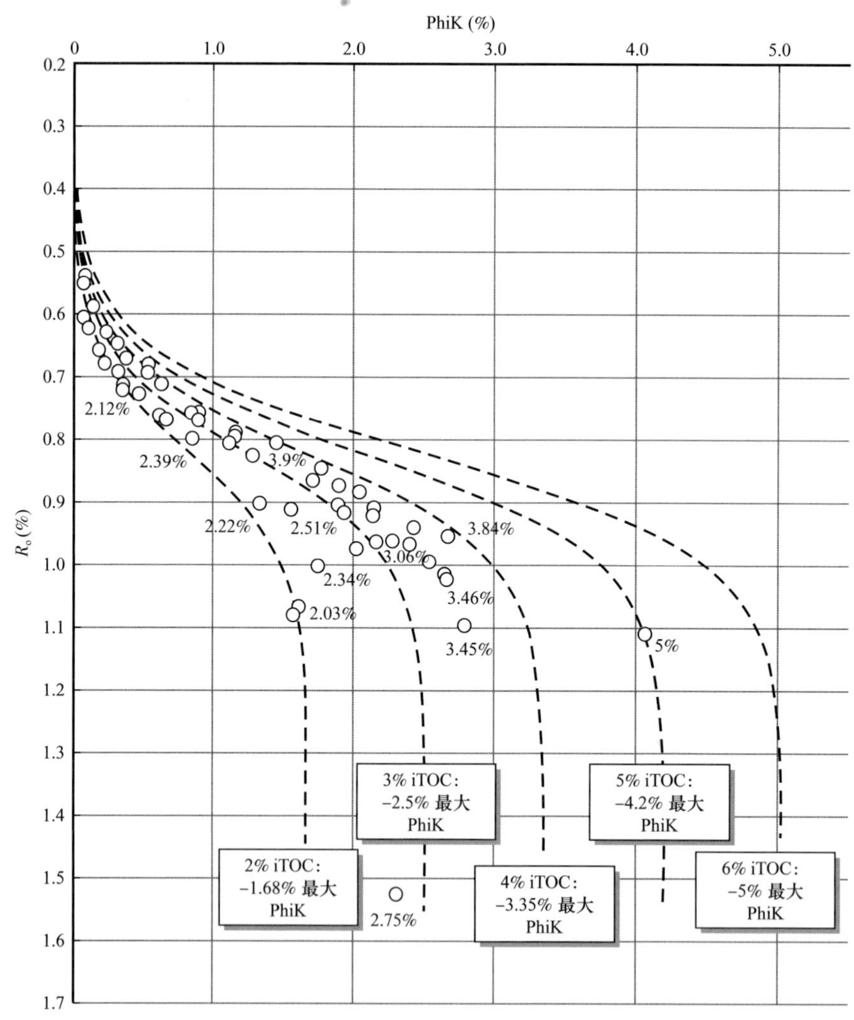

图 7-3-1 有机质孔隙度随成熟度和原始有机碳含量变化图（据 Modica，2012）

S_1 代表热解仪检测到的游离态烃量，关于是否应该减去 S_1^{ex}，Jarvie 等（2012）认为抽提后热解的游离烃（S_1^{ex}）为溶剂污染，不应该计算在吸附油之内；钱门辉等（2017）

认为这部分很可能是隔离在纳米孔中的游离组分，应该计算在吸附油之内。通过同一样品抽提前后 S_2 的差值（$S_2-S_2^{ex}$ 或 ΔS_2），可将吸附态烃量从 S_2 中提取出来，对 S_1 进行吸附烃补偿。对于 S_1^{loss} 问题的探讨是目前的热点，因为 S_1^{loss} 是岩心当中最可动的部分，常温常压下即可从岩心中散失掉。通过统计烃流体密度来估算 S_1^{loss}；采用平均中质原油损失率15% 用于校正所有样品的 S_1^{loss}；Jiang 等（2016）认为放置样品比新鲜样品评估值 S_1 下降了 38%；谌卓恒等（2019）提出了物质平衡法采用原油的地层体积系数（FVF）来计算热解数据中样品采集过程中的轻烃损失。

成因法还考虑了页岩油的可动性，如上面提到的 Jarvie（2012）定义的含油饱和度指数 OSI 值（$100\times S_1/\text{TOC}$），他认为 OSI 大于 100mg/g 时为有利的页岩油流动下限，岩石热解中的 S_1 峰都可以被视为流动油，可动油（MOY）是 S_1 中游离烃的一部分（蒸发损失校正后）超过其样品 TOC 值的部分。关于页岩油可动性的评价目前还存在很多盲点，看法观点层出不穷。

油气资源丰度类比法基本计算公式为：

$$Q=\sum_{i=1}^{n}\left(S_i\times K_i\times \alpha_i\right) \tag{7-3-3}$$

式中　Q——评价区的油气总资源量；

S_i——评价区类比单元的面积；

K_i——标准区油气资源丰度，由标准区给出；

α_i——预测区类比单元与标准区的类比相似系数，由下式计算得到：

$$\alpha_i=\frac{\text{评价区地质评价系数}}{\text{标准区地质评价系数}} \tag{7-3-4}$$

式中　i——评价区子区的个数。

应用地质类比法需满足的条件是：第一，必须明确评价区的石油地质特征和成藏条件；第二，是标准区已发现油气田或油气藏；第三，标准区已进行了系统的油气资源评价研究。

资源丰度类比法评价结果的准确性主要取决于地质参数和类比对象的正确选取，主要用于中、低勘探阶段的油气资源评价，对于探井基础数据少、地质研究相对薄弱的低勘探区，应用类比法比较简单有效。不足是在评价参数的获取上存在较大难度，估算的精度不高。

针对鄂尔多斯盆地延长组长 7 油层组夹层型页岩油系统资源评价，主要是对长 7_1、长 7_2 层内夹层型的含油性和可动性进行综合评价，我们采用蒙特卡洛法，蒙特卡洛法实质上是随机现象的一种数学模拟。以往对夹层型油气资源量的估算方法，仅是平均概念下估算的一个值，事实上，它却包含着各种复杂的随机因素（林俊雄，1982）。因此，概率统计可以认为夹层型石油资源量 Q_{sa} 是各种随机变量参数（或因素）的随机函数，根据夹层型体积计算公式求取：

$$Q_{sa}=S\cdot H\cdot \rho\cdot \phi\cdot S_o/B_o \tag{7-3-5}$$

式中 Q_{sa}——夹层型资源量，10^8t；

H——夹层型厚度，m；

ρ——原油密度，取 0.84g/cm^3（胡素云等，2018）；

ϕ——夹层型孔隙度，%；

S_o——夹层型的含油饱和度，%；

B_o——原油体积系数，取 1.15（杨智等，2017）。

（一）夹层型关键参数求取

这里由于夹层型的含油饱和度（S_o）和孔隙度（ϕ）不同区域、沉积环境差异变化很大，可将两者视为随机变量处理，求取它们的概率分布函数。统计长 7_1 油层组夹层型岩心物性数据 1453 块，长 7_2 油层组夹层型岩心物性数据 1899 个，长 7_3 油层组夹层型岩心物性数据 340 个，由夹层型的含油饱和度（S_o）和孔隙度（ϕ）交会图发现两者并没有明显相关性（图 7-3-2），可认为是相互独立的变量，可以按照蒙特卡洛运算的思想获得夹层型资源量的概率分布。

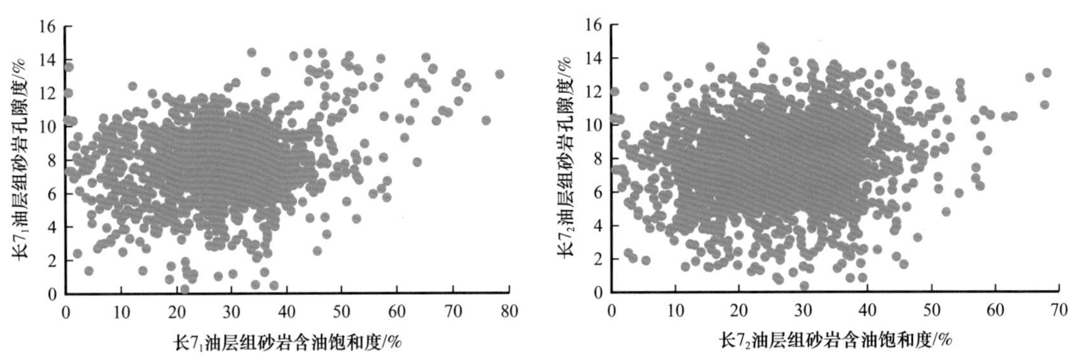

图 7-3-2 鄂尔多斯盆地长 7 油层组页岩油夹层型含油饱和度（S_o）和孔隙度（ϕ）交会图

1. 夹层型厚度和体积（$S \cdot H$）

“$S \cdot H$” 为夹层型的体积，求取方法与泥页岩类似，都是先统计单井各层中夹层型的厚度，用 Geomap 软件绘制厚度平面展布图，再用 Surfer 软件计算各层夹层型体积。值得注意的是，烃源岩范围内和超过孔隙度下限（7%）的砂体才具有成藏的可能性，所以计算夹层型体积时应该只统计烃源岩范围内并且孔隙度在 7% 以上的有效砂体。

2. 夹层型含油饱和度（S_o）

根据长 7_1 油层组夹层型岩心物性数据 1453 个，长 7_2 油层组夹层型岩心物性数据 1899 个，得出长 7_1 油层组、长 7_2 油层组夹层型岩心含油饱和度频率分布，长 7_1 油层组和长 7_2 油层组夹层型含油饱和度符合正态分布（图 7-3-3）。

3. 夹层型孔隙度（ϕ）

按照同样的方法统计了长 7_1 油层组和长 7_2 油层组夹层型孔隙度的频率分布，发现长 7_1 油层组和长 7_2 油层组夹层型孔隙度都符合正态分布（图 7-3-4）。

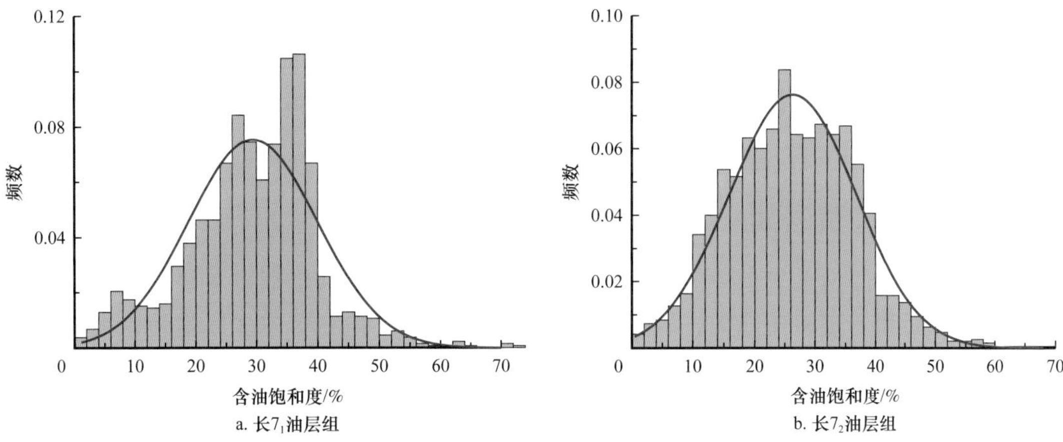

图 7-3-3　鄂尔多斯盆地延长组长 7 油层组夹层型含油饱和度频率分布图

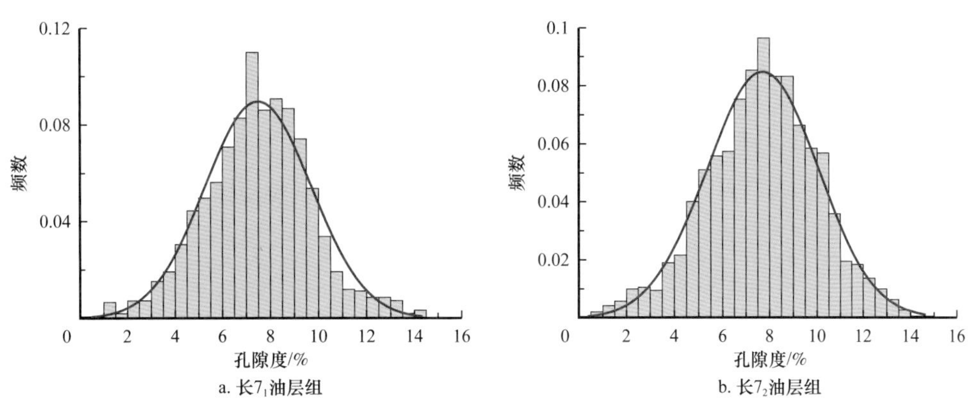

图 7-3-4　鄂尔多斯盆地延长组长 7 油层组夹层型孔隙度频率分布图

（二）夹层型含油量计算结果

获取计算夹层型地质资源量的关键参数后，应用蒙特卡洛法页岩油资源评价系统分别对长 7_1 油层组和长 7_2 油层组内有效砂体的含油量进行蒙特卡洛运算 2 万次。表 7-3-1 列出了概率 10%、50% 和 90% 对应的长 7 油层组夹层型总含油量分别为 62.39×10^8t、35.2×10^8t 和 14.9×10^8t。概率为 50% 时，长 7_1 油层组内夹层型的含油量为 20.17×10^8t，长 7_2 油层组内夹层型的含油量为 15.03×10^8t，总共 35.2×10^8t。

表 7-3-1　鄂尔多斯盆地延长组长 7 油层组夹层型含油量汇总表

岩性	油层组	体积 /10^8m^3	不同概率含油量 /10^8t		
			10%	50%	90%
夹层型	长 7_1	1378.66	35.48	20.17	8.67
	长 7_2	1077.12	26.91	15.03	6.23
合计		2455.78	62.39	35.2	14.9

其中长 7_1 油层组为 20×10^8t，具体划分到四个区带内，姬塬为 3.2×10^8t，志靖—安塞为 3.8×10^8t，陇东为 12.9×10^8t，盆地东南为 0.1×10^8t；长 7_2 油层组约为 15×10^8t，具体划分到四个区带内，姬塬为 2.3×10^8t，志靖—安塞为 2.7×10^8t，陇东为 9.8×10^8t，盆地东南为 0.2×10^8t。

二、纹层型页岩油

纹层型页岩油为页岩型中的一种，页岩型指的是页岩型储层甜点主要是纯页岩，具有效孔隙空间和一定渗流能力，既是生油层也是含油层，但在鄂尔多斯盆地，主要是指厚层泥页岩夹薄层粉细砂岩，砂岩粒度一般小于 0.0625mm，主要为粉砂岩，单砂体厚度 2～4m，叠置砂体复合连片，具有一定规模。粉砂岩具高长石、低石英的特征，发育粒间孔、晶间孔等，孔隙半径为 1～5μm，孔隙度为 6%～8%，渗透率为 0.01～0.1mD，原始气油比普遍大于 $90m^3/t$。

（一）纹层型关键参数求取

这里采取的计算方法类似夹层型，统计长 7_3 油层组岩心物性数据 340 个，由纹层型的含油饱和度（S_o）和孔隙度（ϕ）交会图发现两者并没有明显相关性（图 7-3-5），可认为是相互独立的变量，可以按照蒙特卡洛运算的思想获得夹层型资源量的概率分布。

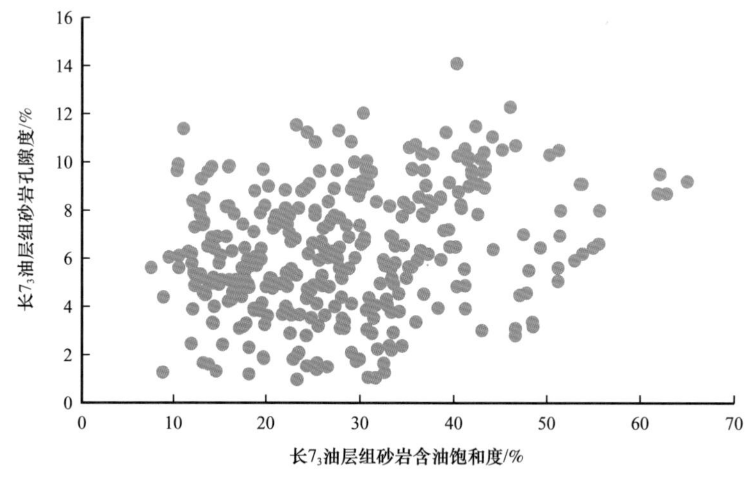

图 7-3-5　鄂尔多斯盆地延长组长 7_3 油层组纹层型含油饱和度（S_o）和孔隙度（ϕ）交会图

1. 纹层型厚度和体积（$S\cdot H$）

这种方法类似夹层型，即是先统计单井各层中纹层型的厚度，用软件绘制厚度平面展布图，再用 Surfer 软件计算体积。

2. 纹层型含油饱和度（S_o）

根据长 7_3 油层组纹层型岩心物性数据 340 个，得出长 7_3 油层组岩心含油饱和度频率分布，含油饱和度符合对数正态分布（图 7-3-6）。

3. 纹层型孔隙度（ϕ）

按照同样的方法统计了长 7_3 油层组纹层型孔隙度的频率分布，发现长 7_3 层孔隙度符合正态分布（图 7-3-7）。

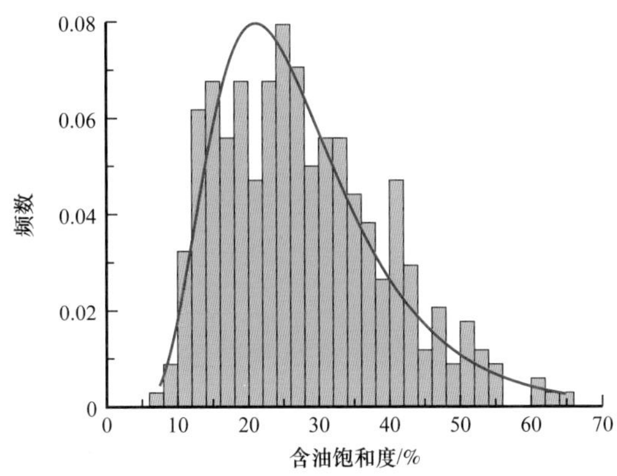

图 7-3-6　鄂尔多斯盆地长 7_3 油层组纹层型含油饱和度频率分布图

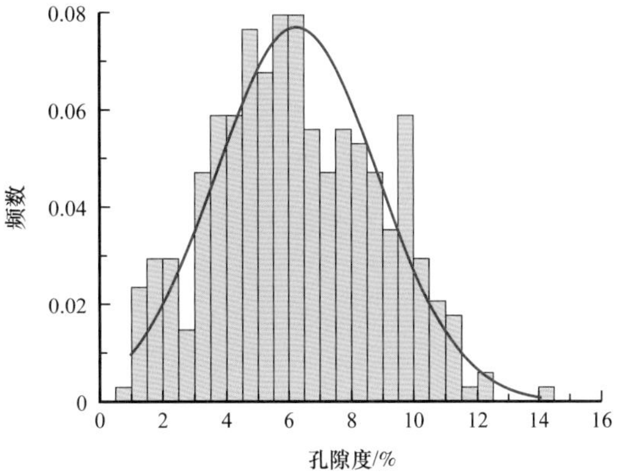

图 7-3-7　鄂尔多斯盆地长 7 油层组夹层型孔隙度频率分布图

（二）纹层型资源潜力结果

获取计算纹层型地质资源量的关键参数后，应用蒙特卡洛法页岩油资源评价系统对长 7_3 油层组内有效砂体的含油量进行蒙特卡洛运算 2 万次，其中概率 10%、50% 和 90% 对应的长 7_3 油层组纹层型总含油量分别为 11.03×10^8t、5.5×10^8t 和 2.17×10^8t。概率为 50% 时，长 7_3 油层组内纹层型的含油量为 5.5×10^8t。

三、页理型页岩油

页理型主要是纯页岩，具有效孔隙空间和一定渗流能力，既是生油层也是含油层。鄂尔多斯盆地延长组长 7_3 页岩相对较厚，分布范围较广。

由于长 7_3 油层组沉积期到长 7_1 油层组沉积期盆地水体变浅，沉积物在空间分布上存在明显迁移变化，认为应该把可抽提的部分（氯仿沥青“A”）当成页岩油资源量的主体部分，在氯仿沥青“A”含量的基础上恢复损失的气态烃和轻烃量：

$$Q_{s/m}=Q_g+Q_v+Q_A \tag{7-3-6}$$

$$Q_A=(\rho_r\cdot S\cdot H_{s/m}\cdot A)\cdot10^{-11} \tag{7-3-7}$$

$$Q_v=k_v\cdot Q_A\cdot10^{-11} \tag{7-3-8}$$

$$Q_g=k_g\cdot Q_A\cdot10^{-11} \tag{7-3-9}$$

式中　$Q_{s/m}$——页岩型总含油量，10^8t；

Q_g——气态烃含量，10^8t；

Q_v——挥发轻烃含量，10^8t；

Q_A——残烃（氯仿沥青“A”）含量，10^8t；
ρ_r——岩石密度，g/cm^3；
S——对应岩性面积，m^2；
$H_{s/m}$——对应岩性厚度，m；
A——对应岩性氯仿沥青“A”产率，kg/t；
k_v——轻烃恢复系数（与岩性和成熟度有关）；
k_g——气态烃恢复系数（与岩性和成熟度有关）。

（一）页岩型关键参数求取

1. 页岩型体积（$S \cdot H_{s/m}$）

通过统计长 7_3 油层组页岩和泥岩的厚度，将单井页岩和泥岩厚度数据导入 Geomap 软件，应用 Kriging 法外推至研究区全平面得到岩性厚度，利用岩性厚度在 Surfer 软件计算对应层的岩性体积。

2. 有机质丰度（TOC）

应用多元回归预测法建立的 TOC 测井预测模型计算出单井 TOC 分布（图 7-3-8），根据统计的计算结果和实际结果对比，发现效果较好，与页岩型厚度统计类似，先统计出各层中页岩和泥岩的 TOC 平均值，再利用软件计算长 7 油层组各层的 TOC。

3. 氯仿沥青“A”（$H_{s/m} \cdot$A）

根据 TOC 与氯仿沥青“A”的关系，计算出单井氯仿沥青“A”分布，先求取单井氯仿沥青“A”的平均值再外推至研究区平面上，乘以对应岩性的厚度值才能代表区域页岩油的生产潜能。

4. 气态烃恢复系数（k_g）

由于气态烃恢复系数与岩性和成熟度有关，根据气态烃恢复实验结论，页岩气油比随 R_o 增加会不断增加，生油窗内气油比为 50m^3/t 左右；泥岩气油比随 R_o 增加有降低的趋势，由于早期液态烃产率低，气油比高，生油高峰期后稳定在 50m^3/t 左右；页岩和泥岩气油比（GOR）与 R_o 的关系式为：

$$\mathrm{GOR_s}=15.222 \cdot R_o^{\ 3.4159} \tag{7-3-10}$$

$$\mathrm{GOR_m}=128.12 \cdot R_o^{\ -1.761} \tag{7-3-11}$$

式中是页岩 $\mathrm{GOR_s}$（m^3/t）随镜质组反射率（R_o）变化的关系，以及泥岩 $\mathrm{GOR_m}$（m^3/t）随镜质组反射率（R_o）变化的关系。由于空间上不同区域页岩型镜质组反射率（R_o）存在明显差别，所以需要根据平面 R_o 值（图 7-3-9）和公式换算出页岩和泥岩气油比（GOR）平面分布，为了统一单位可以将气态烃体积单位换算为质量单位，即气态烃恢复系数（k_g）。

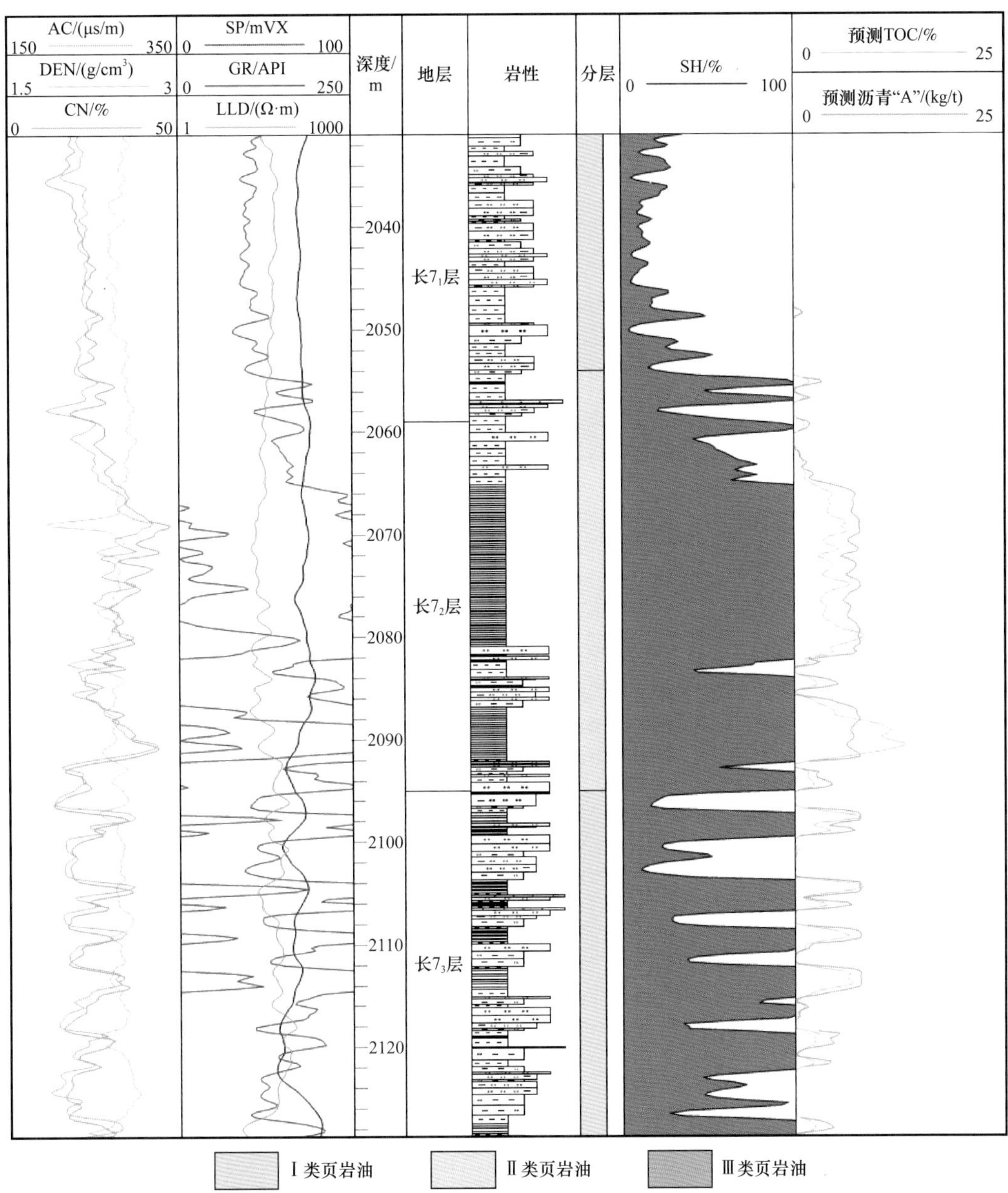

图 7-3-8 鄂尔多斯盆地庄 76 井延长组岩性、TOC 和氯仿沥青“A”值剖面图

5. 轻烃恢复系数（k_v）

根据抽提分离和饱和烃色谱实验得出页岩和泥岩轻烃恢复系数（k_v）：

$$k_{vs}=-53.12\cdot\ln(R_o)+22.301 \tag{7-3-12}$$

$$k_{vm}=-30.45\cdot\ln(R_o)+10.235 \tag{7-3-13}$$

式中是页岩轻烃恢复系数（k_{vs}）随镜质组反射率（R_o）变化的关系，以及泥岩的轻烃恢复系数（k_{vm}）随镜质组反射率（R_o）变化的关系。同样由于恢复系数与岩性和成熟度有关，且空间上不同区域页岩型镜质组反射率（R_o）存在明显差别（图 7-3-9），所以也需要根据平面 R_o 值和式（7-3-12）及式（7-3-13）换算出页岩和泥岩轻烃恢复系数（k_v）平面分布。

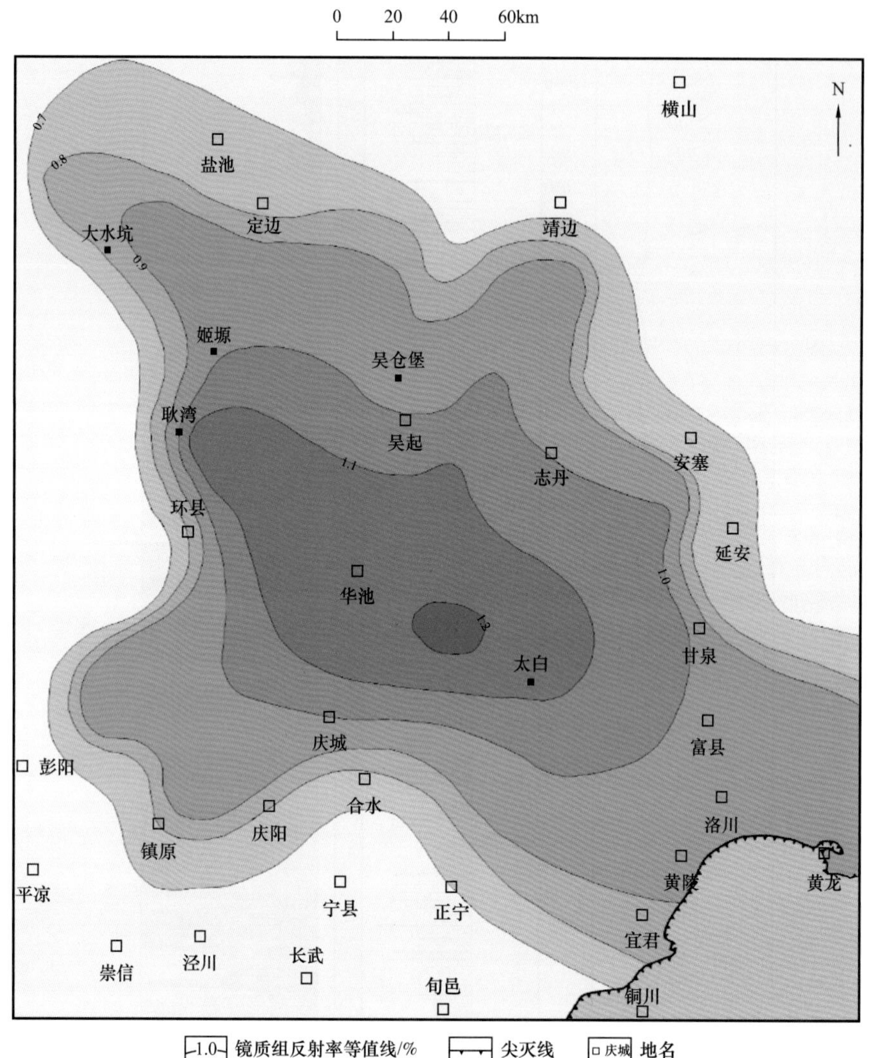

图 7-3-9 鄂尔多斯盆地延长组长 7 油层组镜质组反射率（R_o）等值线图

6. 岩石密度

这里岩石密度根据参考文献取页岩密度 2.26g/cm^3，泥岩密度 2.47g/cm^3。

（二）资源量计算结果分析

通过关键参数的求取，以及结合页岩型中泥页岩厚度加权后的氯仿沥青“A”、R_o 值、轻烃、气态烃恢复系数、气态烃量，应用 Surfer 软件进行运算，得到的结果乘以对应岩性的岩石密度值（页岩 2.26g/cm^3，泥岩 2.47g/cm^3）就是对应含油量大小，计算结果如

表 7-3-2，页理型总地质资源量约 41.94×10^8t。

表 7-3-2　鄂尔多斯盆地延长组长 7_3 层页理型含油量计算结果

岩性	油层组	体积 / 10^8m^3	密度 / t/m^3	氯仿沥青“A” / 10^8t	气态烃 / 10^8t	轻烃 / 10^8t	总和 / 10^8t
页理型	长 7_3	2939.54	1.33	33.49	0.54	7.91	41.94

通过前述分析，盆地长 7 油层组页岩油总地质资源量为 82.64×10^8t，其中夹层型资源量 35.2×10^8t，纹层型资源量 5.5×10^8t，页理型资源量 41.94×10^8t。

通过剩余资源分析，其夹层型剩余资源主要分布于陇东、姬塬及志靖—安塞等地区，占剩余总资源量的 99%，其中陇东地区剩余地质资源量为 12.11×10^8t，姬塬地区剩余地质资源量为 4.49×10^8t，志靖—安塞地区剩余地质资源量为 6.5×10^8t。这三个区是今后长庆页岩油长期稳产上产及可持续发展的重要保障。

纹层型页岩油剩余地质资源量 5.5×10^8t，主要为半深湖—深湖相，厚层泥页岩中夹薄层粉细砂岩，源储配置条件有利。中高成熟度（R_o 大于 0.8%）区面积约 $2.6 \times 10^4 km^2$，在国内处于刚刚开始起步阶段，关于此种类型，今后乃至很长时间，都是页岩油风险勘探的主要战场。

目前对于页理型页岩油已经开展了实验与研究，但在鄂尔多斯盆地仍然是一门新兴的技术，关于长 7 油层组页理型页岩油的原位改制，后续还需综合确定部署先导试验井网，加快地质工程一体化施工方案编制，以及做好加热器等关键设备和技术的引进，积极推进项目进程。

第四节　非常规油气发展前景

鄂尔多斯盆地致密油气、页岩油气和煤系气等非常规油气资源丰富，其中致密气地质资源量为 $13.32 \times 10^{12} m^3$，致密油地质资源量为 87×10^8t，页岩油地质资源量为 82.35×10^8t。经过 20 多年的低渗透及非常规油气勘探开发实践，在陆相致密砂岩气、内陆坳陷湖盆超低渗透致密油藏和源内页岩油三大领域取得了重大理论创新，攻关形成了相适应的地震预测、测井识别和压裂工艺等关键技术，指导了盆地大油气田的发现，实现了致密气和致密油规模效益开发，同时页岩油勘探开发取得了重要进展，预计未来 10～20 年，盆地非常规油气产量将进一步增长，发展前景广阔。

一、致密砂岩气

致密气是盆地最早发现和突破的非常规油气资源，经过 20 多年的勘探开发实践，创新形成了盆地大面积致密砂岩气成藏地质理论和适用的勘探技术系列，致密气勘探领域由盆地本部向外围不断拓展，落实了苏里格、盆地东部和盆地南部及外围等三个万亿立方米含气区带，发现探明了苏里格气田、子洲气田、神木气田、庆阳气田等 10 个致密砂岩气田。截至2022年底，长庆油田累计探明致密砂岩气地质储量$5.98\times10^{12}m^3$（未含长庆矿权外$1.08\times10^{12}m^3$），其中基本探明地质储量$2.18\times10^{12}m^3$。致密气开发创新完善了“地震储层预测、水平井开发、钻完井智能管控”等主体技术，推动苏里格、神木等大型致密气田的规模效益开发。2022年长庆油田致密气产量达到$397\times10^8m^3$，占长庆油田天然气产量的78%。占全国致密气总产量的70%以上，成为中国最大的致密气生产基地（图7-4-1）。

资源评价表明，鄂尔多斯盆地致密气地质资源量$13.32\times10^8m^3$，资源探明率为44.8%，剩余地质资源量$7.43\times10^{12}m^3$。主要分布在盆地南部陇东地区、西部天环地区和东部米脂—清涧等地区。盆地致密气剩余资源具有埋藏深度较大、储层较薄和气水关系较为复杂的总体特征。从未来发展来看，地质研究重点要开展深层致密气储层控制因素、构造复杂区致密气气水关系和致密区甜点评价研究，勘探技术要突出深薄层地震预测和控水增气等提产工艺技术攻关，实现盆地外围低品位复杂致密气资源升级。

按照长庆油田天然气发展规划，“十四五”期间，新增致密气探明地质储量$1.0\times10^8m^3$，2025年长庆油田致密气探明地质储量将达$7.0\times10^{12}m^3$，致密气产量接近$420\times10^8m^3$，占长庆油田天然气产量的80%以上，致密气仍然是长庆油田增储上产的主体，也是保持中国天然气产量持续增长的现实资源。

二、致密油

盆地中生界致密油勘探在辫状河浅水三角洲成藏模式理论指导下，坚持整体部署、整体勘探、整体评价，实现了主力层系延长组长6、长8油层组致密油勘探取得新突破，目前已形成了姬塬、华庆、陇东、志靖—安塞等四个超亿吨级的规模储量区，整体可形成探明地质储量超50×10^8t，储量潜力巨大。其中陇东地区围绕已发现的长6—长8油层组致密油富集区进行整体勘探与评价，加大压裂改造技术攻关，预计潜在资源量可达34×10^8t。华庆地区处于生烃中心，成藏条件有利，持续深化湖盆中部延长组长6、长8油层组勘探，落实含油面积，取得新的突破，预计华庆地区潜在地质资源量约10×10^8t。

截至2022年，盆地先后发现了西峰油田、姬塬油田、环江油田等亿吨级大油田，其中长8油层组探明地质储量15.04×10^8t，长6油层组探明地质储量21.0×10^8t（图7-4-2）。盆地延长组长6、长8油层组致密油产量约1500×10^4t，占油田总产量的近58.3%。资源评价表明，盆地延长组长8油层组地质资源量为39.0×10^8t，剩余地质资源量为23.96×10^8t。延长组长6油层组地质资源量为48.0×10^8t，剩余地质资源量为27.0×10^8t。剩余资源量大，仍是未来石油规模增储上产的主体。

致密油勘探开发存在的科学问题主要有以下几个方面：长6段、长8段大型岩性油藏不同区带成藏差异性需精细评价；天环地区构造复杂，三边地区远离烃源岩，成藏主控因素缺乏系统认识。

“十四五”期间需要围绕湖盆中部三角洲与重力流沉积加大勘探部署力度，同时强化压裂技术攻关，不断提高单井产量，预计可在延长组长8油层组计划探明地质储量

2.1×10^8t，延长组长 6 油层组计划探明地质储量 3.0×10^8t。预计到“十五五”期间，环江延长组长 6 油层组、陇东延长组长 8 油层组和陕北延长组长 8 油层组新增地质储量达到 10×10^8t。

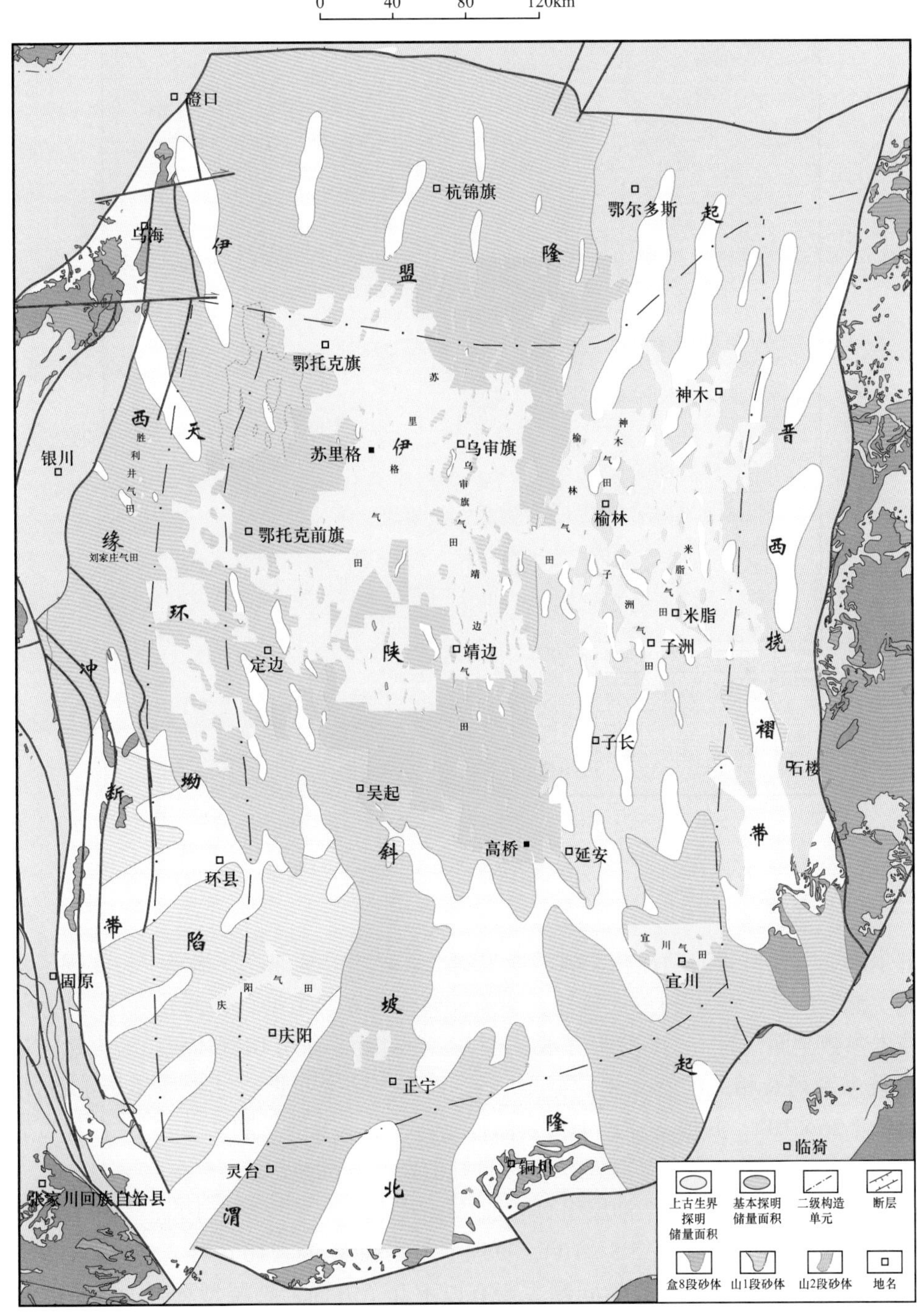

图 7-4-1 鄂尔多斯盆地致密气勘探成果图

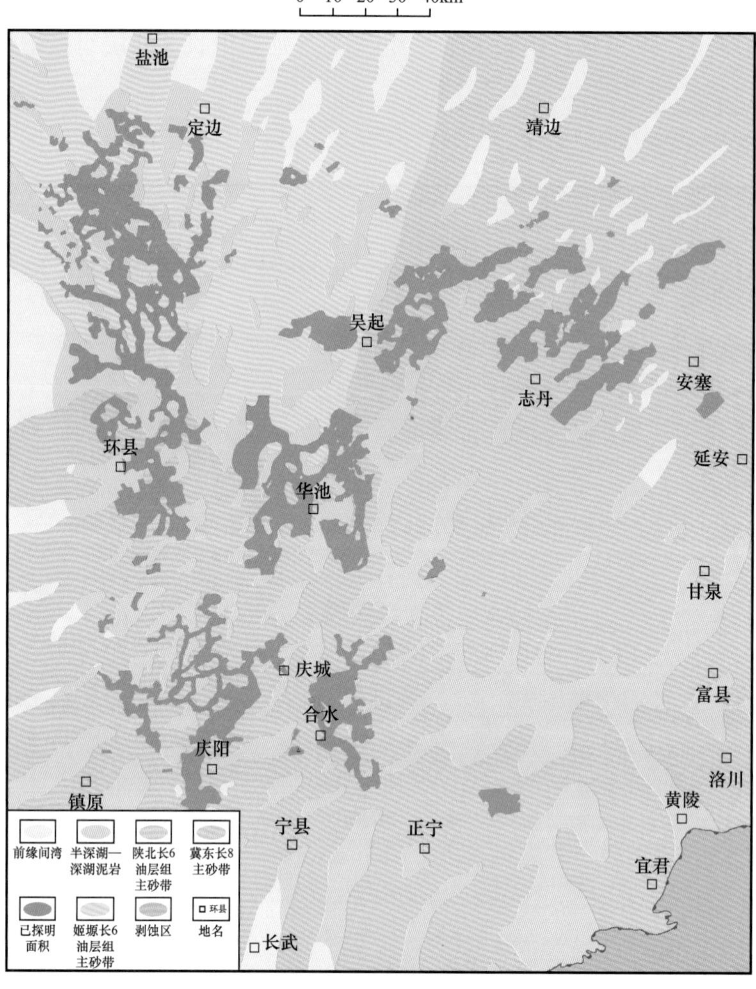

图 7-4-2 鄂尔多斯盆地致密油勘探成果图

三、页岩油

鄂尔多斯盆地页岩油勘探在“陆相淡水湖盆页岩油成藏理论”指导下，实现了从“源岩”到“源储一体”认识的重大转变，不断突破传统理念束缚，创新发展压裂增产技术，关键技术参数全面提升，集成创新了长水平井、小井距、细分切割体积压裂自然能量开发等五大技术系列及相关配套技术。截至 2022 年底，已探明页岩油地质储量 12.55×10^8t，可采储量 1.26×10^8t，并快速建成了页岩油百万吨开发示范区（图 7-4-3），盆地页岩油年产量已达到 221×10^4t，展示了盆地页岩油良好的勘探开发前景。

资源评价表明，盆地长 7 油层组页岩油总地质资源量为 82.64×10^8t，其中夹层型资源量 35.2×10^8t，纹层型资源量 5.5×10^8t，页理型资源量 41.94×10^8t。

页岩油勘探开发存在的科学问题主要有以下几个方面：夹层型页岩油区带差异富集机理不明确，复杂多薄层提产技术不完善；纹层型页岩油储层纵向及横向变化快，提产技术亟须攻关；页理型页岩油有利区特征及工业可动性不清楚，继续开展相关方面的研究工作。

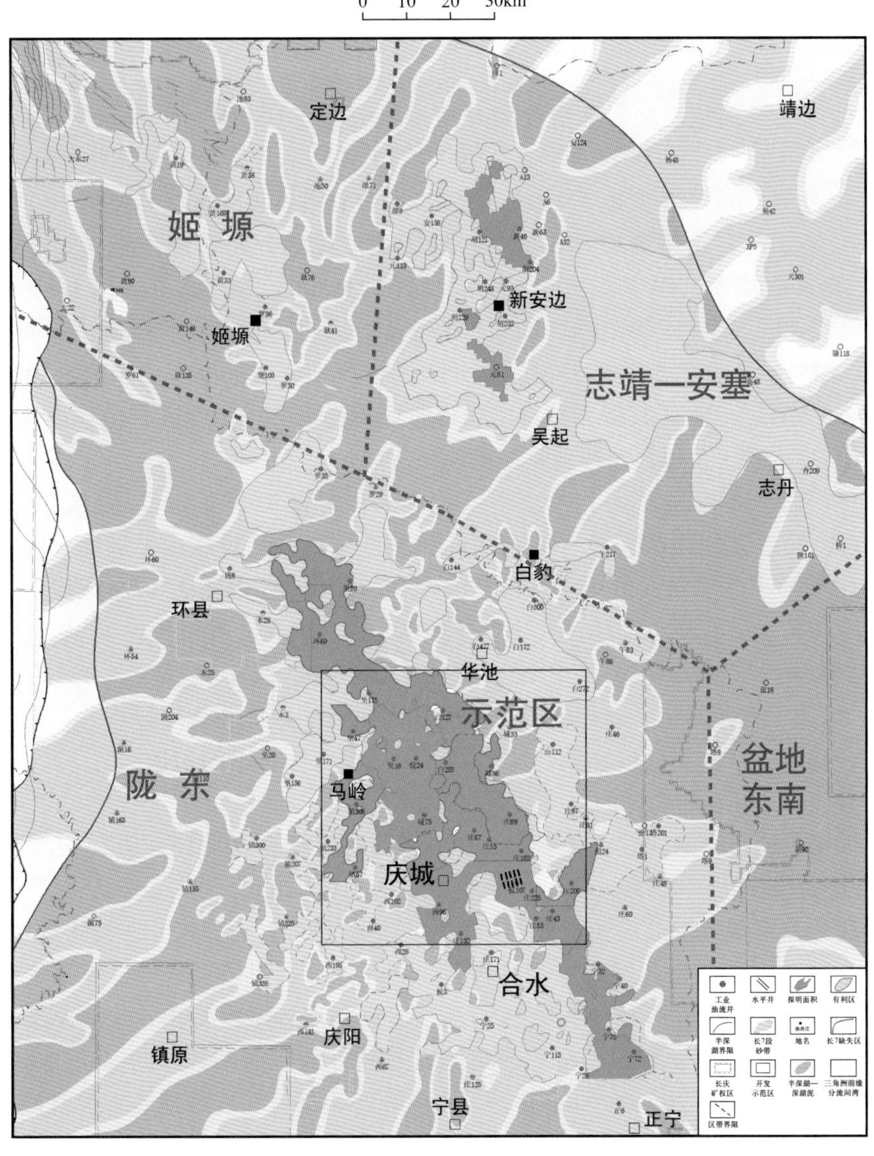

图 7-4-3　鄂尔多斯盆地页岩油勘探开发成果图

夹层型页岩油是长 7 油层组页岩油效益开发的主要对象。通过富烃机制、富砂机制、成藏机理等综合研究，认为优质烃源岩、古地貌单元、流体性质等控制了页岩油的甜点富集。甜点主要分布在湖盆中部半深湖—深湖区的长 7_1 油层组、长 7_2 油层组和湖盆边缘三角洲前缘末端的长 7 层，已发现探明了庆城、新安边两个亿吨级大油田，累计探明地质储量 10.59×10^8t；夹层型页岩油总剩余资源为 24.21×10^8t，资源探明率仅 30.25%，仍然具有较大勘探潜力，剩余资源主要分布于陇东、姬塬及志靖—安塞等地区，其中陇东地区剩余地质资源 12.11×10^8t，占 50.02%，是下一步页岩油勘探开发的主攻区域（图 7-4-3）。

纹层型页岩油潜力巨大，主要分布在湖盆中部长 7_3 油层组，地质资源量 5.5×10^8t。近年来通过深化长 7_3 油层组富集机理、甜点精细评价、裂缝扩展机理等研究，初步明确了甜点评价标准和储层改造技术。近年来通过地质工程一体化攻关，开展了“高伽马”背景下纹层型储层识别及复杂岩性组合测井技术攻关，在 C80 井区开展水平井攻关试验，部署实施了城页 1、城页 2 两口水平井。其中 CY1 井完钻井深 3885m，水平段长 1570m，钻遇粉细砂岩 944.4m，钻遇油层 900.7m；CY2 井完钻井深 4140m，水平段长 1750m，钻遇粉细砂岩 812.6m，钻遇油层 696.4m。按照“甜点段细分密切割，泥页岩段选择性改造”的压裂改造技术，CY1 井压裂 12 段，加砂 $1188.4m^3$，入地总液量 $16501.0m^3$，日产油量达 121.38t。CY2 压裂 10 段，加砂 $789.3m^3$，入地总液量 $11733.6m^3$，日产油量达 108.38t。CY1、CY2 井的攻关试验突破，开辟了纹层型页岩油勘探的序幕，2021 年实施的风险探井 CY1H、CY1H 获得突破，拓展新的后备领域 $2.6\times10^4km^2$，估算远景资源量为 60×10^8t，有力助推了盆地页岩油新领域的勘探进展。

页理型页岩油资源潜力巨大，主要分布于湖盆中部的长 7_3 油层组，资源量 41.94×10^8t。长 7_3 油层组黑色页岩的含油性和脆性矿物含量较高，大量发育的层理有利于复杂缝网的形成。成熟度适中、有机质丰度高、厚度大、面积广、埋深浅，是中国页岩油地下原位转化最有潜力和最具代表性的地区。原位转化先导试验在 R_o 大于 0.8%，平均 TOC 大于 5% 的范围选区，有利区面积约 $17000km^2$，其中 R_o 大于 1.0% 的面积约为 $3600km^2$，地质工程一体化，开展低成熟度页理型页岩油原位转化现场攻关，超前准备关键技术综合确定原位改制目标，做好加热器等关键设备和技术的引进，力争实现新突破，有望成为盆地非常规石油勘探的重大战略接替新领域。

长庆油田盆地页岩油规划在“十四五”末探明地质储量达到 16×10^8t，远景地质储量达 25×10^8t。原油产量突破 300×10^4t，远景产量达 500×10^4t。

随着盆地非常规致密油气大规模勘探开发，特别是页岩油勘探开发技术的重大突破，加速了盆地非常规油气资源的勘探开发步伐。近年来，针对以页岩气、煤系气和铝土岩气为代表的新类型资源，开展了探索性的基础研究和现场试验工作，盆地西部奥陶系乌拉力克组海相页岩气，发育深水沉积环境，具有较好的源储条件，勘探获工业气流井 3 口，其中 ZP1 井试气获 $26.48\times10^4m^3/d$，与国内外海相页岩气成藏地质条件对比，具有埋深大、有机质丰度较低、页岩气局部富集的特征，落实有利含气面积 $7000km^2$；预测资源量 $1\times10^{12}m^3$；盆地广泛分布的煤系地层中煤岩热演化程度高，煤岩微裂缝孔隙发育，储集性能好，深层煤岩解析含气量高，具有煤岩气形成的有利条件，落实有利含气面积约 $6.9\times10^4km^2$，预测资源量 $11.04\times10^{12}m^3$。下一步通过成藏地质研究、钻完井和工艺改造技术攻关实验，这些非常规新类型油气藏有望成为盆地资源重要接替领域。

按照“十四五”油气发展规划，未来盆地油气储量增长 80% 以上依靠非常规油气资源，2025 年长庆油田油气当量预计达到 6800×10^4t，非常规油气产量可能达到 4500×10^4t 以上，占长庆油气当量的 66% 以上。因此，精准预测非常规油气资源潜力，实现非常规油气发展，对鄂尔多斯盆地保持国内第一大油气生产基地，实现我国能源多样化，降低能源需求的对外依赖，缓解国内油气供需矛盾具有重要的战略意义。

参考文献

付金华，2023. 鄂尔多斯盆地太原组致密灰岩天然气成藏地质特征与勘探潜力［J］. 地学前缘，30（1）：20-29.

付金华，等，2021. 鄂尔多斯盆地陇东地区铝土岩天然气勘探突破与油气地质意义探索［J］. 天然气工业，41（11）：1-10.

付金华，等，2022. 鄂尔多斯盆地延长组7段3亚段页岩油风险勘探突破与意义［J］. 石油学报，43（6）：761-787.

付金华，等，2023. 鄂尔多斯盆地新领域油气勘探发现与前景展望［J］. 天然气地球科学，34（8）：1289-1304.

杨智，付金华，等，2017. 鄂尔多斯盆地三叠系延长组陆相致密油发现、特征及潜力［J］. 中国石油勘探，22（6）：9-15.

邹才能，等，2015. 全球常规—非常规油气形成分布、资源潜力及趋势预测［J］. 石油勘探与开发，42（1）：13-25.